有机硅偶联剂

原理、合成与应用

YOUJIGUI OULIANJI
YUANLI HECHENG YU YINGYONG

张先亮 廖 俊 唐红定 编著

化学工业出版社

·北京·

本书介绍了有机硅偶联剂（硅烷偶联剂、大分子硅偶联剂及硅烷偶联剂衍生物等）的合成及应用的相关知识。具体内容涉及有机硅偶联剂基础知识，合成硅烷偶联剂的基础原料，用于有机硅偶联剂合成的硅氢化反应及其他反应；硅烷偶联剂的重要中间体及重要品种的合成及其特性；大分子硅偶联剂和新型硅偶联剂的合成和特性；有机硅偶联剂用于有机聚合物基复合材料中的原理及应用；以及硅烷化技术在金属表面处理中应用和有机硅偶联剂及其衍生物在各类材料保护中的应用。

本书可供从事有机硅偶联剂研究、生产和拓展应用领域的工程技术人员和管理人员使用，也可供大专院校相关专业师生参考。

图书在版编目（CIP）数据

有机硅偶联剂：原理、合成与应用/张先亮，廖俊，唐红定编著. —北京：化学工业出版社，2019.12（2023.11重印）

ISBN 978-7-122-35201-9

Ⅰ.①有… Ⅱ.①张… ②廖… ③唐… Ⅲ.①有机硅化合物-偶联剂 Ⅳ.①TQ264.1②TQ047.1

中国版本图书馆 CIP 数据核字（2019）第 201107 号

责任编辑：高　宁　仇志刚　　装帧设计：刘丽华

责任校对：边　涛

出版发行：化学工业出版社（北京市东城区青年湖南街 13 号　邮政编码 100011）

印　　装：北京建宏印刷有限公司

787mm×1092mm　1/16　印张 34　字数 761 千字　　2023 年 11 月北京第 1 版第 3 次印刷

购书咨询：010-64518888　　售后服务：010-64518899

网　　址：http：//www. cip. com. cn

凡购买本书，如有缺损质量问题，本社销售中心负责调换。

定　　价：198.00 元

前言

有机硅偶联剂涉及硅烷偶联剂、大分子硅偶联剂及硅烷偶联剂衍生物等，它们是有机硅化学中极具特色的一类化合物或聚合物，其化学结构中既含有能与有机聚合物反应的碳官能团（硅通过亚烃基与其键合的有机官能团），又具有易水解、缩聚，还能与无机物料表面化学键合的硅官能团（直接连接硅上的易水解、缩合的基团）。因此，有机-无机物料通过它可以化学键合偶联于一体。研究和开发者利用这类化学品的反应特性，已将它们运用于有机聚合物基复合材料制备，开发出多种多样加工性能良好、力学性能优良、在不同环境下使用性能稳定的树脂基复合材料、橡胶制品、涂料、胶黏剂和密封剂等；还用于金属表面作为硅烷化保护膜及非金属材料的保护。这类既能与有机聚合物反应，又能与有机硅化合物或聚合物化学键合的硅偶联剂，运用于有机聚合物或有机聚硅氧烷改性，可创造出品种繁多的改性聚合物，其发展势头方兴未艾。近年来出现了一些性能独特的无机/有机杂化材料、固载化催化剂和固定化酶以及不受有机溶剂影响具分离功能的材料，而硅烷偶联剂已成为它们不可缺少的合成原料。有机硅偶联剂如其他的有机化合物一样，通过其碳官能团或硅官能团的反应还可衍生出新的有机硅化合物（或聚合物）及更多功能产品。随着科技进步，有机硅偶联剂用途还会不断扩展，其需求也会与日俱增。毫无疑问，随着市场竞争及环境保护要求的提高，大家都希望能进一步改进有机硅偶联剂合成方法，提高合成反应原子利用率，减少副产物，降低生产成本，争取零排放或无污染排放，使我国有机硅偶联剂的生产和应用绿色化。这既是社会发展的需要，也是促进有机硅产业进一步发展的必由之路。

2012 年武汉大学有机硅化合物及材料教育部工程研究中心组织我们编著的《硅烷偶联剂——原理、合成与应用》一书出版。这次修订该书时，新增大分子硅偶联剂和硅烷偶联剂衍生物等相关内容，尽管这些新型有机硅偶联剂的化学反应基团及其应用原理类似，但其化学结构已不属于硅烷化合物范畴，原书所用“硅烷偶联剂”概念，已难以将大分子硅偶联剂及硅烷偶联剂衍生物的特点及应用技术涵盖其中，这将会影响具特殊功能、应用越来越广的有机硅偶联剂的发展。因此，在化学工业出版社的认可下，我们将书更名为《有机硅偶联剂——原理、合成与应用》，重新出版。

本书共 16 章，涉及有机硅偶联剂合成和应用原理，不同硅烷偶联剂通性、特性和应用，以及不同类型有机硅偶联剂合成方法描述和讨论，希望能满足研究、生产、拓展应用领域的工程技术人员和管理者不同的需求，促进有机硅偶联剂的新发展。

书中有机硅偶联剂基础知识、有关应用原理、合成用基础原料以及主要有机硅偶联剂制备及其方法讨论由张先亮执笔；硅烷偶联剂在有机聚合物复合材料中应用、硅烷化技术在金属材料表面处理中应用、有机硅偶联剂及其衍生物在材料保护中应用等三章由廖俊编写；合成有机硅偶联剂的硅氢化反应、硅烷偶联剂用于聚合物改性和功能材料的制备两章由唐红定编写。全书内容安排和审定由张先亮完成。

本书编写过程得到化学工业出版社热情支持;胡海兰、王凤艳两位工程技术人员为本书检索文献、制作图表，在文字和文献核对等方面做了大量工作；甄广全、陈永言、张治民、吴先国、黄驰、黄荣华、高胜波、易生平、彭俊军、闫志兴等专家对有关章节论述提出过修改意见；有机硅化合物及材料教育部工程研究中心及武大有机硅新材料股份有限公司的耿学辉、张巍、刘成刚、金龙彪和张波等技术人员给予多方面的帮助，他们提出了宝贵意见，编著者特此表示衷心感谢！

鉴于本书内容涉及知识面较广，编著者知识水平和认识理解的局限性，读者发现有不妥之处，敬请雅正。

张先亮

武昌珞珈山

CONTENTS

目录

第1章 有机硅偶联剂基础知识 / 001

1.1 有机硅偶联剂发展简述 …… 001
1.1.1 有机硅偶联剂产生及其发展 …… 001
1.1.2 有机硅偶联剂应用领域拓展 …… 004

1.2 有机硅偶联剂含义、命名和分类 …… 005
1.2.1 有机硅偶联剂含义 …… 005
1.2.2 硅烷偶联剂通式、命名与分类 …… 006
1.2.3 大分子硅偶联剂化学结构及类型 …… 009

1.3 有机硅偶联剂合成路线概述 …… 009
1.3.1 含氢氯硅烷为原料的合成路线 …… 009
1.3.2 三烷氧基硅烷为原料的合成路线 …… 010
1.3.3 卤代烃基烷氧基硅烷为原料的合成路线 …… 010
1.3.4 硅烷偶联剂为中间体的合成路线 …… 011
1.3.5 大分子硅偶联剂的制备简述 …… 011

1.4 有机硅偶联剂的化学通性 …… 011
1.4.1 硅官能团的化学反应 …… 012
1.4.2 碳官能团的化学共性 …… 016
1.4.3 碳官能团与硅的连接基团（—R′—）对性能的影响 …… 017
1.4.4 大分子硅偶联剂聚合物链的通性 …… 017

1.5 硅烷偶联剂溶液 …… 018
1.5.1 中性硅烷偶联剂水溶液 …… 018
1.5.2 氨烃基硅烷偶联剂水溶液 …… 020
1.5.3 硅烷偶联剂的非水溶液 …… 021

1.6 有机硅偶联剂生产绿色化和产业生态化 …… 022
1.6.1 化学品生产绿色化和产业生态化含义 …… 022

1.6.2 绿色化学、化工的基本概念 …… 024
1.6.3 硅烷偶联剂合成反应绿色化举例 …… 025
1.6.4 大分子硅偶联剂研发有利于有机硅产业绿色化、生态化发展 …… 027
1.6.5 催化剂选择性的提高是有机硅偶联剂生产绿色化的关键 …… 027
1.6.6 有机硅偶联剂生产过程连续化是降低E-因子的有效办法 …… 027
1.6.7 副产物综合利用是间接提高合成反应原子利用率的有效途径 …… 028

1.7 有机硅偶联剂产业可持续发展的有关研发 …… 028
1.7.1 有机硅偶联剂产业副产物循环或综合利用的研发工作 …… 029
1.7.2 有机硅偶联剂应用技术研究可促进潜在应用领域的拓展 …… 030
1.7.3 硅/醇直接反应合成烷氧基硅烷产业链的延伸 …… 032

参考文献 …… 033

第2章 合成硅烷偶联剂的基础原料 / 034

2.1 硅及其工业生产简述 …… 034
2.1.1 硅的性质 …… 034
2.1.2 硅的冶炼化学及其生产 …… 035
2.1.3 工业硅国家标准 …… 038
2.2 含氢氯硅烷 …… 042
2.2.1 含氢氯硅烷物理化学性质 …… 042
2.2.2 三氯硅烷的合成及影响因素 …… 044
2.2.3 含氢甲基氯硅烷的制备 …… 046
2.3 含氢烷氧基硅烷 …… 053
2.3.1 含氢烷氧基硅烷的物理化学性质 …… 054
2.3.2 醇解反应合成含氢烷氧基硅烷 …… 056
2.3.3 直接法合成三烷氧基硅烷的国内外概况 …… 058
2.4 硅/醇直接反应合成三烷氧基硅烷的产业化开发 …… 060
2.4.1 硅/醇直接反应合成三烷氧基硅烷过程中的有关化学反应及其影响 …… 061
2.4.2 硅/醇直接反应合成三烷氧基硅烷的工艺过程及反应装置 …… 063
2.4.3 硅/醇直接反应合成三烷氧基硅烷的催化剂 …… 066
2.4.4 硅/醇直接反应合成三烷氧基硅烷的原料 …… 069
2.4.5 硅/醇直接反应合成三烷氧基硅烷的助剂 …… 071
2.4.6 硅/醇直接反应合成三烷氧基硅烷的分离和纯化 …… 072
2.4.7 硅/醇直接反应合成三烷氧基硅烷的稳定性 …… 072

参考文献 …… 073

第 3 章 合成有机硅偶联剂的硅氢化反应 / 076

3.1 硅氢化反应概述 …… 076
3.1.1 自由基引发硅氢化反应 …… 077
3.1.2 亲核-亲电催化硅氢反应 …… 077
3.1.3 过渡金属及其配合物催化硅氢化反应 …… 080
3.2 过渡金属及其配合物催化硅氢加成反应机理 …… 081
3.2.1 反应过程基础知识简述 …… 082
3.2.2 反应机理 …… 085
3.3 催化硅氢化反应的过渡金属催化剂 …… 089
3.3.1 氯铂酸催化剂体系 …… 089
3.3.2 烯配位铂催化剂体系 …… 090
3.3.3 膦配位铂催化剂体系 …… 093
3.3.4 铑催化剂 …… 097
3.3.5 钌催化剂 …… 097
3.3.6 铱催化剂 …… 099
3.3.7 其他过渡金属催化剂 …… 100
3.3.8 过渡金属催化剂反应活性比较 …… 101
3.4 配体或助剂对过渡金属及其配合物催化硅氢化反应的影响 …… 102
3.4.1 配体及其影响 …… 102
3.4.2 硅氢加成促进剂 …… 104
3.4.3 硅氢加成抑制剂 …… 108
3.5 反应底物对硅氢化反应的影响 …… 110
3.5.1 不饱和化合物结构对硅氢化反应的影响 …… 110
3.5.2 含氢硅烷结构对硅氢化反应的影响 …… 114
3.6 硅氢化反应在硅烷偶联剂合成中的应用简述 …… 116
参考文献 …… 118

第 4 章 氯代烃基氯硅烷 / 123

4.1 3-氯丙基氯硅烷概述 …… 123
4.1.1 3-氯丙基氯硅烷性质和应用 …… 123
4.1.2 3-氯丙基氯硅烷的合成方法 …… 125
4.2 Speier 催化剂催化硅氢化反应合成 3-氯丙基氯硅烷的研究 …… 127
4.2.1 Speier 催化剂催化合成 3-氯丙基氯硅烷的反应条件优化 …… 128
4.2.2 Speier 催化剂及其用于 3-氯丙基氯硅烷合成的活化 …… 129

4.2.3 胺对 Speier 催化剂催化 3-氯丙基氯硅烷合成的影响 …… 130
4.2.4 膦对 Speier 催化剂催化 3-氯丙基氯硅烷合成的影响 …… 132

4.3 3-氯丙基氯硅烷产业化开发 …… 134
4.3.1 国内用活化的 Speier 催化剂生产 3-氯丙基氯硅烷 …… 134
4.3.2 国外用活化的 Speier 催化剂制备 3-氯丙基氯硅烷 …… 135
4.3.3 Pt/C 催化硅氢化反应连续合成 3-氯丙基氯硅烷 …… 136
4.3.4 采用催化硅氢加成反应蒸馏过程连续制备 3-氯丙基氯硅烷 …… 138
4.3.5 离子液体催化相用于连续合成 3-氯丙基氯硅烷的装置及工艺过程 …… 138

4.4 3-氯丙基氯硅烷有关合成的其他研究 …… 140
4.4.1 膦配位铂化合物催化 3-氯丙基氯硅烷的合成 …… 140
4.4.2 高分子负载过渡金属配合物催化合成 3-氯丙基氯硅烷 …… 141
4.4.3 硅氢化反应合成 3-氯丙基氯硅烷的副反应讨论 …… 142

4.5 氯代甲基氯硅烷 …… 146
4.5.1 氯代甲基氯硅烷性质和应用 …… 146
4.5.2 氯代甲基氯硅烷的合成 …… 146

参考文献 …… 148

第5章 3-氯丙基烷氧基硅烷 / 151

5.1 3-氯丙基烷氧基硅烷概述 …… 151
5.1.1 3-氯丙基烷氧基硅烷及其特性和利用 …… 151
5.1.2 3-氯丙基烷氧基硅烷合成路线述评 …… 153

5.2 醇解法制备 3-氯丙基烷氧基硅烷 …… 155
5.2.1 3-氯丙基氯硅烷醇解的实验室工作 …… 155
5.2.2 3-氯丙基氯硅烷醇解工艺过程开发 …… 156

5.3 硅氢化反应一步合成 3-氯丙基三烷氧基硅烷 …… 159
5.3.1 反应催化剂 …… 160
5.3.2 副反应及其产物 …… 163
5.3.3 反应条件优化 …… 165
5.3.4 生产工艺过程简述 …… 167

参考文献 …… 168

第6章 具硅官能团的氰烃基硅烷化合物 / 170

6.1 具硅官能团的氰烃基硅烷化合物概述 …… 170
6.1.1 具硅官能团的氰烃基硅烷化合物 …… 170

6.1.2　氰基对有机硅腈化合物稳定性的影响 …… 171
6.1.3　具硅官能团的氰烃基硅烷合成方法述评 …… 172
6.1.4　常用有机硅腈化合物物理常数 …… 174

6.2　具硅官能团的 β-氰乙基硅烷化合物合成 …… 175
6.2.1　硅氢加成反应合成 β-氰乙基氯硅烷的初期研究 …… 175
6.2.2　三元催化体系催化硅氢化反应合成 β-氰乙基氯硅烷 …… 177
6.2.3　二元催化体系催化硅氢化反应合成 β-氰乙基氯硅烷 …… 179
6.2.4　β-氰乙基烷氧基硅烷的合成 …… 182

6.3　具硅官能团的氰烃基硅烷化合物反应性和物性的利用 …… 182
6.3.1　利用具硅官能团的氰烃基硅烷制备硅烷偶联剂 …… 182
6.3.2　具硅官能团的氰烃基硅烷水解-缩聚合成具羧酸侧基的聚硅氧烷 …… 183
6.3.3　利用硅腈化合物中氰基加成反应合成含氮碳官能团的有机硅化合物 …… 183
6.3.4　具硅官能团的 β-氰乙基硅烷用于制备有机硅材料及其特性 …… 184

参考文献 …… 185

第 7 章　氨烃基硅烷偶联剂 / 187

7.1　氨烃基硅烷偶联剂概述 …… 187
7.1.1　氨烃基硅烷偶联剂主要类型、通式及命名 …… 187
7.1.2　氨烃基硅烷偶联剂的物理化学特性 …… 187
7.1.3　氨烃基硅烷偶联剂的化学反应性及其利用 …… 189
7.1.4　氨烃基硅烷偶联剂的合成方法述评 …… 190

7.2　氨(胺)解合成法制备氨烃基硅烷偶联剂 …… 191
7.2.1　卤代烃基硅烷的氨(胺)解 …… 191
7.2.2　氨解反应合成 3-氨丙基硅烷偶联剂的研究及产业化开发 …… 193
7.2.3　常用的氨烃基硅烷偶联剂合成及其产业化开发 …… 195

7.3　催化氢化有机硅腈制备氨烃基硅烷偶联剂 …… 197
7.3.1　腈的还原反应 …… 197
7.3.2　催化氢化有机硅腈制备氨烷基硅烷偶联剂 …… 198
7.3.3　氰烃基硅烷加氢催化剂及其反应操作与安全 …… 200

7.4　烯丙胺硅氢化反应制备 3-氨丙基烷氧基硅烷 …… 201
7.4.1　硅氢化反应一步合成 3-氨丙基烷氧基硅烷及其问题 …… 201
7.4.2　均相配合催化烯丙胺硅氢化反应研究 …… 203
7.4.3　多相催化烯丙胺硅氢化反应研究 …… 206

7.5　氨烃基烷氧基硅烷为合成中间体衍生的硅烷偶联剂 …… 208
7.5.1　异氰酸烃基烷氧基硅烷偶联剂合成及应用 …… 208

7.5.2 脲(硫脲)烃基烷氧基硅烷偶联剂合成及其应用 …… 209
7.5.3 具叠氮基的硅烷偶联剂合成及其性质 …… 210
7.5.4 氨烃基硅烷为原料制备特色的硅烷偶联剂或助剂 …… 212

参考文献 …… 215

第8章 烯烃基硅烷偶联剂 / 218

8.1 烯烃基硅烷偶联剂概述 …… 218
8.1.1 烯烃基硅烷偶联剂化学结构、通式与性能 …… 218
8.1.2 常用烯烃基硅烷偶联剂物理常数 …… 219
8.1.3 烯烃基硅烷偶联剂化学反应性及其应用 …… 219
8.1.4 烯烃基硅烷偶联剂合成方法述评 …… 221

8.2 热缩合法合成乙烯基氯硅烷的研究与产业化 …… 225
8.2.1 研发历史与进展 …… 225
8.2.2 热缩合法合成乙烯基氯硅烷的影响因素 …… 226
8.2.3 热缩合法生产乙烯基氯硅烷工艺过程开发 …… 227

8.3 催化硅氢化反应合成乙烯基硅烷偶联剂研究及其工艺过程开发 …… 229
8.3.1 多相催化硅氢化反应合成乙烯基氯硅烷 …… 229
8.3.2 均相配合催化硅氢化反应合成乙烯基氯硅烷 …… 231
8.3.3 均相配合催化硅氢化反应合成乙烯基烷氧基硅烷 …… 233
8.3.4 聚合物负载金属配合物催化硅氢化反应合成乙烯基硅烷偶联剂 …… 237
8.3.5 固载液相催化体系催化硅氢化反应合成乙烯基硅烷偶联剂 …… 240

参考文献 …… 241

第9章 甲基丙烯酰氧烃基硅烷偶联剂 / 243

9.1 (甲基)丙烯酰氧烃基硅烷偶联剂概述 …… 243
9.1.1 化学结构、反应性及其利用 …… 243
9.1.2 合成方法述评 …… 245

9.2 催化硅氢化反应制备甲基丙烯酰氧丙基硅烷偶联剂 …… 247
9.2.1 硅氢化反应合成甲基丙烯酰氧丙基硅烷偶联剂的原料 …… 247
9.2.2 催化硅氢化反应合成甲基丙烯酰氧丙基硅烷化合物的副反应 …… 249
9.2.3 催化硅氢化反应制备甲基丙烯酰氧丙基烷氧基硅烷 …… 250
9.2.4 催化硅氢化反应制备甲基丙烯酰氧丙基氯硅烷及其醇解 …… 254
9.2.5 制备甲基丙烯酰氧烃基硅烷偶联剂的阻聚及其机理 …… 255

9.3 相转移催化反应及其用于甲基丙烯酰氧烃基硅烷偶联剂的合成 …… 259

9.3.1 相转移催化反应及其催化剂概述 ······ 259
9.3.2 相转移催化合成甲基丙烯酰氧烃基硅烷偶联剂 ······ 262
参考文献 ······ 266

第10章 硅烷偶联剂的其他重要品种 / 268

10.1 环氧烃基硅烷偶联剂 ······ 268
10.1.1 环氧烃基硅烷偶联剂概述 ······ 268
10.1.2 环氧烃基硅烷偶联剂反应性及其应用 ······ 270
10.1.3 均相配合催化硅氢化反应合成环氧烃基硅烷偶联剂 ······ 272
10.1.4 多相催化硅氢化反应制备环氧烃基硅烷偶联剂 ······ 278
10.1.5 高分子负载配合物催化硅氢化反应合成环氧烃基硅烷偶联剂 ······ 279
10.1.6 具环氧基的 SCA 为原料合成新型硅偶联剂 ······ 280
10.2 巯烃基硅烷偶联剂及其衍生物 ······ 281
10.2.1 巯烃基硅烷偶联剂概述 ······ 281
10.2.2 硫脲为原料合成巯烃基硅烷偶联剂 ······ 283
10.2.3 氢硫化钠用于制备巯烃基硅烷偶联剂 ······ 285
10.2.4 制备巯烃基硅烷偶联剂的其他方法 ······ 288
10.2.5 巯烃基硅烷衍生的新型硅偶联剂 ······ 289
10.3 多硫烃基硅烷偶联剂 ······ 291
10.3.1 多硫烃基硅烷偶联剂概述 ······ 291
10.3.2 多硫烃基硅烷偶联剂合成方法述评 ······ 293
10.3.3 无水溶剂中多硫化物的亲核取代法制备多硫烃基硅烷偶联剂 ······ 293
10.3.4 相转移催化合成法制备多硫烃基硅烷偶联剂 ······ 296
10.3.5 新型的多硫烃基硅烷偶联剂 ······ 297
10.4 含季铵烃基硅烷偶联剂 ······ 298
10.4.1 含季铵烃基硅烷偶联剂化学结构及其特性和应用 ······ 298
10.4.2 具季铵基团的硅烷偶联剂合成 ······ 301
10.5 有机硅过氧化物偶联剂 ······ 301
参考文献 ······ 302

第11章 大分子硅偶联剂 / 306

11.1 大分子硅偶联剂的发展过程 ······ 306
11.2 大分子硅偶联剂对聚合物基复合材料性能的影响 ······ 307
11.3 传统自由基聚合制备大分子硅偶联剂 ······ 317

11.4 原子转移自由基聚合（ATRP）制备大分子硅偶联剂 …… 320
11.4.1 ATRP 技术引发、催化反应体系 …… 320
11.4.2 ATRP 技术引发、催化反应体系的发展 …… 322
11.4.3 ATRP 技术制备嵌段大分子硅偶联剂 …… 324
11.4.4 ATRP 技术制备接枝大分子硅偶联剂 …… 331
11.4.5 ATRP 技术制备星型大分子硅偶联剂 …… 336
11.4.6 ATRP 技术用于无机物料表面接枝 …… 338
11.5 有机聚硅氧烷主链型大分子硅偶联剂 …… 338
11.6 其他技术制备大分子硅偶联剂 …… 340
参考文献 …… 341

第 12 章 有机硅偶联剂在有机聚合物基复合材料中的应用原理 / 343

12.1 有机聚合物基复合材料及其界面 …… 343
12.1.1 有机聚合物基复合材料 …… 343
12.1.2 有机聚合物基复合材料界面及有关性质 …… 344
12.2 有机硅偶联剂用于有机聚合物基复合材料的理论基础 …… 346
12.2.1 化学键合理论 …… 346
12.2.2 物理吸附理论 …… 347
12.2.3 界面形成可变形层或约束层 …… 348
12.3 有机聚合物基复合材料中的无机物料及其表面性质 …… 349
12.3.1 有机聚合物基复合材料中无机物料的表面性质 …… 349
12.3.2 有机硅偶联剂适于表面改性的无机物料及品种 …… 352
12.3.3 具硅官能团的有机硅化合物在无机物料表面化学键合与成膜 …… 357
12.4 有机硅偶联剂在有机聚合物基复合材料界面层的作用 …… 362
12.4.1 有机硅偶联剂改善有机聚合物在无机物料表面的润湿性 …… 362
12.4.2 有机硅偶联剂在有机/无机复合材料界面中化学键合 …… 365
12.4.3 有机硅偶联剂在有机聚合物基复合材料中形成互穿网络界面层 …… 366
12.4.4 有机硅偶联剂在有机聚合物基复合材料界面的其他作用 …… 368
参考文献 …… 368

第 13 章 有机硅偶联剂在有机聚合物基复合材料中的应用 / 370

13.1 有机硅偶联剂的选择及其使用方法 …… 370
13.1.1 适用于有机聚合物基复合材料中的有机硅偶联剂 …… 370
13.1.2 硅烷偶联剂在有机聚合物基复合材料中的使用方法 …… 372

13.2 硅烷偶联剂用于无机物料表面改性 …… 375
13.2.1 概述 …… 375
13.2.2 硅烷偶联剂在无机物料表面改性中的应用 …… 376
13.3 硅烷偶联剂用于热固性树脂基复合材料 …… 381
13.3.1 概述 …… 381
13.3.2 硅烷偶联剂在热固性树脂基复合材料中的应用 …… 382
13.4 硅烷偶联剂用于热塑性树脂基复合材料 …… 386
13.4.1 概述 …… 386
13.4.2 硅烷偶联剂在热塑性树脂基复合材料中的应用 …… 387
13.5 硅烷偶联剂在橡胶中的应用 …… 390
13.5.1 概述 …… 390
13.5.2 应用进展 …… 392
13.6 硅烷偶联剂在涂料、胶黏剂和密封胶中的应用 …… 397
13.6.1 硅烷偶联剂在涂料中的应用 …… 397
13.6.2 硅烷偶联剂在胶黏剂中的应用 …… 401
13.6.3 硅烷偶联剂在密封胶中的应用 …… 405
13.7 大分子硅偶联剂的应用概述 …… 409
参考文献 …… 410
第14章 硅烷偶联剂用于聚合物改性和功能材料的制备 / 414
14.1 硅烷偶联剂用于有机高分子化合物改性 …… 414
14.1.1 硅烷偶联剂用于制备端硅烷基聚氨酯 …… 414
14.1.2 硅烷偶联剂用于制备端硅烷基聚醚 …… 418
14.1.3 硅烷偶联剂用于聚烯烃交联改性 …… 421
14.1.4 硅烷偶联剂用于丙烯酸树脂改性 …… 425
14.1.5 硅烷偶联剂用于合成有机硅改性环氧聚合物 …… 427
14.2 硅烷偶联剂用于有机硅高分子合成 …… 428
14.2.1 硅烷偶联剂用于合成氨烃基改性硅油 …… 428
14.2.2 硅烷偶联剂用于合成环氧烃基改性硅油 …… 428
14.2.3 硅烷偶联剂用于合成（甲基）丙烯酸酯烃基改性硅油 …… 429
14.2.4 硅烷偶联剂用于合成氯烃基改性硅油 …… 429
14.3 硅烷偶联剂用于合成大分子单体 …… 430
14.3.1 大分子单体概述 …… 430
14.3.2 硅烷偶联剂用在大分子单体合成中的应用 …… 430
14.4 硅烷偶联剂用于含功能基的笼型倍半硅氧烷的制备 …… 432

14.4.1 笼型倍半硅氧烷概述 …… 432
14.4.2 硅烷偶联剂在笼型倍半硅氧烷制备中的应用 …… 433
14.5 硅烷偶联剂用于功能材料制备 …… 436
14.5.1 硅烷偶联剂用于酶的固定化 …… 436
14.5.2 硅烷偶联剂用于过渡金属催化剂的固载化 …… 437
14.5.3 硅烷偶联剂用于光电功能材料的合成 …… 439
14.5.4 硅烷偶联剂用于分离材料的制备 …… 443
参考文献 …… 446

第15章 硅烷化技术在金属表面处理中的应用 / 449

15.1 应用概述 …… 449
15.1.1 硅烷偶联剂用于金属表面处理的作用机理 …… 450
15.1.2 用于金属表面处理的硅烷偶联剂品种 …… 451
15.1.3 硅烷化技术相对于磷化技术的优势 …… 452
15.2 硅烷化处理工艺 …… 453
15.2.1 硅烷化技术工艺流程 …… 453
15.2.2 硅烷化技术工艺中的影响因素 …… 454
15.3 各类金属硅烷化表面处理实例 …… 455
15.3.1 铝合金表面硅烷化处理 …… 455
15.3.2 钢铁表面硅烷化防腐涂层 …… 458
15.3.3 镀锌钢板表面硅烷化处理 …… 460
15.4 硅烷涂层的结构和性能表征 …… 461
15.4.1 结构和性能表征的主要方法 …… 461
15.4.2 结构和性能表征实例 …… 463
15.5 有机硅烷化处理金属表面技术的具体应用 …… 465
15.5.1 在汽车行业中的应用 …… 466
15.5.2 在家电行业中的应用 …… 468
15.5.3 在航空航天业中的应用 …… 469
参考文献 …… 473

第16章 有机硅偶联剂及其衍生物在材料保护中的应用 / 475

16.1 材料保护概述 …… 475
16.1.1 材料的失效及其危害 …… 475
16.1.2 材料失效控制与材料延寿 …… 476

16.1.3 材料保护与表面工程技术 …… 477
16.2 有机硅偶联剂及其衍生物在材料保护应用中的优势 …… 478
16.2.1 用于材料保护的有机硅偶联剂及其衍生物主要类型 …… 478
16.2.2 有机硅偶联剂及其衍生物在材料保护中的优势 …… 480
16.3 有机硅偶联剂及其衍生物在金属类材料保护中的应用 …… 482
16.3.1 金属类材料保护技术要点 …… 482
16.3.2 有机硅偶联剂及其衍生物在金属材料保护中的具体应用 …… 483
16.4 有机硅偶联剂及其衍生物在砖石类材料保护中的应用 …… 489
16.4.1 砖石类材料保护技术要点 …… 489
16.4.2 有机硅偶联剂及其衍生物在砖石材料保护中的具体应用 …… 492
16.5 有机硅偶联剂及其衍生物在土质类材料保护与改进中的应用 …… 503
16.5.1 土质类材料保护与改进的技术要点 …… 505
16.5.2 有机硅偶联剂及其衍生物在土质材料保护与改进中的具体应用 …… 505
16.6 有机硅偶联剂及其衍生物在混凝土保护中的应用 …… 512
16.6.1 混凝土保护技术要点 …… 512
16.6.2 有机硅偶联剂及其衍生物在混凝土保护中的具体应用 …… 514
16.7 有机硅偶联剂及其衍生物在木质材料保护中的应用 …… 519
16.7.1 木质类材料保护技术要点 …… 519
16.7.2 有机硅偶联剂及其衍生物在木质材料保护中的具体应用 …… 521
参考文献 …… 527

第1章 有机硅偶联剂基础知识

1.1 有机硅偶联剂发展简述

有机硅偶联剂的研发起始于用这类化合物改善玻璃纤维增强树脂基复合材料性能，但其现代的应用领域不仅涉及几乎所有的有机聚合物复合材料的制备，还延伸到金属或非金属材料保护、有机硅对高分子化合物改性和有机高分子/无机功能杂化材料的合成等四大领域。有机硅偶联剂应用之广泛源于它是一类既含碳官能团、又具硅官能团的有机硅化合物及其共聚物的化学反应性。尽管有机硅偶联剂的研究与开发已逾70年，但合成和应用的研究以及产业化开发还有很多工作需要开展。

1.1.1 有机硅偶联剂产生及其发展

20世纪40年代初，美国一家实验室技术人员不小心将加有催化剂的不饱和聚酯倾倒在玻璃布上，固化后发现这种以玻璃布与不饱和聚酯构成的复合物强度很高，进而推动了采用玻璃纤维及其产品作增强材料、以有机树脂作胶黏剂的复合材料的研究和产业化开发。在研究开发这种后来称之为“玻璃钢”的材料的过程中，发现该材料置于潮湿空气或水中，其强度会明显下降，甚至因水的浸入还会导致有机树脂和玻璃纤维之间脱胶。此弊端引起了美国军方的关注，研究者为改善玻璃纤维增强树脂基复合材料在潮湿环境或水中的稳定性，考虑到是否可选用一种处理剂来改善亲水的无机玻璃纤维表面，能使有机聚合物和无机玻璃纤维这两种性质完全不同的材料接合界面具疏水性，能防止水的渗入。合理的思路促进了包括有机硅化合物在内的许多化合物作为处理剂的筛选工作。研究中首先获得成功的是甲基丙烯酸与铬形成的配合物（沃兰，Volan A），他们用沃兰处理的玻璃纤维制造了性能突出的玻璃钢。通过对沃兰化学结构及其对玻璃钢性能影响分析，认为它在玻璃钢中所起作用首先是沃兰分子水解，然后含羟基的沃兰分子与玻璃表面的硅羟基脱水缩合，因此它不仅在玻璃表面能形成有机疏水层，而且疏水层还具有甲基丙烯酰氧基团的反应性，这种反应性能与不饱和树脂键合，通常用如下反应过程予以示意：

沃兰 —水解→ —缩聚→ 玻璃纤维表面

在沃兰处理剂启发下，研究者认为一些有机硅化合物也可作为玻璃纤维处理剂，其原因在于它们的硅官能团水解后产生硅羟基，也可与玻璃纤维表面羟基键合，形成类似于沃兰的有机硅膜层。当时恰逢有机硅这类新型有机化合物的合成和性能研究处于高潮，很多研究者利用金属有机法、直接法以及氯硅烷醇解反应等相继制备了多种不同的有机硅化合物，这为研究有机硅化合物作为玻璃纤维处理剂提供了物质基础。1947 年 Johns Hopkins 大学的 Ralph K. Witt 等在给美国海军军械局的科学报告中指出：烯丙基三乙氧基硅烷和乙基三氯硅烷采用同样方法处理玻璃纤维，将其制备成玻璃纤维/聚酯复合材料，前者强度大于后者 2 倍[1]。该研究结果进一步推动了深入探索具反应性的有机硅化合物作为玻璃纤维处理剂的研究开发工作。1949 年美国空军又组织了一项探索玻璃纤维处理剂对聚酯层压板湿强度性能的研究，它们筛选了 2000 多种化合物，再次证明具有机官能团的三烷氧基硅烷对玻璃纤维/聚酯层压板性能改进的优越性[2]。

1956 年 Speier 等[3] 在合成有机硅化合物研究中，发明了氯铂酸/异丙醇催化剂（后来称之为 Speier 催化剂），随之研究了 Speier 催化剂催化三氯硅烷（$HSiCl_3$）与氯丙烯进行的硅氢化反应，发表了 3-氯丙基三氯硅烷合成研究报告[4]，从此找到了方便制备含有机官能团的有机硅化合物的合成方法。不仅如此，还因为 3-氯丙基三氯硅烷采用醇解方法可方便制备 3-氯丙基三烷氧基硅烷，然后以它为合成原料，采用亲核取代反应可制备多种含不同有机官能团的硅烷化合物，这样就有了更多含碳官能团的有机硅化合物用于树脂基复合材料的玻璃纤维处理，将研发工作推向探讨有机硅化合物化学结构与玻璃纤维处理剂性能关系的新阶段。

1962 年 Plueddemann 等[5] 用 100 多种不同化学结构的有机硅化合物作为玻璃纤维处理剂，将其处理的玻璃纤维用于制备聚酯复合材料和环氧树脂复合材料，并对它们的性能作出评价。其结论是有机硅化合物作为处理剂的性能好坏很大程度取决于该化合物中所含有机官能团（碳官能团）与有机树脂的反应性。

随着有机聚合物复合材料广泛使用，研究者对用于无机/有机复合材料中的有机硅化合物所起作用十分关注。因此，不同研究者通过 FT-IR、SEM、XRF、AES、XPS、ESCA 等现代分析技术对复合材料界面层进行了较深入研究，除进一步推动这类化合物有效应用外，还对这类硅烷化合物在复合材料界面层的作用提出了化学键合、表面润湿和形成互穿网络界面层等几种理论解释。多种解释中人们最喜欢的是化学键合理论的简单描述：这类有机硅化合物含有可水解、缩合的基团（硅官能团），可在无机基材表面吸附与其键合；具反应性的有机官能团（碳官能团）则与树脂基中的有机官能团反应键合；如此它将无机和有机这两种不同性质的材料偶联在一起，从而改善了它们的界面黏附性能，提高复合材料强度。这种易为人们接受的理论使这类有机硅化合物很快得名为“有机硅烷偶联剂”。近 20 年来，基于聚合物基复合材料的制备需要，又发展了一类具硅烷偶联剂反应基团的大分子偶联剂（MSCA），将其作为复合材料改性助剂，其性能在某些方面还优于硅烷偶联剂，其发展趋势方兴未艾。

国内硅烷偶联剂（SCA）发展几乎与我国玻璃钢制品开发同步，1958 年上海耀华玻璃厂试制成功中国第一条玻璃钢游艇。20 世纪 50 年代末中国科学院化学所研究者们为配合国家玻璃钢产业发展努力开展了硅烷偶联剂的合成研究，他们先后在实验室制备了命名为 KH550(3-氨丙基三乙氧基硅烷)、KH560[γ-(2,3-环氧丙氧)丙基三甲氧基硅烷]、KH570(3-甲基丙烯酰氧丙基三甲氧基硅烷)和 KH580(3-巯丙基三乙氧基硅烷)等硅烷偶联剂的重要品种[6,7]，其中 KH550 和 KH560 于 70 年代初分别在辽宁盖县化工厂和上海耀华玻璃厂投入小批量生产。南京大学周庆立则开发了苯胺甲基三乙氧基硅烷为代表的硅烷偶联剂。武汉大学曾昭抡教授领导的有机硅研究小组于 1959 年也开展了 γ-氰丙基三氯硅烷、β-氰乙基三氯硅烷和 β-氰乙基甲基二氯硅烷及其衍生物合成研究，这类工作一直延续到 1964 年[8～10]；1972 年张先亮带领学生继续以硅烷偶联剂合成及其应用为方向开展研发工作：研究了在氯铂酸/异丙醇催化剂存在下三氯硅烷与氯丙烯为原料的硅氢化反应，除很方便获得 3-氯丙基三氯硅烷目的产物外，他们发现采用经活化后的氯铂酸/异丙醇溶液催化硅氢化反应方法，以及利用蒸馏产品后的残液为催化剂催化三氯硅烷与氯丙烯硅氢化反应，使反应无诱导期，收率（摩尔）由文献报道的 60%以下升至 75%左右，同时还达到降低催化剂用量的目的。后来这项改进为 20 世纪 80 年代我国有机硅烷偶联剂规模化生产 3-氯丙基三氯硅烷（国内企业工人们称之为 γ-氯-Ⅰ）打下良好基础，该方法直至现在仍用于生产中。80 年代初武汉大学化工厂（简称武大化工厂）为国内首家定位以硅烷偶联剂为主要产品的专业厂，随之以 WD-30(3-氯丙基三乙氧基硅烷)、WD-40[双(三乙氧硅丙基)四硫化物]、WD-60[γ-(2,3-环氧丙氧)丙基三乙氧基硅烷]和 WD-50(3-氨丙基三乙氧基硅烷)等为商品名的硅烷偶联剂投入市场。90 年代初国内 20 多家中小企业以武大化工厂发展的技术生产硅烷偶联剂，但均以生产单一产品来适应市场需求，如此也有力地推动了我国各类以无机物为增强剂的复合材料和制品的发展。进入 90 年代，国外 Witco 公司以及国内武大有机硅实验室和晨光化工研究院分别自主开发硅/醇直接反应合成三甲氧基硅烷[11～13]。21 世纪初，武大有机硅公司继 Witco 公司之后在武汉建立千吨级直接法合成三烷氧基硅烷装置，并将生产的三甲氧基硅烷用于合成 WD-21、WD-60、WD-70、WD-31 等硅烷偶联剂，制备的三乙氧基硅烷用于合成 3-氯丙基三乙氧基硅烷在实验室也获得成功。进入 21 世纪以来，国内采用三氯硅烷制备硅烷偶联剂的合成路线也有很大发展，迄今年生产量达数万吨，以我国研究者主导的大分子偶联剂（MSCA）研究，也开展了很多工作，请参见本书第 11 章。总之我国有机硅偶联剂的研究与生产已步入世界先进行列。

1.1.2 有机硅偶联剂应用领域拓展

作为合成材料助剂的有机硅偶联剂能成为年产数万吨的产业，得益于应用领域的拓展和市场需求的增大。应用领域的拓展在于有机硅偶联剂化学分子中有化学反应性各异的碳官能团和硅官能团；市场的增大则得益于合成方法的改进使其生产成本下降，其性价比得到用户的认可。

有机硅偶联剂首先是为了使玻璃纤维增强的树脂基复合材料（玻璃钢）制品性能改进，以适应应用需要发展起来的一类新型的具碳官能团的有机硅化合物。玻璃纤维增强的树脂基复合材料，其相对密度只有 1.2～2.0，仅是普通钢材的 1/6～1/4，比铝材还轻约 1/3，而其机械强度却达到或超过了普通钢或某些特种合金钢的水平。因此，第二次世界大战期间，这类具有重量轻和强度高特性的材料很自然引起了军工部门高度重视，并很快被用于飞机雷达罩、副油箱、飞机机翼以及很多军需用品的制造；第一艘玻璃钢渔船也在 1942 年面世，这体现军转民用的开始。玻璃钢这类材料，当加入硅烷偶联剂改性后，除比强度高外，还具耐疲劳性能好、减振性好、破损安全性好、耐气候性好、耐化学腐蚀、电性能好、热导率低和线膨胀系数小等特性，用它还可制得透明的、各种色彩的产品，其成型加工性能也很好。因此，在第二次世界大战后，这种材料很快由军用推向交通、建筑、化工等众多民用领域作为结构材料使用。

随着高分子材料工业的发展，为了改进塑料、橡胶、涂料、粘接剂、密封胶等物理化学性能，降低高分子材料制品生产成本，作为增强、增容填料的 SiO_2 或黏土矿粉等无机物料的应用越来越多，有机硅偶联剂作为无机物料的处理剂的使用也越来越广泛，它们对各种有机聚合物复合材料的改性或降低其生产成本的作用已经得到人们的普遍认同。

有机硅偶联剂应用于聚合物化学结构改性是近 40 多年来发展最快的领域之一。随着有机聚合物通过接枝、嵌段或大分子单体改性的深入研究，高性能或综合性能优越的有机高分子化合物不断涌现，有机硅改性有机聚合物或有机物改性有机聚硅氧烷的研发，以及不同化学结构的高分子化合物复合制备的聚合物合金，或聚合物/金属复合材料的制造，有机硅偶联剂作为这些材料交联、扩链、接枝的单体或增黏、增强助剂的应用越来越普遍，今后在这领域的用途还将继续扩大（参见本书第 13 章）。

20 世纪 80 年代以来，功能有机材料或功能有机/无机杂化材料研究与开发成为很多研究者青睐的领域，该领域对当今科学技术进步所显现出的重要性广为人们认识。具有偶联作用的有机硅化合物为功能化基团的合成单体，或作为固定在无机载体上的锚定材料，已被广大的研究者所利用，其研究开发领域涉及固定化均相配合催化剂、固定化酶、固相合成材料、光电子材料、分离材料、光致变色材料、光交联材料、液晶定向材料等（参见本书第 14 章）。

在有机硅偶联剂的研发初期，氨烃基和巯烃基的化合物的合成主要用于材料保护涂层，迄今在该领域还广为应用；其应用方法的改进使其效果越来越好，新的化合物也在不断研发，材料保护专家寄希望于它们在金属材料保护中能够取代磷化或铬化，以求减少环境污染（参见本书第15章）。

进入21世纪，硅烷化技术除用于金属材料表面处理以取代铬化、磷化防腐措施外，有机硅偶联剂及其衍生物用于材料保护及表面工程技术方面也形成了其独特的应用研究方向，其研发领域所涉及的不仅是金属表面硅烷化，还有砖石、陶瓷、土质、木材和水泥等材料构件、器件、建筑和文物等有关保护。上述有关方面保护的应用技术则有表面改性、薄膜沉积、涂层制备和表面渗透加固等多种适用技术。该领域的研发提高了保护可靠性、安全性和耐久性，延长了材料的使用寿命，从而达到上述诸方面应用性能长时间得到保护的目的，有关详情请参阅本书第16章中的阐述。

1.2 有机硅偶联剂含义、命名和分类

1.2.1 有机硅偶联剂含义

《高分子材料词典》中偶联剂的定义称：凡能使两种材料或分子发生偶合作用的物质，都可称之为偶联剂[14]，例如异氰酸酯可使含特殊官能团（如羟基）的高分子链之间发生偶联反应，异氰酸酯即可称为偶联剂。这种对偶联剂的描述是一种仅仅表达它可通过化学反应及其所产生结果的说法。有机硅偶联剂是伴随无机/有机复合材料而发展起来的一类有机硅化合物，根据它们的化学结构以及它们在有机聚合物复合材料中的作用，人们对有机硅偶联剂的描述有所深化，认为它是一类既含有有机官能团，又具有硅官能团的有机硅烷化合物或低聚物。具有这种化学结构特征的有机硅物质可用于改善有机聚合物与无机物粘接强度；这种改善既是指真正粘接力的提高，也可能是指浸润性、流变性和其他操作性能的改善；它还可能影响复合材料界面区域形态变化而改进力学性能，以增强有机相与无机相的边界层。基于以上偶联剂界定和硅烷偶联剂传统表述，以及这类含有碳官能团的有机硅化合物在近40年来的应用领域的不断扩展，我们认为有机硅偶联剂作为一类应用广泛的有机硅化合物或低聚物，其含义应有更为明确和完整的表述：有机硅偶联剂是一种既含有碳官能团（硅通过亚烃基与其键合的有机官能团），又具有硅官能团（直接连接硅上的易水解、缩合的基团）的有机硅化合物或其低聚物，它可广泛应用于有机聚合物复合材料和有机硅改性有机高分子化合物。有机硅偶联剂在有机聚合物复合材料界面或用于有机硅改性有机聚合物过程中，通过化学键合可将有机聚合物与无机物料偶联于一体。它可以润湿增强或增容的无机物料表面，通常还易使其表面有机硅化，调整无机物料表面临界界面张力，有助于有机聚合物对无机物料的表面润湿。如此，既有利于改善有机-无机化学键合条件，又有利于增进有机聚合物-无机物料之间分子作用力；还有利于改进有机聚合物与无机物料

的相容性，使聚合物复合材料易形成互穿网络界面层，或改变界面层有机聚合物的形态，以提高有机聚合复合材料物理、化学等综合性能。有机硅偶联剂还可改变有机-无机复合材料的流变性能，有利于材料加工和应用工艺性能的改善。因此有机硅偶联剂是一种有机聚合物基复合材料增强、增黏、增容、耐潮湿或改善加工用的助剂，也是用于有机硅有机聚合物接枝、嵌段、扩链、交联或功能化的合成特种助剂。

1.2.2 硅烷偶联剂通式、命名与分类

硅烷偶联剂（SCA）命名是遵循中国化学会1980年颁发的有机化学命名原则[15]，通常以硅烷（silane）作为主体名，用介词（通常不用）连缀上取代基或硅官能团的名称，并按规定顺序注出取代基或碳官能团的位置，从而得到硅烷偶联剂的化学分子式名称，称之为某硅烷化合物（如3-氯丙基三乙氧基硅烷）。在文献中当硅烷偶联剂的分子结构的烃链中含有一些杂原子、不好用简单某烃基来命名时，人们也有按有机化合物的烷烃基作主体名来命名，比如一些多硫化物硅烷偶联剂（见下面（3）中命名举例②）。按有机化学命名原则称呼硅烷偶联剂名称，如此对查阅资料、检索国外文献也很方便。使用硅烷偶联剂的工作者如果知道了硅烷偶联剂的化学名称，就知道它是由什么基团组成，从而有利了解其性质，作为选用硅烷偶联剂的依据之一；对于经营者来说，知道硅烷偶联剂化学名称及组成，有利于介绍自己商品特性，帮助客户用好硅烷偶联剂。因此，硅烷偶联剂的正确命名十分重要。此外，硅烷偶联剂常以商品名见于多种场合，我们也应熟习。商品名是生产企业提出的，一种硅烷偶联剂有很多商品名，如 γ-(2,3-环氧丙氧）丙基三甲氧基硅烷，国外商品名有 A187（美国）、KBM403（日本），国内则有 KH560（中科院化学所）、WD-60（武大有机硅公司）等。很多使用者只知道商品名，而不知道化学名称，这对硅烷偶联剂使用、推广和发展都是不利的。本节将硅烷偶联剂通式及常用的一些硅烷偶联剂的化学命名、商品名介绍如下，请读者参考表1-1。

（1）通式

$$Q{-}R'{-}SiR_nX_{4-(n+1)}$$

$$H_2C{=}CH{-}SiR_nX_{4-(n+1)}$$

$n=0$、1、2，通常为0；

$R'={\leftarrow}CH_2{\rightarrow}_m$、$m$ 为1或≥3的亚烷基，$-C_6H_4{\leftarrow}CH_2{\rightarrow}_m$、$m$ 为0、1、2的亚芳烷基或 $-C_6H_4-$ 亚芳基等。R是烃基，但一般是甲基。

碳官能团：$Q={-}Cl$、$-NH_2$、$-HNCH_2CH_2NH_2$、$-NHR$、$-NH-C_6H_5$、$-N_3$、$-NCO$、$-SH$、$-S_m-$、$-OCH_2-CH-CH_2$（环氧）、3,4-环氧环己基、$-HC{=}CH_2$、$-OCOCMe{=}CH_2$ 和具特殊功能等有机化合物的基团。

硅官能团：$X={-}Cl$、$-OMe$、$-OEt$、$-OCH_2CH_2OMe$、$-OAc$ 等可水解、缩合的基团。

（2）名称和类型（参见表 1-1）

表 1-1　国内外常用硅烷偶联剂名称和类型

类型	序号	分子式	偶联剂名称	商品牌号
乙烯基类	1	$H_2C{=}CHSiCl_3$	乙烯基三氯硅烷	WD-26，A150
	2	$H_2C{=}CHSi(OEt)_3$	乙烯基三乙氧基硅烷	WD-20，A151，KMB5220
	3	$H_2C{=}CHSi(OMe)_3$	乙烯基三甲氧基硅烷	WD-21，A171，KMB5210
	4	$H_2C{=}CHSi(OC_2H_4OMe)_3$	乙烯基三(2-甲氧乙氧基)硅烷	WD-27，A-172KMB1003
	5	$H_2C{=}CHSi(OCOMe)_3$	乙烯基三乙酰氧基硅烷	
	6	$H_2C{=}CHSi(OO\mathit{t}\text{-}Bu)_3$	乙烯基三过氧化叔丁基硅烷	
	7	$H_2C{=}CHSiMeCl_2$	乙烯基甲基二氯硅烷	WD-22
氯烃基类	8	$ClCH_2CH_2CH_2SiCl_3$	γ-氯丙基三氯硅烷	γ-氯Ⅰ
	9	$ClCH_2CH_2CH_2SiMeCl_2$	γ-氯丙基甲基二氯硅烷	
	10	$ClCH_2CH_2CH_2Si(OMe)_3$	γ-氯丙基三甲氧基硅烷	WD-31
	11	$ClCH_2CH_2CH_2Si(OEt)_3$	γ-氯丙基三乙氧基硅烷	WD-30，γ-氯Ⅱ KMB703
	12	$ClCH_2Si(OEt)_3$	氯甲基三乙氧基硅烷	
氨烃基类	13	$H_2NCH_2CH_2CH_2Si(OEt)_3$	γ-氨丙基三乙氧基硅烷	WD-50，KH550
	14	$H_2NCH_2CH_2CH_2Si(OMe)_3$	γ-氨丙基三甲氧基硅烷	WD-56
	15	$H_2NCH_2CH_2NH(CH_2)_3Si(OMe)_3$	γ-(β-氨乙基)氨丙基三甲氧基硅烷	KBM602，KH791 WD-51
	16	$H_2NCONH(CH_2)_3Si(OEt)_3$	γ-脲丙基三乙氧基硅烷	
	17	$PhNHCH_2Si(OEt)_3$	苯胺甲基三乙氧基硅烷	南大-42，WD-42
	18	$PhNHCH_2Si(OMe)_3$	苯胺甲基三甲氧基硅烷	南大-73
环氧烃基类	19	$\overset{O}{CH_2{-}CH}CH_2OC_3H_6Si(OMe)_3$（环氧）	γ-(2,3-环氧丙氧)丙基三甲氧基硅烷	WD-60，KH560，A-187，KBM403
	20	$\overset{O}{CH_2{-}CH}CH_2OC_3H_6Si(OEt)_3$（环氧）	γ-(2,3-环氧丙氧)丙基三乙氧基硅烷	WD-62
	21	$\overset{O}{CH_2{-}CH}CH_2OC_3H_6SiMe(OMe)_2$（环氧）	γ-(2,3-环氧丙氧)丙基甲基二甲氧基硅烷	WD-61
	22	3,4-环氧环己基-$CH_2CH_2Si(OMe)_3$	β-(3,4-环氧环己基)乙基三甲氧基硅烷	A-186
甲基丙烯酰氧烷基类	23	$H_2C{=}C(Me){-}C({=}O){-}OC_3H_6SiCl_3$	γ-甲基丙烯酰氧丙基三氯硅烷	
	24	$H_2C{=}C(Me){-}C({=}O){-}OC_3H_6Si(OMe)_3$	γ-甲基丙烯酰氧丙基三甲氧基硅烷	WD-70，KH570 A-174
	25	$H_2C{=}C(Me){-}C({=}O){-}OC_3H_6SiMe(OEt)_2$	γ-甲基丙烯酰氧丙基甲基二乙氧基硅烷	
	26	$H_2C{=}C(Me){-}C({=}O){-}OC_3H_6SiMe(OMe)_2$	γ-甲基丙烯酰氧丙基甲基二甲氧基硅烷	WD-71

续表

类型	序号	分子式	偶联剂名称	商品牌号
含硫烃基类	27	$HSC_3H_6Si(OMe)_3$	γ-巯丙基三甲氧基硅烷	WD-80，KBM803
	28	$HSC_3H_6Si(OEt)_3$	γ-巯丙基三乙氧基硅烷	WD-81，KH80，A-189
	29	$[(EtO)_3SiC_3H_6]_2S_4$	双-(3-三乙氧硅丙基)四硫化物	WD-40，Si-69
	30	$[(EtO)_3SiC_3H_6]_2S_2$	双-(3-三乙氧硅丙基)二硫化物	WD-42，Si-75
拟卤素类	31	$NCC_2H_4SiCl_3$	β-氰乙基三氯硅烷	
	32	$NCC_2H_4SiMeCl_2$	β-氰乙基甲基二氯硅烷	
	33	$NCC_2H_4Si(OEt)_3$	β-氰乙基三乙氧基硅烷	
	34	$NCC_3H_6Si(OMe)_3$	γ-氰乙基三甲氧基硅烷	
季铵烃基类	35	$OCNC_3H_6Si(OEt)_3$	3-异氰酸丙基三乙氧基硅烷	
	36	$[C_{18}H_{37}Me_2\overset{\oplus}{N}C_3H_6Si(OMe)_3]Cl^{\ominus}$	十八烷基-二甲基-(3-三甲氧硅丙基)氯化铵	
	37	$[H_2C{=}CMeCOOC_2H_4\overset{\oplus}{N}Me_2C_3H_6Si(OMe)_3]Cl^{\ominus}$	2-甲基丙烯酰氧乙基二甲基-(3-三甲氧硅丙基)氯化铵	
	38	$[H_2C{=}CHC_6H_4CH_2\overset{\oplus}{N}(Me)_2C_3H_6Si(OMe)_3]Cl^{\ominus}$	4-乙烯苄基二甲基-(3-三甲氧硅丙基)氯化铵	Z-6032

（3）硅烷偶联剂命名举例

① $\underset{\diagdown O \diagup}{CH_2—CH}CH_2OCH_2CH_2CH_2Si(OMe)_3$

3-(2,3-环氧丙氧)丙基三甲氧基硅烷

γ-(2,3-环氧丙氧)丙基三甲氧基硅烷

γ-(缩水甘油醚基)丙基三甲氧基硅烷

② $(EtO)_3SiCH_2CH_2CH_2—S—S—S—S—CH_2CH_2CH_2Si(OEt)_3$

双-(3-三乙氧硅丙基)四硫化物

3,16-二氧-8,9,10,11-四硫-4,4,15,15-四乙氧基-4,5-二硅杂十八烷

③ O⟨环己基⟩$CH_2CH_2Si(OMe)_3$

[β-(3,4-环氧环己基)乙基]三甲氧基硅烷

④ $H_2NCH_2CH_2NH—CH_2CH_2CH_2SiMe(OMe)_2$

[3-(2-氨乙基)氨丙基]甲基二甲氧基硅烷

[γ-(β-氨乙基)氨丙基]甲基二甲氧基硅烷

⑤ ⟨苯基⟩$NH—CH_2Si(OEt)_3$

苯胺甲基三乙氧基硅烷

⑥ $[C_{18}H_{37}N^{\oplus}Me_2CH_2CH_2CH_2Si(OMe)_3]Cl^{\ominus}$

十八烷基-二甲基-三甲氧硅丙基氯化铵

⑦ $[H_2C{=}CMeCOOCH_2CH_2N^{\oplus}Me_2CH_2CH_2CH_2Si(OMe)_3]Cl^{\ominus}$

2-甲基丙烯酰氧乙基-二甲基-三甲氧硅丙基氯化铵

⑧ $(MeO)_3SiCH_2CH_2CH_2PO(OMe)_2$

三甲氧硅丙基膦酸二甲酯

1.2.3 大分子硅偶联剂化学结构及类型

大分子硅偶联剂（MSCA）是在有机硅、钛等小分子偶联剂，超分散助剂和迄今研究文献中称之为大分子偶联剂的反应型相容剂等基础上发展来的，这是一类用于有机聚合物复合材料制备的大分子功能助剂。

MSCA既有硅烷偶联剂所具备的功能，还具有有机聚合物的特性，它是一种含有反应性有机硅成分的大分子化合物。MSCA的化学结构中应含有类似硅烷偶联剂的硅官能团（如≡Si—OR等），该类基团的存在利于与增强、增容等有关改性物料的键合或包覆，改善不同性质的有机聚合物/无机物复合材料界面的相容性，从而达到提高有机聚合物基复合材料的物理、力学性能之目的。MSCA中还应有具极性或反应性的官能团（如SCA中的碳官能团等），以利于它能与复合材料的聚合物基体相互共价键合，或能通过氢键、范德华力、离子对等分子间作用力促进界面粘接。MSCA的聚合链通常应该是刚、柔链段配合的化学结构，具有适度的分子量；构成MSCA的分子化学成分和基团的聚合链的溶解度参数应与复合材料的聚合物基体的溶解度参数相同或相近，以利于它能与构成复合材料的基材相互渗透、贯穿或缠绕，最好能和基材形成互穿网络的界面层。基于MSCA是聚合物复合材料改性助剂，以及制备复合材料的聚合物基体化学组成和结构差异，因此构成MSCA的主链化学结构应有所区别，迄今进行研究开发的MSCA主要有碳—碳主链型和聚有机硅氧主链型两类。此外，还涉及硅—碳或具有碳链和硅氧链嵌段型，或硅氧链段和聚醚链段嵌段等为骨架的大分子硅偶联剂的研究。大分子硅偶联剂作为复合材料制备助剂，包括无规、嵌段、接枝、星型等聚合物。

1.3 有机硅偶联剂合成路线概述

有机硅偶联剂品种很多，本书将在后续有关章节中较详细述评各种不同合成路线，本节仅对采用4种不同合成原料制备硅烷偶联剂的合成路线予以概述，再对大分子硅偶联剂制备方法予以简介，其详情请参见本书第11章。

1.3.1 含氢氯硅烷为原料的合成路线

硅和氯化氢反应合成三氯硅烷（$HSiCl_3$），再以三氯氢硅为合成基础原料，通过先硅氢化反应、后再进行醇解两步过程，或先醇解、随后再进行硅氢化反应两步过程，两种不同工艺过程都可以制备有机硅偶联剂，这是目前国内外有机硅生产企业常用的合成路线，可称之为传统的合成方法，下面用两组化学反应方程式予以表达：

① 硅氢加成——醇解（或其他亲核取代）反应过程示例如下：

$$m\mathrm{Si}+n\mathrm{HCl}\longrightarrow x\mathrm{HSiCl_3}+y\mathrm{SiCl_4}+z\mathrm{H_2}\uparrow$$

$$\mathrm{Q{-}R'{-}CH{=}CH_2+HSiCl_3\xrightarrow{\text{催化剂}}Q{-}R'{-}CH_2CH_2SiCl_3}$$

$$\mathrm{Q{-}R'{-}CH_2CH_2SiCl_3+3ROH\longrightarrow Q{-}R'{-}CH_2CH_2Si(OR)_3+3HCl}\uparrow$$

$$\mathrm{Q{-}R'CH_2CH_2SiCl_3+3Ac_2O\longrightarrow Q{-}R'CH_2CH_2Si(OAc)_3+3AcCl}$$

② 醇解——硅氢加成反应过程示例如下：

$$m\mathrm{Si}+n\mathrm{HCl}\longrightarrow x\mathrm{HSiCl_3}+y\mathrm{SiCl_4}+z\mathrm{H_2}\uparrow$$

$$\mathrm{HSiCl_3+3ROH\longrightarrow HSi(OR)_3+3HCl}\uparrow$$

$$\mathrm{Q{-}R'CH{=}CH_2+HSi(OR)_3\xrightarrow{\text{催化剂}}Q{-}R'{-}CH_2{-}CH_2Si(OR)_3}$$

催化剂：Pt、Rh、Ru、Ir 等过渡金属及其配合物等。

Q 为有机官能团；R′通常为亚烃基，R 为甲基、乙基等烷基。

1.3.2 三烷氧基硅烷为原料的合成路线

硅/醇直接反应合成三烷氧基硅烷，再分别以三甲氧基硅烷或三乙氧基硅烷为原料，通过硅氢化反应合成硅烷偶联剂，2000 年前后国外 Witco 公司和国内武大有机硅新材料股份有限公司先后采用该合成路线生产硅烷偶联剂。

① 硅/醇直接合成烷氧基硅烷

$$m\mathrm{Si}+n\mathrm{ROH}\xrightarrow{\text{催化剂 I}}x\mathrm{HSi(OR)_3}+y\mathrm{Si(OR)_4}+z\mathrm{H_2}\uparrow$$

② 硅氢加成反应合成硅烷偶联剂

$$\mathrm{Q{-}R'{-}CH{=}CH_2+HSi(OR)_3\xrightarrow{\text{催化剂 II}}Q{-}R'{-}CH_2{-}CH_2Si(OR)_3}$$

$$\mathrm{HC{\equiv}CH+HSi(OR)_3\xrightarrow{\text{催化剂 III}}H_2C{=}CHSi(OR)_3}$$

催化剂Ⅰ系以铜及其化合物为催化剂先驱体；催化剂Ⅱ和催化剂Ⅲ为 Pt、Rh、Ru、Ir 等过渡金属及其配合物。Q 为有机官能团，R 为甲基或乙基，R′为亚烃基。

1.3.3 卤代烃基烷氧基硅烷为原料的合成路线

常以卤代烷基烷氧基硅烷为原料，通过具亲核性的化合物对硅烷中的卤烃基的氯进行取代反应合成硅烷偶联剂，该合成路线是国内外通用的传统的方法，利用该方法可以衍生很多硅烷偶联剂，所用卤代烷基烷氧基硅烷中采用最多的是 3-氯丙基三烷氧基硅烷，其次是氯甲基烷氧基硅烷，例如：

$$\mathrm{(RO)_3Si(CH_2)_3{-}Cl+QY\longrightarrow(RO)_3Si(CH_2)_3{-}Q+YCl}$$

$$\mathrm{(RO)_3SiCH_2{-}Cl+QY\longrightarrow(RO)_3SiCH_2{-}Q+YCl}$$

$$\mathrm{2(RO)_3SiCH_2CH_2CH_2{-}Cl+Na_2S_m\xrightarrow{ROH}[(RO)_3Si(CH_2)_3]_2{-}S_m+2NaCl}$$

QY＝氨、伯胺、仲胺、叔胺、膦、尿素、醇化物、羧酸盐、亚硫酸盐、亚磷酸盐、碱金属硫化物和假卤化物以及其他功能化合物等亲核化合物。

Y＝H 或碱金属。

1.3.4 硅烷偶联剂为中间体的合成路线

该合成路线是以硅烷偶联剂为合成原料，利用它的碳官能团或硅官能团化学反应性能，通过化学反应将其转化成另一种硅烷偶联剂的方法。实例请参见本书有关SCA章节，如用氰乙基三乙氧基硅烷通过催化加氢生产3-氨丙基三乙氧基硅烷，乙烯基三甲氧基硅烷通过酯交换反应合成 $H_2C=CHSi(OCH_2CH_2OMe)_3$，利用3-氨丙基三乙氧基硅烷转化成多种其他硅烷偶联剂，以及利用巯烃基与烯的加成反应合成新型的SCA等。

1.3.5 大分子硅偶联剂的制备简述

大分子硅偶联剂（MSCA）虽是一类新型的有机硅偶联剂，但历经20多年的实验室研究表明有些合成方法可以进行产业化开发，本节仅对这些方法予以简述，其详情请参见第11章有关部分。

MSCA是在SCA基础上发展起来的一类复合材料制备的功能助剂，其合成过程中都需以SCA或其他有机硅化合物作为合成原料，再配以苯乙烯、各种不同化学结构的（甲基）丙烯酸酯、马来酸酐等有机聚合物专用单体或大分子单体；MSCA制备方法可采用通常的自由基聚合、缩合等方法合成无规的共聚物；采用原子转移自由基聚合（ATRP）方法，则不仅可合成无规的MSCA，还可以合成嵌段的、接枝的或星型等化学结构、具有碳链的MSCA。以SCA为合成原料，配以其他合适的有机硅单体，采用水解缩合或杂缩聚（异官能团缩合）方法制备硅氧主链型的MSCA；或以硅氢单体为合成原料，再配以其他有机硅单体，采用水解缩聚或杂缩聚方法先制备具烷氧基的含氢硅油，再将其与含有机官能团的不饱和化合物进行硅氢化反应，这些方法可以制得具有硅氧主链的MSCA。此外，用具有反应性官能团的聚合物和SCA为合成原料，通过大分子反应也可以合成MSCA。采用辐射接枝、熔融接枝等物理/化学相结合的方法，将具有乙烯基的硅烷偶联剂接枝到聚乙烯、聚丙烯或乙丙三元胶已是目前高分子加工中常用的一种合成MSCA方法。

1.4 有机硅偶联剂的化学通性

SCA和MSCA两类有机硅偶联剂的化学结构中都含有硅官能团（X）和有机官能团（碳官能团Q），这两类官能团都是可进行化学反应的活性基团。此外，还有将硅官能团和碳官能团键合在一起的具惰性的连接基团 R′或大分子链，以及硅—碳键合的惰性烃基 R。不同硅烷偶联剂的硅官能团可进行的化学反应基本类似，而碳官能团所能进行的化学反应则不相同，各具特性。因此本节将重点讨论具通性的硅官能团化学性质，只提及碳官能团某些共性，还包括连接碳官能团与硅官能团的 R′基和大分子链。本书后面所涉及不同硅烷偶联剂章节中还将对碳官能团特性作进一步阐述。

1.4.1 硅官能团的化学反应

有机硅偶联剂中的硅官能团包括通过硅—氧键合的烷氧基（如—OMe）和酰氧基（如—OAc），以及硅—卤键合的氯和硅—氮键合的氨基或假卤素（如—NCO）等。硅与硅官能团虽是通过共价键连接，但它们的离子化特征（离子性，%）较大（如 Si—O 键为 50%，Si—Cl 为 30%，Si—N 为 30%），离子键能小（如 Si—Cl 为 795kJ/mol）。因此硅烷偶联剂中的硅官能团具有无机化合物特性，化合物中硅与硅官能团的键合或断裂取决于反应物和生成物的浓度，及其化学反应平衡常数。催化剂存在可以改变反应速率，如果反应过程中不注意打破平衡，则对反应体系中最终产物组成和含量并无影响。

硅元素处于元素周期表第ⅣA 族第三周期，有 d 电子参与成键，它的配位数可大于 4，它的电负性仅为 1.8，是准金属。因此硅烷偶联剂中硅官能团较容易按 S_N2 反应过程发生亲核取代反应。各种不同类型的硅烷偶联剂都可以发生水解、醇解和缩合反应，并因酸、碱催化而使反应加速；但反应难易则随硅烷偶联剂中硅官能团化学结构和基团大小不同而异。此外还受碳官能的电子效应、空间因素和酸、碱性影响。综上所述对硅官能团的讨论，我们在合成硅烷偶联剂和使用它时，既要注意这类有机硅化合物所具有的无机化合物特性，也要考虑它所含有机官能团（Q）及硅—碳官能团（Q—R′—Si≡）中的连接亚烃基—R′—的影响，或化合物有无惰性的 R 取代基的影响。

1.4.1.1 水解反应

$$QR'\overset{|}{\underset{|}{Si}}X + H_2O \longrightarrow QR'\overset{|}{\underset{|}{Si}}OH + HX$$

X=—Cl、—OAc、—OMe、—OEt、—OCH_2CH_2OMe 等硅官能团。

硅烷偶联剂因水解而产生有机硅醇（$QR'\overset{|}{\underset{|}{Si}}OH$），如果不控制反应条件，比如介质的 pH 值和温度等，硅醇基团是不会稳定存在的，它会进一步缩合成具有硅—氧—硅键（≡Si—O—Si≡）的化合物或低聚物。反应条件的控制对硅烷偶联剂的使用十分重要。下面以三烷氧基硅烷偶联剂为例讨论该反应及其影响因素。

① 硅烷偶联剂化合物进行水解，其反应是逐步进行的平衡反应。

$$QR'Si(OR)_3 + H_2O \rightleftharpoons QR'Si(OR)_2OH + ROH$$

$$QR'Si(OR)_2OH + H_2O \rightleftharpoons QR'Si(OR)(OH)_2 + ROH$$

$$QR'Si(OR)(OH)_2 + H_2O \rightleftharpoons QR'Si(OH)_3 + ROH$$

根据上述反应是通过三步进行，我们可以定量加水和采用不同加水方法（比如水用醇稀释等），创造需要达到目的物的反应条件（如控制一定 pH 范围和反应温度），使水解反应进程得到一定控制。但应注意硅羟基是不稳定的，容易脱水缩合，从而打破平衡。

② 酸和碱都可以催化水解加速，特别是强碱或强酸，它们除催化加速水解外还会影响水解产物硅醇进一步脱水缩合反应（见下文 1.4.1.2），使反应向右移动，促使反应不能控制在某一阶段。

③ 相同类型（具有相同碳官能团）的硅烷偶联剂，如 $QR'SiX_3$，当硅官能团（—X）不同时，其水解速率不同；在同一硅烷偶联剂化合物中，如含有不同硅官能团（如—SiX_2X'）时，其水解速率也会不同。水解反应速率的快或慢与硅官能团的亲水或疏水性、空间位阻的大小有关，其规律如下次序所示：

$$—Cl > —OAc > —OMe > —OCH_2CH_2OMe > —OEt$$

④ 水解反应还受化合物中硅官能团（—X）多少影响，通常化合物中硅官能团多时水解反应速率快，水解后所得到的硅醇化合物的稳定性次序也具相同规律。

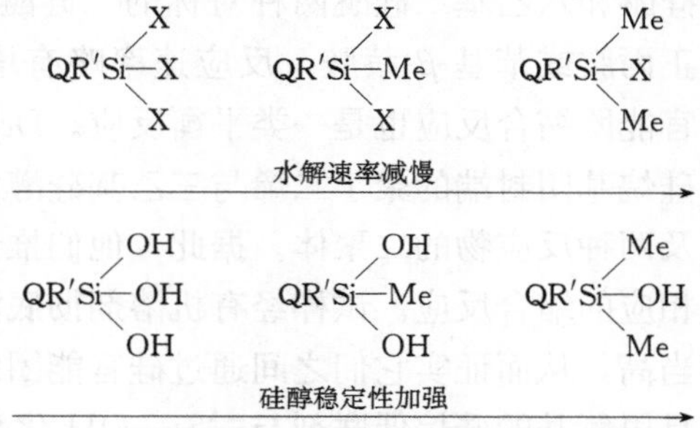

$$QR'Si(X)_2—X \qquad QR'Si(X)_2—Me \qquad QR'Si(Me)_2—X$$

水解速率减慢 →

$$QR'Si(OH)_2—OH \qquad QR'Si(OH)_2—Me \qquad QR'Si(Me)_2—OH$$

硅醇稳定性加强 →

⑤ 硅烷偶联剂水解反应及其伴随产生的缩合反应还随环境温度、湿度变化，温度、湿度升高，水解速率加快。

⑥ 水解反应是放热反应。因此，为了得到较稳定硅醇化合物降低反应温度是必要的。

1.4.1.2 缩合（缩聚）反应

硅烷偶联剂中的硅官能团水解后，得到含硅醇基团（≡Si—OH）的化合物，它们之间易发生缩合反应，硅羟基还易与具不同硅官能团化合物之间进行缩合反应；这两种类型的缩合反应都形成≡Si—O—Si≡类型化合物，在适合的条件下，还可以缩聚成聚硅氧烷化合物。

相同硅烷偶联剂水解的硅羟基（≡Si—OH）分子间脱水缩合，如下式：

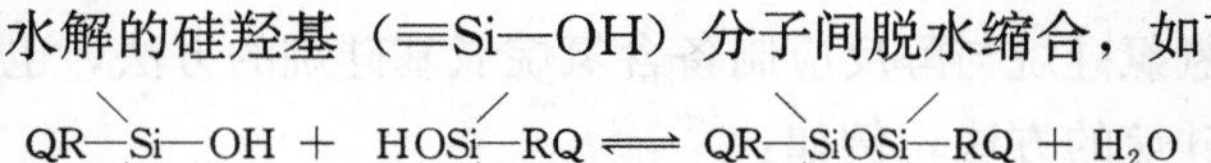

$$QR—Si—OH + HOSi—RQ \rightleftharpoons QR—SiOSi—RQ + H_2O$$

这种缩合反应在有足够的水存在下可以一直进行下去，当硅烷偶联剂具有三个可以水解的硅官能团时，可缩聚成为体型网状聚硅氧烷，例如：

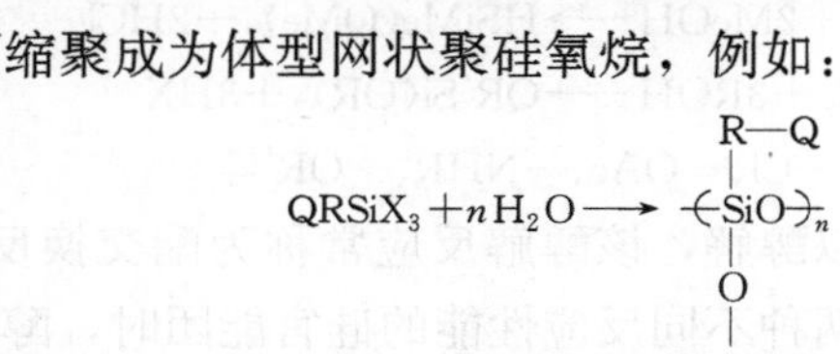

$$QRSiX_3 + nH_2O \longrightarrow \left[\begin{array}{c} R—Q \\ | \\ SiO \\ | \\ O \end{array} \right]_n$$

如果只有两个可水解硅官能团时，则可缩聚成为环状的和线型的聚硅氧烷：

$$nQ{-}R'{-}SiMeX_2 \xrightarrow{H_2O} \boxed{\underset{\underset{R'-Q}{|}}{\overset{\overset{Me}{|}}{(Si-O)_m}}} + HO\underset{\underset{R'-Q}{|}}{\overset{\overset{Me}{|}}{(Si-O)_n}}H$$

硅烷偶联剂已水解生成具≡Si—OH的硅醇化合物，可与相同硅烷偶联剂还未水解的硅官能团相互发生脱小分子（如醇等）的缩合反应，或与其他含硅官能团的有机硅化合物之间发生缩合反应。这两种缩合反应常称为异官能团缩合（或杂缩聚），如下式：

$$Q{-}R'{-}\overset{\diagup\diagdown}{\underset{\diagup\diagdown}{Si}}{-}OH + X\overset{\diagup\diagdown}{\underset{\diagup\diagdown}{Si}}{-}R'{-}Q \rightleftharpoons Q{-}R'{-}\overset{\diagup\diagdown}{\underset{\diagup\diagdown}{Si}}{-}O{-}\overset{\diagup\diagdown}{\underset{\diagup\diagdown}{Si}}{-}R'{-}Q + HX$$

Dreyfuss等[16] 利用气-液色谱研究了三甲基甲氧基硅烷与三乙基硅醇的反应：反应试剂在室温下混合后，立即生成甲醇以及不对称的有机硅醚(1,1,1-三乙基-3,3,3-三甲基二硅醚)。

$$Me_3Si{-}OMe + HOSiEt_3 \longrightarrow Me_3SiOSiEt_3 + MeOH$$

此外，还有六甲基二硅醚和六乙基二硅醚两种对称的二硅醚产生。该反应2h左右达到表观平衡，加入醋酸、正丙胺或苯基-β-萘胺，反应速率略有增加。但产物的组成及产量均无显著变化，表明异官能团缩合反应也是一类平衡反应。Dreyfuss等[17] 在上述工作基础上又研究了二甲氧基硅烷基团封端的聚丁二烯与三乙基硅醇的反应。反应容易在室温的苯中进行，生成甲醇以及两种反应物的二聚体。据此，他们推论出硅烷化的聚丁二烯与玻璃表面的硅醇之间发生相应的缩合反应。试样经有机溶剂彻底洗涤后，硅烷化的聚丁二烯在玻璃片上的保持率相当高，从而证实它们之间通过硅官能团缩合的键合作用。

从上述实验可以看出具甲氧基的硅烷偶联剂与≡Si—OH化合物的异官能团缩合是较易进行的。其乙氧基的硅烷偶联剂与≡Si—OH之间发生缩合反应就要难一些，这与乙氧基空间位阻大和疏水性较好有一定关系。

均缩聚与杂缩聚这两类缩合反应也因酸、碱，特别是强酸或碱催化加速，Sn、Ti、Pb、Fe等重金属盐、氧化物或它们的有机化合物也可以催化加速反应。

两类缩合反应既可在不同硅烷偶联剂之间进行，也可以在低聚物分子内或分子间进行，硅烷偶联剂还可以与无机基材料表面的羟基、有机物或聚合物中羟基、酯基等可反应的基团反应。也因如此特性使硅烷偶联剂在无机/有机复合材料改性中得到广泛应用。

1.4.1.3 醇解反应

醇解反应是含氢氯硅烷与醇反应制备含氢烷氧基硅烷的方法，也是由具其他硅官能团转化成有机烷氧基硅烷的方法，例如：

$$HSiCl_3 + 3EtOH \longrightarrow HSi(OEt)_3 + 3HCl$$
$$HSiMeCl_2 + 2MeOH \longrightarrow HSiMe(OMe)_2 + 2HCl$$
$$QR'SiX_3 + 3ROH \longrightarrow QR'Si(OR)_3 + 3HX$$
$$X = {-}Cl、{-}OAc、{-}NHR、{-}OR'\text{等}$$

含烷氧基硅烷的偶联剂也可以醇解，该醇解反应常称为酯交换反应。为了特殊需要，在同一硅烷偶联剂化合物中需具两种不同反应性能的硅官能团时，醇解反应是一种很方便的合成方法。如：

$$QR'Si(OMe)_3 + ROH \longrightarrow QR'Si(OMe)_2(OR) + MeOH$$

R为乙基、丙基等

硅烷偶联剂醇解反应类似于水解反应，其反应逐步进行，也是平衡反应。反应中产生的副产物能即时排出反应体系或转化成不影响反应平衡的其他化合物，比如氯硅烷醇解时加入氨（胺）形成氨（胺）盐，则有利于反应向右进行。

$$Q{-}R'{-}SiX + ROH \rightleftharpoons Q{-}R'{-}Si{-}OR + HX\uparrow$$

当硅烷偶联剂化合物的硅官能团为氯时，醇解时会产生干燥的氯化氢，它可以进一步与醇反应，生成卤代烷和水的副反应，特别是甲醇容易发生这种副反应。

$$ROH + HCl \xrightarrow{\text{催化剂}} RCl + H_2O$$

该副反应在有痕量催化剂 $FeCl_3$、$ZnCl_2$ 等路易斯酸存在时会加速。因此，采用醇解法合成烷氧基硅烷时，原料、设备材质和工艺过程都应考虑这种副反应。

氯硅烷醇解反应是放热反应，尤其醇解反应初期，注意尽快将反应热量排出，这对抑制氯硅烷醇解的副反应是有利的。

硅烷偶联剂醇解反应的其他影响因素，也类似于前述水解反应，但与相应的水解反应比较，其反应的速率要慢得多。因此，硅烷偶联剂的硅官能团醇解时，通常需加入酸或碱作为催化剂，才能使醇解反应彻底进行。一些硅烷偶联剂中虽具酸性或碱性的碳官能团，但因酸、碱性较弱时，还不足以催化醇解反应进行彻底，还需加入催化剂，如 γ-氨丙基三甲氧基硅烷醇解时就需以醇钠或氢氧化钠作催化剂。

$$H_2N(CH_2)_3Si(OMe)_3 + 3ROH \xrightarrow{NaOEt} H_2N(CH_2)_3Si(OR)_3 + 3MeOH$$

醇解反应速率还随反应原料醇的化学结构而变化，用伯醇、仲醇和叔醇进行醇解时，叔醇最慢；醇的分子量增大醇解速率降低，如高级醇用于醇解时，除需加催化剂外，有时还需升高反应温度和在反应体系中加入副产物的吸收剂，如氯化氢常用碱性有机物吸收；将醇解反应生成的小分子随时蒸出，以利于醇解反应向右进行也是很好的方法。

1.4.1.4 硅官能团再分配反应

连接在同一或不同硅原子上的基团，包括烃基、氢和硅官能团（如卤素、甲氧基、乙氧基等），通常在催化剂存在下，控制一定温度，这些基团之间可以相互交换，实现基团的再分配。处于两个不同化合物硅原子上的基团，硅官能团之间或硅官能团与其他有机化合物基团之间也可相互交换，实现基团的再分配。例如：

$$CH_2{=}CHCH_2Si(OEt)_3 \rightleftharpoons (CH_2{=}CHCH_2)_nSi(OEt)_{4-n}$$

$$NC(CH_2)_3SiMeF_2 + Me_2Si(OEt)_2 \longrightarrow NC(CH_2)_3SiMe(OEt)_2 + Me_2SiF_2$$

在进行再分配反应过程中基团的种类与数量都不变，但生成了不同于起始原料化学结构的化合物。该反应既是合成硅烷偶联剂原料的一种方法，有时也是硅烷偶联剂合成时收率降低的原因之一。

1.4.2 碳官能团的化学共性

硅烷偶联剂中碳官能团的化学性质类似于有机化合物或高分子聚合物中的有机官能团的化学性质，有机化学或高分子化学中有关官能团可能进行的化学反应，有机硅化合物中的碳官能团都可能发生（请参见本书中硅烷偶联剂各章有关阐述）。应注意：硅烷偶联剂中含有硅官能团，它易发生水解、醇解和缩合反应。因此，当我们需利用硅烷偶联剂中碳官能团进行化学反应时，反应条件是否对硅官能团有影响，如合成反应需在水介质中进行，由于硅官能团易水解，不控制适当的反应条件就可能达不到还需保留硅官能团的预期结果。如我们想利用偶联剂中的氰基水解合成具羧基的硅烷偶联剂时，硅官能团也会水解，容易得到具羧基的聚硅氧烷。

$$NCCH_2CH_2SiMeCl_2 \xrightarrow{水解} \left(\underset{CH_2CH_2COOH}{\overset{Me}{Si}} - O \right)_n$$

利用硅烷偶联剂中碳官能团的反应性，可以合成新的有机硅化合物或新的硅烷偶联剂，这也是我们制备硅烷偶联剂的一种方法。如以3-氯丙基三烷氧基硅烷为原料合成3-氨丙基三烷氧基硅烷等（请参见本书4～10章有关阐述）。

$$(RO)_3SiCH_2CH_2CH_2Cl + 2NH_3 \xrightarrow[\triangle]{} (RO)_3SiCH_2CH_2CH_2NH_2 + NH_4Cl$$

利用硅烷偶联剂中碳官能团的反应性，我们还可以将易水解的硅官能团引入到有机聚合物中，从而得到新的水交联或室温交联高分子材料，如水交联聚乙烯、有机硅改性室温硫化聚氨酯等。

利用硅烷偶联剂中碳官能团的反应性，我们还可以将有机硅氧链段接枝或嵌段到有机聚合物中，也可以将有机聚合物链段接枝或嵌段到有机聚硅氧烷中，方便地完成有机硅对有机材料或有机化合物对有机硅材料的改性，从而获得大分子硅偶联剂或具特殊性能的高分子材料。

$$\left(CH_2CH_2 \right)_m \left(CH_2 - \underset{Si(OC_2H_5)_3}{CH} \right)_n$$

当今用于有机材料改性的有机硅大分子单体，或用于对有机硅材料改性的大分子有机单体也可利用硅烷偶联剂来制备，例如下述大分子单体：

$$CH_2{=}\underset{Me}{C}-\overset{O}{\overset{\|}{C}}-OR-\underset{Me}{\overset{Me}{Si}}-O\left(\underset{Me}{\overset{Me}{Si}}O\right)_n SiMe_3, \quad CH_2{=}\underset{Me}{C}-\overset{O}{\overset{\|}{C}}OR'\left(\underset{Me}{\overset{Me}{S}}Oi\right)_n SiMe\begin{matrix}OR\\OR\end{matrix},$$

$$\underset{\diagdown O \diagup}{CH_2CHCH_2}O\left(CH_2\right)_n\underset{Me}{\overset{Me}{Si}}-O\left(\underset{Me}{\overset{Me}{Si}}O\right)_n SiMe_3, \quad CH_2{=}CH-\underset{Me}{\overset{Me}{Si}}-O\left(\underset{Me}{\overset{Me}{Si}}O\right)_n SiMe_3。$$

利用硅烷偶联剂碳官能团的反应性，可以将酶固定在硅藻土等无机载体上，也可以将均相配合物催化剂固定在SiO_2上。迄今研究者们在制备光电、光色和分离等功能材料时，硅烷偶联剂常派上用场。有机材料功能化是现代材料研究热点之一，今后利用硅烷偶联剂制备功能材料的产业化开发还有很多工作可以做。

1.4.3 碳官能团与硅的连接基团（—R′—）对性能的影响

当有机硅偶联剂（≡Si—R′—Q）中碳官能团通过亚烷基［如$\text{-(}CH_2\text{)}_3\text{-}$］和亚芳基（如—⟨苯环⟩—）键合在甲硅基上之后会使有机硅偶联剂中的碳官能团具有化学稳定性。当偶联剂中—R′—基团为$\text{-(}CH_2\text{)}_n\text{-}$时，只有$\text{-(}CH_2\text{)}_n\text{-}$中$n=1$和$n\geqslant 3$时是常用的，因为$n=2$的化合物不稳定，这三种亚烷基稳定性具下次序：$\text{-(}CH_2\text{)}_3\text{-}>—CH_2—>—CH_2CH_2—$。其中$\text{-(}CH_2\text{)}_2\text{-}$稳定性差的原因可认为在酸、碱或高温下，化合物中那些具有未共用电子对的元素所构成的碳官能团都具有极性；极性基团仅通过两个碳原子连接在硅上时，易导致硅—碳键易断裂，这种现象称为β效应。因此，只含两个碳原子的亚烷基$\text{-(}CH_2\text{)}_2\text{-}$作为连接基团R′的偶联剂很少。当—R′—基团为亚芳基时，这类有机硅偶联剂通常要比亚烷基连接碳官能团的偶联剂耐热性提高近100℃左右，因此将其用于耐高温涂层或有机材料中较好，但合成具亚芳基的有机硅偶联剂不像亚烷基方便。

Andrianov等[18]研究过具甲基、乙基或丁基三氯硅烷的水解反应和缩合反应，以及较高级的烷基三氯硅烷的水解缩合反应，前者较低级的烷基三氯硅烷水解产物会迅速缩合成不溶性的交联树脂，而后者得到的产物可溶于有机溶剂，还能在真空下蒸馏。实验表明：随着硅原子上烷基R尺寸的增大，有机硅烷化合物水解后，硅醇中间体的稳定性提高，在聚合时形成环状硅氧烷的倾向也增大。最终的蒸馏产物是立方形的八聚体。Sprung和Guenther[19]研究了正戊基三乙氧基硅烷和苯基三乙氧基硅烷在含有酸和碱催化剂的均相溶液中的水解。在酸催化剂作用下水解，生成含有硅醇残基和乙氧基硅烷端基的可溶活性低聚物；在碱催化剂作用下水解，生成硅醇和乙氧基硅烷含量低得多的可溶性低聚物。这两种低聚物都被认为是由稠环状四硅氧烷组成的，其结构包括从“梯形”到立方形八聚体（参见下文1.5.3）。

据上述研究，虽然不是含碳官能团的有机硅烷化合物的水解，但也足以证明—R′—对有机硅偶联剂水解、缩聚的影响，在合成应用有机硅偶联剂时必须考虑—R′—所起的作用。这也是为什么常用的偶联剂的连接基团—R′—选用三个碳原子亚烷基而不是具四个碳原子以上的亚烷基的原因之一。据称含碳R′的有机硅偶联剂用于聚合物复合材料中有利于增韧和垂直取向，这是可利用的特性，但上述弊端要在使用时注意避免，它们的合成原料不易获得也应予以考虑。

1.4.4 大分子硅偶联剂聚合物链的通性

MSCA与SCA中的反应性官能团具有相同或类似的化学结构，它在应用过程中发挥偶联的化学或物理作用不会有什么区别，MSCA与SCA之间差异就在于MSCA具有针对复合材料的聚合物基料设计并合成的聚合物链。MSCA聚合物链通性有三：其一，MSCA的大分子链能与聚合物基的高分子链相互扩散、缠结或互穿网络，从而使聚合物基复合材料的界面形成有效的结合；还可能在两相间引入柔性界面层，既增加两相间的界面结合力，也增加了界面在应力作用下的形变能力，从而使复合材料的强度、模量和韧性可以同时提高。其二在于 MSCA 不仅可利用化学结构中的硅官能团的化学反应与无机物料相互作用而发生偶联作用，还因其长的、具反应性的聚合物链可以用于包覆矿粉等无机物料，使无机粉体等物料表面有机化，从而可使有机硅偶联剂应用领域扩展到几乎所有聚合物基复合材料中，处理无机物的增强、增容及有关改性处理。其三则是 MSCA 聚合链可以通过设计和选择合成方法，制备成多种多样的接枝、嵌段、星型等共聚物；20 世纪以来接枝、嵌段等共聚物因聚合物合金发展而得到应用，其具反应性的接枝、嵌段型相容剂已备受研究和开发者青睐。此外，硅烷偶联剂大分子化之后，它在使用过程中可以减少 VOC 排放，受到使用者欢迎，这也是 SCA 比其逊色的地方。

1.5 硅烷偶联剂溶液

硅烷偶联剂和一些烃基硅烷化合物用于玻璃纤维、无机粉体、金属材料或其他无机材料表面处理时，往往需将它配制成溶液。如此既可使硅烷偶联剂在无机物表面分布均匀，又可达到降低硅烷偶联剂使用量的目的。常用的溶剂有水或乙醇、丙酮等有机溶剂，或将它们复配成混合溶剂，如水和乙醇、乙醇和乙醚等。选用水作溶剂是值得倡导的，也最符合绿色化学原则。了解不同类型的硅烷偶联剂在水或非水溶剂中物理化学行为是必要的，对用好硅烷偶联剂会有很大帮助。

1.5.1 中性硅烷偶联剂水溶液

1.5.1.1 溶解性

乙烯基烷氧基硅烷、甲基丙烯酰氧烃基烷氧基硅烷、氯代烃基烷氧基硅烷、环氧烃基烷氧基硅烷、巯烃基烷氧基硅烷和多硫烃基烷氧基硅烷等偶联剂，以及不含碳官能团的烃基烷氧基硅烷等化合物都属于中性硅烷偶联剂或称为中性有机硅烷化合物。中性有机硅烷化合物是使用面最广、用量最多的硅烷化合物。从这类化合物的化学结构即可认为是中性的，因为它们不含具酸性或碱性的官能团，在水中水解后也不会有酸性或碱性小分子放出，其水溶液也显中性。这类有机硅烷化合物在被水解前是不溶于水的，加入水中后，首先得到水的悬浮液（浑浊状），当它充分与水混合或在水中加入乙酸酸化促进水解，即得到含硅羟基的化合物后，在一定含量的情况下才会变成清亮的水溶液。硅烷偶联剂加入水和乙醇配制的混合溶液中，或先将硅烷化合物溶于一定的乙醇中，再加入水中，这样的操作有利于中性硅烷化合物在水中分散，促进它们水解。

硅烷偶联剂溶解于水中的速度既取决于硅官能团，也取决于碳官能团的化学结构，硅官能团在水中水解，以及溶于水中的难易遵循 1.4.1 所讨论有关规律。碳官能团对水解速率的影响请参见表 1-2 列出的有关实验数据。

表 1-2 中性硅烷偶联剂在水中溶解的实验数据[20]

国内商品代号	硅烷偶联剂化合物	水的最高稀释量/mL	轻度浑浊时间
WD-21	CH_2═$CHSi(OMe)_3$	50	45s
	$EtSi(OMe)_3$	50	20min
	$ClCH_2C_6H_4Si(OMe)_3$	5.4	20min
WD-31	$ClCH_2CH_2CH_2Si(OMe)_3$	50	4min
WD-80	$HSCH_2CH_2CH_2Si(OMe)_3$	50	7min
WD-70	CH_2═$C(CH_3)COOCH_2CH_2CH_2Si(OMe)_3$	50	6min
WD-60	$\overset{O}{\overbrace{CH_2—CH}}CH_2OCH_2CH_2CH_2Si(OMe)_3$	50	即刻

该实验是按下述操作程序完成：称取 1g 硅烷偶联剂溶于 2mL 异丙醇和三滴醋酸的溶液，所得溶液 pH 值为 3.8。再用滴定管滴加去离子水，滴加速度使溶液保持轻度浑浊。每分钟记录一次滴加水的体积，直至滴加 50mL 水后而溶液仍保持清澈（2%溶液）或轻度浑浊的样品，可视为能无限稀释。不能稀释至 50mL 的样品用配制水溶液的最高用水量描述。

从表 1-2 中可见中性的硅烷偶联剂在水中溶解速率与化合物中有机官能团取代烃基的亲水性的不同并有明显差异，这些硅烷化合物在水中溶解速率依次降低：

WD-60＞WD-21＞WD-31＞WD-70＞WD-80＞＞$ClCH_2C_6H_4Si(OMe)_3$、$EtSi(OMe)_3$

1.5.1.2 中性硅烷偶联剂水溶液稳定性

中性的硅烷偶联剂在水溶液中水解生成相应的硅醇，硅醇通常是不稳定的，放置会缩聚成低聚合度的硅氧烷醇。随着放置时间延长或放置温度升高，缩聚物的分子量加大，溶液由清澈变浑浊，最后析出油状物。它们在水中的稳定性可用乙烯基三甲氧基硅烷水溶液为例予以说明：将乙烯基三甲氧基硅烷加到含有 5 滴醋酸的 100mL 去离子水中，调整溶液的 pH 值，定时观察溶液的清澈度，当溶液接近稳定性极限时，通常在短时间内就变浑浊，实验结果见表 1-3。

表 1-3 CH_2═$CHSi(OMe)_3$ 在水中的稳定性[21]

浓度/%	pH 值	添加的材料	至浑浊的时间
10.0	1.5	HCl	29min
3.0	1.5	HCl	1h
0.1	1.5	HCl	＞100h
3.0	1.0	HCl	14min
3.0	1.5	HCl	1h
3.0	1.5	HCl＋0.001mol/L HF	10min
3.0	1.5	25%MeOH	2h
3.0	1.5	50%MeOH	8h
3.0	2.0	HCl	5.5h
3.0	4.5	HOAc	11h
3.0	5.0	HOAc＋NaOH	2.25h
3.0	5.5	HOAc＋NaOH	0.75h
3.0	6.0	HOAc＋NaOH	15s
3.0	7.0	HOAc＋NaOH	1s

实验结果表明：CH_2═CH—Si(OMe)$_3$ 在各种情况下的稳定性随着用水稀释的程度增大而提高；稳定性受 pH 值的影响很大，当 pH 值为 2～4 时，稳定性最高；当在溶液中加入 MeOH 时，稳定性提高；如果有痕量 F^- 存在，稳定性降低。

1.5.1.3 水溶液中的缩合（缩聚）反应

当溶液的 pH 值为 3～4 时，将中性的硅烷偶联剂（QR′SiX$_3$）加入其中，在 1～30min 内可完全水解成有机硅烷三醇 QR′Si(OH)$_3$。具体时间既取决于含碳官能团的基团的化学结构，也与参与水解的硅官能团化学性质有关。有机硅烷三醇很不稳定，它会缩合成二硅氧烷醇、三硅氧烷醇和聚合度更高的硅醇低聚物。下面以乙烯基三甲氧基硅烷配制成的 10%水溶液为例，测定水溶液中的硅醇及其低聚物的组成和含量，其结果见表 1-4。

表 1-4 CH_2═CHSi(OMe)$_3$ 的水溶液中硅醇及其低聚物的组成[22]

溶液		组成/%			
		单体	二聚物	三聚物	四聚物
新鲜的	pH=2.0	82	15	3	—
浑浊的	pH=2.0	34	23	30	13

该实验是按 Lentz[23] 的方法进行的，在低温下将定量乙烯基三甲氧基硅烷溶于水中，控制 pH 值为 2，新鲜配制的溶液或放置浑浊后的溶液分别用三甲基甲硅烷化试剂（如三甲基氯硅烷）处理，使其硅醇硅烷化后再进行色谱分析。从表 1-4 中我们可清楚看到硅烷偶联剂在水中水解和缩聚的结果。如果该水溶液不用三甲硅基化合物硅烷化，它一直会缩聚成不溶于水的笼型乙烯基倍半硅氧烷和交联的乙烯基聚硅氧烷析出。当用 QR′SiMeX$_2$ 类型的硅烷偶联剂做同样试验，将得到环状硅氧烷和羟基硅油。

1.5.1.4 提高水溶液稳定性的办法

硅烷偶联剂在水中稳定性好，使用比较方便，预处理无机物表面也会更有效，很多研究结果是有效的，现归纳如下。

① 调整水溶液 pH 值在 2～4，视不同的硅烷化合物而异。

② 加入适量的甲醇或乙醇有利于水溶液稳定。

③ 加入弱酸性阴离子（如醋酸）有机硅表面活性剂有利于硅烷化合物分离和水解，有利于水溶液稳定。多官能团羧酸通常比单官能团羧酸好，含磷酸酯官能团的有机硅化合物是优良的稳定剂。

④ 控制水溶液浓度也是必要的。

1.5.2 氨烃基硅烷偶联剂水溶液

中性的烷氧基硅烷醇水溶液中容易形成不溶性凝胶，其水溶液的 pH 值控制在 2～4 稳定性好，根据这些事实，可以认为具有碱性的 3-氨丙基三烷氧基硅烷（如 WD-50）应更易形成凝胶，因为碱可催化≡Si—OH 加速缩聚成不溶物，使溶液浑浊。但实验结果恰恰相反，3-氨丙基三乙氧基硅烷稀水溶液较稳定，它在水中可以形成浓度低的溶液。对于该现象，研究者认为可能的解释如下[24]：该化合物水解后产生的3-氨丙基硅醇化合物中的≡Si—OH容易与氨基形成分子内具氢键的七元环，因此不易缩合交联形成聚硅氧烷，如图1-1所示。

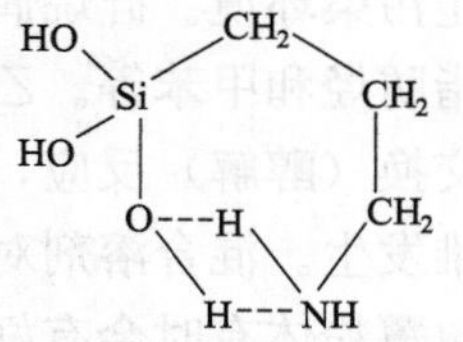

图1-1　在水溶液中3-氨丙基三（羟基）硅烷可能形成含氢键的环状化合物

3-氨丙基三烷氧基硅烷在pH＝3～6的水溶液中，水解后生成的硅醇比较稳定，原因则可认为水解产物在介质中生成两性离子［$O^{\ominus}(HO)_2Si—CH_2CH_2CH_2NH_3^{\oplus}$］有关，即在pH＝3～6的酸性溶液中，3-氨丙基三烷氧基硅烷水解产物中的胺被质子化，形成了可溶性的盐。

3-氨丙基三乙氧基硅烷在适合的碱性溶液中，硅醇基团的稳定性要低得多，它被碱催化缩合成聚硅氧烷。硅烷偶联剂分子中存在的较大的连接基团—R′—在水解缩合时会促进环化反应，从而生成低聚具笼型结构的有机倍半硅氧烷。如果硅原子上的氨烷基或连接基团—R′—具有足够的亲水性，如乙二胺基或—缩乙二胺基等碳官能团，其聚硅氧烷就可能保持它的水溶性。文献报道曾制备了一系列含有乙二胺（En）官能团的硅烷，其中乙二胺的第一个氮原子与硅相隔1～8个原子。以这些硅烷作为试样配制成10%水溶液，并观察这些水溶液的稳定性，其结果如表1-5所示[25]。

表1-5　氨基官能团硅烷在水中的溶解性

$(MeO)_3Si—R—En$结构中的R	原始溶液	10%溶液的稳定性
$—CH_2—$	清澈	①
$\leftarrow CH_2 \rightarrow_2$	清澈	①
$\leftarrow CH_2 \rightarrow_4$	清澈	①
$\leftarrow CH_2 \rightarrow_6$	轻度浑浊	40d
$—CH_2CH_2C_6H_4CH_2—$	浑浊	17d
$—(CH_2)_3OCH_2CH(OH)CH_2—$	清澈	①

① 超过3个月仍保持稳定。

3-氨丙基三烷氧基硅烷（如WD-50等）在溶解于水之前，先用过量醋酸中和，配制成1%～3%的新鲜溶液，其中会有含量较高的硅烷三醇。如果能较精确地控制WD-50水溶液的pH＝7时，WD-50在水中水解缓慢。在这种条件下，它的溶液类似于乙烯基三乙氧基硅烷等中性的硅烷偶联剂的水溶液。

3-氨丙基三烷氧基硅烷在强碱性条件下，氨烷基硅烷的水溶液则以单体氨烷基有机硅酸盐的形式存在：$(—O)_3SiCH_2CH_2CH_2NH_2$，它溶解于碱溶液中。

1.5.3　硅烷偶联剂的非水溶液

硅烷偶联剂处理粉体材料和基材表面时，有时将其与有机溶剂配制成溶液再使用，其优点在于容易取代粉体表面吸附的空气和水，润湿粉体同时还有利于偶联剂化合物的硅官能团与粉体表面羟基等相互键合。将硅烷偶联剂预先配制成有机溶液，再用来处理粉体或其他无机底物，其效果显然是好的，但使用者应事先注意是否有较好的方法回收溶剂或防止污染环境。硅烷偶联剂几乎在各种有机溶剂中都能溶解，常用低级醇、丙酮、醚、低级脂肪烃和甲苯等。乙醇虽然易和包括中性硅烷偶联剂在内的多种硅官能团化合物发生基团交换（醇解）反应，但不会对使用有影响，尤其是在溶液加入一点水时，该交换反应就较难发生。混合溶剂对稳定溶液、调节溶剂挥发速度和硅烷偶联剂与处理底物的充分键合或包覆粉体有时会有好处。我们研究用有机硅烷化合物（$RSiX_3$）作为 K_9 光学玻璃及其增透膜表面保护时，通常采用硅烷化合物含量为 2%以下的乙醇和乙醚（体积比为 4∶1）混合溶液，其效果比单用乙醚或乙醇作溶剂好很多。

硅烷偶联剂 $QR'SiX_3$ 溶解于醇类、醚类等溶剂中，使其部分水解，它仍能形成清澈的溶液。如果加入烃类溶剂开始可能浑浊，放置一定时间后，亦可清澈。彻底水解的硅烷偶联剂在有机溶剂中容易发生缩合反应。

Brown 等[26,27] 研究了环己基硅三醇和苯基硅三醇的缩合反应。苯基硅三醇［$C_6H_5Si(OH)_3$］作为纯净的单体分离出来，由苯基硅三醇得到的缩合产物可以看作具有中性碳官能团的硅烷偶联剂水解和缩合后得到的产物的代表。该硅醇化合物在中性的甲苯溶液中不高的温度下缩合，主要生成环状的四硅氧烷，环状三硅氧烷的生成量极少。如果以 $T(OH)_3$ 或 ⅄ 作为烃基硅三醇的符号，由溶液中缩合的主要过程如图 1-2 所示。

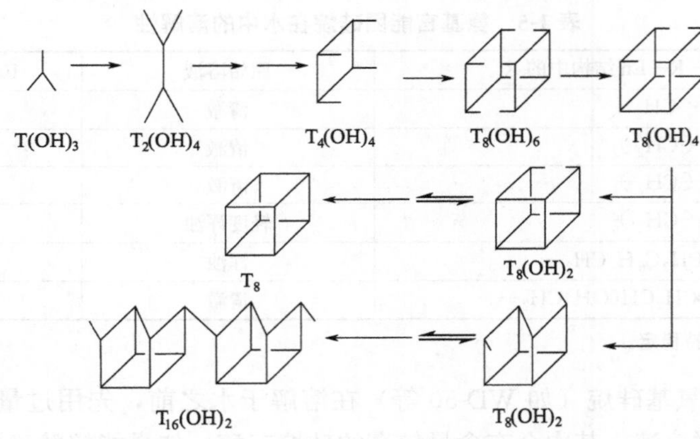

图 1-2　烃基硅三醇缩聚成倍半聚硅氧烷过程示意

1.6　有机硅偶联剂生产绿色化和产业生态化

1.6.1　化学品生产绿色化和产业生态化含义

为了解决化学品生产过程中对环境的污染，以及应对石油等矿产资源的日益枯竭，从 20 世纪 90 年代以来，一场“绿色化学”革命席卷全球，毫无例外，有机硅产业中硅烷偶联剂生产的进一步绿色化是今后重要任务之一。

关于化学、化工绿色化较为全面的概括：化学品制造过程中，利用化学、化工技术与方法去减少和消除那些对人体健康、社区安全和生态环境有害的原料、催化剂、溶剂的使用；生产出无毒、无害的产物和副产物；生产中不再产生废物，争取从源头上防止污染；最大限度地合理利用资源，保护环境和生态平衡，满足经济、生态和人类社会持续发展。理想的绿色化学、化工的主要特点是化学反应体现原子经济性，即在通过化学反应合成所需产物的转化过程中，原料分子中每个原子都转化为产物，没有副产物产生，实现零排放。如果不能达到如此理想状态，也应是所产生的副产物是可利用的、无毒、无害的绿色化反应。图 1-3 是现代化学工作者应追求的目标。硅烷偶联剂的生产迄今尚未达到理想的绿色化水平，应是研究和生产者努力奋斗的方向。

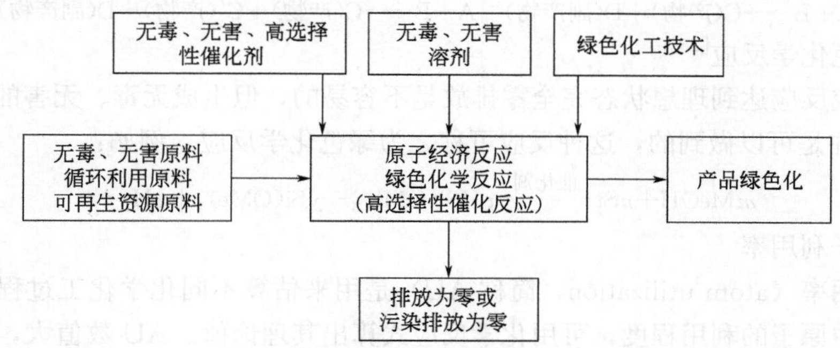

图 1-3　化工产品生产绿色化方块示意图

化学品生产绿色化和产业生态化是工业生态学中化工领域一个问题的两个方面，绿色化学是化学产业生态化的基础。工业生态学（industrial ecology，简称 IE）是一种通过减少原料消耗和改善生产程序以保护环境的新科学。IE 使工业体系从线型模式（lineal model）转变成与自然界的生态体系相似的闭合环型结构模型（colsed-loop model），其基本特点是生产没有废弃物。生态化学工业可用图 1-4 表述。

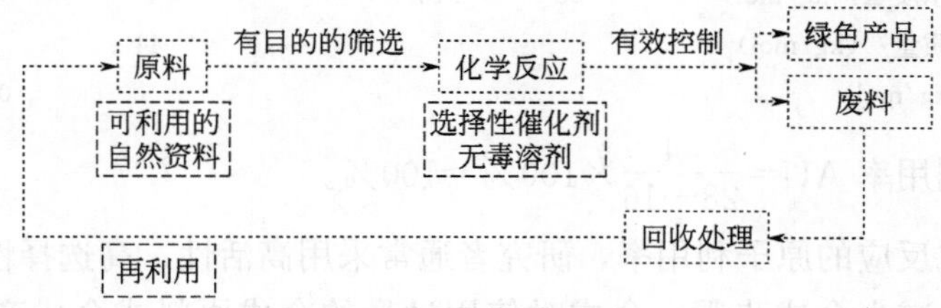

图 1-4　化学工业生态化示意图

化工生产绿色化最好的化学模式是建立“零排放”，即化工企业生产没有副产物，不排放有害环境的气体、污水、废渣和不造成其他有害影响的任何物质。如果这种工厂对所有的原材料“吃干榨尽”，虽产生副产物，但其可能循环再作原料利用，或将排放的副产物作为另一个化学品生产的原料加以利用，使整个生产体系是一闭路循环的工艺过程，这样的零排放将是今后化学工业发展的必然选择。一个化工企业的废弃物能成为另一个化工产品企业的原材料，如果把各个产业组合起来，从整个社会来说，每个企业在生产活动中产生的废弃物将会成为“零”。所以我们说化学工业生态学与零排放是一个问题的两个方面：工业生态学是生产架构的组合，要达到的目标是零排放。（化学）工业生态学可以概括为减少（化工）原料，改进化工生产程序，缓和化学、化工对环境的影响，要求化工生产的全部废料都可以利用，不造成污染环境、破坏自然生态。

1.6.2 绿色化学、化工的基本概念

（1）原子经济性化学反应

理想的原子经济性反应系指构成原料化合物分子中的原子百分之百地转化成有用产物，不产生副产物或废弃物（D为0），做到废物零排放。

$$A+B \longrightarrow C(\text{产物})+D(\text{副产物}) \quad A+B \longrightarrow C(\text{产物})+C'(\text{产物})+D(\text{副产物})$$

（2）绿色化学反应[28]

化学合成反应达到理想状态完全零排放是不容易的，但生成无毒、无害的副产物（如H_2O）等往往是可以做到的，这种反应可称之为绿色化学反应。例如：

$$m\mathrm{MeOH}+n\mathrm{Si} \xrightarrow{\text{催化剂}} x\mathrm{HSi(OMe)_3}+y\mathrm{Si(OMe)_4}+z\mathrm{H_2}\uparrow$$

（3）原子利用率

原子利用率（atom utilization，简称AU）是用来估算不同化学化工过程所用的原料化合物分子中原子的利用程度，可用化学反应式算出其理论值。AU数值大，表明消耗原料所产生的副产物少。

$$\mathrm{AU}=\frac{\text{目标产物摩尔质量}}{\text{参加反应所有原料摩尔质量之和}}\times 100\%$$

例如银催化环氧乙烷合成

$$\mathrm{CH_2{=}CH_2}+\frac{1}{2}\mathrm{O_2} \xrightarrow{\text{Ag催化剂}} \mathrm{CH_2{-}CH_2}\ (\text{环氧，O桥接})$$

	$CH_2{=}CH_2$	O_2	产物	
参加反应原料的摩尔质量/(kg/mol)	28	16		
合成目标产物摩尔质量/(kg/mol)			44	
废弃物摩尔质量/(kg/mol)				0

该反应原子利用率 $\mathrm{AU}=\frac{44}{28+16}\times 100\%=100\%$。

为了提高合成反应的原子利用率，研究者通常采用高活性、高选择性和长寿命的催化剂催化合成反应，减少合成步骤，合成时使用过量的合成原料或合成产生副产物循环使用，以及副产物的综合利用等办法都是提高或间接提高原子利用率的可行好办法。

（4）环境因子（E-因子）

① 定义：环境E-因子定义为每制备1kg产物所产生的废弃物（不可利用的副产物）的质量（单位：kg）。

$$E=\frac{\text{废弃物质量}}{\text{目标产物质量}}$$

环境因子E越大，表明化工过程所产生的废弃物越多，造成的资源浪费和环境污染也越大。原子利用率为100%的原子经济性反应，因无副产物，环境因子为0。

② 不同化学化工领域E-因子是不同的，如医药生产因化学反应步骤多，产品损失

大，故 E-因子也大，参见表 1-6 所列四大化工行业的 E-因子范围，可知不同化工领域对 E-因子的影响。

表 1-6　不同化工领域环境因子范围

领域	产物吨位数/t	E-因子	领域	产物吨位数/t	E-因子
石油化工	10^6～10^8	约 0.1	精细化工	10^2～10^4	5～50
大宗化工产品	10^4～10^6	＜0.5	医药品	10～10^3	25～100

③ 在精细化工生产中更多地采用绿色催化技术和先进的分离纯化技术，则可减少反应步骤，减少分离纯化过程不必要的损失，其 E-因子就会下降。

④ E-因子必须从实际生产过程中取得（$E_{实}>E_{理}$），其原因在于化工过程中除了化学反应通常存在化学平衡，实际反应收率总小于理论的 100％外，还因实际很多产品生产或产物纯化过程中会有废物排出对 E-因子产生影响，废物对 E 的贡献我们设定为 E_1；为了使成本高的原料充分利用，生产者往往使用过量成本低的原料，但过量原料又不易回收再用，这些过量原料对 E 的贡献设定为 E_2；在分离、纯化过程中，可能还需加入添加物或溶剂也作为废物排出，其 E 贡献可设定为 E_3；保护试剂使用后脱保护，如果不能回收再用，它也要对 E 的贡献为 E_4；医药合成中有不可利用光学异构体产生，设定为 E_5；采用硅氢化反应合成一些硅烷偶联剂时，常有稳定性差的β异构体产生；分离结晶等不同单元操作过程中达到完全分离，它们对 E-因子也有贡献，其贡献将构成废物 E_6、E_7 等。因此，$E_{实}$-因子应该为 E_1、E_2、…、E_i 之总和。

（5）环境商（EQ）

EQ＝$E\times Q$，EQ 中 E 为环境因子，Q 为废弃物对环境中的不友好程度。例如将无害 NaCl 的 Q 值设为 1，则对于有害重金属离子的盐类、中间体和含氟化合物等，可根据其毒性的大小，推算出 Q 值为 100～1000。环境商愈小，表明该化学过程绿色化程度愈高。

上述原子利用率、环境因子和环境商都是评估化学品生产绿色化程度的重要指标。此外还需考虑对生态的影响以及光化学影响。

1.6.3　硅烷偶联剂合成反应绿色化举例

1.6.3.1　3-氯丙基三甲氧基硅烷合成反应

3-氯丙基三甲氧基硅烷是硅烷偶联剂生产重要的中间体，用三氯硅烷或三甲氧基硅烷两种不同原料与氯丙烯加成制备，前者两步完成，原子利用率为 48.96％，后者为 80％以上。现以 3-氯丙基三甲氧基硅烷合成反应式为例，分别计算表达如下：

① 三氯硅烷为原料的合成反应，目的产物收率如下所示。

a. $ClCH_2CH{=}CH_2+HSiCl_3 \longrightarrow ClCH_2CH_2CH_2SiCl_3+CH_3CH_2CH_2SiCl_3+SiCl_4+H_2$

76.5　　135.5　　212×0.80＝169.6　　AU＝80％

b. $ClCH_2CH_2CH_2SiCl_3+3MeOH \longrightarrow ClCH_2CH_2CH_2Si(OMe)_3+3HCl$

212　　96　　198.5×0.95＝188.6　　AU＝61.2％

$AU_{总}=0.80\times61.2=48.96(\%)$

② 三甲氧基硅烷为原料的合成反应，目的产物也按收率 80%计（迄今研究成果可达 90%左右）。

$$\underset{76.5}{ClCH_2CH{=}CH_2} + \underset{122}{HSi(OMe)_3} \longrightarrow$$

$$\underset{198.5\times0.80=158.8}{ClCH_2CH_2CH_2Si(OMe)_3} + MeCH_2CH_2Si(OMe)_3 + Si(OMe)_4 + H_2 \quad AU=80\%$$

1.6.3.2 常用硅烷偶联剂合成路线绿色化水平比较

乙烯基三甲氧基硅烷（WD-21），γ-(2,3-环氧丙氧）丙基三甲氧基硅烷（WD-60）和 γ-(甲基丙烯酰氧）丙基三甲氧基硅烷（WD-70）是应用较多的硅烷偶联剂，传统的制备方法是以三氯硅烷为原料的合成路线Ⅰ。迄今发展的合成路线是利用硅/甲醇直接反应生产的三甲氧基硅烷为原料的合成路线Ⅱ生产，现用反应方程式表达如下。

合成路线Ⅰ　三氯硅烷为原料的合成路线

$$Si + 3HCl \longrightarrow HSiCl_3 + H_2$$

$$QCH{=}CH_2 + HSiCl_3 \longrightarrow QCH_2CH_2SiCl_3$$

$$QCH_2CH_2SiCl_3 + 3CH_3OH \longrightarrow QCH_2CH_2Si(OMe)_3 + 3HCl$$

合成路线Ⅱ　三甲氧基硅烷为原料的合成路线

$$Si + 3MeOH \longrightarrow HSi(OMe)_3 + H_2$$

$$QCH{=}CH_2 + HSi(OMe)_3 \longrightarrow QCH_2CH_2Si(OMe)_3$$

Q代表 $CH_2{=}CH-$、$\underset{O}{CH_2-CHCH_2OCH_2-}$（环氧）、$CH_2{=}CMeCOOCH_2-$

表 1-7 列出了按上述两条合成路线制备的三种化学结构不同的硅烷偶联剂，按投入一摩尔的硅理论上合成出一摩尔的硅烷偶联剂产物及相应伴生的副产物（废弃物），通过计算废弃物/产物的质量比可以清楚看到合成路线对生产硅烷偶联剂绿色化程度的影响。

表 1-7　不同合成原料的合成路线制备相同的硅烷偶联剂比较

硅烷偶联剂	合成路线	反应原料/g HCl (mol)	Si (mol)	MeOH (mol)	不饱和化合物 (mol)	反应产物/g 偶联剂 (mol)	HCl (mol)	H_2 (mol)	废物/产物 摩尔质量比
(WD-21 A-171)	Ⅰ	109.5 (3)	28 (1)	96 (3)	26 (1)	148 (1)	109.5 (3)	2 (1)	0.75
	Ⅱ	—	28 (1)	96 (3)	26 (1)	148 (1)	—	2 (1)	0.14
(WD-60 KH560)	Ⅰ	109.5 (3)	28 (1)	96 (3)	114 (1)	236 (1)	109.5 (3)	2 (1)	0.47
	Ⅱ	—	28 (1)	96 (3)	114 (1)	236 (1)	—	2 (1)	0.008
(WD-70 KH570)	Ⅰ	109.5 (3)	28 (1)	96 (3)	126 (1)	248 (1)	109.5 (3)	2 (1)	0.45
	Ⅱ	—	28 (1)	96 (3)	126 (1)	248 (1)	—	2 (1)	0.008

1.6.4 大分子硅偶联剂研发有利于有机硅产业绿色化、生态化发展

硅烷偶联剂（SCA）是一类每种产品都有固定沸点等物理常数和具一定物理化学功能的纯化学品；大分子硅偶联剂（MSCA）则并非纯化学品，而是一类有SCA功能、无固定沸点等物理常数的化学品，但MSCA中每种产品都是具有确定化学结构和化学组分的多分散大分子混合体，因此它也均具有确定的物理化学特性及其应用领域。MSCA较之SCA进行产业化或应用开发时，其绿色化体现在三方面，这些特色是SCA难以与之相比的。

① MSCA使用过程中可减少VOC排放，有利于环境保护和使用者的健康。

② MSCA的生产可减少或杜绝SCA产品的一些弊端，如纯化时SCA需高温蒸馏，高温下SCA易发生缩聚，生成SCA高沸物需处理。MSCA生产时不仅没有上述过程，而且还可以将SCA生产时的SCA高沸物作为原料用于MSCA中，如此既降低MSCA生产成本，还有利产业生态化和生产绿色化。

③ MSCA产业化开发不仅是SCA产业链的延伸，较之SCA产业更方便延伸至处理粉体等无机或有机物料，实现ROH等VOC回收再利用。如此，既有利于降低复合材料生产成本，也有利于实现有机硅偶联剂产业链生态化。

1.6.5 催化剂选择性的提高是有机硅偶联剂生产绿色化的关键

在化学反应中90%左右的化学合成过程是借助催化剂实现的。在热力学允许条件下，催化剂用于反应可降低活化能，降低反应温度，加快反应速率，从而使很多反应可连续化进行。改进催化剂的选择性，可以增加反应原料利用率，提高目的产物的有效反应程度，甚至可以做到没有副反应，生产过程没有“三废”，达到零排放，实现原子经济反应；此外，副产物少了，甚至没有副产物，可以简化化工过程中分离和纯化工序，降低生产成本，使环境因子最小化。因此，催化剂及其反应技术研究与开发是实现化学化工绿色化的关键之一，也是有机硅偶联剂生产绿色化最关键的技术。

硅/醇直接反应制造三烷氧基硅烷通常用铜的衍生物作催化触体，在气/液/固或气/固体系中完成，其反应机理为多相催化过程。进一步提高催化剂选择性、活性和稳定性，延长催化剂使用寿命，是当今还需开展的工作。

硅氢化反应是合成有机硅偶联剂最重要的反应，通常采用贵重过渡金属（Pt、Ru、Ir、Rh等）配合物作催化剂，在含氢硅烷和不饱和化合物两种原料（有时还加溶剂）的均相体系中完成，其反应机理是配位催化过程。现在很多有机硅偶联剂合成时选择性还偏低，优化催化剂选择性是首要任务；进一步提高催化剂活性有利于连续化生产；提高催化剂稳定性，延长催化剂使用寿命或催化剂循环使用等都有利于环境因子E最小化和降低生产成本，实现有机硅偶联剂的绿色化生产。

1.6.6 有机硅偶联剂生产过程连续化是降低E-因子的有效办法

生产过程连续化是建立在合成反应条件中稳定进行批量生产的基础上的工艺过程的改

革。生产过程连续化明显的特点是减少生产设备投资，提高设备利用率；提高生产效率，降低生产操作成本；充分利用原料，降低原料成本，减少环境污染，节约资源和能源。因此有机硅偶联剂生产连续化是绿色化工艺过程，发展有机硅偶联剂生产应朝这一方向努力。从20世纪90年代以来，国内外都非常关注有机硅偶联剂生产连续化开发，已发表了连续化生产有机硅偶联剂的一些研究[29,30]，国内武大有机硅公司和新安化工等一些企业近年也在开展有关工作。

E-因子系环境因子（参见1.6.2节），它从实际生产过程中取得，通常$E_{实}>E_{理}$。我们合成有机硅偶联剂往往利用一种合成原料过量来提高目的产物收率，如果多余的原料在连续化过程中循环使用，为了加速反应加入过量的催化剂或助剂也能循环使用，这对降低E-因子是有益的。在连续化过程不断分离出副产物不让其参与原料作用的二次反应，也可以降低环境因子，如此等措施可以使生产过程中实际E-因子尽量接近理论水平。

1.6.7 副产物综合利用是间接提高合成反应原子利用率的有效途径

依据文献报道的制备有机硅偶联剂的技术水平和国内外一些企业生产实际状况，通常副产物占产物的10%～30%。用上述化学化工绿色化的要求来衡量，迄今一些有机硅偶联剂合成反应的原子利用率较低，更谈不上原子经济反应。其原因是合成反应所用催化剂选择性不完美，研究开发高选择性催化剂不是很容易的事，当今除了加大力度投入研究外，还需时间。因此对10%～30%的副产物必须处理和利用是当务之急，否则不仅带来环境污染，破坏生态；还因资源没有充分利用，造成生产成本过高，影响市场竞争力。为此，利用产、学、研结合模式解决副产物综合利用存在问题，副产物变废为宝，使合成原料得到充分利用，如此可以认为间接提高了有机硅偶联剂合成反应原子利用率，对有机硅偶联剂生产绿色化水平进一步提高是有效途径之一。

1.7 有机硅偶联剂产业可持续发展的有关研发

有机硅产业的发展要做到可持续性，我们应关注该产业如何促进经济、环境及社会三方面和谐发展；通过其发展如何使有机硅产业能成为经济、环境和社会三方面都有利的良性“生态体系”。作为有机硅化工领域的管理者、研发者和生产者职责在于三方面工作。

① 有机硅化工生产中每个环节都要严防污染环境和破坏自然生态，关注人类生存和社会的和谐发展；

② 有机硅化工生产要注意节约资源、减少能源消耗，除可以达到降低生产成本外，还可确保子孙后代今后在该领域有条件持续发展；

③ 为了持续发展，每个化学工作者都应坚持不懈地关注化工产品创新、工艺过程创新、副产物循环利用或综合利用创新，以及产品应用技术创新和管理创新。

有机硅偶联剂是一类独具特色的化学品，它是既含有硅官能团又具有碳官能团的有机硅化合物或低聚物。这类化学品能与无机和有机物料发生反应的特性使它能应用于有机或无机材料改性，延长有机材料使用寿命，有利于低碳化学、化工发展，有利于节约化工生产的资源和能源；此外，它还能拓展有机材料应用领域，促进有机材料发展，增进经济效益。上述有机硅的功能是其他有机材料不可替代的，因此我们关注有机硅偶联剂的持续发展，其意义不仅是有利于该领域的进步，也有助于有机材料的持续发展。

1.7.1 有机硅偶联剂产业副产物循环或综合利用的研发工作

（1）生产含氢硅烷化合物的副产物循环利用

当代有机硅偶联剂都是以含氢硅烷为合成原料生产的，其原料中又以含氢烷氧基硅烷 $HMe_nSi(OR)_{4-(n+1)}$ 或含氢氯硅烷 $HMe_nSiCl_{4-(n+1)}$ 为主体，$n=0$、1、2。下面仅以生产中应用最多的三甲氧基硅烷和三氯氢硅为例予以阐述。

① 三甲氧基硅烷［$HSi(OMe)_3$］以硅粉和甲醇为原料在铜系催化剂存在下直接反应生产，其过程有以四甲氧基硅烷为主的其他甲氧基硅烷［$HMe_nSi(OMe)_{4-(n+1)}$ 和低聚物］、氢气等副产物，还有未参与反应的甲醇和铜催化剂和硅粉等固体渣料。武大有机硅公司在有机硅化合物及材料教育部研究中心所属实验室的张先亮、耿学辉等不断努力下，采用化学或物理方法将上述副产物予以充分利用，生产 MDTQ 等树脂及其衍生物[31,32]，甲醇和失活的催化剂回收循环利用，从而可实现生产过程绿色化和产业生态化，如图 1-5 所示。

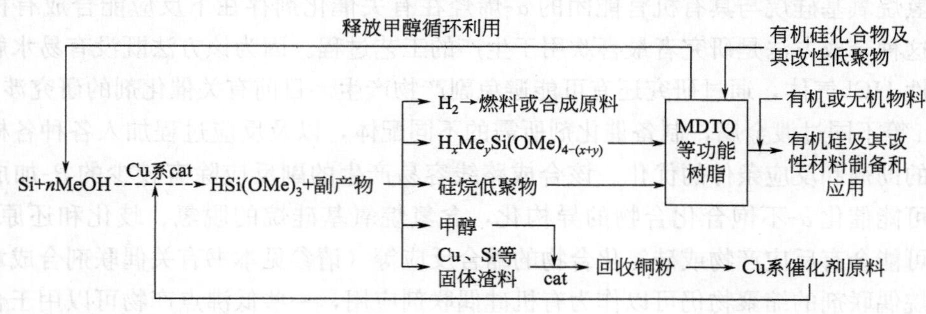

图 1-5　硅/甲醇直接反应合成 $HSi(OMe)_3$ 及其副产物利用简图

② 三氯氢硅烷（$HSiCl_3$）是采用间接合成法制备有机硅偶联剂的原料（本书不涉及 $HSiCl_3$ 作为光伏产业原料及其副产物利用），其生产方法系以硅和氯化氢直接反应（参见 2.2 节），主要副产物是四氯化硅（$SiCl_4$）和其他含氯硅化合物及未参与反应的 HCl 气体。四氯硅烷及其他含氯硅化合物主要用于生产气相法 SiO_2 或生产沉淀法 SiO_2，燃烧过程中释放出 HCl 气体再用于合成三氯氢硅或氯甲烷，这对直接法生产有机硅单体的企业或既生产 $HSiCl_3$ 又制备有机硅偶联剂的工厂是最好实现的。

（2）合成有机硅偶联剂中间体的副产物利用

具碳官能团的有机氯硅烷［$QRSiMe_nCl_{4-(1+n)}$，$n=0,1,2$］易水解释放腐蚀性的 HCl

气体，因此通常不直接将其作为有机硅偶联剂，而是将其作为合成硅烷偶联剂的中间体或制备聚硅氧烷的单体。这类化合物是以含氢氯硅烷为硅源，在 Speier 催化剂作用下将其与具有机官能团的 α-烯烃进行硅氢化反应所获得的产物，然后将产物再进行醇解或水解，得到通常硅烷偶联剂或功能聚硅氧烷。第一步硅氢加成反应除得到端基 α-加成物所需中间体外，通常会伴随 β-加成副产物生成；一些 β-加成物因有机硅的 β 效应所产生的不稳定性，易生成不希望得到的副产物要利用。第二步采用醇解或水解-缩合反应制备有机硅偶联剂时有副产物 HCl 释放也需利用。我们以三氯氢硅（$HSiCl_3$）与氯丙烯为原料制备有机硅偶联剂为例予以阐述，参见图 1-6。

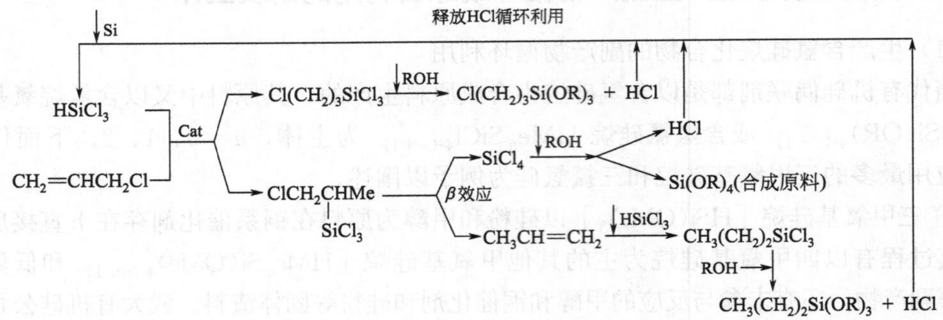

图 1-6 三氯氢硅为原料生产有机硅偶联剂中间体及其副产物利用图

（3）含氢烷氧基硅烷为原料合成有机硅偶联剂的副反应及其副产物

含氢烷氧基硅烷与具有机官能团的 α-烯烃在有关催化剂存在下反应能合成有机硅偶联剂，这种合成方法是研究者最喜欢用于生产的工艺过程。因为该方法既没有易水解产生的腐蚀性 HCl 气体，通过研究还有可能避免副产物产生。目前有关催化剂的研究涉及 Pt、Rh、Ru 等不同过渡金属，制备催化剂所需的不同配体，以及反应过程加入各种各样抑制副反应的助剂和反应条件的优化。该合成路线容易产生的副反应除有较少的 β-加成产物外，还可能催化 α-不饱合化合物的异构化，含氢烷氧基硅烷的脱氢、歧化和还原作用；此外还可能会有反应产物或硅氢化合物的缩合反应等（请参见本书有关偶联剂合成章节）。通常硅烷偶联剂的缩聚物仍可以作为有机硅偶联剂应用，一些低沸点产物可以用于合成有机硅树脂；α-不饱合化合物的异构体的利用在于研究非端基不饱和化合物加成用催化剂，或应尽量避免 α-不饱合化合物异构化反应的催化体系。由于含氢烷氧基硅烷较之含氢氯硅烷更具还原性，还易使过渡金属配合物催化剂还原成金属，如 Pt 的配合物易被还原而形成铂黑，从而失去或降低其催化硅氢反应活性或不易重复再利用。因此研究催化剂活性、稳定性、区域选择性以及反复回收再利用已成为迄今研究者们最关注的任务之一。

1.7.2 有机硅偶联剂应用技术研究可促进潜在应用领域的拓展

有机硅偶联剂是一类具有机官能团（碳官能团）的可水解、缩聚的有机硅化合物，它能像具官能团的有机化合物或聚合物一样进行类似的化学反应。有机化学和高分子化学中的有机官能团所涉及的应用领域都是大家所熟知的。充分利用有机硅偶联剂这类有机硅化合物、低聚物或聚合物中的碳官能团化学特性和功能，模仿有机化学和高分子化学的应用，一定还可开发出更多更好、还具备有机硅特性的新型的精细化学品或材料，以及有机硅改性的有机化合物或聚合物。尽管有机硅化合物的应用开拓已经有了一些进展，比如有机硅农药、药物等生物活性物质；有机硅化学试剂和有机硅表面活性剂等助剂；有机高分子基复合材料和有机-有机硅接枝或有机-有机硅嵌段聚合物（如大分子硅偶联剂等）等，但利用有机硅偶联剂的特性所做的工作的深度和广度还很不够，还要加大力度发展行业之间协作和产学研结合。

有机硅偶联剂这类具独特性质和功能的精细化学品，其应用技术和技术服务关系是能否争取市场、开拓市场和扩大应用，进而扩大生产规模的关键所在。因此，加强应用技术研究是必不可少的，恰好这方面是国内研究单位和企业的薄弱环节之一。当今应用技术研究与开发主要涉及三方面。

（1）界面控制技术研究

增强纤维或无机粉体与树脂或橡胶等有机高分子化合物基体之间复合的界面性能对它们所构成的塑料、橡胶制品、胶黏剂、涂料等复合材料的力学性能起重要的作用。例如，对于热固性（尤其是脆性的）复合材料、树脂与无机增强材料之间如果界面强度较弱，在外力作用下，产生的裂纹非常容易沿着增强纤维的表面扩展，大幅度地影响复合材料力学性能。因此我们进行有机硅偶联剂选择或对硅偶联剂化学结构进行改进时，就应该研究这类复合材料的增韧问题。热塑性树脂或橡胶用无机粉体或纤维增强时，由于这类高分子聚合物熔体的熔融黏度非常大，很难润湿增强材料的表面，而复合材料的最佳性能则很大程度取决于高分子聚合物基体与无机增强材料的界面，若想聚合物基体很好地润湿增强无机材料，就得慎重选择有机硅偶联剂的化学结构。无机增强材料和聚合物之间如何形成较强的界面强度，选用什么化学结构的有机硅偶联剂及其使用方法，才能使复合材料的界面达到完美的结合，使复合材料物理力学性能达到最完美的状态，这既是应用研究人员关注的问题，也是有机硅偶联剂合成研究者和生产者协同研发的课题。

（2）有机硅偶联剂用于聚合物改性的技术研究

用有机硅改善普通高分子化合物性能或用有机聚合物改进有机硅材料性能，是当前有机硅发展热点领域之一。随着石油资源日益枯竭，不依赖石油资源的有机硅化学及其材料越来越显示其优越性。有机硅的耐候性、耐老化性、高低温性能和表面特性都是通用有机材料不具备的，利用有机硅改性有机材料，可以拓宽有机材料的使用范围，延长有机材料使用寿命，从而对节能减排、节约石油资源持续发挥作用。此外，有机硅的生产成本不会随着石油价格飙升而大幅度提高，从经济观点出发也是十分有利的。近代虽然已经开发了包括 MSCA 在内的较多的有机硅偶联剂作为助剂，将其用于共混、共聚、接枝和嵌段等有机硅改性有机材料，如何将这些成功方法恰到好处地用于生产，还有很多研究工作需要开展。

（3）功能杂化材料合成技术研究

材料功能化已是材料发展重要方向之一，现代有机/无机杂化材料已构成材料科学技术领域中一个非常重要的分支，并以前所未有的速度发展。利用有机硅偶联剂制备功能材料，改性纳米 SiO_2、倍半聚硅氧烷树脂、TQ 树脂、TMQ 树脂等已有很多合成研究，将它们应用作为光电、光致变色、分离催化剂载体、功能材料已经有很多实验成果，如何将这些实验成果用于实际领域和产业化，还有大量工作有待我们去做。只有得到了实际的应用才有可能进行产业化开发，其杂化功能材料才有可能源源不断地从实验室走向生产应用，促进有机硅偶联剂发展。

1.7.3 硅/醇直接反应合成烷氧基硅烷产业链的延伸

20 世纪 30 年代以来，以硅/氯甲烷直接合成有机氯硅烷为基础的有机硅化合物及其材料的产业链，有力地促进了有机硅及相关产业的发展。进入 21 世纪，Witco 公司和我国武汉大学及有关有机硅公司先后以硅/甲醇直接反应合成以三烷氧基硅烷为主的烷氧基硅烷投入生产。为使直接合成的烷氧基硅烷的产业链有所延伸，我们期盼以硅/醇直接合成的三烷氧基硅烷作为基础原料发展硅烷偶联剂及其衍生物的同时，发展大分子硅偶联剂(MSCA)，还以四烷氧基硅烷为主的烷氧基硅烷副产物作为合成原料发展 SiO_2 气凝胶及其改性的 MQ、MTQ、MDQ 和 MDTQ 树脂和超纯石英粉体及石英功能材料，建立一条绿色的、生态化的有机硅材料产业链，迄今已产业化的工作可参见文献［31～33］。该体系有关整体设想和正在开展的工作可参见如图 1-7，供读者参考。

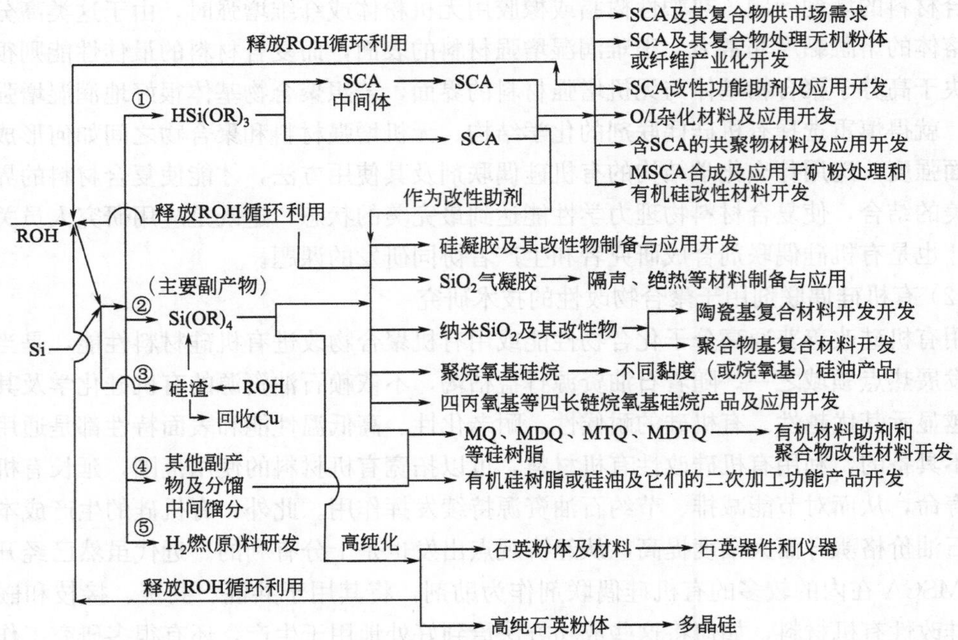

图 1-7 硅和醇直接反应合成烷氧基硅烷及其产业链延伸设计和实施简图

SCA—硅烷偶联剂；O/I—有机/无机；ROH—甲醇或乙醇，中间体如 $ClCH_2CH_2CH_2Si(OR)_3$ 等

参考文献

[1] E. P. 普鲁特曼. 硅烷和钛酸酯偶联剂. 上海：上海科学技术文献出版社，1987.

[2] Bjorksten J，Yaeger L L. Mod. Plast，1952，29（11）：124，188.

[3] Speier J L，Webster J A，Barnes G H. J. Am. Chem. Soc.，1957，79：974-979.

[4] Ryan J W，Menzie G K，Speier J L. J. Am. Chem. Soc.，1960，82：3601-3604.

[5] Plueddemann E P，Clark H A，Nelson L E，et al. Mod. Plast，1962，39（12）：135，137-138.

[6] 李平. 中国科学院化学研究所报告，1966；李光亮. 中国科学院化学研究所报告，1969；朴爱植. 中国科学院化学研究所报告，1970；

[7] 吴观丽，王夺元，戴道荣，等. 化学学报，1980，38（5）：484-488.

[8] 武汉大学有机硅科研小组. 武汉大学自然科学学报，1959：74-76.

[9] 武汉大学有机硅科研小组. 武汉大学自然科学学报，1959：77-78.

[10] 曾昭抡，卓仁禧，黄晓和. 武汉大学自然科学学报，1965：73-77.

[11] 湖北省科学技术委员会. 科学技术成果鉴定证书. 鄂科鉴定［1997］第 0192141 号，硅/醇反应直接合成烷氧基硅烷的研究.

[12] 湖北省科学委员会. 科学技术成果鉴定证书. 鄂科鉴定（1999）135122 号，硅/醇反应合成烷氧基硅烷中试.

[13] 陈其阳，陈明高，王继奎，等. CN 1064867. 1992.

[14] 冯新德，张中岳，施良和. 高分子材料词典. 北京：中国石化出版社，1998，500.

[15] 中国化学会. 有机化学命名原则. 北京：科学出版社，1980.

[16] Dreyfuss P. Macromolecules，1978，11（5）：1031-1036.

[17] Dreyfuss P. Fetter L J，Gent A N. Macromolecules，1978，11（5）：1036-1038.

[18] Andrianov K A，Izmailov B A. J. Organomet. Chem，1967，8（3）：435-441.

[19] Sprung M M，Guenther F O. J. Poly. Sci.，1958，28：17-34.

[20] E. P. 普鲁特曼. 硅烷和钛酸酯偶联剂. 上海：上海科学技术文献出版社，1987：60-61.

[21] E. P. 普鲁特曼. 硅烷和钛酸酯偶联剂. 上海：上海科学技术文献出版社，1987：62-63.

[22] E. P. 普鲁特曼. 硅烷和钛酸酯偶联剂. 上海：上海科学技术文献出版社，1987：64.

[23] Lentz C W. Inorg. Chem. 1964，3（4）：574-579.

[24] E. P. 普鲁特曼. 硅烷和钛酸酯偶联剂. 上海：上海科学技术文献出版社，1987：70-71.

[25] E. P. 普鲁特曼. 硅烷和钛酸酯偶联剂. 上海：上海科学技术文献出版社，1987：72-73.

[26] Brown J F. Jr，Vogt L H. J. Am. Chem. Soc.，1965，87（19）：4313-4317.

[27] Brown J F. Jr. J. Am. Chem. Soc.，1965，87（19）：4317-4324.

[28] 王延吉，赵新强. 绿色催化过程与工艺. 北京：化学工业出版社，2002.

[29] ①徐汉生. 绿色化学导论. 武汉：武汉大学出版社，2002. ②张先亮. 精细化学品化学. 第 2 版. 武汉：武汉大学出版社，2008：18-50.

[30] Lang J E，et al. WO2008/017554A；WO2008/017558A；WO2008/017556A.

[31] 张先亮，廖俊，高胜波，等. CN104387413A（2015）.

[32] 张先亮，廖俊，耿学辉，等. CN104558611A（2015）.

[33] 耿学辉，张先亮，廖俊，等. CN104530967A（2015）.

第2章

合成硅烷偶联剂的基础原料

合成硅烷偶联剂的主要原料除氯丙烯、甲醇、乙醇等大宗有机化合物外，最重要的原料是金属硅及其衍生的含氢硅烷化合物，本章仅涉及硅的生产简述和含氢氯硅烷或烷氧基硅烷合成及有关性质。

2.1 硅及其工业生产简述

硅是生产有机氯硅烷、含氢氯硅烷和含氢烷氧基硅烷的原料，而两类含氢硅烷化合物是发展硅烷偶联剂的基础。因此，本书特将硅的生产作为第2章中2.1节予以简介。利用碳热还原法由硅石可以生产含量达97%以上的金属硅产品，我们国家称它为工业硅。经精炼处理可得到硅含量为99%的产品，人们常称之为99硅，99硅又分为不同型号，它们属于高纯度的工业硅，发展有机硅产业所需的硅应属于这一类。微电子工业和光伏产业所需的硅还需在此基础上经一系列的纯化处理和加工后，才可生产出单晶硅，其纯度需在99.99%以上。本节仅简述化学工业用硅。

2.1.1 硅的性质

硅占地壳总质量的25.7%，它的含量仅小于氧元素。通常它以SiO_2、硅酸盐或硅铝酸盐等多种形式存在于地壳。单质硅是硬而呈银灰色的晶体，工业产品是将硅石和碳于电炉中冶炼制备。硅熔解于Bi、Pb、Ti以外的大多数金属中，通常形成硅化物。它和很多金属形成合金或金属间化合物。硅的化学性质较元素周期表同族的碳活泼。670K时硅在氧中燃烧，强烈放热：

$$Si + O_2 \longrightarrow SiO_2 \quad \Delta H = -800kJ/mol$$

在不同温度下它能和卤素、硫蒸气、氮或碳直接化合：

$$Si+2Cl_2 \longrightarrow SiCl_4$$

$$m\,Si+n\,HCl \longrightarrow x\,HSiCl_3+y\,H_2$$

硅虽耐酸(除 HF 外)，但受热碱侵蚀：

$$Si+2NaOH+H_2O \longrightarrow Na_2SiO_3+2H_2$$

炽热的硅会和水反应生成 SiO_2 和氢气：

$$Si+2H_2O \longrightarrow SiO_2+2H_2$$

在催化剂存在下硅与卤代烃反应合成有机硅卤化物，还可以和醇反应合成烷氧基硅烷：

$$m\,Si+n\,MeCl \xrightarrow{\text{催化剂}} x\,Me_2SiCl_2+y\,MeSiCl_3+\cdots$$

$$m\,Si+n\,ROH \xrightarrow{\text{催化剂}} x\,HSi(OR)_3+y\,Si(OR)_4+z\,H_2\uparrow$$

2.1.2 硅的冶炼化学及其生产

2.1.2.1 硅的冶炼化学反应

硅石和碳在 1820℃高温的电炉中反应，SiO_2 被还原成（准）金属硅，可用反应式予以表达：

$$SiO_2+2C \longrightarrow Si+2CO$$

实际生产中，SiO_2 在电炉中被碳还原成金属硅所进行的反应要复杂得多，炉中不同部位有不同的还原反应，反应中心区域和远离反应中心区域发生的反应得到的产物是不同的，图 2-1 予以简单描述[1]。

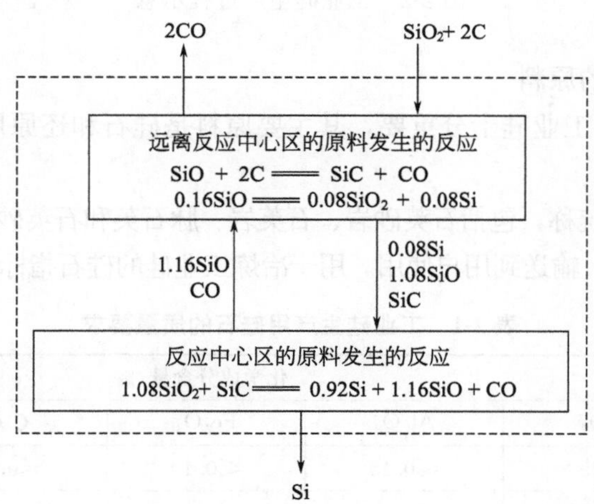

图 2-1 硅的炼制主要化学反应

2.1.2.2 硅的生产工艺过程

工业硅冶炼是连续生产过程，首先是将各种原料按定量混合均匀，然后不断送入熔炼电炉中，还原制得的液态金属硅不断流出，再经精炼后，冷却、破碎得产品。无论是采用高质量的原料，还是精心准备和准确地计算炉料，都不能完全决定冶炼过程的好坏。要想达到冶炼过程能耗低和产量高，还必须有熟练的操作技术。要根据冶炼过程的不同情况和特点，适量地完成加料、用自动捣炉加料机捣炉等一系列操作。冶炼所得液体工业硅流出炉后，通常要经过氯化精炼和氧化精炼等过程，以降低 Al、Ca、P 和 Ti 等杂质含量，才可得到高纯工业硅。其生产工艺过程参见图 2-2。

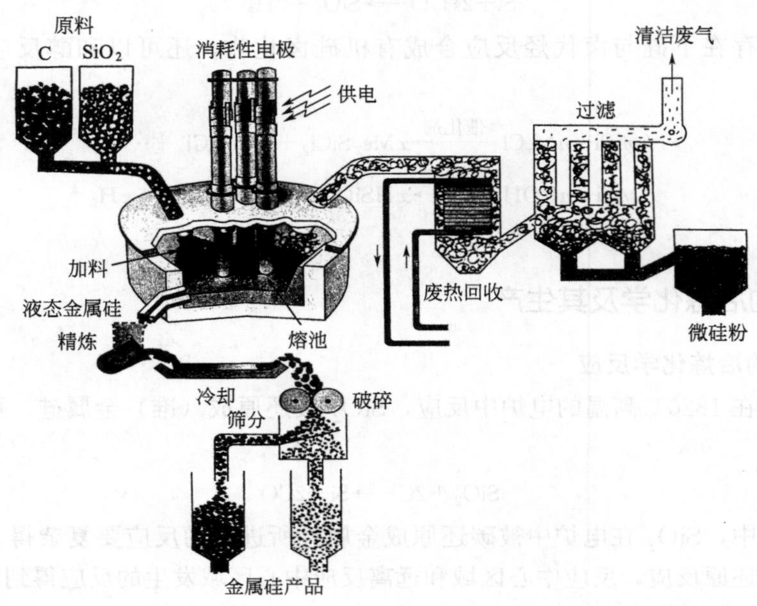

图 2-2　工业硅生产过程示意

2.1.2.3　生产工业硅的原料

原料的品质对生产工业硅十分重要，其主要原料是硅石和还原用的碳。

(1) 硅石

硅石是硅质原料的统称，包括石英砂岩、石英岩、脉石英和石英砂等。硅石通常是露天开采，进行破碎和筛分后，输送到用户使用。用于冶炼工业硅的硅石指标要求见表 2-1。

表 2-1　工业硅生产用硅石的质量要求

品级	化学成分含量/%				
	SiO_2	Al_2O_3	Fe_2O_3	CaO	P_2O_5
特级品	≥99	≤0.15	≤0.10	≤0.12	≤0.01
一级品	≥98	≤0.50	≤0.15	≤0.30	≤0.02
二级品	≥98	≤0.30	≤0.20	≤0.50	≤0.03

工业硅生产中使用的硅石通常要符合如下要求：SiO_2 含量不小于 97%，最好为 98%以上；形成炉渣的杂质（Fe_2O_3、Al_2O_3、MgO、CaO 等）的数量应该尽可能少；P_2O_5、TiO_2 等含量不大于 0.02%；硅石中不应该带有黏土杂质，粒度为 25～150mm；当破碎

或加热时，硅石应有足够的强度。含碳高的硅石（含有0.5%～0.7%）不适合冶炼，由于加热时它们产生爆裂，从而影响了炉料的透气性；要求硅石抗爆性要好。

硅石中的 Al_2O_3 是一种有害的杂质，Al_2O_3 含量高的硅石会使炉料烧结成渣，渣量增加且难于排除，还会使硅中含铝量高。含铝量高的工业硅不利于有机硅和半导体材料的生产。除了硅石本身含有 Al_2O_3 外，硅石表面黏附泥土也是 Al_2O_3 含量升高的一个原因，因此硅石的清洗显得格外重要。

磷和钛同样是有害杂质，原料中的 P_2O_5、TiO_2 绝大部分（80%）进入工业硅，磷使产品易于粉化，此外磷和钛还对硅用于有机硅合成有影响。

Fe_2O_3、MgO、CaO 也是成渣氧化物，同样影响产品质量，影响炉况运行。对硅石中的氧化铁的还原会使单位电耗略有增加。原料中含有多少铁就会带进工业硅中多少铁，并且无法除去，所以硅石中的铁是需要严格控制的。

通常将产地不同的硅石配合使用，如此可提高硅石的反应活性，降低单耗，增加产量，同时还用来控制产品中的各种金属成分含量。此外硅石在上料前需彻底清洗、筛选、晾干，目的也是防止泥土带入杂质。

(2) 碳质还原剂

碳质还原剂主要包括石油焦、半焦（低温焦）、低灰分烟煤、木炭（或木块、玉米芯、甘蔗渣、椰子壳、松塔等），它们是生产工业硅的主要还原剂。碳质还原剂的优劣取决于碳质还原剂化学组分、电阻率和反应能力、粒度组合和机械强度。

① 碳质还原剂化学组分　碳质还原剂的指标主要应考虑固定碳、灰分、挥发分和水分等的含量。

a. 固定碳含量要高，但要适当。碳质还原剂中真正起还原作用的是固定碳。固定碳含量越高，还原同样数量的硅石所消耗的还原剂就越少。碳质还原剂消耗越少，由还原剂带入炉内的杂质也就越少。但固定碳含量太高的还原剂活性降低不利于冶炼反应。如无烟煤中固定碳含量太高，通常不用它作为工业硅生产还原剂。

b. 灰分含量越低越好。碳质还原剂中的灰分主要是由 Al_2O_3、CaO、SiO_2、Fe_2O_3 等氧化物所组成，其中 SiO_2、Al_2O_3、CaO 占相当大的比例。碳质还原剂的灰分含量过高，易使炉内料面渣化烧结，影响料面透气性。碳质还原剂的灰分含量过高使电炉渣量增加和炉渣变黏，造成炉况恶化，电能和原料消耗增加。此外，工业硅中有相当一部分铁、铝、磷，来源于灰分中的 Fe_2O_3 和 Al_2O_3、P_2O_5。因此，碳质还原剂灰分含量高低会严重影响工业硅质量和技术经济指标。

c. 碳质还原剂中的挥发分含量要适中。碳质还原剂中碳元素除以固定碳状态存在外，尚有部分碳以碳氢化合物（挥发分）的形式存在。挥发分含量高的碳质还原剂机械强度低，同时在加热过程中挥发分易于外逸。为保证碳质还原剂有含量高的固定碳和一定的机械强度，要求碳质还原剂的挥发分含量低些。但考虑到挥发分含量高的还原剂，其比电阻通常都高，而这一点对工业硅冶炼又十分重要。因此，对碳质还原剂的挥发分含量一般都不过分限制，以适中为好。

d. 水分含量小于6%为宜。碳质还原剂的水分取决于还原剂的种类、结构、运输和贮藏条件。碳质还原剂中水分含量波动会造成炉况波动和恶化。为此，要求碳质还原剂中的水分含量要稳定：其含量应小于6%为好。

② 碳质还原剂电阻率要高，反应能力要强。

a.电阻率要高。实践证明，炉内高温熔池反应区的大小，在很大程度上与电极插入深度有关。碳质还原剂的电阻率是影响电极插入深度的一个重要原因。为了保证电极有足够的插放深度，必须使用电阻率大的碳质还原剂。碳质还原剂的电阻率除与还原剂的粒度有关外，还与还原剂的种类和结构有关。气孔率是碳质还原剂结构的重要标志，气孔率大的碳质还原剂电阻率大，表面积大，吸附气体的能力强，化学活性较好。常见的碳质还原剂木炭的气孔率高达70%以上；石油焦气孔率为30%～35%；烟煤气孔率为1%～20%。

b.反应能力要强。碳质还原剂的反应能力主要通过还原剂再生CO($C+CO_2=2CO$)的能力来表达。碳质还原剂的反应能力与还原剂的气孔率和炭化程度，以及高温下是否易石墨化等有关。气孔率大，炭化程度低，高温下不易石墨化的碳质还原剂，具有较强的反应能力。木炭、烟煤、半焦的反应能力较强，石油焦反应能力较弱。

③ 碳质还原剂粒度组合　粒度大的碳质还原剂比电阻小，加入炉内时，炉料的导电性强，电极下插困难，电炉热损增加；粒度大的碳质还原剂反应表面小，还原能力相应降低。因此，将粒度过大的碳质还原剂加入炉内是极其有害的。但是粒度过小或粉状还原剂加入炉内时，碳吹损、烧损严重，造成缺碳状态，易使料面烧结，料面透气性变坏。

通常烟煤、半焦、石油焦在小容量电炉使用粒度为3～10mm；大容量电炉为5～20mm；总的要求是尽量保证碳质还原剂有较均匀的粒度组成，均衡供应原料质量，以保证炉料有良好的透气性、高的比电阻和大的反应面积。

④ 碳质还原剂机械强度　还原剂机械强度低，破碎损失大，不仅成本增加，而且入炉后破裂，会影响料面透气性。木炭是最理想的碳质还原剂，但由于价格、来源、固定碳质、机械强度差等原因，常与化学纯度较高的石油焦、低灰分煤三者搭配用于冶炼高纯的工业硅。石油焦、低灰分煤很少单独使用，常配有木块、玉米芯、甘蔗渣、椰子壳、松塔等增加炉料的透气率。

(3) 电极

电极的原材料包括无烟煤、焦炭、石油焦、沥青焦和木碎屑等，黏结剂为焦油和沥青。

电极的作用是向电炉内输送电能，并且是电炉设计的主要组成部分，电极的物理和化学性能实质上影响着冶炼产品的质量和生产的技术经济指标。

电极应具有高的电导率、足够的机械强度、高的抗氧化温度、低的能耗。

2.1.3 工业硅国家标准

工业硅国家标准相关内容如下[2]。

2.1.3.1 技术要求

(1) 化学成分

工业硅的化学成分应符合表 2-2 和表 2-3 的规定。

表 2-2 工业硅的化学成分

牌号	化学成分(质量分数)/%			
	名义硅含量①，不小于	主要杂质元素含量，不大于		
		Fe	Al	Ca
Si1101	99.79	0.10	0.10	0.01
Si2202	99.58	0.20	0.20	0.02
Si3303	99.37	0.30	0.30	0.03
Si4110	99.40	0.40	0.10	0.10
Si4210	99.30	0.40	0.20	0.10
Si4410	99.10	0.40	0.40	0.10
Si5210	99.20	0.50	0.20	0.10
Si5530	98.70	0.50	0.50	0.30

① 名义硅含量应不低于 100%减去铁、铝、钙元素含量总和的值。

注：分析结果的判定采用修约比较法，数值修约规则按 GB/T 8170 的规定进行，修约数位与表中所列极限值数位一致。

需方对工业硅中的重量元素含量有要求时，应在订货单（或合同）中注明“要求微量元素含量”，具体要求应符合表 2-3 的规定。供需双方对微量元素含量有其他要求时，由供需双方协商确定后在订货单（或合同）中具体注明。

表 2-3 微量元素含量

用途		类别	微量元素含量(质量分数)，不大于$\times 10^{-6}$								
			Ni	Ti	P	B	C	Pb	Cd	Hg	Cr^{6+}
化学用硅	多晶用硅	高精级	—	400	50	30	400	—	—	—	—
		普精级	—	600	80	60	600	—	—	—	—
	有机用硅	高精级	100	400	—	—	—	—	—	—	—
		普精级	150	500	—	—	—	—	—	—	—
冶金用硅			—	—	—	—	—	1000	100	1000	1000

（2）粒度

工业硅粒度范围及允许偏差应符合表 2-4 的规定，需方对粒度有特殊要求时，由供需双方协商确定后在订货单（或合同）中具体注明。

表 2-4 工业硅粒度范围及允许偏差

粒度范围/mm	上层筛筛上物(质量分数)/%	下层筛筛上物(质量分数)/%
10～100	≤5	≤5

（3）外观

工业硅以块状或粒状供货，其表面和断面洁净，不允许有夹渣、粉状硅黏结以及其他异物。

2.1.3.2 试验方法

(1) 化学成分分析

工业硅的化学成分分析按 GB/T 14849（所有部分）的规定进行。Hg 元素和 Cr^{6+} 含量的检测方法由供需双方协商。

(2) 粒度检验

采用孔径为 10mm 和 100mm 的筛具进行粒度检验。对于筛上物，可采用手工分检法，将试样的方向或位置改变，让所有合适粒度的试样能通过筛孔。

(3) 外观检验

在自然散射光下，目视检查外观质量。

2.1.3.3 检验规则

(1) 检查和验收

① 供方应对产品进行检验，保证产品质量符合本标准及订货单（或合同）的规定，并填写质量证明书。

② 需方应对收到的产品，按本标准的规定进行检验，如检验结果与本标准及订货合同的规定不符时，应以书面形式向供方提出，由供需双方协商解决。属于粒度、外观的异议，应在收到产品之日起十日内提出，属于化学成分的异议，应在收到产品之日起，30 日内提出，如需仲裁，供需双方共同进行仲裁取样。

(2) 组批

工业硅应成批提交检验，每批应由同一牌号的产品组成，批重宜为 60t。

(3) 计重

工业硅应检斤计重。

(4) 检验项目

每批工业硅均应进行铁、铝、钙元素含量及粒度、外观质量检验。当订货单（或合同）有要求时，还应对微量元素含量等特殊要求的项目进行检验。

(5) 化学成分取样和制样

① 仲裁取样和制样

(a) 取样量　每批随机抽取不少于 25%的包装件，从每个包装件中取出不少于 0.3%重量的小样。

(b) 取制样方法　用符合要求的取样铲（请参见该标准原件）从包装件的上、中、下位置进行取样，将样品破碎到粒度不大于 5mm 后用二分器缩分，缩分后的试样不少于 3000g，然后将其破碎到 1mm 后用二分器缩分至 400g，作为分析样品。将分析样品用磁铁吸去铁粉后用碳化钨磨盒制样，制样后的试样应全部通过 0.149mm 标准筛，然后将试样平均分成三份，一份供方保存，一份需方保存，一份封存供仲裁用。

② 其他取样和制样

其他取样和制样方法可参照标准 GB/T 2881—2014 附录 C 的方法进行。

(6) 粒度取样

每批抽取不少于5%的包装件全检，但不少于1袋。

(7) 外观取样

由供需双方协商确定后在订货单（或合同）中具体注明。

(8) 检验结果判定

① 化学成分不合格时，判该批产品不合格。

② 粒度不合格时，判该批产品不合格。

③ 外观质量不合格时，可由供需双方协商处理。

2.1.3.4 标志、包装、运输、贮存及质量证明书

(1) 标志

每个包装应有如下标志：

① 产品名称；

② 供方名称；

③ 牌号；

④ 本标准编号；

⑤ 批号；

⑥ 净重。

(2) 包装、运输、贮存

工业硅包装物应能防潮，一般用塑料编织袋包装，每件净重宜为1000kg。如需其他形式包装时，可由供需双方协商确定后在订货单（或合同）中具体注明。产品在运输贮存过程中应防止雨淋或受潮。

(3) 质量证明书

每批产品应附产品质量说明书，其中注明：

① 产品名称；

② 供方名称；

③ 牌号；

④ 批号；

⑤ 重量和件数；

⑥ 分析检验结果和技术监督部门印记；

⑦ 本标准编号；

⑧ 出厂日期或包装日期。

(4) 订货单（或合同）内容

① 产品名称；

② 牌号；

③ 重量；

④ 需要在合同中注明的其他特殊要求；

⑤ 本标准编号。

（其他内容请参见工业硅国家标准原件）

2.2 含氢氯硅烷

含氢氯硅烷一直是合成硅烷偶联剂的硅源，21 世纪后，虽然国内外开始采用硅/醇直接反应合成的三烷氧基硅烷作为合成原料，希望取代三氯硅烷用于硅烷偶联剂生产，但三氯硅烷（$HSiCl_3$）用于合成有特色，迄今仍是重要的合成原料。甲基二氯硅烷（$HSiMeCl_2$）和二甲基氯硅烷（$HSiMe_2Cl$）两种原料，现在还没有可取代的原料，只能利用它们作为硅源用于制备相应的硅烷偶联剂。

三氯硅烷常被称为三氯氢硅，俗称硅氯仿，它是采用硅和氯化氢气体直接反应获得。甲基二氯硅烷和二甲基氯硅烷则主要来源于硅/氯甲烷直接反应合成二甲基二氯硅烷的副产物；高、低沸副产物裂解或将其与甲基氯硅烷催化歧化也可以得到这两种产物。本节阐述合成硅烷偶联剂用量最多的 $HSiCl_3$、$HSiMeCl_2$ 和 $HSiMe_2Cl$ 等 3 种含氢氯硅烷的合成和性能。

2.2.1 含氢氯硅烷物理化学性质

2.2.1.1 物理化学性质概述

三氯硅烷和含氢甲基氯硅烷都是无色透明液体，但长期放置或被太阳照射易变成黄色或棕色，前者比后者更容易。这些化合物在光照射下、一些金属及其化合物催化下，或酸、碱性物质作用下都易分解析出氢气，因此它们系易燃易爆物质，在包装、贮存和运输时应特别注意。表 2-5 简述了三种含氢氯硅烷的物理常数。

表 2-5 含氢氯硅烷的物理常数

含氢氯硅烷	熔点/℃	沸点(kPa)/℃	相对密度(℃)	折射率(℃)
$HSiCl_3$	−128.2	31.8(101.3)	1.3313(25)	1.3983(25)
$HSiMeCl_2$	−90.6	40.4(101.3)	1.1047(20)	1.4222(20)
$HSiMe_2Cl$	−111	36(101.3)	0.868(20)	1.3827(20)

含氢氯硅烷具卤代硅烷通性，它与潮湿空气接触，立即水解放出氯化氢气体，并形成刺激性的盐酸雾（白烟），遇水时产生具腐蚀性的盐酸。因此，这类化合物应避免与潮湿空气接触，低温下贮存于耐酸陶瓷、耐酸树脂衬里或没有碳酸钙填料的聚烯烃容器中。三氯硅烷定量水解缩合可形成含氢聚硅氧烷；在过量的水存在下，三氯硅烷发生水解缩聚反应直至形成硅凝胶或 SiO_2。$HSiMeCl_2$ 和 $HSiMe_2Cl$ 两种化合物中都因具疏水作用的甲基影响，水解缩聚反应速率比 $HSiCl_3$ 会慢一些。甲基二氯硅烷水解时如果控制好反应温度

等操作条件，可以方便得到甲基-H-聚硅氧烷（含氢硅油）线型体或环体，二甲基氯硅烷水解则可得到 1,1,3,3-四甲基-1,3-二氢二硅氧烷：

$$HSiMeCl_2 \xrightarrow[\text{缩聚}]{\text{水解}} \boxed{\text{-}(\overset{\overset{H}{|}}{\underset{\underset{Me}{|}}{Si}}O)_m\text{-}} + \text{-}(\overset{\overset{H}{|}}{\underset{\underset{Me}{|}}{Si}}O)_m\text{-}$$

$$HSiMe_2Cl \xrightarrow{\text{水解}} H-\overset{\overset{Me}{|}}{\underset{\underset{Me}{|}}{Si}}-O-\overset{\overset{Me}{|}}{\underset{\underset{Me}{|}}{Si}}-H$$

三种含氢氯硅烷都能溶于不具活泼氢基团的有机化合物中，如芳烃、烷烃、烯烃、卤代烃、醚等化合物。此外，这类氯硅烷也具有机氯硅烷硅官能团通性，也能进行醇解、缩合等反应，但应注意反应条件，以防止伴随脱氢反应发生。

2.2.1.2 含氢氯硅烷的化学反应性

（1）热缩合反应

含氢氯硅烷中的≡Si—H 在高温下，可与氯代烃类衍生物发生热缩合反应；利用这个反应可以合成某些硅烷偶联剂及其中间体，如乙烯基氯硅烷、烯丙基氯硅烷和苯基氯硅烷等：

$$ClCH{=}CH_2 + HSiMeCl_2 \xrightarrow{400\sim500℃} H_2C{=}CHSiMeCl_2 + HCl$$

$$H_2C{=}CH{-}CH_2Cl + HSiMeCl_2 \xrightarrow{500\sim600℃} H_2C{=}CHCH_2SiMeCl_2 + HCl$$

如果反应条件控制不好，该合成方法副产物较多，能耗大，环境污染也是问题。因此，热缩合反应合成法慢慢被其他方法所取代。

（2）过渡金属配合物催化硅氢加成反应

含氢氯硅烷在过渡金属配合物催化下，都可以与乙烯、乙炔、α-烯烃等不饱和化合物进行硅氢加成反应，也可以与具碳官能团的不饱和化合物进行硅氢加成反应。应该注意：如果不饱和化合物中所含碳官能团能与含氢氯硅烷中的氯反应则应例外。下面以三氯硅烷进行硅氢化反应为例说明：

$$RCH{=}CH_2 + HSiCl_3 \xrightarrow{\text{Pt 催化剂}} RCH_2{-}CH_2SiCl_3$$

$$HC{\equiv}CH + HSiCl_3 \xrightarrow{\text{Pt 催化剂}} H_2C{=}CH{-}SiCl_3$$

$$ClCH_2{-}CH{=}CH_2 + HSiCl_3 \xrightarrow{\text{Pt 催化剂}} ClCH_2{-}CH_2{-}CH_2SiCl_3$$

$$H_2C{=}\underset{\underset{Me}{|}}{C}{-}\overset{\overset{O}{\|}}{C}{-}OCH_2CH{=}CH_2 + HSiCl_3 \xrightarrow{\text{Pt 催化剂}} H_2C{=}\underset{\underset{Me}{|}}{C}{-}\overset{\overset{O}{\|}}{C}{-}OCH_2CH_2CH_2SiCl_3$$

含氢氯硅烷不能作为合成原料用于和具环氧基团的不饱和化合物进行硅氢加成反应，因为氯硅烷容易与环氧基反应，例如：

$$\begin{array}{c} \diagdown \\ \text{HSiCl} \\ \diagup \end{array} + CH_2—CH—CH_2—O—CH_2CH{=}CH_2 \longrightarrow \begin{array}{c} \diagdown \\ \text{HSi} \\ \diagup \end{array}—\overset{OH}{\underset{CH_2Cl}{C}}—CH_2O—CH_2CH{=}CH_2$$

(3) 离子加成硅氢化反应

含氢氯硅烷与丙烯腈的硅氢加成反应，通常要在 N,N,N',N'-四甲基乙二胺、三丁基膦和氯化亚铜三元组合催化剂作用下，才容易发生硅氢化反应，该催化加成过程系离子加成机理。如：

$$Cl_3SiH + H_2C{=}CH—CN \xrightarrow{CuCl/TMEDA/Bu_3P} Cl_3SiCH_2CH_2CN$$

(4) 重（再）分配反应

含氢氯硅烷化合物在一些过渡金属及其化合物或有机碱存在下容易催化加速再分配反应，反应产生二氢、甚至多氢硅烷化合物。例如：

$$x\,HSiCl_3 \xrightarrow{\text{催化剂}} y\,H_2SiCl_2 + z\,SiCl_4$$

多氢化合物稳定性较差，易析出氢气；与空气接触易燃烧，甚至爆炸。

含氢氯硅烷的重分配反应（歧化反应）还可以与其他氯硅烷相互之间发生，利用这种反应可以合成不同的含氢氯硅烷。

此外，这类含氢氯硅烷在过氧化物或射线引发下，它可与不饱和化合物发生游离基加成。在过渡金属配合物存在下，可以作为氢源参与有机或无机化合物的还原反应，但因化合物中氯的影响，它们用做催化还原反应性较含氢烷基硅烷或含氢烷氧基硅烷弱一些。

2.2.2 三氯硅烷的合成及影响因素

硅和氯化氢直接反应是合成化学级三氯硅烷（$HSiCl_3$）的常用方法，有关太阳能级多晶硅制备所需三氯氢硅，迄今已采用“闭路循环”生产，即将制备多晶硅产生的大量四氯化硅通过还原再制成 $HSiCl_3$，其方法请参见文献［3］。本节仅阐述用于硅烷偶联剂生产的三氯硅烷的合成。

2.2.2.1 直接合成三氯硅烷的化学反应

氯化氢和硅是直接合成法制备三氯硅烷的原料，它们在高温下反应方程式如下：

$$m\,HCl + n\,Si \xrightarrow{200\sim500℃} x\,HSiCl_3 + y\,SiCl_4 + z\,H_2$$

反应放出大量的热，$(\Delta H_{\text{生}})_{298} = +207.7\text{kJ/mol}$。

该反应伴随的副反应是三氯硅烷的重分配反应得到四氯化硅：

$$2HSiCl_3 \longrightarrow H_2SiCl_2 + SiCl_4$$

直接法合成三氯硅烷收率约占 85％左右，有些生产企业可达 90％。四氯化硅是主要副产物，通常在 5％左右。此外，还有多氢氯硅烷（如 H_2SiCl_2，H_3SiCl 等）产生，这类化合物比较容易析氢。

在一定条件下还生成多种氯硅烷，大多是六氯二硅烷和八氯三硅烷。硅中的杂质如铝、铁、钙、硼和磷也与氯化氢反应生成相应的金属氯化物。

2.2.2.2 直接法合成三氯硅烷工艺过程

硅粉在惰性气体保护干燥后被送入氯化沸腾炉（流化床）中，加入催化剂（也可不加催化剂）后，再将干燥的氯化氢气体和氢气通入炉中进行反应。生成的粗三氯硅烷经深冷和湿法除尘，再进入列管冷凝器及蒸馏塔除去不溶性杂质和四氯化硅。由蒸馏塔出来的三氯硅烷气体经冷凝后得成品三氯硅烷。其工艺流程如图 2-3 所示。

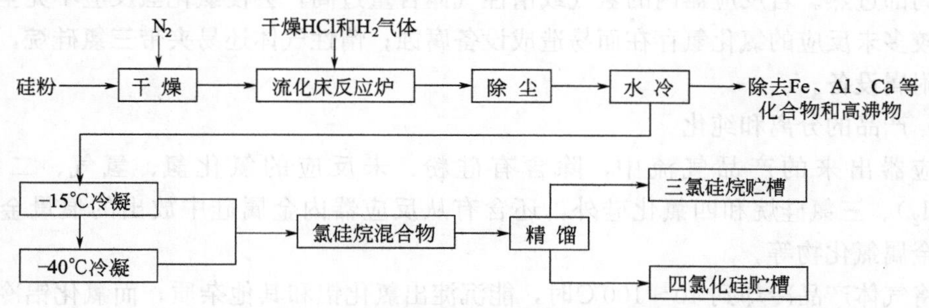

图 2-3 三氯氢硅生产工艺过程方块示意

2.2.2.3 影响三氯硅烷合成的因素

影响三氯硅烷合成的因素有如下几项[4]。

（1）硅的纯度

硅的纯度通常应在 98%以上，其组成为 Si≥98%，Fe≤1%，Al≤0.5%，Ca≤0.07%。当硅粉与氯化氢反应时，硅中的一些杂质有催化作用，例如在 275℃下工业硅与氯化氢反应时，加入 Fe_2O_3 或 Al_2O_3 会降低三氯硅烷的收率。极纯的硅常在 500℃下进行反应，而含 1%或更多杂质的工业硅，则在 300℃以下即进行反应。采用硅与氯化氢反应生成不含 Fe、Al 和 Ti 的三氯硅烷的工艺，Degussa 发表过专利，该工艺是通过喷洒氯硅烷控制反应器顶部的温度使其低于三氯化铁的升华温度。Wacker-Chemie 发现可以使用含铝的硅，但在冷却区内必须将反应气冷却至 10～130℃，且反应气进冷却装置前的速度应保持在 3～30m/s。

（2）催化剂

通常用铜作为催化剂，但现在已有不用铜或其他任何催化剂的工艺。当铜作催化剂时，可降低反应温度，有利于提高 $HSiCl_3$ 收率。用催化剂时，开始要稍高于反应所需温度来启动反应。

（3）操作条件

使用特定的硅粉时，升高温度会加速反应，产品中的三氯硅烷含量会减少，四氯化硅含量增加。如前述直接合成反应是放热反应，因此，必须有效地控制温度并使反应向生成三氯硅烷方向进行。虽然使用催化剂有助于在较低温度下进行反应，但不能避免因反应热使其反应器内温度上升。因此，反应装置设计时需考虑如何除去反应产生的热，这一点十分重要。

（4）反应装置

沸腾床反应器是除去热量和使热量分布均匀的有效途径，采用沸腾床在 300℃和大气压下反应的试验数据表明：增大反应器直径，对工艺参数无显著影响，产品中的三氯氢硅的含量和硅利用率仅有微小变化。单位质量硅的生产速度，随反应器体积的增大而降低，在氯化氢转化率低的情况下，采用这种工艺是不经济的。反应装置采用外部热交换器控制温度不理想，现在三氯硅烷生产中，已有内部热交换装置。为了控制反应器内的温度，可采用氯化氢自上而下流动，而硅粉则螺旋上升，沸腾床分布板上都装一个锥形体作冷却面。

有人提出用四氯化硅、氢气或惰性气体稀释氯化氢，有利于控制反应器内的温度，避免产生局部过热。若反应器内的氢气或惰性气体含量过高，会使氯化氢反应不完全。产品中会有较多未反应的氯化氢存在而易造成设备腐蚀；惰性气体还易夹带三氯硅烷，需要有回收的附属设备。

(5) 产品的分离和纯化

反应器出来的产品气流中，除含有硅粉、未反应的氯化氢、氢气、二氯硅烷（H_2SiCl_2）、三氯硅烷和四氯化硅外，还含有从反应器内金属硅中放出的痕量金属污染物，如金属氯化物等。

当将气体产品冷却到40～100℃时，能沉淀出氯化铝和其他杂质，而氯化铝冷却凝固时，可带走一些硼和磷的三氯化物。当气体产品冷却至60～80℃时，也可使氯化铝和氯化铁沉淀下来，但气体流速应保持在6～15m/s，以防止上述物质沉积在冷却面上。Degussa公司在反应器顶部喷洒液体氯硅烷，使顶部温度保持在氯化铁的升华温度以下，即可生产不含Al、Fe和Ti的氯硅烷。在用液体氯硅烷增压的洗涤塔中，将混合气体冷却至56℃左右，即可除去氯化铝、四氯化钛和微量的氯化铁。添加铝化合物，有人认为将有助于除去氯化硼杂质。

将气体产物冷却至低于0℃，含有氢、未反应的氯化氢、部分二氯硅烷和三氯硅烷的气体，即可从液体三氯硅烷和四氯化硅中分离出来。用石蜡油或烷基硅酸酯吸附、或经压缩和冷却可以进一步从气流中回收有用的二氯硅烷和三氯硅烷。

分馏三氯硅烷和四氯化硅的液体混合物，以进行初步分离。沸点较高的杂质（如三氯化磷）与四氯化硅一起留在反应器底部。添加氯，可使三氯化磷转化成能在162℃下升华的五氯化磷。另外PCl_3可与三氯化铝结合，并通过蒸馏从挥发性的$SiCl_4$中分离出来。近年有关三氯硅烷制备工艺改进也有一些研究报道[5,6]，请参见有关文献。

2.2.3 含氢甲基氯硅烷的制备

甲基二氯硅烷（$MeSiHCl_2$）和二甲基氯硅烷（Me_2SiHCl）都是直接法生产二甲基二氯硅烷的副产物，它们常作为合成有机硅高分子化合物的原料，因此，常称之为有机硅含氢单体。随着硅烷偶联剂应用的扩展，将其应用于有机硅或有机材料改性将会越来越多。因此，本章也将其作为硅烷偶联剂合成的主要原料之一专门介绍。

含氢甲基氯硅烷可以从硅/氯甲烷直接反应得到的混合单体中分离出来以供需求，还可以从硅/氯甲烷直接法合成产物的高沸物经催化裂解制备，一些甲基氯硅烷单体催化重分配反应也是重要的制备方法。此外，金属氢化物部分还原氯硅烷或利用格氏反应合成含氢氯硅烷是过去实验室采用的方法，现在还可用于合成一些特殊的含氢烃基氯硅烷。以聚二甲基硅烷为原料在氯化氢存在下，光裂解制备二甲基氯硅烷也有报道。

2.2.3.1 硅/氯甲烷直接反应合成甲基氯硅烷混合产物中的含氢甲基氯硅烷

通过硅/氯甲烷直接反应是获得含氢氯硅烷的主要方法。当硅/氯甲烷直接反应规模化生产二甲基二氯硅烷（Me_2SiCl_2）时，粗产品甲基氯硅烷混合物中含氢甲基氯硅烷（$MeSiHCl_2$），但其含量是有限的。因为直接法规模生产甲基氯硅烷混合单体时，生产者总希望有高含量的二甲基二氯硅烷，硅粉的选择和操作条件都以满足获得高收率的二甲基二氯硅烷为原则。如果操作条件略有变化可影响含氢甲基氯硅烷含量，但变化范围很小，通常 $MeSiHCl_2$ 的含量在 0.5%～5%变化，二甲基氯硅烷（Me_2SiHCl）的含量变化则在 0.1%～1%范围之内。此外，要从利用直接法制备以二甲基二氯硅烷为目的混合单体中分离纯净的、沸点相近的含氢甲基氯硅烷并非易事，特别是含量少的二甲基氯硅烷。

自 20 世纪 70 年代以来，含氢氯硅烷的需求增多，其原因包括硅烷偶联剂研发的品种增多，以及应用领域拓展致使有机硅及其改性材料的发展，国内外对如何从增加直接合成甲基氯硅烷混合单体中获得更多的含氢单体进行了广泛研究。研究者一致认为增加反应压力、改变触体组成和通入干燥 HCl 等都可以增加混合单体中含氢甲基氯硅烷含量。70 年代，根据苏联有关研究，武汉鄂南化工厂采用硅/氯乙烷直接反应生产乙基氯硅烷时，为了得到当时急需的大量的乙基二氯硅烷（$C_2H_5SiHCl_2$），他们通过生产证明，当反应体系中通入干燥的 HCl 可使 $C_2H_5SiHCl_2$ 收率达到 36%以上。在生产甲基氯硅烷单体时，采用类似办法也是提高甲基二氯硅烷的有效途径。

1975 年 Cooker 等[7] 对硅/氯甲烷直接反应增加含氢甲基氯硅烷的收率进行了研究，其方法是在硅粉中加入氯化亚铜作催化剂的同时还加入其他金属，如此以改变触体组成，然后在一定温度下将氯甲烷和氢气通入进行气/固反应，结果获得了较高产率的甲基含氢单体 $MeSiHCl_2$ 和 Me_2SiHCl，同时还保持获得较高含量的二甲基二氯硅烷。他们实验所制备的触体组成及其百分含量列于表 2-6。其制备方法是在氮气保护下于 50～100℃下加热 6h 后，再继续升温至 300～330℃进行活化。合成反应的前几个小时中，先单独通入氯甲烷，然后再通入氯甲烷和氢气的混合气体。该直接合成反应所得产物组成及其含量列于表 2-7 供参考。

表 2-6 触体组成百分含量① 及反应温度

触体组成序号 \ 触体	Cu /%	Ag /%	Cd /%	Zn /%	Al /%	平均反应温度/℃	氧含量 /ppm
1	10	—	—	—	—	332	10
2	10	—	—	0.1	0.05	332	4
3	10	—	2.0	—	—	332	—
4	9.4	5.7	—	0.1	0.05	332	10
5	9.2	5.6	2.7	0.1	0.05	332	6

① 其余的质量百分含量为硅粉。

注：1ppm＝10^{-6}。

表 2-7 触体组成对直接法合成甲基氯硅烷产物（混合单体）组成的影响

触体组成序号	硅转化率/%	H_2（分压）	MeCl（分压）	$MeSiHCl_2$ /%	Me_2SiHCl /%	Me_2SiCl_2 /%	Me_3SiCl /%	$MeSiCl_3$ /%	其他 /%
1	20	0.55	0.45	37.6	32.7	23.4	2.9	3.4	0.0
	40	0.55	0.45	23.8	30.8	33.1	2.3	9.9	0.1
	55	0.75	0.25	45.7	33.1	12.5	1.5	6.9	0.3
	65	0.55	0.45	51.1	24.4	17.3	2.1	4.8	0.3
2	25	0.55	0.45	30.8	17.5	45.8	1.2	4.7	0.0
	50	0.75	0.25	56.7	28.5	10.3	1.2	2.7	0.6
	60	0.75	0.25	70.3	17.5	5.0	1.2	2.7	3.3
3	45	0.54	0.46	8.1	2.2	80.4	4.0	5.3	0.0
	70	0.69	0.31	0.3	4.0	88.0	3.7	4.0	0.0
4	30	0.55	0.45	17.7	12.4	63.2	3.3	3.2	0.2
	55	0.75	0.25	58.2	19.8	15.3	1.8	4.0	0.9
5	30	0.55	0.45	6.1	5.5	76.7	5.5	6.2	0.0
	55	0.75	0.25	7.8	10.5	70.6	2.5	8.5	0.1
	75	0.55	0.45	3.5	11.7	62.4	3.0	19.4	0.0

从表 2-7 可以看出，在硅-铜触体上通入 $MeCl/H_2$ 可以大大地提高混合单体中两种含氢甲基单体的含量，最高可达 85%以上。

在硅/氯甲烷直接反应时 $MeSiHCl_2$ 与 Me_2SiHCl 的形成机理，Cooker 等认为可用下述反应式予以说明。

$MeSiHCl_2$ 的形成：

$$2CuCl+H_2 \longrightarrow 2Cu+2HCl, HCl+Cu \longrightarrow (HCl)Cu, SiCl+(HCl)Cu \longrightarrow HSiCl_2+Cu$$

$$HSiCl_2+(MeCl)Cu \longrightarrow MeSiHCl_2+CuCl, MeSiCl_2+(HCl)Cu \longrightarrow MeSiHCl_2+CuCl$$

Me_2SiHCl 的形成：

$$CuCl+H_2+Si \longrightarrow HCl+Cu+SiH, SiH+2(MeCl)Cu \longrightarrow Me_2SiHCl+CuCl+Cu$$

如果要保证上述反应向所需方向进行，从反应式来看，必须维持较高的氢压，否则就竞争不过氯甲烷与硅的反应，含氢氯硅烷化合物的含量就要减少。

早在 1967 年北京化工研究院就开始研究提高 $MeSiHCl_2$ 含量的方法，他们是在硅-铜触体中加入 Ag 粉作助催化剂，同时在氯甲烷中掺入 HCl 作氢源，使合成产物中的 $MeSiHCl_2$ 提高达 30%～40%，但不希望生成的 $MeSiCl_3$ 也成倍增加。因此，该方法是不可取的。

1995 年吉林化学工业公司研究院孙宇[8] 采用 Cu-Ni-Zn 催化体系，使在 Ni 催化下 MeCl 适量分解产生 HCl：

$$MeCl \xrightarrow[\triangle]{Ni} HCl+H_2+C$$

同时还促进 HCl 有效地生成 $MeSiHCl_2$。他们在 Φ400mm 流化床中试验，所得混合单体中含氢单体 $MeSiHCl_2$ 含量大于 15%，二甲基二氯硅烷含量大于 50%。Halm 等[9] 将 Si、CuCl、Cu-Zn、Sr 及 Cu-P 配成的触体，在 315℃下与通入的 MeCl-HCl 混合物反应，得到的产物中含 $MeSiHCl_2$ 9.5%。Lewis 等[10] 在流化床反应器中装入硅粉和按硅粉计 3.1×10^{-6} 的 Sr，1×10^{-6} 的 Zn 及 2.14×10^{-6} 的铜作催化剂，加热下先用 HCl 处理，再通入 MeCl-

HCl 反应，得到的 $MeSiHCl_2$ 为 39%，Me_2SiHCl 为 14%～22%，$MeSiCl_3$ 仅占 6.6%。

硅/氯甲烷直接反应得到甲基氯硅烷混合单体中 $MeSiHCl_2$ 和 Me_2SiHCl 含量较低，分离纯化这两种含氢氯硅烷并非容易实施的工艺过程，特别是分离出 Me_2SiHCl 非常困难。Schumann 等[11] 曾研究过 Me_2SiHCl 的分离纯化方法，他们截取的 33～37℃馏分，其中再加入少许 H_2PtCl_6，然后再分馏，得到沸点为 35～36℃的 Me_2SiHCl，收率达 79%～85%，纯度可达 97%。

2.2.3.2 利用直接法合成甲基氯硅烷的高沸物作为制备含氢甲基氯硅烷的原料

直接法合成甲基氯硅烷高沸物系指反应粗产物中沸点高于 70℃的产物，其主要成分沸程在 80～215℃，其中包括十多种化合物。高沸物在甲基氯硅烷粗单体混合产物中，通常质量分数约为 4%～8%。这些高沸物主要是由含有不同数量的甲基和氯取代的 ≡Si—Si≡、≡$SiCH_2Si$≡和≡Si—O—Si≡等类型化合物构成。张株等[12] 利用色/质联用进行了分析，其主要组成和含量记录在表 2-8 中，请参阅。

表 2-8 高沸物主要组成与含量 单位：%

序号	组分	含量	序号	组分	含量
1	$MeCl_2SiSiClMe_2$	23.39	6	$Me_2ClSiOSiClMe_2$	4.70
2	$MeCl_2SiSiCl_2Me$	19.18	7	$Me_2ClSiOSiCl_2Me$	2.29
3	$Me_2ClSiSiClMe_2$	5.43	8	$Me_2ClSiOSiCl_2SiCl_2Me$	1.05
4	$EtMeSiCl_2$	2.78	9	$Me_3SiSiClMe_2$	1.40
5	Me_2SiCl_2	2.37			

有关高沸物组分及其大气压下的沸点可参见表 2-9。

表 2-9 硅/氯甲烷直接反应合成甲基氯硅烷中的高沸物主要组成及其沸点 单位：℃

序号	组分	沸点	序号	组分	沸点
1	$EtSiCl_3$	100	8	$Cl_3SiCH_2SiCl_3$	186
2	Me_2CHCH_2SiCl	119	9	$MeCl_2SiCH_2SiCl_2Me$	189
3	$EtCH_3SiCl_2$	102	10	$Cl_3SiSiCl_3$	146
4	$Me_2CHSiCl_3$	118	11	$Me_2ClSiSiCl_3$	157
5	$EtCH_2SiCl_3$	124	12	$MeCl_2SiOSiCl_2Me$	158
6	$EtCH_2SiCl_2Me$	125	13	$C_6H_5SiCl_3$	201
7	$Me_2ClSiCH_2SiCl_3$	185	14	$MeCl_2SiCH_2CH_2SiCl_3$	206

将上述这些由硅/氯甲烷直接反应合成甲基氯硅烷时得到的高沸物，作为合成原料，除了通过催化裂化除制备二甲基二氯硅烷外，很重要的用途是通过催化裂解制备含氢甲基氯硅烷，该方法是当今有机硅单体制造工业中综合利用副产物的重要手段。充分利用好直接合成法所产生的高沸物是有机硅产业生产绿色化和降低生产成本的重要途径。

高沸物中除上述有机硅化合物外，还含有诸如 Fe、Cu 等金属离子杂质和细硅粉，在裂解反应前预先蒸馏分离，或截取一段馏分作为裂解反应的原料使用，其裂解反应效果会好些，但要添加设备和增加操作步骤。高沸物不经预处理直接作为催化裂化原料使用在近期研究中也取得了较好的结果。

催化裂化反应可以根据希望得到的目的产物来选用不同催化剂，如三氯化铝及其复合盐通常用于催化制备二甲基二氯硅烷，而叔胺及其盐有利于催化生成含氢氯硅烷。为了制备含氢氯硅烷，除了选用适合的催化剂外，在裂解时还需要通入氢气或氯化氢气体，如此才可以得到高收率的目的产物 $MeSiHCl_2$ 和 Me_2SiHCl。

2.2.3.3 催化裂解高沸物制备含氢甲基氯硅烷

以直接合成甲基氯硅烷的高沸物为原料采用催化裂化制备含氢甲基氯硅烷，通常以氯化铝的复合盐、有机胺及其盐，也可用钯的配合物为主体的过渡金属化合物或分子筛为催化剂。催化裂解高沸物制备含氢甲基氯硅烷有较多工作，进入 21 世纪以来国内也发表了有关文献综述[13,14]。

(1) 有机胺及其盐催化裂化高沸物制备含氢甲基氯硅烷

文献中报道的催化剂有三丁胺、*N*,*N*-二甲基苯胺、*N*,*N*-二甲基甲酰胺等，以胺、酰胺或铵盐为催化剂催化高沸物裂解的优点是反应温和，反应温度多在 70～200℃下进行，除得到所需含氢甲基氯硅烷外，二甲基二氯硅烷的收率也较高，其不足之处在于催化剂价格较高且难以回收。用它们催化裂解甲基的二硅烷的效果也差些，这种催化剂特别适合催化裂解含氯较高的二硅烷组分如二甲基四氯二硅烷（$Cl_2MeSi—SiMeCl_2$）。

早在 20 世纪 60 年代末，Guinet 等发表专利称[15]：对沸程为 120～160℃的高沸物进行了研究。将 640g 高沸物和 6.4g *N*,*N*-二乙基甲酰胺放入 1L 烧瓶中，同时通入 92g 氯化氢，在 140℃左右反应一段时间后，得到 644g 馏出液，其中甲基二氯硅烷的质量分数为 40.6%，三甲基氯硅烷质量分数为 2%，甲基三氯硅烷质量分数为 36.6%，二甲基二氯硅烷质量分数为 20.8%。

90 年代初，Pachaly 等[16] 以 46.5% 的 $Me_3Si_2Cl_3$、46.5% 的 $Me_2Si_2Cl_4$ 和 7% 的 $Me_4Si_2Cl_2$ 的高沸物为原料，采用三丁胺作为催化剂，HCl 作裂解气，在 5000L 的裂解反应器中进行反应，釜底和釜顶的温度分别为 120℃和 80℃，压力为 0.15MPa。得到了含 45% Me_2SiHCl、28% $MeSiCl_3$、27% Me_2SiCl_2 的裂解产物。连续反应 100h 后，反应器内将充满不能裂解的物质，从而使反应终止。

进入 21 世纪，我国以硅/氯甲烷直接反应生产甲基氯硅烷中的高沸物为原料，采用叔胺类催化剂催化裂解制备甲基氯硅烷的研究工作十分活跃。吉化公司发表专利[17] 称：王刚等以含 $Cl_2MeSi—SiMe_2Cl$、$Cl_2MeSi—SiMeCl_2$、$ClMe_2Si—SiMe_2Cl$、$Me_3Si—SiMe_2Cl$、$ClMe_2Si—CH_2—SiMe_2Cl$、$ClMe_2Si—CH_2—SiCl_3$、$ClMe_2Si—O—SiMe_2Cl$、$ClMe_2Si—O—SiCl_3$、$Me_3Si—SiCl_2—SiMe_2Cl$、$Me_3Si—CH_2—SiCl_2—CH_2—SiMeCl_2$ 的混合高沸物全组分为原料，以三正丁胺为催化剂，将高沸物以 40g/h、氯化氢以 75mL/min 的速率加入塔式裂解反应器，在常压下 125～130℃反应 50h，得到高沸物的转化率为 91.62%，其中含 $MeHSiCl_2$ 38.18%、Me_2SiCl_2 42.71%、$MeSiCl_3$ 16.05%。该反应较易控制，工艺简单，条件温和，易于连续化生产，安全性也很高。

2007 年朱维新等发表专利[18] 叙述了以 *N*,*N*-二甲基苯胺为催化剂催化裂解高沸物过程及其结果。他们将不预处理的含氯甲基二硅烷和用量为裂解原料1%～2%的 N,N-二甲基苯胺催化剂于裂解反应釜中，并按一定比例通入氯化氢，同时维持温度103～110℃反应，0.5h后再向裂解反应装置中补加200kg的高沸物（0.5h加完）。此外，每隔4h补加2kg催化剂（10min加完），历时36h，得到反应混合物中二甲基二氯硅烷含量为36.58%，甲基二氯硅烷（$MeSiHCl_2$）含量为43.5%。操作温度和催化剂用量对反应以及混合产物的含量有影响。

2008年王维东等相继发表专利[19]，他们的创新点是采用了 N,N-二甲基苯胺和三丁胺复合催化剂，其重量比为1∶1。他们用2500kg的硅/氯甲烷直接反应所得高沸物于具填料分馏塔的裂解釜中，也通入氯化氢气体。同样采用补加高沸物和催化剂方法，历时40h，高沸物转化率为91.4%，裂解反应产物的混合物中含甲基二氯硅烷（$HSiMeCl_2$）20.87%，二甲基二氯硅烷含量为52.51%，催化剂用量不同，其结果有差别。

（2）氯化铝及其复合物催化高沸物裂解-歧化工艺过程制备含氢甲基氯硅烷

文献中常见三氯化铝用于催化裂解直接法合成甲基氯硅烷的高沸物，使其转化成以二甲基二氯硅烷为主要组成的甲基氯硅烷。但因三氯化铝既是甲基氯硅烷高沸物裂解催化剂，还能催化有机氯硅烷发生重分配（歧化）反应。因此，这类催化剂也可用于催化高沸物与HCl为合成原料的裂解反应产物再经歧化生成有机含氢氯硅烷。催化裂化反应通常需在高温下进行，但因三氯化铝不到裂解反应温度就可能升华（约118℃）而流失，为了催化裂解反应顺利完成，在压力下操作成为必需。如此工艺过程用于生产既不方便，还增加生产成本。Bluestein Ben A等[20]发明了 $MAlX_4$（M为碱金属，X为Cl，Br，F等卤素）这类复合盐催化剂以代替氯化铝作为催化剂，从而克服了三氯化铝的缺点。如果将催化裂化催化剂负载于 Al_2O_3、沸石、活性炭等载体上，可以使直接法合成氯硅烷的高沸物为原料，三氯化铝及其复合物为催化剂的催化裂化反应，通过气/固多相催化过程连续进行，将有利于规模化生产。2006年范宏、邵月刚等发表专利[21]称，他们以有机硅单体生产过程中产生的高沸物、低沸物或高沸物的混合物为主要原料，与氯甲烷共同气化在搅拌床-固定床组合反应器中反应合成通式为 Me_mSiCl_{4-m}（m 为1～3的正整数）的甲基氯硅烷单体。专利称还获得19.75%甲基二氯硅烷（$MeSiHCl_2$）的实例：搅拌床反应器中装入铝粉，其装料系数为0.5，搅拌床反应温度为300℃，搅拌速度为90r/min，搅拌床反应压力为0.5MPa；固定床反应器温度为300℃，固定床（内填有路易斯酸催化剂）反应压力为0.4MPa，控制氯甲烷与低沸物的质量比为2∶1。反应4h后收集冷凝的液相产物，气相色谱分析其组成：$MeSiHCl_2$ 为19.75%，$MeSiCl_3$ 为7.63%，Me_2SiCl_2 为32.56%，Me_3SiCl 为27.24%，Me_4Si 为1.19%；整个反应过程中低沸物转化率为88.1%，MeCl转化率为71.5%。

（3）过渡金属及其配合物催化裂解高沸物制备含氢甲基氯硅烷

过渡金属如Pd、Pt、Ni、Cu等都可作为催化剂组分，它们通常以硅藻土、氧化铝、活性炭、二氧化硅作载体用于裂解高沸物制备甲基含氢氯硅烷。此外，还可采用上述过渡金属的配合物作为裂解催化剂，如 $(R_3P)_4PdCl_2$、$(R_3P)_2PtCl_2$、$(R_3P)_2NiCl_2$（R为1～6个碳原子的烷基和苯基）等，其中尤以钯的配合物将其用于裂解高沸物能得到较高收率的甲基含氢氯硅烷。反应时还通入氢气或氯化氢等作裂解气，有时也加入一定量的氯硅烷单体如甲基三氯硅烷等。该法既可连续操作也可间歇操作，可用压力反应管、高压反应釜、烧瓶、石英玻璃管作为反应器。该类催化剂裂解高沸物优点是有价值的氯硅烷单体的收率较高，但缺点是催化剂价值昂贵，工业化所需的生产成本高。

早在 1978 年日本 Matsumoto 等研究报道[22] 在氯化氢气存在下，四（三苯基膦）合钯[$(Ph_3P)_4Pd$]催化 1,2-二甲基-1,1,2,2-四氯二硅烷，1,1,2-三甲基-1,2,2-三氯二硅烷或 1,1,2,2-四甲基-1,2-二氯二硅烷裂解制备了高产率的含氢甲基氯硅烷，反应式及其产物组成及含量如下：

$$Cl_2MeSiSiMeCl_2 + HCl \xrightarrow[140℃]{(Ph_3P)_4Pd} MeSiHCl_2 + MeSiCl_3 \quad (50:50)$$

$$ClMe_2SiSiMe_2Cl + HCl \xrightarrow[170℃]{(Ph_3P)_4Pd} Me_2SiHCl + Me_2SiCl_2 \quad (50:50)$$

$$Cl_2MeSiSiMe_2Cl + HCl \xrightarrow[150℃]{(Ph_3P)_4Pd} \begin{cases} MeSiHCl_2 + Me_2SiCl_2\ (28:40) \\ Me_2SiHCl + MeSiCl_3\ (8:24) \end{cases}$$

1992 年 Dow Corning 公司的 Bokerman 等[23] 认为由高沸物制取甲基氯硅烷应包括裂解和歧化两个过程。前一过程中将高沸物中的 Si—Si 键、Si—C 键等键断开，涉及的催化剂主要为 Pd 等，后一过程则裂解后混合物中的单硅烷间发生歧化反应而转化为更有用的单体，涉及的催化剂有氯化铝、硅铝酸盐等。实验发现，用分别相当于原料质量 3.0%、2.0%和 4.0%的 Pd/C、CuCl 和 Al_2O_3 作催化剂，通入适量的氢气，反应一段时间后，二硅烷的转化率可达 99.8%，二甲基二氯硅烷收率最高可达 76.1%，甲基二氯硅烷（$MeSiHCl_2$）收率达 17.5%。

美国联合碳化物公司的 Neale 等[24] 采用铜系催化剂，在氢气作用下，可得到收率较高的含氢氯硅烷。铜系催化剂包括铜粉末、氯化亚铜等铜盐和有机配体形成的化合物。采用这类催化剂的优点是高沸物转化率可高达 93%，含氢氯硅烷的收率较高，但二甲基二氯硅烷的收率较低。

（4）分子筛催化裂化高沸物制备甲基含氢氯硅烷

分子筛催化裂解高沸物，其优点在于反应装置简单，常压操作，可实现连续操作。所用的分子筛包括天然沸石和合成沸石（如 ZSM-5、ZSM-11 等，尤以 LZ-Y-64、LZ-Y-74、LZ-M-8 为佳）。反应时通入氢气、氯气或氯化氢作裂解气。Chadwick[25] 以石英管作为反应器，管内填充片状 LZ-Y-74 分子筛，对含质量分数 55%的含有甲基和氯的二硅烷高沸物，以 HCl 作裂解气，在 500℃的反应管中反应 1h 后，得到质量分数为 81%的氯硅烷单体，其中包括 $HSiCl_3$、$SiCl_4$、$MeSiHCl_2$、Me_3SiCl、$MeSiCl_3$、Me_2SiCl_2 等。

2.2.3.4 重分配反应合成含氢甲基氯硅烷

重（再）分配反应，又称之为歧化反应，该反应在一定温度下，催化剂作用于连接在同一（或不同）有机硅化合物的硅原子上基团（包括烃基、氢、卤素和其他一些硅官能团），使基团相互交换，实现基团重新配置，且基团的种类不变，基团的数量也不变，但得到的反应产物与反应所用原料的化学组成和结构完全不同。利用这种反应可以在直接法合成生产二甲基二氯硅烷时，将产生价值低廉、或应用过剩的一些甲基氯硅烷（如甲基三氯硅烷，三甲基氯硅烷等）用于制取高附加值或应用广泛的有机硅单体。该方法是提高有机硅产业生产绿色化水平的重要途径之一。有机硅化合物中取代基的重分配反应虽在加热时可以进行，但使用催化剂能达到降低反应温度、缩短反应时间、提高反应选择性、得到高收率目的产物的效果。歧化反应常用的催化剂是 $AlCl_3$、$FeCl_3$、$ZnCl_2$ 等化合物，常见将 $AlCl_3$ 催化剂用于催化甲基三氯硅烷转化成二甲基二氯硅烷，但也有文献报道用于合成甲基含氢氯硅烷。

Takasaki 等[26] 曾用三氯化铝为催化剂，在33℃下催化 Me_2SiH_2 和 Me_2SiCl_2 进行再分配反应，可获得100%的转化率，其中 Me_2SiHCl 的选择性高达99%。有机硅铵盐 $[MeN(C_3H_6SiH_{3/2})_3]^+Cl^-$ 也可催化 Me_2SiCl_2 和 $MeSiH_2Cl$ 发生再分配反应，得到良好收率的 Me_2SiHCl。如果以六甲基磷酰胺（HMPA）为催化剂，催化 Me_2SiCl_2 和含氢硅油发生交换反应，则得到转化率达68.3%（质量分数）的 Me_2SiHCl[27]。

上述这些实例用于生产甲基含氢氯硅烷由于合成成本过高，或原料和催化剂不易得到，因此都不适合产业化开发。上节文献［21］介绍采用裂化-歧化相结合的方法，在制备二甲基二氯硅烷的同时，也可以获得高收率的甲基含氢氯硅烷，这是值得推广的合成方法。Brinson 等[28] 在650mL的高压釜中加入0.15mol的高沸物，55%的甲基三氯硅烷，3%～4%的 $AlCl_3$ 和0.9～1.0mol的氢，反应压力为6.9～9.7MPa，325℃搅拌下反应2.8h，得到二甲基二氯硅烷含量为27.2%，一甲基含氢氯硅烷含量为34.7%的产物。

2.2.3.5 其他方法

其他合成含氢氯硅烷的方法主要指金属氢化物还原法、聚硅烷光裂解法，这些都是实验室合成的成功方法，对用于产业化开发还有很多工作要做，下面仅作简介。

（1）金属氢化物还原制备方法[29]

很多金属氢化物都可以用于还原有机氯硅烷（或烷氧基硅烷）得到含氢的硅烷化合物，但能用于制备硅烷偶联剂原料，操作简便，成本较低的方法很少。据报道以 Me_2SiCl_2 为原料，反应温度45℃，用 $NaBH_4$ 还原，2h可得到收率为41%的 Me_2SiHCl。$MeSiCl_3$ 和 Me_2SiCl_2 可用 CdH_2 还原得到 $MeSiHCl_2$ 和 Me_2SiHCl。

（2）聚硅烷光裂解合成法[30]

文献报道以二甲基聚硅烷和氯化氢为原料，在一定波长的紫外光照射下进行光裂解：

$$(Me_2Si)_6 + 6HCl \xrightarrow{h\nu} 6Me_2SiHCl$$

据称 Me_2SiHCl 的收率可达72%，但我们在20世纪80年代末进行过有关研究，从未达到文献的结果，其原因可能在于与当时合成所需设备条件还不具制备要求有关。

2.3 含氢烷氧基硅烷

含氢烷氧基硅烷种类很多，将它们作为合成原料，实验室用于硅氢加成反应制备有机硅化合物的品种也不少，这类化合物可用如下通式概括：

$$HSiR'_n(OR)_{3-n}$$

R与R′可以相同或不同，通常为甲基或乙基，文献中也有苯基和其他烃基的报道，$n=0$、1、2。

虽然这类化合物品种多，但作为硅烷偶联剂合成原料的含氢烷氧基硅烷只有少数几种，如三甲氧基硅烷［$HSi(OMe)_3$］、三乙氧基硅烷［$HSi(OEt)_3$］、甲基二甲氧基硅烷［$MeSiH(OMe)_2$］、甲基二乙氧基硅烷［$MeSiH(OEt)_2$］以及二甲基甲氧基硅烷［$Me_2Si(H)OMe$］和二甲基乙氧基硅烷［$Me_2Si(H)OEt$］等化合物，其中应用较多的是三甲氧基硅烷和三乙氧基硅烷两种。20世纪烷氧基硅烷主要是通过含氢氯硅烷醇解来制备，直至20世纪末才有新的合成方法用于生产。1999年美国Witco公司采用硅/醇直接反应生产三甲氧基硅烷，2002年我国湖北武大有机硅新材料股份有限公司也采用硅/醇直接法反应生产三甲氧基硅烷，2010年该公司已建成装置投入生产。

2.3.1 含氢烷氧基硅烷的物理化学性质

2.3.1.1 物理化学性质概述

含氢烷氧基硅烷有酯的香味，几乎溶于所有的有机溶剂，但溶于醇中烷氧基会很快发生酯交换反应，例如三甲氧基硅烷溶解于乙醇中，就会发生乙醇与甲酯的交换反应：

$$m\,HSi(OMe)_3+n\,EtOH \longrightarrow x\,HSi(OMe)_2OEt+y\,HSi(OEt)_2OMe+z\,CH_3OH$$

这类化合物都是中性，无腐蚀性，也易水解，但比相应的氯硅烷稳定；烷氧基团愈大，稳定性愈好，比如$HSi(OEt)_3$比$HSi(OMe)_3$水解稳定性好。烷氧基是硅官能团，它具有硅官能团通性（1.4节），它是研究最多的一类硅官能团。常用的几种含氢烷氧基硅烷物理常数如表2-10所示。

表 2-10 常用的几种含氢烷氧基硅烷物理常数

含氢烷氧基硅烷	沸点/kPa(℃)	相对密度(℃)	折射率(℃)
$HSi(OMe)_3$	86～87(101.3)	0.860(20)	1.3687(20)
$HSi(OEt)_3$	131.5(101.3)	0.875(20)	1.337(20)
$HSiMe(OMe)_2$	61(101.3)	0.861(20)	1.360(20)
$HSiMe(OEt)_2$	94(97.5)	0.825(25)	1.3724(25)
$HSiMe_2(OEt)$	54(101.3)	0.8572(20)	1.3683(20)
$HSiMe_2(OMe)$	72.6(101.3)	—	—

2.3.1.2 化学反应

含氢烷氧基硅烷的硅原子上键合有具反应能力的氢和烷氧基两种硅官能团，由于硅的电负性（1.8）小于氢的电负性（2.1）和烷氧基团中氧的电负性（2.5），氧电负性大于氢。再加上硅处于元素周期表第ⅣA簇第3周期，有3d轨道可以成键，使过渡态能量降低。因此，尽管两种不同的硅官能团都可以发生S_N2亲核取代反应，但反应进行的难易有较大差别，很多试剂对硅上H的取代反应要比取代硅上的OR基团难得多，硅上氢被烷氧基取代通常要有催化剂作用下才能很快进行。利用这样的差别可以在一定条件下具亲核性的醇进攻下使≡Si—H 得到保护。这类化合物中的烷氧基的化学反应在 1.4 节有关硅官能团通性中已有阐述，但应注意的是硅氢键（≡Si—H）和其他硅官能团一样，在碱性化合物或一些金属及其化合物等杂质存在下容易被催化水解或醇解脱氢，但在酸性的条件比较稳定。从下面一些化学反应式可以看出含氢烷氧基硅烷中的氢并非一般硅官能团。

① 水解反应

$$\equiv Si—H + H_2O \xrightarrow{OH^-} \equiv Si—OH + \frac{1}{2}H_2\uparrow$$

② 醇解反应

含氢烷氧基硅烷在催化剂作用下可与醇、酚、酸及其衍生物反应，生成烷氧基硅烷或酰氧基硅烷，例如：

$$\equiv SiH + ROH \xrightarrow{H^+} \equiv SiOR + \frac{1}{2}H_2$$

$$\equiv SiH + ROH \xrightarrow{OH^-} \equiv SiOR + \frac{1}{2}H_2$$

③ 卤代金属有机化合物或中间产物的烃基负离子可取代—OR 基，但不易和≡Si—H 反应，早期很多具烃基的含氢烷氧基硅烷制备都采用金属有机化合物反应合成即为实例：

$$HSi(OR)_3 + R'MgX \longrightarrow HSiR'(OR)_2 + ROMgX$$

④ ≡SiH 化合物可作为氢的供体催化还原一些有机化合物，自身被氧化。如含氢硅氧烷可将酮还原成醇，将 NO_2 还原成 NH_2，在 $AgNO_3$ 等的作用下，Si—H 键被氧化成 Si—OH，Ag^+ 则被还原成金属。含氢烷氧基硅烷的还原能力有如下次序：$R_3SiH >$ $(RO)_3SiH > Cl_3SiH$。

$$Ph_3SiH + AgNO_3 \longrightarrow Ph_3SiOH + NO_2 + Ag$$

$$Et_3SiH + Ag_2O \longrightarrow Et_3SiOH + 2Ag$$

⑤ 含氢烷氧基硅烷在高温下易氧化生成≡Si—O—Si≡化合物。

$$2\equiv SiH \xrightarrow[\triangle]{O_2} \equiv SiOSi\equiv + H_2$$

⑥ 异官能团缩合反应

在铂等催化剂存在下，含氢烷氧基硅烷与其他具硅官能的化合物可以相互发生异官能团缩合反应，如具羟基的聚硅氧烷，以及含羟基的有机或无机物质。应注意可能还会伴随烷氧基与羟基的缩合反应。

$$\equiv SiH + \equiv Si—OH \xrightarrow{催化剂} \equiv SiOSi\equiv + H_2\uparrow$$

$$\equiv SiOR + HOSi\equiv \xrightarrow{催化剂} \equiv SiOSi\equiv + ROH$$

⑦ 含氢烷氧基硅烷在催化剂存在下易与环氧化合物发生加成反应，如：

$$\equiv SiH + \underset{\diagdown O \diagup}{CH_2—CH_2} \xrightarrow{催化剂} \equiv Si—OEt$$

⑧ 重（再）分配反应

含氢烷氧基硅烷在过渡金属及其化合物等催化下发生重分配反应较之含氢氯硅烷更容

易进行，随之生成二氢或多氢的烷氧基硅烷。而多氢硅烷更易氧化析氢，因此在合成反应或贮存运输中应特别注意。

2.3.2 醇解反应合成含氢烷氧基硅烷

氯硅烷醇解合成烷氧基硅烷是常用的方法，也是生产 $HSi(OR)_3$、$HSiMe(OR)_2$ 和 $HSiMe_2(OR)$ 的主要方法之一。尽管已有硅/醇直接反应合成三烷氧基硅烷产业化开发，迄今很多企业仍用甲醇或乙醇醇解三氯硅烷生产相应的三烷氧基硅烷：

$$HSiCl_3 + 3ROH \longrightarrow HSi(OR)_3 + 3HCl\uparrow$$

甲基二烷氧基硅烷和二甲基烷氧基硅烷的生产则以甲基二氯硅烷或二甲基氯硅烷为原料的醇解法是最经济的合成路线：

$$HSiMeCl_2 + 2ROH \longrightarrow HSiMe(OR)_2 + 2HCl\uparrow$$

$$HSiMe_2Cl + ROH \longrightarrow HSiMe_2(OR) + HCl\uparrow$$

2.3.2.1 醇解反应

有机氯硅烷醇解是较方便、且容易进行的合成反应，操作条件合适时目的产物收率很高，因此，在实验室和生产中常采用醇解法制备烷氧基硅烷。含氢氯硅烷为原料的醇解合成反应，由于化合物中≡Si—H 基团存在，在一定条件下它也可以与醇发生反应脱氢，因此会给醇解反应制备含氢烷氧基硅烷的工艺带来难度。反应温度、物料比等操作条件没有很好控制，容易使目的产物选择性降低，生成过多的副产物四烷氧基硅烷或甲基三烷氧基硅烷：

$$HSiCl_3 + ROH \longrightarrow x\,HSi(OR)_3 + y\,Si(OR)_4 + z\,HCl\uparrow + m\,H_2\uparrow \quad (2\text{-}1)$$

$$HSiMeCl_2 + ROH \longrightarrow x\,HSiMe(OR)_2 + y\,MeSi(OR)_3 + z\,HCl\uparrow + m\,H_2\uparrow \quad (2\text{-}2)$$

当用低级醇为原料，其中特别是用甲醇醇解制备含氢甲氧基硅烷时，其副反应更易发生，含氢甲氧基硅烷的合成收率很大程度受反应设备和操作条件影响。副产物氯化氢在一定条件下易与合成原料醇发生进一步反应（2-3）。因此，利用该反应于生产过程中迅速排除反应产生的氯化氢成为必要。

$$ROH + HCl \longrightarrow RCl + H_2O \quad (2\text{-}3)$$

$FeCl_3$、$ZnCl_2$ 等金属氯化物催化醇氯化，会使这种副反应加速。因此，设备的材质，合成原料中的具催化特性的 $FeCl_3$ 等杂质控制应特别注意。

反应（2-3）中还有副产物 H_2O 的生成，水提供了原料氯硅烷和产物烷氧基硅烷水解和缩聚等副反应的条件，从而在醇解反应合成烷氧基硅烷时，常发现高沸低聚物生成，其生成过程如反应（2-4），缩聚物的生成自然会降低目的产物收率。

$$HSi(OR)_3 + H_2O \longrightarrow RO\!\left(\begin{matrix}OR\\ |\\ Si-O\\ |\\ H\end{matrix}\right)_{\!n}\!R + n\,ROH \quad (2\text{-}4)$$

有关硅烷中烷氧基的水解反应在本书第 1 章硅官能团通性中已有阐述，醇解反应是逐步进行的（参阅 1.4 节）。因此，在含氢烷氧基硅烷产物中通常存在醇解不完全的含氯的中间物，致使产物呈酸性，有时影响后续应用，应予以注意。

醇解反应进行不彻底与烷氧基取代氯难度逐步加大有关。因此，采用间歇法醇解合成操作时其温度由低至高的控制成为必要。

≡Si—H 键稳定性虽然比≡Si—OH 好，但在适当条件下，如过量的醇、高温或酸、碱性化合物存在下，硅-氢也会发生醇解如反应（2-5）和反应（2-6）。因此，控制投料比、调节反应物介质的 pH 值和低温下反应是常用措施。

$$HSi(OR)_3 + ROH \longrightarrow Si(OR)_4 + H_2\uparrow \tag{2-5}$$

$$\equiv SiRNH_2 + \equiv SiRX \longrightarrow (\equiv SiR)_2NH_2^+X^- \rightleftharpoons (\equiv SiR)_2NH(2^\circ\text{胺}) \tag{2-6}$$

2.3.2.2　实验室用醇解合成三甲氧基硅烷

中国科学院化学所的科研人员研究过三氯氢硅与甲醇反应合成三甲氧基硅烷方法[31]，反应设备和操作均是根据上述反应特点而设计的（图 2-4）。他们采用塔式反应器，通氮气或加入惰性溶剂迅速使产生的氯化氢脱离反应区；此外，他们还研究了原料比、加料速度、回流比对反应收率的影响，最好的实验结果得到了 92％收率。$HSiCl_3$ 醇解合成 $HSi(OMe)_3$ 操作如下：在两个可计量的滴液漏斗中分别装入 96g（3mol）MeOH（含水量小于 80×10^{-6}）或 135.5g（1mol）$HSiCl_3$；在回流反应瓶中加入 150mL 沸点为 30～40℃的石油醚；冷凝器中通入冷却冰水。加热升温使石油醚保持回流。将 MeOH 及 $HSiCl_3$ 计量慢慢加入带有电磁搅拌器的混合反应瓶中进行混合和部分反应，副产的 HCl 气体经塔顶冷凝器排出，再经碱液淋洗塔中将 HCl 中和。进入回流瓶中的反应物及产物，其液位超过一定高度后，通过填料塔进行回流，反应不完全的物料可在填料表面进一步反应和脱除 HCl。结束反应后，产物冷却，将其在 20 块理论板的分馏柱中分馏，截取目的产物 84℃馏分，$HSi(OMe)_3$ 收率（按 $HSiCl_3$ 计）为 92％。

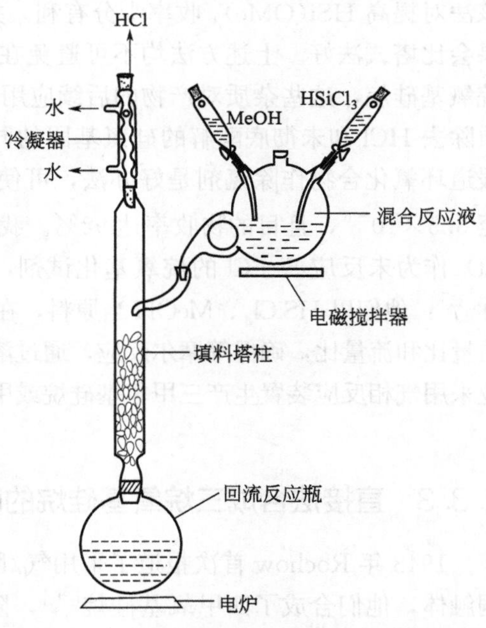

图 2-4　合成 $HSi(OMe)_3$ 的实验室装置

合成反应所用溶剂的选择很重要，惰性是必要的，通过加入惰性溶剂不仅有利于驱除产生的 HCl，还因为通过溶剂可以控制反应温度，因为低温更有利于获得高收率的三甲氧基硅烷，实验结果请参见表 2-11。

此外，反应原料的配比、加料方式及其速度、回流比对反应都有影响，在上述文献中均有报道。

表 2-11　溶剂对 $HSiCl_3$ 甲醇解反应的影响

溶　剂	$HSi(OMe)_3$ 产率/%（质量分数）	高沸物/%（质量分数）	损失/%（质量分数）
石油醚（沸程 30～40℃）	92	5	3
石油醚（沸程 50～60℃）	75	15	10
正己烷（沸点 68.7℃）	69	12	17

2.3.2.3　醇解法制备含氢烷氧基硅烷的生产方法

含氢氯硅烷为原料醇解是合成含氢烷氧基硅烷常用方法，很多企业生产应用面广的 $HSi(OR)_3$ 或 $HSiMe(OR)_2$ 的工艺过程均模拟上述实验方法，采用塔式反应装置连续进行。例如文献［32,33］报道的连续化生产过程：将 $HSiCl_3$ 及 MeOH 分别从塔顶连续进入塔内，两者在填料表面进行醇解反应，反应产生的 HCl 通过塔顶深冷，然后进入吸收系统或直接循环使用。产物 $HSi(OMe)_3$ 则进入塔釜，达到一定液面后自动流入加热釜进一步脱除 HCl，据称此法可获得 96.2%收率的 $HSi(OMe)_3$。Bank 发表专利[34]称：采用降膜式反应器（falling-film）或扫膜式反应器（wiped-filmtypereactor）用于制备含氢烷氧基硅烷，能得到较好结果，其原因在于 MeOH 是在保持一定温度的 $HSiCl_3$ 液膜上接触反应，可保证 HCl 顺利地、很快地逸离反应体系，减少因 HCl 而导致发生的副反应。该法对提高 $HSi(OMe)_3$ 收率十分有利，并认为采用降膜式反应器或扫膜式反应的合成效果会比塔式法好。上述方法均不可避免在产物中还会含 HCl 和未彻底醇解的含氯的含氢烷氧基硅烷，这些杂质对产物的后续应用带来影响，必须清除。采用醇钠或镁粉等碱性物质除去 HCl 和未彻底醇解的硅氯基团的同时，还将引起脱氢反应，不宜采用。日本专利报道环氧化合物作除氯剂是好办法，可使 $HSi(OMe)_3$ 中的残余 Cl 含量由 600×10^{-6} 降至 3.5×10^{-6}，且目的物收率达 92%。我们在实验室使用原碳酸酯 $HC(OR)_3$（R 为 Me、Et）作为未反应 Si—Cl 的烷氧基化试剂，效果也很好，但成本可能高一些。刘明锋专利称[35]：他们以 $HSiCl_3$、MeOH 当原料，在溶剂存在下，采用两极连续酯化工艺，严格控制质量比和流量比，确保等摩尔反应，通过溶剂回流排出 HCl，起到很好效果。此外，还有企业采用气相反应装置生产三甲氢基硅烷或甲基二甲氧基硅烷，据称其效果极佳。

2.3.3　直接法合成三烷氧基硅烷的国内外概况

1948 年 Rochow 首次报道了采用气/固过程，将甲醇蒸气通过在 1000℃下制备的硅/铜触体，他们合成了四甲氧基硅烷[36]，随之 Newton 和 Rochow 又报道合成了三甲氧基硅烷、三乙氧基硅烷和三丙氧基硅烷，并提出了当时认为催化剂存在下醇和硅直接反应合成烷氧基硅烷的反应机理[37]。硅/醇直接反应合成 $HSi(OR)_3$ 初期研究工作可能因合成收率不令人满意，更可能是因三烷氧基硅烷直接用于合成有机烷氧基硅烷的应用开发工作滞后，因而没有引起研究者对发展该合成方法的重视。随着有机硅偶联剂应用的拓展，以及合成方法的改进，作为合成原料的三烷氧基硅烷需求日益增多，研究者对硅/醇直接反应合成三甲氧基硅烷（或三乙氧基硅烷）的产业化开发与日俱增。20 世纪 70 年代各国对三烷氧基硅烷直接合成法开始了较多研究，日本、美国等西方国家相继报道硅/醇直接反应合成三烷氧基硅烷的研究结果，但均没有能达到令人青睐的水平。总结起来，当时硅和醇直接反应用于合成三烷氧基硅烷时的选择性差，产物中醇含量高，未反应的甲醇和三甲氧基硅烷形成共沸物难以分离，甲醇还进一步与三烷氧基硅烷反应生成四烷氧基硅烷等。上述弊端使该法很难替代 $HSiCl_3$ 醇解制备 $HSi(OR)_3$ 的合成路线，从而影响硅/醇直接反应合成三烷氧基硅烷的深入研究和产业化开发。

随着无机物料和有机树脂、橡胶复合材料飞速发展，以三烷氧基为硅官能团的硅烷偶联剂用量大幅度增加，有力地推动了硅/醇直接反应制备 $HSi(OR)_3$ 的合成及其工艺过程研究。20 世纪 80 年代中期开始的新一轮卓有成效的研究热潮又在国内外展开。1985 年至 20 世纪末在国内外文献出现数十篇论文和专利，其研究内容涉及硅/醇直接反应及其工艺过程。采用气/固过程合成三甲氧基硅烷最具意义的工作是以日本东京工业技术学院化学工程系 Suzuki 等为代表的研究[38～43]。他们将硅/氯化亚铜置于固定床反应器中，在 260～500℃范围预热处理 3h，然后在 240℃下通入甲醇蒸气进行反应，得到三甲氧基硅烷。随着预热温度升高使硅的转化率增加，但三甲氧基硅烷的选择性下降。他们利用 X 射线（XRD）、扫描电镜（SEM）和电子探针（EPMA）等手段研究了硅/醇反应合成三甲氧基硅烷的催化活性中心形成机理。在热处理过程中，氯化亚铜转移到硅的表面沉积，其沉积物与硅相互作用形成金属间铜/硅相（Cu_3Si）分散在硅的表面，它和甲醇反应形成散射凹坑，其凹坑大小随着硅的转化而增长。Suzuki 和 Ono 还进一步研究了硅/氯化亚铜预处理条件对硅/醇直接反应的反应速率及三甲氧基硅烷的选择性影响，证实了其反应速率和 $HSi(OMe)_3$ 的选择性很大程度取决于 Si 和 CuCl 混合物预处理温度和甲醇通入活化温度。温度高于 350℃生成 $HSi(OMe)_3$ 的选择性在 65%左右。通过 XRD 和 EPMA 研究，发现在 350℃有 Cu_3Si 相分布在硅的表面，当温度低于 280℃时没有发现明显的 Cu_3Si 生成，硅/甲醇反应生成 $HSi(OMe)_3$ 的选择性高达 98%。在上述催化触体有关研究的基础上，还完成了硅和甲醇直接反应合成三甲氧基硅烷气/固反应动力学研究。Okamoto Masaki 则在 Ono-Suzuki 实验室完成了有关研究的学位论文，除从反应温度对三甲氧基硅烷选择性影响外，还对抑制副反应的助剂、不同化学结构的醇对硅/醇直接反应的影响进行较深入探讨，其中最具创新性的工作则是提出有别于 20 世纪 40 年代末 Newton 和 Rochow 两人提出的硅/醇直接合成烷氧基硅烷的反应机理（参见 2.4.3.2）。此外，不同化学结构的醇对硅/醇直接反应的影响以及抑制副反应的助剂研究也有参考价值。

在硅/铜催化触体存在下，采用气/固/液过程，硅/醇直接反应合成三烷氧基硅烷研究开发工作，国内外更多研究小组对合成催化剂的先驱体及其制备，溶剂（悬浮剂）的选择，合成条件优化，产物的分离、纯化和稳定以及生产装置设计和工艺过程做了很多工作，在发表一些有价值的专利的同时，还推进和实现了硅/醇直接反应制备三烷氧基硅烷产业化开发。1999 年美国 Witco 公司在意大利采用直接法生产 $HSi(OMe)_3$，从此开始了制备 $HSi(OR)_3$ 的新时代，其中最具实际意义的工作是 Frank D. Mendicino，Lawrence G. Moody，James S. Ritecher 和 Kenrick M. Lewis 等为首的四个不同研究小组开展的。此外，还有研究者对溶剂及其循环利用，三甲氧基硅烷稳定剂以及分离纯化，泡沫抑制和消泡剂等做了专门的研究工作。所涉及内容及文献在下节“硅/醇直接反应合成三烷氧基硅烷的产业化开发”中阐述。

为适应我国硅烷偶联剂产业的发展，从20世纪80年代末，硅/醇直接反应合成三烷氧基硅烷也引起了国内，晨光化工研究院、武汉大学、南京大学、南昌大学等单位相继开展有关研究工作，并报道了相关的研究成果。

1992年由成都有机硅应用技术服务中心首次申请专利，该专利[44]称：以 Cu_2O/CuCl为催化剂，将硅粉与铜催化剂在惰性气氛中200～350℃下固相处理0.5～3h，以工业导热油十二烷基苯作为溶剂，溶剂（悬浮剂）与硅粉的比例为1.5～3.1于反应器中。在惰性气氛中控制温度160～250℃下通入6～10倍量的醇反应3～8h。反应结果硅粉转化率为85%～99%，三烷氧基硅烷选择性85%～92%，根据其实验计算甲醇利用率73.3%左右。显然产物中含有大量的未反应的甲醇，专利未涉及产物稳定性和纯化问题。

南京大学[45]报道了三甲氧基硅烷合成及应用综述。河南师范大学[46]也发表了直接法合成三乙氧基硅烷新工艺的研究，报道了在160～250℃高温、惰性气体下处理硅粉/氯化亚铜，硅粉粒度、乙醇中水含量、反应温度等对反应的影响；宣称选择性大于90%，硅粉转化率接近100%。报道中未涉及反应产物中醇含量以及产物纯化等影响工业化开发需解决的问题。南昌大学[47～49]、湖南师范大学[50,51]等也做了一些工作。

武汉大学有机硅室20世纪80年代末曾进行直接合成法有关工作，1995年在湖北省科委支持下进行产业化开发，其研究成果并通过鉴定和1999年硅/醇直接合成三烷氧基硅烷通过了中试开发鉴定[52,53]。随之采用气/固/液过程、硅/醇直接反应生产三烷氧基硅烷列入1999年国家火炬计划并予以实施。

根据文献报道有关气/固/液过程有三种不同的操作方法现简介如下。

第一种方法是机械搅拌下将硅粉、催化剂（或其先驱体）悬浮于有机液体介质（悬浮剂）中，醇蒸汽导入与硅粉接触，在一定温度下进行反应，其反应产物随时蒸出。

第二种方法是机械搅拌下将硅粉、催化剂或其先驱体以较高浓度混合于有机介质中形成淤浆，甲醇蒸气与共沸轻馏分散于淤浆中相互反应，产物随时蒸出。该过程称之为淤浆反应过程。

采用上述两种操作方法，反应较易控制，设备简单，投资少，产物选择性也较好，国内外已采用上述过程用于生产。

第三种方法是将液/固淤浆连续加入三釜串联的反应釜中，在250℃左右高温下，醇蒸气逆流而上与淤浆接触反应。据称合成操作是一连续过程，产物中醇含量仅为2%左右，三甲氧基硅烷选择性可达90%以上，但操作较难控制，该法尚无用于生产的报道。

2.4 硅/醇直接反应合成三烷氧基硅烷的产业化开发

涉及硅/醇直接反应合成 $HSi(OR)_3$ 的研究工作，国内外不同的研究小组历经半个世纪的努力工作，直至20世纪90年代才真正进入产业化开发阶段。20世纪末美国Witco公司，21世纪初我国武大有机硅新材料股份有限公司先后采用硅/甲醇直接反应生产三甲氧基硅烷（WD-930）。2010年武大有机硅新材料公司建成生产装置，采用硅/醇直接反应合成法生产 $HSi(OMe)_3$，数年来在合成原料稳定情况下，能确保正常生产[54] 同时还将该法制备的 $HSi(OMe)_3$ 用于生产硅烷偶联剂。

2.4.1 硅/醇直接反应合成三烷氧基硅烷过程中的有关化学反应及其影响

以硅和甲醇（或乙醇）为原料直接反应合成三甲氧基硅烷或三乙氧基硅烷的同时，不可避免地伴随一些副反应，而且还因所用催化剂先驱体不同，气/固、气/液/固工艺过程不同，合成原料差异或操作条件变化，通常会生成不同的、或多或少的副产物，下面以化学反应式予以描述。

（1）主反应

主反应仅指催化触体存在下，硅和醇直接反应生成目的产物三烷氧基硅烷的反应。

$$Si + 3ROH \xrightarrow[200℃左右]{催化剂} HSi(OR)_3 + H_2 \tag{2-7}$$

R为甲基、乙基、丙基、异丁基等，以下相同。

该合成三烷氧基硅烷的反应在釜中实际首先是硅/铜触体与醇经反应（2-8），再通过醇解反应（2-9）两步完成，其反应机理请参见2.4.3。

$$\begin{matrix}Cu \\ \diagdown \\ Si \\ \diagup \\ Cu\end{matrix} + 2ROH \longrightarrow \begin{matrix}Cu \\ \diagdown \\ Si(OR)_2 \\ \diagup \\ Cu\end{matrix} + H_2 \tag{2-8}$$

$$\begin{matrix}Cu \\ \diagdown \\ Si(OR)_2 \\ \diagup \\ Cu\end{matrix} + ROH \longrightarrow HSi(OR)_3 + Cu_2 \tag{2-9}$$

（2）副反应

20世纪70年代国内在铜催化剂存在下，硅/醇直接反应一步制备四烷氧基硅烷方法已用于生产。在三烷氧基硅烷合成反应条件下，催化触体有可能转化成铜，或金属间复合物 Cu_3Si。因此不难理解利用硅/醇直接反应制备三烷氧基硅烷合成过程中，生成四烷氧基硅烷是影响目的产物选择性的主要副反应，见反应（2-10）和反应（2-11）。

$$Si + 4ROH \xrightarrow{Cu} Si(OR)_4 + 2H_2 \tag{2-10}$$

$$HSi(OR)_3 + ROH \xrightarrow{Cu_3Si} Si(OR)_4 + H_2 \tag{2-11}$$

根据直接法合成三烷氧基硅烷工艺过程，人们想要完全抑制 $Si(OR)_4$ 产生是不容易的，其原因在于合成反应条件得到三烷氧基硅烷［反应（2-7）］同时，三烷氧基硅烷在反应条件中还可能发生歧化反应，三烷氧基硅烷歧化产生二烷氧基硅烷和 $Si(OR)_4$，见反应（2-12）。

$$2HSi(OR)_3 \longrightarrow H_2Si(OR)_2 + Si(OR)_4 \tag{2-12}$$

三烷氧基硅烷和二烷氧基硅烷在合成体系中都容易发生醇解脱氢。因此，四烷氧基硅烷来源于反应（2-12）外，还有含氢烷氧基硅烷在反应体系中进一步醇解得到四烷氧硅烷，如下反应（2-13）和反应（2-14）：

$$HSi(OR)_3 + ROH \longrightarrow Si(OR)_4 + H_2 \quad (2\text{-}13)$$

$$H_2Si(OR)_2 + 2ROH \longrightarrow Si(OR)_4 + 2H_2 \quad (2\text{-}14)$$

在直接合成三烷氧基硅烷过程中，如果注意改善操作条件，控制有利于催化四烷氧基硅烷生成的金属铜或 Cu_3Si 的生成，可以减少四烷氧基硅烷副产物，提高三烷氧基硅烷的选择性。

在反应混合物中，我们发现硅—硅键合的二聚体、三聚体。这很自然可以推测其脱氢反应不仅仅是醇解，还在反应条件下有含氢烷氧基硅烷分子之间的脱氢反应，见反应（2-15）和反应（2-16）：

$$2HSi(OR)_3 \longrightarrow (RO)_3SiSi(OR)_3 + H_2 \quad (2\text{-}15)$$

$$2HSi(OR)_3 + H_2Si(OR)_2 \longrightarrow (RO)_3Si-\underset{\underset{OR}{|}}{\overset{\overset{OR}{|}}{Si}}-Si(OR)_3 + 2H_2 \quad (2\text{-}16)$$

在硅和醇直接反应合成三烷氧基硅烷的反应条件下，还伴随反应（2-17）、反应（2-18）和反应（2-19）等还原和分子间或分子内脱水等副反应；此外还有醇脱氢氧化成醛的反应（2-20），以及醛会进一步与醇作用生成缩醛和水的反应（2-21）：

$$ROH + H_2 \longrightarrow RH + H_2O \quad (2\text{-}17)$$

$$2ROH \longrightarrow ROR + H_2O \quad (2\text{-}18)$$

$$CH_3CH_2OH \longrightarrow H_2C{=}CH_2 + H_2O \quad (2\text{-}19)$$

$$RCH_2OH \longrightarrow RCHO + H_2 \quad (2\text{-}20)$$

$$RCHO + 2RCH_2OH \longrightarrow RCH(OCH_2R)_2 + H_2O \quad (2\text{-}21)$$

还原和脱水及生成缩醛的反应中都有副产物 H_2O 产生，因而带来产物三烷氧基硅烷和四烷氧基硅烷等副产物的水解、缩聚或共缩聚，其结果是生成多种化学结构不同沸点较高的烷氧基硅烷低聚物，如下反应（2-22）、反应（2-23）和反应（2-24）所示：

$$2HSi(OR)_3 + H_2O \longrightarrow H(RO)_2SiOSi(OR)_2H + 2ROH \quad (2\text{-}22)$$

$$2Si(OR)_4 + H_2O \longrightarrow (RO)_3SiOSi(OR)_3 + 2ROH \quad (2\text{-}23)$$

$$2HSi(OR)_3 + Si(OR)_4 + 2H_2O \longrightarrow H(RO)_2SiOSi(OR)_2H + 2ROH \quad (2\text{-}24)$$

水解、缩聚反应所得产物沸点较高，溶于反应介质中，当含量达到一定程度时就会显著地影响催化硅/醇直接反应合成三烷氧基硅烷的选择性。因此定时清除合成溶剂（悬浮剂）中这类缩聚物是生产者的重要工作之一。

除了上述具有共性的副反应外，还有一些副反应也值得注意，比如硅/甲醇直接反应用铜的氯化物（如 CuCl 或 $CuCl_2$）作催化剂的先驱体时通常会有氯代烷产生，氯代烷在硅-铜触体存在下会进一步衍生烷基三烷氧基硅烷［如 $MeSi(OMe)_3$ 等］产生。如果用硅和乙醇反应合成三乙氧基硅烷时，产物中的乙基三乙氧基硅烷副产物则可能主要来自反应过程含氢三乙氧基硅烷与副反应 2-19 生成的乙烯发生硅氢化反应的结果。除此之外，当用铜的氯化物作催化剂先驱体时，产物中通常还会发现三烷氧基氯硅烷 $(RO)_3SiCl$ 和

$HSiMe(OR)_2$ 等副产物。

2.4.2 硅/醇直接反应合成三烷氧基硅烷的工艺过程及反应装置

总结国内外研究开发情况，硅/醇直接反应合成三烷氧基硅烷均采用固体催化剂（硅/铜触体）通过多相催化反应完成。其制备方法则有气/固和气/固/液两种工艺过程。气/固反应选择性好，适合开发连续化生产工艺，研究工作很多，但在设备及其操作还有较多问题需要解决，所以迄今尚未实现产业化开发。气/固/液过程的操作较简单，反应条件易于控制，在国内外都有生产装置用于规模化生产三烷氧基硅烷。

2.4.2.1 气/固反应合成工艺及其反应装置

硅和醇相互反应的气/固工艺过程，通常首先将金属硅粉与铜及其化合物混合置于反应器中，在260～350℃温度下通入氢气等具还原特性的气体使其活化，然后在240℃左右再通入醇蒸气与硅反应。气/固过程的反应装置有固定床反应器、流化床反应器和平推流管道反应器三种。固定床只适于实验室研究，而流化床和平推流管道反应装置则适于开发工业化连续生产过程。

固定床反应器早在1948年Rochow的开创性工作中就已使用，他们将硅和铜的混合物置于反应管中，在惰性气体中于1000℃左右的高温下处理2h，然后将280℃的甲醇蒸气通过，但只得到了四甲氧基硅烷，硅的转化率仅33%（参见上文2.3.3）。进入90年代，日本东京技术学院化学工程系Suzuki和Ono领导研究小组连续报道硅和不同醇在固定床中反应有关研究。他们是将15mmol的硅和0.79mmol的氯化亚铜混合于石英管的反应器，然后通入惰性气体并加热到给定温度，3h后注入醇蒸气，调节惰性气体的流量控制甲醇的压力在25～99kPa，其气体流速控制在87mmol/h，反应产生的混合物由气相色谱检测。他们在实验室做了很好的工作（请参见文献[36～42]）。固定床反应器优点在于长径比较大时，床层内醇气体的流动接近活塞流，具有活塞流反应器的一系列特性和优点，诸如反应速率快，反应器容积小，催化剂用量少，停留时间可以严格控制；此外，温度分布可以适当调节，可以提高硅粉转化率和三烷氧基硅烷产物的收率，催化剂不易磨损而可较长期使用。固定床用于生产其缺点不能忽视，如散热性能差，容易产生局部过热，引起硅粉烧结；催化剂在高温下易转变成Cu_3Si，金属间化合物Cu_3Si是$HSi(OR)_3$与醇进一步反应生成$Si(OR)_4$有效催化剂，会大大降低$HSi(OR)_3$选择性。基于上述缺点固定床不宜用于工业生产，从而促进流化搅拌床装置的研究。

早在1968年Nicolaas等首先研究了在流化床装置，在此基础上Harada[55]于1994年首先报道用一种搅拌流化床作反应器，不用悬浮剂，硅和乙醇在氯化亚铜/氯乙烯催化剂存在下直接反应。他们先将硅粉和催化剂先驱体在450℃下处理5h，然后移入反应器，在180℃下通入乙醇蒸气和氯乙烯反应18h，据称三乙氧基硅烷的选择性可达100%。采用流化床反应器，硅/醇直接反应合成含氢烷氧基硅烷的优势在于克服了固定床的缺点，其难点则是流化床结构复杂，流化床中的传热管易磨损，醇不能完全转化等问题是弊端。

2002 年贺深泽[56] 提出平推流管道反应器用于硅/醇直接反应合成含氢烷氧基硅烷，其设备及其过程请参见图 2-5 和有关说明。

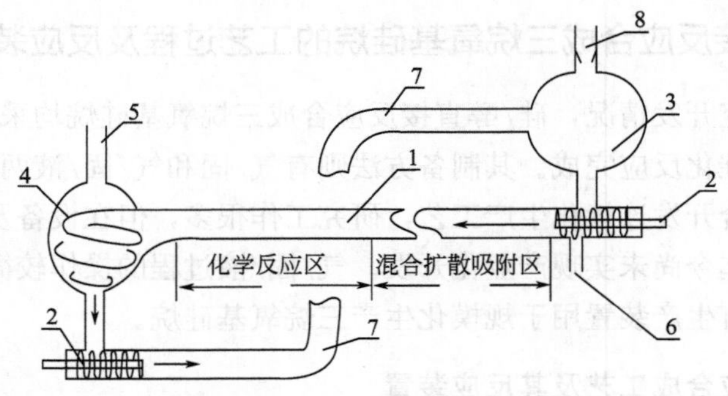

图 2-5　平推流管道反应器示意

1—反应器；2—推进器及旋转轴；3—固相物料缓冲罐；4—解吸分离器；5—产物出口；6—原料气入口；7—物料回送管道；8—固体补料口

利用平推流管道反应器的合成方法是将硅粉和催化剂混合预先活化后再加入反应器中，然后用螺旋推进器推动物料作循环运动。醇预先汽化或部分汽化，根据硅粉颗粒比表面积和体积流量确定醇的流速及其在硅粉中停留时间，醇在硅粉前进过程中加入，实现一种近乎平推流或脉冲流操作。经历气体扩散、吸附、化学反应和产物解吸过程后分离固相，固相即未反应完的硅/铜催化剂回收进入下一循环周期。该方法也可以让固相物料相对静止，醇预先汽化或部分汽化，根据硅粉颗粒比表面积和固体料层厚度确定醇加入方式和流速以及醇与硅粉的接触时间，让原料气运动循环与固体原料接触的方法，实现一种近似平推流或脉冲流操作。据称该方法可以实现原料气的完全转化和产物选择性控制。平推流管道反应器还处于研究开发阶段，该过程可能是实现硅和醇气/固反应合成三烷氧基硅烷产业化开发途径之一。

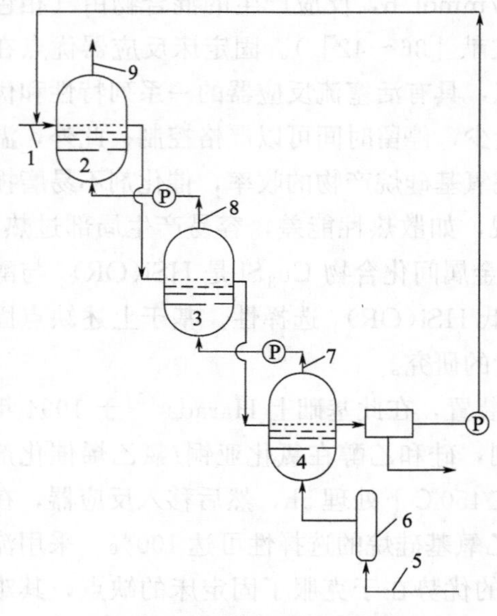

图 2-6　三釜串联反应装置

2.4.2.2　三釜串联用于气/固/液淤浆物料连续反应工艺过程

1992 年文献［57］报道了三釜串联淤浆反应装置，它是一连续进料和出料操作过程。其设备和工艺过程如图 2-6 所示。

硅粉、催化剂和溶剂由物料进口 1 导入反应釜 2，随之连续进入反应釜 3 和反应釜 4。醇蒸气则由进口 5 进入蒸发器 6 汽化，依次经反应釜 4、反应釜 3 和反应釜 2 逆流而上。反应产物通过出口 7、8、9 也逆流而上进入分离纯化系统。反应用溶剂及其夹带物通过过滤和处理，溶剂循环使用。据称三釜串联装置用于气/固/液淤浆物料合成三甲氧基硅烷不仅是一连续化制备过程，而且反应物中甲醇的含量可降至 2%左右，硅粉的利用率超过 90%，目的产物三甲氧基硅烷的选择性可达 90%以上。我国有两个不同研究小组在实验室也利用多釜串联反应装置进行类似工作，其结果与上述报道差之甚远，这可能与人工操作不方便有一定关系。

2.4.2.3 气/固/液淤浆物料、共沸产物循环利用工艺过程

1988 年开始有关于三甲氧基硅烷/甲醇共沸物循环单釜淤浆反应工艺过程的研究[58,59]。美国专利[60]进一步报道了催化剂活化，反应溶剂（悬浮剂）的改进，并采用类似的装置试验得到了反应高速、过程稳定、目的产物选择性好和硅粉利用率高的满意结果。该工艺过程概述如下，工艺流程如图 2-7。

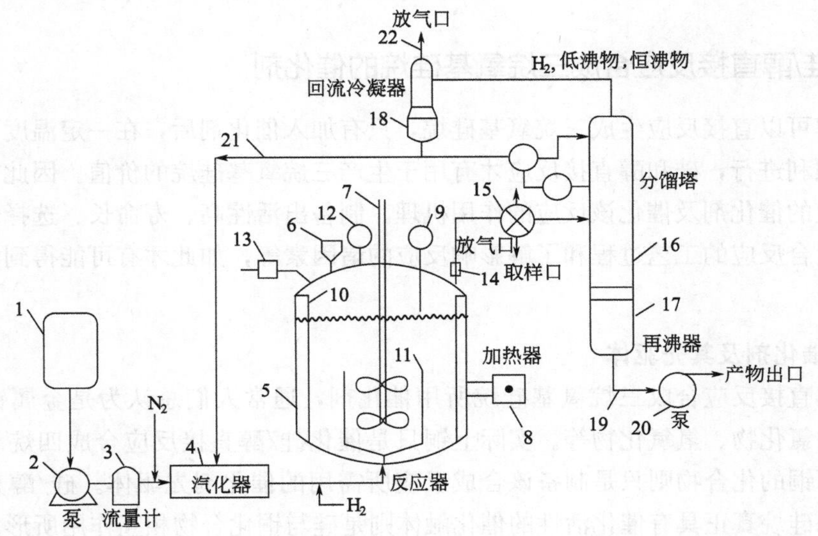

图 2-7 气/固/液淤浆反应物料、共沸产物循环利用工艺过程

① 定量硅粉，催化剂的前体（如氯化亚铜、氢氧化铜等）等固体物料与高沸惰性溶剂按 1∶2 比例于反应釜（5）中，搅拌下形成淤浆，并加入定量抑泡、消泡剂。

② 升温至 250℃左右并先后通入氮、氢或其还原物质，使其形成具高活性的硅/铜触体（0.5～1h）。

③ 醇由贮槽（1）通过泵（2）和流量计（3）进入蒸发器（4），形成 150℃蒸汽从釜底喷雾管件（11）分散喷入 250℃左右的淤浆反应釜（5）中，使其与硅/铜触体接触相互反应。

④ 气体反应产物通过防夹带的分离器（14），经四通阀（15）进入分馏塔（16）。从反应产物中分离出未反应的甲醇及其与三甲氧基硅烷的共沸物，还有其他低沸副产物组成的轻馏分，经塔顶蒸出。含有三甲氧基硅烷产物及其他高沸副产物流入与塔连接的再沸器（17），液体产物通过（19）再经泵（20）打入产物贮器，而后直接进入纯产品分馏塔处理。

⑤ 轻馏气体混合物进入回流冷凝器（18），经放气口（22）排放氢气，甲醇及其与三甲氧基硅烷的共沸物等轻馏通过控制部分回流进入蒸馏塔，剩余物则经（21）通过汽化器再进入反应釜（5）循环使用。

⑥ 分馏塔塔顶分离效果通过再沸器（17）和回流冷凝器（18）温度予以控制。

⑦ 反应釜的组件包括 4 片垂直内挡板（10）、醇喷雾装置（11）、热电偶（9）、控制温度、加热器（8）、压力表（12）、安全阀（13）、固体进料管（6）和搅拌器（7）。

湖北武大有机硅新材料股份有限公司在武汉大学有机硅化合物及材料教育部工程研究中心研发基础上，开发了多釜间歇-连续蒸馏纯化生产三烷氧基硅烷装置和间歇生产三烷氧基硅烷装置。

2.4.3 硅/醇直接反应合成三烷氧基硅烷的催化剂

硅和醇可以直接反应生成三烷氧基硅烷，只有加入催化剂后，在一定温度下，其反应才能快速顺利进行，硅和醇直接反应才有用于生产三烷氧基硅烷的价值。因此，了解硅和醇直接反应的催化剂及催化该反应的作用机理，制备出活性高、寿命长、选择性好的催化剂，采用适合反应的工艺过程和了解影响反应的诸因素等，如此才有可能得到满意的制备结果。

2.4.3.1 催化剂及其先驱体

硅和醇直接反应合成三烷氧基硅烷所用催化剂，通常人们总认为是金属铜及其化合物，如铜的氯化物、氢氧化物等。实际上铜只是催化硅/醇直接反应合成四烷氧基硅烷的催化剂，而铜的化合物则只是制备该合成反应所需用的催化剂先驱体。硅/醇直接反应合成三烷氧基硅烷真正具有催化活性的催化触体则是硅与铜化合物相互作用所形成的金属间化合物。所谓金属间化合物是一类不具固熔体特性的合金相结构的特殊化合物。决定相结构的主要因素是金属的电负性、不同元素的原子尺寸和电子密度，它的电子云分布并非完全均匀，因而导致原子间键存在一定方向性，具有某种程度共价键的特点。这类化合物作为一种功能材料，其中包括所具催化功能而引起人们的重视。我们曾按文献所述合成过金属间化合物 Cu_3Si，并将其用于催化硅和甲醇反应，其三甲氧基硅烷的选择性通常为 50%左右，这与文献报道称 Cu_3Si 是三烷氧基硅烷与醇反应生成四烷氧基硅烷的有效催化剂是一致的。作为硅和醇反应直接合成三烷氧基硅烷的催化剂，其铜/硅金属间化合物是何种组成的物种，在反应中如何稳定这种物种，使其在反应过程具最好的选择性、稳定性和长寿命，应该是研究者们研究直接法制备三烷氧基硅烷催化剂及其合成反应的重要工作之一。

基于上述讨论，铜及其与非金属元素构成的无机化合物只是制备硅和醇直接反应可用于生产三烷氧基硅烷的催化剂先驱体。因此，可以认为在一定条件下，凡能与硅形成铜-硅金属间化合物的所有铜的化合物都可以作为催化剂先驱体。很多专利文献报道中所涉及的铜的化合物几乎包括可以合成的一价或二价铜的化合物。然而实际应用于合成三烷氧基硅烷的催化剂先驱体主要是铜的氯化物（如 CuCl 和 $CuCl_2$ 等），铜的氢氧化物［如 $Cu(OH)_2$］和铜的氧化物（如 Cu_2O）等。

2.4.3.2 三烷氧基硅烷合成用催化剂作用机理

Newton 和 Rochow 在研究硅/醇直接反应合成三烷氧基硅烷时，根据氯甲烷与硅反应合成甲基氯硅烷的催化反应机理，以及多相催化理论提出了硅和醇直接反应合成三烷氧基硅烷的反应机理，其过程可用硅和甲醇反应为例描述[33] 如下：

$$CuCl_2+Si\longrightarrow \overset{\delta^+}{-Cu}-\overset{\delta^-}{Si}-\overset{\delta^+}{Cu}- \;(\overset{\delta^-}{MeO}-\overset{\delta^+}{H},\ \overset{\delta^+}{H}-\overset{\delta^-}{OMe}) \longrightarrow \overset{\delta^+}{-Cu}\ \overset{\delta^-}{Si}\ \overset{\delta^+}{Cu}-\ (MeO\ H\ H\ OMe) \rightleftharpoons (MeO)(OMe)Si(Cu-H)(Cu-H)$$

他们利用硅和醇为原料直接反应一步合成三甲氧基硅烷时，过程进行的第一步是在很高的温度（1000℃左右）下，氢气处理硅和氯化铜按一定比例组合的混合物制备具催化活性的触体；然后根据多相催化理论，活性触体对甲醇强烈吸附以降低反应活化能，随之硅和甲醇反应生成二甲氧基硅烷 $H_2Si(OMe)_2$ 后脱附，进而在高温或催化剂存在下，具高反应性能的二甲氧基硅烷［$H_2Si(OMe)_2$］迅速与甲醇反应，最后生成三甲氧基硅烷，进而再醇解得副产物四甲氧基硅烷，其反应过程如下反应式：

$$mH_2Si(OMe)_2+nMeOH\longrightarrow xHSi(OMe)_3+ySi(OMe)_4+zH_2$$

$$HSi(OMe)_3+MeOH\longrightarrow Si(OMe)_4+H_2$$

根据上述反应机理，文献报道和生产中，采用分离纯化三甲氧基硅烷的前馏［$H_2Si(OMe)_2$］循环使用，控制通醇速度及其质量，可以防止生成的氢气流夹带沸点较低反应中间体二甲氧基硅烷，脱离反应体系，这对提高三甲氧基硅烷的选择性和收率起一定作用。

1993 年，Okamoto Masaki 等[42,43] 根据他们采用气/固过程研究硅和醇直接反应合成三烷氧基硅烷一系列实验结果，提出不同于一直被人们所引用的上述铜催化三烷氧基硅烷直接合成反应机理，其反应过程用三甲氧基硅烷合成为例描述如下：

$$\underset{\text{Ⅰ}}{\ddot{Si}(Cu)(Cu)}\xrightarrow[\text{第一步}]{CH_3OH}\underset{\text{Ⅱ}}{(CH_3O)(H)Si(Cu)(Cu)}\xrightarrow[-H_2]{CH_3OH}_{\text{第二步}}\underset{\text{Ⅲ}}{(CH_3O)(OCH_3)Si(Cu)(Cu)}\xrightarrow[\text{第三步}]{CH_3OH}(CH_3O)(OCH_3)Si(CH_3O)(H)+Cu_2$$

他们认为首先在 180～300℃高温下处理硅和氯化亚铜的混合物，该混合物会形成铜—硅活性触体（Ⅰ）；并认为这种活性触体中的硅具有硅烯（宾）（silene）反应特性，它能插入醇中烷氧基与氢（RO—H）构成的键，从而很快完成硅与醇的第一步反应，生成含硅—氢键的反应活性物（Ⅱ）；该活性体随之与甲醇反应完成第二步反应得到具反应性的中间体（Ⅲ）；中间体（Ⅲ）和甲醇进行第三步反应，即硅—铜金属键（Si—Cu）裂解生成唯一的目的产物三甲氧基硅烷。他们认为进行第三步反应难于前第一步和第二步反应，比如位阻大的异丙醇就难于发生第三步反应，如此解释在他们研究实验中得到证明，即同样的催化剂不能顺利催化硅和异丙醇得到三异丙氧基硅烷，仅得到微量的三异丙氧基硅烷，但硅和甲醇/异丙醇混合物反应则可以得到甲氧基二异丙氧基硅烷 $\left(\begin{matrix}CH_3\\ \quad CHO\\ CH_3\end{matrix}\right)_2SiH(OCH_3)$。

他们为了进一步证实硅/醇直接反应机理中具硅烯（宾）特性的硅/铜活性触体存在，在反应条件下将甲醇、乙烯同时通入具硅/铜活性触体的固定床中，得到了乙基二甲氧基硅烷和三甲氧基硅烷，其组成含量分别为 8%和 92%。乙基二甲氧基硅烷生成过程可用硅烯（宾）插入反应和醇解过程予以解释，即用如下所示反应式表达：

$$Cu_2Si: \xrightarrow{CH_2=CH_2} (Cu)_2Si(CH_2)_2 \xrightarrow{CH_3OH} (Cu)_2Si(CH_2CH_3)(OCH_3) \xrightarrow{CH_3OH} (CH_3O)(H)Si(CH_2CH_3)(OCH_3) + 2Cu$$

二甲硅烯（宾）存在以及可以插入乙烯等不饱和化合物得到 1-二甲硅杂环丙烷的事实，早在 1964 就有报道[61]。在甲醇存在下，1-二甲硅杂环丙烷中间体醇解开环生成二甲基乙基甲氧基硅烷[62~64]，二甲硅烯（宾）插入乙烯及其醇解的反应过程可用如下方程式表达：

$$(CH_3)_2Si: \xrightarrow{CH_2=CH_2} (CH_3)_2Si(CH_2)_2 \xrightarrow{CH_3OH} (CH_3)_2Si(CH_2CH_3)(OCH_3)$$

该过程支持了上述在硅/铜触体存在下，硅/醇直接反应通过具硅烯（宾）活性中间体合成三烷氧基硅烷的可信性。此外，当甲醇和丁二烯与硅/铜触体直接反应也得到了 1-甲氧硅杂环戊-3-烯，类似于硅烯与丁二烯的反应[61,65]。其反应过程也可以认为是具硅烯（宾）特性的硅/铜触体插入丁二烯，然后醇解得到 1-甲氧硅杂环戊-3-烯，其反应式如下：

$$\ddot{Si}(Cu)_2 \xrightarrow{CH_2=CH-CH=CH_2} (Cu)_2Si(CH_2CH=CHCH_2) \xrightarrow{2CH_3OH} (CH_3O)_2Si(CH_2CH=CHCH_2)$$

2.4.3.3 催化剂的制备与活化

催化硅和醇反应合成三烷氧基硅烷时，不管是实验室研究性工作，还是工业化生产，通常采用两种不同的方法制备活性硅/铜催化触体，一种方法是在另外的反应装置中预制催化剂备用，另一种方法是将催化剂先驱体和硅粉直接加入合成反应装置中混合后，加热通醇反应，这两种方法下面予以简述。

第一种方法：将硅粉和催化剂先驱体（如氯化亚铜、氧化亚铜或氢氧化铜等）按一定比例均匀混合（较多文献报道其硅/铜混合物的质量比为 10：1），加入定量可用于气/固/液过程反应的溶剂，如果用于气/固过程则不加溶剂。随之先后通入惰性气体（如氦气或氮气等）和具还原性的气体（氢或一氧化碳等），搅拌加热处理一定时间，如此得到可催化硅/醇直接反应的催化剂（预制物），将其按一定比例与硅粉混合于反应装置中，加热下通醇即可得到三烷氧基硅烷。

第二种方法：将硅粉、催化剂先驱体按上述比例于气/固或气/液/固三相反应装置中，升温至 180℃以上依次通入惰性气体，还原性气体和一定量甲醇，经过诱导期后反应启动，即可进入正常的合成制备过程。

催化剂制备过程中温度的控制非常重要，催化剂先驱体与硅粉均匀混合后，需在适当的温度下处理活化，加热处理温度低，活化时间长，用于合成反应的目的产物三烷氧基硅烷选择性好，催化剂寿命长；处理温度高，活化时间短，反应活性高，在用于合成反应时，较容易失活，三烷氧基硅烷选择性也差。文献报道活化温度通常在150～300℃范围，实际最适宜温度要窄得多。不同的合成工艺，催化剂制备温度也有差别。

2.4.3.4 催化剂选择性变化和抑制

催化硅和醇直接反应生产三烷氧基硅烷时，反应进行一段时间后三烷氧基硅烷的选择性会随着下降，这是该过程迄今难以较长时间连续进行生产的重要原因之一。

文献报道对催化硅/醇直接反应合成三甲氧基硅烷选择性逐步下降的原因没有明确的说法。我们认为可能与合成反应所应用硅粉金属杂质含量、醇中还原性物质以及温度有关。反应体系中的硅粉表面高选择性的硅/铜金属间化合物可能转化成铜或具 Cu_3Si 化学结构的金属间化合物。前者是硅/醇直接反应合成四烷氧基硅烷催化剂，而后者则是催化 $HSi(OR)_3$ 与醇进一步反应生成 $Si(OR)_4$ 的有效催化剂。上述两种有利催化 $Si(OR)_4$ 生成的物种，当它们在反应体系中生成后，都有向硅表面富集的条件，从而影响 $HSi(OR)_3$ 的选择性。为了抑制催化剂选择性降低，Okamoto M. 等[42,43] 将氯丙烷或噻吩用于反应体系中可以提高三甲氧基硅烷的选择性和硅粉的利用转化率。Ohta 在专利[66] 中也用加入 CH_3Cl 的方法取得一定的效果。

2.4.4 硅/醇直接反应合成三烷氧基硅烷的原料

2.4.4.1 硅粉

硅/醇直接反应合成三烷氧基硅烷所用的化学硅是硅石和碳为原料、经碳热还原法生产的，其硅含量通常在99%左右，但仍含有很多微量的其他元素杂质。原则上任何等级的硅粉在铜系催化剂存在下于200℃左右都可以与低级醇反应得到烷氧基硅烷。但该反应能否高效率和高选择性获得三烷氧基硅烷，硅在反应中能否充分有效转化，合成出来的三烷氧基硅烷是否影响硅氢化反应正常进行等，则往往涉及硅粉中某些金属杂质及其含量。

硅粉所含金属杂质有些利于催化三烷氧基硅烷合成，有些则不利于该催化反应，文献报道锡、锌和铅等影响反应正常进行，还降低三烷氧基硅烷的选择性。硅粉中这三种金属杂质含量最好情况是：Sn≤0.001%，Zn≤0.005%，Pb≤0.005%。合适含量的Al元素则对反应进行有促进作用[55,62]，Fe和铜等对反应正常进行影响较小，但对反应的选择性影响较大。很多文献表明用于硅和醇直接反应合成三烷氧基硅烷所用金属硅中金属杂质含量应该达到如下水平：Pb<0.001%，Fe<0.5%，Ca<0.5%，B<0.002%，Al<0.3%。目前国内所生产的化学硅标准基本适合用于生产三烷氧基硅烷[45,58～60,67]。

硅粉的粒度原则上从1～500μm都适合用于合成，但硅粉太小易氧化，有些金属杂质（如Fe）含量可能增高（硅粉加工带入）。采用气/固过程，太细的硅粉易被气流夹带流失，实验说明粒径为65～200μm的硅粉适合用于合成三烷氧基硅烷。但粒径65～100μm更有利于提高三烷氧基硅选择性和利用率。

粉碎的硅粉当即用于生产，贮存则需要惰性气体保护，否则容易氧化。实验室用HF水溶液处理硅粉后其反应活性很高，硅粉利用率几乎100%[63]，这种方法用于生产中显然是不合适的。

保持硅粉干燥和防止硅粉污染在生产中是重要环节，生产如果忽视这个工作，其后果是降低选择性和硅粉的转化率，对溶剂多次循环利用也带来影响。

2.4.4.2 醇的影响

醇是合成三烷氧基硅烷的主要原料，实验表明它在直接合成中可从四种不同途径来影响反应进行。

(1) 醇的化学结构对反应的影响

迄今硅与丁醇以下所有低级伯醇的有关反应均已有研究，在催化剂存在下低级伯醇采用气/固，或气/液/固工艺过程都可以反应，得到高选择性的三烷氧基硅烷；仲醇、叔醇在相同条件下反应则不能得到相应的三烷氧基产物。如果将异丙醇与甲醇混合物注入含有催化剂的硅粉反应体系，得到产物组成为三甲氧基硅烷、二甲氧基异丙氧基硅烷、甲氧基二异丙氧基硅烷和三异丙氧基硅烷，色谱分析产物中的含量分别为27%、63%、9%和0.8%，如此结果，也就是研究者 Okamoto Masaki [42,43]等提出的硅烯（宾）反应机理原因的实验依据之一。

在相同的反应条件下，硅与不同化学结构的醇是否能相互作用，三烷氧基硅烷选择性如何，硅粉在反应中能否完全利用，则与醇的化学结构的电子效应、空间效应有直接关系。研究发现 CH_3OH、C_2H_5OH、$CH_3CH_2CH_2OH$、$CH_3CH_2CH_2CH_2OH$、$(CH_3)_2CH—CH_2—OH$ 等伯醇能与硅反应生成三烷氧基硅烷，在相同条件下 $(CH_3)_2CHOH$、$(CH_3)_3COH$ 或 $C_6H_5CH_2OH$ 则不能和硅反应，伯醇与硅直接反应的活性具有如下次序：甲醇＞乙醇＞丙醇＞异丁醇＞丁醇。如此的实验结果正好与 Taft 提出的 ROH 极性取代常数一致，即 $CH_3 > C_2H_5 > n\text{-}C_3H_7 > i\text{-}C_4H_9 > n\text{-}C_4H_9 > i\text{-}C_3H_7 > sec\text{-}C_4H_9 > t\text{-}C_4H_9$[37]。

硅和甲醇或乙醇反应，大量的研究和工业化开发报道表明，在通常的反应条件下，三甲氧基硅烷选择性高于三乙氧基硅烷的选择性，硅的利用率也是前者高于后者。

(2) 反应中醛的生成及其影响

硅/伯醇直接反应合成产物的色谱分析谱图中都看到相应的醛的存在，而且分子量大的醇和硅的反应物中醛含量高。硅/醇直接反应生成主产物三烷氧基硅烷的同时，通常还伴随着醇的脱氢反应，其脱氢产生醛的难易则取决于醇的化学结构。

硅/醇直接反应过程中，醛的生成对合成的直接影响自然是三烷氧基硅烷选择性降低；醛的生成对催化剂活性也有影响，它会使催化剂活性降低甚至失去活性。

(3) 醇的脱水及其影响

在催化剂存在下，硅和醇直接反应合成三烷氧基硅烷的同时，都毫不例外伴随有醇分子内和分子间脱水，前者倾向性较大，而后者主要出现利用甲醇作为反应原料。脱水反应及其影响在2.4.1中已有阐述。醇的脱水反应，既可能是在高温下产生高温脱水反应，也可能是来自催化剂催化脱水的副反应。醇脱水反应难易与化学结构有关，比如乙醇较之甲醇易发生脱水反应，异丙醇不能和硅直接反应，与它易发生脱水反应有关。醇的脱水反应是影响三烷氧基硅烷选择性、催化剂活性和寿命的重要原因之一。

(4) 醇的其他影响

原料醇的纯度对硅/醇直接反应合成三烷氧基硅烷影响很大，不合要求的醇有可能导致合成反应完全不能启动，这种情况在以甲醇为原料时比较少见，除甲醇外，用其他醇为原料时稍有疏忽就可以发生，比如乙醇等可能来自发酵法生产，产品极易带入乙醛，因乙醛的还原性可能造成催化剂中毒，影响反应正常进行。

醇是极性物质，对水的亲合性很好，保持醇的干燥是生产中应注意的，否则会影响反应选择性、降低目的产物收率以及溶剂反复循环使用次数。

2.4.5 硅/醇直接反应合成三烷氧基硅烷的助剂

2.4.5.1 悬浮剂及其循环使用

(1) 悬浮剂及其作用[68]

对于硅和醇直接反应合成三烷氧基硅烷，研究人员竞相研究开发了气/固和气/固/液两种工艺过程。前者催化反应活性高，通常人们认为该过程可以像有机氯硅烷合成一样，采用流化床连续化合成，有利于硅/醇直接反应的工业化开发，然而迄今还没有这样的装置投入生产，能用于生产的工艺过程是间歇合成的气/固/液三相过程。在 20 世纪末和 21 世纪初国内外均已建成了万吨级的生产装置用于生产，我们不能不认为应归功于悬浮剂在该合成反应中的作用。

采用气/固/液过程合成三烷氧基硅烷所选用的悬浮剂（很多文献称之为溶剂）特性：它在合成体系中应不参与反应，至少在 250℃以下高温中也不分解，热稳定性好，其挥发性也要很小。文献报道所采用的悬浮剂主要包括二苯醚、导热油、长链烷基苯、芳烃低聚物、硅油等，其中最为研究者推荐的是长链烷基苯的混合物[59,60]。二苯醚虽然是很好的悬浮剂，但除成本高外，其难闻的气味、易挥发性也是生产中不愿被人们采用的原因。

硅和醇直接反应合成三烷氧基硅烷所用悬浮剂，人们常称之为溶剂，通常认为它在反应混合中仅是一种分散介质，它的作用在于：它既能使参与反应的硅粉和催化剂等固体物质有利于在搅拌和气流搅动下，均匀分散于介质中形成浆状物（或悬浮物），增进气/固均匀接触参与反应；它还能起反应热的分散作用，防止局部过热致使催化剂活性和选择性降低。目前所用悬浮剂的功能如果仅仅如此，任何在高温下稳定的惰性液体物质都能起类似的作用，达到相同的效果。然而，不同的溶剂对于硅/醇直接反应合成三烷氧基硅烷的选择性和催化剂的寿命有较大的影响。基于文献报道的实验事实，我们认为悬浮剂的选择还应该考虑到活性催化触体的保护和稳定作用。所选用的悬浮剂应该有利于催化三烷氧基硅烷合成的硅/铜金属间化合物的产生和稳定。鉴于上述研究，悬浮剂性能的改善和稳定仍然是促进气/液/固过程连续化重要任务之一。

(2) 悬浮剂的循环使用[69,70]

采用气/固/液工艺过程，硅/醇直接反应合成三烷氧基硅烷使其连续化是生产者所希望的。迄今还不能实现连续化的主要原因之一在 2.4.1 节中已有所述，合成过程中副反应产生的水会与产物烷氧基硅烷反应，水解缩聚得到低聚烷氧基硅烷污染悬浮剂既影响该催化反应三烷氧基硅烷的选择性，又由于聚烷氧基硅烷存在使反应体系黏度变大容易产生泡沫，有碍生产工艺过程正常进行。因此，定时处理悬浮剂中的低聚硅氧烷是工艺过程中不可缺少的一环，如此可达到悬浮剂循环使用和降低生产成本之目的。

2.4.5.2 泡沫及其控制

硅/醇直接反应合成三烷氧基硅烷的气/固/液工艺过程中常产生泡沫，生产三乙氧基硅烷比三甲氧基硅烷更严重。泡沫的产生影响生产稳定性和三烷氧基硅烷选择性及其收率，甚至还影响三烷氧基硅烷纯化和稳定。这些弊端都与泡沫夹带反应物和催化剂于反应釜后面的系统中有直接关系。因此，反应过程中抑制泡沫产生（抑泡）和泡沫产生后予以消除（消泡）显得十分重要。泡沫产生原因与反应物料所形成淤浆的黏度和表面张力增大有关。比如在硅/醇直接反应间歇生产过程中，所用悬浮剂（溶剂）使用次数过多，聚烷氧基硅烷在其中的含量也会逐步增加，从而增加淤浆的黏度和表面张力，因此影响合成操作的泡沫也会增多。文献［67］报道通常表面张力低的甲基硅油或有机氟改性聚硅氧烷作为消泡剂，取得很好的效果。有机氟改性硅油成本高，我们采用自己研制的一种硅膏，效果极佳，生产中没有发现泡沫而影响生产的事情。

2.4.6 硅/醇直接反应合成三烷氧基硅烷的分离和纯化

三烷氧基硅烷分离和纯化的提出主要是因为三甲氧基硅烷和甲醇能形成共沸物，致使三甲氧基硅烷难以纯化；三乙氧基硅烷等其他三烷氧基硅烷不存在类似情况[58,71,72]。

甲醇和三甲氧基硅烷所形成的共沸物组分比例为 45∶55，沸点在 62.5℃，十分接近甲醇沸点 64.5℃，从而要通过分离得到高产率的纯品并非易事。文献［73］报道方法有共沸蒸馏法去醇，但如在反应产物中加入己烷，己烷可以与甲醇形成低沸点的共沸物（质量比为 74∶26，沸点 50℃），共沸蒸馏脱醇后再进行三甲氧基硅烷分离。第二种方法则是在精馏过程中从塔顶下面的一定部位加入萃取剂，如二甲苯、硅油、四甲氧基硅烷等进行萃取蒸馏[74]，以破坏甲醇/三甲氧基硅烷的共沸点达到脱醇和提纯产物目的。文献报道和我们实验经验证明以四甲氧基硅烷作为萃取剂具有很好的效果。上述两种方法缺点都在于工艺麻烦，增加生产成本，可以认为都不是好的办法。我们认为最好的方法是创造一定条件，使醇能在反应釜中充分反应，产物中少含未反应的醇，我们的研究表明这种方法是可行的，已用于生产，可以使反应物中的甲醇含量控制在 0.5%～5%范围内。低于三甲氧基硅烷沸点的轻馏分可以返回合成釜循环利用。

2.4.7 硅/醇直接反应合成三烷氧基硅烷的稳定性

三烷氧基硅烷贮存稳定性一直是研究者和生产者考虑的问题，其中尤以三甲氧基硅烷更为突出。含氢烷氧基硅烷的贮存稳定性主要是指三烷氧基硅烷析氢问题。通常有两种反应致使含氢烷氧基硅烷不稳定。

① 重分配（歧化）反应和多氢烷氧基硅烷的脱氢反应：重分配反应是三烷氧基硅烷稳定性差的主要原因。具催化作用的杂质存在下，室温或加热条件下，三烷氧基硅烷容易发生基团重分配反应，从而生成不稳定的多氢烷氧基硅烷，如 $H_2Si(OMe)_2$、$H_3Si(OMe)$ 等，这些甲硅烷很容易发生氧化脱氢反应。因此，要获得贮存、使用较稳定的三烷氧基硅烷，在纯化过程中注意防止具催化作用的杂质进入产品中十分重要。

$$2HSi(OR)_3 \xrightarrow{\text{催化剂}} H_2Si(OR)_2 + Si(OR)_4$$

$$H_2Si(OR)_2 \xrightarrow{\text{催化剂}} \equiv Si{-}Si\equiv + H_2\uparrow \text{ 或 } 2\equiv SiH + H_2Si(OR)_2 \longrightarrow \equiv Si{-}Si(OR)_2Si\equiv + 2H_2\uparrow$$

② 在有活泼氢的化合物（如水、醇、酸、碱等）杂质存在下，含氢烷氧基硅烷很容易发生脱氢缩合反应，如：

$$\equiv SiH + HO{-}R \xrightarrow{\text{催化剂}} \equiv Si{-}O{-}R + H_2\uparrow$$

解决上述含氢烷氧基硅烷稳定性的办法有二，即提纯产物或加入稳定助剂。如果能使产物纯化到不含任何具催化析氢反应的有害杂质，其含氢三烷氧基硅烷的稳定性会好得多，这是防止析氢的最好办法。文献［73～75］曾报道过一些化合物作为脱氢抑制剂，如醋酸钠、噻吩、亚磷酸酯、亚磷酸、苯基缩水甘油醚、膦类化合物以及戊二酮等，或加入二元复合的稳定剂，这种办法虽在短时间内具有一定效果，但仍不是好办法。低温保存也是一种良好的辅助措施。

参考文献

［1］ 实用工业硅技术编写组. 实用工业硅技术. 北京：化学工业出版社，2005.

［2］ 中华人民共和国国家标准（GB/T 2881—2014）. 工业硅. 北京：中国标准出版社，2014.

［3］ 赵云，但建明，洪成林. 无机盐工业，2014，46（7）：11-15.

［4］ 戴志成，刘洪章，李添松，等. 硅化合物的生产与应用. 成都：成都科技大学出版社，1994.

［5］ 华山，高思燕. 氯碱工业，2014，50（5）：25-59.

［6］ 罗平，李仕勇. 屈敏，等. 云南化工，2016，43（4）22-23.

［7］ DE Cooker M G R T，De Bruyn J H N，Van den Berg P J. J. Organomet. Chem.，1975，99（3）：371-377.

［8］ 孙宇. 有机硅材料及应用，1995，（1）：18-22.

［9］ Halm R L，Zapp R H. US 4966986，1990.

［10］ Lewis K M，Cameron R A，Larnerd J M，et al. EP 348902A$_2$. 1990.

［11］ Schumann H，Dathe C. GB 2012787. 1979.

［12］ 张株，朱志蒙，李秀梅. 第十一届中国有机硅学术交流会（杭州）论文集. 2002：69-71.

［13］ 赵建波，张宁. 工业催化，2003，11（11）：37-41.

［14］ 刘重为，王莉洪，吴茵，等. 弹性体，2005，15（5）：66-69.

［15］ Guinet Paul A E，Puthet R R. Fr 1447304. 1966. CA66：76149.

［16］ Pachaly B，Schinabeck A. US 5288892. 1994.

［17］ 王刚，王明成. CN 1590389A. 2005.

［18］ 朱维新，王立元，唐龙强，等. CN 1301258. 2007.

［19］ 王维东，伊港，于源，等. CN 101314606. 2008.

［20］ Bluestein B A. US 2717257. 1955.

[21] 范宏，邵月刚，谭军等. CN 1286842. 2006.
[22] Matsumoto H，Motegi T，Hasegawa M，et al. Bull. Chem. Soc. Japan，1978，51（6）：1913-1914.
[23] Bokerman G N，Cannady J P，Ogilvy A E. US 5175329. 1992.
[24] Neale R S. US 4079071. 1978.
[25] Chadwick K M，Dhaul A K，Halm R L. US 5292909. 1994.
[26] Takasaki S，Tsukioka K，Pponda S. JP 06345780. 1994. CA122. 214256.
[27] Takamisawa M，Hayashi T，Umemura M. JP 52031854. 1977. CA88. 121372.
[28] Brinson J A，Freeburne S K，Jarvis R F. US 5606090. 1997.
[29] Simon G，Lefort M，Birot M，et al. J. Organomet. Chem.，1981，206（3）：276-286.
[30] Kumada M，Ishikawa M. JP 47038930. 1972. CA78：58615.
[31] 中国科学院化学研究所. 化学学报，1977. 35：118.
[32] Koetzsch H J，Vahlensieck H J. US 4039567. 1977.
[33] Fischer P，Groh R，Vahlensieck H J. DE 3236628. 1984. CA101. 25379.
[34] Bank H M. US 5374761. 1994.
[35] 刘明锋，甘俊，甘书官，等. CN104610335A，2015.
[36] Rochow E G. J. Am. Chem. Soc，1948；70：2170-2171.
[37] Newton W E，Rochow E G. Inorg. Chem，1970，9（5）：1071-1075.
[38] Suzuki E，Ono Y. J. Catal，1990，125（2）：390-400.
[39] Suzuki E，Ono Y. Chem. Lett.，1990，（1）：47-50.
[40] Suzuki E，Okamoto M，Ono Y. Chem. Lett，1991，（2）：199-202.
[41] Suzuki E，Kamata T，Ono Y. Bull. Chem. Soc.，Japan，1991，64（11）：3445-3447.
[42] Okamoto M，Osaka M，Yamamoto K，et al. J. Catal.，1993，143（1）：64-85.
[43] Okamoto M，Suzuki E，Ono Y. J. Catal.，1994. 145（2）：537-543.
[44] 陈其阳，陈明高，王继奎，等. CN 1064867A. 1992.
[45] 张墩明，曹永兴. 精细化工，1995，12（6）：45-47.
[46] 刘绍文，赵强，等. 河南师范大学学报（自然科学学报），1996，24（2）：45-48.
[47] 胡华明，李凤仪. 分子催化，2004，18（1）：24-29.
[48] 胡华明，李凤仪. 分子催化，2004，18（5）：361-365.
[49] 曾小剑，邓锋杰，罗六保，等. 工业催化，2005，13（3）：14-17.
[50] 胡华明，胡文斌，李凤仪. 化工中间体，2006，（5）：23-26.
[51] 彭志远，兰支利，尹笃林. 精细化工，2004，21（3）：213-215.
[52] 湖北省科学技术委员会. 科学技术成果鉴定书. 鄂科鉴定. 1997. 0192141 号. 硅/醇反应直接合成烷氧基硅烷的研究.
[53] 湖北省科学技术委员会. 科学技术成果鉴定书. 鄂科鉴定. 1999. 35122 号. 硅/醇反应合成烷氧基硅烷中试.
[54] 张先亮，廖俊，高胜波，等. CN104387413A. 2015.
[55] Harada M，Yamada Y. JP 6065258. 1994. CA121：157866.
[56] 贺深泽. CN 1380294A. 2002.
[57] Ritscher J S，Childress T E. US 5084590. 1992.
[58] Mendicino F D. US 4727173. 1988.
[59] Moody L G，Childress T E，Pitrolo R L，et al. US 4999446.
[60] Lewis K M，Yu Hua. US 5728858，1998.
[61] Skell P S，Goldstein E J. J. Am. Chem. Soc.，1964，86（7）：1442.
[62] Chernyshev E A，Komalenkova N G，Bashkirova S A，et al. Zh. Obshch. Khim. 1978，48（4）：830-838.

[63] Ishikawa M，Kumada M. J. Organomet. Chem.，1974，81 (1)：C_3～C_6.
[64] Seyferth D，Haas C K，Annarelli D C. J. Organomet. Chem.，1973，56：C_7～C_{10}.
[65] Tortorelli V J，Jones M Jr，Wu S-H，et al. Organometallics.，1983，2 (6)：759-764.
[66] Ohta Y，Yoshizako M. US 4931578. 1990.
[67] Harada K，Yamada Y. US 5362897. 1994.
[68] Bailey D C，Childress T E，Ocheltree R L，et al. US 5166384. 1992.
[69] Wada H，Kasori Y，Sasaki S，et al. JP 63156793. 1988. CA109：170639.
[70] Mendicino F D，Childress T E，Magri S，et al. US 5783720. 1998.
[71] Moody L G，Childress T E，Pitrolo R L，et al. EP 0462359. 1991.
[72] Brand A，Sterzel H-J. US 6255514. 2001.
[73] Adachi K，Ooba K. JP 07048386. 1995. CA122：265629.
[74] Kobayashi Y，Shimizu T. JP 61001694. 1986. CA104：206711.
[75] Iwai M，Ferguson S P. WO 2005/010122A1. 2005.

第3章 合成有机硅偶联剂的硅氢化反应

3.1 硅氢化反应概述

硅氢化反应（hydrosilylation，或 hydrosilation）又被称为硅氢加成反应，该反应系指有机或无机硅氢键与不饱和多重键（如碳-碳、碳-氧、碳-氮、氮-氮和氮-氧等）发生的加成反应，但研究最广的是与碳-碳双键和三键的加成反应，如图 3-1 所示[1]。

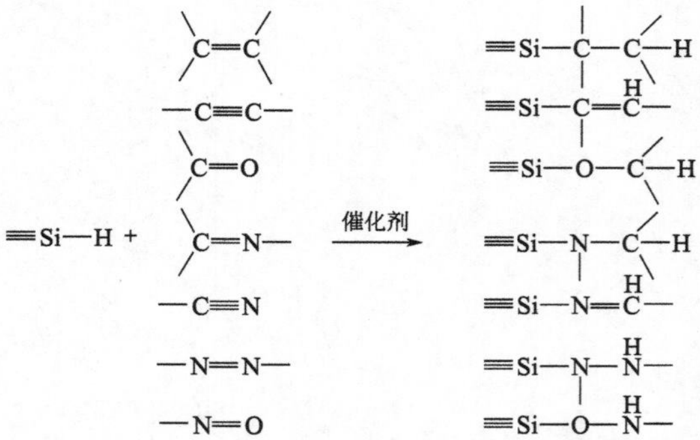

≡Si—H + 〉C=C〈 / —C≡C— / 〉C=O / 〉C=N— / —C≡N / —N=N— / —N=O —催化剂→ ≡Si—C—C—H / ≡Si—C=C(H)— / ≡Si—O—C—H / ≡Si—N—C—H / ≡Si—N=C(H)— / ≡Si—N—N(H)— / ≡Si—O—N(H)—

图 3-1　硅氢化合物与不同不饱和化合物发生的硅氢化反应

1947 年 Sommer 在制备辛基三氯硅烷时首次报道了硅氢化反应[2]，这个反应必须有引发剂或催化剂才能发生，当时所使用的引发剂是过氧化物。随后的研究多采用过渡金属和其他催化剂。正是由于过渡金属催化剂的引入赋予了硅氢化反应的工业生产意义，很多由直接法不能生产的单体和有机硅材料都可以容易地通过硅氢化反应得到，从而促进了具碳官能团的有机硅偶联剂的发展。很多综述性文献总结了硅氢化反应在各个阶段的进展，读者也可以参阅这些文献[1,3～6]。在这一章里，我们将推介有关硅氢化反应机理，然后在此基础上阐述影响硅氢化反应的一些因素。有关催化硅氢化反应机理主要有自由基加成机理、亲核-亲电催化机理和过渡金属及其配合物催化硅氢化反应机理三种。最后一种是迄今合成硅烷偶联剂的主要反应过程，因此本章将重点阐述该过程。

3.1.1 自由基引发硅氢化反应

自由基加成硅氢化反应中，自由基（包括自由基引发剂化学引发和射线等物理方法产生）与硅氢化合物反应形成硅自由基，硅自由基与烯烃等不饱和键发生加成反应得到碳自由基中间体，最后碳自由基与硅氢键发生自由基转移得到加成产物和新的硅自由基（图 3-2）[7]。

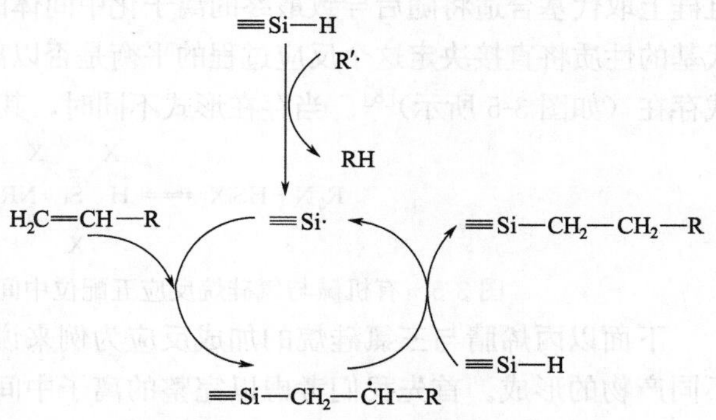

图 3-2　自由基硅氢加成反应机理

自由基硅氢化加成与溴化氢的加成反应非常相似，当溴化氢与不对称烯烃发生加成反应时遵守反马尔科夫尼可夫规则，而硅氢化合物与不对称烯烃发生加成反应时也遵守这一规则，也就是说，硅自由基与烯烃中含氢多的碳原子直接相连，这一规则在有机硅化学中称为 Farmer 规则[7]。这个机理是建立在加成后非成对电子保持在电子能最大离域位置的基础上。因此依据取代基的不同，在实际应用中必须考虑硅自由基加成后所形成的自由基稳定性，更稳定的新自由基，其所对应的加成物将是主要产物。其形成的新自由基如图 3-3 所示。

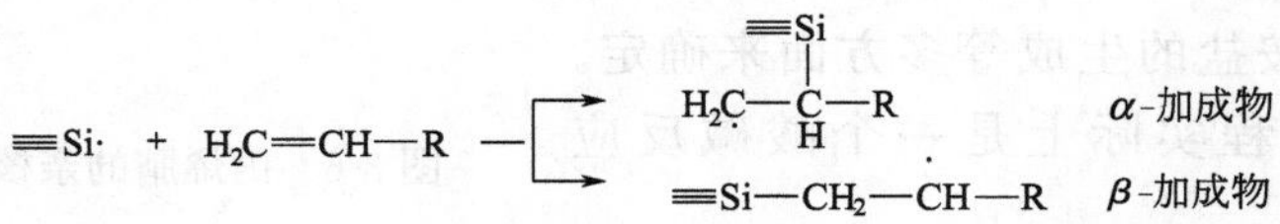

$$\equiv Si\cdot + H_2C{=}CH{-}R \longrightarrow \begin{cases} H_2C{-}\dot{C}(\equiv Si)(H){-}R & \alpha\text{-加成物} \\ \equiv Si{-}CH_2{-}\dot{C}H{-}R & \beta\text{-加成物} \end{cases}$$

图 3-3　自由基硅氢加成反应中的 Farmer 规则

如果所生成的自由基中间体产物中，β-加成物自由基比 α-加成物自由基稳定，那么产物将以 β-加成物为主，反之亦然。这样，R 基团的不同将直接影响产物中 α-加成物和 β-加成物的比例。如果碳游离基没有被 Si—H 所猝灭，那么碳游离基可能引起不饱和化合物的聚合而形成不饱和化合物的调聚产物（图 3-4）。

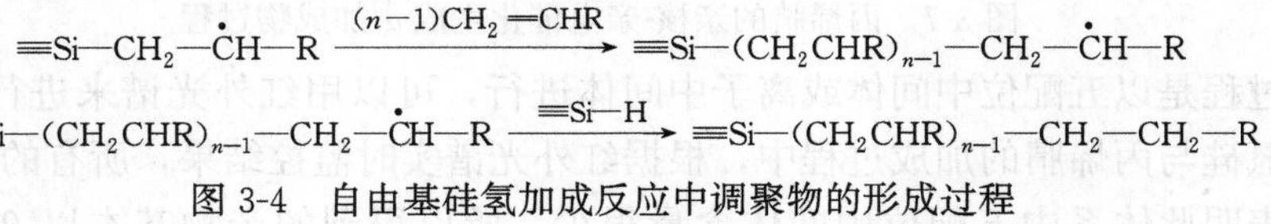

$$\equiv Si{-}CH_2{-}\dot{C}H{-}R \xrightarrow{(n-1)CH_2{=}CHR} \equiv Si{-}(CH_2CHR)_{n-1}{-}CH_2{-}\dot{C}H{-}R$$

$$\equiv Si{-}(CH_2CHR)_{n-1}{-}CH_2{-}\dot{C}H{-}R \xrightarrow{\equiv Si{-}H} \equiv Si{-}(CH_2CHR)_{n-1}{-}CH_2{-}CH_2{-}R$$

图 3-4　自由基硅氢加成反应中调聚物的形成过程

3.1.2 亲核-亲电催化硅氢反应

由于硅元素比碳元素的电负性小，同时硅元素上空的 d 轨道也可以参与成键，所以当亲核试剂如有机碱等进攻硅原子或亲电试剂进攻硅氢键时会导致硅氢键发生离子型异裂，并最终导致硅负离子的形成。一般而言，有机碱，如叔胺、三级膦和三级砷等常被用作亲核-亲电硅氢加成催化剂。常用的有机碱有三苯胺、三丁胺、三丙胺、三苯基膦、三乙基膦、三丁基膦、二苯基一氯化磷、苯基二氯化磷、三苯基砷、三苯基铋、三苯基锑、三（二乙胺基）氧磷等。同时如果加成反应的底物本身即为有机碱，那么它既可以作为反应物又可以作为催化剂。氢硅烷与碱作用很容易形成五配位中间体，如果有机碱的碱性足够强并且硅上取代基合适将随后导致最终的离子化中间体的产生。有机碱碱性的强弱和硅元素上取代基的性质将直接决定这个反应过程的平衡是否以离子形式存在或五（六）配位离子对的形式存在（如图 3-5 所示）[8]。当存在形式不同时，其反应机理和产物都是有差异的。

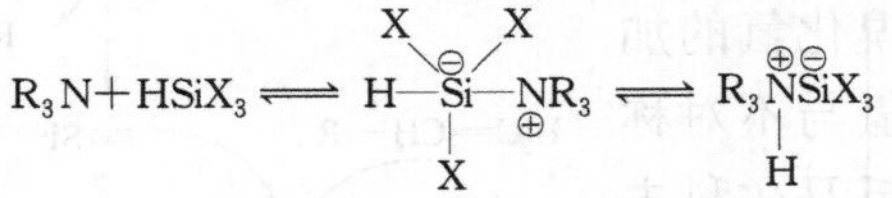

$$R_3N + HSiX_3 \rightleftharpoons H{-}\overset{X\ \ X}{\underset{X}{\overset{\ominus}{Si}}}{-}\overset{\oplus}{N}R_3 \rightleftharpoons R_3\overset{\oplus}{N}\overset{\ominus}{Si}X_3\ (\text{N–}H)$$

图 3-5　有机碱与氢硅烷反应五配位中间体和离子形式中间体的形成

下面以丙烯腈与三氯硅烷的加成反应为例来说明亲核催化硅氢化反应的机理，并解释不同产物的形成。首先我们考虑以完整的离子中间体进行[9~11]，其过程如图 3-6 所示。

在这个机理中，首先碱 B 使三氯氢硅的硅氢键发生离解生成三氯化硅负离子，由于氯元素是很强的吸电子基，从而能够使这个负离子稳定下来，所生成三氯化硅负离子的过程可以通过硅氢键在 $2200cm^{-1}$ 红外光谱特征峰的消失[1] 和核磁共振氢谱中硅氢的消失[1,12] 同时伴随着含质子的铵盐的生成等多方面来确定。随后的硅氢化过程实际上是一个酸碱反应过程[9~11]。

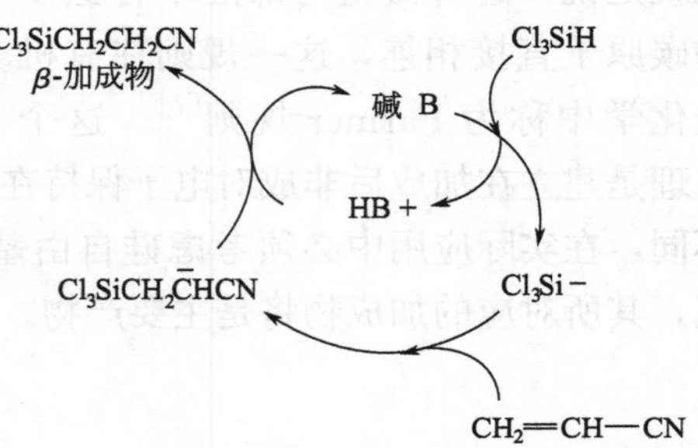

图 3-6　丙烯腈的亲核-亲电催化机理

如果反应过程中五配位中间体占优势，其硅氢化过程将不是酸碱反应过程，而是按四元环中间体机理进行，其最终结果将是 α-加成物的生成（图 3-7）。

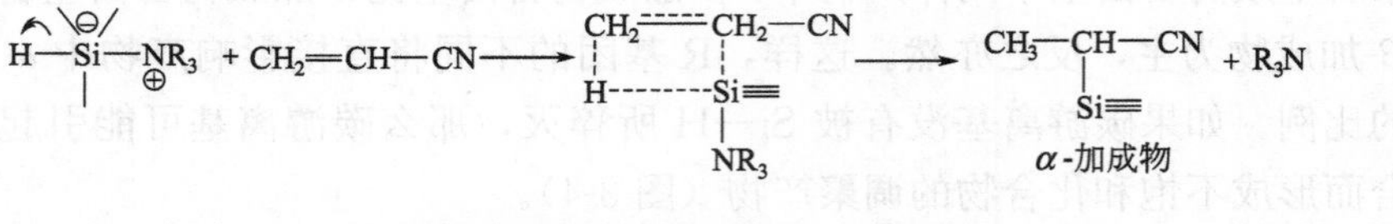

$$H{-}\overset{\ominus}{Si}{-}\overset{\oplus}{N}R_3 + CH_2{=}CH{-}CN \longrightarrow \left[\begin{array}{c} CH_2{\cdots}CH_2{-}CN \\ H{\cdots}Si{\equiv} \\ NR_3 \end{array}\right] \longrightarrow \underset{\alpha\text{-加成物}}{CH_3{-}\underset{Si\equiv}{CH}{-}CN} + R_3N$$

图 3-7　丙烯腈的亲核-亲电催化生成 α-加成物过程

加成过程是以五配位中间体或离子中间体进行，可以用红外光谱来进行辨别和监控，如在三氯氢硅与丙烯腈的加成过程中，根据红外光谱实时监控结果，所有的硅氢特征峰都消失了，表明此体系中五配位中间体含量很少，所以得到的产物基本以 β-加成物为主，当三氯氢硅中一个氯被甲基取代后，红外光谱显示硅氢键在 $2200cm^{-1}$ 特征峰并没有完全消失，同时也观察到 N—H 振动带，说明离子中间体与五配位中间体同时存在[1]。这样就导致 α-加成物和 β-加成物同时产生。

但是这个平衡也不是一成不变的，可以通过加入某些金属化合物来打破。金属化合物的作用是通过金属与硅负离子形成超酸配合物结构，稳定硅负离子，从而增加 β-加成物的含量。因此，其作用与后面所讲的过渡金属配合催化有本质区别，前者所起的作用完全是路易斯（Lewis）酸的作用，通过亲电过程形成复合物来稳定硅负离子，而后者是通过金属与烯烃等不饱和键配位起催化效果。常用的金属离子有 Zn^{2+}、Cu^{2+}、Ni^{2+}、Co^{2+}、Fe^{2+} 以及 Mn^{2+} 等。如在三氯氢硅与丙烯腈的加成过程中，采用 Cu^{2+}（或 Cu^{+} 或两者并用）和 NEt_3 组合可以得到 91%收率的 β-加成物[13]，而采用 Cu_2O 和四甲基乙二胺组合则可以提供 95%～100%收率的 β-加成物[14]。也可以采用不同价态的金属如 Cu_2O、CuCl 与胺组合，组成三元催化体系，但在催化体系中，只有当铜的总含量低于胺的含量时，催化体系才能最终建立。依据这个机理，其他亲电试剂如 $BF_3 \cdot OEt_2$ 等都可以作为催化剂[15]。

路易斯酸也能催化硅氢化反应，主要包括烯烃的加成[16～19]和炔烃的加成[20～22]（机理如图 3-8 所示）。在这个过程中，不饱和键先进攻路易斯酸如 $AlCl_3$ 等生成内盐中间体（2），随后含氢硅烷中的 H 进攻阳离子碳而形成中间体（3），然后发生耦合生成硅氢加成产物（4）[18]。

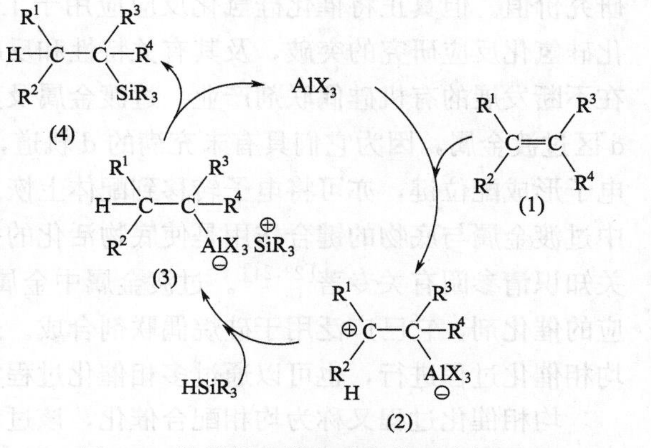

图 3-8　路易斯酸催化硅氢化反应机理

在路易斯酸催化硅氢化反应中，中间体（2）的稳定性相当重要，只要能形成稳定的电荷分离的内盐中间体（2）就能进行亲电硅氢化反应。最常见的有四取代烯烃以及炔烃。如 2,3-二甲基-2-丁烯与二甲基氯硅烷发生反应得到高产率的加成产物（图 3-9）。

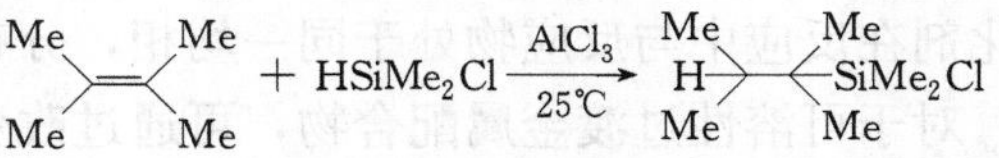

图 3-9　2,3-二甲基-2-丁烯与二甲基氯硅烷路易斯酸催化硅氢化反应

又如在路易斯酸催化的炔烃硅氢化反应中（图 3-10）[19]，有可能产生两种加成产物Ⅰ和Ⅱ，但两者的比例完全依赖于炔烃上的取代基，如果图 3-8 中的中间体（2）越稳定则其对应的加成产物占优。如当 R^1 为烷基、R^2 为氢时，主要生成产物Ⅰ。如果 R^1 为三甲硅基、R^2 为氢，则只得到产物Ⅱ。如果 R^1 为苯基，R^2 为甲基，则生成Ⅰ和Ⅱ的混合物，当 R^2 从甲基变为乙基时，Ⅱ的含量也升高。

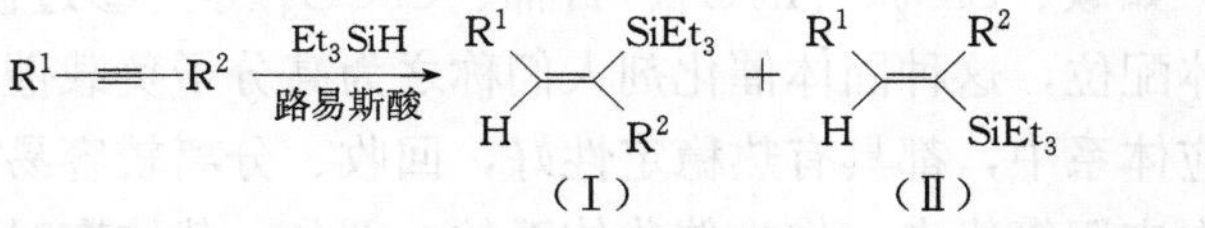

R^1═Me(CH$_2$)$_9$，R^2═H　　R^1═(*i*-Pr)$_3$SiO(CH$_2$)$_2$，R^2═H

R^1═R^2═Me(CH$_2$)$_4$　　R^1═R^2═Ph

R^1═SiMe$_3$，R^2═H　　R^1═*t*-C$_4$H$_9$，R^2═H

R^1═Ph，R^2═Me　　R^1═Ph，R^2═Et

图 3-10　路易斯酸催化的炔烃硅氢化反应

比较路易斯酸催化硅氢化反应与碱催化不同，我们可以发现前者是含氢硅烷中负的硅氢进攻阳离子碳中间体，而后者是硅负离子进攻烯烃而得到阴离子碳中间体。因此前者受烯烃影响的程度大，而后者受硅烷上取代基和碱的影响大。

3.1.3 过渡金属及其配合物催化硅氢化反应

上述自由基加成机理和亲核-亲电催化机理在催化硅氢化前期具有一定的理论和应用研究价值。但真正将催化硅氢化反应应用于工业生产 SCA，如果没有过渡金属配合物催化硅氢化反应研究的突破，及其有关特性和反应过程的深入研究，就不可能有现代的、还在不断发展的有机硅偶联剂产业。过渡金属及其配合物催化硅氢化催化剂中应用最多的是 d 区过渡金属，因为它们具有未充满的 d 轨道，又具有可变的多种氧化态，可以接受配体电子形成配位键，亦可将电子转移到配体上恢复到原来的状态，从而表现出催化作用；其中过渡金属与底物的键合作用是使底物活化的关键。读者需要更深入了解过渡金属催化有关知识请参阅有关专著[23,24]。过渡金属中金属铂及其配合物是一类非常有效的硅氢化反应的催化剂，它已广泛用于硅烷偶联剂合成。过渡金属及其配合物催化硅氢化反应可采用均相催化过程进行，也可以通过多相催化过程实现。

均相催化过程又称为均相配合催化，该过程多采用可溶性过渡金属配合物作催化剂，其配体可以是中性分子（PR_3、NR_3、CO 等），饱和或不饱和的有机基团或原子（氢、卤素等）。催化剂活性、选择性等受过渡金属的固有电子性质和配体性质及其结构等因素影响。原子态金属或胶态金属，人们有时也将其归入均相催化剂，因为它们常与不饱和化合物形成金属配合物，但也有人将其归入多相催化剂，这类催化剂在反应中容易失活。

均相催化过程其催化剂在反应中与反应物处于同一均相，分布均匀，每个分子的活性中心原子均可发挥作用。对于可溶性过渡金属配合物，可通过改变金属和配体的种类、结构来调变催化剂的分子结构，改善其催化性能可在分子水平上研究、设计、控制反应。往往在硅氢化反应中仅需消耗少量的催化剂，就可高收率地获得目的产物，它是实现原子经济反应的有效途径。均相催化剂选择性高，尤其是具有与酶相媲美的对映选择性，高选择性可使合成原料（底物）最大限度被利用，避免副产物造成的浪费和污染。

多相催化反应催化剂体系一般有三种情况。①过渡金属元素通过物理吸附方法负载到载体上而形成负载催化剂，有人将它称为金属催化剂。常见的有金属单质或金属化合物负载在无机材料上，如碳、SiO_2、Al_2O_3、石棉、$CaCO_3$ 等。②过渡金属与锚定在有机或无机载体上的配体配位，这种固体催化剂人们称之为高分子负载催化剂。这两种固体催化剂于多相催化反应体系中，都具有热稳定性好，回收、分离较容易，可以在一些反应条件苛刻的催化反应中应用等优点。作为催化体系的一部分，载体有时也能起到某种选择性的作用。③还有一种多相催化就是过渡金属化合物在催化体系中通过某些还原作用形成原子态过渡金属催化剂（又称胶态金属催化剂），如胶态铂、胶态钯等。正如本节前述，也有不少报道将其作为均相催化剂。多相催化剂中，金属、金属氧化物、卤化物等的表面原子提供不饱和配位中心，因而其催化过程在催化剂表面进行。

多相催化过程中金属催化剂的主要成分包括在硅氢化反应中起决定性作用的主催化剂——过渡金属；其次是将主催化剂负载于其上的载体，其载体的选择、制备方法及其比表面积对催化硅氢化活性有很大影响；其三是为了改善催化活性和选择性而引入的助催化剂，它们包括结构性助催化剂和调节性助催化剂。

对于金属催化剂的机理研究，研究者通过将金属催化剂催化硅氢化反应过程与游离基硅氢加成反应过程对比发现，它是一个非游离基过程，其机理与过渡金属均相配合催化过程具有基本相似的反应机理，将在 3.2 节详述。

多相催化过程第二类，即负载化催化剂硅氢化反应，该类催化剂具有过渡金属配合物催化剂相同的过程和机理，其催化体系包括起催化作用的金属以及能提供金属负载的载体，无机材料如 γ-Al_2O_3、SiO_2、$CaCO_3$ 和活性炭等。将铂催化剂负载到这些无机材料上形成的负载化催化剂已经被用于乙炔、烯丙基衍生物、丙烯腈、丙烯酸乙酯与三取代硅烷的硅氢化反应。同时，还有研究表明，无机负载物的晶相对硅氢化反应都有很大影响，如在三氯氢硅与乙炔的加成反应中，5%Pt 负载的 α-Al_2O_3 不表现出任何催化活性，而γ-Al_2O_3 催化可以得到 79%的收率[1]。此外，不同负载物对催化硅氢化反应过程产生影响，如以乙炔与三氯氢硅的硅氢化反应二次加成产物的产率作为考核目标，对无机负载物进行考察，发现不同负载物上金属所表现出的催化活性顺序发生改变[25]：在 γ-Al_2O_3 负载中，Pd＞Pt＞Ru＞Rh＞Ir；而活性炭负载中，Rh＞Ir＞Pd＞Ru＞Pt。同时反应体系对催化剂活性也有很大影响。

胶态金属催化剂可以通过原位还原金属盐（主要是镍，也包括铂和钯等金属）而形成，这种胶态金属具有与固载化催化剂相似的催化性能，原位生成的特点赋予其比较高的催化活性。其制备方法可以是热蒸气法或还原法，即将无水金属盐与还原剂（可以是含氢硅烷、碱金属等）回流而得到。利用配体的配位饱和作用可以在胶态金属催化剂的制备过程中加入一些配体来稳定这种亚稳态体系。迄今有些研究报道认为铂系金属配合物催化剂（包括目前应用最广泛的 Karstedt 催化剂以及其他烯烃配位催化剂）催化硅氢化过程中变成胶态铂是起关键作用的催化剂。胶态铂可由氢硅烷原位还原形成（图 3-11）。

$$Pt^{+2a}X_{2a}L_b \xrightarrow{HSiR_3} H_2L + 2aXSiR_3 + [Pt^0]_x$$

其中 $a=0,1$；$b=0\sim4$；X=卤素、假卤素，L 是可离去配体

图 3-11　原位生成胶态铂的过程

3.2 过渡金属及其配合物催化硅氢加成反应机理

硅氢化反应完整的催化循环过程系通过反应物（底物）对配位不饱和的过渡金属氧化加成、配位、插入和还原消去等过渡金属催化基元反应完成。此外，除硅氢化主反应外还可能伴随有副反应。因此在阐述过渡金属及其配合物催化硅氢化反应机理之前，对有关基

础知识予以简介。

3.2.1 反应过程基础知识简述

过渡金属及其配合物能催化底物进行多种化学反应，构成一完整的催化循环过程，最终得到目的产物，同时可能伴随一些副反应。这些反应如下所述。

3.2.1.1 过渡金属及其配合物催化基元反应[23,24]

(1) 配体的配位和解离

稳定存在的过渡金属催化剂大多是配位饱和的。只有当过渡金属配位不饱和时，过渡金属才有可能提供空轨道与底物进行配位，发挥其催化作用。欲获得配位不饱和的过渡金属，其配体可在反应条件下离去，如此配体离去的过程就是配体的解离，该过程是可逆的。

$$ML_3 + L \rightleftharpoons ML_4$$

式中，M 为过渡金属，如 Ni、Pd、Pt 等。L 为配体，如 PR_3 等。

(2) β-氢转移

含有 β-氢的烃基与过渡金属成键后，β-氢容易转移到过渡金属上，烃基则转化为烯烃而与过渡金属配位，形成含配位烯烃的过渡金属氢化物，如下式。

$$\begin{matrix} RCH-CH_2 \\ | \quad\quad | \\ H\cdots\cdots ML_n \end{matrix} \rightleftharpoons \begin{matrix} RCH=CH_2 \\ | \\ H-ML_n \end{matrix}$$

(3) 氧化加成

中性分子 XY（比如含氢硅烷）加成到配位不饱位的金属配合物上，形式上 XY 被还原，而中心金属被氧化。过渡金属的氧化态和配位数均升高，该反应称之为氧化加成反应，如：

$$L_y M^{n+} + XY \longrightarrow L_y M^{(n+2)+}(X)(Y)$$

氧化加成后生成的配合物，若 X、Y 配体处于顺位，称之为顺式加成；若 X、Y 处于反位，则称为反式加成。氧化加成的结果常使 X、Y 得到活化，从而可进一步反应。

(4) 插入和消去反应

插入反应是将有机配体插入到金属-配体键中间（如插入到金属-氢键，插入到金属—碳键等），反应前后过渡金属的氧化态和配位数都没有变化。该反应首先是反应物与催化剂配位，然后在分子内迁移插入，如 $L_n MR + Y \longrightarrow L_n M-Y-R$。

消去反应是插入反应逆反应，例如丙烯插入过渡金属配合物金属-氢键的 β-氢消去反应。

$$L_n MH + CH_2{=}CHCH_3 \longrightarrow L_n MCH_2CH_2CH_3$$

$$L_n M-\overset{\alpha}{C}H_2-\overset{\beta}{C}H_2-CH_3 \rightleftharpoons L_n M-H + CH_2{=}CHCH_3$$

(5) 还原消去反应

还原消去反应是氧化加成的逆反应。配位在同过渡金属上的两配体 X 和 Y 的偶联，形成一中性分子 XY 离去，此时中心金属还原，其氧化态和配位数均下降，该反应称之还原消去反应，例如：

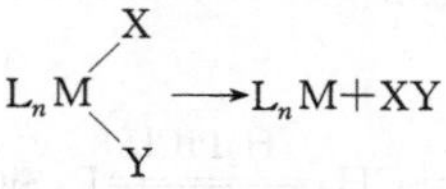

$$L_nM(X)(Y) \longrightarrow L_nM + XY$$

3.2.1.2 过渡金属及其配合物催化硅氢化反应副反应

通常的催化硅氢化都遵循 Chalk-Harrod 机理和改进的 Chalk-Harrod 机理进行，但硅氢化反应总是伴随着副反应的发生，虽然大多数时候副产物不是主要的，但清楚知道有哪些副反应和产生哪些副产物，可以更好地帮助我们了解反应进程并提出合理的纯化方案。常见的副反应有烯烃异构化，寡聚或调聚、氢化、基团的重分配反应，脱氢和硅氢键引发底物形成遥爪聚合物等。

(1) 烯烃异构化

许多过渡金属都能催化烯烃异构化，而硅氢化反应中烯烃与过渡金属配位是必不可少的步骤，因而也不能完全避免发生烯烃异构化[1]。如双键位移常常发生在硅氢化反应中。其过程常伴随 β-氢消去过程，其具体过程可以用图 3-12 来表示。

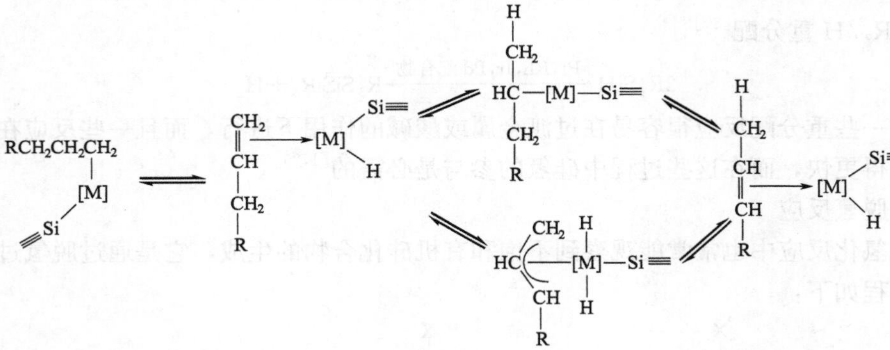

图 3-12 催化硅氢化反应中烯烃异构化产生过程

根据图 3-12，烯烃异构化是通过多次 β-氢消去和烯烃插入硅氢来实现的，这个过程解释了中间位置双键发生硅氢化反应常生成端硅烷化产物的实验结果，同样也解释了回收烯烃中含有大量异构化烯烃的事实。因此它是 β-氢消去和还原消去竞争的结果，二者发生的可能性大小受硅烷上取代基的影响。如三氯硅烷和三烷基硅烷与烯烃反应时，烯烃异构化速度还大于硅氢化反应速度，而对三烷氧基硅烷，烯烃异构化不是那么明显，但还是能观察到这个现象。同时，过渡金属不同，烯烃异构化的程度也不尽相同。

(2) 基团重分配反应

由于硅氢单体或化合物是硅氢化反应中必要组分，而硅氢键又很容易与过渡金属发生氧化加成形成中间体，同时金属上的配体也可以通过一系列氧化加成和还原消除而达到交换的目的，因而硅元素上的基团可以在过渡金属催化下进行重分配反应[1,25]，下面列举一些通过重分配反应产生的副产物。

· H/Cl 重分配[1,26]

$$2CH_3SiHCl_2 \xrightleftharpoons{NiCl_2(PPh_3)_2} CH_3SiCl_3 + CH_3SiH_2Cl$$

· 乙烯基/H 重分配[1,27]

$$R_3SiH_3 + R'_3SiCH{=}CH_2 \xrightleftharpoons{H_2PtCl_6} R_3SiCH{=}CH_2 + R'_3SiH_3$$

· $(CH_3)_3SiO/CH_3$ 重分配[1,29]

$$2[(CH_3)_3SiO]_2SiHCH_3 \rightleftharpoons (CH_3)_3SiOSiH(CH_3)_2 + [(CH_3)_3SiO]_3SiH$$

· CH_3/H 重分配[28]

$$2{=}NSiH(CH_3)_2 \longrightarrow {=}NSiH_2CH_3 + {=}NSi(CH_3)_3$$

· H/OR 重分配[1]

$$2(RO)_3SiH \xrightleftharpoons{催化剂} (RO)_2SiH_2 + (RO)_4Si$$

· RO/R′O 重分配[1]

$$(RO)_3SiH + (R'O)_3SiCH{=}CH_2 \xrightleftharpoons{RuCl_2(PPh_3)_2} (RO)_n(R'O)_{3-n}SiH + (R'O)_n(RO)_{3-n}SiCH{=}CH_2$$

· H/D 重分配[29]

$$3.5Cl_3SiD + CH_2{=}C(CH_3)_2 \longrightarrow Cl_3SiC_4H_{6.5}D_{2.5} + 1.5Cl_3SiH + Cl_3SiD$$

· SiR_3/H 重分配[30]

$$2R_3SiH \xrightarrow{Pt,Rh,Ir,Pd\ 配合物} R_3SiSiR_3 + H_2$$

其中一些重分配反应很容易在过渡金属或酸碱的作用下进行，而且一些反应在烯烃存在下进行得更快，而在这些过程中硅氢的参与是必需的[1,25]。

(3) 脱氢反应

在硅氢化反应中也常常能观察到不饱和有机硅化合物的生成，它是通过脱氢过程产生的，其过程如下：

$$X{-}\underset{X}{\overset{X}{Si}}H + 2RCH{=}CH_2 \longrightarrow X{-}\underset{X}{\overset{X}{Si}}{-}HC{=}CH{-}R + RCH_2CH_3$$

在这里，当 R 基团为苯基和取代苯基[31,32]、硅基[33]、硅氧基[27] 以及三氟丙基[34] 等缺电子基团时，脱氢反应比较明显。特别是当体系中存在含活泼氢的基团如端炔时，脱氢反应更为明显，如下：

$$RC{\equiv}C{-}H + (C_2H_5)_3SiH \xrightarrow{H_2PtCl_6} RC{\equiv}C{-}Si(C_2H_5)_3 + H_2$$

同时还有一种最常见的硅氢与含活泼氢的化合物，如醇、伯胺或仲胺等，发生的脱氢反应，并且这种脱氢过程常被碱金属氢氧化物、过渡金属等所催化[1]。

(4) 烯烃交互置换反应（olefin metathesis）[35~37]

烯烃交互置换反应是在过渡金属卡宾配合物催化下含碳-碳双键或叁键化合物之间的重排反应。早年该反应已成功地用于平衡烯烃生产过程，如今它是有机合成化学中形成碳-碳多重键的有效手段。新的交互置换反应包括开环聚合反应（ring opening metathesis polymerization，简称 ROMP），闭环交互置换反应（ring closing metathesis，简称 RCM）

和交叉交互置换反应（cross metathesis，简称 CM）。发生烯烃交互置换反应的金属一般为 Mo、Ru，但 Pt 等金属也观察到烯烃交互置换反应。

在过渡金属催化硅氢化反应中也常伴随着烯烃交互置换反应，如用 $Ru^{Ⅱ}/Ru^{Ⅲ}$ 为催化剂时，还常常能观察到乙烯基三烷氧基硅烷的烯烃交互置换反应[38]，其反应如下：

$$2\ RO-\underset{OR}{\overset{OR}{Si}}-HC=CH_2 \xrightarrow{Ru^{Ⅱ}/Ru^{Ⅲ}} RO-\underset{OR}{\overset{OR}{Si}}-HC=CH-\underset{OR}{\overset{OR}{Si}}-OR + CH_2=CH_2$$

（5）含氢硅烷的还原反应

含氢的硅烷化合物都具有一定的还原性，在有机合成反应中常被用作还原剂[39]。其还原性在硅氢化反应中也会导致副产物的产生[1,40]。通常因硅氢化合物导致的还原反应有两种情况：其一是参与硅氢加成的反应物或一些反应产物被还原，另一种情况则是硅氢化反应的催化剂（过渡金属配合物）被还原成原子态金属，进而聚集形成胶态金属（原子簇），最后转化成催化活性很少的金属聚集体，如用于硅氢加成反应的铂催化剂，由胶态铂转变成催化活性很少的铂黑。

3.2.2 反应机理

过渡金属及其配合物，特别是具有低氧化态的含 π-酸配体如一氧化碳、三级膦、烯烃等Ⅷ族过渡金属配合物，如铂、镍、钯、铑、钌的配合物都表现出好的催化活性，其中铂的配合物作为硅氢化反应催化剂用于合成硅烷偶联剂最为突出。1957 年 Speier 等[41]首次发现氯铂酸（$H_2PtCl_6 \cdot 6H_2O$）异丙醇溶液是催化含氢硅烷与具官能团的 α-烯烃进行硅氢加成反应的好催化剂，人们常称氯铂酸异丙醇溶剂为 Speier 催化剂（请参见本书 3.3.1 和 4.2 节）。Speier 催化剂的发现，开创了硅烷偶联剂产业化开发的新纪元；同时也促进了过渡金属及其配合物催化硅氢化反应的广泛研究。1965 年 Chalk. A. J 和 Harrod. J. F 基于过渡金属及其配合物催化硅氢化反应的研究，特别是 Speier 催化剂的有关研究；再据过渡金属及其配合物的 18 电子规则和催化基元反应及有关副反应的研究（参见 3.2.1），提出了经典的 Chalk-Harrod 催化硅氢化反应机理（简称之为 C-H 机理）[42]，其催化循环过程如图 3-13 示意表述。

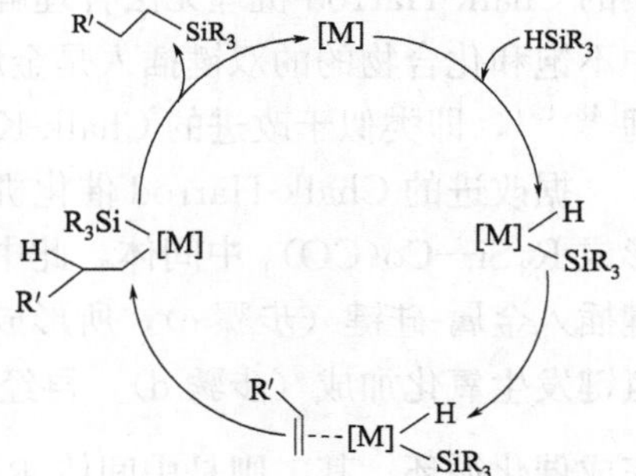

图 3-13 Chalk-Harrod（C-H）催化硅氢化反应机理示意图

上述 C-H 机理中，配位不饱和的过渡金属催化剂［M］中，M 代表原子、离子或原子簇（如 Pt^{0}、$Pt^{Ⅱ}$ 或胶态铂等）。因［M］配位不饱和，根据过渡金属 18 电子规则及其配合物有关催化基元反应，当有硅氢化合物和具 α-乙烯基化合物存在时，首先是硅氢化合物（如 $HSiR_3$）与配位不饱和的［M］进行氧化加成反应，生成具［M］—H 键和［M］—SiR_3 键且均被活化的中间体 $[M]\langle^{H}_{SiR_3}$；然后则是具配位性的不饱和化合物与［M］接近，并随之发生决定反应速度的烯烃插入［M］—H键的插入反应；最后进行的则是还原消去反应，得到硅氢加成反应产物，并释放出配位不饱和的过渡金属催化剂［M］，完成催化硅氢加成反应有关的催化循环。Chalk-Harrod机理中首先要有配位不饱和的［M］，从而能很好地解释催化硅氢化反应有一个时间不短的诱导期；硅氢化反应进行中［M］有可能会被还原生成胶态铂或再聚集成铂黑沉淀，失去活性；反应产物中也会有异构化烯烃或硅烷化合物出现及其他副反应发生等实验现象，因此C-H机理为人们所接受。但C-H机理还存在一些不足，如无法说明反应过程中会有副产物烯烃基硅烷的产生，也无法解释二价或零价Pt催化剂的诱导期原因。此外，反应进行时还观察到特色的有色物质形成及有关O_2的共催化作用等现象。

鉴于上述情况，很多研究者考虑对经典的Chalk-Harrod机理予以修正或补充，他们根据过渡金属及其配合物催化硅氢化反应合成有机硅化合物进行更为广泛和深入的研究，相继提出了多种催化硅氢化反应机理，其中最具特色的是改进的Chalk-Harrod（简称之为mC-H）机理，有研究者也称它为硅基迁移机理[43~47]。mC-H机理较之经典的C-H机理改进之处在于参与反应的不饱和化合物插入反应：α-乙烯基化合物既可插入［M］—H形成C-H机理中的活性中间体，也可能插入［M］—SiR_3形成mC-H机理中完成催化循环的活性中间体。Seitz和Wrighton等[48,49]在利用过渡金属的羰基化合物作催化剂催化含氢硅烷与乙烯的硅氢化反应时，发现产生了乙烯基硅烷化合物。他们认为其催化循环过程中配位烯烃插入反应不仅是［M］—H而且还插入［M］—SiR_3，如此研究者们就可很好解释烯基硅化物产生，从而促进了改进Chalk-Harrod机理（简称mC-H机理）被很多研究者确认，请参见图3-14和图3-15。基于他们及其他研究者的实验事实，烯烃基硅烷产生的原因解释可根据过渡金属及其配合物催化基元反应，活性中间物 ［M］(H)(CH_2CH_2—SiR_3) 中存在有β-H，易发生β-氢转移至催化剂的过渡金属［M］上，随后发生烯烃基硅烷消去或配位，其过程请参见图3-15。

Seitz和Wrighton在研究$Fe(CO)_5$、$M_3(CO)_{12}$（M＝Fe、Ru、Os）、$R_3SiCo(CO)_4$催化含氢硅烷化合物与乙烯进行硅氢化反应时，发现产生了一些乙烯基硅烷化合物，而经典的Chalk-Harrod机理无法合理解释它的生成。他们根据实验现象认为在这类催化循环中不饱和化合物的的双键插入是金属-硅键而不是金属-氢键，并提出了Seitz-Wrighton机理[48,49]，即类似于改进的Chalk-Karrod机理，请参见图3-16示意所述。

据改进的Chalk-Harrod催化机理反应过程，R_3Si—$Co(CO)_4$中的一个CO分子离去形成R_3Si—$Co(CO)_3$中间体，此中间体与烯烃配位生成配合物（步骤b）并随后发生双键插入金属-硅键（步骤c），所形成的中间体有两种途径进行下面的转化：其一是通过硅氢键发生氧化加成（步骤d），再经还原消去（步骤e）得到硅氢化产物并产生催化中间体完成催化循环；其二则是中间体 R_3Si—(β)—$Co(CO)_3$ 发生β-氢转移到过渡金属催化剂［M］钴上，硅烃基则转化为烯烃基硅烷化合物，随之与钴催化剂配位形成含配位烯烃基的过渡金属氢化物，烯烃基硅烷的离去，（钴）催化剂生成。此机理中步骤a～c、f和g都已被

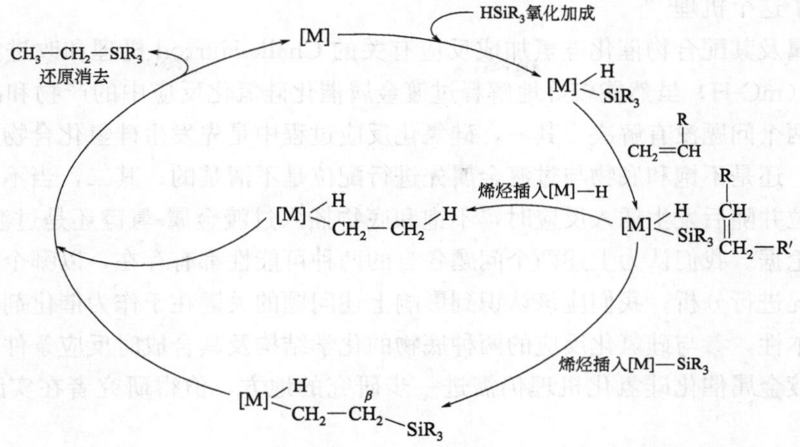

图 3-14　改进的 Chalk-Harrod 机理催化硅氢化反应示意图

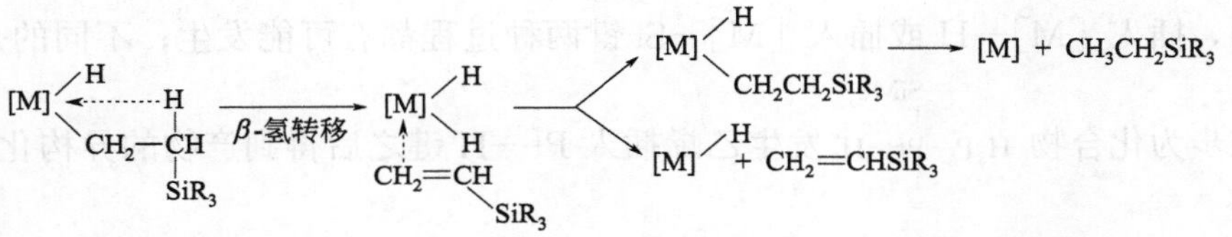

图 3-15　改进的 Chalk-Harrod 过程生成烯烃基硅烷示意图

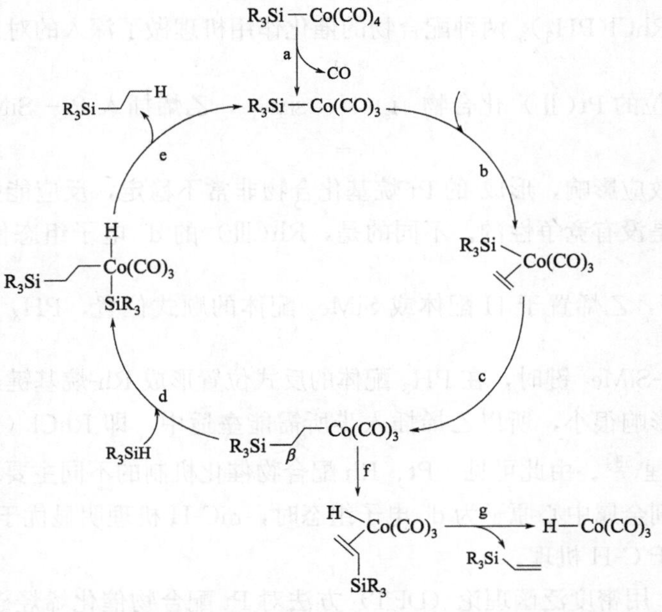

图 3-16　改进的 Chalk-Harrod 机理用于钴催化剂催化硅氢化反应示意

红外和核磁共振光谱所证实。虽然目前尚未完全证实步骤 d 和 e，但可以通过硅氢加成产物间接得到证实。Brookhart 和 Grant 在研究 Co（Ⅲ）配合物催化 1-己烯硅氢化反应时已经直接证实了这个机理[50]。

过渡金属及其配合物催化硅氢加成反应有关的 Chalk-Harrod 机理和改进的催化硅氢化反应机理（mC-H）虽然能较好地解释过渡金属催化硅氢化反应中的产物和副产物的生成，但还有两个问题没有解决：其一，硅氢化反应过程中是先发生硅氢化合物对过渡金属的氧化加成、还是不饱和底物与过渡金属先进行配位是不清楚的；其二，当不饱和底物与过渡金属配位并随后发生插入反应时，不饱和底物插入过渡金属-氢键还是过渡金属-硅键迄今还没有论据。我们认为上述两个问题各自的两种可能性都有存在，以哪个为主则需要根据具体情况进行分析；我们应该认识到影响上述问题的关键在于作为催化剂的过渡金属及其配体的本性，参与硅氢化反应的两种底物的化学结构及其合成时反应条件的调控。因此，关于过渡金属催化硅氢化机理仍需进一步研究的地方，值得研究者在实践中去认真探索。

1998 年，Sakaki 等[51] 用从头算（ab initio）等方法对 $PtH(SiH_3)(PH_3)_2$ 和乙烯发生硅氢加成反应的 C-H 机理以及 mC-H 机理的全循环进行了模拟比较研究。有关热力学数据表明，插入［M］—H 或插入［M］—Si 键两种过程都有可能发生；不同的是 C-H 机理的速控步为化合物 $H_3P—Pt(SiMe_3)(=)—H$ 发生乙烯插入 Pt—H 键之后得到产物的异构化过程，而 mC-H 机理的速控步为乙烯插入 Pt—$SiMe_3$ 键，后者所需的活化能垒远远高于前者，差值在 20kcal/mol 以上，因此烯烃插入过程倾向于遵循 C-H 机理。2002 年 Sakaki 等[52] 又对 $Pt(PH_3)_2$ 和 $RhCl(PH_3)_3$ 两种配合物的催化作用机理做了深入的对比研究，指出对于 d^8 电子组态四配位的 Pt(Ⅱ) 化合物 $H_3P—Pt(H)(=)—SiMe_3$，乙烯插入 Pt—$SiMe_3$ 键时会受到很强的氢配体反位效应影响，形成 的 Pt 烷基化合物非常不稳定，反应能垒很高，mC-H 机理历程在能量上是没有竞争性的。不同的是，Rh(Ⅲ) 的 d^6 电子组态使得它可以形成六配位结构 $(H_3P)_2Pt(SiMe_3)(H)(=)$，乙烯置于 H 配体或 $SiMe_3$ 配体的顺式位置，PH_3 配体的反式位置，因此乙烯插入 Rh-$SiMe_3$ 键时，在 PH_3 配体的反式位置形成 Rh-烷基键，这样的结构中氢配体的反位效应影响很小，所以乙烯插入步所需能垒适中，即 RhCl $(PH)_3$ 的催化循环倾向于 mC-H 机理[53]。由此可见，Pt、Rh 配合物催化机制的不同主要取决于中心体的 d 电子数，当催化剂金属中心原子为 d^6 电子组态时，mC-H 机理明显优于 C-H 机理，而 d^8 电子排布更倾向于 C-H 机理。

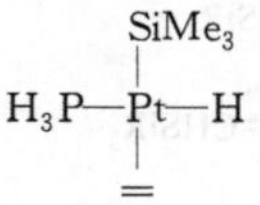

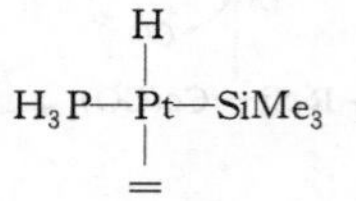

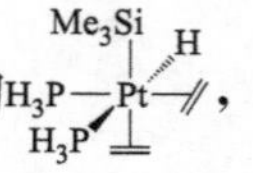

Giorgi 等[53] 用密度泛函理论（DFT）方法对 Pt 配合物催化烯烃硅氢化反应的 C-H 机理和 mC-H 机理进行再讨论，考查了不同交换关联泛函和基组对催化循环能量的影响，得到与 Sakaki 等[51] 相同的结论，即 C-H 机理和 mC-H 机理的速控步分别为乙烯插入所形成产物的异构化作用（25.1kcal/mol）以及乙烯的插入步（38.2kcal/mol）。

3.3 催化硅氢化反应的过渡金属催化剂

硅氢加成反应通常是在过渡金属及其配合物催化下进行的，影响其反应的因素很多。除具关键作用的过渡金属及其配合物催化剂本身外，参与反应的不饱和化合物和含氢有机硅化合物结构、反应介质、反应温度以及有关助剂等都会影响反应。在这些因素协同作用下，通过控制硅氢化反应的进程，制备硅烷偶联剂等有机硅化合物或聚合物。

硅氢加成反应常用的过渡金属是Ⅷ族元素，但应用最多的是金属铂催化剂，其次则是铂系金属中的钌、铑、钯、铱。本节将对铂金属的催化剂予以重点介绍，其他过渡金属在硅氢化催化反应中的使用也进行简介。此外，本书合成硅烷偶联剂有关章节还会对合成反应催化剂及有关影响因素进行讨论，请参见。

作为硅氢化催化剂的铂金属及其配合物主要是氯铂酸、二价铂配合物和零价铂的配合物，将铂及其配合物负载在于二氧化硅、炭黑或三氧化二铝上得到的固相化催化剂或利用高分子化合物作为载体负载铂催化剂也可以用于硅氢化催化反应。催化剂（铂）用量通常为硅氢化合物的 10^{-5} 左右，更好的情况可以达到 10^{-6}。

3.3.1 氯铂酸催化剂体系

在铂催化剂体系中，氯铂酸常被用作铂源来制备各种不同类型的催化剂体系，经典的做法是将氯铂酸溶解在有机溶剂中，有机溶剂的作用包括溶解氯铂酸获得均相的催化剂体系、以及作为还原剂将金属还原到合适的催化价态，同时也作为催化剂的配体构成氯铂酸催化体系等。最常用的有机溶剂是异丙醇，此外，甲醇、乙醇、正丙醇、正丁醇、异丁醇、叔丁醇、正辛醇等都可以作为溶剂。如将 $H_2PtCl_6 \cdot 6H_2O$ 溶解在异丙醇中得到的催化剂称之为 Speier 催化剂[41]（请参见本书 4.2 节），而与正辛醇混合则得到的是 Lamoreanx 催化剂。同样有机溶剂还可以扩展到不含碳-碳多重键的酮、醛、乙二醇单醚或双醚、不饱和醚、酯以及有机酸等，这些以氯铂酸为铂源制备的铂催化体系都表现出较好的催化活性和稳定性。如果溶剂不具有还原作用时，硅氢加成反应的合成原料含氢硅烷也可以作为还原剂使用，从而得到相应价态的催化剂活性体；如果氯铂酸被还原至零价金属铂，则生成了所谓的胶态铂。铂原子簇催化剂既可成为多相催化剂物种，也可与配体构成均相配合物催化剂，但这种胶态铂催化剂具有不稳定性，很容易聚集成催化活性很低的铂黑形态析出。

氯铂酸催化体系用于催化硅氢化反应较常见的共性是反应初期存在明显的催化活化期（反应诱导期），此时的催化硅氢化反应发生得较慢或根本不进行反应，但在活化期（反应诱导期）以后，加成反应会剧烈发生并常伴随有激烈的放热。氯铂酸中的铂处于四价，一般认为在铂催化硅氢化过程中起催化作用的是二价铂，因此在催化反应诱导期，处于反应物中的催化剂氯铂酸实际是由四价铂被还原反应生成具催化活性的二价铂的配合物，只有当二价铂配合物的含量有一定量时，才会比较快地引发硅氢化加成反应。例如，氯铂酸中的铂依下式被异丙醇还原得到价态为Ⅱ的四氯铂酸[1]。

$$H_2PtCl_6 \cdot 6H_2O + i\text{-}C_3H_7OH \longrightarrow H_2PtCl_4 + (CH_3)_2CO + 2HCl + 6H_2O$$

$$H_2PtCl_6 \cdot 6H_2O + 2i\text{-}C_3H_7OH \longrightarrow H(C_3H_6)PtCl_3 + (CH_3)_2CO + 3HCl + 7H_2O$$

实验结果，包括红外光谱、紫外-可见光谱和X射线光电子能谱（X-ray Electron Spectroscopy）均表明在Speier催化剂体系中含有$H(C_3H_6)PtCl_3$（图3-17所示过程），它是催化体系中的活性催化物种，可以在氯离子的帮助下在硅氢加成反应条件下稳定存在；这种二价铂配合物也可以形成二聚体$[H(C_3H_6)PtCl_3]_2$并形成动态平衡，二聚体和单体配合物的比例可以通过异丙醇和盐酸的量来控制，其过程如图3-17所示。同样二聚体也表现出相同的催化性质。^{195}Pt NMR结果揭示Speier催化剂体系中异丙醇中间体配合物的存在[54]。

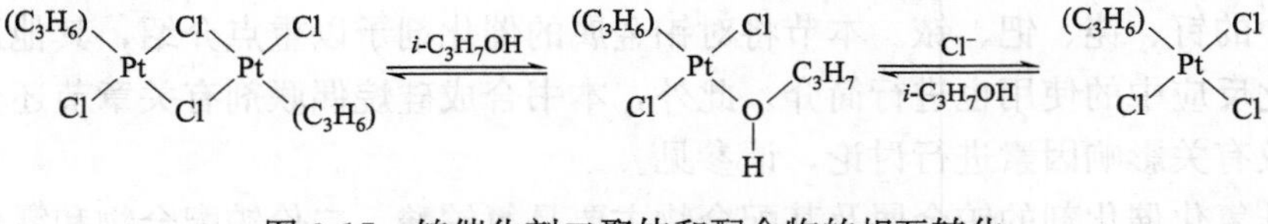

图3-17 铂催化剂二聚体和配合物的相互转化

利用四氢呋喃（THF）配位及其还原能力可以将氯铂酸还原为二价或零价铂，所以氯铂酸的四氢呋喃（THF）溶液也常常被用作硅氢化催化剂，并被大家所接受。

氯铂酸催化体系主要适用于催化含氢氯硅烷对有机不饱和化合物的硅氢加成反应，用于含氢烷氧基硅烷如$HSi(OR)_3$或含氢烃基硅烷如$HSiR_3$对不饱和有机化合物进行硅氢化反应以合成有机硅烷化合物时，其催化剂的催化效果有时较差，通常要加入助剂使其具有正常的催化活性或稳定性。此外，该催化体系及其反应物颜色通常较深，也不适宜用于浅色或无色的加成硫化型聚硅氧烷材料的制备。

3.3.2 烯配位铂催化剂体系

Karstedt催化剂是烯配位铂催化体系中最典型的代表[10]，1973年美国专利[55]首次公开报道这种催化剂。该催化剂通常是以氯铂酸或亚氯铂酸钾（K_2PtCl_4）为合成原料，将其置于碳酸氢钠乙醇溶液中，搅拌下加入1,3-二(乙烯基)-1,1,3,3-四甲基二硅氧烷加热反应制备获得[4]。其反应及其产物如下所示：

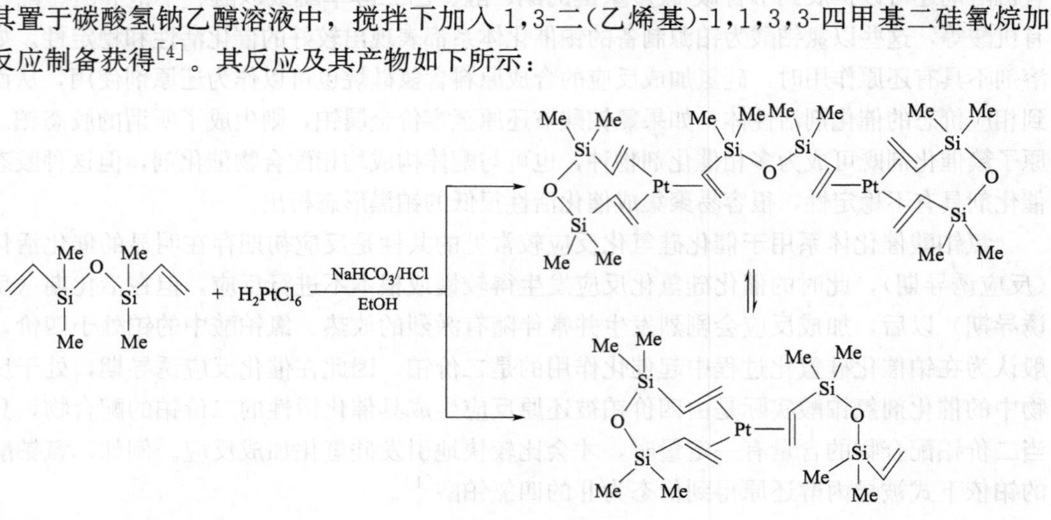

Karstedt 系催化剂制备操作如下（仅供参考）：氯铂酸 1.0g 于无水乙醇（50mL）中，加入 50mL 1,3-二（乙烯基）-1,1,3,3-四甲基二硅氧烷（乙烯基双封头），氮气保护下搅拌，加热至 60℃反应 2～3h，加入 2～4g 碳酸氢钠，继续搅拌 4～5h，冷却至室温，过滤，取滤液，减压蒸馏（≤40℃），至完全除去乙醇，冷却后，再加入双封头，配制成一定浓度的 Karstedt 催化剂备用。

Karstedt 催化剂制备时通常要用过量的乙烯基双封头，如此可增加催化剂的稳定性；碳酸氢钠也要过量，赵延琴硕士论文中[56] 称同时考虑催化剂颜色、催化反应的性能和铂的收率等因素，$NaHCO_3$ 和 HCl 应以为 5：1 为宜。如果用环辛二烯合铂［$Pt(COD)_2$］与乙烯基双封头进行配位基团交换反应则可制备完全无色的 Karstedt 催化剂。Karstedt 催化剂的生成机理比较复杂，多核核磁研究结果显示在 Pt(Ⅳ) 和 Pt(Ⅱ) 的氯化物与二乙烯基四甲基二硅氧烷反应体系中有聚硅氧烷、氯乙烯、1,3-丁二烯以及乙烯（图 3-18）[57～59]。一般认为 Karstedt 催化剂由双铂配合物组成，其结构如图 3-19 所示；如果当二乙烯基四甲基二硅氧烷过量或在此体系中加入苯乙烯时，其双铂配合物可以配位成单核铂配合物[59]。

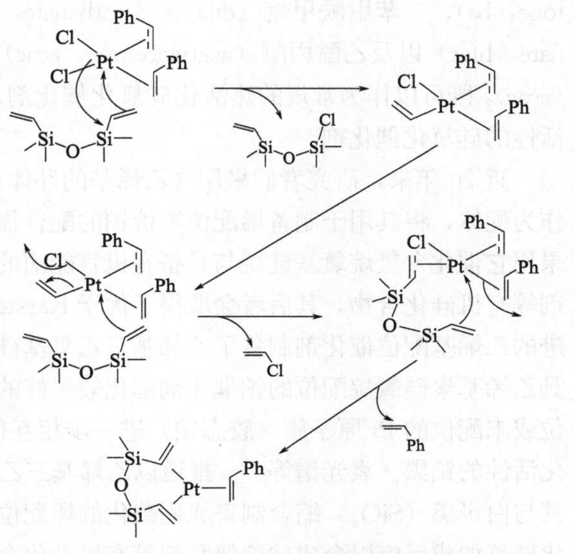

图 3-18　Karstedt 催化剂的生成机理

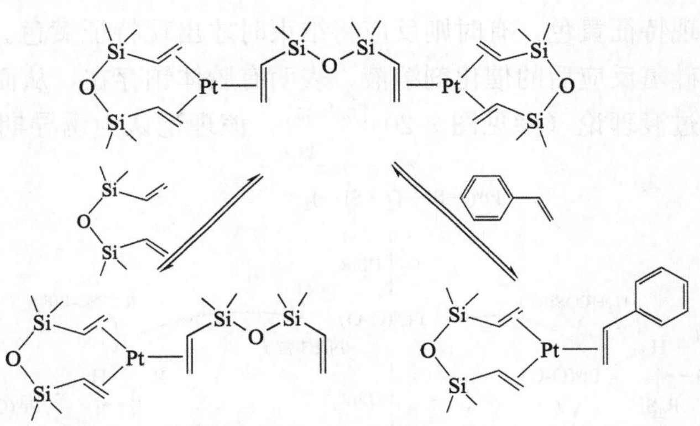

图 3-19　Karstedt 催化剂中双铂配合物与单铂配合物的相互转化

Karstedt 催化剂活性高、没有反应诱导期且选择性好，因此主要被应用于催化加成液体硅橡胶、硅树脂等有机硅高分子材料的硅氢化交联硫化（或固化）体系。如果将其用于硅烷偶联剂等有机硅化合物合成，则通常要采用适当措施以提高催化剂的稳定性，抑制其被还原。

Karstedt 催化剂是零价铂的烯配位化合物，它较之 Speier 催化剂贮存时或在硅氢化过程中更容易聚集形成胶态铂（原子簇），尤其是用不含氯的硅氢化物［如 $HSi(OR)_3$，$HSiR_3$ 等］参与硅氢化反应时，析出的胶态铂，如果没有配位基团予以配位或隔离，胶态铂会随之聚集成为催化活性很少的铂黑。为保证铂催化剂不会很快形成铂黑析出而影响其催化硅氢化反应效果，研究者通过加入能与原子态铂形成配合物的一些不饱和化合物来稳定，如三苯基膦等有机膦化合物、环辛二烯、冰片二烯、四甲基-3-戊基-2-酮、丁酮、苯甲酰丙酮（benzoylacetone，ba）、二苯甲酰甲烷（dibenzoylemthanate，dbm）、六氟乙酰丙酮（hexafluoroacetylacetonate，hfac）以及乙酰丙酮（acetylacetone，acac）等[60]。其中乙酰丙酮与二价铂的配合物 $Pt(acac)_2$ 既可以作为常规的热活化硅氢化催化剂，也可以作为交联剂催化剂，还可以作为光活性的硅氢化催化剂。

近 20 年来，研究者们采用含乙烯基的环体或含乙烯侧基的聚硅氧烷取代乙烯基双封头作为配体，将其用于制备烯配位零价铂的配合物，这种铂配合物类似于 Karstedt 催化剂，如果用它催化含氢烷氧基硅烷与具备有机官能团的不饱和化合物硅氢化反应，以制备硅烷偶联剂等有机硅化合物，其后者会取得了优于 Karstedt 催化剂的效果。熊竹君等[61]曾用这种改进的乙烯基配位催化剂制备了乙烯基三乙氧基硅烷，获得较好收率（参见本书 8.3.3）。这种具乙烯基聚硅氧烷配位的铂催化剂催化效果好的原因在于聚硅氧烷链起了隔离作用，阻止配位或未配位的 Pt 原子簇（胶态铂）进一步相互作用聚集，形成具有较小催化活性或没有催化活性的铂黑。袁光谱等[62]报道以乙烯基三乙氧基硅烷与氯铂酸的醇溶液反应，然后再将其与白炭黑（SiO_2）缩合制备成固载化的烯配位的铂配合物，将这种固载化的催化剂用于催化硅氢加成反应以合成硅烷偶联剂等有机硅化合物，该固相化的烯配位铂配合物反复使用 8 次才失去活性，充分说明烯配位铂配合物催化剂的稳定性提高。

国内外许多研究者在进行硅氢化反应时发现，一些 Pt 配合物催化硅氢加成过程中会出现特征黄色。尤其在使用 Karstedt 催化剂硅氢化反应时，其出现特征黄色更为明显，有时反应开始就出现特征黄色，有时则反应将结束时才出现特征黄色。Lewis 等通过透射电镜等手段分析了硅氢反应后的催化剂溶液，表明有胶体铂存在，从而提出了不同于均相催化机理的铂胶体过渡理论（参见图 3-20）[63～65]。该理论认为诱导期就是形成铂胶体的

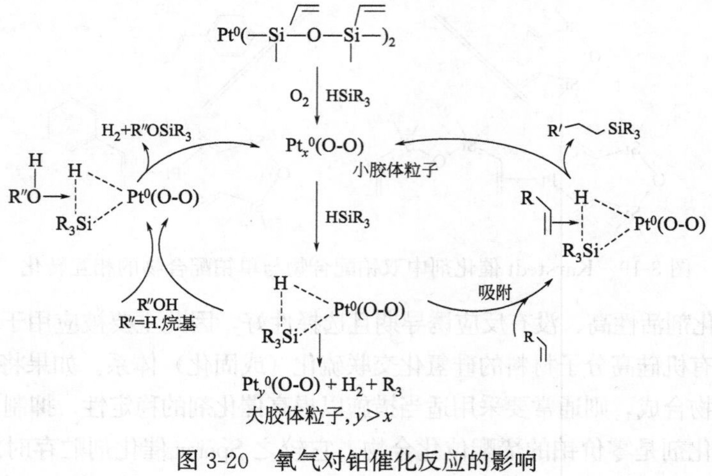

图 3-20　氧气对铂催化反应的影响

时间，有色物质产生即烯配位铂催化剂胶体化。反应时间越长，胶体铂分子量越大，反应物的颜色越深。此外，利用 Karstedt 催化剂催化硅氢化反应有时要在有氧存在下进行，因此，他们认为氧对催化硅氢化过程有影响，其作用在于阻止胶体粒子的聚集，增加胶体的亲电性更适合于烯烃的亲电进攻。氧在催化过程中的影响如图 3-20 所示。

3.3.3 膦配位铂催化剂体系

膦配位铂配合物作为催化剂催化含氢硅烷化合物与不饱和有机化合物之间的硅氢加成反应，可以用于合成有机硅偶联剂等有机硅化合物或聚合物。这类催化剂用于硅氢化反应最多的是零价铂的膦配位化合物，如四-(三苯基膦）合铂[66～73] 及其在催化硅氢化反应过程中衍生出来配位不饱和的三苯基膦配位的铂配合物。四（三苯基膦）合铂作为催化剂在一定的反应条件下催化硅氢化反应过程中三苯基膦会发生离解生成配位不饱和的三-(三苯基膦）合铂或二-(三苯基膦）合铂，当有氧存在时，还会生成二(三苯基膦）二氧合铂（$(Ph_3P)_2Pt(O_2)$），这些铂的配合物都具催化硅氢加成反应特性，也都是合成有机硅化合物的硅氢化催化剂。当有乙烯或具乙烯基的硅烷化合物存在时，$(Ph_3P)_2Pt(O_2)$ 则可生成 $(Ph_3P)_2Pt(CH_2=CH_2)$ 或 $(Ph_3P)_2Pt(CH_2=CHSi(OR)_3)$ 等配合物，这些铂的配合物中铂也处于零价，它们也可作为硅氢加成催化剂用于合成有机硅烷化合物[72,74～79]。此外，铂处于二价（Pt^{II}）的膦配位化合物如 $(Ph_3P)_2PtCl_2$ 或 $(Ph_3P)_2PtH(SiR)_3$ 等配合物作为催化剂，也可用于硅氢加成反应合成有机硅化合物[80～82]。将膦配位的铂配合物负载于 SiO_2 上，将其作为固相化的铂催化剂也可用于硅氢加成反应合成有机硅化合物，并能回收反复使用多次[83]。上述各类膦配位铂的配合物用于硅氢加成反应合成硅烷偶联剂等有机硅化合物，虽然有关工作都是在实验室开展的，迄今还很少引人关注其深入研究应用于产业化开发，但它们中的一些膦的配合物作为催化剂，被应用于合成硅烷化合物进行产业化开发的前景还是可期的。

1971 年 Fink W 首先报道[66] 四（三苯基膦）合铂（TTP）作为硅氢化催化剂，将其催化含氢氯硅烷（$HSiMeCl_2$）与 α-烯烃、苯乙烯、丁二烯、1,3-异戊二烯、1,4-己二烯等具端乙烯基的不饱和烃硅氢化反应，发现该硅氢加成反应只有 α-加成，无 β-加成异构体产生，硅氢化反应仅在端乙烯基上发生，分子内不饱和的烯键不发生硅氢加成反应。该报道表明 TTP 催化含氢氯硅烷与烯烃进行的硅氢化反应具有区域选择性。

20 世纪 70 年代中后期苏联研究者 Рейхсфельд В О. 和 Хвамова Т П. 等[67,68] 相继研究了铂的膦配位铂化合物催化硅氢化反应，他们也是以 TTP 为催化剂，Et_3SiH、Me_2SiClH 或 MeSiClH 等含氢氯硅烷或含氢烷基硅烷为硅源，研究了对位具拉电子或推电子等不同化学结构的苯乙烯 4-$RC_6H_4CH=CH_2$（R=Cl，H，Me，MeO）的硅氢加成反应，同时还指出 TTP 催化硅氢化反应还存在诱导期。

1977 年 Michalska. Z. M[83] 首次报道 SiO_2 负载处于零价铂的膦配位铂化合物催化甲基苯基氯硅烷 H(Me) $Si(C_6H_5)$ Cl 与 1-己烯的硅氢加成反应。研究表明：在无氧和有溶剂苯存在下，其催化硅氢加成反应无诱导期。研究还表明这种固相化膦配位铂催化剂

$SiO_2 \equiv Si—(CH_2CH_2PPh)_xPt(PPh_3)_{4-x}$ 催化活性和催化剂稳定性（寿命）等性能均优于相应的膦配位均相化合物催化剂四-(三苯基膦）合铂（$(Ph_3P)_4Pt$）。SiO_2 负载膦配位铂催化剂制备步骤及其硅氢加成反应过程如下反应式所示：

① 具膦烃基三烷基硅烷的合成

$$Ph_2PH + CH_2=CHSi(OEt)_3 \xrightarrow[72h]{UV} Ph_2PCH_2CH_2Si(OEt)_3$$

② 二氧化硅载体硅烷化

$$(SiO_2)_3SiOH + (EtO)_3SiCH_2CH_2PPh_2 \xrightarrow[-3ROH]{甲苯} SiO_2 \gg SiCH_2CH_2PPh_2$$

③ 配位基交换反应

$$SiO_2 \gg SiCH_2CH_2PPh_2 + (Ph_3P)_4Pt \xrightarrow{甲苯} \underset{(Cat)}{SiO_2 \gg SiCH_2CH_2(PPh_3)_xPt(Ph_3P)_{4-x}} + xPPh_3$$

④ 硅氢化反应合成有机硅化合物

$$Me(CH_2)_3CH=CH_2 + HSiPh(Me)Cl \xrightarrow[C_6H_6]{Cat} Me(CH_2)_5SiPh(Me)Cl$$

上述制备反应过程均在无氧和有苯溶剂存在下操作完成。SiO_2 负载零价铂膦配位固相催化剂可较长时期保存，且可回收再使用。

20 世纪 70 年代末武汉大学有机硅实验室也开展了膦配位铂配合物催化硅氢化反应研究。笔者的研究小组[69,71,72] 结合当时长链烷基三烷氧基合成和应用有关课题提出用不含氯的烷氧基硅烷 $HSi(OR)_3$ 和长碳链 α-烯烃为合成原料，四（三苯基膦）合铂为催化剂，将其用于制备长链烷基三烷氧基硅烷以取代 $HSiCl_3$ 与 α-烯烃为合成原料两步合成长链烷基三烷氧基硅烷同系物。我们据文献报道的方法制备了催化剂 $Pt(Ph_3P)_4$，并将其用于催化 $HSi(OR)_3$ 和 α-烯的硅氢加成反应；该反应也按文献报道在无氧条件下进行，不同于文献报道之处在于反应体系没有用苯溶剂。实验表明：催化 $Pt(Ph_3P)_4$ 用于 $HSi\text{-}(OR)_3$ 和 α-烯烃硅氢加成反应，在无氧、无溶剂的情况下，其催化剂对催化加成反应没有预期效果。我们又将反应改在有氧存在条件进行，发现氧对四(三苯基膦)合铂催化 α-烯烃与 $HSi(OR)_3$ 有明显的促进作用，请参见图 3-21。

文献报道四(三苯基膦)合铂易离解生成三(三苯基膦)合铂，后者在氧存在下则可生成双(三苯基膦)氧合铂[74]；双(三苯基膦)氧合铂也能与乙烯反应生成双(三苯基膦)乙烯合铂[75]，双(三苯基膦)乙烯合铂对硅氢加成是一种有效催化剂[76]。根据上述研究结果及参见上述文献，我们认为当利用四(三苯基膦)合铂在空气下催化三乙氧基硅烷和 α-癸烯的加成反应时催化活性高，而在惰性气氛下进行反应时活性低的原因，可能是在有反应物和氧条件下，四(三苯基膦)合铂易发生离解生成三(三苯基膦)合铂，并与空气中氧结合生成双(三苯基膦)氧合铂，随之在该反应混合物中的烯烃取代配合物中的氧转变成烯配位化合物，从而促进了硅氢加成反应过程的完成。如果这种推测正确，首先是四(三苯基膦)合铂溶于癸烯中，在反应条件下，应该有双(三苯基膦)氧合铂生成，其次，双(三苯基膦)氧合铂也应该是三乙氧基硅烷和 α-癸烯加成的有效催化剂，同时它也只能在有氧的存在下才能顺利完成催化循环过程。因此我们按文献制备了双(三苯基膦)氧合铂，进行了上述两方面实验。

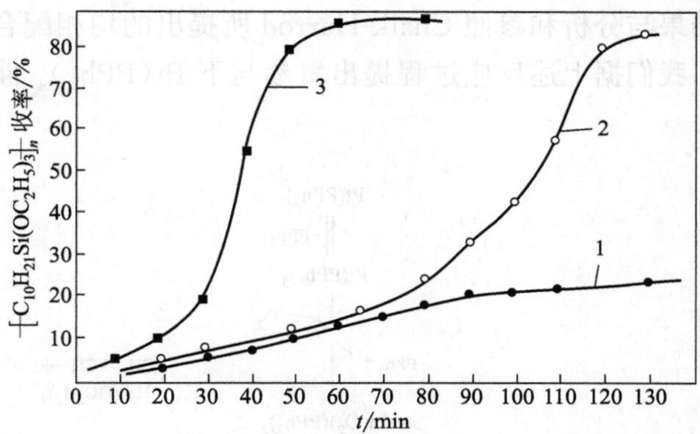

图 3-21　60℃下不同气氛对 $Pt(PPh_3)_4$ 催化硅氢化反应的影响

1—氮气下反应；2—氮气气氛下反应 70min 后通入氧气反应；3—空气气氛下反应

我们取催化量的四(三苯基膦)合铂与双(三苯基膦)氧合铂分别溶于 α-癸烯中，测其紫外光谱，继而在空气气氛下加热振荡后再测其紫外光谱，发现四(三苯基膦)合铂癸烯溶液的最大吸收峰逐渐变得和双(三苯基膦)氧合铂的紫外吸收峰一致，而后者并无变化（图 3-22)。

我们又将双(三苯基膦)氧合铂用于三乙氧基硅烷和 α-癸烯的加成反应，用气相色谱跟踪反应。所得产物与用四(三苯基膦)合铂时的完全相同，且转化率十分接近。实验还表明在氧气气氛下进行反应是迅速完成催化三乙氧基硅烷和 α-癸烯加成反应催化循环过程的必要条件，结果见图 3-23。

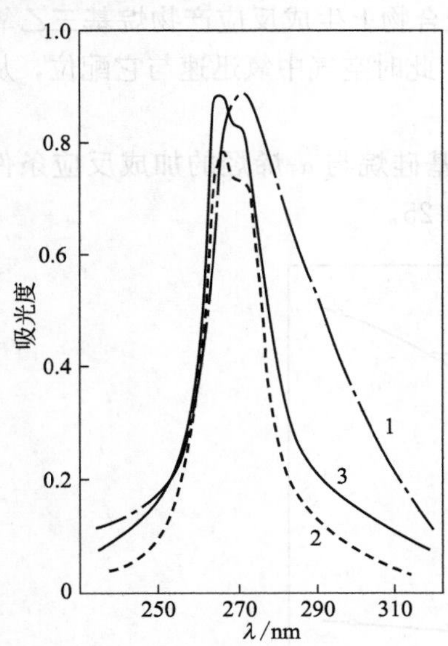

图 3-22　$Pt(PPh_3)_4$ 或 $Pt(O_2)(PPh_3)_2$ 的 1-癸烯溶液的紫外光谱

1—$Pt(PPh_3)_4$；2—$Pr(O_2)(PPh_3)_2$；3—$Pt\text{-}(PPh_3)_4$ 在空气气氛下 50℃加热 1h

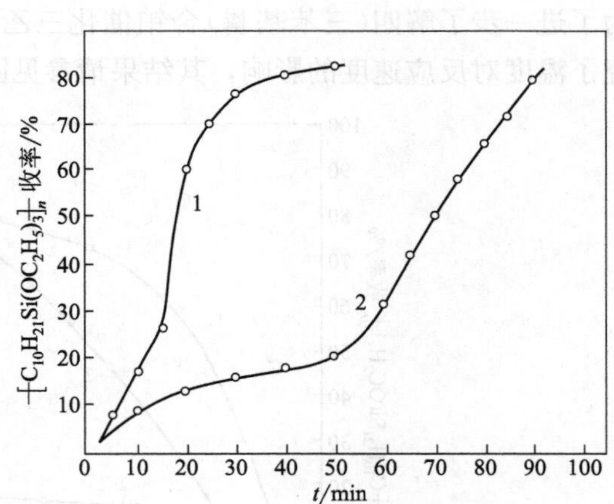

图 3-23　60℃下不同气氛对 $Pt(O_2)(PPh_3)_2$ 催化硅氢化反应的影响

1—空气气氛下反应；2—在氩气气氛下反应 50min 后通入氧气

根据上述实验结果与分析和参照 Chalk-Harrod 所提出的均相配合物催化硅氢加成反应的催化循环机理，我们据上述反应过程提出氧参与下 $Pt(PPh_3)_4$ 催化硅氢化催化循环过程如图 3-24 所示。

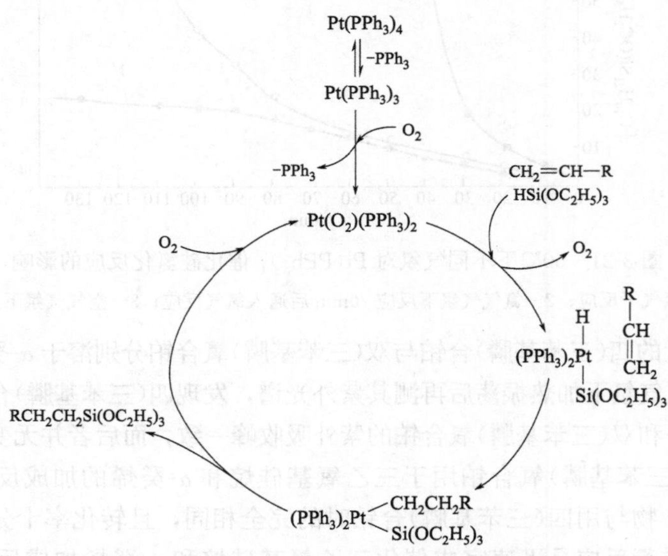

图 3-24　氢参与下 $Pt(PPh_3)_4$ 催化硅氢化反应过程示意图

图 3-24 表明当 α-癸烯插入 Pt—H 键后，随之配合物上生成反应产物烷基三乙氧基硅烷，同时又得到了高度不饱和的双(三苯基膦)合铂，此时空气中氧迅速与它配位，从而完成了催化循环过程。

为了进一步了解四(三苯基膦)合铂催化三乙氧基硅烷与 α-烯烃的加成反应条件，我们研究了温度对反应速度的影响，其结果请参见图 3-25。

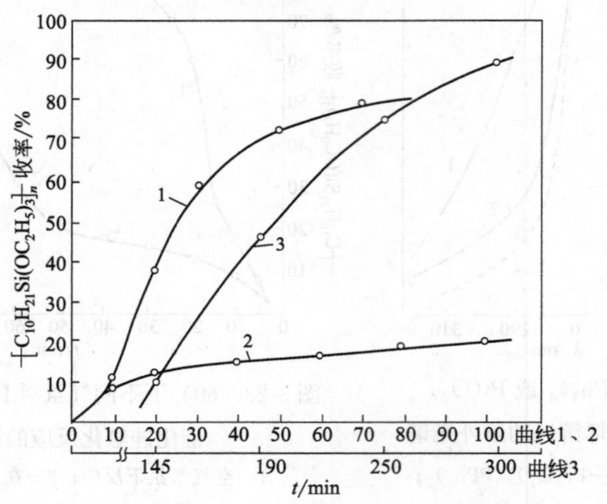

图 3-25　温度对 $Pt(PPh_3)_4$ 催化硅氢化反应的影响

1—60℃；2—90℃；3—30℃

由图 3-25 可见，在空气气氛和 60℃下，转化率较高，反应速度也较快；在 90℃下进行反应时，催化剂很快失去活性，其原因可能是配位基三苯基膦在高温及铂催化剂存在下氧化成三苯基氧化膦[74]，它从配合物中脱落而使催化剂失去活性。在 30℃下进行反应，则有较长的诱导期，然后反应才能迅速进行。诱导期表明了在 30℃下(三苯基膦)合铂在氧的存在下难以转变成有高催化活性的双(三苯基膦)氧合铂。这也是说明为什么图 3-22 中双(三苯基膦)氧合铂催化三乙氧基硅烷与 α-癸烯的加成反应比图 3-21 中四(三苯基膦)合铂催化该反应几乎早 20min 达到反应高峰。

3.3.4 铑催化剂

铑催化剂不论其价态如何都表现出硅氢化催化活性，以＋1 价、＋2 价和＋3 价为普遍。但不同价态的铑催化剂的催化活性有差别，一价铑配合物如 $RhCl(PPh_3)_3$、RhCl(CO)$(PPh_3)_3$、RhCl(CO)$(PEt_3)_2$、HRh(CO)$(PPh_3)_3$、$[Rh(CO)_2Cl]_2$、$[Rh(C_2H_4)_2Cl]_2$、$Rh(acac)_2(CO)$等催化烯烃化合物进行硅氢化反应时，表现出比较好的催化能力，但其催化效果比铂催化剂略差[3,84]。而二价铑配合物如 $RhCl_2[P(o\text{-tolyl})_3]_2$、$RhCl_2(PCy_3)_2$(Cy＝环己基)、$Rh(acac)_2$ 等[85]，三价铑配合物如 Rh $(acac)_3$ 以及以芳基异腈为配体的一价铑配合物的催化活性较低，其稳定性也比前面列举的一价铑配合物差[86,87]。由于其催化性能不如铂催化剂系列，而且其价格较铂催化剂贵，因此对于简单的烯烃化合物的硅氢化反应，铑催化剂并不存在工业化催化应用的优势。

铑催化剂催化共轭二烯与含氢硅烷发生硅氢化反应时，常常产生 1,2 加成、1,4 加成和双取代丁二烯，如用 $RhCl(PPh_3)_3$ (Wilkinson 催化剂) 催化三甲基硅烷与丁二烯反应，在室温下给出 2-丁烯三甲基硅烷为主和 3-丁烯三甲基硅烷为辅以及一些 1,4-双三甲基硅-2-丁烯的加成产物。铑配合物催化剂催化硅氢加成反应依赖于所应用的氢硅烷的结构，对于一些硅烷具有特定的催化效果。比如一价铑配合物 Wilkinson 催化剂 RhCl(CO)$(PPh_3)_3$、$Rh(PPh_3)_2(\eta^3\text{-}C_3H_5)$、$Rh(PPh_3)_3CH_3$ 等催化 1,4-丁二烯与三乙氧基的硅氢加成反应给出几乎 100％的 2-丁烯三乙氧基硅烷[88]。然而 $RhBr(PPh_3)_3$ 和 $RhI(PPh_3)_3$ 所表现出的活性则比较差[88]。

铑的一些其他配合物也表现出相应的催化效果，如铑的卡宾配合物 RhCl(COD)：C—N(Rh) CH_2CH_2NPh、Rh $(acac)_3$ 以及 $RhCl(PPh_3)_3$ 等[89,90]。

Wilkinson 催化剂是一个常用的氢化催化剂和羰基化催化剂，所以催化硅氢化烯烃时不能用带羰基的烯烃化合物，如烯醛化合物。

3.3.5 钌催化剂

有关钌的硅氢化催化剂研究得比较多，用得最多的钌催化剂是零价、＋2 价和＋3 价配合物。然而早期采用 L_3RuHCl_2、L_3RuHCl、L_3RuCl_2 和 $L_3Ru(CO)HCl$(其中 L 为三苯基膦）等用作端烯烃和乙烯衍生物的硅氢化催化剂并不成功，研究发现含氢硅烷已经与钌发生氧化加成生成了不具有催化效果的中间体[1]。当有溶剂时，钌催化剂与氢硅烷氧化加成常形成五配位、六配位甚至七配位中间体，如 $RuH(SiR_3)_2(PPh_3)_3$ 和 $RuHCl(PPh_3)_3$、$RuH_3(SiR_3)(PPh_3)_3$ 等。如无溶剂，则主要形成四配位中间体，如 $RuH(SiR_3)(PPh_3)_2$［其中 R_3 为 Cl_3、Cl_2Me、$Ph(OMe)_2$、$(OEt)_3$、$(OMe)_3$ 等］[91]。然而在有氧的情况下，烷氧基硅烷与端烯烃和乙烯衍生物的硅氢化反应都能进行，这与常规的硅氢化反应机理是相悖的，因为游离氧的引入常常导致不能生成能进一步与含氢硅烷发生氧化加成的高氧化态金属，并最终导致硅氢化催化剂的失活。另外，这种现象只适合于含硅氧键的含氢硅烷，对于其他硅烷，如氯取代硅烷和烷基取代硅烷，则不适用。

对比分析钌-硅中间体特性可以发现，硅上取代基对其能否形成钌-硅中间体及所形成的中间体的性能影响很大。烷基取代基的给电子特征导致了难以形成三烷基硅钌配合物，因而二价钌不催化烷基取代的硅烷与双键的硅氢化反应。而对于含氯硅烷，由于虽然氯元素的吸电子特征导致容易生成稳定的硅钌配合物中间体，但这种中间体太稳定，不利于烯烃配位而容易发生氯原子迁移与交换反应并断裂硅-钌键，因而也不具有催化活性。对于烷氧基硅烷，一方面由于氧电负性比硅金属大，所以烷氧基具有吸电子特征（诱导效应），另一方面由于硅元素的 d 轨道和烷氧基中氧的 p 轨道发生部分重叠而形成 d_π-p_π 相互作用，使氧上的成键电子反馈到硅元素的 d 轨道上，这种 d_π-p_π 相互作用比诱导效应强，所以导致钌金属上电子云密度升高（图 3-26）[1]。这种配位形式无论是有无溶剂存在都是正确的。研究发现有氧存在下起催化作用的主要有两种催化剂中间体，$Ru(O_2)[Si(OEt)_3](PPh_3)_n$（1）和 $RuH[Si(OEt)_3]_2(PPh_3)_n$（2）（图 3-27），而且它们之间是可以相互转化的，因而有人根据这个现象提出了一个反应机理[32]。

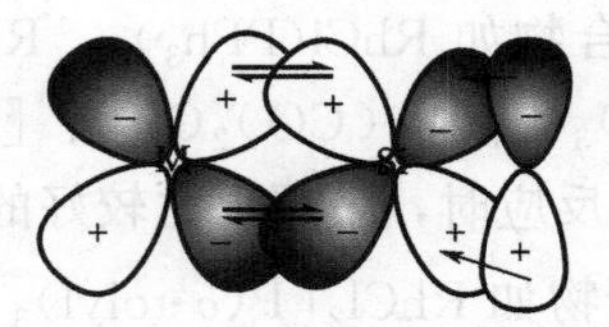

图 3-26 烷氧基硅烷与金属氢化物形成 d_π-p_π 价键结构

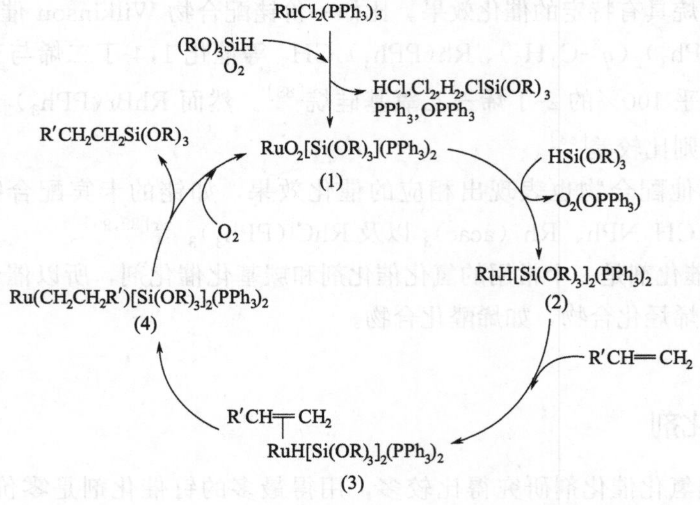

图 3-27 氧参与的钌催化硅氢化反应机理

首先是钌配合物在氧存在下与三烷氧基硅烷发生一系列配合反应，同时脱去一些小分子如 HCl、Cl_2、H_2、$ClSi(OR)_3$ 以及 PPh_3、$(O)PPh_3$ 等形成中间体（1），随后（1）与三烷氧基硅烷发生氧化加成反应形成中间体（2），然后（2）与端烯烃进行配位形成中间体（3），随后发生插入反应形成配合物（4），最后通过还原消除形成硅氢化产物，同时在氧的作用下形成中间体（1）而完成催化循环。在这里氧的作用主要是稳定中间体（1）的形成并氧化三苯基膦促使膦配体的释放而提供配位中心。

钌催化剂的催化活性不如铂催化剂，并且在催化硅氢化过程中常常不同程度地伴随有脱氢产物和其他副产物的形成[1]。

$$HSiR_3 + \text{CH}_2{=}\text{CH}R' \xrightarrow{Ru_3(CO)_{12}} R'\text{CH}{=}\text{CH}SiR_3 + \text{CH}_3\text{CH}_2R'$$

$$2Et_3SiH + R'CH{=}CH_2 \xrightarrow{[Ru]} HSiEt_2CHMeSiEt_3 + R'Et$$

钌催化剂的使用范围也具有一定的局限性，当底物为烯烃时，钌催化剂对烷氧基硅烷具有较好的催化效果，而对于三氯硅烷的催化效果差，但对二氯硅烷有效。当底物为炔烃时，某些钌催化剂对烷氧基硅烷和烷基硅烷具有非常好的催化效果。

3.3.6 铱催化剂

许多铱化合物具有硅氢化催化活性，如 $IrCl_3$、$[Ir(COE)_2Cl_2]_2$、$[Ir(COD)Cl]_2$、$(NH_4)_3IrCl_6$、H_2IrCl_6 等。不同的铱配合物催化不同的不饱和底物硅氢化反应，如$[Ir(COE)_2Cl_2]_2$ 和$[Ir(COD)Cl]_2$ 催化 α,β-不饱和酮硅氢化反应[92]，其机理与 Wilkinson 配合物的催化机理一致，而 [Ir(diene) X] 对氯丙烯表现出较好的催化活性[93,94]，$[IrX(COD)_2]$（X＝OMe，Cl）与三芳基膦或三芳基砷形成的配合物催化 1-己烯[95] 或 1-己炔[96] 的硅氢化反应，但同时产生脱氢硅烷化产物。$(NH_4)_3IrCl_6$ 是有效的三乙基硅烷和苯基二甲基硅烷与苯乙炔的加成催化剂[97]。

铱的价态和配体对催化反应影响比较大，可以通过调节配体及铱的氧化态来获得比较适中的催化活性。如具有 d^8 电子构型的一价铱配合物，如 $Ir(CO)Cl(PPh_3)_2$（也称为 Vaska 配合物）和 $Ir(CO)(H)(PPh_3)_3$，与一价铑配合物一样可以与硅氢化合物发生氧化加成形成不具有催化活性的加成物[98~101]，如 $IrHCl(SiR_3)(PPh_3)_2$ 等，这也是由于中间体的稳定性太高而影响随后的烯烃亲核进攻及插入反应困难，相反地它更容易发生消除氯硅烷的反应（图 3-28），所以 Vaska 配合物是一种很好的 H/Cl 交换催化剂。

如何改变这种状况，一个很重要的策略就是通过改变配体来降低钌金属上的电子密度，通过配位烯烃或反应烯烃来替代膦配体将有利于不饱和底物的配位从而导致加成反应的进行。如果是部分取代，则必须保证 P/Ir 比小于 2[102]。

同样，非膦配体如顺-环辛烯（COE）和环辛二烯都可用作配体来阻止在反应过程中铱金属被还原为金属单质。

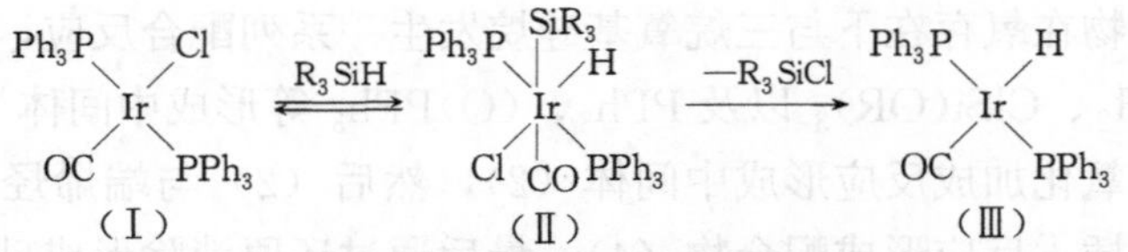

$$\underset{(\mathrm{I})}{(Ph_3P)(Cl)Ir(OC)(PPh_3)} \underset{}{\overset{R_3SiH}{\rightleftharpoons}} \underset{(\mathrm{II})}{(Ph_3P)(SiR_3)(H)Ir(Cl)(CO)(PPh_3)} \xrightarrow{-R_3SiCl} \underset{(\mathrm{III})}{(Ph_3P)(H)Ir(OC)(PPh_3)}$$

图 3-28　铱催化剂中间体的形成及脱氯硅烷的发生

3.3.7　其他过渡金属催化剂

钯催化剂虽能有效地催化烯烃硅氢化反应，但其催化效率却远不如铂催化剂，在通常情况下用得很少。文献报道的硅氢化钯催化剂主要有 $Pd(PPh_3)_4$[103,104]、$Pd(PhCN)_2Cl_2$、$Pd(PhCN)_2Cl_2$-PPh_3[105] 等几个常规钯催化剂，但真正起作用的是零价钯。钯催化烯烃硅氢化反应效率远不如铂系催化剂，不产生烯烃移位反应产物，常常给出异构化产物。

钯的催化活性较大地依赖于所使用硅氢化合物的结构，钯催化剂催化的含氢硅烷一般是硅上带吸电子基团的硅烷，并且对不同的含氢硅烷表现出不同的反应活性，一般以三氯氢硅烷的反应活性最高，而甲基二氯氢硅烷次之，两者都远远高于三乙氧基硅烷，而三烷基硅烷表现最差，有时甚至没有硅氢化产物生成，最常用的底物是三氯氢硅。从文献实验结果看，钯催化剂对同一烯烃的硅氢化反应催化活性受硅烷上取代基的影响遵循如下顺序：$HSiCl_3 > HSiCl_2Me > HSiClMe_2 > HSiCl_2(OMe) > HSiMe_3 > HSiEt_3 > HSi(OEt)_3$。

镍的硅氢化催化活性不如铂和铑催化剂，但在某些特定的条件下也能表现出较高的硅氢化反应活性，如在比较温和的反应条件下，镍（0）配合物对共轭双烯与含氢硅烷的硅氢化反应具有较高的反应活性，所得产物为 1,4-加成产物，但其位置和立体选择性则不如钯催化剂高[3]。常用的有镍（Ⅱ）化合物，如 $NiCl_2(PPh_3)_2$、$NiCl_2(dmpf)_2$［其中 dmpf 代表 1,1′-双(二甲基膦)二茂铁］，镍（0）配合物，如 $Ni(PR_3)_2(CO)_2$、$Ni(CO)_4$、$Ni(COD)_4$（其中 COD 代表环辛二烯）、$Ni(CH_2{=}CH{-}CN)PPh_3$ 等，单质镍，含镍的 Ziegler 催化剂体系以及负载镍材料等[106～111]。

钴的一些化合物可以有效地催化烯烃与含氢硅烷的硅氢化反应，所得产物几乎全部为 β-加成产物，如八羰基合二钴催化1-己烯与三甲氧基硅烷、三乙基硅烷以及苯基二氯氢硅烷的硅氢化反应，所得产物的完全是 β-加成产物，同时产生己烯异构体，如 2-己烯和 3-己烯。常用的钴催化剂有八羰基合二钴、$CoH(CO)_4$ 等[112～114]。

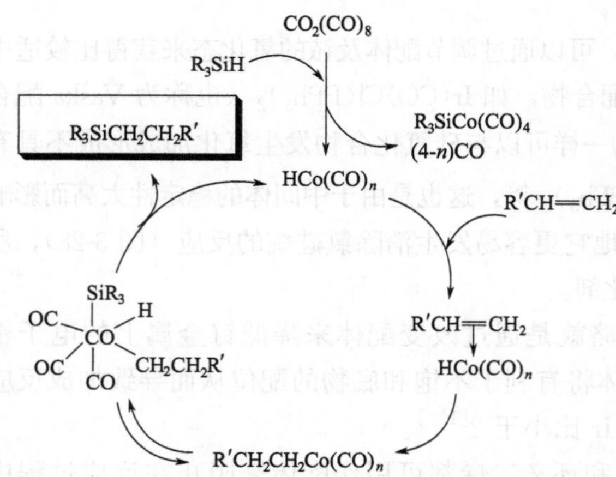

图 3-29　钴羰基化合物催化硅氢化机理

钴羰基化合物硅氢化催化机理略不同于铂金属催化剂催化机理，其催化机理与氢甲醛化机理更相似，其机理如图 3-29 所示[1,115]。

一般认为中间体 $R'CH_2CH_2Co(CO)_n$

是有效的活性催化剂，n 值受反应体系控制，在 CO 气氛下，n 值一般认为是 4，而非 CO 气氛下则认为是 3。同时一些配体如吡啶、三苯基膦等可以作为助催化剂来增加中间体烯烃的稳定性。不具有 π 反馈键的弱 σ 配体如乙醚和四氢呋喃等，或具有中等受体特性的配体如 I^-、Br^-、$SbPh_3$ 等能大大增加钴羰基化合物的硅氢化催化活性，它们在 $Co_2(CO)_8$ 催化 1-己烯与三乙氧基硅烷硅氢化反应中对催化剂的催化活性的影响遵循下列顺序：$(C_2H_5)_2O > I^- > Br^- > SbPh_3 > PhC \equiv CPh > THF > CO \approx C_6H \approx PhCH=CHPh >$ 吡啶 $>$ 三苯基膦 $>$ 二氯化锡 $>$ DMSO $>$ 硫脲。因此可以认为是这个 d^8 电子钴（Ⅰ）中间体配合物与氢硅烷发生氧化加成产生与铑和铱一样的三价金属中间体。

铜催化剂作为过渡金属催化剂用在形成 Si—C 键的硅氢化反应很少见，目前主要是关于羰基化合物的硅氢化反应。铜催化剂催化活性比铂系催化剂的催化活性要低，但对于某些特定体系其催化性能是值得肯定的。用于硅氢化反应的铜催化剂一般有卤代铜、铜氧化合物以及含铜的高分子配合物。最有名的铜催化剂体系是氧化亚铜和 N,N,N',N'-四甲基乙二胺（TMEDA）组成的催化体系[14]，其催化丙烯腈与含氢硅烷的加成具有选择性好、收率高等特点，这是早期的成功的铜硅氢化催化体系。

能用于催化硅氢化反应的还有一些其他催化剂，特别是由于贵金属的价格问题，寻找价格便宜的过渡金属催化剂具有很好的经济价值，如近年来铁催化剂就是一个很好的例子。虽然目前还很难达到铂系催化剂的良好效果，但其前景仍然值得我们关注。

3.3.8 过渡金属催化剂反应活性比较

文献报道的直接比较不同过渡金属在同一催化体系中的并不多[116]。对比不同金属胶体，如铂、钌、铑、铱和锇等，催化三乙氧基硅烷与乙烯基三甲基硅烷的催化实验结果可以得到一些有意义的数据。过渡金属胶体都可以通过含氢硅烷（二甲基乙氧基硅烷）还原来得到，但它们的稳定性却相差比较大，其中铂胶体最稳定，不需要其他配体化合物稳定

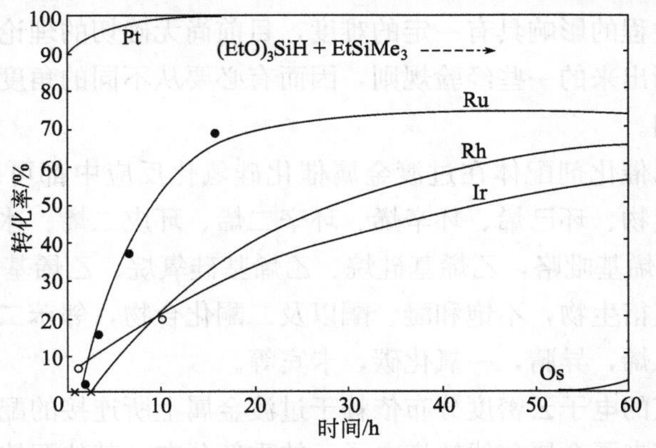

图 3-30 不同过渡金属胶体对三乙氧基硅烷和乙烯基三甲基硅烷硅氢化反应转化率的影响

也能存在，但其他几个过渡金属胶态则需要配体来稳定，如需要 D_4^{vi} 来稳定。从图 3-30 可以看到不同过渡金属胶体催化反应的转化率随时间变化相差较大，铂胶体很快就能达到转化率 90%，并随着反应的进行能达到 100%转化。而钌则表现稍差，其 10h 的转化率才 55%，虽然随着反应的进行转化率可以升高到 70%。铑和铱的表现更差，而锇则基本不具有催化活性。

这些反应顺序对特定体系具有指导意义的，但不同体系之间的对比相对比较困难，无论是改变硅烷化合物还是改变不饱和底物都会对催化过程产生影响。研究单氢硅烷或多氢硅烷与三甲基乙烯基硅烷的硅氢化反应，则发现铂催化剂的催化效果下降很多，可以从单氢硅烷的 90%下降到 20%左右。但相反，铑催化剂则表现出较好的催化效果，可以达到 80%左右。

3.4 配体或助剂对过渡金属及其配合物催化硅氢化反应的影响

3.4.1 配体及其影响

过渡金属络合催化硅氢化反应中配体一般不直接参加反应，但配体的物理化学性质对金属-硅中间体的性能影响较大，配体对催化剂的影响程度取决于其电子供受能力，其能力大小直接影响配合物催化剂的整个电子结构。另外，配体的空间位阻大小影响金属-硅中间体的形成及其稳定性，大的配体影响烯烃的选择性配位。然而在研究过渡金属配体对催化过程的影响过程中，由于活性种的不稳定导致无法直接获得配体对催化作用的影响，而且由于催化过程的复杂性导致很难在电子结构和活性之间建立简单的关系，因而研究过渡金属配体对催化过程的影响具有一定的难度，目前尚无确切的理论指导，所得到的大多是通过实验现象推断出来的一些经验规则，因而有必要从不同的角度来探讨过渡金属配体对硅氢化反应的影响。

常见的过渡金属催化剂配体在过渡金属催化硅氢化反应中都可以应用，如乙烯、丙烯、苯乙烯及其衍生物、环己烯、环辛烯、环辛二烯、环戊二烯、冰片二烯、硫醚、三级膦、有机胺类、1-乙烯基吡咯，乙烯基硅烷、乙烯基硅氧烷、乙烯基聚硅氧烷以及其他功能性硅氧烷、炔及其衍生物，不饱和醚、酮以及二酮化合物，邻苯二酚，8-羟基喹啉，单氮杂二烯，双氮杂二烯，异腈，一氧化碳，卡宾等。

催化剂前线轨道的电子云密度分布依赖于过渡金属上所连接的配体，如强碱性的三环己基膦配体的引入带来了金属前线轨道电子云的重新分布。其他配体也会对金属前线轨道电子云的分布造成影响，如炔烃对前线轨道电子云分布的影响取决于炔烃上取代基的性质。

在铑催化剂催化的三乙氧基硅烷与端炔的加成反应中伴随有偶极中间体的产生（图3-31），而Rh原子上具有给电子特性的配体能够稳定这个偶极中间体。有机膦配体对反应活性的影响如下：$P(m\text{-}C_6H_4CH_3)_3 \geqslant PPh_3 \approx P(o\text{-}C_6H_4CH_3)_3 \approx P(p\text{-}C_6H_4CH_3)_3 \gg P(OCH_3)_3 \approx P(OC_2H_5)_3 \approx P(OPh)_3$，因此给电子膦配体将导致更多的顺式加成产物的生成，而吸电子膦配体将导致更多反式加成产物的生成[117]。

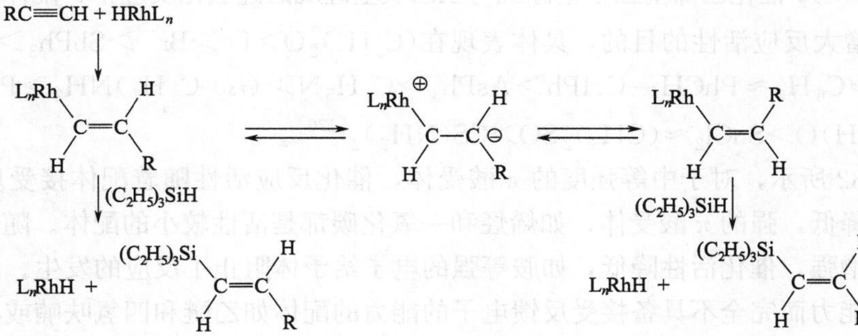

图 3-31　铑催化剂催化的三乙氧基硅烷与端炔的加成反应过程

配体的电子特性和位阻效应将影响加成物的稳定性，配体与金属的键越强其金属配合物越稳定，配体的位阻越大，其金属配合物中间体越不稳定，所以一般配体遵循如下顺序：$P(c\text{-}C_6H_{11})_3 < PhP(c\text{-}C_6H_{11})_2 < Ph_2P(c\text{-}C_6H_{11}) \leqslant Ph_2P(tol) \approx PPh_3$；$Ph_2PCH_3 < Ph_2PC_2H_5 < Ph_2P(iso\text{-}C_3H_7) \approx PPh_3$；$Ph_3As < Ph_3P$[118]。

具体到不同的金属这个次序可能会稍有变化，如在铑催化剂催化的1-己烯的硅氢化反应中其反应活性随有机膦配体的不同而随以下次序降低[118]，$P(c\text{-}C_6H_{11})_3 > P(CH_3)_2Ph > P(CH_3)Ph_2 \approx Ph_3P > P(OC_4H_9)_3 > P(OPh)_3$，因此加成物的反应活性随着配体给电子能力的增加而随之增加。

系统研究铑配合物，如 $RhX(PPh_3)_3$ (X＝Cl, Br, I)；$RhY(CO)(PPh_3)_n$，$n=2,3$ (Y＝Cl，H)；$Rh(\pi\text{-}C_3H_5)(PPh_3)_2$，$Rh(CH_3)(PPh_3)_3$，$Rh_2Cl_2(PPh_3)_4$，催化1,3-丁二烯与硅氢化合物的加成反应发现它们对最终产物的类型几乎没有影响，但对反应速率有一定的影响[88]。在1,3-丁二烯与三甲基硅烷和三氯硅烷的催化硅氢化反应中，$RhX(PPh_3)_3$ 的活性大于 $RhX(CO)(PPh_3)_2$，并且随Cl、Br、I递减。同时 $RhX(CO)(PPh_3)_2$ 是最为有效的三乙氧基硅烷与1,3-丁二烯加成的催化剂。

研究铂催化甲基丙烯酸甲酯（MMA）与三苯基硅烷或三乙基硅烷的加成反应（表3-1）发现[119]，二氯化铂（$PtCl_2$）催化反应转化率为92%，而加入 N-乙基苯胺后其催化反应转化率可以提高到97%，如果加入与 $PtCl_2$ 量相等量的三苯基膦会导致催化反应转化率下降到84%，继续加大三苯基膦用量将导致催化反应转化率的继续下降，当 $PtCl_2$ 的量与三苯基膦的量为1∶2时，其催化反应没有任何加成物生成。采用双膦配体也产生相同的结果。

表 3-1　配体对 $PtCl_2$ 催化 MMA 与三乙基硅烷硅氢化反应转化率的影响

催化剂	转化率/%	催化剂	转化率/%
$PtCl_2$	92	$PtCl_2(PhCN)_2+PPh_3$	84
$PtCl_2(PhCN)_2$	89	$PtCl_2(PhCN)_2+2PPh_3$	0
$PtCl_2$＋PhEtNH	97	$PtCl_2$BDPP	0

注：BDPP 为 2,4-二（二苯基膦）戊烷。

在 $Co_2(CO)_8$ 催化乙烯基三甲基硅烷与三乙氧基硅烷的硅氢化反应中，配体通过稳定中间体来达到增大反应活性的目的，具体表现在 $(C_2H_5)_2O > I^- > Br^- > SbPh_3 > PhC\equiv C >$ THF $>$ CO $\approx C_6H_6 \approx$ PhCH═CHPh $> AsPh_3 > C_5H_5N > (iso\text{-}C_3H_7)NH_2 > PPh_3 > (iso\text{-}C_4H_9O)_2P(H)O > SnCl_2 \approx (CH_3)_2SO > CS(NH_2)_2$[120]。

如图 3-32 所示，对于中等强度的 π 酸受体，催化反应活性随着配体接受反馈电子的能力减弱而降低，强的 π 酸受体，如烯烃和一氧化碳都是活性较小的配体。随着 σ 配体的给电子能力增强，催化活性降低，如胺等强的电子给予体阻止了反应的发生。因此具有稍弱的给电子能力而完全不具备接受反馈电子的能力的配体如乙醚和四氢呋喃或具有中等强度接受反馈电子的 π 酸配体如 I^-、Br^-、$SbPh_3$ 等则表现出较强的促进作用，结果发现它们对硅氢化反应的作用遵循如下顺序：$(C_2H_5)_2O > I^- > Br^- > SbPh_3 > PhC\equiv C >$ THF $>$ CO $\sim C_6H_6 \sim$ PhCH═CHPh $> AsPh_3 > C_5H_5N > (iso\text{-}C_3H_7)NH_2 > PPh_3 > (iso\text{-}C_4H_9O)_2P(H)O > SnCl_2 \sim (CH_3)_2SO > CS(NH_2)_2$。

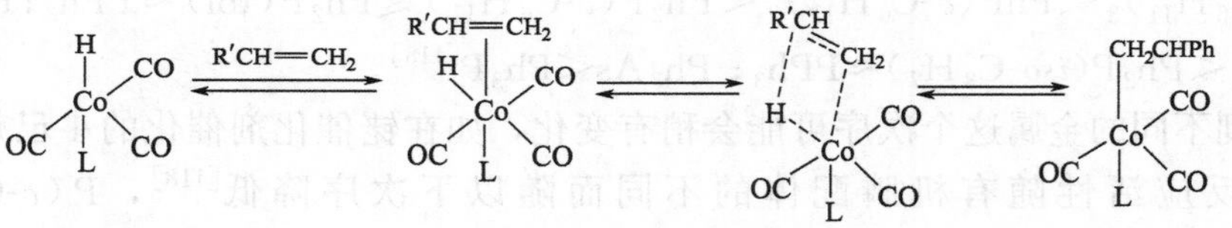

图 3-32　钴催化剂催化烯烃配位

综前所述，配体对催化活性的影响主要体现在以下几个方面：配体对金属轨道能级的影响，也就是不同的配体将可能决定金属采取何种构型发生催化作用，如有的催化剂 M-Si 中间体平面四方构型，而有的可以采用双锥构型；配体上的电子结构将对金属上电子密度进行微调，如果金属上需要增加电子密度以利于与烯烃配位，则需要强的 σ 配体加入，如果要降低金属上电子密度则需要强的 π 酸配体；配体的体积大小也是导致金属配合物是否能与不饱和化合物形成中间体的重要因素；手性配体具有手性诱导作用，将导致手性加成产物的生成。这些因素综合在一起共同控制着催化硅氢化过程，但孰大孰小将完全依赖于具体体系。

3.4.2　硅氢加成促进剂

在前面硅氢加成机理中，我们介绍了一些硅氢加成副反应，这些副反应的存在影响了正常的硅氢化反应进程，降低了正常硅氢加成产物收率，减缓了硅氢化反应速度，同时也提高了金属催化剂的用量。有鉴于此，很多研究者将目光投在硅氢加成促进剂的研究上，开发了一些针对不同催化体系、不同产物的相对专一的硅氢加成促进剂。总结起来主要有以下几种类型的化合物：含氮、含磷有机化合物，醇、酚、醛、酮、醚、酯，甚至游离氧等含氧化合物。羧酸及其盐类，穴状化合物如环糊精等，无机碱类化合物等，它们的作用主要表现在以下几个方面。

① 提供更快的反应速度，如氯铂酸催化含氢硅油与端烯基聚醚的加成反应中，在 Pt 催化剂含量为 50ppm（1ppm$=10^{-6}$）时需要 44min 才能完成反应，而加入 2,2,6,6-四甲基-4-羟基-六氢吡啶作为硅氢化促进剂后，将 Pt 催化剂含量减少为 25×10^{-6} 的情况下，完成反应只需 7min[121]。

② 减少或消除副反应，如在进行烯丙基缩水甘油醚与三甲氧基硅烷铂催化剂催化的硅氢加成反应中，甲醇的加入有效地抑制了加成副产物 α-加成物的产生，提高了产品质量[122]。

③ 降低了催化剂的用量。

④ 提高了加成反应收率，同时提高加成产物的纯度。

文献一般都没有给出硅氢加成促进剂的作用原理，我们认为硅氢加成反应促进剂作用原理有两种可能，其一是利用配体与催化剂的配位过程中微调催化剂电子结构和外围体积，从而调整催化反应朝有利于正常硅氢化反应方向发生；另外一种可能是促进剂分子作用于硅氢加成底物（硅烷或不饱和化合物）改变了底物的电子结构而加快硅氢化反应进程。

硅氢加成促进剂常具有很窄的适应性，一个有效的硅氢加成促进剂往往只适合于特殊的含氢硅烷和特殊的不饱和烯烃化合物所组成的特定硅氢加成反应体系。正由于其反应的特殊性，以至于很难预测何种化学结构或具有何种特性的物质对于促进硅氢化反应是重要的，或者某种化合物对哪种硅氢化反应具有促进作用。它事实上是多种综合因素共同作用的结果，包括硅烷种类，以及所使用的催化剂。因而对于一种硅氢化反应促进剂的选择完全是一个实验筛选过程，很难有确切的理论指导。我们根据一些常见的文献报道，将硅氢加成促进剂分成以下几种类型。

3.4.2.1 含氮类硅氢化促进剂

常见的含氮硅氢化促进剂是位阻较大的氨类化合物。酚噻嗪可以有效地促进 Pt 催化的三氯氢硅和氯丙烯加成反应，然而当三氯氢硅换成甲基二氯硅烷时，酚噻嗪就不再适用，而需要选用碱性更强的三级胺，如三丁胺等[98]。常见的胺类化合物有吩噻嗪、二芳基胺如二苯基胺，N,N'-二苯基-p-对苯二胺，三级烷基胺如三丁胺，也有烷基芳基混合型胺，含氮环状化合物如哌啶类等，图 3-33 列出了一些常见的作为硅氢化促进剂的含氮有机化合物[121,123,124]。

3.4.2.2 含磷类硅氢化促进剂

用作硅氢化促进剂的含磷化合物一般为烷基或芳基取代的膦化合物，如三苯基膦等（图 3-34）[125]。

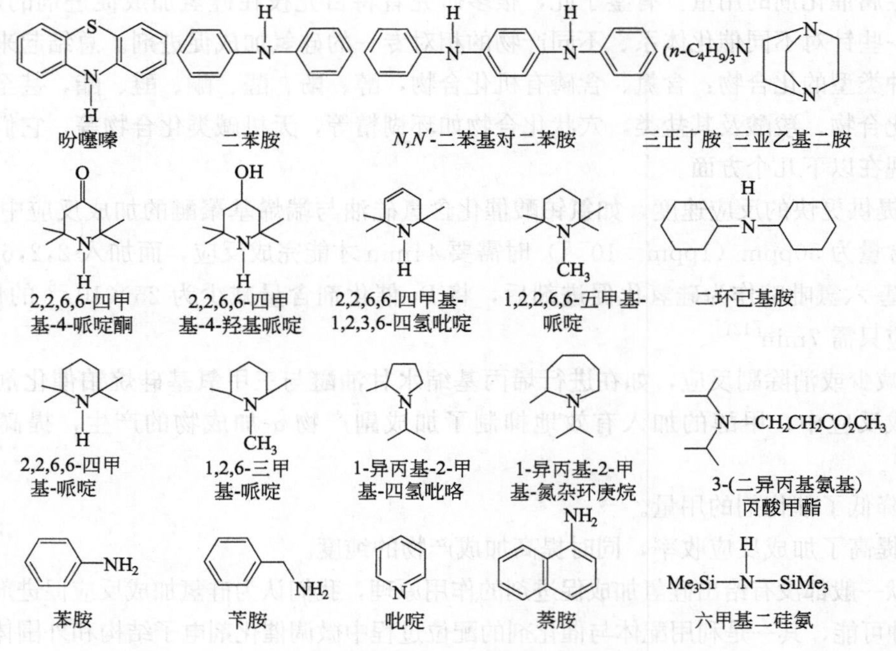

图 3-33　一些常见的含氮有机硅氢化反应促进剂

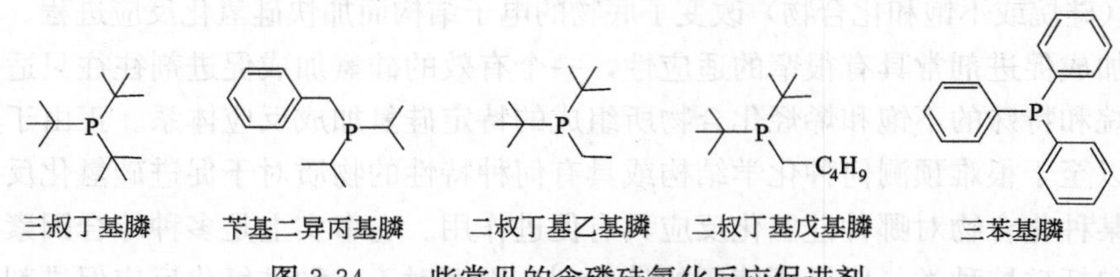

图 3-34　一些常见的含磷硅氢化反应促进剂

3.4.2.3　含氧类硅氢化促进剂

这类化合物包括的范围较广，包括醇、醛、酚、二酚、醚，不饱和酮，环氧化合物，以及它们的衍生物甚至包括游离氧气。最为经典的例子是，醇作为铂催化烷氧基硅烷与烯丙氧基缩水甘油醚的硅氢化催化促进剂，其作用主要是抑制α-加成产物的产生，提高收率并提高产品纯度。所用的醇一般与烷氧基硅烷中所对应的醇相同，包括甲醇、乙醇、正丙醇和异丙醇等，醇的用量一般控制在 0.5～2mol/L 含氢硅烷，为保证反应获得最佳结果，醇的用量须保持在一定范围之内，如果醇的用量过少就不能完全抑制α-加成物的生成，醇的用量过多又容易导致含氢硅烷与醇发生脱氢反应而产生不需要的副产物。在这个过程中可以采用先将醇与硅烷配成混合物，然后滴加到含催化剂的烯丙氧基缩水甘油醚中反应，结果显示通过加入甲醇，缩水甘油丙基三甲氧基硅烷的收率可达 90%以上，通过简单蒸馏，其中纯度就可以达到 99.5%以上[122,126,127]。

一般认为在硅氢化催化体系中加入酚、醛、酮等能降低反应引发温度，缩短反应时间，有时甚至不需要预反应期，也可以抑制副反应的发生。用作硅氢化促进剂的醛常包括乙醛、丙醛、正丁醛以及苯甲醛。所用的酮类化合物包括丙酮、丁酮、3-戊酮、甲基异丙基酮、甲基丁基酮、乙基丁基酮、环戊酮、环己酮以及乙酰丙酮。环氧化合物包括环氧丙烷、环氧丁烷、环氧环戊烷以及环氧环己烷、呋喃以及四氢吡喃-4-酮等。这些醛、酮、环氧化合物硅氢化促进剂可以促进一系列环状烯烃，包括环己烯、环戊烯、环丁烯、环辛烯、环戊二烯、冰片二烯等烯烃与含氢硅烷的硅氢加成反应，有效地缩短了反应的诱导期并导致反应产率明显增加。

对于游离氧参与的硅氢化反应前面已有专门的论述，在这里氧的主要作用是防止催化剂失活从而达到延长催化剂使用寿命的效果，常用的方法是将反应体系部分暴露在氧气下，但溶液中氧气量的控制是相当关键的，过少不能充分体现其催化促进剂的作用，过多则容易导致催化剂完全被氧化到高氧化态而失去催化效果。

3.4.2.4 不饱和化合物作为硅氢化促进剂

一些不饱和化合物也可以被用作硅氢化促进剂，如1,7-辛二炔、1,5-己二炔、环辛二烯、5-乙烯基-2-冰片烯、4-乙烯基-1-环己烯、二烯丙基丙二酸二甲酯、马来酸酐等。如在Karstedt 催化剂催化环己烯与甲基二氯硅烷的加成反应中，1,7-辛二炔表现出非常好的催化促进作用，其甲基环己基二氯硅烷的收率从不加促进剂的60.8%提高到96.5%[126,128,129]。

一些炔醇及其衍生物对某些特定的硅氢化反应表现出促进作用，其部分结构如图 3-35 所示。

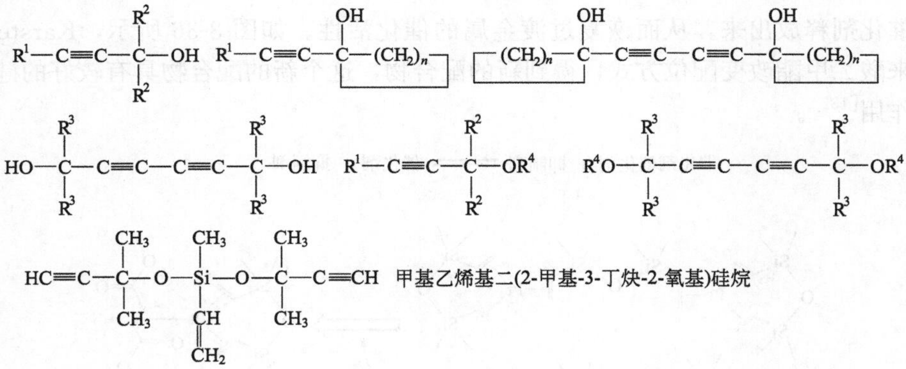

$R^1-C\equiv C-C(R^2)_2-OH$　$R^1-C\equiv C-C(OH)-(CH_2)_n$（环）　$(CH_2)_n-C(OH)-C\equiv C-C\equiv C-C(OH)-(CH_2)_n$（环）

$HO-C(R^3)_2-C\equiv C-C\equiv C-C(R^3)_2-OH$　$R^1-C\equiv C-C(R^2)_2-OR^4$　$R^4O-C(R^3)_2-C\equiv C-C\equiv C-C(R^3)_2-OR^4$

$HC\equiv C-C(CH_3)_2-O-Si(CH_3)(CH=CH_2)-O-C(CH_3)_2-C\equiv CH$　甲基乙烯基二(2-甲基-3-丁炔-2-氧基)硅烷

图 3-35　一些常用的炔类硅氢化反应促进剂

其衍生物常表现为醚类化合物，如烷基醚，有时也将炔醇与硅烷结合形成硅醇醚，如甲基乙烯基二（2-甲基-3-丁炔-2-氧基）硅烷[128]。

3.4.2.5 羧酸及其盐类硅氢化促进剂

有机羧酸类化合物，如醋酸和长链烷基羧酸也可用于作硅氢化反应促进剂。有报道将醋酸作为环氧化合物硅氢加成反应的促进剂，如三甲氧基硅烷与乙烯基环己烯氧的加成反应，但醋酸的引入导致了乙酰氧基三甲氧基硅烷的生成，使分离困难并导致产物纯度下降。这种情况可以通过选择长链烷基羧酸来得到缓解。[130,131]

其他所知的硅氢化促进剂还有碱金属碳酸盐和碳酸氢盐。如它们可以用于作为烯丙胺与三烷氧基硅烷加成的催化剂。也有将环糊精化合物用于硅氢化促进剂的，如在三乙氧基硅烷与苯乙烯的加成反应中加入环糊精可以在 30min 内将转化率从 45%提到 100%[127]。

3.4.3 硅氢加成抑制剂

大多数时候特别是合成有机硅化合物时，需要提高合成收率、控制或抑制副反应的发生，缩短硅氢化反应的诱导期以及延长催化剂的使用寿命，常常选择加入硅氢化促进剂。但是有时候由于实际情况需要控制硅氢化反应不能在某种条件下发生而只能在某种特定条件下发生，如单组分加成型硅橡胶希望在常温下不发生硅氢化反应，整个体系在常温下是稳定的，但在某一温度下却能快速反应，这样就必须选择加入硅氢化抑制剂，抑制其在常温下的反应活性而不影响其工作温度下的反应活性。硅氢加成抑制剂按原理可以分为化学型抑制剂和物理型抑制剂，其区别在于前者通过配位化学过程来控制硅氢化反应进度，而后者则通过物理的方法将过渡金属与反应底物分隔开来。

比较公认的化学型硅氢化加成抑制剂的作用原理是利用某些特定配位化合物温度敏感特性和特定的配体可以导致过渡金属催化剂暂时性配位饱和或过渡金属的电子结构改变而影响加成反应的进度。抑制剂的配位过程和释放过程可以通过加热或其他方式来控制，当体系温度低时，硅氢加成抑制剂与过渡金属结合比较牢固，此时具有很好的抑制作用，但当体系温度升高到某一程度时硅氢加成抑制剂与金属的配位键会被断开，从而将高催化活性金属催化剂释放出来，从而恢复过渡金属的催化活性。如图 3-36 所示，Karstedt 催化剂被马来酸二甲酯改变配位方式，得到新的配合物，这个新的配合物具有较好的硅氢化反应抑制作用[132]。

催化剂催化剂 + 抑制剂 ⇌ 催化剂 · 抑制剂

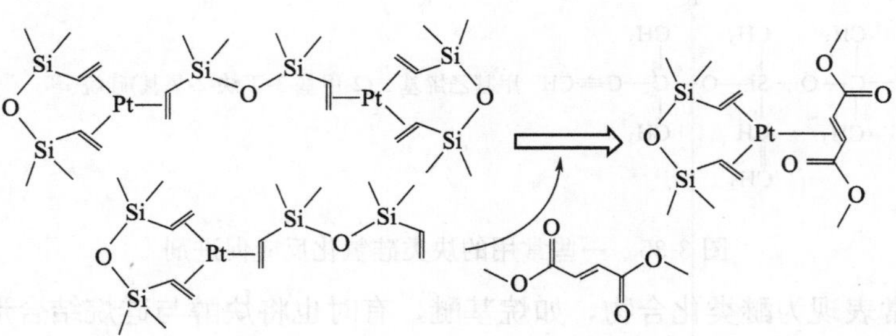

图 3-36　硅氢加成抑制剂作用原理及马来酸二甲酯与 Karstedt 催化剂形成抑制剂过程

一般而言，化学型硅氢加成抑制剂可以是能提供电子对的 σ 配体，以及弱的 π 酸配体，按化合物分类，可以将其分为三类：给电子溶剂或有机碱、炔类化合物以及不饱和羧酸或羧酸酯。但最常见的是炔醇类化合物和富马酸二酯、马来酸二酯类化合物。

用作硅氢加成抑制剂的给电子溶剂或有机碱主要是一些胺类化合物，如吡啶、苯胺、*N*,*N*,*N*,*N*-四甲基乙二胺等（图 3-37）。这类抑制剂最大的缺点是由于其高挥发性的原因导致其表面抑制剂减少而失去抑制作用，因而其长期稳定性不是特别好[133~135]。

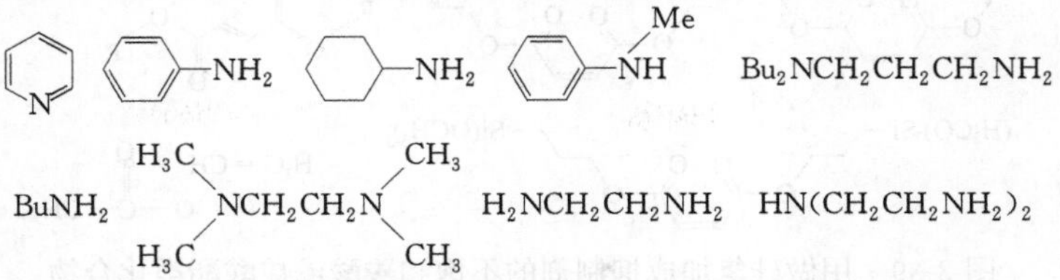

图 3-37 可以用作硅氢加成抑制剂的给电子溶剂或有机碱

用作硅氢加成抑制剂的炔类化合物是一类范围很广的化合物[136~142]，不仅包括缺电子的炔酸酯，如丁二炔酸酯、炔酮化合物，而且包括大量的炔醇类化合物，如 3-羟基-3-甲基-丁炔、1-炔基环己醇等，还包括有机硅类炔化合物，如含端炔的寡聚硅氧烷、侧链含炔键的聚硅氧烷寡聚物、有机硅炔醇酯等（图 3-38），这类有机硅炔化合物具有与有机硅材料相容性好的特点，应该值得关注。

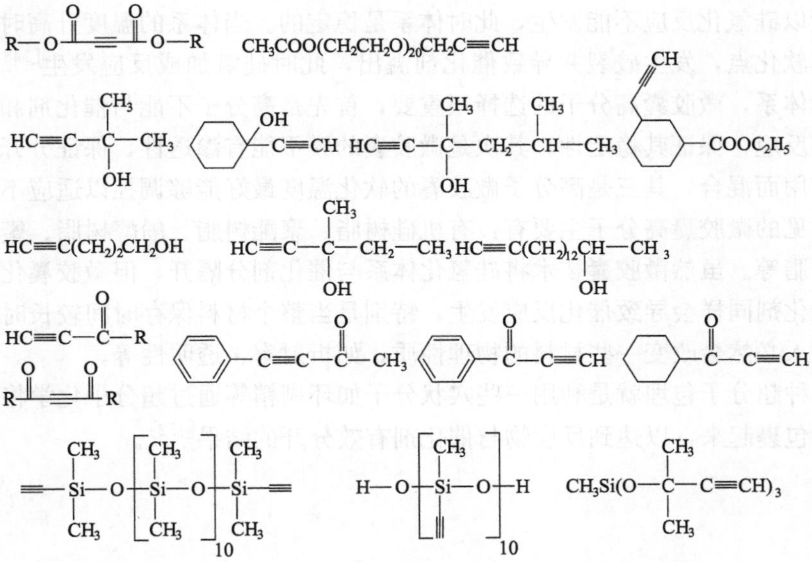

图 3-38 用做硅氢加成抑制剂的炔类化合物

不饱和羧酸或羧酸酯类化合物[143~147] 也常用的一类硅氢加成抑制剂，所提供的是弱的 π 酸配体，如前所述的富马酸二酯的双键，与铂催化剂进行配位，形成在常温下比较稳定的配位中间体，障碍了硅氢化反应的发生，但这种抑制剂与催化剂形成配位中间体是一个热不稳定体系，在升高温度的情况下它会发生分解而释放出自由的金属催化剂，从而催化硅氢化反应的进行。图 3-39 列出了一些常见的用做硅氢加成抑制剂的不饱和羧酸或羧酸酯类化合物。

与硅氢加成促进剂一样，抑制剂同样具有催化剂专一性，对于不同的体系其结果可能大相径庭。因而对于特定体系需要研究者进行大量的实验研究来确定哪个化合物是最好的，有时甚至需要将几种抑制剂复配才能达到最好的效果。

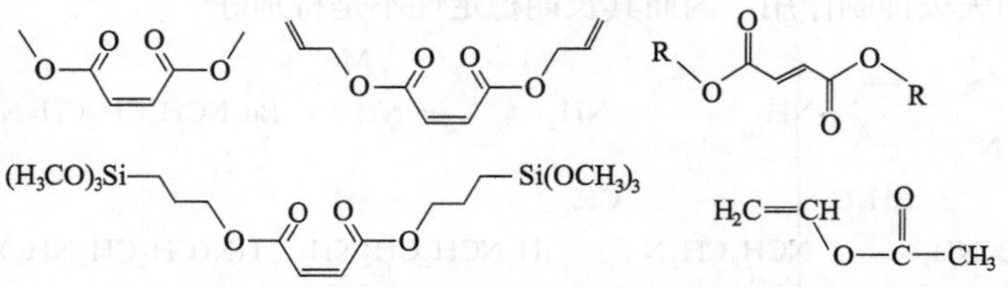

图 3-39　用做硅氢加成抑制剂的不饱和羧酸或羧酸酯类化合物

物理型抑制剂作用机制是采用某种方法将过渡金属催化剂从反应微体系中分离开来，所采用的方法主要是包埋，按其包埋方法可以分为物理包埋和超分子包埋。所谓物理包埋就是采用物理、化学或物理化学及其相结合的方法将过渡金属催化剂高度分散成几个到几百个微米的微粒，而后采用热塑性高分子或热固性高分子将催化剂包裹和固定起来，形成过渡金属催化剂微胶囊。然后再将微胶囊与硅氢加成反应物混合，此时微胶囊就将过渡金属催化剂与硅氢化反应物分离开，在这种情况下，由于过渡金属催化剂与底物不能进行有效接触，所以硅氢化反应不能发生，此时体系是稳定的。当体系的温度升高时，微胶囊高分子达到其软化点，发生破裂并导致催化剂溢出，此时硅氢加成反应发生[148～151]。对于这种微胶囊体系，微胶囊高分子的选择很重要，首先是高分子不能与催化剂和底物发生物理或化学的反应，保证其稳定性，其次是微胶囊的膜不能有渗透性，保证分开的组分不能通过渗透作用而混合，其三是高分子微胶囊的软化温度最好能够调控以适应不同的使用温度要求。常见的微胶囊高分子主要有：有机硅树脂、聚酯树脂、酚醛树脂、蜜胺树脂、改性的蜜胺树脂等。虽然微胶囊技术将硅氢化体系与催化剂分隔开，但微胶囊化过程中残余在表面的催化剂同样会导致催化反应发生，特别是当整个材料保存时间较长时。同时由于微胶囊的加入必然会改变一些材料的物理性质，如折射率、透明性等。

另外一种超分子包埋就是利用一些穴状分子如环糊精等通过超分子化学将催化剂整体以分子状态包裹起来，以达到反应物与催化剂有效分开的结果[152]。

3.5　反应底物对硅氢化反应的影响

硅氢加成催化剂对反应具有决定性的影响，但反应底物也会影响反应程度、反应速度、反应产物的选择性。一般而言，反应底物的影响主要集中在两方面，其一是加成产物结构，其二是对反应速度的影响。下面我们将分别对不饱和化合物和含氢硅烷的影响进行探讨。

3.5.1　不饱和化合物结构对硅氢化反应的影响

3.5.1.1　链烯烃（炔烃）和芳基取代烯烃

长链端烯的硅氢化反应可以有效地提供端硅烷取代烷烃，而 2-或 3-位烯烃与单氢硅烷发生加成反应也主要得到端硅烷取代烷烃，这主要是在过渡金属催化剂存在下发生双键位移的结果[153]。

催化硅氢化反应中烯烃位移效应使顺反异构烯烃与含氢硅烷发生硅氢加成反应产生结构相同的加成产物[154]。

双键位置、烯烃链长短、取代基结构以及电子效应都影响硅氢化反应速度[155～157]。端烯烃反应速度大于中间位置烯烃化合物。具有相对较短链的端烯烃具有较大的反应活性。对于中间位置的烯烃来说，其硅氢化反应速度受取代基大小和烯烃结构如顺、反异构来控制，大的取代基减慢了硅氢化反应速度，而顺式异构体一般具有比反式异构体较高的反应活性。取代基上的电子效应也影响硅氢化反应速度，电子云密度越低，其反应活性也越低。如烯丙基苯的反应活性比乙烯基苯的反应活性稍高。

端炔的硅氢化反应活性要明显大于双键，如果在不饱和底物中既含有双键又含有三键时，三键先发生加成反应形成相应的硅烷化合物。但仍然有部分三键和双键同时硅氢化的产物生成[1]。当 RC═CCH═CH_2 氯铂酸催化下发生硅氢化反应时，主要是炔键的加成[158]。

3.5.1.2 烯烃取代基的结构对硅氢化的影响

烯烃上不同的取代基由于其空间位阻和电子效应的差异影响硅氢加成机理、催化剂的选择以及所得产物结构。

(1) 卤素取代基的影响

卤素的电负性比碳大，因此它是吸电子基，如果与不饱和键相距较近则容易导致烯烃上电子云密度减小，减弱其与金属的配位能力，并最终影响硅氢化反应速度、改变 α-加成物和 β-加成物的比例。由于硅氢键的还原性，所以在催化剂存在下很容易将活泼卤代烃还原为烷烃，这主要适用于氯、溴和碘[159]，对于氟化物一般不会发生 H/F 交换反应。如全氟环丁烯与三烷基硅烷在 250℃都没有观察到 H/F 交换反应，而 1,2-二氯-3,3,4,4-四氟丁烯则产生缩合产物，没有观察到加成产物的生成[160]。

但氟元素的引入大大降低了烯烃底物的电子云密度，导致其反应活性不如非取代烯烃，因此在同一分子中如同时含有两种烯烃，则后者表现出专一的选择性[161]。

氯、溴和碘取代的烯烃最常发生的一个副反应就是还原反应，从而使产物复杂化，经典的生产实例是三氯氢硅与氯丙烯的加成将副产大量的丙基三氯硅烷和四氯化硅（其细节参见本书第 4 章），再如氯乙烯与三氯氢硅的加成反应产生大量的乙基三氯硅烷，当然这个过程可能也与 β 位消除有关。对比不同的卤素，碘代烷的还原反应最严重，溴代烷次之，而氯代烷最少。

另外，卤素取代基的位置不同，对硅氢化反应的影响也不相同。

氯乙烯与三氯氢硅在自由基引发下发生加成反应主要生成 H/Cl 交换产物以及调聚物，如果控制反应条件可以得到部分氯乙基三氯硅烷，但用 $Ni(PPh_3)_4$、$Rh_4(CO)_{12}$、$Rh(PPh_3)_4$、H_2PtCl_6 催化可以得到较高产率的氯乙基三氯硅烷[162]。

氯丙烯与三取代硅烷特别是三氯氢硅发生加成反应时（图 3-40），主要有三种平行反应发生，分别是加成反应（Ⅰ）、缩合反应（Ⅱ）和 H/Cl 交换反应（Ⅲ）。

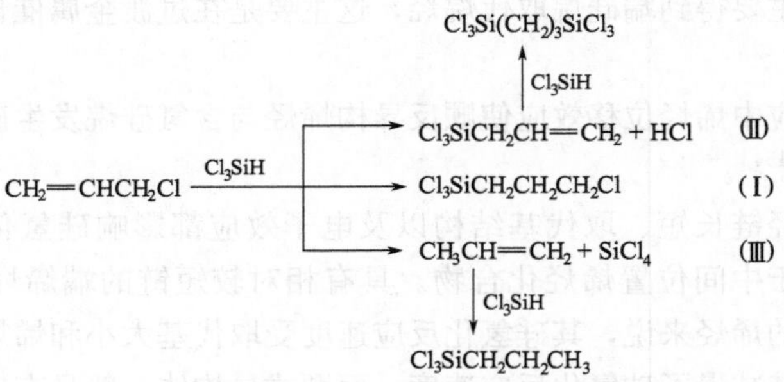

图 3-40　氯丙烯与三氯氢硅发生加成反应的过程

当使用过渡金属催化时，主要存在（Ⅰ）和（Ⅲ）两种竞争反应，不同硅烷底物结构也对这两种竞争反应有较大的影响，以（Ⅰ）和（Ⅲ）的比例来表示，其反应活性顺序如下：

$HSiCl_3$＞CH_3SiHCl_2＞$C_6H_5SiHCl_2$＞$(CH_3)_2SiHCl$＞$CH_3(C_6H_5)SiHCl$＞$(CH_3)_2C_6H_5SiH$＞$(C_6H_5)_2SiHCl$＞$CH_3(C_6H_5)SiHCH_2Cl$＞$CH_3(C_6H_5)_2SiH$≈$C_2H_5SiHCl_2$＞$(C_2H_5)_2SiHCl$＞$(C_2H_5)_3SiH$[163,164]

$HSiCl_3$＞$(RO)_3SiH$

其结果表明硅烷的还原性越强，其氢/卤交换越严重，当卤素取代不饱和烃越容易被还原，则其加成产物的比例也越低。

当烯烃中卤素取代基相对双键位置越远，卤素对硅氢化反应的影响也越小。

（2）硝基的影响[1]

不饱和化合物中硝基对硅氢化反应的影响主要表现在两个方面，其一是由于氢硅烷的还原性导致硝基被还原为氨基，特别是对于芳硝基；其二是当硝基与不饱和键共轭或相距不远时则由于硝基的强吸电子能力而降低不饱和键上的电子云密度，从而影响其反应活性。当硝基距离不饱和键较远时，硝基对不饱和键的影响有限。

如 3-硝基-1-丙烯和三氯氢硅的硅氢化反应速度比丙烯要低很多，但也能在 Speier 催化剂存在下常压或加压顺利进行硅氢化反应[1]。

含多个硝基的烯烃也能进行硅氢化反应，如 4,4-二硝基-1-丁烯和 4,4,4-三硝基-1-丁烯在氯铂酸催化下都可以与甲基二氯氢硅反应分别以 94%和 62%的收率提供 β-硅氢加成产物[1]。

（3）氰基的影响

作为拟卤素的氰基对硅氢化反应的影响与卤素对硅氢化的影响有相似之处，但也表现出较大的不同，特别是由于氰基强的吸电子能力，当它与不饱和键共轭时，其对硅氢化反应的影响非常大，当采用过渡金属催化剂催化其加成反应时主要得到 α-加成物，如在 Wilkinson 催化剂［$RhCl(PPh_3)_3$］催化下的硅氢化反应除三氯氢硅外其他硅烷主要产生出 α-加成物。

一些催化体系有利于 β-加成物的生成，如采用负载铂、过氧化苯甲酰、叔胺以及各种镍和铑的配合物可以选择性地生成 β-腈乙基三氯硅烷。其余的如经典的 Blustein 催化剂（四甲基乙二胺和氧化铜复合物，有时也用混合铜催化剂）可以接近 100%生成 β-腈乙基三氯硅烷。

当氰基与不饱和键不直接相连时，其诱导效应减弱，对不饱和键的影响弱，生成的产物也以 β-加成物为主，如 3-丁烯腈的硅氢化反应。

（4）氨基、羟基和羧基等含活泼氢的基团的影响

含伯胺的不饱和化合物对硅氢化的影响除了 α-和 β-加成物的比例外，还表现在两个方面，其一是伯胺上的活泼氢可以与 Si—H 发生反应导致脱氢，其二是当含氢硅烷含有烷氧基时很容易导致环状硅氮化合物的生成（图 3-41）[1]。

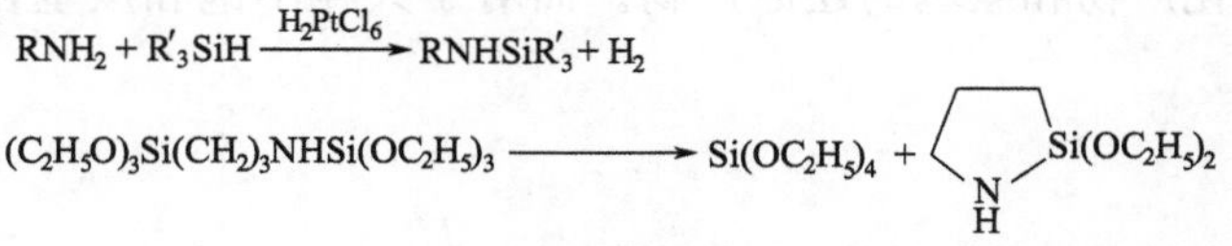

$$RNH_2 + R'_3SiH \xrightarrow{H_2PtCl_6} RNHSiR'_3 + H_2$$

$$(C_2H_5O)_3Si(CH_2)_3NHSi(OC_2H_5)_3 \longrightarrow Si(OC_2H_5)_4 + \text{(环状 NH–Si(OC}_2\text{H}_5)_2\text{)}$$

图 3-41　氨基不饱和化合物硅氢化过程中副反应

脱氢反应的发生与活泼氢的 pK_a 值密切相关，当 pK_a 值大时，其脱氢反应越不明显，因此在其他条件相同的情况下可以用 pK_a 值来判断其脱氢反应发生的程度，因此虽然含仲胺的不饱和化合物仍然会发生一定的脱氢反应，但其程度相比较而言要小很多。

含铵盐的不饱和化合物也能进行硅氢化反应，但其收率常常较低。

与伯胺相似，含碳-碳双键的不饱和醇在过渡金属催化下也会发生强烈的脱氢反应而生成硅氧化合物，如丙烯醇与三乙基硅烷在氯铂酸存在下主要方生脱氢反应。因此普遍的做法是先将羟基保护，硅氢化反应后再将羟基释放出来。保护基常有乙烯醚类化合物、三烷基氯硅烷类化合物等。

为了避免繁琐的保护和脱保护过程，有研究者采用在加成反应体系中加入缓冲剂如醚类化合物可以抑制或减少脱氢反应的发生。如在铂系催化剂作用下，以四氢呋喃作溶剂使含氢硅烷与丙烯醇、乙二醇单烯丙基醚等在 90～110℃下发生加成反应，可得到相应的羟烃基硅烷化合物，但同时仍然有部分脱氢产物生成。近来也有作者报道采用大大增加催化剂的量来达到控制脱氢反应的目的，在研究含氢硅油与丙烯醇的加成反应中增加铂催化剂的用量到 10%时可以完全抑制脱氢反应的发生[165]。而对于位阻大的不饱和酚，则不需要进行保护，可以直接反应得到加成产物[166]。

硫醇的性能与醇相近，也很容易发生脱氢反应而形成 Si—S 键。同样，含羧基的不饱和化合物也会导致脱氢反应发生。当羧酸与不饱和键共轭时，加成速率显著降低，当羧酸与不饱和键不共轭时对硅氢化加成速度影响比较小。

（5）醚、环氧和硫醚

氧和硫的电负性都比碳大，所以当它们直接与双键相连时表现出其双键上电子云密度降低，降低了其硅氢化加成的速度，氧和硫距离双键越远，对双键的影响也就越小。如乙烯基烯丙基醚与三烷氧基硅烷在氯铂酸催化下发生硅氢化反应，当反应温度控制在 20～50℃时主要是烯丙基发生加成反应而乙烯基不反应，但当温度升高到 85℃则会得到大约 20%的双加成产物[167]。

但芳基醚的情况要复杂，如氯铂酸催化芳基乙烯醚的硅氢加成反应时产生出两个竞争性的反应，其一是正常的硅氢化反应，其二是氢/芳氧基交换反应[168]。

$$C_6H_5OCH{=}CH_2 + CH_3SiHCl_2 \xrightarrow{H_2PtCl_6(i\text{-}PrOH)} C_6H_5O(CH_2)_2SiCl_2CH_3\ 76\% + C_6H_5OSiCl_2CH_3\ 16\%$$

(6) 羰基

不饱和羰基化合物含有两个不饱和键，C═C（或 C≡C）和 C═O 键，其羰基也容易进行硅氢化反应，因此在进行硅氢化反应时，C═C（或 C≡C）和 C═O 键进行竞争反应，即正常的硅氢化产物和羰基的还原产物。而对于共轭不饱和羰基化合物则会发生 1,2-或 1,4-加成产物。

3.5.2 含氢硅烷结构对硅氢化反应的影响

虽然催化剂是影响硅氢化反应的主要因素，但含氢硅烷硅原子上取代基也一定程度上影响 Si—H 键的性质，并最终影响硅氢化反应活性。一般而言，硅烷取代基的立体效应、诱导效应以及催化过程中所形成的过渡金属-硅中间体的稳定性是决定反应方向、反应速率和产率的三个主要因素。在这里我们主要以硅氢化速率和产率为根据来讨论硅烷结构对硅氢化反应活性的影响。由于不同反应机理中硅烷结构对反应中间体的影响也不尽相同，所以我们以反应机理来分别探讨。

3.5.2.1 自由基机理

自由基机理中，主要从硅氢键的均裂导致有机硅自由基的生成难易程度以及生成的硅游离基稳定性来判断其反应活性。吸电子取代基直接连接到硅原子上减弱了 Si—H 键的极性，使 Si—H 键更容易均裂，并且能够稳定所产生的自由基。如果增加取代基的给电子性能则明显增强了硅氢键中氢的负氢性质，直接导致生成的硅自由基稳定性下降并降低其加成反应的速率。在此情况下，硅烷的反应活性遵循下述规律：$SiHCl_3 > RSiHCl_2 > R_3SiH$。另外，取代基的位阻效应也能起到相当大的作用，取代基的大小将直接影响硅自由基与烯烃等不饱和化合物发生加成反应，如下述硅烷与烯烃进行自由基硅氢化反应时反应速率依次递减，$RSiH_3 > R_2SiH_2 > R_3SiH$。同样道理，$SiHCl_3 > (C_6H_5)_3SiH > (C_2H_5)_3SiH$。对于苯基硅烷系列中氯取代基的引入导致其硅氢化活性下降，[$(C_6H_5)_3SiH > (C_6H_5)_2SiHCl > C_6H_5SiHCl_2$]这可能与苯基能与硅自由基之间形成很好的离域而将自由基稳定下来密切相关[1]。

3.5.2.2 给-受体催化剂体系

关于给-受体催化剂催化硅氢化反应过程中硅烷结构对反应活性的影响报道比较少。但有限的报道揭示，取代基的位阻效应和电子效应仍然是影响硅氢化反应的主要因素。下面是在这种催化体系中三取代硅烷与乙炔加成反应的收率，其中取代基的位阻效应起了主要作用。反应活性如下：$(C_8H_{17})_3SiH < (C_7H_{15})_3SiH < (C_6H_{13})_3SiH < (C_5H_{11})_3SiH < (C_6H_{13})_2CH_3SiH < (C_5H_{11})_2CH_3SiH < (CH_3)_2C_3H_7SiH < (C_2H_5)_3SiH$。又如在铜-胺催化体系催化丙烯腈与硅烷的加成得到 β-加成物的产率依下列顺序降低，$HSiCl_3 >$ HSi

$(C_6H_5)Cl_2 > HSiCl_2CH_3 \gg HSiCl(C_6H_5)_2$。

3.5.2.3 过渡金属固载化催化体系

过渡金属固载化催化体系中，硅烷结构对硅氢化反应影响的研究比较少，从已有的结果来看其影响与自由基硅氢化反应过程中硅烷结构对硅氢化反应影响完全不同。如在1%Pt/C催化的烷基氯硅烷与烯丙基氯的硅氢化反应过程中，不同结构硅烷的反应活性依如下顺序递减，$CH_3SiHCl_2 > (C_2H_5)_2SiHCl > CH_3(C_2H_5)_2SiH > HSiCl_3$。

一般认为环状含氢硅烷比非环状含氢硅烷具有更高的反应活性，对于环状含氢硅烷，小环硅烷比大环硅烷的反应活性更大，如在5%Pt/C催化的乙烯硅氢化反应中1-甲基硅杂环戊烷的活性比1-甲基硅杂环丁烷的活性小，比1-甲基硅杂环己烷的活性高，这主要来自于环体的位阻效应。

硅烷在异相催化硅氢化体系中的反应活性也同时受固载化催化剂载体及副反应而影响，因而有时的硅烷反应活性顺序在不同的反应条件下也是不同，要具体情况具体分析。如在$CH_2{=}CHSi(CH_3)_3$与R_3SiH、R_2SiH_2和$RSiH_3$（R＝乙基、己基）的硅氢化反应中，当使用胶态Pt催化剂时，R_3SiH表现出最大的加成速率，R_2SiH_2次之，$RSiH_3$最慢。而当使用胶态铑催化剂时，其相对加成速率正好相反，其原因可能与多氢硅烷容易使铂催化剂中毒而铑催化剂不受影响密切相关。

3.5.2.4 过渡金属配合物均相催化剂体系

在过渡金属催化硅氢化反应过程中，M-Si中间体的形成及其稳定性是决定硅氢化反应速度的关键。而硅烷结构的影响主要从三个方面来衡量：硅上取代基的位阻效应、取代基的电子效应以及取代基与硅之间是否存在d_π-p_π共轭。

位阻效应对于硅氢化反应速率具有非常重要的影响，一般认为硅上取代基越小越容易形成M-Si中间体，因而代表了最快的反应速率。如最典型的1-辛烯与含氢硅烷发生硅氢化反应，其反应速率随着硅上取代基的增加而减慢，即$ClSiH_3 > Cl_2SiH_2 > Cl_3SiH$。又如线型硅烷中随着空间位阻的增加其反应活性也降低，表现为$(CH_3)_2[(CH_3)_3SiO]SiH > (CH_3)[(CH_3)_3SiO]_2SiH > [(CH_3)_3SiO]_3SiH$。再如在$RhCl(PPh_3)_3$催化的$\alpha,\omega$-二氢聚硅氧烷$HSi(CH_3)_2O[Si(CH_3)_2]_nSi(CH_3)_2H$与1-庚烯的加成反应中，随着二氢聚硅氧烷中$n$的增加，Rh—Si键稳定性降低从而导致其硅氢化反应速率下降。

在大多数氯铂酸催化的硅氢化反应中硅上取代基的诱导效应对稳定金属-硅中间体起着重要的作用，因而影响反应速率，正的诱导效应导致Si—H键的减弱而负的诱导效应导致Si—H键的增强，从而影响硅氢键的生成和性能。如在庚烯与硅烷的加成反应中硅烷的加成反应活性遵循这样的顺序：$SiHCl_3 > C_2H_5SiHCl_2 > (C_2H_5)_2SiHCl > (C_2H_5)_3SiH$。又如在氯铂酸催化的$D_4^v$与硅烷的加成反应中，硅烷的反应活性依下述次序递减，CH_3SiHCl_2、$C_2H_5SiHCl_2$、$C_2H_5(C_2H_5O)_2SiH$、$(C_2H_5O)_3SiH$。

根据诱导效应的原理，三氯氢硅相较于其他氯硅烷单体而言应该具有比较大的反应速率（或收率），但有时实际所得到的结果却并不这样，如在氯铂酸催化的乙烯加成反应中，三氯氢硅的活性不如甲基二氯硅烷。而且这并不是所发现的唯一特例，在其他反应体系中也有体现，如在甲基烯丙基二氯硅烷的硅氢化反应中 CH_3SiHCl_2＞$C_6H_5(CH_3)_2SiH$＞$HSiCl_3$＞$(C_6H_5)_2CH_3SiH$＞$(C_6H_5)_3SiH$。

诱导效应的作用会随着共轭键的延长而随之减弱，比如在芳基二乙基硅烷的硅氢化反应中，其反应活性依次递减，p-$ClC_6H_4(C_2H_5)_2SiH$ ＞ $C_6H_4(C_2H_5)_2SiH$ ＞ p-$CH_3OC_6H_4(C_2H_5)_2SiH$。

同样，1-己烯与 $RSiH_3$ 的硅氢化反应活性随 R 取代基不同而不同，随取代基诱导效应变小而降低，R═ClC_6H_5＞C_6H_5＞环己基＞C_4H_9。

另外一种诱导效应来自于与硅直接相连的杂原子，当硅上具有不同的电负性的杂原子取代基，如氧、氮和硫时，它们会改变硅原子的电子结构并影响金属-硅中间体的稳定性，所以也影响硅氢化反应活性，三者中氧的电负性最大，氮次之而硫最小，所以硅氧烷表现出最高的活性，硅氮烷次之，而硫硅烷最慢。

过渡金属催化中，影响金属-硅中间体的稳定性的因素除了上述的硅上取代基的位阻效应和诱导效应外，如果硅原子与取代基存在 d_π-p_π 共轭效应，也会影响硅氢化反应，有时甚至是决定性的影响。如在 $RuX(PPh_3)_3$ 催化 1-己烯的硅氢化反应中，当 X＝Cl 和 Br 时，三乙氧基硅烷的速率大于三氯氢硅。这主要是由于 Rh-Si 中间体可以通过硅上空的 d 轨道和氧上的 p 轨道形成大 π 键而与金属上的 d 轨道形成 π 电子云重叠稳定了中间体，并且烷氧基的多少决定其稳定性大小，如在 $RuCl(PPh_3)_3$ 催化 1-己烯的加成中遵循如下反应速度，$(C_2H_5O)_3SiH$ ＞ $C_3H_7(C_2H_5O)_2SiH$ ＞ $(C_3H_7)_2(C_2H_5O)SiH$ ＞ $(C_3H_7)_3SiH$。当然这种影响也随金属原子的不同而不同。如对于上述的反应，$Co_2(CO)_8$ 催化体系同样适用。而对于氯铂酸催化体系，三乙氧基硅烷的反应活性小于三氯氢硅，这可能与 Pt-$Si(OC_2H_5)_3$ 的稳定性太高而影响下步烯烃配位反应。这种影响也受不饱和化合物的影响，有时并不是如预测相同的结果，如在氯铂酸催化的 1-丁炔与含氢硅烷的加成反应中，加成产率以三乙基硅烷最高，甲基二乙基硅烷次之，而三乙氧基硅烷最低，当用铑催化剂时同样保持这样的顺序。

硅氢化反应除了本身底物和催化剂的影响之外，溶剂、加料方式等对硅氢化反应结果都有影响，对于个别将在分别所涉及章节讨论。

另外由于硅烷偶联剂生产过程中很少涉及不对称硅氢化反应，因此在这里也不加评述。

3.6 硅氢化反应在硅烷偶联剂合成中的应用简述

硅烷偶联剂的合成方法主要包括两大类，其一是基于硅烷化合物上的有机基团的碳官能团的转化，其二是硅氢化反应，后者在硅烷偶联剂的合成中占据着相当重要的位置，在这里我们主要是将硅氢化反应作为一种合成硅烷偶联剂重要方法来概述，至于其具体的合成过程和反应优劣将在后述的章节中详加叙述。

从原料分类来讲，通过硅氢化反应合成硅烷偶联剂的原料主要有氯硅烷（三氯氢硅和甲基二氯氢硅）和烷氧基硅烷（三甲氧基硅烷、三乙氧基硅烷、甲基二甲氧基硅烷和甲基二乙氧基硅烷）。

三氯氢硅是一种重要的硅烷偶联剂原料，图 3-42 总结了从三氯氢硅合成硅烷偶联剂的途径，它主要包括四种重要硅烷偶联剂的合成。其一是氯丙基三氯硅烷的合成，其酯化产物是重要的硅烷偶联剂中间体，它是目前工业上普遍采用的方法。由乙炔与三氯氢硅加成可以得到乙烯基三氯硅烷是一条较好的合成途径。三氯氢硅与甲基丙烯酸烯丙酯加成的产物然后酯化可以得到 KH570，而与丙烯腈的加成则提供了腈乙基三氯硅烷，其酯化后产物再氢化可以得到重要的氨丙基偶联剂 KH550。三氯氢硅也可以换成甲基二氯硅烷，其产物类型具有相似性。这类反应提供了很好的合成硅烷偶联剂的路线，但其所使用的原料是氯硅烷，无疑会带来环境压力等系列问题，所以以烷氧基硅烷代替三氯硅烷是硅烷偶联剂发展的趋势。

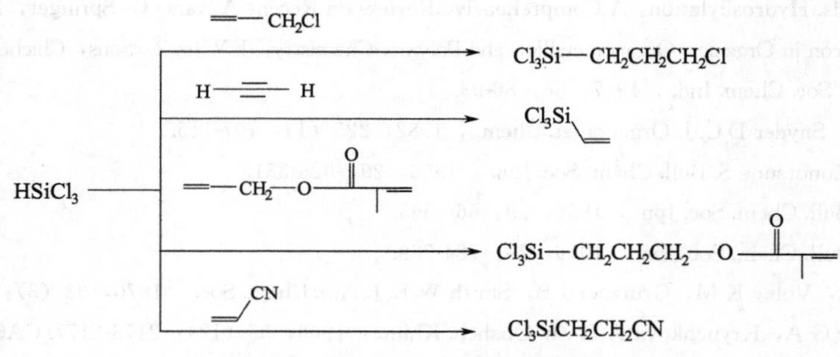

图 3-42　三氯氢硅合成硅烷偶联剂的途径

图 3-43 总结了由三烷氧基硅烷合成硅烷偶联剂的途径，前面四类与氯硅烷具有相似性，但由烯丙基胺与三烷氧基硅烷反应合成 KH550 以及和合成带环氧基的硅烷偶联剂 KH560 等则只有以三烷氧基硅烷为原料才能得到，因而具有特殊性。

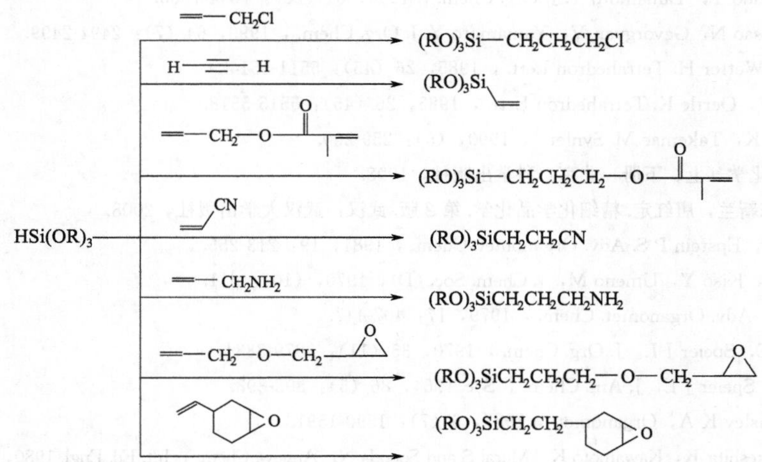

图 3-43　三烷氧基硅烷合成硅烷偶联剂的途径

在这些合成硅烷偶联剂的硅氢化反应中，催化剂的选择、配体的调配、反应条件的掌握都具有相当的技术，需要进行大量的实验室研究和工程化过程来不断完善，这些使用技术的掌握和问题的不断提出无疑将促进硅氢化催化反应机理、催化剂、配体、溶剂等一系列研究的开展，最终将形成硅氢化反应的应用扩展。

参考文献

[1] Marciniec B. Comprehensive Handbook on Hydrosilylation. New York：Pergamon Press Ltd.，1992.

[2] Sommer L H，Pietrusza E W，Whitmore F C. J. Am. Chem. Soc.，1947，69：188.

[3] Ojima I. The Chemistry of Organic Silicon Compounds（S. Patai，Z. Rappoport，Eds.），J. Wiley & Sons，Chichester，1989，part 2，Chapt. 25：1479.

[4] Ojima I，Z. Li and J. Zhu，The Chemistry of Organic Silicon Compounds Volume 2（S. Patai，Z. Rappoport，Eds.），J. Wiley & Sons，Chichester，1998，Chapt. 29：1687.

[5] Marciniec B. Eds. Hydrosilylation：A Comprehensive Review on Recent Advances，Springer，2009.

[6] Brook M A. Silicon in Organic，Organometallic，and Polymer Chemistry，J. Wiley & Sons，Chichester，2000：401.

[7] Farmer E H. J. Soc. Chem. Ind.，1947，66：86-93.

[8] Benkeser R A，Snyder D C. J. Organomet. Chem.，1982，225（1）：107-115.

[9] Nozakura S，Konotsune S. Bull. Chem. Soc. Jpn.，1956，29：326-331.

[10] Nozakura S. Bull. Chem. Soc. Jpn.，1956，29：660-663.

[11] Nozakura S. Bull. Chem. Soc. Jpn.，1956，29：784-789.

[12] Benkeser R A，Voley K M，Grutzner J B，Smith W E. J. Am. Chem. Soc.，1970，92（3）：697-698.

[13] Shvekhgeimer G A，Kryuchkova A P. Zh. Obshch. Khim.，1966，36（12）：2176-2177. CA66：76062.

[14] Rajkumar A B，Boudjouk P. Organomet.，1989，8（2）：549-550.

[15] Kobayashi Y，Ito Y，Terashima S. Bull. Chem. Soc. Jpn.，1989，62（9）：3041-3042.

[16] Voronkov M G，Adamovich S N，Pukhnarevich V B. Zh. Obshch. Khim.，1981，51（10）：2385-2386. CA96：6796.

[17] Voronkov M G，Adamovich S N，Sherstyannikova L V，Pukhnarevich V B. J. Zh. Obshch. Khim.，1983，53（4）：806-811. CA99：53833.

[18] Asao N，Sudo T，Yamamoto Y. J. Org. Chem.，1996，61（22）：7654-7655.

[19] Sudo T，Asao N，Gevorgyan V，Yamamoto Y. J. Org. Chem.，1999，64（7）：2494-2499.

[20] Oertle K，Wetter H. Tetrahedron Lett.，1985，26（45）：5511-5514.

[21] Wetter H F，Oertle K. Tetrahedron Lett.，1985，26（45）：5515-5518.

[22] Yamamoto K，Takemae M. Synlett.，1990，（5）：259-260.

[23] 吴越. 催化化学（上、下册）. 北京：科学出版社，1998.

[24] 张先亮，陈新兰，唐红定. 精细化学品化学. 第2版. 武汉：武汉大学出版社，2008.

[25] Curtis M D，Epstein P S. Adv. Organomet. Chem.，1981，19：213-255.

[26] Kumada M，Kiso Y，Umeno M，J. Chem. Soc.（D），1970，（10）：611.

[27] Speier J L，Adv. Organomet. Chem.，1979，17：407-447.

[28] Dennis W E，Speier J L，J. Org. Chem.，1970，35（11）：3879-3884.

[29] Ryan J W，Speier J L，J. Am. Chem.，Soc. 1964，86（5）：895-898.

[30] Brown-Wensley K A，Organomet.，1987，6（7）：1590-1591.

[31] Y Seki，Takeshita K，Kawamoto K，Murai S and Sonoda N，Angew. Chem.，Int. Ed. Engl. 1980，19（11）：928.

[32] 肖超勃，林颐庚，罗承友，等. 武汉大学学报（自然科学版），1988，（1）：81-86.

[33] Marciniec B，Gulinski J，J. Organomet. Chem.，1983，253（3）：349-362.

[34] Ojima I，Fuchikama T，Yatabe M，J. Organomet. Chem.，1984，260（3）：335-346.

[35] Vougioukalakis G C，Grubbs R H，Chem. Rev. 2010，110（3）：1746-1787.

[36] Lozano-Vila A M，Monsaert S，Bajek A，Verpoort F，Chem. Rev. 2010，110（8）：4865-4909.
[37] McReynolds M D，Dougherty J M，Hanson P R，Chem. Rev. 2004，104（5）：2239-2258.
[38] Marciniec B，Gulinski J，. Organomet. Chem.，1984，266（2）：C19-C21.
[39] Weber W P，Silicone Reagents in Organic Synthesis，Berlin：Springer，1983.
[40] Nagai Y，Org. Prep. Proc. Int. 1980，12（1-2）：13-48.
[41] Speier J L，Webster J A，Barnes G H. J. Am. Chem. Soc.，1957，79，974-979.
[42] Chalk A J，Harrod J F. J. Am. Chem. Soc.，1965，87（1）：16-21.
[43] Schuerman J A，Fronczek F R，Selbin J. J. Am. Chem. Soc.，1986，108（2）：336.
[44] Seitz F，Wrighton M S. Angew. Chem. Int. Ed. Engl.，1988，27（2）：289.
[45] Bergens S H，Noheda P，Whelan J，Bosnich B. J. Am. Chem. Soc.，1992，114（6）：2128.
[46] Brookhatr M，Grant B E. J. Am. Chem. Soc.，1993，115（6）：2151.
[47] Lapointe A M，Rix F C，Brookhart M. J. Am. Chem. Soc.，1997，119（5）：906.
[48] Schroeder M A，Wrighton M S. J. Organomet. Chem.，1977，128（3）：345-358.
[49] Sietz F，Wrighton M S. Angew. Chem.，Int. Ed. Engl.. 1988，27（2）：289-291.
[50] Brookhart M，Grant B E. J. Am. Chem. Soc.，1993，115（6）：2125-2156.
[51] Sakaki S，Mizoe N，Sugimoto M. Organometallics，1998，17）12）：2510.
[52] Sakaki S，Sumimoto M，Fukuhara M，Sugimoto M，Fujimoto H，Matsuzaki S. Organometallics，2002，21（18）：3788.
[53] Giorgi G，Angelis F D，Re N，Sgamellotti A. J. Mol. Struc. THEOCHEM，2003，623（1/3）：277.
[54] Benkeser R H，Kang J，J. Organomet. Chem.，1980（1）：C9-C12.
[55] Karstedt B D，Scotia N Y.，US3775452（1973）.
[56] 赵延琴. 硅氢加成 Karstedt 催化剂的合成及应用. 杭州：浙江大学，2006.
[57] Chandra G，Lo P Y，P H itchcock B，Lappert M F.，Organomet.，1987，6（1）：191-192.
[58] Hitchcock P B，Lappert M F，Warhurst N J W.，Angew. Chem.，Int. Ed. Eng.，1991，30（4）：438-440.
[59] Lappert M F，Scott F P A.，J. Organomet. Chem.，1995，492（2）：C11-C13.
[60] Lewis F D，Salvi G D.，Inorg. Chem.，1995，34（12）：3182-3189.
[61] 熊竹君，邓锋杰，李凤仪，等. 分子催化，2007，21（5）：442-446.
[62] 袁光谱，李彩云，刘征校，等. 催化学报，1988，9（1）：52-57.
[63] Lewis L N，Uriarte R J. Organometallics，19909（3）：621.
[64] Lewis L N，Lewis N，J. Am. Chem. Soc.，1986，108（23）7228.
[65] Lewis L N，J. Am. Chem. Soc.，1990，112（16）5998.
[66] Fink W.，Helu. Chim. Acta，1971，54（5）：1304-1310.
[67] Рейхсфельд В О.，Хвамова Т П. Асмраханов М И.，ЖОХ，1977，47（11），2625.
[68] Хватва Т П.，Рейхсфельд В О. Асмраханов М И.，ЖОХ.，1979，49（6）.1271.
[69] 张先亮，卢雪然，张荣山．武汉大学 国庆 30 周年学术报告会论文摘要集，1979：17.
[70] Kotnetka Z W，Barta J，Pol. PL，116. 320B2，C．A99，1979：176046.
[71] 张先亮，卢雪然，张荣山，等. 膦配位铂络合物催化硅氢化反应（Ⅰ）-四（三苯基膦）合铂催化三烷氧基硅烷对 α-烯烃的加成反应，第一次全国金属有机、元素有机化学学术讨论会，1980.
[72] 张先亮，卢雪然，张荣山，等. 催化学报，1986，7（4）：378-381.
[73] Takeachl，Masaki，Endo，Miklo，et al. JP09241268A（1997）.
[74] Halpern J，Pickard A L. Inorg. Chem.，1970，9（12）：2798.
[75] Cook C D，Janhal G S. Inorg. Nucl. Chem. Letter，1967，No3，31.
[76] Yamamoto K，Hayashi T，Kumada M．J. Organomet. Chem.，1971，28（3）：C37-C38.
[77] Marciniec B，Gulinski J. et al. PL158567B1，1992.

[78] Urbanink W，Marciniec B. et al. PL155839B1，1992.

[79] Marciniec B，Mirecki J. et al. PL155840B1，1992.

[80] 张先亮，卢雪然，张荣山. 膦配位铂络合物催化硅氢加成反应研究Ⅱ——双（三苯基膦）二氯合铂催化三烷氧基硅烷对α-烯烃的加成反应. 武汉大学学报化学专刊，1989（12）：132-136.

[81] Isao koka，Sakurashi Yohji Teval. Chibashi. et al. US4292433A（1981）.

[82] Monkiewicz J，Frings A. Homm. et al. DE4434200A1（1996）.

[83] Michalska Z M，J. Mokcular Catalysis，1977，3（1-3）：125-134.

[84] De Charentenay F，Osborn J A，Wilkinson G. J. Chem. Soc.（A）：1968，（4）：787-790.

[85] Howe J P，Lung K，Nile T A. J. Organomet. Chem.，1981，208（3）：401-406.

[86] Cornish A J，Lappert M F，Filatovs G，Nile T A. J. Organomet. Chem.，1979，172（2）：153-163.

[87] Cornish A J，Lappert M F. J. Organomet. Chem.，1984，271（1-3）：153-168.

[88] Rejhon J，Hetflejs J. Coll. Czech. Chem. Commun.，1975，40（10）：3190-3198. CA84：17479.

[89] Hill J E，Nile T A. J. Organomet. Chem.，1977，137（3）：293-300.

[90] Lappert M F，Maskell R K. J. Organomet. Chem.，1984，264（1-2）：217-218.

[91] Haszeldine R N，Malkin L S，Parish R V. J. Organomet. Chem.，1979，182（3）：323-332.

[92] Ojima I，Kogure T. Organometallics，1982，1（10）：1390-1399.

[93] Tonomura Y，Kubota T，Endo M.（Shin-Etsu Chemical Industry Co. Ltd. Jpn），EP1156052，2001.

[94] Baumann F，Hofmann M.（Wacker-Chemie G. m. b. H.，Ger.），EP1805190，2007.

[95] Oro L A，Fernandez M J，Esteruelas M A，Jimenez M S. J. Mol. Catal.，1986，37（2-3）：151-156.

[96] Fernandez M J，Oro L A. J. Mol. Catal.，1988，45（1）：7-15.

[97] Iovel I G，Goldberg Y S，Shimanskaya M V，Lukevics E. J. Chem. Soc.，Chem. Commun.，1987，（1）：31-32.

[98] Chalk A J，Harrod J F. J. Am. Chem. Soc.，1965，87（1）：16-21.

[99] Chalk A J. J. Chem. Soc.，Chem. Commun.，1969，（20）：1207-1208.

[100] Harrod J F，Smith C A. Can. J. Chem.，1970，48（5）：870-871.

[101] Harrod J F，Gilson D F，Charles R. Can. J. Chem.，1969，47（12）：2205-2208.

[102] Apple D C，Brady K A，Chance J M，Heard N E，Nile T A. J. Mol. Catal.，1985，29（1）：55-64.

[103] Osborn J A，J. Chem. Soc. Chem. Commun.，1968，（20）：1231-1232.

[104] Tsuji J，Hara M，Ohno K. Chem. Commun.，1971，（6）：247.

[105] Langova J，Hetflejs J. Coll. Czech. Chem. Commun.，1975，40（2）：432-441. CA82：140242.

[106] Capka M，Hetflejs J. Coll. Czech. Chem. Commun.，1975，40（10）：3020-3028. CA84：17477.

[107] Capka M，Hetflejs J. Coll. Czech. Chem. Commun.，1975，40（7）：2073-2083. CA84：90204.

[108] Cornish A J，Lappert M F，Nile T A. J. Organomet. Chem.，1977，132（1）：133-148.

[109] Kiso Y，Kumada M，Tamao K，Umeno M. J. Organomet. Chem.，1973，50（1）：297-310.

[110] Yur'ev V P，Salimgareeva I M，Tolstikov G A. O. Zh. Zhebarov，Zh. Obshch. Khim.，1975，45（4）：955. CA83：79321.

[111] Yurev V P，Salimareeva I M，Zhebarov O Zh，Tolstikov G A. Izv. Akad. Nauk SSSR. Ser. Khim.，1975，（8）：1888-1889. CA83：206370t.

[112] Chatani N，Kodama T，Kajikawa Y，Murakami H，Kakiuchi F，Ikeda S，Murai S. Chem. Lett.，2000，（1）：14-15.

[113] Isobe M，Nishizawa R，Nishikawa T，Yoza K. Tetrahedron Lett.，1999，40（38）：6927-6932.

[114] Archer N J，Haszeldine R N，Parish R V. J. Chem. Soc. Dalton Trans.，1979，（4）：695-702.

[115] Svoboda P，Capka M，Hetflejs J，Chvalovsky V. Coll. Czech. Chem. Commun.，1972，37（5）：1585-1590.

[116] Lewis L N，Uriart R J. Organomet.，1990，9（3）：621-625.

[117] Brady K A，Nile T A. J. Organomet. Chem.，1981，206（3）：299-304.

[118] Haszeldine R N，Parish R V，Taylor R J. J. Chem. Soc.，Dalton Trans.，1974，(21)：2311-2315.
[119] Skoda-Foldes R，Kollar L，Heil B. J. Organomet. Chem.，1989，366 (1-2)：275-279.
[120] Magomedov G K I，Shkolnik O V. Zh. Obshch. Khim.，1981，51 (4)：841-847. CA95：79596.
[121] Mehta K R，Reedy J D. (Union Carb. Chem. Plast. Tech. Corp.). USP5191103. 1993.
[122] Takai H，Sakiyama T，Matsuzaki K，Nozaki T，Okumura Y，Imai C. (Toa Nenryo Kogyo K. K.，Jpn.). USP4966981. 1990.
[123] Chuang V T. (Union Carb. Corp. USA). USP3925434，1975.
[124] Westmeyer M D，Hale M B，Childress S R，Filipkowski M A，Himmeldirk R S. (Crompton Corp.). USP6590117. 2003.
[125] Kimae Y，Yoshimatsu S，Itoda N，Matsuo T，Noda N. (Chisso Corp. Jpn.). EP0786464. 1997.
[126] Bank H M，Roy A K. (Dow Corning Corp. USA). USP5756795. 1998.
[127] Lewis L N. (General Electric Co. USA). EP0510957. 1992.
[128] Bank H M，Decker G T. (Dow Corning Corp. USA). USP5449802. 1995.
[129] Bank H M，Decker G T. (Dow Corning Corp. USA). USP5623083. 1997.
[130] Mendicino F D. (CkK Witco Corp. USA). EP1035126. 2000.
[131] Chu N S，Kanner B，Schilling C L. (Union Carb. Corp. USA). USP4481364. 1984.
[132] 谭必恩，潘慧铭，张廉正，等. 宇航材料工艺，1999，(3)：12-17.
[133] Janik G，Lo P Y Y. (Dow Corning Corp. USA). USP4584361. 1986.
[134] Janik G，Buentello M. (Dow Corning Corp. USA). USP4791186. 1988.
[135] Janik G，Buentello M. (Dow Corning Corp. USA). USP4801642. 1989.
[136] Shirahata A. (Toray Silicone Comp. Ltd. Jpn.). USP568984. 1984.
[137] Cavezzan J. (Rhone-Poulenc Spec. Chim. Fr.). USP4595739. 1986.
[138] Kookootsedes G J，Plueddemann E P. (Dow Corning Corp. USA). USP3445420. 1969.
[139] Maxson M T. (Dow Corning Corp. USA). USP4336364. 1982.
[140] Cush R J. (Dow Corning Corp. USA). USP4490488. 1984.
[141] Sasaki S，Hamada Y. (Toray Silicone Co. Ltd. Jpn.). USP4603168. 1986.
[142] Eckberg R P. (General Electric Co. USA). USP4347346. 1982.
[143] Melancon K C. (Minnesota Mining，Manufacturing Co. USA). USP4533575. 1985.
[144] Eckberg R P. (General Electric Co. USA). USP4340647. 1982.
[145] Lo P Y K，Thayer L E，Wright A P. (Dow Corning Corp. USA). USP4783552. 1988.
[146] Michel U，Radecker J. (Wacker-Chemie GmbH，Ger.). USP4530989. 1985.
[147] Eckberg R P. (General Electric Co. USA). USP4476166. 1984.
[148] Hart R L，Emrick D D，Bayless R G. (The National Cash Register Co. USA). USP3755190，1973.
[149] Imai T. (Toray Silicone Co. Ltd.). USP4293677. 1981.
[150] Schlak O，Michel M，Munchenbach B. (Bayer A.-G. Fed. Rep. Ger.). USP4481341. 1984.
[151] Lewis L N，Chang T C T. (General Electric Co. USA). USP5015691. 1991.
[152] Lewi L N，Sumpter C A，Davis M. J. Inorg. Organomet. Polym.，1995，5 (4)：377-390.
[153] Tarasenko V，Odabashyan G V. Tr. Mosk. Khim. Tekhnol. Inst.，1972，70：138-139. CA78：135228.
[154] Svoboda P，Capka M. J. Hetflejs，Coll. Czech. Chem. Commun.，1972，37 (9)：3059-3062. CA78：16275.
[155] Benkeser R A，Mozdzen E C，Muench W C，Roche R T，Siklosi M P. J. Org. Chem.，1979，44 (9)：1370-1376.
[156] Green M，Spencer J L，Stone F G A，Tsipis C A. J. Chem. Soc.，Dalton Trans.，1977，(16)：1519-1525.
[157] Tamao K，Yoshida J，Yamamoto H，Kakui T，Matsumoto H，Takahashi M，Kurita A，Murata M，Kumada M. Organomet，1982，1 (2)：355-368.
[158] Sleta T M，Stadnichuk M D，Petrov A A. Zh. Obshch. Khim.，1968，38 (2)：374-382. CA69：67456.

[159] Mamedov M A，Sadykh-Zade S I，Akhmedov I M. Zh. Obshch. Khim.，1966，36 (11)：2018-2022. CA66：65563.

[160] Cullen W R，Styan G E. J. Organomet. Chem.，1966，6 (6)：633-644.

[161] Tarrant P，Oliver W H. J. Org. Chem.，1966，31 (4)：1143-1146.

[162] Marciniec B，Gulinski J，Urbaniak W. Synth. React. Inorg. Metal-Org. Chem.，1982，12 (2)：139-147.

[163] Belyakova Z V，Pomerantseva M G，Belikova Z V. Zh. Obshch. Khim.，1974，44 (11)：2439-2442.

[164] Belyakova Z V，Pomerantseva M G，Golubtsov S A. Zh. Obshch. Khim.，1965，35 (6)：1044-1048. CA63：54762.

[165] Zhang C，Laine R M. J. Am. Chem. Soc.，2000，122 (29)：6979-6988.

[166] Koga I，Ogushi M，Sakamoto H. (Chisso Corp. Jpn.). JP61100587. 1986. CA105：226993.

[167] Bier G，Ismail R. (Dynamit Nobel A.-G.，Ger.). DE2159723，1973. CA：79，67022.

[168] Shostakovskii M F，Sokolov B A，Dimitreev G V，Alekseeva G M. Zh. Obshch. Khim. 1963，33 (11)：3778. CA60：52842.

第4章 氯代烃基氯硅烷

氯代烃基氯硅烷是合成硅烷偶联剂的重要中间体，其中应用最多的是3-氯丙基氯硅烷，其次是氯甲基氯硅烷。除2-氯代乙基氯硅烷因β-效应（见上文1.4.3）不宜作为合成硅烷偶联剂中间体外，其他氯代烃基氯硅烷化合物原则上都可作为合成硅烷偶联剂的中间体，但实际上很少用于硅烷偶联剂商品开发。据此，分析其原因有三：①当氯代烃基氯硅烷中烃基链节多于3个碳原子时，合成原料不易获得，合成成本高，不适于作为商品开发。②用长碳链的氯代烃基氯硅烷作为中间体所合成的硅烷偶联剂使用性能有一定局限性（参见上文1.4.3），限制了它的广泛应用。③当氯代烃基为芳烃基的氯硅烷时，氯代芳基不易发生取代反应转化成具有其他碳官能团的硅烷偶联剂。因此，本章仅阐述3-氯丙基氯硅烷的合成、性质和应用，并在4.5节简述氯甲基氯硅烷。

4.1 3-氯丙基氯硅烷概述

4.1.1 3-氯丙基氯硅烷性质和应用

3-氯丙基氯硅烷可用下述通式予以概括：

$$ClCH_2CH_2CH_2Si(R)_nCl_{3-n}$$

式中，n=0、1或2，R是甲基、乙基等不同烃基。

在文献中报道3-氯丙基氯硅烷的品种很多，但得到广泛应用的仅3-氯丙基三氯硅烷、3-氯丙基甲基二氯硅烷和3-氯丙基二甲基氯硅烷三种化合物。其中3-氯丙基二甲基氯硅烷用量虽不大，但作为聚合物改性的偶联单体对发展有机硅改性高分子化合物十分重要。这三种化合物分子中既含有硅氯直接键合的硅官能团（≡SiCl），还含有具有碳官能团的氯代烃基（$ClCH_2CH_2CH_2Si$≡），其基团氯原子是通过亚丙基键合在硅原子上。处于不同位置的含氯原子官能团其化学反应性完全不同，前者具有硅官能团通性（参见1.4节），而后者具有机化学中卤代烃的特性；它们的共同之处在于都可以与亲核试剂发生取代氯的反应，其不同之处则在于发生亲核取代反应的难易差别，比如硅官能团氯容易被醇解，而碳官能团的氯则需醇钠才可以取代。

$$\equiv SiCl + ROH \longrightarrow \equiv SiOR + HCl$$

$$\equiv Si(CH_2)_3Cl + RONa \longrightarrow \equiv Si(CH_2)_3OR + NaCl$$

在通常条件下氯代烃基中的氯不易水解，而硅官能团的氯易水解，同时释放出腐蚀性的氯化氢气体，具有强酸性，对基材有腐蚀作用；此外它释放的氯化氢还可催化硅烷偶联剂加速自缩合。基于上述原因这种有机硅化合物通常不适合于直接作为硅烷偶联剂使用，但可利用它易水解和缩合的反应性合成氯代丙基聚硅氧烷，制备具有广泛用途的含氯丙基的硅油或硅树脂，亦可用做扩链、接枝助剂。

$$2Me_3SiCl + mMe_2SiCl_2 + nMeSiCl_2 \xrightarrow[\text{缩合}]{\text{水解}} Me_3Si-O(\underset{\underset{Me}{|}}{\overset{\overset{Me}{|}}{Si}}O)_m(\underset{\underset{(CH_2)_3Cl}{|}}{\overset{\overset{Me}{|}}{Si}}O)_nSiMe_3 + xHCl$$

$$Cl(CH_2)_3SiCl_3 \xrightarrow{\text{水解}\ \text{缩合}} -\!\!\!(\underset{\underset{O}{|}}{\overset{\overset{(CH_2)_3Cl}{|}}{Si}}-O)\!\!\!-_n + xHCl$$

3-氯丙基氯硅烷通过醇解反应可制备 3-氯丙基烷氧基硅烷，然后再利用化合物中碳官能团氯易被亲核试剂取代的性质，则可将其作为合成中间体用于制备多种多样的硅烷偶联剂，例如：

$$ClCH_2CH_2CH_2SiCl_3 + 3C_2H_5OH \longrightarrow ClCH_2CH_2CH_2Si(OC_2H_5)_3 + 3HCl\uparrow$$

$$ClCH_2CH_2CH_2Si(OC_2H_5)_3 + 2NH_3 \longrightarrow H_2NCH_2CH_2CH_2Si(OC_2H_5)_3 + NH_4Cl\downarrow$$

$$ClCH_2CH_2CH_2SiMeCl_2 + ROH \longrightarrow ClCH_2CH_2CH_2SiMe(OR)_2 + 2HCl\uparrow$$

$$Cl(CH_2)_3SiMe(OR)_2 + H_2NCH_2CH_2NH_2 \longrightarrow H_2NCH_2CH_2NH(CH_2)_3SiMe(OR)_2 + H_2NCH_2CH_2NH_2\cdot HCl$$

将 3-氯丙基氯硅烷水解或与四氯化硅共水解、缩聚则可制备具氯代丙基的倍半硅氧烷或 TQ 树脂，再以这些聚硅氧烷为中间体，通过亲核取代反应则可衍生出含其他碳官能团的功能倍半硅氧烷或 TQ 树脂。下面以 TQ 树脂为例：

$$(TQ)\begin{matrix}-O\\-O\\-O\end{matrix}\!\!>SiCH_2CH_2CH_2Cl + NH_3 \longrightarrow (TQ)\begin{matrix}-O\\-O\\-O\end{matrix}\!\!>SiCH_2CH_2CH_2NH_2 + HCl$$

倍半硅氧烷和 TQ 树脂的产业化开发已是当今有机硅材料研究开发领域的热点之一。

以氯代丙基二甲基氯硅烷为原料，将其合成环状硅碳烷，然后将其催化开环聚合后可得到有机硅碳聚合物，这种聚合物很有研究开发价值。其反应式如下：

$$nClCH_2CH_2CH_2Si(Me)_2Cl \xrightarrow[-MgCl_2]{Mg} nMe_2\underbrace{SiCH_2CH_2CH_2} \xrightarrow{\text{催化剂}} -\!\!\!(\underset{\underset{Me}{|}}{\overset{\overset{Me}{|}}{Si}}CH_2CH_2CH_2)\!\!\!-_n$$

此外，还可将 3-氯丙基二甲基氯硅烷作为封端剂用于嵌段改性有机硅聚合物，或将 3-氯丙基甲基二氯硅烷作为特种缩聚单体，用于接枝改性有机材料的接枝反应活性基团，如：

$$ClCH_2CH_2CH_2\overset{Me}{\underset{Me}{Si}}—O\!\!\left(\overset{Me}{\underset{Me}{Si}}O\right)\!\!SiCH_2CH_2CH_2Cl,\quad \sim\!\sim\!\left(\overset{Me}{\underset{Me}{Si}}—O\right)_m\!\!\left(\overset{Me}{\underset{CH_2CH_2CH_2Cl}{Si}}—O\right)_n\!\sim\!\sim$$

根据以上所述可以认为3-氯丙基氯硅烷既是目前国内外生产硅烷偶联剂最重要的中间体，也是发展新型有机硅材料的重要原料或助剂（功能单体）。

这类化合物中硅氯键合的硅官能团有关化学性质在本书1.4节中已有阐述，其氯代烃基的化学反应则在后面有关硅烷偶联剂合成章节还将讨论。三种常用的3-氯丙基氯硅烷物理化学常数列表4-1。

表4-1　3-氯丙基氯硅烷物理化学常数

名　称	化学分子式	沸点/℃(kPa)	相对密度(℃)	折射率(℃)
3-氯丙基三氯硅烷	$ClCH_2CH_2CH_2SiCl_3$	181～183(101.3)	1.359(20)	1.4668(25)
3-氯丙基甲基二氯硅烷	$ClCH_2CH_2CH_2SiMeCl_2$	68～70(2)	1.204(20)	1.4580(20)
3-氯丙基二甲基氯硅烷	$ClCH_2CH_2CH_2SiMe_2Cl$	197(101.3)	1.043(25)	1.4488(25)

4.1.2　3-氯丙基氯硅烷的合成方法

4.1.2.1　Pt/C多相催化合成3-氯丙基氯硅烷及其发展

1946年，Sommer首先从丙基三氯硅烷氯化产物的混合物中分离出3-氯丙基三氯硅烷[1]。两年后他们又报道了过氧化物引发氯丙烯与三氯硅烷游离基的硅氢加成反应，制备了3-氯丙基三氯硅烷[2]。采用γ射线照射氯丙烯和相关的含氢氯硅烷也分别得到3-氯丙基三氯硅烷或3-氯丙基甲基二氯硅烷[3,4]。上述这些方法，前者因副产物多，目的产物收率低，后者则因反应设备条件通常不宜用于制备一般的化学品，所以都不能成为3-氯丙基氯硅烷的生产方法，迄今均没有什么发展。

1953年，Wagner首先报道[5]以Pt/C为催化剂，采用多相催化硅氢化反应过程，制备了3-氯丙基三氯硅烷化合物。其方法是将氯丙烯、三氯硅烷（$HSiCl_3$）和Pt/C催化剂于压力釜中加热至160～166℃，以51%的收率得到了3-氯丙基三氯硅烷。此外，还从产物混合物中分离出副产物丙基三氯硅烷和四氯化硅。1957年苏联Petrov研究小组采用同样方法，以氯丙烯和$HSi(R)Cl_2$（R＝—Me、—Et、—Pr、—Bu）为原料，在1%的Pt/C催化剂存在下，得到较好收率的相应目的产物［$ClCH_2CH_2CH_2Si(R)Cl_2$］，反应粗产物中也会有丙基氯硅烷［$CH_3CH_2CH_2Si(R)Cl_2$］副产物[6]。自从1957年氯铂酸异丙醇催化剂（Speier催化剂）发明之后，鉴于这种催化剂催化硅氢化反应在均相液体中进行，具很多优点，因此有关氯代丙基氯硅烷的合成研究工作主要集中在过渡金属配合物均相配合催化氯丙烯和含氢氯硅烷的硅氢加成反应，很长时间少见Pt/C等固体催化剂催化3-氯丙基氯硅烷的合成研究报道。直至1992年Seiler发表专利[7]称，他们以Pt/C为催化剂催化氯丙烯（4mol）和$HSiCl_3$（4.1mol）反应24h，得到577g（2.7mol）3-氯丙基三氯硅烷，收率（摩尔）为68%。1998年德国也有专利[8]报道称以Pt/C为催化剂，氯丙烯和三氯硅烷（或甲基二氯硅烷）为原料，采用外循环回路反应装置连续化合成3-氯丙基三氯硅烷或 3-氯丙基甲基二氯硅烷，其合成收率可达 74%。进入 21 世纪该工艺过程又发展了反应蒸馏连续制备 3-氯丙基氯硅烷技术（请参见 4.3.3 节）。毫无例外，多相催化过程也有丙基三氯硅烷和四氯硅烷（或甲基三氯硅烷）副产物产生。从上述报道的结果可以认为：Pt/C 固体催化剂催化氯丙烯与含氢氯硅烷制备 3-氯丙基氯硅烷的合成路线，其目的产物收率和选择性与改进的氯铂酸催化剂催化该反应相比并不逊色，还有生产易连续化的优点。因此，该过程已引起研究者的重视，其合成方法进行产业化开发已有研究，他们试图用 Pt/C 多相催化连续化生产 3-氯丙基氯硅烷。

4.1.2.2 均相配合催化合成 3-氯丙基氯硅烷及其问题

1960 年，Speier 研究小组的 Ryan 等[9] 报道了利用硅氢加成反应合成 3-氯丙基氯硅烷，他们采用常压或压力下两种不同的反应条件进行了实验。以三氯硅烷或（甲基二氯硅烷）与氯丙烯为反应原料，在 Speier 催化剂存在下催化硅氢加成反应，反应分别得到了收率为 66%的 3-氯丙基三氯硅烷或 63%的 3-氯丙基甲基二氯硅烷。实验操作及反应结果简述如下。

（1）方法Ⅰ

在装有搅拌器和低温冷凝器的反应瓶中加入少量的等摩尔的氯丙烯和三氯硅烷，再加入定量 Speier 催化剂，加热启动反应。当反应物的温度从 35℃升到 65℃后（没有报道反应诱导期），再慢慢滴加氯丙烯 829g（6.1mol）和三氯硅烷 421g（5.5mol）的混合物（注意氯丙烯过量），滴加速度维持反应物温度 75～80℃（这段反应时间，实验证明很长，但该文作者没有注明），最后得到 3-氯丙基三氯硅烷 768g（3.6mol），按氯丙烯计收率（摩尔）为 66%；在反应产物中他们还分离得到了副产物四氯化硅 241g（1.4mol），丙基三氯硅烷 109g（0.7mol）。

（2）方法Ⅱ

采用油浴加热不锈钢盘管反应器，利用 Speier 催化剂催化甲基二氯硅烷和氯丙烯的硅氢加成反应，制备了 3-氯丙基甲基二氯硅烷。反应操作简述如下。

按一定比例配好反应物和催化剂，用泵将反应原料和催化剂的混合物泵入盘管中进行反应，并利用弹簧减压阀维持管内设定压力，反应温度控制在 125～126℃。其具体操作是将甲基二氯硅烷 1150g（10mol）和氯丙烯 623g（8.33mol）混合（甲基二氯硅烷/氯丙烯摩尔比为 1.2，注意甲基二氯硅烷过量），再加入氯铂酸异丙醇溶液（铂含量为 1.1×10^{-5} mol）催化剂组成反应混合液，当反应器加热至设定温度，其合成条件稳定后，将原料混合物泵入反应器，同时接收反应产物。26min 内泵入反应器中原料混合物共计 429g，收集反应产物和未反应的原料混合物进行精馏并分析。

副产物：丙烯 21g（0.5mol），甲基三氯硅烷（$MeSiCl_3$）90g（0.61mol）和丙基三氯硅烷 54g（0.36mol）。

未参与反应的原料：甲基二氯硅烷（$HSiMeCl_2$）63g（0.54mol），氯丙烯 23g（0.3mol）。目的产物 3-氯丙基甲基二氯硅烷 178g（0.93mol），按氯丙烯计收率为 54%。

重复上述实验，改变两种合成原料摩尔比，以氯丙烯过量，即 $CH_2{=}CH{-}CH_2Cl$/

$HSiMeCl_2$ 之比为 1/0.83，得到目的产物 3-氯丙基甲基二氯硅烷（按氯丙烯计）为 63%。该实验证明虽然氯丙烯过量有利于增加目的产物收率，但 3-氯丙基甲基二氯硅烷的选择性仍然不好，目的产物收率偏低。

综合 20 世纪 70 年代以前的研究结果和我们的实践，利用 Speier 催化剂催化氯丙烯与含氢氯硅烷进行硅氢化反应存在的问题可归纳如下。

① Speier 催化剂催化氯丙烯与含氢氯硅烷的硅氢化反应有较长诱导期，反应时间长，催化剂容易失活、催化剂用量大。此外，还发现 HCl 和 $FeCl_3$ 等杂质抑制该催化硅氢化反应。

② Speier 催化剂催化氯丙烯与含氢氯硅烷的硅氢化反应选择性差，除生成 3-氯丙基氯硅烷的主反应（4-1）外，同时还有丙烯副产物生成，一种看法认为是硅氢化合物还原氯丙烯的副反应（4-2）所致；另一种观点则认为反应中发生了 β 加成反应（4-3），因 β 加成物的不稳定性发生反应（4-4）得到副产物丙烯和四氯化硅。

$$CH_2{=}CHCH_2Cl + HSiCl_3 \xrightarrow{\text{催化剂}} ClCH_2CH_2CH_2SiCl_3 \tag{4-1}$$

$$CH_2{=}CHCH_2Cl + HSiCl_3 \xrightarrow{\text{催化剂}} CH_2{=}CHCH_3 + SiCl_4 \tag{4-2}$$

$$CH_2{=}CHCH_2Cl + HSiCl_3 \xrightarrow{\text{催化剂}} ClCH_2C(Me)HSiCl_3 \tag{4-3}$$

$$ClCH_2C(Me)HSiCl_3 \longrightarrow CH_2{=}CHCH_3 + SiCl_4 \tag{4-4}$$

③ 在 Speier 催化剂存在下，副反应所产生的丙烯会与含氢氯硅烷发生硅氢加成反应（4-5），得到丙基氯硅烷。

$$CH_3CH{=}CH_2 + HSiCl_3(\text{或 } HSiMeCl_2) \xrightarrow{\text{催化剂}} CH_3CH_2CH_2SiCl_3(\text{或 } CH_3CH_2CH_2SiMeCl_2) \tag{4-5}$$

反应（4-5）是丙基氯硅烷产生的原因得到公认，实验表明在压力下，氯丙烯进行硅氢化反应时，因反应生成的丙烯不易从反应体系中挥发逃逸，可得收率较高的丙基氯硅烷。

④ Speier 催化剂催化氯丙烯与含氢氯硅烷硅氢化反应同时，有丙烯和 $SiCl_4$（或 $MeSiCl_3$）产生，其原因还存在不同观点，没有统一认识；研究者认为搞清楚丙烯和 $SiCl_4$（或 $MeSiCl_3$）产生过程，才有可能使合成 3-氯丙基氯硅烷的硅氢化反应选择性达到满意水平。

4.2 Speier 催化剂催化硅氢化反应合成 3-氯丙基氯硅烷的研究

自 20 世纪 60 年代以来，众多的研究者试图将氯铂酸异丙醇溶液用于生产 3-氯丙基氯硅烷，因此采用不同方法开展了以缩短反应时间，抑制副产物生成，提高目的产物收率和降低生产成本等为目标的有关研究工作。其研究主要以合成反应条件优化和提高氯铂酸催化剂的活性、选择性和稳定性为主要内容。

4.2.1 Speier 催化剂催化合成 3-氯丙基氯硅烷的反应条件优化

自从上述 Ryan 等报道以氯铂酸异丙醇溶液作催化剂，氯丙烯和含氢氯硅烷为合成原料，利用硅氢加成反应得到了中等收率的 3-氯丙基三氯硅烷和 3-氯丙基甲基二氯硅烷之后，国内外很多研究小组开始了对该合成反应的研究。人们试图通过反应温度、原料配比、压力下反应等合成条件的变化，或加入抑制副反应的助剂以及添加反应溶剂等办法达到缩短反应时间、提高合成效率和目的产物选择性，希望达到获得满意的 3-氯丙基氯硅烷收率和提高单套设备的产能，使该合成方法能用于工业生产。

3-氯丙基氯硅烷的合成原料氯丙烯和含氢氯硅烷在氯铂酸异丙醇溶液催化剂存在下，通过长时间回流虽可得到目的产物，但低沸点的合成原料损耗大，反应有效转化率低，3-氯丙基氯硅烷收率不令人满意。合成反应温度维持在 70～100℃，则可使反应获得通常结果（收率 60%左右）的目的产物；研究和生产实践表明降低反应温度有利提高目的产物选择性、收率和延长催化剂寿命，还可以减少催化用量，甚至可以多次使用。

在密闭容器中，反应自升压力下进行反应，除副反应产生的丙烯不挥发逃逸，可消耗更多的含氢氯硅烷和得到较多丙基三氯硅烷外，目的产物的收率虽有增加，但增加甚少。如果在反应过程保持常压，并即时排放因副反应产生的丙烯，则可以减少丙基三氯硅烷生成和 $HSiCl_3$ 的消耗。如此看来，在生产中若副产物丙基三氯硅烷没找到适合用途时，采用常压下反应这种办法是可以节约 $HSiCl_3$ 用量、减少原料 $HSiCl_3$ 的消耗、降低生产成本的。因此，常压下反应迄今仍是生产该化合物通用的工艺过程。

改变氯丙烯和含氢氯硅烷的投料比例，对提高催化反应选择性会有好处。当氯丙烯/含氢氯硅烷摩尔比大于 1 时，有利目的产物增加，可能原因是增加氯丙烯配位概率，不利于丙烯配位后进一步与含氢氯硅烷反应产生丙基氯硅烷。如果从副产物产生的原因来探讨（参见 4.4.3），过量较多的含氢氯硅烷会更有利于提高该催化反应目的产物的选择性；事实上多数研究报道，以及该法用于生产也都是采用过量含氢氯硅烷（参见 4.3 节）。

加入溶剂，如甲苯、氯苯、石油醚、四氢呋喃、环己酮等不会影响反应进程，也不会改变反应的选择性和收率；虽有利于控制适合的反应温度，但溶剂回收麻烦。如果加入一些目的产物作溶剂，似乎对反应选择性和收率有利。

助剂是优化反应的重要方法之一，加入助剂通常考虑它可能起三方面的作用，首先是为了提高催化剂的活性，加速氯铂酸的Ⅳ价铂转化成具催化活性的配位不饱和的Ⅱ价铂；其次则是消除或屏蔽易使催化剂中毒的杂质；第三原因则是抑制副反应，提高硅氢加成反应选择性，以获得高收率的目的产物也是研究者所期待的，比如从原料带入的金属铁离子和氯化氢；因此研究者选用易与金属离子反应或具螯合金属离子作用的氟乙酸、水杨酸、抗坏血酸、酒石酸等作为助剂[10] 用于实验，所选用有机碱类化合物以消除氯化氢的影响。

综上所述，各种合成反应条件的优化研究对改变该反应选择性虽都有一定好处，但其效果不如提高催化剂活性和增进 Speier 催化剂稳定性显著。20 世纪 80 年代以后很多研究者更关注选用有利于Ⅳ价铂转化为具催化活性Ⅱ价铂，或有利于硅氢加成反应优先发生，以提高选择性为目的的化合物作为助剂。

4.2.2 Speier 催化剂及其用于 3-氯丙基氯硅烷合成的活化

Speier 于 1957 年首先报道[11] 氯铂酸的异丙醇溶液能催化含氢硅烷化合物与不饱和化合物发生硅氢加成反应，随之利用这种催化剂催化硅氢化反应合成了很多化学结构不同的有机硅化合物，该合成技术很快得到推广应用，“Speier 催化剂”也因此而得名。该催化硅氢化反应可用如下反应式表达：

$$\equiv Si—H + CH_2═CH—Q \xrightarrow{\text{Speier 催化剂}} \equiv SiCH_2—CH_2Q$$（Q 为烃基或具有机官能团的烃基）

“Speier 催化剂”的发明大大促进了有机硅化合物的合成工作，特别促进了含有机官能团的有机硅化合物的合成。Speier 催化剂在用于 3-氯丙基氯硅烷等化合物合成实践中出现一些问题，引起研究者对该催化反应进一步的研究。一些研究者在利用氯铂酸异丙醇溶液催化硅氢化反应时，他们认为氯铂酸与异丙醇之间有氧化-还原作用，氯铂酸中的四价铂被还原成二价铂，异丙醇氧化成丙酮[12~14]。因此，Speier 催化剂中既含有没被还原的四价铂（$Pt^{Ⅳ}$）的氯铂酸（H_2PtCl_6），又含有被异丙醇还原的二价铂的配合物 $(C_3H_7PtCl_2)_2$，其还原反应可用下述方程式表述：

$$H_2PtCl_6 \cdot 6H_2O + 2i\text{-}C_3H_7OH \longrightarrow \frac{1}{2}(C_3H_7PtCl_2)_2 + CH_3COCH_3 + 4HCl + 7H_2O$$

硅氢化合物与不饱和有机化合物进行硅氢化反应，真正起催化作用的是二价铂的配合物，而不是氯铂酸本身。

1980 年 Benkeser 等[15] 比较仔细地研究了 Speier 催化剂，他们将放置两星期老化后的氯铂酸异丙醇溶液经室温真空蒸发溶剂，得到了橙色晶体，通过 ^{195}Pt NMR，^1HNMR，IR 和 ESCA 等分析测试后得出结论，认为 Speier 催化剂中含有 $H(C_3H_6)PtCl_3$，该配合物是硅氢化反应活性催化剂。当催化剂中异丙醇被除去之后，它形成类似于蔡斯盐［$(C_2H_4)_2Pt_2Cl_4$］的二聚体 $(C_3H_6)_2Pt_2Cl_4$，其过程如下方程式所示：

$$(C_3H_6)(Cl)Pt(\mu\text{-}Cl)_2Pt(Cl)(C_3H_6) \underset{}{\overset{i\text{-}C_3H_7OH}{\rightleftharpoons}} (C_3H_6)(Cl)_2Pt(OC_3H_7\text{-}i)(H) \underset{i\text{-}C_3H_7OH}{\overset{Cl^-}{\rightleftharpoons}} \left[(C_3H_6)PtCl_3\right]$$

基于上述研究，Speier 催化剂用于催化 3-氯丙基氯硅烷的合成时，如何增进 Speier 催化剂催化活性，使反应没有诱导期，缩短反应时间，关键在于如何将Ⅳ铂转成Ⅱ价铂。但如何提高催化剂选择性、专一性，减少副反应或不产生副产物，如何增强催化剂的稳定性，延长使用寿命，在 3-氯丙基氯硅烷合成中能较长时间保持催化活性，降低催化剂用量，甚至能否反复使用等，其涉及的影响因素很多，迄今还没有得到很好的解决。为了提高 Speier 催化剂活性，研究者在用它于硅氢化反应之前，事先选用具还原性能的有机物或无机化合物处理，使氯铂酸配位饱和的四价铂（$Pt^{Ⅳ}$）转变成具催化活性的配位不饱和的二价铂（Pt^{II}）或零价铂（Pt^{0}），对提高催化剂活性取得很好效果。实际上这样的工作20世纪60年代苏联研究者就有意或无意做了有关工作，比如在反应物中加入具还原性的抗坏血酸等物质以改进Speier催化剂活性。

1972年我们在研究3-氯丙基三氯硅烷合成时发现诱导期长、反应时间长、收率不高、催化剂用量大等问题后，认为重要原因在于配制的$H_2PtCl_6 \cdot 6H_2O$/异丙醇催化剂活性不高，提出利用异丙醇的还原性质，采用适当加热处理以加速$Pt^{IV} \rightarrow Pt^{II}$转化的活化方法。其操作是将氯铂酸溶于较多的异丙醇中，然后置于水浴，控制适当温度加热，同时使体系略显负压抽出部分异丙醇、水和氯化氢，直至氯铂酸异丙醇溶液由鲜红色变为红色（不能有铂黑析出）。将如此处理的催化剂用于氯丙烯和三氯硅烷硅氢加成反应，诱导期短、甚至无诱导期。后来又发现将蒸馏产物的残液中再加入少量新鲜的Speier催化剂用于3-氯丙基三氯硅烷合成反应，反应立即开始，催化剂用量也大幅度下降，而且3-氯丙基三氯硅烷收率在75%左右。该研究成果对提高催化剂活性和合成效率，减少催化剂用量起到良好效果，但对改善Speier催化剂催化氯丙烯硅氢化反应的选择性没有太大作用。该方法后来成为我国20世纪80年代开始规模化生产3-氯丙基三氯硅烷的基础（参见4.3.1）。

波兰专利报道将H_2PtCl_6溶于环己酮中，加入具还原性的$HSi(OEt)_3$，然后将其用于3-氯丙基三氯硅烷合成收率达76%，他们的工作请参见4.3.2。

4.2.3 胺对Speier催化剂催化3-氯丙基氯硅烷合成的影响

选用胺作为助剂来改善Speier催化剂的活性得到很多研究者的共识。总结起来有三方面原因：①有机胺是碱性物质，可以清除合成原料带入的杂质，比如可以中和反应体系中的HCl，还可以与一些金属离子复合，减少或抑制HCl或有害金属离子对硅氢化反应的影响；②胺具一定还原能力，有利于氯铂酸异丙醇溶液中的四价铂转化成具催化活性的二价铂，提高催化剂活性；③如果考虑含氢氯硅烷与氯丙烯加成反应还可按离子机理进行，则胺有利于含氢氯硅烷中的硅氢键（Si—H）解离，加速氯丙烯的硅氢加成反应。

Capka首先发表专利，他们将胺用于Speier催化剂催化氯丙烯与含氢氯硅烷进行的硅氢化反应，在合成3-氯丙基三氯硅烷时，加入$PhNMe_2$，反应时间仅3～4h，可以使3-氯丙基三氯硅烷含量由57%上升到81%，他们还加入$PhNEt_2$、NBu_3、$C_6H_{11}NH_2$和六氢吡啶或哌啶等有机胺进行了试验，发现都对氯丙烯与三氯硅烷硅氢化反应有促进作用[16]。

1988年，胡春野等较详细地报道[17]氯铂酸/胺催化体系催化3-氯丙基氯硅烷的合成研究工作，发现该体系较氯铂酸异丙醇溶液催化剂效果更好。反应无诱导期，在70℃下反应20min即可完成，还能提高目的产物的产率。他们还研究了氯铂酸-胺催化体系中胺的化学结构对反应的影响，其作用大小：$Bu_3N > PhNMe_2 > PhNH_2 > BuNH_2$。胺与氯铂酸的摩尔比也影响催化活性，当两者的摩尔比等于1时，催化活性最高，摩尔比大于1时，催化活性明显下降甚至失活。这些研究结果可从图4-1和图4-2得到证实。

从图4-1可见，四种用胺改性的氯铂酸催化体系用于3-氯丙基氯硅烷合成，以氯铂酸/正三丁胺体系最好，催化剂一经加入，即使在室温下也能迅速反应，而且在20min内基本完成反应，目的产物含量达 85%，延长反应时间，产率也不再变化。当该合成反应仅用氯铂酸作催化剂时，反应 20min 时，目的产物的含量仅为 30%，1h 后含量增长到 59%，再延长反应时间，含量不再增加。

图 4-2 描述反应结果是说明胺对氯铂酸催化甲基二氯硅烷与氯丙烯硅氢化反应的影响，氯铂酸/正三丁胺体系的催化效果比氯铂酸要好得多，反应 1h 3-氯丙基甲基二氯硅烷含量达 66%，而氯铂酸催化该反应仅为 19%。

将图 4-1 和图 4-2 的结果对比，可以看到，尽管在甲基二氯硅烷与氯丙烯反应中催化剂的用量是三氯硅烷与氯丙烯反应的 5 倍，但三氯硅烷的反应速率和产率仍然远高于甲基二氯硅烷。由此可见含氢硅烷化合物结构不同，反应难易也有很大差别。

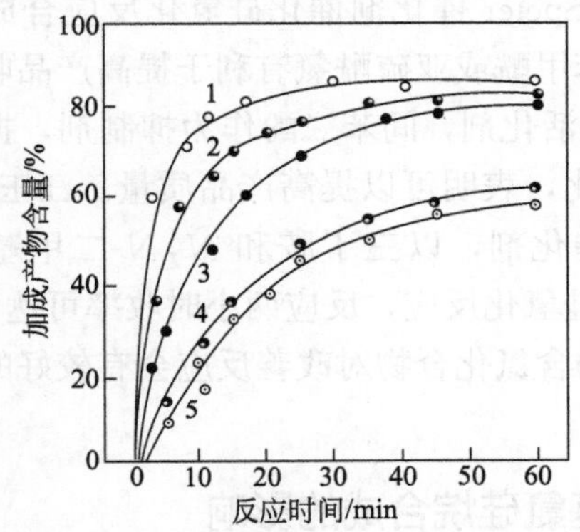

图 4-1　胺对氯丙烯与三氯硅烷反应速率及产物含量的影响

催化剂：1—H_2PtCl_6/Bu_3N；2—$H_2PtCl_6/PhNMe_2$；3—$H_2PtCl_6/PhNH_2$；4—$H_2PtCl_6/BuNH_2$；5—$H_2PtCl_6 \cdot 6H_2O$

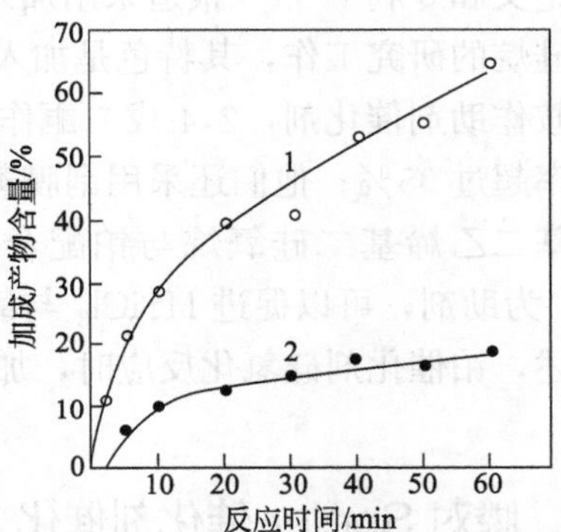

图 4-2　胺对氯丙烯与甲基二氯硅烷反应速率及产物含量的影响

催化剂：1—H_2PtCl_6/Bu_3N；2—$H_2PtCl_6 \cdot 6H_2O$

他们还通过[1]HNMR 和 IR 对氯丙烯和三氯硅烷硅氢化反应产物进行鉴定分析，结果表明：不管是氯铂酸催化剂，还是氯铂酸/胺催化体系，它们的反应产物组成相同，主要产物是氯丙烯和三氯硅烷加成反应的产物 γ-氯丙基三氯硅烷，都有副产物四氯硅烷和丙烯，此外还有少量的丙基三氯硅烷，它是丙烯与三氯硅烷进一步加成的产物。其反应方程式如下：

$$HSiCl_3 + ClCH_2CH{=}CH_2 \begin{cases} \nearrow ClCH_2CH_2CH_2SiCl_3 \\ \searrow SiCl_4 + CH_3CH{=}CH_2 \end{cases}$$

$$CH_3CH{=}CH_2 + HSiCl_3 \longrightarrow CH_3CH_2CH_2SiCl_3$$

20 世纪 90 年代以来专利报道中还有采用如吩噻嗪[18]、喹啉[19] 等含氮杂环化合物，作为硅氢化反应助剂，它们都可以使反应无诱导期，降低反应温度和缩短反应时间，均得到比仅用氯铂酸异丙醇溶液催化该反应较好的目的产物收率。

1988 年 Suzuki 发表专利[20] 称，他们以氯铂酸异丙醇溶液为催化剂，加入脂肪酰胺作为助剂如 DMA、DMF 等，催化 $HSiCl_3$ 或 $HSiMeCl_2$ 与氯丙烯进行硅氢化反应时分别得到了收率（摩尔）为84.7%或79%的相应目的产物。2003年德国专利[21]则以1,3-二乙烯基-1,1,3,3-四甲基二硅氧烷合铂为催化剂催化甲基二氯硅烷与氯丙烯的硅氢化反应，他们在反应体系中分别加入DMA、DMF、丁腈或二甲基丁胺为助剂也得到了目的产物，3-氯丙基甲基二氯硅烷的收率（摩尔）分别为81.1%、76.6%、62%和77%。

国内彭以元等[22]报道称在氯铂酸异丙醇溶液中加入一种特殊结构的胺类物质为催化剂催化硅氢化反应，还研究了反应温度、原料配比、反应时间和催化剂用量等，也合成了$ClCH_2CH_2CH_2SiMeCl_2$，其收率达81%。较用Speier催化剂催化该反应收率提高3.21%，其催化剂用量只有Speier催化剂的1/5，还能重复使用30次。

林吉茂也研究过胺和胺的化合物作为助剂对Speier催化剂的影响[23]，张中法等相继发表了论文和专利[24~26]报道采用加入助剂的Speier催化剂催化硅氢化反应合成3-氯丙基三氯硅烷的研究工作，其特色是加入过氧化苯甲酰或亚硫酰氯有利于提高产品收率；加入脂肪胺作助剂催化剂，2,4-戊二酮作为催化剂活化剂，间苯二酚作为抑制剂，据称可使产品收率超过95%；他们还采用刮膜蒸发器纯化，表明可以提高产品质量。汪玉林等[27]用四甲基二乙烯基二硅氧烷与铂配合物为主催化剂，以三丁胺和N,N-二甲基甲酰胺（DMF）为助剂，可以促进$HSiCl_3$与氯丙烯的硅氢化反应，反应两小时收率可达76.4%。综上所述，铂催化剂硅氢化反应时，加入适合的含氮化合物对改善反应会有较好的影响。

4.2.4 膦对Speier催化剂催化3-氯丙基氯硅烷合成的影响

20世纪60年代末，Ⅷ族过渡金属膦配位化合物作为有机合成催化剂已进行较多的研究并得到很好结果。因此，以膦作为助剂加入Speier催化剂中很自然成为选择对象之一。三苯基膦中磷为三价具还原性，有利于使配位饱和的氯铂酸中四价铂（Pt^{IV}）转变为具催化活性的二价铂（Pt^{II}）；膦具碱性，还具配位功能有利防止氯化氢和有害金属对催化剂的毒害；此外，它还能与铂形成有催化硅氢化反应的配合物。因此，将膦作为助剂来克服Speier催化剂用于3-氯丙基氯硅烷合成中的一些问题也是有益的。

捷克专利[28]称：利用Speier催化剂合成3-氯丙基三氯硅烷和3-氯丙基甲基二氯硅烷时，在反应体系中首次加入膦（如$Ph_2PCH_2CH_2PPh_2$）作为助剂，它能显著提高Speier催化剂的活性，反应没有诱导期，反应时间2~4h内，产物中3-氯丙基三氯硅烷含量由57%上升到79%。他们还研究了周期表中As、Sb和其他磷有机化合物等作为助剂的作用，实验表明以膦作为Speier催化剂改性助剂效果最佳。

1989年胡春野等[29]在研究Speier催化剂催化氯丙烯与含氢氯硅烷合成3-氯丙基氯硅烷时，加入三苯基膦作为改性剂，也得到了较好的结果：反应没有诱导期，70℃反应20min，产物中3-氯丙基三氯硅烷含量达到85%；同样条件下，如果以甲基二氯硅烷与氯丙烯进行硅氢化反应，反应1h，产物中3-氯丙基甲基二氯硅烷含量为68%，而相应的不加三苯基膦的Speier催化剂获得目的产物含量仅为57%的结果。氯丙烯与含氢氯硅烷进行硅氢反应有关比较试验，其反应进程对比见图4-3、图4-4，从图中可看到加有三苯基膦的反应优势。

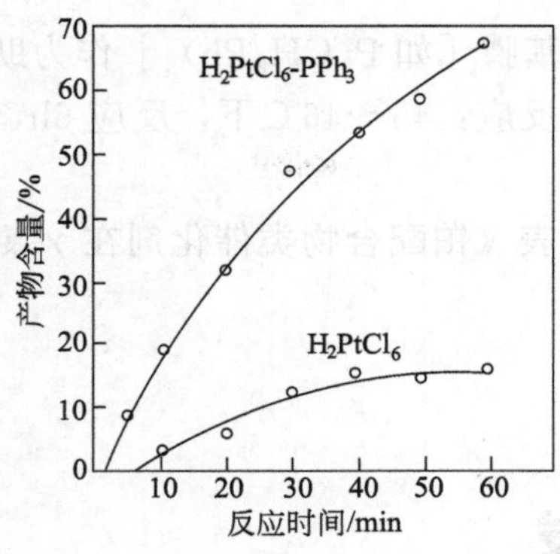

图 4-3 氯丙基甲基二氯硅烷的含量与反应时间的关系

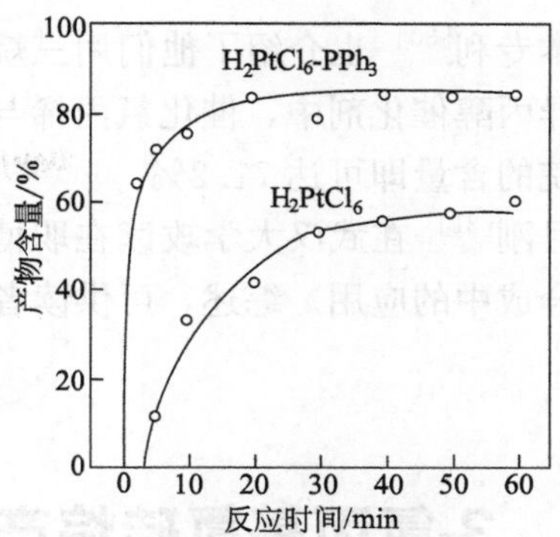

图 4-4 氯丙基三氯硅烷的含量与反应时间的关系

在研究过程中他们发现，三苯基膦与氯铂酸摩尔比对催化剂活性有明显影响，当 $PPh_3/H_2PtCl_6=1\sim1.5$ 时催化剂活性最好，当摩尔比小于 1 或大于 1.5 时，催化剂活性显著下降，当比值大于 3.0 时，其活性低于氯铂酸。

反应产物分析表明：氯铂酸/三苯膦催化体系催化氯丙烯与不同含氢氯硅烷（$HSiCl_3$ 或 $HSiMeCl_2$）进行硅氢化反应都有相同和类似的副产物，且与前述 Speier 催化剂催化该反应的副产物相同。他们也认为丙烯是含氢氯硅烷还原氯丙烯的产物，其过程如下反应式：

$$HSiMeCl_2(\text{或 }HSiCl_3)+ClCH_2CH{=}CH_2 \longrightarrow \begin{cases} ClCH_2CH_2CH_2SiMeCl_2(ClCH_2CH_2CH_2SiCl_3) \\ CH_3SiCl_3(SiCl_4)+CH_3CH{=}CH_2 \end{cases}$$

$$CH_3CH{=}CH_2+HSiMeCl_2(\text{或 }HSiCl_3)\longrightarrow CH_3CH_2CH_2SiMeCl_2(\text{或 }CH_3CH_2CH_2SiCl_3)$$

表 4-2 为氯铂酸和氯铂酸/三苯基膦两种不同催化剂分别催化该反应 1h 后，目的产物 3-氯丙基甲基二氯硅烷含量为 68%，选择性 72%，$HSiMeCl_2$ 转化率 95%。而用氯铂酸催化的反应，目的产物含量仅 12%，选择性 57%，$HSiMeCl_2$ 转化率 79%，这些数据表明氯铂酸-三苯基膦催化体系比 Speier 催化剂具有较好的催化活性和选择性。

表 4-2 两种不同催化剂催化氯丙烯与甲基二氯硅烷反应后的组成及含量

产物成分及含量/%	催化剂	
	H_2PtCl_6	H_2PtCl_6-PPh_3(1∶1)
$HSiMeCl_2$	45.9	3.2
$ClCH_2CH{=}CH_2$	34.4	7.8
$MeSiCl_3$	5.6	16.5
$EtCH_2SiMeCl_2$	1.1	4.0
$Cl(CH_2)_3SiMeCl_2$	11.6	65.7
3-氯丙基甲基二氯硅烷收率	12	68
甲基二氯硅烷转化率	79	95
氯丙基甲基二氯硅烷的选择性	57	72

日本专利[30] 也介绍了他们用三烷基膦、芳烷基膦［如 $P(CH_2Ph)_3$］作为助剂用于氯铂酸异丙醇催化剂中，催化氯丙烯与三氯硅烷的反应：45～46℃下，反应 6h，氯丙基三氯硅烷的含量即可达 71.2%。

邹月刚[31] 在武汉大学攻读在职博士期间曾发表《铂配合物类催化剂在 γ-氯丙基三氯硅烷合成中的应用》综述，可供读者参阅。

4.3 3-氯丙基氯硅烷产业化开发

随着硅烷偶联剂双（三乙氧硅丙基）四硫化物 $[(C_2H_5O)_3SiCH_2CH_2CH_2]_2S_4$（WD-40，Si-69）等的发明及其在橡胶制品工业的广泛应用；再加上 3-氨丙基三乙氧基硅烷（WD-50，KH550）和 3-甲基丙烯酰氧丙基三甲氧基硅烷采用 3-氯丙基三烷氧基硅烷为中间原料合成路线的开发，还有具碳官能团的硅油等聚硅氧烷应用推广，大幅度增加了 3-氯丙基氯硅烷的需求，促进了国内外对 3-氯丙基氯硅烷更大规模的产业化开发。1983 年我国武大化工厂将 3-氯丙基三氯硅烷（俗称 γ-氯-Ⅰ）和 3-氯丙基三乙氧基硅烷（俗称 γ-氯-Ⅱ，商品名 WD-30）进行产业化开发。武汉大学有机硅实验室于 70 年代已解决 Speier 催化剂催化氯丙烯与三氯硅烷硅氢化反应存在诱导期、反应时间长和催化剂用量大等问题，因此 3-氯丙基氯硅烷产业化开发一举成功。随之生产工人称之为 γ-氯-Ⅰ和 γ-氯-Ⅱ的生产技术向省内外不断扩散，大大促进我国硅烷偶联剂发展，直至现在 3-氯丙基三氯硅烷的生产规模已超过万吨级。

国外生产 3-氯丙基氯硅烷的技术，从文献报道看来最初发展的是 Pt/C 多相催化硅氢化技术；20 世纪 90 年代后，以改进的 Speier 催化剂催化硅氢化反应合成 3-氯丙基氯硅烷才有较大发展，其技术水平不会比我国自主发展的技术有太大差别，进入 21 世纪后，国内外对采用硅氢化反应合成 3-氯丙基氯硅烷的合成产业化开发研究比较活跃，其中尤以 Pt/C 为催化剂采用反应蒸馏技术连续合成 3-氯丙基三氯硅烷，以及以铂的配合物为催化剂，于离子液体溶剂中均相配合催化连续合成 3-氯丙基氯硅烷的有关报道特别引人注目。下面对 3-氯丙基氯硅烷有关产业化开发简单介绍，并予以述评。

4.3.1 国内用活化的 Speier 催化剂生产 3-氯丙基氯硅烷

（1）生产装置及生产工艺流程简述

图 4-5 系 3-氯丙基氯硅烷间歇生产装置和过程流程简图。首先用磁力泵（P_1）将原料氯丙烯（AC）和三氯硅烷（TCS）分别从贮槽（T_1、T_2）按一定摩尔比量打入混合计量罐（G）中，混合均匀后，部分混合物料和催化剂注入反应釜（R），开动搅拌，并加热至 65～75℃。当反应起动后，混合反应物料由计量罐（G）控制连续加入反应釜（R），加料

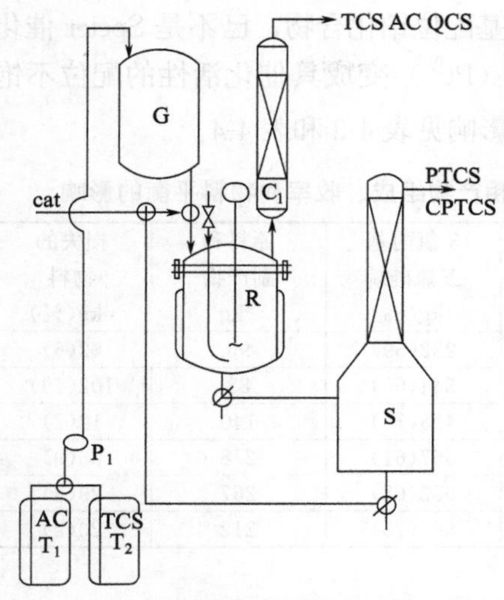

图 4-5　3-氯丙基氯硅烷间歇法生产装置

速度以反应热控制物料温度不低于 70℃。反应物料加完后，再搅拌加热至 85℃左右，反应约 2h 后停止反应。蒸出未反应原料 TCS 和 AC 以及副产物四氯化硅（QCS），$HSiCl_3$ 和 AC 回收再用，$SiCl_4$ 烷（123～125℃），减压蒸出产物 3-氯丙基三氯硅烷（CPTCS）。残液收集进入贮罐供再次合成反应作催化剂用。该工艺过程生产的 3-氯丙基三氯硅烷通常收率为 75%左右。

（2）工艺过程有关讨论

① 该过程的特点是催化剂反复使用，起到了高分子负载均相催化剂相同效果，但不同企业由于操作条件控制不同，重复使用次数和补加入的催化剂量也有差别。据统计：催化剂用量最多企业可生产 1t 产品用 9g 左右的氯铂酸，用量最少的企业据称每生产 1t 产品仅消耗 5g 左右的氯铂酸。维持催化剂反复使用的活性，关键在于反应和蒸馏过程温度尽量低，以控制催化剂不易失活的温度。

② 反应过程中补加新鲜催化剂比反应开始时加新鲜催化剂好，当催化剂活性差时，反应温度难以维持，表现回流加大时再适量补加催化剂。

③ 该工艺过程国内已有企业经技术改造后向连续化生产发展，据称目的产物收率可达 85%左右。

4.3.2　国外用活化的 Speier 催化剂制备 3-氯丙基氯硅烷

国外报道 3-氯丙基三氯硅烷合成中试装置系由两个原料贮槽 A 和 B，反应器 C，常压精馏装置 D 和减压蒸馏装置 E 等设备组成，图 4-6 系文献［32］介绍装置简图。合成原料氯丙烯和三氯硅烷由贮槽 A 和 B 计量泵入反应釜 C，搅拌下，加入配制好的催化剂［H_2PtCl_6/环已酮、乙烯基硅烷[33] 或 H_2PtCl_6/环已酮、$HSi(OEt)_3$[34]］。反应混合物通过加热或利用反应热保持 65～88℃。采用常压精馏装置器回收未反应的原料和副产物四氯化硅。丙基三氯硅烷和 3-氯丙基三氯硅烷，由减压蒸馏装置 E 馏出收集。催化剂残液回收于反应釜中再用于下次硅氢化反应。

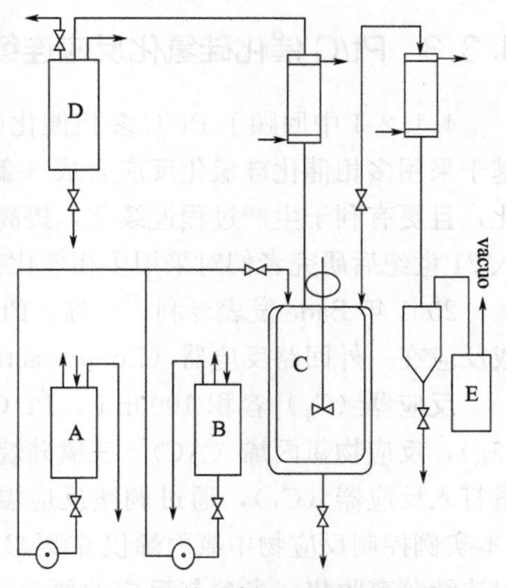

图 4-6　国外 3-氯丙基三氯硅烷中试生产装置流程

上述专利报道乙烯基三乙氧基硅烷或三乙氧基硅烷两种助剂均可提高 Speier 催化剂的活性。氯铂酸溶液用乙烯基硅烷处理后，实际起催化作用的是乙烯基配位铂化合物，已不是Speier催化剂了。用 HSi-$(OEt)_3$ 处理氯铂酸溶液则有利于四价铂（Pt^{IV}）变成具催化活性的配位不饱和二价铂（Pt^{II}）。两种改性的Speier催化剂用于生产的影响见表4-3和表4-4。

表 4-3 催化剂回收使用对氯丙烯与三氯硅烷硅氢化反应粗产物组成、收率和物料平衡的影响

序号	催化剂①	参与反应的原料/kg		3-氯丙基三氯硅烷/kg(%)	原料和副产物/kg	损失的物料/kg(%)
		$HSiCl_3$	C_3H_5Cl			
1	H_2PtCl_6(环己酮乙烯基硅烷)4.18g/Pt	248	142	232(59)	96	62(6)
2	1# 回收残液催化剂再用2次	338	191	344(65)	83	102(19)
3	2# 回收残液催化剂再用3次	370	210	428(74)	140	12(2)
4	H_2PtCl_6(环己酮,乙烯基硅烷);4.0g/Pt	510	418	567(61)	278	83(9)
5	H_2PtCl_6(环己酮,含氢硅烷);4.0g/Pt	510	418	632(68)	267	29(3)
6	5# 残液催化剂再用2次	510	418	696(75)	212	20(2)

① $[Pt]=10^{-5}mol/HSiCl_3$。

表 4-4 相同反应条件下两种不同催化剂对氯丙烯与三氯硅烷硅氢化反应粗产物中物料组成和物料平衡比较

单位：质量份

反应产物中物料	参与反应物料	H_2PtCl_6(环己酮,乙烯基硅烷)	H_2PtCl_6(环己酮,含氢硅烷)
三氯硅烷	1184	165	137
氯丙烯	673	101	90
六氯硅烷	—	273	256
丙基三氯硅烷	—	60	42
3-氯丙基三氯硅烷	70	1213	1331
气体耗损	—	104	58
液化耗损	—	8	6
烷氧基硅烷高沸物	10	13	14
合计	1937	1937	1937

4.3.3 Pt/C 催化硅氢化反应连续合成3-氯丙基氯硅烷

4.1.2.1中回顾了Pt/C多相催化硅氢化反应合成3-氯丙基氯硅烷的发展历程[5~8]。基于采用多相催化硅氢化反应合成3-氯丙基氯硅烷的选择性和收率不逊色于均相配合催化，且更有利于生产过程连续化，提高生产收率和降低绿色化学环境因子（*E*-因子）。进入21世纪后研究者们对采用多相催化硅氢化反应合成硅烷偶联剂越来越关注。

2001年Bade发表专利[35]称：Pt/C固体催化剂催化氯丙烯与三氯硅烷进行硅氢加成反应在一外回路反应器（Loop reactor）中连续进行，其过程如图4-7所示。

反应器（C_1）容积1000mL，Pt/C催化剂容积为120mL（催化剂含铂量0.1%，共45g），反应物氯丙烯（AC）/三氯硅烷（TCS）摩尔比选定为1.2，氯丙烯过量。用泵计量打入反应器（C_1），通过调整反应温度和进入速度等方法控制反应物不完全参与反应（本实例控制反应物中氯丙烯仅50%参与反应）。反应产生的副产物丙烯通过分馏塔 K_1 即时连续分离收集。未参与反应的原料AC和TCS通过分馏塔 K_2 分出后，再进入反应器（C_1）循环利用，同时补加新的反应原料，使其AC/TCS摩尔比为1.2。副产物四氯化硅

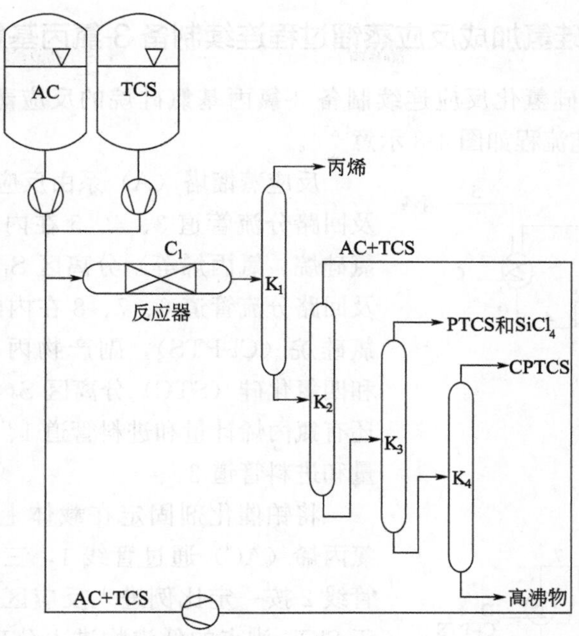

图 4-7　Pt/C 催化氯丙烯（AC）和三氯硅烷（TCS）合成 3-氯丙基三氯硅烷（CPTCS）流程

（$SiCl_4$）和丙基三氯硅烷（PTCS）通过分馏塔 K_3 分出。塔底产物和高沸物进入分馏塔 K_4，塔顶分离收集纯产品 3-氯丙基三氯硅烷（CPTCS），K_4 塔底放出高沸物。

该实例反应温度控制在 80℃，反应物料在反应塔中流速为 60L/h，压力为 4.1×10^5Pa，计算反应物在反应器中停留时间为 60min，反应物与 Pt/C 催化剂接触时间计算为 7.2s。反应产物组分及其含量色谱分析如下：3-氯丙基三氯硅烷 71.5%，副产物丙基三氯硅烷 5.2%，四氯化硅 23.3%。在相同反应条件下如果改变反应物原料比，TCS/AC 摩尔比为 1.2 时（即三氯硅烷过量），其结果是 3-氯丙基三氯硅烷为 65.4%，丙基三氯硅烷为 13.5%，四氯化硅为 21.1%。

上述实验表明：采用 Pt/C 固体催化剂催化硅氢化反应可连续制备 3-氯丙基三氯硅烷。当原料配比采用氯丙烯过量时，则可抑制丙基三氯硅烷生成，降低三氯硅烷耗量，但不能抑制四氯化硅生成。Pt/C 多相催化氯丙烯和含氢氯硅烷的硅氢化反应的选择性仍不令人满意，其原因是什么？后来的研究工作将得到答案。

翌年 Batz Sohn 和他的合作者通过专利也报道了多相催化氯丙烯与三氯硅烷硅氢化连续合成 3-氯丙基三氯硅烷的工作[36]。他们同样是以 Pt/C 为催化剂和外回路循环过量的合成原料，但 3-氯丙基三氯硅烷的收率为 75%～85%，比 Bade 小组报道的收率至少高出十个百分点。分析其原因除所用三氯硅烷过量于氯丙烯外，还因加成反应是在串联多个内装催化剂的反应管所构成的多管反应器中进行。在加料方式上也有所创新，即在每个串联反应管中间都补加三氯硅烷，以保证三氯硅烷大大过量。他们认为过量三氯硅烷有利于抑制副反应，提高目的产物选择性和收率。较详细过程请参阅所引文献。

4.3.4 采用催化硅氢加成反应蒸馏过程连续制备 3-氯丙基氯硅烷

适用于多相催化硅氢化反应连续制备 3-氯丙基氯硅烷的反应蒸馏（Reactive Distillation）装置及其工艺流程如图 4-8 示意[37]。

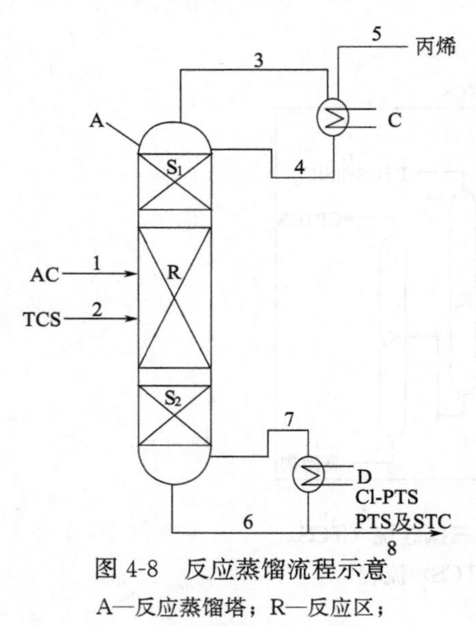

图 4-8 反应蒸馏流程示意

A—反应蒸馏塔；R—反应区；

S_1—低沸物分离区

S_2—高沸物分离区；

C—冷凝器；D—蒸发器

反应蒸馏塔（A）系由反应区 R；包括冷凝器 C 及回路分流管道 3、4、5 在内的低沸物（丙烯、三氯硅烷、氯丙烯等）分离区 S_1；包括蒸发器 D，以及回路分流管道 6、7、8 在内的高沸物 3-氯丙基三氯硅烷（Cl-PTS），副产物丙基三氯硅烷（PTCl）和四氯化硅（STC）分离区 S_2 等三部分组成，此外还有氯丙烯计量和进料管道 1、三氯硅烷（TCS）计量和进料管道 2。

将铂催化剂固定在载体上并填充于反应区 R，氯丙烯（AC）通过管线 1，三氯硅烷（TCS）通过管线 2 按一定比例进入反应区 R，起动反应后，低于 $SiCl_4$ 沸点的低沸物进入分离层 S_1，经管线 3 冷凝分出 $HSiCl_3$，返回反应蒸馏塔 A，丙烯由管线 5 排出。含有目的产物（CPTS）和副产物丙基三氯硅烷（PTS）、四氯化硅（STC）等产物进入分离区 S_2，经管线 6、蒸发器 D 和管线 7 将合成原料回到反应区 R，再经管线 6 和管线 8 放出目的产物 CPTS、少量副产物 PTS 和 STC。

反应蒸馏装置有关设计参数请参见 Ullman's Encylopedia of Industrial Chemistry (1992，34，321)。反应在绝对压力 5×10^5Pa 下运行。反应塔分作 16 段，连接冷凝器 C 部位的为 1 段，控制反应温度约 85℃，连接蒸发器 D 部位的为 16 段，控制温度约为 190℃，7、8 段为主反应区，温度约 103℃。在最下部的蒸发段，反应物的液相质量比：C1-PTS/PTS 4.8 左右；C1-PTS/STC 约 5.0（相当摩尔比为 4：1）。最终产物流中氯丙烯的质量分数小于 0.01%。

4.3.5 离子液体催化相用于连续合成 3-氯丙基氯硅烷的装置及工艺过程

硅氢加成催化剂如铂的配合物等溶于离子液体中作为催化相，将其用于催化氯丙烯与含氢氯硅烷的硅氢化反应是近年报道连续化制备 3-氯丙基三氯硅烷最新的工艺过程[38]。基于以绿色溶剂离子液体为介质的均相配位催化硅氢化反应所用贵金属催化剂可方便回收反复使用，在硅氢化反应过程中催化剂活性降低时可方便补充或更换新催化剂，致使在不停生产的情况下催化硅氢化反应可持续稳定进行下去。该优点是前述多相催化反应蒸馏连续过程所不具备的。因此，试图将该方法用于合成 3-氯丙基三氯硅烷并进行产业化开发可能将成为热点。本节对离子液体特性及其用于硅氢化反应合成 3-氯丙基三氯硅烷连续化过程予以简介。

(1) 离子液体及其特性简介[39]

离子液体（ionic liquid）又称为非水离子液体（nionaqueous ionic liquid），液态有机盐（liquid organic salt）。它在室温左右，由有机正离子和无机或有机负离子组成的有机液体物质。离子液体大体可分为 $AlCl_3$ 型离子液体、非 $AlCl_3$ 型离子液体及其他特殊离子液体三大类。前两种类型液体的主要区别在于负离子不同。正离子主要有咪唑阳离子、吡啶离子和季铵离子等三类，其中最稳定的是烷基取代的咪唑阳离子。$AlCl_3$ 型离子液体的负离子 $AlCl_x$，非 $AlCl_3$ 型离子液体包括 BF_4^-、PF_6^-、CF_3SO（PTf^-）、$N(CF_3SO_2)_2$（NTf^-）和 CF_3COO^- 等。

例如：

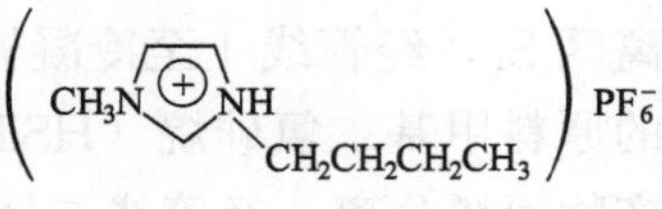

$$\left(\ CH_3N\!\overset{\oplus}{\frown}\!NH\ CH_2CH_2CH_2CH_3\right)PF_6^-$$

1-丁基-3-甲基咪唑-六氟磷酸盐

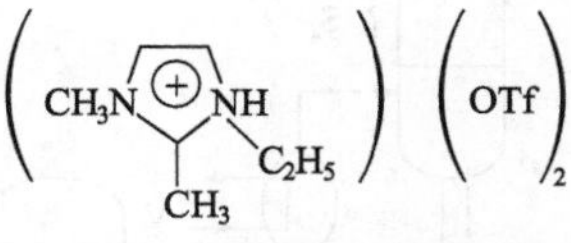

$$\left(\ CH_3N\!\overset{\oplus}{\frown}\!NH\ C_2H_5,\ CH_3\right)(OTf)_2$$

1-乙基-2,3-二甲基咪唑-双三氟甲基磺酸镏盐

离子液体作为反应介质具有如下特点。

① 溶点低，常温下是液体，300℃稳定。作为溶剂能适应于－100～200℃之间操作，熔点高低由组成的离子来调节，因此又可称为“设计者溶剂”（designer solvents）。

② 蒸气压等于零，没有蒸气压。从环保观点来看，就意味着无泄漏（emissions），不逸散（fugitive），不会污染空气。

③ 优良的溶剂。离子液体能够溶解各种类型的有机化合物、有机金属化合物、无机化合物以及聚合物。其对反应底物和催化剂良好的溶解性使得相应的反应能够在较高的浓度下进行，因而可使用较小反应器。气体在离子液体中的溶解度通常大于在传统有机溶剂中的溶解度。

④ 与许多有机溶剂不互溶。这种不互溶性使得它能被应用到一些两相体系，这一性能在一些催化反应中的价值显得尤为突出，因为产物可以用有机溶剂从离子液体中萃取出来，而残留在离子液体中的催化剂可以直接回收循环使用。

⑤ 易于合成。尽管离子液体在市场上已经很容易购买，但仍显昂贵。不过有众多衍生物可以被合成出来，这使得离子液体成为性质最易于调节的一种溶剂。随着这种溶剂应用普及，降低售价也是自然的。

(2) 离子液体用于合成 3-氯丙基三氯硅烷连续化过程实例[40,41]

图 4-9 系适用于采用离子液体催化均相配位催化硅氢加成反应，连续合成 3-氯丙基氯硅烷的反应蒸馏（reactive distillation）装置。其组成 R 为装有含定量铂催化剂（如 $PtCl_4$）的离子液体催化相催化硅氢加成的反应区。S_1 为反应低沸物分离区，S_2 为反应高沸物分离区。

首先将定量的铂催化剂溶于离子液体咪唑镏盐（如 $CH_3-HN\overset{+}{\frown}NH(OTf)_2$，$C_2H_5$，$CH_3$）中构成离子液

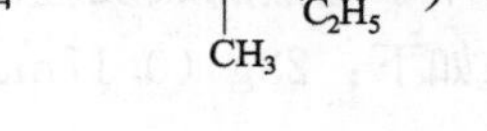

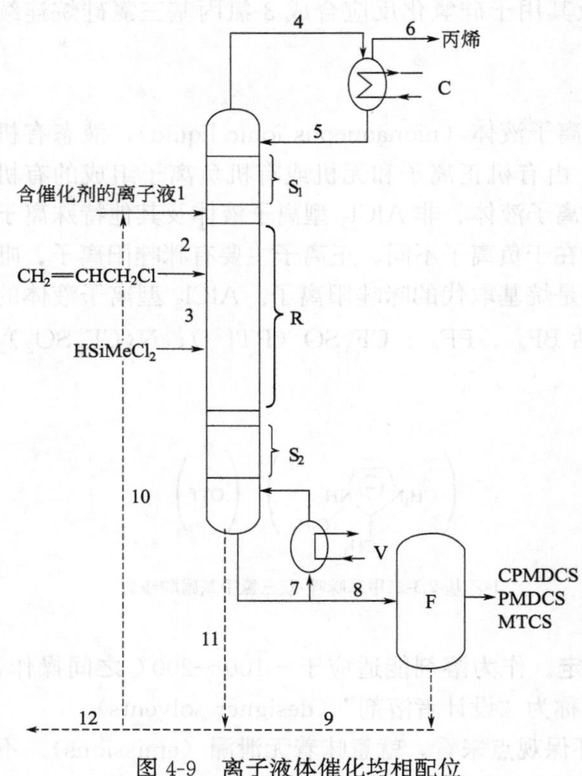

图 4-9　离子液体催化均相配位催化硅氢加成反应，连续合成 3-氯丙基氯硅烷反应蒸馏装置及工艺过程

体催化相，将其和氯丙烯经 1、2 管线进入反应区 R。在塔底部不流出反应物的情况下加热到全回流，以确定塔内浓度分布。随后再通过管线 3 加入 $HSiMeCl_2$。当参与反应的物料反应生成目的产物 3-氯丙基甲基二氯硅烷（CPMDS）和副产物丙基甲基二氯硅烷（PMDCS）、甲基三氯硅烷（MTCS）等后，使其从 R 底部进入高沸物分离区 S_2。反应中的低沸物（未反应完的原料，副产物丙烯等）由反应区 R 的上端进入分离区 S_1，经管线 4 至冷凝器 C，使过量的原料甲基二氯硅烷（$HSiMeCl_2$）与副产物丙烯分离，经管线 5 回收再进入反应塔，丙烯经管线 6 排出。进入分离区 S_2 的反应产物经管线 7、蒸发器 V 去除夹带的反应原料进入反应区 R。反应目的产物 CPMDCS 和副产物 PMDCS、MTCS 及溶有催化剂的离子液体经管线 7 和 8 进入分离设备 F；移出 CPMDCS、PMDCS 和 MTCS 后，溶有催化剂的离子液体经管线 9 和管线 10 再进入反应塔，如此循环完成连续化制备过程。当催化剂活性降低或完全失活可由管线 1 予以补充，失活的催化剂可由管线 11 和管线 12 放出处理再用。有关更详细操作及其条件控制请参见本节所引文献。

4.4　3-氯丙基氯硅烷有关合成的其他研究

4.4.1　膦配位铂化合物催化 3-氯丙基氯硅烷的合成

膦或胺等与Ⅷ族过渡金属配位化合物催化硅氢化反应从 20 世纪 70 年代以来一直引起研究者兴趣，虽然这类催化剂研究不少，但将其用于氯丙烯与三氯硅烷硅氢加成反应的报道并不多见。文献中较有意义的是 Koga 的工作[42]，他们用二（三苯基膦）二氯合铂作催化剂，将其用于硅氢加成反应制备 3-氯丙基三氯硅烷，其收率达 82%，其实验操作及对比实验结果如下：23g（0.17mol）三氯硅烷和氯丙烯 7.7g（0.1mol）于不锈钢的反应釜中，100℃反应 8h，还与 $Pt(PPh_3)_4$ 和 H_2PtCl_6/异丙醇两种催化剂催化该反应进行了比较，其反应粗产物不同成分含量分析结果见表 4-5。

表 4-5 $(PPh_3)_2PtCl_2$、$Pt(PPh_3)_4$ 和 H_2PtCl_6 三种不同催化剂催化合成 3-氯丙基三氯硅烷反应混合物分析结果比较

催化剂 反应产物中各组分百分含量	$(PPh_3)_2PtCl_2$	$Pt(PPh_3)_4$	H_2PtCl_6
$ClCH_2CH_2CH_2SiCl_3$	63.7	33.3	33.6
$EtCH_2SiCl_3$	17.7	12.7	31.8
$SiCl_4$	11.2	31.5	28.6
$CH_2=CHCH_2SiCl_3$	0	22.5	0
$HSiCl_3$	13.4	0	0
收率(按氯丙烯)	82	44	46.9

表 4-5 可以看出，二（三苯基膦）二氯合铂是氯丙烯与三氯硅烷加成较好的催化剂，活性高，选择性好，副产物少。

Marciniec 发表专利称[43]：$Pt(PPh_3)_2CH_2=CH_2$、$Pt(PPh_3)_2 \cdot CH_2=CHSi(OEt)_3$ 或 $Pt(PPh_3)_2CH_2=CHSiMe_3$ 都可催化氯丙烯与三氯硅烷硅氢化反应，合成了 3-氯丙基三氯硅烷，催化剂还可重复使用，收率在 68%～74%。后来他们又发表专利[44]：当用 $Pt(PPh_3)_2 \cdot CH_2=CHSi(OEt)_3$ 为催化剂时，0.4mol 氯丙烯与 0.4mol$HSiCl_3$ 反应，其收率可达 85.5%。

1997 年 Takeuchi 等用 $(PPh_3)_2Pt(O_2)$ 作催化剂催化合成 $ClCH_2CH_2CH_2SiCl_3$ 得到了 69.1%的收率[45]。除磷配位和烯配位铂化合物用于催化硅氢化反应合成 3-氯丙基氯硅烷外，其他过渡金属如 Rh、Ru、Ir、Cu 等的配位化合物作催化剂也有研究，其中以环辛二烯配位的铱的配合物催化硅氢化反应连续化制备 3-氯丙基二甲基氯硅烷等化合物，其收率达 90.5%[46] 和 95%[47]。

4.4.2 高分子负载过渡金属配合物催化合成 3-氯丙基氯硅烷

将过渡金属配合物锚定在有机交联树脂、硅胶或氧化铝的载体上，这类催化剂统称之为高分子负载配合物催化剂。从理论上讲，该类催化剂除具有可回收反复使用外，还有如下优点：催化剂往往被高分子链相互隔离，难以相互缩合，防止催化剂活性中心过渡金属（如 Pt）团聚而失活，从而有利于获得较高的配位不饱和度，其活性中心多，可提高催化效能；还因载体物理化学性质诸方面影响，使其较没有负载的过渡金属配合物催化剂具有更好的选择性；此外，还有热稳定性好，可延长使用寿命等特点。基于上述原因，20 世纪 70 年代以来，硅胶或交联聚苯乙烯负载Ⅷ族金属配合物催化剂用于氢化、硅氢化、氢醛化和氧化等反应具有广泛的研究和报道（请参见 8.3.4）。

Marciniec 等[48] 制备了以硅胶为载体，选用吗啉、哌嗪、吡咯烷、二苯胺、二乙胺等五种叔胺为配位基的高分子负载配合催化剂，将它们用于催化三氯硅烷与 3-氯丙烯的硅氢化反应，加成产物的收率为60%～65%，选择性为85%左右。如果用氯铂酸异丙醇溶液为催化剂时，加成产物收率为57%。该固相催化剂回收反复使用三次后，产物收率开始下降。

Panster 等[49] 研究了含胺配位基的有机聚硅氧烷负载铂配合催化剂催化硅氢化反应，他们将氯丙烯与三氯硅烷于 2L 的流动反应器中进行反应，色谱分析目的产物含量为74.8%，选择性为77.2%。同时又用 Pt/C 催化剂催化该反应进行了对比，Pt/C 催化剂用于反应所得产物色谱分析：3-氯丙基三氯硅烷含量仅为63.3%，选择性为73.8%。

1985 年，Williams[50] 将 SiO_2 为载体，将其和巯丙基三乙氧基硅烷 [$HSCH_2CH_2CH_2Si(OEt)_3$] 反应合成了 SiO_2 负载巯丙基的配体，负载配体再与 H_2PtCl_6 反应，制备二氧化硅负载的铂催化剂（(SiO_2)—R—S—Pt）。该催化剂用于3-氯丙基三氯硅烷合成，得到了72%收率的3-氯丙基三氯硅烷和8%的丙基三氯硅烷。重复使用一次，3-氯丙基三氯硅烷收率为70%，丙基三氯硅烷为9%。我国江英彦等也做了类似工作[51～53]，他们首先将3-巯丙基三乙氧基硅烷与乙醇钠反应，滴加等摩尔的3-氯丙基三乙氧基硅烷，得到双-(三乙氧硅丙基)硫醚 [$(EtO)_3Si(CH_2)_3]_2S$，再将其与气相 SiO_2 反应，得 SiO_2 负载的含硫聚硅氧烷配合物，然后用于甲基二氯硅烷和氯丙烯等8种不同不饱和化合物的硅氢化反应，除丙烯酸甲酯和苯乙烯外，都可得到较高收率的加成产物，3-氯丙基甲基二氯硅烷收率为69%。何胜刚[54] 则以二氧化硅为载体的聚硅氧烷-胺配位的铂化合物为催化剂催化氯丙烯与含氢氯硅烷的硅氢化反应，其合成收率也在60%以上。

4.4.3 硅氢化反应合成3-氯丙基氯硅烷的副反应讨论

含氢氯硅烷和氯丙烯为原料，采用铂或它的配合物催化硅氢化反应合成3-氯丙基氯硅烷 [$3\text{-}ClCH_2CH_2CH_2SiMe_nCl_{3-n}$，$n=0,1,2$] 研究历时逾半个世纪。通过研究虽然解决了反应诱导期长、反应时间长、催化剂用量大等一系列问题，且国内外都进行了产业化开发，其规模已达万吨级。迄今该硅烷偶联剂合成收率研究仍被关注，其原因在于合成3-氯丙基氯硅烷所采用的催化硅氢化反应的选择性不好，合成收率还没有达到满意程度。20世纪90年代“绿色化学”概念提出以来，有机硅化工生产绿色化已引起硅烷偶联剂研究者和生产者的重视。认真审视含氢氯硅烷与氯丙烯的硅氢化反应，希望通过研究者和生产者共同努力解决存在的问题是本章节的目的之一。下面以氯丙烯与三氯硅烷为例，讨论3-氯丙基三氯硅烷合成及其副产物产生有关反应过程和机理，想办法予以抑制副反应，期望3-氯丙基氯硅烷的合成反应能实现绿色化学的原子经济性反应。

4.4.3.1 催化硅氢化反应合成3-氯丙基三氯硅烷

催化硅氢化反应合成3-氯丙基三氯硅烷合成过程，通常反应式表达如下：

$$ClCH_2—CH═CH_2 + HSiCl_3 \xrightarrow{\text{催化剂}} ClCH_2CH_2CH_2SiCl_3 \tag{4-6}$$

根据1965年Chalk和Harrod提出和后来改进的硅氢加成反应机理[55]，3-氯丙基三氯硅烷合成可用图4-10的催化硅氢化反应循环过程予以表达：

反应过程首先是三氯硅烷与配位不饱和的 $[Pt]^{II}$ 或 $[Pt]^0$ 配合物进行氧化加成，随

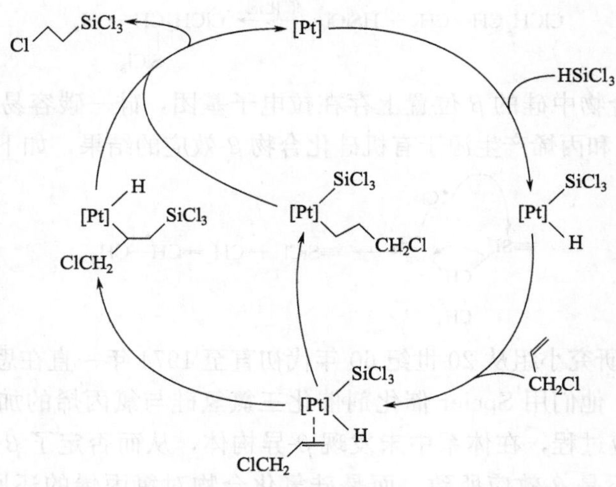

图 4-10　氯丙烯与三氯硅烷配位催化硅氢化反应
合成 3-氯丙基三氯硅烷催化循环过程

之氯丙烯配位（也可以先配位后加成或同时进行），然后氯丙烯中的不饱和乙烯基插入 Pt—H 键或 Pt—Si 键两个不同位置，其中插入 Pt—H 键占优势。最后两种不同插入所形成的配合物都可以发生还原消去反应，结果都生成 3-氯丙基三氯硅烷，从而完成硅氢化反应催化循环过程。

如果仅从上述反应方程式和硅氢化反应催化循环过程表达，似乎可以认为胶体铂或铂的配合物催化硅氢化反应合成 3-氯丙基三氯硅烷过程系绿色化学原子经济性反应过程。但无数实验和研究表明，氯丙烯与含氢氯硅烷硅氢化反应还伴随着与之竞争的副反应，反应产物中都收集到丙基三氯硅烷、丙烯和四氯化硅等副产物，例如反应（4-7）和反应（4-8）所示，从而大大降低了合成反应的原子利用率。

$$ClCH_2CH{=}CH_2+HSiCl_3\xrightarrow{\text{催化剂}}CH_2{=}CH{-}CH_3+SiCl_4 \tag{4-7}$$

$$CH_2{=}CH{-}CH_3+HSiCl_3\xrightarrow{\text{催化剂}}CH_3CH_2CH_2SiCl_3 \tag{4-8}$$

研究者都认为：丙基三氯硅烷是丙烯与含氢氯硅烷在催化剂作用下发生硅氢加成反应的结果如反应（4-8）。但反应（4-7）的副产物四氯化硅和丙烯是通过什么途径产生的，还没有统一说法。

4.4.3.2　3-氯丙基三氯硅烷合成中主要副产物产生途径介绍和讨论

研究报道都提到在反应体系中发现了丙烯和四氯化硅，从而不少研究者认为丙烯产生原因是硅氢化合物还原氯丙烯的结果，另一副产物丙基三氯硅烷则是丙烯与三氯硅烷的加成产物。同样，当甲基二氯硅烷与氯丙烯进行反应得到了丙基甲基二氯硅烷和甲基三氯硅烷。

尽管有上述推断，但仍有研究者认为副产物产生的原因是三氯硅烷与氯丙烯进行硅氢化加成反应时生成的 β-加成物（β-氯代异丙基三氯硅烷）。

$$ClCH_2CH{=}CH_2 + HSiCl_3 \xrightarrow{\text{催化剂}} ClCH_2\underset{\underset{\displaystyle SiCl_3}{|}}{CH}{-}CH_3$$

根据有机硅化合物中硅的 β 位置上存在拉电子基团，硅—碳容易断裂的性质（上文 1.4.3），认为 $SiCl_4$ 和丙烯产生源于有机硅化合物 β-效应的结果，如下反应过程所示：

$$\equiv Si{-}CH(CH_3){-}CH_2{-}\ddot{Cl} \longrightarrow \equiv SiCl + CH_2{=}CH{-}CH_3$$

苏联 Белякова 研究小组从 20 世纪 60 年代初直至 1974 年一直在思考和研究上述有不同看法的反应过程。他们用 Speier 催化剂催化三氯氢硅与氯丙烯的加成反应，气相色谱和^{1}HNMR 跟踪反应过程，在体系中未发现 β-异构体，从而否定了 β-加成产物产生，进而证实丙烯的产生不是 β-效应所致，而是硅氢化合物对氯丙烯的还原作用。上述事实，包括我们在内的很多后来的研究者研究氯丙烯与含氢氯硅烷（$HSiMe_nCl_{3-n}$，n=0、1）硅氢化反应时均未发现 β-氯代异丙基氯 $(CH_3)(ClCH_2)CHSiCl_3$ 的加成产物。因此，研究者们大都同意丙烯产生是硅氢化物还原氯丙烯的结果。但是该还原过程是如何进行的，直至新世纪初还没有统一的说法。

2003 年 Marciniec 发表了 Pt/C 催化氯丙烯与三氯硅烷进行硅氢加成动力学和反应机理的研究[56]。他们在多相催化硅氢化反应实验基础上，根据 Chalk-Harrod 提出的均相配合催化硅氢加成反应机理，提出了他们认为的催化循环过程以及丙基三氯硅烷是如何产生的看法，现将他们认为的反应过程予以引用（图 4-11）。反应第一步是配位不饱和铂（//Pt//）通过 $HSiCl_3$ 氧化加成（C_1'）再与氯丙烯配位生成反应中间配合物 C_1 或先氯丙烯与配位不饱和的铂配位（C_2''）再进行 $HSiCl_3$ 的氧化加成，也生成反应中间 σ-π 配合物 C_1；随之烯 α 插入 Pt—H 键生成中间产物 C_2'后，立即发生还原消去反应得到目的产物氯丙基三氯硅烷。在上述过程发生的同时，氯丙烯还可以 β 插入 Pt—H 键生成中间产物 C_2''；具 σ-键连的 β-氯代烷基 Pt 中间体 C_2''的不稳定性，氯易发生 β-消去，随之产生丙烯的四氯化硅，丙烯在催化剂存在下配位后再与三氯硅烷硅氢加成得到丙基三氯硅烷。

我们认为 Marciniec 提出上述机理是可信的。催化循环中，氯丙烯完全可能 β 插入 Pt—H 键生成中间活性配合物 C_2''，但随之丙基三氯硅烷和四氯化硅的生成比较模糊，可以理解为 C_2''还原消去生成 β-氯代异丙基三氯硅烷后，因该化合物的 β-效应导致。我们认为 β-氯代烷基铂配合物 C_2''容易发生 β-氯的消去反应。β-氯的消去同时产生丙烯生成的活性配合物 C_3，在 $HSiCl_3$ 氧化加成的同时消去副产物 $SiCl_4$，随之丙烯插入 Pt-H，最后还原消去得到丙基三氯硅烷，其反应过程可以用图 4-12 予以表述。

此外，四氯化硅和丙烯产生可能还有另一原因，即很多研究者认为铂及其配合物催化三氯硅烷与氯丙烯进行硅氢反应同时，还存在另一平行反应，也就是含氢硅烷化合物或聚

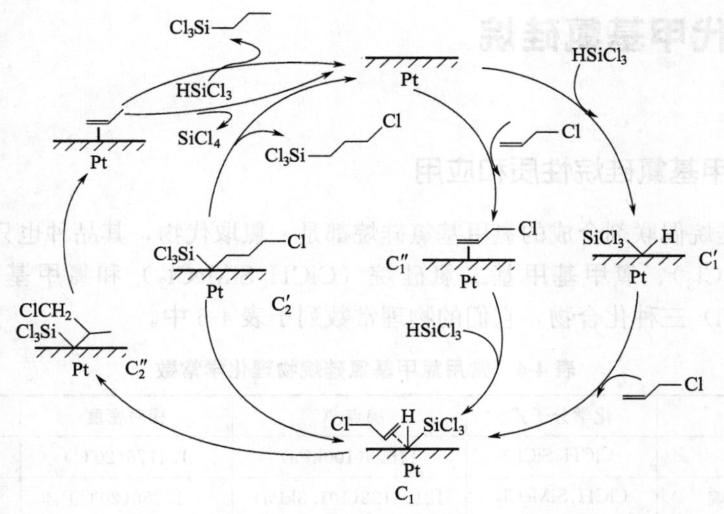

图 4-11 Marciniec 提出氯丙烯与三氯硅烷硅氢化反应及其主要副反应催化循环过程

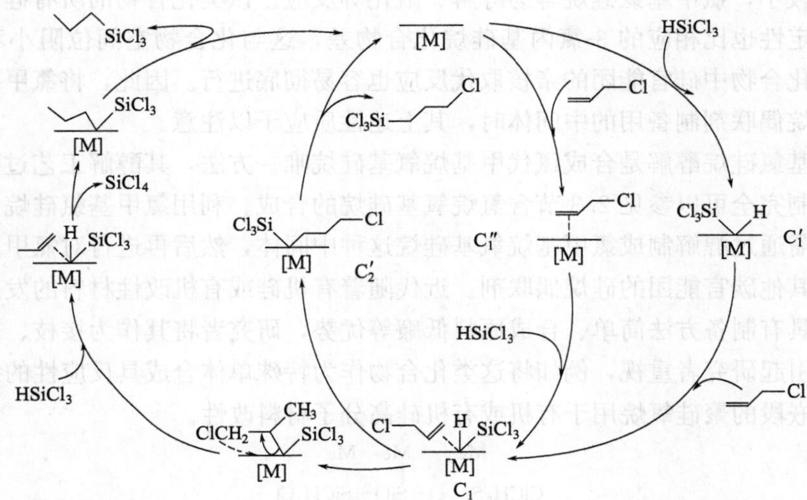

图 4-12 氯丙烯与三氯硅烷进行硅氢化反应及其主要副反应催化循环过程

合物都具有还原作用，该反应在文献常用如下方程式表达：

$$\equiv SiH + ClCH_2—CH═CH_2 \longrightarrow \equiv SiCl + CH_2═CH—CH_3$$

尽管氯丙烯中氯容易被还原，实际上这种还原作用只能在催化剂存在下才可能很明显看到，因此在铂及其配合物催化该硅氢化反应过程的同时存在氯丙烯的还原反应，我们认为该反应是过渡金属配合物中 Pt—H 键断裂生成负氢对氯丙烯发生亲核取代氯的结果。

4.5 氯代甲基氯硅烷

4.5.1 氯代甲基氯硅烷性质和应用

通常用于硅烷偶联剂合成的氯甲基氯硅烷都是一氯取代物，其品种也只有氯甲基三氯硅烷（$ClCH_2SiCl_3$）、氯甲基甲基二氯硅烷（$ClCH_2SiMeCl_2$）和氯甲基二甲基氯硅烷（$ClCH_2SiMe_2Cl$）三种化合物，它们的物理常数列于表 4-6 中。

表 4-6 常用氯甲基氯硅烷物理化学常数

化合物名称	化学分子式	沸点/℃	相对密度	折射率
氯甲基三氯硅烷	$ClCH_2SiCl_3$	116.5(100kPa)	1.4776(20℃)	—
氯甲基甲基二氯硅烷	$ClCH_2SiMeCl_2$	121～122(101.3kPa)	1.286(20℃)	1.450(20℃)
氯甲基二甲基氯硅烷	CCH_2SiMe_2Cl	115～116(101.3kPa)	1.087(20℃)	1.463(20℃)

氯甲基氯硅烷几乎可以发生 3-氯丙基氯硅烷所有反应，但因受氯代甲硅基的影响，空间位阻也较小，氯甲基氯硅烷容易醇解、酰化等反应。该类化合物的所有硅官能团化合物的水解稳定性也比相应的 3-氯丙基硅烷化合物差，这与化合物空间位阻小和疏水性小有关。该类化合物中硅官能团的亲核取代反应也容易彻底进行。因此，将氯甲基氯硅烷化合物作为硅烷偶联剂制备用的中间体时，其上述性质应予以注意。

氯代甲基氯硅烷醇解是合成氯代甲基烷氧基硅烷唯一方法，其醇解工艺过程及其有关副反应的抑制完全可以参见 2.3 节含氢烷氧基硅烷的合成。利用氯甲基氯硅烷制备硅烷偶联剂基本都需通过醇解制成氯甲基烷氧基硅烷这种中间体，然后再进行对氯甲基的取代反应制备成具其他碳官能团的硅烷偶联剂。近代随着有机硅或有机改性材料的发展，由于氯甲基氯硅烷具有制备方法简单、合成原料低廉等优势，研究者将其作为接枝、嵌段或交联助剂越来越引起研究者重视，例如将这类化合物作为特殊单体合成具反应性的氯甲基封端的低聚物或嵌段的聚硅氧烷用于有机或有机硅高分子材料改性。

$$ClCH_2Si(Me)_2-O\!\!-\!\!(Si(Me)_2O)_n\!\!-\!\!Si(Me)_2CH_2Cl$$

$$ClCH_2Si(Me)_2-O\!\!-\!\!(Si(Me)_2O)\!\!-\!\!Si(Me)_2-Me,\quad -(Si(Me)_2O)_m-(Si(Me)(CH_2Cl)O)_n-$$

4.5.2 氯代甲基氯硅烷的合成

常用的氯甲基硅烷是以硅/氯甲烷直接反应合成的、价廉的工业产品——甲基三氯硅烷、二甲基二氯硅烷或三甲基氯硅烷为原料，通过氯气直接氯化制备[57,58]。其氯化反应可以用偶氮二异丁腈、有机过氧化物、紫外光、白炽光、铝、铁、锑或磷的卤化物，以及铁或碘单质引发产生自由基进行游离基取代反应。甲基氯硅烷中的 CH_3 中 H 可逐步被氯取代，而且取代反应的速度越来越快，控制不好很难只生成一氯代甲基氯硅烷阶段，通常得到多取代的混合物。例如不加控制的二甲基二氯硅烷光氯化得到 37%的 $ClCH_2SiMeCl_2$，38%的 $Cl_2CHSiMeCl_2$ 和 7%的 $Cl_3CSiMeCl_2$ 等；甲基三氯硅烷氯化则得到 62%的 $ClCH_2SiMe_2Cl$，23%的 $Cl_2CHSiMe_2Cl$ 和 9%的（$ClCH_2$）$_2SiMeCl$ 等。

（1）偶氮二异丁腈引发液相氯化

偶氮二异丁腈于甲基三氯硅烷中加热，通入干燥氯气氯化，可以制备氯甲基三氯硅烷。但因产物 $ClCH_2SiCl_3$ 可进一步氯化得到 $Cl_2CHSiCl_3$，其氯化反应速率比原料 CH_3SiCl_3 氯化快，因此如果想要得到高收率的目的产物 $ClCH_2SiCl_3$，及时分离出生成的 $ClCH_2SiCl_3$，或原料 $MeSiCl_3$ 大量过量的条件下进行氯化方可得到好效果，据称目的产物可达 90%[55]。20 世纪 60 年代南京大学周庆立即开始了这种方法的研究，后来改用气相法合成氯甲基三氯硅烷。偶氮二异丁腈引发下的液相氯化反应，应保持一定的温度，因放热反应控制较困难，液相氯化反应速率明显慢于气相法。因此，其应用受到限制。

（2）光引发气相氯化法[59~61]

在 67℃左右，白炽灯光照射引发甲基三氯硅烷（沸点温度 66.5℃）与氯气反应可以方便制备氯甲基三氯硅烷。其反应过程首先是光引发氯气生成自由基，随后迅速发生自由基取代反应：

$$Cl_2 \xrightarrow{h\nu} 2 \cdot Cl$$

$$\cdot Cl + MeSiCl_3 \longrightarrow \cdot CH_2SiCl_3 + HCl$$

$$Cl_2 + \cdot CH_2SiCl_3 \longrightarrow ClCH_2SiCl_3 + \cdot Cl$$

该反应过程中如果不将目的产物 $ClCH_2SiCl_3$ 很快的离开反应区，其产物 $ClCH_2SiCl_3$ 会进一步发生游离基取代反应，生成副产物 $Cl_2CHSiCl_3$ 和 MeC—$SiCl_3$。为此我们 20 世纪 80 年代在实验室采用图 4-13 装置合成过氯甲基三氯硅烷（$ClCH_2SiCl_3$）和氯甲基甲基二氯硅烷（$ClCH_2SiMeCl_2$）均取得良好结果。

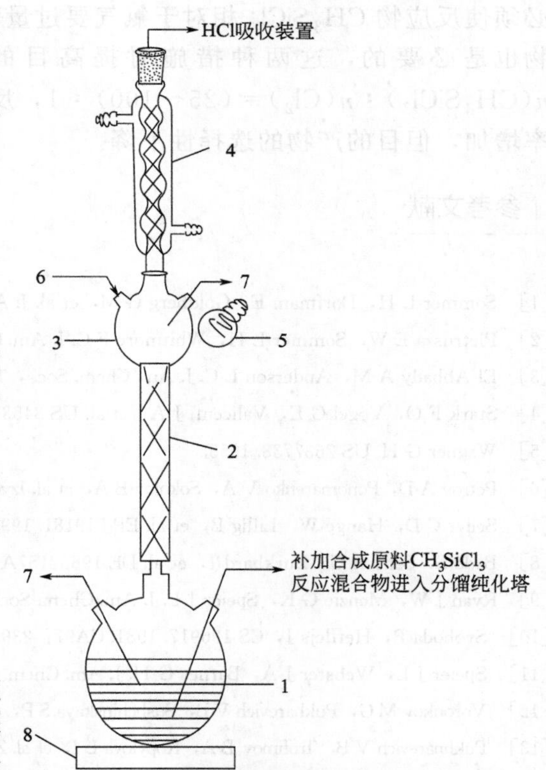

图 4-13　甲基氯硅烷气相氯化实验装置

1—三口瓶；2—填料分离塔；3—气相反应瓶；4—冷凝器；5—白炽灯；6—氯气计量导入管；7—温度计；8—加热器

其操作过程：将原料 $MeSiCl_3$ 于三口瓶（1）中，加热至沸，使蒸汽由填料分离塔（2）上升至气相反应瓶（3），并保持合成原料蒸气一直可以顺利上升。开启白炽光（5），由钢瓶放出计量的氯气经导入管（6）通进气相反应瓶（3），反应引发开始后，注意通入氯气速度保持反应区温度略高于甲基三氯硅烷沸点（66.5℃）。生成的产物氯甲基三氯硅烷（沸点116.5℃）回流至三口瓶（1），副产物HCl通过含填料的冷凝器（4）进入吸收塔。该合成装置可以间歇-连续进行，其合成收率主要取决于合成原料和产物在气相反应瓶中的分离情况，操作条件合适可达85%左右收率。类似实验的合成装置可用于生产。实验表明二甲基二氯硅烷气相氯化制备氯甲基甲基二氯硅烷时，副产物二氯代甲基甲基二氯硅烷（$Cl_2CHSiMeCl_2$）的含量多于（$ClCH_2SiMeCl_2$）。表明合成产物$ClCH_2SiMeCl_2$较容易被进一步氯化生成二氯取代物（$Cl_2CHSiMeCl_2$）。国内外采用光氯化反应合成氯代甲基氯硅烷进行了较多研究，其内容涉及反应温度、终点反应温度、反应时间、物料分离、反应器材质、光源、氯气通量等。该合成方法系我国南京大学周庆立指导下，已于20世纪80年代进行了产业化开发。

(3) 气相热氯化合成法

2001年俄罗斯Voronkov. M. G等研究了热氯化法制备氯甲基三氯硅烷[62]。即在300～400℃温度下，氯气气相氯化甲基氯硅烷，反应也是按自由基机理进行的。该合成方法与光氯化类似，反应过程中除生成一氯甲基、二氯二甲基等单体取代的氯化物外，还生成二氯代甲基和三氯代甲基氯硅烷的副产物。因此制备$ClCH_2SiCl_3$时，必须使反应物CH_3SiCl_3相对于氯气要过量和即时从反应区移出所生成的一氯甲基产物也是必要的，这两种措施对提高目的产物的收率有好处。最佳反应条件：$n(CH_3SiCl_3):n(Cl_2)=(25～100):1$，反应温度350～400℃。温度升高，反应速率增加，但目的产物的选择性下降。

参考文献

[1] Sommer L H，Dorfmam E，Goldberg G M，et al. J. Am. Chem. Soc.，1946，68：488-489.

[2] Pietrusza E W，Sommer L H，Whitmore F C. J. Am. Chem. Soc.，1948，70：484-486.

[3] El-Abbady A M，Anderson L C. J. Am. Chem. Soc.，1958，80：1737-1739.

[4] Stark F O，Vogel G E，Valicenti J A，et al. US 3453193. 1969.

[5] Wagner G H. US 2637738. 1953.

[6] Petrov A D，Ponomarenko V A，Sokolov B A，et al. Izvestiya Akad Nauk. S. S. S. R.，1957：1206-1217.

[7] Seiler C D，Hange W，Lillig B，et al. EP 519181. 1992. CA118：147779.

[8] Bade S，Schoen U，Burkhard J，et al. DE 19632157A1. 1998. CA128：168983.

[9] Ryan J W，Menzie G K，Speier J L. J. Am. Chem. Soc.，1960，82：3601-3604.

[10] Svoboda P，Hetflejs J，CS 196917. 1981. CA97：23996.

[11] Speier J L，Webster J A，Barnes G H. J. Am. Chem. Soc.，1957，79：974-979.

[12] Voronkov M G，Pukharevich V B，Sushchinskaya S P，et al. Zh. Obshch. Khim. 1971，41 (9)：2102. CA76：28158.

[13] Pukhnarevich V B，Trofimov B A，Kopylova L I，et al. Zh. Obshch. Khim.，1973，43 (12)：2691-2694. CA81：6521.

[14] Lahaye J，Lagarde R. Bull. Soc. Chim. Fr.，1974：2999-3003. CA83：21226.

[15] Benkeser R A，Kang J. J. Organomet. Chem.，1980，185 (1)：C9-C12.

[16] Capka M，Janada M. CS 176909. 1979. CA91：20704.

[17] 胡春野，杨荣华，江英彦. 分子催化，1988，2 (1)：38-43.

[18] 沙坚，孙玉宾，王毅军，等. CN 1056881. 1991.
[19] Takeuchi M，Endo M，Kubota T，et al. JP 09192494. 1997. CA127：205701.
[20] Suzuki M，Imai T. US 4736049. 1988.
[21] Giessler S，Mack H，Barfurth D. DE 10243180（US 20030100784），CA138：321393.
[22] 彭以元，崔国娣，许群兰，等. 江西师范大学学报（自然科学版），1996，20（4）：294-298.
[23] 林吉茂，杨亲正，阚成有. 山东大学学报（自然科学版），1999，34（4）：456-458.
[24] 张中法，丁爱梅，刘攀攀，等. 山东化工，2009，38（12）：36-39.
[25] 张中法，黄慧，郭东阳，等. 河北化工，2009，32（12）：44-46.
[26] 张中法，黄慧，吕彩玲，等. CN 101624398. 2010.
[27] 汪玉林，郑云峰，程建华，等. 广东化工，2010，37（204）：102-103.
[28] Capka M，Janda M，CS 176910. 1979. CA：91-20703.
[29] 胡春野，赵东宇，江英彦. 催化学报，1989，10（2）：213-216.
[30] Kiyomori A，Endo M，Kubota T，et al. JP 09157276（1997）CA127：135947.
[31] Gulinski J，Marciniec B，Maciejewski H，et al. Pol. J. Chem. Tech.，1999，1（1）：11-15.
[32] 邹月刚，刘继，陈向前，等. 化学进展，2015，27（9）：1142-1190.
[33] Marciniec B，Gulinski J，Mirecki J. PL 145671. 1988. CA112：98810.
[34] Marciniec B，Gulinski J，Nowicka T. PL 174810. 1998. CA130：209815.
[35] Bade S，Schoen U，Burkhard J，et al. US 6242630. 2001.
[36] Batz-Sohn Christoph. US 6472549. 2002.
[37] 雷蒙德·松嫩沙因，克里斯托夫·巴茨-泽恩. CN 1417212. 2003.
[38] Hofmann N，Bauer A，Frey T，et al. Preprints of the DGMK/SCI-Conference "Opportunities and Challenges at the Interface between Petrochemistry and Refinery" 2007：247-252. CA151：35586.
[39] Koichi Mikami. 绿色反应介质在有机合成中的应用. 王官武，张泽译. 北京：化学工业出版社，2007.
[40] Geisberger G，Auer M，Groessmann A. US 2008/0045737. 2008.
[41] 盖斯贝格尔 G.，奥尔 M.，格罗斯曼 A. CN 101130550. 2008.
[42] Koga I，Terui Y，Ohgushi M，et al. US 4292433. 1981.
[43] Marciniec B，Nowicka T，Mirecki J，et al. PL 156241. 1992. CA119：139535.
[44] Marciniec B，Gulinski J，Mirecki J，et al. PL 162752. 1994. CA122：133411.
[45] Takeuchi M，Endo M，Kubota T，et al. JP 09241268. 1997. CA127：307490.
[46] Kubota T，Yamamoto A，Endo M. JP 07126271. 1995. CA123：340390.
[47] Kornek T，Bauer A，Senden D. US 7208618. 2007.
[48] Marciniec B，Kornetka Z W，Urbaniak W. J. Mole. Catal.，1981，12（2）：221-230.
[49] Panster P，Michel R，Buder W，et al. DE 3404703. 1985. CA103：196232.
[50] Williams R E. US 4503160. 1985.
[51] 李永军，江英彦. 催化学报，1989，10（2）：217-219.
[52] 胡春野，汉雪萌，江英彦. 科学通报，1987，(8)：589-592.
[53] Hu C，Han X，Jiang Y，et al. J. Macromol. Sci. Chem.，1989，A26（2-3）：349-360.
[54] 何胜刚. 有机硅材料及应用，1991，(4)：16-19.
[55] Chalk A J，Harrod J F. J. Am. Chem. Soc.，1965，87（1）：16-21.
[56] Marciniec B，Maciejewski H，Duczmal W，et al. Appl. Organomet. Chem.，2003，17（2）：127-134.
[57] 袁法祥，张平，贾玉珍，等. 化工科技，2006，14（5）：73-75.

[58] Speier J L. J. Am. Chem. Soc.，1951，73：824-826.

[59] Wojnowski W，Konieczny S，Dreczewski B，et al. PL 155571. 1991.

[60] Voronkov M G，Velikanov A A，Stankevich V K，et al. Zh. Prikl. Khim.，1990，63（4）：912-914.

[61] 王明成. 光氢化合成 $ClCH_2SiCl_3$ 的研究. 北京化工大学，2001.

[62] Voronkov M G，Stankevich V K，Kukharev B F，et al. Zh. Prikl. Khim.，2001，74（5）：800-803.

第5章 3-氯丙基烷氧基硅烷

3-氯丙基烷氧基硅烷既是硅烷偶联剂，又是合成含碳官能团或功能聚硅氧烷的中间原料，更重要的用途则是作为多种类型硅烷偶联剂合成的中间体。因此建立以3-氯丙基烷氧基硅烷为基础的生产体系对发展有机硅及其改性材料产业具有重要意义。

5.1 3-氯丙基烷氧基硅烷概述

5.1.1 3-氯丙基烷氧基硅烷及其特性和利用

20世纪70年代迪高沙公司发明了3-氯丙基三乙氧基硅烷与多硫化物反应合成双（三乙氧硅丙基）四硫化物等SCA以来，这类含硫硅烷偶联剂已在橡胶制品工业中广泛应用，品种和产量的不断增长，使其对合成原料3-氯丙基烷氧基硅烷需求量达数万吨。我国现阶段采用3-氯丙基烷氧基硅烷氨解制备氨烃基烷氧基硅烷化合物，其中尤以3-氨丙基三乙氧基硅烷的合成为主，它也使3-氯丙基三乙氧基硅烷需求量达万吨级。采用相转移催化技术合成3-(甲基丙烯酰氧）丙基烷氧基硅烷和其他一些硅烷偶联剂生产也需要大量的3-氯丙基烷氧基硅烷作为合成原料。除此之外，80年代含碳官能团的有机硅油及其二次加工品在纺织、皮革、化妆品等众多领域的应用逐年增多，该领域对由3-氯丙基烷氧基硅烷为中间体衍生的功能单体和有机硅改性助剂的需求量逐年增长，也有力地促进了多种3-氯丙基烷氧基硅烷的合成技术的研究及其大规模产业化开发。当今市场需求已使3-氯丙基烷氧基硅烷生产成为有机硅基础原料产业之一。

3-氯丙基烷氧基硅烷类有机硅化合物可用通式概括：

$$ClCH_2CH_2CH_2SiR_nX_{3-n}$$

式中，$n=0$，1或2；R为烃基，但以甲基用量最多，乙基次之，其他烃基仅在研究和特殊条件下得到应用。X则通常为甲氧基或乙氧基，丙氧基以上的硅官能团或混合烷氧基团很少看到应用报道。

迄今作为硅烷偶联剂合成中间体或用于合成含碳官能团的聚硅氧烷功能单体只有 6 种，现将它们的物理常数列于表 5-1 以便利用。

表 5-1 常用 3-氯丙基烷氧基硅烷物理化学常数

化学分子式	沸点/℃(mmHg)	相对密度(℃)	折射率(℃)
$Cl(CH_2)_3Si(OEt)_3$	98～102(1.33) 124(30)	1.009(20) 1.002(25)	1.426(20) 1.4175(25)
$Cl(CH_2)_3SiMe(OEt)_2$	109(30)	0.923(25)	1.4232(25)
$Cl(CH_2)_3SiMe_2(OEt)$	87(30)	0.932(25)	1.4270(25)
$Cl(CH_2)_3Si(OMe)_3$	100(5～33) 95(750)	1.077(25) 1.077(25)	1.418(25) 1.4183(25)
$Cl(CH_2)_3SiMe(OMe)_2$	70～2/11 185(780)	1.019(25)	1.4242(25)
$Cl(CH_2)_3SiMe_2(OMe)$	169.5(751)	0.953(25)	1.4283(25)

3-氯丙基烷氧基硅烷类似有机化合物中的卤代烃，电负性很大的氯原子强烈的拉电子作用，使碳—氯键的共用电子对偏向于氯原子，烷氧硅丙基与氯键合的 γ 位碳具电正性，因此容易遭受亲核试剂（或具未共用电子对的基团）进攻，发生亲核取代反应。该反应既是氯代烃烷氧基硅烷最重要的化学性质，也是用于合成其他含碳官能团有机硅化合物一重要方法，常用于该反应的亲核试剂有氨、胺和含氮杂环化合物（如吗啉、咪唑、核酸碱基等），此外，还有醇的碱金属化合物、羧酸盐、亚磷酸酯、烃基金属化合物以及能形成较稳定的碳负离子（如 β-二酮等）的化合物。利用该反应可以合成很多不相同类型含碳官能团有机硅化合物，其中包括硅烷偶联剂、制备功能材料的有机硅单体。图 5-1 仅以 3-氯丙基三烷氧基硅烷为例，经亲核取代反应合成硅烷偶联剂为主的一些有机硅化合物：

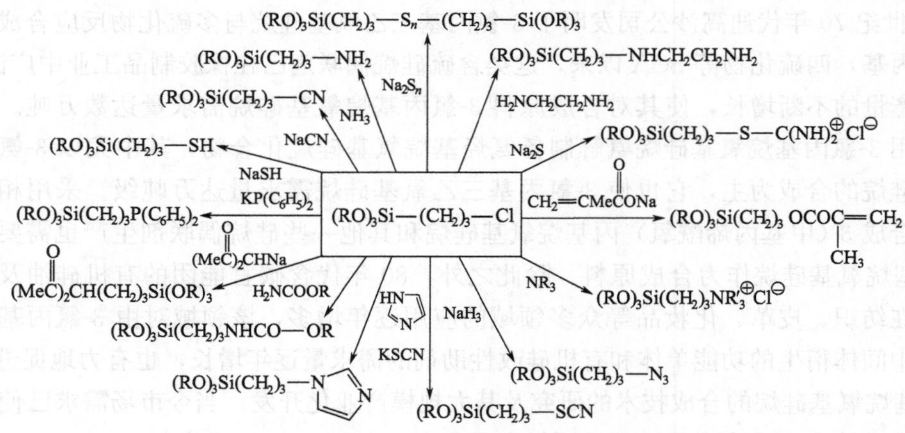

图 5-1 3-氯丙基三烷氧基硅烷用于合成硅烷偶联剂等一些含碳官能团的有机硅化合物

3-氯丙基烷氧基硅烷的烷氧基水解、醇解或杂缩聚（异官能团缩合）等化学反应性及其规律在前文已有阐述。利用这类化合物也可以合成含氯丙基侧链的聚硅氧烷，利用其作为中间体还可以衍生出很多不同含碳官能侧基的聚硅氧烷，它们既有线型的硅油，也有可交联的硅树脂，合成反应式请参见 4.1.1。这类化合物在合成中的应用较之 3-氯烃基氯硅烷作为中间体，其优点在于没有腐蚀性和毒害的氯化氢产生，合成反应条件易控制。因此它作为合成原料开拓已引起研究者和生产者兴趣。

5.1.2 3-氯丙基烷氧基硅烷合成路线述评

基于3-氯丙基烷氧基硅烷作为合成中间体用量不断增加，研究开发更经济合理的制备方法和工艺过程备受研究者和生产者关注，从而有力地推动了3-氯丙基烷氧基硅烷合成技术进步，迄今已有四条合成路线供生产者采用。

5.1.2.1 硅氢加成——醇解两步反应合成3-氯丙基烷氧基硅烷（简称加成-醇解合成法）

该法以含氢氯硅烷（$HSiMe_nCl_{3-n}$，$n=0,1,2$）和氯丙烯为原料，首先经硅氢化反应合成3-氯丙基氯硅烷（参见第4章），然后将其醇解，通过两步反应合成目的产物3-氯丙基烷氧基硅烷，其化学反应式表达如下：

$$ClCH_2CH{=}CH_2 + HSiMe_nCl_{3-n} \xrightarrow{\text{催化剂}} ClCH_2CH_2CH_2SiMe_nCl_{3-n}$$

$$ClCH_2CH_2CH_2Si(Me)_nCl_{3-n} + 3-n\ ROH \longrightarrow ClCH_2CH_2CH_2Si(Me)_n(OR)_{3-n} + 3-n\ HCl\uparrow$$

$$n=0,1,2。$$

该合成路线是当今国内外硅烷偶联剂生产企业用于制备3-氯丙基烷氧基硅烷商品的主要方法，也是研究最多的一种方法。氯丙烯与含氢氯硅烷的硅氢加成反应催化剂选择性和活性的提高及其生产连续化工艺过程仍是当今研发的热点，近年已取得较大进步，3-氯丙基氯硅烷的醇解已有多种成熟的工艺过程。

5.1.2.2 醇解-硅氢化两步反应合成3-氯丙基烷氧基硅烷（简称醇解-加成合成法）

该合成方法也是以含氢氯硅烷（$HSiMe_nCl_{3-n}$）和氯丙烯为原料，不同之点在于首先将含氢氯硅烷醇解制备含氢烷氧基硅烷，而后将所得含氢烷氧基硅烷与氯丙烯进行硅氢加成反应制备3-氯丙基烷氧基硅烷。该合成路线已进行产业化开发，将其用于生产3-氯丙基烷氧基硅烷。

上述两条合成路线所用合成原料相同，还都需经历硅氢化和醇解两步反应，仅两步反应先后次序相反；反应过程都有具腐蚀性和易污染环境的HCl气体副产物产生。基于绿色化学原则，选用这两条合成路线生产的企业最好是生产三氯硅烷（$HSiCl_3$）或甲基氯硅烷单体制造厂采用。其原因有二。

① 合成所用三氯硅烷（$HSiCl_3$）或含氢甲基氯硅烷（$HSiMeCl_2$，$HSiMe_2Cl$）的生产都需氯化氢作原料，前者是硅与氯化氢直接反应制得：

$$Si + 3HCl \longrightarrow HSiCl_3 + H_2$$

而后者是直接法合成二甲基二氯硅烷副产物，该反应所用原料氯甲烷也是通过甲醇与氯化氢制得：

$$Si + nMeCl \xrightarrow{\text{催化剂}} xMe_2SiCl_2 + yHSiMeCl_2 + zHSiMe_2Cl$$

$$MeOH + HCl \longrightarrow MeCl + H_2O$$

两条反应次序不同的合成路线都有醇解产生的副产物（HCl），可以循环利用。如此既避免了环境污染，同时也提高合成的原子利用率，降低生产成本，符合绿色化学原则。此外，还避免易燃、易爆的含氢氯硅烷（$HSiMeCl_2$，$HSiMe_2Cl$）的长途运输，消除了运输中存在的安全问题，也是绿色化学原则之体现。

② 有机硅单体生产企业，利用其副产物含氢氯硅烷（$HSiCl_3$，$HSiMeCl_2$）合成硅烷偶联剂中间体，能很方便地发展硅烷偶联剂产业，延伸企业产业链，有利创造更多的附加值。

5.1.2.3 硅氢加成反应一步合成 3-氯丙基三烷氧基硅烷（简称硅氢加成一步合成法）

利用硅/醇直接反应合成的 $HSi(OMe)_3$ ［或 $HSi(OEt)_3$］和氯丙烯为原料，在Ⅷ族过渡金属配合物催化下，通过硅氢加成反应一步制备 3-氯丙基三甲氧基硅烷（或 3-氯丙基三乙氧基硅烷）的合成方法，其反应过程用反应式表达如下：

$$ClCH_2CH{=}CH_2 + HSi(OR)_3 \xrightarrow{\text{催化剂}} ClCH_2CH_2CH_2Si(OR)_3$$

该合成路线是适合于大规模生产 3-氯丙基三甲氧基（或三乙氧基）硅烷的工业方法，将其与上述两种有醇解反应的合成法比较，其优点有四。

① 原料生产绿色化。三烷氧基硅烷系利用硅/醇直接反应制备，理论上没有不可利用的副产物，原料原子利用率高，属绿色化学反应。

$$m\text{Si} + n\ \text{ROH} \longrightarrow x\ \text{HSi(OR)}_3 + y\ \text{Si(OR)}_4 + z\ \text{H}_2\uparrow$$

② 生产过程中没有腐蚀性大、易污染环境的氯化氢气体析出，不必考虑 HCl 气体循环利用问题。

③ 合成反应一步完成，没有醇解的操作过程，工艺过程简单，可降低生产操作费用和设备投资费用，还可避免醇解过程中易生成氯甲烷和水的副反应，提高反应收率。

$$ClCH_2CH{=}CH_2 + HSi(OR)_3 \longrightarrow ClCH_2CH_2CH_2Si(OR)_3$$

④ 氯丙烯与含氢烷氧基硅烷的硅氢化反应选择性迄今高于氯丙烯与三氯硅烷的硅氢化反应，目的产物收率高，可降低生产成本。

5.1.2.4 酯交换合成法

酯交换合成法系利用易得的 3-氯丙基烷氧基硅烷（如 3-氯丙基三甲氧基硅烷）为原料，在催化剂存在下进行醇解反应（酯交换反应），制备具不同于原料化合物分子中的烷氧基的 3-氯丙基烷氧基硅烷：

$$ClCH_2CH_2CH_2Si(OMe)_3 + 3ROH \xrightarrow{\text{催化剂}} ClCH_2CH_2CH_2Si(OR)_3 + 3MeOH$$

$$R{=}C_2H_5,\ C_3H_7,\ C_4H_9\ \text{等。}$$

酯交换法不释放腐蚀性和毒害 HCl，如果合成装置及其工艺过程设计合理，可以连续化生产，对一些企业是可以采用的。

综上所述，利用硅/醇直接反应合成的三烷氧基硅烷为原料，通过与氯丙烯硅氢加成反应一步合成 3-氯丙基三烷氧基硅烷（5.1.2.3）的方法，或以直接法生产的三甲氧基硅烷与氯丙烯进行硅氢化反应合成 3-氯丙基三甲氧基硅烷为原料，再与乙醇酯交换制备 3-氯丙基三乙氧基等其他的烷氧基硅烷。较之以含氢氯硅烷为原料的方法更符合绿色化学原则。因此，硅氢加成一步法在不久将来会成为3-氯丙基三烷氧基硅烷产业发展的主导方向。

5.2 醇解法制备3-氯丙基烷氧基硅烷

3-氯丙基烷氧基硅烷可以选用两种不同合成原料通过醇解法制备。一条合成路线是以3-氯丙基氯硅烷醇解，这是迄今常用于生产中的合成方法；另一条则是以3-氯丙基三甲氧基硅烷为原料，通过醇解合成其他的三烷氧基硅烷（该反应常称之为酯交换反应），今后也可能发展。本节重点阐述3-氯丙基氯硅烷醇解。

$$ClCH_2CH_2CH_2SiR'_nCl_{3-n}+(3-n)ROH \longrightarrow ClCH_2CH_2CH_2SiR'_n(OR)_{3-n}+3-n\ HCl\uparrow$$

R′通常是甲基，R′基团的大小对醇解速度有影响；n 为0,1,2。

3-氯丙基硅烷醇解反应遵循有机氯硅烷醇解的一般规律（参见2.4节）。醇解反应能否进行彻底和得到高收率3-氯丙基烷氧基硅烷，主要取决于反应中产生的副产物HCl能否快速离开反应体系，减少HCl与醇的接触。因此醇解反应装置和工艺过程对结果影响很大，其中特别是3-氯丙基三甲氧基硅烷的合成。甲醇较容易与副产物氯化氢进一步反应生成氯甲烷和水，水又易使原料3-氯丙基氯硅烷或产物3-氯丙基烷氧基硅烷水解缩合，形成高沸物，降低产物收率。氯硅烷的醇解反应有强腐蚀性气体HCl产生，在有微量水存在下容易和金属发生化学反应，所生成的化合物通常是醇和氯化氢反应生成卤代烷和水的催化剂，既加速设备腐蚀，还加速水解缩合反应，增加高沸副产物。因此3-氯丙基氯硅烷醇解反应设备或容器宜用搪瓷、陶瓷或衬塑设备，不锈钢设备是不宜使用的。基于上述原因，有关3-氯丙基氯硅烷通过醇解合成3-氯丙基烷氧基硅烷做了很多研究工作，下面介绍实验室的合成和用于生产的工艺过程开发，并予以讨论。

5.2.1 3-氯丙基氯硅烷醇解的实验室工作

3-氯丙基氯硅烷醇解制备3-氯丙基烷氧基硅烷研究最早是Ryan小组报道的[1]。他们采用Speier催化剂合成了两种3-氯丙基氯硅烷，同时还将它们分别进行了醇解。下面以3-氯丙基甲基二氯硅烷甲醇解为例予以说明。

将8mol的$ClCH_2CH_2CH_2SiMeCl_2$于装有搅拌和冷凝的反应瓶中，加热至65℃，搅拌下将17.5mol的甲醇经插入瓶底的玻璃管逐步加入反应瓶中，得到1130g（6.19mol）的3-氯丙基甲基二甲氧基硅烷，按3-氯丙基甲基二氯硅烷计，摩尔收率为78%。实验结果表明当时该反应收率是较低的，其原因可以认为与没有迅速排出副反应产生氯化氢带来的负面影响有关。

20世纪70年代初，中国科学院化学所对有机氯硅烷的醇解反应进行了比较深入的研究[2]，其实验室反应装置和控制过程参见 2.3 节和图 2-4，他们采用填料柱和三口瓶组合的反应装置，还用惰性溶剂石油醚稀释反应物和产物措施，使反应产生的氯化氢气体迅速离开反应体系，减少极性的醇和氯硅烷对氯化氢溶解，减少 HCl 在反应体系中的滞留，最大限度地避免了副产物氯化氢与甲醇的接触，防止了副产物水的生成，他们的实验室研究工作获得成功。80 年代末中国科学院化学所又发表文章报道包括 3-氯丙基三氯硅烷甲醇解在内的多种有机烷氧基硅烷制备，其摩尔收率都在 90%左右[3,4]。上述合成工艺过程不仅一直用于实验室合成，经放大后的装置迄今还有企业用于生产。

5.2.2 3-氯丙基氯硅烷醇解工艺过程开发

5.2.2.1 3-氯丙基氯硅烷与醇的汽/液接触醇解过程

1972 年 Nitzsche 先后在德国和美国申请专利[5] 报道了汽/液接触醇解合成过程，他们将合成原料 3-氯丙基三氯硅烷和甲醇在含填料的合成塔内汽/液接触制备 3-氯丙基三甲氧基硅烷。其操作是将 3-氯丙基氯硅烷从塔顶计量注入，甲醇以 90℃蒸气在塔的适合位置通入塔内，汽/液塔内接触反应，反应产物从塔底放出，操作连续进行。据称目的产物 3-氯丙基三甲氧基硅烷色谱分析含量可达 99%以上，HCl 含量小于 1ppm（$1\text{ppm}=1\times10^{-6}$）。他们用于工艺过程开发的装置系用长 2400mm，内径为 50mm 玻璃管作为反应塔，塔外层有可供油加热的夹套，塔内填充 4mm 拉西环填料，塔上还装有可冷至－20℃的冷凝器。其反应操作步骤如下：首先将加热介质通入夹套内使反应塔内温度达到 90℃，然后原料 3-氯丙基三氯硅烷（15mol/h）液体从塔顶加入。在 3-氯丙基三氯硅烷加入口下 1700mm 处通入 90℃的甲醇蒸气（45.5mol/h），借助甲醇蒸气加入速度使 3-氯丙基三氯硅烷加入管口下 300mm 处的塔温维持在（68±2）℃，反应物在塔内接触反应，反应产物则从塔底放出。取样分析产物色谱含量达 99.8%。该方法的特点是不用惰性溶剂，反应效率高，甲醇以 90℃蒸气通入来维持塔内温度，其操作条件要求严格，用于规模化生产较易实现。本书第二章醇解法制备含氢烷氧基硅烷的生产方法一节中有关醇解流程所引文献报道的连续化过程也适用于生产 3-氯丙基烷氧基硅烷。

5.2.2.2 3-氯丙基氯硅烷在惰性介质中醇解工艺

1999 年 Bade 等[6] 报道以非极性的环己烷为溶剂，采用间歇或连续醇解两种不同工艺过程合成了 3-氯丙基烷氧基硅烷。当用甲醇醇解 3-氯丙基甲基二氯硅烷时，高效率地制备 3-氯丙基甲基二甲氧基硅烷，其中尤以连续过程用于生产具参考价值。现将两种工艺过程用图 5-2 和图 5-3 示意予以介绍，其操作过程也分别说明如下。

（1）间歇法合成工艺

图 5-2 系以 3-氯丙基甲基二氯硅烷为原料，通过间歇醇解工艺过程制备 3-氯丙基甲基二甲氧基硅烷的工艺流程。

3-氯丙基甲基二氯硅烷（CPMDCS）按一定比例溶解于惰性的环己烷，构成非极性的环己烷相，将其注入计量器（GT-1）。反应物料甲醇作为极性相（甲醇相）注入（GT-2）

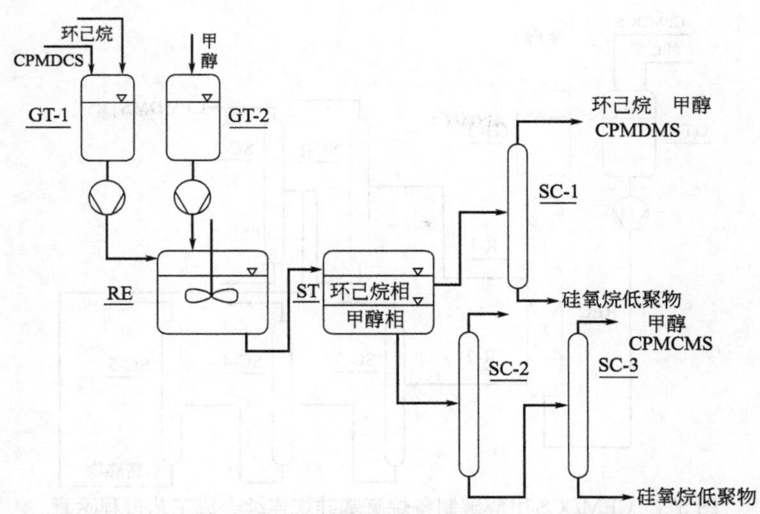

图 5-2 惰性溶剂中 CPMDCS 醇解间歇合成 3-氯丙基甲基二甲氧基硅烷工艺流程

计量器。两种反应物料按一定比例分别计量进入具搅拌、热交换夹套和回流冷凝器的反应装置（RE），两种不互溶的原料液体在 RE 中相互混合，因放热反应使反应体系温度升高（20～60℃）；物料温度控制则取决于加料速度，反应在 100min 内终止。将反应产物转入分离装置（ST）分层。上层为含产物 3-氯丙基甲基二甲氧基硅烷（CPMDMS）的环己烷相，该相进入分馏塔（SC-1）蒸出少量甲醇和环己烷（用于下次合成）后，再蒸出目的产物 CPMDMS，高沸物（硅氧烷低聚产物）由塔底放出。较重的极性甲醇相从分离装置 ST 底层放出，并进入分馏塔 SC-2，溶解于甲醇中的 HCl 从 SC-2 塔顶蒸出，醇液再进入分馏塔 SC-3；从塔顶分离出甲醇和未彻底醇解的 3-氯丙基甲基甲氧基氯硅烷［CPMCMS，$Cl(CH_2)_3SiMe(OMe)Cl$］，回收再利用；塔底放出含有产物的高沸物，使其进入 SC-1 分馏塔分离出产品和高沸物。表 5-2 为环己烷相和甲醇相分离出产物的组成及含量。

表 5-2 3-氯丙基甲基二氯硅烷于惰性溶剂中醇解产物组成及其含量

单位：g

项目	环己烷相		甲醇相	
参与反应的物料组成	环己烷	500	甲醇	110
	CPMDCS	60		
反应后产物组成	环己烷	540	甲醇	89.94
	CPMDMS	49.9	CPMDMS	2.57
	CPMCMS	0	CPMCMS	0.62
	高沸物	4.47	HCl	22.82

注：CPMDCS 为 3-氯丙基甲基二氯硅烷；CPMDMS 为 3-氯丙基甲基二甲氧基硅烷；CPMCMS 为 3-氯丙基甲基甲氧基氯硅烷。

（2）连续法合成工艺

图 5-3 系以 3-氯丙基甲基二氯硅烷为合成原料，采用连续醇解法制备目的产物 3-氯丙基甲基二甲氧基硅烷（CPMDMS）工艺过程示意。

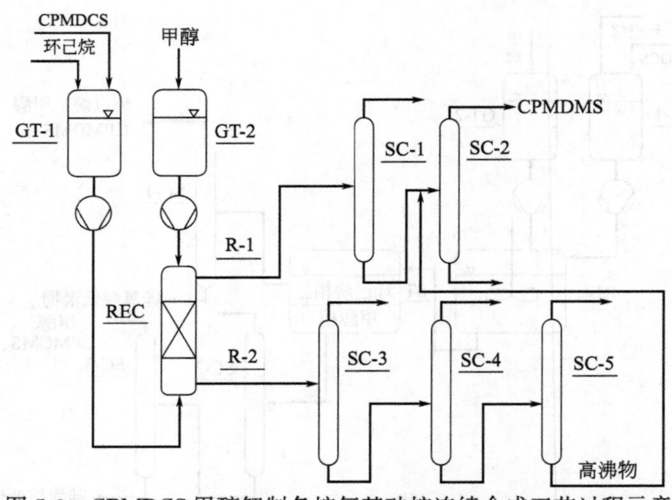

图 5-3 CPMDCS 甲醇解制备烷氧基硅烷连续合成工艺过程示意

首先将合成原料 3-氯丙基甲基二氯硅烷（CPMDCS）按一定比例和环己烷混溶于计量贮槽 GT-1 中，将作为非极性轻相（环己烷相）从反应萃取塔（REC）底部计量连续进入 REC，并逆流向上移动。极性的甲醇（甲醇相）于计量贮槽 GT-2 中，作为重相从 REC 塔顶计量连续进入 REC，甲醇向下移动并分散于上行的环己烷相中。如果借助于合适的填料、塔内构件或脉动等方法，有利于极性甲醇相与非极性环己烷相相互均匀混合和反应。溶于环己烷相中的反应产物 R_1 从反应萃取塔上方流出进入分馏塔 SC-1，R_1 中少量甲醇从 SC-1 中从塔顶分离出来，将其回收进入计量槽 GT-2 循环使用。目的产物 CPMDMS 和高沸物从 SC-1 底部放出进入分馏塔 SC-2，从 SC-2 塔顶蒸出纯净 3-氯丙基甲基二甲氧基硅烷（CPMDMS），高沸点的硅氧烷低聚物从塔底放出回收。极性甲醇相中 HCl 等反应产物 R_2 从反应萃取塔 REC 下方流出，进入分离塔 SC-3，从塔顶分出 HCl 后，甲醇相中 R_2 其他组分进入分馏塔 SC-4，蒸出甲醇循环利用，残液进入分馏塔 SC-5，塔顶蒸出未完全反应的氯丙基甲基甲氧基氯硅烷（CPMCMS），回收再醇解。高沸物从塔底放出，可进入环己烷相 R_1 中回收其中的 CPMDMS。利用上述连续过程的合成实例结果在表 5-3 列出供参考，目的产物 3-氯丙基甲基二甲氧基硅烷 CPMDMS 摩尔收率为 96%（按原料 CPMDCS 计）。

表 5-3 3-氯丙基甲基二氯硅烷于惰性溶剂中连续甲醇醇解产物组成及其含量

单位：g

项目	环己烷相		甲醇相	
反应原料组成	环己烷	900	甲醇	279
	CPMDCS	100		
反应产物组成	环己烷	878	环己烷	22
	甲醇	4.8	甲醇	241
	CPMDMS	87	CPMDMS	3.8
			CPMCMS	1.7
			高沸物	1.9
			HCl	37.3

注：CPMDCS 为 3-氯丙基甲基二氯硅烷；CPMDMS 为 3-氯丙基甲基二甲氧基硅烷；CPMCMS 为 3-氯丙基甲基甲氧基氯硅烷。

5.2.2.3 负压醇解制备3-氯丙基烷氧基硅烷工艺

20世纪70年代我们研究烷基三甲氧基硅烷作为光学玻璃防雾剂时，其化合物制备方法是将合成的烷基三氯硅烷在微负压下进行甲醇解：

$$RSiCl_3 + 3MeOH \longrightarrow RSi(OMe)_3 + 3HCl$$

为了提高烷基三甲氧基硅烷的收率，我们在遵循有机氯硅烷醇解反应逐步进行的规律（2.4.1节）前提下，还考虑到醇解副产物氯化氢易与甲醇反应生成影响目的产物收率的水，研究了塔式醇解反应器和水泵减压喷淋吸收HCl相结合的合成装置，及其用于制备目的产物工艺过程，烷基三乙氧基硅烷收率纯度达到满意的结果[7]。80年代初武大化工厂将该合成装置及其操作成功用于3-氯丙基三乙氧基硅烷（生产者至今还俗称为γ-氯-Ⅱ）的生产，他们以3-氯丙基三氯硅烷（γ-氯-Ⅰ）为原料的乙醇解合成反应所得目的产物γ-氯-Ⅱ摩尔收率通常在98%左右。该合成装置及其流程简图如图5-4所示，其操作过程简述如下。

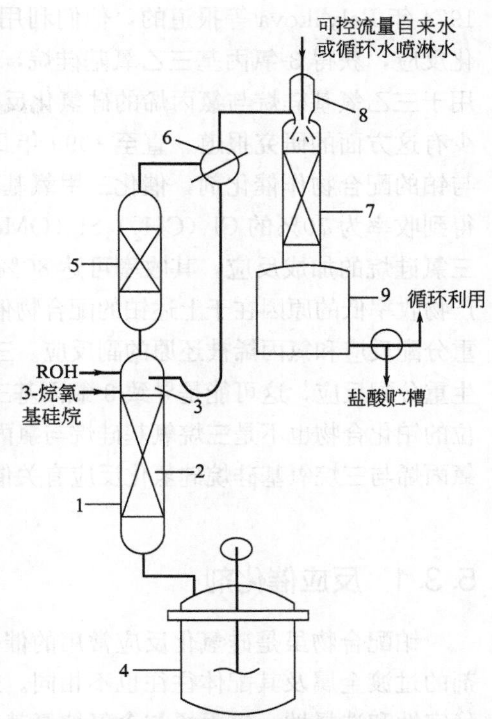

图5-4 水泵负压脱氯化氢醇解合成3-氯丙基烷氧基硅烷装置

1—塔式醇解反应器；2—填料；3—反应分布器；4—醇解反应器；5—气/液分离冷凝器；6—冷凝器；7—水喷淋填料塔；8—可控减压喷淋两用水泵；9—HCl吸收液贮器

合成用物料进入塔式反应器（1）前开启冷凝系统。同时调好水泵进水量，以保持反应体系物料反应时略显负压。无水乙醇和3-氯丙基三氯硅烷（γ-氯-Ⅰ）按摩尔计量（通常醇适量过量）进入塔式醇解反应器的反应分布器（3）。反应混合物料在反应塔内由上至下流动并发生乙醇逐步取代3-氯丙基三氯硅烷中硅官能团的醇解反应，塔内反应温度也从上至下因反应生成热而逐步升高。最后流进保持一定温度和搅拌的醇解反应器（4）。根据色谱分析适时停止进入反应所用物料，以及放出反应产物进行分离和纯化。如此间歇操作亦可连续化进行。采用该合成技术从20世纪80年代开始迄今在国内还有不少生产企业用于生产3-氯丙基三乙氧基硅烷，近年还有人将有关反应设备流程和操作条件予以改变后申请专利[8,9]。

5.3 硅氢化反应一步合成3-氯丙基三烷氧基硅烷

硅/醇直接反应合成三烷氧基硅烷产业化开发以前，利用硅氢加成合成3-氯丙基三烷氧基硅烷已有研究，合成所用原料来自含氢氯硅烷醇解（2.3.2节）。最早的合成结果是

1974 年 Belyakova 等报道的，他们利用 Speier 催化剂催化三乙氧基硅烷与氯丙烯的硅氢化反应，获得 3-氯丙基三乙氧基硅烷，但收率仅 14%[10]。该结果初步表明 Speier 催化剂用于三乙氧基硅烷与氯丙烯的硅氢化反应虽然可行，但选择性差，稳定性也不好，后来很少有这方面的研究报道。直至 1999 年日本专利[11] 称，他们利用甲基乙烯基环四硅氧烷与铂的配合物作催化剂，催化三甲氧基硅烷与氯丙烯硅氢化反应，温度在 90℃反应 10h，得到收率为 70%的 Cl $(CH_2)_3Si$ $(OMe)_3$ 产物，如果用同样类型的催化剂催化氯丙烯与三氯硅烷的加成反应，其收率可达 80%左右。三甲氧基硅烷与氯丙烯硅氢化反应所得目的产物收率低的原因在于上述铂的配合物催化主反应同时，还发生催化含氢烷氧基硅烷化合物重分配反应和氯丙烯被还原的副反应。三烷氧基硅烷在铂催化剂存在下较之三氯硅烷更易发生重分配反应，这可能是导致 3-氯丙基三甲氧基硅烷收率低的原因之一。如此实验表明烯配位的铂化合物也不是三烷氧基硅烷与氯丙烯进行硅氢化反应的最理想的催化剂。从而引起了氯丙烯与三烷氧基硅烷硅氢化反应有关催化剂深入的研究。

5.3.1 反应催化剂

铂配合物虽是硅氢化反应常用的催化剂，然而当催化反应的底物不同时，所用于催化剂的过渡金属及其配体往往也不相同。此外，催化反应条件的改变也会影响催化剂活性、稳定性和选择性。氯丙烯与含氢烷氧基硅烷硅氢加成反应催化剂的有关研究在 20 世纪 70 年代虽有报道，但 90 年代以前具突破性进展的研究工作很少。通过近几十年的研究，迄今已经证明钴、铑、钯等金属配合物不适合用于催化氯丙烯和含氢烷氧基硅烷为反应物的硅氢化反应，烯配位的铂化合物对催化该反应虽有活性，但催化反应的选择性还不令人满意。近年来，硅/醇直接合成三烷氧基硅烷在产业化方面得到突破，有力地促进了硅氢化反应一步合成 3-氯丙基三烷氧基硅烷生产技术开发。研究表明采用硅氢化一步法制备 3-氯丙基三甲氧基硅烷最好是钌的配合物，铱的配合物也有很好的效果。3-氯丙基三乙氧基硅烷的硅氢化一步合成法研究证明：铱的配合物是较好催化剂，虽然催化剂成本较高，但采用硅氢加成一步法生产该化合物的催化剂目前还只有铱的配合物好。

1987 年 Quirk 等是首先报道铱配合物[$Ir(1,5\text{-}COD)Cl_2$]作为催化剂的研究者[12]，他们用 1,5-环辛二烯二氯合铱催化等摩尔量的 $HSi(OEt)_3$[或 $HSiMe(OEt)_2$]与氯丙烯的硅氢化反应，以二甲苯为溶剂，反应 4h，两种化学结构不同的含氢烷氧基硅烷分别与氯丙烯反应，得到 3-氯丙基三乙氧基硅烷的收率为 75%，3-氯丙基甲基二乙氧基硅烷收率为 70%。为了比较，他们还用 Speier 催化剂、二（三苯基膦）二氯合铂 $(Ph_3P)_2PtCl_2$ 和 (1,5-环辛二烯) 二氯合二铑[$Rh_2(1,5\text{-}COD)_2Cl_2$]三种催化剂分别催化氯丙烯与三乙氧基硅烷进行硅氢化反应，氯铂酸催化剂催化该反应得到不足 10%的 3-氯丙基三乙氧基硅烷，另外两种催化剂没有得到目的产物；分析反应产物表明其组成主要由三乙氧基氯硅烷、四乙氧基硅烷和未反应的原料等化合物。该实验证明过渡金属铂和铑的配合物不适合作为三烷氧基硅烷与氯丙烯硅氢化反应催化剂。其主要原因可归根于铂和铑的催化剂有利于催化含氢烷氧基硅烷的重分配反应，以及氯丙烯与不饱和的过渡金属催化剂氧化加成后，随之发生氯-氢交换反应（参见 5.3.2）。

1993 年 Tanaka 等报道了九种不同催化剂催化氯丙烯和三甲氧基硅烷的硅氢化反应研究，同时还以十二羰基合三钌［$Ru_3(CO)_{12}$］为催化剂，研究了反应温度和反应原料摩尔比等合成条件对硅氢化反应的影响[13]。他们的实验室工作是以不锈钢具磁力搅拌的压力釜为合成容器，反应粗产物通过 GC-MS 联用分析。表 5-4 列出了不同催化剂对原料转化率、反应粗产物组成及其含量影响的有关数据。

表 5-4　在相同反应条件下，不同催化剂对催化氯丙烯与三甲氧基硅烷硅氢加成反应的影响①

单位：mmol

催化剂		原料转化量		反应粗产物组成②及其含量								
序号	化学分子式	AC	TMS	CPTMS	ATMOS	PTMOS	TMOS	H_2	C_3H_6	C_3H_8	1-HeX^e	PrCl
Ⅰ	$Ir_2Cl_2(coe)_4$	10.00	9.98	7.84	0.06	0.26	0.68	0.13	0.09	0.01	0.01	0.19
Ⅱ	$H_2PtCl_6 \cdot 6H_2O$	8.99	9.96	0.95	0.02	0.40	2.02	约 0	5.30	0.09	0.03	0.11
Ⅲ	$Co_2(CO)_8$	2.58	4.56	0.06	0.09	0.01	1.35	0.15	0.69	约 0	0.10	0.11
Ⅳ	$IrCl(CO)(PPh_3)_2$	0.50	2.17	0.23	约 0	约 0	0.86	0.18	0.22	约 0	0.05	0.12
Ⅴ	$Ru_3(CO)_{12}$	8.63	9.98	2.64	0.18	0.35	2.70	0.29	0.61	0.04	0.17	0.28
Ⅵ	$Ru_2Cl_4(CO)_6$	8.66	10.00	2.84	0.19	0.33	2.19	0.34	0.77	0.05	0.10	0.31
Ⅶ	$Ru(CO)_3(PPh_3)_2$	2.93	4.14	约 0	0.10	约 0	约 0	0.08	0.52	0.02	0.03	0.11
Ⅷ	$RuCl_2(CO)_2(PPh_3)_2$	2.07	3.22	0.02	0.28	约 0	0.77	0.15	0.44	约 0	0.04	0.18
Ⅸ	$Ru(C_6H_6)(chd)$	3.43	4.19	0.70	0.12	0.07	0.82	0.12	0.21	0.01	0.05	0.19

① 催化剂中含过渡金属用量 0.01mg，甲苯 1.0mL，氯丙烯（AC）10mmol，三甲氧基硅烷（TMS）10mmol，反应温度 80℃，反应时间 16h。

② 反应产物：3-氯丙基三甲氧基硅烷（CPTMS），烯丙基三甲氧基硅烷（ATMOS），丙基三甲氧基硅烷（PTMOS），四甲氧基硅烷（TMOS），正己烯（1-Hex），氯丙烷（PrCl），丙烯（C_3H_6），丙烷（C_3H_8）。

注：研究报告中说明了在色谱分析中甲基三甲氧基硅烷保留时间与甲苯近似，以致其含量不能正确检出。

从表 5-4 所列Ⅰ～Ⅸ九种不同催化剂催化氯丙烯与三甲氧基硅烷的硅氢化反应所得结果进行分析，可作出以下六点结论。

① Ⅰ#～Ⅸ#催化剂在实验反应条件下，都可以催化 AC 与 TMS 发生硅氢加成反应，但生成目的产物 CPTMS 的同时，伴随发生副反应及其副产物的多少则随金属或配体不同而异。

② Ⅰ#催化剂四（环辛烯）二氯合铱［$IrCl_2(coe)_4$］催化该反应，参与反应的原料转化率最高，所得产物混合物中 CPTMS 摩尔含量最高，投入产出的物料基本达到平衡，表明Ⅰ#催化剂催化活性高，目的产物选择性好，合成效率高。

③ Ⅴ#催化剂十二羰基合三钌［$Ru_3(CO)_{12}$］，和Ⅵ#催化剂六羰基四氯合二钌［$Ru_2Cl_4(CO)_6$］催化该反应，参与反应的原料转化率高，表明催化剂活性好，所希望的 CPTMS 选择性较Ⅰ#催化剂差，比其他六种催化剂又好得多。产物混合物中副产物 TMOS 含量几乎与目的产物 CPTMS 相等，丙烯生成量也是最高的，表明产生 TMOS 和丙烯的副反应是降低催化反应选择性的主要原因。从投入产出的物料很不平衡且氢含量较高来看，可以认为该催化剂还有利于催化重分配反应，产生了不稳定高含氢硅烷化合物，

随之发生脱氢反应。

④ Ⅱ# 催化剂氯铂酸 $H_2PtCl_6 \cdot 6H_2O$ 是典型硅氢化催化剂，迄今还是合成 3-氯丙基三氯硅烷的催化体系的主要组成。然而将其用于氯丙烯与三甲氧基硅烷的硅氢化反应得到的产物主要是四甲氧基硅烷和丙烯，表明Ⅱ# 催化剂在该催化反应体系中的作用主要是三甲氧基硅烷的再分配反应和催化氯丙烯的还原反应。该催化剂对希望合成的目的产物 CPTMS 的催化反应选择性太差。

⑤ Ⅲ# 催化剂八羰基合二钴 [$Co_2(CO)_8$] 对合成 CPTMS 的硅氢化反应催化活性小，它是有利于催化产生 TMOS 和丙烯等副反应，不能用于三甲氧基硅烷与氯丙烯硅氢化反应。

⑥ Ⅳ# 催化剂[$IrCl(CO)(PPh_3)_2$]系铱的膦配位羰基化合物，还有Ⅶ# 催化剂[$Ru(CO)_3(PPh_3)_2$]、Ⅷ# 催化剂[$RuCl_2(CO)_2(PPh_3)_2$]是钌的膦配位羰基化合物，它们都对氯丙烯与三甲氧基硅烷硅氢化反应几乎没有催化活性，不能用于作为该反应的催化剂。同时也表明三苯基膦作为配体引入铱或钌的配合物中，都不能用于氯丙烯和三甲氧基硅烷的硅氢化反应。

上述有关三甲氧基硅烷与氯丙烯硅氢化反应所用催化剂涉及四种过渡金属（Ir，Ru，Pt 和 Co）所生成的九种配合物，其中以四（环辛烯）二氯合铱 [$IrCl_2$ (coe)$_4$] 具有最好的催化活性和目的产物选择性，是比较理想的催化剂。但该催化剂合成成本过高，不适宜用于产业化开发。钌的羰基配合物催化三甲氧基硅烷与氯丙烯硅氢化反应的结果仅次于 $IrCl_2$ (coe)$_4$，其中尤以十二羰基合三钌 [Ru_3 (CO)$_{12}$] 比较容易获得，因而促进了研究者对 Ru_3 (CO)$_{12}$ 及其他钌的配合物作为硅氢加成反应制备 3-氯丙基三甲氧基硅烷的催化剂的进一步研究。除了 Tanaka Masato 等对十二羰基合三钌催化三甲氧基硅烷与氯丙烯硅氢化反应进行深入研究外，1995 年 Bowman 等也以 Ru_3 (CO)$_{12}$ 为催化剂优化合成条件，得到目的产物收率达 91%的好结果[19]。2005 年 Westmeyer 等则采用更容易得到的三氯化钌（$RuCl_3$）作催化剂，目的产物 3-氯丙基三甲氧基硅烷的摩尔收率达到 90%以上[20]。两个研究小组的工作及有关文献请参见 5.3.3。

日本专利同样报道利用铱催化剂催化氯丙烯与三甲氧基硅烷进行硅氢化反应，也得到了类似的结果[14,15]。迄今一些钌的配合物已是氯丙烯与三甲氧基硅烷进行硅氢化反应制备 3-氯丙基三甲氧基硅烷最好的催化剂，然而将其用于 3-氯丙基三乙氧基硅烷制备，文献报道收率仅 41%。

1996 年 Kropfgans 等[16] 使用三氯化铱（$IrCl_3$）或氯铱酸（H_2IrCl_6）作催化剂催化三乙氧基硅烷—氯丙烯硅氢化反应获得成功，这两种铱的配合物催化剂催化 3-氯丙基三乙氧基硅烷合成选择性较好，目的产物收率（摩尔）分别得到 86%、89%。三氯化铱或氯铱酸能顺利催化三乙氧基硅烷与氯丙烯硅氢化反应也引起了我们的研究，通过反复实践，在适合的反应条件下，实验室研究工作得到了满意结果，进而推动了我们对硅和乙醇直接反应合成三乙氧基硅烷及其与氯丙烯硅氢化反应合成 3-氯丙基三乙氧基硅烷产业化开发。国内许其民等在 2005 年专利报道了他们利用铱的配合物催化合成 3-氯丙基三乙氧基硅烷的研究工作[17]。

5.3.2 副反应及其产物

当Ⅷ族过渡金属配合物催化氯丙烯和含氢烷氧基硅烷进行硅氢化反应时，除得到3-氯丙基烷氧基硅烷目的产物外，还有很多副产物产生，正如5.3.1中Tanaka等的研究，利用$Ru_3(CO)_{12}$催化氯丙烯与三甲氧基硅烷硅氢化反应得到较多的副产物（参见表5-4），其中主要副产物是四甲氧基硅烷（TMOS）、氢气、丙烯、丙基三甲氧基硅烷（PTMOS）。此外还有烯丙基三甲氧基硅烷（ATMOS）、三甲氧基氯硅烷（TMOCS）、丙烷、正己烯和氯丙烷等。这些副产物是如何产生的，能否抑制产生这些副产物的副反应，这是从事合成研究需要讨论的。

过渡金属配合物催化氯丙烯和三甲氧基硅烷进行硅氢化反应，我们期望它能按Chalk-Harrod提出和后来改进的均相配合物催化循环过程进行：即原料三甲氧基硅烷对不饱和的过渡金属配合物［M］氧化加成，随之与［M］配位的氯丙烯插入金属-氢键（M—H）或插入金属-硅（M—Si）键，分别得到活性中间物C_1或C_2，最后还原消去完成催化循环得到目的产物3-氯丙基三甲氧基硅烷（CPTMS）。其催化循环过程如图5-5所示[18]。

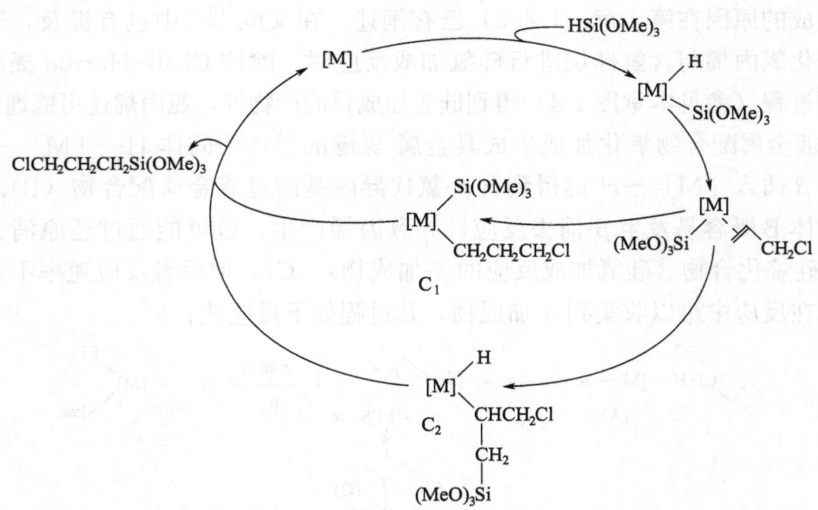

图5-5 均相配合催化氯丙烯/三甲氧基硅烷硅氢化反应Chalk-Harrod循环过程

如果该反应完全按上述催化循环过程进行，我们所用催化剂具有100%的选择性，所用原料全部转化成目的产物CPTMS。但实际情况则是在过渡金属配合物催化硅氢反应同时还发生副反应，使催化反应的目的产物选择性变差，往往反应投入产出得不到平衡。其根本原因在于不同金属及其配体所构成的催化剂本性，即它们在一定的条件下除催化生成目的产物的硅氢化反应外，还可能催化含氢硅烷化合物重分配反应，底物的异构化反应，以及氯丙烯还原反应等。现以Tanaka等用$Ru_3(CO)_{12}$为催化剂在压力釜中催化氯丙烯（8.63mmol）/三甲氧基硅烷（9.98mmol）硅氢化反应有关结果（表5-5）为例予以讨论[13]。

表 5-5　$Ru_3(CO)_{12}$ 催化氯丙烯与三甲氧基硅烷进行硅氢化反应的实验得到的产物组成和含量

反应产物组成	CPTMS	ATMOS	PTMOS	TMOS	H_2	C_3H_6	C_3H_8	1-Hex	PrCl
含量/mmol	2.64	0.18	0.35	2.7	0.29	0.61	0.04	0.17	0.28

注：CPTMS—氯丙基三甲氧基硅烷；ATMOS—烯丙基三甲氧基硅烷；PTMOS—丙基三甲氧基硅烷；TMOS—四氧基硅烷，C_3H_6—丙烯；C_3H_8—n-丙烷；1-Hex—正乙烯；PrCl—氯丙烷。

该反应所用合成原料三甲氧基硅烷（TMS）多于氯丙烯（理论上应该是等摩尔反应），但反应产物没有回收多余的 TMS；产物中 TMOS 含量几乎等于目的产物 CPTMS，表明 TMS 转化成 TMOS。在该研究报告中还提到色谱分析中没有检出 $(MeO)_2SiH_2$ 等含氢硅烷化合物，但有氢气和 TMOS 大量生成，其原因会使我们确信在催化硅氢化反应过程中，还催化发生了含氢烷氧基硅烷化合物的重分配反应，消耗较多的合成原料三甲氧基硅烷，生成了易于发生脱氢反应的多氢硅烷化合物和四烷氧基硅烷。其反应式可以表达如下：

$$m\ \mathrm{HSi(OMe)_3} \xrightarrow{\text{催化剂}} x\ \mathrm{Si(OMe)_4} + y\ \mathrm{H}_n\mathrm{Si(OMe)}_{4-n} + \cdots$$

$H_nSi(OMe)_{4-n}$ 这类硅烷化合物当 $n>2$ 时，其化学活性很高，很容易与其他物质起化学反应或析出氢气，这也就是没有检测出这类甲硅烷的化合物和氢含量高的原因。

丙烯生成的原因在第 4 章（4.4.3）已有阐述，在文献[19] 中也有提及，当过渡金属钌配合物催化氯丙烯与含氢硅烷进行硅氢加成反应时，除按 Chalk-Harrod 提出的均相配合催化循环过程（参见本章图 5-4）得到硅氢加成目的产物外，氯丙烯还可能通过 β 插入含氢硅烷与过渡金属配合物氧化加成生成具金属-氢键的活性中间体 H—［M］—Si≡（A），随着氯丙烯 β 插入［M］—H 键得到含 β-氯代异丙基的过渡金属配合物（B）。该过渡金属活性中间体 B 既容易发生 β-消去反应，导致丙烯产生，也可能通过还原消去反应得到 β-氯代异丙硅烷化合物（硅氢加成反应的 β-加成物）（C），但后者反应速率不及 β-消去反应。因此，在反应中难以收集到 β-加成物，其过程如下反应式：

Cl+H—[M]—Si≡ ⟶ [Cl ... [M]Si≡] (A) —β-消去→ (B) + [M](Cl)Si≡

Cl...Si≡ (C) ⟶ ClSi≡ +

除此之外，Tanaka 利用钌的配合物催化三甲氧基硅烷与氯丙烯进行硅氢化反应的研究报道中[13] 建议丙烯还可能产生于氯丙烯与不饱和过渡金属配合物氧化加成后，在 $HSi(OMe)_3$ 存在下，通过过渡金属配合物催化发生氯-氢交换反应，如此得到副产物三甲氧基氯硅烷（TMCS）和钌的活性配合物 A，再经还原消去得到副产物丙烯。我们认为钌的活性配合物还可进而催化硅配体和氢的交换放出氢气，随之还原消去得到另一种副产物烯丙基三甲氧基硅烷（ATMS）。上述副产物生成建议的有关过程请参见图 5-6。

关于丙基三甲氧基硅烷（PTMOS），丙烷和 1-环已烯和氯化丙烷则都是与反应中产生了丙烯和氢再进行二次反应有关。

基于上述副产物生成的原因分析，利用过渡金属配合物催化氯丙烯与三烷氧基硅烷硅氢

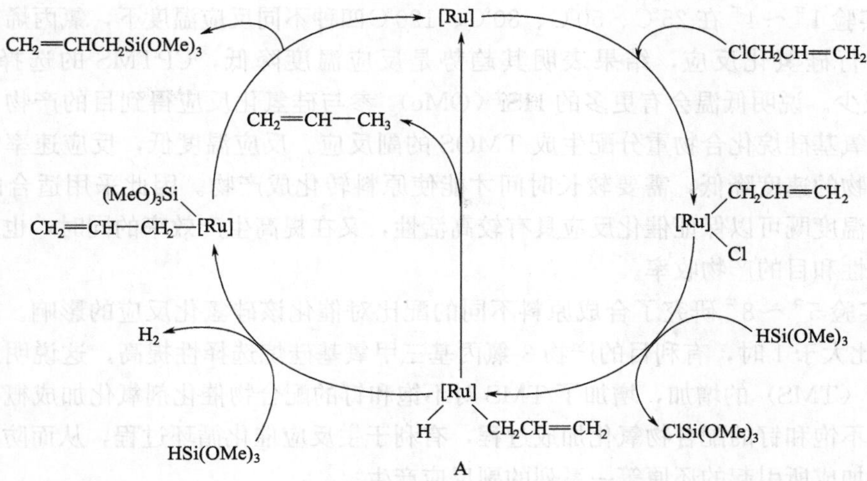

图 5-6 $Ru_3(CO)_{12}$ 催化三甲氧基硅烷与氯丙烯硅氢化反应同时产生副产物的过程

化反应选择性的提高关键在于如何抑制丙烯的生成和三烷氧基硅烷发生重分配或歧化反应。

5.3.3 反应条件优化

当催化硅氢化反应合成 3-氯丙基三烷氧基硅烷所用催化剂选定后，选择适合该反应的合成条件，对抑制副反应和提高目的产物选择性和收率尤为重要。下面我们仍以催化氯丙烯与三甲氧基硅烷进行硅氢化反应合成 3-氯丙基三甲氧基硅烷为例予以讨论。

（1）反应温度和原料配比对反应的影响

Tanaka 等在 3-氯丙基三甲氧基硅烷合成催化剂的研究（参见 5.3.1）中已涉及反应条件的优化，他们报道了原料配比和反应温度对 $Ru_3(CO)_{12}$ 催化氯丙烯与三甲氧基硅烷合成的影响，其结果请参见表 5-6[13]。

表 5-6 温度或原料配比对 $Ru_3(CO)_{12}$ 催化氯丙烯与三甲氧基硅烷硅氢化反应的影响①

实验序号	反应温度/℃	反应原料投料比/mmol		反应原料的转化/mmol		反应粗产物组分及其含量/mmol								
		AC	TMS	AC	TMS	CPTMS	ATMOS	PTMOS	TMOS	H_2	C_3H_6	C_3H_8	1-Hex	PrCl
1	25	10.00	10.00	5.68	7.72	3.98	0.09	0.12	0.71	—	—	—	0.02	0.10
2	50	10.00	10.00	8.29	8.97	5.24	0.06	0.25	0.93	0.17	0.37	0.02	0.02	0.18
3	80	10.00	10.00	8.63	9.98	2.64	0.18	0.35	2.70	0.29	0.61	0.04	0.17	0.28
4	120	10.00	10.00	9.11	10.00	0.50	0.02	0.05	1.10	0.47	1.08	0.06	0.31	0.33
5	80	10.00	20.00	10.00	11.57	7.22	约 0	0.72	0.96	0.28	约 0	0.01	0.01	0.17
6	80	10.00	40.00	10.00	13.90	7.36	约 0	0.75	1.11	0.29	约 0	约 0	0.01	0.10
7	80	20.00	10.00	9.45	10.00	0.55	0.12	0.01	2.24	0.38	1.10	0.05	0.09	0.43
8	80	40.00	10.00	15.10	10.00	0.34	0.27	0.03	1.90	0.60	1.40	0.04	0.05	0.58

① 实验催化剂用量 0.01mg—原子，甲苯 1mL，反应时间为 50h。

注：氯丙烯（AC）；三甲氧基硅烷（TMS）；氯丙基三甲氧基硅烷（CPTMS）；烯丙基三甲氧基硅烷（ATMOS）；丙基三甲氧基硅烷（PTMOS）；四甲氧基硅烷（TMOS）；正己烯（-1Hex）；氯丙烷（PrCl）。

① 实验 1# ～4# 在 25℃、50℃、80℃、120℃四种不同反应温度下，氯丙烯与三甲氧基硅烷进行硅氢化反应，结果表明其趋势是反应温度降低，CPTMS 的选择性变好，TMOS 减少。说明低温会有更多的 HSi（OMe）$_3$ 参与硅氢化反应得到目的产物，低温可抑制三烷氧基硅烷化合物重分配生成 TMOS 的副反应。反应温度低，反应速率慢，原料转化成产物的速度降低，需要较长时间才能使原料转化成产物。因此采用适合的温度是 80℃，该温度既可以保证催化反应具有较高活性，又在提高生产效率的同时，也提高催化反应选择性和目的产物收率。

② 实验 5# ～8# 研究了合成原料不同的配比对催化该硅氢化反应的影响。当 TMS/AC 摩尔比大于 1 时，有利目的产物 3-氯丙基三甲氧基硅烷选择性提高，这说明原料三甲氧基硅烷（TMS）的增加，增加了 TMS 对不饱和钌的配合物催化剂氧化加成概率，抑制氯丙烯对不饱和钌的配合物氧化加成过程，有利于主反应催化循环过程，从而防止了由氯丙烯氧化加成所引起的还原等一系列的副反应产生。

1995 年，Bowman 等[19] 研究了无催化助剂（甲苯）存在下钌配合物催化硅氢化反应合成 3-氯丙基三甲氧基硅烷的硅氢化反应，报道了以 Ru$_3$（CO）$_{12}$ 为催化剂，过量的三甲氧基硅烷（TMS）与氯丙烯（AC）进行硅氢化反应，得到了高收率的 3-氯丙基三甲氧基硅烷（CPTMS）。其操作是首先将三甲氧基硅烷（TMS）和催化剂于反应瓶中，搅拌下加热至 80℃，然后将氯丙烯（AC）缓慢滴入，保持反应体系在 80℃左右，AC 加完后再在 80℃保温一段时间，最后真空蒸馏得到收率达 91%的目的产物 3-氯丙基三甲氧基硅烷（CPTMS）。通过实验总结最优的合成条件：两种参与反应的物料 TMS/AC 摩尔比大于 1，选择 1.15～2 范围内是合适的，在这范围内进行实验都得到高收率的 CPTMS；最适宜的反应温度是 80℃开始滴加氯丙烯，反应温度不要超过 100℃；催化剂用量可在很大范围调整，用量少，反应时间长，副反应少，有利提高收率。

（2）催化助剂的影响

Tanaka 等利用 Ru（CO）$_{12}$ 作催化剂催化三甲氧基硅烷与氯丙烯进行硅氢化反应时用了催化助剂甲苯，他们是将其作为催化剂溶剂加入，上述 Bowmam 的工作则不加甲苯也得到了很好的实验结果。2005 年 Westmeyer 等[20] 研究了以 RuCl$_3$ 为催化剂，甲苯、联苯、苯甲醚、三苯甲烷等芳族为助剂的催化体系，将其用于催化氯丙烯（AC）和三甲氧基硅烷（TMS）硅氢化反应，得到了高收率的 3-氯丙基三甲氧基硅烷（CPTMS）。其操作也是将 TMS、助催化剂和催化剂于反应瓶中，加热至 80℃，然后缓慢滴入 AC（1h），再保温反应 1h，色谱分析产物含量，其研究的结果摘要如表 5-7。

表 5-7 助剂对 RuCl$_3$ 催化硅氢化反应制备 3-氯丙基三甲氧基硅烷的影响①

序号	催化体系		合成原料		色谱分析粗产物组成及其质量百分数/%						
	催化剂三氯化钌含量/$\times10^{-6}$	助催化剂不同反应化合物/g	TMS/mol	AC/mol	AC	PC	TMCS	TMOS	PTMS	CPTMS	CPDMCS
1	24	②	0.2351	0.1449	0.047	0.178	1.438	3.015	1.817	88.109	0.636
2	24	甲苯 0.016	0.2351	0.1449	0.095	0.107	0.121	2.850	1.846	92.529	0.164

续表

序号	催化体系		合成原料		色谱分析粗产物组成及其质量百分数/%						
	催化剂三氯化钌含量/×10⁻⁶	助催化剂不同反应化合物/g	TMS/mol	AC/mol	AC	PC	TMCS	TMOS	PTMS	CPTMS	CPDMCS
3	24	甲苯 0.056	0.1449	0.2351	0.001	0.088	1.267	3.242	1.498	88.904	0.340
4	47	甲苯 0.64	0.2342	0.1449	2.929	0.087	1.007	2.377	1.237	87.310	0.679
5	19	Therminol ®③ 0.016	0.2323	0.1449	0.041	0.075	0.970	1.693	1.055	93.67	0.155
6	23	乙苯 0.28	1.2203	0.7705	0.135	0.115	0.837	1.896	1.187	90.32	0.206
7	22	丁苯 0.14	1.3056	0.8242	0.051	0.155	0.942	1.859	1.341	91.92	0.284
8	22	苯甲醚 0.11	1.3147	0.8301	0.001	0.223	1.109	2.245	1.460	91.213	0.379
9	22	二苯甲烷 0.17	1.3413	0.8469	0.001	0.178	0.947	1.898	1.318	92.112	0.257
10	22	联苯 0.19	1.3082	0.8260	0.062	0.155	0.657	1.558	0.908	93.411	0.908

① 合成原料和产物化合物名称缩写：三甲氧基硅烷（TMS），氯丙烯（AC），氯丙烷（PC），三甲氧基氯硅烷（TMCS），四甲氧基硅烷（TMOS），丙基三甲氧基硅烷（PTMS），氯丙基三甲氧基硅烷（CPTMS），氯丙基二甲氧基氯硅烷（CPDMCS）。

② 实验序号为 1 的试验为不加助剂的空白对照实验结果。

③ Therminol ® 系乙苯和联苄异构体的混合物。

根据表 5-7 所列实验数据可以得出如下几点结论。

① 实验室 1# 为不加芳族化合物助剂的空白实验，将其与加有芳族助剂其他 9 个实验（2#～10#）相比，目的产物 CPTMS 含量最低为 88.11%，表明以 $RuCl_3$ 催化硅氢化反应合成 3-氯丙基三甲氧基硅烷的体系中加入具给电子的芳族化合物，可以提高目的产物的选择性。

② 实验 2#～4# 所加助剂都为甲苯，仅加入量不同，所得目的产物 CPTMS 区别不大，表明加入助剂的量在一定范围内对催化反应的选择性影响不大。

③ 实验 1#～10# 不同化学结构的芳族化合物（催化反应助剂）用于反应对目的产物含量会有影响，其中甲苯是最差的，联苯作为助剂最好。

④ 从实验 2#～10# 与不加芳族助剂的实验 1# 比较，表明一些芳族化合物助剂有利于抑制产生 TMOS 的副反应，即有利于稳定三甲氧基硅烷的重分配反应。

5.3.4 生产工艺过程简述

2000 年 Schilling 等报道过 3-氯丙基三甲氧基硅烷实验室制备的工作[21]，现简介如下。

三甲氧基硅烷（TMS）3534g（29mol），（AC）1786.2g（23.5mol）、$RuCl_3$ 溶于甲醇的催化剂溶液 11.5g（Ru 含量为 2.94）于反应装置中，连续加入反应器中，历时 32h，共得反应混合物 5254.8g，经色谱分析反应后物料组成和百分含量：目的产物 3-氯丙基三甲氧基硅烷 87%，主要副产物四甲氧基硅烷 3.6%，丙基三甲氧基硅烷 1.8%，氯丙基二甲氧基氯硅烷 1.4%，低沸物 2%，高沸物 2%，未参与反应过量的三甲氧基硅烷 0.8%。

以氯丙烯（AC）和三甲氧基硅烷（TMS）或三乙氧基硅烷（TES）为原料，利用硅氢化反应合成 3-氯丙基三甲氧基硅烷（或 3-氯丙基三乙氧基硅烷），迄今国内外采用间歇法或连续化过程进行了产业化开发，其生产反应装置及其工艺过程如图 5-7 简述。

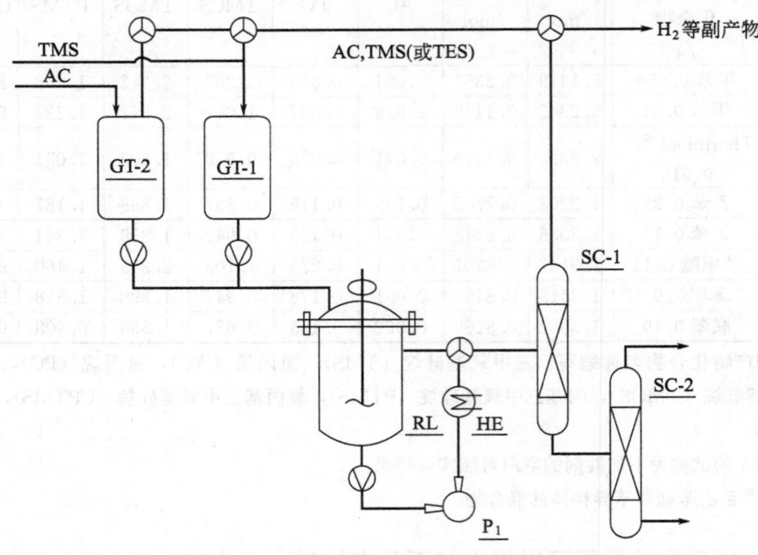

图 5-7　3-氯丙基三烷氧基硅烷生产装置

反应物料通过剂量贮槽 GT-1 和 GT-2 按一定比例将三烷氧基硅烷、氯丙烯以及催化剂进入外循环反应器（RL）中，控制适合的反应温度进行反应，当反应器中物料分析三烷氧基硅烷和目的产物含量比为 0.8：1 左右、催化剂具一定含量（30ppm）时，可起动连续化反应有关控制，并通过加料和出料速度保持反应釜内上述物料比例基本稳定。流出的反应产物进入分馏塔 SC-1，塔顶分出低沸点物料为反应原料，可返回至原料槽循环使用。剩余物料再进入分离纯化装置 SC-2，依次分离出副产物和目的产物后，釜中催化剂的高沸物可据情况循环使用。该装置已用于分批间歇生产，其工艺过程亦可连续化进行。

参考文献

[1] Ryan J W，Menzie G K，Speier J L. J. Am. Chem. Soc.，1960，82：3601-3604.

[2] 中国科学院化学研究所. 化学学报，1977，35：117.

[3] 吴观丽，王夺元，戴道荣，等. 化学学报，1980，38（5）：484-488.

[4] 胡春野. 合成化学，1996，4（1）：85-87.

[5] Nitzsche S，Bauer I，Graf W，et al. US 3792071. 1974.

[6] Bade S，Robers U. US 6150550. 2000.

[7] 武汉大学，中国人民解放军 59163 部队. 49 号光学玻璃防雾剂的合成研究. 湖北省科委技术鉴定证书附件. 1981.

[8] 张磊，杨春晖，张巨生，等. CN 101092426A. 2007.

[9] 张中法，黄慧，郭学阳，等. CN 201506759. 2010.

[10] Belyakova Z V，Pomerantseva M G，Belikova Z V. Zh. Obshch. Khim.，1974，44（11）：2439-2442.

[11] Tsuchiya K，Yamauchi K. JP 11199588. 1999. CA131：116372.
[12] Quirk J M，Kanner B. US 4658050. 1987.
[13] Tanaka M，Hayashi T，Mi Zhi-Yuan. J. Molecular Catal.，1993，81（2）：207-214.
[14] Hayashi T，Tanaka M. JP 06157555. 1994. CA122：81617.
[15] Kubota Y，Iijima T，Endo M. JP 10085605. 1998. CA128：308605.
[16] Kropfgans F，Frings A，Horn M，et al. EP 709392A. 1996. CA125：58733.
[17] 许其民，胥成功，张征林，等. CN 1563015A. 2005.
[18] Chalk A J，Harrod J E. J. Am. Chem. Soc.，1965，87（1）：16-21.
[19] Bowman M P，Schilling C L. US 5559264. 1996.
[20] Westmeyer M D，Powell M R，Mendicino F D. US 6872845B2. 2005.
[21] Schilling C L，Burns P J，Ritscher J S，et al. US 6015920. 2000.

第6章 具硅官能团的氰烃基硅烷化合物

6.1 具硅官能团的氰烃基硅烷化合物概述

6.1.1 具硅官能团的氰烃基硅烷化合物

具硅官能团的氰烃基硅烷化合物分子中，既有能与无机物表面相互作用的硅官能团，还有能与一些有机基团反应的氰基（碳官能团），按偶联剂的含义（1.2节）界定，这类有机硅化合物应属于硅烷偶联剂范畴，但人们很少将这类有机硅化合物称之为硅烷偶联剂。其原因在于很少将它作为偶联剂用于复合材料，它的主要应用是作为合成中间体用于硅烷偶联剂制备，或作为单体用于特种有机硅材料合成。人们不将它作为硅烷偶联剂的原因还在于该类化合物中的氰烃基在通常条件下具有较好化学稳定性，人们对硅烷偶联剂偶联作用较重视化学键合，对分子间相互作用的物理吸附所起作用关注不够，从而阻碍了具硅官能团的氰烃基硅烷作为偶联剂的应用研发。因此本章也不称之氰烃基硅烷偶联剂，像3-氯丙基烷氧基硅烷一样作为合成硅烷偶联剂的中间体予以阐述。

根据有机化合物命名，氰烃基硅烷化合物可以归为有机腈类化合物。例如$(C_2H_5O)_3SiCH_2CH_2CH_2CN$既可称之为1-三乙氧甲硅基-3-丁腈，又可按有机硅烷化学以硅烷为母体的命名方法称之为γ-氰丙基三乙氧基硅烷。这类硅烷化合物分子通式则可书写如下：

$$NC—(CH_2)_m SiR_n X_{3-n}$$

X代表易水解的硅官能团，应用较多的化合物中X通常是—Cl、—OMe和—OEt。

R代表任何烃基，但得到广泛应用的仅有甲基。n=0、1、2，用于无机物增强树脂基复合材料的偶联剂通常是0，常见于聚硅氧烷及其有机材料改性的化合物则以1或2为主。m=2、3、…，但研究最多，应用最广，进行了产业化开发的仅m为2的化合物。

具硅官能团的氰烃基硅烷化合物中硅官能团，其性质在本书硅烷偶联剂通性（2.4节）已有阐述，请读者参见。其他的性能则是化合物中碳官能团氰基所具有的特性。氰烃基硅烷化合物中氰基的性质类似于有机化合物中的腈类化合物特性，所不同者在于这类化合物中还有硅官能团的影响，使用时应予以注意。

有机化学中的腈类化合物具有较强的介电强度和较大偶极矩，因此可利用其特性作为合成或分离萃取用的溶剂（如乙腈）。通常腈类化合物中的氰基还具有较好的反应性，可以用它合成羧酸及其衍生物；还可利用它的反应性，将其作为中间体用于较多有机化合物的制备。此外，一些腈类化合物还可作为聚合物的合成单体（如丙烯腈），作为高分子单体制备的中间体则有丙酮氰醇、己二腈等。具硅官能团的有机硅腈化合物，虽有腈类化合物性质，但其使用还受易水解、缩合等硅官能团性质的制约。因此人们所熟知的可能只有β-氰乙基三乙氧基硅烷，知道它是用于合成硅烷偶联剂——γ-氨丙基三乙氧基硅烷（KH550，WD-50）中间体，β-氰乙基甲基二氯硅烷则是合成氰烃基硅油或氰烃基硅橡胶的单体。

文献报道已合成的有机硅腈化合物有很多，可以合成的有机硅腈化合物也不少。然而，真正可以广泛应用、生产成本低廉、发展前景较好的化合物也只有具硅官能团的β-氰乙基硅烷为主体的少数几种。因此本章只阐述上述化学通式中重要化合物的合成、特性和应用。

6.1.2 氰基对有机硅腈化合物稳定性的影响

具硅官能团的氰烃基硅烷化合物的特性取决于氰烃基。氰烃基中的氰基是由碳和氮两个元素组成，通过一个σ键和两个π键将碳原子和氮原子结合在一起的基团。氮是电负性较大的元素，因此氰基具有较强的拉电子作用，其诱导效应在一定范围内影响有机硅化合物中的硅—碳键的稳定性。此外，还应注意到氮的外层有未共享的电子对，应具有较强的给电子性质，然而应考虑处于基团中原子的给电子性质取决于所形成的官能团，而不只是组成官能团的某元素。由碳、氮两元素通过三键所构成的氰基，由于其共轭作用将使氰基中氮的给电子能力大大降低，还增加了氰基的稳定性，从而在复合材料中降低了这类硅烷偶联剂的氰基与聚合物的官能团化学键合的能力。

涉及有机硅腈化合物中氰基对硅—碳键的影响，我们首先讨论α-氰甲基硅烷化合物，在$\equiv Si—CH_2—CN$这类化合物中硅—碳键因受氰基的拉电子作用，成键的电子云密度降低，硅—碳键的强度削弱，导致化合物热稳定性不好，同时也容易遭亲核试剂进攻，使其化学稳定性差。因此，α-氰甲基（烃）硅烷化合物没有实用价值，不能引起人们制备和应用开发的兴趣。β-氰乙基硅烷化合物（$\equiv Si—CH_2CH_2—CN$）得到较广泛的应用，其原因之一在于化合物中氰基是通过亚乙基（$—CH_2CH_2—$）与硅相连接，具电负性较大的氮原子与硅相距三个碳原子，氰基拉电子作用对硅—碳键所产生诱导效应的影响削弱，β-氰乙基硅烷化合物已基本具备通常有机硅的物理化学稳定性。

氰烃基硅烷的耐热性低于未取代的相应烃基硅烷，而且与CN距Si原子的相对位置有关。不同氰烃基硅烷的耐热性按下列顺序递降：

$$\equiv SiCH_2CH_2CH_2CN > \equiv SiCH_2CH_2CN > \equiv SiCH_2CHCNMe > \equiv SiCHCNMe$$

β-氰乙基硅烷化合物能得到广泛应用的原因除上述性质外，另一重要原因则源于β-氰乙基硅烷化合物都是以大宗化学品丙烯腈和含氢硅烷化合物为原料采用硅氢化方法合成，原料成本低，容易获得。

$$\equiv Si—H + CH_2{=}CH—CN \xrightarrow{催化剂} \equiv SiCH_2CH_2CN$$

硅氢化反应合成β-氰乙基硅烷化合物时，在过去存在生成α-加成物和β-加成物两种异构体的选择性问题，通过大量研究该合成难题得以解决，大大推进了该类化合物的发展。

如果仅考虑氰烃基硅烷化合物中氰基对硅—碳键的稳定性问题，γ-氰丙基硅烷化合物（$\equiv Si—CH_2CH_2CH_2CN$）可能更好，该化合物中具拉电子性能的氰基的诱导效应对硅—碳键已无影响；合成原料丁烯腈中的氰基对不饱和键作用也不会阻碍正常的硅氢加成反应。但丁烯腈已属精细化产品，它的生产成本过高，自然不适合作为合成原料来开发γ-氰丙基硅烷化合物及其有用的衍生物。

6.1.3 具硅官能团的氰烃基硅烷合成方法述评

6.1.3.1 有机化学中腈的合成方法利用

有机化学中腈的合成反应很多，如胺氧化反应、硝基化合还原反应、酰胺脱水反应、卤化烷基化合物与金属氰化物相互作用的取代反应、氰氢酸（HCN）对不饱和化合物加成的氰乙基化反应等，这些方法似乎都可以用于有机硅腈类化合物的合成，但涉及本章所需合成具硅官能团的氰烃基硅烷化合物时，应注意三方面的问题。

① 有机硅腈化合物中如果含有硅官能团，如氰烃基硅烷偶联剂，对这种化学结构的化合物应特别注意硅官能团是容易水解、醇解、氨解、缩聚等反应的基团。因此，如果想用有机化学中合成腈的有关化学反应来制备具硅官能团的有机硅腈时，合成条件如果影响硅官能团的稳定性，该方法就不能采用，应该寻求一种不影响硅官能团稳定性的反应条件来合成目的产物。

1989年Rauleder H.等[1] 报道运用氰化钠与氯烃基三乙氧基硅烷反应合成氰丙基三乙氧基硅烷时，不用水和醇作溶剂，改用二甲基甲酰胺（DMF）这种非质子溶剂，其反应操作过程如下简述。

将4mol的3-氯丙基三乙氧基硅烷（WD-30），4mol的氰化钠和1235g DMF于反应瓶中，搅拌回流10h后，冷却过滤，滤液蒸馏回收DMF再利用，减压分馏产物3-氰丙基三乙氧基硅烷，收率87%。同样方法改用3-氯丙基三甲氧基硅烷为原料得到3-氰丙基三甲氧基硅烷，收率88%。

该实例说明了有机化学中合成腈的方法可以用于制备有机硅腈类化合物，但采用了有利反应的极性溶剂DMF，这种非质子溶剂与原料或产物中的硅官能团烷氧基不会发生任何化学反应。

② 具硅官能团的氰烃基硅烷化合物是一种可直接使用的硅烷偶联剂商品，但它主要用于制备有机硅烷偶联剂的中间体，其中一些化合物还是制备具有特性的或功能的聚硅氧烷单体。因此，这类化合物的合成量大，需规模化生产。生产是否安全，化工过程绿色化程度如何也应重视。上述Rauleder等报道的合成方法是以3-氯丙基三乙氧基硅烷（WD-30）

为合成原料的取代反应，无水条件下虽可获得较高收率的目的产物，但需用剧毒的氰化钠作为取代氯的试剂；此外，该取代反应还要丢弃用途少的氯化钠，合成反应的原子利用率也不理想。上述两大弊端都是违背绿色化学原则的，因此该合成反应是不适合用于生产这类含硅官能团的氰烃基硅烷化合物商品。

③ 采用有机化学中其他合成腈的方法时，可能首先还需合成另一种具碳官能团的有机硅化合物，然后再将其碳官能团转化成氰基，这样不仅成本较高，有时也还难以制备。作为精细化学品的硅烷偶联剂产业化开发，合成原料丰富易得，成本愈低愈好，如果用这些要求来衡量，有机化学中很多合成方法是不适合用于氰烃基硅烷偶联剂或合成中间体生产的。

基于上述三方面考虑，迄今在有机化学合成反应中很难找到一种腈的制备方法适合用于制备含硅官能团的氰烃基硅烷化合物。(后面章节硅烷偶联剂的合成路线选择时上述观点不再赘述。)

6.1.3.2 硅氢化反应合成氰烃基氯硅烷

硅氢加成反应是用于合成氰烃基氯硅烷的主要方法，具烷氧基等其他硅官能团的氰烃基硅烷化合物则多是以氰烃基氯硅烷为中间体来制备。氰烃基氯硅烷采用硅氢化合成反应通式如下：

$$Cl_{3-n}R_nSiH + CH_2{=}CR'(CH_2)_mCN \xrightarrow{\text{催化剂}} Cl_{3-n}R_nSiCH_2CHR'(CH_2)_mCN$$
$$n=0,1,2;m=0,1\cdots;R=Me,Et,Ph\text{ 等};R'=H,Me。$$

涉及氰烃基氯硅烷化合物合成研究报道主要集中在20世纪60年代前后，包括我国在内的很多国家的研究者都以三氯硅烷（$HSiCl_3$）、甲基二氯硅烷（$HSiMeCl_2$）或苯基二氯硅烷（$HSiPhCl_2$）等多种含氢氯硅烷为原料，研究了它们与丙烯腈（或丁烯腈）的硅氢加成反应[2~8]；我国曾昭抡教授所领导的武汉大学有机硅研究小组在20世纪50～60年代也开展了相应的工作[5]。

在研究硅氢化反应合成氰烃基硅烷化合物时发现硅氢化反应速率、硅氢加成反应区域选择性及其目的产物收率不仅强烈依赖于催化剂（或引发体系），用于合成的不饱和腈与含氢硅烷的化学结构也有影响。

在研究过程中很多研究者发现采用不同的催化剂催化丙烯腈与含氢氯硅烷的硅氢化反应，可能得到β-加成物或α-加成物，有时还可能在反应中得到α-加成物和β-加成物的混合物。

$$\equiv SiH + CH_2{=}CHCN \longrightarrow \begin{cases} \equiv SiCH_2CH_2CN & \beta\text{-加成物} \\ \equiv Si{-}CH(CH_3)CN & \alpha\text{-加成物} \end{cases}$$

基于β-氰乙基氯硅烷热稳定性和水解稳定性都较α-加成物好，应用也较广，因此如何获得收率高和选择性好的β-氰乙基氯硅烷，自然成了研究工作开展的主要目标。

当以丁烯腈（$CH_2{=}CH{-}CH_2CN$）和含氢氯硅烷为原料进行硅氢加成反应，其反应与不具碳官能团的α-烯烃进行硅氢加成反应没有什么特殊之处，在铂催化剂存在下的合成反应不仅很好进行，而且还容易得到高收率、选择性专一的γ-氰丙基氯硅烷。早在

1965 年苏联 Белакова 等研究的 Speier 催化剂作用下含氢氯硅烷与丁烯腈的硅氢化反应，其收率达 98%以上[2]。我国曾昭抡领导的研究小组在 1959 年也做过相关工作[5]。

如果硅氢化反应是以丙烯腈或它的取代物如 α-甲基丙烯腈[CH_2═C(Me)—CN]等为原料，采用上述相同反应条件，以 Speier 催化剂进行硅氢化反应时，则反应不易进行。研究者分析其原因在于丙烯腈中氰基强烈的拉电子作用，致使丙烯腈的双键电子云密度下降，丙烯腈难与催化剂配位，不能顺利完成硅氢化反应的催化循环过程，致使不能利用 Speier 催化剂催化硅氢化反应合成氰乙基硅烷化合物。丁烯腈中的氰基拉电子作用虽对化合物中端乙烯基也有影响，但其诱导效应通过三个碳原子后已很微弱，影响甚微。因此，丁烯腈及分子量大于它的同系物均可与含氢氯硅烷正常地进行硅氢加成反应。

含氢硅烷化合物也影响硅氢化反应，当以三丁胺等有机碱催化剂催化丙烯腈与三氯硅烷（$HSiCl_3$）通过离子加成机理进行硅氢化反应时，可得到较高收率的 β-加成专一的氰乙基三氯硅烷。如果改用甲基二氯硅烷（$HSiMeCl_2$）与丙烯腈进行硅氢化反应时，则反应进行并不如前者顺利。国内外不同的研究小组都得出了同样的结果，即有机碱催化丙烯腈与含氢氯硅烷进行硅氢加成反应时，其反应速率遵循如下次序：

$$HSiCl_3 > HSiPhCl_2 > HSiMeCl_2 > HSiMe_2Cl$$

中科院化学所蒋明谦研究小组在 20 世纪 60 年代初，从理论上对含氢氯硅烷的硅氢反应活性进行了理论分析，并利用基团诱导效应指数对七种含氢硅烷化合物用于丙烯腈加成的活性作了定量的比较也遵循上述活性次序，请读者进一步参考他们的研究报告[6]。

6.1.4 常用有机硅腈化合物物理常数

常用有机硅腈化合物系指具硅官能团的 β-氰乙基硅烷化合物，β-氰乙基甲基硅烷化合物，γ-氰丙基硅烷化合物和 γ-氰丙基甲基硅烷化合物四类。它们的物理化学常数列入表 6-1 中。

表 6-1 常用氰烃基硅烷化合物的物理常数

氰烃基硅烷偶联剂	沸点/℃(kPa)	相对密度(℃)	折射率(℃)
$NCCH_2CH_2SiCl_3$	109(4)		
$NCCH_2CH_2SiMeCl_2$	111～113(5.3)	1.1722(20)	1.4518(20)
$NCCH_2CH_2SiMe_2Cl$	119～120(5.6)	—	1.4442(20)
$NCCH_2CH_2Si(OMe)_3$	112(2)	—	1.4626(20)
$NCCH_2CH_2Si(OEt)_3$	224～225(101.3)	0.980(20)	1.414(20)
$NCCH_2CH_2SiMe(OEt)_2$	123～125(4)	—	—
$NCCH_2CH_2SiMe_2OEt$	106～108(4)	—	—
$NC(CH_2)_3SiCl_3$	93～94(1.07)	1.465(25)	1.280(25)
$NC(CH_2)_3SiMeCl_2$	79～82(0.13)	—	—
$NC(CH_2)_3SiMe_2Cl$	108～109(2)	—	—
$NC(CH_2)_3Si(OEt)_3$	79～80(0.08)	—	—
$NC(CH_2)_3SiMe(OEt)_2$	83～85(0.49)	0.929(25)	1.4206(25)

6.2 具硅官能团的 β-氰乙基硅烷化合物合成

6.2.1 硅氢加成反应合成 β-氰乙基氯硅烷的初期研究

(1) 硅氢加成合成法的探索

1956 年 Nozakura 和他的同事们相继发表了两篇研究三氯硅烷氰乙基化反应（即丙烯腈硅氢化反应）的报告[7,8]，其实验结果完全不同：在叔胺催化下得到了β-氰乙基三氯硅烷($Cl_3SiCH_2CH_2CN$)；在氯化镍-吡啶催化下则得到了α-氰乙基三氯硅烷($Cl_3SiCHMeCN$)。他们的研究开始的工作是据 Sommer 等[9] 的文献报道，以过氧化苯甲酰引发辛烯-1 与三氯硅烷进行硅氢化反应制备辛基三氯硅烷为模板，将其引发丙烯腈与三氯硅烷硅氢化反应，得到了 46%收率的 β-氰乙基三氯硅烷和聚合物。

$$Cl_3SiH + CH_2{=}CH{-}CN \xrightarrow[160℃]{\text{过氧化苯甲酰}} Cl_3SiCH_2CH_2CN + \text{聚合物}$$

他们又按 Wagner 等以铂石棉催化乙炔与三氯硅烷硅氢化反应合成乙烯基三氯硅烷的方法[10]，将铂石棉用于丙烯腈与三氯硅烷的硅氢化反应，也得到了 61%收率的 β-氰乙基三氯硅烷，还没有聚合物生成：

$$Cl_3SiH + CH_2{=}CHCN \xrightarrow{Pt/\text{石棉}} Cl_3SiCH_2CH_2CN$$

Nozakura 等工作中具创新性的研究成果在于发现了有机碱（B）及其盐是含氢氯硅烷与丙烯腈进行硅氢化反应有效催化剂，还能获得选择性专一的 β-氰乙基氯硅烷产物。此外，他们还提出了迄今还被人们接受的硅氢化反应的离子加成机理：

$$Cl_3SiH + B \longrightarrow Cl_3Si^{\ominus} + HB^{+}$$

$$Cl_3Si^{\ominus} + CH_2{=}CH{-}CN \longrightarrow Cl_3SiCH_2\overset{\ominus}{C}HCN + B$$

$$Cl_3SiCH_2CH^{\ominus}CN + HB^{+} \longrightarrow Cl_3SiCH_2CH_2CN + B$$

离子反应机理催化循环过程请参见本书第 3 章。

按上述离子加成反应过程可以认为：如果需要使含氢氯硅烷与丙烯腈反应获得 β-加成物，第一步反应及其得到稳定的甲硅基负离子（$\equiv Si^{\ominus}$）是关键的一步。反应过程中能否生成甲硅基负离子既取决于有机碱催化剂的化学结构及其给电子能力，还取决于所提供的反应条件能否有助于硅甲基负离子稳定。该研究报告中还总结了一些有机碱催化该硅氢化反应的活性次序。从这个次序可以看到催化剂活性与化合物的碱性或给电子能力有一定关系：

N,*N*-二甲苯胺＜喹啉＜吡啶、吖啶＜三乙胺

实验中他们还发现如果以吡啶为催化剂，又在不锈钢高压釜中进行反应，丙烯腈与三氯硅烷进行硅氢化反应得到的产物都是 α-加成物：

$$Cl_3SiH + CH_2{=}CHCN \xrightarrow[\text{高压釜}]{\text{吡啶}} Cl_3Si\underset{\displaystyle CH_3}{\underset{|}{C}H}{-}CN \quad \alpha\text{-加成物}$$

分析该反应得到α-加成物的原因，合理的解释是反应物于不锈钢高压釜中可能产生一种具催化活性的物质。因此他们将吡啶与不同金属粉组合为催化剂分别于不同玻璃封管中催化三氯硅烷与丙烯腈进行反应，实验结果发现：当 Ni 粉/C_2H_5N、Cr 粉/C_5H_5N、不锈钢薄片/吡啶/乙腈溶剂、$NiCl_2$、$NiCl_2/C_5H_5N \cdot HCl$、$NiCl_2/C_5H_5N$ 或 $NiCl_2 \cdot 4C_5H_5N$ 等物质作为催化剂使用时，反应结果均得到了α-加成物。该实验有力地说明了催化剂及其反应条件对硅氢化反应的影响。该结果也告诉研究者们在采用硅氢化反应合成有机硅化合物时，在研究催化剂的同时，还应该注意包括反应设备及其材质在内的反应条件。

(2) ⅤA 族元素有机化合物催化剂用于β-氰乙基三氯硅烷的合成

上述 Nozakura 和他的合作者共同奠定了碱催化丙烯腈硅氢化反应合成β-氰乙基三氯硅烷及其催化体系研究基础，进而推动了元素周期表ⅤA 族元素的有机化合物作为合成β-氰乙基氯硅烷首选催化剂的研发。

1959 年 Pike R. A. 等研究[11] 报道了周期表中ⅤA 族元素的有机衍生物作催化剂，在不锈钢的反应容器中催化三氯硅烷与丙烯腈进行的硅氢加成反应。当用三苯基膦[$(C_6H_5)_3P$]、二苯基氯化膦[$(C_6H_5)_2PCl$]、苯基二氯化膦[$C_6H_5PCl_2$]、三丁基膦[$(n\text{-}C_4H_9)_3P$]等四种有机磷化合物和三乙胺[$(C_2H_5)_3N$]作催化剂用于该合成反应都有催化活性。在相同的反应条件下，转化为目的产物的收率分别为 56%、47%、39%、55%和 30.7%。当用三苯胺 [$(C_6H_5)_3N$] 这种芳叔胺为催化剂时，则得到α-加成物和β-加成物的混合体；如果用三苯砷[$(C_6H_5)_3As$]、三苯基锑[$(C_6H_5)_3Sb$]或三苯基铋[$(C_6H_5)_3Bi$]为催化剂进行反应时，虽然也有一定催化活性，但均只得到少量的α-加成和β-加成的混合物。几乎是相同时间内，该研究小组的成员 Jex V. B. 等[12] 所在的美国联合碳化公司先后发表了 10 篇左右有关ⅤA 族有机化合物作催化剂制备β-氰乙基三氯硅烷的专利，其催化反应活性、选择性等和上述结果基本一致。美国通用电气公司 Prober M. 的工作则是以三丁基膦作催化剂催化制备了β-氰乙基三氯硅烷[13]。

1962 年，Pike 等还研究了甲硅胺类化合物作催化剂的硅氢化反应[14,15]，如 Me_3SiNR_2 这类化合物催化三氯硅烷与丙烯腈的硅氢加成反应，当 R 为乙基时得到β-加成物，R 基团较大，因空间效应使其选择性和生成β-加成物的转化率较低。该文中还提出有机碱催化丙烯腈硅氢化反应过程中与生成四中心环过渡态活性体有关的反应机理。

$$
\begin{array}{ccccc}
\overset{\delta^+}{CH} & — & \overset{\delta^-}{CH} & — & CN \\
\vdots & & \vdots & & Si\!= \\
\underset{\delta^-}{Cl_3Si} & \cdots & \underset{\delta^+}{H} & \cdots & NR_2
\end{array}
$$

此外，美国 DC 公司 Saam 还采用二甲基甲酰胺或 N,N-苯甲酰二乙胺等类酰胺化合物为催化剂[16,17]，同时苏联也报道利用 DMF 为催化剂[18~20]，他们得到收率达 60%左右的β-氰乙基三氯硅烷。

6.2.2 三元催化体系催化硅氢化反应合成 β-氰乙基氯硅烷

研究者发现脂肪叔胺等有机碱可以催化三氯硅烷与 α,β-不饱和腈进行硅氢化反应，在得到选择性专一 β-加成物的同时，还注意到了这类有机碱较难催化甲基二氯硅烷与丙烯腈的硅氢加成反应。为了开发独具介电特性的氰烃基硅油或耐油弹性体，美国通用电气公司致力于硅氢化反应合成 β-氰乙基甲基二氯硅烷的研究工作，1961 年该公司 Bluestein 首先报道和发表有关专利[21~23]介绍了他们配制了以 N,N,N',N'-四甲基乙二胺（TMEDA）/氯化亚铜/三丁胺（或三乙胺）组成的三元复合的硅氢化催化体系，并将其用于甲基二氯硅烷（$HSiMeCl_2$）与丙烯腈的硅氢加成反应，得到了选择性专一，收率达到 70%以上的 β-氰乙基甲基二氯硅烷：

$$Cl_2MeSiH + CH_2{=}CHCN \xrightarrow{TMEDA/CuCl/Bu_3N} Cl_2MeSiCH_2CH_2CN$$

该研究成果不仅推动了丙烯腈硅氢化反应催化体系进一步优化和 β-氰乙基甲基二氯硅烷的产业化开发，还促进了具氰烃基硅油、硅橡胶等聚硅氧烷材料的生产和应用。因此，人们称该催化剂为 Bluestein 催化剂。该专利报告中所涉及的内容主要包括三元组合催化剂中二胺、叔胺和铜的化合物化学结构及其用量对丙烯腈硅氢化反应的影响；同时还报道了 N,N,N',N'-四甲基乙二胺（TMEDA）/氯化亚铜二元催化体系的初步实验结果。此外，他们还对合成所用原料硅氢化合物和 α,β-不饱和腈等化学结构和反应条件对硅氢化反应的影响也进行了一些讨论。下面仅以甲基二氯硅烷（$HSiMeCl_2$）与丙烯腈为原料进行硅氢加成反应为例，讨论三元组分催化体系中的二胺、叔胺和铜化合物的化学结构、用量对合成 β-氰乙基甲基二氯硅烷的影响。

（1）二胺的化学结构及其用量对丙烯腈硅氢化反应的影响

丙烯腈与三氯硅烷的硅氢化反应在脂肪叔胺催化下能顺利地得到 β-氰乙基三氯硅烷，然而这类叔胺难以催化甲基二氯硅烷与丙烯腈的硅氢加成反应。根据丙烯腈的硅氢化反应的离子加成机理，其原因可以认为甲基二氯硅烷的酸性较三氯硅烷弱，在反应条件下，叔胺与甲基二氯硅烷难以形成较稳定的配位复合物中间体，因此也就不能得到有利于反应稳定的甲基二氯甲硅基负离子；甲硅基负离子的形成是丙烯腈硅氢化反应获得 β-加成物的关键一步。因此，可以认为二元叔胺的作用在于利用其具螯合特性的化学结构，在反应过程中有利稳定甲基二氯甲硅基负离子，如下式表达过程：

$$Cl_2MeSiH + B \xrightarrow{R'_2N{-}R{-}NR'_2} Cl_2Me\overset{\ominus}{Si}(\leftarrow :NR^1R^2{-}{-}NR^3R^4) + BH^+$$

据此：二胺的螯合配位能力大小在催化剂中起着作用，二胺的化学结构则是它在催化该反应过程中能否顺利进行配位和螯合成环的关键。二元胺（$R'_2N{-}R{-}NR'_2$）中不同 R 或改变 N-取代基 R′作为催化剂助剂分别用于在相同的反应条件下丙烯腈与甲基二氯硅烷的硅氢加成反应，从反应时间及目的产物β-氰乙基甲基二氯硅烷的转化率，可以了解三元催化体系中 $R'_2N—R—NR'_2$ 化学结构对催化加成反应的影响。

表 6-2 所介绍的是在相同反应条件和原料比（硅氢化合物过量）的情况下，仅改变三元催化体系的二胺（$R'_2N—R—NR'_2$）的化学结构中的 R 对丙烯腈硅氢化反应结果的影响。

表 6-2 $Me_2N—R—NMe_2$ 中 R 的不同对丙烯腈硅氢加成反应时间和生成β-加成产物的转化率的影响

序号	二胺化合物	反应时间/h	β-加成物转化率/%
1	$(Me)_2N—CH_2—N(Me)_2$	17	16
2	$(Me)_2N—CH_2—CH_2—N(Me)_2$	5.5	36
3	$(Me)_2N—CH_2—CH_2—CH_2—N(Me)_2$	17	30

从实验结果可以看到 2[#] 实验效果最好，反应时间短，转化率最高，其原因与 *N*,*N*,*N'*,*N'*-四甲基-1,2-亚乙基二胺能与甲硅基负离子较易形成稳定的五元环配位有关；1[#] 实验中所用二胺只能形成不稳定的螯合四元环；实验 3[#] 中所用 *N*,*N*,*N'*,*N'*-四甲基-亚丙基二胺则只能与甲硅基负离子形成稳定性比五元环差的螯合六元环，它在催化反应中不能像实验 2[#] 中的二胺能很好稳定硅甲基负离子有很大关系。

表 6-3 系试验 *N*,*N'*-取代乙二胺中 *N*-取代基的不同对反应影响。反应条件和原料比与上述相同，仅改变三元催化体系中二胺中的 *N*-取代基，观测它们催化丙烯腈与甲基二氯硅烷硅氢化反应的影响。

表 6-3 二元胺中 *N*,*N'*-取代基的不同对 $CH_2═CH—CN$ 与 $HSiMeCl_2$ 硅氢化反应影响

序号	二胺化合物	用量/%(摩尔)	回流反应时间/h	β-氰乙基硅烷转化率/%
1	*N*,*N*,*N'*,*N'*-四甲基乙二胺	0.007	25	71
2	*N*,*N*,*N'*,*N'*-四乙基乙二胺	0.02	130	10
3	*N*,*N*-二甲基-*N'*,*N'*-二乙基乙二胺	0.02	72	46
4	*N*,*N*,*N'*-三甲基乙二胺	0.02	145	19
5	*N*,*N*-二甲基乙二胺	0.02	120	58
6	*N*-甲基-*N*,*N'*,*N'*-三乙基乙二胺	0.02	45	16
7	*N*,*N*,*N'*-三甲基-*N'*-乙基乙二胺	0.02	60	60

比较 1# 和 2# 实验或 6# 与 7# 实验结果可以得到结论：用于螯合配位的二元胺中的 N,N'-取代基以位阻小的甲基比位阻大的乙基好。再比较实验 1# 与实验 4# 和 5#，可以认为：多取代比部分取代好，如乙二胺中以全取代的 $N,N,N'N'$-四甲基乙二胺（1#）比 N,N,N'-三甲基（4#）或 N,N-二甲基乙二胺（5#）好。因此二元胺的选择应该注意能否形成适合稳定性的螯合物中间体，获得高转化率目的产物也与二胺配体有关。

（2）叔胺化学结构对丙烯腈硅氢化反应的影响

丙烯腈与甲基二氯硅烷的硅氢加成反应，仅改变三元催化体系中叔胺的化学结构，其他反应条件都相同的情况下进行实验，从表 6-4 可以看到所有叔胺都能催化丙烯腈与甲基二氯硅烷顺利的进行硅氢化反应，但生成 β-氰乙基甲基二氯硅烷的转化率随叔胺中烷基的空间位阻加大，转化率降低，用二乙胺则不能得到反应产物。

表 6-4　不同叔胺对催化丙烯腈与甲基二氯硅烷硅氢化反应的影响

序号	胺化合物	胺用量/%(摩尔)	β-氰乙基甲基二氯硅烷转化率/%
1	三丁胺	0.02	71
2	三乙胺	0.028	60
3	三戊胺	0.014	47
4	十八烷基二甲胺	0.015	60
5	二乙胺	0.02	不反应

（3）铜化合物

尽管专利几乎涉及所有的铜化合物都可作为丙烯腈硅氢化反应的催化体系的组分，然而我们从 Bluestein 的研究报告可以看到氯化亚铜或氧化亚铜组成的三元体系对 α,β-不饱和腈硅氢化反应的效果最好。当丙烯腈与含氢氯硅烷在 TMEDA/Cu_2O/Bu_3N 存在下回流 24h，硅氢加成反应得到产物的转化率为 70%；如果用 CuI，120h 可以得到转化率为 20%的 β-加成物，CuCN 或 CuSCN 和其他一些金属卤化物几乎没有得到 β-加成产物。由此我们可体会到氧化亚铜或氯化亚铜用于催化丙烯腈与含氢氯硅烷硅氢加成反应的重要性。

6.2.3　二元催化体系催化硅氢化反应合成 β-氰乙基氯硅烷

有机碱与金属卤化物的二元组合催化剂，虽在 1957 年研究丙烯腈的硅氢化反应初期工作中就有涉及，但因得到的产物是 α-加成物而未引起人们的重视。1961 年美国专利在重点介绍 N,N,N',N'-四甲基乙二胺（TMEDA）/氯化亚铜/三丁胺三元组合催化剂催化丙烯腈与甲基二氯硅烷硅氢化反应的同时，还报道了 TMEDA 与 CuCl 两元组合的催化剂催化该反应，得到了收率为 55%的 β-氰乙基甲基二氯硅烷[23]。在相同的反应条件下，他们采用上述二元组合催化剂，研究了不同氯化亚铜或 TMEDA 的用量对产物 β-氰乙基甲基二氯硅烷转化率的影响，其结果在表 6-5 予以介绍。

表 6-5　二元组合催化剂中 TMEDA 和 CuCl 不同用量对丙烯腈硅氢化反应影响

实验内容 \ 实验序号	1	2	3	4	5	6	7
TMEDA/%(摩尔)	2.5	2.5	2.5	3.0	1.5	0.4	0.015
CuCl/%(摩尔)	2.5	1.5	0.5	2.5	2.5	2.5	2.5
反应时间/h	22	22	29	—	—	—	—
$Cl_2MeSiCH_2CH_2CN$ 转化率/%	55	55	39	30	4	0	0

注：TMEDA 和 CuCl 摩尔百分用量系以用于反应的丙烯腈和甲基二氯硅烷两种原料的摩尔总量为基础。

表 6-5 中 $1^{\#}\sim3^{\#}$ 实验系二元复合催化剂中 TMEDA 百分摩尔用量不变，仅改变 CuCl 的百分摩尔用量，实验 $4^{\#}\sim7^{\#}$ 则是固定 CuCl 的百分摩尔用量，改变 TMEDA 百分摩尔用量。从二元组合催化剂中任一组分改变对反应结果的影响可以得出初步结论：氯化亚铜的用量对催化反应起重要作用，适合的氯化亚铜（CuCl）用量可以提高合成反应效率和目的产物选择性。

1973 年，Svoboda 等[24] 报道了 Cu_2O、CuCl 或 $Cu(acac)_2$ 的铜化物与异氰化合物（R-NC）组合的二元体系催化丙烯腈硅氢化反应，它们均可得到选择专一的 β-加成物，而且收率较好，实验结果请参见表 6-6。

表 6-6　铜化合物和异氰化合物的二元组合催化剂催化硅氢化反应

铜化合物组成/(mmol)	异氰化合物组成/(mmol)	收率/%(反应温度/℃)
Cu_2O(0.084) (0.40)	⟨H⟩ NC(0.29) *t*-Bu NC(1.00)	70(100) 42(120)
CuCl(0.01) (0.05)	⟨H⟩ NC(0.037) *t*-Bu NC(0.02)	78(120) 56(120)
$Cu(acac)_2$(0.009)	⟨H⟩ NC(0.037)	75(120),45(80),10(60)

表 6-6 结果可以看出作为二元组合催化剂的组分之一异氰化合物：环己基异氰化合物优于叔丁基异氰化合物；他们实验所用铜化合物在反应过程中都将转化为具有催化活性的配合物。

二元催化体系催化 α,β-不饱和腈与含氢氯硅烷的硅氢化反应一直引人关注。最近有效的研究是 Rajkumar 和他的合作者于 1989 年[25] 报道的，他们用氧化亚铜（Cu_2O）和 N,N,N',N'-四甲基乙二胺组成的催化剂，在较温和的反应条件，很快得到选择性专一、高收率的 β-加成产物。其反应结果见表 6-7。

$$R_nCl_{3-n}SiH+CH_2{=}CHCN\xrightarrow{Cu_2O/TMEDA}R_nCl_{3-n}SiCH_2CH_2CN$$

R=Me，Ph；n=0，1，2。

表 6-7　Cu_2O/TMEDA 二元催化体系催化丙烯腈硅氢化反应

硅烷化合物	反应条件	产物	收率(蒸馏纯化)/%
$HSiCl_3$	回流 10min	$Cl_3SiCH_2CH_2CN$	95～100
$HSiMeCl_2$	回流 45min	$MeCl_2SiCH_2CH_2CN$	98～100
$HSiMe_2Cl$	回流 24h	没有反应	—
$HSiPhCl_2$	回流 30min	$PhCl_2SiCH_2CH_2CN$	98～100
$HSiPh_2Cl$	回流 24h	$Ph_2ClSiCH_2CH_2CN$	5～10

注：反应物料摩尔比：丙烯腈/含氢氯硅烷/Cu_2O/TMEDA＝0.04：0.06：0.0069：0.019。

据上述文献采用 Cu_2O/TMEDA 二元催化体系催化丙烯腈与含氢氯硅烷硅氢化反应研究结果可以归纳四大特点。

① 该催化体系既能催化 $HSiCl_3$ 与丙烯腈硅氢化反应，也适于 $HSiMeCl_2$ 与丙烯腈的硅氢化反应，这是以前研究中很多单组分催化剂所不及的。

② 该催化体系催化反应条件温和，反应速率快，选择专一性好，这可从该催化剂与 Bluestein 催化剂比较（表 6-8）得出如此结论。

表 6-8　在相同反应条件下 CuCl/TMEDA 与 Cu_2O/TMEDA 催化剂分别催化丙烯腈硅氢化反应结果

催化剂	硅烷化合物	反应条件	产物	收率/%
CuCl/TMEDA①	$HSiCl_3$	40h 回流	$Cl_3SiCH_2CH_2CN$	68
Cu_2O/TMEDA	$HSiCl_3$	1.5h 回流	$Cl_3SiCH_2CH_2CN$	90～95

① Blustein 催化剂。

注：丙烯腈/铜组分/胺＝7.5：1：1.2（摩尔），$HSiMeCl_2$ 用量相同。

③ 该催化体系可以在室温搅拌或超声波作用下促进反应进行（表 6-9）。

表 6-9　室温下借助搅拌和超声波加速反应结果

硅烷化合物	反应条件/h	产物	收率/%
$HSiCl_3$	超声波 2 搅拌 4	$Cl_3SiCH_2CH_2CN$	80 30
$HSiMeCl_2$	超声波 6 搅拌 18	$MeCl_2SiCH_2CH_2CN$	60 11
$HSiPhCl_2$	超声波 4 搅拌 21	$PhCl_2SiCH_2CH_2CN$	70～75 32

④ 催化剂组分 Cu_2O 可以循环使用。

美国 DC 公司 Bank 在 1992～1994 年连续发表过十篇以上专利，报道了二元组合催化体系催化丙烯腈与含氢氯硅烷硅氢加成反应研究，反应所得 β-加成物收率没有超出以前的工作，但也有如下几方面研究具创新性：采用 Al_2O_3、SiO_2 等无机物负载铜组分[26]；加入氨烃基或膦烃基烷氧基硅烷[27] 或具叔氨、季氨基的离子交换树脂[28] 作为催化剂组分。此外，还报道了没有催化活性的铜化物亦可用于二元催化体系[29]。

6.2.4 β-氰乙基烷氧基硅烷的合成

利用具硅官能团的氰烃基硅烷作为合成硅烷偶联剂的中间体主要是2-氰乙基烷氧基硅烷。β-氰乙基烷氧基硅烷化合物的制备方法虽有多种方法进行研究，但迄今用于工业生产的方法都是以2-氰乙基氯硅烷为原料进行醇解。以三烷氧基硅烷为合成原料，用它与丙烯腈进行硅氢化反应一步制备2-氰乙基三烷氧基硅烷，20世纪90年代有相关专利报道。

20世纪60年代前后，2-氰乙基氯硅烷的合成研究已有显著的进展。研究者以它作为合成原料，采用通常含氰烃基氯硅烷醇解法制备，其合成收率都不令人满意[30~32]。其中除了氯硅烷醇解过程中产生的氯化氢所引起的副反应外，还在于醇解反应产物沸点接近难以分离，以及酸性介质中醇可以与氰烃基氯硅烷中的氰基反应生成羧酸酯有关，例如：

$$NCCH_2CH_2SiCl_3 + 3C_2H_5OH \longrightarrow NCCH_2CH_2Si(OC_2H_5)_3 + 3HCl$$

$$NCCH_2CH_2Si(OC_2H_5)_3 + C_2H_5OH \xrightarrow{H^+} C_2H_5OOCCH_2CH_2Si(OC_2H_5)_3$$

为了提高醇解收率早期工作所采用的措施包括加入乙醚、环己烷等溶剂或在负压下醇解，其目的在于使反应处于适合反应温度和创造抑制副反应条件下进行，后来又有采用塔式反应装置醇解的办法（参见本书5.2节）。1994年DC公司报道了利用降膜式醇解反应或刮膜式反应器，以氰烃基氯硅烷为原料制备氰烃基烷氧基硅烷的方法，该合成设备用于醇解法制备有机烷氧基硅烷，副产物HCl可以从流动的反应物料中渗出迅速排除，防止了HCl可能引起的二次反应，因此也可以得到很好的合成结果[33]。

直接利用三烷氧基硅烷与丙烯腈硅氢化反应一步合成2-氰乙基三烷氧基硅烷一直是研究者所期盼的，很多研究者选用铂、钯、铑等过渡金属所制成配合物催化该硅氢化反应，我们也经过很多实践都没有得到高选择性的β-加成物，其原因可能与丙烯腈特性有关。1994年波兰专利[34]称他们选用环辛烯与环辛二烯合铑的配合物催化三乙氧基硅烷与丙烯腈进行硅氢化反应，可以得到收率达90%（质量）的$NCCH_2CH_2Si(OEt)_3$，但没有说明β-加成物的选择性，我们实践证明其产物中α-加成物含量很高。2001年德国Wacker公司专利[35]称：他们在利用具长链烷基的叔胺如二甲基十八胺催化三氯硅烷与丙烯腈进行硅氢化反应，得到收率达98%的2-氰丙基三氯硅烷的同时，还用于催化三乙氧基（或三甲氧基）硅烷与丙烯腈的硅氢化反应也得到了类似的结果。

6.3 具硅官能团的氰烃基硅烷化合物反应性和物性的利用

6.3.1 利用具硅官能团的氰烃基硅烷制备硅烷偶联剂

(1) 氰烃基硅烷化合物还原合成胺烃基硅烷偶联剂

氰烃基硅烷化合物中的氰基容易被金属氢化物（如$LiAlH_4$或$NaBH_4$等）还原成胺

类化合物。例如：

$$\equiv SiCH_2CH_2CN + LiAlH_4 \longrightarrow \equiv SiCH_2CH_2CH_2NH_2$$

如果采用 Raney-Ni（或 CO）作还原催化剂，氢可方便还原硅腈化合物等氨烃基有机硅化合物，当今以 β-氰乙基三乙氧基硅烷原料利用该催化还原反应制备 γ-氨丙基三乙氧基硅烷偶联剂（A-1100，WD-50，KH550）已是国外的主要生产方法（参见 7.2.2）。

（2）巯烃基硅烷偶联剂合成

β-氰烃基硅烷在胺催化下，硫化氢与其反应生成的加成产物硫代酰胺，再经催化氢化还原，则可用于合成巯烃基硅烷偶联剂。

$$\equiv SiCH_2CH_2CN + H_2S \xrightarrow{Et_2NH} \equiv SiCH_2CH_2C(=S){-}NH_2 \xrightarrow[CoS_3]{H_2} \equiv SiCH_2CH_2CH_2SH$$

6.3.2 具硅官能团的氰烃基硅烷水解-缩聚合成具羧酸侧基的聚硅氧烷

有机硅腈化合物中的氰基容易在强酸或强碱催化下水解成羧酸或酰胺，如下反应所示：

$$\equiv Si{-}CH_2CH_2CN \xrightarrow{H^+} \equiv Si{-}CH_2CH_2C(=O){-}NH_2 \xrightarrow{H^+,\ H_2O} \equiv SiCH_2CH_2{-}C(=O){-}OH$$

$$\equiv Si{-}CH_2CH_2CN \xrightarrow{OH^-} \equiv SiCH_2CH_2{-}C(=O){-}OH$$

当有机硅腈具硅官能团时，因硅官能团（如≡Si—OR、≡SiCl 等）容易水解缩聚，因此得到的是具羧烃侧基的硅氧烷的低聚物。

$$2Me_3SiCl + m Me_2SiCl_2 + n MeSiCl_2CH_2CH_2CN \longrightarrow Me{-}\underset{Me}{\overset{Me}{Si}}{-}O{+}\underset{Me}{\overset{Me}{Si}}{-}O{+}_m{+}\underset{CH_2CH_2COOH}{\overset{Me}{Si}}{-}O{+}_n{-}\underset{Me}{\overset{Me}{Si}}{-}Me$$

我们将具氰烃基的环体与八甲基环四硅氧烷或 DMC 先平衡，然后水解制备具羧烃基硅氧烷，这种硅氧烷可作纺织物整理剂。这些具羧烃侧基硅氧烷可认为是一种高分子的硅烷偶联剂；还可以利用羧烃侧基的反应性，转化成功能聚硅氧烷，如有机聚合物液晶[36]。

6.3.3 利用硅腈化合物中氰基加成反应合成含氮碳官能团的有机硅化合物

有机硅腈化合物中的氰基具不饱和性，电子云容易向氮转移，在碱或酸催化下，可以发生类似于有机腈类化合物的离子加成反应，得到一些新型含碳官能团的有机硅化合物[37,38]。这些化合物既可能用做硅烷偶联剂，也可用于功能材料的合成。尽管下述合成反应在有机硅化合物合成中很少报道，但它们的利用前景是可预见的。下面以有机化学中腈类化合物所能进行的反应为例介绍如下：

$$\mathrm{RCN}\xrightarrow[\mathrm{NH_4Cl}]{\mathrm{NH_3}}\mathrm{R{-}C(=NH)NH_2\cdot HCl}$$

$$\mathrm{RCN}\xrightarrow[\mathrm{cat}]{\mathrm{H_2}}\mathrm{RCH_2NH_2+RCH_2NHCH_2R}$$

$$\mathrm{RCN}\xrightarrow{\mathrm{NH_2OH}}\mathrm{R{-}C(NH_2)=NOH}$$

$$\mathrm{RCN}\xrightarrow{\mathrm{R'OH}}\mathrm{R{-}C(=NH\cdot HCl){-}C(=O){-}R}$$

$$\mathrm{RCN}\xrightarrow{\mathrm{R'COOH}}\mathrm{R{-}C(=O){-}NH{-}C(=O){-}R'}$$

$$\mathrm{RCN}\xrightarrow[\mathrm{Zn}]{\mathrm{BrC{-}COOEt}}\mathrm{{-}C(COOEt)(R{-}C{=}N\cdot ZnBr){-}}\xrightarrow{水解}\mathrm{{-}C(COOEt)(R{-}C{=}O){-}}$$

6.3.4 具硅官能团的 β-氰乙基硅烷用于制备有机硅材料及其特性

(1) β-氰乙基甲基硅油[39]

20 世纪 60 年代初，含氰烃基的硅油已有报道，这些硅油牌号为 XF-1105、XF-1112、XF-1125 和 XF-1150。其中 β-氰乙基甲基硅氧链节的含量分别是 10%、25%、50%和 100%。甲基氰烃基硅油比通常的甲基硅油有一些独特的性能，主要表现在具有抗静电性和介电常数较高（在 60～100.000 周波时，甲基 β-氰乙基甲基硅油介电常数可达 3～19.6，而甲基硅油只有 2.75）。β-氰乙基甲基硅油不与水相混，又不溶于大多数非极性溶剂如甲苯、煤油、丙酮、乙醚、二甲苯、环已烷、四氯化碳、乙醇和汽油等。β-甲基氰烃基硅油在水中长期蒸煮不水解或分解。含氰基量低的硅油在 200℃下热稳定性较好。β-甲基氰烃基硅油黏温系数为 0.716～0.870，与优良石油润滑油（0.750）相近。

基于上述特性，它在现代工业、科学技术有关领域得到应用，主要在高频率时用作高比重的电容器电解质，能掺入合成纤维织成的毛毯中作抗静电剂，它是一种稳定的、不挥发的增塑剂。它与甲基硅油另一不同之处在于它能在非水系统中作消泡剂（例如在石油工业中）。这类硅油早在 70 年代我国吉化公司已有批量生产。1964 年我国元素有机化学开拓者曾昭抡教授在武汉大学指导的研究生开展了有关工作，当时实验室合成路线如下：

$$\mathrm{HSiCl_3+CH_2{=}CHCN\longrightarrow Cl_3SiCH_2CH_2CN}$$

$$\mathrm{CH_3MgI+CdI_2\longrightarrow Cd(CH_3)_2}$$

$$\mathrm{Cl_3SiCH_2CH_2CN+Cd(CH_3)_2\longrightarrow CH_3Si(Cl_2)CH_2CH_2CN}$$

$$\mathrm{CH_3Si(Cl_2)CH_2CH_2CN+(CH_3)_3SiCl}\xrightarrow{[水解]}初聚油\xrightarrow[浓\ \mathrm{H_2SO_4}]{\mathrm{MM},\ [催化平衡化]}$$

$$\mathrm{(CH_3)_3Si{-}O{-}\left[Si(CH_3)(CH_2CH_2CN){-}O\right]_m{-}\left[Si(CH_3)_2{-}O\right]_n{-}Si(CH_3)_3}$$

(2) 具 β-氰乙基的有机硅弹性体（生胶）合成[40]

具硅官能团的 β-氰乙基甲基二氯硅烷［$NCCH_2CH_2Si(CH_3)Cl_2$］水解成环，再将其与 D_4 和甲基乙烯基环体 $(MeViSiO)_4$ 开环共聚，得到高摩尔质量具 β-氰乙基的腈硅生胶。其链结构可示意表达如下：

$$-\!\!\left(\underset{\text{Me}}{\overset{\text{Me}}{\text{Si}}}-\text{O}\right)_m\!\!\left(\underset{\text{CH}_2\text{CH}_2\text{CN}}{\overset{\text{Me}}{\text{Si}}}-\text{O}\right)_n\!\!\left(\underset{\text{CH}=\text{CH}_2}{\overset{\text{Me}}{\text{Si}}}-\text{O}\right)_l$$

这种生胶耐油（或耐溶剂）性取决于β-氰乙基硅氧链节在聚硅氧烷链中的含量，通常含量在50%左右才具有较好耐油和耐溶剂特性。生胶经混炼、硫化后，其耐油性能与丁腈橡胶类似，可在70～260℃范围内使用保持弹性。具β-氰乙基链节的聚硅氧烷（硅腈生胶）合成分三步进行，其过程简述如下。

第一步，β-氰乙基甲基二氯硅烷水解成环。

$$NCCH_2CH_2Si(Me)Cl_2 \xrightarrow[10\%\text{盐酸}]{\text{苯}} [NCCH_2CH_2Si(Me)O]_n$$

600mL 10%的盐酸及1300mL苯于反应器中，在搅拌下并保持40℃以下温度滴加300g $NCCH_2CH_2SiMeCl_2$ 和300mL苯的混合物，1h内将混合物加完后再搅拌30min。静止分层、去酸水。有机层洗至中性后加入300mL 50～55℃的蒸馏水，加热回流5min。冷却分层、去下层碱液，上层即为环体 $[NCCH_2CH_2SiMeO]_n$ 粗产品的苯溶液。

第二步，β-氰乙基甲基二氯硅烷环体与D_4催化重排制混合环体。

$$\left.\begin{array}{r}(NCCH_2CH_2SiMeO)_n\\(Me_2SiO)_4\\(MeViSiO)_4\end{array}\right] \xrightarrow{Me_4NOH} \text{混合环体}$$

反应装置中加入上述β-氰乙基环体粗品，再与161g D_4和0.48g $(MeViSiO)_4$混合，加热回流脱水1h。然后加入环体总质量分数0.04%的Me_4NOH硅醇盐（按Me_4NOH）计，再回流重排1.5～2.0h，得到的产物用60～70℃的蒸馏水洗至中性。在常压下先蒸去溶剂苯，得到345g混合环体。减压蒸馏收集下述混合环体馏分：91℃/0.27kPa为$\overline{(Me_2SiO)_3(MeNCCH_2CH_2SiO)}$；110℃～/0.27kPa为$\overline{(Me_2SiO)_4(MeNCCH_2CH_2SiO)}$；173℃/0.27kPa为$\overline{(Me_2SiO)_4(MeNCCH_2CH_2SiO)}$；173℃/0.27kPa为$\overline{(Me_2SiO)_3(MeNCCH_2CH_2SiO)_n}$等的高沸物。

第三步，混合环体开环聚合

$$\underset{\text{混合环体}}{\overline{(MeNCCH_2CH_2SiO)_x(Me_2SiO)_y}} \xrightarrow{Me_4NOH} -\!\!\left(\underset{\text{Me}}{\overset{\text{Me}}{\text{Si}}}-\text{O}\right)_m\!\!\left(\underset{\text{CH}_2\text{CH}_2\text{CN}}{\overset{\text{Me}}{\text{Si}}}-\text{O}\right)_n\!\!\left(\underset{\text{CH}=\text{CH}_2}{\overset{\text{Me}}{\text{Si}}}-\text{O}\right)_l$$

将上述得到的混合环体及少量$(MeViSiO)_4$加入聚合釜内，减压至0.67kPa，通氮下升温至70℃并保持30min左右，并除去系统及原料中的水分。冷却至室温，加入环体总质量分数0.01%的Me_4NOH硅醇盐（按EtNOH计）在80～90℃/0.67kPa及通氮下聚合1h，而后升温至140℃并维持1h以破坏催化剂。再升温至200℃/0.67kPa蒸除低沸物，得到分子量约为70万的无色透明腈硅生胶。

参考文献

[1] Rauleder H, Seiler C D, Vahlensieck H J. DE 3744211. 1989. CA112: 7710.

[2] Беякова З В, Голубцов Т М, Т. МЯкущева. ж. об. хам, 1965, 35 (7): 1183.

[3] Беякова З В，Якущеба Т М，Голубцов С А. ж. об. хам，1964，34：5.
[4] Летров А Д，Захаров Е ЛИ，Заяорожн Н А. Ж. Ляактхав，1962，35：385.
[5] 有机硅科研小组. 氰烷基氯硅烷的合成. 武汉大学自然科学学报（化学专号），1960，(5-6)：74-76.
[6] 蒋明谦，曹怡，汪文石. 化学学报，1964，30 (3)：316-324.
[7] Nozakura S，Konotsune S. Bull. Chem. Soc. Japan，1956，29：322-326. CA51：17321.
[8] Nozakura S，Konatsune S. Bull. Chem. Soc. Japan，1956，29：326-331. CA51：17322.
[9] Sommer L H，Pietrusza E W，Whitmore F C. J. Am. Chem. Soc，1947，69：188.
[10] Wagner G H，Strother C O. GB 670617. 1952.
[11] Pike R A，McMahon J E，Jex V B，et al. J. Organ. Chem.，1959，24：1939-1942.
[12] Jex V B，McMahon J E. US 2906764. 1959；2906765. 1959；2911426. 1959；2907784. 1959；2908699. 1959；3180882. 1965.
[13] Prober M. US 3099670. 1963，3185719. 1965.
[14] Pike R A，Schank R L. J. Organ. Chem，1962，27：2190-2192.
[15] Pike R A. US 3030403. 1962；3020301. 1962；3018390. 1962.
[16] Saam J C，Speier J L. J. Organ. Chem，1959，24：427-428.
[17] Saam J C. US 2860153. 1958.
[18] Golubtsov S A，Belyakova Z V，Yakusheva T M. Plastichekie Massy，1961，(12)：20-21.
[19] Golubtsov S A. SU 138249. 1960. CA56：46136.
[20] Belyakova Z V，Golubtsov S A，Yakusheva T M. Zhur. Obshch. Khim，1965，35 (7)：1183-1186. CA63：63241.
[21] Bluestein B A. J. Am Chem. Soc，1961，83：1000-1001.
[22] Bluestein B A. US 2971970. 1961.
[23] Bluestein B A. US 2971971. 1961.
[24] Svoboda P，Hetflejs J. Collect. Czech. Chem. Commun. 1973，38 (12)：3834-3836.
[25] Rajkumar A B，Boudjouk P. Organometallics，1989，8 (2)：549-550.
[26] Bank H M. US 5103033. 1992；US 5126469. 1992.
[27] Bank H M. US 5247110. 1993；US 5247109. 1993.
[28] Bank H M. US 5326894. 1994；US 5359107. 1994.
[29] Bank H M. US 5126468. 1992.
[30] Nozakura S，Konotsune S. Bull. Chem. Soc.，Japan，1956，29：322-326. 1956. CA51：17321.
[31] Saam J C，Speier J L. J. Org. Chem.，1959，24：427-428.
[32] 有机硅科研小组. 武汉大学自然科学学报（化学专号），1960，(5-6)：77-78.
[33] Bank H M，Meindertsma R D. US 5374757. 1994.
[34] Marciniec B，Fottynowic Z Z，Urbaniak W，et al. PL162725. 1994. CA122：133412.
[35] Abele B C. DE 10041597. 2001. CA135. 211149；DE 10014444. 2001. CA134：207969.
[36] Zhuo R X，Zhang X L，Luo Z H. JMS-Pure，Applied Chemistry，1993，A30 (6-7)：433-440.
[37] March J. Advanced Organic Chemistry-Reactions，Mechanisms，and Structuri. 2nd Ed. 1977：1328.
[38] 魏文德. 有机化工原料大全. 第三卷. 北京：化学工业出版社，1990.
[39] 曾昭抡，卓仁禧，黄晓和. 武汉大学学报（自然科学版），1965，(1-2)：73-77.
[40] 幸松民，王一璐. 有机硅合成工艺及产品应用，北京：化学工业出版社，2008：548.

第7章 氨烃基硅烷偶联剂

7.1 氨烃基硅烷偶联剂概述

7.1.1 氨烃基硅烷偶联剂主要类型、通式及命名

氨烃基硅烷偶联剂通常是具烷氧基的氨烃基硅烷化合物，这类硅烷偶联剂常用品种中所涉及的氨与甲硅基团是通过亚烃基（—R—）键合在一起的，这种用于硅烷偶联剂化学结构中的亚烃基（—R—）只有少数几种亚烷基$\leftarrow CH_2 \rightarrow_m$（$m=1,3$）和亚芳烷基（—$C_6H_4CH_2$—）。亚苯基（—$C_6H_4$—）虽有很好的高温特性，但因其合成较不易进行，迄今还未得到很好的开发。常用的氨烃基硅烷偶联剂，可用如下通式概括：

$$Q—R—SiMe_nX_{3-n}$$

$Q=NH_2—$，$MeNH—$，$Me_2N—$，$H_2NCH_2CH_2NH—$，$H_2NCH_2CH_2NHCH_2CH_2NH—$，$C_6H_5$—NH—，O(CH₂CH₂)₂N— 等。

$R=\leftarrow CH_2 \rightarrow_m$（其中 $m=1,3$），—C_6H_4—CH_2—等；$X=$—OMe，—OEt 等，$n=0、1、2$。

氨烃基硅烷偶联剂除商品名称外，生产者和使用者通常以硅烷为母体来命名，但文献则喜欢按有机化学国际命名法予以称呼，如此也便于检索文献。现以常用的 3-氨丙基三乙氧基硅烷偶联剂为例，它的商品名为 WD-50、KH550 或 A-1100 等；这种硅烷偶联剂化合物分子式为 $H_2NCH_2CH_2CH_2Si(OEt)_3$，如果按有机化学国际命名法以丙胺为母体命名，则称之为 3-(三乙氧甲硅基）丙胺，其英文名称可书写为 3-(triethoxysilyl) propylamino。

7.1.2 氨烃基硅烷偶联剂的物理化学特性

（1）化学结构对物理化学性质影响

氨烃基硅烷偶联剂是一类碱性有机硅烷化合物，它具有易水解、缩合、醇解等硅官能团的通性（2.4 节）；它区别于其他硅烷偶联剂的独特之处是它具碱性，碱性可以催化加

速硅官能团的水解、醇解和缩合等反应。它的稀水溶液除3-氨丙基三烷氧基硅烷较稳定外，其他氨烃基烷氧基硅烷水溶液稳定性较差。氨烃基硅烷化合物碱性的强弱与有机化学中胺类化合物的碱性强弱类似（参见7.2.2），其碱性强弱主要取决于取代基的电子效应，其空间效应也起一定作用。这类硅烷偶联剂的碱性强弱，还影响其化学反应性及其使用性能（7.1.3），当氨烃基硅烷偶联剂处理无机物时其碱性可能影响其在无机表面取向。这类化合物与空气接触、日光照射、长期放置或高温处理都易发生黄变，其中尤以氨烃基化合物较严重，这与它易氧化有关。因此，生产、贮存和应用时应予以注意。如果将它们用于白色或无色透明的高分子材料中作为助剂时，需特别注意和防止黄变；如果发生黄变，选用胺烃基烷氧基硅烷取代氨烃基烷氧基硅烷就能取得良好效果。此外，用于反应或加工时借助惰性气体保护防止氧化变色也是办法。在氨烃基硅烷偶联剂系列中，β-氨烃基硅烷偶联剂热稳定性和化学稳定性是最差的，因使用性能差而没有进行产业化开发，化学稳定性差的原因是β-氨烃基化合物容易分解，即所谓有机硅化合物的β-效应（1.4.3），其反应式如下：

$$\equiv Si(-\ddot{N}H_2)-CH(CH_3)-CH_2 \longrightarrow \equiv SiNH_2 + CH_3CH{=}CH_2$$

α-氨烃基硅烷偶联剂虽有较好稳定性，但除N-苯胺甲基烷氧基硅烷（如南大-42）得到发展外，其他氨甲基硅烷偶联剂迄今也较少生产和应用。3-氨丙基三乙氧基硅烷是热稳定性、化学稳定性及其化学反应性较好的硅烷偶联剂，也是现代应用最广的硅烷偶联剂。它的一些同系物或因使用性能不好，亦或没有易得、价廉的合成中间体用于制备，因此也没有得到发展。例如，3-氨丙基三甲氧基硅烷偶联剂因其碱性催化水解、缩合速度较快，就没有稳定性好一些的3-氨丙基三乙氧基硅烷使用方便；δ-氨烃基以上的化合物除了合成原料不易得到外，碳链长的氨烃基烷氧基硅烷还会影响其使用性能，因此这类氨烃基烷氧基硅烷也很少商品化及将其进行应用研究开发。

（2）氨烃基烷氧基硅烷偶联剂常用的物理常数（表7-1）

表7-1　氨烃基基烷氧基硅烷偶联剂的物理常数

氨烃基烷氧基硅烷偶联剂化学分子式	沸点/℃(kPa)	相对密度(℃)	折射率(℃)
$H_2NCH_2SiMe_2(OEt)$	131.8(98.7)	0.849(25)	1.4110(25)
$H_2NCH_2SiMe(OEt)_2$	67.5(23.2)	0.914(25)	1.4120(25)
$H_2NCH_2Si(OEt)_3$	93(23.2)	0.955(25)	1.4080(25)
$PhHNCH_2Si(OMe)_3$	135～147(1.07)	1.0615(20)	1.5075(20)
$PhHNCH_2Si(OEt)_3$	135～150(0.67)	1.022(20)	1.4875(20)
$H_2N(CH_2)_3SiMe_2OEt$	78～79(3.2)	0.857(25)	1.427(25)
$H_2N(CH_2)_3SiMe(OEt)_2$	85～86(1.07)	0.916(20)	1.4272(20)
$H_2N(CH_2)_3Si(OEt)_3$	122～123(4.0)	0.951(20)	1.4225(20)
$H_2N(CH_2)_3Si(OMe)_3$	80(1.07)	1.01(25)	1.420(25)
$H_2N(CH_2)_3Si(OSiMe_3)_3$	152(6.27)	0.891(25)	1.4110(25)

续表

氨烃基烷氧基硅烷偶联剂化学分子式	沸点/℃(kPa)	相对密度(℃)	折射率(℃)
$MeHN(CH_2)_3Si(OMe)_3$	106(4.0)	0.978(25)	1.4194(20)
$H_2NC_2H_4NHC_3H_6SiMe(OMe)_2$	129～130(1.33)	0.975(25)	1.4447(25)
$H_2NC_2H_4NHC_3H_6Si(OMe)_3$	140(2)	1.01(25)	1.422(25)
$H_2NC_2H_4NHC_3H_6Si(OEt)_3$	124(0.15)	—	1.4365(20)
$H_2N(CH_2)_4Si(OEt)_3$	114～116(0.25)	0.9408(25)	1.4270(25)
$p\text{-}H_2NC_6H_4Si(OEt)_3$	141～150(1.87)	—	—
$p\text{-}H_2NC_6H_4Si(OMe)_3$	110～114(0.08)	1.00(25)	—
$p\text{-}Me_2NC_6H_4Si(OEt)_3$	144～146(0.27)	1.012(25)	1.5012(25)
$H_2N(C_2H_4NH)_2C_3H_6Si(OMe)_3$	114～118(0.27)	1.03(20)	1.463(20)

7.1.3 氨烃基硅烷偶联剂的化学反应性及其利用

氨烃基硅烷偶联剂主要是具烷氧基的氨烃基硅烷化合物，它的化学反应性包括硅官能团的水解、缩聚或交联等通性，以及该类有机硅化合物中具特色的氨烃基的化学反应性。两类完全不同官能团的反应性能使其在复合材料制造中作为硅烷偶联剂得到最广泛应用外，它们还作为中间体在有机化合物合成或新型材料制造中的应用备受关注。利用这类硅烷偶联剂的反应性进行应用开发，下面从四方面予以简单说明。

① 利用氨烃基硅烷偶联剂这类化合物中硅官能团的水解、缩合等性质，已将它们用于合成氨烃基改性的聚硅氧烷，如氨基硅油或含氨烃基的硅树脂等。其合成方法既可以采用水解、缩合催化平衡的方法，也可以采用异官能缩聚（杂缩聚）的方法，两种方法都可以获得氨烃基含量一定、化学结构会有差异的聚硅氧烷。这类聚硅氧烷已广泛应用于纺织整理、化妆品制备等众多领域。

② 利用氨烃基的化学反应性将氨烃基硅烷偶联剂作为合成中间体，用来制备具异氰酸烃基、脲烃基和叠氮烃基等独具特色的多种硅烷偶联剂。例如：

$$(EtO)_3Si(CH_2)_3NH_2 + ClC(=O)Cl \longrightarrow (EtO)_3Si(CH_2)_3NCO + 2HCl$$

$$(EtO)_3Si(CH_2)_3NH_2 + (H_2N_2)_2C{=}O \longrightarrow (EtO)_3Si(CH_2)_3NHCONH_2$$

$$(EtO)_3Si(CH_2)_3NH_2 + O{=}C{=}NC_6H_4SO_2N_3 \longrightarrow (EtO)_3Si(CH_2)_3NHCONHC_6H_4SO_2N_3$$

③ 具含活泼氢的氨烃基硅烷化合物其性质类似于有机物的伯胺、仲胺，它们可以对α,β-不饱和腈、酮、羧酸及其衍生物进行亲核加成反应，或对羧酸衍生物进行亲核取代反应。进而合成多种具碳官能团有机硅化合物，这些新型的硅烷化合物既可用作硅烷偶联剂，也可用作功能助剂，其发展前景决定应用开发。例如：

$$(EtO)_3SiCH_2CH_2CH_2NH_2 + CH_2{=}CH{-}CN \longrightarrow (EtO)_3SiCH_2CH_2CH_2NHCH_2CH_2CN$$

$$(EtO)_3SiCH_2CH_2CH_2NH_2 + CH_2{=}CHC(=O){-}OMe \longrightarrow (EtO)_3SiCH_2CH_2CH_2NHCH_2CH_2COOMe$$

$$(EtO)_3SiCH_2CH_2CH_2NH_2 + HC(=O)OMe \longrightarrow (EtO)_3SiCH_2CH_2CH_2NHCHO$$

$$(EtO)_3SiCH_2CH_2CH_2NH_2 + \underset{\text{(环氧)}}{CH_2—CH—CH_2Cl} \longrightarrow (EtO)_3SiCH_2CH_2CH_2NH—CH_2—\underset{OH}{CH}—CH_2Cl$$

$$(EtO)_3SiCH_2CH_2CH_2NH_2 + \text{马来酸酐} \longrightarrow (EtO)_3SiCH_2CH_2CH_2NHCOCH{=}CHCOOH$$

④ 氨烃基硅烷是碱性有机化合物，它们能与强酸形成稳定配合盐，应注意的是这类硅烷偶联剂有易水解的烷氧基，如果不希望它变成硅氧烷的低聚物，则不能用酸的水溶液与其成盐。为了利用它制备具硅官能团的季铵盐，通常将其与卤代烃反应。例如：

$$(EtO)_3SiCH_2CH_2CH_2NHMe + RCl \longrightarrow [(EtO)_3SiCH_2CH_2CH_2\overset{\oplus}{N}HMeR]Cl^-$$

$$(MeO)_3SiC_3H_6NMe_2 + CH_3Cl \longrightarrow [(MeO)_3SiC_3H_6\overset{\oplus}{N}Me_3]Cl^{\ominus}$$

这类季铵盐的用途涉及杀菌剂、玻璃润滑剂、纺织物整理剂以及化妆品助剂和高分子材料表面改性剂等，有关重要品种及其合成和应用领域在本书第 10 章中还有专门阐述。

7.1.4 氨烃基硅烷偶联剂的合成方法述评

有机化学中胺的合成方法虽然很多，但能用于具易水解、缩合的氨烃基硅烷偶联剂合成仅有卤代烃基硅烷氨（胺）解合成法和有机硅腈化合物还原法。此外，合成氨烃基硅烷偶联剂合成还有有机化学中没有的、以烯丙胺为原料的硅氢化反应合成法。三种合成方法都独具特点，因此在产业化开发方面都得到发展。

（1）卤代烃基硅烷的氨（胺）解反应合成法

氨（胺）解法是有机化学中胺合成的常用方法之一，这种方法在国内最早用于商品化生产氨烃基硅烷偶联剂（WD-50，KH550），其化学反应式如下：

$$NH_3 + ClCH_2CH_2CH_2Si(OEt)_3 \xrightarrow[\triangle]{} H_2NCH_2CH_2CH_2Si(OEt)_3 + NH_4Cl$$

$$MeNH_2 + ClCH_2CH_2CH_2Si(OEt)_3 \xrightarrow[\triangle]{} MeNHCH_2CH_2CH_2Si(OEt)_3 + MeNH_2 \cdot HCl$$

该法用于合成氨烃基烷氧基硅烷不可避免的有应用较少的有机硅仲胺和叔胺副产物生成，以及还有较多经济价值较低的氯化铵生成。用现代观点评价可以认为该方法不符合绿色化学基本原则。因此，当今国内外都在着力进行这种方法的工艺过程改进。但用该法合成胺烃基硅烷偶联剂还是一种简便方法，合成时较容易控制在生成目的产物阶段；此外有机胺盐也方便回收再利用，迄今用胺解法生产胺烃基硅烷偶联剂还是不可替代的合成方法。例如：

$$PhNH_2 + ClCH_2CH_2CH_2Si(OEt)_3 \xrightarrow[\triangle]{} PhNHCH_2CH_2CH_2Si(OEt)_3 + PhNH_2 \cdot HCl\downarrow$$

$$NH_2CH_2CH_2NH_2 + ClCH_2CH_2CH_2SiMe(OMe)_2 \xrightarrow[\triangle]{} H_2NCH_2CH_2NHCH_2CH_2CH_2SiMe(OMe)_2 + H_2NCH_2CH_2NH_2 \cdot HCl\downarrow$$

（2）β-氰乙基烷氧基硅烷催化还原合成法

尽管有机化学中很多胺化合物是通过腈还原制备，但该方法用于氨烃基烷氧基硅烷的合成，仅3-氨丙基烷氧基硅烷系列，如：

$$(EtO)_3SiCH_2CH_2CN \xrightarrow[\text{Ni(雷尼)}]{H_2} (EtO)_3SiCH_2CH_2CH_2NH_2$$

腈还原法是符合绿色化学原则的好方法，也是当今国外生产3-氨丙基三烷氧基硅烷的主要方法。近年来我国也有企业研究开发该合成技术，但尚未见到用于生产。尽管所有氰烃基烷氧基硅烷都容易实现催化氢化，但迄今为什么只有β-氰乙基烷氧基硅烷还原生产3-氨丙基烷氧基硅烷，其原因除涉及其他氰烃基烷氧基硅烷的合成原料和生产成本外，市场需求和开发不足可能是重要原因。

(3) 烯丙胺硅氢化反应合成法

烯丙胺硅氢化反应合成法的研究工作开展已有数十年历史，迄今尚未用于生产3-氨丙基烷氧基硅烷，从化学反应方程式所表达的合成及其结果，该合成反应可以认为是原子经济反应：

$$\equiv Si—H + CH_2 = CH—CH_2NH_2 \xrightarrow{\text{催化剂}} \equiv SiCH_2CH_2CH_2NH_2$$

但实践证明要达到原子经济反应还有很多工作要做，因此对于该法的研究一直受到国内外众多的研究者关注，近年来研究进展较快，可能在较短的时间内会有装置用于规模化生产3-氨烃基硅烷偶联剂。

7.2 氨(胺)解合成法制备氨烃基硅烷偶联剂

7.2.1 卤代烃基硅烷的氨(胺)解

7.2.1.1 有机化合物中卤代烃的氨解反应

以卤代烷烃为原料，通过氨（胺）解反应是合成脂肪族胺类化合物常用的方法，迄今也是生产氨（胺）烃基硅烷化合物品种最多、产量最大的合成方法之一。卤代烃的氨（胺）解反应系亲核取代反应，氨（胺）化合物中氮都具有非共用的电子对，它们是亲核试剂，其亲核性的强弱取决于胺的取代基；当取代基团相同的情况下，通常反应活性遵循下述次序：

$$R_3N > R_2NH > RNH_2 > NH_3$$

如果取代基R不同，则应注意空间位阻的影响，位阻较大的基团不利取代反应进行。

从上述次序不难看出，氨（胺）与卤代烃发生的亲核取代反应的速度也会依上述次序下降。因此利用该反应合成胺时，反应会很难控制并停留在伯胺阶段，尤其当卤代烃的空间位阻小时，该反应首先生成的伯胺，还会较快地逐步生成仲胺和叔胺，反应一直进行下去，直至生成季铵盐。

$$NH_3 \xrightarrow{RX} RNH_2 \xrightarrow{RX} R_2NH \xrightarrow{RX} R_3N \xrightarrow{RX} R_4N^+X^-$$

1°胺　　2°胺　　3°胺　　季铵盐(4°)

卤代烃的氨解所用原料RX中R通常是烷基，或带有吸电子取代基的芳基。不具吸电子取代基的卤代芳烃不易发生亲核取代反应，因此通常不能用氨（胺）和卤代芳基合成芳胺。如果用卤代烷基芳烃化合物，则类似卤代烷同样容易发生氨解反应。例如：

$$C_6H_5CH_2Cl + HNR_2 \longrightarrow C_6H_5CH_2NR_2$$

7.2.1.2　卤代烃基硅烷化合物的氨（胺）解合成反应

卤代烃基硅烷化合物的氨（胺）解所遇到的难点也类似于上述有机卤代烃。基于上述氨（胺）的本性以及它们与卤代烃的反应性，将卤代烃基硅烷化合物应用于合成氨烃基硅烷偶联剂时，明显的缺点在于采用通常合成方法及其工艺过程，其反应不易仅停留在所需的伯胺阶段，在生成伯胺的同时还会有生成仲胺或叔胺的反应，从而降低合成目的产物伯胺的收率。卤代烷基硅烷氨解反应过程可用下述反应式描述。

① 首先氯代烷基硅烷与氨反应，氯被氨取代生成伯胺盐酸盐，如反应（7-1）：

$$\equiv SiRX + NH_3 \longrightarrow \equiv SiRNH_3^+X^-\text{(1°胺盐)} \tag{7-1}$$

在反应体系中伯胺盐酸盐会进一步与氨反应，随之生成副产物氯化铵的同时游离出目的产物伯胺，并有下述平衡，如反应（7-2）：

$$SiRNH_3^+X^- + NH_3 \rightleftharpoons \equiv SiRNH_2\text{(1°胺)} + NH_4X \tag{7-2}$$

② 游离出来的有机硅伯胺（1°胺）类似于反应原料氨，也是亲核试剂，其亲核能力还比氨强一些，因此它也可以进攻卤代硅烷而生成仲胺的盐，所生成仲胺盐也会与反应体系中的氨（或胺）反应生成铵盐和游离仲胺，如反应（7-3）：

$$\equiv SiRNH_2 + \equiv SiRX \longrightarrow (\equiv SiR)_2NH_2^+X^- \rightleftharpoons (\equiv SiR)_2NH\text{(2°胺)} \tag{7-3}$$

③ 有机硅仲胺（2°胺）也具亲核性，亲核能力大小常取决于仲胺或卤代烃的空间位阻，它可以接着再进攻卤代硅烷，生成叔胺的盐，如反应（7-4）：

$$(\equiv SiR)_2NH + \equiv SiRX \longrightarrow (\equiv SiR)_3NH^+X^- \xrightleftharpoons{NH_3} (\equiv SiR)_3N\text{(3°胺)} \tag{7-4}$$

④ 最后，叔胺还能进攻卤代硅烷生成称为季铵盐的化合物 $(\equiv SiR)_3N^+HX^-$。其过程如反应（7-5）：

$$(\equiv SiR)_3N\text{(3°胺)} + \equiv SiRX \longrightarrow (\equiv SiR)_4N^+X^-\text{[季铵盐(4°)]} \tag{7-5}$$

据上述反应过程，如果我们希望利用氨解反应仅为了合成伯胺时，在反应体系中加入过量的氨，有利于生成伯胺盐酸盐分解，使平衡向右移动，这是容易理解的。此外，还有利减少生成的伯胺与卤代烃进一步反应的机会，抑制仲胺副产物生成，提高伯胺的收率。其原因则在于卤代烃基硅烷处在过量氨的情况下，一个卤代烃基硅烷分子会被大量氨分子所包围，使其只遭受氨分子所进攻，而不会遭受到数量较少的伯或仲胺分子之一所攻击。该方法已用于生产有机硅伯胺。除采用加入过量氨的方法外，也有人在反应混合物中加醋酐，其作用也在于反应过程中能立即与生成的伯胺反应生成伯胺醋酸盐，以此从反应区移出所需的伯胺。

7.2.2 氨解反应合成3-氨丙基硅烷偶联剂的研究及产业化开发

7.2.2.1 初期的研究工作

1957年Speier催化剂的发明及其用于3-氯丙基氯硅烷的合成获得成功之后，玻璃纤维增强复合材料的发展对氨烃基硅烷偶联剂既提出了需求，也有了采用氨（胺）解反应合成这类化合物的原料基础。1958年美国联合碳化公司Jex. V. B等[1] 首先报道了以3-氯丙基三乙氧基硅烷为原料，采用氨解反应制备 $H_2NCH_2CH_2CH_2Si(OEt)_3$（Ⅰ）、$HN[CH_2CH_2CH_2Si(OEt)_3]_2$（Ⅱ）和 $N[CH_2CH_2CH_2Si(OEt)_3]_3$（Ⅲ）三种具硅官能团的氨烃基硅烷化合物的合成方法。他们将365g的 $ClCH_2CH_2CH_2Si(OEt)_3$ 和255g的 NH_3（两种合成原料投料摩尔比大约为1/10）于3L压力容器中，在100℃下反应12h后降温。粗产物经分馏得到纯净的有机硅伯胺、仲胺和叔胺三种产物，其产率分列为21%（Ⅰ）、30%（Ⅱ）和14%（Ⅲ）。如果将两种用于合成的原料摩尔比改为1∶20进行实验，即得到收率为50%的3-氨丙基三乙氧基硅烷。

上述实验表明：将合成原料氨与3-氯代丙基三乙氧基硅烷的摩尔比例，由10倍增至20倍时，伯胺收率提高了很多，这完全遵循了有机化学中卤代烷氨解反应合成胺的7.2.1节所述规律。

两年后，美国Saam. J. C等用氨解法合成了γ-氨丙基二甲基乙氧基硅烷的合成专利报告[2]。他们将3-氯丙基二甲基乙氧基硅烷（γ-$ClCH_2CH_2CH_2SiMe_2OEt$）与氨按摩尔比为1/24混合于在压力釜中，95℃反应2h，真空蒸馏后得到收率为32%的 $H_2NCH_2CH_2CH_2SiMe_2OEt$。

我国有关研究始于20世纪60年代，中科院化学所在有关实验室首先报道采用氨解反应方法合成3-氨丙基三乙氧基硅烷[3]，其实验室合成工艺如下。

在1L高压釜中，加入241g经通 NH_3 除去HCl的 $(EtO)_3SiC_3H_6Cl$。减压后用铜管接通液氨钢瓶，打开阀门使液氨吸入釜内至所需的质量。而后关阀并拆去铜管，在振荡下慢慢使高压釜加热升温，并在100℃下反应12h，釜压最高可达6.2MPa。结束反应冷却后，先放出未反应的 NH_3，再吸出反应物，沉于釜底的 NH_4Cl 可用100mL无水乙醇洗涤2次，并将洗出液与产物一起分馏，收集105～114℃/2.1kPa馏分。再分馏一次截取105℃/1.7kPa馏分，得到96.1g的目的物［$(EtO)_3SiC_3H_6NH_2$］，按 $(EtO)_3SiC_3H_6Cl$ 计收率为43%。

化学所实验室的研究成果于20世纪70年代初在辽宁营口盖州化工厂以200L和氨不回收循环使用的反应装置进行批量生产KH550，直至80年代。武汉大学有机硅实验室在完成3-氯丙基三乙氧基硅烷产业化研发之后，于80年代初采用2000L的反应釜和氨回收反复使用技术用于生产3-氨丙基三乙氧基硅烷并以商品名WD-50投入市场，其生产技术在国内推广，迄今还有企业用于生产。

7.2.2.2 氨解合成法制备3-氨丙基三乙氧基硅烷

以氯丙基三乙氧基硅烷为原料通过氨解合成的3-氨丙基三乙氧基硅烷偶联剂是研究

工作开展较早的一个品种。从上述理论分析和合成研究工作可以看到该方法不理想之处在于卤代烃基硅烷氨解，生成目的产物同时，不可避免地还要生成相应的仲胺 $HN[CH_2CH_2CH_2Si(OEt)_3]_2$ 和叔胺 $N[CH_2CH_2CH_2Si(OEt)_3]_3$，从而使期望得到的3-氨丙基三乙氧基硅烷收率偏低；副产物有机硅仲胺和叔胺应用领域开发滞后，大量价值不高的氯化铵固体物产生，原子利用率不到70%；此外，过量的氨参与反应过程，大大降低间歇法单套设备产能。上述原因都会带来生产成本偏高，阻碍了该合成路线的大规模产业化发展。尽管如此，国内外的研究者在实验室仍在进行合成设备和连续化工艺过程的改进，用以提高伯胺收率，防止仲胺和叔胺副产物生成；同时也在开发副产物（仲胺）的应用，间接提高该合成反应的原子利用率。

该合成技术国外研究和产业化开发较早，比较突出的工作、对产业化开发具指导意义的是1980年左右Kappler等连续发表的专利[4~6]，他们研究了合成原料3-氯丙基三乙氧基硅烷（CPTES）和氨的比例，反应温度和时间等对3-氨丙基三乙氧基硅烷（APTES）收率的影响，其结果请参见表7-2。

表7-2　3-氨丙基三乙氧基硅烷合成的原料比、反应温度和时间对收率的影响

CPTES	NH_3/mol	摩尔比	反应温度/℃	反应时间/h	APTES收率/%
200	6.64	1/30	75	12	搅拌 67.5
200	6.64	1/30	74	8.5	搅拌 74
200	4	1/50	75	8.5	搅拌 79
187.5	2.5	1/75	100	8.5	搅拌 74
132.6	1.77	1/75	70	10	搅拌 81
229	11.41	1/50	63～65	12	搅拌 77

从表7-2有限的数据可以得出如下结论。

较大的 NH_3 和CPTES的摩尔投料比，适合的反应温度和反应时间有利于抑制仲胺和叔胺生成，提高3-氨丙基三乙氧基硅烷的收率，但与我们不装搅拌的压力釜反应比较提高收率仅几个百分点。

1984年前后，国内武汉大学张先亮所领导研究小组，为适应复合材料发展对3-氨丙基三乙氧基硅烷的需求，在已经规模化生产3-氯丙基三乙氧基硅烷和以20L的压力釜试验合成3-氨丙基三乙氧基硅烷的基础上，利用我国小氨肥合成氨装置，开展以3-氯丙基三乙氧基硅烷为原料，氨回收循环使用，间歇作业批量生产3-氨丙基三乙氧基硅烷(WD-50)，WD-50单釜产量100kg左右，目的产物收率常为75%上下。该工艺过程随之在国内很快推广，从此开始了我国真正商品化生产3-氨丙基三乙氧基硅烷历史，并以商品名为WD-50（KH550）投入市场，后来国内都采用该技术生产WD-50（KH550)，还有企业将该合成技术以其他商品名申请有关专利[7]。21世纪初，武大有机硅公司与江汉精细化工合作也开发具搅拌功能的5000L反应装置用于生产WD-50。

20世纪末德国Degussa公司发表专利报道氨解合成法制备3-氨丙基三乙氧基硅烷的连续合成工艺[8~10]。其过程简述如下。

将3-氯丙基三烷氧基硅烷与液氨按摩尔比为1/100于容器中混合，然后加热到设定温度，随之进入具有不同温度反应区，首先进入比如温度为 50～60℃反应区保持一定时间，使其生成 3-(三烷氧甲硅基) 丙胺盐酸盐；再进入第二温度为 80～100℃反应区让 3-(三烷氧甲硅基) 丙胺盐酸盐分解，使伯胺盐分解成 3-氨丙基三烷氧基硅烷和氯化铵，反应产物和多余的氨同时进入降温的分离区（为了分离可加入惰性溶剂），氨从产物中分离出来回到反应物料混合容器内循环使用，产物从氯化铵中分离出来进入精馏，收集伯胺和仲胺。该法的特点可以按希望 3-氯丙基三乙氧基硅烷和氨的原料比用于生产，能得到满意的 3-氨丙基三烷氧基硅烷收率。连续投料和连续出料，生产效率较高，从而使卤代烃基硅烷氨解合成法生产 3-氨丙基烷氧基硅烷具有竞争力。

2003 年 Bauer 等介绍利用超临界流体合成技术连续制备氨烃基硅烷，将超临界氨用于 γ-氯丙基三乙氧基硅烷氨解，据称中试结果表明其主要优点是高时空产率，生产过程简化[11]。仅从绿色化学观点和超临界流体中反应原理考虑，这可能是一种有发展前途的合成工艺过程。

7.2.3 常用的氨烃基硅烷偶联剂合成及其产业化开发

7.2.3.1 有机胺解法合成胺烃基硅烷偶联剂

氨烃基硅烷偶联剂制备通常采用有机胺解氯烃基烷氧基硅烷合成法；具不饱和烃基的仲胺（如 $MeNHCH_2—CH═CH_2$）或叔胺［$Me_2NCH_2—CH═CH_2$］的硅氢化反应虽可合成氨烃基硅烷偶联剂（7.4 节），但因合成工业原料的来源困难或因成本过高不利于生产，因此当今国内外有关胺烃基硅烷偶联剂的产业化开发是以胺解法为主。基于应用的需要，有机胺解反应通常以 $MeNH_2$，Me_2NH，$H_2N(CH_2CH_2NH)_nH$（$n=1, 2, 3$），H_2N—(环己基)，HN　O（吗啉），HN　NMe（N-甲基哌嗪）等伯胺、仲胺或乙二胺的同系物为原料，氯烃基烷氧基硅烷则多用 3-氯丙基烷氧基硅烷，［$ClCH_2CH_2CH_2SiMe_n(OR)_{3-n}$］，氯代甲基烷氧基硅烷［如 $ClCH_2SiMe_n(OR)_{3-n}$］和 β-(4-氯代甲苯基) 乙基烷氧基硅烷［如 $ClCH_2C_6H_4CH_2CH_2SiMe_n(OR)_{3-n}$］。合成氨烃基硅烷所用原料胺的沸点较氨高，通常胺与氯烃基硅烷可在常压下进行合成反应。当用伯胺为原料胺解时，过量不多的伯胺就易控制产物在仲胺阶段，这可能与温和的反应条件和空间位阻效应有关。

7.2.3.2 3-[*N*-(*β*-氨乙基)]氨丙基烷氧基硅烷合成及其连续化制备工艺过程

3-[N-(β-氨乙基)]氨丙基烷氧基硅烷是氨烃基烷氧基硅烷中应用最广、产业化开发最早的品种之一，早在 20 世纪 70 年代就有专利文献[12] 报道，以 3-氯丙基三烷氧基硅烷和 N,N'-乙二胺为合成原料，在反应釜中氨解，间歇法合成 3-[N-(β-氨乙基)]氨丙基烷氧基硅烷。1988 年波兰专利称：他们用 $ClCH_2CH_2CH_2Si(OMe)_3$ 为合成原料，将其与乙二胺反应得到了 85%收率的目的产物[13]。如此的合成方法在 20 世纪 90 年代国内很多生产者用于产品开发，将其合成胺类硅油用于纺织物处理。他们根据合成 WD-50（KH550）的办法，按反应方程式，理论上用 1mol 的 3-氯丙基烷氧基硅烷与 2mol 的乙二胺反应，可以制备 1mol 的 3-［N-(β-氨乙基) 氨丙基］烷氧基硅烷，同时生成 1mol 的乙二胺盐酸盐：

$$\mathrm{ClCH_2CH_2CH_2SiMe_n(OR)_{3-n} + 2H_2NCH_2CH_2NH_2 \longrightarrow H_2NCH_2CH_2NHCH_2CH_2CH_2SiMe_n(OR)_{3-n}(\text{I}) + H_2NCH_2CH_2NH_2 \cdot HCl}$$

实际上，在反应过程中，产物Ⅰ的一部分还会进一步与3-氯丙基烷氧基硅烷反应，生成两种副产物Ⅱ和Ⅲ，其反应方程式表达如下：

$$\mathrm{x\,ClCH_2CH_2CH_2SiMe_n(OR)_{3-n} + x(\text{I}) + x\,H_2NCH_2CH_2NH_2 \longrightarrow}$$

$$\mathrm{y(RO)_{3-n}Me_nSiCH_2CH_2CH_2\underset{H}{N}CH_2CH_2\underset{H}{N}CH_2CH_2CH_2SiMe_n(OR)_{3-n}(\text{II}) +}$$

$$\mathrm{z\,H_2NCH_2CH_2N[CH_2CH_2CH_2SiMe_n(OR)_{3-n}]_2(\text{III}) + (y+z)H_2NCH_2CH_2NH_2 \cdot HCl}$$

当为了减少副产物Ⅱ和Ⅲ的生成，研究者都采用了制备3-氨丙基烷氧基硅烷的相同办法，即增大乙二胺用量来抑制副反应。该法虽有一定效果，但仍不能解决收率提高不多问题；生产效率低，设备利用率低也是不利于生产的。

1994年Uehara等[14,15]设计了一套乙二胺循环使用的装置，可以使参与反应的乙二胺的摩尔量大于3-氯丙基烷氧基硅烷的摩尔量的数倍，连续进入反应区反应，在不无限增大反应装置情况下，可以使3-[*N*-(*β*-氨乙基)]氨丙基烷氧基硅烷收率达到90%以上，生产效率也很高。3-氯丙基三乙氧基硅烷用乙二胺胺解连续合成生产设备及其工艺过程如下。氯代烃基硅烷胺解合成氨烃基硅烷的反应装置由①胺循环利用蒸馏分离系统（A）②胺循环冷却给料系统（B）③胺解反应系统（C）④反应控制和产物回流U形控制系统（D）⑤氯代烃基硅烷贮器给料系统（E）⑥虚线为外加热外套（F）等A～F六部分组成，图7-1示意表达合成设备和工艺过程。

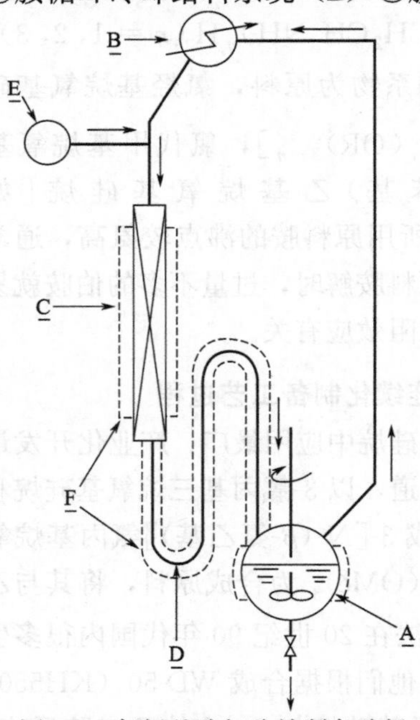

图7-1　氯烃基胺解连续制备胺烃基烷氧基硅烷设备流程

胺解反应操作则以3-[*N*-(*β*-胺乙基)]氨丙基三乙氧基硅烷合成为例予以说明。

第一步：在备料蒸馏分离系统（A）的蒸馏釜中投入乙二胺2506g（41.7mol）。氯代烃基硅烷贮料给料系统（E）中装入3-氯代丙基三甲氧基硅烷2205g（11.1mol）。

第二步：加热系统（F）使不同加热点分别加到指定温度，冷却系统通入冷却液。

第三步：开动系统（A）搅拌升温到120℃以上（乙二胺沸点以上），乙二胺蒸气进入B系统冷凝，液体乙二胺以流速0.487mol/min与从E系统进入的3-氯丙基三乙氧基硅烷（流速0.029mol/min）按一定比例混合一起（16.9mol）进入反应系统（C），胺解反应器中的温度控制在85～95℃。

第四步：通过U形管控制反应物完全反应并回流到系统A，乙二胺再进入第二次循环，产物由系统A放出纯化。如此直至氯丙基三乙氧基硅烷反应完全，得到 γ-[*N*-(β-胺乙基)]氨丙基三乙氧基硅烷2805g，收率90%以上，色谱分析纯度99.4%。采用同样的方法还可以合成*N*-(2-氨乙基)-3-氨丙基甲基二甲氧基硅烷等有机硅烷化合物，其收率达99%，如果间歇法操作其收率仅70%。类似于上述研究，国内已有专利报道[16~18]。有关副产物铵盐的回收也有专利[19,20]介绍。此外，山东大学报道了3-(2-氨乙基)-氨丙基丁基（或乙基）二乙氧基硅烷的合成，其收率在88%左右[21]。

7.2.3.3 氨甲基烷氧基硅烷的合成

氯甲基烷氧基硅烷类似于3-氯丙基烷氧基硅烷也可以胺化合成氨甲基硅烷偶联剂：

$$(EtO)_3SiCH_2Cl + 2PhNH_2 \longrightarrow (EtO)_3SiCH_2NHPh + PhNH_2 \cdot HCl$$

$$(EtO)_2MeSiCH_2Cl + 2NH_3 \longrightarrow (EtO)_2MeSiCH_2NH_2 + NH_4Cl$$

$$(MeO)_2MeSiCH_2Cl + 2EtNH_2 \longrightarrow (MeO)_2MeSiCH_2NHEt + EtNH_2 \cdot HCl$$

早在20世纪70年代南京大学周庆立等研究开发 $(RO)_3SiCH_2NHPh$（R＝Me，Et），他们将副产物苯胺盐酸盐经NaOH中和后，采用水蒸气蒸馏回收苯胺经纯化再用。这类具苯胺基三烷氧基硅烷在室温硫化电子胶、胶黏剂中得到应用。现以*N*-苯基-3-氨丙基三甲氧基硅烷的合成为例，批量生产该偶联剂工艺过程介绍如下。

200L搪瓷反应器中，加入70.3kg苯胺（756mol），搅拌下升温至130～140℃。经2h滴入30.0kg（151mol）3-氯丙基三甲氧基硅烷。然后，130～140℃继续反应3h。冷却，使苯胺盐酸盐析出，过滤，将滤液在100℃，6.62kPa下蒸出未反应的原料，得34.5kg残液。残液中氯离子的质量分数约为 8.0×10^{-3}，加入50kg甲苯，混合后在5℃放置一夜，过滤掉析出的盐，在100℃，6.62kPa下蒸出甲苯，测残液中氯离子含量为 1.4×10^{-3}。然后蒸馏，收集133～141℃/0.26kPa的馏分28.9kg，为浅色透明液体，*N*-苯基-3-氨丙基三甲氧基硅烷的纯度为94%，收率为75%。

7.3 催化氢化有机硅腈制备氨烃基硅烷偶联剂

7.3.1 腈的还原反应

有机合成中以脂肪腈为原料，通过还原反应制备增加一个碳原子的伯胺，这是一种常用合成方法。很多还原剂都可用于腈还原成胺，比如 $LiAlH_4$、BH_3-HF、$NaBH_4$ 和盐酸锌等，但工业生产中，则多用过渡金属多相催化氢化或过渡金属配合物均相配合催化氢化，其中尤以镍、钴等金属催化剂催化氢化腈生成胺的方法得到了最广泛应用。以氰烃基硅烷化合物为原料、借助过渡金属催化氢化方法，或采用 $NaBH_4$ 等还原剂制备氨烃基硅烷偶联剂从20世纪50年代就开始了研究。选用 $NaBH_4$ 作还原剂，除该试剂能提供较多的氢外，另一重要原因是还原能力适中，不至于在还原硅腈中氰基的过程中打断硅氧烷键。

$$NCCH_2CH_2(Me)SiCl_2 \xrightarrow[MeOH]{NaBH_4} H_2NCH_2CH_2CH_2SiMe(OMe)_2$$

如果上述反应用 $LiAlH_4$ 作还原剂，就很难得到较高收率的预期合成产物。采用 $NaBH_4$ 等氢化还原氰烃基硅烷虽然可以获得氨烷基硅烷偶联剂，但还原剂的成本过高，操作麻烦，显然该方法不适合用于硅烷偶联剂生产。因此，金属氢化物作为还原剂的方法没有得到产业化开发。以 β-氰乙基三乙氧基硅烷为原料，采用瑞乃镍 Ni(R) 或瑞乃钴 Co(R) 等催化剂催化氢化制备 3-氨丙基三乙氧基硅烷偶联剂（A-189，WD-50，KH550）一直是国外较多公司的主要生产方法。Ni(R) 催化氢化（催化加氢）制备胺的过程可以用下述反应式表达[22]。

主反应：$RCH_2NH_2 + R—CH═NH \rightleftharpoons RCH_2NH—\underset{\displaystyle NH}{\underset{|}{CH}}—R$ （伯胺）

副反应：$\xrightarrow{-NH_3} RCH_2—N═CH—R \xrightarrow[Ni(R)]{+H_2} RCH_2—NH—CH_2R$ （仲胺）

从上述反应方程式可以看到催化腈的还原反应主要副产物是生成仲胺，其产生的原因则是主产物伯胺生成过程中的亚胺中间体（R—CH ═NH）可以与产物伯胺进一步加成，随之所得加成产物会立即发生氨的消去反应，同时生成的产物 $RCH_2—N═CH—R$ 可再被 Raney-Ni 催化氢化得到仲胺化合物。因此，为抑制副反应，用 Ni（R）催化氢化还原腈的反应制备伯胺时，通常在反应体系中加入过量的氨，如此可使反应逆转，少生成仲胺。在反应混合物中加醋酸酐也是一种办法；醋酐的作用则在于在反应过程中能立即与生成的伯胺成盐，以此移出生成的伯胺，使它不可能又与中间物 RCH═NH 发生加成反应。如果想办法改进催化氢化的选择性，使催化剂不易催化副产物 $RCH_2N═CHR$ 加氢如此也可以防止仲胺的生成或少生成，这是研究者所期望的。

7.3.2 催化氢化有机硅腈制备氨烷基硅烷偶联剂

β-氰乙基烷氧基硅烷为原料、以雷尼镍 Ni（R）或雷尼钴 Co(R) 等催化加氢是当今国外生产 3-氨丙基烷氧基硅烷偶联剂主要方法。这种合成方法制备氨丙基硅烷偶联剂的研究和生产已近 50 年历史。20 世纪 50 年代末开始，苏联彼得洛夫等[23~25] 研究者相继发表论文和专利报道了采用 Ni(R) 等为催化剂，催化氢化多种有机硅腈化合物还原成氨烷基硅烷化合物。1960 年报道[24] 在 75℃、115 个大气压力下用镍催化氢化还原 γ-氰丙基甲基二乙氧基硅烷得到 56%的相应的 δ-氨丁基甲基二乙氧基硅烷化合物。

$$Me(EtO)_2SiCH_2CH_2CH_2CN + H_2 \xrightarrow{Ni} Me(EtO)_2SiCH_2CH_2CH_2CH_2NH_2$$

如果用 Ni(R) 为催化剂则得到 41%的伯胺和 36%的仲胺。

$$Me(EtO)_2SiCH_2CH_2CH_2CN \xrightarrow{Ni(R)} \begin{cases} Me(EtO)_2SiCH_2CH_2CH_2CH_2NH_2 & 41\% \\ [Me(EtO)_2SiCH_2CH_2CH_2CH_2]_2NH & 36\% \end{cases}$$

他们还以 β-氰乙基三甲氧基硅烷为原料，经 Ni(R) 催化氢化得到了 31%的 $(MeO)_3SiCH_2CH_2CH_2NH_2$。如果以 β-氰乙基三乙氧基硅烷为原料则得到 68%的伯胺 $(EtO)_3SiCH_2CH_2CH_2NH_2$ 和 37%的仲胺 $[(EtO)_3SiCH_2CH_2CH_2]_2NH$。Raney-Co 和 Pt/C 催化剂也可以催化氰烃基硅烷化合物还原成相应的氨烃基硅烷化合物。日本大阪大学在研究卤代烃基硅烷氨解和丙烯胺硅氢化反应的同时，也研究了氰烃基烷氧基硅烷的催化氢化反应，他们以 β-氰乙基三乙氧基硅烷或 3-氰丙基甲基二乙氧基硅烷等为原料，以 Ni-Pt 等催化剂，通过加氢反应也得到了相应的有机硅胺；同时还研究了不同催化剂催化还原反应的活性[26]，其次序如下：

活化 Pt-，W-1 Ni(R)＞W-1 Ni(R)＞W-2 Ni(R)＞Cu-Chromite＞1% Pt/C

1960 年，联合碳化公司 Jex 发表了相关专利[27] 称，他们将 48.5g（0.22mol）β-氰乙基三乙氧基硅烷和 3g Raney-Ni 于 300mL 的压力釜中，干冰冷却至－78℃；然后加入 7.4mol（100mL）的液氨，密封容器后加氢，使压力升至 $1900lb/in^2$（$1MPa=145lb/in^2$），100℃反应 16h；冷却后过滤镍催化剂，洗涤后分馏得到 γ-氨丙基三乙氧基硅烷。此外利用 γ-氰丙基三乙氧基硅烷为原料，以类似的条件和方法制备了 δ-氨丁基三乙氧基硅烷。

1992 年美国 DC 公司发表专利[28]，报道用硅藻土或 Al_2O_3 负载钴催化剂催化氢化 β-氰乙基甲基二甲氧基硅烷（或 β-氰乙基三乙氧基硅烷）都得到较高转化率和高选择性的 γ-氨丙基甲基二甲氧基硅烷或 γ-氨丙基三乙氧基硅烷。实验表明催化剂载体对还原反应的选择性有一定影响，当用硅藻土负载钴催化剂催化 β-氰乙基甲基二甲氧基硅烷还原反应时，伯胺和仲胺产物之比：$(MeO)_2MeSiCH_2CH_2CH_2NH_2/[(MeO)_2MeSiCH_2CH_2CH_2]_2NH=47:1$。如果改用 Al_2O_3 负载 Co 作为上述反应还原催化剂时，则伯胺和仲胺产物之比：$(MeO)_2MeSiCH_2CH_2CH_2NH_2/[(MeO)_2MeSiCH_2CH_2CH_2]NH=54:1$。

从该实验可以看到利用固体催化剂对氰乙基烷氧基硅烷进行催化加氢，在选择催化剂的同时，还应选择载体，不同载体及其用量会影响目的产物选择性和 2-氰乙基烷氧基硅烷的转化率。这结论还在下面研究报道中再次得到证明。

2000 年波兰 Kazimierczuk 等报道[29] 钴-钛催化剂催化 2-氰乙基三乙氧基硅烷定量的制备 3-氨丙基三乙氧基硅烷。该催化剂系由 24.8%Co、0.3%钛和 1.2%负载在 SiO_2 上的铝氧化物组成，得到满意的目的产物选择性和收率。2004 年他们又以专利[30] 介绍他们的研究成果，用含 25%Co、0.1%Th 和 0.1%K_2O 组成硅凝胶负载的催化剂，在 300℃氢气流下活化 3h，然后含 200mL 无水乙醇、4.86g-2-氰乙基三乙氧基硅烷的压力釜中，注入氢气，升温 150℃，氢压由 1.4～1.8MPa 升至 5MPa，维持 3h。据称该合成反应的反应物 2-氰乙基三乙氧基硅烷 100%转化，得到 100%选择性的 3-氨丙基三乙氧基硅烷。

2002 年德国瓦克公司专利[31] 称他们将镍催化剂负载在 SiO_2、Al_2O_3 或石墨上，在氨参与下氢化 2-氰乙基烷氧基硅烷，报道分别制备高纯度（＞99%）的 3-氨丙基三乙氧基硅烷、3-氨丙基三甲氧基硅烷和 3-氨丙基甲基二乙氧基硅烷等氢化还原产物，它们的摩尔收率均达 96%以上。他们还用 Pd/C 和 Pt/C 催化剂催化氢化 2-氰乙基三乙氧基硅烷，目的产物收率分别为 67%和 20%。

7.3.3 氰烃基硅烷加氢催化剂及其反应操作与安全

7.3.3.1 氰烃基硅烷加氢催化剂及其制备

氰烃基烷氧基硅烷在催化剂存在下，在压力容器中加氢制备氨烃基烷氧基硅烷这已是成功的生产方法。在近半世纪有关催化 2-氰乙基烷氧基硅烷氢化还原制备 3-氨丙基烷氧基硅烷的过程中很少看到采用均相络合催化加氢研究，研究主要集中在多相催化氢化过程。该过程所涉及的金属有 Co、Ni、Pd、Pt、Rh、Ru 等过渡金属，其中以金属 Ni 和金属 Co 催化剂最引人注目。20 世纪 60 年代研究者沿用有机化合物腈催化氢化合成胺的经验，研究开发了以 Ni(R) 催化剂催化 2-氰乙基三乙氧基硅烷氢化还原生产 3-氨丙基三乙氧基硅烷的工艺过程。基于腈催化加氢反应过程不可避免有副产物仲胺生成，目的产物收率在 85%左右。该催化合成反应收率提高源于催化剂的选择性的提高，要提高目的产物选择性则必须抑制腈加氢还原生成伯胺的中间物亚胺与产物伯胺的加成反应（7.3.1），或提高中间体亚胺催化加氢还原速度。从近十多年来研究实例（7.3.2）表明，以具载体镍或载体钴催化剂都达到了期望的目的。硅藻土作为 Co 催化剂载体很好，但用于镍催化剂没有明显的优势，SiO_2、Al_2O_3 都是提高催化剂选择性较好的载体[25～28]。在有机硅腈加氢制备氨烃基硅烷的专利报道中，很少见到详尽的催化剂制备及其操作。下面仅以瑞乃镍 Ni(R)W-2 的制备[32] 为例予以简介，Ni(R) W-2 是一种活性适中通用的催化剂，仅供读者参考。

催化氢化使用的镍催化剂是用碱液处理镍铝合金（瑞乃合金）中溶去铝后的镍，称之为 Raney-Ni，简写为 Ni(R)。碱溶解的条件不同，洗净碱液的程序不同，Ni(R)活性差别很大。制备操作以 Ni(R)W-2 为例。用 1.5L 的蒸馏水（以下相同）溶解 380g 氢氧化钠于 4L 的烧杯中，用冰浴使温度降到 10℃后，把 300g 镍铝合金粉分成小量加入高效搅拌下的碱液中，加入速度控制反应温度在 25℃以下，大约 2h 加完；停止搅拌，撤去冰浴，让温度自行上升到室温。当氢气发生缓慢后，小心汽浴加热，氢气发生又复剧烈时停止加热，等氢气发生缓慢时再加热，如此反复进行直至加热时氢气发生缓慢，历时 8～10h。如体积减少可补加水，放置，倾去上层清液。借水帮助把催化剂移到 2L 烧瓶中，倾去水。加入 50g 氢氧化钠于 500mL 水中，搅拌、放置、倾去清液，用水洗涤，再加入 500mL 蒸馏水，搅拌、放置、倾去清液。如此用水洗重复多次，直到洗液对石蕊纸呈中性后，再洗 10 次（前后共洗 20～40 次）。

如果要把催化剂悬浮在无水乙醇中，可用普通乙醇洗 3 次，再用无水乙醇洗 3 次，洗法同上，每次用 200mL，最后把催化剂放在有玻璃磨口塞的瓶中，保存在无水乙醇中。

如果催化剂要悬浮在不与水混溶的溶剂（如甲基环己烷）中，可以在水洗后，把催化剂和少量的水放在蒸馏瓶中，加入 1L 的甲基环己烷，在油浴上蒸馏到馏液中不再有水出现。

如果催化剂悬浮在可以同水混溶的溶剂（如二氧六环）中，可以蒸馏直至蒸气温度达 101℃，此时水即完全去尽。（注意！瑞乃镍在任何时候都不能和二氧六环加热到 210℃，在此温度以上，2 个化合物发生剧烈反应，发生爆炸！）

7.3.3.2 Ni(R)催化氢化操作与安全[33]

(1) 催化氢化反应操作

在氢化瓶或高压釜中放入催化剂、溶剂和被氢化的反应物。抽真空，通入氮气取代反应器中空气。再抽真空，再通入氢气取代反应器中氮气。继续通入氢气达到一定压力，关闭氢源，纪录氢的体积或压力。调节温度，搅拌或摇动反应物，直至氢气的压力或体积降到理论计算值并保持恒定为止。冷却反应器。抽真空，用氮气取代反应器中氢气；再抽真空，以空气取代氮气，再开启反应器，滤去催化剂，视产物性质进行分离纯化。

(2) 关于溶剂作用

催化氢化有时不用溶剂，但大多数反应都是在溶剂中进行，这样催化剂可以很好分散便于反应物和氢气接触；溶剂能影响催化剂的表面状态，因此也影响催化剂的活性，还能影响产物的构象。

(3) 安全

① 进行氢化反应时，必须注意氢气、氧气（或空气）、催化剂三者不能同时在一起，更不能在一起摇荡，否则会发生爆炸！因此，在将催化剂溶剂和反应物装入反应器后，不能搅拌或摇动，必须先以氮气取代空气，再以氢气取代氮气。方法是抽真空，放入氮气，再抽真空，放入氢气。完成后，要先以氮气取代氢气，再以空气取代氮气。同时要使反应器内外压力相等，才能开启反应器。如果需在反应进程中加新催化剂，启闭反应器的时候，都要按照上述方法，避免氢、氧与催化剂同时存在。

② 瑞乃镍 Ni(R) 在制备时，操作稍有不同，所得催化剂的活性差异很大，有时特别活泼，使用时有温度和压力骤然急剧升高、发生爆炸的危险，因此在制成一批催化剂后，应进行一次小试，检验其活性。

③ 活性高的催化剂，在空气中能自燃！过滤时不能让催化剂在滤纸上干燥，要趁湿就移到玻璃培养皿中，纸或任何可燃物上沾染了催化剂，必须处理！

④ 新制备的 Pt/C、Pd/C、Ni(R) 等催化剂，其中溶有大量的氢，和空气相遇时不但会着火，甚至还会爆炸。

7.4 烯丙胺硅氢化反应制备 3-氨丙基烷氧基硅烷

7.4.1 硅氢化反应一步合成 3-氨丙基烷氧基硅烷及其问题

7.4.1.1 问题和前景

以烯丙胺为原料通过氨基保护再进行硅氢加成反应，然后脱保护基团得到 3-氨丙基硅烷化合物，如此合成研究在 1959 年就有报道[34]，直至 20 世纪 70 年代末才有用不经保护氨基的烯丙胺为原料，通过硅氢化反应一步制备了 3-氨丙基烷氧基硅烷[35]。采用铂系催化剂催化烯丙胺硅氢化反应历时近 20 年，虽以专利为主体的研究报告很多，但目的产物 γ-氨丙基三乙氧基硅烷的选择性一直不令人满意。1989 年欧洲专利[36] 称：以［Rh-(μ-PPh_2)(COD)$]_2$ 为催化剂催化烯丙胺与三乙氧基硅烷硅氢化反应得到达 92%3-氨丙基三乙氧基硅烷，副产物 β 异构体仅 1.1%，这是前所未有的好结果，从而促使很多研究者进一步开展有关工作，但迄今还未见到可产业化开发的研究。2002 年 Sabourault 小组的研究报告[37] 令人振奋，他们采用 PtO_2 为催化剂，通过多相催化烯丙胺与三乙氧基硅烷硅氢化反应得到目的产物 γ-氨丙基三乙氧基硅烷，其收率大于 95%，γ 加成物与 β 加成物比例为 95/5。如此好的结果引起了国内外研究者关注和实践，但未见到有关持续报道。

用烯丙胺和含氢烷氧基硅烷为原料，通过硅氢加成反应一步合成 3-氨丙基烷氧基硅烷，仅从化学反应方程式表达过程及其结果，可以认为该反应是原子经济反应，这是所期望的绿色化学反应，但不足之处还在于原料烯丙胺的毒性。研究者认为如果硅氢加成一步合成 3-氨丙基三乙氧基硅烷可以产业化开发，采用连续化过程能有效地防止烯丙胺挥发和滴漏使其毒害得到有效的控制。

7.4.1.2　烯丙胺化学结构对硅氢化反应的影响

烯丙胺和含氢烷氧基硅烷的硅氢化反应可以用下述反应表示：

$$H_2NCH_2CH{=}CH_2 + HSiMe_n(OR)_{3-n} \xrightarrow{\text{催化剂}} H_2NCH_2CH_2CH_2SiMe_n(OR)_{3-n}$$

从硅氢加成反应方程式所示该方法可以看成完美的原子经济反应，符合绿色化学原则。但从烯丙胺化学结构对硅氢化反应的影响考虑，采用过渡金属及其配合物作催化剂催化该反应并不像 α-烯烃硅氢加成反应那样简单、易于进行。

原料烯丙胺分子中存在电负性较大的氮原子，由氮所构成的氨基具拉电子诱导效应；烯丙胺化合物中氮存在未共用的电子对，既可 P-π 共轭，又具有一定给电子能力。如此多方面影响使烯丙胺催化硅氢加成反应复杂化，该反应并不能如上述反应方程式表达的那样理想进行。首先氨基拉电子诱导效应会使烯丙胺与催化剂配位能力削弱，不可能按通常不饱和化合物过渡金属配合物配位，从而影响硅氢化反应按正常的速度完成催化循环过程。其次是氨基的拉电子作用还会使 β-碳原子的电子云密度增高（$\underset{\gamma}{CH_2}{=}\underset{\beta}{CH}\rightarrow\underset{\alpha}{CH_2}\rightarrow NH_2$），增加了催化循环过程中烯 β 插入金属-氢键［(M)-H］的机会，从而会影响催化加成反应的区域选择性。因此通常的铂催化剂（如 Speier 催化剂）情况下烯丙胺硅氢化反应得到的是 γ-加成物和 β-加成物两种异构产物的混合物。

$$H_2NCH_2CH{=}CH_2 + HSiMe_n(OR)_{3-n} \xrightarrow{\text{催化剂}} \begin{cases} \xrightarrow{\gamma\text{-加成物}} H_2NCH_2CH_2CH_2SiMe_n(OR)_{3-n} \\ \xrightarrow{\beta\text{-加成物}} H_2NCH_2{-}\underset{\displaystyle Me}{\underset{|}{CH}}{-}SiMe_n(OR)_{3-n} \end{cases}$$

烯丙胺经硅氢化反应生成 γ 和 β 两种加成产物过程可用过渡金属配合物催化均相配合催化硅氢化反应机理图 7-2 予以表达：

此外，烯丙胺中胺基具未共用的电子对，虽受化合物中乙烯基影响，其给电子能力有

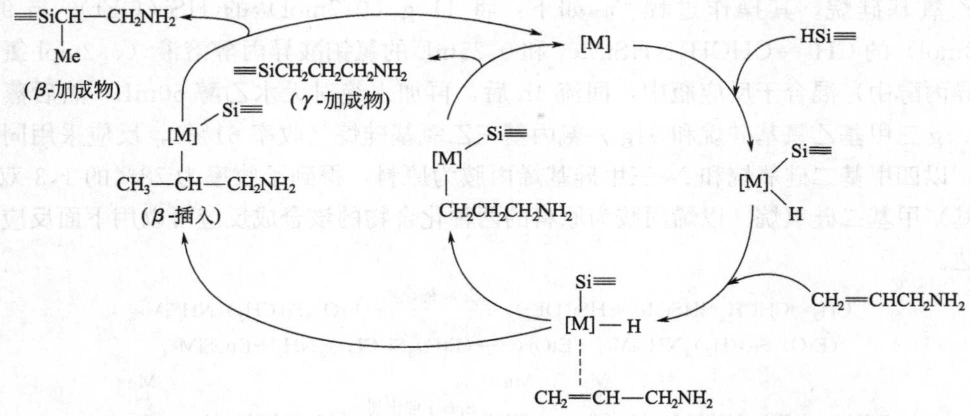

图 7-2　均相配合催化烯丙胺与三烷氧基硅烷硅氢化反应生成 γ-加成物和 β-加成物过程

所减弱，但在催化硅氢化反应过程中，仍有可能参与过渡金属配位，干扰硅氢化反应催化循环过程正常进行，从而影响过渡金属配合物催化硅氢化的反应活性或选择性。烯丙胺或反应产物硅氢加成中的氨基给电子特性不可忽视，既有利于副反应所得 β-加成物发生 β 效应产生丙烯，还可导致含氢硅烷化合物发生脱氢反应。

$$\equiv Si(:NH_2)(CH_2)CH(CH_3) \longrightarrow \equiv SiNH_2 + CH_3CH{=}CH_2$$

$$\equiv SiH + H_2NCH_2CH{=}CH_2 \longrightarrow \equiv SiNHCH_2CH{=}CH_2 + H_2\uparrow$$

半个世纪以来，研究者对烯丙胺硅氢化反应的研究着力于寻找优良的催化剂，以期提高催化硅氢化反应的活性、γ 加成物的选择性及其目的产物收率，缩短反应时间，降低催化剂用量，使该反应能应用于生产 3-氨丙基烷氧基硅烷。

7.4.2　均相配合催化烯丙胺硅氢化反应研究

7.4.2.1　Speier 催化剂用于烯丙胺硅氢化反应的条件优化

1957 年 Speier 将氯铂酸异丙醇溶液催化合成 3-氯丙基三氯硅烷的成功实验发表后，随之他们研究小组又将其用于合成不同具碳官能团的有机硅化合物，其中也包括 3-氨丙基三乙氧基硅烷及其衍生物的合成。首先报道的工作是将烯丙胺中的氨基先用三甲硅基保护后的硅氢加成反应：

$$CH_2{=}CH{-}CH_2NH_2 + ClSiMe_3 \longrightarrow CH_2{=}CHCH_2NHSiMe_3$$

氨基保护既可降低烯丙胺的氨基与铂催化剂配位能力，也有利于提高烯丙胺进行硅氢加成反应的选择性。上述方法制备的 N-三甲硅基烯丙胺为原料与三乙氧基硅烷进行硅氢化反应，所得加成产物再醇解脱保护基，通过这种间接办法可以制备较高收率的 3-氨丙基三乙氧基硅烷。其操作过程[34] 如下：将 115g（0.7mol）的 $HSi(OEt)_3$ 与 94.5g（0.73mol）的 $CH_2{=}CHCH_2NHSiMe_3$ 和 0.25mL 的氯铂酸异丙醇溶液（0.2mol 氯铂酸溶于异丙醇中）混合于反应瓶中，回流 4h 后，再加入绝对无水乙醇 50mL，然后蒸馏得到 26.7g 三甲基乙氧基硅烷和 94g γ-氨丙基三乙氧基硅烷（收率 61%），反应采用同样的方法，以四甲基二硅氧烷和 *N*-三甲硅基烯丙胺为原料，得到了收率为 78%的 1,3-双（3-氨丙基）甲基二硅氧烷。以烯丙胺为原料的两种化合物的该合成反应可以用下面反应式予以表达。

$$CH_2{=}CHCH_2NHSiMe_3 + HSi(OEt)_3 \xrightarrow{\text{Speier 催化剂}} (EtO)_3Si(CH_2)_3NHSiMe_3$$

$$(EtO)_3Si(CH_2)_3NHSiMe_3 + EtOH \longrightarrow (EtO)_3Si(CH_2)_3NH_2 + EtOSiMe_3$$

$$2CH_2{=}CHCH_2NHSiMe_3 + HSi(Me)_2{-}O{-}Si(Me)_2H \xrightarrow{\text{Speier 催化剂}} [Me_3SiNH(CH_2)_3{-}Si(Me)_2]_2O$$

$$[Me_3SiNH(CH_2)_3Si(Me)_2]_2O + 2EtOH \longrightarrow H_2N(CH_2)_3Si(Me)_2{-}OSi(Me)_2(CH_2)_3NH_2 + 2EtOSiMe_3$$

进入 20 世纪 60 年代，开始了直接用烯丙胺为原料与含氢烷氧基硅烷一步合成 3-氨丙基烷氧基硅烷，其研究没有什么令人振奋的进展，仅有的工作是苏联研究者报道了一系列三烃基硅烷（R_3SiH）与烯丙胺硅氢化反应加成物，其中虽有 3-氨丙基三乙氧基硅烷的合成报道，但收率仅为 10%[35,38,39]，直至 1998 年，日本信越公司连续发表两篇类似于 Speier 报道方法的专利[40,41] 得到了高收率的 3-氨丙基三乙氧基硅烷或 3-氨丙基甲基二甲氧基硅烷。

我国杜作栋等也采用同样方法，制备过含氨丙基的二甲基四硅氧烷[42]。该方法在有机硅合成化学发展的今天，六甲基二硅胺容易获得，循环利用也不困难，将杜作栋的合成方法用于产业化开发对于制造甲基单体的企业可能有一定优势。

1971 年 Reichel 先后在德国、法国、英国等国相继发表专利[43] 称，他们将 1mol 烯丙胺、0.1mol $(C_2H_5O)_3SiH$ 和 0.8mL 氯铂酸溶液在 50℃处理 20min 后，随之再加入约 1mol 的三乙氧基硅烷回流 56h，反应物温度上升至 125℃，得到 79% 3-氨丙基三乙氧基硅烷，采用相同方法还制备了 3-氨丙基三甲氧基硅烷和 3-氨丙基甲基二乙氧基硅烷。该工作的意义在于首次说明了烯丙胺不要保护氨基即可直接进行硅氢化反应制备 3-氨丙基烷氧基硅烷，还告诉我们不能按通常的硅氢加成反应操作来进行反应。此后又引起新一轮以烯丙胺为原料、采用硅氢化反应制备 3-氨丙基烷氧基硅烷研究热潮。

苏联、捷克、波兰和美国等国家都开展了有关工作，其中尤以苏联和捷克的研究者最为积极，他们相继发表了较多的专利和论文。苏联研究者[38,44,45] 所进行优化条件的工作着重在氯铂酸催化烯丙胺硅氢化反应体系中加入不饱和醚等有机添加剂，以及提高反应温度两方面。他们试图抑制副反应产生，其研究工作中较好的结果是在体系中加入环氧氯丙烷，使 3-氨丙基三乙氧基硅烷的收率达到 58%～70%。捷克研究者[46] 的工作最具特色的是将烯丙胺与氯铂酸制成配合物$[CH_2{=}CHCH_2NH_3]^+PtCl_3$，将其催化烯丙胺与三乙氧基硅烷进行硅氢化反应，具有较好催化活性，还得到了45%～75%的目的产物 3-氨丙基三乙氧基硅烷，但 β-氨丙基三乙氧基硅烷副产物含 4%～15%，还得到了 H_2、NH_3、丙烯和 $Si(OEt)_4$ 等副产物。这些副产物出现既证明合成过程中可能有稳定性不好的 β-加成物的分解，以及铂配合物催化 $HSi(OEt)_3$ 的胺解和再分配反应，还证明了烯丙胺与氯铂酸的配合物也具有催化烯丙胺硅氢化反应作用。

引人注目的工作是捷克 Vybiral 研究小组作出的，他们于 1979 年发表论文[47] 称：在 Speier 催化剂催化烯丙胺进行硅氢化反应时，于体系中分别加入 Ph_3P，Ph_3As，Ph_3Sb，$(PhO)_3P$，Bu_3P，$(C_6H_{11})_3P$，以及 Ph_3N，$(C_6H_{11})_3N$ 和烯等具铂配位作用的有机化合物作助剂，其中特别是加膦或烯作为助剂的反应体系具较高反应活性和区域选择性，得到了较好收率的 3-氨丙基三烷氧基硅烷。该工作可以认为促进了 20 世纪 80 年代以后利用膦配位或烯配位金属化合物均相配合催化烯丙胺硅氢化反应研究开展。此外，他们还研究加入溶剂和在压力下进行烯丙胺的硅氢化反应，证明可以缩短反应时间，但目的产物收率和区域选择性并不能得到改善。当时德国研究者发表专利[48] 称：采用三釜串联进行烯丙胺的硅氢化反应连续合成 3-氨丙基三乙氧基硅烷，结果虽不能很好改善 γ-氨丙基三乙氧基硅烷区域选择性，但可以使反应产物总收率达 85%。三釜串联方法如果用于生产对提高生产效率显然是有帮助的。

1984 年美国联合碳化公司的专利[49] 报道称：烯丙胺催化硅氢化反应的催化体系中加入无机碱（如 Na_2CO_3），可以使反应产物收率达到 86.6%，但目的产物的选择性也没有较大提高。他们还用 Pt-膦或 Pt-烯配合物进行了实验，似乎未达到用碳酸钠改性的氯铂酸催化剂催化烯丙胺硅氢化反应合成 3-氨丙基三乙氧基硅烷的效果。

7.4.2.2 膦或烯配位铂化合物催化烯丙胺硅氢化反应

1981 年捷克研究小组在他们 70 年代工作的基础上，首先报道了用 0.0001%～0.0005%摩尔含量的 $(Ph_3P)_2PtCl_2$ 或 $(Ph_3P)_4Pt$ 等过渡金属均相配合催化剂催化烯丙胺硅氢化反应工作[50]：烯丙胺与三乙氧基硅烷在 120℃进行硅氢加成反应，得到了收率在 45%～72%的 3-氨丙基三乙氧基硅烷，其 γ-加成物的选择性优于氯铂酸催化剂催化该反应的结果。

提高催化剂选择性是 80 年代后研究者特别关注的问题。1992 年波兰 Marciniec 等研究者相继发表论文和专利[51]，报道他们利用双（三苯基膦）乙烯合铂［$Pt(Ph_3P)_2(CH_2{=}CH_2)$］催化烯丙胺与三乙氧基硅烷在 120℃进行硅氢化反应，历经 8h 后其产物收率只有 68%的加成混合产物，γ/β 产物的比例为 5∶1。上述实验结果表明反应所得目的产物的选择性并不理想，但与 Speier 催化剂或 $Pt(Ph_3P)_4$ 催化该反应比较，目的产物选择性好，反应诱导期短，催化剂的活性也高很多。

7.4.2.3 铑的配合物用于催化烯丙胺硅氢化反应

早在 1978 年苏联研究者报道过有关铑的配合物催化烯丙胺及其衍生物硅氢化反应的工作[52]，他们利用铑或钴的羰基化合物［$Rh_3(CO)_{12}$ 或 $Co_2(CO)_8$］作催化剂催化烯丙胺及其衍生物与三乙氧基硅烷的硅氢化反应：

$$CH_2{=}CHCH_2NMe_2 + HSi(OEt)_3 \xrightarrow{\text{催化剂}} Me_2NCH_2CH_2CH_2Si(OEt)_3 \quad 86\%$$

$$CH_2{=}CHCH_2NH_2 + HSi(OEt)_3 \xrightarrow{\text{催化剂}} [(EtO)_3Si]_2NCH_2CH_2CH_2Si(OEt)_3 \quad 53\%$$

20 世纪 80 年代末，日本有关研究小组连续发表专利[53,54] 报道铑的配合物催化烯丙胺与三乙氧基硅烷的硅氢化反应，其显著特色不仅硅氢加成反应收率高，而且区域选择性比铂催化剂好，可以认为解决了历时 30 年来利用铂催化剂的研究没有解决的难题。他们工作首先重复了上述苏联研究者的工作，用 $Rh_2(CO)_{12}$ 作催化剂，甲苯存在下催化烯丙胺与三乙氧基硅烷的硅氢化反应，得到 68%的 $H_2NCH_2CH_2CH_2Si(OEt)_3$ 和 4.9%的 β-加成物，其选择性 $\gamma/\beta = 13.9:1$。随之他们改用 $RhCl_3 \cdot 3H_2O$ 或$[Rh(\mu\text{-}PPh_2)(COD)]$为催化剂，催化烯丙胺与三乙氧基硅烷进行硅氢化反应，都得到了文献中没有过的好结果，目的产物收率达 92%，产物中 γ-加成物和 β-加成物之比为 82：1。

$$H_2NCH_2CH{=}CH_2 + HSi(OEt)_3 \xrightarrow[\text{二甲苯 } 130^\circ C]{RhCl_3 \cdot 3H_2O + NaOH} H_2NCH_2CH_2CH_2Si(OEt)_3$$

$$H_2NCH_2CH{=}CH_2 + HSi(OEt)_3 \xrightarrow[\text{P-二甲苯} + THF\ 100^\circ C]{[Rh(\mu\text{-}PPh)(COD)]_2} H_2NCH_2CH_2CH_2Si(OEt)_3$$

1999 年该研究小组成员又用$[Rh(1,5\text{-}COD)Cl]_2$ 催化该反应，3-氨丙基三乙氧基硅烷的收率仅 78%[55]。

上述研究报道的实验结果表明：以铑为中心金属原子的配合物是烯丙胺均相配合硅氢化反应最有效催化剂，但作为催化剂的铑配合物所用配体对 3-氨丙基三乙氧基硅烷的收率和选择性起关键作用。

此外，德国专利[56] 报道了含膦配体高分子负载铑催化剂（Deloxan HK-1），用它催化烯丙胺硅氢化反应也有很好目的产物的收率（87.5%）和选择性（$\gamma/\beta = 66$）。

$$H_2NCH_2CH{=}CH_2 + HSi(OC_2H_5)_3 \xrightarrow{\text{Deloxan HK-1}} H_2NCH_2CH_2CH_2Si(OEt)_3$$

均相配合催化剂负载于高分子载体上，对回收和降低生产成本具有意义，还可能对催化反应选择性的提高也有好处。

7.4.3 多相催化烯丙胺硅氢化反应研究

20 世纪 70 年代以来，利用均相催化硅氢化反应一直是合成具碳官能团有机硅化合物主要方法。因此，3-氨丙基烷氧基硅烷合成方法的研究中，研究者们注意力都集中在均相配合催化烯丙胺硅氢化反应的催化剂选择和条件优化方面。

2002 年在 Organic Letters 上发表了 PtO_2 催化硅氢化反应合成多种具碳官能团有机硅化合物的研究报告[37]，其中较多篇幅涉及烯丙胺的硅氢化反应：

$$R'{-}Si(OR_2)_2{-}H + CH_2{=}CH{-}(CH_2)_n{-}R^3 \xrightarrow{PtO_2} R'Si(OR^2)_2{-}CH_2CH_2{-}(CH_2)_n{-}R^3$$

R^1，R^2=烷基，R^3=—NH_2，—NHR，—NR_2，—CN，—COOR，—COOH，—COR。

特别突出的是 PtO_2 或 Pt/C 催化烯丙胺硅氢化反应都得到了高收率和高选择性的3-氨丙基甲基二乙氧基硅烷。尽管 20 世纪 50 年代已报道过用 Pt/C 多相催化硅氢化反应合成有机硅化合物，但没有涉及多相催化硅氢化反应合成氨丙基硅烷化合物。他们的研究首先是在相同实验条件下，PtO_2、Pt/C、Speier 催化剂或 Karstedt 等催化剂分别催化烯丙胺和甲基二乙氧基硅烷进行硅氢加成反应，比较硅氢化反应所需时间，产物收率及其选择性（γ/β 比例），其结果请参见表 7-3。随后又进一步研究了 PtO_2 用于一系列 γ，β-不饱和胺硅氢化反应，请参见表 7-4。

表 7-3　不同催化剂催化烯丙胺与甲基二乙氧基硅烷硅氢化反应结果

序号	催化剂	反应时间/h	选择性（γ/β）	含量①/%
1	$H_2PtCl_6\cdot 6H_2O$ 在 iPrOH 中	48	＞95/5	20～55
2	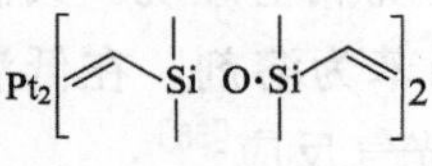 $Pt_2[\ Si\ O\cdot Si\ ]_2$（Karstedt 催化剂）	24	＞95/5	50
3	Pt/C[10% Pt(质量)]	24	＞95/5	＞95
4	PtO_2[83.69% Pt(质量)]	24	＞95/5	＞95

① 据 HNMR 波谱分析计算。

表 7-4　PtO_2 和 $H_2PtCl_6\cdot 6H_2O$ 两种不同催化剂分别催化 γ，β-不饱和胺与 $HSiMe(OEt)_2$ 进行硅氢化反应结果

序号	胺	PtO_2		$H_2PtCl_6\cdot 6H_2O$	
		含量①/%	选择性①（γ/β）	含量①/%	选择性①（γ/β）
1	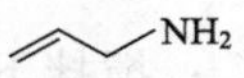 NH_2	＞95	＞95/5	30	＞95/5
2	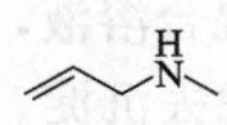 H N	＞95	44/56	0～30	＞95/5
3	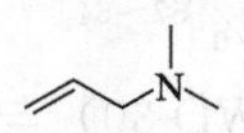 N	＞95	＞95/5	8～58	＞95/5
4	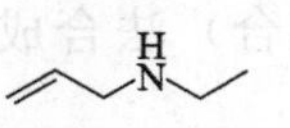 H N	＞95	＞95/5	60～85	＞95/5
5	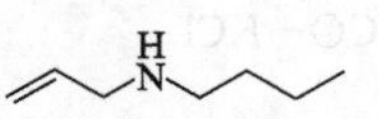 H N	＞95	50/50	0	—
6	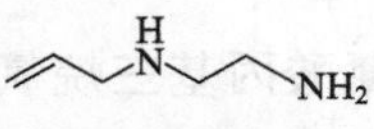 H N NH_2	0	—	0	—

① 据 HNMR 波谱分析计算。

上述多相催化烯丙胺硅氢化反应得到高选择性和高目的产物收率的结果是令人振奋的，因为多相催化硅氢化反应更有利连续化生产，这对降低有机硅烷偶联剂生产成本、促进硅烷偶联剂进一步发展是有益的。

7.5 氨烃基烷氧基硅烷为合成中间体衍生的硅烷偶联剂

基于氨烃基烷氧基硅烷这类硅烷偶联剂中氨（胺）基的反应性，可以利用它作为合成中间体制备其他硅烷偶联剂。这些硅烷偶联剂包括应用越来越广的异氰酸烃基硅烷偶联剂，脲（硫脲）烃基硅烷偶联剂和含叠氮基的硅烷偶联剂，本节予以简述。

7.5.1 异氰酸烃基烷氧基硅烷偶联剂合成及应用

7.5.1.1 合成

异氰酸烃基硅烷偶联剂已得到广泛应用的是3-异氰酸丙基烷氧基硅烷，其制备通常用3-氨丙基烷氧基硅烷作合成中间体。最初合成过程中是以甲苯为溶剂，在低温和缚酸剂（如叔胺）存在下，将3-氨丙基三乙氧基硅烷（WD-50）与光气反应[55]：

$$\equiv Si(CH_2)_3NH_2 + COCl_2 \xrightarrow[0℃左右]{甲苯、叔胺} \equiv Si(CH_2)_3NCO + 2HCl$$

光气是剧毒之物，因而限制了该硅烷偶联剂的发展。当今根据“绿色化学”原则推动了合成方法改进，采用毒性小、操作方便的双（三氯甲基）碳酸酯（BTC，俗称三光气或固体光气）取代光气进行上述合成获得成功，现在国内外已采用BTC为原料，将其用于合成异氰酸基的硅烷偶联剂进行了产业化开发。该合成实验室工作[56] 简介如下：

$$3(EtO)_3Si(CH_2)_3NH_2 + Cl_3COC(=O)OCCl_3 \xrightarrow[0\sim5℃]{甲苯/吡啶} 3(EtO)_3Si(CH_2)_3NCO + 6HCl$$

将0.06mol的固体光气的甲苯溶液于反应瓶中，冷至低于－5℃；搅拌下滴加3-氨丙基三乙氧基硅烷（0.15mol）和吡啶（20mL）和甲苯（80mL）的混合溶液，滴加速度控制反应温度不超过0℃为宜。滴加完后，升至50℃再搅拌2h，过滤去沉淀。减压蒸馏滤液收集（90～93)℃/666.7Pa的馏分，得到产物24.6g，收率为66%[57～64]。

异氰酸烃基硅烷偶联剂还可以利用3-氯丙基三烷氧基硅烷（WD-30）与异氰酸钾盐（KNCO）原料，在无水条件下，进行亲核取代反应（脱KCl缩合）法合成，其反应式如下：

$$(MeO)_3Si(CH_2)_3Cl + KNCO \longrightarrow (MeO)_3Si(CH_2)_3NCO + KCl$$

7.5.1.2 应用

异氰酸烃基烷氧基硅烷具有很好的反应性，其中尤以γ-异氰酸丙基三烷氧基硅烷备受生产者关注，因为它不仅作为硅烷偶联剂已大量用于复合材料中，达到改善不同性质材料之间界面黏合，提高复合材料及其制品的综合性能，还用于室温硫化硅橡胶作为增黏剂，只需在胶料中加入0.5%（按聚合物质量计）就可使胶料对玻璃、铝板及其改性表面具有很好的黏接性。还可将它加在有机聚合物及其制品（涂料等复合物）中作为交联剂或增黏剂等。在有机硅改性聚合物制造时，如果应用它可方便对有机聚合物进行改性，使其成为具有机硅特性的改性聚合物，比如硅烷基聚醚密封胶就可以像室温硫化硅橡胶一样硫化，其制备方法用反应式表述如下：

$$HO\text{+}C_3H_6O\text{+}_m H + 2OCN—CH_2CH_2CH_2Si(OMe)_3 \longrightarrow$$

$$(MeO)_3Si(CH_2)_3NH—\overset{O}{\overset{\|}{C}}—O\text{+}C_3H_6O\text{+}_m\overset{O}{\overset{\|}{C}}—NH(CH_2)_3Si(OMe)_3 \xrightarrow{\text{催化剂}}$$

$$H—O—\left[Si(CH_2)_3NH—\overset{O}{\overset{\|}{C}}—O\text{+}C_3H_6O\text{+}_m\overset{O}{\overset{\|}{C}}—NH(CH_2)_3Si\begin{matrix}O\text{+}H\\—O\text{+}H\\O\text{+}_nH\end{matrix}\right]$$

利用具异氰酸基硅烷偶联剂的反应性还可以作为合成中间体，除用它衍生出一些其他硅烷偶联剂（如脲烃基硅烷偶联剂）外，可以用其异氰酸基特有的反应活性，固定酶等生物活性物质，制备均相催化剂固定化的配体。例如含咪唑基的有机硅化合物合成[65]：

$$\text{(咪唑)}NH + O=C=N—(CH_2)_3Si(OEt)_3 \longrightarrow \text{(咪唑)}N—\overset{O}{\overset{\|}{C}}—\overset{H}{\overset{|}{N}}—(CH_2)_3Si(OEt)_3$$

实例：6.8g（0.1mol）咪唑，24.9g（0.1mol）3-异氰酸丙基三乙氧基硅烷，混合后加入0.1g二丁基二月桂酸锡。然后50℃反应1h。经分析，确认合成了目的产物。

这种含咪唑基的硅烷化合物作为表面处理剂和树脂添加剂，可以改进无机底物和有机材料的粘接性。具硅官能团含咪唑基的硅烷化合物亦可利用3-氯丙基三烷氧基硅烷与咪唑缩合，或采用咪唑与甲基丙烯酸酯类型的硅烷偶联剂反应制备：

$$\text{(咪唑)}NH + CH_2=\overset{Me}{\overset{|}{C}}—\underset{O}{\underset{\|}{C}}—O—(CH_2)_3Si(OMe)_3 \longrightarrow \text{(咪唑)}N—CH_2\overset{Me}{\overset{|}{C}H}—\underset{O}{\underset{\|}{C}}—O—(CH_2)_3Si(OMe)_3$$

7.5.2 脲(硫脲)烃基烷氧基硅烷偶联剂合成及其应用

7.5.2.1 脲烃基硅烷偶联剂合成

脲烃基硅烷偶联剂中应用最多的品种是3-脲丙基烷氧基硅烷，它的制备也可用3-氨丙基烷氧基硅烷作为中间体通过一步反应得到目的产物[66~70]，例如：

$$(EtO)_3Si(CH_2)_3NH_2 + (H_2N)_2C=O \xrightarrow{120\sim130℃} (EtO)_3Si(CH_2)_3NHCONH_2 + NH_3$$

$$(EtO)_3Si(CH_2)_3NH_2 + H_2NCOOEt \xrightarrow{(C_4H_9)_2SnO} (EtO)_3Si(CH_2)_3NHCONH_2 + EtOH$$

脲烃基硅烷偶联剂也可以以3-氨丙基烷氧基硅烷为中间体，按7.5.1所述预先制备成3-异氰酸丙基烷氧基硅烷，然后再通入干燥的氨气即可得到目的产物。反应方程式如下：

$$(EtO)_3Si(CH_2)_3NCO + NH_3 \longrightarrow (EtO)_3Si(CH_2)_3NHCONH_2$$

7.5.2.2 硫脲烃基硅烷偶联剂的合成

在三乙胺存在下，3-氨丙基三烷氧基硅烷可以与二硫化碳反应先生成3-(三乙氧甲硅基）丙基二硫代酸铵盐，然后再加入正丁胺，释放出H_2S后得到具硫脲基的硅烷偶联剂[71]：

$$(MeO)_3Si(CH_2)_3NH_2 + CS_2 \xrightarrow{Et_3N/THF} (MeO)_3Si(CH_2)_3NHC(S)S^{\ominus}\overset{\oplus}{N}Et_3H$$

$$(MeO)_3Si(CH_2)_3NHC(S)S^{\ominus}\overset{\oplus}{N}HEt_3H \xrightarrow{BuNH_2} (MeO)_3Si(CH_2)_3NHC(=O)NHBu + H_2S$$

7.5.2.3 脲（硫脲）烃基硅烷偶联剂的应用

脲（硫脲）烃基硅烷偶联剂是一种弱碱性硅烷偶联剂，化合物中脲（硫脲）基具有螯合作用，利用硅官能团（烷氧基）可以制备成具分离等功能的无机/有机杂化功能材料，此外，这类硅烷偶联剂水解缩聚可生成聚合物或共聚物，这种聚硅氧烷用于复合材料可以改善界面性能，既增加无机/有机界面的黏接性、疏水性，还可提高复合材料的抗开裂性。它们还用于处理钢铁等金属材料的表面，可以提高材料的防锈、抗腐蚀能力，这与它的螯合金属特性和弱碱性分不开。

7.5.3 具叠氮基的硅烷偶联剂合成及其性质

具叠氮的硅烷化合物最初是作为硅烷偶联剂开发的，但因其叠氮基反应性能特好，不宜像通常的硅烷偶联剂使用可作为合成原料用于高分子材料改性，此外在使用时，一定要防止对人体的伤害。因此具叠氨基的硅烷化合物不利于作为硅烷偶联剂商品。

常用的易于合成的含叠氮基的硅烷偶联剂有Ⅰ～Ⅴ五类，其Ⅰ～Ⅱ两类可以用氨（胺）烃基硅烷偶联剂合成中间体制备，其他三类则可由其他的硅烷偶联剂转化。下面介绍五类叠氮基硅烷化合物[72～75]。

① 叠氮甲酰胺烃基硅烷（Ⅰ），其化合物通式：$N_3-\overset{O}{\overset{\|}{C}}-NHRSiR'_nX_{3-n}$

② 磺酰叠氮烃基硅烷（Ⅱ），其化合物通式：$N_3SO_2RSiR'_nX_{3-n}$

③ 叠氮甲酰氧烃基硅烷（Ⅲ），其化合物通式：$N_3\overset{O}{\overset{\|}{C}}ORSiR'_nX_{3-n}$

④ 叠氮羰烃基硅烷（Ⅳ），其化合物通式：$N_3\overset{O}{\overset{\|}{C}}RSiR'_nX_{3-n}$

⑤ 叠氮烃基硅烷（Ⅴ），其化合物通式：$N_3RSiR'_nX_{3-n}$

7.5.3.1 氨烃基硅烷为合成原料的制备方法

具叠氮基的硅烷化合物的合成方法有多种，本节仅介绍氨烃基硅烷偶联剂为合成原料的合成方法。

（1）叠氮甲酰胺烃基硅烷化合物合成

首先以3-氨丙基硅烷化合物和固体光气（三光气）为合成原料按7.5.3.1方法制备3-异氰酸基丙基硅烷化合物，随后加入叠氮酸（HN_3，又称叠氮氢化物）对不饱和异氰酸基进行亲核加成，即可得到高收率的叠氮甲酰胺烃基硅烷偶联剂，其反应式如下：

$$(MeO)_3Si(CH_2)_3NH_2 + Cl_3CO\overset{O}{\overset{\|}{C}}OCCl_3 \longrightarrow (MeO)_3Si(CH_2)_3NCO + 6HCl$$

$$(MeO)_3Si(CH_2)_3NCO + HN_3 \longrightarrow (MeO)_3Si(CH_2)_3NH-\overset{\overset{\displaystyle O}{\|}}{C}-N_3 \quad 98\%$$

（2）叠氮磺酰烃基硅烷化合物合成

以氨（胺）烃基硅烷偶联剂为原料，直接与叠氮磺酰苯异氰酸酯，叠氮磺酰苯甲酸及其衍生物（如酰卤）等反应可以获得含叠氮基的硅烷化合物，例如：

$$\equiv Si(CH_2)_3NH_2 + O{=}C{=}NC_6H_4\overset{\overset{\displaystyle O}{\|}}{\underset{\underset{\displaystyle O}{\|}}{S}}N_3 \longrightarrow \equiv Si(CH_2)_3NHCONHC_6H_4SO_2N_3$$

$$\equiv Si(CH_2)_3NHCH_2CH_2NH_2 + Cl\underset{\underset{\displaystyle O}{\|}}{C}C_6H_4SO_2N_3 \longrightarrow \equiv SiC_3H_6NHC_2H_4NHCO-C_6H_4-SO_2N_3$$

这类叠氮磺酰烃基硅烷也可以用不饱和烃基磺酰氯与硅氢化合物进行硅氢加成反应（或具硅官能团的烃基硅烷化合物氯磺化）所得产物再与叠氮盐反应制备，如下两组反应式所述：

$$\equiv SiH + CH_2{=}CHCH_2SO_2Cl \longrightarrow \equiv Si(CH_2)_3SO_2Cl \xrightarrow{+NaN_3} \equiv Si(CH_2)_3SO_2N_3$$

$$\equiv SiR \xrightarrow{SO_2/Cl_3} \equiv SiRSO_2Cl \xrightarrow{+NaN_3} \equiv SiRSO_2N_3$$

7.5.3.2 叠氮基的反应性

具叠氮基的有机化合物（$R-N_3$，R 代表如上述与叠氮基连接的有机或有机硅等基团），通常条件下还是较稳定的化合物，但在光照或加热的情况下，都较易裂解生成氮气和称为氮宾（nitrene）的活性中间体：

$$R-N_3 \xrightarrow[\triangle]{h\gamma\ 或热} RN: + N_2\uparrow$$

因此，涉及具叠氮基的硅烷偶联剂的反应性，实际是它裂解产物活性中间体氮宾的反应性，氮宾这种活性中间体的反应性类似于卡宾（carbene），具有很高的反应活性，在通常的条件下，不易分离、收集。叠氮化合物很容易发生插入、加成、夺氢，重排、二聚或偶联等反应。具叠氮基的硅烷偶联剂在光照或加热的情况下虽都能产生活性的氮宾中间体，尽管这些活性中间体都具有容易发生类似于碳宾（卡宾）的众多反应，但与氮宾连接的基团不同，氮宾的稳定性，及它优先发生的反应还是有差别的。比如上述五类化合物中Ⅰ-Ⅳ类叠氮都是通过碳酰基或磺酰基与有机基团接合在一起，而Ⅴ类中的叠氮基是直接与有机烃基键合在一起，Ⅰ-Ⅳ化合物的产生的氮宾有利于进行插入反应，而Ⅴ类中当有机烃基为烷基则有利重排，有机烃基为芳基时则利于偶联反应。下面以化学反应式表达上述氮宾活性中间体所能发生的反应[76]。

（1）氮宾的插入反应

具叠氮酰氨烃基、叠氮酰氧烃基或叠氮磺酰烃基的硅烷偶联剂，在使用条件下，产生氮宾活性中间体$W-\overset{\overset{\displaystyle O}{\|}}{C}-N:$（或 $WSO_2N:$）后，容易进攻烷烃、甚至芳烃的 C—H 键，氮宾插入 C—H 键，下述以碳酰氮宾为例：

$$\mathrm{W{-}\overset{\overset{\displaystyle O}{\|}}{C}{-}N\!:} + \mathrm{R'{-}H} \longrightarrow \mathrm{W{-}\overset{\overset{\displaystyle O}{\|}}{C}{-}N(R')H}$$

当W是烷氧基时，得到的产物是氨基甲酸酯，W是胺基时得到产物则是脲，W为烃基得到的产物则为酰胺，插入烃基C—H键难易程度取决于C—H键的活性，叔碳原子上的C—H最易遭氮宾插入，芳环上的C—H最难，酯环上平（伏）键C—H键较垂直的C—H键容易。基于上述反应特性，具叠氮基硅烷偶联剂可用于聚烯烃的改性。

（2）氮宾的加成反应

由叠氮化合物产生的氮宾都易与具不饱和的有机化合物进行加成反应，当与烯或具碳碳双键的聚合物加成得到氮杂三环（吖啶）的化合物，因此叠氮硅烷偶联剂是具不饱和基团的有机材料改性剂。

$$\mathrm{RN\!:} + \mathrm{\gt C{=}C\lt} \longrightarrow \mathrm{\gt C{-}\overset{\displaystyle \overset{R}{|}}{N}{-}C\lt}\ \text{(三元环)}$$

也可以与具羰基或碳氮双键化合物或聚合物加成得到相应三环化合物或中间体。

$$\mathrm{RN\!:} + \mathrm{\gt C{=}O} \longrightarrow \mathrm{\gt C{-}\overset{\displaystyle \overset{R}{|}}{N}{-}O}\ \text{(三元环)}$$

$$\mathrm{RN\!:} + \mathrm{\gt C{=}C} \longrightarrow \mathrm{\gt C{-}\overset{\displaystyle \overset{R}{|}}{N}{-}C{-}}\ \text{(三元环)}$$

（3）氮宾的夺氢反应

由叠氮化合物产生的氮宾与有机物接触，可以从有机物中夺氢产生游离基，从而进一步发生游离基有关反应

$$\mathrm{R{-}N\!:} + \mathrm{R'H} \longrightarrow \mathrm{R\dot{N}H} + \mathrm{R'}$$

基于上述三类反应，在具叠氮基的有机硅烷偶联剂无机-有机复合材料中能将无机增强剂和有机聚合物键合在一起，偶联增强作用是明显的，此外，因反应而产生含氨基甲酸酯、酰胺等的基团，因它们的极性也可增进无机/有机界面的粘接性能。

（4）重排反应非常容易发生在烷基氮宾活性中间体，重排反应实际上是分子内插入反应。

$$\mathrm{R{-}\underset{\displaystyle H}{\underset{|}{C}}H{-}N} \longrightarrow \mathrm{RCH{=}NH}$$

（5）偶联反应实际上是二聚反应，通常易发生在芳基氮宾活性中间体

$$\mathrm{2ArN\!:} \longrightarrow \mathrm{ArN{=}NAr}$$

7.5.4 氨烃基硅烷为原料制备特色的硅烷偶联剂或助剂

高性能复合材料通常是以聚酰亚胺、聚醚醚酮、聚苯并噁唑或聚硅氧烷等高性能树脂

及其改性物与碳纤维、硅/碳纤维作增强材料复合而成，但也用玻璃纤维等无机材料作增强剂。此外，一些功能材料研发，也希望获得能固定或不易挥发的助剂，如此特殊化学结构的硅烷偶联剂或功能硅烷化合物也就应运而生，比如具芳香四酸酐、马来酰亚胺和三聚氰胺碳官能的硅烷偶联剂已有合成或批量生产，且它们的合成原料的硅源常为通用硅烷偶联剂，其中 3-氨丙基三烷氧基硅烷是主要选择对象之一。

(1) 马来亚胺丙基三乙氧基硅烷合成[77]

马来酸酐与 3-氨丙基三乙氧基硅烷反应先形成 3-(马来酸酰胺) 丙基三乙氧基硅烷，硅烷化之后，加热脱保护基，缩合得目的产物，其反应式及操作举例如下：

$$\text{马来酸酐} + H_2N(CH_2)_3Si(OEt)_3 \xrightarrow{CH_2Cl_2} HOOC-CH{=}CH-CONH(CH_2)_3Si(OEt)_3$$

$$\xrightarrow[\text{三乙胺}]{\text{三甲基氯硅烷}} Me_3SiOOC-CH{=}CH-CON(SiMe_3)(CH_2)_3Si(OEt)_3 \xrightarrow{\triangle} \text{马来酰亚胺-}N\text{-}(CH_2)_3Si(OEt)_3$$

实例：N_2 保护下将 352g 粉碎的马来酸酐及 574g 二氯甲烷于 5000mL 反应瓶中。搅拌 2h 后，滴入 769g 3-氨丙基三乙氧基硅烷。在冰盐水浴冷却下，反应物温度冷却并维持至 10℃，再加入 723g 三乙胺，随之再加入 777g 三甲基氯硅烷。在三甲基氯硅烷加料接近终点时，加入 300g 二氯甲烷，继续搅拌 1 夜。将反应物先用 30μm、再用 0.5μm 的滤纸加压过滤。将滤液移至 5000mL 烧瓶中，室温下徐徐减压至 26.5kPa，馏出二氯甲烷。然后，减压下徐徐加热进行环化反应。最后，将产物减压下蒸馏精制。经 ^{1}H-NMR、^{13}C-NMR 及 ^{29}Si-NMR 分析，确认为马来酰亚氨丙基三乙氧基硅烷。具马来酰亚胺硅烷偶联剂除在聚酰亚胺及其改性物复合材料中应用外，还可用于尼龙、聚丙烯等热塑性树脂基复合材料改性。

国内张余宝等[78] 以苯酐、联苯四甲酸二酐、降冰片烯单酐、烯丙胺和三乙氧基硅烷为原料，通过酰亚胺化和硅氢化反应两步，合成了 3 种含酰亚胺环的硅烷偶联剂，具有良好的热稳定性。

(2) 具芳香四酸二酐基的硅烷偶联剂合成[79]

芳香四酸酐与 3-氨丙基三乙氧基硅烷于 *N*-甲基吡咯烷酮 (NMP) 中容易开环，获得具芳香甲酸酐基的硅烷偶联剂，其反应式和实验室合成操作举例如下：

$$\text{二苯酮四甲酸二酐 (或均苯四甲酸酐)} + H_2NCH_2CH_2CH_2Si(OC_2H_5)_3$$

$$\xrightarrow{NMP} (EtO)_3Si-(CH_2)_3-NH-CO-C_6H_3(COOH)-CO-C_6H_3(CO)_2O$$

实例：装有搅拌器、通 N_2 管、温度计及滴加漏斗的四口烧瓶中，N_2 置换后，加入32.2g（0.1mol）二苯酮四羧酸二酐，150g NMP，溶解后，在冰水浴冷却及搅拌下向其中滴入22.1g 3-氨丙基三乙氧基硅烷与62.2g NMP配成的混合液。滴完后，撤掉冰水浴，室温下继续搅拌反应4h。取样HPLC分析，确认为单一产物峰，纯度为99%。

相同的方法也可以以均苯四酸酐为合成原料合成相应的硅烷偶联剂：

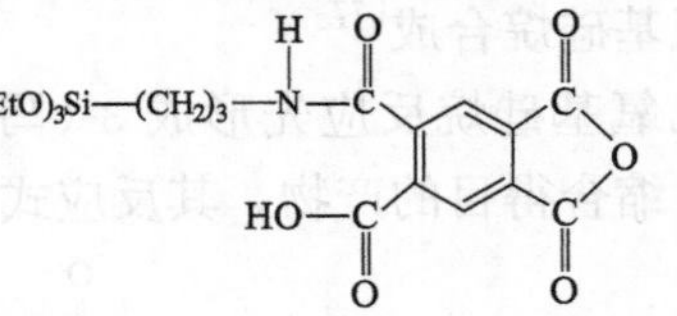

$$(EtO)_3Si-(CH_2)_3-NH-C(=O)-C_6H_2(COOH)(C_2O_3)$$

(3) 具三聚氰胺基团的硅烷偶联剂[80]

2,4-二氨基-6-乙烯基-1,3,5-三嗪中的乙烯容易遭受亲核加成，因此该化合物与3-氨丙基三烷氧基硅烷反应，几乎定量的得到具三聚氰胺基团硅烷偶联剂，其反应式和合成操作举例如下：

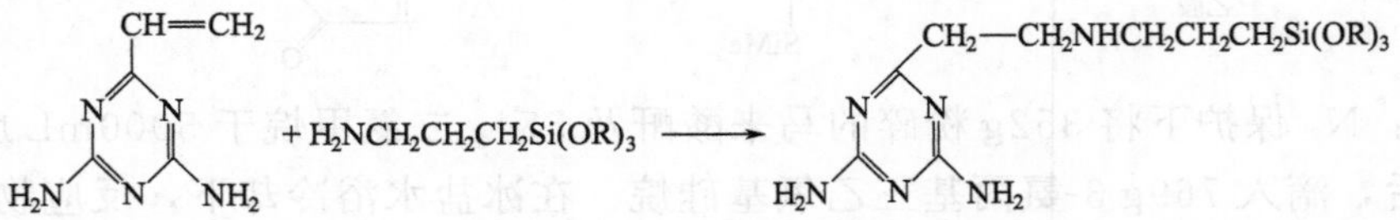

$$\text{2,4-}(H_2N)_2\text{-6-}(CH=CH_2)C_3N_3 + H_2NCH_2CH_2CH_2Si(OR)_3 \longrightarrow \text{2,4-}(H_2N)_2\text{-6-}(CH_2-CH_2NHCH_2CH_2CH_2Si(OR)_3)C_3N_3$$

实例：54.8g（0.4mol）2,4-二氨基-6-乙烯基-1,3,5-三嗪，71.6g（0.4mol）3-氨丙基三甲氧基硅烷，在1L二甲基亚砜中，150℃反应24h。冷却至室温后，减压下馏出二甲基亚砜，加入200mL甲醇溶解，滤出不溶成分后，再馏出甲醇。得上述目的物81.4g。经NMR及IR分析确认为所求结构的硅烷偶联剂。

(4) 3-(2-咪唑啉-1-基）丙基三乙氧基硅烷的合成

车国勇等[81] 以 *N*-氨乙基-3-氨丙基三乙氧基硅烷和原甲酸三乙酯为原料，在 *P*-甲苯磺酸催化下合成了含咪唑啉基团的硅烷化合物，收率达94.2%，该SCA可应用于金属表面处理等领域，其反应式如下：

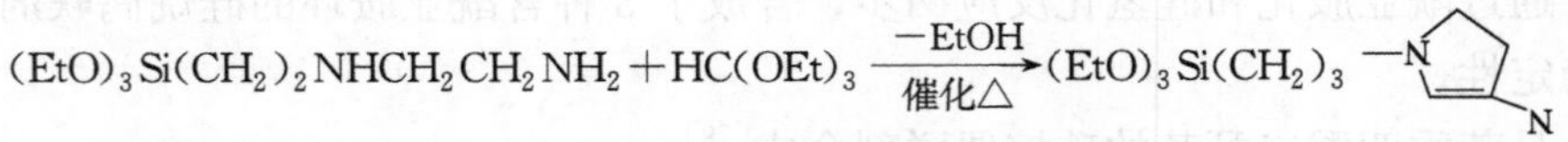

$$(EtO)_3Si(CH_2)_2NHCH_2CH_2NH_2+HC(OEt)_3 \xrightarrow[\text{催化}\triangle]{-EtOH} (EtO)_3Si(CH_2)_3-\text{(2-咪唑啉-1-基)}$$

(5) 利用胺/烯加成反应合成双有机官能团的硅偶联剂

① 修玉英等[82] 将丙烯酸酯与3-氨丙基三乙氧基硅烷（WD-50）混合加热，WD-55的伯胺基与丙烯酸酯发生加成反应，得到了黏度低、稳定性好、具仲胺基和丙酸酯基双碳官能团的新型硅烷偶联剂。

$$CH_2=CH-COOR+KH550 \xrightarrow{\triangle} (EtO)_3SiCH_2CH_2CH_2\underset{H}{N}-CH_2CH_2COOR$$

该SCA与聚醚多元醇和羟基丙烯酸树脂均匀混合反应后，再加入二异氰酸酯加热反应即可得到改性的聚氨酯丙烯酸树脂。

② 徐晓明等[83] 以WD-51（DL-602）或WD-53（KH792）和丙烯腈为合成原料，合成了两种含氰基和仲胺基双有机官能团的新型硅烷偶联剂：$(MeO)_{3-n}Me_nSiCH_2CH_2$

$CH_2\underset{H}{N}CH_2CH_2\underset{H}{N}CH_2CH_2$—CN（$n$ 为 0 或 1），其制备方法系如下反应式进行，式中 WD-51 n＝0，WD-53 n＝1。

$$(MeO)_{3-n}Me_nSi(CH_2)_3NHCH_2CH_2NH_2 \xrightarrow[50\sim70℃]{CH_2=CH-CN} (MeO)_{3-n}Me_nSi(CH_2)_3NH(CH_2)_2NHCH_2CH_2CN$$

将上述合成具仲胺基和氰基有机硅偶联剂及 WD-51 和 WD-53 三种不同的 SCA 分别加入有机硅密封胶中作为助剂，加有新型具仲胺基和氰基 SCA 的密封胶，其粘接强度、表面可修蚀性等都优于加 WD-51 或 WD-53 的密封胶。

参考文献

[1] Jex V B，Bailey D L. US 2832754. 1958.

[2] Saam J C，Speier J L. J. Org. Chem.，1959，24：119-120.

[3] 晨光化工研究院. 有机硅单体及聚合物. 北京：化学工业出版社. 1986.

[4] Kappler F R，Seiler C D，Vahlensieck H J，DE 2749316. 1978. CA89：197711.

[5] Kappler F R，Seiler C D. DE 2753124. 1979. CA91：140986.

[6] Kappler F R，Seiler C D，Vahlensieck H J. US 4234503. 1980.

[7] 孔德雨，陈若成，王汝坤，等. CN 1107853. 1995.

[8] Balduf T，Wieland S，Lortz W，et al. US 5808123. 1998.

[9] Kropfgans F，Rauleder H，Schwarz C，et al. EP 1209162. 2002. CA136：401878.

[10] Kahsnitz J，Pauli I，Tapley J，et al. EP 1295889. 2003. CA138：256911.

[11] Bauer A，Jekat H，Rauch K，et al. US 200310130543. 2003.

[12] Speier J L. US 4064155. 1977.

[13] Marciniec B，Gulinski J，Mirecki J. PL 145671. 1988. CA112：98810.

[14] Uehara K，Endo M，Araki H，et al. EP 595488. 1994. CA121：9699.

[15] Uehara K，Endo M，Arai T，et al. JP 06211878. 1994. CA121：280875.

[16] 张先林，傅人俊，盛荣. CN 1746176. 2006.

[17] 苏志玉，CN 104592289A. 2015.

[18] 孔德强，张宇峰，等. CN 103408581A. 2013.

[19] 刘建国，严晓东，刘震. CN 1520902A. 2004.

[20] 齐泮锋，齐峰全，孔德强，等. CN 203425561U. 2014.

[21] ①Lin J，Huang G，Zhang Z J，et al. Synthetic Commun. 2000，30（19）：3633-3638. ②Uehara K，Endo M，Araki H，et al. US 5446181. 1995.

[22] March J. Advanced Organic Chemistry- Reactions，Mechanisms，Structure. 2nd Edition. 1977：836.

[23] Petrov A D，Freidlin L Kh，Kudryavtsev G，et al. Doklady Akademii Nauk S. S. S. R. 1959，129：1064-1067.

[24] Freidlin L Kh，Petrov A D，Sladkova Ta，et al. Izvest Akad Nauk S. S. S. R，1960：1878-1881.

[25] Vdovin V M，Petrov A D，Freidlin L Kh，et al. US 133883. 1960. CA55：75778.

[26] Shina K，Kumada M. Mem. Fac. Eng. Osaka City Univ，1959，1：1-13. CA 55：81299.

[27] Jex V B，Bailey D L. US 2930809. 1960.

[28] Dinh P C，Kaufman K P. US 5117024. 1992.

[29] Kazimierczuk R，Skupinski W，Marciniec B，et al. App. Organomet. Chem. 2000，14（3）：160-163.

[30] Kazimierczuk R，Skupinski W，Marciniec B，et al. PL 187626. 2004. CA143：97524.

[31] Abele B C. DE 10023003. 2001. CA135：19775.
[32] 王葆仁. 有机合成反应. 上册. 北京：科学出版社，1981：164.
[33] 王葆仁. 有机合成反应. 上册. 北京：科学出版社，1981：170.
[34] Saam J C，Speier J L. J. Org. Chem，1959，24：119-120.
[35] Belyakova Z V，Bochkarev V N，Golubtsov S A，et al. Zhur. Obshch. Khim. 1972，42 (4)：858-862.
[36] Takatsuna K，Tachikawa M，Shiozawa K，et al. EP 302672. 1989. CA111：154099.
[37] Sabourault N，Mignani G，Wagner A，et al. Org. Lett. 2002，4 (13)：2117-2119.
[38] Nametkin N S，Topchiev A V，Chernysheva T I，et al. Doklady Akademii Navk S. S. S. R. 1961，140：384-386. CA56：2469.
[39] Nametkin N S，Topchiev A V，Chernysheva T I. Akad Nauk S. S. S. R，Inst Neftekhim Sinteza，Sb. Statei，1962：56-75. CA59：9103.
[40] Kubota T，Endo M，Numanami K. JP 10218883. 1998. CA 129：161723.
[41] Kubota T，Endo M，Hirahara T. JP 10017578. 1998. CA 128：102239.
[42] 杜作栋，等. 有机硅化学. 北京：高等教育出版社，1990：157.
[43] Reichel S. DD 72788. 1970；CA 74：42481；GB 1238875. 1971；CA75；98670.
[44] Belyakova Z V，Knyazeva L K，Chernyshev E A，et al. Zh. Obshch. Khim，1978，48 (6)：1373-1376.
[45] Belyakova Z V，Knyazeva L K，Chernyshev E A，et al. SU 724515. 1980. CA 93：150371.
[46] Hetflejs J，Svoboda P，Vaisarova V. CS 165746. 1976. CA87：39650.
[47] Vybiral V，Svoboda P，Hetflejs J. Collect. Czech. Chem. Commun.，1979，44 (3)：866-872.
[48] Schlapa J，Loetzsch P，Fischer B，et al. DD 151944. 1981. CA 97：39138.
[49] Chu N S，Kanner B，Schilling C L Jr. US 4481364. 1984.
[50] Svoboda P，Vybiral V，Hetflejs J. CS 193448. 1981. CA 96：218019.
[51] Marciniec B，Mirecki J，Gulinski J，et al. PL 155840. 1992. CA119：72829.
[52] Chernyshev E A，Magomedov G I，Shkolnik O V，et al. Zhur. Obsh. Khim. 48 (8)：1742-1745. 1978.
[53] Takatsuna K，Nakajima M，Tachikawa M，et al. EP 321174. 1989. CA112：158630.
[54] Takatsuna K，Tachikawa M，Shiozawa K，et al. EP 302672. 1989. CA111：154099.
[55] Tachikawa M，JP 11209384. 1999. CA131：130121.
[56] Monkiewicz J，Frings A，Horn M，et al. DE 4435390. 1996. CA125：12484.
[57] Kurashima A，Machiya A，Yamaguchi G. US 4654428. 1987.
[58] 张先林，杨志勇，刘东，等. 浙江化工，2008，39 (2)：11-13.
[59] 张先林，杨志勇，刘东. CN 101066978. 2007.
[60] 冉刚，宁兆伦，覃建华，等. 广州化工，2014，42 (23)：60-63.
[61] 托马斯·卡梅尔，赖纳·温克勒，贝恩德·帕哈利. CN 1483038. 2004.
[62] 张先林，傅人俊，盛荣，等. CN 1631893. 2005.
[63] 张群朝，王德才，刘均胜，等. CN 1887888. 2007.
[64] 边高峰，蒋剑雄，邬继荣，等. CN 101161657. 2008.
[65] Kumagaya M. JP 2000297093. 2002. CA133. 323051.
[66] ① Akamatsu S，Masaoka H，Enami H. EP 276860. 1988. CA109. 170635；② Bade S，Schoen O，Pauli I，et al. DE 102006018500；③ Suzuki T，Yanagisawa H，Yamamoto A. JP08333375.
[67] Bade S，Schoen V，Pauli I，et al. DE 102006018500；CA147：257892.
[68] Suzuki T，Yanagisawa H，Yamamoto A. JP08333375；CA126：157632.
[69] Krahnke R H. US 3702860. 1972.
[70] 车国勇，翟天元，李平，等. 化学研究与应用，2015，27 (1)：100-102.
[71] Deschler U，Panster P，Kleinschmidt P. DE 3821465. 1989. CA113：6589.

［72］ Thomson J B. DE 1965514. 1970. CA73：67249.

［73］ Marsden J G. Orenski P J. DE 2528382. 1976. CA84：136636.

［74］ Marsden J G，Orenski P J. DE 2528398. 1976. CA84：165809.

［75］ Karl A，Buder W. EP 50768. 1982. CA97：163240.

［76］ March J. Advanced Organic Chemistry-Reactions，Mechanisms，and Structuri. 2nd Ed. 1977：184-186，544.

［77］ Gunther M，Pohl E R，Petty H E. JP 2001072690. 2001. CA134：238334.

［78］ 张余宝，苗伟俊，齐海霞，等. 化工新型材料，2011，39，(11)：85-87，114.

［79］ Tagusari K. JP 2003165867. 2003. CA139：22876.

［80］ Kumagaya M，Tsuchida K，Ouchi T. JP 2004010487. 2004. CA140：94868.

［81］ 车国勇，陈贵荣，翟天元，等. 有机硅材料，2017，31 (6)：410-413.

［82］ 修玉英，王功海，罗钟瑜. CN1974580. 2007.

［83］ 徐晓明，林薇薇，郑强，等. 高分子化学工程学报，2007，21 (3)：505-510.

第8章 烯烃基硅烷偶联剂

8.1 烯烃基硅烷偶联剂概述

8.1.1 烯烃基硅烷偶联剂化学结构、通式与性能

烯烃基硅烷偶联剂主要是指含硅官能团和具乙烯基或ω-乙烯烃基的硅烷化合物，那些化学反应性能较差的非端乙烯烃基的不饱和有机硅化合物，大家很少利用它们作为硅烷偶联剂使用。因此，烯烃硅烷偶联剂可用如下化学通式概括：

$$CH_2{=}CH(CH_2)_mSiR_nX_{3-n}$$

这类化合物很多，但实际上得到产业开发和广泛应用的仅有$m=0$，X为—Cl、—OCH_3、—OC_2H_5或—$OC_2H_4CH_3$，R为甲基的有机硅化合物。具有上述化学结构特征的硅烷化合物除稳定性和化学反应性适合作为硅烷偶联剂使用外，它们的合成原料容易获得，制备方法较简单，生产成本低，因而得到生产者和使用者普遍欢迎。这类化合物的热稳定性和化学稳定性，在硅官能团相同的情况下，主要取决于烯烃基的化学结构。实验证明其稳定性有如下次序：

$$\overset{\omega}{CH_2}{=}CH(CH_2)_nSi{\equiv}(n>2)>\overset{\gamma}{CH_2}{=}CHCH_2CH_2Si{\equiv}$$

$$>\overset{\alpha}{CH_2}{=}CHSi{\equiv}>\overset{\beta}{CH_2}{=}CHCH_2Si{\equiv}$$

当双键位于γ-碳原子时，其稳定性近似饱和烃；β-碳原子上含有双键的化合物因有机硅化合物的β-效应，碳—碳键最易断裂；α-位双键的稳定性可以满足众多使用者要求。长链端乙烯基[ω-$CH_2{=}CH(CH_2)_n$，$n>2$]的硅烷偶联剂虽然稳定性好，其ω-乙烯基也不会因甲硅基不同而受影响，因此有些研究者想制备这种结构的化合物作为偶联剂，但没有得到使用者支持，其原因是这种考虑没有注意$\lnot CH_2 \rnot_n$对使用性能的影响。长碳链会影响硅官能团的水解缩合的反应速率，因碳链长的有机硅化合物疏水性好，在某些方面应用可能是优点，但还因长碳链产生的空间位阻等原因容易缩合成环状或笼形的倍半硅氧烷，不

易形成高分子膜，有时会给应用带来负面影响。此外，要制备长碳链 ω-乙烯烃基硅烷化合物，原料来源也不如制备乙烯基或烯丙基硅烷化合物容易。基于上述原因，作为烯烃基硅烷偶联剂的主要是水解、缩合速度适合的乙烯基烷氧基硅烷化合物。

8.1.2 常用烯烃基硅烷偶联剂物理常数

常用烯烃基硅烷偶联剂主要是具硅官能团的乙烯基或烯丙基有机硅化合物，它们的物理常数列于表 8-1。

表 8-1 常用烯烃基硅烷偶联剂物理常数

链烯烃基硅烷偶联剂分子式	沸点/℃(kPa)	相对密度(℃)	折射率(℃)
$ViSiCl_3$	92.5(100)	1.273 5(20)	1.434 9(20)
Vi_2SiCl_2	118(102)	1.096 2(20)	1.450 3(20)
$ViMeSiCl_2$	91(98.9)	1.086 8(20)	1.427 0(20)
$ViMe_2SiCl$	82(101.3)	0.874 4(20)	1.414 1(25)
$ViEtSiCl_2$	119(99.7)	1.006 4(20)	1.438 5(20)
$ViPhSiCl_2$	121(4.8)	1.196(25)	1.533 5(25)
ViMePhSiCl	79～80(0.47)	1.034(20)	1.519 7(20)
$CH_2{=}CHCH_2SiCl_3$	116.5(100)	1.222 4(20)	1.444 5(20)
$CH_2{=}CHCH_2SiMeCl_2$	116(98)	1.066 7(20)	1.440 9(20)
$CH_2{=}CHCH_2SiMe_2Cl$	110～112(101.3)	0.896(20)	1.419 5(20)
$ViSi(OMe)_3$	52.9(6.5)	0.970 0(20)	1.393 0(20)
$ViSi(OEt)_3$	63(2.67)	0.902 7(25)	1.396 0(20)
$ViSi(OC_2H_4OMe)_3$	284～286(101.3)	1.033 6(25)	1.427 1(20)
$ViSi(OBu\text{-}t)_3$	54(0.27)	0.869(20)	—
$ViSi(OOBu\text{-}t)_3$	—	0.86(20)	—
$ViSiMe(OEt)_2$	133～134(101.3)	0.858(20)	1.400 0(20)
$ViSiMe_2(OEt)$	99(101.3)	0.970(20)	1.398 3(20)
$ViSiMe(OSiMe_3)_2$	48(1.07)	0.836 5(20)	1.395 1(20)
$CH_2{=}CHCH_2Si(OMe)_3$	146～148(101.3)	0.936 0(25)	1.403 6(25)
$CH_2{=}CHCH_2Si(OEt)_3$	175.8(98.7)	0.903 2(25)	1.406 3(25)
$(CH_2{=}CHCH_2)_2SiMe(OEt)$	165(101.3)	0.835 0(20)	1.436 8(20)
$CH_2{=}CHCH_2SiMe_2(OEt)$	121(101.3)	0.806 5(20)	1.409 4(20)
$CH_2{=}CHC_6H_4Si(OMe)_3$	60(0.01)	1.507(20)	1.503 8(20)

8.1.3 烯烃基硅烷偶联剂化学反应性及其应用

(1) 加成反应

烯烃基硅烷偶联剂类似于有机化合物的烯烃，也容易发生亲电、亲核或自由基加成等反应[1,2]。它们与卤素或卤化氢进行加成反应时，应该注意的是 HX 加成可能受烯烃基硅烷化合物中甲硅基的影响，当卤化氢（HX）与具烯丙基或更高级的 ω-乙烯烃基硅烷加成时，遵循马尔柯夫尼可夫规则，即卤原子（X）加到含 H 少的碳原子上［反应（8-3）］；如果是乙烯基硅烷偶联剂的加成反应遵循反马尔柯夫尼可夫规则，即 HX 中卤素 χ 加到含 H 多的碳原子上［反应（8-4）］，例如：

$$\equiv Si-CH=CH_2+X_2\longrightarrow \equiv SiCHXCH_2X \quad (8\text{-}1)$$

$$\equiv Si-CH_2CH=CH_2+X_2\longrightarrow \equiv SiCH_2CHX-CH_2X \quad (8\text{-}2)$$

$$\equiv SiCH_2CH=CH_2+HX\longrightarrow \equiv SiCH_2CHXMe \quad (8\text{-}3)$$

$$\equiv Si-CH=CH_2+HX\longrightarrow \equiv SiCH_2CH_2X \quad (8\text{-}4)$$

烯烃基硅烷化合物在硅氢化催化剂存在下、有机过氧化物或光引发下，都很容易和含氢的硅烷化合物发生硅氢加成反应。

$$\equiv SiH+CH_2=CH-Si\equiv \xrightarrow{\text{Pt 催化剂}} \equiv SiCH_2CH_2Si\equiv$$

$$\equiv SiH+CH_2=CHCH_2Si\equiv \xrightarrow{\text{Pt 催化剂}} \equiv SiCH_2CH_2CH_2Si\equiv$$

因此，在聚有机硅氧烷分子中引入 Si—H 及乙烯基或烯丙基，即可在较低温度下发生催化加成反应，形成交联结构聚硅氧烷，加成硫化型硅橡胶和无溶剂硅树脂等有机硅材料合成及其应用就是利用这一化学反应。此外，有机硅对高分子化合物中的烯烃聚合物改性也常利用这一重要反应。

（2）聚合或共聚反应

烯烃基硅烷偶联剂中的不饱和基，在光、热和催化剂作用下可发生均聚反应，如果有其他不饱和烃及其衍生物同时存在于体系中，则可能发生共聚，从而得到相应的均聚物或有机硅改性的共聚物，其反应示意如下：

$$m\,\underset{\displaystyle \diagup\!|\!\diagdown}{\underset{|}{\underset{\displaystyle Si}{\underset{|}{CH=CH_2}}}} + n\,\underset{\displaystyle \diagup\!|\!\diagdown}{\underset{|}{\underset{\displaystyle Si}{\underset{|}{CH=CH_2}}}} \longrightarrow \underset{\underset{\displaystyle Si}{|}}{+\!\!(CH-CH_2)_m}\;\underset{\underset{\displaystyle Si}{|}}{+\!\!(CH-CH_2)_n}$$

$$m\,\underset{\displaystyle Si(OR)_3}{\underset{|}{CH=CH_2}} + n\,\underset{\displaystyle Ph}{\underset{|}{CH=CH_2}} \longrightarrow \underset{\underset{\displaystyle Si(OR)_3}{|}}{+\!\!(CH-CH_2)_m}\;\underset{\underset{\displaystyle Ph}{|}}{+\!\!(CH-CH_2)_n}$$

烯烃基硅烷均聚的能力取决于烯基的结构与数目，以及硅原子上其他取代基团或硅官能团的性质，引发剂或催化剂的特性也有影响。就化学结构而言，双键离硅原子越远、硅原子上连接的不饱和键越多，则越易进行均聚，如 $CH_2=CHCH_2-$ 比 $CH_2=CH-$ 更易聚合；$CH_2=CH-SiMe_3$ 在常压下，有机过氧化物很难引发聚合，齐格勒催化剂对 $CH_2=CH-Si(OEt)_3$ 的聚合无效，如果用 $EtLi/n\text{-}C_6H_{14}$ 引发，则在 0～50℃下即可聚合，其收率即可达到 80%～90%。$CH_2=CH-SiCl_3$ 在加热及使用引发剂条件下聚合，只能获得低聚物，而 $CH_2=CH-Si(OEt)_3$ 在过氧化物作用下，却极易生成分子量为 5000～8000 的聚合物。

硅烷偶联剂中乙烯基或乙烯烃基所具聚合或共聚反应性，是这类化合物得以广泛应用的基础。它们已被应用于对聚乙烯等热塑性塑料或橡胶进行改性，它使这些聚合物易于交联，从而提高被改性的聚合物力学性能、电性能以及表面性能等。在无机/树脂基复合材料中用乙烯基硅烷偶联剂处理玻璃纤维、粒状填料，可以改善两种性质完全不同物质的界面性能，大大提高复合材料强度，从而使乙烯基硅烷偶联剂在高分子材料制造和加工中得到广泛应用。

$CH_2=CHCH_2Si(OEt)_3$、$(CH_2=CHCH_2)_2Si(OEt)_2$ 及 $Me(CH_2=CHCH_2)_2Si$

(OEt)等具烯丙基的有机硅化合物在过氧化物作用下均可发生聚合反应，甚至没有引发剂于室温下长期放置也可发生聚合反应。故蒸馏上述化合物时，应注意加阻聚剂，否则生成聚合物，堵塞管道或分馏塔。该性质也是烯丙基烷氧基硅烷成为通用硅烷偶联剂原因之一。

烯烃基硅烷中可水解硅官能团对共聚反应影响很大：$CH_2{=}CH{-}SiCl_3$ 中由于氯的链转移作用，它与乙烯基丁基醚、乙烯基己内酰胺及乙烯基吡咯烷等单体不能发生共聚反应；而 $CH_2{=}CH{-}Si(OR)_3$（R 为 Me、Et 等）却很容易和苯乙烯及丙烯腈等生成共聚物。

(3) 烯烃基硅烷的氧化反应

乙烯基硅烷中的不饱和键被臭氧氧化生成过氧化物，过氧化物易于水解生成硅醇及甲醛。过氧乙酸（$CH_3\overset{O}{\overset{\|}{C}}OOH$）作用于烯烃基硅烷化合物则可将乙烯基转化成环氧基，例如：

$$R_3Si{-}CH{=}CH_2 + CH_3\overset{O}{\overset{\|}{C}}OOH \longrightarrow R_3SiCH{-}CH_2 \text{（环氧，O 桥接两碳）} + CH_3COOH$$

这种反应在 20 世纪 50 年代用于合成具环氧基的硅烷化合物。如果将这种反应用于合成，安全要特别注意！此外对于硅烷偶联剂而言，还应注意反应条件是否影响硅官能团稳定。

(4) 乙烯基硅烷与共轭双烯可以发生狄尔斯-奥德尔（Diels-Alder）反应，生成环己烯取代的硅烷化合物。

$$CH_2{=}CHCH{=}CH_2 + CH_2{=}CHSiCl_3 \longrightarrow \text{环己烯基}{-}SiCl_3$$

(5) 乙烯基硅烷与芳烃在 $AlCl_3$ 作用下可以发生弗里德尔-克拉夫茨反应，该反应副产物较多（如硅烷的歧化反应等），利用价值很少。

$$CH_2{=}CHSiMeCl_2 + C_6H_6 \xrightarrow{AlCl_3} C_6H_5CH_2CH_2SiMeCl_2$$

8.1.4 烯烃基硅烷偶联剂合成方法述评

有机化学中烯烃的合成方法虽然可用于合成烯烃基硅烷，但不适合用于合成烯烃基硅烷偶联剂，因为硅烷偶联剂的硅官能团具有易发生水解等亲核取代反应的特性，大多数有机化学中用于制备烯烃的反应条件都会使硅官能团破坏。文献中制备烯烃基硅烷偶联剂的方法有金属有机试剂合成法、直接合成法、热缩合合成法和硅氢化反应合成法，此外，还有利用上述方法获得的烯烃基硅烷偶联剂为原料，再进行亲核取代硅官能团反应的合成法。

8.1.4.1 金属有机试剂合成法

镁试剂合成法是最早用于烯烃基有机硅化合物合成的方法。该法至今还是合成一些特殊烯烃基硅烷偶联剂的方法，例如烯丙基硅烷偶联剂[3]。金属有机试剂合成法除常用镁试剂（格氏反应）外，还有钠试剂（武兹反应）。俄罗斯和我国用钠缩合反应合成乙烯基二甲基乙氧基硅烷，进而水解制备1,3-二乙烯基-1,1,3,3-四甲基二硅氧烷（乙烯基双封头）。

(1) 格氏反应

$$CH_2{=}CH(CH_2)_mCl + Mg \longrightarrow CH_2{=}CH(CH_2)_mMgCl$$

$$CH_2{=}CH(CH_2)_mMgCl + R_nSiX_{4-n} \longrightarrow CH_2{=}CH(CH_2)_mSiR_nX_{3-n}$$

R通常为甲基，$m=0$、1、2、3…、通常为1，$n=0$、1、2，X═—Cl，—OMe，—OEt等。

(2) 武兹反应

武兹反应用于合成有机硅化合物时，不需像格氏反应一样先合成钠试剂，而是将钠于甲苯等惰性溶剂中制备钠砂于反应瓶中，然后在搅拌下将反应原料加入完成合成反应，如乙烯基二甲基乙氧基硅烷的合成：

$$CH_2{=}CHCl + Me_2Si(OEt)_2 \xrightarrow[\text{甲苯}]{\text{钠砂}} CH_2{=}CHSiMe_2(OEt) + NaCl + EtONa$$

$$2CH_2{=}CHSiMe_2(OEt) + H_2O \longrightarrow CH_2{=}CHMe_2SiOSiMe_2CH{=}CH_2 + 2EtOH$$

金属有机试剂合成法的原子利用率低，按当今的观点是不符合绿色化学原则，不宜用于量大的产品生产，但实验室合成一些特别的ω-乙烯烃基硅化合物，如上述乙烯基封端剂的合成仍是一种可用于批量生产的合成技术。

8.1.4.2 直接法合成乙烯基氯硅烷

1941年Rochow发表硅和氯甲烷在催化剂存在下反应合成甲基氯硅烷后，研究者希望利用该方法合成含乙烯基氯硅烷也成了很自然的事[4~6]。氯乙烯（或氯丙烯）通入加热含铜催化剂的硅粉反应器中，可立即生成乙烯基硅烷（或烯丙基硅烷），但副产物较多。下面以氯乙烯与硅反应为例予以说明：

主反应：

$$2CH_2{=}CHCl + Si \xrightarrow[300\sim350^\circ C]{Cu} (CH_2{=}CH)_2SiCl_2$$

副反应：

$$3CH_2{=}CHCl + Si \longrightarrow CH_2{=}CHSiCl_3 + 4C + 3H_2$$

$$5CH_2{=}CHCl + 2Si \longrightarrow CH_2{=}CHSiHCl_2 + CH_2{=}CHSiCl_3 + 6C + 4H_2$$

$$4CH_2{=}CHCl + Si \longrightarrow SiCl_4 + 8C + 6H_2$$

氯乙烯中氯的反应活性较差，即使在300～350℃高温和铜催化下，乙烯基氯硅烷的收率很低。例如，使用Si—Cu合金［m（Si）∶m（Cu）＝8∶2］作催化触体，在350～400℃下与$CH_2{=}CHCl$反应，只能获得20%收率的$CH_2{=}CHSiCl_3$以及15%收率的$(CH_2{=}CH)_2SiCl_2$。研究者希望改用不同的催化触体得到好的结果。如苏联研究者用Si—Ni合金，美国研究者用Si—Sn合金作催化触体时，目的产物的选择性差，收率很难超过50%，迄今该法没有获得产业化开发。

氯丙烯反应活性高于氯乙烯，不仅是因为氯丙烯中的氯不可能与硅 p-π 共轭，使碳—氯键加强，还因为氯的诱导效应，电子云的转移而使其活化。氯丙烯在 250℃下即可与 Si—Cu 触体反应。但由于产物（$CH_2=CHCH_2)_nSiCl_{4-n}$ 较易聚合和裂解，故总收率也只能达到 60%左右。如果使用 CuS 作催化剂，则可使烯丙基氯硅烷的收率提高到 80%（质量）。在 220～350℃及铜催化下，使 $CH_2=CHCH_2Cl$、HCl 共同与硅粉反应，则可得到 $CH_2=CHCH_2SiHCl_2$ 和 $CH_2=CHCH_2SiCl_3$ 为主产物，$HSiCl_3$、$SiCl_4$ 及（$CH_2=CHCH_2)_2SiCl_2$ 等副产物。

8.1.4.3 热缩合法合成烯烃基氯硅烷

热缩合法是以含氢氯硅烷（或氯硅烷）与卤代烃（或烃）为原料，在没有催化剂（或有催化剂）高温下进行分子间脱卤化氢（或脱氯）的反应，迄今在工业上得到应用的是脱 HCl 的反应：

$$\equiv SiH + Cl—R \longrightarrow \equiv SiR + HCl$$

$$\equiv SiCl + H—R \longrightarrow \equiv SiR + HCl$$

氯代烯烃都可以与含氢氯硅烷在高温下发生脱氯化氢反应，得到烯烃基氯硅烷化合物，其中以氯乙烯与含氢氯硅烷热缩合反应研究较多。氯乙烯很容易和 $HSiCl_3$、$HSiMeCl_2$ 等进行热缩合反应，通常可得到高收率的乙烯基氯硅烷。

$$HSiCl_3 + CH_2=CHCl \longrightarrow CH_2=CHSiCl_3 + HCl$$

$$HSiMeCl_2 + CH_2=CHCl \longrightarrow CH_2=CHSiMeCl_2 + HCl$$

$$HSiMe_2Cl + CH_2=CHCl \longrightarrow CH_2=CHSiMe_2Cl + HCl$$

热缩合法是生产乙烯基氯硅烷重要方法，该法需高温，放出氯化氢气体，副产物较多。如果改用乙烯为原料，因乙烯活性较差，在较高的反应温度反应，收率往往低于 20%，不可能在生产中获得应用。氯丙烯较氯乙烯更易与三氯硅烷或甲基二氯硅烷进行热缩合，但烯丙基氯硅烷的收率仅在 30%～40%，其原因与烯丙基氯硅烷热稳定性差有关。热缩合反应还是当今国内外生产芳烃基氯硅烷方法之一。近 10 年来通过反应设备和工艺过程的优化，选择性和产率均有很大提高，一些企业认为该法仍是生产乙烯基硅烷可选用的方法之一。该法不能用于一步合成乙烯基烷氧基硅烷，只能用于合成乙烯基氯硅烷，要得到乙烯基烷氧基硅烷还需进一步醇解，其生产成本显然会增加，还有 HCl 的回收利用对小型企业也是问题。

8.1.4.4 硅氢加成反应合成法

利用硅氢加成反应合成烯烃基硅烷偶联剂进行了广泛的研究，已产业化开发的则主要是乙炔和含氢氯硅烷（或含氢烷氧基硅烷）为合成原料，铂及其配合物等催化剂催化硅氢化反应合成目的产物。在乙烯基硅烷化合物合成方法研究初期，人们还采用射线或过氧化物等引发乙炔与含氢硅烷进行自由基加成的有关工作。

（1）自由基加成反应过程

自由基加成反应的第一步是用过氧化物、射线或其他方法引发硅氢化物产生甲硅基游离基，然后该游离基进攻乙炔完成硅氢加成反应，下面以 $HSiCl_3$ 为例予以说明：

$$HSiCl_3 \xrightarrow{h\gamma} H\cdot + \cdot SiCl_3$$

或

$$(RCOO)_2 \xrightarrow[\triangle]{} 2R\cdot + 2CO_2$$

$$R\cdot + HSiCl_3 \longrightarrow RH + \cdot SiCl_3$$

主反应：

$$CH\equiv CH + \cdot SiCl_3 \longrightarrow \cdot CH{=}CHSiCl_3$$

$$RH + \cdot CH{=}CHSiCl_3 \longrightarrow R\cdot + CH_2{=}CHSiCl_3$$

或

$$H\cdot + \cdot CH{=}CHSiCl_3 \longrightarrow CH_2{=}CHSiCl_3$$

副反应：

$$CH_2{=}CHSiCl_3 + \cdot SiCl_3 \longrightarrow Cl_3SiCH_2CH_2SiCl_3$$

过氧化物引发游离基加成通常要在高温和压力下进行，铁及铁盐等虽对副反应起抑制作用，加入盐也可促进反应，但反应较难控制，副产物多，这种硅氢加成过程后来没有深入研究和开发。

(2) 过渡金属及其配合物催化硅氢加成反应

过渡金属配合物催化硅氢化反应合成法，既可用 $HSiCl_3$ 等含氢氯硅烷为原料，也可用 $HSi(OMe)_3$ 等含氢烷氧基硅烷为原料，在催化剂存在下，乙炔发生硅氢化反应得到乙烯基硅烷偶联剂。该合成方法的工艺操作可以通过均相配合催化或多相催化两种不同过程实现，均相配合催化过程 20 世纪已是西方国家生产乙烯基硅烷偶联剂主要方法。进入 21 世纪后国内武大有机硅新材料公司首先以 kt/a 规模生产装置投入生产，现在该技术已向国内有关企业转移。

利用催化硅氢化反应合成乙烯基硅烷通常选用的催化剂是铂的配合物，但随参与反应的含氢硅烷化学结构不同可能需选用不同配体与铂配位。迄今实验室的合成目的产物选择性和收率几近完善，但生产中选择性通常在 90%左右。

主反应：

$$CH\equiv CH + HSiMe_nX_{3-n} \xrightarrow[\text{溶剂}]{\text{催化剂}} CH_2{=}CHSiMe_nX_{3-n}$$

n 通常为 0、1、2，X 为—Cl、—OMe、—OEt 等。

影响选择性的副反应是二次加成物：

$$CH\equiv CH + 2HSiMe_nX_{3-n} \xrightarrow{\text{催化剂}} X_{3-n}Me_nSiCH_2CH_2SiMe_nX_{3-n}$$

此外，还有硅氢化物的重分配反应和脱氢反应，以及这些副反应所产生的副产物再衍生的二次反应，其中尤以含氢烷氧基硅烷更为突出，如：

$$HSi(OR)_3 \xrightarrow{\text{催化剂}} H_2Si(OR)_2 + Si(OR)_4$$

$$H_2Si(OR)_2 \longrightarrow (RO)_2HSi{-}SiH(OR)_2 + H_2$$

$$HSi(OR)_3 \longrightarrow (RO)_3Si{-}Si(OR)_3 + H_2$$

$$CH_2{=}CHSi(OR)_3 + H_2 \xrightarrow{\text{催化剂}} EtSi(OR)_3$$

$$CH\equiv CH + H_2 + HSi(OR)_3 \xrightarrow{\text{催化剂}} EtSi(OR)_3$$

我们在没有溶剂存在下催化乙炔与三烷氧基硅烷硅氢化反应合成乙烯基三烷氧基硅烷时，还发现三烷氧基硅烷加成在一端的二次加成物。

$$CH\equiv CH + 2HSi(OR)_3 \xrightarrow{\text{催化剂}} Me{-}CH[Si(OR)_3]_2$$

8.1.4.5 亲核取代硅官能团合成法

利用有机氯硅烷为原料可以合成其他硅官能团的有机硅化合物，这是合成有机硅化合物常用方法，以乙烯基氯硅烷为原料可以合成多种具其他硅官能团的乙烯基硅烷偶联剂，下以乙烯基三氯硅烷为例用反应式予以表达：

$$CH_2{=}CH{-}SiCl_3 + 3HOR \longrightarrow CH_2{=}CHSi(OR)_3 + 3HCl$$

$$CH_2{=}CH{-}SiCl_3 + 3(Ac)_2O \longrightarrow CH_2{=}CHSi(OAc)_3 + 3AcCl$$

$$CH_2{=}CHSiCl_3 + 3HNR'R \longrightarrow CH_2{=}CHSi(NR'R)_3 + 3HCl$$

$$CH_2{=}CHSiCl_3 + 3HO{-}N{=}CR'R \longrightarrow CH_2{=}CHSi(ON{=}CR'R)_3 + 3HCl$$

这类亲核取代反应不限于上述有机氯硅烷的有关反应，实际上只要亲核取代反应所生成的硅烷化合物比原料硅烷化合物稳定性更好、沸点更高或参与取代反应的试剂亲核性较强，其他含硅官能团的乙烯基硅烷等有机硅化合物在适合的合成条件下都可以进行类似反应。如乙烯基三甲氧基硅烷的催化酯交换反应[7]，酯交换反应只要不断打破反应平衡，即可完全交换，例如 A-172（WD-27）的生产：

$$CH_2{=}CHSi(OMe)_3 + ROH \xrightarrow{-MeOH} CH_2{=}CHSi(OMe)_2OR \xrightarrow[+ROH]{-MeOH} CH_2{=}CHSiOMe(OR)_2$$

$$\xrightarrow[+ROH]{-MeOH} CH_2{=}CHSi(OR)_3, R{-}OC_2H_4OMe \text{ 等}$$

醇解等亲核取代官能团合成法是应用广泛的一种合成方法，也是采用热缩合法生产乙烯基氯硅烷的企业必需配套发展的一种合成方法。如此可使企业以一种原料发展多种产物，使商品系列化。

8.2 热缩合法合成乙烯基氯硅烷的研究与产业化

8.2.1 研发历史与进展

氯乙烯与含氢氯硅烷高温缩合制备乙烯基氯硅烷的方法早在 20 世纪 40 年代末 Agre[8] 已提出，但未得到研究者重视。实验室工作的有关报道首先见于 1956 年英国专利[9]，他们将 90g 的氯乙烯和 688g 三氯硅烷的混合物通入 600℃高温的石英管，得到了乙烯基三氯硅烷，摩尔收率为 53%，当时正逢玻璃纤维-树脂增强塑料（玻璃钢）及其他高分子材料迅猛发展期，复合材料对硅烷偶联剂的需求很大，从而揭开了热缩合法合成乙烯基氯硅烷研究和产业化开发的序幕。

20 世纪 50 年代末到 70 年代初，以苏联研究小组为主导的众多国家的研究小组，利用氯乙烯和含氢氯硅烷（如 $HSiR_nCl_{3-n}$，R=Me、Et、Ph 等，n=0、1、2 等）为原料，对制备乙烯氯硅烷的热缩合反应进行了既广泛又深入的研究[10~22]。这些研究工作既奠定了以氯乙烯为原料的热缩合法合成乙烯基氯硅烷的理论基础，也开发了热缩合法制备乙烯基氯硅烷的生产装置。进入 20 世纪 90 年代，Hange 等[22,23] 提出内置轴对称的旋转位移体的管状反应器（环隙反应器）取代管状反应器。21 世纪初 Bade 等[24,25] 在环隙反应器基础上予以改进，使热缩合法不仅合成原料有高的转化率，还获得了高选择性和高收率的目的产物。我国采用管状反应装置热缩合法合成乙烯基氯硅烷始于 20 世纪 70 年代天津试剂厂和哈尔滨化工研究所，80 年代末武汉大学有机硅实验室开始采用硅氢化合成法开发乙烯基硅烷偶联剂的同时，武大化工厂的钟文德研发的环隙反应器合成装置也曾投入批量生产。

8.2.2 热缩合法合成乙烯基氯硅烷的影响因素

热缩合法是高温下进行的反应，仅以含氢氯硅烷为原料在所需高温条件与氯乙烯缩合才能制备高收率的乙烯基氯硅烷，其他含氢具硅官能团的硅烷化合物或其他氯代烯烃（如氯丙烯等）均不适合在这种高温条件下制备烯烃基硅烷偶联剂。因此本节所涉及的仅指已用于生产的、以氯乙烯和含氢氯硅烷为原料制备乙烯基氯硅烷有关的热缩合反应：

$$CH_2{=}CHCl + HSiMe_nCl_{3-n} \xrightarrow[400\sim650℃]{} CH_2{=}CHSiMe_nCl_{3-n} + HCl$$

$$n=0，1。$$

该合成过程除得到预期目的产物外，还有较多的副产物生成，副产物来源于高温反应条件下、伴随着原料的高温分解或重分配等副反应，以及产物或副产物的二次反应产物。下以三氯硅烷和氯乙烯高温反应为例表述如下：

$$CH_2{=}CHCl + HSiCl_3 \longrightarrow SiCl_4 + CH_2{=}CH_2$$

$$4HSiCl_3 \longrightarrow SiCl_4 + Si + 2H_2$$

$$CH_2{=}CHCl \longrightarrow CH{\equiv}CH + HCl$$

$$CH{\equiv}CH \longrightarrow 2C + H_2$$

$$CH_2{=}CH_2 + HSiCl_3 \longrightarrow CH_3CH_2SiCl_3$$

$$CH_2{=}CH_2 + HSiCl_3 \longrightarrow CH_2{=}CHSiCl_3 + H_2$$

$$CH_2{=}CHSiCl_3 + HSiCl_3 \longrightarrow Cl_3SiCH_2CH_2SiCl_3$$

基于上述副反应，利用热缩合法制备乙烯基氯硅烷时，如何抑制这些副反应发生是提高目的产物选择性和收率的关键。实践证明：除了含氢氯硅烷化学结构影响外，控制好反应温度，反应原料配比，是否添加催化剂或助剂，反应物接触时间以及未参与反应的合成原料和产物在高温下停留时间等合成条件对抑制副反应及其二次反应具有关键意义[10~21]。

(1) 含氢氯硅烷对热缩合反应结果的影响

通常在相同反应条件下，以三氯硅烷或烷基取代的含氢氯硅烷（$HSiMeCl_2$ 或 $HSiEtCl_2$）为原料与氯乙烯进行热缩合反应得到乙烯基氯硅烷产物，前者［反应 (8-5)］的收率可达 80%左右，而后者［反应 (8-6)］仅在 40%～60%之间，如此实验结果表明含氢氯硅烷的化学结构不同影响其热缩合收率：

$$CH_2{=}CHCl + HSiCl_3 \xrightarrow{500\sim550℃} CH_2{=}CHSiCl_3 + HCl \quad (8\text{-}5)$$

$$CH_2{=}CHCl+HSiRCl_2 \xrightarrow{500\sim550℃} CH_2{=}CHSiRCl_2+HCl \tag{8-6}$$

含氢氯硅烷反应活性，随着硅原子的 R 取代基数量或取代基体积增加而降低，这既与反应过程中甲硅基中间体的稳定性有关，也与基团（R）所产生的空间效应有关，比如三烃基硅烷（如 Me_3SiH）就不容易与氯乙烯进行热缩合反应。

（2）反应温度和接触时间的影响

反应温度的选定对于氯乙烯与含氢氯硅烷的热缩合反应最为重要，物料进入反应器中的温度越高或接触时间越长，参与反应的原料及其产物裂解等副反应越严重，目的产物的选择性和收率降低；若反应温度偏低时，则合成原料转化率又会急剧下降。如此表明在生产过程中选用和保持合适的反应温度和在高温下物料接触时间十分重要。该合成过程早期用于反应的温度以 500～650℃居多，相应的接触时间为 10～5s。后来生产中为了获得质量较好的产物，通过降低单程转化率以减少副产物发生，将反应温度降至 400～500℃，接触时间在 10～25s，如此可获得较佳质量的目的产物。

（3）氯乙烯与含氢氯硅烷原料配比的影响

实验表明进入反应器原料配比以接近等摩尔质量比为佳，过多的含氢氯硅烷将增加副产物，从而使产物组分复杂化。采用后来发明的环-隙反应设备的研究报告称：用适当过量的氯乙烯，对反应虽有好处，但过多会导致碳化。当今采用环隙反应设备生产乙烯基三氯硅烷时，选用过量的含氢氯硅烷，而不用过量氯乙烯，这与过量氯乙烯高温下碳化生成的烟灰难以清除（过量的 $HSiCl_3$ 产生的 SiO_2 易清除）可能有关。

（4）反应促进剂研究

为了提高热缩合反应目的产物的选择性和收率，研究者还对加入催化剂或反应促进剂进行了一些研究，如苏联专利报道氯丙烯与三氯硅烷进行热缩合反应加入 Cr 作为催化剂。在研究氯乙烯和三氯硅烷反应制备乙烯基三氯硅烷时，加入硅粉得到 95%收率，如果不加 Si 粉仅得 63%的收率。后来还有研究报道在氯乙烯与甲基二氯硅烷进行热缩合反应时，如果混入 2%～5%（按 $CH_2{=}CHCl$）的二氟氯甲烷（HCF_2Cl），则甲基乙烯基二氯硅烷的收率可提高近 1 倍，将其用于合成乙烯基三氯硅烷也同样有效。

8.2.3 热缩合法生产乙烯基氯硅烷工艺过程开发

尽管硅氢化合成法制备乙烯基硅烷偶联剂较之热缩合法有更多的优点，迄今国内外仍有一些企业采用热缩合法生产乙烯基氯硅烷，其原因在于 20 世纪的研究与开发进展，生产者已经掌握了利用该反应获得高转化率、高选择性以及高产率的基本规律。通过生产实践和合成设备的改进，使热缩合法既能适应于反应规律，同时还可以获得质量稳定的产品，满足市场对产品质和量的需求，从而在市场竞争中该法仍可与硅氢化反应合成法相抗衡。

早期利用热缩合法生产乙烯基氯硅烷工艺过程，通常可用图 8-1 予以描述，这是利用氯乙烯和含氢氯硅烷为原料，在管状反应器中进行热缩合制备乙烯基氯硅烷工艺流程。

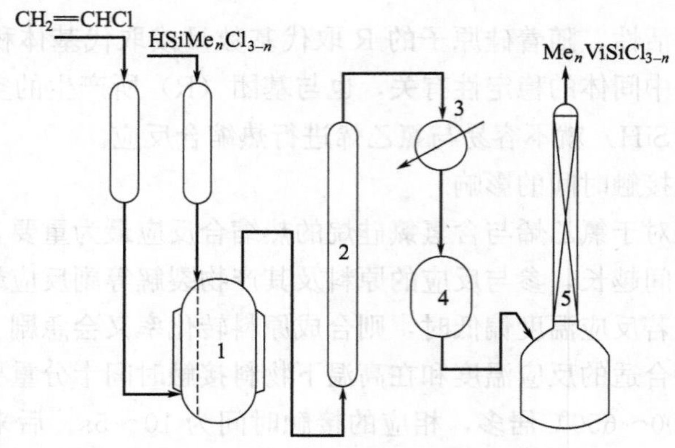

图 8-1　热缩合法工艺流程

1—气化混合器；2—反应器；3—冷凝器；4—计量罐；5—分馏塔

生产过程中能否获得原料高转化率，目的产物能否得到高选择性和高收率的关键在于制备反应器的材质和内部结构，以及适应于反应器可控工艺条件和过程。为了增加产量，生产企业通常以增加管状反应器的数量来满足产量要求，因此也就带来操作和反应条件控制的麻烦，从而促进反应设备创新。20 世纪 90 年代，Hange 等[22,23]首先提出了一种内置具轴对称的旋转位移体管状反应器，据称是一种可连续合成乙烯基氯硅烷的生产装置。

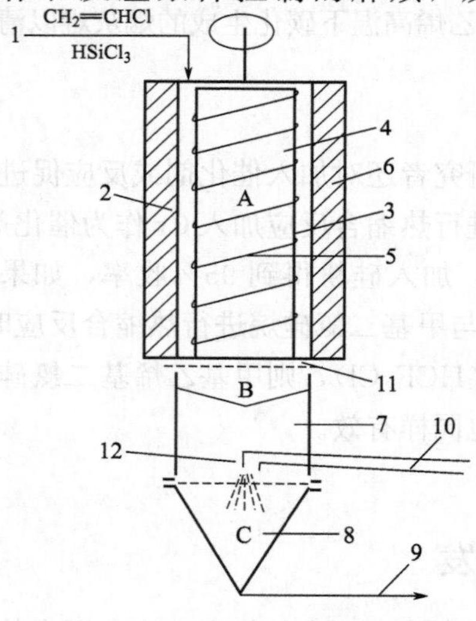

图 8-2　环隙流动加热反应-骤冷抑制副反应组合环隙反应装置示意

1—汽化预热反应物料入口；2—环隙反应器（A）；3—环隙；4—旋转位移体；5—上爬螺旋；6—加热器；7—绝热第二反应器（B）；8—物料淬火容器（C）；9—物料出口；10—淬火液输入管；11—绝热带；12—淬火液喷嘴

2001 年公司 Bade 等美国专利[24,25]和中国专利[26]报道一种称之为环隙反应器的生产装置用于合成乙烯基氯硅烷，这种装置是在上述内置具轴对称的旋转位移体管（塔）有关反应器的基础上予以改进的，其主要区别在于热缩合合成反应器下，增加圆锥形内空不加热的第二反应器，该反应与上面环隙反应器中间加一绝热层。随之他们又在第二反应中增加能喷淋骤冷（淬火）液的装置，从而构成一种我们称之为环隙流动加热反应——骤冷抑制副反应的组合环隙反应装置，如图 8-2 示意。上述这些设备改进的目的都在于抑制副反应，减少副产物，提高目的产物选择性、收率和生产效率。

热缩合法生产乙烯基氯硅烷反应装置通过上述几次内部结构创新，从而使这种几乎处于淘汰的合成方法又获得了新生，表 8-2 和表 8-3 分别列出了利用不同的环隙反应装置进行批量生产的实验结果，供读者参考。

表 8-2　氯乙烯（ViCl）与三氯硅烷（TCS）进入环隙反应器（A）或 A+B 组合两种不同反应装置进行热缩合实验结果

反应设备	合成原料用量及转化率				反应温度		CH_2═$CHSiCl_3$ 产量及选择性			回收原料和主要副产物/(kg/h)				
	TCS/(kg/h)	CH_2═CHCl ViCl/(kg/h)	投料摩尔比	CH_2═CHCl ViCl转化/%	原料预热/℃	反应区温度/℃	kg/h	t/月	%	ViCl	TCS	HCl	$SiCl_4$	高沸物及其他
A	420	70	2.77	63	220	578	102.6	74	90	25.9	311.1	23.1	13.9	13.4
A+B	420	70	2.77	86	220	580	138.5	100	89	9.8	274.8	32.2	20.8	15.5

注：反应装置参见图 8-2。

表 8-3　氯乙烯（ViCl）与三氯硅烷（TCS）进入 A+B 或 A+B+C 两种不同反应组合装置中热缩合反应实验结果

反应设备	合成原料用量及转化率				反应温度		CH_2═$CHSiCl_3$ 产量及选择性			回收原料和主要副产物/(kg/h)				
	TCS/(kg/h)	CH_2═CHCl/(kg/h)	投料摩尔比	CH_2═CHCl转化/%	原料预热/℃	反应区温度/℃	kg/h	t/月	%	ViCl	TCS	HCl	$SiCl_4$	高沸物及其他
A+B	600	100	2.77	85	260	642	142	103	65	14.8	440.4	32.2	42.8	22.1
A+B+C	600	100	2.77	85	350	635	193.3	139	88	14.9	380.2	43.6	51.8	16.2

注：反应装置参见图 8-2。

8.3 催化硅氢化反应合成乙烯基硅烷偶联剂研究及其工艺过程开发

8.3.1 多相催化硅氢化反应合成乙烯基氯硅烷

20 世纪 50 年代初 Wagner[27] 采用当时大家熟知的多相催化技术，分别用 Pt/C 或 Pt/石棉作催化剂，在压力下催化三氯硅烷与乙炔的硅氢加成反应，制得了 50%～65%收率的乙烯基三氯硅烷，但在常压下进行反应则没有得到加成产物。

$$CH\equiv CH+HSiCl_3 \xrightarrow[\text{加压}]{\text{Pt/C 或 Pt/石棉}} CH_2{=}CHSiCl_3 \quad 50\%\sim65\%$$

相继苏联研究者[28,29] 也采用多相催化技术，以 Pt/Al_2O_3 作催化剂，催化乙炔与甲基二氯硅烷或三氯硅烷进行硅氢加成反应，也分别得到了 53%或 45%的目的产物。

$$CH\equiv CH+HSiMeCl_2 \xrightarrow{Pt/Al_2O_3} CH_2{=}CHSiMeCl_2$$

$$CH\equiv CH+HSiCl_3 \xrightarrow{Pt/Al_2O_3} CH_2{=}CHSiCl_3$$

直至 1976 年 M. Kraus 发表专利[30] 称：他们以乙炔和三氯硅烷为合成原料，在氯铂

酸与 Al_2O_3 制备的固体催化剂催化下，于100℃反应得到了乙烯基三氯硅烷；同样的方法他们还合成了乙烯基甲基二氯硅烷（$CH_2=CHSiMeCl_2$）或乙烯基三乙氧基硅烷［$CH_2=CHSi(OEt)_3$］。可能是因 1957 年 Speier 催化剂发现及其在合成具碳官能有机硅化合物的应用进展，研究者的注意力都集中于均相配合催化硅氢化反应；或是热缩合法合成乙烯基硅烷化合物取得的成果，在一段时间内关于多相催化乙炔硅氢化反应很少有研究报道。

20 世纪 90 年代末，我国兰支利博士等[31] 对多相催化硅氢化反应合成乙烯基甲基二氯硅烷进行了较为深入的研究。他们采用上述文献类似的方法，以 γ-Al_2O_3 为载体，将其浸渍 H_2PtCl_6、$RhCl_3$ 或 $PdCl_2$ 的水溶液，随之经 130℃干燥和 500℃高温处理，制备了含有铂、铑或钯的固体催化剂；随之将这三种催化剂分别用于催化乙炔与甲基二氯硅烷的硅氢化反应，三种固体催化剂催化该反应都得到了乙烯基甲基二氯硅烷：

$$CH\equiv CH + HSiMeCl_2 \xrightarrow[120℃]{\text{固体催化剂}} CH_2=CHSiMeCl_2$$

反应产物中没有乙烯基甲基二氯硅烷的二次加成物（$Cl_2MeSiCH_2CH_2SiMeCl_2$），仅含有少量的甲基三氯硅烷。我们认为甲基三氯硅烷可能产生于甲基二氯硅烷的歧化反应：

$$2HSiMeCl_2 \xrightarrow{\text{催化剂}} H_2SiMeCl + MeSiCl_3$$

该副反应是硅氢化合物在硅氢化反应条件下常发生的一种反应。另一副产物甲基氯硅烷（$H_2SiMeCl$）稳定性较差，与空气接触容易燃烧，放置它比 $HSiMeCl_2$ 更易脱氢。此外，$H_2SiMeCl$ 也较之 $HSiMeCl_2$ 有更强的还原作用导致催化剂失活。

他们研究三种不同固体催化剂催化乙炔硅氢化反应时，在不同的反应时间段内用气相色谱分析甲基二氯硅烷和目的产物含量，以确定催化反应转化率和选择性，其结果可参见表 8-4。通过对不同催化剂和不同时间段合成原料 $HSiMeCl_2$ 的转化率和乙烯基甲基二氯硅烷的选择性比较可以得出结论：Ⅷ族贵金属中以氯铂酸与 γ-Al_2O_3 所构成的表面复合物是合成乙烯基氯硅烷最好的催化剂。

表 8-4　三种不同固体催化剂催化乙炔与甲基二氯硅烷硅氢化反应结果　　单位：%

催化剂	转化率 $HSiMeCl_2$						选择性 $CH_2=CHSiMeCl_2$				
	0.25h	0.5h	1.0h	2.0h	3.0h	4.0h	0.25h	0.5h	1.0h	2.0h	4.0h
钯催化剂	48.8	13.9	5.4				67.7	78.6			
铑催化剂	94.6	22.9	14.7	6.3			78.4	89.7	92.6	93.5	
铂催化剂	100	96.5	82.3	76.5	74.7	70.8	63.9	88.2	94.7	95.4	95.9

注：1. 催化剂过渡金属含量为钯催化剂 2%，铑催化剂 1%，铂催化剂 1%。

2. 反应条件：催化剂 0.3g，反应温度 120℃，常压反应原料配比 $CH\equiv CH/HSiMeCl_2=3:1$。

铂催化剂催化该反应活性最高，$HSiMeCl_2$ 较稳定的转化率为 75%左右；目的产物 $CH_2=CHSiMeCl_2$ 的选择性最好（95%左右）；它的使用寿命也是最长的，表明催化剂的稳定性也最好。

他们还通过实验并认为 γ-Al_2O_3 在氯铂酸水溶液中浸渍、干燥和 500℃高温灼烧后得到的铂催化剂是 PtO_2 与 Al_2O_3 之间构成的表面复合物。由于 Al_2O_3 表面不均匀性会使表面复合物形成有强或弱的正电吸附中心[32,33]。因此，以氯铂酸溶液浸渍 Al_2O_3 时，

$[PtCl_6]^{2-}$在γ-Al_2O_3内孔中的分布会有两个层次：一是在溶液中的氯铂酸充满γ-Al_2O_3内孔，干燥后$[PtCl_6]^{2-}$附着在γ-Al_2O_3表面；另一分布则吸附在γ-Al_2O_3的正电吸附中心上。当经高温灼烧后，吸附在Al_2O_3的正电吸附中心中$[PtCl_6]^{2-}$形成PtO_2与Al_2O_3之间构成的表面复合物。在较强的中心上的PtO_2与Al_2O_3的相互作用较强，还原温度需超过300℃，还原后形成高度分散状态的铂，附着在弱中心上，PtO_2与Al_2O_3相互作用弱，可在小于250℃的温度下进行还原，还原后形成铂微晶和部分二维铂。因此在PtO_2/Al_2O_3上，据其被还原的难易程度可以分为两类铂离子，在硅氢加成反应中，弱中心上的铂离子更易于被甲基二氯硅烷还原而很快失去活性，而强中心上的铂离子不易于被还原，稳定性较好。如此就可以解释表8-4中的催化剂的初始反应活性很好，$HSiMeCl_2$基本上百分百地转化，然后催化剂活性急剧降低，到一定程度再缓缓降低。

为了提高PtO_2/Al_2O_3催化剂的活性，研究者还将γ-Al_2O_3经氟化物处理，制备了F-γ-Al_2O_3负载铂催化剂，将其用于催化乙炔与甲基二氯硅烷氢化反应，得到了较好的实验结果[34]。

邓锋杰等[35]于2008年报道了4A分子筛固载铂催化剂用于催化乙炔与三乙氧基硅烷硅氢化反应，研究了反应温度、原料比、乙炔流量和固载铂催化剂铂含量对反应的影响，得到目的产物收率达94%的好结果，催化剂回收利用三次仍有较高活性。

8.3.2 均相配合催化硅氢化反应合成乙烯基氯硅烷

1957年发现Speier硅氢化反应催化剂后，研究者很快将这种催化剂用于乙炔与含氢氯硅烷的硅氢化反应，但直接用$H_2PtCl_6 \cdot 6H_2O$新配制的异丙醇溶液（Speier催化剂）在常压下没有得到令人满意的结果。1958年苏联科学院通报首先报道了使用Speier催化剂在压力下，乙炔与甲基二氯硅烷进行硅氢化得到了81%的甲基乙烯基二氯硅烷。

20世纪60年代末，法国Rhone-poulenc和德国Wacker公司都开展了这方面研究，并先后在法国、德国、英国和美国等国家申请具产业化开发意义的专利。Rhone-poulenc称[36]，采用二卤代苯、烷基苯、二苯醚等芳烃为稀释剂（溶剂），铂催化剂分散其中，常压和不超过110℃温度下，通入乙炔和甲基二氯硅烷（$HSiMeCl_2$），得到了87%收率的乙烯基甲基二氯硅烷。如果将乙炔通入三氯硅烷（$HSiCl_3$）或二甲基氯硅烷（$HSiMe_2Cl$）中则分别得到相应的乙烯基三氯硅烷收率为86%，乙烯基二甲基氯硅烷收率为81%。德国Wacker公司的专利[37]报道将乙炔和含氢氯硅烷通入乙炔的二次加成物（即$Cl_3SiCH_2CH_2SiCl_3$或$Cl_2MeSiCH_2CH_2SiMeCl_2$）为稀释剂（溶剂）、氯铂酸/环已酮为催化剂的反应塔中，在0.2～0.4个大气压、137～140℃下得到87%～95%收率的乙烯基氯硅烷，二次加成物仅为1%～2%，未反应的含氢氯硅烷回收循环使用。此外，他们还简单介绍了连续合成乙烯基氯硅烷的装置。比较两家公司的报道，我们认为Wacker公司的专利介绍较好，无论是反应设备、还是工艺过程都为迄今采用均相配合催化硅氢化生产乙烯基硅烷偶联剂奠定了基础。随后20多年文献中还未发现采用均相配合催化乙炔硅氢化反应合成乙烯基硅烷化合物的研究工作有所突破。

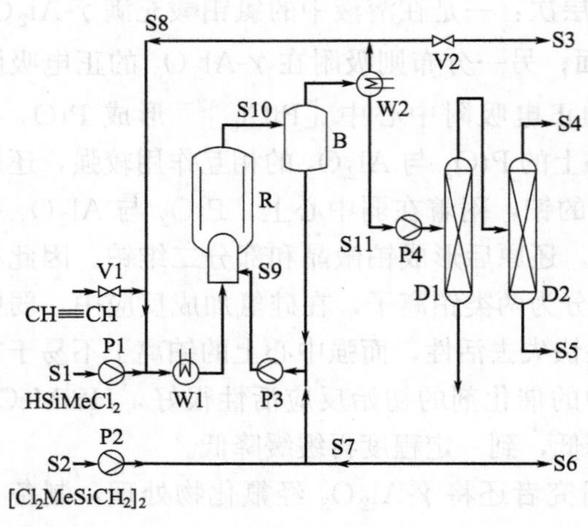

图 8-3　具喷嘴环式反应器的乙烯基氯硅烷合成流程

P1～P4—物料输送泵；W1—蒸发器；R—喷嘴环式反应器；B—分离器；W2—冷凝器；D1，D2—蒸馏塔；V1，V2—调节阀

1997 年法国希尔斯公司在德国和我国先后申请专利[38,39] 报道了他们采用喷嘴环式反应器和连续化合成乙烯基氯硅烷的工艺过程，宣称含氢氯硅烷转化率达 99%，甲基氯硅烷收率为 97%。该专利所述合成设备流程见图 8-3。

合成工艺过程简述如下。

① 将 0.8mol/h 液态甲基二氯硅烷（S1）和乙炔经由泵（P1）和蒸发器（W1）一起供向连续动作的喷嘴环式反应器（R）。在进入蒸发器之前，先将新制的乙炔同乙炔循环料流（S8）混合。

② 反应温度为 80℃，压力为 1.5bar（绝对压力）。同时使约 80 L/h 的溶剂循环（S9）经由循环泵（P3）进行，并在进入反应器（R）喷嘴前，压缩到约 10bar（绝对压力）（1bar＝0.1MPa）。

③ 由过量乙炔和液态反应物组成的二相物料流（S10），从反应器（R）中排出。乙烯基甲基二氯硅烷的浓度为 15%（质量分数）。

④ 在相分离（B）中，将过量的乙炔同由所需乙烯基硅烷及初馏分与后馏分组成的产物混合物从溶剂中分离出来，溶剂经由泵（P3）返回溶剂循环料流（S9）中。

⑤ 产物混合物在冷凝器（W2）中冷凝，并作为流入口（S11）经由泵（P4）引入蒸馏塔（D1）。过剩的乙炔由循环回路（S8）再返回反应器。反应器（R）中的系统压力经阀门（V2）加以调节。残余气体经残气排放口（S3）排出反应装置。

⑥ 随同注入的溶剂和高沸点物如反应中形成的“二次加成物”（1,4-二甲基-1,1,4,4-四氯-1,2-乙硅烷）经由溶剂回输管（S7）馈入溶剂循环回路。源于反应的高沸物如“双加成物”可同溶剂一起经由物料流管线（S6）引出。由蒸馏塔（D2）塔底（S5）取出高纯度目的产物乙烯基硅烷。

⑦ 催化剂采用以 H_2PtCl_6 为主要成分，催化剂中 Pt 的浓度约为 3mg/kg。催化剂/溶剂（S2）经由泵（P2）供入。该专利没有说明采用何种铂的配合物作催化剂，有关催化剂的研究文献中没有较多报道。

据称该合成装置连续运行时，硅烷转化率为 99%时，整个反应过程中以乙烯基甲基二氯硅烷为据，甲基乙烯基二氯硅烷收率可达 97%。诸如乙烯基甲基二氯硅烷、乙烯基二甲基氯硅烷、乙烯基四甲基乙硅烷及二乙烯基四甲基乙硅烷等有机硅化合物均可制备。

近年我国兰支利博士等[40] 报道采用 Karstedt 催化剂（1,3-二乙烯基-1,1,3,3-四甲基二硅氧烷与铂的配合物）催化乙炔与甲基二氯硅烷进行硅氢化反应，并认为反应过程中产生的胶态铂是催化反应的活性物质。为了稳定胶态铂的活性，他们加入聚甲基乙烯基硅烷作为稳定剂起了良好的作用。与此同时他们还研究了进料方式对转化率和收率的影响。东南大学盛晓莉也研究过乙炔与三氯硅烷的加成反应[41]。

武汉大学于20世纪80年代末曾启动乙炔硅氢化有关研究，真正有意义的产业化开发工作是有机硅化合物及材料教育部工程研究中心作出的，他们在改性的Speier催化剂中加入含氮的化合物作助剂，其优化的铂催化剂用于乙炔硅氢化反应，将其与溶剂于塔式反应装置中，通入乙炔和含氢氯硅烷，其操作压力为0.001～0.3MPa，反应温度100℃左右，得到了具较高选择性和目的产物收率的乙烯基氯硅烷[42]。

2010年Divins研究小组设计了文丘里式的喷射泵、鼓泡反应器和外循环回路连接组成的反应装置；他们研究了乙炔与含氢硅烷或硅氧烷硅氢化反应[43]。他们借助于文丘里喷射，循环回路输送含有硅氢化催化剂的反应介质，将乙炔和含氢硅烷或硅氧烷吸入喷射混合区，使其形成气/液分散混合物，并进入鼓泡反应器中反应，反应混合物再经外循环回路，再进入喷射泵如此循环进行反应。选用适当催化剂和溶剂利用该反应装置和操作，据色谱分析反应产物结果表明，目的产物有较高选择性。

① 乙烯基三氯硅烷平均含量为92.6%，二次加成物为4.2%；乙烯基甲基二氯硅烷平均含量为94.4%，二次加成物为3.6%。

② 乙烯基二甲基氯硅烷平均含量为89.1%，二次加成物为9.3%。

③ 将其用于三甲氧基硅烷与乙炔加成时，乙烯基三甲氧基硅烷平均含量为86.2%，二次加成物为9.4%。

该反应可用于批量合成，或连续化制备。硅氢反应催化剂为氯铂酸，所用溶剂也未于专利中详尽说明，认为溶剂的选择以便于回收循环利用和乙炔在其中的溶解性好为原则，乙炔在溶剂的溶解性，二次加成物＞一次加成物＞己烷＞二氯苯。

8.3.3 均相配合催化硅氢化反应合成乙烯基烷氧基硅烷

20世纪70年代初均相配合催化含氢氯硅烷与乙炔硅氢化反应合成乙烯基氯硅烷已产业化开发，当时将该方法用于含氢烷氧基硅烷与乙炔的加成反应的实验室工作还没有看到成功的报道。应用于复合材料的乙烯基烷氧基硅烷偶联剂来源于乙烯基氯硅烷醇解。以乙烯基氯硅烷为原料，醇解合成乙烯基烷氧基硅烷[44]的原理和方法类似于前述章节所述有机氯硅烷的醇解，本节不再赘述。

1980年Watanabe在研究铂、钌、铑和钯等Ⅷ族金属的配合物作催化剂，采用均相配合催化含氢氯硅烷与乙炔硅氢化反应的同时，还报道了三乙氧基硅烷或甲基二乙氧基硅烷与乙炔的硅氢化反应[45]。他们将含氢硅烷化合物、催化剂和溶剂于长形的三口烧瓶中，加热到一定温度，然后通入纯净的计量乙炔气进行合成反应。

$$\underset{(\mathrm{I})}{HC{\equiv}CH+HSiRX_2} \xrightarrow[\text{溶剂}]{\text{催化剂}} \underset{(\mathrm{II})}{CH_2{=}CHSiRX_2} + \underset{(\mathrm{III})}{(X_2RSiCH_2)_2}$$

Ⅰa,Ⅱa,Ⅲa：R=X=Cl　　Ⅰb,Ⅱb,Ⅲb：R=X=OEt

Ⅰc,Ⅱc,Ⅲc：R=Me;X=Cl　　Ⅰd,Ⅱd,Ⅲd：R=Me;X=OEt

Ⅰe,Ⅱe,Ⅲe：R=n-C_6H_{13};X=Cl

从他们研究的八种不同过渡金属配合物，发现四种铂或铑的配合物对催化含氢烷氧基硅烷与乙炔的硅氢化反应具较高选择性，获得了高收率的目的产物，请参见表8-5。该研究工作有力地促进了我们在内的很多研究小组对以烷氧基硅烷为合成原料，采用硅氢化反应合成法制备有机烷氧基硅烷的热情。从80年代起的实验工作直至21世纪，我们一直以三烷氧基硅烷为基础原料，研究和开发有机硅化合物，推进乙烯基三烷氧基硅烷等多种有机硅烷偶联剂产业化开发。

表8-5　不同催化剂对含氢烷氧基硅烷与乙炔硅氢化反应的影响

实验序号	含氢硅烷及用量 $HSi(OEt)_3$	溶剂及用量苯	催化剂①/%(摩尔)	反应温度/℃	反应时间/h	产物和含量或收率②/%	
						$CH=CHSi(OEt)_3$	$[(EtO)_3SiCH_2]_2$
1	50	30	A(0.5)	80～100	13	trace	trace
2	50	30	B(0.5)	75	3	54(45)	10
3	50	30	C(0.5)	80	7	65(52)	16
4	50	30	D(0.5)	80	5	74(63)	5
5	50	30	E(0.5)	80	10	97(86)	3
6	50	30	F(0.5)	110	15	0	0
7	50	30	G(0.5)	110	15	0	0
8	50	30	H(0.05)	40	1	42(36)	37
实验序号	含氢硅烷及用量 $HSiMe(OEt)_2$	溶剂及用量苯	催化剂①/%(摩尔)	反应温度/℃	反应时间/h	产物和含量收率②/%	
						$CH_2=CHSiMe(OEt)_2$	$[(EtO)_2MeSiCH_2]_2$
9	10	8	A(0.5)	80	7	8	trace
10	10	8	B(0.5)	50	2	47	trace
11	10	8	C(0.5)	r. t.③	1	80	18
12	200	150	C(0.5)	r. t.③	2	(89)	0
13	10	8	D(0.5)	60	6	38	0
14	10	8	E(0.5)	70	8	23	0
15	10	8	F(0.5)	80～100	7	19	21
16	10	8	G(0.5)	80～100	9	24	23
17	10	8	H(0.05)	r. t.③	1	5	78
18	200	150	H(0.05)	r. t.③	2	0	78

① 催化剂 A：$RuCl_2(PPh_3)_3$，B：$RhCl(PPh_3)_3$，C：$RhH(PPh_3)_4$，D：$Pt(PPh_3)_4$，E：$PtCl_2(PPh_3)_2$，F：$Pd(PPh_3)_4$，G：$PdCl_2(PPh_3)_2$，H：$H_2PtCl_6 \cdot 6H_2O$ 在 i-PrOH 中。

② 基于合成原料含氢硅烷色谱分析含量，括号内系经分离出来产物收率。

③ r. t. 系放热反应的反应温度。

八种Ⅷ族金属配合物催化乙炔与烷氧基硅烷硅氢化反应的结果比较，可以认为Pd和Ru两种金属的配合物对催化该合成反应活性小、甚至没有活性，Rh和Pt两种金属配合物可以用于催化含氢烷氧基硅烷与乙炔的硅氢化反应，但配体不同其合成反应的选择性和目的产物收率相差很大。比如 $PtCl_2(PPh_3)_2$，$Pt(PPh_3)_4$ 或 $H_2PtCl_6 \cdot 6H_2O/i\text{-}PrOH$ 三种不同配体铂催化剂催化三乙氧基硅烷与乙炔的硅氢化反应，其收率分别为97%、74%和42%，充分表明了配体对硅氢化的影响。

20 世纪 90 年代初美国联合碳化公司专利[46] 称，他们以 H_2PtCl_6/乙醇为催化剂，吩噻嗪为助剂，将其用于三甲氧基硅烷与乙炔的加成得到 92.22%的乙烯基三甲氧基硅烷，二次加成产物仅为 0.12，表明其目的产物选择性很好，专利中还报道了铂和不同配体或助剂组成催化剂催化三甲氧基硅烷和乙炔硅氢加成时的对比实验，其中以氯铂酸、吩噻嗪具有最好的催化效果，请参见表 8-6。

表 8-6 不同催化剂对催化含氢烷氧基硅烷与乙炔硅氢化反应影响

序号	催化剂	反应产物及其含量				CH_2═CH—Si(OMe)$_3$ 收率
		Si(OMe)$_4$	Product	EtTMS	Bis-Hvs	
1	CPA/PZ	0.121	92.173	0.058	6.231	88.903
2	Pt(acac)$_2$	0.330	88.437	0.451	10.222	79.980
3	Pt(acac)$_2$Cl$_2$	0.523	50.054	2.401	26.170	39.028
4	Pt(PPh$_3$)$_2$Cl$_2$	0.117	870284	0.000	1.905	73.160
5	CPA/Silica	0.07	82.434	0.342	14.073	80.148
6	CPA	0.063	88.230	0.261	9.424	86.870

20 世纪 90 年代武汉大学有机硅实验室在完成硅/醇直接反应合成三甲氧基硅烷的基础上，立即开展了三甲氧基硅烷与乙炔硅氢化反应研究。当时虽然已有文献报道利用 Pt(PPh_3)$_2$Cl$_2$ 催化乙炔与三甲氧基硅烷硅氢化反应，可以使乙烯基三甲氧基硅烷收率达 90%以上的结果，但我们负责该项目研究的陈新兰小组[47] 实验结果并不理想，收率较低。其原因与 Pt（PPh_3）$_2$Cl$_2$ 有顺、反两种异构体结构有关。trans-Pt（PPh_3）$_2$Cl$_2$ 能溶在溶剂中，而 cis-Pt（PPh_3）$_2$Cl$_2$ 不能溶解，而在通常的合成条件下所得到产物主要是后者，从而影响了催化该反应的效果。我们在筛选合成乙烯基三甲氧基硅烷催化剂时，发现了有机硅高分子催化剂（即聚甲基乙烯基硅氧烷的铂配合物），它不仅在反应体系中溶解性好，而且将其用于催化三甲氧基硅烷与乙炔的硅氢化反应得到了收率为 80%左右一次加成物。聚甲基乙烯基硅氧烷作为催化配体好的原因，我们认为是硅氧烷中的硬碱配位原子氧能与软酸 Pt（Ⅱ）形成配位键，但硬软结合的键较弱，在催化反应条件下易断裂，有利于反应底物与 Pt（Ⅱ）配位活化，它具有高的催化活性；再者采用硅氧烷作配体，也解决催化剂的溶解性问题。随后利用该催化剂进行了一系列优化合成条件的实验，其中引起我们兴趣的是无溶剂情况下，利用色谱跟踪三甲氧基硅烷与乙炔的硅氢化反应的结果，其分析示意图请参见图 8-4。

色谱分析结果表明乙炔与三甲氧基硅烷的硅氢化反应有三个产物，除一次加成产物 CH_2═CHSi(OMe)$_3$（Ⅰ）外，还有另外两种二次加成产物（Ⅱ，Ⅲ），这三种产物生成的反应式如下：

$$CH\equiv CH + HSi(OMe)_3 \xrightarrow{\text{催化剂}} CH_2{=}CHSi(OMe)_3 \quad (\text{Ⅰ})$$

$$CH_2{=}CHSi(OMe)_3 + HSi(OMe)_3 \xrightarrow{\text{催化剂}} (H_3CO)_3SiCH_2{-}CH_2Si(OMe)_3 \quad (\text{Ⅱ})$$

$$CH_2{=}CHSi(OMe)_3 + HSi(OMe)_3 \xrightarrow{\text{催化剂}} CH_3{-}\underset{\displaystyle Si(OMe)_3}{\overset{\displaystyle Si(OMe)_3}{CH}} \quad (\text{Ⅲ})$$

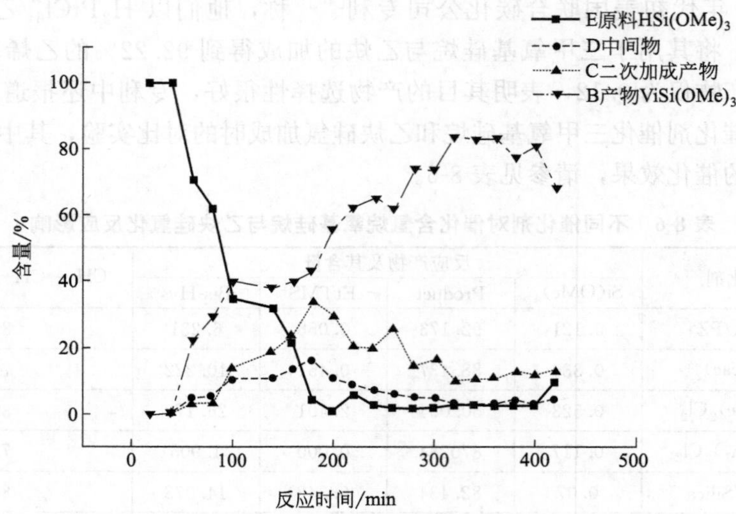

图 8-4　三甲氧基硅烷与乙炔硅氢化反应在线色谱跟踪分析示意

产物Ⅲ的生成可能是二次加成反应时，反应物的电子效应所引起的。Si—H 键本来就有极性（电负性 Si：1.8，H：2.1），原料 $HSi(OMe)_3$ 中 Si 又受三个甲氧基的影响使其正电性增加，加大了 Si—H 键的极性。而一次加成产物Ⅰ，烯烃键上的电子云受 $Si(OMe)_3$ 的诱导效应的影响发生的极化，当产物Ⅰ再与 $HSi(OMe)_3$ 加成时（二次加成），就生成产物Ⅲ（如图 8-5）。产物Ⅲ的空间位阻很大，产物Ⅱ的空间位阻比它小，在二次加成反应中，产物Ⅱ比Ⅲ易生成。所以色谱分析显示，同一时间Ⅱ占的比例大于Ⅲ。

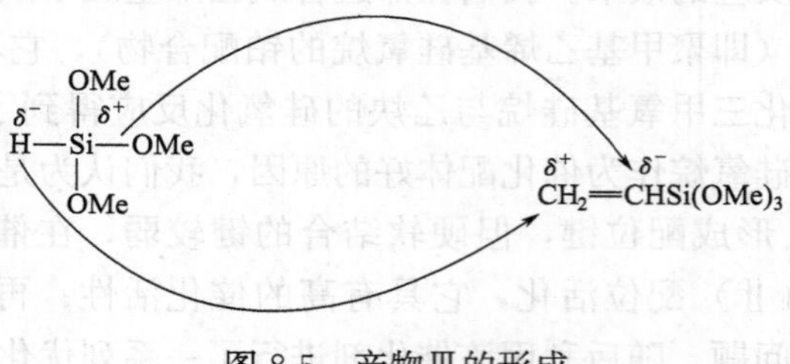

图 8-5　产物Ⅲ的形成

色谱跟踪分析结果还显示，反应分三个阶段进行。第一阶段，反应诱导期，无产物生成，$HSi(OMe)_3$ 为 99%，10min 后硅氢加成反应开始，1h 后 $HSi(OMe)_3$ 的转化率为 20%；第二阶段，反应进行 3h 时，底物 $HSi(OMe)_3$ 转化率达 95%，而一次加成产物Ⅰ仅有 43%，二次加成产物Ⅱ为 34%，产物Ⅲ为 17%。第三阶段，反应 3～5h 之间，在该催化条件下，Ⅱ与Ⅲ逐渐减少，反应 5.5h 时，一次加成产物Ⅰ高达 83%，而二次加成产物 Ⅱ和Ⅲ分别为降到 9.6%和 2.6%。

该反应进行 6h 后，得到目的产物色谱含量上升到 83%，此时与只进行 3h 比较，副产物Ⅱ和Ⅲ色谱含量均下降。其原因我们的解释是在催化剂存在和反应条件下，二次加成物Ⅱ和Ⅲ与乙炔之间发生了重分配反应。

$$(H_3CO)_3SiCH_2—CH_2Si(OMe)_3$$

Ⅱ

$$\underset{\text{Ⅲ}}{Me—CH(Si(OMe)_3)_2} + C{\equiv}CH \xrightarrow{\text{催化剂}} \underset{\text{Ⅰ}}{CH_2{=}CHSi(OMe)_3}$$

利用硅氢加成反应合成有机硅化合物时，在反应条件下合适的延长反应时间，往往显得重要，上述实例目的产物增加是正面影响，有时也会带来因重分配反应使所需目的产物收率降低的负面影响。

2007 年熊竹君博士等也研究了三乙氧基硅烷与乙炔的硅氢化反应[48]，他们用三种不同铂的配合物催化三乙氧基硅烷与乙炔硅氢加成，除证明铂的配合物是该反应较好的催化剂外，还证明了铂的配体对催化剂的活性和选择性的影响，其实验结果请参见表 8-7。

表 8-7　三种不同配体的铂催化剂催化硅氢化反应合成乙烯基三乙氧基硅烷的活性和选择性影响①

催化剂	η/%	S_1/%	S_2/%	S_3/%	t/min②
铂/异丙醇	95.5	64.0	34.0	2.0	240
铂/聚甲基乙烯基硅烷	97.5	100	0.0	0.0	120
铂/三苯基膦	95.4	98.5	1.5	0.0	150

① 反应条件：催化剂/反应物＝1.2×10^{-4}/1（摩尔），乙炔流速 120mL/min，反应温度 80℃。

② 色谱跟踪分析产物含量：$HSi(OEt)_3$ 转化率（η），目的产物 $CH_2{=}CHSi(OEt)_3$（S_1），二次加成物 $(EtO)_3SiCH_2CH_2Si(OEt)_3$（$S_2$），其他副产物（$S_3$）；反应时间（min）。

他们的实验结果证明：以聚甲基乙烯基硅氧烷配位的铂催化剂最好，三苯基膦与铂配位的催化剂次之，Speier 催化剂催化该反应效果最差。聚甲基乙烯基硅氧烷配位铂催化剂催化三乙氧基硅烷与乙炔加成最好的体现在于选择性好一些，该反应 100% 生成目的产物，无二次加成物；催化活性高，反应时间最短，仅 120min。此外，实验中这种催化剂稳定性好，不易失活，用量较少，适合应用于工业开发。

2002 年欧洲专利[49] 报道四甲基二乙烯基二硅氧烷合铂作催化剂，在压力釜中催化乙炔与三甲氧基硅烷进行硅氢化反应，当压力达 20 磅、反应温度 40℃、反应 2h，得到 99.3%的乙烯基三甲氧基硅烷。

8.3.4　聚合物负载金属配合物催化硅氢化反应合成乙烯基硅烷偶联剂

8.3.4.1　聚合物金属配合物催化剂基本概念

聚合物-金属配合物催化剂（polymer-metal complex catalyst）是以有机（或无机）聚合物为载体，键合在聚合物的配位基和配合在配位基上的过渡金属三部分组成的催化剂，下以具膦配体的交联聚苯乙烯（或二氧化硅）配合铑为例示意如下：

$$\text{交联聚苯乙烯树脂}—C_6H_4—P(Ph)_2RhCl_{3-n}$$

$$\text{交联聚苯乙烯}—C_6H_4—P(Ph)_2RhCl_{3-n}(PPh_2)_n$$

$$SiO_2 \, — SiR—PPh_2RhCl_{3-n}(PPh_2)_n$$

这类催化剂常统称之为高分子负载均相配合物催化剂，它区别于前述以 γ-Al_2O_3 等无机物（或有机物）为载体，通过物理吸附过渡金属配合物并将其用于多相催化的固体催化剂，也不同于能溶解反应体系中的过渡金属与有机配体所构成的均相配合物催化剂；它是一种具均相配合物催化剂和多相催化固体催化剂的优点于一体的催化剂，其催化反应机理类似均相配合物催化，它可以回收反复使用，还有高活性和高选择性，对反应器无腐蚀性等很多特点。载体通常喜欢用交联的大孔型聚苯乙烯珠状树脂、气相二氧化硅或硅凝胶。

除上述两类材料作为载体外，纤维素、甲壳素以及聚乙烯醇等其他合成或天然高分子材料，通过适当的化学转化也可作为载体。不同的载体对负载型功能高分子性能都会有影响。作为催化剂的载体要求高分子对化学反应物和产物惰性，与反应物及产物的相对极性符合特定的条件，作为配位基的官能团易于通过反应加以变化，并与金属配合物较为牢固的键合。从应用观点考虑，则希望具有一定的热稳定性及机械强度，多孔、有较大的比表面，底物及溶剂分子易在其中扩散渗透。总之载体的选择取决于特定的体系，考虑所需的性质加以权衡。

配位基的变化与均相配合物催化剂类似，根据配合的金属和反应的需要予以选择，因为配位基往往对所进行有关的催化反应活性和选择性有影响。

催化剂的制备过程类似于均相配合物催化剂。因为聚合物-金属配合物催化剂是以含有配体的有机（或无机）高分子物质为骨架的具反应性物质。它可以利用配位基取代法或直接配位法与过渡金属化合物反应形成聚合物-金属配合物催化剂，其制备可用下面（1）或（2）过程示意表达。

（1）以交联聚苯乙烯为载体的聚合物-金属配合物催化剂

$$\sim\sim CH_2—CH(C_6H_4PPh_2)\sim\sim \xrightarrow[\text{取代法}]{(PPh_3)_2RhH(CO)} \{CH_2—CH\}(C_6H_4—Ph_2PRh(PPh_3)_{3-x}H(CO))$$

$$\sim\sim CH_2—CH(C_6H_4PPh_2)\sim\sim \xrightarrow[\text{直接配位法}]{RhCl_3\,Ph_3P} \{CH_2—CH\}(C_6H_4—Ph_2PRhCl_{3-n}(PPh_3)_n)$$

（2）以二氧化硅为载体

$$\mathrm{SiO_2—O—Si—R—PPh_2 \xrightarrow{(PPh_3)_3RhH(CO)} [SiO_2—O—Si—R—PPh_2]_x\ Ph(PPh)_{3-x}H(CO)}$$

R=烷基，芳基

$$\mathrm{\xrightarrow{RhCl_3,\ PPh_3} SiO_2—O—Si—R—PPh_2RhCl_{3-n}(PPh_3)_n}$$

这类聚合物-金属络合物催化剂类似于均相配合物催化剂，近三十年来在加氢、硅氢化、氧化、环氧化、异构化、羰基化、齐聚、聚合分解、不对称合成等反应中已进行了广泛研究和开发，但在文献中见到用于生产的报道还不多。

8.3.4.2 聚合物负载金属配合物催化乙烯基硅烷偶联剂的合成研究

1974 年 Kraus[50,51] 首先报道了含叔胺配体[$—C_6H_4—CH_2—N(CH_3)_2$]的交联聚苯乙烯与氯铂酸配位后，然后在乙炔气流下加温（100℃）活化得到了对乙炔硅氢化反应具有良好催化活性的聚合物——金属配合物催化剂。我国江英彦等[52,53] 在 20 世纪 80 年代也开展有关研究工作，他们利用 γ-巯丙基三乙氧基硅烷和 γ-氯丙基三乙氧基硅烷为原料合成了双（三乙氧硅丙基）单硫化合物（硫醚）[$(C_2H_5O)_3SiCH_2CH_2CH_2SCH_2CH_2CH_2Si(OC_2H_5)_3$]，将其与气相二氧化硅反应，制备了二氧化硅支撑的含硫聚硅氧烷 $SiO_2 \gt SiCH_2CH_2CH_2S_nCH_2CH_2CH_2Si \lt SiO_2$，然后再将制备的配体与不同浓度的氯铂酸溶液反应，如此得到了含不同 S/Pt 比例的聚硅氧烷-铂配合物。用这些聚合物-金属配合物作催化剂在常压、低温下催化乙炔与甲基二氯硅烷进行硅氢化反应，得到了乙烯基甲基二氯硅烷，如果在高温下反应则易产生二次加成物。当 S/Pt＝2 时甲基二氯硅烷的加成目的产物转化率可达 98%，该催化剂反复应用 8 次其催化活性没有明显降低，表明该催化剂具有良好的稳定性。

Marciniec 等[54] 制备了一种有机高分子膜保护的聚合物-铂配合物催化剂，用于乙炔和三氯硅烷气相硅氢加成反应，历时 300h 后，乙烯基三氯硅烷的收率仍在 75%左右，表明他们所制备高分子负载催化剂具有良好的稳定性。其催化剂制备方法可以借鉴，下面将他们制备催化剂过程按反应过程予以介绍。

第一步，首先用具乙二胺基（或巯基）的硅烷偶联剂分别处理气相 SiO_2，然后与铂的配合物进行配位基交换，合成了二氧化硅负载的聚硅氧烷铂配合物。其反应过程可用下式表达：

$$\mathrm{SiO_2—OH \cdot (MeO)_3Si(CH_2)_3Q \longrightarrow SiO_2—O—Si—(CH_2)_3Q + 3MeOH}$$

$$\mathrm{SiO_2—O—Si—(CH_2)_3Q + Pt—complex \longrightarrow SiO_2—O—Si—(CH_2)_3Q[Pt]}$$

$\mathrm{Q{=}NHCH_2CH_2NH_2,\ SH}$

第二步，将二氧化硅负载聚硅氧烷-铂配合物和甲基丙烯酸在二环已基碳二亚胺

(DCC) 作用下缩合，生成具甲基丙烯酰胺基团的二氧化硅负载聚硅氧烷-铂配合物，其反应过程可用下式示意表达：

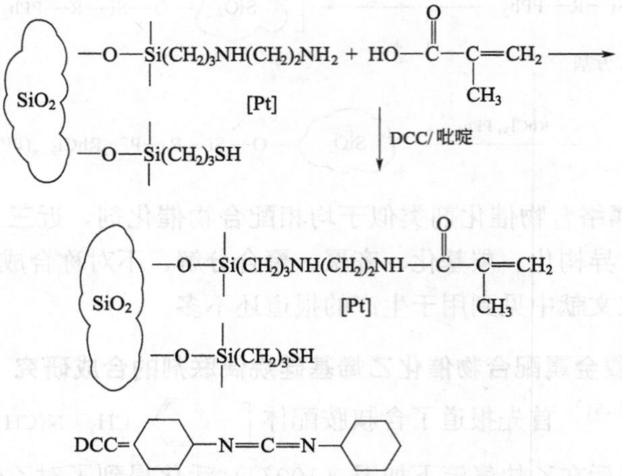

$$SiO_2{-}O{-}Si(CH_2)_3NH(CH_2)_2NH_2 + HO{-}C(=O){-}C(CH_3){=}CH_2 \xrightarrow{}$$

$$SiO_2{-}O{-}Si(CH_2)_3SH \quad [Pt]$$

$$\downarrow DCC/吡啶$$

$$SiO_2{-}O{-}Si(CH_2)_3NH(CH_2)_2NH{-}C(=O){-}C(CH_3){=}CH_2 \quad [Pt]$$

$$SiO_2{-}O{-}Si(CH_2)_3SH$$

DCC= C₆H₁₁—N═C═N—C₆H₁₁

第三步，引发含甲基丙烯酰基的聚硅氧烷-铂配合物聚合，使该催化剂表面形成一层有机聚合物保护膜，如下图示意：

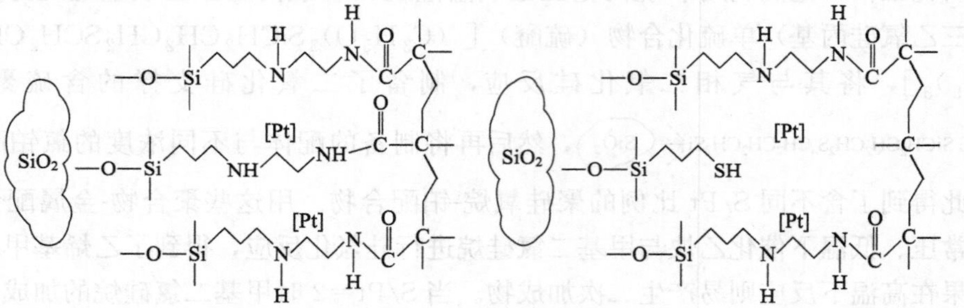

由于保护膜防止了具催化作用的铂配合物在硅氢化反应中流失，还可阻止反应过程中被还原具催化作用的胶态铂的聚集，从而得到气相反应 300h 后其催化剂活性几乎不发生变化的好结果。这类聚合物-金属配合物催化剂可能是乙炔硅氢化反应产业化催化剂开发方向之一。

8.3.5 固载液相催化体系催化硅氢化反应合成乙烯基硅烷偶联剂

2002 年日本 Okamoto M 研究小组首先推出将四氨基二氯合铂［Pt（NH_3）$_4$$Cl_2$·$H_2O$］于聚乙二醇中，并将其负载于硅胶或氧化铝微孔壁上，将其用于催化乙炔和 $HSiCl_3$ 或 $HSi(OMe)_3$ 的硅氢加成反应获得很好结果[55]。随之该研究小组又连续发表专利[56,57]称：将四氨基二氯合铂和聚乙二醇混合负载在硅胶上于反应器内，氦气流下 150℃加热处理 1h，随之在 150℃下将乙炔（分压 44kPa）、三甲氧基硅烷（分压 11kPa）和氦气（分压 46kPa）通入反应器内反应历时 6h，接触时间 20.7g·h/mol，得 83％的乙烯基三甲氧基硅烷，三甲氧基硅烷转化率 86％，乙烯基三甲氧基硅烷选择性为 97％。

参考文献

［1］ Петров А Д，Миронов В Ф，Пономаренко В А И，Нерыщев Е А. Синтез Кремнийорганических Мономеров. Щдателъсгво Академии НАУК СССР МОСКВА. 1961：143-281.

［2］ W. 诺尔. 硅珙化学与工艺学. 上册. 北京：科学出版社，1978：165.

［3］ 郭示欣，李丽，李茭，等. CN 101054389. 2007.

［4］ Yamada S，Yasunaga E，Sakamoto R. JP 30007720. 1955. CA51：99264.

［5］ Петров А Д，Садых-заде С И，Цетлин И Л，Докл. АНСССР，1956，107：99.

［6］ Андрцанов К А，Тровцтова И В И，Попелева Г С. Плаем. Массу，1959，(3)：25.

［7］ 马梅红. 王瑜刚，谭军，等. 精细与专用化学品. 2011. 19 (7)：12-15.

［8］ Agre C L. J. Am. Chem. Soc.，1949，71：300-304.

［9］ Midland Silicones Ltd. GB 752700. 1956.

［10］ Миронов В Ф，Иетров А Д И. Изв. АН СССР. ОН，1958，787：954.

［11］ Миронов В Ф，Петров А Д И，Писаренко В В. Дока. АН СССР. ОХН，1959，(124)：102.

［12］ Петров А Д，Миронов В Ф И，Пономаренко В А，ИзвЦВ. АН СССР. ОХН，1958：954.

［13］ Черныщев Е А. Изв. АН СССР. ОХН，1958：954.

［14］ Черныщев Е А，Миронов В Ф И，Петров А Д，Изв. АН. СССР. ОХН，1960：2147.

［15］ Петров А Д，Пономаренко В А И. Одабажщян，Докл. АН СССР，1956，(129)：1009；(130)：333.

［16］ Голубцов С А，Попелева Г С И，Анорианов К А，Пасм Массp，1962，(10)：21.

［17］ Голубцов С А，Попелева Г С И，Чиняе Г Н，Пласм. Массу，1968，(3)：35.

［18］ Голубцов С А И，Допелева Г С，UCCP 210161. 1968. CA 69. 44016.

［19］ Mui Jeffrey Y P，Bennett E W. US 3666782. 1972.

［20］ Mui Jeffrey Y P，Bennett E W. DE 2210189. 1973. CA79. 146646.

［21］ Fr Demande. Fr 2173833. 1973. CA80. 83224.

［22］ Hange W，Seiler C D，Fiolitakis E，et al. US 5075480. 1991.

［23］ Hange W，Dietsche H，Seiler C D. US 5344950. 1994.

［24］ Bade S，Rauleder H，Schon U，et al. US 6222056. 2001.

［25］ Bade S，Kesper B，Koll R，et al. US 6291698. 2001.

［26］ S. 巴德，F. M. 博伦拉思，等. CN101307066. 2008.

［27］ Wagner G H，Strother C O. GB 670617. 1952.

［28］ Щосмаковский М Ф И，Коин Д А，Изв. АН СССР. ОХН Khim Nauk. 1956，1150-2. CA 51. 4935f.

［29］ Щосмаковский М Ф И，Коин Д А. Ж. Прикл. Химил. 1958，(31)：754.

［30］ Kraus M，Zitny Z，Kruchna O，et al. CS 164156. 1976. CA86. 140237.

［31］ 兰支利，李凤仪，詹晓力，等. 分子催化，1998，12 (4)：279-284.

［32］ 杨锡尧，任韶玲，庞礼. 高等学校化学学报，1983，4 (4)：499-503.

［33］ 杨锡尧，任韶玲，庞礼. 催化学报，1981，2 (3)：170-178.

［34］ 兰支利，李凤仪，詹晓力，等. 分子催化，1998，12 (5)：329-334.

［35］ 邓锋杰，徐少华，温远庆，等. 化工进展，2008，27 (1)：112-115.

［36］ Rhone-Poulenc S A. Fr 1390999. 1965. CA62：91119.

［37］ Nitzsche S，Bauer I，Graf W，et al. DE 2001303. 1971. CA75. 88752.

［38］ F. 斯蒂丁. CN 1170723A. 1998.

［39］ F. 斯蒂丁. DE 19619138A. 1997；US 5929269. 1999.

[40] 兰支利，李凤仪，刘文明，等. 化学通报，1997，(10)：39-42.
[41] 盛晓莉. 化工时刊，2002，(6)：25-28.
[42] 程鹏飞，金龙彪，廖俊，等. CN 101195634A. 2008.
[43] Divins L A，Mendicino F D，Smith J P，et al. WO 2010002443. 2010.
[44] Lindner T，Zeller N，Schinabeck A，et al. DE 3000782. 1981. CA95. 115745.
[45] Watanabe H，Asami M，Nagai Y. J. Organomet. Chem，1980，195 (3)：363-373.
[46] Yang Wei-Tai，Ritscher J S. US 5041595. 1991.
[47] 陈新兰，兰鲲，王淳，等. 乙炔与三甲氧基硅烷硅氢化反应催化剂的研究. 武汉大学有机硅化合物及材料教育部工程研究中心内部资料. 1998.
[48] 熊竹君，邓锋杰，李凤仪，等. 分子催化，2007，21，(5)：442-446.
[49] Preiss T，Friedrich H，Henkelmann J. EP 1174433. 2002.
[50] Kraus M. Coll. Czech. Chem. Commun，1974，39 (5)：1318-1323.
[51] Mejstrikova M，Rericha R，Kraus M. Coll. Czech. Chem. Commun，1974，39 (1)：135-143.
[52] Wang Linzhi，Jiang Yingyan. J. Organomet. Chem，1983，251 (1)：39-44.
[53] Hu Chenye，Han Xuemeng，Jiang Yingyan. J. Mol. Cat，1986，35 (3)：329-333.
[54] Marciniec B，Foltynowicz Z，Lewandowski M. Appl. Organomet. Chem，1993，7 (3)：207-212.
[55] Okamoto M，Kiya H，Yamashita H，et al. Chem. Commun，2002，(15)：1634-1635.
[56] Suzuki E，Okamoto M，Tajima S，et al. WO 2003024979. 2003.
[57] Divins L A，Mendicino F D，Smith J P，et al. WO 2010002443. 2010.

第9章 甲基丙烯酰氧烃基硅烷偶联剂

9.1 (甲基)丙烯酰氧烃基硅烷偶联剂概述

9.1.1 化学结构、反应性及其利用

含有（甲基）丙烯酰氧烃基的硅烷偶联剂，大家熟知的商品仅3-(甲基丙烯酰氧）丙基三甲氧基硅烷（A-174，KH570，WD-70）这一种化合物，实际上这类化合物中用作有机高分子材料改性的助剂，或用于有机硅聚合物改性的单体化合物还有很多种，它们可用化学通式予以概括：

$$CH_2{=}CMe{-}CO_2(CH_2)_mSiMe_nX_{3-n}$$

$m=1、2、3、\cdots，n=0、1、2$，X＝—Cl、—OMe、—OEt 等硅官能团。

此外，在这类不饱和酸的有机硅衍生物中，还有丙烯酰氧烃基硅烷化合物，如通式：

$$CH_2{=}CHCO_2(CH_2)_mSiMe_nX_{3-n}$$

$m=1、2、3、\cdots，n=0、1、2$，X＝—Cl、—OMe、—OEt 等硅官能团。

这类具丙烯酰氧烃基的硅烷化合物较甲基丙烯酰氧烃基硅烷偶联剂仅少一个甲基取代基，它的空间位阻较小，且没有甲基的推电子作用，它更具化学反应活性。基于这些原因，含丙烯酰氧基的硅烷化合物合成时，如果以丙烯酸烯丙酯为原料，采用硅氢加成方法制备丙烯酰氧烃基硅烷时，不仅硅氢化合物的加成区域选择性差，影响目的产物收率，还因更容易聚合，在蒸馏纯化过程中也易凝胶化，致使目的产物收率降低，产物的贮存和使用稳定性也受到影响。上述原因制约了这类具丙烯酰氧烃基硅烷偶联剂的发展。

还有一类化合物是甲基丙烯酰胺烃基硅烷偶联剂[$CH_2{=}CMeCONH(CH_2)_mSiMe_n(OR)_{3-n}$]，文献中虽有这种化学结构的化合物的合成和应用研究，但没有这类化合物的商品生产。其实这种硅烷偶联剂中酰胺烃基较上述酰氧烃基硅烷稳定性会好些，增黏性能也较好，但没有得到使用者的关注，因而也没有得到发展。

具（甲基）丙烯酰氧烃基的硅烷偶联剂的硅官能团易遭受亲核试剂进攻，具有水解、醇解和缩合等硅烷偶联剂通性，本书1.4节已有详述。此外，还有可能发生在（甲基）丙

烯酰氧烃基（羧酸酯基）的亲核取代反应，即这类化合物的分子结构中提供两个可能被亲核试剂进攻位置：

$$\underset{\displaystyle\text{Me}}{CH_2{=}\overset{|}{C}}{-}\overset{\delta^+\ \ \text{O}}{C}{-}O(CH_2)_n{-}\overset{\delta^+}{Si}{\equiv}\quad \colon Nu$$

但因羧酸酯基所处位置是化合物中间，空间位阻较大，碳的电负性（2.5）也大于硅的电负性（1.8），以及硅处于第三周期 d 还具电子参与的杂化空轨道可供亲核试剂配位。基于上述三种因素都有利于硅官能团优先于酯基发生亲核取代，使酯基得以保护。但如果亲核取代反应的基团具强的碱性，或在酸、碱催化下，亲核取代反应的区域选择性就会发生较大变化，降低目的产物收率或使该硅烷偶联剂的使用性能受到影响。

含（甲基）丙烯酰氧烃基硅烷偶联剂的特性在于它们具有甲基丙烯酸甲酯类似的化学结构，即具很好反应性能的极性双键[$CH_2{=}CMe{-}\overset{O}{\overset{\|}{C}}{-}O(CH_2)_m{-}Si{\equiv}$]，在加热或光照的条件下易产生自由基引发聚合反应。因此这类化合物在合成、纯化或贮存过程中都需加入阻聚剂，避免光照且需低温贮存，即使这样通常贮存期也可能只有半年左右。极性双键的特性还在于有利自由基引发或阴离子催化剂作用下发生自聚和共聚，其化学反应式表达如下：

$$n{\equiv}Si(CH_2)_m OCOCMe{=}CH_2 \longrightarrow \left[\begin{array}{c}Me\\ |\\ C{-}CH_2\\ |\\ COO(CH_2)_m Si{\equiv}\end{array}\right]_n$$

$$x{\equiv}Si(CH_2)_m OCOCMe{=}CH_2 + yCH_2{=}CR'R \longrightarrow \left[\begin{array}{c}Me\\ |\\ {-}(C{-}CH_2)_x{-}(CH_2{-}CR'R)_y{-}\\ |\\ COO(CH_2)_m Si{\equiv}\end{array}\right]$$

反应式中 R 为—H，—Me；R′为—Ph，—Cl，—AcO，—COOH，—COOR″，$m=1,3,\cdots$。

聚合反应和共聚反应特性是这类硅烷偶联剂成为人们喜欢的原因，它既可用于树脂基-复合材料，还可用于有机硅或有机聚合物材料化学结构改性，例如光固化有机硅涂料，清漆或胶黏剂就用到这种类型的硅烷偶联剂作为光引发聚合交联的基团。极性双键的特性还在于双键上可以发生亲核加成反应，利用这种反应可以衍生出很多含碳官能团的有机硅衍生物，这些衍生物有些可以作为偶联剂、有机材料改性单体或助剂。例如：

$$\equiv SiCH_2CH_2CH_2O\overset{O}{\overset{\|}{C}}CMe{=}CH_2 + HCN \longrightarrow NCCH_2CHMe\overset{O}{\overset{\|}{C}}OCH_2CH_2CH_2Si{\equiv} \tag{9-1}$$

$$\equiv SiCH_2CH_2CH_2O\overset{O}{\overset{\|}{C}}CMe{=}CH_2 + HBr \longrightarrow BrCH_2CHMe\overset{O}{\overset{\|}{C}}OCH_2CH_2CH_2Si{\equiv} \tag{9-2}$$

$$\equiv SiCH_2CH_2CH_2O\overset{O}{\overset{\|}{C}}CMe{=}CH_2 + CH_3NH_2 \longrightarrow CH_3NHCH_2CHMe\overset{O}{\overset{\|}{C}}OCH_2CH_2CH_2Si{\equiv} \tag{9-3}$$

$$\equiv SiCH_2CH_2CH_2O\overset{O}{\overset{\|}{C}}CMe{=}CH_2 + Br_2 \longrightarrow CH_2BrCBrMe\overset{O}{\overset{\|}{C}}OCH_2CH_2CH_2Si{\equiv} \tag{9-4}$$

此外，端极性双键还能与共轭双烯化合物发生 Diels-Alder 反应等反应。

$$\text{(1,3-丁二烯)} + CH_2{=}CH{-}\overset{O}{\overset{\|}{C}}{-}O(CH_2)_m Si{\equiv} \longrightarrow \text{(环己烯基)}{-}\overset{O}{\overset{\|}{C}}O(CH_2)_m Si{\equiv}$$

尽管具丙烯酰基的有机硅化合物品种很多，正如前述的多种原因，目前常用的只有几种，现将它们化学分子式及其物理常数列于表 9-1。

表 9-1 常用甲基丙烯酰氧烃基硅烷物理常数

甲基丙烯酰氧烃基硅烷	沸点/℃(kPa)	相对密度(℃)	折射率(℃)
$CH_2{=}CMeCOOC_3H_6SiCl_3$	42 (2)	—	—
$CH_2{=}CMeCOOC_3H_6SiMeCl_2$	75 (0.27)	1.108 (25)	1.4552 (25)
$CH_2{=}CMeCOOC_3H_6SiMe_2Cl$	78 (0.13)	—	—
$CH_2{=}CMeCOOC_3H_6SiMe_2(OEt)$	75～76 (0.05)	—	—
$CH_2{=}CMeCOOC_3H_6SiMe(OEt)_2$	95 (0.13)	—	—
$CH_2{=}CMeCOOC_3H_6Si(OMe)_3$	255 (101.3)	1.040 (25)	1.429 (25)
$CH_2{=}CMeCOOC_3H_6Si(OSiMe_3)_3$	112～115(0.03)	0.93 (20)	1.4176 (25)
$CH_2{=}CMeCOOC_3H_6Si(OC_2H_4OMe)_3$	128(1.33)	1.0656 (20)	—
$CH_2{=}CMeCOOCH_2Si(OEt)_3$	132～158 (0.53)	0.9422 (20)	1.4415 (20)

9.1.2 合成方法述评

(甲基)丙烯酰氧烃基硅烷偶联剂制备主要采用催化硅氢化反应或相转移催化脱盐缩合（羧酸盐烷基化）反应来完成，本节仅对这两种方法予以评述。

9.1.2.1 硅氢加成反应合成法

硅氢化反应合成法是以含氢硅烷化合物（$HSiR_nX_{3-n}$，X 为硅官能团）和（甲基）丙烯酸不饱和酯为原料，在铂的配合物催化剂和阻聚剂存在下，催化硅氢加成反应获得目的产物。该方法从理论上讲可以用来制备含任何硅官能团的（甲基）丙烯酰氧烃基有机硅烷化合物，但实际上这种方法仅用于（甲基）丙烯酰氧丙基氯硅烷或（甲基）丙烯酰氧丙基烷氧基硅烷合成，其反应可用方程式表达如下：

$$CH_2{=}\underset{R'}{\underset{|}{C}}{-}COO(CH_2)_mCH{=}CH_2 + HSiR_nX_{3-n} \xrightarrow{\text{催化剂}} CH_2{=}\underset{R'}{\underset{|}{C}}{-}COO(CH_2)_mCH_2CH_2SiR_nX_{3-n}$$

R′是—H，—Me 等基团，X 通常是—Cl、—OMe、—OEt 等易水解的硅官能团，m 通常是 1、2、3，…，n 则是 0、1、2。

具氨基、酰氧基等其他硅官能团的（甲基）丙烯酰氧烃基硅烷化合物通常都是以（甲基）丙烯酰氧烃基氯（或烷氧基）硅烷为原料，利用硅官能团容易发生亲核取代反应来实现目的产物合成。

迄今对具甲基丙烯酰氧烃基的硅烷偶联剂研发最多的只有甲基丙烯酰氧丙基烷氧基硅烷，因此下面将以甲基丙烯酰氧丙基三烷氧基硅烷为例予以述评。

采用催化硅氢化反应合成 3-(甲基丙烯酰氧）丙基三甲氧基硅烷有一步法或两步法两

条合成路线供选择。

(1) 一步合成法

一步法是以硅/醇直接反应得到的三甲氧基（或三乙氧基）硅烷为原料，用铂的配合物作催化剂，催化甲基丙烯酸烯丙酯和三甲氧基（或三乙氧基）硅烷进行硅氢化反应获得目的产物：

$$CH_2{=}CMeCO_2CH_2CH{=}CH_2 + HSi(OR)_3 \xrightarrow{催化剂} CH_2{=}CMeCO_2CH_2CH_2CH_2Si(OR)_3$$

一步法工艺过程简单，理论上无副产物，目的产物收率高，系绿色化学反应过程，其不足之处在于如果催化剂体系或阻聚剂选择不当，在硅氢化过程中容易凝胶化；目的产物选择性会不好，产物中有β-加成物，带来产物纯化困难，同时造成产物水溶性不好也是需要注意解决的。一步法含氢硅烷来自硅和甲醇（或乙醇）直接反应得到的三烷氧基硅烷，其他含氢烷氧基硅烷现在还只能通过含氢氯硅烷醇解获得。

(2) 二步合成法

二步法则以含氢氯硅烷为原料，在铂的配合物催化剂存在下，首先催化甲基丙烯酸烯丙酯与含氢氯硅烷进行硅氢化反应，得到甲基丙烯酰氧丙基氯硅烷化合物，然后再将其甲醇解，两步得到目的产物。

$$CH_2{=}CMeCO_2CH_2CH{=}CH_2 + HSiCl_3 \xrightarrow{催化剂} CH_2{=}CMeCO_2CH_2CH_2CH_2SiCl_3$$

$$CH_2{=}CMeCO_2CH_2CH_2CH_2SiCl_3 + 3MeOH \longrightarrow CH_2{=}CMeCO_2CH_2CH_2CH_2Si(OMe)_3 + 3HCl$$

两步合成法是适应于实验室和生产的通用方法，几乎所有具硅官能团的硅烷偶联剂都可以采用两步合成。

两步法反应过程不容易凝胶化，硅氢加成反应收率高，最终产物中通常无β-加成物。不足之处是三氯硅烷加成后的产物还要进行甲醇解反应。尽管现在醇解技术可以达到高收率，但通过两步反应，目的产物总收率还是低于一步法。此外，大量 HCl 气体生成，如不能回收再利用，易污染环境，该法系非绿色化学反应过程。

不同企业生产 3-甲基丙烯酰氧丙基三甲氧基硅烷选择哪一条合成路线，往往取决于原料来源，副产物的回收再利用，以及对硅氢化反应技术掌握的程度。国内武大有机硅新材料公司选用一步法生产 WD-70 的重要原因是他们采用直接法合成技术生产三甲氧基硅烷，同时还掌握了三甲氧基硅烷与甲基丙烯酸烯丙酯硅氢化合成方法，以及防止产物凝胶化的有关技术。

9.1.2.2 相转移催化合成法

相转移催化合成法是以（甲基）丙烯酸钠（或钾）盐和氯代烃基烷氧基硅烷为原料，在相转移催化剂作用下，甲基丙烯酸盐的O-烃基化反应（即脱盐缩合反应）。该方法可以用于制备任何一种（甲基）丙烯酰氧烃基烷氧基硅烷，其过程可用如下反应式简述：

$$CH_2{=}\underset{R'}{\underset{|}{C}}{-}COOM + Cl(CH_2)_mSiMe_n(OR'')_{3-n} \xrightarrow{催化剂} CH_2{=}\underset{R'}{\underset{|}{C}}{-}COO(CH_2)_mSiMe_n(OR'')_{3-n} + MCl$$

式中，M 是钾或钠金属离子；R′为甲基或氢；OR″＝OMe，OEt 等；m＝1、3…，n＝0、1、2。

相转移催化技术虽是绿色化工技术，但反应产生没有价值无毒害的盐，其量还是较大的，反应原子利用率较低是明显的，但产品通常纯度高，水溶性好，某些用户喜欢这种方法生产的产品。

9.2 催化硅氢化反应制备甲基丙烯酰氧丙基硅烷偶联剂

甲基丙烯酰氧丙基硅烷偶联剂是应用最多的一类硅烷偶联剂，其中特别是 3-(甲基丙烯酰氧）丙基三甲氧基硅烷和 3-(甲基丙烯酰氧）丙基三氯硅烷。采用硅氢化反应合成这两种有机硅化合物的研究开发历时达半个世纪，现在用于生产已有成熟的合成技术。该技术还可方便用来制备其他具（甲基）丙烯酰氧烃基硅烷偶联剂，例如甲基丙烯酰氧辛基三甲氧基硅烷合成[1]：

$$CH_2{=}C(Me){-}C(=O){-}O(CH_2)_6CH{=}CH_2 + HSiCl_3 \xrightarrow[45^\circ C]{\text{Speier 催化剂}} CH_2{=}C(Me){-}C(=O){-}O(CH_2)_8SiCl_3$$

因此，我们下面主要以具代表性的甲基丙烯酰氧丙基三甲氧基硅烷（WD-70，KH570）为例，阐述硅氢化反应合成甲基丙烯酰氧丙基硅烷偶联剂。

9.2.1 硅氢化反应合成甲基丙烯酰氧丙基硅烷偶联剂的原料

（1）甲基丙烯酸烯丙酯性质及其合成

采用硅氢加成反应合成具甲基丙烯酰氧烃基硅烷偶联剂，主要中间体是甲基丙烯酸烯丙酯。很多铂的配合物容易催化甲基丙烯酸烯丙酯与含氢硅烷化合物（$HSiR_nX_{3-n}$，X=—Cl、—OMe、—OEt，n=0、1、2）发生硅氢加成反应。但值得注意的是含氢硅烷化合物化学结构不同，用于反应的催化剂也有所区别，比如含氢氯硅烷与甲基丙烯酸烯丙酯进行硅氢化反应时，用 Speier 催化剂效果就很好，如果改用含氢烷氧基硅烷与甲基丙烯酸烯丙酯进行硅氢化反应，通常催化剂需用 β-二酮等具有螯合功能的配体与铂形成配合物，将其作催化剂催化该合成反应才有可能达到好的效果。

甲基丙烯酸烯丙酯（$CH_2{=}CMeCO_2CH_2CH{=}CH_2$）化合物中存在两个端乙烯基和一个羰基都可以发生硅氢化反应，但烯丙基（$CH_2{=}CH{-}CH_2{-}$）与硅氢化合物进行加成反应的选择性远好于甲基丙烯酰氧基中双键（$CH_2{=}CMeC(=O){-}O{-}$）和羧酸酯的羰基。这与甲基丙烯酰氧基中的甲基空间位阻和酰氧基拉电子效应降低了不饱和碳碳双键的配位能力有关。甲基丙烯酰氧基很易被引发发生聚合反应，如果将甲基丙烯酸烯丙酯与含氢硅烷化合物处于同一体系中，在较高温度下催化硅氢化反应同时，往往会伴随甲基丙烯酸烯丙酯聚合或凝胶化，造成硅氢化反应收率低，甚至失败。因此，该化合物用于合成 3-甲基丙烯酰氧丙基三甲氧基（或三氯）硅烷时，如何抑制这被引发聚合副反应发生非常重要。

甲基丙烯酸烯丙酯是合成所有甲基丙烯酰氧丙基硅烷偶联剂的中间体。尽管已有商品出售，但仍有一些生产硅烷偶联剂企业采用适合自己的方法生产，选用的合成路线都是以价廉易得的甲基丙烯酸甲酯或甲基丙烯酸为基础原料，通过羧酸酯的酯交换反应、羧酸的酯化反应和相转移催化羧酸盐的 *O*-烷基化反应等三种合成路线制备，下面分别予以简介[2~4]。

a. 甲基丙烯酸甲酯酯交换（醇解）反应

以甲基丙烯酸甲酯和丙烯醇为原料，通常在酸催化下进行酯交换反应，其反应式如下：

$$CH_2{=}C(Me){-}C({=}O){-}OMe + HOCH_2CH{=}CH_2 \xrightarrow{\text{催化剂}} CH_2{=}C(CH_3){-}C({=}O){-}OCH_2CH{=}CH_2 + CH_3OH$$

将 300g（3mol）甲基丙烯酸甲酯于装有蒸馏柱的反应容器中，再加入 87g（1mol）烯丙醇和 4g 邻苯三酚。搅拌下升温至 78～80℃后快速加入 16g（29.5%）甲醇钠甲醇溶液。反应温度 82℃，在蒸馏柱温度出口 60～65℃时，馏出甲醇，反应温度升至 105℃约 4h，终止反应。反应过程中，蒸出甲醇约 60g。冷却后，减压分馏，回收未反应的甲基丙烯酸甲酯后，收集 42℃/0.66kPa 的馏分 133g 为甲基丙烯酸烯丙酯，收率为 70%。

b. 甲基丙烯酸的酯化反应

$$CH_2{=}C(Me){-}C({=}O){-}OH + HOCH_2CH{=}CH_2 \xrightarrow{H^+} CH_2{=}C(Me){-}C({=}O){-}OCH_2CH{=}CH_2 + H_2O$$

将 122g（2.1mol）丙烯醇，172g（2mol）甲基丙烯酸，4g 邻苯三酚，4g 对苯二酚，50mol 苯和 6mL 浓硫酸于反应瓶中，95℃下搅拌进行酯化反应，并不断将反应生成的水蒸出。反应时间约 1.5h，降温后水洗至中性，用无水硫酸镁干燥后，加入 1g 对苯二酚，1g 邻苯二酚，减压下蒸馏，收集 42℃/0.66kPa 的馏分 189g 为甲基丙烯酸烯丙酯，收率为 78%。

酯交换法可回收甲醇再利用，工艺步骤简单，可以认为是绿色化工过程，所以生产企业多选用酯交换法合成甲基丙烯酸烯丙酯。

(2) 含氢硅烷化合物

合成甲基丙烯酰氧丙基三烷氧基硅烷的硅源来自含氢氯硅烷或硅/醇直接法合成的三甲氧基硅烷或三乙氧基硅烷。其他含氢氯硅烷均系通用化学品，硅与氯甲烷直接反应合成二甲基二氯硅烷的副产物，当今国内外企业都是以万吨级规模生产甲基单体，因此含氢氯硅烷很容易获得。三烷氧基硅烷近年国内外都有硅/醇直接合成的生产装置提供商品。其他含氢烷氧基硅烷［如 $HSiMe(OR)_2$，$HSiMe_2(OR)$］系由含氢烷基氯硅烷醇解法合成。含氢硅烷化合物合成及有关性质请参见本书第二章硅烷偶联剂基础原料中有关阐述。

(3) 其他的合成原料

其他的合成原料主要涉及制备催化剂所需过渡金属化合物及其配体，以及阻聚剂的选用，本章都有阐述，请注意参见。

9.2.2 催化硅氢化反应合成甲基丙烯酰氧丙基硅烷化合物的副反应

甲基丙烯酰氧烃基硅烷偶联剂容易水解、缩聚，还容易被自由基或离子引发聚合、交联或凝胶化。人们在合成或纯化这类硅烷偶联剂时，都是采用加入阻聚剂等措施以避免这类副反应发生。然而在采用催化硅氢化反应合成这类化合物时，如果所选催化剂的过渡金属或配体不当，或因合成反应所用不同原料比、投料顺序、反应温度、合成设备及其材质等不适合，都可能发生副反应。后者往往容易被合成者忽视，其结果则是催化合成反应的选择性不好，目的产物收率降低，也可能引发交联或凝胶化导致合成完全失败。

以甲基丙烯酸烯丙酯为原料、利用硅氢化反应合成甲基丙烯酰氧丙基硅烷偶联剂时，原料化合物结构中有两个端乙烯基和一个羰基，而合成的产物中还存有端乙烯基和羰基各一个，这些不饱和键在适当条件都可以与含氢化合物发生硅氢化反应，生成一次加成物异构体（如 $CH_2{=}C(CH_3)C(O)OCH_2CH(CH_3)Si{\equiv}$，$\equiv SiCH_2CH(CH_3)C(O)OCH_2CH{=}CH_2$，$CH_2{=}C(CH_3)CH(OSi{\equiv})OCH_2CH{=}CH_2$ 等）在通过硅氢化反应生成目的产物时，还可能有 α-加成物或 β-加成物生成：

$$CH_2{=}\underset{\text{Me}}{\underset{|}{C}}-\overset{\text{O}}{\overset{\|}{C}}-OCH_2CH{=}CH_2+HSi{\equiv}\ \begin{cases}\xrightarrow{\alpha\text{-加成}} CH_2{=}\underset{\text{Me}}{\underset{|}{C}}-\overset{\text{O}}{\overset{\|}{C}}-OCH_2CH_2CH_2Si{\equiv}\\ \xrightarrow{\beta\text{-加成}} CH_2{=}\underset{\text{Me}}{\underset{|}{C}}-\overset{\text{O}}{\overset{\|}{C}}-OCH_2\overset{\text{Si}\equiv}{\overset{|}{CH}}-Me\end{cases}$$

基于 ω-乙烯基的特性，上述所得到一次加成物还可能发生二次加成：

$$CH_2{=}\underset{\text{Me}}{\underset{|}{C}}-\overset{\text{O}}{\overset{\|}{C}}-OCH_2CH_2CH_2Si{\equiv}\ \begin{cases}\xrightarrow{1,4\ \text{加成}} \gt C{=}C\lt^{OCH_2CH_2CH_2Si\equiv}_{OSi\equiv}\\ \xrightarrow{1,2\ \text{加成}} CH_2{=}\underset{\text{Me}}{\underset{|}{C}}-\underset{\text{OSi}\equiv}{\underset{|}{CH}}-OCH_2CH_2CH_2Si{\equiv}\end{cases}$$

上述可能的副反应是否发生，以及副反应所得副产物含量多少，主要取决于该催化硅氢反应所选用催化剂的过渡金属及其配体。能否创造抑制或减少副反应发生的合成条件也很重要，这些都是要靠合成者主观努力予以实现。

含氢硅烷化合物也是引起副反应的重要因素，在该反应催化剂或其他金属及其化合物杂质存在下，含氢硅烷化合物易被催化发生重分配反应，生成多氢硅烷化合物，还会因均裂脱氢、导致产生自由基从而引起自由基加成、自由基引发聚合和交联等反应。诸如上述与含氢硅烷有关的副反应，含氢硅烷化合物中三氯硅烷不易发生，而具甲基取代或烷氧基取代的含氢硅烷则较容易发生。因此，利用三烷氧基硅烷与甲基丙烯酸烯丙酯为原料，采用过渡金属配合物催化硅氢化反应合成 3-甲基丙烯酰氧丙基三甲氧基硅烷时，如果催化剂所选过渡金属及其配体不当，合成操作条件控制不好，合成和纯化过程中很容易发生聚合或凝胶化。

此外，生产者有时会发现通过精馏的甲基丙烯酰氧丙基三甲氧基硅烷产品水溶性不好，有些研究者认为是由于甲基丙烯酸烯丙酯与三甲氧基硅烷硅氢化反应有 β-加成物生成，在加热蒸馏时由于 β 效应生成产物不溶于水的结果，但实际上这可能只是原因之一，另一重要原因可能与高温下产物分子内酯交换所得产物水溶性差带来的负面效应。

$$CH_2{=}C(Me){-}C({=}O){-}OCH_2{-}CH(Me)Si(OMe)_3 \xrightarrow{\triangle} CH_2{=}C(Me){-}C({=}O){-}OSi(OMe)_3 + CH_2{=}CH{-}CH_3$$

$$CH_2{=}C(Me){-}C({=}O){-}OCH_2CH_2CH_2Si(OMe)_3 \longrightarrow CH_2{=}C(Me){-}C({=}O){-}OMe + \overline{OCH_2CH_2CH_2{-}Si(OMe)_2}$$

9.2.3 催化硅氢化反应制备甲基丙烯酰氧丙基烷氧基硅烷

9.2.3.1 研究开发历程简述

20 世纪 50 年代玻璃纤维/不饱和树脂基复合材料（玻璃钢）制造和应用飞速发展，同时也注意到硅烷偶联剂这类硅烷化合物对复合材料性能提高显著，因此研究开发具丙烯酰氧烃基硅烷化合物的合成及应用成了很自然的事。1962 年美国 D.C 公司 E. P. Plueddemann 等首先发表专利[5,6] 称：他们以甲基丙烯酸烯丙酯和三甲氧基硅烷为合成原料，在 H_2PtCl_6 催化剂和 2,5-二叔丁基氢醌存在下，110℃左右加热反应得到了甲基丙烯酰氧丙基三甲氧基硅烷，例如：

$$CH_2{=}CMeCO_2CH_2CH{=}CH_2 + HSi(OMe)_3 \xrightarrow[\text{阻聚剂}]{\text{铂催化剂}} CH_2CMeCO_2CH_2CH_2CH_2Si(OMe)_3$$

采用类似的方法，还制备 $CH_2{=}CHCO_2CH_2CH_2CH_2Si(OMe)_3$、$CH_2{=}CMeCO_2CH_2CH_2CH_2SiCl_3$ 和 $CH_2{=}CMeCO_2CH_2CH_2CH_2Si(OMe)_3$。这些化合物既可以与玻璃表面的羟基反应牢固地结合在玻璃上，还可利用甲基丙烯酰氧丙基烷氧基硅烷中碳官能团的反应性与有机聚合物接枝，从而改进复合材料性能。他们的工作有力地推动了 20 世纪这类硅烷偶联剂的合成研究和产业化开发。美国、日本、德国、波兰和我国的众多研究小组都从事含甲基丙烯酰氧丙基的硅烷偶联剂合成研究和应用开发，相继发表了不少专利。文献报道中特别对甲基丙烯酰氧丙基三甲氧基（或甲基二甲氧基）硅烷化合物合成用催化剂和阻聚剂的选择以及抑制副反应，防止原料和产物聚合及其凝胶化做了很多工作，迄今这些合成甲基丙烯酰氧丙基烷氧基硅烷的技术日臻完善。

甲基丙烯酸烯丙酯和含氢烷氧基硅烷（或含氢氯硅烷）进行硅氢化反应的研究，历时近半个世纪，很多实验工作或生产证明，铂的配合物是用于该反应最有效的催化剂。铂催化剂的配体不同和制备方法的差异都可能对催化硅氢加成反应的反应诱导期，生成目的产物的催化活性及选择性，以及催化剂本身的稳定性有很大影响。此外，还有阻聚剂等助剂添加也是合成工作能否成功关键之一。如此也促进了各国不同研究小组开展不同配体的 Pt 催化剂合成及其应用研究，迄今有关催化剂及其助剂仍是该类硅烷偶联剂生产企业的核心技术。

1968年Knorre等首先报道以铂的乙酰丙酮配合物$PtCl(MeCOCH_2COMe)_2$的丙酮溶液为催化剂，采用硅氢加成反应制备甲基丙烯酰氧丙基三氯硅烷和甲基丙烯酰氧丙基三甲氧基硅烷等几种不同碳官能团的硅烷偶联剂[7]。随后日本信越公司专利[8] 也报道了β-二酮的铂配合物催化硅氢化反应合成甲基丙烯酰氧丙基甲基二甲氧基硅烷等化合物。我们认为文献报道中最具影响和对产业化开发有价值的研究工作则是美国UCC公司Chu. N. S研究小组的工作[9]，他们在以甲基丙烯酸烯丙酯与三甲氧基硅烷为合成原料，氯铂酸及其配体为催化剂，甲苯为溶剂合成甲基丙烯酰氧丙基三甲氧基硅烷时，得到目的产物含量为85%，经减压蒸馏之后纯品收率为82.7%，如此好的制备效果得益于他们采取对后来产业化开发有意义的四项措施：首先他们据前述研究报道采用β-二酮或酯作为配体（或助剂）加入氯铂酸催化硅氢化反应体系中以提高催化剂稳定性和活性；其次反应体系中加入烷基酚类（ISONOXTM129）阻聚剂防止硅氢化反应过程聚合交联；其三则是在高温蒸馏纯化产物时再加入吩噻嗪和氢醌单甲醚用作阻聚剂以保证高温下产品不聚合；第四在蒸馏纯化以前先加定量的甲醇于粗产物中加热处理，如此有利于去除具硅氢的化合物。笔者认为上述四种措施用于具甲基丙烯酰氧丙基硅烷是最科学的组合。

1992年日本Takatsuna研究小组连续发表五篇专利[10~14]，他们主要工作系采用多种不同化学结构的阻碍酚和芳胺组合的阻聚剂，或采用具阻碍酚接枝的聚合物用于合成和产品纯化，以防止聚合导致的凝胶化。同年波兰研究小组发表了专利[15]，其创新之点在于采用膦配位、烯配位或腈配位铂化合物，例如$(Ph_3P)_2PtL$（L＝乙烯，乙烯基三甲氧基硅烷），或H_2PtCl_6/环己酮和$CH_2{=}CHSi(OR)_3$中作为硅氢化催化剂，将其用于甲基丙烯酸烯丙酯硅氢化反应，其结果使目的产物$CH_2{=}CMeCO_2CH_2CH_2CH_2SiX_3$（X＝—Cl，—OMe，—OEt）的制备收率达到93%～98%。

1995年程秀红等报道了合成γ-甲基丙烯酰氧丙基三甲氧基硅烷的催化体系研究[16]：他们对氯铂酸-异丙醇（Ⅰ）、氯铂酸-四氢呋喃（Ⅱ）和氯铂酸-乙酰丙酮（Ⅲ）三种不同铂催化剂分别用于甲基丙烯酸烯丙酯与三甲氧基硅烷的硅氢化反应进行了比较，其结果表明催化剂（Ⅲ）催化该反应的诱导期最短，不易引起凝胶化，得到目的产物收率达88%。同时还首次对凝胶化原因进行了探讨。

1996年Monkiewicz研究小组专利称[17]，他们用β-二酮配位铂化合物作催化剂，2,6-二叔丁基酚作阻聚剂，利用硅氢化反应制备了收率达88%的甲基丙烯酰氧丙基三甲氧基硅烷。1997年该研究小组再次报道了硅氢化反应一步合成3-甲基丙烯酰氧丙基三烷氧基硅烷的合成研究[18]，他们也是用铂的乙酰丙酮配合物作催化剂，2,6-二叔丁基酚用于阻聚，在不超过95℃下反应，甲基丙烯酸烯丙酯转化率为96%，三甲氧基硅烷转化率99%以上，目的产物的选择性在85%左右。

2003年张治民等的研究[19] 报道了甲基丙烯酸烯丙酯与三甲氧基硅烷的硅氢加成反应，在催化剂作用下，反应3h目的产物收率达到90%。该工作在湖北武大有机硅公司成功进行了产业化开发，在生产中又经多方面改进，其生产规模已逾千吨级。

2008年德国Lang研究小组推出以甲基丙烯酸烯丙酯和三甲氧基硅烷为合成原料，采用多元组合反应器连续化生产3-甲基丙烯酰氧丙基三甲氧基硅烷工艺过程的有关专利[20]，无疑将促进具甲基丙烯酰氧丙基类硅烷偶联剂产业化开发。

9.2.3.2 3-甲基丙烯酰氧丙基三甲氧基硅烷制备过程易凝胶化的原因探讨

晨光化工研究院程秀红小组研究了三种不同配体的铂催化剂催化甲基丙烯酸烯丙酯(AMA)和三甲氧基硅烷(TMS)的硅氢化反应，他们认为用于该反应的最好催化剂是β-二酮配位的铂化合物[16]。尽管这种铂的配合物在他们研究以前，已经有较多专利报道了使用β-二酮或酮酯类有机化合物作为铂的配体，并将其用于甲基丙烯酸烯丙酯的硅氢化反应（参见 9.2.3.1），但针对该反应，在相同的反应条件下，用不同铂的配合物进行对比实验的同时，还对实验结果作出解释还是首次。为了使读者比较清楚地了解他们的工作，现将他们论文中有关部分予以引用，同时也阐述笔者研究该反应实践中的认识。

程秀红等的实验是在无溶剂条件下，比较 H_2PtCl_6/i-PrOH（Ⅰ）、H_2PtCl_6/THF（Ⅱ）和 H_2PtCl_6/Ac_2CH_2（Ⅲ）三种催化剂对反应凝胶化程度的影响。按通常办法首先将 1/10 份等摩尔量的 $HSi(OMe)_3$ 和 $CH_2{=}CMeCO_2CH_2CH{=}CH_2$ 的原料混合物及定量 Pt 含量的催化剂于反应瓶中，于 85℃下回流活化处理 0.5h，随后再将余下的 9/10 摩尔比的 $HSi(OMe)_3$、$CH_2{=}CMeCOOCH_2CH{=}CH_2$ 和 1%的吩噻嗪（按烯丙酯质量计）的混合物滴加入反应瓶中，并在 80～100℃下反应 2h。其实验结果请参见表 9-2 所述不同催化剂对反应物凝胶化的影响。

表 9-2 不同铂催化剂对甲基丙烯酸烯丙酯与三甲氧基硅烷硅氢化反应凝胶化程度的影响

序号	催化剂	[Pt]/TMS/ppm	η 产物/%①	其他说明
1	Ⅰ	20	83～89	4 次反应，两次凝胶
2	Ⅱ	20	85～87	4 次反应，两次凝胶
3	Ⅲ	25	80～90	20 次反应，无一凝胶

① TMS 转化率。

从程秀红等论文所述以及表 9-2 所列实验结果表明：Ⅰ、Ⅱ和Ⅲ三种催化剂都具有催化活性，但是催化剂-Ⅰ和催化剂-Ⅱ在反应中观察到明显的诱导期，诱导期过后加成反应迅速进行，并产生大量热量，导致反应温度骤升至 140～150℃，给实验操作控制带来极大不便。催化剂-Ⅲ在反应过程中无明显的骤然升温现象，操作条件容易控制。此外，三种催化剂在 80℃以下都几乎不具有催化活性。

在 TMS 与 AMA 的反应中，引起凝胶化的原因通常认为原料 AMA 和产物受热聚合，或原料 TMS 和产物受潮气作用水解缩聚。为了避免凝胶化，很多研究工作注意力集中在选用高效阻聚剂和控制反应温度。晨光研究小组有三组关于 AMA 与 TMA 硅氢化反应实验中，均以 PTZ 为阻聚剂：采用催化剂-Ⅰ时，甚至在 110℃下即产生凝胶化；而采用催化剂-Ⅲ时，反应温度高达 125℃，也不发生凝胶化。他们还将合成原料甲基丙烯酸烯丙酯与 PTZ 在 135℃回流 1.5h，也不产生凝胶化，或将产物甲基丙烯酰氧丙基三甲氧基硅烷与 PTZ 在 130～140℃加热 4h，体系亦不产生凝胶化，而且未见黏度增大现象。以上实验足以证明引起聚合和凝胶主要原因不仅仅是反应温度所致，还有其他原因。关于合成原料三甲氧基硅烷和产物受潮水解缩聚的说法也是不能成立的，因为所有实验都是在相同反应条件下进行，也不能认为某一实验凝胶化是空气中的湿气引起严重的水解缩聚的结果。

因此，他们认为可以导致反应物凝胶化的另一主要原因，只能是三甲氧基硅烷在铂的配合物存在下发生重分配（歧化）反应生成了 $H_2Si(OMe)_2$、$H_3Si(OMe)$ 和 SiH_4 等[21] 多氢硅烷化合物。这些含氢硅烷化合物极易与 AMA 分子中的两个双键同时发生加成，从而迅速凝胶化。他们也用实验证明了体系中多氢硅烷存在与反应凝胶化有密切关系：当反应原料 TMS 中含有少量多氢硅氧烷（1.4%～6%）时，凝胶化>80%。我们认为还因为多氢的硅烷化合物都有很强还原性，易使铂的配合物还原成胶态铂，不稳定的胶态铂随之团聚成很少催化活性或没有活性的金属铂；此外，含氢硅烷化合物容易均裂脱氢并产生甲硅基和氢自由基，这种自由基是引发 AMA 和产物聚合交联、出现凝胶化现象的主要原因。

催化剂Ⅰ-Ⅲ对反应的凝胶化出现不同影响，说明铂的配位体对催化 TMS 的重分配反应具有某种促进或抑制作用。催化剂-Ⅰ和催化剂-Ⅱ分别是氯铂酸与醇和醚的配合物，其中第一个 Pt 原子与 2.0～3.5 个 Cl 原子结合，这种催化剂易引起 Si—H 分解脱氢[22]。催化剂-Ⅲ中每一个 Pt 原子与两个乙酰丙酮分子配合，如图 9-1 所示，这种铂的配合物与催化剂-Ⅰ和催化剂-Ⅱ不同，它不易引起硅氢化合物分解。因此，自由基较难产生，不利于引发合成原料和产物中的甲基丙烯酰氧基的聚合交联所导致的凝胶化。

我们在研究铂催化剂催化甲基丙烯酸烯丙酯（AMA）硅氢反应过程中，发现当用 $HSiCl_3$ 与 AMA 反应时，很少发生凝胶化，如果 AMA 与 $HSi(OMe)_3$ 进行硅氢化反应时容易出现凝胶化或生成聚合物，使目的产物收率大幅度下降，AMA 与 $HSiCl_3$ 进行硅氢化反应时不容易出现凝胶化，合成收率很高。分析如此实验结果的原因则是三氯硅烷化合物中的氯易引起聚合的自由基发生链转移，从而抑制了反应物或产物聚合而导致的凝胶化。

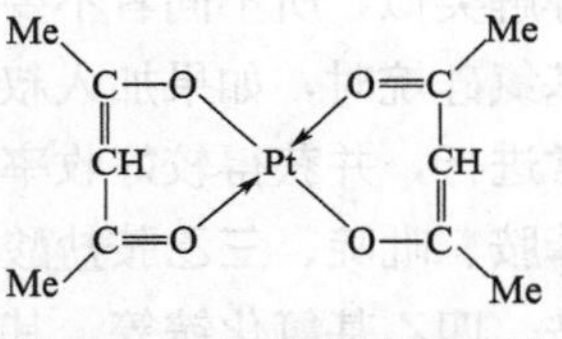

Me Me C—O O═C CH Pt CH C═O O—C Me Me

图 9-1 β-二酮与铂生成的配合物化学结构

9.2.3.3 催化硅氢加成反应一步合成 3-甲基丙烯酰氧丙基烷氧基硅烷实例

（1）实例 1

在装有温度计、回流冷凝管、滴液漏斗（装有 TMS）的 250mL 三口烧瓶中，加入 AMA 75.7g（0.6mol），PTZ1.5g，催化剂 0.5mL，在电磁搅拌下于（90±3）℃滴加入 TMS 73.3g（0.6mol），控制滴加速度使温度不超过 100℃，滴完后于 90～95℃回流 2.5h，冷却，再加入 PTZ1.5g，用装有螺旋玻璃环的分馏柱（100cm）于 667～780Pa 下减压分馏，收集 122～125℃馏分，产率 87%～90%，纯度≥98%。

（2）实例 2

装有搅拌、冷却器、温度计及滴液漏斗的 100mL 三口烧瓶中，加入 17.9g（0.146mol）三甲氧基硅烷（TMOS），1.2mg 乙酰丙酮合铂（Ⅱ）（TMOS 中的 1.0mol 溶液，对反应物 Pt 的质量分数为 1.5×10^{-5}）及 580mg 2,6-二叔丁基苯酚。搅拌及通 N_2 下，升温至 90℃，在这个温度下，滴入 18.3g（0.143mol）甲基丙烯酸烯丙酯（AMA）。滴加过程中温度不要超过 95℃。滴完后，在 90℃继续搅拌反应 5h，取样，用气相色谱测反应转化率：AMA 约 96%、TMOS 约 99%以上时，结束反应。甲基丙烯酰氧丙基三甲氧基硅烷的收率为 88%。

同样条件下，将 $HSi(OMe)_3$ 改为 22.8g（0.139mol）$HSi(OEt)_3$，甲基丙烯酰氧丙基三乙氧基硅烷的收率为 85%。

9.2.4 催化硅氢化反应制备甲基丙烯酰氧丙基氯硅烷及其醇解

以甲基丙烯酸烯丙酯和含氢氯硅烷［$HSiMe_nCl_{3-n}$，$n=0,1,2$］为合成原料，采用硅氢化反应制备甲基丙烯酰氧丙基氯硅烷，然后再通过醇解反应转化成甲基丙烯酰氧丙基烷氧基硅烷，如此合成路线是生产甲基丙烯酰氧丙基硅烷偶联剂的传统方法[23~29]。例如：

$$CH_2{=}CMeCO_2CH_2CH{=}CH_2+HSiCl_3 \xrightarrow[\text{阻聚剂}]{\text{铂催化剂}} CH_2{=}CMeCO_2CH_2CH_2CH_2SiCl_3$$

$$CH_2{=}CMeCO_2CH_2CH_2CH_2SiCl_3+3MeOH \longrightarrow CH_2{=}CMeCO_2CH_2CH_2CH_2Si(OMe)_3+3HCl$$

该硅氢化反应用 Speier 催化剂和酚类阻聚剂就可以使反应正常进行，防止反应过程中聚合和凝胶化，其原因（9.2.3）已有阐述。有关醇解反应合成操作与前述其他有机氯硅烷的醇解类似，所不同者不要忘记加阻聚剂。有专利报道[27]利用硅氢反应合成甲基丙烯酰氧丙基氯硅烷时，如果加入叔胺及其盐酸盐或季铵盐中任何一种化合物作助催化剂，有利反应正常进行，并获得较好收率。常用的叔胺及盐酸盐有三乙胺、三丁胺、四甲基乙二胺、二甲基苯胺、吡啶、三乙胺盐酸盐、三丁胺盐酸盐等；季铵盐类可选用四甲基氯化铵、四甲基溴化铵、四乙基氯化铵等，其添加量为甲基丙烯酸烯丙酯量的 $1.0\times10^{-6}\sim1.0\times10^{-2}$。

（1）实例 1

装有滴液漏斗、回流冷凝器、搅拌器、温度计的 300mL 四口烧瓶中，经干燥 N_2 置换空气后，加入 126.2g（1.0mol）甲基丙烯酸烯丙酯，0.13g（甲基丙烯酸烯丙酯量的 1.0×10^{-3}）对苯二酚，0.32g（甲基丙烯酸烯丙酯量的 2.5×10^{-3}）对苯二酚单甲醚，0.05g（Pt 为 5.0×10^{-6} mol）氯铂酸的 2-乙基己醇溶液及 0.01g（甲基丙烯酸烯丙酯量的 8.0×10^{-5}）三丁胺。在 N_2 保护下搅拌升温至 100℃，然后向液面下滴入 135.5g（1mol）三氯硅烷。滴加开始立即放热，确认硅氢化反应已启动，然后在维持 100～110℃的温度下，经 3h 全量滴完。滴完后，100～110℃继续反应 2h，冷却至室温，取样用气相色谱分析，异构体的质量分数和双加成体的质量分数均为零，甲基丙烯酰氧丙基三氯硅烷的质量分数为 94.56%。

不加三丁胺，同样条件下的反应结果中，异构体的质量分数为 1.2%，双加成体的质量分数为 1.59%，甲基丙烯酰氧丙基三氯硅烷的质量分数为 88.61%。

（2）实例 2

在装有滴液漏斗、回流冷凝器、搅拌器及温度计的 5L 四口烧瓶中，经 N_2 充分置换后，向其中加入 1891.5g（15mol）甲基丙烯酸烯丙酯，1.47g 氯铂酸的 2-乙基己醇溶液（相当 Pt 的量为 1.0×10^{-5} mol）及 11.8g 的 2,2-硫-二亚乙基-双［3-(3,5-二叔丁基-4-羟苯基）］丙酸酯，在 N_2 保护下，搅拌升温至 100℃。然后开始滴加三氯硅烷，立即有反应热产生表示硅氢化反应启动，在保持 90～100℃下经 5～6h 将 2031g（15mol）三氯硅烷全量滴入。滴完后，将反应物在90～100℃继续搅拌反应1h。冷却至室温，气相色谱分析，甲基丙烯酰氧丙基三氯硅烷的收率为95.6%。

(3) 实例3

装有回流冷凝器、温度计、搅拌器的500mL四口烧瓶中，在以1.2mL/min流速通入氧的体积分数为1%的干燥 N_2 下，加入190g (1.51mol) 甲基丙烯酸烯丙酯，0.6g 6-乙氧基-2,2,4-三甲基-1,2-氢化喹啉。搅拌下升温至60℃，加入氯铂酸10%异丙醇溶液0.45g。然后，由滴液漏斗徐徐滴入211g (1.56mol) 三氯硅烷；通过滴加速度控制反应温度在50～60℃。滴完后，继续搅拌30min。取样，气相色谱分析，甲基丙烯酸烯丙酯完全转化为甲基丙烯酰氧丙基三氯硅烷，对反应物作有无聚合物检出试验（与己烷混合，不变浊）确认反应物中不含聚合物。反应产物不用分离，在水流吸气器（aspirator）减压下（13.2～19.8kPa），去低沸物，再用194g甲醇直接甲氧化，产物经气相色谱分析，甲基丙烯酰氧丙基三甲氧基硅烷的纯度为98.0%。

(4) 实例4

装有温度计、搅拌器、冷却器、滴液漏斗及通 N_2 管的四口烧瓶中，加入63g (0.5mol) 纯度99%、烯丙醇的质量分数为 1.0×10^{-4}、水分的质量分数为 8.0×10^{-5} 的甲基丙烯酸烯丙酯，0.05mL的氯铂酸 ($H_2PtCl_6\cdot H_2O$) 异丙醇溶液（相当于Pt 5.0×10^{-6} mol），0.0016g三丁胺（甲基丙烯酸烯丙酯量的 2.5×10^{-5}），0.063g对苯二酚单甲醚（甲基丙烯酸烯丙酯量的 1.0×10^{-3}），0.095g 2,6-二叔丁基-4-甲酚（甲基丙烯酸烯丙酯量的 1.5×10^{-3}）。N_2 保护及搅拌下，加热至80℃，经3h徐徐向其中滴入73.2 g (0.54mol) 三氯硅烷，滴完后继续反应2h。然后，在80℃向反应物中徐徐滴入50g甲醇，滴完后减压下除掉HCl，得反应产物。经GC分析计算甲基丙烯酰氧丙基三甲氧基硅烷的粗品收率为94%，将其在93℃、40Pa下蒸馏精制后，收率为89%。在反应及蒸馏过程中无凝胶生成。

9.2.5 制备甲基丙烯酰氧烃基硅烷偶联剂的阻聚及其机理

9.2.5.1 合成反应、蒸馏和贮存过程中产物聚合和凝胶化

（甲基）丙烯酰氧烃基的硅烷偶联剂及其合成原料，在合成过程中都容易发生聚合或凝胶化，粗产品在精馏纯化操作中聚合、凝胶化也时有发生，还有用户称：该硅烷偶联剂在贮存或使用过程中物料变稠或水溶性不好以致影响应用效果。以上在合成、纯化和贮运过程所产生的不良弊端，其根本原因在于具（甲基）丙烯酰氧烃基的偶联剂类似于甲基丙烯酸甲酯易被自由基或离子引发聚合和交联。因此选择合适的物质作为阻聚剂，用以抑制自由基产生，转移自由基，或终止链的增长，从而可达到阻止聚合、防止凝胶化的目的。如此措施已成为生产具甲基丙烯酰氧烃基硅烷偶联剂的重要技术之一。如何选好阻聚剂，关键要搞清楚引起这类硅烷偶联剂及合成它的原料聚合或凝胶化的自由基是如何产生的，才有可能找到最适合的阻聚和应用方法。

反应温度过高，长时间在高温下加热、光照射等都可以使具甲基丙烯酰氧丙基类化合物产生自由基，可以引发合成原料和产物聚合交联，这种现象如同甲基丙烯酸甲酯在没有

阻聚剂存在下，加热、光照射很容易产生自由基引发聚合一样。加入过氧化物、偶氮化物以及一些金属化合物或离子也可以引发聚合。因上述情况产生自由基通常加入一些酚类阻聚剂都能有效地抑制聚合反应发生。在催化剂存在下三氯硅烷与甲基丙烯酸甲酯或甲基丙烯酸烯丙酯进行硅氢化反应，加入2,6-二叔丁基酚类化合物也能阻止聚合反应发生，得到高选择性和高收率的目的产物。

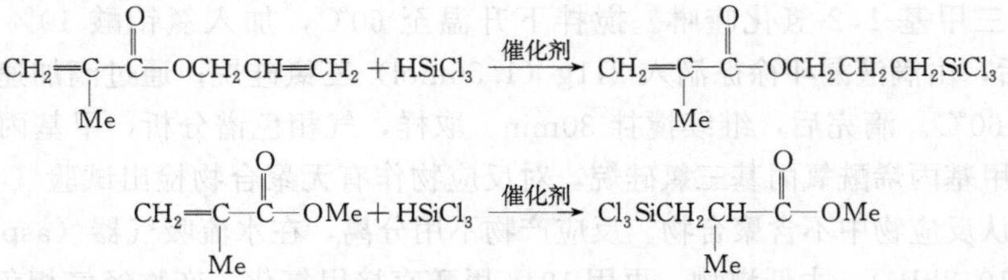

$$CH_2{=}C(Me){-}C(=O){-}OCH_2CH{=}CH_2 + HSiCl_3 \xrightarrow{\text{催化剂}} CH_2{=}C(Me){-}C(=O){-}OCH_2CH_2CH_2SiCl_3$$

$$CH_2{=}C(Me){-}C(=O){-}OMe + HSiCl_3 \xrightarrow{\text{催化剂}} Cl_3SiCH_2CH(Me){-}C(=O){-}OMe$$

如果以含氢烷氧基硅烷取代含氢氯硅烷进行上述硅氢化反应，仅加入酚类阻聚剂就很难得到高收率的目的产物，当催化剂配体选择不当，也可能在反应过程中即凝胶化。其原因除含氢烷氧基硅烷不像含氢氯硅烷中的氯有利于自由基转移外，还可能在于含氢烷氧基硅烷在硅氢化催化剂存在下更易发生重分配反应，随之发生脱氢和衍生出硅—硅键合的副产物。含氢烷氧基硅烷及其脱氢衍生的硅-硅键合副产物，在铂催化剂催化下可以均裂产生自由基，从而引发具（甲基）丙烯酰氧基化合物的聚合凝胶化，因此重视这类自由基产生，对防止引发聚合交联导致凝胶化是关键所在，对这方面的认识往往易被忽视。

9.2.5.2　常用的阻聚剂

阻聚剂的作用在于阻止链增长，它们的化学结构中往往带有活泼氢的基团，引发具甲基丙烯酰氧基团的化合物聚合过程中，被引发产生或链增长的自由基可以从阻聚剂分子上夺取阻聚剂分子中氢原子，从而将阻聚剂分子变成自由基形式，如此新生的阻聚剂分子自由基稳定性很强，失去了引发聚合反应的能力，从而发生缓聚或阻聚。

迄今适合作为具（甲基）丙烯酰氧烃基硅烷偶联剂制备的阻聚剂有酚类化合物、芳香仲胺类化合物、氨（胺）亚烷基酚类化合物、N,N'-二烃基-P-醌亚胺化合物和吡啶类氮氧自由基等五类，它们中最具代表的化合物有如下品种[30～33]。

(1) 酚类阻聚剂

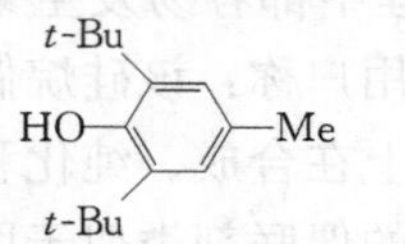

2,6-二叔丁基-4-甲基苯酚 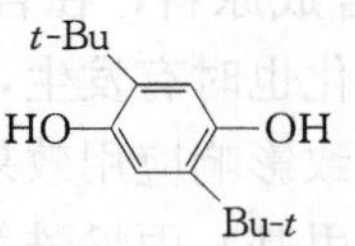　2,5-二-*t*-丁基对苯二酚(DBH) 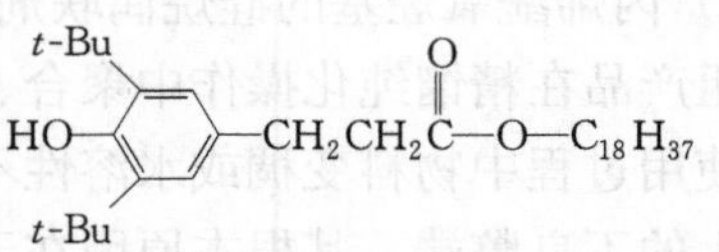　*P*-丙酸十八酯基-2,6-二叔丁基苯酚(Irganox® 1076)

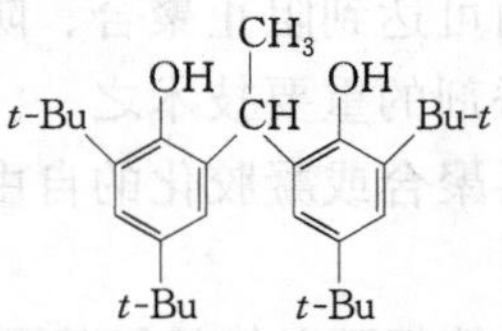

2,2′-亚乙基-双(4,6-二-*t*-丁基酚)(ISONOX® 129)　4,4′-亚甲基-双(2,6-二-*t*-丁基酚)(Ethanox® 702)

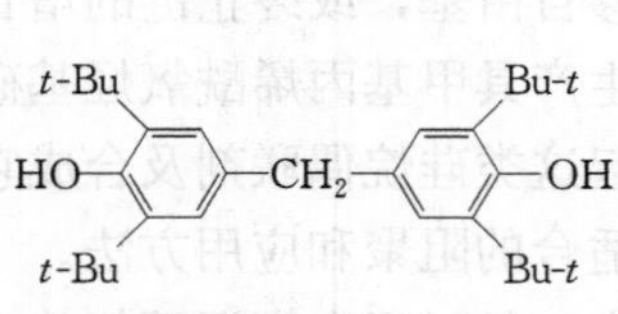

酚类阻聚剂中的羟基邻位有大的叔丁基的化合物常被称为阻碍酚。这类化合物颜色很浅，大家都喜欢使用它，其中2,6-二叔丁基-P-甲酚沸点与甲基丙烯酰氧丙基三甲氧基硅烷沸点接近，蒸馏时易混入产物中，Irganox® 1076，ISONOX® 129，Ethanox® 702等这些阻碍酚分子量大，作为高温阻聚剂有优势，在有机物中相容性也较好。使用者应注意2,6-二叔丁基-4-甲酚在空气中的氮氧化物影响下易产生下述醌式结构黄色物质：

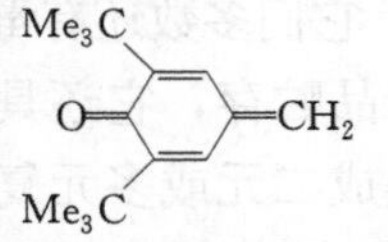

Me_3C … O= … $=CH_2$ … Me_3C

苯醌甲基化物（quinine methide）

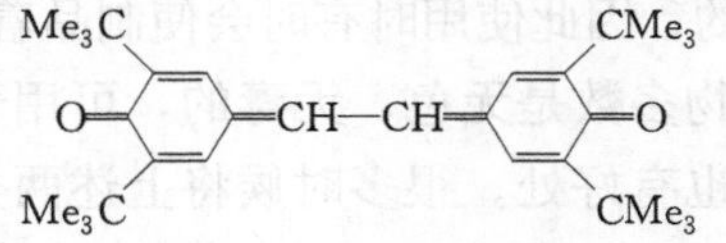

Me_3C … O= … =CH—CH= … =O … CMe_3 … Me_3C … CMe_3

芪醌（stilbene quinine）

（2）芳香仲胺类阻聚剂

常用的化合物有三种，它们的化学结构如下：

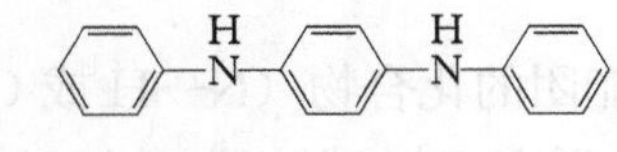

N,N'-二苯基-P-苯二胺（DPPD） 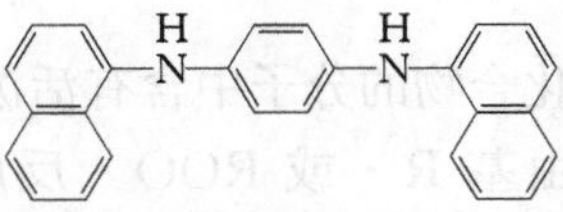　　N,N'-二萘基-P-苯二胺（DNPD） 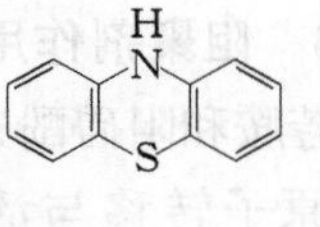　　吩噻嗪（PTZ）

吩噻嗪有阻聚作用，虽不理想，但在多种硅烷偶联剂合成时都使用它，因它还是种有效的催化剂助剂。DPPD和DNPD在高温下有较好阻聚作用，是抗氧剂，其不足之处是颜色深。它们常和阻碍酚配合一起使用，取得良好效果。

（3）N,N'-二烃基-P-醌亚胺类化合物阻聚剂

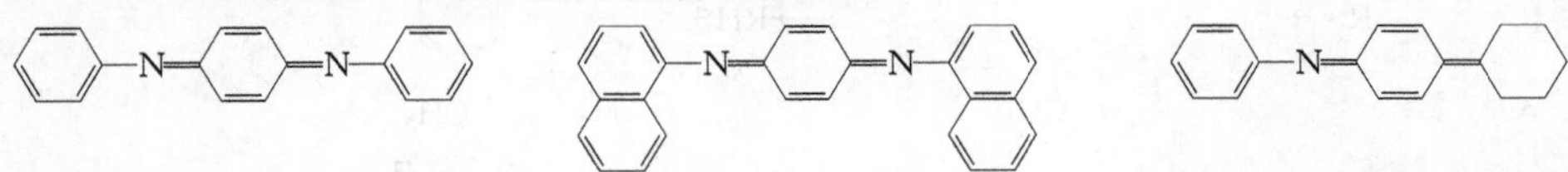

N,N'-二苯基-P-醌二亚胺　　N,N'-二萘基-P-醌二亚胺　　N-苯基-N'-环已基-P-醌二亚胺

这类对醌二亚胺化合物是上述芳香仲胺类化合物通过氧化衍生的一类阻聚剂，专利报道称它的阻聚性能优于芳香仲胺类阻聚剂。

（4）氨亚烷基酚类化合物阻聚剂

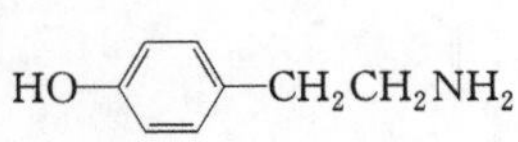

HO—C_6H_4—$CH_2CH_2NH_2$

4-(2-氨乙基)酚

HO—(2,6-t-Bu)C_6H_2—$CH_2N(CH_3)_2$

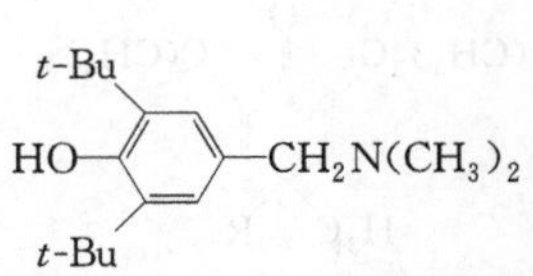

4-(N,N-二甲基氨甲基)-2,6-二-t-丁基酚（Ethanox® 703）

（5）哌啶氮氧自由基类阻聚剂

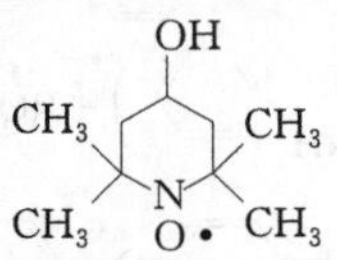

4-羟基-2,2,6,6-四甲基哌啶-1-氧自由基

4-Hydroxy-TEMPO free radical（阻聚剂ZJ701）

哌啶类氮氧自由基是近代发现的新型稳定的自由基，请注意这种自由基文献中有时用代号 >N—O· 表示。这类阻聚剂可以通过自由基偶合反应或歧化反应有效捕捉反应体系

中的活性自由基，生成比自由基稳定的 RON< 分子。该化合物具多种用途，研究者将其制备成保持功能的衍生物或固载化，文献有较多报道，读者可以参见。

上述阻聚剂中胺类化合物的抗氧性能通常比酚类化合物优越，具有优良的抗热氧效能，因此常在蒸馏过程中加入这类化合物。但胺类化合物在空气中和光作用下会产生颜色，且它本身多是带色的，因此使用时有时会使制品着色。此外，它们多数还有毒性，应予以注意。

酚类化合物多数是无色、无毒的，可用于反应和产品贮存，它还具挥发性，在精馏过程中加入一些也有好处。很多时候将上述两类阻聚剂组成二元或多元复合物来使用。

除了上述一类阻聚剂外，还有其他的游离基捕获体，如醌、炭黑和卤化铜等以及电子给予体如叔胺和三苯基膦等。它们与游离基 $RO_2\cdot$ 相遇时，发生电子转移（给予）而使活性游离基终止。

9.2.5.3　阻聚剂作用机理

仲芳胺和阻碍酚这两类化合物的分子中含有活泼氢官能团的化合物（N—H 或 O—H）。由于氢原子转移与活性自由基 R· 或 ROO· 反应生成稳定 RH 或大分子氢过氧化物（ROOH），以及稳定好、不能引发聚合的自由基 ArO·，从而终止了链的增长反应。下面以 2,6-二叔丁基-4-甲酚和 N,N'-二苯基-对苯二胺为例说明链增长的抑制机理[34]：

（1）酚类阻聚剂阻聚机理

$$R\cdot + (CH_3)_3C\text{-}C_6H_2(OH)(CH_3)\text{-}C(CH_3)_3 \longrightarrow RH + (CH_3)_3C\text{-}C_6H_2(O\cdot)(CH_3)\text{-}C(CH_3)_3$$

$$\left[(CH_3)_3C\text{-}C_6H_2(O\cdot)(CH_3)\text{-}C(CH_3)_3 \rightleftharpoons (CH_3)_3C\text{-}C_6H_2(=O)(\cdot CH_3)\text{-}C(CH_3)_3\right] + R\cdot \longrightarrow$$

$$(CH_3)_3C\text{-}C_6H_2(=O)(H_3C)(R)\text{-}C(CH_3)_3 \longrightarrow RH + (CH_3)_3C\text{-}C_6H_2(=O)_2\text{-}C(CH_3)_3$$

（2）芳香仲胺类阻聚机理

$$ROO\cdot + C_6H_5\text{-}NH\text{-}C_6H_4\text{-}NH\text{-}C_6H_5 \longrightarrow ROOH + C_6H_5\text{-}\dot{N}\text{-}C_6H_4\text{-}NH\text{-}C_6H_5$$

$$\left(C_6H_5\text{-}\dot{N}\text{-}C_6H_4\text{-}NH\text{-}C_6H_5 \rightleftharpoons C_6H_5\text{-}N{=}C_6H_4{\cdot}\text{-}NH\text{-}C_6H_5\right) + ROO\cdot \longrightarrow$$

$$C_6H_5\text{-}N{=}C_6H_4(OOR)\text{-}NH\text{-}C_6H_5 \longrightarrow ROOH + C_6H_5\text{-}N{=}C_6H_4{=}N\text{-}C_6H_5$$

（3）哌啶类氮氧自由基阻聚原理[33]

哌啶氮氧自由基（SN—O·）作为自由基捕捉体，不但不会与可聚合的单体作用产生活性链，还能有效捕捉活性链上的自由基生成稳定的RON〈 分子，从而起到阻聚作用。它还能捕捉可能引发产生活性链的自由基，从源头阻止聚合反应产生。哌啶类氮氧自由基是通过偶合反应和歧化反应发挥阻聚作用。

偶合反应：$N—O\cdot + R—\dot{C}—R' \longrightarrow R—CH(R')—O—N\langle$

歧化反应：$N—O\cdot + R—\dot{C}—R' \longrightarrow R═C—R' + HO—N\langle$

9.3 相转移催化反应及其用于甲基丙烯酰氧烃基硅烷偶联剂的合成

通常不能互溶、处于两相的物质很难进行化学反应，但早在 20 世纪 40 年代就有人发现季铵盐能加速非均相反应。波兰 Makosza 于 1965 年开始发表一系列关于用季铵盐催化两相间烷基化反应的文章。后来美国的 Starks 和瑞典的 Brändstrom 分别又作了许多这方面的研究，使其在不相溶的两相之间的化学反应中的应用范围扩大，而且合成反应的操作也大大简化，很多难以进行的反应都能很好地发生。例如：氯代辛烷与氰化钠一起加热 14 天毫无作用，如果加入少量的季铵盐搅拌不到 2h 反应即完成 99%。这种神奇的合成方法在 3-甲基丙烯酰氧丙基三甲氧基硅烷偶联剂的合成研究中也得到应用：1967 年日本专利[34] 报道他们将 124g（1mol）甲基丙烯酸钾盐和过量的 3-氯丙基三甲氧基硅烷 992.5g（5mol）反应物中加入四甲基氯化铵（0.67g）和阻聚剂 *N*,*N*-二萘基-*P*-苯二胺（2g）在 170～175℃下加热 3h，得到了 211g（0.85mol）的 3-甲基丙烯酰氧丙基三甲氧基硅烷。采用类似方法还制备了 γ-丙烯酰氧丙基三甲氧基硅烷。从此包括我国在内的很多小组开展相转移催化合成硅烷偶联剂的研究，现在已有 3-甲基丙烯酰氧丙基三甲氧基硅烷偶联剂在内的几种硅烷偶联剂合成有关的相转移催化技术用于生产。

9.3.1 相转移催化反应及其催化剂概述

大家比较熟悉的相转移催化反应是利用催化剂使处于互不相溶的两种溶液（例如水/二氯甲烷）中的化合物之间反应，或加快这两者之间的反应速率。实际上还有无水相的固/液两相之间相转移反应，硅烷偶联剂 3-甲基丙烯酰氧丙基三甲氧基硅烷的合成就是实例。能够促进互不相溶两相化合物反应的物质为相转移催化剂（phase-transfer catalysts，缩写为 PTC），这种 PTC 加速的反应过程即为相转移催化过程[35]。

相转移催化剂通常分为两类：鎓盐型和聚醚型。鎓盐型相转移催化剂的作用是穿过两相界面将起反应的负离子转移到有机相，使它与有机相中的底物作用，并把反应中的另一种负离子带回水相（或未反应固体物料表面），催化剂本身没损耗，只起到重复“转送”负离子的作用。鎓盐类（onium）相转移催化剂主要由周期表中第Ⅴ族元素组成。最常用的是季铵盐（如 $R_3\overset{\oplus}{N}R')Cl^{\ominus}$，季鏻盐（如 $R_3\overset{\oplus}{P}R')X^{\ominus}$ 和吡啶烃基卤化物（如 吡啶鎓（4-R，N-R′） ）$Cl^{\ominus}$ 和一些含氮的杂环卤化物，甚至一些叔胺也可用作催化剂等。当烷基相同时，催化能力具下列次序：$R_4NX>R_4PX>R_4AsX>R_4SbX$。鎓盐通常以通式 Q^+X^- 表示，这类催化剂须有适当的水溶性和脂溶性。水溶性使 $Q^{\oplus}$ 与水中阴离子形成离子对，脂溶性指形成的离子对能进入有机相，一般要求烃基的总碳原子数要大于 12，常用的一些鎓盐催化剂列于表 9-3。

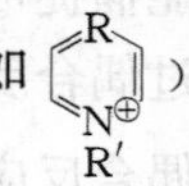

表 9-3 常用鎓盐型催化剂

鎓盐催化剂	名称	缩写
$Bu_4{}^nNI$	四丁基碘化铵	TBAI
$Bu_4{}^nNBr$	四丁基溴化铵	TBAB
Bu_4PCl	四丁基氯化鏻	TBPC
Bu_4PBr	四丁基溴化鏻	TBPB
$(C_6H_5)_4PCl$	四苯基氯化鏻	TPPC
$[Bu_4\overset{\oplus}{N}]HSO_4^{\ominus}$	四丁基硫酸氢铵	TBAB
$[Et_3\overset{\oplus}{N}CH_2C_6H_5]Cl^{\ominus}$	苄基三乙基氯化铵	BTEAC
$[Me_2\overset{\oplus}{N}(C_{12}H_{25})CH_2C_6H_5]Br^{\ominus}$	新洁尔灭	DBMAB
$[C_{12}H_{25}\overset{\oplus}{N}Et_3]Br^{\ominus}$	十二烷基三乙基溴化铵	LTEAB
$[C_{16}H_{33}\overset{\oplus}{N}Me_3]Cl^{\ominus}$	十六烷基三甲基氯化铵	CTMAC
$[Py^{\oplus}C_{12}H_{25}]Br^{\ominus}$	吡啶十二烷基溴化物	PyDB
$[Py^{\oplus}C_8H_{17}]Cl^{\ominus}$	吡啶辛基氯化物	PyDC

冠醚、开链聚乙烯醚不同于鎓盐（Q^+X^-）类催化剂，它是阳离子 Q^+ 与水中阴离子形成离子对，利用醚链配合一个阳离子，形成离子复合物，随即溶于有机相使反应得以进行。例如 $KMnO_4$ 不溶于非极性溶剂，加入冠醚后，K^+ 居于冠醚中心，与其周围的许多氧原子形成 P 电子-离子复合物，反应式如下：

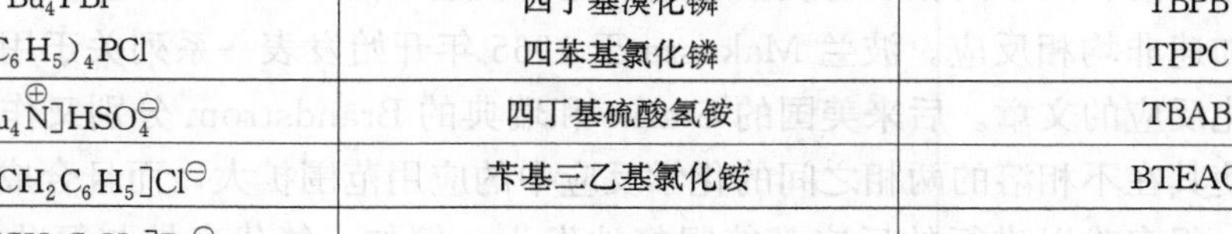

$$KMnO_4 + \text{二苯并-18-冠-6} \rightleftharpoons [\text{二苯并-18-冠-6}\cdot K]^+ MnO_4^-$$

带入有机相的 MnO_4^- 由于在非质子溶剂中呈非溶剂化状态，被称为“裸离子”，活性很大，氧化能力很强，在有机相发生氧化反应。

开链聚乙烯醚属于非离子型表面活性剂，价格较便宜，利用$\text{+}CH_2—CH_2—O\text{+}$单元与阳离子配合而将无机盐溶解成均相，如下图所示：

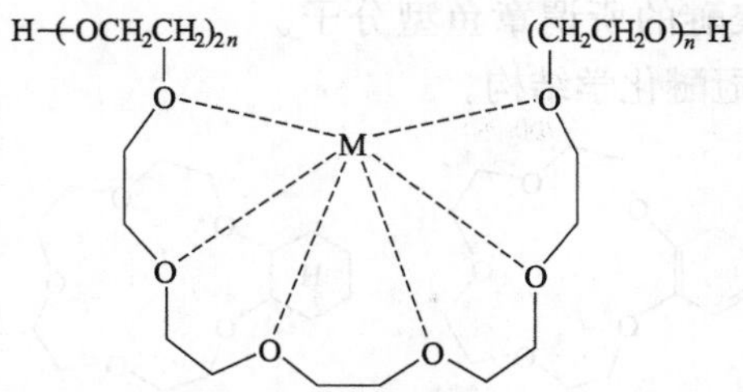

我们曾研究具聚醚侧链的聚硅氧烷的相转移催化作用，表明它是一类高分子负载的相转移催化剂，人们形象地称之为章鱼型分子。将具相转移催化功能的季铵基团通过烃基固定在 SiO_2 等无机载体上，将相转移催化剂固相化，便于回收反复使用也是有关研究的内容之一。

基于冠醚或聚醚的作用原理，固-液两相反应时，催化剂选用冠醚或类似物效果可能优于𬭩盐类。冠醚可以与固体反应物作用生成配合物，然后溶解在反应介质中。这在硅烷偶联剂合成中已有很好实例，如 1977 年日本专利[36] 报道了很有说服力的研究结果，他们利用单环冠醚 18-冠-6，苯并 15 冠-和多环冠，1,10-氮杂-4,1,13,16,21,24-六氧杂双环-[8,8,8]二十六烷（N O O O O O O N）等作催化剂，催化合成了 γ-甲基丙烯酰氧丙基三甲氧基硅烷（WD-70）。

将 31g（0.25mol）的 $CH_2=CMeCO_2K$，50g（0.252mol）$ClCH_2CH_2CH_2Si(OMe)_3$ 为原料，加入 0.05g18-冠-6 作催化剂，0.5g*N*，*N*-二萘基-*P*-苯二胺作阻聚剂，在 DMF 中搅拌加热至 155℃反应，历时 1.5h，获得 61.5g（0.248mol）目的产物，甲基丙烯酰氧丙基三甲氧基硅烷收率达到 99%以上。

相转移催化反应机理有几种，其中以两相（水-有机相）为例予以说明：当催化剂为𬭩盐（Q^+X^-）时，其反应过程可分为萃取和反应两个阶段。催化剂在水相与溶于水相的反应物（M^+Nu^-）作用，形成离子对 Q^+Nu^-，该离子对能进入有机相。由于 Nu^- 在有机相中溶剂化程度大为减少，具有很高的活性，与有机相的反应物 RX 反应，生成产物 RNu 和 Q^+X^-，而其 Q^+X^- 再转入水相，可循环使用。整个催化过程示意如下：

水相　$Q^+X^- + M^+Nu^- \overset{(1)}{\rightleftharpoons} Q^+Nu^- + M^+X^-$

界面　(4) ⇅ ----------------------------- ⇅ (2)

有机相　$Q^+X^- + RNu \overset{(3)}{\rightleftharpoons} Q^+Nu^- + RX$

如果所用催化剂亲脂性很强，它的正离子在水相浓度很小，大部分在有机相，则与水相反应物负离子的交换只可能在界面进行。

当以中性聚醚为催化剂催化羧酸盐和卤代烷固/液两相相互反应时，则冠醚与盐阳离子配合后将羧酸盐溶入有机相中，随之完成羧酸 *O*-烷基化（脱盐缩合）反应。固/液两相转移催化反应可选用非质子溶剂（如 DMF），亦可不用溶剂。上述文献［36］合成 3-甲基丙烯酰氧丙基三甲氧基硅烷实例即可说明：聚醚包括冠醚、杂原子冠醚、开链聚乙烯醚和侧链为聚醚的所谓章鱼型分子。

下面介绍一些常用的冠醚化学结构。

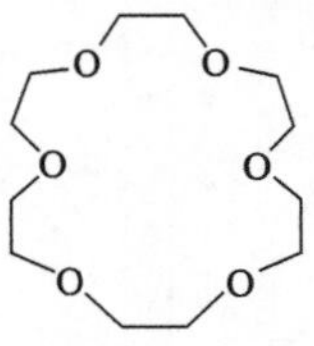

十八冠-六 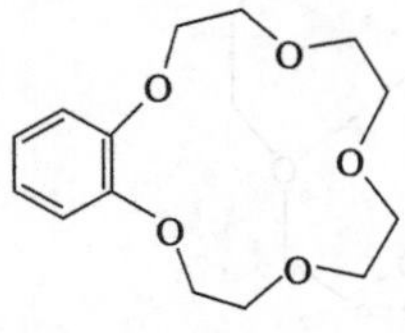　　苯并十五冠-五 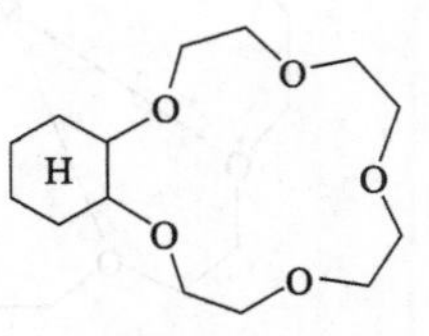　　环己基十五冠-五 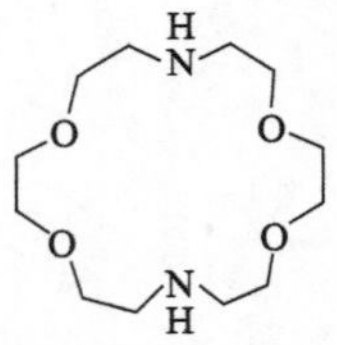　　二氮杂十八冠-六

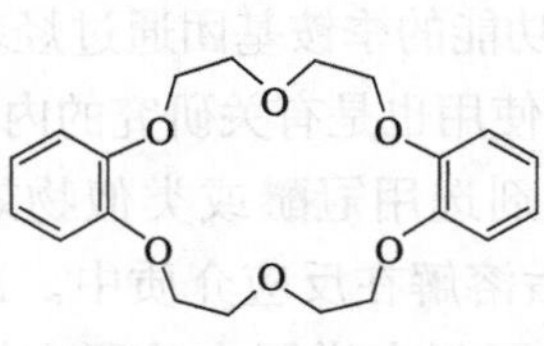

二苯并十八冠-六 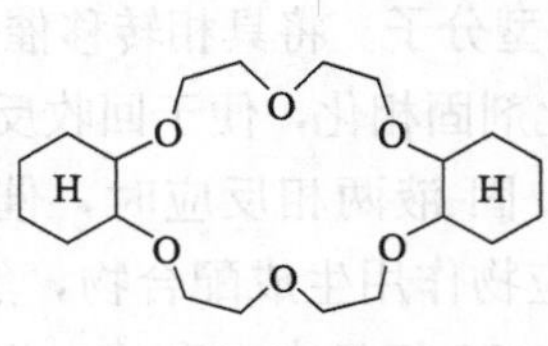　　二环己基十八冠-六 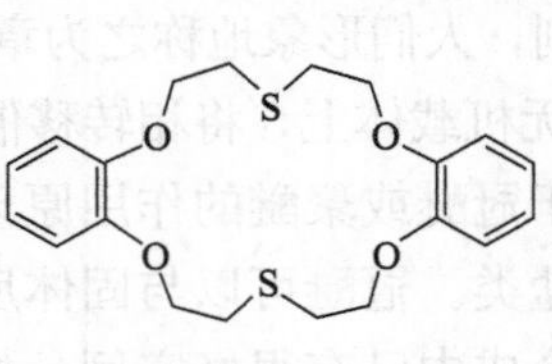　　二硫杂二苯并十八冠-六

在相转移催化反应里，不同催化剂可使反应速率常数相差高达两万倍，可见选择适当的催化剂是非常重要的。相转移催化剂用量也影响反应和目的产物收率。催化剂用量如果过大则发生副反应。正常情况用量为1%～5%（摩尔）。

水-有机两相反应时，催化剂一般用鎓盐类比用冠醚效果要好。选择时首先要求催化剂的脂溶性和水溶性要适当，脂溶性与溶剂的极性有关。如选用非极性溶剂，则要求含碳原子数较多的季铵盐作催化剂；反应溶剂为二氯乙烷，相对催化剂所含碳原子数可少一些。催化剂中的阴离子，如氢代一价、氢代二价的酸根离子对于小的阳离子（Bu_4N^+），比相应的二价、三价酸根阴离子萃取效果好（$HSO_4^- > SO_4^{2-} > H_2PO_4^- > HPO_4^{2-} > PO_4^{3-}$）而当$Q^+$较大时，$Q_2SO_4$萃取速度要快于$Q^+HSO_4$。最后是反应物中的阴离子$Y^-$与催化剂中的阴离子$X^-$亲核性差距要大，则反应容易进行。

冠醚的结构和它的孔穴大小、电荷分布以及所带的官能团影响着它的配位能力，即影响催化能力。

相转移催化合成反应是否用溶剂取决于反应体系。比如硅烷偶联剂的合成通常是固/液两相中进行，因为反应产物和原料都是具硅官能团的化合物易水解缩合，很少用相转移催化剂催化。

非质子极性溶剂很多，如二甲基甲酰胺（DMF）、二甲基乙酰胺（DMAc）、二甲亚砜（DMSO）、*N*-甲基四氢吡咯酮（NMP）、六甲基磷酰三胺（HMPA）等适合亲核取代合成硅烷偶联剂需要，但反应速率较慢，还需在较高温度下进行。高温对于易聚合的含丙烯酰氧烃基的硅烷偶联剂就不适合。此外，溶剂成本过高，难于纯化，难于保持绝对干燥，难于回收，因此这些溶剂实际上不适于生产中应用。

9.3.2 相转移催化合成甲基丙烯酰氧烃基硅烷偶联剂

采用相转移催化合成法制备甲基丙烯酰氧丙基硅烷偶联剂是以甲基丙烯酸钾（钠）和

氯代烃基烷氧基硅烷为原料，在相转移催化剂作用下，甲基丙烯酸钾（钠）盐与氯代烃基硅烷［如 $ClCH_2CH_2CH_2Si(OMe)_3$ 等］之间发生烷基取代反应（*O*-烷基化反应），即大家习惯称之为脱盐缩合反应，该反应用非质子溶剂（如 DMF 或甲苯等）或不用溶剂都可以得到目的产物。甲基丙烯酰氧丙基三甲氧基硅烷的生产中可用两种原料不同的工艺过程获得目的产物。

$$CH_2{=}C(Me){-}COOMe + NaOH \xrightarrow[-MeOH]{} CH_2{=}C(Me){-}C({=}O)ONa \xrightarrow[-NaCl]{ClR'SiMe_n(OR)_{3-n}} CH_2{=}C(Me){-}CO_2R'SiMe_n(OR)_{3-n}$$

$$CH_2{=}C(CH_3){-}COOH + MeONa \xrightarrow[-MeOH]{} CH_2{=}C(Me){-}C({=}O)ONa \xrightarrow[-NaCl]{ClR'SiMe_n(OR)_{3-n}} CH_2{=}C(Me){-}CO_2R'SiMe_n(OR)_{3-n}$$

上述两反应式表明采用相转移催化合成法制备含甲基丙烯酰氧烃基的硅烷偶联剂的品种很多，如果生产者想得到某一品种，只需改变氯烃基硅烷化合物中的 R′或 R 的化学结构，就可以达到目的。合成反应能否高效率、高收率和低成本的获得目的产物，根据文献总结和我们的实践经验则主要取决于甲基丙烯酸盐的质量及其含水量和催化剂的品种与用量，阻聚剂的选用也很重要。

9.3.2.1 相转移催化合成甲基丙烯酰氧烃基硅烷偶联剂的原料

（1）氯代烃基烷氧基硅烷

相转移催化合成甲基丙烯酰氧烃基硅烷偶联剂的原料之一是 γ-氯代（或 α-氯代、δ-氯代……）烷基烷氧基硅烷，β-氯代烷基硅烷因有机硅化合物的 β 效应，在反应条件 ≡Si—C 键易于断裂下不能作为合成原料，芳基上的卤代物因其反应性能差，也不能用于作为该合成方法的原料（有关氯代烷基硅烷合成方法与性质请参见本书第 4 章和第 5 章）。它们在相同的反应条件下用于合成，（α、γ 或 δ）-氯代烷基烷氧基硅烷中的亚烷基链的长短在一定范围变化对反应收率影响不大，这从表 9-4 实验结果[37] 得到证实。

表 9-4 氯代烷基三烷氧基硅烷对合成收率的影响

氯烃基硅烷	甲基丙烯酰氧烃基硅烷偶联剂	产物收率/%
γ-Cl$(CH_2)_3Si(OEt)_3$	$CH_2{=}CMeCO_2(CH_2)_3Si(OEt)_3$	90.8
γ-Cl$(CH_2)_3Si(OMe)_3$	$CH_2{=}CMeCO_2(CH_2)_3Si(OMe)_3$	93.1
γ-Cl$(CH_2)_3SiMe(OMe)_2$	$CH_2{=}CMeCO_2(CH_2)_3SiMe(OMe)_2$	92.3
δ-Cl$(CH_2)_4Si(OMe)_3$	$CH_2{=}CMeCO_2(CH_2)_4Si(OMe)_3$	91.5
α-Cl$(CH_2)SiMe_2OMe$	$CH_2{=}CMeCO_2(CH_2)SiMe_2OMe$	89

（2）甲基丙烯酸盐的影响[38]

甲基丙烯酸钠（或钾）盐尽管有商品出售，但将其用于相转移催化合成硅烷偶联剂，其质量往往难以达到使用要求。因此，生产者在条件许可情况下都希望自己制备甲基丙烯酸盐用于合成。合成甲基丙烯酸盐的原料有甲基丙烯酸甲酯或甲基丙烯酸可供选用。当以甲基丙烯酸甲酯为原料时常用 KOH（或 NaOH）水溶液将其皂化，在有阻聚剂存在下脱水干燥。当含水量在一定范围内才可用于硅烷偶联剂的合成。现将我们曾实验过的方法介绍如下。

首先配制浓度为 35%左右的 KOH（或 NaOH）水溶液，如果要便于操作，最好是配成30%以下的水溶液，如果考虑提高合成反应设备利用率，则可以配大浓度水溶液。计量的甲基丙烯酸甲酯于反应器中，充分搅拌下加入备好的氢氧化钾（或钠）水溶液，采用加入速度控制反应温度在50～70℃，直至体系内pH值达到8～9。加入甲苯和阻聚剂，利用甲苯与水形成共沸的特性，进行脱水干燥，回收甲苯可反复用于脱水。

研究表明：钾盐或钠盐都可作为合成原料，钾盐所得目的产物收率很高，但钾盐生产成本高于钠盐。应特别注意甲基丙烯酸盐的含水量对合成目的产物收率有较大影响。

（3）阻聚剂

采用相转移催化合成甲基丙烯酰氧烃基硅烷偶联剂时，合成反应、产品纯化和产品贮存都应注意加入阻聚剂，阻聚剂类型与9.2.5所述相同。真空蒸馏纯化时加入两种以上的复合阻聚剂是必需的。

（4）相转移催化剂

催化剂选择在9.3.1已有详述，很多催化剂可用于相转移催化法合成甲基丙烯酰氧烃基硅烷偶联剂，使用哪一种催化剂可参考下述相关实例。

9.3.2.2 相转移催化合成甲基丙烯酰氧丙基三甲氧基硅烷实例

（1）实例1：四丁基鏻催化合成甲基丙烯酰氧丙基三甲氧基硅烷

20世纪80年代初，日本专利[39]报道用四丁基溴化鏻（或氯化鏻）作催化剂，制备了甲基丙烯酰氧丙基三甲氧基硅烷。其操作是将等摩尔的甲基丙烯酸钾和γ-氯丙基三甲氧基硅烷于反应瓶中，搅拌下加入0.002mol的$(C_6H_5)_4PBr$催化剂和阻聚剂N,N'-二萘基-P-苯二胺，在110℃下反应3h，得到收率为94%的目的产物。如果用$(Ph_3P)_4PCl$时则只有72%。我国也有几个研究小组开展了类似工作，现将我们的实验及其体会介绍[38]如下：

将干燥好的甲基丙烯酸钾盐1.05mol，γ-氯丙基三甲氧基硅烷1mol置于甲苯中，搅拌下加入四丁基氯化鏻（0.01～0.02mol）于反应瓶中，115℃反应3.5h，真空蒸馏目的产物收率80%以上，纯度98%。

a. 参与反应的三种物料摩尔比经多次实验表明：3-氯丙基三甲氧基硅烷/甲基丙烯酸钾/催化剂＝1∶1.05∶（0.01～0.02）摩尔比较合适。在上述反应温度和反应时间下，3-氯丙基三甲氧基硅烷转化率都在95%以上，延长反应时间可全部转化。

b. 甲基丙烯酸钾盐比钠盐好，采用甲苯共沸蒸馏脱水，甲苯循环使用的方法可以保证水含量达到需要水平。用于合成的钾盐含水量越低，目的产物收率高，含水量超过5%可使催化剂中毒。

c. 溶剂用量影响反应温度和生产效率，文献报道溶剂/3-氯丙基三甲氧基硅烷以2.5∶1为好，反应温度可控制在115℃左右。放大试验其比例应降低，选择在2∶1，1∶1时，反应温度可控制在118～125℃。如此既可加快反应速率又不影响3-氯丙基三甲氧基硅烷转化率。

d. 阻聚剂以2,6-二叔丁基对甲基酚和N,N'-二萘基-P-苯二胺混合使用效果较好。但还未达到完善程度。

(2) 实例 2：三辛基甲基氯化铵催化合成甲基丙烯酰氧丙基三甲氧基硅烷[40]

实验操作在带搅拌的合成装置中进行。甲基丙烯酸 43g（0.5mol）于 450g 甲醇中，慢慢地加入 130g 10%的甲醇钾溶液使其中和，而后加入阻聚剂 N,N'-二苯基-P-苯二胺 0.3g；3-氯丙基三甲氧基硅烷（WD-31）105.2g（0.53mol）逐滴加入，同时蒸出甲醇直至反应混合物料温度升至 110℃。将反应物冷至 50℃后，加入相转移催化剂三辛基甲基氯化铵（ALIAUAT® 336）1.7g（0.04mol）；减压抽出反应物料中剩余甲醇，同时也带出 6g（0.03mol）的原料 3-氯丙基三甲氧基硅烷。搅拌下反应物加热升温至 115℃保持 1.5h，停止反应冷却后，滤去反应产生的氯化钾，滤液减压蒸馏，得目的产物 114.5g 3-甲基丙烯酰氧丙基三甲氧基硅烷收率为 92.3%。

用甲基丙烯酸钠（0.5mol）取代上述甲基丙烯酸（0.5mol），与 3-氯丙基三甲氧基硅烷（0.5mol）、三辛基甲基氯化铵（0.006mol）、N,N'-二苯基-P-苯二胺在相同的反应条件下进行实验，得目的产物 119g，3-甲基丙烯酰氧丙基三甲氧基硅烷收率为 96%。

(3) 实例 3：吡啶鎓盐催化合成甲基丙烯酰氧丙基三甲氧基硅烷[40,41]

合成物料于具搅拌的反应装置中，搅拌下进行合成反应。甲基丙烯酸 86g（1mol）用 280g 25%的甲醇钾中和，加入阻聚剂 N,N'-二苯基-P-二苯胺 0.6g 和相转移催化剂吡啶鎓盐如 $\left[(Me)_2N\text{-}C_5H_4N^{\oplus}\text{-}CH(Et)C_5H_{11}\right]Cl^{\ominus}$ 2.8g（0.009mol），搅拌下滴加 3-氯丙基三甲氧基硅烷 198.5g（1mol），且不断蒸出甲醇，加热使反应物温度升至 125℃，历时 1.5h。冷却、滤去产生的氯化钾。减压蒸馏得目的产物 230g 甲基丙烯酰氧丙基三甲氧基硅烷收率为 92.7%。

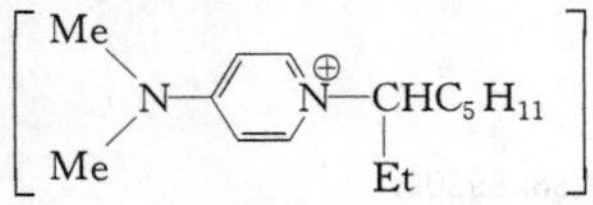

甲基丙烯酸钾代替甲基丙烯酸作为合成原料，用 1-(3-三甲氧硅丙基)-4-(二甲基胺基吡啶氯化物 $\left[(Me)_2N\text{-}C_5H_4N^{\oplus}\text{—}CH_2CH_2CH_2Si(OMe)_3\right]Cl^{\ominus}$（0.0085mol）作相转移催化剂，其他条件相同情况下进行上述反应，得到目的产物 225g，甲基丙烯酰氧丙基三甲氧基硅烷收率为 90.7%。采用上述钾盐方法，仅改变氯代烃基烷氧基硅烷化学结构，在相同条件进行实验，制备了四种不同的甲基丙烯酰氧烃基烷氧基硅烷也得到较好收率。

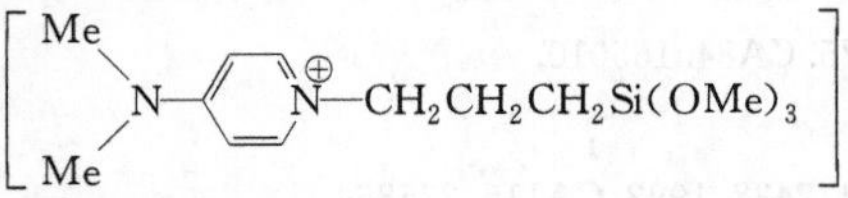

(4) 实例 4：具叔碳基团的化合物催化甲基丙烯酰氧丙基三甲氧基硅烷合成

20 世纪 90 年代初，日本报道过室温下将 $CH_2{=}CMeCOOH$ 加入含阻聚剂的甲苯中，升温至 90℃，而后加入 $(MeO)_2MeSiC_3H_6Cl$，并在 90～100℃下搅拌 3h，得到收率为 68.6%的 $CH_2{=}CMeCOOC_3H_6SiMe(OMe)_2$。

1995 年孔德雨等的专利[42] 报道称甲基丙烯酸盐和 3-氯丙基三甲氧基硅烷中加入 DMF 和阻聚剂 DNP，130～140℃下加热 2h，得到了收率为 82%的 3-甲基丙烯酰氧丙基三甲氧基硅烷。

2002 年，Wakita 等报道[43] 利用 1,8-二氮杂-双环[2,2,2]辛烷或 1,5-二氮杂-双环[4,30] 壬碳烯-5 等在环内具两个叔胺基团的环状化合物作相转移催化。催化甲基丙烯酸盐与 3-氯丙基三甲氧基硅烷相互作用，很容易实现羧酸 O-烷基化反应，获得了高收率的目的产物。其合成过程示例如下。

称取DBU0.08g（0.0005mol）作相转移催化剂，将其加入甲基丙烯酸钠盐10.8g（0.1mol），3-氯丙基三甲氧基硅烷29.8g（0.15mol），阻聚剂吩噻嗪7mg和10mL甲苯的混合物中，并在105℃下搅拌反应2h，气相色谱分析产物含量，得目的产物23.3g，3-甲基丙烯酰氧丙基三甲氧基硅烷收率为94%。

如果用甲基丙烯酸钾盐取代上述钠盐在相同条件下进行实验，气相色谱分析产物27.9g收率为96%。当改用3-氯丙基甲基二甲氧基硅烷作为烷基化原料在相同条件下进行反应得3-甲基丙烯酰氧丙基甲基二甲氧基硅烷22.5g，收率为97%。采用相同的投料比和操作条件，如果用通常的季铵盐作相转移催化剂，如四丁基溴化铵催化该反应，其收率仅30%。延长反应时间至4h，其收率上升至64%。三辛基甲基氯化铵作催化剂催化该反应，其收率为33%。延长反应时间至6h，收率为67%。如此收率与前述三辛基甲基氯化铵催化相转移催化合成甲基丙烯酰氧丙基三甲氧基硅烷收率为92.3%差距很大。其原因之一与操作条件不同有关，实例2催化剂用量大8倍（0.004mol）。

参考文献

［1］ Schlosser F，Arndt P J，Mueller M，et al. US 4745213. 1988.

［2］ Cerny O，Hajek J，Chemicky Prumysl，1977，27（11）：563-566. CA88. 89309.

［3］ 李绍雄. 高分子通讯，1959，3：355.

［4］ 黄文润. 硅烷偶联剂及硅树脂. 成都：四川科学技术出版社 2010：29.

［5］ Plueddemann E P，Clark H A. BE 613466. 1962. CA58. 40151.

［6］ Plueddemann E P，Clark H A. US 3258477. 1966.

［7］ Knorre H，Rothe W. DE 1271712. 1968. CA70. 57988.

［8］ Takamizawa M，Mayugaki T. JP 50024947. 1975. CA84. 165010.

［9］ Chu N S，Kanner B. US 4709067. 1987.

［10］ Takatsuna K，Ogawa H，Ishii M，et al. EP 472438. 1992. CA116. 235864.

［11］ Takatsuna K，Shinohara A，Ogawa H，et al. JP 04128294. 1992. CA117. 171679.

［12］ Takatsuna K，Ishikawa M，Yasuda H，et al. JP 04124192. 1992. CA117. 151150.

［13］ Takatsuna K，Shinohara A，Ogawa H，et al. JP 04117390. 1992. CA117. 131380.

［14］ Takatsuna K，Ishii M，Ogawa H，et al. JP 04117389. 1992. CA117. 131379.

［15］ Marciniec B，Gulinski J，Urbaniak W，et al. PL 158567. 1992. CA119. 181012.

［16］ 程秀红，王洪亮，罗彬，等. 有机硅材料及应用，1995，1：14-17.

［17］ Monkiewicz J，Frings A，Horn M，et al. DE 4434200. 1996. CA125：11128.

［18］ Monkiewicz J，Frings A，Horn M，et al. US 5646325. 1997.

［19］ 朱文喜，刘秀英，张治民，等. 武汉大学学报理学版，2003，49（2）：190-192.

［20］ Lang J E，Markowz G，Wewers D，et al. WO 2008017554. 2008.

［21］ Imaki N，Haji J，Misu Y，et al. EP 201919. 1986. CA106. 67484.

［22］ Brown-Wensley，Katherine A. Organometallics，1987，6（7）：1590-1591.

［23］ Tolentino L A. US 4558111. 1985.

［24］ Uehara K，Endo M，Uchida T. JP 11029583. 1999. CA130. 196758.

［25］ Kuwayama J，Yada T. JP 11100387. 1999. CA 130. 311929.

[26] Hirakawa H, Tsuchiya K, Yamauchi K. JP 2001192389. 2001. CA135. 92752.
[27] Asakura S, Kimura S, Takayanagi H. JP 2003313193. 2003. CA139. 351067.
[28] 黄莹，廖木仁，蒋旭亮. CN 101157700. 2008.
[29] Onodera S , Okawa T. WO 2004085446. 2004.
[30] Turner S M , Omietanski G M. US 5103032. 1992.
[31] Bernhardt G, Steffen K D, Haas M, et al. US 5856542. 1999.
[32] 何玉莲，赵锡武，王桂芝，等. 化工科技市场，2006，29（4）：32-34.
[33] 张先亮，陈新兰，唐红定. 精细化学品化学. 第 2 版. 武汉：武汉大学出版社，2008：230-231.
[34] Ariga K, Takamizawa M, Mayuzumi T, et al. JP 42023332. 1967. CA68：95935.
[35] 张先亮，陈新兰，唐红定，精细化学品化学. 第 2 版. 武汉：武汉大学出版社，2008：112-116.
[36] Sakurai H , Ogi K. JP 52073826. 1977. CA87. 168191.
[37] Bernhardt G, Amort J , Haas M, et al. US 4946977. 1990. CA114：6814.
[38] 张先亮，张先学，黄琼，等. γ-甲基丙烯酰氧丙基三甲氧基硅烷研究报告（内部资料）. 长沙凯门有机硅应用化学研究所. 1995.
[39] Toray Industries Inc. , JP 56104890. 1981. CA96. 52496.
[40] Bernhardt G, Steffen K D, Haas M, et al. EP 483480. 1992. CA117：112240.
[41] G. 博恩哈特，M. 哈斯，H. 克拉格尔，等. CN 101307069. 2008.
[42] 孔德雨，陈若成，王汝坤，等. CN 1109060. 1995.
[43] Wakita K, Shirahata A. US 20020115878. 2002.

第10章 硅烷偶联剂的其他重要品种

10.1 环氧烃基硅烷偶联剂

10.1.1 环氧烃基硅烷偶联剂概述

具环氧官能团的硅烷偶联剂是一类中性的硅烷化合物，品种很多，其中大家熟知的是被称为γ-(2,3 环氧丙氧) 丙基三甲氧基硅烷的化合物，商品名为 KH560、WD-60 或 A-186 的硅烷偶联剂，文献中则以γ-(glycidoxy) propyltrimethoxysilane，或 3-(oxiranyl methoxy) propyltrimethoxysilane 命名。该化合物生产较方便，使用性能好，作为商品已应用于复合材料和有机材料改性等众多领域。

含环氧基的硅烷偶联剂按其化学结构的差异，已经进行过合成研究的化合物有环氧烷基硅烷偶联剂、3,4-环氧环己烃基硅烷偶联剂和具 2,3-环氧丙氧烃基硅烷偶联剂三类，但实际应用较多的只有几个品种，现将三类具代表性的化合物的物理常数列入表 10-1，供使用者参考。

表 10-1 常用具环氧基团的硅烷偶联剂物理常数

含环氧硅烷偶联剂	沸点/℃(kPa)	相对密度(℃)	折射率(℃)
O CH_2—$CHCH_2CH_2Si(OEt)_3$	243(101.3)	0.994(20)	—
O CH_2—$CHCH_2CH_2Si(OMe)_3$	181(101.3)	1.032(20)	—
O CH_2—$CHCH_2OC_3H_6Si(OMe)_3$	120(0.27)	1.070(20)	1.428(20)
O CH_2—$CHCH_2OC_3H_6SiMe(OMe)_2$	100(4mmHg)	1.020(25)	1.4310(25)
O CH_2—$CHCH_2OC_3H_6SiMe_2(OMe)$	228(101.3)	0.960(20)	—

续表

含环氧硅烷偶联剂	沸点/℃(kPa)	相对密度(℃)	折射率(℃)
$\overset{O}{CH_2—CH}CH_2OC_3H_6Si(OEt)_3$	122～125(0.4)	1.003(25)	1.4256(25)
$\overset{O}{CH_2—CH}CH_2OC_3H_6SiMe(OEt)_2$	122～126(0.67)	0.978(25)	1.4305(25)
$\overset{O}{CH_2—CH}CH_2OC_3H_6SiMe_2(OEt)$	100(0.4)	0.947(25)	1.4337(25)
$\overset{O}{CH_2—CH}CH_2OC_3H_6Si(OSiMe_3)_3$	96(0.07)	—	—
$\overset{O}{CH_2—CH}CH_2OC_3H_6SiPh(OEt)_2$	137～141(0.01)	1.044(25)	1.4769(25)
(3,4-环氧环己基)$—CH_2CH_2Si(OMe)_3$	310(101.3)	1.07(25)	1.449(25)

上述三类含环氧基的硅烷偶联剂的合成方法除采用硅氢化反应外，还有不饱和有机硅烷化合物环氧化合成法。有机化学中合成环氧化合物的其他方法在合成具环氧基硅烷偶联剂很少使用，这与硅烷偶联剂所具硅官能团容易参与水解、醇解、缩合等亲核取代反应有关，有机合成中很多可以合成环氧化合物的反应条件，都难以保护具环氧基的硅烷偶联剂的硅官能团不受影响。

(1) 环氧烷基硅烷偶联剂

环氧烷基硅烷偶联剂的化学组成和化学分子通式可以表达如下：

$$\underset{O}{CH_2—CH}—R'—SiMe_n(OR)_{3-n}$$

R=—Me，—Et；n=0，1，2；$R'=\leftarrow CH_2 \rightarrow_m$，其中 m 为 1,2，3…；其中 m 为 0 的化合物稳定性差，也不易合成，$m \geqslant 3$ 的化合物不易得到合成原料，也很少研究。具有这类分子式的硅烷偶联剂文献中虽出现较早，可能因初期的合成方法不理想或因合成原料不易得到等原因使其没有很好发展。这种化学结构硅烷偶联剂常通过两种不同的合成步骤制备。

a. 以 ω-乙烯基环氧化物为原料，通过硅氢化反应合成具环氧烃基硅烷偶联剂，例如：

$$\underset{O}{CH_2—CH}(CH_2)_mCH=CH_2 + HSiMe_n(OR)_{3-n} \longrightarrow \underset{O}{CH_2—CH}(CH_2)_{m+2}SiMe_n(OR)_{3-n}$$

这是现代的合成方法，可获得选择性好、高收率的目的产物，如果能方便得到合成它们的原料——ω-不饱和环氧化物，这种硅烷偶联剂是可以发展的。

b. 具 ω-乙烯烃基的烷氧基硅烷化合物为原料，通过环氧化反应合成：

$$CH_2=CH(CH_2)_mSiMe_nX_{3-n} \xrightarrow{\text{过氧化物}} \underset{O}{CH_2—CH}(CH_2)_mSiMe_nX_{3-n}$$

环氧化反应通常是用有机过氧化物氧化，文献中报道的过氧化物有过氧乙酸、环己基过氧化氢、2,4-二氯过氧化苯甲酸等[1~3]。采用上述过氧化物氧化方法，目的产物收率低，操作不恰当容易发生爆炸，不宜用于生产。这种合成方法 20 世纪 60 年代以前还常在实验室用于合成环氧硅烷偶联剂，但未得到发展。

(2) 3,4-环氧环己烃基类硅烷偶联剂

这种化学结构的硅烷偶联剂是研究开发较早、用得较多的一类具环氧基的硅烷偶联剂，但至今国内还未见到生产的商品。具 3,4-环氧环己烃基类硅烷偶联剂化学通式可表达如下：

$$\text{(3,4-环氧环己基)}-(CH_2)_m SiMe_n X_{3-n}$$

$m=0、1、2, n=0、1、2, X=OMe、OEt。$

通式所示化学结构的环氧硅烷偶联剂研究开发的商品只有 $m=0$ 的 3,4-环氧环己基硅烷偶联剂和 $m=2$ 的 3,4-环氧环己基乙基硅烷偶联剂两系列，后者是西方国家应用较广的硅烷偶联剂，它是以 1-乙烯基-3,4-环氧环己烷和含氢烷氧基硅烷为原料，在铂催化剂催化硅氢化反应制备：

$$\text{(3,4-环氧环己基)}-CH{=}CH_2 + HSiMe_n X_{3-n} \xrightarrow{\text{催化剂}} \text{(3,4-环氧环己基)}-CH_2-CH_2SiMe_n X_{3-n}$$

所用催化剂及反应条件类似于 2,3-(环氧丙氧) 丙基硅烷偶联剂合成，但合成时副反应会少一些，催化合成选择性好，目的产物收率很高。国内已有研究，但没有产业化开发。

(3) γ-(2,3-环氧丙氧) 烃基硅烷偶联剂

这类具环氧基的硅烷偶联剂是当今国内外应用领域最广的一类硅烷化合物，其主要品种可用下式概括：

$$\underset{\diagdown O \diagup}{CH_2 - CH}CH_2OCH_2CH_2CH_2SiMe_n(OR)_{3-n}$$

R 为甲基或乙基, $n=0、1、2$。

这类化合物通常以烯丙基缩水甘油醚和含氢烷氧基硅烷为原料，在铂的配合物催化下进行硅氢加成反应制备：

$$\underset{\diagdown O \diagup}{CH_2 - CH}CH_2OCH_2CH{=}CH_2 + HSiMe_n(OR)_{3-n} \xrightarrow{\text{催化剂}} \underset{\diagdown O \diagup}{CH_2 - CH}CH_2OCH_2CH_2CH_2SiMe_n(OR)_{3-n}$$

硅氢化反应合成法用于生产上述化合物，在适合的催化剂和操作条件下进行反应，不仅可以得到高摩尔收率的目的产物，还有合成原料易得、生产工艺简单等特点。这些优势都是上述用 ω-不饱和有机硅化合物进行环氧化合成以及有机化学中合成环氧化物的其他方法不能与之相比的。

10.1.2 环氧烃基硅烷偶联剂反应性及其应用

该类硅烷偶联剂的硅官能团主要是烷氧基，其原因在于化合物中环氧基是具反应活性的官能团，具卤素的硅烷化合物很容易与环氧基团发生加成反应，从而很难制备具环氧基

的氯硅烷，例如：

$$\underset{\diagdown\ \diagup}{\underset{O}{R—CH——CH_2}} + Cl—Si\equiv \longrightarrow R—\underset{Cl}{\underset{|}{CH}}—CH_2OSi\equiv$$

有机硅化合物中的环氧基的化学活性类似于有机化学中的环氧化物，也易与无机酸、碱以及具活泼氢的有机化合物发生加成反应；它们之间发生加成反应时，通常在酸或碱催化下进行。在酸性条件下，加成反应可以生成伯和仲两种异构体产物，而在碱催化下则环氧开环只生成单一的具仲醇的衍生物，请参见下述有关反应式。

$$\equiv SiRCH—CH_2\ (\text{O 环}) + HCl \longrightarrow \equiv SiR\underset{OH}{\underset{|}{CH}}—\underset{Cl}{\underset{|}{CH_2}} + \equiv SiR\underset{Cl}{\underset{|}{CH}}—\underset{OH}{\underset{|}{CH_2}}$$

$$\equiv SiRCH—CH_2\ (\text{O 环}) + mNH_3 \longrightarrow [\equiv SiR\underset{OH}{\underset{|}{CH}}—CH_2]_nNH_{3-n} \quad n=1、2、3。$$

$$\equiv SiRCH—CH_2\ (\text{O 环}) + R'OH \xrightarrow{BF_3} \equiv SiR\underset{OH}{\underset{|}{CH}}—CH_2OR' + \equiv SiR\underset{CH_2OH}{\underset{|}{CH}}OR$$

$$\equiv SiRCH—CH_2\ (\text{O 环}) + R'OH \xrightarrow{碱} \equiv SiR\underset{OH}{\underset{|}{CH}}—CH_2OR'$$

$$\equiv SiRCH—CH_2\ (\text{O 环}) + R'COOH \longrightarrow \begin{cases} \equiv SiR\underset{OH}{\underset{|}{CH}}—CH_2O\overset{}{\underset{O}{\underset{\|}{C}}}R' \\ \equiv SiR\underset{OCOR'}{\underset{|}{CH}}—CH_2OH \end{cases}$$

$$\equiv SiRCH—CH_2\ (\text{O 环}) + mR'NH_2 \longrightarrow [\equiv SiR\underset{OH}{\underset{|}{CH}}—CH_2]_nNR'_{3-n} \quad n=1、2。$$

$$\equiv SiRCH—CH_2\ (\text{O 环}) + HSR' \xrightarrow{H^+} \equiv SiR\underset{OH}{\underset{|}{CH}}—CH_2SR' + \equiv SiR\underset{CH_2OH}{\underset{|}{CH}}—SR'$$

基于上述这些反应，具环氧基的有机硅烷偶联剂可以作为合成有机硅化合物中间体，用于制备一些具碳官能团的有机硅化合物，其中一些也可作为偶联剂应用。这类烷氧基硅烷偶联剂有关环氧基的反应是其被用于有机聚合物复合材料的主要性质。

具环氧的硅烷偶联剂在无水条件下，通过 BF_3 催化剂或三异丁基铝等配位催化剂可催化开环自聚或共聚。在紫外光照下利用碘盐（如 $ArI^{\oplus}AsF_6$ 等），硫盐（如 $Ar_3S^{\oplus}AsF_6$ 等）等催化剂还可催化光开环聚合或共聚。这些聚合或共聚性质，可望用于开发新型材料或用于传统有机材料进行有机硅改性。

环氧基的硅烷偶联剂的应用具广谱性，除上述反应特性外，它是一种中性化合物，它与极性或非极性的有机材料都有较好的相容性，它的贮存稳定性和使用稳定性也较好。因此，它在无机/有机复合材料中、有机聚合物材料或有机硅材料改性中都得到应用，成为硅烷偶联剂中生产量较大、发展前景很好、生产企业竞相开发的品种之一。它在有机材料工业中的具体应用可涵盖五个方面。

① 应用于有机聚合物复合材料及其制品中作为增强、耐候、抗湿、增容的偶联剂。既可用于环氧、酚醛、三聚氰胺、交联聚氨酯等热固性树脂基复合材料，也可以用于氯化

聚醚、聚酯、聚碳酸酯、聚苯乙烯、聚丙烯、聚氨酯和尼龙等热塑性树脂基复合材料。

② 具环氧硅烷偶联剂与具羟基等含活泼氢有机化合物或寡聚物反应，可以制备一些有特殊用途的新型的硅烷偶联剂或含碳官能团有机硅化合物。

③ 用它作为原料可以合成含环氧基团的有机硅大分子单体，这种单体可用于有机材料改性或作为有机/有机硅复合材料复合的增容或增黏剂。

④ 可用于制备含硅官能团的聚醚大分子的单体，这类大分子单体可用于有机硅材料改性或无机物表面处理、改善有机材料或无机物表面抗静电性、润湿性等。

⑤ 我们曾将 3-(2,3 环氧丙氧）丙基三甲氧基硅烷作为交联单体，在三异丁基铝催化下用于环氧丙烷、环氧乙烷或环氧氯丙烷等环醚化合物共聚制备聚醚橡胶或聚氯醇橡胶进行过研究。

10.1.3 均相配合催化硅氢化反应合成环氧烃基硅烷偶联剂

10.1.3.1 早期研发工作

20 世纪 50 年代末，E. P. Plueddemann 等首先报道硅氢加成反应合成了 $\underset{\text{O}}{\text{CH}_2\text{—CH}}\text{CH}_2\text{OCH}_2\text{CH}_2\text{CH}_2\ \text{SiMe}_n(\text{OEt})_{3-n}$ （$n=0$，1，2）和 (3,4-环氧环己基)$\text{—CH}_2\text{CH}_2\text{Si(OEt)}_3$ 等化合物[4]，从而揭开硅氢加成反应制备具环氧基硅烷偶联剂序幕。

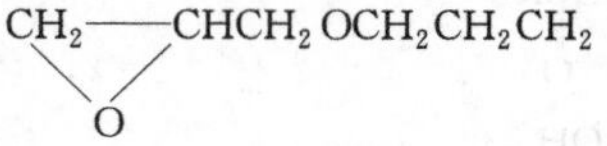

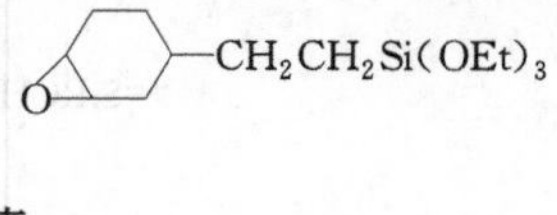

60 年代苏联研究小组连续发表论文[5,6]采用 Speier 催化剂催化硅氢化反应成功制备了 γ-(2,3-环氧丙氧）丙基三乙氧基硅烷，但收率仅为 67.5%，γ-(2,3-环氧丙氧）丙基甲基二乙氧基硅烷，其收率也只有 71.6%。我国在 20 世纪 70 年代初，上海耀华玻璃厂利用中国科学院化学所的合成技术，小批量生产 3-(2,3-环氧丙氧）丙基三甲氧基硅烷（KH560）用于玻璃钢制品开发，其收率也是 70%左右。

1971 年德国 Vahlensieck 等发表专利[7]称：他们不用 Speier 催化剂，选用了 $\left(\text{Me}_2\text{C}{=}\text{CH}{-}\overset{\text{O}}{\overset{\|}{\text{C}}}{-}\text{Me}\right)\text{PtCl}_2$ 配合物催化烯丙基缩水甘油醚与三甲氧基硅烷进行硅氢加成反应，在 130～140℃迅速反应，制备了 3-(环氧丙氧）丙基三甲氧基硅烷偶联剂，其收率达到 90%左右。如此好的合成结果，有力地促进 3-(环氧丙氧）丙基三甲氧基硅烷偶联剂的产业化开发，也激励了我们于 1972 年开始采用硅氢加成反应合成这类硅烷偶联剂及其应用研究[8]。为了规模化生产这种国内市场需求量大的硅烷偶联剂，20 世纪 80 年代武大化工厂采用管道化连续合成烯丙基缩水甘油醚，硅氢加成反应制备 3-(环氧丙氧）丙基三甲氧基硅烷，并以商品名 WD-60 批量生产，同时也开展了有成效的应用研究[9]。

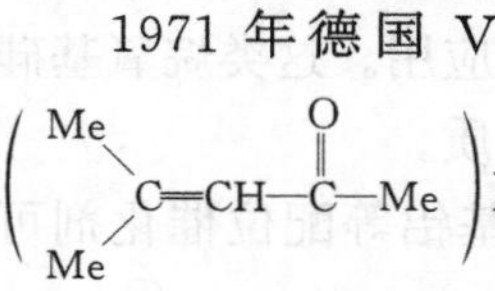

10.1.3.2 均相配合催化硅氢化反应合成环氧烃基硅烷偶联剂的副反应

硅氢加成反应制备具环氧基的硅烷偶联剂类似于用该方法合成其他有机硅化合物，从化学反应方程式表达可以认为它没有副产物，是原子利用率达 100%的绿色化学反应，硅氢加成区域选择性也是 100％的催化反应：

$$\underset{\diagdown O \diagup}{CH_2—CHCH_2OCH_2CH{=}CH_2} + HSi(OMe)_3 \xrightarrow{\text{铂催化剂}} \underset{\diagdown O \diagup}{CH_2—CHCH_2O(CH_2)_3Si(OMe)_3}$$

实际上制备目的产物所用两种合成原料在铂等过渡金属配合物作用下都可能发生副反应，从而产生或多或少的副产物及其二次反应生成物[10～12]。反应物中的副产物组成及其含量则取决于构成催化剂的过渡金属及其配体。此外，反应体系中是否加入助剂，合成反应条件是否优化，合成所用设备及其材质等都可能会影响副产物生成和含量，从而降低目的产物 3-(2,3-环氧丙氧）丙基烷氧基硅烷选择性和收率。以烯丙基缩水甘油醚和含氢烷氧基硅烷为原料，采用硅氢化反应合成 3-(2,3-环氧丙氧）丙基烷氧基硅烷时，烯丙基缩水甘油醚易异构化生成丙烯基缩水甘油醚和船式、椅式两种构型不同的 6,8-二氧杂——双环[3,2,1]辛烷。

$$CH_2{=}CHCH_2—OCH_2\underset{\diagdown O \diagup}{CH—CH_2} \xrightarrow{\text{催化剂}} Me—CH{=}CH—OCH_2\underset{\diagdown O \diagup}{CH—CH_2} + \text{(6,8-二氧杂双环[3,2,1]辛烷)}$$

这两种化合物是合成物料蒸馏纯化的轻馏分中常见到的副产物，它们的生成影响合成原料烯丙基缩水甘油醚的有效转化，降低目的产物收率。

烯丙基缩水甘油醚与含氢烷氧基硅烷，在过渡金属配合物催化下进行硅氢化反应，除主要生成目的产物 γ-加成物外，同时还有副产物 β-加成物生成：

$$\underset{\gamma\quad\beta\qquad\qquad\alpha}{CH_2{=}CHCH_2OCH_2—\underset{\diagdown O \diagup}{CH——CH_2}} + HSi(OMe)_3 \xrightarrow{cat} \begin{cases} \xrightarrow{\gamma\text{-加成}} \underset{\diagdown O \diagup}{CH_2——CH}—CH_2OCH_2CH_2CH_2Si(OMe)_3 \\ \xrightarrow{\beta\text{-加成}} \underset{\diagdown O \diagup}{CH_2——CH}—CH_2OCH_2\overset{Me}{\overset{|}{C}}HSi(OMe)_3 \end{cases}$$

烯丙基缩水甘油醚中的环氧基在一定的反应条件下，也可以发生硅氢化反应，它也会生成两种加成产物：

$$CH_2{=}CHCH_2OCH_2\underset{\diagdown O \diagup}{CH——CH_2} + HSi(OMe)_3 \longrightarrow \begin{cases} CH_2{=}CHCH_2OCH_2CH_2CH_2OSi(OMe)_3 \\ CH_2{=}CHCH_2OCH_2\overset{CH_3}{\overset{|}{C}}H—OSi(OMe)_3 \end{cases}$$

合成原料烯丙基缩水甘油醚化学结构中因具可进行硅氢化反应的乙烯基和环氧乙烷基两种官能团。它们与含氢烷氧基硅烷发生硅氢加成反应生成一次加成物后，还可能进行第二次硅氢化反应，得到沸点高于目的产物的几种加成产物，如 $(RO)_3SiCH_2CH_2CH_2—O—CH_2—CH_2CH_2OSi(OR)_3$ 等。

铂金属配合物催化硅氢化反应合成 3-(2,3-环氧丙氧）丙基三烷氧基硅烷时，目的产物在反应条件下也可以发生异构化反应，生成 1,1-(二甲氧基)-硅杂-2,5-二氧杂-3-甲氧甲基-环辛烷。

$$(MeO)_3SiCH_2CH_2CH_2OCH_2\underset{\diagdown O \diagup}{CH—CH_2} \xrightarrow{\text{催化剂}} \text{[MeO, MeO, Si···O, O, Me 中间体]} \longrightarrow (MeO)_2Si\text{[环辛烷, OMe]}$$

这种副产物因沸点近似 3-(2,3-环氧丙氧）丙基三烷氧基硅烷，很难通过精馏将其除掉，因此它常是影响产物纯度的主要因素。

三甲氧基硅烷较之于含氢氯硅烷更容易在一些催化剂（如 Speier 催化剂）或其他金属及其化合物杂质存在下发生重分配反应，从而可导致多氢硅烷化合物和四烷氧基硅烷生成，随之还会发生催化脱氢、加氢还原等反应。合成原料烯丙基缩水甘油醚，其化合物分子中存在乙烯基和环氧基，它们都可以与铂催化剂配位，只是乙烯基的配位能力更强，因此都可能在催化剂作用下发生硅氢加成反应，同时还可能发生加氢还原反应（硅氢化合物提供氢源），从而导致另一类因氢化还原副产物生成：

$$HSi(OMe)_3 \xrightarrow{催化剂} \begin{cases} Si(OMe)_4 + H_2Si(OMe)_2 \\ H_2 + (MeO)_3SiSi(OMe)_3 \end{cases}$$

$$nCH_2{=}CH{-}CH_2O{-}CH_2\underset{\diagdown O \diagup}{CH{-}CH_2} \xrightarrow[催化剂]{H_2} xMe{-}CH_2CH_2OCH_2{-}\underset{\diagdown O \diagup}{CH{-}CH_2} +$$

$$yCH_2{=}CH{-}CH_2{-}OCH_2{-}\underset{OH}{\underset{|}{CH}}{-}Me + zEtCH_2OCH_2{-}\underset{OH}{\underset{|}{CH}}{-}Me$$

此外，因硅氢化物而显现的还原作用，还很容易使铂的配合物还原成胶态铂，在反应体系中聚集形成没有催化活性的铂黑，使硅氢加成反应不能正常进行，但有利于催化副反应发生。

基于上述发生的众多副反应，既导致 3-(2,3-环氧丙氧）丙基三甲氧基硅烷催化硅氢化反应选择性不好，合成目的产物收率低，也促进了构成催化剂的过渡金属及其配体的研究，添加助剂抑制副反应的研究，以及参加反应的物料比、投料顺序和方法等一系列研究，从而使硅氢化反应合成 3-(2,3-环氧丙氧）丙基三甲氧基硅烷的收率不断提高。

10.1.3.3 均相配合催化硅氢化反应合成 3-(2,3-环氧丙氧）丙基三甲氧基硅烷

1971 年 Vahlensieck 等[7,13]报道，他们采用二氯（异亚丙基丙酮）合铂［mesityl oxide-platinumdichloride］催化烯丙基缩水甘油醚与三甲氧基硅烷的硅氢加成反应，得到了摩尔收率达 91.6％的 γ-(2,3-环氧丙氧）丙基三甲氧基硅烷，而当时氯铂酸异丙醇溶液催化相同的反应，文献报道其目的产物收率多在 70％左右。现在业已证明：除上述二氯（异亚丙基丙酮）合铂外，还有二氯（甲基乙烯酮）合铂、二氯（乙酰丙酮）合铂、二氯（乙酰乙酸乙酯）合铂、二氯（1,5-环辛二烯）合铂、1,3-二乙烯基-1,1,3,3-四甲基二硅氧烷合铂（Karstedt 催化剂）等配合物都可用于催化烯丙基缩水甘油醚硅氢化反应合成具环氧基的硅烷偶联剂。如果要得到满意的结果则应注意选用适合所用催化剂的反应条件及其工艺过程。下面介绍 Vahlensieck 的合成实例并予以讨论。

10L 的反应瓶上装有搅拌器、冷凝器和两个滴液漏斗，并分别注满烯丙基缩水甘油醚或三甲氧基硅烷两种合成原料。500mL 的烯丙基缩水甘油醚［或 γ-(2,3-环氧丙氧）丙基三甲氧基硅烷］于反应瓶中加热至 130℃。迅速搅拌下加入 1mL 的 0.01mol 的二氯（异亚丙基丙酮）合铂的丙酮溶液，并同时通过两个漏斗加入 2.85kg 烯丙基缩水甘油醚和 3.05kg 三甲氧基硅烷使其进行反应，历时约 20min。反应温度通过外部稍微加热或冷却

控制反应温度保持在 130～140℃。反应完成后减压蒸馏反应产物，得到 γ-(2,3-环氧丙氧）丙基三甲氧基硅烷 5.4kg（折合摩尔收率为 90.16%）。

Vahlensieck 等的操作特点：①首先将 500mL 的烯丙基缩水甘油醚于反应器中，加热反应温度至 130℃后，再将两种合成原料和催化剂同时加入反应区，立即发生反应；②反应开始时烯丙基缩水甘油醚过量，还起了溶剂作用；③用了有别于氯铂酸异丙醇溶液的催化剂，该催化剂是配位不饱和二价铂配合物，因此反应诱导期短，活性高；④配体是 α，β 不饱和酮，具螯合特性，且两个配位基团能力又不相同，还具适当的空间位阻，因此不仅催化剂有一定稳定性，不易失活，而且还调节了催化剂活性，有利在反应条件下催化不饱和烯丙基缩水甘油醚中的 ω-乙烯基硅氢化反应，抑制了环氧开环等其他副反应，保证硅氢加成反应优先于上述其他副反应，从而获得较高收率的目的产物；⑤该过程反应温度高，反应速度快，实践表明对于采用间歇合成工艺，批量不大的生产 3-(2,3-环氧丙氧）丙基三甲氧基硅烷是比较合适的。从而引起了研究者对生产工艺过程进一步优化研究以适应规模化工业生产。

1988 年，Takai 等[14] 研究氯铂酸异丙醇溶液催化不饱和环氧化物进行硅氢化反应，他们合成硅烷偶联剂时也利用了上述二氯（4-甲基-3-戊烯-2-酮）合铂催化三甲氧基硅烷与烯丙基缩水甘油醚的硅氢化反应，所不同者在于加入甲醇作为有利反应的助剂。在有甲醇存在下反应温度仅为 80℃，得到高摩尔收率和高选择性的 3-(环氧丙氧）丙基三甲氧基硅烷。该实验过程：首先将 0.12mol 的烯丙基缩水甘油醚和 12μL0.1mol 的二氯（异亚丙基丙酮）合铂的丙酮溶液（含 1.2×10^{-6}mol 的铂）置于反应瓶中，搅拌并加热保持在 80℃下，滴加 0.1mol 三甲氧基硅烷和 0.2mol 的甲醇混合物，历时 2h 后，再在 80℃搅拌反应 1h。色谱分析得到的目的产物含量为 90.1%，β 加成物含量仅为 0.3%。研究结果表明：降低反应温度至 80℃，利用 α，β-不饱和酮的配位的二价铂配合物为催化剂，在甲醇存在下，合成反应也可以得到高摩尔收率和高选择性的目的产物。该研究成果对采用间歇工艺规模化生产 γ-(环氧丙氧）丙基三甲氧基硅烷无疑是有益的，其生产安全性是显而易见的。

Takai 的专利还报道采用相同操作条件和过程，相同的合成原料摩尔比和催化剂用量，改变助剂甲醇用量或不同醇品种，用氯铂酸异丙醇溶液催化不饱和环氧化合物的硅氢化反应，合成了几种不同化学结构或具不同环氧基的硅烷偶联剂，并且都得到了摩尔收率高和选择性好的目的产物，请参见表 10-2。

Takai 的研究表明：在不饱和环氧化物硅氢反应过程中，低级醇对抑制 β-加成物生成是有利的。由于醇与硅氢化物，在催化剂存在下，容易醇解脱氢，醇还可以与环氧化物发生加成反应，因此加醇不仅应该适量，而且还应注意反应中加醇的方式。

羧酸也能促进过渡金属催化剂催化硅氢化反应，这发现是 Tachhikawa 等首先报道的[15]。尽管 Westmeyer 小组也研究了羧酸盐对过渡金属配合物催化 1-乙烯基-3,4-环氧己烷（CH_2=CH—⟨环己烷环—O⟩）与三甲氧基硅烷硅氢加成的影响[31]，但未涉及用于合成 3-(2,3-环氧丙氧）丙基三甲氧基硅烷。

表 10-2　不同助剂及其用量对合成具环氧烃基硅烷偶联剂的影响

环氧烃基硅烷偶联剂	摩尔收率/%	β 加成物含量/%	助剂及用量
CH_2—$CHCH_2O(CH_2)_3Si(OMe)_3$（CH_2与CH间以O桥连成环氧）	90.0	0.5	MeOH(0.2mol)
CH_2—$CHCH_2O(CH_2)_3Si(OMe)_3$（CH_2与CH间以O桥连成环氧）	91.1	0.6	MeOH(0.05mol)
CH_2—$CHCH_2O(CH_2)_3Si(OMe)_3$（CH_2与CH间以O桥连成环氧）	90.2	2.1	不加助剂
CH_2—$CHCH_2CH_2Si(OMe)_3$（CH_2与CH间以O桥连成环氧）	99.6	0.4	MeOH(0.2mol)
环氧环己基—$CH_2CH_2Si(OMe)_3$	99.2	0.3	MeOH(0.2mol)
CH_2—$CHCH_2O(CH_2)_3Si(OEt)_3$（CH_2与CH间以O桥连成环氧）	88.2	0.4	乙醇(0.1mol)
CH_2—$CHCH_2O(CH_2)_3Si(OEt)_3$（CH_2与CH间以O桥连成环氧）	89.1	1.8	不加助剂
CH_2—$CHCH_2O(CH_2)_3Si(OMe)_3$（CH_2与CH间以O桥连成环氧）	90.8	2.0	苯(0.2mol)

2008 年 Lang 小组发表专利称[16]，他们开发了多元组合反应设备，以氯铂酸作催化剂，醋酸为助剂，将其用于连续合成 3-(2,3-环氧丙氧）丙基三甲氧基硅烷。合成原料烯丙基缩水甘油醚与三甲氧基硅烷摩尔比为 1：0.9，反应温度为 130℃，进料速度为 300g/h，连续运转了 14 天，目标产物选择性为 86%。

同年 Bade 小组也发表了内容类似的专利[17]，采用 Speier 催化剂或 Karstedt 催化剂，醋酸作为助剂的加入量为反应物总量的 0.05%，反应温度为 160℃，当合成原料烯丙基缩水甘油醚与三甲氧基硅烷摩尔比为 1.28：1，混合料连续进入管道反应器得到反应产物中 γ-(2,3-环氧丙氧）丙基三甲氧基硅烷最高含量为 87.3%，如果不加醋酸作为助剂，烯丙基缩水甘油醚异构化副产物显著增加，目的产物在反应产物中含量下降至 81%。该实验结果证明醋酸作为助剂用于该合成反应有抑制副反应的作用。

我们从 1972 年开始用 Speier 催化剂催化烯丙基缩水甘油醚和三甲氧基硅烷的硅氢化反应，采用活化后的 Speier 催化剂用于 γ-(环氧丙氧）丙基三甲氧基硅烷的生产，其收率（摩尔）仅在 75%左右；后来将 Speier 催化剂中加入适当的配体并予以活化，并对催化剂进行中性处理后用于该合成反应，其目的产物的摩尔收率可达到 85%左右[18,19]。如果在上述操作的基础上，同时还加入适量的甲醇等其他助剂，反应 3h 内完成 3-(环氧丙氧）丙基三甲氧基硅烷等偶联剂（WD-60）的合成，其摩尔收率可达 93%以上，产物中 β 加成物通常不高于 0.3%。将该研究成果用于间歇法生成 1t WD-60 偶联剂所消耗的氯铂酸可降至 5g 左右。表明烯丙基缩水甘油醚硅氢化反应所用催化剂活性高，选择性好，还不容易失活。

20世纪80年代以来，国内有关 γ-(2,3-环氧丙氧）丙基三甲氧基硅烷偶联剂的合成虽有不多的专利和论文[20~23]报道，除对合成条件优化做了些工作外，都没有突出创新之处。王晓会、吕连海等[12,24]研究报道烯丙基缩水甘油醚与三甲氧基硅烷硅氢化反应时，采取了合成氯丙基氯硅烷的方法，在 Speier 催化剂中加入叔胺或三苯基膦所组成的催化体系（参见第4章），使3-(2,3-环氧丙氧）丙基三甲氧基硅烷的收率达86%。

国外研究小组采用铂的配合物为催化剂催化硅氢化反应合成3-(2,3-环氧丙氧）丙基烷氧基硅烷偶联剂的研究工作，除了上述引用有关专利外，有关这类硅烷偶联剂合成方法和技术突出的创新工作很少[25~28]。比较新颖的工作是采用铑系催化体系合成具环氧基团的硅烷偶联剂，例如 Quirk 等研究了膦配位铑或 β-二酮铑的配合物等多种铑催化剂催化烯丙基缩水甘油醚或1,2-环氧-4-乙烯基环己烷与烷氧基硅烷的硅氢化反应，其收率在60%～80%[29]。

10.1.3.4 均相配合催化硅氢化反应合成2-(3,4-环氧环己基)乙基三甲氧基硅烷

2-(3,4-环氧环己基）乙基三甲氧基硅烷是西方国家应用较多、业已规模化生产的一种硅烷偶联剂，其商品名为A-186。它是以1-乙烯基-3,4-环氧环己烷和三甲氧基硅烷为原料，在 Speier 催化剂或 Karstedt 催化剂等催化硅氢加成反应制备的硅烷偶联剂。

早在20世纪50年代末 Plueddemann 的论文中就有采用硅氢加成反应合成了2-(3,4-环氧环己基）乙基三乙氧基硅烷和它的有关物理常数[4]，研究者在制备3-(2,3-环氧丙氧）丙基三甲氧基硅烷同时，也研究2-(3,4-环氧环己基）乙基三烷氧基硅烷的合成。1981年日本专利报道[30]用 Speier 催化剂催化硅氢化反应合成该化合物，收率（摩尔）仍只有48%。

1988年 Takai 等在研究3-(2,3-环氧丙氧）丙基三甲氧基硅烷的合成时，它采用二氯(4-甲基-3-戊烯-2-酮）合铂为催化剂，甲醇为助剂，催化1-乙烯基-3,4-环氧己烷与三甲氧基硅烷硅氢加成反应，收率（摩尔）达99.2%，β 加成异构体仅0.3%的好结果[14]。

1993年 Ishikawa 报道以 Karstedt 催化剂催化硅氢加成反应得到82%的2-(3,4-环氧环己基）乙基三甲氧基硅烷，如果用 Speier 催化剂目的产物收率仅31%[27]。

2001年 Westmeyer 等研究报道了多种铂或铑的配合物作催化剂，羧酸盐和甲醇为助剂，在90℃下催化2-乙烯基-3,4-环氧环己烷与三甲氧基硅烷硅氢加成反应制备2-(3,4-环氧环己基）乙基三甲氧基硅烷[31]，其中一些实验结果还具有很好的目的产物选择性和收率；如果以氯铂酸为催化剂，不加助剂，发生激烈的放热反应，产物凝胶化。表10-3仅摘录在相同的反应条件下，添加不同羧酸盐或不同用量对合成目的产物的收率和选择性的影响，以供读者参考。从表10-3中数据可以看到丙酸或戊酸铵盐作为助剂加入反应具有最好效果。

2004年日本信越公司发表专利称[28]：1-乙烯基-3,4环氧己烷与三甲氧基硅烷的硅氢加成反应，当采用 Speier 催化时，如果加入适量乙腈和甲醇作为该催化反应助剂，可以抑制副反应，同时也获得高收率的目的产物。

表 10-3　不同羧酸盐对氯铂酸催化剂催化 VCMX 和 $HSi(OMe)_3$ 硅氢加成反应结果的影响

单位：%

序号	羧酸盐及其用量		气相色谱分析反应产物组分及其色谱含量					
			$(MeO)_3SiH$	$(MeO)_4Si$	VCMX	iso-VCMX	目的产物	未馏出物
1	乙酸铵	250ppm	1.2	2.8	4.9	0.4	87.6	0.4
2	乙酸铵	100ppm	<0.1	1.0	6.6	0.4	89.2	<0.1
3	乙酸铵	50ppm	0.1	1.7	3.9	0.9	89.2	1.2
4	甲酸铵	250ppm	0.9	2.9	8.8	0.3	81.5	1.4
5	丙酸铵	250ppm	<0.1	0.6	0.5	0.7	96.2	<0.5
6	异戊酸铵	250ppm	0.1	1.1	0.5	1.2	95.0	<0.1
7	乙基丁酸铵	250ppm	0.4	1.3	0.3	0.6	74.5	21.5
8	乙酸钠	130ppm	<0.1	1.4	3.4	2.5	89.0	1.7
9	乙酸钾	250ppm	18.2	1.4	2.3	0.8	54.1	<0.1
10	乙酸钙	500ppm	<0.1	0.4	4.2	2.8	80.7	10.0
11	三氟乙酸钠	250ppm	9.4	0.8	9.1	3.4	74.5	<0.1

注：实验条件为过量 10%摩尔的 VCMX 与 $(MeO)_3SiH$ 混合，加入 3000ppm 甲醇，300ppm 乙酸和定量的羧酸盐和 10ppm 铂的氯铂酸溶液于反应瓶中，90℃反应 1h，色谱分析反应产物结果，$1ppm=1\times10^{-6}$。

用干燥氮气置换合成反应装置中的空气，注入 810g(6.52mol) 的 1-乙烯基-3,4-环氧环己烷，适量的 Speier 催化剂和 16.2g(0.39mol) 乙腈及 16.2g (0.51mol) 甲醇。通氮下搅拌升温至 60℃。然后，滴入 750g (6.14mol) 三甲氧基硅烷，反应温度控制在 60～70℃，历时 6h 左右。滴完后再搅拌 2h，结束反应。反应液取样分析，1-乙烯基-3,4-环氧环己烷的异构体的质量分数为 2.3%，目的物 2-(3,4-环氧环己基) 乙基三甲氧基硅烷的质量分数为 92.8%，两者比率为 0.025。将反应物蒸馏，收集 111～120℃/0.13kPa 的馏分 1439.8g，为纯度 99.9%的 2-(3,4-环氧环己基) 乙基三甲氧基硅烷，按 1-乙烯基-3,4-环氧环己烷计，为 90%；按三甲氧基硅烷计，收率为 95%。此外，B.D 爱兰斯坦恩申请我国专利[32] 报道了 RhCl (二叔丁基硫醚) 催化合成 3,4-环氧环己基乙基三甲氧基硅烷的方法。

国内龚小伦[33] 和陈向前[34] 两个研究小组分别开展了硅氢化反应制备 2-(3,4-环氧环己基) 乙基三甲氧基硅烷偶联剂的有关工作，他们以氯铂酸/三苯基膦为催化剂催化硅氢化反应合成目的产物，研究了影响合成反应的主要因素，找到了最佳合成条件。目的产物收率分别达 99%和 92.3%的好结果。

10.1.4　多相催化硅氢化反应制备环氧烃基硅烷偶联剂

2006 年德国巴德等申请我国的专利称[35,36]，将 Pt/C 固体催化剂于管式反应器中采用液/固过程，在一定温度和压力下，通入烯丙基缩水甘油醚和三甲氧基硅烷，催化硅氢加成反应制备了高选择性和高收率的 3-(2,3-环氧丙氧) 丙基三甲氧基硅烷，其操作如下。

在带有外部循环具催化床的管式反应器中，通入原料烯丙基缩水甘油醚 (AGE) 和三甲氧基硅烷 (TMS)，反应生成 3-(2,3-环氧丙氧) 丙基三甲氧基硅烷 (GLYMO) 为主要组成部分。其操作：循环泵使物料从上向下流经催化剂床，催化剂为 702g，其中含有

0.2%的铂（质量分数），[催化剂系用铂（Ⅱ）硝酸盐水溶液浸渍活性炭并在氢气流（8h，100℃下）中还原得到]，（2.8mol）三甲氧基硅烷和（3.05mol）烯丙基缩水甘油基醚组成的混合物通入反应器，于120℃和每次循环接触时间为3s。75min后选择产生为92.2%的3-(2,3-环氧丙氧）丙基三甲氧基硅烷。表10-4中列出了反应气相色谱法测得的组成。

表10-4　多相催化AGE与TMS硅氢化反应产物组成和含量

反应粗产物组成	含量/g	反应粗产物组成	含量/g
$HSi(OMe)_3$	49.0	$CH_3-CH=CHOCH_2-\underbrace{CH-CH_2}_{O}$	80.45
$CH_2=CHCH_2OCH_2\underbrace{CH-CH_2}_{O}$	12.2	$\underbrace{CH_2-CH}_{O}CH_2OCH_2\underset{Me}{CH}Si(OMe)_3$	8.25
$\underbrace{CH_2-CH}_{O}CH_2OCH_2CH_2CH_2Si(OMe)_3$	522.3	$Si(OMe)_4$	17.8

反应物中没有高沸物，也没有发现目的产物的异构物1,1-(二甲氧)-硅杂-2,5-二氧杂-3-甲氧甲基-环辛烷，但有α-加成物2-(2,3-环氧丙氧)-1-甲基乙基三甲氧基硅烷，也有烯丙基缩水甘油醚的异构产物生成，目的产物3-(2,3-环氧丙氧）-丙基三甲氧基硅烷(GLYMO）的时空收率为158mol GLYMO/（h·gPt）。文献还报道该合成反应在不带外部循环的连续操作的固定床反应器中进行也得到了很好的结果。

进入21世纪以来常见研究者报道采用多相催化技术合成硅烷偶联剂，且都得到了较好的结果，读者还可参见本书第4章、第7章有关内容。我们认为多相催化硅氢化反应工艺过程，较之均相配合催化副反应少，还更有利于硅烷偶联剂连续化生产，因而该过程研究更有利于硅烷偶联剂生产绿色化。

10.1.5　高分子负载配合物催化硅氢化反应合成环氧烃基硅烷偶联剂

20世纪80年代以来，研究者喜欢用二氧化硅、聚硅氧烷或交联聚苯乙烯等材料作为载体，将均相配合催化剂固相化，并用于硅氢加成反应合成硅烷偶联剂，有关内容在本书前面章节已有介绍请参考。高分子负载型催化剂用于具环氧基的硅烷偶联剂合成也有研究。国内江英彦等将二氧化硅为载体，侧链上含有各种配位基团的五种聚硅氧烷分别与氯铂酸反应，制备了五种聚硅氧烷-铂配合物（“Si-Pt-1”～“Si-Pt-5”）：他们还将这些高分子铂配合物催化环氧丙基烯丙基醚和三甲氧基硅烷硅氢化反应，研究发现：所制备的高分子负载催化剂都具有很高的催化活性，在温和的条件下，温度80℃反应30min，以72%～98%的产率得到了硅烷偶联剂γ-(2,3-环氧丙氧）丙基三甲氧基硅烷。通过对催化剂“Si-Pt-1”的稳定性研究，发现它可以重复使用6次其催化活性没有降低[37,38]。

赵建波等[39]制备了二氧化硅负载壳聚糖的铂的配合物，将其用于制备γ-(2,3-环氧丙氧）丙基三甲氧基硅烷的合成。他们的工作首先将壳聚糖（CS）负载到SiO_2上得到SiO_2—CS，再与Pt配位，制得二氧化硅负载壳聚糖配合铂催化剂（SiO_2—CS—Pt）。然后以烯丙基缩水甘油醚和三甲氧基硅烷的硅氢加成为模型反应，考察了SiO_2—CS—Pt的催化性能，研究了温度、原料配比、反应时间等对目的产物收率的影响，研究发现该催化剂具有良好的催化活性和重复利用性能。目的产物收率达 59.7%，催化剂连续使用 4 次，活性下降不大。

1996 年日本 Matsumura 等用 131.3g 的巯丙基三甲氧基硅烷，82.2g 3-苯胺丙基三甲氧基硅烷和 84.2g 四甲氧基硅烷水解缩合制备了含 S 和 N 的有机聚硅氧烷。取 10g 用 2.08g 氯铂酸溶液于 60℃处理，6h 制成硅氢化反应催化剂，将其用于合成 3-(2,3-环氧丙氧) 丙基三甲氧基硅烷，使用 10 次仍有好的催化活性，得到高收率的目的产物[40]。

2008 年波兰研究者则制备了交联聚苯乙烯（SDB）负载的铂催化剂，将其用于催化硅氢化反应，合成 3-(2,3-环氧丙氧）丙基三甲氧基硅烷，据称得到了收率为 100%的目的产物[41]。

基于上述报道，如果能将高分子负载过渡金属配合物作为催化剂，将其催化硅氢化合成具环氧基的硅烷偶联剂，并进行产业化开发是有价值的，因为高分子催化剂对生产过程连续化较之均相配合催化剂连续化生产要方便得多。

10.1.6 具环氧基的 SCA 为原料合成新型硅偶联剂

（1）具环硫基硅烷偶联剂合成

史鑫宇等[42] 以 HBF_4-SiO_2 为催化剂，硫氰酸钾为硫化剂，3-(2,3-环氧丙氧）丙基三甲氧基硅烷（WD-60）为合成原料制备了一种新型环硫有机硅偶联剂：

$$\underset{S}{\triangle}\!-\!CH_2OCH_2CH_2CH_2Si(OMe)_3$$

3-(2,3-环硫丙氧)丙基三甲氧基硅烷

该环硫 SCA 用于芳纶纤维或玻璃纤维改性制备的环氧树脂基复合材料，其性能优于 KH560 用于同类纤维改性制备的环氧树脂基复合材料。

（2）用于有机硅密封胶的新型硅偶联剂合成

徐晓明等[43] 以γ-(2,3-环氧丙氧）丙基三甲氧基硅烷（WD-60）和 3-氨丙基三乙氧基硅烷（WD-50）两种 SCA 为合成原料，制备了具羟基和仲胺基的新型 SCA：$(EtO)_3SiCH_2CH_2CH_2\underset{H}{N}—CH_2\underset{\underset{OH}{|}}{CH}—CH_2OCH_2CH_2CH_2Si(OMe)_3$，当 WD-60 与 WD-50 复合摩尔比为 1∶1 所得产物将其用于有机硅密封胶增黏改性时得到最佳效果。除粘接性能明显改善外，还解决了密封胶单用 WD-50（KH550）作增黏助剂时易发生黄变的弊端。张熠等[44] 也以 $(MeO)_2MeSiCH_2CH_2CH_2NHCH_2CH_2NH_2$（KH792，WD-53）与 KH560（WD-60）为合成原料，复合反应后产物用于有机硅密封胶也得到类似效果。

（3）亲水型有机硅偶联剂的合成

谭军等[45] 专利称，他们以烯丙氧基缩水甘油醚等为原料合成了一种具亲水性的氨基聚醚型硅烷化合物（SCA）；其合成由如下两步完成：

① $(MeO)_2MeSiH + CH_2=CHCH_2OCH_2\underset{\diagdown O \diagup}{CH-CH_2} \xrightarrow{\text{催化剂}} (MeO)_2MeSiCH_2CH_2CH_2OCH_2\underset{\diagdown O \diagup}{CH-CH_2}$

② $(MeO)_2MeSiCH_2CH_2CH_2-OCH_2\underset{\diagdown O \diagup}{CH-CH_2} + H_2N(CH_2CH_2O)_2(\overset{Me}{\overset{|}{CH}}-CH_2O)_n(CH_2)_2NH_2$

$\longrightarrow (MeO)_2MeSiCH_2CH_2CH_2OCH_2\underset{OH}{\underset{|}{CH}}CH_2N(CH_2CH_2O)_2(\overset{Me}{\overset{|}{CH}}-CH_2O)_n(CH_2)_2NH_2$

10.2 巯烃基硅烷偶联剂及其衍生物

10.2.1 巯烃基硅烷偶联剂概述

巯烃基硅烷偶联剂是一类巯基（—SH）通过烷基、芳基或芳烷基与烷氧甲硅基键合构成的有机硅化合物，这类含硫的有机烷氧基硅烷合成及其应用研究历经了数十年，进入新世纪以来，其生产绿色化水平得到了前所未有的提高，应用于橡胶工业、金属材料保护，以及合成功能材料等领域越来越引起研究者的关注。虽然这种化学结构的产物已得到广泛应用，但进行商品化开发的仅其中几种巯烷基烷氧基硅烷（英文常以 mercaptoalkylalkoxy silane or alkoxy silyalkylthiol 命名），其化学通式可表达如下：

$$HS(CH_2)_mSiMe_n(OR)_{3-n}$$

$$m=1,2,3,\cdots;n=0,1,2;R=Me,Et\text{等。}$$

$m=3$，n 为 0，R=Et 的烷氧硅丙基硫醇化合物常被称为 3-巯丙基三乙氧基硅烷，其商品名为 KH580、WD80，国外文献则称之为 3(triethoxylsily-propanethiol) 或 3-mMercaptopropylsilane。

巯烃基烷氧基硅烷 20 世纪 60 年代首先应用于蛋白质材料改性和作为化妆品助剂，但很快在橡胶制品工业中用于处理增强填料而成为一种重要的硅烷偶联剂。现在已在橡胶、塑料和涂料制品工业中广泛应用，其应用效果有时比乙烯基硅烷偶联剂还好。它在三元乙丙胶中是很好的改性助剂，在聚氯乙烯塑料中可作交联剂或用于增强。在纺织行业用于真丝织物的防缩、防皱整理。光加成固化有机硅涂料中它也成为不可缺少的组分，这种涂料用于光导纤维制造和很多材料的表面改性。这类硅烷偶联剂最大缺点是气味臭，我们实验中察觉到有些人接触可能引起皮肤过敏症状。这些弊端对其应用范围有一定影响。有人研究在化合物中加入一点环氧类化合物对减弱臭味有所帮助，如果合成分子量大的巯烃基硅烷化合物，其气味也要小很多。

巯烃基硅烷化合物区别于其他硅烷偶联剂的特性在于巯烃基的反应性，含巯基的有机硅化合物反应性类似于有机化学中的硫醇或硫酚类化合物。它们最重要的反应是对不饱和化合物或环氧化合物的加成反应，其中特别容易发生自由基加成反应。在紫外线等射线照射、过氧化物等自由基引发剂作用或加热情况下，巯烃基硅烷偶联剂都容易与反应体系中具不饱和的基团的聚合物发生自由基加成反应，当不饱和基团为乙烯基时，其加成规律是按反马尔可夫尼可夫规则进行，例如：

$$\equiv SiC_3H_6SH + CH_2{=}CHSi\lessgtr \xrightarrow[\text{或过氧化物}]{UV} \equiv SiC_3H_6SCH_2CH_2Si\lessgtr$$

$$\equiv SiC_3H_6SH + CH_2{=}CH\sim\sim \xrightarrow[\text{或过氧化物}]{UV} \equiv Si{-}C_3H_6S{-}CH_2{-}CH_2{-}\sim\sim$$

该反应是这类化合物应用于光加成固化涂料，作为橡胶增强助剂的基础。巯烃基硅烷化合物与乙炔进行加成反应，既可以得一次加成物，还可以再反应得二次加成产物，其加成规则也是反马尔可夫规则的。

$$RC{\equiv}CH + HSR'{-}Si{\equiv} \longrightarrow RCH{=}CHSR'Si{\equiv} \longrightarrow RCH_2CH(SR'Si{\equiv})_2$$

巯烃基硅烷偶联剂中的巯基，反应特性还与醇有相似之处，可作为亲核试剂，其亲核性能比醇类化合物还强，因为硫的电负性小于氧，硫—氢键较之氧—氢键更容易断裂，RSH 酸性较 ROH 强，它作为亲核试剂更易与具极性的不饱和化合物发生加成反应，这些在化合物或聚合物中的极性不饱和基团包括羰基、异氰酸基、环氧基、丙烯酰氧基等，例如：

$$\equiv SiC_3H_6SH + O{=}C{=}N{-}\sim\sim \longrightarrow \equiv SiC_3H_6SCONH{-}\sim\sim$$

$$\equiv SiC_3H_6SH + CH_2{=}CH\overset{O}{\overset{\|}{C}}O{-}\sim\sim \longrightarrow \equiv SiC_3H_6SCH_2{-}CH_2\overset{O}{\overset{\|}{C}}{-}O{-}\sim\sim$$

该性质不仅是巯烃基硅烷化合物之所以成为硅烷偶联剂的基础，还是以它为合成中间体制备新的含碳官能团有机硅化合物或新型硅烷偶联剂的基础。

氧化反应是具巯烃基硅烷偶联剂另一重要的、类似于有机硫醇的反应，因为利用该反应可以用于合成多硫烃基硅烷偶联剂（参见 10.3 节）。多硫烃基硅烷偶联剂研发初期就是以巯烃基硅烷偶联剂为原料，将其与硫的氯化物（SCl_2，S_2Cl_2）或氯化亚砜反应制备。此外，这类有机硫醇还可以与羧酸及其衍生物反应，合成新一代应用于橡胶的硅烷偶联剂 NXT（参见 10.2.5，13.5 节）。

常用巯烃基硅烷偶联剂是无色液体，不溶于水，这与化合物中巯基与水难形成氢键有关，但易溶于醇、醚、酮、芳烃类等溶剂，低分子量的巯烃基硅烷偶联剂有难闻的恶臭，分子量加大后其恶臭味会降低或消除。一些常用的具巯烃基硅烷偶联剂物理常数列于表 10-5。

表 10-5　常用巯烃基硅烷的物理常数

巯烃基硅烷	沸点/℃(kPa)	相对密度(℃)	折射率(℃)
$HSCH_2SiMe_2(OEt)$	64(7.3)	—	—
$HSCH_2SiMe(OEt)_2$	60(1.3)	—	—
$HS(CH_2)_3Si(OMe)_3$	93(53)	1.040(20)	1.440(20)

续表

巯烃基硅烷	沸点/℃(kPa)	相对密度(℃)	折射率(℃)
$HS(CH_2)_3Si(OEt)_3$	210(101.3)	0.993(25)	—
$HS(CH_2)_3SiMe(OMe)_2$	96(4)	1.00(20)	1.4502(25)
$HSC_3H_6Me_2SiOSiMe_2C_3H_6SH$	120(0.07)	—	

合成巯烃基硅烷偶联剂所用原料主要以硫脲、氢硫化钠、硫化氢或硫化钠等作为供硫体，有机硅源则是氯代烃基烷氧基硅烷和乙烯（烃）基烷氧基硅烷两类化合物。制备这类化合物可用于生产的方法则常采用亲核取代反应及其有关的工艺过程；加成（硫氢化）反应或还原反应等合成方法，研究虽很早，但至今还是实验室的工作。多年来，研究者的工作都着力于提高合成反应速度、缩短反应时间、减少副反应、抑制副产物生成、简化分离纯化手续、提高绿色化学化工的 *E*-因子。迄今巯烃基硅烷偶联剂已获得了较高原料转化率、目的产物选择性和收率，从而使巯烃基硅烷偶联剂生产绿色化水平得到了大幅度的提升。

10.2.2 硫脲为原料合成巯烃基硅烷偶联剂

（1）初期工作

20 世纪 60 年代初，Th. Goldschmidt 首先研究并报道了以硫脲和 ω-氯代烃基烷氧基硅烷为原料，通过两步合成了具烷氧基的巯烃基硅烷化合物，并进行了应用研究[46]。他们用等摩尔的硫脲（76.1g）和 3-氯丙基甲基二乙氧基硅烷（210.5g）于 320mL 的无水乙醇中，以 0.6g NaI 为催化剂，回流 15h 后得到 4-(脒基）硫杂丁基甲基二乙氧基硅烷的盐酸盐（常称之为异硫脲盐），然后再加入乙醇钠（或氨）回流 2.5h；过滤去滤渣后，真空蒸馏得到 3-巯丙基三乙氧基硅烷，其反应过程用化学反应方程式表达如下：

$$H_2N-\overset{\overset{\displaystyle S}{\|}}{C}-NH_2 + ClCH_2CH_2CH_2SiMe(OEt)_2 \xrightarrow{NaI} (EtO)_2MeSiCH_2CH_2CH_2S-C\begin{matrix}\diagup\!\!\!\!= NH \\ \diagdown NH_2\end{matrix} \cdot HCl$$

$$\xrightarrow[\text{或胺}]{EtONa} (EtO)_2MeSiCH_2CH_2CH_2SH + NH_4Cl + NH_2CN$$

采用类似方法他还合成了 $HS(CH_2)_3Si(OEt)_3$、$HSCH_2CHMeCH_2SiMe(OEt)_2$、$HSCH_2CH_2CH_2Si(OEt)_3$ 和 $HS(CH_2)_4Si(OEt)_3$ 四种巯烃基烷氧基硅烷，其收率达到 66%～80%。中科院化学所吴观丽等在这个时期也做了类似工作，但没有进行产业化开发[47]。丁建峰专利[48]报道了对该方法改进后用于生产。

研究者对该合成方法常称为以硫脲为原料合成巯烃基硅烷偶联剂的二步合成法（简称二步法）。在 20 世纪 60 年代它是合成巯烃基硅烷偶联剂的较好方法，收率中等偏上，且稳定，当时用于生产可以满足市场需求。但作为生产方法其缺点不可忽视：如溶剂用量过大，反应时间太长，用途较少的副产物盐酸盐太多。因此，克服上述不足之处成为研究者和生产者的关注重点，国内外开展有关工作的研究者不少，发表的有关专利中最有效果的改进工作主要包括一步合成法取代二步法，以及采用相转移催化亲核取代反应合成巯烃基硅烷化合物。

(2) 一步法合成巯烃基烷氧基硅烷

1971 年 DC 公司首先[49] 报道在溶剂情况下，将硫脲、氨和氯代丙基三烷氧基硅烷加入反应器中一起反应，得到了高收率的巯烃基烷氧基硅烷和副产物胍的盐酸盐，其反应过程可用如下反应式表达：

$$H_2N-\overset{\overset{S}{\|}}{C}NH_2 + NH_3 \ (H_3\overset{\oplus}{N}C(NH_2)_2S^{\ominus}) + ClCH_2CH_2CH_2Si\equiv \longrightarrow$$

$$\equiv SiCH_2CH_2CH_2SH + (NH_2)_2C{=}NH_2^+Cl^-$$

具体的操作如下：1350g(18.75mol) 和 3000g(15.11mol) 3-氯丙基三甲氧基硅烷于反应器中，搅拌下氨以 200mL/s 通入反应器中，反应温度维持在 120℃左右，历时 8h 后分层，上层为目的产物巯丙基三甲氧基硅烷等有机产物，色谱含量为 99.5%，没有更详细说明 3-氯丙基烷氧基硅烷转化率和目的产物选择性和产率。采用同样方法还合成了包括 $HS(CH_2)_2C_6H_4Si(OMe)_3$ 在内的 10 多个巯烃基具烷氧基的硅烷化合物。

上例可以看出一步法优点，除不用溶剂外，还简化了工艺过程和缩短了反应时间，提高了制备效率，有利生产，但生成大量的副产物这一问题没有解决。

(3) 具叔氨基团的化合物对过程的优化[50,51]

20 世纪 80 年代美国 GE 公司和德国 Dynamit Nobel 相继对一步法又提出改进方案，专利称在反应体系中加入包括叔胺在内的一些具叔胺基团的化合物，比如 *N*,*N*-二甲基甲酰胺 (DMF)、*N*,*N*,*N'*,*N'*-四甲基乙二胺 (TMEDA) 等作反应促进剂，可以进一步加速完成反应，得到纯净目的产物，其收率也高于不加具叔氨基团化合物的一步法。

$$(MeO)_3Si(CH_2)_3Cl + H_2N\overset{\overset{S}{\|}}{C}NH_2 + NH_3 \xrightarrow[100\sim120℃]{DMF(或\ TMEDA)}$$

$$(MeO)_3Si(CH_2)_3SH + H_2N\overset{\overset{NH\cdot HCl}{\|}}{C}NH_2 \downarrow$$

例如，将 198g 3-氯丙基三甲氧基硅烷 (CPTMS)、90g 硫脲和 20g DMF 置于反应瓶中，将干燥的氨以 2mL/s 引入反应混合物中，同时于 120℃搅拌反应 9h，色谱分析反应产物表明 95%的氯烃基硅烷已参与反应，得到 178g 3-巯丙基三甲氧基硅烷 (MPCTS) 粗品。

(4) 鎓盐用于一步合成法的改进

国内张先林等相继发表两篇专利[52,53]称，他们研究了硫脲和 3-氯丙基三甲氧基 (或三乙氧基) 硅烷 (CPTMS 或 CPTES) 的反应，以三辛基甲基氯化铵或四丁基鏻这两种鎓盐作反应促进剂，采用加压或常压两种不同工艺过程，在压力下得到了巯丙基三甲氧基硅烷 (MPTMS) 收率达 90%，巯丙基三乙氧基硅烷 (MPTES) 收率达 92%。他们的工作有一点新颖性，引用合成实例如下。

实例 1：向 5L 高压釜 (8.0MPa) 中加入 241gCPTES (99%，GC)，硫脲 90g，催化剂四丁基溴化铵 23g 以及乙醇 120g，搅拌下升温到 90℃，压力于 0.01～0.1MPa 下反应 25h。取样色谱分析显示 98%以上 CPTES 已经参与反应，高沸 2%左右。冷却降温，静止分层，得到上层清液，减压精馏收集 130～140℃/1.3～13kPa 馏分 218g，色谱分析其纯度达 99.2%，收率达 92%。如果改用 CPTMS，甲醇作溶剂其 MPTMS 收率为 90%。若用三辛基甲基氯化铵取代四丁基鏻，则 MPTES 收率为 91%。

实例 2：反应烧瓶中加入 198g CPTMS（95%，GC）、硫脲 90g、三辛基甲基氯化铵 20g，于 110～120℃下反应 8～10h，通氨条件下（2mL/s）继续反应 2～3h，取样色谱分析显示 98%以上 CPTMS 已经参与反应，高沸 5%左右。冷却，过滤，滤液减压精馏收集 90～110℃/1.3～13kPa 馏分，色谱分析纯度在 98%以上，收率在 85%左右。若用 CPTES 取代 CPTMS，MPCTS 收率为 90%。

10.2.3 氢硫化钠用于制备巯烃基硅烷偶联剂

氢硫化钠作为供硫体，利用其 HS^- 负离子与氯代烃基烷氧基硅烷发生亲核取代氯的反应，将其用于制备巯烃基烷氧基硅烷偶联剂，一直是研究者希望开发的合成路线：

$$NaSH + Cl(CH_2)_nSi\equiv \longrightarrow HS(CH_2)_nSi\equiv + NaCl\downarrow$$

以氢硫化钠与 3-氯丙基三烷氧基硅烷之间相互作用的化学反应式为依据可以认为该合成反应较之以硫脲为原料的合成路线容易实现，产物更易纯化，生产成本也会低很多，是优于硫脲为原料的一步合成法。因此在 1968 年该法就得到研究者的关注，然而并没有像硫脲路线很快就应用于生产。直至 20 世纪 90 年代有关研究的开展，找到了该反应合成巯烃基烷氧基硅烷选择性不好，目的产物收率低的原因。迄今才有可能将以氢硫化钠为原料的合成应用于巯烃基硅烷偶联剂产业化开发。

(1) 初期的研究工作[54]

1968 年 Pines 小组在研究巯烃基硅烷及其硅氧烷用于铜、银等金属表面防腐蚀、抗氧化处理时，首先报道了利用氢硫化钠为原料合成巯烃基三甲氧基硅烷。他们的方法是在甲醇中加入金属钠先制成甲醇钠的溶液，然后通入干燥的 H_2S 气体，得到 NaSH，再与 3-氯丙基三甲氧基硅烷反应制备了巯烃基三甲氧基硅烷。

$$MeOH + Na \longrightarrow MeONa \longrightarrow NaSH + MeOH$$

$$NaSH + ClCH_2CH_2CH_2Si(OMe)_3 \longrightarrow HSCH_2CH_2CH_2Si(OMe)_3 + NaCl$$

例如，在具搅拌的反应容器中加入甲醇，而后加入 1mol 的 3-氯丙基三甲氧基硅烷，室温下放置 4 天，纯化后得到 83g 3-巯烃基三甲氧基硅烷，摩尔收率为 42.3%。从该合成报道可以看到反应时间长，收率低，合成无水 NaHS 的方法也是不可取的生产方法。因此，该方法没有得到发展。

(2) 氢硫化钠为原料在极性非质子溶剂中合成巯烃基硅烷偶联剂[55]

1992 年 Rauleder 报道将等摩尔的氢硫化钠（10.1mol）和 3-氯丙基三甲氧基硅烷（10.1mol）于 2400g 二甲基甲酰胺（DMF）中加温到 100～110℃进行反应，历时 3h 得到 3-巯烃基三甲氧基硅烷，蒸馏纯化后摩尔收率为 84%：

$$\equiv Si-CH_2CH_2CH_2Cl + NaSH \xrightarrow[\triangle]{DMF} \equiv SiCH_2CH_2CH_2SH + NaCl\downarrow$$

如果改用极性的质子溶剂甲醇取代上述非质子溶剂 DMF 作为溶剂，其摩尔收率仅

47%。以 DMF 作为溶剂采用相同的操作条件，他们还合成 2-巯乙基三乙氧基硅烷，3-巯丙基甲基二甲氧基硅烷和二（3-巯丙基）二甲氧基硅烷等 5 种巯烃基硅烷化合物，其摩尔收率都在 80%左右，最高收率达 86%。用对一溴苯基三甲氧基硅烷为原料，在上述反应条件下，SH^- 也可以发生取代溴的反应，色谱分析证明在反应产物中有巯苯基烷氧基硅烷生成。他们的研究工作没有报道合成原料卤代烃基硅烷转化率和反应目的产物选择性和收率。

尽管反应能顺利较快的进行，但 DMF 用量过大，还有毒性，回收耗费能源和人力，会增加生产成本；况且目的产物收率只在 80%左右，表明其反应选择性还不理想，副产物多，从绿色化学化工观点评价该合成反应仍不是生产巯烃基硅烷偶联剂的好方法。

（3）相转移催化反应合成巯烃基硅烷偶联剂

氢硫化钠等碱金属氢硫化物和具卤代有机基烷氧基硅烷化合物为合成原料，以水为溶剂，鎓盐（如四丁基溴化铵等）类相转移催化剂作用下发生 HS^- 基的亲核取代反应，可以高效率制备目的产物，其选择性也好，巯烃基硅烷偶联剂的收率可达到 90%以上，这是近年来具有突破性的进展的研发工作。

$$MSH+X—R—SiMe_n(OR')_{3-n} \longrightarrow HS—R—SiMe_n(OR')_{3-n}+MX$$

式中，M=K、Na、NH_4 等；X 通常是氯；R=—CH_2—、—CH_2CH_2—；—$CH_2CH_2CH_2$—、—$CH_2\underset{\displaystyle Me}{\underset{|}{C}H}$—$CH_2$—$(CH_2)_4$—。

该合成方法的改进是 Boswell 研究小组于 2004 年首先以专利[56] 报道的。虽早在 21 世纪初已有人用相转移催化碱金属多硫化物与 3-氯丙基烷氧基硅烷反应制备含多硫烃基硅烷偶联剂（11.3 节），但未涉及巯烃基硅烷化合物的合成。Boswell 等能将其研究成果应用于巯烃基硅烷偶联剂的合成，在于他们对反应过程一些关键细节的认识。

硫化物（如 Na_2S、NaSH）和卤代烃基烷氧基硅烷（如 3-氯丙基三乙氧基硅烷）为合成原料，欲利用相转移催化剂催化它们之间的反应获得目的产物，且具有良好的选择性，目的产物收率高的好结果，关键在于反应物水相中加入 pH 调节剂，使反应介质的 pH 值处于 4～9 是必要的条件，这是基于氢硫化钠和硫化钠在水中存在如下平衡：

$$Na_2S \underset{OH^-}{\overset{H^+}{\rightleftharpoons}} NaHS$$

$$\text{或} \qquad 2Na^+ + S^{2-} \underset{pH>9}{\overset{pH4\sim9}{\rightleftharpoons}} 2Na^+ + HS^-$$

从上述反应平衡可以清楚知道，该合成反应进行中只有控制介质水的 pH 值在 4～9，才会有足够能对氯代烃基硅烷化合物进行亲核取代氯的氢硫负离子 SH^-，也只有在通过 pH 调节在 4～9 才有可能抑制阴离子 S^{2-} 生成，才有可能避免 3,3′-双（三乙氧硅丙基）单硫化物（TESPM）或 3,3′-双（三乙氧硅丙基）二硫化物（TESPD）两种副产物生成，提高该合成制备目的产物的选择性和收率。因此，Boswell 等在借助相转移催化剂合成巯丙基三乙氧基硅烷（MPTES）偶联剂时，他们对用于该反应的 pH 调节剂进行了一些研究，试验过的 pH 调节剂有盐酸（HCl）、磷酸二氢钠（NaH_2PO_4）、硼酸（H_3BO_3）、硫化氢（H_2S）和二氧化碳（CO_2）等，从他们试验结果可以证明这些物质适量地加入反应体系都可以调节到有利于提高 MPTES 选择性和收率的 pH 值范围，抑制硫阴离子 S^{2-} 的生成，降低3,3-双（三乙氧硅丙基）单硫化物（TESPM）和3,3-双（三乙氧硅丙基）二硫化物（TESPD）两种副产物生成量，提高目的产物选择性和产率。例如，以NaSH水溶液为原料合成巯丙基三乙氧基硅烷时，加入上述pH调节剂反应之后，其混合产物含量可达90%左右，其中目的产物MPTES收率通常是85%左右，如果反应时不加pH调节剂的对照试验色谱分析，目的产物MPTES含量为82.3%，还含有副产物TESPM6.9%，TESPD1.4%。上述结果表明不加pH调节剂时反应选择性不好，目的产物收率也低。在试验过的pH调节剂中使用效果最好的是弱酸性气体H_2S，其次是CO_2。弱酸性气体加入体系的量的改变也影响反应结果。下面仅以H_2S作为pH调节剂用于$HSCH_2CH_2CH_2Si(OEt)_3$合成试验，其结果见表10-6。

表10-6　密封的反应体系中不同H_2S含量对目的产物MPTES收率影响

硫化氢气体进入反应器后的体系表压/kPa	反应产物有机物组分中不同产物含量/%				MPTES产率/%
	CPTES	TESPM	TESPD	MPTES	
69	1.8	4.6	1.5	87.5	90
345	0.4	1.9	0.08	93.0	93.3
690	0.5	0.8	0.3	89.8	95.3

在NaSH与CPTES的反应体系，因反应MPTES不断生成，导致HS^-负离子浓度因反应产物生成不断下降，随着HS^-的减少，反应体系的碱性上升，pH值增大，为了保证体系中有足够大的HS^-负离子浓度是必要的，因此在反应开始时一次注入足够的H_2S，才可能保证体系具有一定pH值，能使目的产物得到好的选择性和收率。当然如果在反应过程中补充注入增加H_2S气体的方法，应该也可以得到同样效果，还可以采用连续化过程生产巯烃基硅烷偶联剂。

(4) 氢硫化钠醇溶液与卤代烃基硅烷于压力釜中反应制备巯烃基硅烷偶联剂

在以氢硫化钠为原料合成巯烃基烷氧基硅烷的初期工作中，首先在甲醇钠的甲醇溶液中通入硫化氢气体制备氢硫化钠（NaSH）醇溶液，随后将其与3-氯丙基三烷氧基硅烷反应，结果目的产物硫烃基硅烷化合物收率很低（参见10.2.3）。20世纪90年代末，Kudo Muneo研究小组报告[57]称：他们在压力釜中进行上述类似实验，获得了高转化率、高选择性和高收率的目的产物。早先的合成工作不能获得满意的结果，其原因与反应是在大气压下进行有关，而Kudo Muneo研究的成功之处则在于保持体系含H_2S气体的低压反应状态下进行，保证了硫化钠在醇溶液中的化学平衡移向NaSH方向。

$$2NaSH \xrightleftharpoons{pH>9\text{ 以上}} Na_2S + H_2S$$

常压下H_2S气体容易析出，平衡移向右方，则有利于生成硫化钠与氯烃基硅烷化合物反应生成有机硅硫醚类副产物，降低巯烃基硅烷化合物的选择性。反之当该反应在压力下进行时，弱酸性的H_2S溶于醇中起调节反应介质的pH作用。使上述平衡移向有更多的HS^-阴离子一方，有利提高生成巯烃基硅烷化合物的选择性，提高目的产物收率。这可以从下述实例得到证实。

将308.8g 28%的甲醇钠（1.58mol）溶液和57.3g(1.68mol）硫化氢反应制备NaSH醇

溶液于压力釜中，升温至70℃体系压力达1.5kg/cm^2，298.1g(1.50mol）的3-氯丙基三甲氧基硅烷于1h内注入反应器，反应温度达到80℃。加完料后再在100℃反应1h，冷却后滤去NaCl，滤液色谱分析$HS(CH_2)_3Si(OMe)_3$（TMSPM）含量97.2%，$S[(CH_2)_3Si(OMe)_3]_2$（MPTMS）含量2.8%，其真空蒸馏得目的产物255.9g，收率96.9%。

如果反应在常压下，液体产物进行色谱分析MPTMS含量为50.1%，TMSPM等硫化物含量为49.9%。若用无水氢硫化钠溶于甲醇中，再通入H_2S使其饱和于压力下进行反应，MPTMS收率可达93%左右。若用无水硫化钠溶于甲醇中取代硫氢化钠，也能得到很好结果。如取93.6g(1.2mol）的无水硫化钠溶于甲醇中，通入53.2g(1.56mol）硫化氢，反应温度在30～40℃下，历时2h，转入压力釜中加热至70℃，压力达1kg/cm^{2}注入397.4g(2.0mol）3-氯丙基三甲氧基硅烷，历时1h，再在70～80℃下再反应4h，冷却过滤后滤液色谱分析MPTMS含量97.7%，TMSPM含量2.3%，反应产物真空蒸馏得目的产物MPTMS 344.7g，收率87.7%。

压力下进行巯烃基硅烷偶联剂合成有很多优点：在制备巯烃基硅烷偶联剂过程中可省去高毒性的硫化氢气体，便于操作和合成原料计量，反应时间仅2～4h，易于纯化，目的产物收率高，有利于降低巯烃基硅烷偶联剂生成成本，也可以实现连续化生产。Korth等[58]改用无水碱金属硫化物（如Na_2S）为合成原料在压力下进行上述反应也提到了类似的好结果。国内陶荣辉[59]和郭学阳研究小组也分别采用相转移催化合成技术制备巯基硅烷偶联剂的研发工作，发表了专利可供参考[60,61]

10.2.4 制备巯烃基硅烷偶联剂的其他方法

（1）光加成反应合成巯烃基硅烷偶联剂[62,63]

在有机化学中硫化氢与ω-乙烯基不饱和化合物发生光引发加成反应，制备巯基的有机化合物（硫醇）这已是成功的方法。早在1975年Rector等就将此法用于巯烃基硅烷化合物的合成，他们研究了在亚磷酸三甲酯（光敏剂）存在下，硫化氢与乙烯基三甲氧基硅烷引发光加成反应：

$$(MeO)_3SiCH=CH_2+H_2S\xrightarrow[P(OMe)_3]{UV}(MeO)_3SiCH_2CH_2SH$$

反应历时4h得到巯乙基三甲氧基硅烷，收率为75.4%和副产物双（三甲氧硅乙基）单硫化物（TMSEM）收率为11.6%，TMSEM是目的产物与乙烯基三甲氧基硅烷发生二次加成的结果。

$$(MeO)_3SiCH_2CH_2SH+CH_2=CHSi(OMe)_3\xrightarrow{h\nu}(MeO)_3SiCH_2CH_2SCH_2CH_2Si(OMe)_3$$

采用相同的方法还合成了巯乙基三乙氧基硅烷收率为78.6%，二次加成副产物TESEM为5.1%。光加成法制备巯烃基硅烷偶联剂是节能、污染少的绿色合成方法，选用适合光敏剂和UV波长范围，二次加成物生成也可以有效控制，进一步提高目的产物选择性和收率还是有希望的。利用烯丙基三烷氧基硅烷等不饱和有机硅化合物与H_2S进行光加成反应也有研究，但因具不饱和烃基烷氧基硅烷制备成本过高，采用光加成生成巯乙基硅烷偶联剂是比较方便可行的方法。该法对已规模化生产乙烯基硅烷偶联剂企业，可以利用光加成技术将产业链进一步延伸。

(2) 缩合（取代）反应合成巯烃基硅烷偶联剂[64]

硫化氢是一种弱酸具亲核性的 SH^- 负离子，可以取代氯代烃基硅烷中的氯，其关键在于生成 HCl，能被吸收，使反应向右移动。因此在反应物中加入胺（或氨）可以促进反应加速进行。

$$(MeO)_3SiCH_2CH_2CH_2Cl + H_2S/H_2NCH_2CH_2NH_2 \longrightarrow (MeO)_3SiCH_2CH_2CH_2SH + H_2NCH_2CH_2NH_2 \cdot HCl$$

其反应操作是将 H_2S 通入胺中，先制备 H_2S，$H_2NCH_2CH_2NH_2$ 的复合物，然后在激烈搅拌下，70℃左右加入 3-氯丙基三甲氧基硅烷反应 4h，滤去乙二胺盐酸盐。滤液色谱分析组分及其含量：甲醇 1.4%，乙二胺 5.3%，$ClCH_2CH_2CH_2Si(OMe)_3$ 0.9%，目的产物 $HSCH_2CH_2CH_2Si(OMe)_3$ 76%，副产物是硅烷偶联剂 $H_2NCH_2CH_2NHCH_2CH_2CH_2Si(OMe)_3$ 6.6%，和 3,3-双-(三甲氧硅丙基) 单硫化物 $(MeO)_3SiCH_2CH_2CH_2SCH_2CH_2CH_2Si(OMe)_3$。

(3) 还原反应合成巯烃基硅烷化合物

β-氰乙基三烷氧基硅烷在 CoS_3 催化下可以制备巯丙基三烷氧基硅烷，在第 6 章氰烃基硅烷化合物章节中已经涉及。最近文献［65］报道了以 Co、Ni、Ru、Rh、Pd、Ir、Pt 等金属为催化剂催化加氢于双（三烷氧甲硅烃基）二硫化物等有机硅多硫化合物，使其二硫化物还原成巯烃基烷氧基硅烷。

$$[(RO)_3SiCH_2CH_2CH_2]_2S_2 \xrightarrow[\text{催化剂}]{H_2} 2(RO)_3SiCH_2CH_2CH_2SH$$

利用还原法用于生产巯烃基硅烷偶联剂，在已有装置生产多硫烃基硅烷偶联剂的企业，可以采用催化还原法生产巯烃基硅烷偶联剂，因该合成原料可高转化率地获得目的产物。

10.2.5 巯烃基硅烷衍生的新型硅偶联剂

(1) 3-(烷酰硫基)-1-丙基三烷氧基硅烷偶联剂

3-(烷酰硫基)-1-丙基三烷氧基硅烷是 21 世纪初美国专利[66,67] 报道的一类新型含硫硅烷偶联剂，其代表化合物为 3-(辛酰硫基)-1-丙基三乙氧基硅烷，即 $3\text{-}(C_7H_{15}C(=O)\text{—}S\text{—}CH_2CH_2CH_2Si(OEt)_3$ (代号 NXT)。该硫代羧烃基硅烷是为高填充白炭黑胶料而设计的，它是白炭黑胎面胶的新一代硅烷偶联剂。该类 SCA 的化学结构及其在一定温度下脱去烷酰基后，再释放出巯基，表明它是一种用烷酰基封闭巯基的含硫硅烷偶联剂。这类含硫的硅烷偶联剂在上述专利中报道的合成方法系以 3-巯丙基三烷氧基硅烷为合成原料，将其于溶剂中，冷却和搅拌下控制速度加入烷酰氯，脱 HCl 后获得目的产物。辛酰基封闭 3-巯丙基三乙氧基硅烷（A-189）中的巯基，从而导致加工过程中 A-189 与橡胶的反应活性降低，有利于胶料在高温下混炼，避免混炼过程中黏度增大或发生早期硫化。在辅助混炼的开始阶段，NXT 硅烷的烷氧基与白炭黑表面硅羟基反应，白炭黑表面硅羟基浓度降低，聚集体之间的氢键数减少，因此白炭黑形成聚集体的能力下降。

当白炭黑聚集体和附聚体在辅助混炼过程上破裂并分散到胶料中时，硅烷中的辛酰基通过位阻效应防止聚集体重新附聚。然后在混炼将要结束及硫化过程中温度升高，NXT 硅烷脱去封闭基团辛酰基，释放出巯基迅速与橡胶结合发挥其偶联作用。正因为这种化学结构的反应性及其在白炭黑胶料中的加工特性，它可避免多硫烃基硅烷偶联剂 TESPT(Si-69) 或 TESPD(Si-75) 胶料在高于 160℃进行混炼时容易析硫，导致胶料产生交联而黏度增大，从而需一段以上的辅助混炼混入多硫烃基 SCA，且每段混炼之间还要冷却胶料，如此过程增加轮胎加工成本。除了上述 NXT 可改善胶料加工性能外，NXT 还可改善轮胎在滚动条件下的胶面滞后性能，以及在湿、雪路面上的抗湿滑等性能，其详情参见 P. G. Joshi 等有关报道[68] 及刘蓉编译的《用于白炭黑/硅烷补强体系胎面胶的新一代硅烷偶联剂》[69]。近十年来我国研究者也对 3-(烷酰硫基)-1-丙基三乙氧基硅烷类偶联剂的应用性能研究，此外，还有这类 SCA 的化学结构设计和合成方法的创新报道，如丁建峰的专利[70] 称：他们以 3-巯丙基三烷氧基硅烷和烷酰氯为原料，在没有溶剂存在下合成了 NXT 等类型的化合物，该研究组还有另一专利[71] 称：他们以硫代羧酸烯丙酯和三烷氧基硅烷为主要合成原料，采用硅氢化技术合成了几种 3-(长链烷酰硫基)-1-丙基三烷氧基硅烷。唐红定等专利[72] 称：他们以几种 α,ω-二酰氯分别与 3-巯丙基三烷氧基硅烷反应制备了多种 α,ω-双烃酰硫代基三烷氧基硅烷。

(2) 巯基与烯烃基的点击化学反应合成有机硅偶联剂

研发表明：在紫外线辐射引发下 3-巯丙基三烷氧基硅烷（如 MPS，WD-80）与具烯烃基化合物易发生巯基-烯烃基点击化学反应，利用该反应可制备具硫醚基和其他功能基团的有机硅化合物或低聚物。点击化学反应时间短，室温下进行，副反应少，是典型原子利用率高的绿色化学反应。迄今利用该反应已合成了多种作为金属表面防腐、以替代铬化、磷化的硅烷化制剂。2015 年国内刘海峰等[73] 首先报道了以 3-巯丙基三甲氧基硅烷（WD-80）与 N',N'',N'''-三烯丙基异氰脲酸酯为合成原料，制备了 N',N'',N'''-三（三甲氧硅丙硫基）丙基异氰脲酸酯，其化学结构和反应式如下所示：

$$\text{triallyl isocyanurate} + HS(CH_2)_3Si(OCH_3)_3 \xrightarrow[CH_2Cl_2]{h\nu,\ DMPA} \text{tris}[(CH_3O)_3Si(CH_2)_3S(CH_2)_3]\text{-isocyanurate}$$

刘海峰等[74] 还研究了 MPS（WD-80）与 1、3、5、7-四甲基-1、3、5、7-四乙烯基

环四硅氧烷（WD-V4）的点击化学反应，制备了1、3、5、7-四甲基-1、3、5、7-四（三乙氧硅丙硫基）丙基环四硅氧烷：$\left[\mathrm{Me-\underset{|}{\overset{CH_2CH_2CH_2SCH_2CH_2CH_2Si(OMe)_3}{|}}{Si}O}\right]_4$。随之孙成军等[75] 也报道采用上述合成方法研究了 MPS（WD-80）分别与双酚 A-双烯丙基醚或 1、3、5 三甲基-1、3、5-三乙烯基环三硅氧烷之间的点击化学反应，他们也十分方便地制备了高收率的双酚 A-双（三甲氧基硅丙硫基）丙基醚或 1、3、5 三甲基-1、3、5-三（三甲氧硅丙硫基）丙基三硅氧烷[76]，它们化学分子式如下所示：

$$\mathrm{(MeO)_3SiCH_2CH_2CH_2SCH_2CH_2CH_2OC_6H_4-\underset{Me}{\overset{Me}{\underset{|}{\overset{|}{C}}}}-C_6H_4OCH_2CH_2CH_2SCH_2CH_2CH_2Si(OMe)_3}$$

$$\left[\mathrm{Me-\underset{|}{\overset{CH_2CH_2CH_2SCH_2CH_2CH_2Si(OMe)_3}{|}}{Si}O}\right]_3$$

上述四种利用巯基点击合成反应制备的 MPS 的衍生产物都应用于金属表面硅烷化防腐处理，其性能均优于单用 MPS 硅烷偶联剂作为金属表面硅烷化制剂涂层。

10.3 多硫烃基硅烷偶联剂

10.3.1 多硫烃基硅烷偶联剂概述

多硫烃基硅烷偶联剂是一类含两个硫原子以上的硫杂烃基有机硅烷化合物，大家常称之为 Si-69（WD-40）的商品，就是这类化合物的典型代表。文献中称 Si-69 为 3,3-双（三乙氧硅丙基）四硫化物［3,3-*bis*（triethoxysilypropyl）tetra sulfide］。如果根据有机化合物命名原则，以烷烃为母体则称之为 3,16-二氧-8,9,10,11-四硫-4,4,15,15-四乙氧基-4,15-二硅杂十八烷烃（3,16-Dioxa-8,9,10,11-tetra thia-4,4,15,15-tetraethoxy-4,15-disilaoctadecane），利用有机化合物命名，有利于查阅此类化合物的国外文献。这类硅烷偶联剂可用下述化学通式表达：

$$\mathrm{(R'O)_{3-n}Me_nSi-R-S_m-R-SiMe_n(OR')_{3-n}}$$

$m=2, 3, 4, 5, \cdots, 10$；$n=0, 1, 2$；$\mathrm{R'=Me, Et}$；$\mathrm{R=-CH_2-}$，$\mathrm{-\!\!(CH_2)\!\!-_3}$，$\mathrm{-CH_2\underset{Me}{\underset{|}{C}H}-CH_2-}$，$\mathrm{-CH_2-C_6H_4-CH_2-CH_2-}$等；$m=2,3,4,5,6$ 等；其中应用较多的是 $m=2$ 和 4，$\mathrm{R'=Me}$ 或 Et。

实际上在多硫烃基硅烷偶联剂化合物中的 m 都不是单一硫含量的纯化物，如 $m=4$ 的 Si-69 中含有 S_2、S_3、S_4、S_5 等硫链的混合物，硫的平均数约 4，其中主要组成是 $m=4$ 的化合物。按通常文献报道合成方法所制备的 Si-69，其多硫链的平均聚合度 m 通常是在 3.7 左右，m 的大小决定 Si-69 商品的硫含量，及其使用范围和用量，因此它是制备时特别应注意达到的指标。含有多硫烃基的硅烷偶联剂除具有易水解、缩合和易与无机增强剂或填料键合的烷氧甲硅基通性外，还有杂于烃链中的硫链特性，这种键合在烃基上的多硫链（$—S_m—$）容易脱硫形成寡聚 S_n 的同时，还产生有机硫的游离基≡SiRS·。如果这过程是在具不饱和键的聚合物（其中特别是具碳—碳双键的聚合物）中发生，新生的游离基≡SiRS·就会迅速与双键加成，如此多硫烃基硅烷偶联剂立即键合在聚合物链上，这就是具多硫烃基的有机硅化合物能用于天然橡胶、丁苯橡胶、丁腈橡胶等含有不饱和链节的橡胶制品中作为偶联剂的原因。其作用过程示例如下：

$$\begin{matrix}\equiv SiCH_2CH_2CH_2 \\ \equiv SiCH_2CH_2CH_2\end{matrix}\!\!>\! S_m + \begin{matrix} CH \\ \| \\ CH \end{matrix} \longrightarrow \begin{matrix}\equiv SiCH_2CH_2CH_2—S—CH \\ | \\ \equiv SiCH_2CH_2CH_2—S—CH\end{matrix} + S_n$$

该过程析出的硫还可进一步参与橡胶制品的硫化。

如果将多硫烃基硅烷偶联剂和硫按适合的比例共热，根据硫元素聚集体的特性，处于偶联剂中链状硫和硫的聚集体会发生新的平衡，改变多硫烃基硅烷偶联剂中$—S_m—$的平均聚合度。利用该性质可以用双（三乙氧硅丙基）二硫化物制备双（三乙氧硅丙基）四硫化物等较高聚合度的多硫烃基硅烷偶联剂，例如：

$$[(EtO)_3SiCH_2CH_2CH_2]_2S_2 + 2S \xrightarrow[\triangle]{} [(EtO)_3SiCH_2CH_2CH_2]_2S_4$$

当然该反应得到的产物也是不同$—S_m—$的混合物，只不过四硫化物（$—S_4—$）是主要产物，硫链的平均值为 4。

多硫烃基在氢化铝锂等还原剂或过渡金属催化剂存在下，催化氢化生成巯烃基硅烷化合物，该还原反应用于巯烃基硅烷偶联剂，这种合成方法在国外已有人进行研究（10.2.4 已介绍）。

虽然多硫（$—S_m—$）烃基硅烷化合物可以任意合成 $m=2,3,4,\cdots,10$ 的产品，然而合成比较方便，应用较多的仅两种多硫烃基硅烷偶联剂，现将这两种化合物有关物性列于表 10-7 供参考。

表 10-7 常用的两种多硫烃基硅烷偶联剂物理常数

项目	Si-69(A-1289,WD-40)	Si-75(A-1589)
化学名	双(γ-三乙氧基硅丙基)四硫化物	双(γ-三乙氧基硅丙基)二硫化物
分子式	$[(EtO)_3Si(CH_2)_3]_2S_4$	$[(EtO)_3Si(CH_2)_3]_2S_2$
理论含硫质量分数/%	23.8	13.5
分子量	539	474.8
外观	浅黄透明液体	浅黄透明液体
黏度(25℃)(mm^2/s)	10	7
相对密度	1.03	1.025
折射率($n^{25℃}$)	—	1.457
闪点/℃	104	75
沸点/℃	—	—

注：Si-69，Si-75 是 Degussa 公司的产品牌号；WD-40 是我国最早生产的牌号。作为商品 Si-69 实际含硫量要求 22.7%±0.80%，含氯量≤0.60%。

10.3.2 多硫烃基硅烷偶联剂合成方法述评

多硫烃基硅烷偶联剂主要合成方法通常是以多硫化钠作为原料（其他碱金属或铵的多硫化物虽然也可作为供硫体，但生产中不采用），然后将其与卤代烃基烷氧基硅烷（主要是氯代丙基烷氧基硅烷，其合成请参见本书第 5 章）反应制备。其合成反应系利用多硫化物中具亲核性的多硫阴离子（S_m^{2-}）与氯代烃基硅烷化合物进行亲核取代氯的反应，因此得到的反应产物是双烷氧甲硅烃基的多硫硅烷化合物，例如双（三乙氧硅丙基）四硫化物合成。

$$Na_2S_4+2Cl(CH_2)_3Si(OEt)_3 \longrightarrow (EtO)_3Si(CH_2)_3S_4(CH_2)_3Si(OEt)_3+2NaCl$$

该反应式在生产中用于制备多硫烃基硅烷偶联剂过去通常采用 20 世纪 70 年代研究开发的方法进行，即以无水乙醇为溶剂的方法，两种合成原料在醇的回流温度下进行亲核取代（脱氯化钠缩合），反应后过滤去氯化钠，回收乙醇得产物。历时 40 多年，操作条件也有不少优化，迄今还有企业用该法生产。进入新世纪，随着相转移催化（PTC）技术在有机合成广泛应用，多种硅烷偶联剂生产中已有采用。该方法也成功用于多硫烃基硅烷偶联剂（WD-40）生产。PTC 合成法的明显优点是用水取代有机溶剂，简化了纯化工艺过程，生产成本低，不足的地方是要注意少量相转移催化剂进入产物，这种情况可能对某些应用效果有好（或坏）的影响，此外，若操作不当产物中可能产生少量水解缩合物。

巯烃基硅烷化合物虽然也可以通过三种反应制备多硫烃基硅烷偶联剂，但通常只在实验中应用，或特殊制备需求用于生产，其原因是合成成本较高，不利于商品生产，下面将反应式予以介绍。

① 巯烃基硅烷化合物与硫的氯化物（SCl_2、S_2Cl_2 等）反应，制备多硫烃基硅烷偶联剂[77]，例如：

$$2(MeO)_3Si(CH_2)_3SH+SCl_2 \longrightarrow [(MeO)_3SiCH_2CH_2CH_2]_2S_3+2HCl$$

$$2(EtO)_3Si(CH_2)_3SH+S_2Cl_2 \longrightarrow [(EtO)_3SiCH_2CH_2CH_2]_2S_4+2HCl$$

② 巯烃基硅烷化合物与氯化亚砜反应也可以制备双（烷氧硅烃基）二硫化物[78]例如：

$$2(MeO)_3Si(CH_2)_3SH+SO_2Cl_2 \longrightarrow (RO)_3Si(CH_2)_3{-}S{-}S(CH_2)_3Si(OR)_3+SO_2+2HCl$$

③ 巯烃基硅烷化合物与硫一起共热法[79]

$$2(RO)_3Si(CH_2)_3SH+S_n \xrightarrow[\triangle]{} (RO)_3Si(CH_2)_3S_{n+1}(CH_2)_3Si(OR)_3+H_2S$$

双-(烷氧硅烃基) 二硫化物等低含硫量的硅烷偶联剂与硫共热也可制备高硫含量的多硫烃基硅烷偶联剂混合物[80]。有时一些特殊需要可以采用该方法得到目的产物，例如：

$$[(EtO)_3SiCH_2CH_2CH_2]_2S_2+nS \longrightarrow [(EtO)_3SiCH_2CH_2CH_2]_2S_m+\cdots$$

10.3.3 无水溶剂中多硫化物的亲核取代法制备多硫烃基硅烷偶联剂

10.3.3.1 初期产业化开发工作

1973 年 Meyer-Simon 等[81] 首先报道按 1∶0.5（摩尔）的 γ-氯丙基三烷氧基硅烷与二硫化

钠（Na_2S_2）或四硫化钠（Na_2S_4）于无水乙醇中反应制备了相应的 $(MeO)_3SiCH_2CH_2CH_2S_2CH_2CH_2CH_2Si(OMe)_3$、$(MeO)_3SiCH_2CH_2CH_2S_4$-$CH_2CH_2CH_2Si(OMe)_3$ 和 $(EtO)_3SiCH_2CH_2CH_2S_4CH_2CH_2CH_2Si(OEt)_3$。并将其应用于 SiO_2 增强的硫化橡胶中作为粘接剂，得到了很好效果，从而促进了这类硅烷偶联剂的合成和产业化开发研究。该研究小组进行了连续化合成工艺过程开发，其中试研究成果也于同年 10 月用专利[61] 予以报道。其过程首先将反应原料 3-氯丙基三乙氧基硅烷、Na_2S_4 按摩尔比为 2：1 混合于无水乙醇中，预热至 70℃，然后加到填有拉希环的反应塔中，塔温保持在 100℃下，反应物于塔中停留时间约 15min。滤除 NaCl 后脱乙醇得到粗产物，收率达 95%。文献没有合成原料多硫化钠合成的报道。

1976 年 Degussa 公司[82] 在比利时的 Antewep 以月产 50t 的规模生产双（三乙氧硅丙基）四硫化物（TESPT）并以 Si-69 商品名投入市场，迄今还以 Si-69 进行销售。全世界 Si-69（国内商品名 WD-40）的产量已年逾数万吨级。

在 20 世纪 80 年代，国内武汉和哈尔滨南北两地分别同时开展了多硫烃基硅烷偶联剂的合成研究，1985 年武汉大学有机硅研究室首先开发了硫化钠与硫混合熔融制备多硫化钠合成工艺，随后又用于合成双（三乙氧硅丙基）四硫化物得到成功，含硫量≥22%，γ-氯丙基三乙氧基硅烷残留量小于 5%，pH7～8。该产品送青岛橡胶工业研究所、广州橡胶工厂与进口 Si-69 对比测试，测试结果表明其物理力学性能相当[83]。1986 年武大化工厂将其合成技术进行产业化开发，随之以商品名 WD-40 进入国内市场。1987 年常德粮食机械厂将 WD-40 用于生产出口双狮牌轧米辊，其加工稻谷量为 540t/对，取代当时 A-189 用于轧米辊（520t/对）生产[84]。20 世纪 80 年代末国内多家民办企业采用武大化工厂的制备工艺进行 WD-40（Si-69）批量生产；进入 21 世纪后，国内主要采用 PCT 技术生产 WD-40，已成为世界生产 Si-69 最重要的基地。

10.3.3.2 多硫化钠及其合成

多硫化钠是制备具多硫烃基硅烷偶联剂的供硫体，它是生产这类硅烷偶联剂的关键原料。多硫化钠质量是否满足合成目的产物的要求，将影响制备硅烷偶联剂（如 WD-40）含硫量、硫链聚合度及其分布，还有产品的色度等指标；而这些指标恰好是使用者用于橡胶制品中特别关注的。然而 20 世纪 80 年代以前文献中均没有报道用于合成多硫烃基硅烷偶联剂的多硫化钠的制备。进入 21 世纪以后的文献中，制备含多硫烃基硅烷偶联剂的同时，在同一反应装置中先完成多硫化钠的合成，随之加入氯烃基烷氧基硅烷方便得到高收率的目的产物[85~88]。

用于合成硅烷偶联剂的多硫化钠通常不是单一纯净的多硫化物，而是多硫化钠的混合物，比如制备 WD-40（Si-69）的多硫化钠，我们通常书写成 Na_2S_4，实际上它是 Na_2S_2、Na_2S_3、Na_2S_4、Na_2S_5 等的混合物，其中 Na_2S_4 是主要组成，—S_m—的平均数等于 4。用这种多硫化钠来合成双（三乙氧硅丙基）四硫化物，硫链很难达到具有四个硫原子组成的理想状态，正如前述硫链平均聚合度通常为 3.7 左右即为合格产品。

将氢硫化钠或硫化钠的水溶液或醇溶液和硫一起加热回流，也都可以得到含多硫离子（S_m^{2-}）的水溶液或醇溶液。多硫化钠的溶液随着多硫离子 S_m^{2-} 的 m 值增加其颜色会由浅黄→绿黄→棕色→红色逐渐加深。硫化钠与硫混合共热熔融也会相互反应形成多硫化钠，反应也可以观察到颜色由浅到深的变化过程。操作者注意总结其规律可以制备出用于合成硅烷偶联剂的合格产品。相同合成原料，采用溶液或熔融任一合成工艺制备多硫化钠时，硫化钠和硫的投料摩尔比例不同，都会得到不同平均聚合度的多硫化钠，通常具 S_5 以下多硫负离子的多硫化钠比较容易形成，具 S_5 以上的多硫负离子的多硫化钠比较难制备，其原因可能与易形成 S_6、S_8 等环状硫有关。多硫化合物在一定条件下可以相互转化，即具低聚合度 n 的多硫化物如 Na_2S_2、Na_2S_3 等，加入硫在一定反应条件下可转成高含硫（S_n^{2-}，$n \geqslant 4$）的多硫化钠，高含硫量的多硫化钠（S_n^{2-}，$n \geqslant 4$）加入金属钠与其处理就可转变成 $n<4$ 的多硫化钠（S_n^{2-}），这种转变不是单一的，其组成具多分散性。据此合成多硫烃基硅烷偶联剂的多硫化钠，采用通常的合成方法是很难制备单一纯净的多硫化物，从而得到多硫化物混合物的原因。

合成多硫化钠的原料硫化钠或氢硫化钠在水或醇中的溶解度较差，但多硫化钠在醇中的溶解度较好，并随硫原子个数增加在有机物中溶解度增大，特别是醇，这就是选用醇作为多硫烃基硅烷偶联剂的溶剂的主要原因之一。

含水的硫化物（如 $Na_2S \cdot 4H_2O$、$Na_2S \cdot 5H_2O$）在水中溶解度大大高于无水硫化钠，所以合成时通常用含结晶水的硫化钠作原料，在反应过程中脱水。硫化物容易氧化和吸水，因此在制备和贮存多硫化物过程避免氧化和吸湿造成多硫化钠质量下降，这在生产中应该予以特别重视，否则也将会使多硫烃基硅烷偶联剂的质量和收率都下降。

2000 年以来国内外生产多硫烃基硅烷偶联剂的企业所用多硫化钠很少外购，大多将氢硫化钠或硫化钠于乙醇中，按摩尔比加入硫，现场制备多硫化钠。有关合成操作在本节所引文献和后面多硫烃基硅烷偶联剂合成实例中均有介绍，请读者参阅。现只将三条合成多硫化钠的化学反应式总结表达如下：

① $Na + EtOH \longrightarrow EtONa + \frac{1}{2}H_2\uparrow$

$2EtONa + H_2S \longrightarrow Na_2S + 2EtOH, Na_2S + nS \xrightarrow{EtOH} Na_2S_m$

② $NaOH + NaHS \longrightarrow Na_2S + H_2O, Na_2S + nS \xrightarrow{C_2H_5OH} Na_2S_m$

③ $Na_2S \cdot nH_2O \xrightarrow[脱水]{} Na_2S + nH_2O, Na_2S + nS \longrightarrow Na_2S_m$

10.3.3.3 多硫化钠在无水乙醇中用于合成多硫烃基硅烷偶联剂实例

20 世纪采用多硫化钠于无水乙醇中与 3-氯丙基三乙氧基硅烷发生取代反应（脱盐缩合）是生产多硫烃基硅烷偶联剂通用方法：

$$2(EtO)_3SiCH_2CH_2CH_2Cl + Na_2S_m \longrightarrow [(EtO)_3SiCH_2CH_2CH_2]_2S_m + 2NaCl\downarrow$$

该反应容易进行，也可以连续化生产，所得产品品质则取决于制备的多硫化物品质好坏；本节所引文献中有多种制备多硫化钠的方法且都可利用。该合成多硫烃基硅烷偶联剂的工艺迄今仍有一些企业还用于生产。下述介绍我们的合成实例和文献报道的有关合成简单操作[83,84,88～105]。

（1）实例 1

方法Ⅰ：240g $Na_2S \cdot 9H_2O$ 和 100g 硫黄混合于反应器中，短时间内升温至 70℃成为黄溶液，在 N_2 气下减压脱水至棕黄色粗浆物，然后升温至 140℃脱水完全后，继续升温至 160～170℃，反应 1～2h，冷却得黄绿色产物。防止受潮可用于 WD-40 合成。

方法Ⅱ：取工业硫化钠 70g 和工业硫黄 50g 混合均匀后置于反应器中，加热升温至 300℃左右。然后逐步降温至 170℃左右反应，注意反应过程中物料发生不同颜色变化。当是黄绿色时，反应完成，冷至室温得多硫化钠。防止受潮可用于 WD-40 合成。

将上述合成的多硫化物溶于无水乙醇中，升温至 80℃左右，搅拌下加入略高于摩尔比的 γ-氯丙基三乙氧基硅烷，加完后在该反应温度下反应 1～2h，冷却，过滤，抽出无水乙醇得双[γ-(三乙氧基) 硅丙基] 多硫化物 (WD-40)。浅黄或棕黄色，似乙醇味，含硫量≥22%，WD-30 残留量≤6%，黏度 11.4cP (20℃，pH7～8)。

(2) 实例 2

将 32.04g 硫化钠水合物 (Na_2S 约 0.25mol，硫化钠含量 60%～62%) 与 24.05g (0.75mol) 硫加入到一装有回流冷凝器的 500mL 三颈烧瓶中，35mbar (1bar=0.1MPa) 的真空下加热至 250℃，混合物熔化并将水蒸除干净，历时约 1.5h，熔融物固化。温度降低后，在烧瓶上设置一滴液漏斗，通氮吹扫。装上搅拌，注入 125mL 无水乙醇，加热、搅拌、回流；当部分固化的熔融物进入到溶液后，在 15min 之内滴加 120.4g(0.5mol) 3-氯丙基三乙氧基硅烷，再回流 2h，反应混合物的颜色由开始的褐色变为黄色。反应物冷却至室温后，混合物压滤；滤饼用 50mL 无水乙醇漂洗再压滤；合并滤液并蒸出溶剂，得到 121.51g (0.23mol) 目的产物，硫链平均聚合度为 3.7，收率达 92%。

(3) 实例 3

2L 的烧瓶中装有 78g(1mol) 的无水硫，而后滴加 481g(2mol) γ-氯丙基三乙氧基硅烷，在醇回流温度历时 5h。滤去缩合副产物氯化钠，蒸馏除去乙醇，得到硫平均聚合度为 2.5 的多硫烃基硅烷化合物 450g，产率 92%。采用超临界流体色谱分析产物组分含量如下：

$(EtO)_3SiCH_2CH_2CH_2SCH_2CH_2CH_2Si(OEt)_3$	2%
$(EtO)_3SiCH_2CH_2CH_2—SS—CH_2CH_2CH_2Si(OEt)_3$	54%
$(EtO)_3SiCH_2CH_2CH_2—SSS—CH_2CH_2CH_2Si(OEt)_3$	30%
$(EtO)_3SiCH_2CH_2CH_2—SSSS—CH_2CH_2CH_2(OEt)_3$	11%

此外，还有硫链聚合度≥5 的多硫丙基硅烷。

10.3.4 相转移催化合成法制备多硫烃基硅烷偶联剂

相转移催化 (PTC) 合成法在本书 9.3 节已有阐述，迄今该技术用于硅烷偶联剂合成越来越引起研究者重视，如 20 世纪 90 年代初该方法已用于甲基丙烯酰氧丙基三甲氧基硅烷的生产。1995 年 Parker 等[106] 首先报道了相转移催化剂催化 3-氯丙基三乙氧基硅烷与多硫化钠在水相中进行的反应，合成了双 (三乙氧硅丙基) 四硫化物 (Si-69)。进入 21 世纪后，国内外生产企业纷纷将这项研究成果用于生产多硫化烃基硅烷偶联剂，以取代 10.3.3 所述 70 年代用无水乙醇作溶剂的传统工艺过程[107～114]。PTC 合成法的特色在于不用无水乙醇，不需投资建乙醇回收装置。此外，还避免了无水乙醇溶剂法制备多硫化钠时需利用共沸蒸馏或真空蒸馏脱水。并简化了工艺，缩短生产周期，节约能源和减少生产员工，从而可以较大幅度降低生产成本，该过程是符合绿色化学原则的生产方法。

前面已经提过不足之处在于相转移催化剂难以除去，可能污染产品或影响应用；此外在水相中进行反应，可能造成硅烷偶联剂水解、缩合，使产物中出现不溶物和寡聚物等。研究表明如果注意操作，选用合适的相转移催化剂或加入助剂调节 pH 值等方法，这些弊端可得到解决。下面简介 PTC 合成多硫烃基硅烷偶联剂操作实例供读者参考。

实例 1：于反应器中加入 240g 工业无水硫化钠（含 1mol 的 Na_2S），96g 硫（3mol），750mL 水。在氮气下，搅拌加热至 85～90℃使其生成深红色的四硫化钠溶液。505g (2.1mol) 3-氯丙基三乙氧基硅烷（CPTES），0.0538mol（25g）的相转移催化剂 Adogen464（$Me_3\overset{\oplus}{N}C_nH_{2n+1}\overset{\ominus}{Cl}$，$n=8\sim10$）和 100mL 甲苯配制的溶液，于 15min 内加入上述四硫化钠的水溶液中。短时搅拌后再加入 500mL 甲苯，过滤去除不溶的水解缩合物产生的寡聚物。分离出甲苯溶液，回收甲苯后得粗产物 520g，其收率为 96.6%，据称不含未反应的原料 CPTES。

实例 2：反应容器中加入 114.02g NaHS 水溶液［含 0.24% Na_2S，45.77% NaHS，50g 水和 77.24g NaOH 水溶液（48.2% NaOH］，搅拌下加热至 75℃。随之将 89g 的硫粉分批加入，激烈搅拌下直至固体物质溶解。然后将 14g 25% 的四丁基溴化铵水溶液［3.6g$(Bu_4N)Br^{\oplus}$ 和 10.8g 水配制的溶液］加入。滴加 463.5g 3-氯丙基三乙氧基硅烷（TESCP），并维持反应温度在 80℃左右。当放热反应后，继续搅拌，并用色谱分析跟踪反应进程。当 TESCP 完全参与反应，停止反应历时约 3.5h。反应物冷却至 50℃后加入 131.1mL 水，直至副产物氯化钠完全溶于水中，停止搅拌，移去水层，抽低沸物，冷至 15℃后，过滤得产物 485g，高压液体色谱分析表明，其产物中的含硫平均聚合度为 3.81。

实例 3：于反应瓶中加入 4.01g NaHS(2.08% Na_2S 和 71.1% NaHS)，4.99gS 和 8.5g 磷酸三钠（缓冲剂），注入 12.5mL 水，加热至 75℃左右，同时搅拌使全部反应物溶解后，随之将 1g 25%的相转移催化剂的水溶液［0.25g$(\overset{\oplus}{Bu_4N})\overset{\ominus}{Br}$ 和 0.75mL H_2O］加到反应物中。然后在 36min 内注入 24g 3-氯丙基三乙氧基硅烷（TESCP），反应温度上升至 79℃。当放热反应减少后，保持 78℃的温度，搅拌下继续反应，并用色谱跟踪分析，直至 TESCP 含量稳定，历时先约 4h。反应温度降至 50℃后，加入 9.72mL H_2O，使副产物 NaCl 全部溶解。冷至室温，收集 24.38g 有机层高压液体色谱分析表明，产物中硫的平均聚合度为 3.86。

10.3.5 新型的多硫烃基硅烷偶联剂

2002 年日本和欧洲专利[115～117] 报道，新型的含多硫烃基的硅烷偶联剂，其化学结构的特点在于多硫链（$—S_m—$）的两端分别与 3-(三烷氧甲硅)-丙基或不含硅的有机基团键合，文献报道已合成的典型品种有三类，它们的合成方法都是类似于 10.3.3 所述多硫化物在无水乙醇中用于多硫烃基硅烷偶联剂。下面分别予以简介。

(1) $(RO)_3Si(CH_2)_3—S_m—(CH_2)_n—Me$

这类化合物化学结构中 R=—Me，—Et；m=2，4；n=6,10 等。

据称该硫桥硅烷偶联剂，较双-(三乙氧硅丙基）四硫化物，用于处理炭黑、氢氧化铝、滑石粉等无机填料，与树脂、橡胶配合后，能在耐磨耗性能上得到改善。其合成方法举例如下：合成装置中通氮置换空气后加入 250g 无水乙醇，78g(1.0mol) 无水硫化钠和 32g(1.0mol) 硫黄。75℃下搅拌滴入 240.5g(1.0mol) 3-氯丙基三乙氧基硅烷及 120.5g (1.0mol) 氯化正己烷的混合液。再继续搅拌反应 8h。冷却，过滤，减压下馏出乙醇。得褐色透明液体 271.1g。产物的运动黏度（25℃）为 $5.6mm^2/s$，折射率（25℃）为 1.4673，经 ^1H—NMR 分析确认为目的产物。

(2) $(RO)_3Si(CH_2)_3—S_m—(CH_2CH_2O)_nCH_2CH_2OH$

这类化合物化学结构中 R=—Me，—Et；m=2,4；n=1,2，…。

据称该硫桥硅烷偶联剂，添加在树脂、橡胶中，在与无机填料混合时有良好的分散性，成形前黏度稳定，也可以用做底涂剂、粘接性添加剂。其合成步骤举例如下：无水乙醇 250g，无水硫化钠 78g(1.0mol)，硫黄 96g(3.0mol)。搅拌并加热至 75℃左右，历时 50min，滴入 3-氯丙基三乙氧基硅烷 240.5g(1.0mol) 与二乙二醇一氯化物 124.5g (1.0mol) 的混合液。滴完后再继续反应 8h。冷却，过滤除盐，抽出乙醇。获得褐色透明液体 295.1g，产物的运动黏度（25℃)为 $58.6mm^2/s$、折射率（25℃）为 1.5140，经 ^1H-NMR 分析确认为目的产物。

(3) $(RO)_3Si(CH_2)_3—S_m—(CH_2CH_2O)_nCH_2CH_2—S_m—(CH_2)_3Si(OR)_3$

这类化合物化学结构中 R=—Me，—Et；m=2,4；n=1,2，…。

据称该硫桥硅烷偶联剂，用于处理无机填料后，与树脂、橡胶共混时有良好的分散性，成形前黏度稳定。可用于底涂剂、粘接性添加剂。它们的合成举例如下：

$$2(MeO)_3Si(CH_2)_3Cl+Cl(CH_2CH_2O)_nCH_2CH_2Cl \xrightarrow{Na_2S_m} (MeO)_3Si(CH_2)_3S_m—(CH_2CH_2O)_nCH_2CH_2—S_m—(CH_2)_3Si(OMe)_3$$

氮气置换空气的反应装置中加入甲醇 250g，无水硫化钠 78g(1.0mol)，硫黄 96g (3.0mol)，在 75℃下搅拌 50min 左右，随后滴入 198.5g(1.0mol) 3-氯丙基三甲氧基硅烷与 93.5g(0.5mol) 三乙二醇二氯化物的混合溶液。滴完后，继续反应 8h，然后，冷却，过滤和馏出甲醇，得褐色透明液体 285.6g。产物的运动黏度（25℃）为 $83mm^2/s$，折射率（25℃）为 1.5565，经 ^1H-NMR 分析确认为目的产物。

10.4 含季铵烃基硅烷偶联剂

10.4.1 含季铵烃基硅烷偶联剂化学结构及其特性和应用

具季铵基团的硅烷偶联剂的化学结构可用下述通式予以概括：

$$[(R^2O)_{3-n}R^3_n\,SiR^1-\overset{\overset{\displaystyle R^4}{|}}{\underset{\underset{\displaystyle R^5}{|}}{N^{\oplus}}}-Z]X^{\ominus}$$

$n=0，1,2$。

R^1 是 $\leftarrow CH_2 \rightarrow_m$，$m=1、2、3，\cdots$等亚烷基，$-C_6H_4\leftarrow CH_2\rightarrow_m$、$-CH_2CH_2C_6H_4CH_2-$ 等亚烷芳基，以及在亚烃基中杂有氧或氮及其所构成的官能团（如—O—、—NH—、$-\overset{O}{\overset{\|}{C}}-O-$、$-\overset{O}{\overset{\|}{C}}NH-$ 等），通过碳—硅键和碳—氮键将烷氧甲硅基与季铵基团连接在一起的有机基团。

R^2 通常是甲基或乙基，亦可是其他烃基。

R^3 通常是甲基，亦可是其他烃基。

R^4、R^5 以甲基或氢相同或不同。

Z：文献中已有报道并得到应用的化合物中主要为长链烷基、甲基丙烯酰氧（氨）烃基[如$\leftarrow CH_2\rightarrow CH_2O-\overset{O}{\overset{\|}{C}}CMe{=}CH_2$ $\leftarrow CH_2\rightarrow_2 NH\overset{O}{\overset{\|}{C}}CMe{=}CH_2$]、P-乙烯苄基（$-CH_2-C_6H_4-CH{=}CH_2$）、丙氧丙醇-2-基（$-CH_2-\underset{OH}{\underset{|}{CH}}-CH_2O-$）、烯丙基（$-CH_2CH{=}CH_2$）等。X 主要是 Cl，亦可是 Br、I、AcO、HSO_4 等。具季铵基团的阳离子硅烷偶联剂已有生产的商品列于表 10-8。

迄今研究开发所涉及含季铵基团的硅烷偶联剂都有表面活性，都具阳离子型表面活性剂通性。将这些化合物作为有机硅功能单体水解或共缩聚所生成的聚硅氧烷也具表面活性，可称之为大分子（聚合物）阳离子表面活性剂。这类化合物及其聚合物的特性在于含有亲水的带正电荷的季铵基团，这种基团使化合物或聚合物对细菌、真菌和藻等微生物形成较强的吸附，还因其表面活性能渗入这些微生物细胞膜，抑制或杀灭这些微生物的生物活性，阻止其发育成长，因而具良好的杀菌、防霉功能，还具广谱性。并且其刺激性低、毒性低、无异味。还可以通过烷氧硅基的反应性锚定在底物上，通过聚硅氧烷的低表面张力使其在底物上充分展布，达到最好的使用效果。用量少、不易流失、污染少和使用寿命长也是其特点。基于上述，可见含季铵基团的硅烷偶联剂的一些性能是通常有机化学中的季铵盐所不具备的，因而这类硅烷化合物和聚合物作为纺织物卫生整理剂或消毒剂备受青睐。

表 10-8　常用含季铵盐基的硅烷偶联剂

序号	化学通式
1	$[(MeO)_3SiCH_2CH_2CH_2\overset{\oplus}{N}Me_2R]Cl^{\ominus}$　$R=-C_8H_{17},-C_{12}H_{25},-C_{16}H_{33}$ 和 $-C_{18}H_{37}$
2	$[(MeO)_3SiCH_2\overset{\oplus}{N}Me_2CH_2CH_2O_2CCMe{=}CH_2]Cl^{\ominus}$
3	$[(MeO)_3SiCH_2CH_2-C_6H_4-CH_2\overset{\oplus}{N}Me_2CH_2CH_2O_2CCMe{=}CH_2]Cl^{\ominus}$

续表

序号	化学通式
4	$[(MeO)_3SiCH_2CH_2CH_2\overset{\oplus}{N}Me_2CH_2-C_6H_4-CH{=}CH_2]Cl^{\ominus}$
5	$[(EtO)_3SiCH_2CH_2CH_2\overset{\oplus}{N}Me_2CH_2-C_6H_4-CH{=}CH_2]Cl^{\ominus}$
6	$[(EtO)_3SiCH_2CH_2CH_2\overset{\oplus}{N}HMeCH_2-C_6H_4-CH{=}CH_2]Cl^{\ominus}$
7	$(EtO)_3Si\overset{\oplus}{N}H_2CH_2CH_2NHCH_2-C_6H_4-CH{=}CH_2$

阳离子型有机硅表面活性剂还应用于个人护理品中，如作为发用调理剂，可赋予头发湿梳理性和光泽度。用于香波中则可作为乳化、分散、起泡、增溶、润滑或保湿剂。作为精细化学品的助剂，配位性的好坏常是选用的关键，有机硅阳离子型表面活性剂有良好的配伍性，这也是它们得到广泛应用的另一原因。

最早文献报道具季铵基团的硅烷化合物为复合材料增强、增黏而研究开发的，迄今它们仍是玻璃纤维等无机增强剂和有机聚合物复合物中重要的偶联剂，涂装底漆中应用它增加黏附性。这类硅烷化合物成为重要的硅烷偶联剂的原因还在于它们中的一些化合物分子结构中有具反应能力的苯乙烯基或甲基丙烯酰氧基团，这两种基团很容易与具不饱和键的有机单体、预聚物或聚合物键合在一起。此外，化合物中除有易与无机表面键合的烷氧基外，还具有其他偶联剂不具备的季铵基团，它是电正性的化合物，很容易与负电性的玻璃及其纤维、其他无机纤维和无机氧化物等表面发生吸附作用，通过静电引力将键合的聚合物黏附于增强剂或其他的底物表面上，从而使这种硅烷偶联剂用于复合材料和金属表面防腐涂装中，且具耐水性、耐潮性和应用持久性。

含有甲基丙烯酰氧基或苯乙烯端基的季铵烃基硅烷偶联剂，作为功能或改性单体还可以与苯乙烯、丙烯酸酯等高分子单体共聚，可赋予聚合物表面亲水性、抗静电性等季铵基所具特性。

近年来聚合物/黏土纳米复合材料的开发，含有苯乙烯或甲基丙烯酰氧端基的季铵盐型硅烷偶联剂在这领域也将得到应用，例如，用甲基丙烯酰氧乙基二甲基 3-(三甲氧硅丙基) 氯化铵。$[CH_2{=}C(Me)-C(=O)-OCH_2CH_2Me_2\overset{\oplus}{N}CH_2CH_2CH_2Si(OMe)_3]Cl^{\ominus}$等作为插层剂处理黏土，该偶联剂有机硅官能团不仅可与黏土键合，还可以通过阳离子交换插入黏土层间，使层间距离增加，在适当的反应条件下，它与具乙烯基的单体聚合，导致黏土层崩塌，使黏土以约1nm 厚的涂层分散于聚合物基体中，形成新型的纳米无机/有机混杂材料。具季铵基团的有机硅化合物作为相转移催化剂用于硅烷偶联剂合成在本书已有实例。近年来发展起来的三相催化剂及催化反应得到关注，这类化合物研究开发又涉及相转移催化剂固相化有关领域，如此可以解决 PTC 和产物易分离、不污染产物和可以回收再使用等问题，阳离子硅烷偶联剂可用于制备三相催化剂的原料[118~122]。

10.4.2 具季铵基团的硅烷偶联剂合成

具季铵基团的硅烷偶联剂的合成研究始于 1971 年 DC 公司的报道，研究者沿用有机化学中两种合成季铵盐的方法制备了 16 种具季铵基的硅烷偶联剂[120]，近年国内一些合成报道仍采用类似方法[121,122]。

① 以卤代烃基烷氧基硅烷（通常用容易获得价廉的氯烃基烷氧基硅烷）为基础原料，将其与不同化学结构的胺反应，合成具季铵盐基的硅烷偶联剂，其反应方程式举例如下：

$$(RO)_3SiCH_2CH_2CH_2Cl + Me_2NCH_2-C_6H_4-CH=CH_2 \longrightarrow$$

$$[(RO)_3SiCH_2CH_2CH_2\overset{\oplus}{N}Me_2CH_2-C_6H_4-CH=CH_2]Cl^{\ominus}$$

② 以氨烃基烷氧基硅烷为基础原料，将其与不同化学结构的卤代烃反应制备具季铵盐基的硅烷偶联剂，例如：

$$(RO)_3SiCH_2CH_2CH_2NMe_2 + ClCH_2-C_6H_4-CH=CH_2$$

$$[(RO)_3SiCH_2CH_2CH_2\overset{\oplus}{N}Me_2CH_2-C_6H_4-CH=CH_2]Cl^{\ominus}$$

上述两条合成路线可以根据合成原料的难易任意选择。该反应通常以碘甲烷作催化剂，用二甲基甲酰胺或醇等极性化合物为溶剂，经较长时间加热得到合格产物，通过分析反应物中氯离子当量来确定反应终点。

除上述合成方法外，还可以用具环氧基的硅烷偶联剂（如 WD-60 等）与伯胺仲胺反应，得到化合物中含有羟基的季铵盐类硅烷偶联剂，如果以具伯胺或仲胺的硅烷偶联剂与环氧化物反应同样可以制备类似的目的产物。

很多以硅烷偶联剂为原料通过取代、加成等反应，进行碳官能团转化，衍生出其他硅烷偶联剂，如脲丙基三烷氧基硅烷，具叠氮或异氰酸基硅烷偶联剂等大多以氯烃基或氨烃基硅烷偶联剂为原料制备，有关合成介绍在本书有关章节中得到阐述，请读者参见。

10.5 有机硅过氧化物偶联剂

有机硅过氧化物偶联剂早在 20 世纪 60 年代美国联碳公司已经制备和应用于聚合物基复合材料。这类硅偶联剂与常用的硅烷偶联剂化学结构不同之处在于 SCA 中硅官能团的烷氧基过氧化，其硅偶联剂通式可用 $R_nSi(COOR')_{4-n}$ 予以概括，但应注意 R′通常是特丁基或枯基。这种有机硅过氧化物偶联剂应用特点则在于有益无机物表面接枝，更容易使无机物表面有机大分子化；此外，无极性的聚合物（如聚烯烃和硅橡胶等有机材料）之间的偶联[123]。2015 年王雅珍等[124] 专利称：他们以过氧化叔丁醇和 4-羟基环己酮为合成原料首先制备 1,1-二过氧化叔丁基环己醇，然后将合成产物再与四甲氧基硅烷（WD-931）进行酯交换反应，经上述两步制备了 1,1-二过氧化叔丁基环己烷氧基三甲氧基硅烷，其化学分子式及其合成反应式如下：

$$\mathrm{HO{-}C_6H_{10}{=}O + HOOCMe_3 \xrightarrow{H^+} HO{-}C_6H_{10}(OOCMe_3)_2}$$

$$\mathrm{(Me_3COO)_2C_6H_{10}{-}OH + CH_3OSi(OMe)_3 \xrightarrow{H^+} ((Me)_3COO)_2C_6H_{10}{-}OSi(OMe)_3}$$

将该有机过氧化硅偶联剂用于处理 TiO_2，然后加入丙烯腈引发聚合得到接枝率较高的聚丙烯腈改性 TiO_2 产物。

参考文献

[1] Brison P，Lefort M. FR 1526231. 1968. CA70：115319.

[2] Berger A. GB 1205819. 1971.

[3] Sadykh-Zade S I，Sultanov R，Gasanova F A. Dakl. Akad. Nauk. Azerb. SSR，1963，19（12）：25-31. CA61：18370.

[4] Plueddemann E P，Fanger G. J. Am. Chem. Soc.，1959，81：2632-2635.

[5] Sadykh-Zade S I，Babaeva R B，Salimov A. Zh. Obshch. Khim.，1966，36（4）：695-697.

[6] Gasanova F A，Sultanov R，Sadykh-Zade S I. Azerb. Khim. Zh.，1964，（4）：47-53.

[7] Vahlensieck H J，Seiler C D，Koetzsch H J. DE 1937904. 1971. CA74：100217.

[8] 张先亮. 武汉大学学报. 理学版，1977（3）：98-103.

[9] 湖北省科学技术委员会技术鉴定书（鄂科鉴定第 871072）. 磁记录材料助剂，1987，11-29.

[10] Bade S，Schon U，Rauleder H. EP 1070721. 2001.

[11] Chernyshev E A，Belyakova Z V，Knyazeva L K，et al. Russian J. Gen. Chem.，2007，77（1）：55-61.

[12] 王晓会，马永欢，石万利，等. 石油化工，2008，37（6）：559-562.

[13] Vahlensieck H J，Seiler C D，Koetzsch H J. US 4028384. 1977.

[14] Takai H，Sakiyama T，Matsuzaki K. EP 288286. 1988；US 4966981. 1990.

[15] Tachhikawa M，Takai K，Mendicino F. Abstract of Papers 32nd Organosilicon Symposium，1999：68.

[16] Lang J E，Markowz G，Wewers D，et al. WO 2008017561. 2008.

[17] Bade S，Seliger B，Schladerbeck N，et al. US 20100036146. 2010.

[18] 廖俊，张治民，刘巧云，等. CN 101117338A. 2008.

[19] 廖俊，张治民，刘巧云，等. CN 101121723A. 2008.

[20] 杜洪光，苗风琴，等. 北京化工大学学报（自然科学版），1995，22（2）：66-70.

[21] 黄红霞，林原斌，刘展鹏，等. 精细石油化工，2003，（3）：7-9.

[22] 赵建波，孙雨安，谢冰，等. 化工新型材料，2006，34（6）：52-54.

[23] 汤新华，樊福定. CN 100999531. 2007.

[24] 吕连海，刘红艳，斯志惠，等. CN 101602775. 2009.

[25] Takamizawa M，Mayugaki T. JP 50024947. 1975. CA84：165010.

[26] Arai M，Futatsumori K. US 4288375. 1981.

[27] Ishikawa M，Shiozawa M，Okumura Y. JP 05163286. 1993. CA119：271392.

[28] Uehara K，Kubota T. JP 2004182669. 2004. CA141：72358.
[29] Quirk J M，Kanner B. EP 262642. 1988.
[30] Chisso Corp. JP 56090092. 1981. CA96：6859.
[31] Westmeyer M D，Bobbit K L，Ritscher J S. WO 2001044255. 2001.
[32] B. D 爱兰斯坦恩. CN 1938324. 2007.
[33] 龚小伦，曹威，罗成，等. 有机硅材料，2010，24（1）：23-26.
[34] 陈向前，郑元华，尤小姿，等. 有机硅材料，2011，25（4）：229-231.
[35] S. 巴德，B. 塞利得格，N. 施拉德贝克，J. 索尔，等. CN 101260119A. 2008.
[36] S. 巴德，J. 蒙基维奇，H. 劳尔德，U. 肖恩. CN 101307070. 2008.
[37] 柳京镐，史天义，胡春野，等. 高分子学报. 1988，（4）：290-295.
[38] Hu Chunye，Han Xuemeng，Jiang Yingyan. J. Macromol. Sci. Chem.，1989，A26（2-3）：349-360.
[39] 赵建波，孙雨安，谢冰，等. 现代化工，2007，27（2）：42-44.
[40] Matsumura K，Ichinohe S. JP 08127584. 1996. CA125：168926.
[41] Fiedorow R，Marciniec B，Gulinski J，et al. PL 198548. 2008. CA151：124167.
[42] 史鑫宇，蔄明，雷毅，等. 现代化工，2014，34（5）：103-107.
[43] 徐晓明，何红，吴军艳，等. 粘接，2013，（10）：41-43.
[44] 张熠，全文高，陈炳耀，等. 粘接，2013，（10）：54-56.
[45] 谭军，欧阳玉霞，方卫民，等. CN1037243368A. 2014.
[46] Th. Goldschmidt A G. DE 1163818. 1964. CA60：82988.
[47] 吴观丽，王夺元，戴道荣，等. 化学学报，1980，38（5）：484-488.
[48] 丁建峰. CN101392003A. 2009.
[49] Rakus J A，Sharpe J G. US 3590065. 1971.
[50] Selin T G. US 4401826. 1983.
[51] Seiler C D，Vahlensieck H J. US 4556724. 1985.
[52] 张先林，易鸿飞，傅人俊，等. CN 1631891A. 2005.
[53] 张先林，卢建龙，盛荣，等. CN 1746175A. 2006.
[54] Pines A，Marsden J，Sterman S. GB 1102251. 1968.
[55] Rauleder H，Seiler C D，Koetzsch H J，et al . US 5107009. 1992；EP 471164. 1995.
[56] Boswell L M，Maki W C，Tomar A K. US 6680398. 2004；CN 1675228A. 2005.
[57] Kudo M，Yanagisawa H，Ichinohe S，et al. JP 08291185. 1996. CA126：75065.
[58] Korth K，Albert P，Kiefer I. US7019160B_2. 2006.
[59] 陶荣辉，李建中，赵世勇，等. CN101423528A. 2009.
[60] 郭学阳，张中法，张良臣. CN102241701A. 2011.
[61] 郭学阳，张云铃，郭祥荣. ①CN102659831. 2012. ②山东化工，2012，41（4）：21～28.
[62] Korth K，Albert P，Kiefer I. US 2005/0124821. 2005；CN 100564386. 2009.
[63] Louthan R P. US 3890213. 1975.
[64] Omietanski G M，Petty H E. US 3849471. 1974.
[65] Korth K，Wolf D，Seebald S，et al. EP 1734045. 2006；1529782. 2005.
[66] R W Cruse，R J Pickwell，K J Weller，et al. US6414061B1. 2002.
[67] R W Cruse，R J Pickwell，K J Weller，et al. US6683135B2. 2004.
[68] P G Joshi，R W Crase，R J Pickwell，et al. Tire Technolgy Internationat，2002，80-85.
[69] 刘蓉. 用于白炭黑/硅烷补强体系胎面胶的新一代硅烷偶联剂. 现代橡胶技术，2005，31（1）：20-28.
[70] 丁建峰，梁秋鸿，葛利伟，等. CN103709188. 2014.
[71] 丁建峰，葛利伟，梁秋鸿，等. CN103709189. 2014.

［72］ 唐红定，熊英，梁秋鸿，等. CN103396433. 2013.
［73］ 刘海峰，杨番，陈秋芬，等. 精细化工. 32（8）：940-943.
［74］ 刘海峰，杨番，张涛，等. 现代化工，2015，31（11）：114-117.
［75］ 孙成军，邓莲丽，刘海峰，等. 有机硅材料，2017，31（2）：76-81.
［76］ 孙成军，王柱，刘海峰，等. 表面技术，2018，47（2）：171-176.
［77］ Meyer-Simon E，Schwarze W，Thurn F，et al. DE 2141160. 1973. CA79：6536.
［78］ Janssen P，Steffen K D. DE 2360470. 1975. CA83：114634.
［79］ Pletka H D，Michel R. DE 2405758. 1975. CA84：44342.
［80］ Janssen P，Steffen K D. DE 2360471. 1975. CA83：114633.
［81］ Meyer-Simon E，Thurn F. Michel R. DE 2141159. 1973. CA78：148791.
［82］ Thurn F，Meyer-Simon E，Michel R. DE 2212239. 1973. CA80：3628.
［83］ 张先亮，张先学，等 . 橡胶专用有机硅偶联剂 WD-40 研制报告（内部资料）. 1986.
［84］ 武汉市科委、武汉市经委科学技术鉴定书（武汉鉴定 013 号）. WD-40 硅烷偶联剂生产技术报告. 1992.
［85］ 郭德威 . 无机化学丛书. 第五卷. 北京：科学出版社，1990：252.
［86］ Bittner F，Hinrichs W，Hovestadt H，et al. US 4640832. 1987.
［87］ Maeda T，Aoyama Y. EP 361998. 1990.
［88］ Childress T E，Bowman M P. US 5596116，1997.
［89］ 田瑞亭. 精细化工，2001，18（9）：538-540.
［90］ 张秀玲，戴子林. 精细化工，1991，8（4）：30-31.
［91］ Munzenberg J，Panster P，Prinz M. US 5859275. 1999；EP 848006. 1999.
［92］ 约尔格·明岑贝格，彼得·潘斯特，马蒂亚斯·普林茨. CN 1185440. 1999；1087297. 2002.
［93］ French J A，Lee J E. US 5399739. 1995.
［94］ Childress T E，Ritscher J S，Schilling C L. US 5489701. 1996.
［95］ Parker D K，Sinsky M S. US 5583245. 1996.
［96］ Munzenberg J，Will W，Zezulka G. US 5892085. 1999.
［97］ Muenzenberg J，Michel R. DE 19930495. 2000；CN 1287122. 2001.
［98］ Ichinohe S，Yanagisawa H. US 6140524. 2000.
［99］ Ichinohe S ，Yanagisawa H. EP 963995，1999.
［100］ Takata T，Kitakawa T，Tabuchi M，et al. US 6066752. 2000.
［101］ Krafczyk R，Deschler U，Michel R. DE 10024037. 2001；CN 1344721. 2002；CN 1147496. 2004.
［102］ Alig A，Batz-Sohn C，Deschler U，et al. DE 10034493. 2001；CN 1333209. 2002；CN 1223597. 2005.
［103］ Batz-Sohn C，Luginsland H-D. EP 969033，2000.
［104］ 官长志，孟祥辉，张瑛晔，等. 有机硅材料，2002，16（5）：21-25.
［105］ 殷树梅，陈为新，王汉清，等. 有机硅材料，2006，20（5）：249-251.
［106］ Parker D K，Musleve R T ，Hirst R C，et al. US 5405985. 1995.
［107］ Parker D K，Musleve R T，Hirst R C. US 5468893. 1995.
［108］ Parker D K，Sinsky M S. US 5583245. 1996.
［109］ Musleve R T，Parker D K，Hirst R C. US 5663396. 1997.
［110］ Backer M W，Bank H M，Gohndrone J M，et al. US 6384255. 2002.
［111］ Backer M W，Bank H M，Gohndrone J M，et al. US 6384256. 2002.
［112］ Backer M W，Bank H M ，Gohndrone J M，et al. US 6448426. 2002.
［113］ Backer M W，Bank H M，Gohndrone J M，et al. US 6534668. 2003.
［114］ 张磊，杨春晖，李振湖，等. 有机硅材料，2008，22（2）：76-79.
［115］ Yanagisawa H，Yamaya M. EP 1247812. 2002.

[116] Yanagisawa H. JP 2002155091. 2002.
[117] Yanagisawa H. JP 2002155093. 2002.
[118] Plueddemann E P. US 3884886. 1975.
[119] Plueddemann E P, Revis A. US 4866192. 1989.
[120] Mebes B, Luedi C. US 4845256. 1989.
[121] 安秋凤，肖丽萍，黄玲，等. 有机硅材料，2003，17（4）：16-19.
[122] 彭忠利，吴小娟，等. 精细化工，2006，23（9）：873-877.
[123] 杜禧. 特种橡胶制品，1998，19（6）：16-19.
[124] 王雅珍，孙兆祥，贾宏茵. CN104478920A. 2015.

第11章 大分子硅偶联剂

11.1 大分子硅偶联剂的发展过程

随着高分子材料应用领域的拓展及其对性能的要求日益提高，研究者在研发新结构的有机聚合物同时，还特别关注将已广泛应用的聚合物中加入无机粉体或纤维以制备聚合物基复合材料，或将不同化学结构的聚合物共混制备成聚合物合金，从而获得性能优于聚合物基料或具新功能的聚合物基复合材料和聚合物合金。研究者发现要得到性能良好的聚合物基复合材料或聚合物合金，特别需要其复合的各组分之间有较好的相容性，使其复合材料能形成宏观上不分离，而微观上又是非均相结构的多相体系。聚合物基复合材料或共混物（合金），由于基料与改性物料化学结构差异和物性的不同，还有分子质量大小等区别，复合工艺过程即使在强有力的机械作用下也难以得到宏观均相的复合材料，性能不能达到预期。因此，研究者相继研发了称之为偶联剂的有机硅、有机钛等小分子化合物，超分散剂或大分子相容剂等助剂用于处理无机物料，或在材料制备的复合工艺过程中加入这些助剂，以改善复合材料各组分之间的相容性，在优化复合工艺过程同时，也提高了复合材料的物理、力学等有关性能。迄今小分子偶联剂在聚合物基复合材料制备中已得到广泛应用；一些超分散剂也能解决粉体在涂料、塑料中分散和相容等问题。超分散剂分子量通常是处于1000～10000的大分子化合物，其化学结构系由锚固基团和溶剂化链两部分组成。锚固基团可以通过离子对、氢键、范德华力等作用以单点或多点的形式紧密地结合在被分散的颗粒表面上；溶剂化链是具一定长度的聚合物链，它与分散介质有着良好的相容性。当吸附有超分散剂的颗粒相靠近时，由于溶剂化链的空间障碍而使颗粒相互弹开，从而实现颗粒在介质中的稳定分散。超分散剂常用于颜料、填料等在非水介质中的分散，如油墨、涂料、陶瓷浆料及填充塑料等。加入少量的超分散剂，即可极大地改善这些产品的加工工艺与应用性能。我国超分散剂的研究在20世纪末已有较好发展[1,2]，如王少会等[3]报道了SML超分散剂在复合材料中的应用，SML超分散剂是以马来酸酐、苯乙烯和丙烯酸月桂酯为合成原料，在过硫酸铵引发聚合的三元无规共聚物。他还研发一种以乙烯基三乙氧基硅烷偶联剂为锚固基团、丙烯酸丁酯为溶剂化链的YB系列超分散剂应用于改性的复合材料制备，也取得良好的效果[4]。

1995 年张邦华等[5] 则以丙烯酸正丁酯（BA）、甲基丙烯酸甲酯（MMA）和丙烯酸（AA）为单体合成了 MMA/BA/AA 三元无规共聚物，然后再将其与钛酸异丙酯反应成功制备了三种大分子钛偶联剂（MTCA），用这种 MTCA 处理的 $CaCO_3$，制备了 PVC/$CaCO_3$ 复合材料，其性能优于通用小分子钛偶联剂。当用 2%的 MTCA 处理 $CaCO_3$ 时，该复合材料的断裂伸长率提高 50%，冲击强度提高 35%，还改善了复合材料的热稳定性。

1999 年徐伟平[6] 用一种分子量为 10000 左右的聚合物分散剂 P403（化学结构为顺丁烯二酸酐和乙烯基单体的共聚物）作为主链，再接枝聚丙烯酸酯侧链。这种具反应性的相容剂被他称为大分子偶联剂，将其用于纳米 $CaCO_3$ 表面处理，并制备了 HDPE/纳米 $CaCO_3$ 复合材料，据称 P403 处理纳米 $CaCO_3$ 的高密度聚乙烯复合材料加工性能显著改善、材料断裂伸长率变化更显著。

聚合物合金的研究和产业化已有几十年历史，为了提高这类有机材料的性能和改善它们的制备工艺，促进非反应型或反应型相容助剂化学结构设计和合成方法的研究，研究人员制备了很多与复合材料基料化学结构相同或类似，其溶解度参数接近的无规、接枝或嵌段共聚物作为相容剂，研究者的成果已应用于聚合物共混物复合材料制备。研究者除采用化学合成方法制备这种类型的相容剂外，还采用物理-化学、力学-化学等方法将一些极性或功能单体（如硅烷偶联剂）接枝于聚丙烯、聚乙烯等烯烃聚合物基材上，以改善复合制备工艺和提高聚合物合金性能。这些工作既促进了聚合物共混物产业化开发和应用领域拓展，同时也对复合材料制备所需相容助剂的化学结构及其制备方法注入了新的活力，其中引人注目的除了上述迄今研究者称之为大分子偶联剂的反应型相容剂或超分散剂外，1995 年旅美博士王锦山和 K. Matyjaszewski[7,8] 以及日本的 M. Sawamto[9] 两研究小组还分别报道了原子转移自由基聚合（atom transfer radical polymerization，ATRP）技术及其应用于大分子偶联剂（反应型相容剂）的制备。ATRP 技术是一种以过渡金属配合物作催化剂的活性、可控自由基聚合，较之以前研发并在生产上得到应用的阴离子、阳离子等多种多样的活性、可控聚合方法，其优越性在于可控与活性自由基聚合于一体，可适应的单体种类多，反应条件温和，对原料无特殊要求，适应不同化学结构的聚合物分子设计，它能合成出设定化学结构和分子量的聚合物。该技术可采用本体、溶液、悬浮和乳液等不同方法来实现聚合目的，有利于产业化开发。因此，ATRP 技术得到国内外研究者广泛关注。大分子硅偶联剂（MSCA）就是在 ATRP 研发热潮中兴起，该助剂主要工作进展是我国研究者相继报道的。他们利用 ATRP 技术开展了无规、接枝、嵌段、星型等大分子硅偶联剂的合成，并将其应用于聚合物基复合材料的制备，这些偶联剂实验室有关应用效果均优于小分子的硅烷偶联剂，这将在本章中介绍。

11.2 大分子硅偶联剂对聚合物基复合材料性能的影响

聚合物基复合材料的物理、化学性能之优劣，当基材确定之后则取决于聚合物基材和增强、增容等改性物料的相容性及其复合之后的界面特性。因此，研究者致力于制备改善界面性能的相容助剂和研究复合材料制备工艺。迄今，相容助剂的大分子化和功能化成为研发热点，因此相继有超分散剂、大分子钛偶联剂（MTSC）和称之为大分子偶联剂（MMCS）的反应型相容剂，以及具硅烷偶联剂特性的 MSCA 合成和应用面世。MSCA 所涉及的化学结构包括无规、嵌段、接枝、星型等共聚物，其应用实验结果都证明了 MSCA 优于小分子硅烷偶联剂（SCA）。研究者认为小分子硅烷偶联剂虽可以改善聚合物基复合材料的界面相容性，增进聚合物基与增强、增容等改性物料的相互作用，但因小分子 SCA 的有机链短，它与聚合物基体的高分子链相互作用力较弱，因此对复合材料力学性能的提高有限，从而改善无机填料与聚合物基材的界面层的结构和性能也有限；这种局限性促进了对 MSCA 的深入研究。MSCA 因其有机链较长，能与聚合物基的高分子链相互扩散和缠结形成有效的界面结合，还能在两相间引入柔性界面层，既增加两相间的界面结合力，也增加了界面在应力作用下的形变能力，从而使复合材料的强度、模量和韧性可以同时提高。MSCA 多是由无规、接枝或嵌段共聚物形成，共聚物的组分不同，在对界面改善中可以起到不同的作用。因此可以通过改变的分子量和分子结构，控制和优化复合材料界面结构进而改善聚合物复合材料强度和模量。

祝保林等[10] 以乙烯基三甲氧基硅烷（VSCA）、甲基丙烯酸乙酯（EMA）和苯乙烯（St）为合成原料，BPO 引发聚合得到 MSCA 三元无规共聚物 PS-PEMA-*co*-PVSCA（SEA-171），将其与 2,3-环氧丙氧丙基三甲氧基硅烷（EPS，KH560）分别处理纳米 SiO_2，然后用于双酚 A 型氰酸树脂（CE）改性，研究了这种三元共聚 MSCA 及小分子 EPS（KH560）对 CE 热固性树脂静态力学性能的影响，其结果参见图 11-1 和图 11-2。

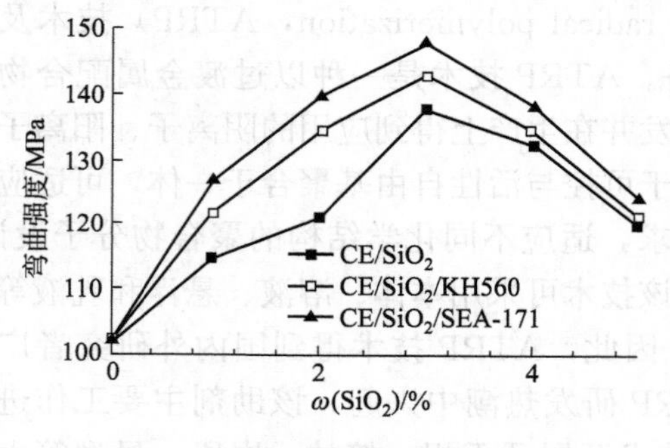

图 11-1　偶联剂对纳米 SiO_2/CE 复合材料弯曲强度的影响

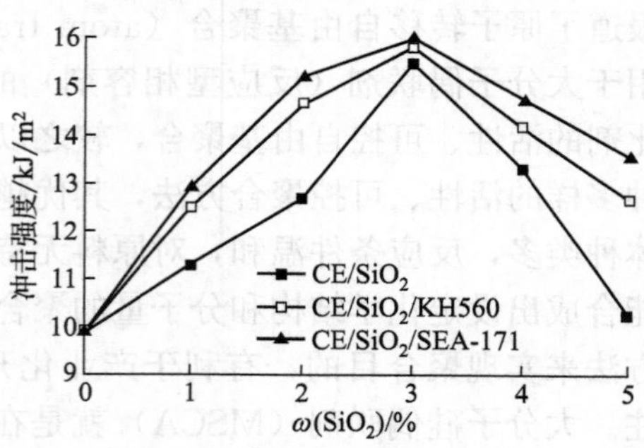

图 11-2　偶联剂对纳米 SiO_2/CE 复合材料冲击强度的影响

图 11-1 和图 11-2 是不同的偶联剂处理纳米 SiO_2 后用来制备的 SiO_2/CE 复合材料弯曲强度和冲击强度的变化。两图可见：纳米 SiO_2 对复合材料有增强作用，但经偶联剂处理后的 SiO_2/CE 复合材料的弯曲强度和冲击强度都明显大于未经处理的纳米 SiO_2/CE 复合材料，其中尤以经 MSCA（SEA-171）处理后的纳米 SiO_2 其增强韧作用更明显。以纳米 SiO_2 质量分数为 3.0%的体系为例，未经处理的纳米 SiO_2/CE 复合材料的冲击强度和弯曲强度比纯 CE 分别提高了 56.4%和 34.5%；经 KH-560 表面处理后的纳米 SiO_2，其

复合材料的冲击强度和弯曲强度比纯 CE 分别提高了 59.9%和 39.4%。而经 MSCA（SEA-171）表面处理后的纳米 SiO_2，其复合材料的冲击强度和弯曲强度比纯 CE 分别提高了 61.9%和 44.20%。

祝保林等[11] 还用动态机械分析仪测试了 MSCA（SEA-171）改性的 CE/纳米 SiO_2 复合材料动态力学性能，参见图 11-3～图 11-5。

图 11-3 系纯 CE 树脂和 3.0%纳米 SiO_2 及其 KH560 或 MSCA（SFA-171）共混改性复合的材料储能模量随温度变化曲线。可见纳米 SiO_2 复合材料的储能模量明显高于纯 CE 的储能模量，经偶联剂处理的 SiO_2 表面复合材料储能模量更高，经 MSCA（SEA-171）处理的纳米 SiO_2 复合材料的储能模量略高于小分子偶联剂 KH-560 处理的复合材料，但变化不明显。在低温 25～200℃的范围内复合材料的储能模量增加最多，表面未处理改性的纳米 SiO_2 复合材料的储能模量比纯 CE 的最大可以提高约 30%；经偶联剂处理纳米 SiO_2 复合材料储能模量比 SiO_2 增强材料的最大可提高约 15%。在温度大于 250℃时，虽然几种材料的储能模量随温度变化表现出快速下降的趋势，但纳米 SiO_2 及其表面改性的纳米复合材料依然高于纯 CE 说明在高温度区域，纳米 SiO_2 复合材料表现出更强的界面作用。

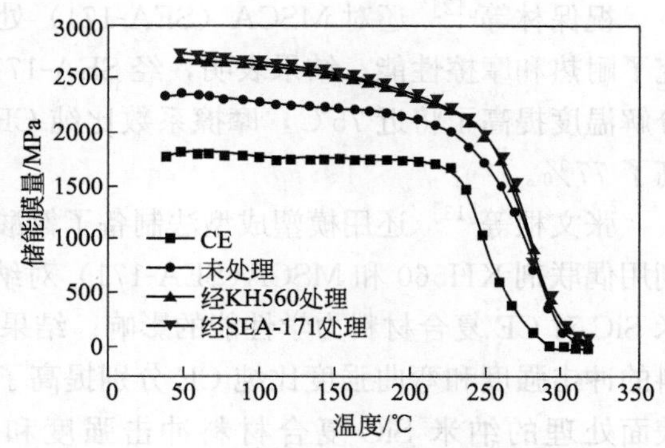

图 11-3 CE/纳米 SiO_2 复合材料储能模量

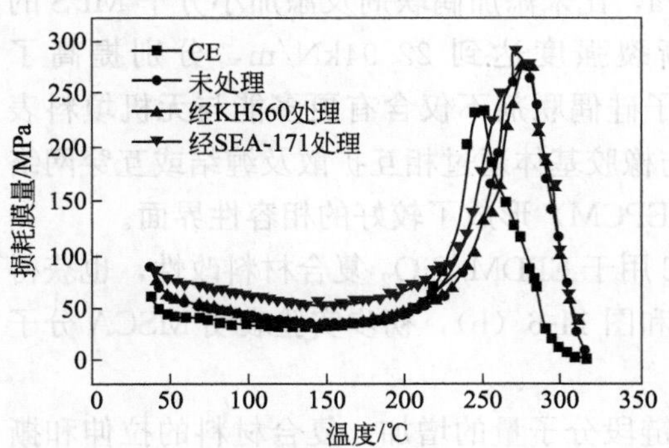

图 11-4 CE/纳米 SiO_2 复合材料损耗模量

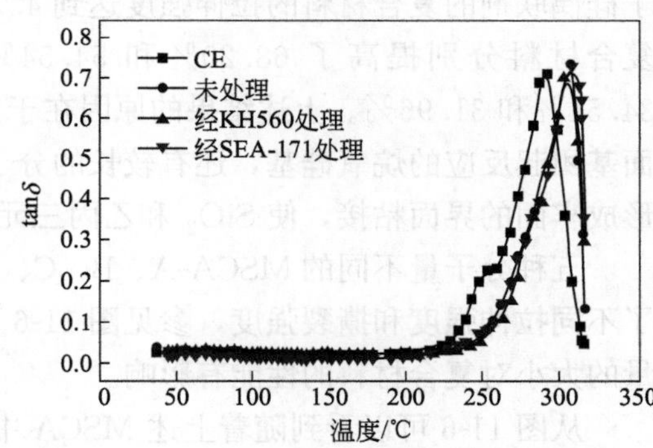

图 11-5 CE/纳米 SiO_2 复合材料力学损耗因子

图 11-4 系 CE 树脂及其纳米 SiO_2 或偶联剂改性的纳米 SiO_2 复合材料的损耗模量。25～200℃时，经 MSCA（SEA-171）表面处理的纳米 SiO_2 复合材料的损耗模量最大，说明这种复合材料在该温度范围区域具有较强的界面作用。纳米 SiO_2/CE 和纳米 SiO_2/CE/KH560 两种复合材料的损耗模量也有所增加，但增加的幅度很小。

图 11-5 系 CE 树脂/纳米 SiO_2 及其偶联剂改性复合材料的损耗因子曲线。从曲线不但可以看出其力学损耗因子 $\tan\delta$ 的变化情况，还可以看出纳米 SiO_2 对体系玻璃化转变温

度 T_g 的改变。用纳米 SiO_2 及其偶联剂改性物制备的复合材料 T_g 接近，都在 310℃左右，纯 CE 树脂 T_g 仅 280℃。改性的复合材料的力学损耗较纯树脂有所增加，并且内耗角正切值有所增加，说明纳米 SiO_2 与基体 CE 之间有很好的界面作用，限制分子链的运动，使分子运动内摩擦增大，消耗的能量增加导致力学损耗因子增加，这种变化也与纳米 SiO_2 及其表面改性的复合材料的这种特殊结构有关。

祝保林等[12] 还对 MSCA（SEA-171）处理纳米 SiO_2 制备的 SiO_2/CE 复合材料，研究了耐热和摩擦性能，结果表明，经 SEA-171 表面处理后的纳米 SiO_2/CE 复合材料的热分解温度提高了将近 75℃，摩擦系数比纯 CE 树脂的摩擦系数降低了约 25%，耐磨性提高了 77%。

张文根等[13] 还用模塑成型法制备了氰酸酯树脂（CE）/纳米 SiC 复合材料。他们分别用偶联剂 KH560 和 MSCA(SEA-171) 对纳米 SiC 进行表面处理，测试了不同含量的纳米 SiC 对 CE 复合材料力学性能的影响。结果表明：KH560 处理后的纳米 SiC，其复合材料的冲击强度和弯曲强度比纯 CE 分别提高了 86.28%和 29.55%；经 MSCA（SEA-171）表面处理的纳米 SiC 复合材料冲击强度和弯曲强度比纯 CE 分别提高了 95.06%和 34.69%；MSCA(SEA-171) 的改性效果优于 KH560。

张洪文等[14] 以苯乙烯（St）、甲基丙烯酸丁酯（BMM）和甲基丙烯酰氧丙基三甲氧基硅烷（MPS、KH570）为单体制备了五种 PS 链段分子量不同的 PS-*b*-P(BMA-*co*-MPS) 三元两嵌段大分子硅偶联剂（MSCA），将这种 MSCA 与 MPS 分别用于制备乙丙三元（EPDM）胶/SiO_2 复合材料，研究了 MSCA 对 EPDM/SiO_2 复合材料性能影响的同时，还研究了不同分子量 PS 链段对 EPDM/SiO_2 复合材料性能的影响。测试表明：加入大分子硅偶联剂的复合材料的拉伸强度达到 4.76MPa，比未添加偶联剂及添加小分子 MPS 的复合材料分别提高了 68.20%和 54.54%。撕裂强度达到 22.94kN/m，分别提高了 34.54%和 31.96%。上述结果的原因在于大分子硅偶联剂不仅含有更多能与无机填料表面基团起反应的烷氧硅基，还有较长的分子链与橡胶基体通过相互扩散及缠结或互穿网络形成牢固的界面粘接，使 SiO_2 和乙丙三元胶（EPCM）形成了较好的相容性界面。

五种分子量不同的 MSCA-A、B、C、D、E 用于 EPDM/SiO_2 复合材料改性，也获得了不同拉伸强度和撕裂强度，参见图 11-6（a）和图 11-6（b），初步实验表明 MSCA 分子量的大小对复合材料的性能有影响。

从图 11-6 可以看到随着上述 MSCA 中 PS 链段分子量的增加，复合材料的拉伸和撕裂强度呈现出先增加后减小趋势，其原因在于随着分子量增加，其越来越长的分子链与基体分子链之间的物理缠结变得更加强烈，更有利于增强无机填料与聚合物基体间的相互作用而改善其相容性；随着分子量的增加引入了更多的聚苯乙烯刚性链段，从而增强了复合材料的力学性能。但随着分子量的继续增加、而偶联剂用量相同时，起偶联 SiO_2 作用的 MPS 相对分子数目下降，从而导致增强效果下降。

他们还研究了 PS-*b*-(BMA-*co*-MPS) 用于制备的 EPDM/SiO_2 复合材料动态力学性能，图 11-7 系纯 EPDM 和多种复合材料的储能模量曲线。从图 11-7 可见，刚性无机粒子 SiO_2 的加入提高了 EPDM 的储能模量，而 MSCA 的加入，使复合材料储能模量显著升

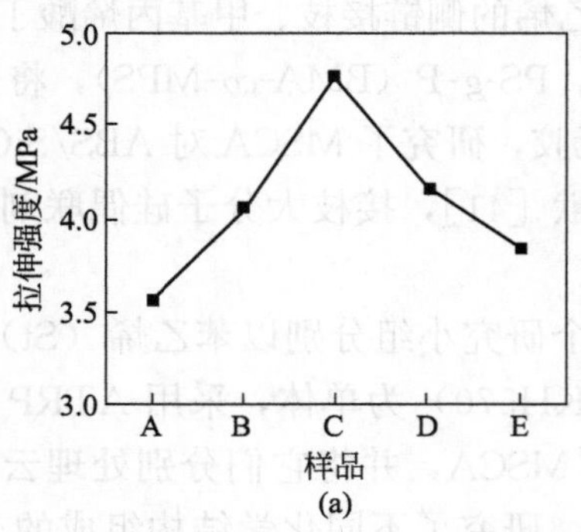

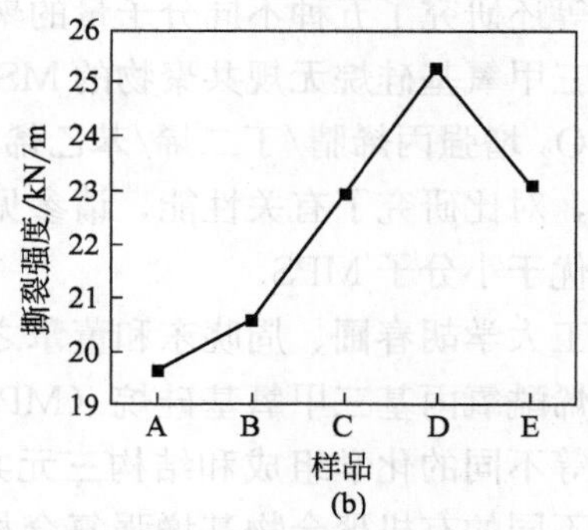

图 11-6　不同分子量的大分子偶联剂对复合材料力学性能的影响

高，这是因为 MSCA 的加入，引入了聚苯乙烯刚性链段，无机填料和聚合物基体之间产生了相对刚性的界面。

不同分子量 PS 链段的大分子偶联剂的复合材料诸能模量曲线（d、e 和 f）可以看出，在一定范围内随着分子量的增加，复合材料的储能模量先增加后减小，其原因在于随 MSCA 分子量的增加，MSCA 分子链与基体分子链之间的链缠结越来越强；MSCA 中引入的聚苯乙烯刚性链段越来越多，导致复合材料刚性增加，储能模量升高；当其分子量继续增加时，MSCA 相同用量时，MSCA 分子含量减少，储能模量降低。

图 11-8 为复合材料的损耗因子（$\tan\delta$）的温度变化曲线，从图中可见 EPDM 的 $\tan\delta$ 曲线在−39.4℃出现峰值即玻璃化转变温度（T_g），表明 EPDM 分子链段开始运动。从图中曲线 b 可以看出 SiO_2 加入到 EPDM 中使其 T_g 下降约 4℃，因为一定量 SiO_2 的加入，使复合材料自由体积增大，导致聚合物玻璃化转变温度降低。而添加 MSCA 的复合材料的玻璃化转变温度显著提高，这是因为无机粒子 SiO_2 表面的 MSCA 和基体分子链间产生强烈物理缠结，形成较强界面结合，阻碍了基体分子链段运动，提高了 T_g。但不同分子量的大分子偶联剂对复合材料的 T_g 影响程度较小。

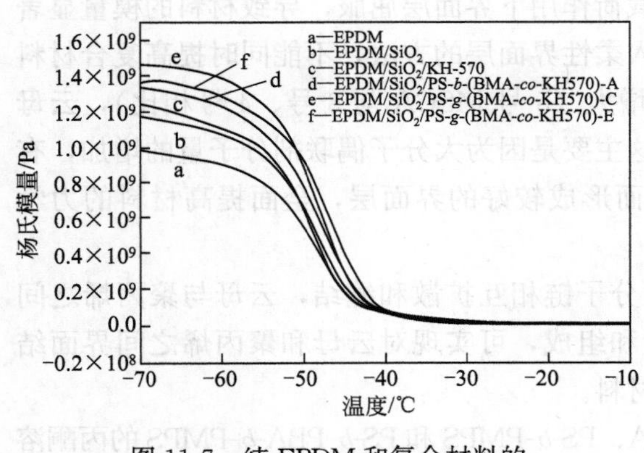

图 11-7　纯 EPDM 和复合材料的储能模量曲线

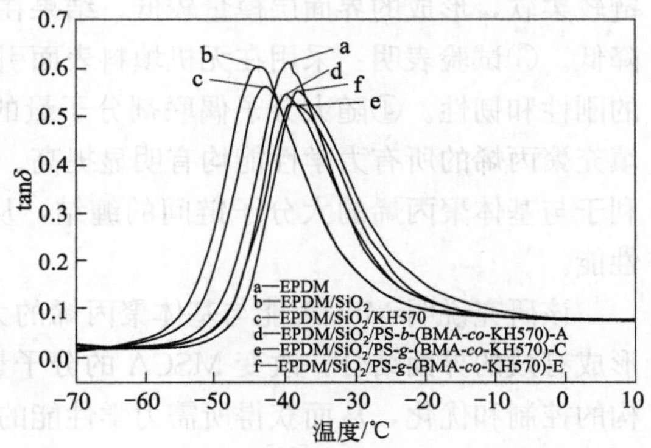

图 11-8　纯 EPDM 和复合材料的损耗因子

张洪文等还研究了五种不同分子量的聚苯乙烯的侧链接枝、甲基丙烯酸丁酯和甲基丙烯酰氧丙基三甲氧基硅烷无规共聚物的MSCA、PS-*g*-P（BMA-*co*-MPS），将他们与MPS分别用于 SiO_2 增强丙烯腈/丁二烯/苯乙烯三元胶，研究了MSCA对ABS/SiO_2 复合材料的性能影响，对比研究了有关性能，请参见文献［41］，接枝大分子硅偶联剂对复合材料性能影响也优于小分子MPS。

华东理工大学胡春圃、周晓东和董擎之三个研究小组分别以苯乙烯（St）、丙烯酸丁酯和甲基丙烯酰氧丙基三甲氧基硅烷（MPS，KH570）为单体，采用ATRP技术制备了无规、嵌段等不同的化学组成和结构三元共聚MSCA，并将它们分别处理云母或玻璃纤维，以制备不同的有机聚合物基增强复合材料，研究了不同化学结构组成的MSCA对复合材料力学性能的影响。

2001年刘兵、胡春圃等[15] 以P（St-*co*-BA-*co*-MPS）三元无规共聚MSCA处理云母并制备了聚丙烯基云母复合材料，该材料测试结果如表11-1所示。

表11-1　大分子硅偶联剂的组成和分子量对云母增强聚丙烯力学性能影响

序号	MSCA的组成	$\overline{M}_W$	$\overline{M}_{nGPC}$	$\overline{M}_W/\overline{M}_{nGPC}$	拉伸强度/MPa	拉伸模量/MPa	弯曲强度/MPa	弯曲模量/MPa	载荷冲击强度/(J/m)
1	未处理				25.5	5824	51.3	5373	16.3
2	MPS处理				26.3	6123	52.7	6078	16.7
3	1030a 47/48/5	11430	12800	1.69	26.8	6503	54.7	6557	17.3
4	1101a 27/68/5	17400	15100	1.56	26.4	4866	52.7	5423	33.7
5	1101b 42/53/5	30200	24400	2.27	29.7	6859	60.8	6870	24.2

表11-1测试数据比较表明：大分子硅偶联剂的组成和分子量对云母填充聚丙烯的力学性能有四方面影响：①无规共聚的大分子硅偶联剂可以改善聚合物基复合材料的性能，其效果优于硅烷偶联剂。②4号MSCA与3号MSCA相比，两者分子量较相近，但4号MSCA中丙烯酸丁酯的含量较高，导致材料的拉伸模量和弯曲模量均有较大程度的下降，而拉伸强度和弯曲强度没有多少变化，其原因在于4号中丙烯酸丁酯的含量较高，大分子链较柔软，形成的界面层模量较低，结果在载荷作用下界面层屈服，导致材料的模量显著降低。③试验表明：采用在无机填料表面引入柔性界面层的方法，不能同时提高复合材料的刚性和韧性。④随大分子偶联剂分子量的增大（5号MSCA与3号、4号相比），云母填充聚丙烯的所有力学性能均有明显提高。这主要是因为大分子偶联剂分子量的增加，有利于与基体聚丙烯的大分子链间的缠结，从而形成较好的界面层，全面提高材料的力学性能。

该研究说明MSCA能与基体聚丙烯的大分子链相互扩散和缠结，云母与聚丙烯之间形成有效的界面结合，改变MSCA的分子量和组成，可实现对云母和聚丙烯之间界面结构的控制和优化，从而获得所需力学性能的材料。

张宏军、周晓东等[16] 将MPS、PS-*b*-PBA、PS-*b*-PMPS和PS-*b*-PBA-*b*-PMPS的丙酮溶液分别处理玻璃纤维，制备了四种环氧树脂/玻纤复合材料，再与未经任何处理的玻璃纤维/环氧复合材料作对照，研究了不同处理剂对材料力学性能的影响，其结果参见表11-2。

表 11-2　不同处理剂对环氧树脂/玻璃纤维复合材料力学性能的影响

试样	弯曲强度/MPa	弯曲模量/MPa	缺口冲击强度/(kJ/m^2)
未处理	155.5	14485	14.5
MPS 处理	170.3	16306.7	18.7
PS-*b*-PBA	154.6	15971.6	12.7
PS-*b*-PMPS	218.7	15444.5	16.2
PS-*b*-PBA-*b*-PMPS	306.7	17659.6	56.1

从表 11-2 列出的测试数据可见：经 MPS 或嵌段聚合物处理后，弯曲模量均变化不大。除 PS-*b*-PBA 处理的玻璃纤维复合材料的弯曲强度和缺口冲击强度下降外，其余含有 MPS 的嵌段共聚物均使弯曲强度和缺口冲击强度有不同程度提高，其中尤以三嵌段共聚物 MSCA 的处理效果为最好，其原因可以认为 MPS 可以与玻璃纤维化学键合，改善了与基体树脂的润滑性，玻璃纤维和基体树脂界面结合得到了改善，弯曲强度、弯曲模量和缺口冲击强度都有一定的提高。用 PS-*b*-PBA 处理玻璃纤维的复合材料性能下降，说明 PS-*b*-PBA 没有改善玻璃纤维和树脂基体的界面结合，反而因为其自身与树脂不相容而导致界面结合更差，性能降低。用 PS-*b*-PMPS 处理的玻璃纤维复合材料弯曲强度得到了较大提高，缺口冲击强度相对提高较小，这是因为 PS-*b*-PMPS 中 PS 与环氧树脂基体相容，MPS 又与玻璃纤维化学键合，从而改善了复合材料界面性质，提高了弯曲强度。经 PS-*b*-PBA-*b*-PMPS 处理玻璃纤维制备的复合材料弯曲强度、弯曲模量和缺口冲击强度提高都最大，缺口冲击强度接近未处理的 3 倍，充分说明 PBA 柔顺链段的存在使破坏过程的能量吸收能力得了很大改善。

研究者称从缺口冲击的断口 SEM 形貌也看到未经处理的玻璃纤维表面光滑，有很少的树脂附着，说明界面结合很差；经小分子 MPS 处理后玻璃纤维表面有一定的吸附树脂，但并不多，说明界面结合得到了改善，但是破坏的方式仍然是脆性破坏，弯曲强度和缺口冲击强度提高并不明显；但经 PS-*b*-PBA-*b*-PMPS 处理后的表面几乎覆盖了一层树脂，玻璃纤维与界面结合良好，在破坏过程中发生了纤维拔出而不是脆性断裂，改变了材料在微观上的破坏方式，大幅度改善了复合材料的性能，尤其是材料的韧性。

李殷、周晓东[17] 基于聚合物基复合材料的界面引入柔性层能使界面均匀地传递载荷，减少应力集中，松弛界面残余应力，提高材料的冲击韧性。因此柔性层的性质及其与纤维和基体的相互作用会对界面传递应力的能力产生重要影响。如何在柔性层与纤维及基体间形成有效的界面黏结，对复合材料的强度、模量至关重要。他们用三种都含有 PMPS (KH570) 链的嵌段大分子偶联剂处理玻璃纤维，制备了不饱和树脂基玻纤复合材料，研究了柔顺的 PBA 链段对弯曲强度、弯曲模量和韧性的影响，其力学性能测试结果参见表 11-3。

表 11-3　不同处理剂对玻璃纤维/不饱和聚酯复合材料性能的影响

处理剂种类	弯曲强度/MPa	弯曲模量/MPa	冲击强度/(kJ/m^2)
无	96.97	7752	8.04
MPS	102.58	9997	8.07
PS100-*b*-PMPS20	104.76	8095	10.54
PBA150-*b*-PMPS20	98.67	7252	12.6
PS100-*b*-PnBA50-*b*-PMPS20	139.59	11545	13.44

从表 11-3 可见用 PBA-*b*-PMPS 处理后玻璃纤维增强复合材料弯曲模量稍有下降，其他均使玻纤增强复合材料的弯曲强度、弯曲模量和缺口冲击强度有不同程度的提高，而以三嵌段 MSCA（PS-*b*-PBA-*b*-PMPS）的处理效果较好。四种 MSCA 都有 MPS 化学结构的链节，都可以像小分子偶联剂 MPS 通过硅羟基与玻璃纤维化学键合，MSP 链节仅能使弯曲强度和弯曲模量得到一定的提高。

经 PnBA-*b*-PMPS 处理玻璃纤维，可在玻璃纤维与树脂的界面引入柔性层，从而使得复合材料缺口冲击强度都 明显提高，但与不饱和树脂基体间难以形成较强的相互作用，材料的弯曲强度没有明显的提高，模量下降。

用 PS-*b*-PMPS、PS-*b*-PBA-*b*-PMPS 处理后，PS 嵌段与不饱和聚酯树脂具有一定的相容性，经嵌段共聚物偶联剂处理的玻璃纤维与不饱和聚酯复合时，已与玻璃纤维形成强相互作用的嵌段偶联剂中的 PS 嵌段通过扩散与基体分子链形成相互缠结及互锁结构，从而可提高纤维与基体的界面黏结强度，材料弯曲强度及模量得到了较大提高。由于中间嵌段 nBA 的存在，PS-*b*-PBA-*b*-PMPS 分子链的柔顺性提高，有利于嵌段共聚物 PS 链段在基体中的扩散及其与基体相互缠结的形成，有利于提高玻璃纤维与基体之间界面黏结强度。玻璃纤维/不饱和聚酯树脂复合材料断面的扫描电镜（SEM）也可以看到经 PS-*b*-PMPS 处附少量树脂，纤维拔出比较明显，而经 PS-*b*-PBA-*b*-PMPS 处理后表面黏附树脂较多，纤维拔出现象减少，也说明 PnBA 嵌段的存在，改善了界面黏结。

他们用不同 PnBA 聚合度的 PS-*b*-PBA-*b*-PMPS 嵌段共聚物处理玻璃纤维，然后制备了增强不饱和聚酯复合材料，测试了弯曲性能和冲击强度，参见图 11-9 和图 11-10。

由图 11-9 可见：聚丙烯酸丁酯聚合度为 50 时的弯曲强度和模量较大。PnBA 嵌段在共聚物偶联剂中是作为柔性链段，它在玻璃纤维表面成膜，能改变复合材料界面结构，减少应力集中。另外，玻璃纤维表面构筑的聚合物刷的柔性层分子链可以提高纤维与基体之间的摩擦力，从而提高界面剪切强度。界面结合的改善提高了玻璃纤维/不饱和聚酯树脂复合材料的弯曲强度和弯曲模量。

随着中间柔性嵌段聚合度的增加，玻璃纤维与不饱和聚酯基体的黏结强度下降，而纤维增强热固性复合材料中柔性层变厚，其柔性层本身的内聚强度较低，在力的作用下容易变形，复合材料的强度、模量下降。

由图 11-10 可见：复合材料的冲击强度则随着的 PnBA 嵌段聚合度增高而增大。其原因是 PnBA 在纤维表面聚集形成界面柔性层，在冲击载荷的作用下，吸收能量的途径增多、能力增大，材料冲击强度有明显的改善。适度增加柔性段对改善复合材料综合性能是有利的。当 PnBA 链段聚合度为 50 时，复合材料的强度、模量和韧性都达到较高的水平。

此外，他们还研究了 PS-*b*-PBA-*b*-PMPS 三段 MSCA 中不同 PS 聚合度对不饱和聚酯/玻璃纤维复合材料性能影响，实验证明适当增大共聚物中 PS 的聚合度，有利于弯曲强度和弯曲模量的提高，当 PS 的聚合度为 100 左右时有较好效果。

高燕、董擎之等[18,19] 以苯乙烯（St）、甲基丙烯酸十四酯（TMA）和甲基丙烯酰氧丙基三甲氧基硅烷（MPS、KH570）为单体，用 ATRP 技术合成了 PS-*b*-PTMA-*b*-PMPS

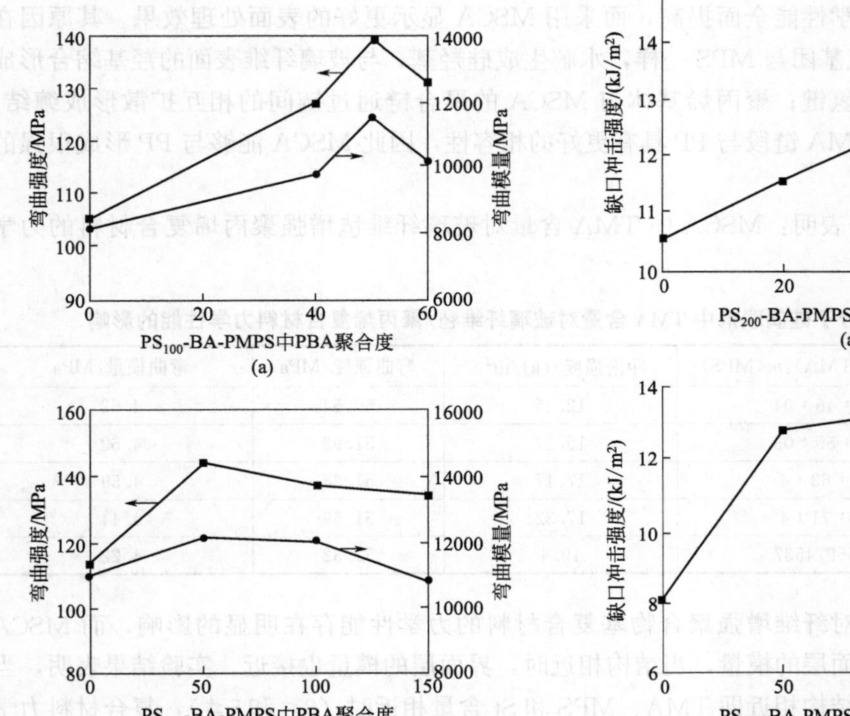

图 11-9 聚丙烯酸丁酯链段聚合度对玻璃纤维/不饱和聚酯弯曲性能的影响

图 11-10 聚丙烯酸丁酯柔性链段聚合度对玻璃纤维/不饱和聚酯缺口冲击强度的影响

三嵌段大分子硅偶联剂（MSCA），将其处理玻璃纤维毡用以制备聚丙烯/玻璃纤维复合材料。他们选用 PTMA 作为柔软段以取代前张宏军等所述聚丙烯酸丁酯（PBA），其目的在于希望所合成的 PS-*b*-PTMA-*b*-PMPS 三嵌段 MSCA 中软段 PTMA 能与聚丙烯具有更好的物理缠结作用，同时也由于 PTMA 链段上具有较长的侧链，它可以起到一定的缓冲作用，从而提高材料的抗冲击性能。此外，研究者还利用 ATRP 合成技术的反应可控性，以调节 MSCA 中 x、y 和 z 三嵌段各自链聚合度以考察 MSCA 结构对玻璃纤维毡增强聚丙烯复合材料的冲击性能和弯曲性能的影响，以选择最佳嵌段结构。他们将未处理、MPS 处理和 MSCA 处理的玻璃纤维毡分别制备成聚丙烯/玻璃纤维毡复合材料，测试了它们的力学性能，其结果参见表 11-4。

表 11-4 不同处理剂对玻璃纤维毡/聚丙烯复合材料力学性能的影响

试样	冲击强度/(kJ/m^2)	弯曲强度/MPa	弯曲模量/×10^{3}MPa
未处理	5.49	48.52	3.69
MPS 处理	10.44	52.7	3.76
PS-*b*-PTMA-PMPS	18.49	53.13	4.3

表 11-4 中数据可见：采用 MPS 偶联剂对玻璃纤维毡进行表面处理，玻璃纤维增强聚丙烯复合材料的力学性能全面提高，而采用 MSCA 显示更好的表面处理效果。其原因在于 MSCA 中的烷氧基团与 MPS 一样，水解生成硅羟基，与玻璃纤维表面的羟基缩合形成较强的化学键合或氢键；聚丙烯基体与 MSCA 的聚合链通过链间的相互扩散形成缠结。此外，MSCA 的 TMA 链段与 PP 具有更好的相容性，因此 MSCA 能够与 PP 形成很强的界面结合。

表 11-5 中数据表明：MSCA 中 TMA 含量对玻璃纤维毡增强聚丙烯复合材料的力学性能影响比较大。

表 11-5　大分子硅偶联剂中 TMA 含量对玻璃纤维毡/聚丙烯复合材料力学性能的影响

试样	$m(\mathrm{St}):m(\mathrm{TMA}):m(\mathrm{MPS})$	冲击强度/($\mathrm{kJ/m^2}$)	弯曲强度/MPa	弯曲模量/MPa
2#	50：46：04	12.45	50.54	4.62
1#	42：55：03	15.27	51.92	4.62
8#	33：63：4	17.17	51.38	4.59
5#	24：71：4	17.32	51.59	4.44
7#	0.55974537	19.4	52.52	4.22

界面层的模量对纤维增强聚合物基复合材料的力学性能存在明显的影响，而 MSCA 的结构主要影响界面层的模量，当结构相近时，界面层的模量也接近。实验结果表明，当能谱中两种偶联剂结构相近即 TMA、MPS 和 St 含量相近时（8# 和 5#），复合材料力学性能也比较接近，但 8# 的分子量大于 5#，因此其弯曲模量也稍高于 5#。随着 TMA 含量的提高，复合材料的冲击强度显著增大，弯曲模量逐渐下降。这主要是由于 TMA 含量较高时，MSCA 的软段链长大于硬段链长，界面层模量较低，玻璃纤维毡表面形成了柔性界面层，使复合材料的冲击强度大幅度提高，弯曲模量几乎不变。但当 TMA 含量超过 63%后，继续增加 TMA 含量，冲击强度虽有小幅度提高，但弯曲模量却有所下降，因此偶联剂 TMA 含量以 63%为最佳，此时复合材料的力学性能均有很大提高。

表 11-6 系不同软硬结构的嵌段共聚物（能谱表明 1# 和 3# TMA 软段大于 St 硬段的嵌段长度，2# 和 9# St 硬段大于 TMA 软段的嵌段长度），当 St 和 TMA 含量接近时，随着 MPS 偶联剂含量在 3%～8%范围内增大，以及偶联剂中硅氧活性基团含量的部分提高，界面的结合强度会有较小幅度的增大，所以 3# 和 9# 的力学性能分别比 1# 和 2# 有一定程度的提高。

表 11-6　大分子硅偶联剂中 MPS 含量对玻璃纤维毡/聚丙烯复合材料力学性能的影响

试样	$m(\mathrm{St}):m(\mathrm{TMA}):m(\mathrm{MPS})$	冲击强度/($\mathrm{kJ/m^2}$)	弯曲强度/MPa	弯曲模量/$\times10^3$MPa
1#	42：55：03	15.27	51.92	4.62
3#	40：52：08	16.1	61.77	4.99
2#	50：46：04	12.45	50.54	4.66
9#	53：41：06	14.01	58.65	4.87

表 11-7 系 MSCAPS-*b*-PTMA-*b*-PMPS（PSTM）用量对复合材料冲击强度有显著影响，但对弯曲性能的影响不大。随着 PSTM 含量增加，复合材料的冲击强度先显著提高而后降低。当 PSTM 含量为 0.5%时，复合材料的冲击强度最高，弯曲强度及弯曲模量也较大。继续提高 PSTM 含量则冲击强度反而降低。

表 11-7　大分子偶联剂含量对玻璃纤维/聚丙烯复合材料力学性能的影响

试样	PSTM	冲击强度/(kJ/m^2)	弯曲强度/MPa	弯曲模量/$\times10^3$MPa
0#	0	5.49	48.52	3.69
5#	0.2	18.87	53.55	4.59
5#	0.5	29.86	55.94	4.58
5#	1	17.32	51.59	4.44

11.3　传统自由基聚合制备大分子硅偶联剂

通常采用过氧化苯甲酰（BPO）等过氧化物、偶氮二异丁腈（AIBN）等偶氮类化合物或过硫酸盐/硫醇等氧化-还原体系为引发剂，引发具吸电子取代基团的烯类单体、环状单体等均聚或共聚以制备有机聚合物，迄今人们称之为传统的自由基聚合。这种聚合方法也是制备聚合物复合材料相（增）容剂、超分散剂、大分子硅偶联剂的重要手段。该方法制备的聚合物通常是无规的，分子量具多分散性，其化学结构难以控制，共聚物中通常有均聚物存在。其特点在于合成过程容易实施，已有很好的产业化基础。为了获得较满意分子量 MSCA 和化学结构，研究者在合成过程中加入链转移助剂，改变投料顺序、控制反应温度等不同反应条件，以及选用不同的引发剂等，以达到预期的目的。

王勇[20] 以乙烯基三乙氧基硅烷（VTES，A-151，WD-20）为原料，采用通常自由基聚合方法制备了均聚 MSCA P(BTES) 和 VTES/MA 共聚物。将这两种 MSCA 和 A-151（WD-20）分别处理氢氧化铝（ATH）后，将它们用于制备阻燃的 PE 复合材料。测试证明：它们对阻燃的 PE 材料的力学性能均有改善，但两种 MSCA 处理 AIH 的复合材料效果优于 A-151 偶联剂处理 AIH 的材料，同时两种 MSCA 处理 AIH 的 PE 材料的热稳定性还有提高。

李明华等以硅烷偶联剂 VTES(WD-20，A-151)、丙烯酸丁酯（BA）和甲基丙烯酸甲酯（MMA）合成单体，采用自由基溶液聚合方法制备了 BA/MMA/VTES 三元共聚物，将其用于纳米碳化硅、氮化硅陶瓷粉体表面处理，然后用于天然纤维增强丁苯橡胶复合材料制备，其研究成果可参见中国专利（CN1970649），其合成有关工作请参见李明华等[21] 报道。将计量的甲苯于聚合釜中，充氮、升温至 80℃，将适合质量比的 BA、MMA、VIES、过氧化苯甲酰（BPO）和链转移剂十二烷基硫醇的甲苯溶液，从计量罐中缓缓加入聚合釜中，在 85℃保温反应 2h 后补加第二引发剂过氧化异丙苯（CDP）再升温至

115℃保温反应 2h 后，冷却、放料，得 BA/MMA/VIES 三元共聚物溶液。通过改变不同单体的质量比调节共聚物的分子组成及分子链柔性；控制温度、引发剂和链转移剂的用量以调节共聚物的数均分子量。他们通过改变合成条件，得到了数均分子质量为 3000～10000 的大分子硅偶联剂，供纳米陶瓷粉体表面改性，研究它们不同的包覆性能。

张洪文专利[22] 称，他们以三元乙丙橡胶（EPDM）为主链，采用过氧化苯甲酰引发甲基丙烯酸甲酯和 γ-甲基丙烯酰氧丙基三甲基硅烷（MPS，KH570）接枝聚合，制备了一系列不同接枝率的大分子硅偶联剂 EPDM-*g*-(MMA-*co*-MPS)，该类大分子可以改善无机填料与 EPDM 等橡胶之间的界面结构，从而提高复合材料的综合性能。

2011 年王寅等[23] 报道了 BA/MPS/MMA/St 四元共聚大分子硅偶联剂的合成将其处理煤粉，用于聚氯乙烯增强有关研究。他们系以 γ-(甲基丙烯酰氧基）丙基三甲氧基硅烷（MPS，KH570）、丙烯酸丁酯（BA）、苯乙烯（St）和甲基丙烯酸甲酯（MMA）为反应单体，过氧化二苯甲酰（BPO）为引发剂，进行本体共聚反应，制得一种大分子硅偶联剂。其合成反应方程式如下：

$$a\,H_2C{=}\underset{}{\overset{CH_2}{C}}COOCH_2CH_2CH_2Si(OCH_3)_3 + b\,H_2C{=}CH(C_6H_5) + c\,H_2C{=}\overset{CH_2}{\underset{COOCH_3}{C}} + d\,H_2C{=}\underset{COOCH_2CH_2CH_2CH_3}{CH}$$

$$\xrightarrow{\triangle} \left(CH_2-\overset{CH_2}{\underset{COOCH_2CH_2CH_2Si(OCH_3)_3}{C}}\right)_a \left(CH_2-\underset{}{\overset{C_6H_5}{CH}}\right)_b \left(CH_2-\overset{CH_2}{\underset{COOCH_3}{C}}\right)_c \left(CH_2-\underset{COOCH_2CH_2CH_2CH_3}{CH}\right)_d$$

用 FT-IR[1] HNMR 和 GPC 等分析手段对产物的化学结构进行了表征。凝胶渗透色谱可以看出 GPC 谱图为单峰，说明产物中只有一种聚合物，没有 BA、St、MMA 和 KH570 的均聚物生成，共聚物的数均分子量 $Mn=4964$，重均分子量 $Mw=6132$，$Mw/Mn=1.2353$，聚合物的分子量分布较窄，实验表明反应得到的产物的分子量可以通过引发剂和链转移作用进行调节。

罗丹等[24] 借助于溶液聚合方法合成了苯乙烯（St）-马来酸酐（MAH）-丙烯酸丁酯（BA）三元共聚物 P(St-BA-MAH)，然后再与 γ-氨丙基三乙氧基硅烷（KH550、WD-50）反应制备了一种大分子硅偶联剂（MSCA），其合成路线示意如下：

$$x\,H_2C{=}\underset{O=\underset{O(CH_2)_3CH_2}{C}}{CH} + y\,HC(C_6H_5){=}CH_2 + z\,\text{(maleic anhydride)} \longrightarrow \left(H_2C-\underset{}{\overset{O=\overset{O(CH_2)_3CH_3}{C}}{CH}}\right)_x \left(CH-CH_2\right)_y \left(\text{anhydride}\right)_z$$

$$\xrightarrow{KH550} \left(H_2C-\overset{O=\overset{O(CH_2)_2CH_3}{C}}{CH}\right)_x \left(\underset{C_6H_5}{CH}-CH_2\right)_y \left(\ \right)_z \quad \text{OH NHCH}_2\text{CH}_2\text{CH}_2\text{Si(OCH}_2\text{CH}_3)_3$$

合成反应操作过程分两步进行。

（1）大分子硅偶联剂前驱体P（St-BA-MAH）的合成

反应瓶预先烘烤抽真空脱水3次，称取4gBA、3gSt、20mL甲苯（除水）、0.24gBPO依次加入反应瓶中，氮气保护下搅拌加热至80℃，反应1h，将1gMAH、1gSt、0.12gBPO丙酮溶液滴加至反应瓶中，2h滴加完，保温反应3h。将反应液加入石油醚中沉淀，抽滤，沉淀物用10mL丙酮重新溶解，20mL石油醚沉淀，抽滤，将固体产物放入真空烘箱中，80℃下干燥10h，得到偶联剂前驱体Ⅰ，置于干燥器中备用。

改变单体配比St：BA：MAH，分别取7：1：1和2：6：1，重复上述实验，得到大分子硅偶联剂前驱体Ⅱ和Ⅲ。

（2）大分子硅偶联剂（MSCA）合成

将反应瓶预先烘烤真空脱水3次，加入20mL二氯乙烷，称取5g前驱体Ⅰ、0.5g三乙胺、0.5gKH550依次加入反应瓶中，氮气保护，室温搅拌反应24h。反应液加入石油醚沉淀，抽滤；用10mL二氯甲烷重新溶解固体，用20mL石油醚再沉淀，抽滤，将固体产物于真空烘箱中，在60℃下干燥10h，得到大分子硅联剂MSCA，置干燥器中备用。

将前驱体Ⅱ、Ⅲ重复上述实验，分别制得大分子硅偶联剂MSCA-Ⅱ、MSCA-Ⅲ。合成的大分子硅偶联剂化学结构经FT-IR、^{1}H-NMR进行了表征。

调节引发剂和链转移剂用量可以改变大分子偶联剂的分子量，当引发剂用量为3%、链转移剂为0.5%时，通过GPC测定大分子硅偶联剂的数均分子量为7145g/mol及其分布为1.7。用合成的大分子硅偶联剂处理滑石粉，然后制备滑石粉/聚丙烯复合材料，采用接触角、力学性能测试研究了滑石粉改性效果，以及MSCA对复合材料力学性能的影响。研究发现：滑石粉经MSCA改性后较改性前表面接触角从42.2°提高到101.3°；添加经MSCA改性滑石粉/聚丙烯复合材料与添加未改性滑石粉对照样相比，复合材料拉伸强度提高了45.2%，弹性模量提高了56.7%，断裂伸长率提高了183.5%，冲击强度提高了62.5%。

他们合成的MSCA用于滑石粉改性后，能较好地包覆滑石粉，且MSCA中含有—COOH还能与滑石粉分子中的Mg结合；此外，MSCA分子链较长，易与PP相缠绕，使得界面层结合强度提高；从而导致复合材料综合性能提高。

不同的MSCA的分子结构影响滑石粉与聚丙烯之间的界面结构和强度，造成复合材料的力学性能的差异。当MSCA中丙烯酸丁酯的用量依次增大时，滑石粉/PP复合材料的冲击强度依次增大，拉伸强度和模量依次减小。其原因在于丙烯酸丁酯链段较长时，在复合材料中形成了柔性界面，界面层的模量较低，当受到应力作用时发生屈服，吸收能量，从而大幅度提高复合材料的冲击强度。反之随着丙烯酸丁酯含量减少，冲击强度减小，拉伸强度和模量增大。

王政芳等[25] 以甲基丙烯酸缩水甘油酯（GMA）、丙烯酸甲酯（MA）、丙烯酸丁酯（BA）和γ-甲基丙烯酰氧丙基三甲氧基硅烷（MPS，KH570）为合成原料，以偶氮二异丁腈为引发剂合成了MSCA。通过红外和核磁测试，但没有用GPC表征，证实认为得到了如下化学结构的聚合物。

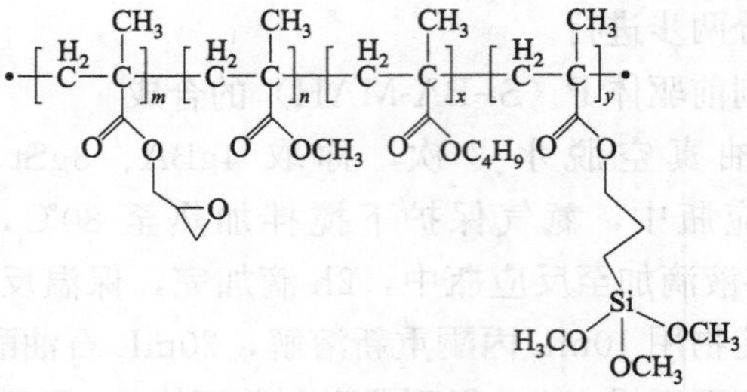

该 MSCA 合成操作过程如下：将 1.5g 偶氮二异丁腈（AIBN）溶解在 50g 的丁酮中，加入 10gGMA，升温至 60℃，反应 2h 后，加入 20gMA、25gBA，继续在 60℃下反应 3h，然后加入 0.65gMPS（KH570），于 60℃下再反应 3h，除去溶剂，得到一端含有环氧基、一端含有 γ-甲基丙烯酰氧丙基三甲氧基硅烷的 MSCA。

他们将这种 MSCA 用于纳米二氧化硅改性的环氧树脂固化体系，并对固化物的热性能及断裂横截面形貌进行研究。结果表明，加了上述 MSCA 改性的环氧固化物，较之纳米二氧化硅改性环氧树脂固化物，其玻璃化转变温度变化较小，起始热分解温度降低，断裂横截面的表面形貌呈现韧性断裂，环氧树脂固化物的韧性得到明显提高。

11.4 原子转移自由基聚合（ATRP）制备大分子硅偶联剂

11.4.1 ATRP 技术引发、催化反应体系

ATRP 技术[7~9] 是一种可控、活性自由基聚合制备高分子化合物的方法，这种技术系通过金属可逆氧化-还原作用实现可控活性聚合。通常采用具反应性的有机卤化物引发剂引发后，其卤原子在聚合物增长链和催化体系之间转移，使其存在一个休眠自由基活性种和增长链自由基。活性种之间的可逆化学平衡，以达到延长自由基寿命、降低自由活性种浓度，使链终止等副反应尽量减少，最终使聚合反应达到可控目的。可控 ATRP 合成反应链增长和可控过程可用图 11-11 予以描述：

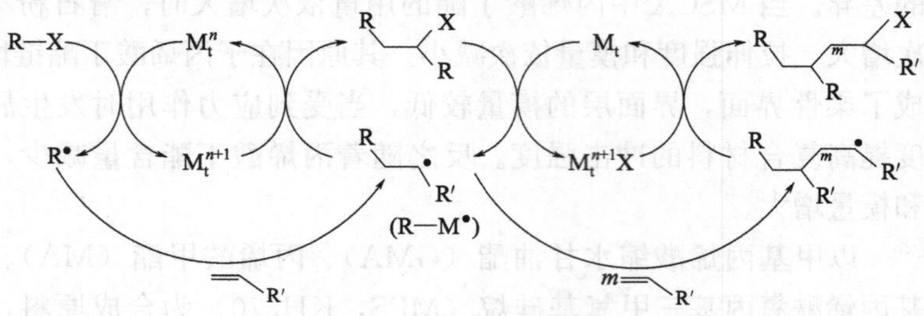

图 11-11 ATRP 反应过程描述

R—X为引发剂，M_t^n为低价过渡金属络合物（催化剂），═╲R′ 为参加反应的相同或不同的单体

迄今文献中均以1995年王锦山等采用研究者称之为传统的ATRP催化体系CuCl/bpy予以表述，其反应机理请参见图11-12所述经典原子转移自由基聚合反应机理。

引发

$$\mathrm{R{-}X} + \mathrm{M_t^n/L} \rightleftharpoons \mathrm{R} + \mathrm{M_t^{n+1}X/L}$$

$$\downarrow \mathrm{x+M} \qquad\qquad \downarrow k_j + \mathrm{M}$$

$$\mathrm{R{-}M{-}X} + \mathrm{M_t^n/L} \rightleftharpoons \mathrm{R{-}M} + \mathrm{M_t^{n+1}X/L}$$

propagation

$$\mathrm{R{-}M_n{-}X} + \mathrm{M_t^n/L} \underset{k_{dact}}{\overset{k_{act}}{\rightleftharpoons}} \mathrm{R{-}M_n} + \mathrm{M_t^{n+1}X/L} \quad (k_p + \mathrm{M})$$

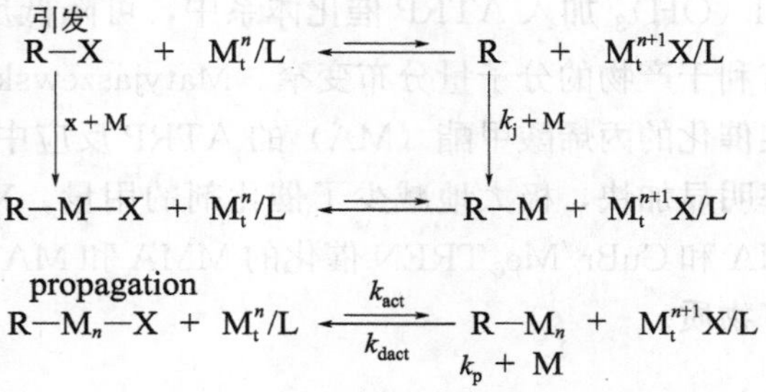

图11-12 原子转移自由基聚合反应机理

其中，X为Cl、Br、SCN（硫氰酸）；M_t^n为低价过渡金属催化剂；L为配位化合物，单体引发剂R—X与低价过渡金属配合物M_t^n通过氧化还原反应，卤原子发生转移，迅速生成烷烃自由基和高价过渡金属配合物M_t^{n+1}，接着烷烃自由基与单体反应产生活性物种R—M·，由于反应是快速平衡反应，若活性物种浓度过大，则R—M与高价过渡金属配合物逆向反应，从而保证在引发阶段同时产生低浓度的自由基活性物种，避免了传统自由基因为慢引发而导致分子量分布宽的缺陷。

① ATRP的引发剂R—X中的X是氯、溴或SCN等，它们具有快速选择性地在聚合物增长链和过渡金属配合物之间转移交换的特性；卤素键合的R基应具拉电子诱导或共轭作用，以稳定卤原子交换过程中生成的自由基。常用具R基特性的化合物有α-卤代羧酸酯、α-卤代烷基芳香化合物、多卤代甲烷等。引发剂中具稳定作用的基团活性顺序CN>COR>COOR>ph>Cl>Me。如果引发剂是多烷基取代时，则会增加卤代烷的引发效率，如叔卤代烷引发效率大于仲卤代烷。聚合反应如用含有可以稳定自由基的取代单体，也可提高引发剂的引发效率。

② ATRP催化剂　ATRP反应过程中M_t^n/L为过渡金属与配体构成的催化剂，其重要性在于它是反应过程中活性种和休眠种之间互相转换的动力；过渡金属M_t^n应对原子转移有高选择性，具形成$M_t^{n+1}X$倾向性高；作为催化剂的过渡金属至少有两个价态，它对卤原子应有较好的亲和性；迄今研究较多的过渡金属化合物是CuBr(Cl)、$RuCl_2$和$FeCl_2$等。

③ ATRP催化剂的配体　构成催化剂的配体应与金属形成较强配位，适当的反应条件即可适应金属价态的升高。此外，配体的作用还在于增加催化剂在有机相中的溶解度，还能调整金属催化剂氧气-还原电位，以使催化剂达到反应所需活性，且在动力学上与ATRP反应和匹配，使可逆的钝化反应中平衡偏向于生成休眠种的方向，以得到较低活性种浓度，降低终止反应的概率，保证较高的失活反应速率。几乎所有聚合物链以相同的速率增长可使聚合物单一化，保证快的活化反应，以得到一个较可观的聚合速率。常用于催化剂的配体，以联二吡啶（bpy）及其衍生物为代表的含氮配体常用于铜系催化体系如CuBr/bpy等，三苯膦为代表的磷配体则用于钌系和铁系催化体系，如$RuCl_2$/phP、$FeCl_2/(ph_3P)$等。

④ 催化促进剂　研究者发现在ATRP反应中添加某种化合物可以显著提高聚合反应的速率，减少催化剂的用量，这是有利于推进ATRP技术工业进程可行方法之一，例如

Al $(OH)_3$ 加入 ATRP 催化体系中，可降低反应温度，提高反应速率和可控性，同时还有利于产物的分子量分布变窄。Matyjaszewski 等[26] 报道，CuBr/4,4′-二壬基-2,2′-联吡啶催化的丙烯酸甲酯（MA）的 ATRP 反应中，添加少量的零价金属（如铜粉），反应速率明显加快，极大地减少了催化剂的用量。Xu 等[27] 发现三乙醇胺可以加速 CuBr/TPMA 和 CuBr/Me_6TREN 催化的 MMA 和 MA 的 ATRP，且三乙醇胺是一种人体及环境友好物质。

11.4.2 ATRP 技术引发、催化反应体系的发展

1955 年王锦山博士等对 ATRP 首次报道并提出 ATRP 催化引发体系及其反应机理之后，引起研究者关注和深入研究，首先是针对催化体系中过渡金属配合物的用量大，聚合过程中又不消耗，致使聚合物难以提纯，金属卤化物残留于聚合物中，导致聚合物易老化的问题；还有活性自由基的浓度低，聚合反应速度太慢等弊端，难以应用于产业化开发。因此，在传统 ATRP 基础上相继进行了很多研究和改进，并提出多种催化体系及其反应机理[28]。

（1）RATRP 催化引发体系及其机理[29,30]

RATRP 系逆（反）向原子转移自由基聚合技术，其引发剂和催化体系与传统 ATRP 方法不同之处在于该体系以过氧化苯甲酰（BPO）、偶氮二异丁氰（ABIN）等传统自由基聚合引发剂和高价态的过渡金属配合物（M_t^{n+1}—X/L）相结合，构成作为 RATRP 过程的引发和催化体系。过氧化物等是常用的自由基引发剂，加热分解产生有机自由基 I·，其中一部分引发单体聚合得到活性种 I-P·，高价过渡金属配合物 M^{n+1}L 使活性种 I-P·变为休眠种 I-P-X·即可作为反应需要的 ATRP 引发剂进而引发单体发生聚合反应。其 RATRP 反应机理如下图 11-13 所示。

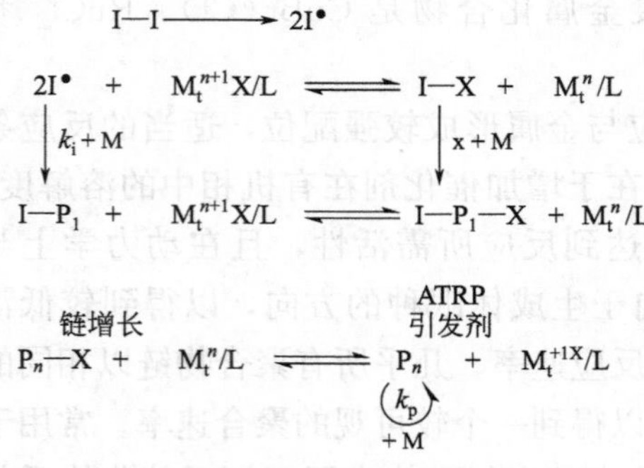

图 11-13 RATRP 反应机理

RATRP 技术的催化引发体系因不用低价过渡金属，避免传统的 ATRP 用低价态过渡金属催化剂易导致产品发生氧化的缺点，更适合工业化开发，但体系中使用了高价态的过渡金属催化剂，使产物仍有较多过渡金属残留物难于清除。此外，通常自由基引发剂需在高温下快速分解，因此也对 RTARP 的应用有所限制。

（2）AGET ATRP 催化体系及其反应机理[31]

AGET ATRP 系电子转移活化原子转移自由基聚合（activators generated by electron transfer ATRP），其催化引发体系由高价态过渡金属配合物、还原剂及 ATRP 引发剂组成。还原剂与高价过渡金属配合物反应得到低价态过渡金属配合物，低价态过渡金属配合物与 ATRP 引发剂按照传统 ATRP 的反应机理生成得到自由基 P·，自由基 P·进而引发单体 ATRP 聚合反应，反应机理如图 11-14 所示。

该体系加入了还原剂，不仅可以避免低价过渡金属在空气中氧化导致催化剂失效弊端，还降低了过渡金属化合物用量。此外，无机还原剂不会分解产生自由基，用该体系可制备较纯净的各种聚合物。

$M_t^{n+1}X/L$
还原剂
k_{act}
P—X + M_t^n/L
k_{dact}
P· + $M_t^{n+1}X/L$
ATRP 引发剂
+M
k_t
k_p
P—P

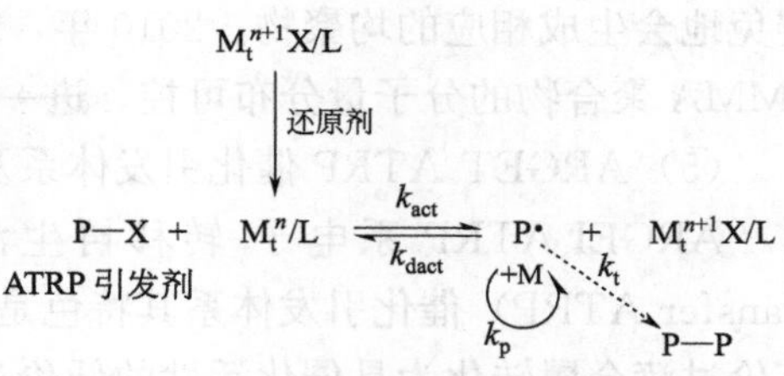

图 11-14　AGET ATRP 反应机理

(3) SR&NI ATRP 催化引发体系[32]

SR&NI ATRP（simultaneous reserve and normal initiation ATRP）系逆向-正向双引发 ATRP 体系，该体系是在 ATRP 体系的基础上改进得到的，它是以高价态过渡金属络合物作为催化体系，传统的自由基引发剂和 ATRP 引发剂并用 的双引发体系、传统的自由基引发剂分解产生的有机自由基 I· 与单体反应得到自由基 P·，自由基 P· 和高价态过渡金属配合物发生反应得到低价态过渡金属配合物，低价态金属配合物与 ATRP 引发剂发生反应得到自由基，进而引发单体发生 ATRP 反应。其反应机理如图 11-15。

体系中传统自由基引发剂的作用是对催化体系进行活化，因此用量远小于 ATRP 引发剂，传统自由基引发剂的加入可明显减少过渡金属络合物的用量。此外利用这种体系合成的嵌段共聚物具有更窄的 PDI，但由于使用了传统的自由基引发剂，因此合成的产物中含有少量的均聚物。

(4) ICAR ATRP 催化引发体系及其反应机理[33]

ICAR ATRP 称之为引发剂连续活化原子 转移自由基聚合（initators for continuous activator regeneration ATRP）。该体系不同于 SR&NI ATRP 体系在于它采用过量的传统的自由基引发剂，其分解产生较多的自由基 I·，自由基 I· 将高价态过渡金属配合物还原得到低价态过渡金属配合物，然后再使其 ATRP 引发剂发生反应得到 ATRP 引发自由基 R·，进而引发单体发生反应。其反应机理如图 11-16。

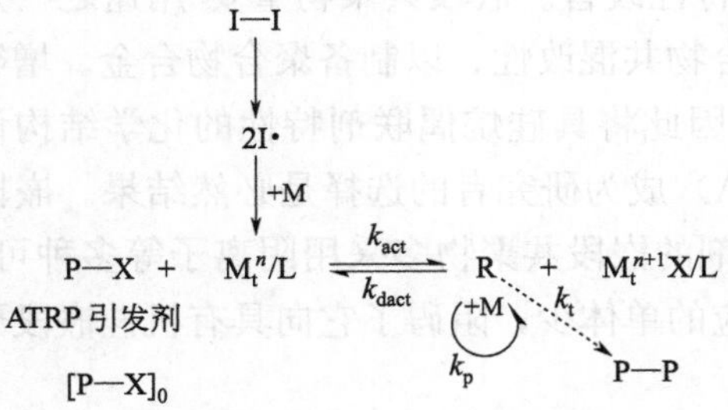

I—I
2I·
+M
P—X + M_t^n/L
k_{act}
k_{dact}
R· + $M_t^{n+1}X/L$
ATRP 引发剂
+M
k_t
k_p
P—P
$[P—X]_0$

图 11-15　SR&NI ATRP 反应机理

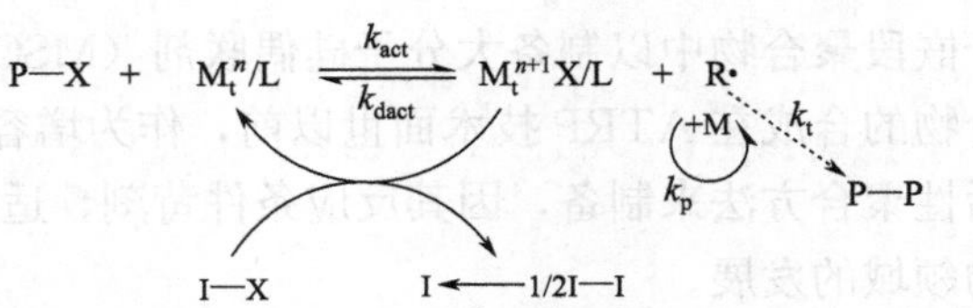

P—X + M_t^n/L
k_{act}
k_{dact}
$M_t^{n+1}X/L$ + R·
+M
k_t
k_p
P—P
I—X
I ← 1/2I—I

图 11-16　ICAR ATRP 反应机理

ICAR ATRP 体系靠过量自由基引发剂分解产生的有机自由基，将体系中积累的高价态过渡金属不断转化为低价态，因此 ICAR ATRP 体系可以使用比 SR&NIATRP 体系更少的催化剂。迄今利用 ICAR ATRP 体系已经成功合成了 P（St-MMA-BA）的均聚物以及 P（*n*-BA）-*b*-PMMA-*co*-PS 嵌段共同聚物。但通常的自由基引发剂不能过量太多，否则聚合反应的 PDI 将失去控制。因采用了传统自由基引发剂，在制备嵌段共聚物时不可避免地会生成相应的均聚物。2010 年，Zhu 等报道了铁盐催化的 ICAR ATRP，并合成了 PMMA 聚合物的分子量分布可控，进一步丰富了 ICAR ATRP 的催化引发体系。

（5）ARGET ATRP 催化引发体系及其反应机理[34~36]

ARGEI ATRP 系电子 转移再生活化 ATRP（Activators regenerated by electron transfer ATRP）催化引发体系其特色是使用过量的有机还原剂将聚合反应过程中产生的高价过渡金属转化为具催化活性的低价过渡金属配合物，它是在上述 AGET ATRP 基础上发展的，其机理见图 11-17。

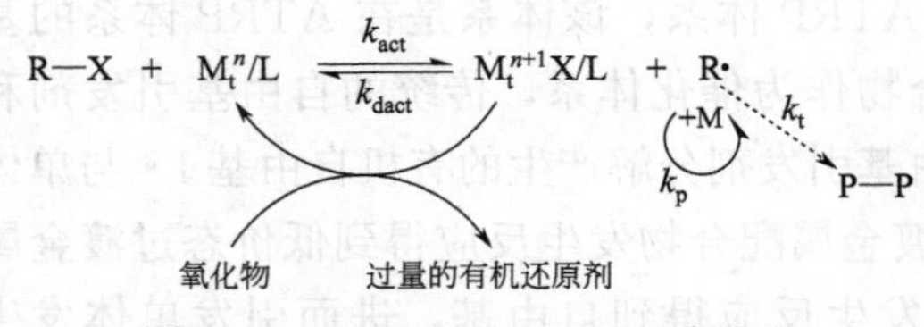

图 11-17　ARGET ATRP 反应机理

该过程使过渡金属催化剂用量大大减少，甚至可降低为 ppm 级，因此更具环保性。适量的有机还原剂于体系中致使少量氧气存在也不会影响催化反应进行，但有机还原剂过多则会使聚合产物的 PDI 失去可控；还原剂不会产生自由基，因此可以制得纯净的各类共聚产物。此外，因聚合物中仅残存微量金属催化剂，较多的情况下不需要对聚合物进行后处理。基于上述，该催化引发最具工业化开发基础。

11.4.3　ATRP 技术制备嵌段大分子硅偶联剂

11.4.3.1　嵌段共聚物简述

嵌段共聚物（block copolymer）是一类不同化学结构的聚合物链段有序键合于一体的线形聚合物，其链段的化学、物理和力学性能在共聚物中会予以体现，但它的物性和聚合物的混合物或无规共聚物有些不同，如苯乙烯（St）-丁二烯（B）嵌段共聚物 SBS，它们链段之间互不相容会产生相分离而形成多相体系，其中 S 为刚性链，B 为柔性链，聚苯乙烯形成 微区起物理交联作用，有利于聚合物特性改善。嵌段共聚物重要 用途之一是作为相（增）容剂用于不同化学结构和性质的聚合物共混改性、以制备聚合物合金。增容剂在 20 世纪已是一类较好的复合材料改性助剂。因此将具硅烷偶联剂特性的化学结构设计于嵌段聚合物中以制备大分子硅偶联剂（MSCA）成为研究者的选择是必然结果。嵌段聚合物的合成在 ATRP 技术面世以前，作为增容剂的嵌段共聚物多采用阴离子等多种可控、活性聚合方法来制备，因其反应条件苛刻，适应的单体少，阻碍了它向具有机硅嵌段聚合物领域的发展。

ATRP 的研究表明，该技术便于分子设计和制备，可采用多种合成手段获得既具硅烷偶联剂反应性，又有嵌段、接枝等共聚物特性的聚合物，还因易于控制和协调大分子偶联剂中不同性质的链段聚合度和功能基团，以获得好的应用效果，有利于产业化开发。因此，众多研究者用该技术研发嵌段型 MSCA 的合成及其有关应用工作。迄今文献报道采用 ATRP 技术合成的嵌段聚合物有 AB、ABA、和 ABC 等类型，其合成方法有两种。

第一种方法是选用适合的单官能卤代有机化合物或端基卤代大分子化合物为引发剂的方法。当用有机卤代物为引发剂时，依次加入不同单体 A、B、C，当只加入单体 A 则可得到均聚物或具引发性能的端基卤代的大分子单体（PA-X），如果再加入单体 B 进行聚合，则可得到 AB 两嵌段共聚物（PA-*b*-PB）或具卤代 AB 嵌段链的大分子引发剂（PA-*b*-PB-X）。在制备的 AB 嵌段的大分子引发剂基础上如果再继续加入单体 A（或单体 C）时，则可制得 ABA 或 ABC 三嵌段共聚物。

第二种方法是选用多官能团引发剂，例如选用适合的具引发功能的 α,ω-二卤代有机化合物，先引发单体 B 聚合后，再加入单体 A 聚合则得到大分子 ABA 型、对称的三嵌段共聚物。如果选用 ATRP 具引发功能的 α,ω-双卤代聚合物 C 为引发剂，加入单体 B 则得到 BCB 型 三嵌段共聚物，若再以 BCB 为引发剂，再加单体 A 聚合，则可形成 ABCBA 型五嵌段共聚物。当引发剂具有三个以上可引发的卤代物，它在 ATRP 催化剂存在下依次加入合成单体聚合，则可得到复杂的星型或树状多嵌段共聚物。

应该注意的是多嵌段共聚物合成时通常采用逐步进行方式，即在单体 A 聚合后分离提纯，并作为引发剂在 ATRP 催化剂存在下引发单体 B 聚合，依此类推，用连续化或一锅煮方式则需在 A 的转化率达 100%后，再加入 B，B 的转化率达到 100%后，再加入 C。

11.4.3.2 ATRP 技术合成嵌段大分子硅偶联剂

2005 年张宏军、周晓东[16] 以苯乙烯（St）、丙烯酸丁酯（BA）和 γ-甲基丙烯酰氧丙基三甲氧基硅烷（MPS，KH570）为单体，采用 ATRP 技术合成了 PS-*b*-PBA-*b*-PMPS 三嵌段大分子硅偶联剂（MSCA），其合成分三步进行。

① 端溴代聚苯乙烯（PS-Br）合成　在干燥充氮的合成装置中，N_2 保护下依次将定量的苯乙烯、催化剂溴化亚铜和配体 N,N,N',N',N''-五甲基二乙基三胺（PMDETA，$Me_2NCH_2CH_2NCH_2CH_2NMe_2$）和引发剂 α-溴代异丁酰乙酯（Me_2-CBr-COOEt），升温引发聚合，维持一段时间至反应完成，纯化后得 ω-溴代聚苯乙烯（PS-Br），即端溴代聚苯乙烯大分子引发剂，将其用于合成 PS-*b*-PBA 两嵌段共聚物。

②（端溴代）苯乙烯/丙烯酸丁酯两嵌段共聚物（PS-*b*-PBA）合成　如上述准备好的合成装置，在 N_2 保护下依次将定量的 BA（或 MPS）、CuBr、配体联吡啶（bpy）和聚苯乙烯大分子引发剂于反应瓶中，升温引发聚合至反应完成，纯化后得 PS-*b*-PBA（或 PS-*b*-PMPS）两嵌段共聚物，即端溴代苯乙烯/丙烯酸丁酯两嵌共聚大分子引发剂（PS-*b*-PBA-Br），将其用于引发三嵌段共聚物的聚合。

③ PS-*b*-PBA-*b*-PMPS 三嵌段共聚物合成　如上述准备好的合成装置，氮气保护下依次加入定量的大分子引发剂（PS-*b*-PBA-Br）、MPS、催化剂 CuBr、配体和二甲苯，升温至反应温度，维持到反应完成，纯化后得 PS-*b*-PBA-*b*-PMPS 三嵌段共聚物，其分子式示意如下：

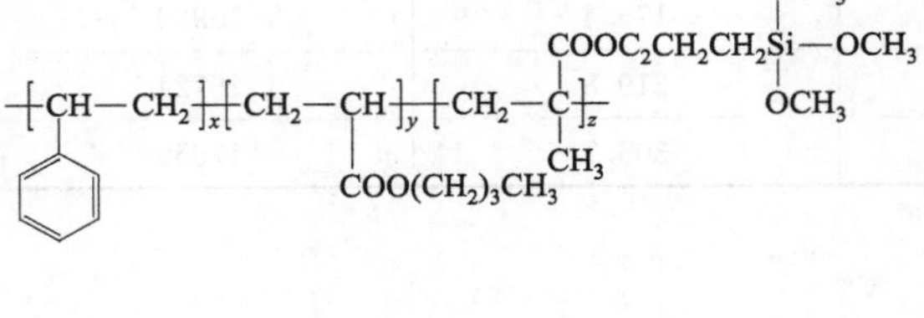

$$
\left[\underset{\underset{C_6H_5}{|}}{CH}-CH_2\right]_x\left[CH_2-\underset{\underset{COO(CH_2)_3CH_3}{|}}{CH}\right]_y\left[CH_2-\overset{\overset{COOC_2H_4CH_2Si(OCH_3)_3}{|}}{\underset{\underset{CH_3}{|}}{C}}\right]_z
$$

上述 PS、PS-*b*-PBA、PS-*b*-PMPS 和 PS-*b*-PBA-*b*-PMPS 四种聚合物的化学结构均经红外光谱、核磁共振和凝胶色谱等分析手段证实。表 11-8 中数据系上述分三步合成的四种不同化学结构的聚合物，理论分子量与测试的分子量及分子量分布。

表 11-8　聚合物分子量及分子量分布

聚合物	转化率/%	$\overline{M}_{n\ th}$	$\overline{M}_{n\ GPC}$	$\overline{M}_{w\ th}$	$\overline{M}_w : \overline{M}_n$
PS	82	5746	5950	7393	1.24
PS-*b*-PBA	79	20922	25446	29530	1.16
PS-*b*-PMPS	10	8230	8954	14811	1.65
PS-*b*-PBA-*b*-PMPS	11	23654	34012	40284	1.22

从表 11-8 所测数据可见：除 PS-*b*-PBA-*b*-PMPS 外各聚合物的 $\overline{M}_{n\ th}$ 和 $\overline{M}_{n\ GPC}$ 都比较接近；除 PS-*b*-PMPS 外，分子量分布都比较窄。研究者认为 PS-*b*-PBA-*b*-PMPS 的 $\overline{M}_{n\ GPC}$ 比 $\overline{M}_{n\ th}$ 偏大和 PS-*b*-MPS 分子量分布较宽的原因可能是在反应与处理过程中因操作不当部分 PMPS 链段中硅烷的甲氧基水解并发生了缩聚。

ATRP 技术合成的三种嵌段共聚物可用于处理玻璃纤维，然后制备玻璃纤维/环氧树脂复合材料，研究不同化学结构的 MSCA 对材料性能影响，请参见本章 11.2。

MPS 配制成的水溶液，PS-*b*-PBA-*b*-PMPS 配制工业丙酮溶液，然后用于处理玻璃纤维，研究不同浓度偶联剂对复合材料性能影响：表 11-9 可见，随着 MPS 浓度增大，弯曲强度、弯曲模量和缺口冲击强度先增加，在浓度为 0.3%时达到最大值，然后下降。其原因可能是 MPS 未能完全覆盖玻璃纤维表面，随着浓度增加而使得玻璃纤维表面的 MPS 增加，从而界面结合强度增加，力学性能提高。但达到一定浓度后，MPS 完全覆盖玻璃纤维，此时界面结合最好，再继续增加浓度，MPS 在完全覆盖的玻璃纤维表面物理吸附，可能充当了剥离剂或润滑剂作用，致使力学性能变差。

表 11-9　MPS 浓度的影响

MPS 浓度/%	弯曲强度/MPa	弯曲模量/MPa	缺口冲击强度/(kJ/m^2)
0	155.5	14485	14.5
0.1%	174.8	15846.9	21.7
0.3%	186.1	16740.5	22
0.5%	170.3	16306.7	18.7

表 11-10　PS-*b*-PBA-*b*-PMPS 浓度的影响

PS-*b*-PBA-*b*-PMPS 浓度/%	弯曲强度/MPa	弯曲模量/MPa	缺口冲击强度/(kJ/m^2)
0	155.5	14485	14.5
0.1	175.4	15926	19.2
0.3	219.8	15724	31
0.5	306.7	17659	56.1

表 11-10 可见：在一定浓度范围内，随着 PS-*b*-PBA-*b*-PMPS 浓度的增加，弯曲模量均有提高，但变化不大，说明 PS-*b*-PBA-*b*-PMPS 改善了玻璃纤维与环氧树脂的界面结合。MSCA 丙酮溶液不同于 MPS 水溶液（随浓度增加，弯曲强度和缺口冲击强度先增大随后下降），PS-*b*-PBA-*b*-PMPS 随溶液浓度增大，弯曲强度与缺口冲击强度几乎线性增大。其原因可能是 PS-*b*-PBA-*b*-PMPS 分子量较 MPS 大 1 个数量级以上，在同样质量浓度下，PS-*b*-PBA-*b*-PMPS 的分子数目远小于 MPS 的分子数目。在这样的浓度下 PS-*b*-PBA-*b*-PMPS 不会完全覆盖玻璃纤维，仅是随着浓度增加 MSCA 增加覆盖玻璃纤维的程度增加相应，从而也不同程度地改善了玻纤与环氧树脂的界面结合。

高燕、董擎之等[18] 以苯乙烯（St）、甲基丙烯酸十四酯（TMA）和甲基丙烯酰氧丙基三甲氧基硅烷（MPS，KH570）为合成单体，采用 ATRP 技术合成了 PS-*b*-PTMA-*b*-PMPS 三嵌段大分子硅偶联剂（MSCA），其合成反应式和操作过程如下：

① 含溴端基聚苯乙烯大分子引发剂合成。

$$CH_2{=}CH(C_6H_5) + Me_2C(Br){-}COOEt \xrightarrow[N_2\ \triangle]{CuBr/PMDEA} Me_2C(COOEt){-}[CH_2{-}CH(C_6H_5)]_x{-}Br$$

其操作首先将干燥反应瓶充氮、脱氮气三次，在氮气保护下加入 CuBr 和 N,N,N',N'',N''-五甲基二乙基三胺，搅拌下再加入苯乙烯甲苯溶液，加热引发聚合；反应至预定时间后，停止反应，再加入甲苯，经中性 Al_2O_3 过滤后，得产品溶液，加入甲醇沉淀得聚苯乙烯大分子引发剂 PSt-Br。

② PS-*b*-PTMA-*b*-PMPS 三嵌段大分子硅偶联剂合成。

$$\text{PSt-Br} + y\text{TMA} \xrightarrow[N_2\ \triangle]{CuBr/PMDEA} \text{PS-}b\text{-PTMA-Br}$$

$$\xrightarrow[N_2\ \triangle]{+zMPS} {-}[CH(C_6H_5){-}CH_2]_x{-}[CH_2{-}C(CH_3)(C{=}O{-}O{-}[CH_2]_{13}{-}CH_3)]_y{-}[CH_2{-}C(CH_3)(C{=}O{-}O{-}[CH_2]_3{-}Si[OCH_3]_3)]_z{-}$$

将大分子引发剂（PSt-Br）、TMA、CuBr 和 PMDEA 依次加入充氮的反应瓶中，搅拌下升温引发聚合，反应一定时间，冷却。搅拌下再加入定量 MPS（KH570），升温引发聚合到预定时间，停止反应. 加入适量甲苯溶解，经中性 Al_2O_3 过滤后，加入适量甲醇沉淀，得产品，真空干燥保存。单体转化率用重量法测定。聚合物分子量及其分布采用凝胶渗透色谱进行测试（四氢呋喃为流动相，聚苯乙烯为标样），PS-*b*-PTMA-*b*-PMPS 三嵌段 MSCA 化学结构经红外光谱、核磁共振表征，采用能谱仪测定聚合物中 C、Si、O 三元素质量比，然后计算出 St、TMA 和 MPS 三者质量比。

不同大分子引发剂 PSt-Br 和相应的 PS-*b*-PTMA-*b*-PMPS 三嵌段 MSCA 的合成及表征参见表 11-11 和表 11-12。

表 11-11 大分子引发剂的合成① 有关反应条件及结果

样品	反应时间	反应温度/℃	转化率/%	M_n(GPC)/$\times10^{-4}$	M_n(理论)/$\times10^{-3}$	$\overline{M}_W/\overline{M}_n$
PSt-Br-1	18.5	65	58.9	2.66	2.36	1.2
PSt-Br-2	21.5	65	74.3	3.47	2.97	1.13
PSt-Br-3	27	65	77.2	3.22	3.09	1.18
PSt-Br-4	21.5	75	89.9	3.82	3.6	1.1

①大分子引发剂（PSt-Br）的合成：引发剂、催化剂及其配体比例为苯乙烯（4ml），甲苯（4ml），n(EBriB)：n(CuBr)：n(PMDETA)＝1：1：2。

表 11-11 可见：①当反应温度相同时，转化率随着反应时间的增加而提高，当时间超过 21.5h 后，转化率增幅很小，因此反应时间选择 23h；②比较 PSt-Br-2 和 PSt-Br-4，当反应时间相同时，温度升高 10℃、转化率提高 15.6%，说明温度对反应的影响显著；③ATRP 反应可控制分子量分布。

表 11-12 三嵌段共聚物的合成及表征

样品	m(St)：m(TMA)：mMPS(KH570)	m(St)：m(TMA)：mMPS(KH570)	反应时间/h	转化率/%	$\overline{M}_n$(GPC)/$\times10^{-4}$	$\overline{M}_n$(理论)$\times10^{-3}$	$\overline{M}_W/\overline{M}_n$
1#	40：40：20	42：55：03	72	68.5	1.51	9.48	1.46
2#	53：27：20	50：46：04	69.5	50.54	1.35	8.76	1.33
3#	27：53：20	40：52：08	69.5	51.52	1.86	11.6	1.6
4#	13：67：20	14：84：2	72	52.68	1.67	11.74	1.54
5#	13：37：20	24：71：4	88.5	63.8	1.7	11.74	1.48
6#	17：53：30	20：78：2	72	40.14	1.6	10.19	1.59
7#	17：53：30	0.55974537	88.5	47.84	1.61	10.19	1.52
8#	37：53：10	33：63：4	72	79.05	1.82	12.43	1.43
9#	53：37：10	53：41：06	72	75	1.79	11.2	1.51

表 11-12 可见：①5#和 7#的转化率分别高于 4#和 6#，因为 5#和 7#两者的反应时间比 4#和 6#长 16h，导致转化率提高，但提高不大，因此反应时间 72h 即可；②所有嵌段物的分子量分布均比较窄，在 1.6 之内，说明反应是可控的。但是 GPC 所测的分子量与理论分子量相差较大，原因可能是聚合物中存在着较多链段的 PTMA 和 PMPS，从而使其流体力学体积与标样聚苯乙烯的流体力学体积相差较大；③嵌段共聚物 PS-*b*-PTMA-*b*-PMPS 的 GPC 谱图为单峰，说明产品中只有一种共聚物，无 St、TMA 或 MPS（KH570）的均聚物，合成 MSCA 为三嵌段共聚物而非共混物。

张洪文等[14] 利用 ATRP 技术可控、活性自由基引发聚合的特性，首先以苯乙烯（St）为原料，合成了五种不同分子量的聚苯乙烯大分子引发剂，随之加相同质量比的甲基丙烯酸丁酯（BMA）和 γ-甲基丙烯酰氧丙基三甲氧基硅烷（MPS，KH570）利用 ATRP 技术进行无规共聚，制备了五种不同分子量的三元两嵌段的共聚大分子硅偶联剂 PS-

b-P（BMA-*co*-MPS）。其合成操作分两步进行：

① 聚苯乙烯大分子引发剂合成　具搅拌干燥的反应瓶通氮、脱氮三次，然后依次加入0.043g氯化亚铜、0.203g 2,2′-联吡啶，氮气和搅拌下注入62.5μL α-溴代异丁酸乙酯、5mL苯乙烯。置于120℃油浴反应10h后冰盐浴终止，加入四氢呋喃溶解，用过量甲醇进行沉淀后干燥。引发剂：催化剂：配体＝1：1：3（摩尔比），以及控制单体和引发剂比例，制备五种不同分子量的大分子引发剂PS-Br。

② PS-*b*-P(BMA-*co*-MPS）三元两嵌段MSCA的合成　干燥充氮的反应瓶中加入0.047g氯化亚铜、0.224g 2,2′-联吡啶、0.5g大分子引发剂PS-Br，再注入4.5mL BMA、0.45mL KH570及5mL甲苯，于90℃油浴中反应8h，聚合物经四氢呋喃溶解，加入过量甲醇沉淀，于60℃真空干燥2h。

合成的五种不同分子量的聚苯乙烯引发剂（PS-Br）和五种不同分子量MSCA，它们都经红外光谱、核磁共振及凝胶色谱表征，证实了化学结构，其GPS分析数据参见表11-13。

表11-13　聚苯乙烯大分子引发剂及大分子硅偶联剂的GPC数据

样品	转化率/%	$\overline{M}_n$(GPC)/×10⁴	$\overline{M}_n$(理论)/×10⁴	$\overline{M}_w/\overline{M}_n$
PS-Br-1#	82.2	0.86	0.82	1.2
PS-Br-2#	76.4	2.19	1.98	1.23
PS-Br-3#	72.7	3.11	3.2	1.22
PS-Br-4#	63.5	4.23	4.37	1.27
PS-Br-5#	57.9	5.41	5.58	1.45
MSCA-A	59.7	2.37	2.68	1.32
MSCA-B	58.4	3.56	4.34	1.34
MSCA-C	54.6	4.37	5.46	1.34
MSCA-D	52.6	5.89	6.83	1.36
MSCA-E	55.3	7.26	8.45	1.47

表11-13列出了聚苯乙烯大分子引发剂和嵌段大分子偶联剂的GPC数据。显示它们的多分散系数（$\overline{M}_w/\overline{M}_n$）都小于1.5，但MSCA的实测分子量与理论值之间有一定差距。这是因为，一方面嵌段聚合物空间结构会使聚合物实测分子量比理论分子量小；另一方面嵌段聚合物中MPS单元可能与GPC的固定相有一定作用导致保留时间增长，使得实测分子量比理论分子量小。

孙婷婷、李坚等[37]以甲基丙烯酸甲酯（MMA）和γ-甲基丙烯酰氧丙基三甲氧基硅烷（MPS）为合成原料，采用电子转移再生催化剂的原子转移自由基聚合（ARGET ATRP）成功制备了两嵌段大分子硅偶联剂（PMMA-*b*-PMPS），用制得的大分子硅偶联剂对玻璃表面进行了接枝改性。研究发现，玻璃表面的接触角从30°提高到65°。

ARGET ATRP合成PMMA-b-MPS两嵌段共聚物时，基于以辛酸亚锡为还原剂进行ARGET ATRP聚合，MPS很快就形成凝胶，所以嵌段共聚大分子硅偶联剂合成采用两步进行制备：

① 大分子引发剂 PMMA-Br　将 $CuBr_2$ 0.016765g（0.075mmol）、五甲基二乙烯三胺（PMDETA），0.1296g（0.7mmol），甲基丙烯酸甲酯 MMA15g（0.1498mol），甲苯 7.5g，α-溴代异丁酸乙酯（EBriB）0.5844g（0.003mol），辛酸亚锡［$Sn(EH)_2$］0.4551g（0.0011mol）依次加入搅拌的四口烧瓶中，连续 3 次抽真空和充氮。氮气氛下，80℃搅拌反应，转化率达到 80%后得到淡黄色黏稠产物。加入适量甲醇沉淀，真空干燥得含 ω-Br 代聚甲基丙烯酸甲酯大分子引发剂 PMMA-Br，产率 60%。

② 大分子硅偶联剂嵌段共聚物的合成　将一定量的 PMMA-Br 和 MPS 于反应瓶中，再加入 $CuBr_2$ 0.00178g（0.008mmol）、PMDETA 0.014g（0.08mol）、铜 0.0051g（0.08mmol），于四口烧瓶中充分搅拌，连续 3 次抽真空充氮，氮气气氛下，升温 65℃反应，转化率达到 40%后，停止反应。加入适量乙酸乙酯溶解产品，经中性 Al_2O_3 柱过滤后用石油醚沉淀产品，真空干燥。产量为 2.5g，产率为42%。得到两嵌段聚合物，PMMA-b-PMPS 化学结构通过红外、核磁分析表征证实，凝胶色谱分析分子量分布为 1.54，略微变宽，可能是因为少量 PMPS 发生了水解缩合之结果。

何腾飞等[38] 以端羟基聚乙烯（PE-OH）和甲基丙烯酰氧丙基三甲氧基硅烷（MPS）为主要合成原料，采用 ATRP 技术合成了 PE-b-PMPS 二嵌段大分子硅偶联剂，将其分别处理羟基化多壁碳纳米管（MWNT-OH），用于超高分子量聚乙烯制备 UHMWPE/多壁碳纳米复合材料，以改善其耐磨性能。该嵌段共聚物的合成分两步完成：

① 大分子引发剂的合成。

$$\text{PE}_n\text{-OH} + \text{Br-C(=O)-CH}_2\text{Br} \xrightarrow{-\text{HBr}} \text{PE}_n\text{-O-C(=O)-CH}_2\text{Br}$$

② PE-b-PMPS 大分子硅偶联剂合成。

$$\text{PE}_n\text{-O-C(=O)-CH}_2\text{Br} + \text{CH}_2\text{=C(Me)-C(=O)-OCH}_2\text{CH}_2\text{CH}_2\text{Si(OMe)}_3 \xrightarrow{\text{CuBr/2, 2'-联吡啶，甲醇}} \text{PE}_n\text{-O-C(=O)-CH}_2\text{-}[\text{C(Me)(C(=O)O(CH}_2)_3\text{Si(OMe)}_3)\text{-CH}_2]_m$$

合成反应操作：称取 7.5gPE-OH 加到 70mL 二甲苯溶剂中，70℃溶解后加入 20mL 缚酸剂三乙胺，然后将 7mL 的 2-溴异丁酰溴溶于适量二甲苯并用恒压滴液漏斗进行滴加，滴完后常温避光反应 24h。将反应产物抽滤后、用四氢呋喃清洗、并用甲醇沉淀，真空干燥后得到 PE-Br。

将加有转子的 100mL 克氏反应瓶抽真空-通氮气，循环 3 次，加入 0.29g 氯化亚铜和 1g 的 2,2′-联吡啶，轻拍使之配合后，加入 0.8g 引发剂 PE-Br，通过注射器依次加入 4mL 苯甲醚、1mLMPS、2mL 甲醇以除去多余的空气并通入氮气。反应瓶置于 70℃油浴中反应 24h，放入冰水中终止反应，加入四氢呋喃稀释产物，用中性氧化铝滤柱除杂，滤液用过量的甲醇进行沉淀，抽滤，真空干燥后得到产物 MSCA。其中引发剂：金属卤化物：配体（摩尔比）为1：1：3，重复上述步骤，分别按摩尔比1：4，1：6，1：8，1：10调节引发剂和MPS的加入量，分别制得四种产物MSCA-B、MSCA-C、MSCA-D、MSCA-E。反应产物化学结构通过IR、^{1}HMNR和凝胶色谱表征，五种不同的MSCA-A、MSCA-B、MSCA-C、MSCA-D、MSCA-E分子量参见表11-14。

表 11-14　产物分子量

试样	n(PE-Br)∶n(MPS)	$M_{理论}/\times10^{-3}$	$M_n/\times10^{-3}$
MSCA-A	1∶2	1.2	1.1
MSCA-B	1∶4	1.6	1.5
MSCA-C	1∶6	2.1	2.0
MSCA-D	1∶8	2.7	2.6
MSCA-E	1∶10	3.1	3.2

将一定量的MSCA-D、MPS分别与MWNT-OH混合加入UHMWPE粉末中，混合均匀后压片测试，力学性能显示，加有大分子偶联剂MSCA后复合材料的拉伸强度达到34.96MPa，比未添加偶联剂和添加小分子硅烷偶联剂MPS的复合材料分别提高了32.8%和17.2%，其结果说明：MSCA-D较长的分子链可与超高分子量聚乙烯链形成程度较高的相互扩散及缠结，与UHMWPE间形成牢固的界面粘接。不同材料力学性能的影响：分别添加相同用量、不同分子量的MSCA-A、MSCA-B、MSCA-C、MSCA-D、MSCA-E于UHMWPE/MWNT复合材料中，研究MSCA分子量对复合材料力学性能的影响，测试结果参见图11-18。

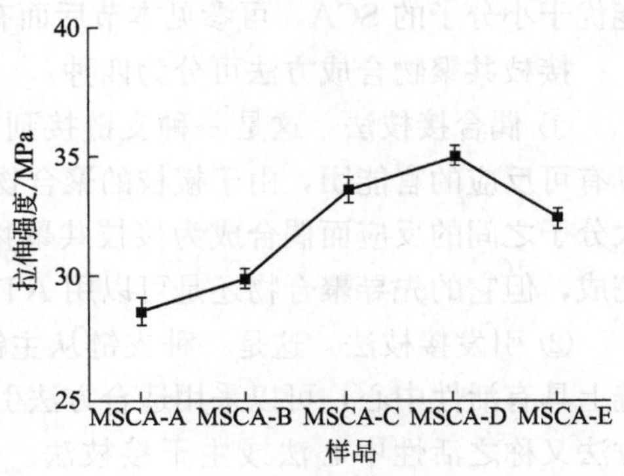

图 11-18　不同分子量的MSCA对复合材料拉伸强度的影响

图11-18明显看到：随着MSCA-A、MSCA-B、MSCA-C、MSCA-D、MSCA-E的分子量的增加，复合材料的拉伸强度呈现出先增后减的趋势，这是由于随着MSCA的分子量的增加，越来越长的分子链与UHMWPE分子链之间的物理缠结度加剧，并且增加了偶联剂迁移至基材的深度，更有利于增强无机填料与聚合物基体间的相互作用而改善其相容性；另一方面也随着MSCA分子量增大，分子链的迁移速度变慢，混合过程中不能快速迁移至填料与基材的相界面，从而导致增容效果减弱，当MSCA分子量过大时，迁移速度变慢的负面影响占据主导作用。

11.4.4　ATRP技术制备接枝大分子硅偶联剂

11.4.4.1　接枝共聚物简述

接枝共聚物（graft copolymer）是由主链和多条支（侧）链组成的高分子化合物，该类大分子化合物主链可以是均聚物，也可以是共聚物，其支链则是不同于主链化学结构的均聚物或共聚物。当接枝产物是具高浓度、低分子量的侧基（支链）时，人们称之为梳型共聚物。若分子结构中一个中心有三条以上聚合物支链时，则称之为星型（或辐射状）共聚物。接枝共聚物除具主干链和支链聚合物两方面的物理、化学性质外，还可以因两种不同聚合物链的不相容性产生相分离而形成微区，从而 产生新的功能，如增进复合材料的相容性以提高聚合物复合材料界面的黏结作用等。接枝共聚物已有很多研究，研究者采用化学和物理-化学方法合成了很多接枝共聚物，不仅将它们作为制备复合材料的相容助剂，还将其作为具特殊功能的材料。接枝共聚物的支链和主链的化学结构以及支链的多少等对增容效果影响较大，如果支链的分子量、数目过大，由于构象的限制，会阻碍共混组分的贯穿作用，不能产生理想的增容效果。接枝共聚物应以较长一点的支链且密度不高为宜。如果是相当于两嵌段的二元接枝物，则两链段长度相等时，增容效果最佳。为了改善复合材料的相容性，在接枝共聚物中引入具功能性或反应性基团或链段，也是改善相容性的办法之一。MSCA 的发展应该是基于这些方面综合考虑。研究表明接枝型 MSCA 的应用性能优于小分子的 SCA，可参见本节后面有关叙述。

接枝共聚物合成方法可分为四种：

① 偶合接枝法　这是一种支链接到主链上的方法（graft onto）。作为主干聚合物链具有可反应的官能团，由于接枝的聚合物是一种具反应性端基的大分子化合物，两者进行大分子之间的反应而偶合成为接枝共聚物，这样获得接枝共聚物虽不能用 ATRP 技术来完成，但它的先导聚合物还是可以用 ATRP 制备的。

② 引发接枝法　这是一种支链从主链接出来的方法（graft from）。因为主干聚合物链上具有活性中心，可以采用适合方法引发其他的单体进行聚合而形成大分子支链，这种方法又称之活性中心法或主干接枝法。借助于 ATRP 技术是最合适的方法，既可制备 MSCA，也可以在硅材料上接枝含硅的大分子聚合物。

③ 直接接枝法（graft through）　又称之大分子单体法。该方法首先需制备一种可通过引发聚合反应的大分子单体，将其用于构成主链的其他单体进行共聚而获得大分子共聚物，该方法可采用传统自由基引发或 ATRP 等技术来完成。

④ 后功能接枝法　这种方法 20 世纪已应用于工业生产改性聚乙烯、聚丙烯、聚氯乙烯或橡胶等聚合物，制备方法通常采用物理、化学相结合的方法来完成，常用的方法有熔融接枝技术、辐射接枝技术、等离子体接枝技术及超临界接枝技术等。

11.4.4.2　ATRP 技术合成接枝大分子硅偶联剂

1997 年 Xiaosong Wang 等[39]　报道以乙丙橡胶（EPDM）、苯乙烯与丁二烯嵌段共聚物（SBS）和天然橡胶（NR）为原料，利用溴代试剂制备了 ATRP 技术所需的大分子引发剂，然后通过 ATRP 技术合成了橡胶与乙烯硅烷的接枝共聚物，并有较高的接枝率。2004 年，张洪文、王静媛等[40]　报道采用 ATRP 技术在刚性的聚苯乙烯上接枝柔性的丙烯酸丁酯和 MPS（KH570）的共聚物（MSCA）。将其用于聚合物基复合材料制备，增加了聚合物基材与 SiO_2 之间相容性，改善了力学强度。

张洪文等[41]　以苯乙烯（St）、甲基丙烯丁酯（BMA）和 3-甲基丙烯酰氧丙基三甲氧基硅烷（MPS，KH570）为单体，借助可控、活性的ATRP技术，合成了五种不同分子量的聚苯乙烯（PS）主链，将其与*N*-溴代琥珀酰亚胺（BNS）反应获得定量的溴代PS，如此引入的具反应活性的溴基团使其成为ATRP所需的大分子引发剂，然后再通过ATRP合成技术制备了接枝大分子硅偶联剂（MSCA）PSt-*g*-P(BMA-*co*-MPS)，并将其应用于SiO_2增强的聚丙烯腈/丁二烯/苯乙烯（ABS）三元共聚物复合材料改性。其合成步骤如下：

① ATRP技术合成五种不同分子量的聚基乙烯，其反应：

$$(CH_3)_2CBr-\underset{\underset{O}{\|}}{C}OC_2H_5 + x\ CH_2=\underset{\underset{C_6H_5}{|}}{CH} \xrightarrow[ATRP]{CuCl/bpy} (CH_3)_2\underset{\underset{O=COC_2H_5}{|}}{C}-\!\left(CH_2-\underset{\underset{C_6H_5}{|}}{CH}\right)_x\!-Br$$

将定量的CuCl/2，2-联吡啶（bpy）于充氮的反应瓶中，注入定量的引发剂α-溴代异丁酸乙酯和苯乙烯，加热合成目的产物，纯化备用。用此操作制备五种不同分子量的聚苯乙烯。

② *N*-溴代-丁二酰亚胺与（BNS）聚苯乙烯反应制备PSt主链上含活性溴代基团的接枝共聚物的大分子引发剂，其反应：

$$PS + z \begin{matrix} CH_2-C(=O) \\ | \quad\quad\ \ NBr \\ CH_2-C(=O) \end{matrix} \xrightarrow[CCl_4]{AIBN} \left(CH_2-\underset{\underset{C_6H_5}{|}}{CH}\right)_y\left(CH_2-\underset{\underset{C_6H_5}{|}}{CBr}\right)_z \quad \text{(PS-Br大分子引发剂)}$$

称取定量的PSt、BNS和偶氮二异丁腈于反应瓶中，搅拌下加热反应，得到了ATRP技术所需大分子引发剂。以五种不同分子量的PS为原料合成了五种PS的分子量不同的、主干链含相同Br代基团的大分子引发剂，将其用于ATRP技术合成MSCA。

③ 以五种分子量不同但质量相同的PS-Br、质量相同的BMA和MPS（KH570）为合成原料采用ATRP技术，制备接枝大分子硅偶联剂PS-*g*-(BMA-*co*-MPS)：

$$\left(CH_2-\underset{\underset{C_6H_5}{|}}{CH}\right)_y\left(CH_2-\underset{\underset{C_6H_5}{|}}{CBr}\right)_z \xrightarrow[CuCl/bpy]{mBMA+nMPS} \left(CH_2-\underset{\underset{C_6H_5}{|}}{CH}\right)_y\left(CH_2-\underset{\underset{C_6H_5}{|}}{\overset{\overset{(BMA-co-MPS)}{|}}{CH}}\right)_z$$

于干燥的反应瓶中充N_2，加定量的CuCl/bpy和大分子接枝引发剂（PS-Br）。注入定量的BMA和MPS(KH570）甲苯溶液。加热引发聚合。用五种不同分子量的引发剂采用相同操作，制备五种不同分子量PS-*g*-(BMA-*co*-MPS）大分子硅偶联剂（MSCA-A、MSCA-B、MSCA-C、MSCA-D、MSCA-E）。

上述三步所合成的不同化学结构聚合物均通过FP-IR、^{1}H-NMR和GPS等分析手段表征证实。有关合成和凝胶色谱分析数据参见表11-15和表11-16。

表11-15　接枝形大分子偶联剂中有关结构单元含量（质量分数）

样品	w(St)/%	w(BMA)/%	w(MPS)/%
PS-*g*-(BMA-*co*-MPS)-A	43	50	7
PS-*g*-(BMA-*co*-MPS)-B	52	42	6
PS-*g*-(BMA-*co*-MPS)-C	65	30	5
PS-*g*-(BMA-*co*-MPS)-D	74	20	6
PS-*g*-(BMA-*co*-MPS)-E	84	12	4

表 11-16　多溴代聚苯乙烯及接枝大分子偶联剂的 GPC 数据

样品	$M_n/\times10^4$	$M_{th}/\times10^4$	M_w/M_n
PS-(Br)n-1＃	0.87	1	1.21
PS-(Br)n-2＃	1.89	2	1.23
PS-(Br)n-3＃	3.4	3	1.25
PS-(Br)n-4＃	4.21	4	1.3
PS-(Br)n-5＃	5.43	5	1.33
PS-*g*-(BMA-*co*-MPS)-A	20.2	2.86	1.32
PS-*g*-(BMA-*co*-MPS)-B	3.17	5.31	1.34
PS-*g*-(BMA-*co*-MPS)-C	4.86	8.52	1.36
PS-*g*-(BMA-*co*-MPS)-D	5.69	11.8	1.36
PS-*g*-(BMA-*co*-MPS)-E	6.5	13.97	1.4

他们还将五种分子量不同主链的接枝型 MSCA 用相同方法和用量处理 SiO_2，然后将其用于 ABS 三元共聚物增强，研究了不同 MSCA 对 ABS 力学性能的影响。SiO_2 对 ABS 有一定的增韧作用，加有 PS-*g*-(BMA-*co*-MPS) 的改性复合材料的缺口冲击强度达到 23.48kJ/m^2，比未添加和添加小分子偶联剂 MPS 的复合材料分别提高了 43.87％和 22.67％，其原因在于接枝 MSCA 不仅含有能与无机填料表面基团起反应的烷氧基活性基团，还具有较长的分子链可与 ABS 链相互扩散和相互缠结，形成牢固的界面粘接；接枝链所形成的柔性界面层，能够通过变形来消除部分的残余应力，吸收一定的外来能量，从而改善复合材料的韧性。此外，随着接枝 MSCA 中的 PS 主链分子量不断增加，复合材料的冲击强度呈现出先增后减的趋势，其原因在于随着接枝 MSCA 的分子量不断增加，越来越长的分子链与 ABS 分子链之间的物理缠结变得更加强烈，有利于增强无机填料与聚合物基体间的相互作用而改善其相容性。但随着分子量的继续增加，接枝 MSCA 中刚性的苯环含量不断增大，相同用量时，则由于分子量差异，接枝 MSCA 中的柔性侧链分子量下降，从而导致复合材料的冲击强度下降。

复合材料动态热机械（DMA）分析，参见图 11-19：ABS/SiO_2 显著提高了 ABS 的储能模量（曲线 b），而大分子偶联剂 PS-*g*-(BMA-*co*-MPS) 的加入，使复合材料的储能模量显著下降。其原因在于接枝型 MSCA 中包含柔性的聚甲基丙烯酸丁酯软链段，无机填料和基体之间产生了相对柔性的界面。从分子量不同的 MSCA 改性的复合材料储能模量（E'）曲线（c、d、e）可以看出，随着改性 MSCA 分子量的增加，复合材料储能模量先减小后增大。其原因系在一定范围内，随着 MSCA 分子量增大，复合材料界面的聚苯乙烯段与聚甲基丙烯酸丁酯链段相容性下降，导

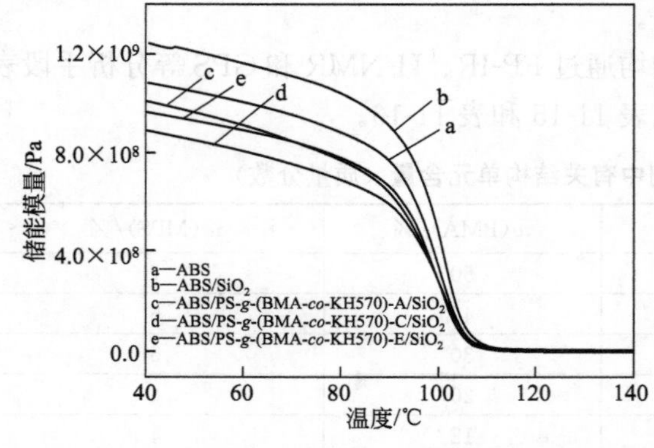

图 11-19　纯 ABC 和复合材料的储能模量曲线

致 ABS/SiO_2 复合材料的自由体积增大，复合材料的刚性下降，储能模量降低；当分子量增加到一定值时，复合材料的储能模量（曲线 e）反而有所升高，这是因为随着分子量的增加，聚合物中刚性的苯环含量在增加，且不同 MSCA 在相同用量时，随着分子量的增加，相对含量减少，增容效果下降，储能模量升高。

图 11-20 为纯 ABS 和复合材料的损耗因子（tanδ）随温度变化的曲线。纯 ABS（a）的 tanδ 曲线在 108.5°出现峰值，即玻璃化转变温度（T_g），表明 ABS 的分子链段开始运动。曲线 b 可以看出 SiO_2 加入到 ABS 中使其 T_g 下降了约 5℃，其原因在于一定量的 SiO_2 加入，使得复合材料的自由体积增大，导致其玻璃化转变温度降低。而添加了 MSCA 的复合材料，并没有出现这种弱化现象，这是因为随着大分子偶联剂的加入，无机粒子二氧化硅表面的聚合物分子链和 ABS 链之间产生了强烈的物理缠结，二者之间形成了较强的界面结合，阻碍了 ABS 链段的运动，提高了复合材料中 ABS 的 T_g。但接枝 MSCA 的分子量对复合材料 T_g 影响程度较小。

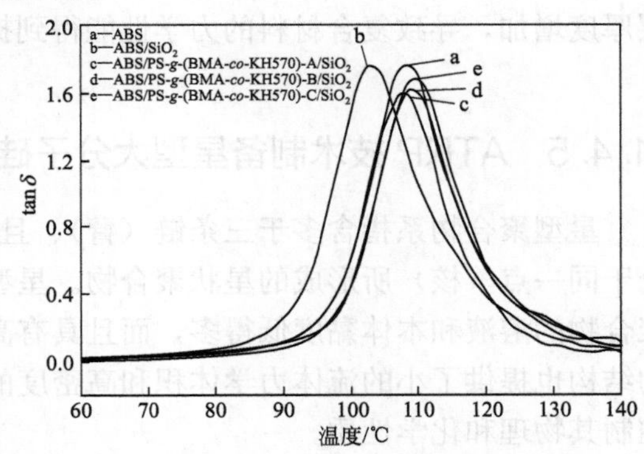

图 11-20 纯 ABC 和复合材料的损耗因子曲线

随后周仕龙、张洪文等[41] 又采用上述文献[42] 相同的合成原料和 ATRP 技术制备了五种化学结构相同仅主链 PS 分子量不同的 PS-*g*-(BMA-*co*-MPS) 有关溴代 PS 大分子引发剂，以及五种接枝 MSCA 均用 FT-TR、^{1}H NMR 和 GPC 等测试手段予以表征，有关五种接枝 MSCA 的 GPS 测试数据列于表 11-17。

表 11-17 五种接枝 MSCA 的 GPS 分析数据

样品	转化率/%	M_n(GPC)/$\times10^4$	M_n(theory)/$\times10^4$	PDI
PS-*g*-(BMA-*co*-MPS)-1	78.5	1.07	1.26	1.22
PS-*g*-(BMA-*co*-MPS)-2	75.1	1.99	2.57	1.22
PS-*g*-(BMA-*co*-MPS)-3	74.2	2.79	3.44	1.24
PS-*g*-(BMA-*co*-MPS)-4	72.5	4.02	4.75	1.27
PS-*g*-(BMA-*co*-MPS)-5	73.2	4.91	5.76	1.29

他们进而将五种接枝型 MSCA 用于制备 PS/SiO_2 复合材料，研究它们对聚苯乙烯（PS）基复合材料的力学性能影响，结果表明：随着接枝 MSCA 中 PS 的分子量不断增大，PS/PS-*g*-(BMA-*co*-MPS)-5/SiO_2 复合材料的拉伸强度、模量和冲击强度都在逐渐增大。PS/PS-*g*-(BMA-*co*-MPS)-5/SiO_2 复合材料冲击强度达到 3.92kJ/m^2，比纯 PS 和添加小分子偶联剂的复合材料分别提高了 198.25%和 85.28%；拉伸强度达到 58.65MPa，比纯 PS 和添加小分子偶联剂的复合材料分别提高了 62.42%和 28.35%；拉伸模量达到 3485.56MPa，比纯 PS 和添加小分子偶联剂的复合材料分别提高了 42.75%和 18.27%。

力学性能得到改善的原因系合成的五种接枝 MSCA 不仅含有更多能与二氧化硅表面基团起反应的烷氧基团，SiO_2 表面的有机大分子降低了二氧化硅的极性，使其能均匀地分散在非极性 PS 基体中，而且接枝 MSCA 有较长的分子链，与 PS 相容性好，它们能与聚苯乙烯基材分子链形成程度较高的相互扩散及缠结，从而使聚苯乙烯和二氧化硅之间的界面层厚度增加，导致复合材料的力学性能得到提高。

11.4.5 ATRP 技术制备星型大分子硅偶联剂

星型聚合物系指含多于三条链（臂）、且各条链无主、支链区分，它们都通过化学键合于同一点（核）所形成的星状聚合物。星型聚合物与分子量相同的线型聚合物比较，其聚合物的溶液和本体黏度低得多，而且具有高溶解度、低黏滞性和非晶化的特点，其紧密的结构也提供了小的流体力学体积和高密度的功能团分布，通过改变分支度还可以很好地控制其物理和化学性质。

星型聚合物可通过聚合控制技术合成，其合成方法主要有三种：①“先核”方法。利用多官能度的核为引发剂，引发其与乙烯基单体进行聚合反应，乙烯基单体成为星型聚合物的臂，该方法可通过 ATRP 技术实现。②“先臂”方法。可以用大分子引发剂或大分子单体作为臂，和双（或多）官能度的乙烯基交联反应，生成高密度的交联核。③嫁接方法。即合成的聚合物中反应基团之间的偶联等反应。

利用大分子硅偶联剂和星型聚合物双重特性和功能，以提高聚合物基复合材料的增强物料及聚合物基材的相容性，改善聚合物基复合材料的力学性能已得到人们的共识。2015 年张洪文等[43] 采用“先核”合成方法，首次报道了星型 MSCA 的合成及应用于聚苯乙烯（PS）复合材料改性，其合成方法通过两步进行：

（1）星型引发剂的合成

在干燥的三口烧瓶中加入 6.8g 季戊四醇、27.75mL 三乙胺和 25mL 的 1,2-二氯甲烷，搅拌均匀后，再量取 32.86mL 的 α-溴代异丁酰溴和 30mL 1,2 二氯甲烷至恒压滴液漏斗中缓慢滴加，室温避光反应 48h，洗涤、萃取、旋转蒸馏和重结晶得白色固体为星型引发剂（PT-Br）。

$$HOCH_2-\underset{CH_2OH}{\overset{CH_2OH}{\underset{|}{\overset{|}{C}}}}-CH_2OH + 4H_3C-\underset{CH_3}{\overset{Br}{\underset{|}{\overset{|}{C}}}}-\overset{O}{\overset{\|}{C}}-Br \longrightarrow C\!\left(CH_2O\overset{O}{\overset{\|}{C}}-\underset{CH_3}{\overset{CH_3}{\underset{|}{\overset{|}{C}}}}-Br\right)_4 \quad (PT-Br)$$

（2）星型 MSCA 的合成

干燥反应瓶中加入适量的氯化亚铜、2,2′-联吡啶及 PT-Br 引发剂，密闭后抽真空-充氮气循环 3 次，用注射器加入苯乙烯（St）、甲基丙烯酸丁酯（BMA）、γ-甲基丙烯酰氧丙基三甲氧基硅烷（MPS）及甲苯，80℃油浴中搅拌反应 8h，产品洗涤后 60℃真空干燥 24h。同样操作合成了五种不同分子量的无规星型 MSCA。其反应式及其合成试剂用量如表 11-18。

$$PT-Br \xrightarrow[ATRP]{St/BMA/MPS} 4AP-P(St-Co-BMA-Co-MPS)$$

表 11-18 星型大分子硅联剂合成所用原料

样品	V(St)/mL	V(BMA)/mL	V(MPS)/mL	m(CuCl)/g	m(2,2′-Bpy)/g	m(PT-Br)/g	V(甲苯)/mL
1#	10	3.5	0.35	0.0905	0.4264	0.1665	5
2#	10	3.5	0.35	0.0453	0.2132	0.0833	5
3#	10	3.5	0.35	0.0302	0.1421	0.0555	5
4#	10	3.5	0.35	0.0226	0.1066	0.0416	5
5#	10	3.5	0.35	0.0181	0.0853	0.0333	5

星型 MSCA 及其引发剂 PT-Br 的化学结构通过红外和核磁分析予以表征，星型 MSCA 的 GPC 分析有关数据参见表 11-19，表中可见星型 MSCA 的分子量多分散系数均较小，充分说明 ATRP 技术用于合成具有一定活性及其可控特性。

表 11-19 星型 MSCA 的凝胶色谱分析数据

样品	转化率/%	M_n(GPC)/$\times10^{-4}$	M_n(理论)/$\times10^{-4}$	PDI
1#	83.2	1.19	1.36	1.29
2#	81.3	2.03	2.38	1.3
3#	78.2	2.93	3.41	1.29
4#	76.4	4.01	4.33	1.28
5#	74.3	4.69	5.18	1.3

MSCA 分子量的测定值与理论值有一定的差距，其原因有二：①星型支化大分子线型的链段密度要比线型大分子更加紧密，在相同分子量下星型支化大分子较线型大分子具有更小的流体力学体积和更多的淋出体积，从而使测得的分子量低于其理论分子量；②聚合物中的偶联剂 MPS 单元可能与 GPC 的固定相有一定作用导致保留时间增长，使得实测分子量比理论分子量小。

他们还比较研究了纯 PS(A) 和不同 PSt 复合材料 PS/SiO_2(B) PS/SiO_2/MPS(C) 和 PS/SiO_2/MSCA(D) 对复合材料冲击强度的影响。表 11-19 星型 MSCA 的凝胶图谱分析数据表明星型 MSCA 用于复合材料改性优于 SCA，请参见图 11-21。

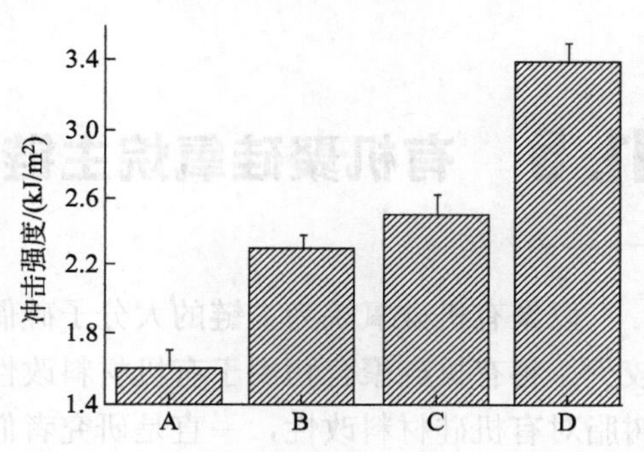

图 11-21 聚苯乙烯基复合材料冲击强度

图 11-21 给出几种 PS/SiO_2 复合材料的冲击强度。可见纯 PS（A）冲击强度为 1.62kJ/m^2，加入填料 SiO_2 后，样品（B）的冲击强度有所提高，其原因是 SiO_2 加入后，能够与 PS 发生物理缠结，使得 PS 韧性有所提高，冲击强度变大。经 MPS 处理后的复合材料（C）冲击性能进一步提高，则系 SCA 与 PSt 间产生相互作用，提高了有机相与无机相的相容性，但冲击强度提高幅度较小。用星型 MSCA 改性 PS/

SiO_2（D）复合材料时，聚苯乙烯和二氧化硅之间的界面面积较大，星型 MSCA 与 PS 间产生较强的分子链缠绕等，并且界面中柔韧的聚丙烯酸酯有利于应力分散，从而提高了复合材料的力学性能，冲击强度达到 $3.42kJ/m^2$，比未经星型 MSCA 处理过的复合材料提高了近 50%。此外，他们还研究了星型 MSCA 用于 PS/SiO_2 改性的复合材料动态力学性能，同样发现，星型 MSCA 能使复合材料玻璃化转变温度明显提高。

11.4.6 ATRP 技术用于无机物料表面接枝

11.4.4 介绍了有机聚合物链上引入适量的活性基团，将其用于作为 ATRP 合成技术的大分子引发剂，SiO_2 等无机物料表面也可引入可作为 ATRP 合成技术有关的活性基团，在 ATRP 催化体系存在下，加入一种聚合物单体，加热引发聚合后，在无机物表面可形成包覆的均聚物，如果加入两种以上的单体，则可形成无规的共聚物或嵌段共聚物，即可达到无机物表面有机化或功能化的目的，将其用于聚合物基复合材料改性。

1997 年 Huang[44] 等借助于一种新型的硅烷偶联剂 2-(邻/对-氯甲苯基）乙基三氯硅烷与硅材料反应获得用于 ATRP 固载化引发剂，她以 CuCl/bpy 催化丙烯酰胺的活性接枝聚合，得到了一种可以分离生物质的功能聚合物，其制备过程如下反应式所示：

$$SiO_2\text{—OH} + Cl_3SiCH_2CH_2\text{—}C_6H_4\text{—}CH_2Cl \longrightarrow SiO_2\text{—O—Si(O—)(O—)—}CH_2CH_2\text{—}C_6H_4\text{—}CH_2Cl$$

$$\xrightarrow[\text{CuCl/bpy ATRP}]{n\,CH_2=CHCONH_2} SiO_2\text{—O—O—Si(O—)(O—)—}CH_2CH_2\text{—}C_6H_4\text{—}CH_2\text{—}(CH_2\text{—}CH(C{=}ONH_2))_n\text{—}$$

该工作是国内外首次采用 ATRP 技术将聚合物接枝于无机硅材料领域，这是利用 ATRP 技术将大分子硅偶联剂的合成和应用有机结合于一体的工作。进入 21 世纪这方面工作已有很多用于无机物料表面有机化和功能化改性[45,46]。

11.5 有机聚硅氧烷主链型大分子硅偶联剂

以聚有机硅氧烷为主链的大分子硅偶联剂应用于复合材料改性虽有研究，但文献报道较少。将有机硅聚合物用于有机材料改性，或有机硅聚合物用于有机硅材料改性及有机硅树脂对有机硅材料改性，一直是研究者们青睐的研发方向。涉及有机硅改性复合材料和有机硅材料的发展，国内武汉大学、山东大学等院校师生已将注意力集中于这方面的研发工作，可以预期在不久将来有机硅大分子硅偶联剂可作为一类新型有机硅材料或助剂投入市场，以促进我国有机硅聚合物材料发展。迄今研究表明聚有机硅氧烷为主链的大分子硅偶联剂（MSCA）通常采用直接（一步）或间接（两步或多步）合成方法制备。

① 直接合成　系以硅烷偶联剂（SCA）作为单体将其与有机硅甲基单体或低聚物为合成原料，选用适合的反应条件，通过水解缩聚、异官能团缩聚（杂缩聚）或开环聚合等常规的有机硅聚合物合成方法，以获得预期的有机硅 MSCA。该方法原料易得，生产成本不高，适宜于产业化开发，但合成过程防止硅官能团的水解交联是应该注意的。

② 间接合成法　需首先合成具反应活性的有机聚硅氧烷作为中间体，然后再以该中间体为合成原料，通过聚硅氧烷链上的碳官能团（如乙烯基等）或硅氢链节与具烷氧基的有机硅化合物或低聚物进行反应，以制备有机硅 MSCA，在聚硅氧烷链上既含碳官能团，也有不少硅官能团。例如梅红刚硕士论文[47] 称以 D_4 和乙烯基 D_4 为合成原料，硅醇盐为催化剂进行开环聚合制备了中间体；然后以己烷为溶剂，加入适量的三乙氧基硅烷［HSi（OEt）$_3$］，在 Karstedt 催化剂作用进行可控硅氢加成反应，制备了三种聚硅氧烷为主链的 MSCA。其反应式如下：

$$\left.\begin{array}{l} D_4 \\ D_4^{Vi} \\ \text{乙烯基封头剂} \end{array}\right\} \xrightarrow[100^\circ C]{Me_4NOH\text{硅醇盐}} CH_2{=}CH{-}SiO{-}(SiO)_m{-}(SiO)_n{-}SiO{-}CH{=}CH_2$$

$$\xrightarrow[\text{己烷，}70^\circ C\text{搅拌}8h]{+HSi(OEt)_3,\ Karstedt\text{催化剂}} {-}Si{-}O{-}(SiO{-}O)_m{-}(Si{-}O)_a{-}Si{-}O)_b{-}Si{-}$$

所合成的三种聚硅氧烷 MSCA 其化学结构通过红外、核磁、凝胶色谱等分析手段测试表征。此外，还以甲基二烯丙基硅烷 $\left[\left(H{-}\overset{Me}{\overset{|}{Si}}CH_2{-}CH{=}CH_2\right)_2\right]$ 为合成原料，通过氢化反应合成端烯丙基的树枝型、硅碳链的有机硅聚合物，然后再以合成的树枝型聚合物和三乙氧基硅烷［$HSi(OEt)_3$］为合成原料，通过可控的硅氢化反应得到树枝型 MSCA，将其硅橡胶改性得到很好的效果。

张运生报道称[48] 他们以含氢硅油和乙烯基三甲氧基硅烷为合成原料，氯铂酸、异丙醇溶液为催化剂，正己烷为溶剂，回流温度下，反应 12h，得到了质量分数为 32.2%聚硅氧烷 MSCA 溶液，将其用于物理发泡硅橡胶。在硅橡胶中加入 200 份硝酸钾、30 份气相白炭黑、0.6 份制备的 MSCA、4 份羟基硅油，制得拉伸强度为 0.9MPa、开孔率 39.7%的发泡硅橡胶。

桂君[49] 研究了含氢硅油与乙烯基三乙氧基硅烷的接枝反应，制备了聚硅氧烷 MSCA，将其用于纳米 Si_3N_4 粉体修饰，MSCA 对纳米 Si_3N_4 表面改性后，其粉体在二甲苯中悬浮稳定，粒径分布在 30mm 左右，纳米颗粒表面自由能由 79.8J/m^2 下降到 39.4J/m^2。

章永化等专利[50] 称他们以有机硅环体和四氯化硅为合成原料开环、聚合制备了 α，ω-多氯封端的聚硅氧烷，然后醇解，得到了聚合度可控的多烷氧基封端的线型聚硅氧烷，这种聚合物可用于各种无机或有机材料表面处理改性，史博、陈丽娟、谢华娟[51] 报道以乙烯基硅油为合成原料通过硅氢化反应合成了聚硅氧主链上既含有乙烯基碳官能团、又有烷氧基硅官能团的MSCA。

11.6 其他技术制备大分子硅偶联剂

为了对惰性的烯烃聚合物进行改性，早在20世纪除研究极性单体或功能单体与烯烃共聚外，研究者们还采用物理-化学、力学-化学等手段，将小分子硅烷偶联剂［CH_2=CHSi(OR)$_3$］或具极性的有机化合物（马来酸酐等）接枝于烯烃聚合物链中，以改善惰性聚合物极性及其与有机聚合物或无机物料复合的相容性，这类技术迄今已成为拓展聚烯烃、橡胶等有机材料应用领域的重要手段，这种接枝技术人们称之为后功能化接枝技术，主要涉及应用最广泛的熔融接枝技术；此外还有辐射接枝和等离子体接枝技术等。

熔融接枝技术是将烯烃聚合物、硅烷偶联剂（或马来酸酐等）功能单体或极性化合物为反应物，再加入为完成反应的引发剂或催化剂、抗氧剂等助剂，在一定反应条件下，通过单螺杆或双螺杆挤出设备进行连续挤出，过程中使之完成预定的化学反应，以得到相应SCA改性的聚合物（MSCA）。这种接枝技术是高效的，适应于工业 化生产要求。田雅娟等[52] 研究了乙烯基硅烷接枝聚丙烯对聚丙烯/黄麻纤维复合材料性能的影响。他们将干燥的PP、BPO和乙烯基硅烷（VS）按一定比例混合均匀后，于双螺杆挤出机中熔融挤出，制备了乙烯基硅烷接枝的聚丙烯（PP-*g*-VS）；然后将PP-*g*-VS作为有机聚合物基材与黄麻纤维（F）混合，经双螺杆挤出机再次熔融挤出，得到了PP-*g*-VS/F复合材料。利用红外光谱仪对接枝物进行了表征。对复合材料的力学性能、吸水性和耐热性进行了测试，最后采用扫描电子显微镜（SEM）对复合材料的拉伸断面进行了观察。研究发现：VS成功地接枝到了PP上；经改性后的复合材料PP-*g*-VS/F的力学性能参见表11-20。复合材料耐水性和耐热性也都得到提高，改性后的PP-*g*-VS与黄麻纤维之间的界面相容性得到了明显改善。

表11-20 PP/F和PP-*g*-VS/F的力学性能

材料	拉伸强度/MPa	断裂伸长率/%	缺口冲击强度/(J/m)
PP	29	67	27
PP/F	30	6.3	16
PP-*g*-VS/F	40	8.5	23

从表11-20可见：PP-*g*-VS/F的拉伸强度和冲击强度都有所提高。拉伸强度从未改性的30MPa提高到40MPa，冲击强度从未改性的16J/m提高到23J/m，分别增加了33.3%和43.8%。

采用辐射技术制备大分子硅偶联剂，田雅娟等[53]也有研究：其工作是在紫外光辐射下，将乙烯基硅烷偶联剂（VS）接枝至聚丙烯上，他们也得到 PP-g-VSCA 大分子硅偶联剂，其接枝率达到 2.3%。将 PP-g-VS 大分子硅偶联剂用于聚丙烯/黄麻纤维复合材料改性，其力学性能和吸水性均得到改善。例如加有质量分数为 6% 的 PP-g-VS 时，复合材料拉伸强度从 29.3MPa 提高到 42.5MPa，提高了 45.1%。

参考文献

[1] 王正东，张雪莉，胡黎明. 化学世界，1996，2：19-63.

[2] 张钰，张军平，李垚，等. 玻璃钢/复合材料，2012，6：86-88.

[3] 王少会，周正发，徐卫兵. 高分子材料科学与工程，2008，24 (8)：44-47.

[4] 王少会，李宏武，溶静懿，等. 矿物学报，2009，29 (1)：119-123.

[5] 张邦华，古巨明，周庆业，等. 中国塑料，1995，9 (2)：26-13.

[6] 徐伟平，黄锐，蔡碧华，等. 中国塑料，1999，13 (9)：25-29.

[7] Wang Jin Shan，Matyjiaszewski K. J Am Chem Soc，1995，117：5641.

[8] Wang J S，Matyjaszewskik K. Macromolecules，1995，28 (2) 3：7901-7110.

[9] M Kato，M Sawamoto. Macromolecules，1995，28：1721.

[10] 祝保林，王君龙. 热固性树脂，2008，23 (5)：34-39.

[11] 祝保林，王君龙. 应用化工，2008，37 (4)：387-395.

[12] 祝保林，王君龙. 应用化工，2008，37 (10)：1139-1142.

[13] 张文根，张学英，祝保林，等. 中国胶粘剂，2009，18 (4)：9-12.

[14] 张洪文，张扬，张福婷，等. 化工新材料，2016，44 (1)：62-64.

[15] 刘兵，赵若飞，胡春圃. 功能高分子学报，2001，14 (3)：257-261.

[16] 张宏军，周晓东，戴干策. 玻璃钢复合材料，2005，3：30-33.

[17] Xiaodong Zhou，Ruohua Xiong，Qunfang Lin. J Mater Sci，2006，41：7879-7885.

[18] 高燕，董擎之，等. 华东理工大学 学报（自然科学版），2006，10：1201-1205.

[19] Shanhua Zhou，Yan Gao，Qingzhi Dong. J App Poly Sci 2007，104：1661-1670.

[20] 王勇，仲含芳，韦平，等. 中国塑料 2004，18 (1)：67-70.

[21] 李明华，章于川，夏茹，等. 精细化工，2007，24 (12)：1227-1237.

[22] 张洪文，张扬，姜彦，等. 2017，CN103992437B.

[23] 王寅，蒋旭，陈强，等. 材料导报 B 研究篇，2011，25 (9)：92-95.

[24] 罗丹，沈志刚，陈强，等. 化工新型材料，2014，42 (4)：201-206.

[25] 王政芳，刘伟区，罗广建，等. 广州城市职业学院学报，2016，10 (3)：53-57.

[26] Matyjaszewski K，Coca S，Gaynor G etat. Macromolecules，1997，30 (23)：7348-7350.

[27] Xu Q，Zhu Y F，Yuan Z rtat. Chinese Cheical Letters，2015，26 (6)：773-778.

[28] 鲍艳，姚小剑，马建中. 高分子通报，2012，8：64-73

[29] Wang J S，Matyjaszewski K. Macromolecules 1995，28 (22)：7572-7573.

[30] 李丽，曹亚峰，梁凌熏. 化工进展，2009，28 (2)：283-287.

[31] Min K，Gao H，Ma. J Am Chem Soc，2005，127 (11)：3825-3830.

[32] Li M，Min K，Ma. Macromolecules，2004，37 (6)：2016-2112.

[33] Braunecker W A M. Prolym Sci，2007，32 (1)：93-146.

[34] Jakubowski W，Min K. Macromolecules，2006，39 (1)：39-45.

[35] Pietrasik J, Dong H C, M . Macromolecules, 2006, 39 (19): 6384-6390.
[36] Jakubowski W, Matyjaszewski K. Angew Chem Int Edit, 2006, 45 (27): 4482-4486.
[37] 孙婷婷，任强，李坚. 高分子材料科学与工程，2013，29（6）：5-9.
[38] 何腾飞，丁永红，李夏倩. 高分子材料科学与工程，2016，32（10）：49-55.
[39] Xiaosong Wang, Ning Luo, Shengkang Ying. China Synthetic Rubber Industry Communicolions, 1997, 20 (2): 117.
[40] 张洪文，王静媛，等. 高等学校化学学报，2004，25（12）：2381-2383.
[41] 张洪文，张扬，姜彦，等. 高校化学工程学报，2016，30（2）：459-465.
[42] 周仕龙，张洪文，周健，等. 高校化学工程学报，2015，31（1）：222-228.
[43] 张洪文，周仕龙，常舰，等. 高分子材料科学与工程，2015，31（5）：14-18.
[44] Xueying Huang and May J, wirth . Anal Chem, 1997, 69: 4577-4580.
[45] 陈凯玲，赵蕴慧，袁晓燕. 化学进展，2009，25（1）：95-104.
[46] 刘春华，范保林，刘榛. 高分子通报，2009，4：64-70.
[47] 梅红刚. 山东大学化学与化工学院硕士论文，2016，P13-36.
[48] 张运生，章永化，何淳淳，等. 有机硅材料，2008，22（5）：268-272.
[49] 桂君，钱家盛，魏强，等. 安徽大学学报（自然科学版），2011，35（1）：79-84.
[50] 章永化，黄华鹏，张运生，等. 2008，CN101298498A.
[51] 史博，陈丽娟，谢华娟. 广东化工，2012，7：33-34.
[52] 田雅娟，石光，王云，等. 塑料工业，2015，43（2）：35-37.
[53] 田雅娟，杨雨，焦根. 沈阳化工大学学报，2016，30（1）：44-49.

第12章 有机硅偶联剂在有机聚合物基复合材料中的应用原理

复合材料是由两种或两种以上化学性质和物理相不同的物质，通过微观或宏观复合工艺制备而成的多组分、多相结构的新型材料。它既能保留原组分材料的主要特色，还通过复合效应获得原组分所不具备的新的综合性能，这就是复合材料与一般不同性质物质简单混合的本质区别。符合上述特色的复合材料有多种多样，但分类方法至今也无定论，但人们通常喜欢按基体命名或增强体来分类命名：按基体分类主要有金属基复合材料（MMC）、陶瓷基复合材料（CMC）、有机聚合物基复合材料（PMC）、水泥基复合材料、碳基（包括石墨基）复合材料和玻璃陶瓷基复合材料等；如果按增强体分类则有纤维（如玻璃纤维或碳纤维）增强复合材料、改性粒子（无机粉体）复合材料和聚合物（如树脂）增强复合材料等。有机硅偶联剂用于复合材料中作为一重要组分迄今涉及塑料、橡胶、涂料、胶黏剂、密封胶和聚合物合金等有机聚合物复合物。为什么要用有机硅偶联剂这类助剂，如何用好它，应该是合成和使用者关注的。

12.1 有机聚合物基复合材料及其界面

12.1.1 有机聚合物基复合材料

有机聚合物基复合材料是以有机高分子化合物为基体，通过与纤维（碳纤维、玻璃纤维）、无机粒子（粉体）或有机聚合物等复合而制成具有显著增强性能的材料。这种材料尤以树脂为基体的复合材料研究最多，应用最广，发展最快。因此，通常提到聚合物基复合材料人们就认为是树脂基复合材料。树脂与玻璃纤维及其织物等增强组分的复合物是一种结构材料，因其高强度和高模量而称之为玻璃钢。广义的有机聚合物复合材料则包括各种有机高分子化合物与无机粒状（粉体）、片状、纤维状或纳米粉体等增强或增容复合物；迄今有机聚合物与无机物料复合的材料已不仅是玻璃纤维增强的结构材料，还有具不同特性的有机-无机功能材料或通用材料。由于构成材料的有机和无机两类物质的化学性质和物理相的显著差异，不仅影响材料复合的工艺过程，还严重影响其应用性能，以及使用者最关心的性价比。有机硅偶联剂的加入不仅可以解决有机和无机两种物料性质的差异带来的不良影响，在保证性能不受影响的前提下，增加填料使用量还可以降低成本。因此有机硅偶联剂在这类材料中得到广泛应用和飞速发展[1~3]。

树脂基复合材料根据有机聚合物不同又可分为热固性树脂基复合材料、热塑性树脂基复合材料和先进树脂基复合材料。前者的基体树脂有不饱和聚酯、环氧树脂、双马亚胺树脂等，它们在固化剂与温度的作用下成为不溶不熔的体型高聚物，这类材料使用温度较高，耐化学品性也较好，但加工周期长，性脆。热塑性树脂基体有聚酰胺、聚烯烃、聚苯硫醚等线型、支链型分子结构的高聚物，其特点是加工周期短，韧性好，可回收再生，通常加工温度较高，耐化学品性也稍差。先进（特种）树脂基复合材料则包括以硅树脂、氟树脂、聚酰亚胺、聚醚醚酮、聚苯杂环等为聚合物基的聚合物，或陶瓷插层粉体和纳米粒子等为增强体的复合物。此外，橡胶制品其组成包括有机弹性体和炭黑或 SiO_2 等无机增强体的复合物，也是另一类聚合物基复合材料，但是人们通常不将它们归于上述复合材料类，不过硅烷偶联剂在橡胶制品中使用方法和所起的作用与其在上述有机聚合物复合材料中应用是一致的，本书不作另外有关原理的阐述。

聚合物基复合材料最明显的特征是性能可设计性。影响复合材料性能的因素很多，主要根据应用场合的不同要求，合理设计组分、组成比例和成型工艺等。有机聚合物复合材料的另一特点是加工性能好，可以采用手糊、模压、缠绕、注射成型和拉挤成型等 20 多种方法制成各种形状的产品或商品。此外，由于这类材料是将聚合物的韧性、优良的加工性能和无机物的强度、模量、耐热性及尺寸稳定性等有机结合，有机聚合物复合材料在以下方面具有显著优势：①综合性能好，如高比强度、高比模量、低密度、良好的韧性和尺寸稳定性等；②能提高聚合物基体的耐温性，拓宽材料使用范围；③赋予材料阻隔、阻燃等功能；④可设计剪裁，整体性强。

12.1.2 有机聚合物基复合材料界面及有关性质

12.1.2.1 复合材料界面

增强体与基体复合所构成的复合材料，其接触面为界面，它是具有纳米以上尺寸厚度、并与基体相或增强体相在结构上有明显差别的新相，被称为界面相（interphase）或界面层（interfacial layer）。界面相的产生可能是增强体与基体接触时，在一定条件下发生化学反应，也可能它们之间相互扩散、溶解而产生新相；即使不发生上述相互作用，也可能是增强体与基体的其他相互作用力，比如基体固化或凝固产生内应力，或两相结构间的诱导效应使接近增强体的基体部分结构发生不同于基体结构的差异而形成界面相。此外，预先涂在增强体表面上的各种涂层或增强体经表面处理后产生的结构变化层也可视为界面相。

复合材料界面相的结构对整体性能的影响很大：结构型复合材料要通过界面来传递应力，界面层若存在残余应力会影响复合材料的力学性能；环境作用下的材料腐蚀、老化、破坏也往往是通过界面层开始；功能复合材料则需要通过界面来协调功能效应，如果没有与材料相适应的界面，则功能不能充分发挥等。因此，在聚合物基复合材料设计和制备中加入有机硅偶联剂的目的就在于防止界面出现残余应力等不良弊端影响复合材料性能。

12.1.2.2 界面相容性

增强体等无机物料和聚合物基体构成复合材料界面时，两者之间产生物理和化学的相容性如浸润性、反应性和互容性等。界面浸润性可以用润湿理论来描述，即用润湿角 θ 来判断，一般以 $\theta<90°$ 为润湿，$\theta>90°$ 为不润湿，$\theta=0°$ 或 180°表示完全或完全不润湿。润湿角由体系中固相（增强体或填料等）和液相（未固化的聚合物基及其熔融体）的表面张力以及固液间的界面张力决定。界面反应性受反应的热力学和动力学所控制，热力学决定反应的可能性，即界面反应生成自由能 ΔG_r 的符号与大小，如果 ΔG_r 为负值且较大则容易发生反应。动力学决定反应的条件和速度，即表观反应激活能低利于反应的进行。界面的互溶性取决于在一定的条件下基体与增强体两相的混合自由能 ΔG_m 的大小。界面相容性中浸润性对任何复合材料而言都是首要的条件。对结构型复合材料而言可以增加力学强度，对普通的塑料橡胶而言可以多加填料（增容），降低生产成本，改善工艺性能。

12.1.2.3 界面残余应力

聚合物基复合材料成型后，由于有机聚合物基体的固化或凝固通常发生体积收缩，无机增强体则体积相对稳定，因此在复合材料界面很容易产生内应力；无机增强体和有机聚合物基体因组成和结构的不同，它们之间必然存在热膨胀系数的差异，从而在不同环境温度下界面会产生热应力；上述两种应力的加和为复合材料界面残余应力。前一种情况下，如果基体发生收缩则复合材料基体受拉应力，增强体受压应力，界面受剪切应力。后一种情况，通常是有机聚合物基体热膨胀系数大于增强体，在成型温度较高的情况下复合材料的基体也受拉应力，增强体受压应力，界面受剪应力；但随着使用温度的增高，热应力向反方向变化。界面残余应力可以通过对复合材料进行热处理，使界面松弛而降低，但受界面结合强度的控制，在界面结合很强的情况下效果不明显。界面存在残余应力对复合材料力学性能有影响，其利弊与加载方向和复合材料残余应力的状态有关，已经发现由于聚合物基复合材料界面存在残余应力使之拉伸与压缩性能有明显影响。采用合适的方法将硅烷偶联剂用于聚合物基复合材料可以降低界面残余应力。

12.1.2.4 界面脱胶

界面脱胶是纤维层压聚合物基复合材料的一种失效模式。界面脱胶系指聚合物基复合材料在力作用下出现界面的破坏，最后导致复合材料复合失效。产生界面脱胶的主要原因是无机纤维和聚合物基体之间的结合强度太低，在外力作用下界面会先于基体与无机纤维本身的破坏，然后载荷再传递到单根纤维上，引起纤维断裂，这时可以观察到断裂端面上有拔出的单根纤维和留下的空洞。拔出的纤维表面光滑，说明是真正的界面破坏。影响界面的因素很多，包括组分材料的性能及其相互间的匹配、纤维表面的处理情况、成型工艺质量以及环境因素诸如湿度、温度、灰尘及其他污染的作用等。采用有机硅偶联剂处理玻璃纤维增强剂可以防止界面脱胶。

12.2 有机硅偶联剂用于有机聚合物基复合材料的理论基础

不同有机聚合物之间，有机聚合物与非金属或金属，金属与金属以及金属与非金属等之间的胶接都存在聚合物基料与不同材料之间界面粘接问题。粘接是不同材料界面间接触后相互作用的结果[3,4]。因此，界面层的作用是胶黏科学中研究的基本问题，诸如被粘物与黏料的界面张力、表面自由能、官能基团性质、界面间反应等都影响胶接。胶接是综合性能强、影响因素复杂的一类技术，而现有的胶接理论都是从某一方面出发来阐述其原理，所以至今全面唯一的理论是没有的。鉴于在研究开发以玻璃纤维为增强体的树脂基复合材料过程中，发现极少量的有机硅偶联剂于两相界面上，其材料性能有较大提高。为了阐明有机硅偶联剂的作用机理，研究者借鉴胶黏剂的粘接机理，对有机硅偶联剂在有机/无机复合材料中的作用予以解释。

基于有机硅偶联剂的化学结构和它们的化学性质（1.4节），根据材料粘接理论，以及聚合物基复合材料界面特点，研究者对有机硅偶联剂在有机聚合物复合材料中的作用，提出了界面化学键合、表面吸附和润湿、界面区间聚合物形态变化等多种不同理论解释，其原因在于任何一种解释都有说不明白的实验结果，只能从另一种理论予以解释。本章分别介绍三种常用于指导实践的理论来阐述有机硅偶联剂在复合材料中的作用。

12.2.1 化学键合理论

研究者用有机硅化合物处理的玻璃纤维作为聚合物基复合材料过程中，发现其通式为 $QRSiX_3$ 类型的有机硅化合物的效果最好。该化合物中的 Q 是能与聚合物中的官能团反应的有机基团（碳官能团），X 为烷氧基或卤素等易水解、又可与玻璃表面羟基缩合成键的硅官能团，例如 $CH_2=CHSiCl_3$。当玻璃纤维布分别用乙基三氯硅烷（$CH_3CH_2SiCl_3$）或乙烯基三氯硅烷（$CH_2=CH—SiCl_3$）处理后，将这两种玻璃纤维布与仅经过热浸渍处理后的玻璃布分别制成不饱和聚酯层压板，然后在干燥环境下测这三种层压板弯曲强度（MPa），它们分别为 238MPa、496MPa 和 386MPa，再将三种层压板于沸水中煮沸 2h 后，测其弯曲强度（MPa），它们则分别下降为 179MPa、406MPa 和 240MPa。三者结果比较可以看出仅乙烯基三氯硅烷处理的玻璃纤维布制造的层压板干、湿弯曲强度最高。基于较多的文献报道结果，研究者提出了化学键合理论。理论认为具乙烯基的硅烷化合物（$CH_2=CHSiX_3$）中，同时存在硅官能团 X 和具反应能力的碳官能团（乙烯基），X 能与玻璃、金属、硅酸盐等表面上羟基发生化学反应形成化学键，而乙烯基可与不饱和树脂发生化学反应达到化学键合目的，从而使这样两种性质差别很大的材料通过化学键“偶联”起来，获得良好的干、湿强度。

又如硅烷 WD-50(3-氨丙基三乙氧基硅烷）处理玻璃布，将其制备成环氧树脂的复合材料，其力学性能也十分优良，也是与发生了起偶联作用的化学键合有关，现将它们之间所起的化学反应简单地描述如下：

① $H_2NCH_2CH_2CH_2Si(OCH_2CH_3)_3 + 3H_2O \longrightarrow H_2N(CH_2)_3Si(OH)_3 + 3CH_2CH_2OH$

② $H_2N(CH_2)_3Si(OH)_3 + H_2O \cdot Si(OH)_2$—玻璃布 $\xrightarrow{H_2O}$ $H_2N(CH_2)_3Si(O-)_3$—玻璃布

③ 玻璃布—$(O)_3Si(CH_2)_3NH_2$ + $\underset{\diagdown O \diagup}{CH_2—CH}$〰〰(环氧树脂) ⟶

玻璃布—$(O)_3Si(CH_2)_3NH—CH_2—\underset{OH}{\underset{|}{CH}}$〰〰(环氧树脂)

从上述三步反应可以看到硅烷偶联剂 WD-50 如何把环氧树脂与玻璃布以共价键联结起来，从而使环氧树脂玻璃钢获得很牢固的界面层。化学键合理论解释已被傅里叶转换红外光谱研究所证实。Ishida 和 Koenig 曾研究有机硅醇与 E-玻璃纤维的反应，其结论是贴近玻璃表面的偶联剂分子是高度取向的，玻璃表面使硅醇的缩合程度提高。他们还发现，在处理液干燥过程中，偶联剂与玻璃之间发生了交联缩合反应[5]。

化学键理论一直比较广泛地被用于解释偶联剂的作用，该理论特别对如何选择硅烷偶联剂有一定指导意义，如环氧树脂玻璃钢一般选用含胺基、酚基或环氧基的硅烷偶联剂。但应注意的是化学键的形成必须满足一定的量子化条件，所以不可能做到胶黏剂与被黏物之间的接触点都形成化学键，通常单位黏附界面上化学键数要比分子间作用的数目少得多。因此有机树脂对无机物增强体的黏附或偶联作用除化学键合外，还来自分子间的作用力，这在研究硅烷偶联剂在复合材料中的作用是不可忽视的。实践也已证明某些有机硅烷化合物用于惰性的热塑性塑料（如聚丙烯）中，它不会和这种惰性的聚合物发生任何化学反应，却是增强效果十分有效的偶联剂，利用惰性的有机硅烷化合物改性的增黏树脂是热塑性弹性体的有效黏合增效剂，尽管这些有机硅烷化合物和树脂或弹性体之间不会发生任何化学反应。不能发生化学键合的有机化合物的增黏作用是不能用形成化学键来解释的，因此以表面能为基础的吸附理论解释就成了很自然的事。

12.2.2 物理吸附理论

吸附理论认为胶黏树脂对胶黏底物的粘接力主要来源于胶接界面分子间作用力，即范德华引力和氢键力。如果要使界面分子间作用力发挥作用，研究表明只有当胶黏树脂与被粘底物分子间的距离在 5～10Å(1Å＝10^{-10} m) 时，界面分子之间才产生相互作用的吸引力，使分子间的距离进一步缩短到处于最稳定状态。根据计算，当两个理想的平面相距为 10Å 时，它们之间的引力强度可达 10～1000MPa；当距离为 3～4Å 时，可达 100～1000MPa。因此，研究者认为胶黏材料对底物粘接界面润湿达到理想状态的情况下，仅色散力的作用，就足以产生很高的胶接强度。然而，实际胶接强度与理论计算相差很大，这是因为固体的力学强度是一种力学性质，而不是分子性质，其大小取决于材料的每一个局部性质，而不等同于分子作用力的总和。计算值是假定两个理想平面紧密接触，并保证界面层上各对分子间的作用同时遭到破坏的结果。实际上，缺陷的存在，不可能有理想的平面。此外，粘接存在应力集中，也不可能使这两个平面均匀受力。遭到破坏时，也就不可能保证各对分子之间的作用力同时发生。

为了使胶黏剂能在胶黏底物的表面完全浸润，除了所用胶黏剂必须具有低的黏度外，其表面张力要比无机物的临界表面张力 γ_c 低。无机物固体表面有高的 γ_c，在潮湿的空气中无机物表面都覆盖有一层水膜。因此，在潮湿的环境中，非极性的胶黏剂与极性被粘物的潮湿表面接触时，会出现胶黏剂的浸润和铺展不佳的现象。选用与水可以反应的有机硅偶联剂既可能除去表面水分，还可能通过表面化学反应在无机物表面形成有利树脂粘接的均匀润湿的一层有机膜，可以改变固体表面临界表面张力 γ_c。

基于上述原因，研究者认为有机硅偶联剂是一种改善无机/有机两种性质差异大的润湿性、增进两种不同性质材料相互润湿和吸附、充分发挥分子间相互作用力的一种助剂。

该理论可以解释化学键合理论无法说明的事实，即某些不能与树脂反应的硅烷偶联剂，对一些树脂具有良好的偶联作用，而对另一些树脂却毫无效果。例如 $(MeO)_3SiC_3H_6Cl$(WD-31)不能和环氧树脂反应，但对环氧玻璃钢却有很好的偶联效果。其原因是 $(MeO)_3SiC_3H_6Cl$ 在玻璃布上形成膜后的临界表面张力（42.5mN/m）大于环氧树脂 γ_c（38～40mN/m)，故经 $(MeO)_3SiC_3H_6Cl$ 处理的玻璃布，易为环氧树脂所润湿。但同样处理过的玻璃布对聚酯及酚醛树脂却不显示偶联效果。有机硅偶联剂参与树脂化学反应是最基本的，若同时能提高表面张力及润湿能力则效果更佳。故反应能力高而润湿能力低的有机硅偶联剂，其偶联效果往往优于反应能力低而润湿能力高的产品。

12.2.3 界面形成可变形层或约束层

玻璃纤维或无机粉体经有机硅偶联剂处理后，用于塑料、橡胶、涂料或胶黏剂等高分子聚合物中，它会引起其周围的聚合物的形态发生某种变化，从而改善两种性能完全不同的材料的粘接效果。

① 可变形理论认为：树脂复合材料中，有机树脂固化、冷却时会产生收缩，而作为增强或填料的无机材料，其膨胀系数远小于树脂，树脂和无机物之间热收缩率的不同就会产生界面应力。当有机硅偶联剂存在于界面区域时，由于有机硅偶联剂的交联，容易与树脂形成互穿聚合物网络，导致树脂形成一个比有机硅烷化合物分子厚得多的互穿网络的挠性树脂层，这界面层可以消除界面残余应力。

② 约束层理论认为：在无机填料区域内的树脂应具有某种介于无机填料和基质树脂之间的模量。有机硅偶联剂的功能在于将聚合物结构“紧束”在相间区域中。从增强后的复合材料性能来看，如果要获得最大的粘接力和耐水解的性能，需要在界面处有这样一个约束层。玻璃、SiO_2 和一些无机填料表面有抑制聚酯和环氧树脂固化的副作用，如果用有机硅偶联剂对这些无机物料进行表面改性，就能克服填料表面对树脂固化的阻抑作用，说明该偶联剂对约束无机填料表面阻碍树脂固化起了作用。又如由刚性树脂制备复合材料，有机硅改性剂在无机增强剂表面形成交联的有机硅氧烷膜，再与树脂复合；或在无机

基材上涂覆含有机硅偶联剂底胶，形成弹性中间层；如此，由刚性基质树脂制成具约束层（中间层）的复合材料就有一定韧性、具良好粘接性和防水性。

12.3 有机聚合物基复合材料中的无机物料及其表面性质

12.3.1 有机聚合物基复合材料中无机物料的表面性质

以有机和无机两种不同性质的物质为原料，采用复合工艺制备的结构材料、功能材料、增强橡胶制品、通用塑料制品、涂料、胶黏剂和密封胶等精细化学品，它们性能的好坏除取决于有机聚合物基体和所用无机物料两者的组成、结构及其性质和形态外，还依赖于它们复合后界面层的结构及其性质[6,7]。因此了解增强剂和填料等无机物的比表面积、表面自由能、电性、吸附性、润湿性、化学反应性等表面性质对制备有机聚合物复合材料十分重要。

（1）比表面积

比表面积是增强体或填料等无机物的重要表面性质，它还是无机物表面改性时计算改性剂用量的主要依据，比表面积越大，达到相同包覆率所需的改性剂的用量就越多。无机粉体颗粒状增强剂或填料等的比表面积与其形状、粒度分布和孔隙等有关。当粉体颗粒在无孔隙的情况下，设 S_W 为粉体物料的比表面积，则有如下关系：

$$S_W = k/(\rho d)$$

式中，ρ 为粉体物料的密度；d 为粉体物料的平均粒径；k 为颗粒的形状系数。对于球形粒子 $k=6$，其他几何形状比较简单的颗粒的形状系数列于表 12-1。

表 12-1 颗粒的形状系数

颗粒形状	正圆锥体	四面体	正八面体	薄片状(滑石等)	极薄片状(石墨、云母等)
k	9.71	9.96	8.49	16.67～17.5	55.67～160

（2）表面自由能（表面能）

无机增强体或填料等表面能不仅与其化学组成、结构、原子之间的键型、表面原子数以及表面官能团等有关，还受它所处环境的空气湿度、气压、污染状况影响。通常无机增强体的表面能越高，它对气体、水或其他污染物的吸附作用也就越强，粉状增强体则越倾向于团聚。表面能越大的无机物，越难被有机聚合物润湿，它们也越难在有机聚合物中均匀分散。增强体等无机物表面改性目的在于降低其表面能，使它们表面不易吸附杂质污染，粉体不易团聚，达到容易在有机高聚物基料中、改善其加工工艺和增进应用性能的目的。

（3）表面电性

填料或颜料等无机粉体的表面电荷是由表面官能团离解或从溶液中吸附反离子所致。

表面的电性取决于无机物表面的荷电离子的正负性。

无机粉体表面的荷电性影响无机粒子之间、颗粒与无机离子、表面活性剂离子及其他化学物质之间的作用力；因此，表面电性会影响无机粒子之间的团聚及其在聚合物基中分散，也会影响表面改性剂在颗粒表面的吸附作用。如果填料等粉体在水介质中颗粒表面带有某一种电荷（如负电荷），其表面就会吸附相反符号的电荷（即正电荷），构成双电层。固体表面离子电荷相反的离子只有一部分紧密地排列在固体粒子表面上，形成紧密层，另一部分则扩散到溶液中形成扩散层。固液之间发生相对移动时，固相连带着束缚的溶剂化层和溶液之间的电势被称为电动电势或ζ电位。吸附层越厚，ζ电位越低。当颗粒表面上的负电荷数和固定层吸附的正电荷数相等，ζ电位就变成了零，这时对应的溶液的 pH 值称为等电点。等电点是粉体的重要性能之一，当溶液的 pH 值大于等电点时粉体表面荷负电，小于等电点时荷正电。表 12-2 为一些无机粉体的等电点。

表 12-2　一些无机粉体的等电点

物料名称	等电点(pH)	物料名称	等电点(pH)
Sb_2O_5(五氧化二锑)	0.3	SiO_2(硅胶)	1.8
SiO_2(石英)	2.2	TiO_2(金红石型)	4.7
$Al_2O_3\cdot 2SiO_2\cdot 2H_2O$(高岭土)	4.8	$Al(OH)_3$(水合氧化铝)	5.0
Fe_2O_3(赤铁矿)	5.2	TiO_2(锐钛型)	6.2
Cr_2O_3(铬绿)	7.0	ZnO(氧化锌)	9.0
SnO_2(锡石)	4.5	Al_2O_3(刚玉)	9.0
$CaCO_3$(方解石)	9.5	MgO(氧化镁)	12.0
$BaSO_4$(硫酸钡)	6.7	$Ca(PO_4)_3(OH)$(羟基磷灰石)	7.0

（4）表面吸附性

气体或溶质（分子、原子或离子）与增强体、填料等固体表面接触，它们之间会相互作用，其中一些分子（或原子、离子）会停留在固体表面，其浓度会大于气相或液相中浓度，这种现象称之为吸附现象。正如上述［11.3.1 节（1）、（2）］增强体或填料表面积越大，表面能越高，其吸附现象越显著。人所共知吸附有水，空气和被污染的固体表面不利于有机物润湿、粘接。这也就是为什么用于复合材料制备的无机增强体要进行化学物理的处理，特别是纳米粉体要进行表面改性。

固体（或液体）表面对气体和溶质的吸附现象按其作用力的性质可分为物理吸附和化学吸附两种类型。

物理吸附：其结合力主要是范德华力和静电引力，而且在通常情况下是可逆的多层吸附，吸附剂与吸附质之间无电子转移；其特征是吸附热较小，与液化热相似，吸附速度较快，不需要活化能，不受温度影响，吸附无选择性，物理吸附质可以沿着固体表面迁移。

化学吸附：吸附剂与吸附质之间形成化学键，发生电子转移，其特征是吸附热较大，与反应热相似，吸附速度较慢，需要活化能，随温度升高速度加快，吸附有选择性，而且是非可逆的单层吸附，所以被吸附的物质是定向的。

(5) 表面润湿性

润湿现象是一种自然现象，液体或气体对固体的表面都有润湿现象，但是在日常生活中我们所看到的仅是液体对固体的润湿。因此人们通常把液体在固体表面上铺展的现象，称为润湿。水能润湿玻璃和一些无机物，但不能润湿石蜡和很多聚合物材料。能被水润湿的物质叫亲水物质，不能被水润湿的物质叫疏水物质。

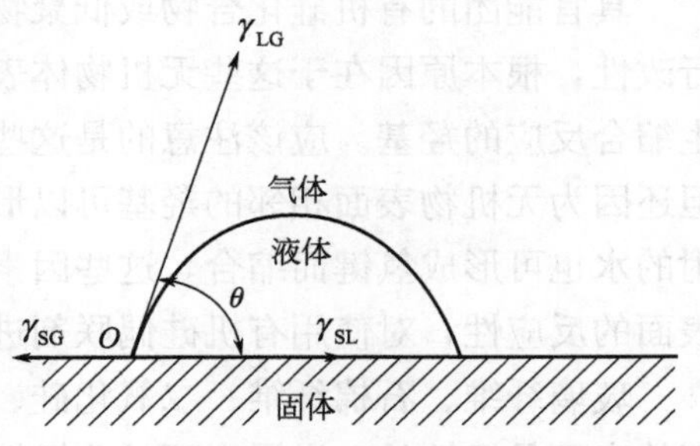

图 12-1　固体表面的润湿接触角

润湿和不润湿不是截然分开的，通常采用润湿接触角对固体表面润湿性予以描述。润湿接触角θ是指固、液、气三相接触达到平衡时，从三相接触的公共点沿液-气界面作切线，此切线与固-液界面的夹角，如图 12-1 所示。

无机固体表面的润湿性，可用杨氏方程来表示。当固液表面相接触时，在界面处形成一个夹角，即接触角，用它来衡量液体（如水）对固体物料表面润湿的程度（图 11-1）。各种表面张力的作用关系可用杨氏方程表示：

$$\gamma_{SG}=\gamma_{SL}+\gamma_{LG}\cos\theta$$

式中，γ_{SG}为固体、气体之间的界面张力；γ_{SL}为固体、液体之间的界面张力；γ_{LG}为液体、气体之间的界面张力；θ为液固之间的润湿接触角。

接触角小则该液体容易润湿固体表面，而接触角大则不易润湿，也即润湿接触角可作为固体物料润湿性的直观判据。

当$\theta\leqslant 90°$时称为润湿（浸渍润湿），θ角越小，润湿性越好，液体越容易在固体表面铺展。

$\theta>90°$时称为不润湿，θ角越大，润湿性越不好，液体越不容易在固体表面上铺展，而是越容易收缩至接近呈圆球状。

当$\theta=0°$完全润湿（铺展润湿），$\theta=180°$时完全不润湿。

θ角的大小，与界面张力有关，在液-固两相的接触端点O处受到三个力的作用：γ_{SG}，γ_{SL}和γ_{LG}（分别表示固相与气相、固相与液相和液相与气相之间的界面张力）。

润湿作用还可以从分子间的作用力来分析，润湿与否取决于液体分子间相互吸引力（内聚力）和液固分子间吸引力（黏附力）的相对大小。若黏附力较大，则液体在固体表面铺展，呈润湿；若内聚力较大则不铺展，呈不润湿。例如，水能润湿玻璃等由极性键或离子键构成的物质，它们和具极性的水分子的吸引力会大于水分子之间的吸引力（内聚力），因此滴在玻璃表面上的水滴，可以排挤它们表面上的空气而向外铺展。水不能润湿或很难润湿有机聚合物表面，因为有机聚合物通常是弱极性或非极性共价键构成的物质，它们和极性水分子间的吸引力小于水分子之间的吸引力（内聚力），因而滴在石蜡上的水滴不能排开其表面层上的空气，水滴因此聚集成一团而不铺展。

从图 11-1 还可看出液体对固体的接触角与气体对固体的接触角互为补角，即两者之和为 180°，所以液体对固体不润湿时，气体对固体就润湿。反之，液体对固体润湿时，气体对固体不润湿。

(6) 无机物表面的官能团及其反应性

具官能团的有机硅化合物或低聚物之所以能够方便用于玻璃纤维、无机粉体等表面进行改性，根本原因在于这些无机物体表面存在容易和有机硅化合物或聚合物中硅官能团发生缩合反应的羟基。应该注意的是这些羟基虽有与有机硅偶联剂等改性剂反应的可能性，但还因为无机物表面相邻的羟基可以形成分子内氢键，分子之间也可以形成氢键，它与吸附的水也可形成氢键而缩合，这些因素都会阻碍无机物表面改性。因此如何控制好无机物表面的反应性，对使用有机硅偶联剂进行表面改性十分重要。

玻璃纤维、石棉纤维、二氧化硅、滑石粉和云母的表面可以检测到羟基等官能团，它们的表面是极性的，炭黑表面是非极性的。因此，炭黑与非极性的碳氢聚合物相容性好，在橡胶制品生产中采用炭黑增强填料。二氧化硅、滑石粉、云母等填料自身相互之间的亲和力比对非极性聚合物的亲和力更强；如果在惰性的聚合物基复合材料中采用它们又不进行表面改性，就会由于界面黏合性降低，致使复合材料性能下降。

硅酸盐或硅铝酸盐等矿粉表面分布的羟基大部分属硅酸基，表面上由单个羟基、相邻羟基和成对出现的羟基所占据，有时还形成硅氧烷。高岭土表面是否含有羟基可由介质pH 值大小确定。当 pH 值大于 7 时，羟基将发生去质子化，从而减少表面的活性官能团。这种化学变化与高岭土在悬浮液中凝聚的能力是相符的。

吸附和结晶水是控制填料表面官能团浓度的因素。水合硅酸的羟基数比无水硅酸高许多倍。表面官能团的数量也能通过提高分散性或减小粒径而最大化。例如，滑石晶体侧面上含有许多基团，随着粒径的减小，羟基显著增加，因此颗粒细的滑石比粗滑石粉对橡胶有更好的增强性。

无机物表面的官能团通常是亲水性的，所以它们能吸引水分子。在许多应用中，水分既影响产品的稳定性，降低硫化速率，也降低增强能力。

12.3.2 有机硅偶联剂适于表面改性的无机物料及品种

有机硅偶联剂能应用于有机聚合物复合材料中的无机物料品种很多，包括硅酸盐、玻璃纤维及其制品和微粒，粒状、纤维状、针状和片状的矿粉，气相或沉淀二氧化硅及其纳米 SiO_2 粉体等；此外，还有采用无机合成方法制备的金属氢氧化物如 $Al(OH)_3$、$Mg(OH)_2$ 和金属氧化物 TiO_2、Fe_2O_3 等。硅烷偶联剂用于材料保护还涉及铜、铁、铝、锌等金属及其合金的板材或制件。有机硅偶联剂中的 MSCA 其大分子链还具包覆作用，它适于更多的无机矿粉表面改性[6,8,9]。

12.3.2.1 纤维增强体

(1) 玻璃纤维及其制品[10]

聚合物基复合材料常用玻璃纤维及其织物作为增强体；高性能（先进）复合材料则采用碳纤维、硅碳纤维或硼纤维等无机纤维。硅烷偶联剂等具硅官能团的有机硅化合物，特别适合于硅酸盐玻璃纤维及其制品的表面处理改性。

硅酸盐玻璃纤维是以石英砂、石灰石、白云石、石蜡等配以纯碱、硼酸等为原料制成。制造方法：首先将原料熔融，然后通过细的喷丝孔拉制成连续纤维。

增强用玻璃纤维是直径为 8～15μm 的圆柱状玻璃细丝；通常纤维越细，性能越好。玻璃纤维的比表面积较大，直径 8μm 的玻璃纤维比表面积约 $5000cm^2/g$，通常玻璃纤维的表面分布有微裂纹。由于玻璃是由分散在 SiO_2 网状结构中的碱金属氧化物混合组成，这些碱金属氧化物有很强的吸水性，暴露在大气中的玻璃纤维表面会吸附一层水分子，当用于复合材料时，吸附于玻璃纤维界面的水不仅影响玻璃纤维与树脂基体的黏合，还会破坏纤维和促使树脂降解，从而降低复合材料的性能，所以在使用前需进行表面处理。玻璃纤维表面处理通常采用硅烷偶联剂或铬偶联剂，但以硅烷偶联剂使用较多。硅烷偶联剂与纤维表面的硅羟基发生化学反应，在玻璃表面形成有机硅膜，使其与大气隔绝，避免了玻纤吸水作用。此外，硅烷偶联剂还能与高聚物基体发生物理或化学的作用，使玻璃纤维与树脂基体靠偶联剂的偶联紧密黏合在一起。

玻璃纤维品种很多，根据制造时所用原料组分可分为有碱、中碱、无碱和特种玻璃纤维。玻璃纤维商品类型常以代号表示：E—良好的电绝缘性，C—耐化学侵蚀，A—高碱金属氧化物含量，D—高介电性能，S—高机械强度，M—高弹性模量，AR—耐碱等。玻璃纤维制品主要有玻璃布，按编织方法不同，有平纹、斜纹、缎纹、单向、无捻布等，其性能、价格不同，如缎纹布拉伸、弯曲强度较平纹布好，价格也高。玻璃纤维作为增强材料其优点是质硬而不透水、耐热、耐化学腐蚀，有很高的拉伸强度和理想的弹性，以及优良的电性能。利用玻璃纤维及其织物作为增强体制备聚合物基复合材料，常用的树脂基体有不饱和聚酯、环氧、酚醛树脂及热塑性的聚丙烯、尼龙、聚苯醚等，其中不饱和聚酯综合性能及工艺性能好，价格较低，最为常用。

(2) 石棉纤维

石棉为纤维状硅酸盐矿物，其结构以一层硅氧四面体和一层“氢氧镁石层”结合重复排列组成。分散后的石棉纤维表面的具反应性的官能团主要是羟基（即—OH）。石棉为多种化学成分和物理性质不同的无机物组合而成的混合物，但主要由长和细的纤维结晶复杂聚集体形成，其中含量最多的成分为 $Mg_6(Si_4O_{10})(OH)_8$，其化学结构表示如下：

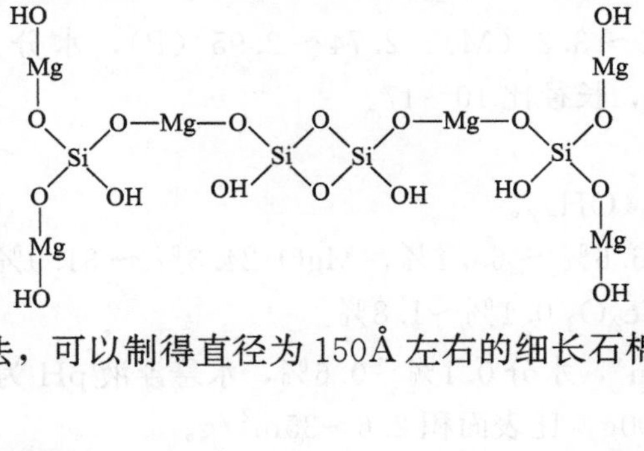

采用专门的分散方法，可以制得直径为 150Å 左右的细长石棉纤维，一般石棉纤维的直径为 200～500Å。

12.3.2.2 片状增强体或填料

常用片状增强体有天然矿粉和通过化学方法制备的两种外，在复合材料工艺过程中自身生长也是获得的途径之一。天然的片状增强体的代表是白云母（M）和金云母（P）；人造的片状增强体有玻璃（又称玻璃鳞片）、铝、铍、银、二硼化铝（AlB_2）等。天然和人造片状增强体的含量可以在较大的范围内变动，从很少直至几乎构成整个复合材料。片状增强体可以在片的方向提供各向均衡的性能，当它紧密堆叠时，其重叠形成的曲折途径能有效阻碍液体的渗漏，同时也减少了机械损伤沿垂直片的方向贯穿的危险。基于片状增强体的性质及其与聚合物基体的组合或制作工艺不同，可以赋予聚合物基复合材料不同的性能。例如，云母和玻璃片为增强剂复合材料可用于防腐蚀、防渗漏、隔热和电绝缘；金属片除提供防腐蚀和防渗漏性能外，当金属片紧密堆叠时，还可在片平面提供导电和导热性能，同时在垂直于片的方向具有电磁波屏蔽性能。此外，金属片还可以产生表面装饰效果和调节复合材料的透光度[10]。

（1）云母

云母是片状增强体典型代表，它是多种铝硅酸盐矿物的总称，主要品种有白云母和金云母。云母为鳞片状结构，有玻璃光泽。云母粉常用于 PP、PE、PVC、PA、PET 和 ABS 等多种塑料增强，经硅烷偶联剂处理的云母粉易于与树脂混合，加工性能好。云母具两维增强性，可提高塑料模量、耐热性、减少蠕变、防止制品翘曲和降低收缩率等。此外，还具良好的绝缘性，可提高塑料耐老化、耐酸、碱等性能。

云母为层状硅酸盐矿物，其单元晶体结构由两个四面体层和一个八面体层组成，八面体位于两个四面体之间。位于八面体中的阳离子 Al、Mg 等上下均与硅氧四面体层中的两个 O 以及位于六边形中心的一个 OH 相配位，形成氢氧铝石层 $Al—O_4(OH)_2$ 或氢氧镁石层 $Mg—O_4(OH)_2$。粉碎后的云母因硅氧键 Si—O—Si 的断裂，表面显露 Si—OA 基团，在水作用下形成 Si—OH，并显露出 Al—OH 等活性基团。因此这类增强剂适于硅烷偶联剂改性。云母化学式及有关其他结构性质简介如下。

白云母：$KAl_2(AlSi_3O_{10})(OH)_2$；金云母：$KMg_3(AlSi_3O_{10})(OH)_2$。

化学组成如下。

白云母（M）：SiO_2 44%～48%，Al_2O_3 31%～38%，K_2O 3%～11%，Fe_2O_3 为 1%～5.7%；金云母（P）：SiO_2 40%～42%，MgO 21%～24%，$Al_2O_3$9%～16%，$Fe_2O_3$9%～11%，K_2O 10%～11%。

密度（g/cm^3）2.75～3.2（M）、2.74～2.95（P），水分 0.3%～0.7%，结构水 4.5%（M），3.2%（P），长径比 10～17。

（2）滑石

化学式：$Mg_3Si_4O_{10}(OH)_2$。

化学组成：SiO_2 46.6%～63.4%，MgO 24.3%～31.9%，CaO 0.4%～1.3%，Al_2O_3 0.3%～0.8%，Fe_2O_3 0.1%～1.8%。

密度 2.7～2.85g/cm^3，水分 0.1%～0.6%，水悬浮液 pH 为 8.7～10.6，长径比 5～20，吸油值 22～578g/100g，比表面积 2.6～35m^2/g。

滑石为含镁层状硅酸盐矿物，其结构单元层中，上下两层为尖端彼此相对的硅氧四面体，中间夹一层硅氧镁层。碎裂后的滑石粉有两个不同性质的表面，一是解理面，二是垂直解理面的端面。在解理面主要是 Si—O—Si 键，端面在水或空气等的作用下形成 Mg—O、Si—O、Mg—OH、Si—OH 等活性官能团；因此滑石粉可以用硅烷偶联剂进行改性。

12.3.2.3　粒（粉）状增强体、填料或颜料

常用的无机颗粒（粉）状增强体或填料有沉淀 SiO_2、气相 SiO_2、石英粉、高岭土、硅灰石、海泡石以及一些金属氧化物和碳酸盐，采用颗粒（粉）状增强剂或填料可提高介电性、耐热性、导热性、硬度及降低成本等，但其力学性能普遍低于短切纤维增强树脂基复合材料。以粒（粉）体为增强体或填料的复合材料其成型方法主要有模压、浇注和注塑等。模压适于酚醛、氨基树脂，浇注适于环氧树脂，注塑则多适于热塑性树脂。成型前通常需将填充剂与树脂混合均匀，制成压塑粉。强度虽不如金属，但密度小，因而比强度、比模量较高，可代替有色或黑色金属制造的各种耐磨零件，电气绝缘制品等，广泛应用于机械、电子、建筑化工及航空航天工业中[10]。

（1）二氧化硅

作为增强材料或填料用的二氧化硅大多为化学合成产物，俗称白炭黑。其合成方法主要是沉淀法和气相法（燃烧法）。合成出来的二氧化硅呈白色无定形微细粉状，质轻，其原始粒子在 0.3μm 以下，吸潮后聚合成细颗粒，有很高的绝缘性，不溶于水和酸，溶于苛性钠及氢氟酸。在高温下不分解，多孔，有吸水性，比表面积很大，具有类似炭黑的补强作用，所以也把这种合成出来的二氧化硅叫作白炭黑，能提高塑料制品的力学性能，其粒子为三级结构所组成，原始单个粒子为 0.02μm，聚焦态粒子为 5μm，集合体粒子为 30μm，比表面积为 20～350m^2/g，只有当它的比表面积大于 50m^2/g 时才有补强作用，补强作用仅次于炭黑。

研究表明[11]，在聚集态二氧化硅表面中有三类硅醇羟基：一是孤立式硅醇羟基（IR3760cm^{-1}），这种硅醇羟基还有内部和表面孤立式之分，表面孤立羟基又有吸附水和不吸附水两种情况；二是连位式，它有自氢键硅醇羟基（IR3600cm^{-1}）和水氢键硅醇羟基（IR3740cm^{-1}、3607cm^{-1}）两种形式；三是偕二醇型硅醇羟基（IR3500cm^{-1}）。各种硅醇羟基及其红外吸收频率示于图 12-2。

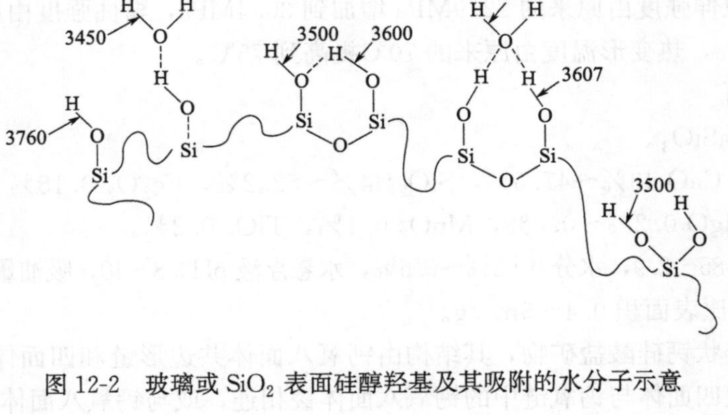

图 12-2　玻璃或 SiO_2 表面硅醇羟基及其吸附的水分子示意

由于白炭黑的表面羟基存在，使其具亲水性，将它们用于高分子材料增强时通常要进行硅烷化或硅氢烷化改性处理。实验证明：在聚集态二氧化硅中，除非氢键孤立式硅醇羟基外，其他都比较容易处理掉。这种非氢键孤立式硅醇羟基作为二氧化硅的表面羟基，储量虽不多，但内部硅醇羟基却主要以这种形式存在，所以在处理过程中破聚集态结构后所暴露出来的硅醇羟基，主要也是这种形式。因此，处理过程主要检测 $3760cm^{-1}$ 处的非氢孤立式硅醇羟基。

(2) 高岭土

化学式：$Al_2O_3 \cdot 2SiO_2 \cdot 2H_2O$。

化学组成：SiO_2 38.5%～63%，Al_2O_3 23%～44.5%，Fe_2O_3 0.2%～1%，TiO_2 0.2%，K_2O 0.8%～1%。

水悬浮液呈酸性，沉淀或高温煅烧 pH 4.2～6.0，比表面积 $8\sim60m^2/g$。

天然高岭土（又称之陶土）主要由片状结晶的高岭土组成，其结构单元由一个层状硅氧四面体和一个铝氧八面体通过共同的氧离子连接而成的 1：1 型双层水合硅酸铝矿。陶土具反应性的官能团为羟基（—OH），处于每一层的活性表面却容易与有机硅烷、各种金属盐、硅烷偶联剂、聚硅氧烷以及极性聚合物、润滑剂等物质起作用，即易于进行表面处理，使其容易分散，也是有利于表面改性的因素。经粉碎加工的高岭土，因晶体的结构的断裂还形成 Si—O 及 Al—OH 活性官能团。

高岭土往往与石英、云母、碳、铁、氧化钛及其他黏土矿伴生，经煅烧白度可达 90%以上，最好的可达 95%以上。用于塑料橡胶等的填充改性时，可提高它们的绝缘强度，在不显著降低伸长率和冲击强度的情况下，可使热塑料的拉伸强度和模量提高，对 PP 还可起到成核剂的作用，有利于提高 PP 的刚性和强度。高岭土对红外线的阻隔作用显著，这一特性除用于军事目的外，在农用薄膜中也得到应用，可以增强塑料大棚的保温作用。

高岭土表面进行亲油性处理，以改善与塑料的亲和性能，如用叠氮硅烷处理高岭土，可提高填充量，改善聚合物的性能。在 PP 中，不处理的高岭土添加量为 6%～8%，经处理后添加量可达到 50%，其他性能也有很大提高。如在 PP 中掺入 40%的叠氮硅烷处理过的高岭土，拉伸强度由原来的 22.9MPa 增加到 30.4MPa，弯曲强度由原来的 44.7MPa 增加到 58.1MPa，热变形温度由原来的 70℃提高到 75℃。

(3) 硅灰石

化学式：$CaSiO_3$。

化学组成：CaO 43%～47.5%，SiO_2 44%～52.2%，Fe_2O_3 0.15%～0.4%，Al_2O_3 0.2%～1%，MgO 0.2%～0.8%，MnO_2 0.1%，TiO_2 0.2%。

相对密度 2.85～2.9，水分 0.02%～0.6%，水悬浮液 pH9.8～10，吸油量 19～47g/100g，长径比 4～68，比表面积 $0.4\sim5m^2/g$。

硅灰石为链状钙硅酸盐矿物，其结构由钙氧八面体共边形链和四面体共顶角链构成。硅氧链中的硅氧四面体与钙氧链中的钙氧八面体棱相连，或与钙氧八面体的氧相连。粉碎后的硅灰石粉体表面存在 Si—O—Si、Ca—O、Si—O、Si—OH 等活性基团，有利于硅烷化处理。硅灰石属三斜晶晶体，常沿纵轴延伸成板状、杆状和针状，集合体为放射性状、纤维状块体。较纯的硅灰石呈金色和乳白色，具有完整的针状结构，其长径比通常可达到 20∶1 以上，大的长径比有利于作为高分子聚合物的增强材料，开采、细化过程中，它的长径比容易降低。

（4）二氧化钛

化学式：TiO_2。

化学组成：TiO_2 80%～90.5%，SiO_2 0.15%～1.1%，Al_2O_3 0.3%～3.9%，Fe_2O_3 0.01%～2%，ZrO_2 0.4%。

相对密度 3.3～4.25，4.24（纯金红石型），3.87（纯锐钛矿型）；水分 0.2%～1.5%；水悬浮液 pH3.5～10.5；吸油量 10～45g/100g；比表面积 7～162m²/g。

二氧化钛俗称钛白粉，既可作为离子材料的白色颜料，也可作为填料。二氧化钛是多晶型化合物，其质点呈规则排列。有三种结晶形态：板钛型、锐钛型和金红石型。官能团因表面组成不同而不同，二氧化钛表面的特征及官能团可用图 12-3 来示意表示[12]。

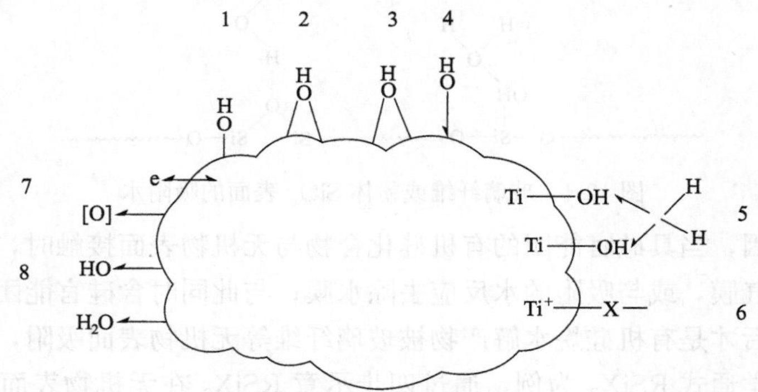

图 12-3　二氧化钛表面的特征

1—碱性末端；2—酸性桥联羟基团；3—不稳定的 Ti—O—Ti 键；4—Lewis 酸吸附的水；5—表面羟基团结合的水分；6—吸附的阴离子；7—潜在的电子供给场和接受场；8—吸附的氧化剂（如羟基、过氧化物或光催化作用产生的活性氧）

钛白粉不仅可以使制品达到相当高的白度，而且可使制品对日光的反射率增大，保护高分子材料，减少紫外线对它的破坏，提高高分子材料抗光老化性能。纳米 TiO_2 对聚合物材料具增韧效果，平均粒径 50nm 的金红石型 TiO_2 用量为 1%时，所制纳米复合材料灭菌率可达 60%。

12.3.3　具硅官能团的有机硅化合物在无机物料表面化学键合与成膜

无论是制备结构复合材料，功能复合材料，还是增强橡胶制品或通用塑料、涂料、胶黏剂和密封剂等有机聚合物复合材料时，人们都喜欢利用硅烷偶联剂（$QRSiMe_nX_{3-n}$）或含硅官能的有机硅化合物（$RSiMe_nX_{3-n}$）进行无机物表面处理改性。硅烷偶联剂等含硅官能团的有机硅化合物的应用之所以能受使用者青睐，源于 $QRSiMe_nX_{3-n}$ 和 RSi-

Me_nX_{3-n} 等化合物的化学结构中含有能与上述无机物表面进行化学反应键合的硅官能团。尤其是硅烷化合物中具有三个反应性能适合的硅官能团。含三个具反应性的硅官能团的有机硅化合物不仅可以与无机物表面反应性基团相互反应，同时还可以在无机物表面交联成膜。对硅烷偶联剂这类还含碳官能团化合物而言，它还能与有机聚合物链上的官能团反应化学键合在一起。本节将首先阐述硅官能团在无机物表面化学键合及其成膜过程，再讨论具不同硅官能团的有机硅化合物在无机物表面化学键合及其膜的稳定性。

12.3.3.1　含硅官能团的有机硅烷化合物与具化学反应性的无机物表面键合过程

玻璃纤维、硅酸盐矿粉和一些金属及其氧化物、氢氧化物等无机物表面，虽然都存在与有机硅化合物中硅官能团反应的基团（如羟基等），但因为这些无机物具有较高的表面能，它们都有吸附空气和水的趋向，在它们表面形成空气膜或通过氢键吸附一层水膜。如图 12-4 示意的玻璃或二氧化硅表面的水以氢键形式结合。该水膜的清除通常要在 100℃以上高温下才能实现。

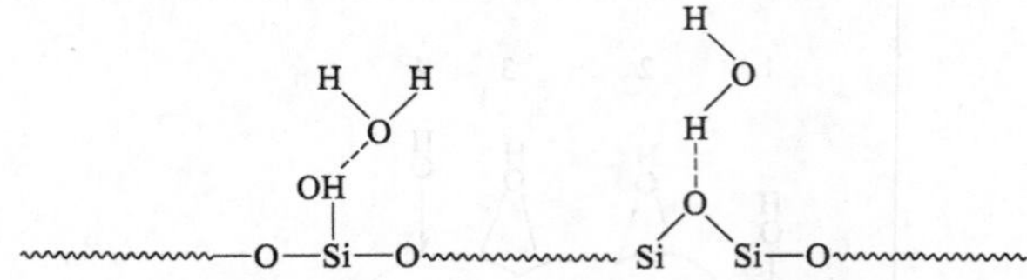

图 12-4　玻璃纤维或粉体 SiO_2 表面的吸附水

基于上述原因，当具硅官能团的有机硅化合物与无机物表面接触时，首先需取代无机物表面吸附的空气膜，或与吸附的水反应去除水膜；与此同时含硅官能团的有机硅化合物会自身水解，然后才是有机硅烷水解产物被玻璃纤维等无机物表面吸附，并将无机物表面润湿。下面以化学通式 $RSiX_3$ 为例，通过四步示意 $RSiX_3$ 在无机物表面水解、键合和成膜过程：

第一步：水解过程。

$$RSi(X)_3 \xrightarrow[-HX]{H_2O} RSi(OH)(X)_2 \xrightarrow[-HX]{H_2O} R{-}Si(OH)_2{-}X \xrightarrow[-HX]{H_2O} R{-}Si(OH)_3$$

正如 2.4 节所述，硅烷化合物水解过程是逐步的，其水解进程及其速度快慢取决于有机硅烷化合物的化学结构及其电子效应或空间位阻，此外还受有机硅化合物配制方法的影响。因此每阶段水解产物都会有。

第二步：具硅官能团的有机硅化合物完全或部分水解，其产物在玻璃纤维表面吸附，如图 12-5 所示。

具硅官能团的有机硅化合物的水解产物不是单一的，它既有自缩聚又有异官能团缩聚（尤其在有酸、碱催化下）所形成的二聚体、三聚体等寡聚物。$RSiX_3$ 在无机物表面吸附如图 12-6 所示只是完全理想状态。

第三步：有机硅化合物分子之间的脱水缩合反应。

物理吸附在玻璃纤维或 SiO_2 表面的完全或部分水解产物分子间缩合，如图 12-6 所示。

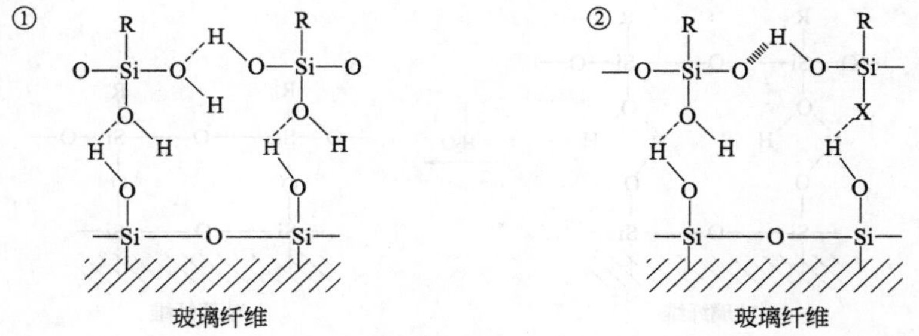

图 12-5 有机硅化合物在玻璃纤维上吸附示意

X 为未水解的硅官能团（如—OR 等）

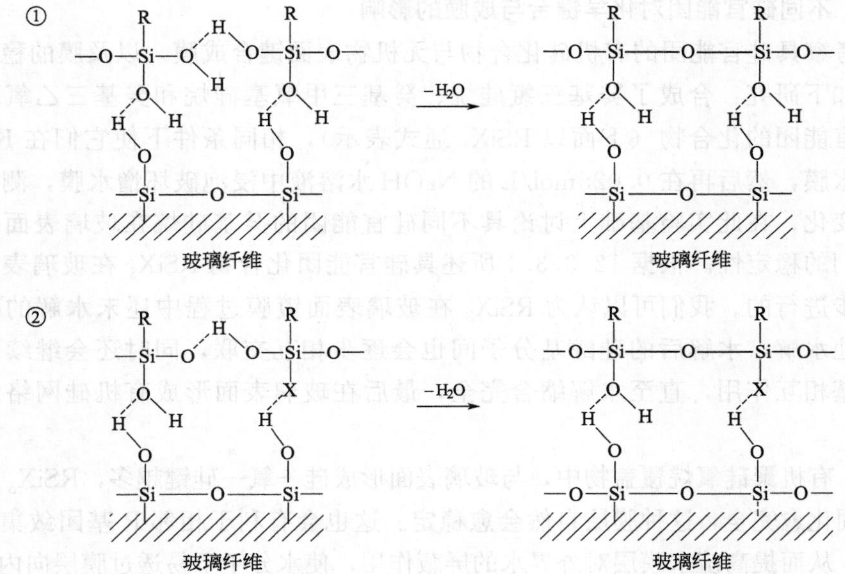

图 12-6 吸附在玻璃纤维上的 $RSiX_3$ 水解缩聚示意

X 为未水解的硅官能团（如—OR 等）

有机硅化合物分子间羟基自缩聚或异官能缩聚可以在室温下进行，缩聚反应的速度和所进行的程度也取决于 R 基团或硅官能团的电子效应和空间位阻。

第四步：有机硅化合物在无机物表面键合与成膜。

有机硅化合物水解交联（醚化）过程，它可以在室温缓慢地实现，亦可在高温下加速进行，在玻璃纤维表面间进行醚化反应的同时，有机硅烷化合物低聚物进一步缩合形成聚有机硅氧烷膜（图 12-7）所示。

通过上述四步示意的反应过程，有机硅化合物与玻璃纤维表面键合在一起，这是理想的单分子反应机制。$RSiX_3$ 等有机硅化合物在实际处理过程中，有机硅处理剂在玻璃纤维等无机物料表面，常以多分子层的吸附，从而它可以在无机物料表面形成有一定厚度的多层有机聚硅氧烷缩合物，并黏结于玻璃纤维表面，如此也就提供可与其相容的在有机聚合

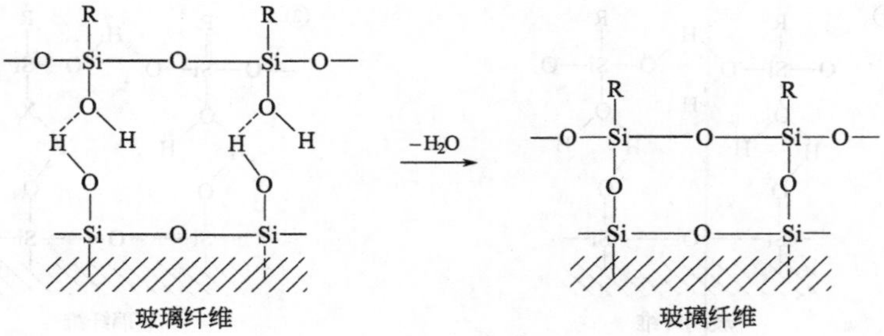

图 12-7　有机硅化合物在玻璃纤维表面缩聚成膜示意

物相互渗入、最后可形成半互穿或互穿网络界面层的基础。

12.3.3.2　不同硅官能团对化学键合与成膜的影响

为了考察具硅官能团的有机硅化合物与无机物表面键合成膜，以及膜的稳定性，我们进行了如下研究：合成了癸基三氯硅烷、癸基三甲氧基硅烷和癸基三乙氧基硅烷三种不同硅官能团的化合物（下面以 $RSiX_3$ 通式表示），相同条件下使它们在 K_9 玻璃表面形成憎水膜，然后再在 0.025mol/L 的 NaOH 水溶液中浸泡破坏憎水膜，测定它们的疏水性能变化；在此实验基础上讨论具不同硅官能团的癸基硅烷在玻璃表面键合与成膜以及它们的稳定性。根据 12.3.3.1 所述具硅官能团化合物 $RSiX_3$ 在玻璃表面键合与成膜是逐步进行的。我们可以认为 $RSiX_3$ 在玻璃表面镀膜过程中还未水解的硅官能团基会不断地水解，水解后的硅醇基分子间也会逐步相互交联，同时还会继续与玻璃表面上的羟基相互作用，直至水解缩合完全，最后在玻璃表面形成有机硅网络结构的覆盖物[13]。

显然，有机聚硅氧烷覆盖物中，与玻璃表面形成硅—氧—硅键越多，$RSiX_3$ 水解交联愈充分，固化愈完全，这种膜层自然会愈稳定。这也会有利于相邻 R 基团敛集，紧密排列和堆砌，从而提高疏水膜层对外界水的屏蔽作用，使水分子不易透过膜层向内扩散侵蚀玻璃表面。根据这样一个道理，在选用 $RSiX_3$ 类型化合物制备憎水剂时，必须认真考虑 $RSiX_3$ 自身反应性。如果 $RSiX_3$ 本身水解和交联速度过快（如 $RSiCl_3$），在镀膜操作中还来不及与玻璃表面形成硅—氧—硅键合，$RSiX_3$ 自身就水解缩合成网状结构的大分子，减少了与玻璃表面形成硅—氧—硅键的结合点，降低了膜层与玻璃结合的牢固度，同时还会使玻璃表面存在有较多易亲水的羟基。反之，如果 $RSiX_3$ 水解缩合太慢［如 $RSi(OC_2H_5)_3$］，除了应用时不易常温固化或要求加入催化剂促使交联外，还会使覆盖膜层中残留一些未水解缩合的、较亲水的烷氧基，由此产生的空间阻碍，不利于相邻 R 基团的紧密排列和堆砌，这样也就提供了水分子加速向膜层内部渗透与扩散的条件。为了证明这种看法，我们用癸基三氯硅烷，癸基三甲氧基硅烷和癸基三乙氧基硅烷等三个 R 基相同的化合物配制乙醇/乙醚溶液，在 K_9 玻璃表面用擦镀法进行镀膜，固化后测定膜的憎水角（接触角），然后通过碱水溶液处理膜后的接触角的变化了解它们的化学稳定性。实验结果见表 12-3。

表 12-3 $C_{10}H_{21}SiX_3$ 在 K_9 玻璃表面形成的疏水膜接触角的变化

固化条件 接触角①/(°) 成膜化合物	50℃,2h		100℃,2h		二次平均值		碱处理后,接触角下降百分率/%
	原始	碱处理后	原始	碱处理后	原始	碱处理后	
$C_{10}H_{21}Si(OCH_3)_3$	102	97.4	102.3	103.5	102.1	10.4	1.6
$C_{10}H_{21}SiCl_3$	103	91	104.4	95.5	103.7	93.2	10
$C_{10}H_{21}Si(OC_2H_5)_3$	98.5	94.5	102.3	92	100.4	93.2	7.2

① 原始接触角是镀膜后测的接触角，碱处理后接触角是将测原始接触角后的试片置于新配制的 0.025mol/L 的 NaOH 溶液中处理 24h 后所测接触角。

从表 12-3 可以看出以癸基三甲氧基硅烷所形成的憎水膜层接触角高；憎水膜层化学稳定性最好。癸基三氯硅烷在玻璃表面形成的憎水膜层虽然有同样高的接触角，然而该膜层在碱液作用下，接触角下降的幅度大，这表明膜层不太稳定，受到了碱液的破坏。产生了上述差别的原因，可能归因于癸基三甲氧基硅烷与癸基三氯硅烷的水解速度不同。在玻璃表面成膜过程中，癸基三甲氧基硅烷有比较合适的水解速度，而癸基三氯硅烷中，硅—氯键对水十分敏感，水解速度很快，当玻璃表面的羟基还来不及与它充分反应以硅—氧—硅化学键连接起来时，癸基三氯硅烷已水解自相缩合成膜覆盖在玻璃表面的有机硅树脂。因此，它虽显示好的憎水性能，但与玻璃表面结合点少，膜层容易被碱液破坏，接触角迅速下降。癸基三甲氧基硅烷虽水解后也自相缩合，但水解速度比癸基三氯硅烷水解速度慢，它与玻璃表面上硅醇基团缩合概率大，因而所形成的憎水膜层化学稳定性好。

12.3.3.3 硅氧-金属键（噁烷键）及其稳定性

硅烷偶联剂等具硅官能团的有机硅化合物与无机物表面的羟基键合所生成的噁烷键(M—OSi≡)，这种键具离子键的特征，其离子化程度取决于与其成键的无机物本性。具硅官能团的有机硅化合物水解生成有机硅醇化合物，它进一步与无机物表面羟基反应形成噁烷键，这种连接的化学键如果暴露在水中或潮湿环境下，它易发生水解，但干燥后则又可恢复，即无机物表面生成的噁烷键是可逆的，其过程如下反应式所示：

$$\text{M—OSi}\equiv + H_2O \rightleftharpoons \text{M—OH} + \text{HOSi}\equiv$$

反应式中 M 是无机材料的金属元素，而 Si 是有机硅化合物中的硅元素。若要实现界面处有机硅烷化合物与无机表面的良好键合，则要求反应尽量少朝右边进行，也就是尽量防止水或水汽渗入形成有机硅膜层的界面。

水分子能扩散透过任何有机聚合物膜，M—OSi≡与水的作用是一平衡过程，因此填充无机物的任何复合材料如果暴露在潮湿的环境中，水分子会到达复合材料的界面上。但只要水在界面不聚集成水膜，对界面的危害较小。水在界面处的聚集程度并非由水通过聚合物基质的渗透率来衡量，而是由保留在界面上的水的量来衡量。尽管硅烷偶联剂对某些无机材料表面所形成的噁烷键较易水解，某些树脂又具有一定程度的亲水性，但只要有机聚合物充分润湿有机硅烷改性的无机材料表面，噁烷键与水之间保持平衡，都有可能得到耐水的复合材料。如果有机聚合物不能完全润湿无机材料表面，水就有机会聚集于亲水无机物料表面，上述平衡可能打破，则复合材料性能将急剧下降[14]。

12.4 有机硅偶联剂在有机聚合物基复合材料界面层的作用

涉及有机聚合物与无机物料两者复合制备材料时，大家都喜欢选用有机硅偶联剂作为增强界面助剂。希望有机硅偶联剂有利于聚合物润湿无机物料；有助于有机硅偶联剂中的碳官能团与聚合物中有机官能团化学键合，从而使两种性质完全不同的材料通过化学键合偶联在一起，增加复合材料界面层的粘接强度，或通过有机硅偶联剂的交联和聚合物固化，有机/无机接触界面形成互穿网络界面层，以减少复合材料的残余应力，在变化的环境中改善和保持复合材料的力学性能稳定。

12.4.1 有机硅偶联剂改善有机聚合物在无机物料表面的润湿性

浸润性是良好粘接的基础，增强材料表面如能被有机聚合物所浸润，则两者之间的分子接触有可能达到 50nm 近程距离，分子间就能产生巨大的范德华作用力，其强度可能远远大于聚合物本体的内聚强度。如能达到 30nm 近程距离，又具备量子化条件，则会形成极强的化学键力，这是材料具备抗腐蚀和耐老化必不可少的条件。此外，只有良好的浸润过程，才能排除吸附在增强材料表面的气体及污物，激活粘接界面的孔隙率和弱界面层，极大提高界面粘接强度，可见浸润是界面良好粘接的基础[3,7]。

聚合物复合材料中树脂等有机高分子化合物，如果不能充分润湿无机增强体表面，则将会使复合材料产生四方面的不良影响。

① 复合材料界面形成弱界面层（WBL），这种 WBL 应力松弛和裂纹的发展都会不同，会极大地影响材料或制品的整体性能。

② 有机聚合物不能很好地润湿无机增强体表面，借助物理吸附使不同性质材料的分子间相互作用的范德华力，或氢键力将会削弱，影响界面强度的改善和负载时力的传递。

③ 有机聚合物不能很好地润湿无机物料界面，不利于聚合物的活性反应基团与无机物体表面的羟基等官能团相互作用而形成化学键合，会极大地降低复合材料的界面强度。

④ 有机聚合物不能完全润湿无机物料表面，亲水的无机物料有助于水的聚集，导致界面层的破坏。

基于上述四种原因，在设计、制备聚合物基复合材料的有机聚合物对无机增强体或填料等完全润湿是头等重要之事。

通常增强体或填料等无机物有较高的表面能且具极性，往往是亲水性的，具有强烈吸附空气和水等杂质的倾向；而有机树脂等高分子化合物的表面能较低，是弱极性物质，具有疏水性。因此，两种表面性质完全不同的材料其相容性不好，炼胶加工和制品制造过程中工艺性能差；填料在聚合物中填充量也受到较大限制，不利生产成本降低；材料或制品的物理机械性能也不好，对环境适应性差，不受使用者欢迎。对于这些弊端的改进最好办法是利用偶联剂对无机物表面进行改性。玻纤、矿物粉体、SiO_2 等一些无机增强体或填料，采用有机硅偶联剂这类具硅官能团的有机硅化合物处理它们的表面特别适合，它可以使这些无机物料表面有机化，由亲水变成疏水（亲油）表面。此外，如果选用适合化学结构的有机硅烷化合物及其复合物处理这些无机物料表面，则可以调整该无机物表面的临界表面张力 γ_C，可以使增强剂、填料等无机物 γ_C 与其复合的有机聚合物基的临界表面张力 γ_C 接近，且小于硅烷化处理前的无机物体表面的临界表面张力 γ_C，这样既可使该有机聚合物能很好的润湿无机物料表面，从而达到改善增强体等无机物料在有机高聚物中的分散性，缩短有机聚合物与无机物料润湿、混炼和加工时间，提高生产效率；也可以增进两种不同性质的物料的相容性，提高复合材料的界面层强度；此外还可增加填料在有机树脂等有机高聚物中的填充量，降低制品的原料成本等好处。

有机聚合物基体附着（黏合）在增强粉体或纤维等无机物表面时需作粘接（附）功 Wa，从 Dapre 方程知道粘接功与粘接用聚合物和被粘固体的表面张力有关：

$$W_a=\gamma_s+\gamma_L-\gamma_{SL}\text{；或 } W_a=\gamma_L\ (1+\cos\theta)$$

式中，γ_s 为增强材料固体表面张力，N/m；γ_L 为聚合物树脂液体的表面张力，N/m；γ_{SL} 为固液间界面张力，N/m；θ 为液体对固体的浸润接触角，(°)。

由上 Dapre 方程可以看到附着（粘接）功大小与固体底材的表面张力 γ_s、有机聚合物表面张力 γ_L、固液界面张力 γ_{SL} 以及润湿角 θ 之间关系。附着功愈大，则附着力愈大。为了获得最大附着功，固-液界面张力值 γ_{SL} 愈小愈好，γ_{SL} 趋于零时为最好。另外，固体表面张力 γ_s 和液体表面张力 γ_L 愈高愈好，润湿角 θ 愈小愈好，当 θ 趋于零时可获得最佳铺展。从而聚合物基在填料等无机物表面可得到最佳粘接。

从 Dapre 方程还可以知道，当 $\gamma_{SL}\rightarrow 0$ 时，则 $W_a\rightarrow$最大，这时界面粘接强度达最高，因此，我们利用硅烷偶联剂对无机物表面改性，或对聚合物基体进行化学结构改性时，必须遵循这一准则，即尽可能使 $\gamma_{SL}\rightarrow 0$。如何达到这一要求，根据 Sell-Neumann 方程：

$$\gamma_{SL}=[(\gamma_s)^{1/2}]^2\Big/[1-0.015(\gamma_s\gamma_L)^{1/2}]$$

当 $\gamma_s=\gamma_L$ 时，则 $\gamma_{SL}=0$。所以具体工作时要想方设法调配 γ_s 和 γ_L 相等或接近。

固体的表面张力很难直接测定，常通过接触角的测定等方法来推算临界表面张力 γ_c。所以通过硅烷偶联剂在无机物表面成膜后的临界表面张力（表 12-4[15,16]）实验和测定推算出 γ_c，以及基体聚合物的临界表面张力（表 12-5[17]）或实验测定的 γ_c，可以初步判断该聚合物基是否能够润湿无机增强体和其他填料。临界表面张力 γ_c 正好与溶度参数（δ）成线性关系，在一定温度下，$\gamma_s=\gamma_e$ 时，即相当于 $\delta_s=\delta_e$，这时有机改性剂的附着力最大。在进行复合材料制备或涂料涂装无机固体表面时，如果所用聚合物的溶度参数和基材的溶度参数相近时，该聚合物对基材的附着力最好。所以通过计算硅烷偶联剂中含碳官能团的基团，同时查阅涂料树脂和溶剂的溶度参数，在应用时，对选择偶联剂的品种有一定帮助。

表 12-4　硅烷偶联剂的水溶液在基材成膜后的临界表面张力 γ_c

偶联剂结构	基材	γ_c/(mN/m)
$MeSi(OMe)_3$	钠-钙玻璃	22.5
$CH_2=CHSi(OEt)_3$	二氧化硅	30
$CH_2=CHSi(OMe)_3$	钠-钙玻璃	25
$CH_2=CMeCOO(CH_2)_3Si(OMe)_3$	钠-钙玻璃	28
$H_2NCH_2CH_2NH(CH_2)_3Si(OMe)_3$	钠-钙玻璃	33.5
$H_2N(CH_2)_3Si(OEt)_3$	钠-钙玻璃	35
$BrCH_2C_6H_4Si(OMe)_3$	钠-钙玻璃	39.5
$\overset{O}{CH_2—CH}CH_2O(CH_2)_3Si(OMe)_3$（环氧基）	钠-钙玻璃	38.5～42.5
$C_6H_5Si(OMe)_3$	钠-钙玻璃	40
$Cl(CH_2)_3Si(OMe)_3$	钠-钙玻璃	40.5
$Cl(CH_2)_3Si(OMe)_3$	硼硅酸玻璃	43
$Cl(CH_2)_3Si(OMe)_3$	不锈钢	44
$HS(CH_2)_3Si(OMe)_3$	钠-钙玻璃	41
$BrC_6H_4Si(OMe)_3$	钠-钙玻璃	43.5
$BrC_6H_4Si(OMe)_3$（相对湿度 1%的空气）	钠-钙玻璃	47
$BrC_6H_4Si(OMe)_3$（相对湿度 95%的空气）	钠-钙玻璃	29

表 12-5　聚合物及其他材料临界表面张力

材料名称	临界表面张力 γ_c/(mN/m)	材料名称	临界表面张力 γ_c/(mN/m)
聚乙烯	31	聚甲基丙烯酸十二烷基酯	21.8
聚丙烯	32	聚甲基丙烯酸羟乙酯	37
聚异丁烯	27	聚氧化乙烯-二醇端基	43
聚苯乙烯	33	聚氧化乙烯-二甲基醚端基	—
聚氯丁二烯	38	聚氧化丙烯-二醇端基	32
聚氯乙烯	39	聚氧化丙烯-二甲基醚端基	—
聚偏二氯乙烯	40	聚对苯二甲酸乙二醇酯	39.2～43
聚氟乙烯	28	不饱和聚酯	35
聚偏二氟乙烯	25	尼龙 6	42
聚四氟乙烯	19	尼龙 66	46
聚六氟丙烯	10	维尼纶	35
聚三氟氯乙烯	31	聚二甲基硅氧烷	24
聚三氟乙烯	22	聚甲基苯基硅氧烷	—
聚醋酸乙烯	33	聚丙烯腈	50
聚乙烯醇	37	硝酸纤维素	38
聚乙烯醇缩甲醛	39	环氧树脂	42.5～44
聚乙烯醇缩丁醛	38	脲醛树脂	61
聚丙烯酸甲酯	35	木材	45
聚丙烯酸乙酯	33	碳	30
聚丙烯酸丁酯	31	石蜡	23
聚丙烯酸乙基己酯	31	无碱玻璃	43
聚甲基丙烯酸甲酯	39	有碱玻璃	33.5
聚甲基丙烯酸乙酯	31.5	铁	1200
聚甲基丙烯酸丁酯	32	铜	2700
聚甲基丙烯酸己酯	27.5	金刚石	10000
聚甲基丙烯酸辛酯	23.5	水	19.1～21.7

Chiang 等[18] 研究了用不同硅烷偶联剂处理的玻璃纤维布与环氧树脂/酸酐/苄基二

甲胺体系分别制成的层压板，并测定了它们的干、湿弯曲强度（表 12-6）。

表 12-6　酸酐固化环氧树脂层压板（14 层 7781 型玻璃布）**干、湿弯曲强度**

玻璃布的偶联剂化学结构	层压板的弯曲强度/MPa	
	干	煮沸 72h
无	600	117
$ClCH_2CH_2CH_2Si(OMe)_3$	724	607
$\underset{\backslash\ O\ /}{CH_2—CH}CH_2O(CH_2)_3Si(OMe)_3$	641	475
$H_2NCH_2CH_2CH_2Si(OEt)_3$	537	462
$CH_2=CHC_6H_4CH_2NHCH_2CH_2NH(CH_2)_3Si(OMe)_3HCl$	634	558

注：测量层压板在沸水中浸泡 72h 后的强度是衡量偶联活性的重要手段。

从表 12-6 中不同硅烷偶联剂处理玻璃而制成的层压板在水中煮沸 72h 结果可见：含氯丙基硅烷化合物是上述体系中最有效的偶联剂，3-氯丙基三甲氧基硅烷中的氯官能团对于环氧树脂无反应性，不像其他硅烷偶联剂上的官能团具反应性。3-氯丙基三甲氧基硅烷为什么会有最高的干、湿强度，其原因可归功于这种硅烷偶联剂能使玻璃纤维表面获得最适合的临界表面张力（$\gamma_c=40$），环氧树脂 $\gamma_c=42.5$。因此环氧树脂能最大限度地浸润玻璃布；由于树脂对玻璃布的充分润湿也使相间区域保持较低的亲水性，而相间区域的耐水性又是材料力学性能好坏的关键。

12.4.2 有机硅偶联剂在有机/无机复合材料界面中化学键合

界面化学键合是提高有机聚合物与无机物体粘接强度最好方法，这在很多胶黏体系的研究和实际应用中得到了证明。聚合物粘料与被粘物化学键合可以通过离子键、共价键或螯合键实现[3,4]，因此研究者在选用或合成胶黏聚合物时都希望聚合物胶黏剂中具有有反应能力的官能团，或在胶黏剂配方中加入一些能在界面发生反应的偶联助剂。例如人们注意到脲醛、酚醛、三聚氰胺甲醛树脂中存在有羟甲基能与纤维素伯羟基反应形成共价键，因此研究和生产者选用这三种树脂作为木材加工（胶合板、纤维板、刨花板、细木板以及家具等）工业中的胶黏剂。上述三种树脂与纤维之间的化学反应可描述如下：

$$\text{酚醛}\sim\!\!\sim C_6H_3(OH)-CH_2OH + OH—\text{纤维素} \longrightarrow \sim\!\!\sim C_6H_3(OH)-CH_2O—\text{纤维素}$$

$$\text{脲醛}\sim\!\!\sim NCH_2OH + HO—\text{纤维素} \longrightarrow \sim\!\!\sim NCH_2O—\text{纤维素}$$

$$\text{三聚氰胺甲醛}\sim\!\!\sim NCH_2OH + HO—\text{纤维素} \longrightarrow \sim\!\!\sim NCH_2O—\text{纤维素}$$

由于纤维素羟基还可以与环氧树脂、异氰酸酯树脂等进行反应，还可以与聚醋酸乙烯酯进行酯交换反应，因而这些树脂也在木材加工、织物、纸张等工业中得到应用。

基于胶黏剂及其应用研究成果，为了提高有机聚合物与无机物料复合制备的材料和制品性能，人们研究和开发了既可以和聚合物反应化学键合在一起，又能与无机物料表面活性羟基等基团反应的硅烷偶联剂，通过不同方法将其用于有机/无机复合材料制备中，使其在界面发挥化学键合作用，达到改善复合材料物理力学性能，适应恶劣环境应用的目的。较多应用实例将在本书第 13 章介绍。下面仅举例说明硅烷偶联剂在界面化学键合形成共价键的作用。

Plueddemann 等曾研究 3-(甲基丙烯酰氧)丙基三甲氧基硅烷 [$CH_2{=}\overset{\overset{\displaystyle Me}{|}}{C}{-}CO_2CH_2CH_2CH_2Si(OMe)_3$]和 3-(丁烯-2-酰氧)丙基三甲氧基硅烷 [$Me{-}CH{=}CH{-}C(O)OCH_2CH_2CH_2Si(OMe)_3$] 两种组成相同、化学结构不同的同分异构硅烷化合物用来处理玻璃纤维，然后以制备不饱和聚酯基复合材料。两个化合物溶解度参数（δ）近似(约为 9)，也就是说它们在玻璃纤维成膜后其临界表面张力也应近似。但由于两个化合物化学结构不同，它们与不饱和聚酯反应活性存在差异，很显然前者 3-甲基丙烯酰氧丙基三甲氧基硅烷（WD-70）可以参与不饱和聚酯树脂共聚而后者不能共聚。因此以 WD-70 处理玻璃纤维制备的复合材料的弯曲强度高于后者 1 倍。又如用不具反应性的丙基三氯硅烷（$EtCH_2SiCl_3$）和具反应性的烯丙基三氯硅烷（$CH_2{=}CHCH_2SiCl_3$）处理玻璃纤维制备不饱和聚酯层压板时，它们的干（湿）弯曲强度分别为 236（183）MPa 和 399（402）MPa，实验数据表明具有反应性，能共价键合的烯丙基三氯硅烷处理玻璃纤维制成的层压板性能更好。以上事实可以看到硅烷偶联剂中碳官能团与聚合物基中官能团共价键合对增强复合材料中的界面黏结力的作用。

12.4.3 有机硅偶联剂在有机聚合物基复合材料中形成互穿网络界面层

互穿聚合物网络（interpenetrating polymer network，IPN）是由两种或两种以上交联聚合物相互贯穿形成链锁交织网络的共混物。组成网络的各组分之间不发生化学反应，而是通过互穿发生互锁作用，以环扣联结而成的交织网络聚合物。IPN 是高分子合金中不同聚合物之间的一种结合方式，可将它视为以化学方法来实现聚合物物理共混的一种技术。

IPN 可分为几类：①完全 IPN：两种聚合物均是交联网络；②半 IPN：一种聚合物是交联网络，另一种聚合物是线型的；③乳液 IPN：又称 IEN，由两种线型弹性乳胶混合凝聚、交联制得；④梯度 IPN：又称渐变 IPN，组成不均一的 IPN；⑤热塑 IPN：两种靠物理交联达到某种程度双重连续相的聚合物共混物。制备 IPN 的方法归纳起来则有分步聚合法、同步聚合法和乳液聚合法等。

IPN 共混物不管是采用什么方法或过程，都是使聚合物链互相缠结、形成互相贯穿的交联聚合物网络，都能抑制热力学相分离，增加两种组分间的相容性，形成比较精细的共混物结构。因此，两种不同性质的聚合物形成 IPN 后，会出现较好的物理力学性能、耐溶剂性、耐热性和耐候性等；此外，还会加宽相应玻璃化转变温度的范围。随着两种聚合物组分混溶性的增加，IPN 的两个玻璃化转变温度靠近而形成一个宽阔的玻璃化转变区域，在此区域可有效地减振阻尼，因此一些 IPN 聚合物具有优异的阻尼性能。如果在复合材料界面形成互穿网络界面层，则可以想象复合材料通常容易出现的界面残余应力将得到缓解或消除，也可以提高界面层耐溶剂性、耐湿性和耐候性。因此互穿网络界面层将起到可变形界面层或约束界面层作用。有机硅偶联剂之所以能在有机聚合物复合材料中起增强作用，其原因与有机硅偶联剂改性的复合材料界面层中有利于形成互穿聚合物网络界面有关，其理由可以从以下阐述得到一些了解[18~20]。

① 有机硅偶联剂 SCA 或 MSCA 中都存在可水解和缩合的硅官能团（X）。这些基团可以水解缩合形成交联的有机聚硅氧膜，它还可以与无机增强体或填料表面的羟基等基团反应，键合形成包括无机增强体在内的交联体系。

② 有机硅偶联剂 SCA 或 MSCA 中还存在可与有机聚合物基体中具反应性的官能团，它们之间相互化学键合，形成包括聚合物、无机增强体或填料组成的交联体。有些硅偶联剂中的 Q 还存在可以自聚或反应的基团，也可以与无机物料结合一起形成交联体。

③ 热固性树脂预聚物及其活性稀释剂等则可进入上述任何一种交联体系中，在固化过程中交联形成完全的 IPN；对于热塑性树脂或稀释单体则可渗入硅烷偶联剂与其中的交联膜形成半 IPN。硅烷偶联剂参与形成的 IPN 过程可以是按上述分步进行，亦可在复合材料界面形成过程中同步发生。

Gaehde 等[21] 选用乙烯基烷氧基硅烷（WD-20）、甲基丙烯酰氧丙基三甲氧基硅烷（WD-70）和氨丙基三乙氧基硅烷（WD-50）等三种硅烷偶联剂作为助剂，将其用于填充聚乙烯陶土增强的复合物中，比较了这三种硅烷偶联剂的增强效果。只发现乙烯基硅烷能接枝到聚乙烯上的偶联剂，如果按化学键合理论解释，应该是乙烯基硅烷偶联剂用于该复合材料中效果最好；然而实验结果表明，甲基丙烯酸酯基硅烷偶联剂提供了最显著的效果，胺基官能团硅烷偶联剂加入该体系也起了很好的作用，请参见表 12-7。

表 12-7　硅烷处理的高岭土（陶土）用于高密度聚乙烯增强

单位：MPa

高岭土上的硅烷	作用模式	复合材料（填充 20 体积%高岭土）	
		抗张强度	弯曲强度
无	—	190	369
乙烯基硅烷	接枝	200	379
甲基丙烯酸酯硅烷	取向和互穿聚合物网络	238	483
氨丙基硅烷	互穿聚合物网络	221	407

基于上述事实，如果我们认为在无机材料界面上可以形成交联聚硅氧烷与热塑性树脂的互穿聚合物网络，就不难了解作为热塑性树脂中硅烷偶联剂 WD-70 和 WD-50 的增强作用。在填料与树脂混合的初始阶段，涂在无机材料表面上的未固化有机硅偶联剂可起到树脂铺展在增强材料的润湿剂和分散剂的作用；在模塑温度下，有机硅偶联剂 WD-70、WD-50 在增强材料上更容易生成交联的有机聚硅氧膜层。在模塑温度以上熔融热塑性树脂可部分溶解于有机硅偶联剂构成的交联体中，但当复合材料冷却时，热塑性树脂的溶解度降低并作为互相贯穿相在界面上与交联的有机硅偶联剂分离。

12.4.4 有机硅偶联剂在有机聚合物基复合材料界面的其他作用

① 硅烷偶联剂改变无机表面酸碱性。为了改善树脂对金属的粘接效果，通常喜欢在聚合物中引入羧基，因为金属及其氧化物和矿物粉体表面都具不同等电点（参见3.2.2），可认为它们的表面都有一定程度的酸性或碱性。如此用具酸性的改性剂可促进树脂对碱性表面粘接，用碱性的改性剂则有利于酸性无机表面的黏性。此外酸-碱反应还可能对硅烷偶联剂在填料表面取向，如含氨基的硅烷偶联剂用于处理酸性表面，使用不当就可能使氨基取向于填料表面，而不是硅官能团与填料表面反应。硅烷偶联剂在填料表面上的取向，是保证硅烷碳官能团在树脂固化期间与树脂获得最大限度地接触和反应。在复合材料界面的酸碱反应不能提高材料的耐水性，也是得到证明的事实[22]。

② 硅烷化合物对玻璃纤维有润滑作用。具季铵基团的硅烷偶联剂[如十八烷基-二甲基-(3-三甲氧硅丙基)氯化铵]的商品名为玻璃润滑剂，借以保护玻璃纤维不受磨损。这种作用尤其在玻璃纤维增强聚丙烯等热塑性树脂采用注射成型时显得特别重要。

③ 用有机硅偶联剂可以防止水在无机物表面聚集，保护无机材料表面免遭水的应力腐蚀，还有报道称硅烷偶联剂似乎能使玻璃纤维表面的裂隙合拢。

④ 有些无机物料对热固性树脂的固化具有不同程度的催化抑制效应，有机硅偶联剂处理填料使这种抑制作用大大减少。

参考文献

[1] 师昌绪. 材料大辞典. 北京：化学工业出版社，1994：244-245，453-454，671.

[2] 张开. 高分子界面科学. 北京：中国石化出版社，1997：1-4，296-299.

[3] 龚克成. 高聚物胶接基础. 上海：上海科学技术出版社，1983.

[4] E. P. 普鲁特曼. 硅烷和钛酸酯偶联剂. 上海：上海科学技术文献出版社，1987：20-21，146-150.

[5] Ishida H，Koenig J L. J. Colloid and Interf. Sci，1978，64（3）：567-576.

[6] 郑水林. 粉体表面改性. 北京：中国石化出版社，2003：7-18.

[7] 赵文轸. 材料表面工程导论. 西安：西安交通大学出版社，1998：9-54.

[8] George Wypych. 填料手册. 第2版. 北京：中国石化出版社，2002.

[9] 杨明山. 聚丙烯改性及配方. 北京：中国石化出版社，2009：118-131.

[10] 师昌绪. 材料大辞典. 北京：化学工业出版社，1994：590，740，949-950，1140.

[11] 刘洪云，王象孝，杜作栋，等. 合成橡胶工业，1986，9（2）：131-134.

[12] 郑娟荣. 涂料工业，1994（6）：1-4.

[13] 张先亮，卓仁禧，甄广全. 武汉大学学报（自然科学版），1979（1）：52-60.

[14] E. P. 普鲁特曼. 硅烷和钛酸酯偶联剂. 上海：上海科学技术文献出版社，1987：136-137.

[15] Bascom W D. J. Colloid Interface Sci，1968，27（4）：789-796.

[16] Lee L G. J. Colloid Interface Sci，1968，27（4）：751-760.

[17] 张开. 高分子界面科学. 北京：中国石化出版社，1997：48-49.

[18] ① Chiang C H，Koenig J L. SPI. 35th Ann. Tech. Conf. Reinf. Plast23-D，1980. ②E. P. 普鲁特曼. 硅烷和钛酸酯偶联剂. 上海：上海科学技术文献出版社，1987：152-153，171.

[19] 冯新德. 高分子辞典. 北京：中国石化出版社，1998：220.
[20] 师昌绪. 材料大辞典. 北京：化学工业出版社，1994：369.
[21] Gaehde J. Plaste Kautschuk，1975，22 (8)：626-629.
[22] E. P. 普鲁特曼. 硅烷和钛酸酯偶联剂. 上海：上海科学技术文献出版社. 1987：30-31.

第13章

有机硅偶联剂在有机聚合物基复合材料中的应用

有机硅偶联剂涉及硅烷偶联剂（SCA）和大分子硅偶联剂（MSCA）两大类。SCA的品种很多，前述章节中仅是一些主要品种；它们的应用研究及产业化开发已有数十年历史，而MSCA还是21世纪发展起来的、用于复合材料改性的新型功能助剂，其应用还处于起步阶段，迄今研究业已表明它在聚合物复合材料中应用与SCA几乎相同。因此，本章内容仅以常用的SCA在塑料、橡胶、涂料、胶黏剂和密封胶等有机聚合物基复合材料中应用为例予以阐述，MSCA的应用突出之点只在13.7节作扼要介绍。有机硅偶联剂作为助剂在上述各领域中应用所发表的论文很多，需深入了解SCA在各领域的研发情况的读者请参见更多的有关文献。

13.1 有机硅偶联剂的选择及其使用方法

13.1.1 适用于有机聚合物基复合材料中的有机硅偶联剂

基于有机硅偶联剂化学结构和特性，以及在复合材料中应用的有关理论，我们不难得出结论：欲采用不同化学结构的有机聚合物和无机物料复合制备成结构型、功能型或通用型复合材料，应该选择不同化学结构的有机硅偶联剂。实践也已证明：硅偶联剂品种没有好坏之分，只有所选的有机硅偶联剂是否适合用于制备具特定性能和用途的复合材料；有机硅偶联剂能否在欲制复合材料界面层充分发挥润湿、相容、化学键合或形成互穿网络界面层等方面作用。因此，应用有机硅偶联剂的首要工作在于利用第12章阐述的有关原理，选择化学结构合适的硅偶联剂。实践表明选择有机硅偶联剂可从如下六方面考虑[1~6]。

① 有机硅偶联剂能否润湿复合材料所用的无机物料，只有能润湿无机物料的有机硅偶联剂才有可能与无机物表面的活性基团化学键合，才有可能通过分子间相互作用将有机硅偶联剂吸附于无机物表面。因此，我们选择有机硅偶联剂时应注意什么样的硅官能团最

适合润湿所用无机物料；如果选用 MSCA 则还需考虑链结构的功能。

② 有机硅偶联剂能否与欲制复合材料的有机聚合物或增强（或增容）等无机物料分别发生化学反应。希望有机硅偶联剂通过化学反应，能将两种性质完全不同的物料化学键合于界面层；此外，还需注意它们之间的化学键合速度，其反应速度是否适应复合工艺过程。

③ 有机硅偶联剂中具碳官能团的有机基团或 MSCA 中的链结构与聚合物相容性如何，相容性好坏是有机硅偶联剂能否渗入聚合物、与聚合物的活性基团化学反应，或生成互穿（或半互穿）网络的界面层的关键。相容性的考察取决于溶度参数（δ）或有机硅偶联剂在无机表面成膜后所测临界表面能力 γ_c 是否接近（参见 12.4.1）。

④ 在复合材料界面能否形成互穿网络或半互穿网络结构的界面层，既取决于有机聚合物和有机硅偶联剂在无机物料表面成膜的相容性或界面张力，还与 SCA 或 MSCA 交联成膜速度和聚合物固化速度有关。

⑤ SCA 或 MSCA 加入体系不仅不能影响制备复合材料其他助剂应有的作用，最好还有利于其他助剂在复合材料中发挥作用。

⑥ 选用的 SCA 或 MSCA 在使用过程中不产生毒害物质，使用者对其性价比满意，愿意将其用于生产复合材料。

除上述六方面可作选用硅烷偶联剂的依据外，另附表 13-1，根据聚合物特性推荐选用的 SCA，读者可以参考。

表 13-1　根据聚合物特性推荐可选用的硅烷偶联剂

硅烷偶联剂品种	有机反应性(官能团)	适用(合适的聚合物)
γ-氨丙基三乙氧基硅烷	氨基	丙烯酸，尼龙，环氧，酚醛塑料，PVC，聚氨酯橡胶，三聚氰胺，丁腈橡胶
γ-氨丙基三甲氧基硅烷	氨基	丙烯酸，尼龙，环氧，酚醛塑料，PVC，三聚氰胺，聚氨酯橡胶，丁腈橡胶
苯胺甲基三乙氧基硅烷	苯胺基	用于 PCB、聚烯烃的环氧树脂，所有聚合物类型
γ-甲基丙烯酰氧基丙基三甲氧基硅烷	甲基丙烯酰氧基	不饱和聚酯，丙烯酸树脂，EVA，聚烯烃
乙烯苄基氨乙基氨丙基三甲氧基硅烷	乙烯基-苯基-氨基	用于 PCBs、聚烯烃的环氧树脂，所有聚合物类型
γ-(2,3-环氧丙氧)丙基三甲氧基硅烷	环氧基	环氧树脂，PBT，聚氨酯，丙烯酸树脂，聚硫橡胶
γ-氯丙基三甲氧基硅烷	氯丙基	聚氨酯，环氧树脂，尼龙，酚醛塑料，聚烯烃
氨乙基氨丙基三甲氧基硅烷	氨基	丙烯酸树脂，尼龙，环氧树脂，酚醛塑料，PVC，三聚氰胺，聚氨酯，丁腈橡胶
缩水甘油醚氧基丙基三甲氧基硅烷与三聚氰胺树脂混合物	环氧基/三聚氰胺	环氧树脂，聚氨酯，酚醛塑料，PEEK，聚酯
苯胺甲基三甲氧基硅烷	苯胺基	用于 PCBs、聚烯烃的环氧树脂，所有聚合物类型
氨乙基氨丙基三元醇硅烷均聚物	氨基	丙烯酸树脂，尼龙，环氧树脂，酚醛树脂，PVC，三聚氰氨，聚氨酯，丁腈橡胶(特别适用于水溶体系)
乙烯苄基氨乙基氨丙基三甲氧基硅烷	乙烯基-苯基-氨基	用于 PCBs、聚烯烃的环氧树脂，所有聚合物类型
乙烯基三甲氧基硅烷	乙烯基	用于水汽交联作用的和聚乙烯之间的连接，EPDM 橡胶，SBR，聚烯烃

续表

硅烷偶联剂品种	有机反应性(官能团)	适用(合适的聚合物)
氯丙基三乙氧基硅烷	氯丙基	聚氨酯,环氧树脂,尼龙,酚醛塑料,聚烯烃
乙烯基三乙氧基硅烷	乙烯基	用于水汽交联作用的和聚乙烯之间的连接,EPDM橡胶,SBR,聚烯烃
脲丙基三乙氧基硅烷	脲基	沥青结合物,尼龙,酚醛塑料,聚氨酯
巯丙基三乙氧基硅烷	巯基	橡胶
双(三乙氧基硅烷基丙基)二硫化物	双硫基团	橡胶
双(三乙氧基硅烷基丙基)四硫化物	四硫基团	橡胶

13.1.2 硅烷偶联剂在有机聚合物基复合材料中的使用方法

选择了合适的硅烷偶联剂，将其用于有机聚合物基复合材料制备，有时也不一定能达到理想的效果，因为使用方法和制备条件同样重要。应用中常常会出现因 SCA 使用不当而影响材料性能，甚至还有 SCA 完全不起作用的情况。根据应用体系组分的不同、加工工艺条件变化、应用目的区别等，确定合适的使用方法是复合材料制造者应特别关注的。杨文超等[5] 综述了无机形体表面改性方法和工艺，可供读者参考。

13.1.2.1 硅烷偶联剂用量

硅烷偶联剂的用量是直接影响处理效果的一个重要因素。SCA 的用量既依赖无机物料的表面特性，也取决于使用目的；SCA 用量是决定改性效果（如表面覆盖率、疏水性）以及综合应用性能的关键因素之一。用量要适当，过大用量可能导致多层包覆，不仅没有必要，而且使处理成本上升。虽然有人认为，只要填料表面有单分子层 SCA 就能与有机聚合物有效耦合，但是实验证明，均匀的单分子层形成十分困难，即使用浓度低于 2%具三个硅官能团的 SCA，得到的亦多为 3～8 个 SCA 分子厚的涂层。实际上多分子层效果较单分子层好，但过多则没有必要。SCA 用量范围通常为 0.3%～2.0%。实际上，最佳的用量要通过实验确定。

硅烷偶联剂的用量主要是由被处理的无机填料比表面积和 SCA 自身的覆盖能力所决定的，因此可用如下公式估算：

硅烷偶联剂用量(g)＝填料用量(g)×填料表面积(m^2/g)/SCA 可润湿面积(m^2/g)

硅烷偶联剂的可润湿面积系指一克硅烷偶联剂所能覆盖的处理物面积，不同种类 SCA 可润湿面积不同，请参见表 13-2。

表 13-2 常用硅烷偶联剂可润湿面积

品种	可润湿面积/(m^2/g)	品种	可润湿面积/(m^2/g)
$ViSiCl_3$	480	$CH_2CHOCH_2OC_3H_6Si(OMe)_3$	330
$ViSi(OEt)_3$	410	$HSC_3H_6Si(OMe)_3$	345
$Vi(OC_2H_4OMe)_3$	280	$H_2NC_3H_6Si(OEt)_3$	355
$CH_2=CMeCOOC_3H_6Si(OMe)_3$	315		

不同的无机物料，因其组成和结构差异，也有不同的比表面积，该值以 S 代表（m^2/g）、常见填料的表面积值见表 13-3，可供参考。

表 13-3　常见填料比表面积（S）

填料	E-玻璃纤维	石英粉	高岭土	黏土	滑石粉	硅藻土	硅酸钙	气相法白炭黑
$S/(m^2/g)$	0.1～0.2	1～2	7	7	7	1.0～3.5	2.6	150～250

此外使用硅烷偶联剂时，还要考虑填料水解的最低含水量。若不够，填料在使用前需要预先处理以便得到适量水量，表 13-4 给出了一些 SCA 水解反应时所需要的最低水量。

表 13-4　SCA 水解反应所需的最低水量

硅烷偶联剂	水解 1g 硅烷需水量/g	硅烷偶联剂	水解 1g 硅烷需水量/g
$ClC_3H_6Si(OMe)_3$	0.27	$HSC_3H_6Si(OMe)_3$	0.28
$ViSi(OEt)_3$	0.28	$H_2NC_3H_6Si(OEt)_3$	0.25
$ViSi(OC_2H_4OMe)_3$	0.19	$CH_2=CMeCOOC_3H_6Si(OMe)_3$	0.22
$CH_2CHOCH_2OC_3H_6Si(OMe)_3$	0.23		

还有观点认为，被处理物（基体）单位比表面积所占的反应活性点（如 Si—OH）数目也是决定基体表面硅烷化所需 SCA 用量的决定性因素，为了获得单分子层覆盖，需先测定基体的 Si—OH 含量。由于基体表面 Si—OH 含量在不同条件下的不确定性以及实际应用时测定的难度，因此通常很少采用此法。若 SCA 的可润湿面积或填料的比表面积值不能确定，填料表面 Si—OH 在不同条件下含量的不确定性，同时考虑到应用过程中各种因素的影响，实际使用时很少采用理论计算方法来确定 SCA 的用量，通常采用试验法。可先用 1%（质量）浓度的 SCA 溶液处理填料，再改变不同浓度，比较处理结果，以确定合适硅烷用量。

13.1.2.2　配制硅烷偶联剂溶液用于预处理无机物料

首先将 SCA 配成溶液，通过浸渍，喷雾或刷涂等方式对无机物料表面进行处理，然后再与有机聚合物复合。该法用于玻璃纤维增强复合材料中的玻璃纤维表面处理，以及橡胶用无机增强填料或涂料中的颜料等无机物料的表面处理。通常情况下，块状、粒状或纤维状的物料用浸渍方式，粉末状材料用喷雾，面积较大的整体表面则用喷雾或刷涂方式进行预处理，工业化生产中大量使用时，使用者应关注 VOC 排放和溶剂的回收。其 SCA 溶液配制及应注意之点（参见 1.5 节）介绍如下。

（1）醇-水溶液

将 95%（质量比）乙醇和 5%的无氟离子水配成醇-水溶液，加入少量醋酸，使溶液的 pH 值调至 4.5～5.5；在搅拌中加入 2%硅烷偶联剂，5min 后得到含有 Si—OH 的 SCA 溶液。将要处理的物体（如玻璃板、晶片等）浸入上述溶液，轻微搅拌溶液 2min 后，取出物体放入乙醇溶液中，小心漂洗 2 次，晾干后移入烘箱，在 120℃左右温度下烘干 5～10min 即可。若处理物体不能受热，则可在室温下干燥大约 24h。应注意使用氨基取代的硅烷偶联剂，不需加入醋酸，氯代和乙酰氧基硅烷不适合使用此法。

（2）水溶液

硅烷偶联剂的水溶液处理玻璃纤维是工业生产中通用的方法。操作者可将烷氧基硅烷直接加到无氟离子水中，配成浓度为0.5%～2%的溶液。如果SCA在水中的溶解度较差，则事先在水中加入0.1%非离子型表面活性剂配制成乳液，然后再加入醋酸调pH为5.5左右。配好处理液后，可通过浸渍或喷雾方式处理玻璃纤维，在120℃左右温度下加热烘干约30min即可。使用该法时要掌握SCA水溶液的稳定性，因为不同的硅烷偶联剂水溶液稳定性相差极大，如简单的烷氧基硅烷的水溶液仅能稳定数小时，而氨基SCA的水溶液则可稳定几周，长链烷基或芳基烷氧基硅烷，因为它们在水中的溶解度太小，因而不适合使用该法。

（3）醇溶液

配制高浓度硅烷偶联剂的醇溶液，而后通过喷雾方式处理无机填料。处理前需要计算硅烷用量，测定填料的含水量，若水量不够，填料需要加适量的水预处理，然后再用硅烷醇溶液处理。具体工艺是填料先加到高速高效混合器中，硅烷偶联剂配成25%醇溶液（通常为乙醇），分几次以喷雾形式加到搅拌混合装置中，两者混合反应30min左右，然后用动态干燥法除去挥发性溶剂和其他副产物便得到产品。氯硅烷常用乙醇或异丙醇作溶剂，浓度为2%～5%。当氯硅烷加入醇中，醇解反应发生，所以生成烷氧基硅烷和HCl，HCl和醇作用生成烷基氯化物和水，氯化烷或烷氧基硅烷与水反应即生成处理液——硅醇溶液。

（4）惰性有机溶液

将硅烷偶联剂溶于甲苯或者其他碳氢烃烷等有机溶剂中，配成5%的溶液，纳米状或者是细小的物体可以直接放入上述溶液中煮沸12～24h，取出后用适当溶剂清洗表面，然后室温或者烘箱干燥即得产品。

13.1.2.3 直接加入有机聚合物物料中的掺混法

该法系指填料加入前，首先将硅烷偶联剂原液或者溶液先加到有机聚合物料中混合均匀，再加入增强剂或填料；经适当放置，使有机硅偶硅剂在聚合物中逐步迁移到填料表面上，而后完成其水解、缩合反应；最后加入其他助剂。此法特别适合于涂料以及特殊胶黏剂的制备，为了获得较佳的效果，下列几个先决条件必须满足。

① 使用高速、高效搅拌器，保证物料均匀、有效地混合。

② 硅烷偶联剂和聚合物之间的溶解性和反应性应相吻合，填料加入前，不希望硅烷偶联剂与聚合物发生反应，以免体系黏度增大，不利于SCA的迁移。

③ SCA的用量应高于计算值的2%～5%，因为并非所有SCA都能从聚合物中转移到填料表面上反应，部分将留在聚合物中发生自身缩合。

④ 填料含水应适量，且与SCA有一定反应速度，否则需要加入少量金属羧酸盐作催化剂，以加速水解缩合反应。

13.1.2.4 硅烷偶联剂复配物的使用

随着硅烷偶联剂的应用领域不断扩大，人们对SCA的品种性能要求也更多，希望

SCA 是一种多功能助剂，既希望它赋予两个性质不同的异性材料之间的高强度的结合，还能长期有效地在高温或湿热等恶劣条件下使用，保持优良的电学性能和极好的黏合强度。既要材料性能好，还希望使用成本低，能用于生产商品。因此将不同 SCA 复配，SCA 与有机硅化合物或聚合物复配，SCA 和其他助剂复配等。将它们应用于复合材料制备。

① 利用疏水性好的或与聚合物相容性好的具硅官能团的有机硅化合物，如烷基、芳基烷氧基硅烷或 γ-氯丙基烷氧基硅烷等作为助剂，将其与选用的 SCA 按一定比例复配，用于处理无机物料表面，改善两种性质不同物料润湿、相容和互穿网络性能。

② 选用两种以上 SCA 复合，如 WD-50（KH550）和 WD-60（KH560）或 WD-60 与 WD-10 复配的混合物用于有机聚合物复合材料中，它们发挥协同效应，更利于增进聚合物与无机物料的粘接，提高物理机械性能。

③ 选用具芳香基的 SCA 与通用 SCA 复合，用于处理填充聚合物中无机物料表面，有利于改善复合材料耐高温性能。

④ 在硅烷偶联剂中加入桥联二硅烷用于处理无机物料表面。常用的桥联二硅烷有 1,2-（双三烷氧甲硅基）乙烷，如 $(RO)_3SiCH_2CH_2Si(OR)_3$（商品名 WD-26M，WD-26E）等，这类化合物与硅烷偶联剂混合使用可进一步提高无机底物与有机聚合物之间的粘接性，改善复合材料耐热、耐候和提高机械强度。这类有机硅烷和常用硅烷偶联剂以 1∶5 或 1∶10 的比例混合效果极佳。

硅烷偶联剂复配是一种值得推广的方法或技术。SCA 与什么化合物或聚合物进行复配，以及复配的比例则要使用者思考和试验，使其达到最好效果。如车国勇等[6] 以甲基三甲氢基硅烷、γ-氨丙基三乙氧基硅烷复合后，将其应用于有机硅密封胶增黏，较之于 KH550、KH560 等 SCA 单独用于有机硅密封胶增黏效果好，显著提高硅橡胶老化粘接性。发展复配 SCA 使用技术，无疑将会推进 SCA 更大规模的使用，促进 SCA 蓬勃发展。

硅烷偶联剂用于有机聚合物复合材料中的无机物料表面改性，这些无机物料主要包括玻璃纤维及其制品、SiO_2 或硅酸盐和硅铝酸盐等矿粉，还用于 TiO_2、Fe_2O_3、$Al(OH)_3$、$Mg(OH)_2$ 和矿粉等无机粉体（参见 12.3.2）。

13.2 硅烷偶联剂用于无机物料表面改性

13.2.1 概述

有机聚合物复合材料中的增强体（或填料）等无机物料与有机聚合物基体是性质不同的两种物质，它们在复合材料中通过界面相互连接。欲制备性能良好的聚合物基复合材料，其复合用的有机聚合物基体一定要充分润湿无机增强体（或填料）等，通过润湿才能使有机聚合物与增强体（或填料）紧密接触；如果这种接触能促使它们之间化学键合，则处于界面的聚合物固化时将会对增强体产生有利性能改善的压缩应力。为了达到所述目的，在制备有机聚合物复合材料时无机物表面通常要用化学或物理方法进行表面改性处理。复合材料中所用无机物料不同，因其表面性质也不同，其处理剂或改性方法也因此各异。硅酸盐玻璃纤维或矿粉等最好用硅烷偶联剂处理，碳酸钙粉体最好处理剂是钛酸酯，碳纤维则采用氧化法、涂层法、净化法、溶液还原法或等离子体法处理。利用有机改性剂对增强体、填料和颜料等无机物进行表面改性，主要是通过这些无机物表面吸附有机改性剂或通过反应化学键合。有时无机物料表面改性也可通过聚合物对增强体或填料包覆来实现。表面改性剂的选择必须考虑被处理无机物料的使用目的，例如用于塑料、橡胶或涂料等有机聚合物复合材料的无机物料的表面改性，表面改性的化合物应考虑它能促进无机增强体（或填料）与高聚物基料相容性好，最好这种改性剂能与无机颗粒表面发生强有力的化学结合，还希望它具有能与有机聚合物分子化学键合的官能团。作为水性涂料体系的无机颜料的表面改性剂则既要能与无机颜料有较强的作用，还能够显著地提高无机颜料在水中的分散性，其改性剂本身还需与无机相或水相有良好的相容性或配伍性。

表面改性剂的种类很多，常用的改性剂有硅烷偶联剂和大分子硅偶联剂，钛偶联剂和大分子钛偶联剂（MTCA），以及铬或铝等偶联剂等，此外，还有含硅官能团的有机硅化合物或聚硅氧烷，表面活性剂，有机低聚物，不饱和有机酸，水溶性高分子，超分散剂或反应性相溶剂，以及金属氧化物或金属盐等有时也用作改性剂。如何选择表面改性剂则取决于所用无机增强剂或填料的化学组成和表面特性。

有机硅偶联剂是制备有机聚合物复合材料的助剂，它广泛应用于塑料、橡胶、涂料、胶黏剂和密封胶等产品制备。SCA 能在复合材料中使树脂、橡胶等聚合物与无机物料偶联，以改善两种性质完全不同物料所形成的不良界面状况，从而改善有机聚合物与无机物料复合工艺条件，提高这类复合材料物理机械性能，保持复合材料在潮湿环境下性能的稳定，确保复合材料能在恶劣环境中长期使用。

有机硅偶联剂在复合材料中应用效果好坏，首先取决于在欲制复合材料中选用何种化学结构的有机硅偶联剂，其次则是采用什么工艺过程使硅偶联剂在有机聚合物复合材料的界面充分发挥作用。

13.2.2 硅烷偶联剂在无机物料表面改性中的应用

13.2.2.1 硅烷偶联剂用于玻璃纤维处理

玻璃纤维及其制品常用于不饱和聚酯、环氧、酚醛等热固性树脂增强，玻璃短（或长）纤维则多用于增强聚丙烯（PP）、聚乙烯（PE）或聚氯乙烯（PVC）等热塑性塑料，橡胶制品增强有时也用到玻璃纤维。这类玻璃纤维增强材料，玻璃纤维制造公司都要根据制品不同或用途差异选用 SCA 和其他助剂，将它们配制成专一的玻璃纤维增强浸润剂，这种制剂通常受专利保护。玻璃纤维生产时，在抽丝时喷射浸润剂处理玻璃纤维。据报道[7]：浸润剂通常包括硅烷偶联剂 0.3%～0.6%，成膜剂 3.5%～15%，润滑剂 0.1%～0.3%（润滑剂有时是阳离子型硅烷偶联剂，笔者注），抗静电剂 0.25%～1.0%，匀涂剂

0.0%～0.5%，水余量。其浸润剂配制方法举例如下[6～10]。

取一容器注入五倍于额定SCA的水，然后在搅拌下徐徐加入SCA，加毕将pH调至确定值，继续搅拌直至溶液透明，至此SCA水解工作完成。再取另一容器注入10倍于其余组分的水，然后在搅拌下徐徐分别加入其余组分，直至调匀。最后将以上两种溶液混合，并将水加至足量。

需要注意的是对于氨基硅烷pH应保持9～10，其他类型硅烷一般均用醋酸调至pH为4～5以加速水解。如pH<4或>7则会促进硅醇的自身缩合，从而失去偶联作用。常用于玻璃纤维处理的SCA品种参见表13-5。

表13-5 玻璃纤维常用偶联剂

名称	化学式	商品名
γ-甲基丙烯酰氧基丙基三甲氧基硅烷	$CH_2{=}C(CH_3){-}C(=O){-}O{-}(CH_2)_3Si(OMe)_3$	A-174,KH570,WD-70
乙烯基三(β-甲氧基乙氧基)硅烷	$CH_2{=}CH{-}Si(OC_2H_4OMe)_3$	A-172,WD-27
乙烯基三乙氧基硅烷	$CH_2{=}CH{-}Si(OEt)_3$	A-151,WD-20
γ-氨丙基三乙氧基硅烷	$NH_2{-}CH_2{-}CH_2{-}Si(OEt)_3$	A-1100,WD-50,KH550
苯胺甲基三乙氧基硅烷	$C_6H_5{-}NHCH_2Si(OEt)_3$	南大-42
γ-二亚乙基三氨丙基三乙氧基硅丙烷	$H_2N(CH_2)_2NH(CH_2)_2NH(CH_2)_3Si(OEt)_3$	B-201,WD-55
阳离子型甲基丙烯酸乙基二甲氨丙基三甲氧基硅烷	$CH_2{=}C(Me){-}C(=O)OCH_2CH_2N^{+}(Me)_2(CH_2)_3Si(OMe)_3\cdot Cl^-$	Z-6031,WD-751
阳离子型γ-乙烯苄基氨乙基-氨丙基三甲氧基硅烷	$CH_2{=}CHC_6H_4CH_2NHCH_2CH_2NH(CH_2)_3Si(OMe)_3\cdot HCl$	Z-6032,WD-511

注：文献[8,9]对硅烷偶联剂处理玻璃纤维有实际深入的研究请参阅。

13.2.2.2 硅烷偶联剂用于黏土矿粉表面改性

硅烷偶联剂常用于高岭土等黏土矿粉表面改性。其处理工艺简单，通常是将黏土和配制好的SCA一起加入表面改性机中进行表面处理。其工艺过程可以是连续的（采用连续式粉体表面改性机），也可以是批量的（采用间歇式粉体表面改性机，如高速加热混合机）。

影响矿粉表面处理的因素很多，除硅烷偶联剂化学结构外，矿粉粒度大小及其表面特性，SCA的用量和用法，表面处理的时间和温度等工艺条件，请参阅文献［11～18］。本节以高岭土的改性为例予以说明。

高岭土的粒度越细，比表面积越大，表面暴露的反性基团越多，达到相同包覆率所需要的表面改性剂的用量无疑较粒度较粗的高岭土要多。1989 年《电线电缆译丛》报道表面改性高岭土在 EPDM 橡胶中性能[19]：SCA 改性的高岭土越细，用于橡胶复合材料的综合应用性能越好。如用乙烯基硅烷偶联剂分别对平均粒度 0.8μm 的细粒径煅烧高岭土（F_{PS}）和平均 1.3μm 的中等粒径煅烧高岭土（M_{PS}）进行改性而后用于填充三元乙丙橡胶（EPDM）中，最终制品测试结果表明抗拉强度（图 13-1）、300%定伸强度（图 13-2）、抗撕裂强度（图 13-3）以及电绝缘性能等（图 13-4 及图 13-5），细粒径煅烧改性高岭土（F_{PS}）填充 EPDM 其性能明显好于 M_{PS} 填料。如乙烯硅烷偶联剂处理煅烧高岭土时平均粒度为 0.8μm 的物料，表面覆盖 40%～60%时制品的抗拉强度最大，其他性能则在覆盖率达 100%后基本上不再变化。

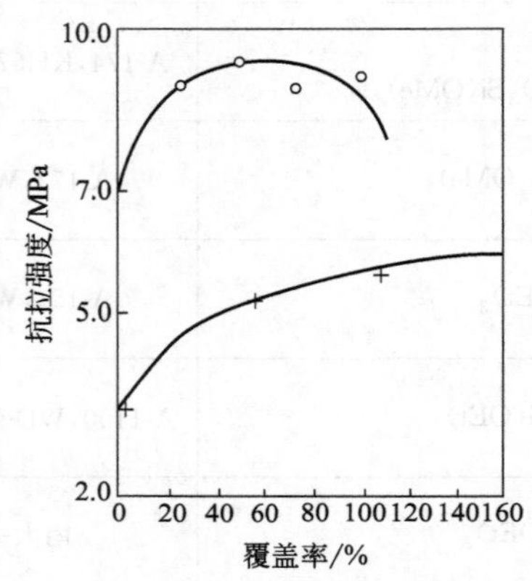

图 13-1　表面覆盖率与制品抗拉强度

○—细粒径煅烧高岭土（F_{PS}）；＋—中等粒径煅烧高岭土（M_{PS}）

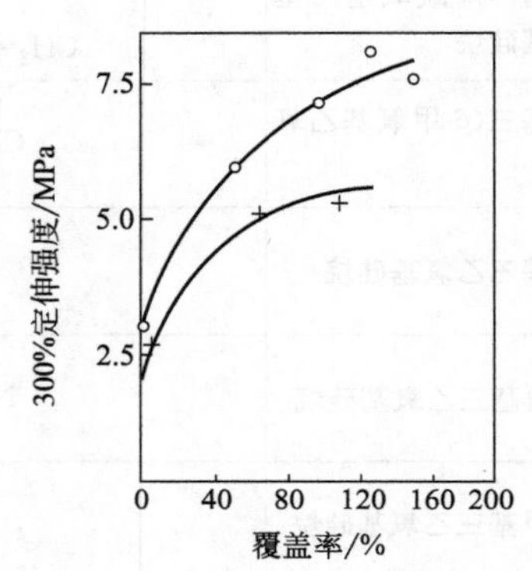

图 13-2　表面覆盖率与制品定伸强度

○—F_{PS}；＋—M_{PS}

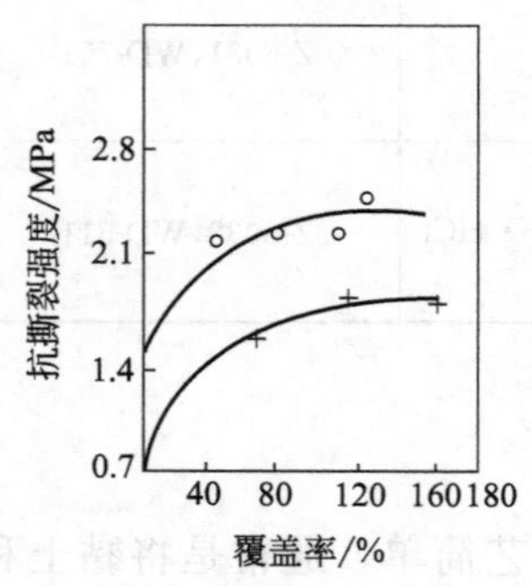

图 13-3　表面覆盖率与制品抗撕裂强度

○—F_{SP}；＋—M_{PS}

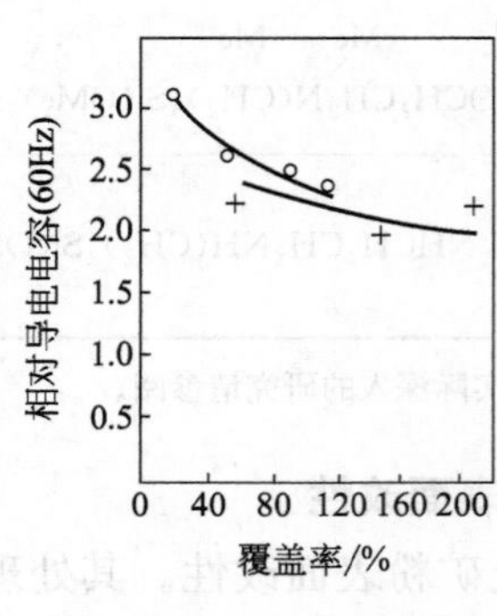

图 13-4　表面覆盖率与制品介电常数

○—F_{SP}；＋—M_{PS}

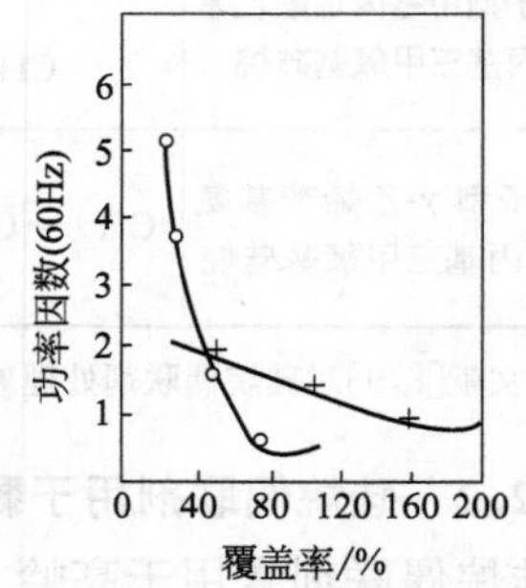

图 13-5　表面覆盖率与制品功率损耗

○—F_{SP}；＋—M_{PS}

无机粉体表面可反应基团数量，以及物理吸附水的多少都会影响 SCA 与其表面改性。因此，无机物粉体在用 SCA 表面改性前经加热预处理有时是必要的，温度的高低和加热时间长短因粉体不同而异。粉体预处理通常在 100～110℃动态进行加热一段时间后，再加入配制的硅烷偶联剂，最好用雾化法喷入水解后的SCA。硅烷偶联剂与粉体表面反应过程还需在选定的温度下保持一段时间，通常不同反应温度和反应时间改性效果可能不一样。改性处理后的粉体有时会产生团聚或生成硬颗粒，因此采用有效办法分级，避免对复合材料造成不良影响。

配制硅烷溶液时，硅烷偶联剂水解程度也影响表面改性剂的作用。如果用硅烷包覆处理，适当添加其他表面改性剂予以复配，可以减少价格较高的SCA用量，降低生产成本，还可增强表面处理效果。例如用SCA处理高岭土或滑石粉时，加入气态的氨、甲胺、二乙胺、甲醇、乙醇、丙醇、甲基硫醇和乙基硫醇等化合物，不仅可以减少硅烷用量，而且还获得更好的表面处理效果[20]。

朱平平等[21]选用乙烯基三乙氧基硅烷和乙烯基三甲氧基硅烷分别对煅烧高岭土进行改性，研究SCA用量、改性温度、时间、助剂用量等对改性效果（活化指数）的影响。其最优结果：SCA用量为2%，改性温度80℃、改性时间30min、不加助剂乙醇，活化指数分别达99.5%和99.43%，并将SCA改性后的高岭土用于EPDM增强，其力学性能显著改善。

国内已有用于非金属粉体表面改性的设备，但连续化生产设备还不多见。批量生产设备还存在一些问题，如改性处理温度控制，SCA反应副产物和稀释溶剂回收，高速搅拌和混合均匀，以及防止团聚物产生和分离等。对于设备的改进李宝智做过如下建议[22]可供参考：①能将硅酸盐矿物粉体在动态状况下加热到130℃，并在90～130℃之间能够保温，加热和保温时间能自动控制；②要有排气装置，可将改性前后脱除的水以蒸气的方式排出，使硅烷偶联剂与粉体产生缩合反应，有效共价键合；③硅酸盐等矿粉在表面改性中应处在高速动态的状况下；④可满足表面改性剂分批或连续加入的要求；⑤为解决表面改性中产生的假团聚和硬团聚体，能进行有效分级，应有专用的分级设备配套。

13.2.2.3 纳米二氧化硅改性

有机聚合物与纳米SiO_2复合制成的材料具有高强度、高刚性、材料韧性和耐老化等优良性能。因此对这类材料的研究与开发得到研究和使用者的普遍关注。纳米SiO_2的比表面大，表面能高、易团聚，将其用于制备复合材料，它与有机聚合物相容性差，不易在聚合物中分散，很难制备性能优良的材料。基于如此弊端，对纳米SiO_2表面改性成为制备其复合材料首要工作。

用于纳米SiO_2的改性剂及其改性方法很多，其中采用SCA改性纳米SiO_2研究较多。迄今已研究开发的方法有SCA用于白炭黑或纳米SiO_2粉体表面改性，SCA用于胶体纳米SiO_2表面改性和SCA参与原位聚合直接制备有机聚合物纳米SiO_2复合材料等三种[23~26]。

(1) SCA用于白炭黑或纳米SiO_2粉体表面改性

硅烷化气相SiO_2（白炭黑）这类纳米级商品早有出售，但多是甲基硅烷化产品，主要用于硅橡胶制品。利用不同SCA改性白炭黑（SiO_2）用于橡胶制品研究与应用开发也有30多年历史，其中特别是含硫的SCA，它们能显著提高白炭黑的性能，迄今在橡胶工业中已广泛应用[27]。文献中有关SCA用于纳米SiO_2复合材料制备则有较多研究报道。

例如 1995 年 Bourgeat[28] 等将 SiO_2 分散在甲苯中，用不同量如甲基丙烯酰氧丙基三甲氧基硅烷（WD-70）处理纳米 SiO_2，能有效阻止纳米二氧化硅的团聚。

Bauer[29,30] 用甲基丙烯酰氧基丙基三甲氧基硅烷（WD-70）、乙烯基三甲氧基硅烷（WD-21）、正丙基三甲氧基硅烷三种不同的偶联剂处理纳米 SiO_2 和 Al 粒子混合填料制备出透明增韧的聚丙烯酸酯纳米复合材料，并且发现偶联剂的加入不仅改变了填料表面的化学性质，而且显著影响丙烯酸酯纳米分散体的流变性，改善了丙烯酸酯的黏弹性，这类纳米无机粒子填充清漆主要用于装饰性家具的铝箔密封面涂层材料。

Etienne Mathieu[31] 等用 γ-氨丙基硅烷偶联剂（WD-50）改性纳米二氧化硅。首先，把 APS 和纳米 SiO_2 分散在甲苯中回流搅拌 2h，然后再高温固化 2h。这样，不仅增加了接枝层的厚度，也提高了交联度。

Jesionowski[32] 等用巯烃基硅烷、乙烯基硅烷和氨基硅烷偶联剂对纳米二氧化硅进行了表面处理。分析测试表明，前两者处理后粒子的疏水性增加，表面羟基数目大量减少，导致二次团聚减少；而氨基硅烷偶联剂却没有这样的效果，这主要是因为后者结构中的氨基除了与 SiO_2 表面的羟基反应外，还形成了分子间氢键而又引起粒子的团聚。

国内也有这些方面研究，如吉小利等[33] 报道用 KH570 改性纳米 SiO_2（10～15nm）对其效果进行了研究。还有较多研究常见于涂料、胶黏剂和密封胶的制备（参见 13.6 节）。

(2) SCA 用于胶体纳米 SiO_2 表面改性

该法多用于溶胶-凝胶技术合成纳米 SiO_2。在制备过程中加入用于改性的 SCA，人们常称之为纳米 SiO_2 的原位改性，这种改性 SiO_2 的方法已是当今研究开发之热点。例如国内于 21 世纪初有机硅化合物及材料教育部工程中心已开发了这种技术，并通过了鉴定[34]。还有许多其他研究者的报道，例如白红英等[35] 将一定量的正硅醇乙酯，无水乙醇及流量 0.1mol/L 盐酸及 γ-(环氧丙氧) 丙基三甲氧基硅烷（WD-60）均匀混合后，在 50℃恒温水解 6h 得均匀透明的溶胶，然后加热蒸发得凝胶，在 80℃恒温下烘干 17h 得白色粉体。将其用于制备耐热涂料获得增强、增韧特性。王云芳等[36] 也采用溶胶-凝胶技术，首先以四乙氧基硅烷为原料制备溶胶，而后也是加入 WD-60 进行处理，他们得到了 SCA 改性的纳米 SiO_2，并对其改性纳米 SiO_2 进行了老化。

(3) SCA 参与原位聚合直接制备有机聚合物纳米 SiO_2 复合材料

Liu Wen-Fang[37] 等把无机纳米粒子、表面化学改性剂及聚合单体在制备过程中有机地结合起来，从无机分散粒子的制备，到纳米粒子的表面化学改性，制备出高分子复合材料所需的无机纳米分散粒子，直至原位聚合形成复合材料，可有效地避免纳米粒子的收集与存放中存在的问题。他们将偶联剂 MPS(WD-70) 随单体、交联剂、SiO_2 一同加入，进行乳液聚合接枝纳米 SiO_2。由于硅烷氧基亲水性强，易水解成硅醇，迁移到 SiO_2 表面，在与单体聚合前先与 SiO_2 表面羟基发生反应，从而在 SiO_2 表面引入双键，与乙烯聚合形成共价键。加入 SCA 主要改善界面，提高键合率。当加入少量的 MPS 时，键接率从 62.5%提高到 95.6%，且 MPS 的加入对单体转化率和产率没有显著影响。有关该领域的研究开发请参见第 14 章 SCA 用于有机聚合物改性。

（4）SCA 湿化改性白炭黑及其应用

高中飞等[26] 以乙烯基三甲氧基硅烷（WD-31）为改性剂，采用湿法对白炭黑进行表面改性，考察了改性温度、时间、pH 和改性剂质量分数对白炭黑性能的影响，其适宜的改性条件：改性温度为 90℃，改性时间为 120min，pH 为 2.5，WD-21 质量为白炭黑湿凝胶质量的 3.0%时，改性后白炭黑的活化度达 100%，表面硅羟基下降，提高了传统白炭黑的疏水性。将白炭黑应用于丁苯橡胶时，300%、500%定伸应力较未改性提高了 88.5%、86.3%，拉伸强度提高 16.2%，体积磨耗下降 12.6%，提高了硫化胶的力学性能和补强性能。

13.3 硅烷偶联剂用于热固性树脂基复合材料

13.3.1 概述

20 世纪 40 年代，硅烷偶联剂（SCA）作为商品面世，首先就是专为改善热固性树脂基复合材料（玻璃钢）而设计和合成的。常用的热固性树脂有不饱和树脂、环氧树脂、酚醛树脂和三聚氰胺树脂等，此外还有聚酰亚胺和有机硅等特种树脂。这类材料所用增强剂主要是玻璃纤维及其制品，无机粉体或粒子也有采用。

硅烷偶联剂作为助剂用于树脂基复合材料中能起增强和保持湿强度作用。分析认为：SCA 可与无机物料表面的活性（反应）基团化学键合，从而使无机物料表面有机化，有利于树脂润湿增强剂（或填料），也增加了 SCA 与树脂官能团相互化学键合机会，SCA 自身还可在增强剂（或填料）表面形成聚硅氧烷醇涂层。低分子的硅氧烷醇涂层可相容于液体树脂基质中，在树脂固化时，SCA 的碳官能团可参与树脂化学键合，形成共聚物。它也可能部分相容，当硅氧烷醇与基质树脂各自固化，当发生有限的共聚反应时，便形成互穿的聚合物网络。如此两方面的相互作用都会增强复合界面，改善树脂基复合材料物理、机械性能。此外玻璃纤维在被 SCA 改性后，聚合物能充分润湿其表面，它们之间能紧密黏合，避免玻璃纤维之间存在空隙，在有水和潮湿的环境中，就不会因玻璃纤维之间产生毛细现象导致水分子富集于复合材料界面，从而防止硅—氧化学键的破坏，保证材料在湿热环境下的性能稳定。

硅烷偶联剂用于树脂基复合材料，除可以改善复合材料物理力学性能，在湿热环境下保持性能稳定，有利于树脂基复合材料长期使用外；SCA 加入复合物料还能降低黏度，改善流变性，有利材料复合加工。增加树脂中填料用量，从而降低生产成本，也是于复合材料中加入 SCA 的原因之一。但对不同树脂基复合材料都必须选择一种适合它应用的 SCA，其化学反应性与树脂及其固化剂反应性相匹配。SCA 选得好，其材料性能改善才会明显。表 13-6 列出四种常用树脂和相匹配的 SCA 制备的玻璃钢，从干、湿弯曲强度变化对比，我们可以初步领会到硅烷偶联剂在有机聚合物复合材料中的主要作用[38]。

表 13-6　适合的 SCA 对玻璃纤维增强热固性树脂的影响

热固性树脂	硅烷偶联剂	代　号	弯曲强度/kPa	
			干	湿
不饱和树脂	—		60000	35000
	甲基丙酰氧丙基三甲氧基硅烷	A-174,WD-70,KH570	87000	79000
环氧树脂	—		78000	29000
	3,4-环氧环己基乙基三甲氧基硅烷	A-186,WD-63	101000	66000
三聚氰胺树脂	—		42000	17000
	2,3-环氧丙氧丙基三甲氧基硅烷	A-187,WD-60,KH560	91000	86000
酚醛树脂	—		69000	14000(高湿)
	3-氨丙基三乙氧基硅烷	A-1100,WD-50,KH550	85000	50000

13.3.2　硅烷偶联剂在热固性树脂基复合材料中的应用

（1）硅烷偶联剂用于不饱和聚酯复合材料

不饱和聚酯复合材料常称之为玻璃钢，它通常是以不饱和聚酯为树脂基，偶联剂处理的玻璃纤维及其制品为增强剂，再加其他助剂复合制备而成。它作为结构材料是热固性树脂复合材料中种类最多、用途最广和用量最大的品种。该材料的树脂系由顺丁烯二酸合成不饱和酸、丙二醇等二元醇和苯二甲酸酐等饱和酸缩合而成的聚合物。不饱和聚酯复合材料因用途不同，合成树脂基的原料可能会有所调整，但基本化学结构组成仍可用如下通式示意表达：

$$\left(OR \right)_{x_1}\left(O\overset{O}{\overset{\|}{C}}-CH=CH-\overset{O}{\overset{\|}{C}}-O \right)_{y}\left(R'O \right)_{x_2}\left(\overset{O}{\overset{\|}{C}}R''\overset{O}{\overset{\|}{C}}O \right)_{z}$$

在化学结构中 R、R′可能相同或不同，R″饱和二元酸也可能变化，但丁烯二酸结构总是存在的，利用不饱和二酸的反应性既可以与苯乙烯等交联剂引发交联固化，硅烷偶联剂也可利用它与之反应，使其与玻璃纤维等增强剂或填料化学键合在一起。

玻璃纤维制造厂在熔融玻璃拉丝时，将配制的硅烷偶联剂浆料用于纤维处理。通常浆料的组成是专利性的，每种浆料仅适合于某特定的树脂。它除增进树脂和增强剂粘接外，还对纤维产生防护、润滑、抗静电、增加绞合的完整性，以及增进树脂对玻璃纤维的润湿等作用。用几种不同偶联剂的水分散体来处理经加热清理过的玻璃纤维织物，并将其用于制成相同层数的聚酯层压板，再测试它们的弯曲干、湿强度，测试结果列于表 13-7，从测试数据对比可见不同 SCA 对性能的影响[39]。

表 13-7　不同偶联剂改性的玻璃纤维对增强聚酯复合材料的影响

玻璃纤维表面改性的偶联剂	偶联剂商品名	复合材料的弯曲强度/MPa	
		干	水中煮沸 2h 后
不用偶联剂		386	234
$CH_2=CHSiCl_3/CH_2=CHCH_2OH$		441	386
甲基丙烯酸氯化铬的配合物	沃兰	503	428

续表

玻璃纤维表面改性的偶联剂	偶联剂商品名	复合材料的弯曲强度/MPa	
		干	水中煮沸 2h 后
$CH_2=CHSi(OMe)_3$	A-171，WD-21	462	414
$CH_2=CMeCO_2(CH_2)_3Si(OMe)_3$	A-174，WD-70	620	586
$CH_2=CH—C_6H_4CH_2NHCH_2CH_2NH(CH_2)_3Si(OMe)_3\cdot HCl$	Z-6032，WD-571	620	566
$CH_2=CMeCO_2CH_2CH_2\overset{\oplus}{\underset{Cl^{\ominus}}{N}}(Me)_2CH_2CH_2CH_2Si(OMe)_3$	WD-751	634	566

沃兰是一种甲基丙烯酸酯-铬的配合物（铬偶联剂），它使用于玻璃钢改性比硅烷偶联剂早，迄今还一直用于玻璃纤维处理，它能赋予不饱和聚酯复合材料很好的（干）性能，但在湿环境下比 WD-70 差。从测试数据对比可以认为玻璃纤维增强的不饱和聚酯复合物，最好选用 A174（WD-70）硅烷偶联剂。具乙烯基的硅烷偶联剂用于玻璃纤维增强聚酯也不如 WD-70，其原因是乙烯基在不饱和的聚酯复合材料体系中，自由基引发接枝、交联固化或自聚等反应活性都比甲基丙烯酰氧丙基差，不能像 WD-70 在复合材料中充分发挥化学键合或易生成互穿网络界面层。含阳离子 SCA 都能赋予玻璃纤维润滑性，使玻璃纤维有良好的操作性能，因此往往在玻璃纤维表面处理浆料中加入。通常用于室温固化的聚酯树脂中，SCA 的季铵基团对于室温固化以酮过氧化物加钴的引发剂体系具有明显的促进作用。

阳离子型硅烷化合物水溶液应注意其 pH 值，SCA 处理玻璃纤维或二氧化硅最适宜的 pH 值应相当于无机物表面的等电点。添加胺类催化剂对含中性有机官能团的硅烷是有益的，它有助于硅醇在表面上的缩合。含氨基的 SCA 与含甲基丙烯酸酯-SCA 可并用，因为胺可催化硅醇与玻璃的键合，然后它又以混合的硅氧烷形式沉积在玻璃纤维等增强剂表面上。

(2) 硅烷偶联剂用于环氧树脂基复合材料

环氧树脂基复合材料是另一类重要的热固性复合材料，广泛应用于电子、电器领域。环氧树脂的品种很多，常用的品种有双酚 A 缩水甘油醚低聚物、线型酚醛树脂的缩水甘油醚、脂肪族缩水甘油醚、乙内酰脲缩水甘油醚、脂环族环氧化合物等。这些环氧树脂虽然不方便用一通式予以概括，但它们的化学结构都会有具反应性（活性）环氧基团，用于交联固化。应用于环氧树脂的固化剂也因树脂化学结构或使用目的不同而异，常用的有多官能的脂肪族胺、脂肪族胺的聚酰胺、芳香胺、环状多元酸酐、双氰胺、BF_3-胺配合物。在环氧树脂复合材料中应用的 SCA 主要是含环氧基、乙烯基或氨烃基的硅烷化合物。对于任何一种含缩水甘油醚官能团的环氧树脂来说，人们通常喜欢用 3-环氧丙氧丙基三甲氧基硅烷（A-187，KH560，WD-60）。对于脂环族氧化物或任何用酸酐固化的环氧树脂则建议用 3,4-环氧环己基乙基三甲氧基硅烷（A-186）。具伯胺基官能团的硅烷偶联剂如 A-1100(KH550，WD-50 或 A-1200WD-53）可以使室温固化的环氧树脂获得最佳性能；但这类硅烷不适用于以酸酐固化的环氧树脂，因为伯胺基官能团会与酸酐反应，消耗固化剂形成环酰亚胺。

含氯丙基 SCA（WD-30）对高温固化的环氧树脂是一种很可靠的偶联剂；含甲基丙烯酰氧丙基的 SCA（A-174，WD-70）则可用于双氰胺固化的环氧树脂（如 G-10）。上述两种硅烷偶联剂在环氧树脂中应用有点出乎意料，但细想前者在高温下氯丙基可能会与芳香胺或羧基反应，后者则可能是 A-174 中的活性双键参与环氧树脂的固化反应有关。

文献［40］报道过 $CH_2=CHC_6H_4CH_2NHCH_2CH_2NHCH_2CH_2CH_2Si(OMe)_3$（Z-6032）、苄基硅烷化合物$[C_6H_5CH_2NHCH_2CH_2NHCH_2CH_2CH_2Si(OMe)_3]$（WD-512）和 $\underbrace{CH_2—CH}_{O}CH_2O(CH_2)_3Si(OMe)_3$（WD-60）三种化合物处理玻璃纤维织物，将它们分别用于制备 G-10 环氧树脂层压板，并测定性能进行比较，请参见表 13-8[40]。

表 13-8　不同硅烷化合物用于制备 G-10 环氧树脂层压板的性能

性能		层压板类型		
玻璃上的硅烷		Z-6032（WD-511）	苄基硅烷	A-187（WD-60）
树脂含量/%		37.1	37.7	39.6
23℃时的吸水量/%		0.062	0.068	0.039
Barcol 硬度		65	62	60
弯曲强度/MPa	A（干）	575	541	520
	D（水煮 2h）	505	469	453
压缩强度/MPa	A	341	372	377
	D	332	332	328
抗张强度/MPa	A	430	374	363
	D	348	325	334
1Mc/s 时的介电常数	A	4.80	4.85	4.74
	D	4.88	4.92	4.88
1Mc/s 时的损耗因数	A	0.018	0.018	0.019
	D	0.019	0.019	0.021

从表 13-8 的实验数据可以清楚看到这三种硅烷化合物对环氧树脂复合材料湿热环境下强度和电性能的改善都较好，其中较突出的是 Z-6032 这种阳离子型的 SCA。Z-6032 与化学结构中少一乙烯基的苄硅烷比较，前者略好，这可能与它化学分子中苯乙烯基在固化过程中参与了反应有关。

除使用玻璃纤维增强热固性树脂外，很多矿粉填料也用于热固性树脂以制造复合材料。加矿粉填料于树脂中除改善复合材料干（湿）力学性能和降低产物收缩，其他的原因则是为了控制流变性、改善工艺性能和降低成本。环氧树脂中如果加入矿粉填料，通常会降低复合材料的力学性能和电性能，特别是在水和潮湿环境下。如果将硅烷偶联剂加到树脂和填料混合物料中或预先对填料的表面进行改性处理，则可避免或减少性能的降低，复合材料可获得很好的性能。表 13-9 系 β-(3,4-环氧环己基）乙基三甲氧基硅烷（A-186，WD-63），γ-(2,3-环氧丙氧）丙基三甲氧基硅烷（A-187，WD-60）和 γ-氨丙基三乙氧基硅烷（A-1100，WD-50）三种 SCA 对用于三种不同的填料填充的环氧树脂复合材料性能的影响，其中潮湿环境下电性能的保持给人以深刻的印象[41]。

表 13-9　硅烷添加剂对填充环氧树脂复合材料弯曲强度和电性能的影响

填料		弯曲强度 /$\times10^{-3}$psi		介电常数		损耗因子		体积电阻 /$\Omega\cdot$cm		介电强度 /(V/mil)	
		干	湿	干	湿	干	湿	干	湿	干	湿
纯树脂		18.1	16.0	3.44	3.43	0.007	0.005	$>8.1\times10^{16}$	$>8.1\times10^{16}$	>44	>413
50%硅灰石	对照（无硅烷）	15.8	9.8	3.48	22.10	0.009	0.238	4.9×10^{16}	3.8×10^{12}	>391	77.6
	A-186	18.1	13.3	3.42	3.57	0.014	0.023	1.9×10^{16}	2.4×10^{15}	>400	388
	A-187	18.7	15.2	3.30	3.42	0.014	0.016	1.9×10^{16}	1.2×10^{15}	>356	372
	A-1100	16.7	12.6	3.48	3.55	0.017	0.028	1.2×10^{16}	2.0×10^{15}	>408	>410
50% SiO_2	对照（无硅烷）	22.4	10.3	3.39	14.60	0.017	0.305	$>8.4\times10^{16}$	5.1×10^{11}	>381	103
	A-186	22.0	14.5	3.48	3.52	0.016	0.023	$>8.0\times10^{16}$	1.4×10^{15}	>367	>360
	A-187	23.2	21.4	3.40	3.44	0.016	0.024	$>8.2\times10^{16}$	1.7×10^{15}	>357	>391
	A-1100	20.0	12.0	3.46	3.47	0.013	0.023	$>8.1\times10^{16}$	1.8×10^{15}	>355	>355
50%高岭土	对照（无硅烷）	14.1	10.0	4.35	8.07	0.018	0.163	3.5×10^{16}	4.2×10^{13}	>344	280
	A-186	12.4	10.7	3.43	6.54	0.012	0.059	2.4×10^{16}	2.5×10^{15}	>375	>407
	A-187	14.6	11.1	3.17	3.26	0.012	0.093	1.8×10^{16}	1.4×10^{14}	>382	>356

注：1psi＝6894.76Pa；1mil＝0.0254mm。

邓双辉等[42]研究了玻纤复合材料中硅烷偶联剂对环氧树脂基的改性。他们将具环氧基的 KH560（WD-60）和具胺基的 KH550（WD-50）和 WD-51 分别加入环氧树脂配方中，考察了硅烷偶联剂种类和用量对环氧树脂基体的浸润性及复合材料的界面性能力学加字性能的影响。研究发现：三种 SCA 对体系浸润性影响相差不大，WD-51 对界面结构和性能的改善贡献最大。

(3) 硅烷偶联剂用于其他热固性树脂复合材料

酚醛树脂、三聚氰胺树脂、呋喃树脂等也是应用于热固性树脂复合材料的有机聚合物，它们分别与河砂、玻璃微珠或其他矿物粉料复合，采用模压、浇铸工艺制备复合材料，SCA 的加入可使材料干、湿性能得到显著提高。表 13-10 系酚醛树脂与氧化铝、玻璃珠、河砂填料复合时，加入或不加 γ-氨丙基三乙氧基硅烷（A-1100，WD-50）对所制成的复合材料干（湿）环境下力学性能的影响。表 13-11 系呋喃树脂注型砂中加入或不加 A-1100 的对照试验，从不同湿度环境下的力学性能数据及其变化可以清楚看到 SCA 在热固性树脂基复合材料中的良好作用[43]。

表 13-10 酚醛树脂复合材料——氧化铝、玻璃珠、砂子填料

单位：MPa

硅烷	氧化铝弯曲强度		玻璃珠抗张强度		砂壳模芯的抗张强度	
	干	湿①	干	湿①	干	湿①
含填料但不加硅烷	35	14	2.6	0	2.2	0.1
含填料+γ-氨丙基三乙氧基硅烷	41	32	2.7	1.9	3.5	2.8

① 在沸水中浸 72h 后测试结果。

表 13-11 在不同相对湿度下呋喃树脂黏料中加 A-1100 对注型砂复合材料的影响

黏料/%	A-1100/%（以黏料为基准）	拉伸强度/psi		刮痕硬度		适用期/min
		65%R. H.	93%R. H.	68%R. H.	93%R. H.	
2.0	0	153	84	94	93	14
2.0	0.4	318	248	95	93	15
1.2	0	120	68	89	80	25
1.2	0.4	212	115	93	85	28

游胜勇等[44] 用 SCA KH560（WD-60）对酚醛树脂改性。改性的酚醛树脂在 318℃ 开始分解，耐热性能较好，与改性前的酚醛树脂相比，其拉伸强度提前了 32.9MPa，冲击强度提高了 $4.03kJ/m^2$，力学性能得到改善。

13.4 硅烷偶联剂用于热塑性树脂基复合材料

13.4.1 概述

20 世纪 50 年代热塑性复合材料已有生产，迄今其发展势头已超过热固性树脂复合材料。其原因在于热塑性树脂复合材料除具密度小，比刚度和比强度大，韧性优于热固性树脂基复合材料，物理性能良好，成型压力较低，预浸材料无存放条件限制等优点外，该材料还有三大特点：其一复合材料所用树脂是价廉、易得的大规模生产的聚丙烯、聚乙烯等惰性聚合物，以及聚氯乙烯、尼龙、聚酯等极性树脂（活性聚合物）；其二是这类复合材料加工过程多采用注射成型设备，可以方便制备多种多样、各种形态的材料或商品；其三则是该类材料可反复使用，减少废弃物处理和污染，从而有力地促进了这类材料的大发展。

热塑性树脂品种很多，它们虽都能与玻璃纤维及其制品、或与黏土矿粉等无机物料复合制备材料或商品，但要使复合材料或制品具有好的性能，则都需要对无机物料表面进行改性，SCA 是重要的改性剂之一。迄今 SCA 在热塑性复合材料制备中应用已有三种工艺过程被采用。

① 首先配制好 SCA 预处理浆料或溶液，将其用于增强体、填料等无机物料表面改

性，然后再与热塑性树脂及其他助剂复合制备材料或商品。

② 热塑性树脂复合材料在材料或制品生产过程中，硅烷偶联剂直接掺入树脂和增强剂（或填料）等物料中，在注塑成型加工设备中按一步法或两步法工艺过程制备材料或商品。

③ 首先采用合成手段制备 SCA 接枝或嵌段的聚合物（如 MSCA 等），再与无机物料复合制备材料或商品。

后两种方法均系化学或力学化学方法，首先是将 SCA 接枝或共聚到热塑性高分子聚合物中，然后再与增强剂（填料）等无机物料复合，有关内容将在本书第 14 章介绍。下面仅阐述 SCA 于无机物料表面改性，然后将其用于热塑性树脂基复合材料制造。

13.4.2 硅烷偶联剂在热塑性树脂基复合材料中的应用

硅烷偶联剂作为助剂应用于热塑性树脂复合材料，其作用类似用于热固性树脂复合材料，SCA 中具化学活性的两种不同的反应基团分别与树脂或无机物料化学键合，或在复合材料界面生成互穿网络或半互穿网络界面层，因而这类材料获得很好的物理力学性能。因 SCA 的作用，使热塑性树脂很好润湿增强剂，使它们能黏合紧密，消除弱界面，致使粘接强度能在湿、热等恶劣环境下得以保持（参见 13.3.1）。表 13-12 系以聚苯乙烯等六种热塑树脂与采用或不用 SCA 处理玻璃纤维，将它们制备层压板，在干（湿）和高温条件测试，从层压板抗弯强度变化幅度的大小看出 SCA 对热塑性复合材料的影响[45]。

表 13-12 不同 SCA 处理玻璃纤维对热塑性树脂增强塑料力学性能的影响

树脂	硅烷偶联剂	比对样品抗弯强度改进比/%		
		干	湿(120℉水中 16h)	高温(℉)
聚苯乙烯	γ-甲基丙烯酰氧丙基三甲氧基硅烷	100	95	70(200)
聚氯乙烯	γ-(二-β-羟乙基)-氨丙基三乙氧基硅烷	83	100	
尼龙	γ-(二-β-羟乙基)-氨丙基三乙氧基硅烷	110	160	150(400)
聚碳酸酯	γ-氨丙基三乙氧基硅烷	30	60	20(250)
聚甲基丙烯酯甲酯	γ-氨丙基三乙氧基硅烷	45	90	25(200)
ABS	γ-环氧丙氧丙基三甲氧基硅烷	145	228	145(150)

注：摄氏度＝（华氏度－32）/1.8。

从表 13-12 看到仅是热塑性聚合物与 SCA 改性玻璃纤维制备复合材料，加入 SCA 后对材料力学性能的明显改善，实际上 SCA 的作用不仅仅如此。当以玻璃纤维增强剂制备热塑性塑料复合材料时，配制含硅烷化合物的浆料处理纤维，热塑性树脂与改性玻璃纤维的混合物料才有可能在高速、低单位成本的注射成型中制造产品。据此，应用 SCA 浆料的目的除将有机树脂与玻璃纤维化学键合起增强作用外，SCA 浆料还在高切变混合期间可保护玻璃纤维不被破坏，玻璃纤维能在树脂中很好分散。因此，含有 SCA 的浆料配制非常重要，玻璃纤维增强热塑性树脂基复合材料性能好坏往往取决于一种配合齐全的浆料。

Godleweki 在制备玻璃纤维增强聚丙烯复合材料时，选用了美国联碳公司 PC-1A/PC-1B 两种含 SCA 的复合浆料处理玻璃纤维，其力学性能改善可参见表 13-13[45]。

表 13-13 30%玻璃纤维增强的聚丙烯均聚物

复合材料的性质	没有用硅偶联剂	用 2%UCARSIL PC-1A/PC-1B(3：6)
拉伸强度/psi	6140	8850
弯曲模量/$\times10^3$psi	750	750
弯曲强度/psi	9100	12600
缺口 Izod 冲击强度/(ft・lb/in)	1.5	1.4
无缺口 Izod 冲击强度/(ft・lb/in)	3.2	4.3

注：1ft・lb/in=53.37J/m。

硅烷偶联剂改性玻璃纤维不仅在非极性的热塑性树脂得到广泛应用，将其用于极性的热塑性树脂对在潮湿环境下力学性能的保持也起很好作用，请参见表 13-14 和表 13-15 有关测试数据[45]。

表 13-14 玻璃纤维增强尼龙 66 的物理性能（玻璃-70%尼龙 66）

含 SCA 的浆料	弯曲强度/psi	弯曲模量/$\times10^5$psi	拉伸强度/psi		拉伸模量/$\times10^5$psi		热变形温度下(℃)
			干	湿	干	湿	
γ-氨丙基三乙氧基硅烷	24900	7.7	14800	14600	15.8	11.4	498(255)
γ-脲丙基三乙氧基硅烷	29200	7.4	18700	16400	14.4	12.2	472(259)
β-(3,4 环氧环己基)乙基三甲氧基硅烷	30100	9.3	22400	19000	16.0	13.2	473(245)
γ-(环氧丙氧)丙基三甲氧基硅烷	31300	10.0	20500	15800	15.2	14.4	481(249)
未上浆的粗砂	17100	8.1	10000	8600	15.4	10.4	459(237)
无玻璃纤维	12600	2.4	8900	8300	3.1	2.7	165(74)

表 13-15 玻璃纤维增强 PBT 的湿强度保持率

浆 料	拉伸强度/psi					拉伸模量/$\times10^5$psi		
	干态	湿(50℃,16h)	保持率/%	水煮(100℃,7d)	保持率/%	干态	湿(50℃,16h)	水煮(100℃,7d)
无玻璃纤维	7600	7500	99	1700	23	3.5	2.8	3.0
半加工粗砂	9300	8400	90	3000	33	11.2	8.3	7.0
γ-氨丙基三乙氧基硅烷	14200	13100	92	6600	47	11.9	10.3	8.5
β-(3,4 环氧环己基)乙基三甲氧基硅烷	14300	12900	90	5200	36	12.0	11.3	8.5
γ-(环氧丙氧)丙基三甲氧基硅烷	14400	13800	96	6000	42	11.7	11.6	8.7

硅烷偶联剂用于热塑性树脂基复合材料中，除使玻璃纤维增强的材料力学性能有较大提高，以及在加工过程中玻璃纤维不被高剪切力破坏之外，它还用于无机粉体物料改性。SCA 使无机物料表面有机化，能很好改善有机树脂与无机物料的相容性，使树脂能很好润湿无机粉体，既有利于 SCA 通过化学键合起偶联作用，还有利于两种性质不同物料充分发挥分子间相互作用力，促进无机物料在树脂中更好分散，降低混合物料黏度，改善混合

物料触变和流动（流变）性能，后者正是热塑性塑料加工过程以及热塑性涂料、密封胶和胶黏剂等有机聚合物基复合材料不可忽视的特性。利用硅烷偶联剂处理粉体最好也配制成复合浆料或溶液，使其在粉体物料表面处理过程中能使SCA均匀分布和充分润湿无机物颗粒。

Godleweki在介绍SCA改性玻璃纤维增强聚丙烯同时，还报道了SCA处理云母后用于增强热塑性树脂复合材料生产。他们同样是采用美国联碳公司配制的两种专利保护的PC-1A和PC-1B的处理剂处理云母，然后用于制备50%云母填充聚丙烯复合材料，或高密度聚乙烯复合材料，除改善加工性能、增强挤出速度外，其力学性能都得到显著的改善，请参见表13-16和表13-17[45]。

表13-16　50%云母填充的聚丙烯复合材料

项　　目	无添加剂	用UCARSIL,PC-1A/PC-1B(4∶1)
拉伸强度/psi	4300	7070
弯曲模量/$\times10^3$psi	14300	1210
弯曲强度/psi	7400	10600
缺口Izod冲击强度/(ft-lb/in)	0.13	0.20

表13-17　50%云母填充的高密度聚乙烯复合材料

项　　目	无添加剂	用UCARSIL,PC-1A/PC-1B(2∶1)
拉伸强度/psi	3500	5530
弯曲模量/$\times10^3$psi	510	590
弯曲强度/psi	5080	7260
缺口Izod冲击强度/(ft-lb/in)	0.23	0.27

氢氧化铝（三水合氧化铝，ATH）和氢氧化镁作为阻燃剂在聚烯烃材料中已获得广泛应用。这两种阻燃剂无毒、不挥发、不产生腐蚀性气体，且抑烟，但添加量大，将其用于聚丙烯等热塑性聚合物中对力学性能和熔体流动性产生不利影响。如果采用SCA表面处理技术对它们改性，则可提高ATH的耐热性以及在聚丙烯中的分散性。试图向高密度聚乙烯（HDPG）中加入高含量的ATH通常也会导致加工困难和复合材料性能的降低。Godlewski报道使用两种SCA浆料，即Union Carbide FR-1A和Union Carbide FR-1B能够比较容易使高含量的ATH加到高密度聚乙烯中去，并大大提高复合材料的性能，请参见表13-18列出的测试数据[45]。

表13-18　硅烷偶联剂改性ATH用于HDPE复合材料中的力学性能改进

项　　目	未填充HDPE	含65%ATH复合材料	
		无UCARSIL FR-1A/FR-1B	用UCARSIL FR-1A/FR-1B
拉伸强度/psi	3080	2750	4750
弯曲强度/psi	3250	3850	6050
弯曲模量/$\times10^3$psi	150	320	350
Gardner冲击强度/(ft-lb/in)	—	10	200
缺口Izod冲击强度/(ft-lb/in)	—	2	14

国内近 20 年来用 SCA 处理无机粉体对热塑性树脂改性研究很多，例如近年杜高翔等报道[46]：他们研究了 SCA 改性超细水镁石（主要成分氢氧化镁)，还用于聚丙烯增强均得到好的效果。肖军华等[47] 用 SCA 处理纳米 $Mg(OH)_2$ 用于 EPDM/PP，其力学性能也很好。

我们早在 20 世纪 70 年代曾研究过用 WD-60 处理 γ-Fe_2O_3，先后用于制备彩色录像带和计算机磁带，SCA 处理后的 γ-Fe_2O_3 在三元胶或聚氨酯胶中分散性好，其磁带性能非常突出[48,49]。

13.5 硅烷偶联剂在橡胶中的应用

13.5.1 概述

无机物料填充的橡胶人们虽不称之为复合材料，但它们具有树脂基复合材料所共有的特性，其中最重要的是有机聚合物连续相与不连续的无机分散相之间存在巨大的界面。白炭黑（SiO_2）等无机物料增强制品的性能好坏类似于树脂基复合材料，取决于两类表面性质完全不同的物料湿润，分子间相互作用和化学键合。SCA 能应用于橡胶制品中改善性能，其理论基础与树脂基复合材料完全一致。因此，有关应用原理本节不再表述。

硅橡胶的发展得益于气相 SiO_2（白炭黑）作为它的增强填料。二氧化硅成为橡胶工业中一种重要的补强剂，以及陶土、滑石粉等多种无机矿粉能在橡胶中作为半补强剂或用于增容则应归功于硅烷偶联剂这类助剂对它们的表面改性。

用于白炭黑等无机填料改性以增强橡胶的 SCA 研发始于 20 世纪 60 年代，近 20 多年来国内在轮胎等耐磨橡胶制品生产中应用硅烷偶联剂已经普及，但一些研究开发工作也还在进行，例如开展了改性 SiO_2 用于补强丁苯橡胶[50]。青岛科技大学对比研究了四种 SCA 改性白炭黑对增强丁苯胶性能的影响[51]，以及 SCA 对炭黑/白炭黑增强丁腈橡胶填料网络结构及动态性能的影响[52]。迄今橡胶制品中常用 SCA 的品种可参见表 13-19。

表 13-19　常用于橡胶中的硅烷偶联剂

化学名称	结　构	商品名称
乙烯基三乙氧基硅烷	$CH_2=CHSi(OC_2H_5)_3$	A-151, WD-20
乙烯基三(β-甲氧乙氧基)硅烷	$CH_2=CHSi(OCH_2CH_2OCH_3)_3$	A-172, WD-27
γ-甲基丙烯酰氧基丙基三甲氧基硅烷	$CH_2{=}C(CH_3){-}C({=}O){-}OCH_2CH_2CH_2Si(OCH_3)_3$	A-174, KH570, WD-70
γ-缩水甘油氧化丙基三甲氧基硅烷	$\underset{\diagdown O \diagup}{CH_2{-}CH}CH_2OCH_2CH_2CH_2Si(OCH_3)_3$	A-187, KH560, WD-60

续表

化学名称	结　构	商品名称
γ-氨丙基三乙氧基硅烷	$NH_2CH_2CH_2CH_2CH_2Si(OC_2H_5)_3$	A-1100,KH550,WD-50
巯基丙基三乙氧基硅烷	$HSCH_2CH_2CH_2Si(OC_2H_5)_3$	A-1891,KH580,WD-81
双(三乙氧硅丙基)四硫化物	$S_4[CH_2CH_2CH_2Si(OC_2H_5)]_2$	Si-69,WD-40
双(三乙氧硅丙基)二硫化物	$S_2[CH_2CH_2CH_2Si(OC_2H_5)]_2$	Si-75

不同橡胶制品所特定胶料选择什么化学结构的 SCA，其基本原则通常是过氧化物引发硫化的橡胶多选用具有乙烯基团 SCA，如 A-172、A-174 等；硫黄硫化的橡胶则多选用含硫烃基的 SCA，如 Si69 和 Si75 等。此外，欲制橡胶制品的用途，能否有利简化制备工艺过程，以及生产过程中是否有利防止环境污染也是选择 SCA 的重要依据。SCA 在橡胶中的应用虽然很多，但迄今橡胶工业中用于生产的主要是双（三乙氧基硅烷基丙基）四硫化物（Si69)、双（三乙氧基硅烷基丙基）二硫化物（Si75)、γ-巯基丙基三甲氧基硅烷（A-189）和乙烯基三（β-甲氧乙氧基）硅烷（A-172）等几个品种。文献还报道过无封头不饱和硅烷偶联剂如 2-(3-环己烯）乙基三乙氧基硅烷等[53] 和 α-含硫甲基硅烷偶联剂[54]，这些硅烷偶联剂用于白炭黑增强 EPM 或 BSR 也有好的效果。2011 年《世界橡胶工业杂志》[55] 介绍了当今还处于研究开发和推广应用产品，其中特别引人注目的是 3-(辛酰基硫代)-1-丙基三乙氧基硅烷［ $C_7H_{15}\overset{\overset{O}{\|}}{C}-SCH_2CH_2CH_2Si(OC_2H_5)_3$ ，NXT］，NXT 的同系物以及 NXT 的衍生化合物或低聚物也是研究开发之热点。此外，为了减少加有 SCA 的胶料混炼过程中乙醇等 VOC 的排放，还以高碳醇、乙二醇或聚乙二醇单烷基醚取代通常的 SCA 中的烷氧基，或以通常 SCA 制备成低聚物等低 VOC 排放的硅烷偶联剂，将其应用于橡胶中也取得很好效果，其典型代表产物介绍如下：

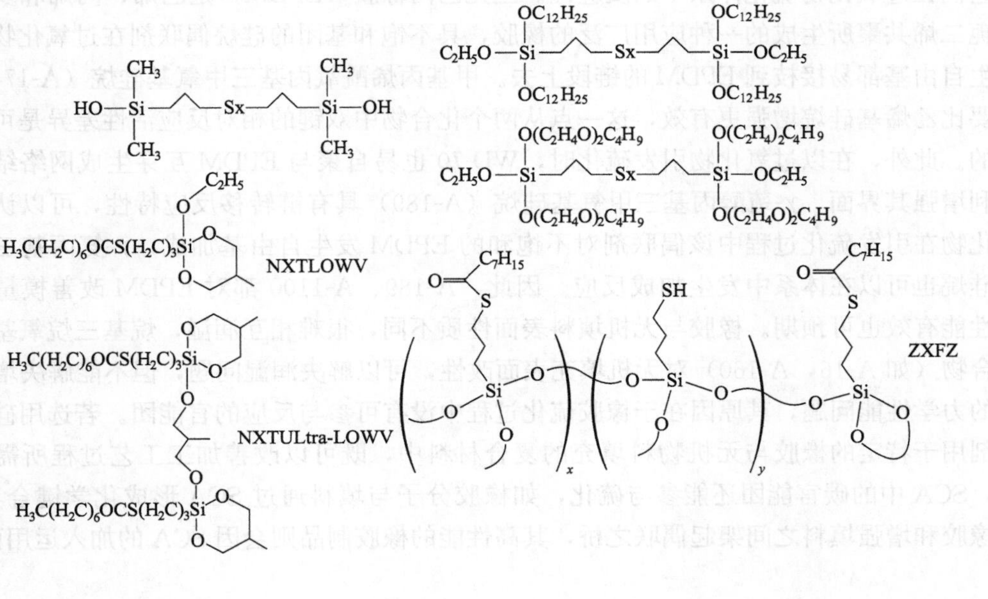

NXTLOWV

NXTULtra-LOWV

ZXFZ

为了减少 VOC 排放，国内唐红定等曾申请专利称，他们制备了双［3-(乙氧基-二聚乙醇单烷基醚)-］硅丙基多硫化物 SCA。王欣等也申请过以 A189 和 3-(辛酰硫基)-1-丙基三乙氧基硅烷为合成原料，水解缩合制备了低共聚物，以减少 VOC 排放的有关专利。

上述这些新 SCA 中，美国康普顿公司推出的 NXT 具有非常优异的综合性能，可能成为今后应用于橡胶中的主要品种之一[56,57]。

13.5.2 应用进展

早在 20 世纪 70 年代初，Ranney 和 Pagano 就研究过无机物料填充的三元乙丙胶（EPDM）体系中，加入不同化学结构的化合物对橡胶性能的影响，请参见表 13-20[58]。

表 13-20 不同硅烷偶联剂对过氧化物引发硫化的 EPDM 物理性能的影响 单位：psi

有机硅化合物	性能		有机硅化合物	性能	
	300%模量	拉伸强度		300%模量	拉伸强度
未加硅烷化合物	420	895	硫醇基(A-189，WD-80)	1200	1540
戊基(A-16)	410	995	氨基(A-1100，WD-50)	1440	1540
甲基(A-162)	500	1050	甲基丙烯酰氧基(A-174，WD-70)	1660	1660
乙烯基(A-172，WD-24)	1110	1380			

在橡胶中加入戊基三乙氧基硅烷或甲基三乙氧基硅烷，EPDM 硫化胶力学性能几乎没有影响，这与两种有机硅化合物自由基硫化体系中缺乏反应性有关。所观察到的拉伸性能微小增加只能是因为橡胶对填料润湿的改进。若在橡胶体系中加入乙烯基（A-172，WD-27）、巯基（A-189，WD-80）、氨基（A-1100，WD-50）或甲基丙烯酰氧基（A-174，WD-70）等硅烷偶联剂，其硫化胶的模量和拉伸性能都有大幅度提高，其改善的程度取决于它们在过氧化物硫化体系中的反应性。三元乙丙橡胶（EPDM）是乙烯、丙烯和少量非共轭二烯共聚所生成的一种应用广泛的橡胶，具不饱和基团的硅烷偶联剂在过氧化物引发产生自由基都易接枝到 EPDM 的链段上去。甲基丙烯酰氧丙基三甲氧基硅烷（A-174）加入要比乙烯基硅烷增强更有效，这一点从两个化合物中双键的相对反应活性差异是可以预期的。此外，在以过氧化物引发硫化时，WD-70 也易自聚与 EPDM 互穿生成网络结构也有利增强其界面。γ-巯醇丙基三甲氧基硅烷（A-189）具有链转移反应特性，可以认为过氧化物在引发硫化过程中该偶联剂对不饱和的 EPDM 发生自由基加成，γ-氨丙基三乙氧基硅烷也可以在体系中发生加成反应。因此，A-189、A-1100 都对 EPDM 改善模量和拉伸性能有效也可预期。橡胶与无机填料表面性质不同，很难相互润湿，烷基三烷氧基硅烷化合物（如 A-16，A-160）对无机填充表面改性，可以解决润湿问题，但不能解决增强有关的力学性能问题，其原因在于橡胶硫化过程中没有可参与反应的官能团。若选用硅烷偶联剂用于特定的橡胶与无机物料填充的复合材料中，既可以改善加工工艺过程所需的润湿，SCA 中的碳官能团还能参与硫化，如橡胶分子与填料通过 SCA 形成化学键合界面；在橡胶和增强填料之间架起偶联之桥，其高性能的橡胶制品则会因 SCA 的加入运用而生。

硅烷偶联剂用于橡胶中除上述力学性能得到改善之外，二氧化硅等无机粉体要用于橡胶还必须解决古德里奇（Goodrich）生热过高，以及压缩变形和耐磨损性差等问题，特别作为轮胎用橡胶的道路磨损问题。这些问题因加入巯烃基硅烷偶联剂都得到解决。1971年 Wagner 首先报道[58] 了采用巯丙基 SCA 用于 SiO_2 填充丁苯橡胶（SBR）的研究。他们的实验是将 1.5 份（质量）γ-巯丙基三甲氧基硅烷（A-189）于填充 SiO_2 的 SBR 胶料硫化与不加 SCA 的相同胶料进行对比，同时还与加炭黑增强的 SBR 硫化胶料进行了比较，其实验结果记录在表 13-21 中，请参见对比。

表 13-21　γ-巯丙基三甲氧基硅烷对二氧化硅填充的 SBR 复合物性能影响

项目	样品 1	样品 2	样品 3	项目	样品 1	样品 2	样品 3
SBR 1502/质量份	100	100	100	伸长率/%	580	460	460
Hi-sil 233(SiO_2)/质量份	60	60	—	硬度	71	67	74
N-285 Black(炭黑)/质量份	—	—	60	Goodrich 屈曲仪 ΔT/℃	47	27	41
γ-巯丙基三甲氧基硅烷(A-189)/质量份	—	1.5	—	压缩变形/%(B)	25	12	20
				Pico 磨损指数/%	81	131	170
300%模量/psi	725	1980	2220	道路磨耗指数	79	114	110
拉伸强度/psi	2680	3760	3520				

三种不同胶料实验结果对比可以清楚看到：将 1.5 份 γ-巯丙基三甲氧基硅烷用于 SiO_2 填充的 SBR，可以将拉伸强度和模量提高到可与炭黑增强 SBR 的力学性能相比拟，优于不加 SCA 只加 SiO_2 填充 SBR 的胶料。Goodrich 弯曲试验，加有 SCA 的胶其热的累积值是 27℃，明显低于用炭黑所得的值（41℃），或仅用 SiO_2 填充 SBR 胶料（47℃），表明胶料中加有 SCA 其 SBR 能很好润湿 SiO_2。巯丙基硅烷也改进了压缩变形和 Pico 磨损指数。有重要意义的是道路磨耗指数（114）被大大改进，与炭黑增强的 SBR 硫化胶道路磨耗指数（110）相当。

γ-巯丙基三甲氧基硅烷在 SiO_2 填充丁苯橡胶中试验的成功之点在于道路磨耗指数的提高，该工作除推进了该 SCA 在耐磨橡胶制品和白色、彩色橡胶制品中应用外，还有力促进了含硫 SCA 的研究与开发。1975 年德国迪高沙公司专利推出多硫烃基硅烷偶联剂如 $(CH_3CH_2O)_3SiCH_2CH_2CH_2S_nCH_2CH_2CH_2Si(OCH_2CH_3)_3$，如 Si-69（TESPT，$n=4$）和 Si-75（TESPD，$n=2$）。这类含多硫烃基 SCA 在橡胶中应用除有类似巯丙基硅烷偶联剂的作用[59] 外，还有制备工艺过程简单、生产成本低、没有 A-189 的臭味等优点，因而很快得到研究者、生产者和使用者的普遍欢迎。20 世纪 70 年代末 Si-69 已在世界范围内推广和应用，其应用涉及轮胎、胶鞋、胶辊等多种多样的耐磨橡胶制品。国内生产 Si-69(WD-40) 及其应用始于生产出口轧米辊的应用（参见 10.3 节），Si-69 迄今已是生产用量最大一种硅烷偶联剂。多硫烃基硅烷偶联剂在橡胶中所发生的化学反应可用图 13-6 予以示意。

基于上述反应，Si-69 或 Si-75 的化学结构是适于硫黄硫化胶料中的 SCA。这类多硫

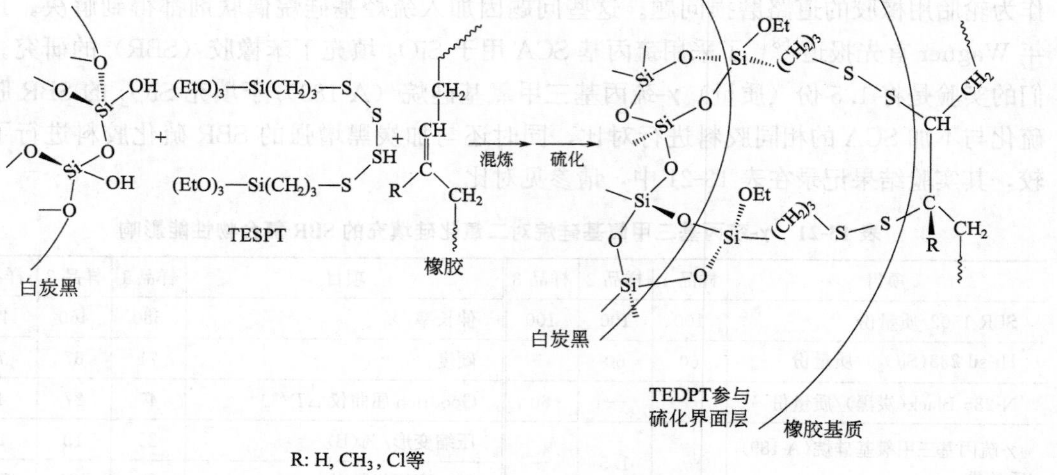

图 13-6　TESPT 和白炭黑的反应示意

烃基 SCA 用于 SiO_2 或 SiO_2 和炭黑复合增强的二烯系橡胶（天然胶、丁苯、丁腈、氯丁等）三元乙丙胶、丁基橡胶等胶料中，对于这些胶料配制工艺性能的改善，以及制品强度等物理性能的提高是显著的。多硫烃基 SCA 与白炭黑配合橡胶制品虽可以得到性能优良产品，但应特别注意混炼条件的控制，因上述多硫烃基 SCA 与填充剂之间的改性反应发生在胶料的混炼阶段[60]。在用硅烷偶联剂改性白炭黑的同时，一般也会加入醇类活性剂或胍类促进剂，以缩短硫化时间。为了达到理想效果，SCA 和白炭黑等填充剂应在其他配合剂之前先加入，以防止其他配合剂占据填充剂表面，阻碍 SCA 与 SiO_2 表面羟基之间的化学键合反应，影响 SCA 对 SiO_2 表面的改性效果。加入 SCA 时，混炼温度逐步升温，而且还不宜超过热交联反应温度，否则产生干扰作用。Si-69 偶联剂化学分子结构中含有—S_4—链段，多硫链段连接在一起，混炼温度如果过高会析出硫黄，导致橡胶过早硫化和硫化不均匀等弊端。因此，混炼除需逐步升温外，分段混炼，各段混炼之间还必须使胶料冷却，以获得所要求的性能。采用如此工艺，存在着混炼时间长、混炼段数多、胶料气孔率较大、需要投资新的混炼设备等，使产品生产成本大幅度增加，有时还存在产品质量缺陷。因此生产者乐意采用改进产品 Si-75 以取代 Si-69。

Si-75 是一种二硫（—S_2—）烃基 SCA，具有较好的高温稳定性，高温混合过程不易脱硫产生游离硫，可防止胶料提前硫化。Si-75 橡胶产品可以获得极好的低生热性和低磨损阻力等性能。Si-75 如果和锌皂类化合物并用于白炭黑胶料，对改善胶料加工性能和提高硫化胶质物理性能也明显优于 Si-69。

进入 21 世纪，美国康普顿公司推出化学结构为 3-三烷氧丙基-1-硫代羧酸酯系列新型硅烷偶联剂，如 $C_7H_{15}C(=O)—S—CH_2CH_2CH_2—Si(OC_2H_5)_3$，简称为 NXT。这种 SCA 及其衍生物是专为高填充白炭黑胶料而研发的。NXT 硅烷偶联剂用于白炭黑胶料可以改善胶料加工工艺性能，减少了辅助的混炼段数，降低门尼黏度，延长胶料贮存时间，减少了成品轮胎中挥发性有机物含量，其混炼温度可以达到 180℃，改善了胶料的焦烧安全性等。加有 NXT 硅烷偶联剂的硫化胶对改善滚动条件下轮胎胎面的滞后性能有好处，同时还可以改善胶料在湿、雪路面上的抗湿性能。现将 NXT、Si-69、Si-75 分别用于相同胶料测试有关性能列于表 13-22 介绍，供读者对比。

表 13-22 加有 NXT、Si-69 或 Si-75 三种硫化胶料主要性能[56]

硅烷偶联剂		Si69	Si75	NXT
质量分数/%		7	6.2	9.7
混炼段数		2	2	1
混炼温度/℃		160	160	170
门尼焦烧（135℃）	Mv(门尼黏度)	33.9	28.6	23.5
	t_3[MS(1+3)]/min	8.3	11.3	13
	t_{18}[MS(1+18)]/min	11.2	14.6	17.2
弹性特性（60℃）	模量/MPa	2.3	2.7	1.46

硅烷偶联剂		Si69	Si75	NXT
弹性特性（60℃）	tanδ	0.126	0.159	0.099
物理性能	邵尔 A 型硬度	59	59	53
	100%定伸应力/MPa	2.23	1.72	1.69
	300%定伸应力/MPa	14.38	9.64	10.2
	补强指数(M300/M100)	6.54	5.60	6.04
	拉伸强度/MPa	22.84	23.94	24.08
	拉断伸长率/%	415	531	53.6
	磨耗量(DIN)/mm^3	108	116	112

胶料其他物料配方如下：溶聚丁苯橡胶 103.2 份（质量份，下同）、顺丁橡胶 25 份、白炭黑 80 份、油 5 份、氧化剂 2.5 份、硬脂酸 1 份、硫黄 1.7 份、促进剂 CBS1.7 份、促进剂 DPG2 份。

从表 13-22 测试数据可以看出，NXT 较之 Si-69、Si75 混炼时黏度低、生热少、不需要二次混炼，与白炭黑的反应性能高，黏弹性和耐磨性优良。

彭华龙等[61,62]研究了 Si-69（TESPT）、Si-75（TESPD）和 3-丙酰硫代-1-丙基三甲氧基硅烷（PXT）等三种 SCA 分别用于天然橡胶/白炭黑复合材料改性，三种 SCA 均使白炭黑填料网络化程度大幅度减轻，弹性和损耗模量变小，Pqyne 效应大大减弱，增大了胶料的流动性，改善了加工性能；PXT 与 TESPD 比 TESPT 更能有效地减轻填料的网络化程度。三种含硫 SCA 制备天然胶/白炭黑复合材料。PXT 改性的白炭黑其团聚最小，在橡胶基体中分散最好，分布最均匀。TESPD 的改性效果次之，TESPT 最差。几种天然胶/白炭黑复合材料其定伸应力和硬度最大，而含 PXT 的复合材料其拉伸强度与撕裂强度最大，含 PXT 和 TESPD 加硫后定伸应力稍稍增大，但拉伸强度和撕裂强度减小。三种含硫 SCA 都大大改善了白炭黑的表面特性，与橡胶分子链互相作用，使橡胶基体中填料网络化大大减轻，G'、G''和 tanδ 都较小，其中 PXT 的改性效果最好。

2009 年《橡胶世界》杂志介绍了适用于载重轮胎天然橡胶配方的新偶联剂，[2-(4-氯甲基-苯基）-乙基]-三乙氧基硅烷的白炭黑填充胶具有最高的补强指数以及生态磨耗减量 60℃下的滞后损失。[2-(4-氯甲基-苯基)-乙基]-三乙氧基-硅烷适合于白炭黑填充胎面天然橡胶配方，因为配合［2-(4-氯甲基-苯基)-乙基］-三乙氧基-硅烷的配方预示着具有更低的滚动阻力和更长的磨耗寿命[63]。

乙丙橡胶（EPM）和三元乙丙橡胶（EPDM）用作电线、电缆的绝缘材料，其耐温等级、耐老化和柔软性等都优于交联聚乙烯，这类应用于电力工业的橡胶品质提高、性能稳定和生产成本降低等得到业内人士的广泛关注。

电线、电缆橡胶迄今多选用EPDM与煅烧高岭土（陶土）等黏土矿粉复合制备而成，SCA处理的煅烧陶土常用于中、高电压电缆，未经硅烷化改性的煅烧陶土则只能用于低压电缆制备。经SCA改性的煅烧陶土增强制备中、高压电缆在湿热环境下力学性能和电性能稳定；在负荷状况下高温稳定性也很好。表13-23列举了四种EPDM胶料制备的电缆用胶电性能对比，未处理的煅烧陶土（Polestar 200R）与EPDM复合制备的电缆胶和硅烷化处理过的煅烧陶土（Polarite 103A）与EPDM胶复合制备的电缆胶，以及在上述两种胶料中再分别添加乙烯基硅烷偶联剂（A-172，WD-28）制备两种电绝缘电缆胶[64]。从四种电绝缘胶在湿热环境下电性能的变化，可以清楚看到SCA在电绝缘橡胶制品的重要作用。

表13-23　不同EPDM绝缘电缆胶料的介电性能

指标		煅烧陶土的牌号			
		Polestar 200R		Polarite 103A	
胶料中硅烷偶联剂含量/质量份		0	1.5	0	1.5
体积改变（3200V/m）/%	1～14d	100	5.3	2.7	1.2
	7～14d	162	2.1	1.1	0.1
介电常数	老化前	3.2	3.01	2.90	2.89
	老化14d后①	21.2	3.27	2.98	2.94
介电损耗角正切（tanδ）	老化前	0.012	0.011	0.008	0.007
	老化后①	71.1	0.046	0.020	0.016
击穿电阻/(Ω·m·1014)	老化前	2.9	2.0	5.6	5.3
	老化后①	0.001	2.2	4.8	5.5

① 在75℃水中老化。

注：胶料配方（质量份）：三元乙丙橡胶Vistalon 4608-100；氧化锌-5；硬脂酸-0.5；聚合物2,2、4-三甲氧基-1,2二氧化喹啉-1.5；陶土-150；Strukpar 2280-30；Rhenofit TAC/S-2；双（特丁基过氧化物异丙苯）-7；硅烷偶联剂Silan A 172-O；1.5。

加入SCA后橡胶老化前的介电性能（即在浸入75℃水中前）略有提高，但加入SCA的主要优点是在老化后，此时由于交联过程的强化，由Polestar 200R释放水量的增加，陶土的憎水性下降。

陶土Polarite 103A已用SCA处理过，故其主要优点是在潮湿条件下具有高稳定性。这有利于改善硫化胶的介电性能指标。往填充胶料中加入硅烷偶联剂导致介电性能进一步改进，因为胶料的其他配合剂，如氧化锌或氧化铅等，未经SCA处理而可能吸水，从而使介电性能下降。高岭土等黏土矿粉具吸水性，这些白色填料如果不用硅烷化处理，它们与 EPM，或 EPDM 胶复合制备的电绝缘材料，在高湿条件下电性能会因吸水迅速下降，陶土等硅烷化改性之后，其疏水性避免水的侵入，保持电性能稳定。表 13-24 列举四种硅烷偶联剂处理和未经 SCA 处理的硬质黏土填充 EPDM 制备的复合材料，从干（湿）环境下的电性能对比中我们可以清楚认识到 SCA 对制备电绝缘聚合物基复合材料的重要意义[65]。

表 13-24　含有硅烷偶联剂的硬质黏土填充的 EPDM 复合物电性能

项目		无硅烷	硅烷			
			A-172	A-174	A-189	A-1100
S. I. C.（比电感电容）/(kC/s)	未存放	2.91	3.00	2.91	2.93	2.94
	存放 7d	6.08	3.55	3.30	3.53	5.04
	存放 14d	6.84	3.58	3.31	3.69	5.57
损耗因子 /[s/(cycle・Ω)]	未存放	0.009	0.008	0.005	0.007	0.007
	存放 7d	0.182	0.025	0.017	0.024	0.101
	存放 14d	0.188	0.024	0.018	0.024	0.100

杨英等在《世界橡胶工业》发表了《天然橡胶轮胎胶料中硅烷偶联剂种类对白炭黑增强效率的影响》[66]。于立东等对比研究了“几种硅烷偶联剂在轮胎胎面胶中的应用”[67]。鲁学峰等通过橡胶加工分析仪和毛细管流变仪分别研究了 WD-60（KH560）、WD-40（Si-69）和 NXT 等三种不同硅烷偶联剂对白炭黑改性后用于天然橡胶，对比研究了它们的加工性能，表明 NXT 改性白炭黑填充天然橡胶其性能最佳[68]。他们还研究了不同 SCA 改性白炭黑对天然橡胶基复合材料的性能影响，实验表明 SCA 明显提高了橡胶复合材料的力学性能[69]。杨林等研究了 WD-70/WD-10 复合偶联剂对三元乙丙橡胶/硅橡胶并用胶性能影响，表明 WD-70/WD-10 并用时能获得综合物理性能和耐高温老化性能优异的复合材料[70]。彭占杰等综述了硅烷偶联剂在橡胶复合材料中的研究进展[71]。张玥珺等综述了含硫硅烷偶联剂对增强填料的改性及其在橡胶中的应用研究进展，还指出在绿色轮胎发展趋势下，新型含硫 SCA 的开发应向绿色高效的功能化方向发展[72]。以上硅烷偶联剂在橡胶中应用有关文献可供读者参阅。

13.6　硅烷偶联剂在涂料、胶黏剂和密封胶中的应用

13.6.1　硅烷偶联剂在涂料中的应用

硅烷偶联剂（SCA）作为助剂在涂料已广泛应用，大家常称它（硅烷）为附着力促进剂。增加涂料附着力的方法很多，但在涂料中添加 SCA 的这种方法易行，增进涂料与无

机底材附着力显著，因此引起研究者和使用者特别关注。其实 SCA 在涂料中所起的作用不仅是增进附着力。

SCA 用于涂料的方式有 4 种：其一是将 SCA 与有机聚合物混合，此时树脂起到了溶剂的作用。硅烷再从有机树脂相中迁移（或扩散）到被涂底材上并发生作用。SCA 在底材表面首先是部分水解，然后是发生缩合反应，以形成偶联点。其二则是将 SCA 制备成底漆，然后将底漆直接涂布到底材上。这种底漆通常以溶液的形式涂布，以保证获得厚度为 0.1～1.0μm 的均匀涂层。为了保证成功，其底漆必须具备如下特征：底漆能形成强边界层，在界面上致完全溶解；力学性能好并具有黏（弹）性或刚性，以便底漆能承担加诸涂层的负荷；底漆能润湿底材，最好能与无机底材结合（含有极性官能基的底材）；底漆与面漆基料能部分相容。上述两种方法是 SCA 用于涂料的传统方法。现代还发展了 SCA 用于涂料制备的第三种方法，这种涂料常称之有机/无机杂化涂料，系 SCA 对溶胶/凝胶法制备纳米 SiO_2 同时进行原位改性并掺入成膜聚合物合成（该法在本书第 14 章介绍）。涂料中 SCA 的用量为 0.05%～1.00%时，通常都是有效的。但涂料配制过程中容易带入水分，可能会消耗一些 SCA，因此实际用量可根据具体情况调整。有时涂膜附着力丧失其可能原因之一是由于 SCA 被填料或颜料所吸收而引起的。解决这一问题的办法既可使用过量的 SCA，也可选用惰性颜料（如碳酸钙，可先用惰性硅烷如甲基三甲氧基硅烷对填料进行处理）。在乳胶体系中则应注意勿使 SCA 迁移到乳胶料子中去。采用优先存在于水相中的 SCA，或将 SCA 溶解在增塑剂中，就可以控制这种迁移。其四是近 20 年来发展了一种包括 SCA 在内的金属表面硅烷化技术，以取代金属表面采用铬化、磷化的防腐方法。金属表面涂装时，首先采用硅烷化技术进行表面处理，其防腐和增加附着力的效果很好，详情请参见本书第 15 章有关内容。

Walker 将加有 A-174、A-186、A-187、A-189 和 A-1200 等五种 SCA 作为涂料附着力促进剂，分别用于聚氨酯涂料和环氧涂料试验[73～75]。SCA 既可配制成底漆使用，也可作为助剂添加于涂料中。对加有 SCA 的涂料制得的涂膜进行了循环加热和加速耐候性试验，用扭力剪切法和直接牵引法对其附着力进行的测定表明：涂膜的附着力有明显改善，无论是起始附着力，水浸渍后附着力，还是水浸晾干后所测结果均如此，其结果请参见表 13-25 和表 13-26 实验数据。

将含 SCA 的涂料长时间贮存后，再用于涂膜实验，表 13-27 表明含甲基丙烯酸酯官能基硅烷偶联剂（A-174）的环氧体系的附着力没有变化，含巯丙基的硅烷偶联剂的聚氨酯涂料的附着力还持续地得到改善[76]。

上述研究结果仅表明 SCA 作为助剂加入涂料中，或制备成底漆用于涂装所显示涂料附着力的改善，很多实践业已表明 SCA 用于涂料有六方面好处。

① 涂层附着力加强同时，还使涂膜耐损伤性变好。

② 涂层暴露在潮湿，水浸或盐雾环境之下，其涂膜性能不易下降，其性能保持程度优于不加 SCA 的产品。

表 13-25　五种 SCA 用于底漆时，外部环境对铝材与涂层的结合强度的影响（扭力剪切法测定）

项　目			对照用标准样			循环加热试验(500h)			加湿耐候性试验(100h)		
	配制成底漆的硅烷偶联剂	表面处理	MPa	psi①	剥离面积/%	MPa	psi①	剥离面积/%	MPa	psi①	剥离面积/%
聚氨酯涂料	无	除油	15.8	2300	100	14.7	2130	100	21.7	3150	80
	无	喷砂	45.8	6650	0～20	28.5	4100	30～50	38.4	5570	2～5
	甲基丙烯酰氧丙基三甲氧基硅烷 A-174(KH570,WD-70)	除油	41.5	6030	0	45.8	6650	0	40.0	5800	0②
	β-(3,4-环氧环己基)乙基三甲氧基硅烷 A-186,WD-63	除油	21.0	3050	100	34.6	5030	30～100	27.3	3960	20～90
	γ-(2,3-环氧丙氧)丙基三甲氧基硅烷 A-187(KH560,WD-60)	除油	24.4	3540	60～100	29.5	4280	70～100	29.3	4260	0～100
	γ-巯丙基三甲氧基硅烷 A-189(KH580,WD-80)	除油	34.4	4990	0～80	38.4	5580	10～10	29.5	4280	0～60
	γ-(2-氨乙基)氨丙基三乙氧基硅烷 A-1200,WD-52	除油	40.3	5850	0	40.6	5900	0～30	40.3	5850	0②
环氧树脂涂料	无	除油	27.9	4050	30～90	32.7	4750	60	32.0	4650	5～30
	无	喷砂	40.0	5800	10～30	29.2	4250	30～60	41.3	5990	0②
	甲基丙烯酰氧丙基三甲氧基硅烷 A-174(KH570,WD-70)	除油	42.2	6130	0	41.0	6030	0	42.5	6170	0～2
	β-(3,4-环氧环己基)乙基三甲氧基硅烷 A-186,WD-63	除油	44.2	6420	0	41.0	5950	0	41.4	6000	0②
	γ-(2,3-环氧丙氧)丙基三甲氧基硅烷 A-187(KH560,WD-60)	除油	43.9	6370	0～10	41.7	6050	0	42.7	6200	0②
	γ-巯丙基三甲氧基硅烷 A-189(KH580,WD-80)	除油	42.2	6130	0	41.3	6000	0	44.1	6400	0②
	γ-(2-氨乙基)氨丙基三乙氧基硅烷 A-1200,WD-52	除油	41.5	630	0	39.5	5730	0～10	44.1	6400	0②

① 1psi＝6.895×10^3Pa。

② 涂料失去内聚力。

表 13-26　五种 SCA 作为助剂用于涂料对铝材上涂膜结合强度的影响（扭力剪切法）

SCA/涂料附着力	添加量/%	结点强度		
		MPa	psi	剥离面积/%
γ-巯丙基三甲氧基硅烷	0	29.1	4230	10
	0.1	31.7	4600	80
	0.2	41.6	6040	20～90
	0.4	43.1	6250	10～60
	0.6	40.3	5850	80
	0.8	37.3	5410	20～100
	1.0	38.2	5550	30～80

续表

SCA/涂料附着力	添加量/%	结点强度		
		MPa	psi	剥离面积/%
γ-(2-氨乙基)氨丙基三乙氧基硅烷	0.1	47.9	6960	0
	0.2	47.1	6840	0
	0.4	49.3	7150	0
	0.6	48.8	7090	0
	0.8	47.4	6880	0
	1.0	48.0	6970	0
γ-巯丙基三甲氧基硅烷	0	30.6	4400	100
	0.1	36.4	5280	0～60
	0.2	46.8	6800	0
	0.4	44.1	6400	0
	0.6	45.5	6600	0
	0.8	46.8	6800	0～5
	1.0	49.6	7200	0～5
γ-(2-氨乙基)氨丙基三乙氧基硅烷	0.1	47.0	6820	0～5
	0.2	48.2	7000	0
	0.4	49.6	7200	0
	0.6	48.2	7000	0
	0.8	48.2	7000	0
	1.0	49.6	7200	0

表 13-27　含 SCA 的涂料经长期贮存后的涂膜测试结果：在涂油铝材上涂漆——转矩手法

树脂/SCA	原始附着力		贮存 3 个月附着力		贮存 6 个月附着力		贮存 9 个月附着力	
	MPa	psi 剥离面积(%)	MPa	psi 剥离面积(%)	MPa	psi 剥离面积(%)	MPa	psi 剥离面积(%)
环氧/甲基丙烯酰氧丙基三甲氧基硅烷	24.1	3500/10	22.4	3250/10	23.2	3360/80	23.8	3450/50
	30.7	4450/10	37.1	5380/30	36.4	5280/30	33.8	4900/30
	32.9	4770/10	34.1	4950/30	32.5	4720/40	35.1	5100/50
	30.7	4450/10	30.5	4430/80	33.2	4820/80	32.7	4750/50
聚氨酯/γ-巯丙基三甲氧基硅烷	11.8	1700/100	13.6	1980/90	15.1	2190/90	24.1	3500/50
	26.7	3880/50	31.3	4550/30	32.2	4680/30	40.0	5800/70
	26.0	3770/80	31.3	4550/40	30.5	4430/30	39.8	5770/60
	25.2	3660/60	32.0	4650/90	34.1	4950/80	40.0	5800/60

③ SCA 可以改善填料和颜料的分散性，改善加工工艺性能，同时还往往能排除掉更多的空气，使颜料粒子间空隙有所减少。

④ 减少颜料的凝聚，改进颜料的悬浮，防止沉淀。

⑤ 一些涂料的固化得到改善，填料/颜料抑制固化的作用有所减少。

⑥ 增加无机物在涂料中填充量，在确保涂膜质量的同时，可降低生产成本。

13.6.2 硅烷偶联剂在胶黏剂中的应用

胶黏剂在航空、航天，车辆、机械，建筑、建材，电子、电器，医疗和日用器具制造等众多行业得到广泛应用。利用这类材料可以解决同质或异质金属与金属、金属与非金属和非金属与非金属材料之间连接问题。这类材料都是有机聚合物的复合物，它们通常是由树脂、橡胶为黏料（基料）与增强剂（或填料）在内的多种功能助剂复配而成。

毫无疑问这类复合材料本身及其他应用都存在有机聚合物和无机物料表面性质差异较大，难以获紧密接触，不易得到牢固稳定的界面层。因此人们想到了利用硅烷偶联剂（SCA）这类化合物将问题解决。利用 SCA 物化特性（参见前面有关章节）不仅有助于胶黏剂充分润湿无机物料表面，增加分子间作用力，消除弱界面，甚至还可利用它的化学反应性分别与无机物料或黏料化学键合，从而提高胶黏剂本身的内聚力，以及被粘物料的粘接强度。此外 SCA 的加入还可改善被胶接物耐水浸性能、湿热气候和高低温度变化等，这些问题通常仅靠黏料是难以解决的。此外，胶黏剂的制备、贮存和应用工艺过程等也会因 SCA 的加入使其流变性的改善而得到改善。因此只要针对胶料化学结构、胶黏剂使用对象选择或设计 SCA，采用正确的使用方法，就能提高胶黏强度，解决胶接耐水和耐老化等问题。尽管 SCA 在胶黏剂中的应用还不算普遍，但可以肯定今后在该应用领域一定会有大的发展。下面介绍一些实例供读者参考。

13.6.2.1 硅烷偶联剂在环氧树脂胶黏剂中应用

环氧树脂胶黏剂粘接强度高，通用性强，有万能胶之美称。除了用于粘接之外，环氧胶还用于配制灌注、密封、嵌缝、堵漏、防腐、绝缘、导电等材料。环氧胶黏剂虽有优异的粘接性能，但其本身的延伸率低、脆性大、胶接件耐疲劳性能不好等弊端，通常采用橡胶或聚酰胺等热塑性树脂或活性硅微粉等进行改性，但还有湿强度差，耐老化性能不好等问题，实践表明：如果在胶黏体系中加入 SCA 都会使这些不令人满意的性能变好。可以认为：环氧胶无论是作为结构胶黏剂、通用胶黏剂，还是作为点焊胶、导电胶等特殊用途功能胶黏剂，都有可能将 SCA 作为它的改性的重要组分。

① 据报道[77] 将经过常规处理后的 45# 钢表面涂覆一层 1% 的 KH550 偶联剂乙醇溶液（95%），晾干后于 80～100℃烘干 30min，加入 3%KH550 的环氧-聚硫-聚酰胺胶黏剂进行粘接。室温 48h 固化后测得剪切强度为 30.8MPa，浸水 15d 后再测剪切强度没有变化，仍为内聚破坏，表现出极好的耐水性；未用 KH550 处理的 45# 钢，同样条件的粘接，室温剪切强度为 20.5MPa，经 15d 浸水后剪切强度为 7.6MPa，呈界面破坏，并有明显锈迹，表明耐水性很差。

② 王志勇[78] 等称以 E-51 环氧树脂、改性脂环胺和低分子聚酰胺 300 的复合固化剂、

增韧剂（QS-BE）、活性硅微粉、DMP-30、气相 SiO_2、KH550 偶联剂等制得了建筑结构胶黏剂，剪切强度（钢-钢）达 23.9MPa，而未用 KH550 处理的 SiO_2 仅为 18.8MPa。

③ 袁慧五等[79] 利用 KH550、KH560 偶联剂对空心玻璃微珠（QH-550，20～85μm）进行改性，加入 E-51 环氧树脂中，固化后测定力学性能。未改性空心玻璃微珠填充环氧树脂体系的拉伸强度、弯曲强度、弯曲模量分别为 38.4MPa、55.8MPa、3240MPa；KH550 改性者分别为 43.4MPa、75.1MPa、3510MPa；KH560 改性者分别为 41.8MPa、64.1MPa、3480MPa。由上可见，KH550 改性效果优于 KH560。

④ 天津市合成材料工业研究所研制的 914 室温快速固化通用型环氧黏结剂[80]，它是一种加有含 γ-氨丙基 SCA（KH550，WD-50）的环氧胶，可粘接金属和除聚烯烃以外的大部分非金属，使用温度范围为－60～60℃，在配方中加入 KH550 对粘接件干（湿）粘接强度有影响，参见表 13-28。

表 13-28　KH550 用量对 914 环氧胶粘接强度的影响

胶黏剂的抗剪强度及其测试条件		KH550 加入量/份			
		0	1	1.5	3
抗剪强度/MPa	室温测试	17.5	19.8	22.8	20.9
	60℃测试	11.4	11.7	11.7	10.9
	泡水 24h 室温测试	18.9	20.8	21.1	22.6

⑤ 上海市合成树脂研究所研制的 JW-1（也称 E-100）是一种环氧结构胶黏剂[81]，这种结构胶可以胶接多种金属、玻璃钢、胶木、陶瓷、玻璃钢聚氯乙烯硬板和木材等，其使用温度范围为±60℃之间。SCA KH550 对这种胶黏剂的粘接强度有明显影响，实验结果参见表 13-29。在胶液中仅添加少量 SCA 即能起良好的增黏作用。

表 13-29　KH550 对 JM-1 胶粘接强度的影响

KH550 用量/份	剪切强度/MPa			不均匀粘接强度（+20℃）/(N/cm)
0	18.2	15.9	8.9	166.6
0.1	19.4	21.4	21.4	294

⑥ 425-2 点焊胶是一种适用于铝合金的胶接点焊结构环氧胶，使用温度范围为±60℃之间。该胶具有较好的机械强度、流动性和耐阳极化性能。在胶中加有 KH550 不仅提高了胶液的耐水煮性，而且还起到稀释和预固化的作用，使工艺性能得到改善。但硅烷偶联剂 KH550 超过一定用量后，会导致耐水煮性能下降，参见表 13-30[82]。

表 13-30　KH550 用量对 425-2 点焊胶胶液性能的影响

KH550 用量/份	黏度(20℃)/Pa·s	不均匀扯离强度/(N/cm)	60℃剪切强度/MPa	水煮后 60℃剪切强度/MPa
0		382	27.6	20.2
2	3.7	490	28.4	21.6
5	2.7	519	27.6	18.3

13.6.2.2 硅烷偶联剂在有机硅胶黏剂中应用

虽然硅橡胶有许多优异的性能，但它自身的力学强度差和对各种材料的黏附强度都比较低，作为胶黏剂这是一大缺点。但借助于 SCA 和气相白炭黑对有机硅胶黏剂进行改性则可以克服这些缺点。硅橡胶胶黏剂具有实用价值应该说是 SCA 的贡献。

硅橡胶的内聚能低，力学强度差，主要表现于抗张强度只有 5.9～6.9MPa，甚至更低；抗撕裂强度一般不超过 9.8MPa，RTV 硅橡胶比热硫化硅橡胶更低。实验表明欲获得高强度的硅橡胶，在聚硅氧烷中填充硅烷化气相法白炭黑特别有效，SCA 是对白炭黑进行硅烷化改性的重要表面处理剂之一。

室温硫化硅橡胶胶黏剂有单组分体系（RTV-1）和双组分体系（RTV-2）之分。硅橡胶胶黏剂对许多材料都不容易胶接，特别是 RTV-2 更甚，如果用氨烷基 SCA 处理被胶接材料的表面，RTV-2 胶黏剂就能与大多数的材料良好胶接，请参见表 13-31[83]。

表 13-31 KH550（WD-50）对室温固化硅橡胶胶接强度的影响

单位：份

胶接材料	KH550 用量				胶接材料	KH550 用量			
	0	0.5	1.0	2.0		0	0.5	1.0	2.0
钢	×	×	○	○	硬 PVC	×	×	○	○
黄钢	×	×	×	○	硅橡胶	○	○	○	○
铝	×	○	○	○	天然橡胶	×	○	○	○
玻璃	○	○	○	○	大理石	×	×	×	○
聚酯树脂	×	×	○	○					

注：○表示胶层内聚破坏；×表示胶层黏附破坏。

杨敏等[84] 在制备单组分 RTV 硅橡胶时，分别加入硅烷偶联剂二乙胺基甲基三乙氧基硅烷（ND-22）、苯胺甲基三乙氧基硅烷（ND-42）和 KH550。实验表明，3 种偶联剂都能提高内聚强度、粘接性能和耐油性能。当 ND-22 质量分数为 1%时 RTV 硅橡胶的综合性能最佳，其次是 ND-42。

GPS-4 有机硅胶是一种 RTV-2 硅橡胶胶黏剂，这种胶黏剂可用于聚乙烯和镀锡铜、镀银铜及纯铜间的胶接，各种硫化橡胶与经不同表面处理的金属（铝、铜、不锈钢、银等）与非金属材料（玻璃、陶瓷、玻璃钢）之间的胶接，其使用温度范围为－60～200℃[85]。RTV-1 体系的胶接性能比 RTV-2 体系要好得多。用 SCA 处理被粘物表面，则 RTV-1 几乎对所有材料都具良好的粘接强度，而且可以提高耐水性、耐化学品性能。例如，用 ND-42 作表面处理剂。根据需要可直接使用 ND-42 纯剂，也可配制成不同浓度的苯溶液或丙酮溶液使用。欲得良好粘接效果和降低成本，可将 ND-42 配制成 10%～35%浓度的无水甲苯溶液或丙酮溶液，再加入用量为 ND-42 的 1%～3%的二丁基二月桂醇锡作为催化剂，缩短表面处理的露置时间。被粘件经清洗、去油、烘干预热，一段时间后便可用南大-42 溶液热浸或热涂，室温露置 30～90min 后便可涂胶或灌胶。用 ND-42 溶液处理过各种金属、塑料、陶瓷和玻璃等材料表面，均可和 RTV 硅橡胶胶接，受力断裂时表现为胶层的内聚破坏[86]。

13.6.2.3 硅烷偶联剂用于其他胶黏剂实例

① 酚醛-丁腈胶黏剂是利用丁腈胶对酚醛树脂进行改性而制备的一种结构胶黏剂，最高使用温度可达180℃，它是汽车等工业常用的胶黏剂品种。它在金属结构胶中具重要地位。它的特性兼有剥离强度较高、耐高低温、耐疲劳、耐湿热老化、耐大气老化、耐介质性能好等优点。是目前综合性能优异、用途广泛的结构胶黏剂，也是酚醛-橡胶胶黏剂中最重要的品种。在胶料中加入或不加SCA对提高胶接强度影响研究表明：将1%的KH-550偶联剂加入酚醛-丁腈胶中，粘接强度可提高25%[87]。实验证明含胺基硅烷能提高胶接强度，尤其对接头在高温使用的影响显著[74]。

② 聚氨酯胶黏剂是胶黏剂中较重要品种，它具弹性，耐振动性且耐疲劳性也很好，特别适合不同材料的胶接及对柔软材料的胶接，其耐寒性也好。聚氨酯在高温高湿条件容易遭受破坏是其缺点，原因在于分子中的酯键和亚氨酯易被水解之故。采用硅烷偶联剂是改进聚氨酯胶黏剂耐湿热性能的有效途径之一。据称钢板用环氧基硅烷改性的聚氨酯胶黏剂黏合，能在沸水中承受24h，而未改性的仅能承受1h[88]。在聚氨酯胶黏剂中常用的SCA有氨烷基硅烷（KH550，WD-50）、含环氧基硅烷（KH560，WD-60）、含巯基硅烷（KH580，WD-80）、含环氧环已基硅烷（A-186，WD-63）等，用量为0.5%～5%不等。KH550在聚氨酯胶黏剂中最常用。把硅烷偶联剂配成溶液或底胶，用其处理金属或被粘物表面，更能大大地提高胶的剥离强度。合理使用KH550能显著地提高钢试件与胶黏剂的粘接力。陈红梅等[88]以KH550偶联剂改善水性聚氨酯的耐水性，当加入质量分数5%的KH550时，吸水性明显降低。在室温或中温条件下KH560的环氧基团可与水性聚氨酯分子中亲水的羧基反应，从而降低亲水性。硅烷的水解和缩合反应又能使聚氨酯大分子之间产生一定的交联，同样可提高聚氨酯胶膜的改善耐水性。若是改用KH450水性硅烷偶联剂效果可能会更好。

③ 丙烯酸酯类胶黏剂广泛地应用于纺织、印染、造纸、涂料、石油化工等行业，其粘接强度基本上都能满足生产使用要求。但在某些特殊场合下，需用偶联剂对基材进行表面处理，可以增加其粘接强度。

段洪东[89]等将具甲基丙烯酰氧丙基三甲氧基硅烷（KH570，WD-70）和γ-氨丙基三乙氧基硅烷（KH550，WD-50）预处理基材（钢片）后，再涂以丙烯酸酯类胶黏剂，涂KH570的试片其剪切粘接强度优于KH550，将KH570掺入丙烯酸酯类胶黏剂中，样品的剪切粘接强度也有显著提高，适当的固化温度（如120℃）对KH570处理（包括预处理和掺入）的样品，其剪切粘接强度显著提高，而对于KH550处理的样品，效果不显著，请参见表13-32。

将纳米SiO_2用乙烯基SCA（A-151）处理后，有效地分散为纳米粒子，与原位乳液聚合而得的聚丙烯酸酯复合，制备了高性能的聚丙烯酸酯/纳米SiO_2有机-无机复合的压敏胶乳液。因纳米SiO_2的引入而提高了压敏胶乳液的内聚力和剥离强度。VTPS硅烷偶联剂（乙烯基三叔丁基过氧硅烷）用作硅橡胶与钛合金粘接的胶黏剂，钛合金经细砂喷砂处理，硫化工艺；压力为10MPa，170℃保持15min，粘接强度2.3MPa。VTPS用于硅橡胶-金属高温硫化粘接的增黏剂则有特效，加入2质量份VTPS能使硅橡胶与铝或不锈钢硫剪切强度由小于0.4MPa提高到5MPa以上[90]。

表 13-32 偶联剂种类和处理方式对剪切粘接强度（MPa）的影响（5% NaCl 溶液中浸泡）

浸泡时间/天	0	1	3	7
未处理	1.91	1.88	1.90	1.78
KH570 预处理	7.50	7.00	6.90	4.50
KH550 预处理	3.60	3.52	4.00	2.40
KH550 掺入乳液	5.40	5.00	5.30	3.50

13.6.3 硅烷偶联剂在密封胶中的应用

密封胶虽类似胶黏剂但又有差别的一类粘接材料，它也是以有机聚合物为黏料，再与无机增强剂（或填料）和功能助剂共混的复合物。它可以应用于同质或异质金属与金属、金属与非金属、非金属与非金属之密封和连接，它所接触的金属或非金属材料只需具有良好的黏附力，而不像胶黏剂需要强的粘接强度。密封胶与被胶粘物同样在水浸、湿热环境、寒暑温差变化、紫外光照射等条件下易老化，物理力学性能不稳定，影响长时间使用。因此密封胶要解决的问题与胶黏剂类似。密封胶的应用领域也与胶黏剂也基本相同，仅仅是用多用少的问题。随着先进工艺和现代建筑的发展，弹性密封胶在建筑、汽车、机车、船舶、航空、航天、电子电器、海上工程等领域发挥重要作用，随着科技进步的步伐，人们对密封胶的质量要求也越来越高。

例如建筑的高层化，特别是大型框架柔性挂板的出现和幕墙结构的迅速发展，导致建筑接缝性质发生巨大变化，出现了大跨度形变位移的动态接缝。为了满足这类接缝的粘接和密封要求一些抗形变位移能力为±25%～±50%（有的特殊部位要求大于±50%），促使了耐候、寿命长、综合性能优良的弹性密封胶迅速发展。自从 1943 年第一种弹性密封胶——聚硫密封胶商品面世，到 20 世纪 60 年代初，又出现了单组分室温硫化硅橡胶（RTV-1），70 年代双、单组分聚氨酯弹性密封胶，双组分室温硫化（RTV-2）硅酮密封胶和加成硫化弹性硅酮密封胶都得到很大发展。相继还开发成为新一代的端硅烷基聚氨酯弹性密封胶和端硅烷基聚醚弹性密封胶（参见第 13 章）等。这些密封胶的应用领域拓展，黏附强度的提高以及在湿热恶劣环境下保持物理力学性能稳定，很大程度取决于硅烷偶联剂（SCA）的选择及其用量。SCA 应用于密封胶改性的方式，则根据使用目的，以及被密封的物料性质而灵活运用。下面介绍一些实例。

（1）硅烷偶联剂在聚硫橡胶密封胶中的应用

聚硫橡胶$\leftarrow CH_2-CH_2-S_4 \rightarrow$具有良好的耐油和耐溶剂特性，以及优良的密封性能和耐低温挠曲性。但高气温、高湿环境和长期水浸对聚硫型密封剂粘着金属表面的性能有不良影响。改变这种不良影响的方法有两种。一是在聚硫密封剂配方中使用较大量的树脂增黏剂（例如环氧树脂及其固化剂），虽可以使聚硫密封剂获得比较理想的耐水和抗湿热能力，如品牌为 XM-16 聚硫密封剂。但从综合性能考虑该方法不是理想的途径，如此会明显降低密封的高弹性和耐疲劳性能。另一种方法是适当地选用硅烷偶联剂，例如苯胺甲基三甲氧基硅烷（南大-42），它会使聚硫密封胶与铝合金的黏着获得良好的耐淡水浸泡稳定性。如果将 SCA 与白炭黑在聚硫密封剂中并用，则密封剂可获得更好的耐水耐湿热环境的能力，请参见表 13-33[91]。

表 13-33　硅烷偶联剂与 SiO_2 配合对聚硫密封胶耐水性的影响

<table>
<tr><td colspan="2">项　目 ＼ 密封胶牌号</td><td>XM-22</td><td>XM-22B</td><td>XM-22D</td><td>XM-22D-1①</td></tr>
<tr><td colspan="2">偶联剂(mL)/100g 胶料</td><td>0.3</td><td>0.3</td><td>0.5</td><td>0.5</td></tr>
<tr><td colspan="2">SiO₂ 加否</td><td>无</td><td>有</td><td>无</td><td>有</td></tr>
<tr><td rowspan="6">剥离强度/(N/cm)及其状态</td><td rowspan="2">40℃淡水浸泡 1 年</td><td>98</td><td>117.6</td><td>98.0</td><td>137.2</td></tr>
<tr><td>CF②</td><td>CF</td><td>CF</td><td>CF</td></tr>
<tr><td rowspan="2">40℃淡水浸泡 2 年</td><td>88.2</td><td>117.6</td><td>113.7</td><td>137.2</td></tr>
<tr><td>95%内聚破坏</td><td>CF</td><td>95%内聚破坏</td><td>CF</td></tr>
<tr><td rowspan="2">40℃淡水浸泡 3 年 7 个月</td><td>39.2～98.0</td><td>88.2</td><td>9.8</td><td>111.7</td></tr>
<tr><td>混合破坏</td><td>CF</td><td>AF</td><td>CF</td></tr>
</table>

① 配方不含增黏树脂。

② CF 为内聚破坏；AF 为粘接界面破坏。

表 13-33 的实验数据表明，XM-22B 经 40℃淡水长期浸泡后的剥离强度保持率和粘接界面的破坏状态明显比 XM-22 好。而 XM-22D-1 在经 40℃淡水长期浸泡后的上述两项性能指标同样地比 XM-22D 更加明显提高。这就说明了 SCA 与 SiO_2 配合使用对提高聚硫密封胶耐水性的效果要比单独使用 SCA 的效果好得多。

研究还发现苯胺甲基三甲氧基硅烷 $\left[C_6H_5-\overset{H}{N}-CH_2-Si(OCH_3)_3 \right]$ 可调节聚硫密封胶的可操作时间，见表 13-34[91]。

表 13-34　苯胺甲基三甲氧基硅烷对密封胶使用期的影响

项目	1#	2#	3#
100g 胶料中促进剂 D 质量/g	0.04	0.04	0.04
100g 胶料中偶联剂的量/mL	0	0.3	0.5
使用期/h	0	3	3.5
密封胶硫化状态	一经混合即硫化成硫化体和膏状混合物	成均匀的弹性体	成微孔海绵状物
评价	硫化不均匀	使用期适中	使用期未明显延长，硫化出现海绵状

表 13-34 中的 1# 配方不含硅烷偶联剂，在高气温、高温度下、密封胶组分一经混合就迅速发生硫化。实际上其使用期为零，无法进行操作。2# 配方中含适量的硅烷偶联剂，在使用期间能与体系中的水迅速地发生水解反应，消耗了密封胶中的水分，使其使用期延长，达到 3h 之久。

在聚硫密封剂中应用芳胺 SCA 有上述良好效果，应用其他含胺基 SCA 和含乙烯基 SCA（如 KH570 等）也有类似的效果。

（2）硅烷偶联剂在聚氨酯密封胶中的应用

端硅烷基聚硅氨酯（SPU）弹性密封胶是利用SCA作封端剂，将其与具端—NCO基聚氨酯预聚体反应产物。SPU的合成（参见13.3节）。本节仅介绍直接应用SCA于聚氨酯密封胶中有关工作。

聚氨酯密封胶具有良好的粘接性、耐化学腐蚀、耐热、耐低温和物理力学性能稳定等，作为粘接和弹性密封材料广泛应用于建筑中。单组分湿气固化聚氨酯密封胶含有大量的异氰酸酯基，其中添加的组分不能有含羟基等具活性H类物质，因此像气相二氧化硅等要进行疏水改性。刘琪等[92]研究过利用KH550、KH560及KH570处理气相SiO_2，研究了不同硅烷表面改性剂对单组分湿固化聚氨酯密封胶100%模量、断裂伸长率、储存稳定性、触变性及粘接性能的影响。

王宇旋等[93]将5g气相白炭黑于400℃活化5h，吸取KH550、KH560及KH570，分散于150mL经3A分子筛除水的甲苯中，超声分散10min，加热回流。反应4h后停止反并冷却，13000r/min离心，沉淀用无水乙醇洗涤数次，105℃的烘箱中干燥5h后用于制备密封胶。

在装有搅拌器、温度计的三口烧瓶中，按比例加入二官能度和三官能度的聚醚、增塑剂，脱水。慢慢加入计量的TDI，于70℃条件下反应3h，冷却至室温，得到浅黄色透明黏稠的预聚物。将预先干燥的滑石粉、SCA改性的纳米二氧化硅、催化剂等加入到预聚体中，搅拌均匀，脱去气泡，置于密闭容器中以备用，最后制成各种测试所需样条。研究发现：KH550改性二氧化硅所制备的单组分聚氨酯密封胶具有更低的100%模量及更高的伸长率，添加2.5% KH560改性的二氧化硅，密封胶的100%模量、拉伸强度和断裂伸长率分别为0.62MPa、1.53MPa和610%。添加2.5%KH570改性的二氧化硅所制备的单组分聚氨酯密封胶具有良好的储存稳定性与触变性能，与玻璃粘接100%内聚破坏。

（3）硅烷偶联剂用于缩合型硫化RTV有机硅密封胶

缩合型室温硫化有机硅密封胶可分为单组分室温硫化（RTV-1）和双组分室温硫化（RTV-2）两种类型。这类缩合型有机硅密封胶利用SCA作为增黏剂主要是脱醇缩合型有机硅密封胶。此外，还有脱肟缩合型和脱丙酮缩合型品种。使用SCA有两种方法已如前述，其一是直接用硅烷偶联剂的稀溶液或其与别的组分组成的溶液处理被粘基材的表面。其二是将硅烷偶联剂加入密封胶中，成为密封胶配方中的一组分。

对基材适应性好的醇型RTV-1主要组分包括：一种分子中含有不少于2个可水解硅烷基的聚二有机基硅氧烷；有机锡螯合物催化剂；一种含异氰酸酯基的硅烷化合物。该密封胶浇铸的试件经室温固化后其JIS硬度为24，拉伸强度为1.5MPa，伸长率为420%。密封胶对多数金属、玻璃和塑料基材具有优良的黏附性能[94]。

干、湿态黏附性的醇型RTV-1胶体系由一种以端基为$(MeO)_2MeSiO_{0.5}$基的聚二甲基硅氧烷为基础聚合物，以甲基三甲氧基硅烷和钛酸酯为复合交联剂和以γ-氯丙基三乙氧基硅烷为黏附促进剂的醇型RTV-1密封胶。这种密封胶对钢、铝和聚氯乙烯等基材具有较高的黏附强度，即使试件在水中浸泡7d的湿态情况下仍保持高的黏附性能。若配方中不加入$ClCH_2CH_2Si(OCH_2CH_3)_3$黏附促进剂的密封胶试件在水浸后的湿态情况下将失去黏附性[95]。

密封玻璃的醇型 RTV-1 胶其组成以 α,ω-二羟基聚二甲基硅氧烷为基础聚合物，以甲基三甲氧基硅烷为交联剂，γ-缩水甘油氧丙基三甲氧基硅烷和 N-β-氨乙基-γ-氨丙基三甲氧基硅烷为复合黏附促进剂的醇型硅酮密封胶。该密封胶在不施用底胶的情况下直接粘接玻璃基材所形成的试件不仅具有高的粘接强度，而且其粘接界面均出现 100%的内聚破坏。此外密封胶的试片经室温固化后，其拉伸强度为 1.2MPa，伸长率为 350%[96]。

金属、塑料的醇型 RTV-1 胶是一种以端基为三甲氧基甲硅烷基的聚二甲基硅氧烷为基础聚合物，以甲基三甲氧基硅烷为硫化交联剂和以巯丙基三甲氧基硅烷为黏附促进剂的醇型硅酮密封胶。密封胶粘接铝、铜、玻璃、环氧树脂增强塑料和聚碳酸酯基材所形成的试件，在 20℃和 55%RH 的条件下固化 7d 后，这些试件的粘接界面破坏状态分别为 80%、100%、100%、100%和 60%的内聚破坏。若上述配方中不含黏附促进剂所制得的密封胶，其粘接上述基材所形成的试件，室温硫化后的粘接界面破坏情况全部为 0 的内聚破坏[97]。

钢、铝等基材密封的醇型 RTV-1 胶其组成特征是一种以端基为甲氧基甲基甲硅烷基聚二甲基硅氧烷为基础聚合物，以甲基三甲氧基硅烷为硫化交联剂，以钛酸酯为硫化催化剂和以 γ-氯丙基三乙氧基硅烷为黏附促进剂的醇型 RTV-1。该胶的室温失黏时间为 10min。其试片经室温硫化后邵尔 A 硬度为 21，拉伸强度为 1.6MPa，伸长率为 482%，其对金属、塑料的粘接试件具有较高的粘接强度。若上述配方中不含 γ-氯丙基三乙氧基硅烷黏附促进剂的密封胶在上述相同的条件下其室温失黏时间为 10min。室温硫化试片的邵尔 A 硬度为 19，拉伸强度为 1.56MPa，伸长率为 541%，其对钢、铝、塑料的粘接试件黏附性能甚差[98]。

ND-701 胶，它是一种加有 ND-42（南大-42）单组分 RTV 硅橡胶胶黏剂或密封灌注材料，用于各种金属和非金属材料之间的密封和黏合。使用温度范围为−60～200℃，也可用于小型电子元件的保护涂层和灌注密封，但不适于大面积黏合及大型器件的灌注。

脱酮型 RTV-1 密封胶最具代表性是适用于机械设备和汽车发动机部件室温下就地成型垫圈，该胶系利用乙烯基三（异丙烯氧基）硅烷 SCA 为交联剂和以 γ-氨丙基三乙氧基硅烷为黏附促进剂[99]。

为了提高脱酮肟型 RTV-1 的黏附性能，通常可用如下 SCA 品种。

缩合型 RTV-2 胶具表层与内部可同时发生硫化，且硫化速度一致，致使体系到达深度硫化的目的。选择和调节体系中硫化交联剂和硫化催化剂的种类和用量，可有效地调节和控制 RTV-2 胶的室温硫化速度和使用时间。RTV-2 胶硫化后对异种材料具有良好的脱模性。这是不适于作密封胶使用的性质，但使用底胶或在 RTV-2 胶配方中引入黏附促进剂，可使双组分室温硫化硅橡胶对金属或非金属基材具有良好的黏附性能，并使其在各工业领域中获得更广泛的应用。

廖宏等研究了一种强黏附、高强度醇型 RTV-2 胶[100]，它是含有硅烷偶联剂-钛酸酯反应产物的 RTV-2 胶。在 RTV-2 密封胶配方中引入两种 SCA 组成黏附促进剂，其黏附性能往往比用一种 SCA 的要好。两种 SCA 的黏附促进剂具有“协同效应”。一种 SCA 与钛酸酯的反应产物作为 RTV-2 密封胶的黏附促进剂亦获得良好的增进黏附性能的效果。文献报道了一种 TH 黏附促进剂的合成及其在 RTV-2 胶中的应用。研究发现 TH 促进剂的增进黏附效果十分明显。TH 黏附促进剂的合成：将钛酸正丁酯与 γ-氨丙基三乙氧基硅烷（KH550）以适当的摩尔比，溶于一定量的乙醇中，将此溶液加热到回流温度，并在此温度下进行搅拌回流反应。制得钛酸正丁酯-KH550 的反应产物（TH 黏附促进剂）。

文献报道[101] 含有氨基和环氧基 SCA 的 RTV-2 密封胶 γ-氨丙基三乙氧基硅烷和 γ-缩水甘油氧丙基三甲氧基硅烷是 RTV-2 密封胶常对增进体系黏附性能效果较好。该 RTV-2 的配方中同时引入上述两种硅烷偶联剂，由于它们“协同效应”的结果，使密封胶体系对混凝土块的粘接不仅具有高的干态粘接强度，而且还具有优良的湿态黏附性能。此胶料粘接混凝土块的试件放入室温水中浸泡 3d 后的湿黏强度为 4.5MPa，呈现出高的湿黏强度。

γ-(环氧丙氧) 丙基三甲氧基硅烷（WD-60）为黏附促进剂的 RTV-2 密封胶的初黏性好、粘接强度高、在－65～250℃的温度范围内具有良好弹性和物理力学性能。这种 RTV-2 密封胶的特点是耐热、耐水、防潮、耐全天候老化以及具有良好的物理力学性能。在使用底胶的情况下对金属和非金属基材黏附性能优良。该底胶是由正硅酸乙酯 50 份、甲基三乙氧基硅烷 30 份、γ-缩水甘油氧丙基三甲氧基硅烷 20 份、硼酸 0.4 份、乙酰乙酸乙酯 2 份、三氟硼酸铬 3 份和无水乙醇 115 份混合均匀配制而成。GPS-4 硅酮密封胶不仅适用于粘接铝、钢等基材，而且也适用于对聚乙烯与镀锡铜、镀银铜、钢以及硅橡胶与金属、硅橡胶与玻璃、硅橡胶与玻璃钢等基材的粘接密封。可在－60～200℃的温度范围内长期使用[102]。

耐水和电性能优良的醇型 RTV-2 硅酮密封胶具有优异的耐热水性能，它的试件在 80℃的水中浸泡 1 个月后，其物理力学性能不发生明显变化。它适于在高潮湿或常接触冷、热水的环境中对金属和非金属构件进行粘接密封。该胶组成中含有 γ-氨丙基三乙氧基硅烷和 γ-缩水甘油氧丙基三甲氧基硅烷所组成的混合物，将此密封胶浇铸成试片，并经室温硫化后放入 80℃的水中浸泡 1h，其基本性能无明显变化，呈现出优异的耐热水性能[103]。

13.7 大分子硅偶联剂的应用概述

大分子硅偶联剂有小分子 SCA 类似的反应基团，能通过化学键合将有机聚合物与无机粉体等材料偶联于一体。因此，SCA 应用领域中除用于作为聚合物合成单体外，本章上述硅烷偶联剂的所有应用领域，MSCA 均可涉及，其使用方法也与 SCA 类似。采用化学方法合成的 MSCA 有关研发迄今仅 20 年历史，其应用进行产业化开发还处于起步阶段，很多应用开发工作都还是实验室的研究成果；虽然已有专利报道[104～107] 有关应用，但都是以实验室的工作为基础，并非产业化开发专利予以公开的。有关大分子硅偶联剂的应用请参见本书第 11 章有关 MSCA 性能和合成各节内容。

MSCA 的偶联作用不仅只是它与有机聚合物和无机粉体等材料化学键合于一体，它还涉及大分子链的渗透、缠绕、交联和互穿网络等所产生的包覆作用。因此，采用 MSCA 处理无机物粉体等材料，也不只限于硅酸盐或含硅的其他矿粉，将它作为无机粉体等的包覆材料涉及几乎所有无机物料，其应用领域显然多于小分子的 SCA，其效果也比小分子 SCA 好。武大有机硅新材料股份有限公司生产了一种大分子硅偶联剂 WD-M01 将其应用有关材料制备，生产试验结果表明其性能性优于小分 SCA，请参见表 13-35。

表 13-35 大分子硅偶联剂 WD-M01 用于聚乙烯复合材料产品初步研究的性能测试结果

性能	大分子硅偶联剂 WD-M01	乙烯基三甲氧基硅烷 WD-21	γ-氨丙基三乙氧基硅烷 WD-50
极限氧指数	43.5(++)	37(0)	37(0)
疏水性/%	⩾98(++)	⩽20	⩽10
拉伸强度/MPa	11.01(↑)	9(↓)	8.5(↓)
断裂伸长率/%	280(↑)	230(↓)	194(↓↓↓)

注：++表示较大改善；0 表示接近参照样；↑表示提高；↓表示下降。

聚合物合金材料的研发从 20 世纪 60 年代以来，一直是高分子材料研究的热点，迄今已研发了很多接枝、嵌段共聚物作为聚合物合金制备的相容剂，具有很好的效果。研究者们很想制备一类有机聚硅氧烷/有机高分子化合物复合的聚合物合金，其目的在于使制备的聚合物合金材料获得兼具有机硅特性的高分子材料，这种构思成为研究者们所期待的。我们认为接枝、嵌段或星型等 MSCA 的研发，将会促使有机硅改性有机高分子合金材料得到发展，而小分子 SCA 则难以实现其目的。

此外，迄今采用 SCA 为改性物料，采用物理/化学、力学/化学等方法制备的聚乙烯的接枝共聚物作为大分子硅偶联剂已得到使用。采用原子自由基聚合方法，在无机粉体上接枝，使其表面有有机聚合物也是很有发展前途的应用领域。

参考文献

[1] Plueddemann E P, Stark G L. Modern Plastics, 1977, 54 (9): 102, 105-106, 108.

[2] 幸松民，王一璐. 有机硅合成工艺及产品应用. 第 2 版. 北京：化学工业出版社，2010.

[3] E. P. 普鲁特曼. 硅烷和钛酸酯偶联剂. 上海：上海科学技术出版社，1987：227-230.

[4] 田伏宗雄. 国外塑料，1991，9 (2)：42-47，17.

[5] 杨文超，冯丽娟，李东洋，等. 化工进展，引增刊二，199-202.

[6] 车国勇，翟天元，张明等. 粘接，2017，(4)：51-53.

[7] 南京曙光化工厂. 纤维复合材料，1987，(1)：54-61.

[8] 胡福增，柴田健一，堤和男. 复合材料学报，1989，6 (1)：7-13.

[9] 易长海，周奇龙，曾汉民，等. 荆州师范学院学报（自然科学版），2001，24 (2)：93-96.

[10] 张志坚，花蕾，李焕兴，等. 玻璃纤维，2013，(3)：12-22.

[11] 尹苗，李佳，贺明强，等. 玻璃纤维，2016，(1)：6-9.

[12] 郑水林. 粉体表面改性. 第 2 版. 北京：中国建材工业出版社，2004：92-160.
[13] 冯启明，张宝述，宋功保，等. 非金属矿，1999，22 增刊：68，69，44.
[14] 陈丽昆，李勇，张忠飞. 非金属矿，2005，28 增刊：39-40.
[15] 钱海燕，叶旭初，张少明. 非金属矿，2001，24（2）：10-12，51.
[16] 郑水林. 中国非金属矿工业导刊，2010，（1）：3-10.
[17] 金广泉，李训生，陈雪娟. 胶体与聚合物，2015，133（3）：31-133.
[18] 郭永昌，孙杰，赵松泽. 硅酸盐通报，2016，35（12）：3925-3930.
[19] 王庆. 电线电缆译丛，1989，（3）：20-23 .
[20] Tarbell H E，Mirliss M J. US 4671973. 1987.
[21] 朱平平，王戈明. 非金属矿，2010，33（1）：36-38 .
[22] 李宝智，王文利. 中国粉体工业，2006，（4）：12-14.
[23] 邱惠惠，罗康碧，李沪萍. 硅酸盐通报，2018，34（8）：2222-2226.
[24] 邢燕侠. 覆铜板资讯，2014，（5）：45-48，33.
[25] 崔凌峰，熊玉竹，李鑫，等. 中国粉体技术，2016，22（4）：42-45，79.
[26] 高中飞，王明贺，郭登峰，等. 现代化工，2018，38（2）：79-82，84.
[27] John T. Rubber World，1998，218（6）：38-47 .
[28] Bourgeat-Lami E，Espirard Ph，Guyot A. Polymer，1995，36（23）：4285-4389.
[29] Bauer F，Ernst H，Decker U，et al. Macromol. Chem. Phy. ，2000，201（18）：2654-2659.
[30] Bauer F，Glasel H-J，Decker，U，et al. Progress in Organic Coatings，2003，47（2）：147-153.
[31] Etienne Mathieu，Walcarius A. Talanta，2003，59（6）：1173-1188.
[32] Jesionowski T，Krysztafkiewicz A. Applied Surface Science，2001，172（1-2）：18-32.
[33] 吉小利，王君，李爱元，等. 安徽理工大学学报（自然科学版），2004，24 增刊：83-87.
[34] 中华人民共和国教育部鉴定（教 SW2001）第 062. “烷氧基硅烷制备高纯超微 SiO_2 及其表面改性材料”. 2001. 12.
[35] 白红英，贾梦秋，毋伟，等. 表面技术，2003，32（6）：59-62.
[36] 王云芳，郭增昌，王汝敏. 化学研究与应用，2007，19（4）：382-385.
[37] Liu Wen-Fang，Guo Zhao-Xia，Yu Jian. Journal of Applied Polymer Science，2005，97（4）：1538-1544.
[38] Marsden J G. Handbook Adhesion，2nd Ed. ，1977，540.
[39] E. P. 普鲁特曼. 硅烷和钛酸酯偶联剂. 梁发恩，谢世杰译. 上海：上海科学技术出版社，1987：163.
[40] E. P. 普鲁特曼. 硅烷和钛酸酯偶联剂. 梁发恩，谢世杰译. 上海：上海科学技术出版社，1987：167.
[41] Marsden J G，Handbook Adhesion. 2nd Ed. ，1977：541.
[42] 邓双辉，李志强，刘坐镇. 热固性树脂，2017，32（6）：45-50.
[43] E. P. 普鲁特曼. 硅烷和钛酸酯偶联剂. 梁发恩，谢世杰译. 上海：上海科学技术出版社，1987：217.
[44] 游胜勇，戴润英，董晓娜，等. 合成树脂及塑料，2017，34（6）：17-19.
[45] Marsden J G. Handbook Adhesion，2nd Ed. 1977：543-546.
[46] 杜高翔，郑水林，李扬. 硅酸盐学报. 2005，33（5）：659-664.
[47] 肖军华，曹有名，史育群. 塑料，2007，36（3）：36-40.
[48] 张先亮. 武汉大学学报（理学版），1977，（3）：98-103.
[49] 湖北省科学技术委员会技术鉴定书. 鄂科鉴定第 871072. “磁记录材料助剂”. 1987，11.
[50] 屈一新，赵素合，等. 硅酸盐学报，2006，34（8）：951-955.
[51] 赵金义，毕雪玲，周丽玲，等. 青岛科技大学学报，2004，25（2）：160-162.
[52] 宋成芝，车永兴，财志广，等. 合成橡胶工业，2011，34（2）：128-132.
[53] Vondracek P，Capka M，Schatz M. J Appied palymer Sci，1979，24（7）：1619-1627.
[54] Vondracek P，Hradec M，Chralovsky V，et al. Rubber Chem and Techn，1984；57（4）：675-685.

[55] 张勇，张虹. 世界橡胶工业，2011，38（2）：1-5.
[56] 李汉堂. 橡塑资源利用，2006，（4）：29-36.
[57] Joshi P G，Cruse R J，Pickwell R J，et al. 轮胎工业，2005，25（2）：96-103.
[58] Marsden J G. Handbook Adhesion. 2nd Ed. 1977：547
[59] 张殿荣，李业红，杨清芝. 高分子材料科学与工程，1986，（6）：33-38.
[60] 赵红娟. 橡胶参考资料，2002，32（4）：22-27.
[61] 彭华龙，刘岚，罗远芳，等. 合成橡胶工业，2009，32（3）：227-231.
[62] 彭华龙，刘岚，罗远芳，等. 高分子材料科学与工程，2009，25（6）：88-91.
[63] 宇星 . 现代橡胶技术，2010，36（4）：7-12.
[64] 江畹兰. 世界橡胶工业，1999，26（5）：46-49，37.
[65] Marsden J G. Handbook Adhesion，2nd Ed. 1977：548.
[66] 杨英，潘宏丽. 世界橡胶工业，2017，44（8）：9-20.
[67] 于立东，胡铀，肖建斌，等. 轮胎工业，2017，37（10）：606-608.
[68] 鲁学峰，郝智，盛翔，等. 高分子材料科学与工程，2017，33（2）：72-77.
[69] 鲁学峰，郝智，盛翔，等. 化工新型材料，2017，45（8）：260-262.
[70] 杨林，陆涛，黄强，等. 橡胶工业，2017，64（1）：30-34.
[71] 彭占杰，崔杰，韩丙凯，等. 特种橡胶制品，2014，35（6）：65-69.
[72] 张玥珺，徐敏，赵西坡，等，合成橡胶工业，2017，40（4）：327-331.
[73] Walker P. Journal of Coatings Technology，1980，52（670）：49-61.
[74] Walker P. Journal of the Oil and Colour Chemists' Association，1982，65（12）：436-443.
[75] Walker P. Journal of the Oil and Colour Chemists' Association，1982，65（11）：415-423.
[76] Walker P. Journal of the Oil and Colour Chemists' Association，1983，66（7）：188-192.
[77] 王德中. 环氧树脂生产与应用. 第 2 版. 北京：化学工业出版社，2001，429.
[78] 王志勇，刘学元，谭卫华. 粘接，2007，28（4）：30-31 .
[79] 袁慧五，饶秋华. 热固性树脂，2007，22（6）：33-35.
[80] 天津市合成材料工业研究所 914 室温快速固化环氧黏结剂研制、扩试总结报告. 1975，4.
[81] 上海合成树脂研究所. 树脂粘合剂（内部资料）. 1975（1）：12.
[82] 南京大学抗大化工厂. 南大-42 偶联剂应用技术资料. 1973，4.
[83] 姚钟尧. 粘接，1992，13（2）：38-42.
[84] 杨敏，王翠花，李天书. 粘接，2007，28（5）：26-27，48.
[85] 李卫东，实用粘接手册. 上海：上海科技文献出版社，1987.
[86] 上海橡胶制品研究所. 橡胶胶黏剂和橡胶的粘合. 1969. 11.
[87] 上海橡胶制品研究所. 国外胶黏剂的发展概述. 1973，4.
[88] 陈红梅，廖时勇，张爱民. 中国胶黏剂，2009，18（1）：11-15.
[89] 段洪东，李鹏，徐桂云. 中国胶黏剂，2000，9（3）：15-17.
[90] 刘国军，张桂霞，潘慧铭，等 . 中国胶黏剂，2006，15（5）：21-24.
[91] 姚钟尧. 粘接，1992，13（5）：30-33.
[92] 刘琪，崔海信，顾微，等. 纳米科技，2009，6（3）：15-18.
[93] 王宇旋，李桂妃，任绍志. 化学与粘合，2010，32（4）：65-67.
[94] Lucas G M，Wengrovius J H. EP 493887. 1992.
[95] Friebe R，Weber W，Sockel K-H. EP 640657. 1995. CA123：146401.
[96] Dietlein J E，Klosowski J M. EP 221644. 1987.
[97] Onishi. M ，Fukayama M. EP 345645. 1989.
[98] Friebe R，Weber W，Sockel K-H. EP 640659. 1995. CA123：146400.

[99] Arai M，Kimura T，Suzuki K，et al. JP 02067364. 1990. CA：113：116513.
[100] 廖宏，赵祺. 粘接，2001，22（2）：10-12.
[101] Dow Corning S A. Belg，US 4602078. 1986.
[102] 龚云表，石安富. 高分子密封材料. 上海：上海科技出版社，1983.
[103] Futamura H，Goto S. JP 05017529. 1993. CA119：96437.
[104] 张洪文，张扬，姜彦，等. CN103992437A. 2014.
[105] 张洪文，周仕龙，姜彦，等. CN103819600A. 2014.
[106] 戴干策，赵若飞，胡春圃，等. CN1298890A. 2001.
[107] 童真，郭鹏，任碧野，等. CN102796264A. 2012.

第14章

硅烷偶联剂用于聚合物改性和功能材料的制备

硅烷偶联剂不仅能够将无机材料与有机材料连接起来起到传统意义的偶联剂功效，也能用于无机填料的改性直接制备功能复合材料，还能作为反应单体与其他材料反应制备高分子聚合物，按聚合物类型我们将它们分为纯有机高分子聚合物和有机硅高分子聚合物。同时，利用硅烷偶联剂的双重反应功能，也可以将它们与带功能性的基团或分子连接起来，制备出功能性的材料，如硅烷偶联剂用于固定化酶的制备、硅烷偶联剂用于过渡金属固载化、硅烷偶联剂用于光电功能材料以及作为富集金属、分离金属的分离材料的制备等。

14.1 硅烷偶联剂用于有机高分子化合物改性

将硅烷偶联剂用于有机高分子的合成一般采用两种方式进行，其一是先合成基础有机聚合物，然后通过硅烷偶联剂碳官能基的反应性或硅官能基的反应性将其与基础聚合物连接起来。其二是采用可聚合的硅烷偶联剂与有机单体发生共聚得到硅烷偶联剂改性有机高分子材料。两种方法的取舍完全依赖于材料的来源性和改性材料所需要的特性来定，对两种方法的优劣无统一判断标准。

14.1.1 硅烷偶联剂用于制备端硅烷基聚氨酯

14.1.1.1 端硅烷基聚氨酯（SPU）

聚氨酯材料的高弹性、低温柔韧性、耐磨性和好的物理力学性能使其作为材料，如涂料和密封胶在汽车、建筑、船舶等领域获得广泛应用。但其耐候性、耐水性、耐高低温性差，高湿条件下容易在胶层中发泡，对玻璃和塑料基材黏附力不强，需要增加底涂等缺点使其应用受到一定影响。聚氨酯端基硅烷化（图 14-1）将在固化交联的聚氨酯材料中引入 Si—O—Si 链节，因此赋予 SPU 材料聚氨酯与聚硅氧烷双重特性，通过烷氧基硅烷封端的 SPU 交联将两种性质相差很大的链节结合起来，使聚氨酯材料在物理力学性能、黏

$$(RO)_2\overset{R^2}{\overset{|}{Si}}-R^1-A-\overset{O}{\overset{\|}{C}}-NH\sim\sim\sim NH-\overset{O}{\overset{\|}{C}}-A-R^1-\overset{R^2}{\overset{|}{Si}}(OR)_2$$

图 14-1　硅烷封端聚氨酯（SPU）结构

附性能、耐候、耐老化性能和室温快固、贮存稳定性等多方面可以达到良好平衡。也正是这种差异化组合导致 SPU 材料具有很多优异性能[1]。

① 端烷氧基硅烷 SPU 改变了原有的通过异氰酸酯交联固化的机制，所使用的是烷氧基硅烷交联固化机制，而烷氧基硅烷的水解稳定性更高，所以相对于传统的聚氨酯材料而言，SPU 对水的敏感性相对较低，对产品制备过程以及包装材料的要求低，同时贮存稳定性更高。

② 烷氧基硅烷湿气交联过程中放出的醇可以通过扩散过程溢出，而且产生的速度也相对较慢，所以 SPU 的交联方式也改变了传统聚氨酯湿气固化过程中易放出 CO_2 而在聚氨酯材料中产生气泡的问题。

③ 由于 SPU 避开了异氰酸酯交联机制，所以不会由于异氰酸酯的存在而产生任何环境问题，不会有污染的固化物渗出，不会污染被粘基材的表面和周边。

④由于在 SPU 分子结构中的烷氧基硅烷可以增加 PU 材料与底材的结合，如 Si—OH 可以与底材如石材、玻璃、金属等的—OH 发生反应，可以不用增黏剂或减少其用量。

⑤ 在交联后的聚氨酯材料中由于引入了具有防水功能的硅氧烷片段，所以 SPU 的耐水性能更佳。

因此，SPU 开发可以赋予材料良好的耐候性、耐水性、耐热性、耐老化性、对基材适应性广以及不含游离的异氰酸基等特点，其应用领域也被扩宽。

14.1.1.2　SPU 合成方法

端硅烷基聚氨酯材料的制备有两种方法。

其一是通过异氰酸酯封端的预聚物与含活泼质子的硅烷反应得到端硅烷基聚氨酯。

其二是利用羟基封端的聚氨酯与含异氰酸酯的硅烷偶联剂发生反应得到端硅烷基聚氨酯。

① 第一种合成方法是先合成异氰酸酯封端的聚氨酯预聚物，然后利用含活泼氢的硅烷化合物与异氰酸酯反应得到端硅烷基聚氨酯（其合成路线如图 14-2 所示）。含活泼质子的基团包括伯氨基、仲氨基、醇羟基、硫醇基等，但从硅烷的获得性来考虑的话，所用含活泼质子的硅烷以氨基硅烷为主，如氨丙基三甲（乙）氧基硅烷、3-苯胺丙基三甲（乙）氧基硅烷、苯胺甲基三甲（乙）氧基硅烷、氨乙基氨丙基三甲（乙）氧基硅烷等，硅元素上烷氧基数目主要以 3 个为主，也包括 2 个的硅烷，甚至可以扩充到 1 个烷氧基。文献报道的和商品化的，可以作为 SPU 预聚物的硅烷封端剂列举在表 14-1 中。

合成实例：在装置有机械搅拌、温度计、加热套以及恒压滴液漏斗的 3L 三口圆底烧瓶中加入 180g(1.0mol)TDI（其中 2,4-和 2,6-异构体的比例为 80：20）。开动搅拌，室温下缓慢滴加 1570g(0.78mol) 平均分子量为 2000 的聚环氧乙烷（PPG），滴加完毕后加入 0.003g 二丁基二月桂酸锡。反应混合物加热到 90℃反应 3h，冷却到室温得到异氰酸酯封端的预聚物（二丁胺方法测得异氰酸酯含量为 1.22%）。

表 14-1　可用作 SPU 预聚物的硅烷封端剂

名　称	结　构	商品牌号
3-氨丙基三甲氧基硅烷	$H_2NCH_2CH_2CH_2Si(OCH_3)_3$	A-1110
3-氨丙基三乙氧基硅烷	$H_2NCH_2CH_2CH_2Si(OCH_2CH_3)_3$	KH550，WD-50
3-氨丙基甲基二乙氧基硅烷	$H_2NCH_2CH_2CH_2Si(CH_3)(OCH_2CH_3)_2$	
N-*β*-氨乙基-*γ*-氨丙基甲基二甲氧基硅烷	$H_2NCH_2CH_2NHCH_2CH_2CH_2—Si(CH_3)(OCH_3)_2$	A-2120
N-甲基-*γ*-氨丙基三甲氧基硅烷	$H_3C—NHCH_2CH_2CH_2Si(OCH_3)_3$	XZ-2024
N-苯基-3-氨丙基三甲氧基硅烷	$C_6H_5—NHCH_2CH_2CH_2Si(OCH_3)_3$	Y-9669
N-苯基-3-氨丙基三乙氧基硅烷	$C_6H_5—NHCH_2CH_2CH_2Si(OCH_2CH_3)_3$	
N-苯基-氨甲基三乙氧基硅烷	$C_6H_5—NHCH_2Si(OCH_2CH_3)_3$	南大-42
N-苯基-氨甲基三甲氧基硅烷	$C_6H_5—NHCH_2Si(OCH_3)_3$	南大-73
己二胺甲基三乙氧基硅烷	$H_2N(CH_2)_6NH—CH_2Si(OCH_2CH_3)_3$	南大-24
N-(3-三甲氧硅丙基)氨基丁二酸二甲酯	$(CH_3O)_3SiCH_2CH_2CH_2NH—CH(COOCH_3)—CH_2—COOCH_3$	
3-巯丙基三甲氧基硅烷	$HSCH_2CH_2CH_2Si(OCH_3)_3$	A-189，KH580，WD-80
3-巯丙基三乙氧基硅烷	$HSCH_2CH_2CH_2Si(OCH_2CH_3)_3$	WD-81
N，*N*-双[3-(三甲氧硅)丙基]胺	$HN[CH_2CH_2CH_2Si(OCH_3)_3]_2$	A-1170
γ-脲基丙基三甲氧基硅烷	$H_2N—C(=O)—NH—CH_2CH_2CH_2Si(OCH_3)_3$	Y-11542
3-羟丙基三甲氧基硅烷	$HOCH_2CH_2CH_2Si(OCH_3)_3$	
γ-异氰酸酯基丙基三乙氧基硅烷	$OCN—CH_2CH_2CH_2Si(OCH_2CH_3)_3$	A-1310
γ-异氰酸酯基丙基三甲氧基硅烷	$OCN—CH_2CH_2CH_2Si(OCH_3)_3$	

在 860g（0.126mol）上述制备的异氰酸酯封端的预聚物中缓慢加入 42.75g

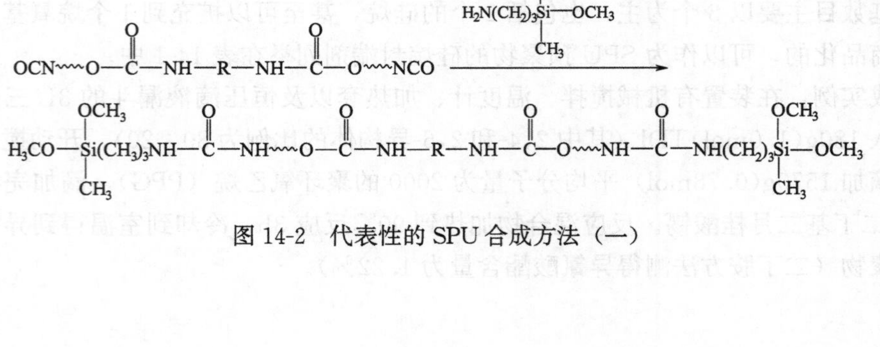

$$OCN\sim O—C(=O)—NH—R—NH—C(=O)—O\sim NCO \xrightarrow{H_2N(CH_2)_3Si(CH_3)(OCH_3)_2}$$

$$H_3CO—Si(OCH_3)(CH_3)(CH_3)_3NH—C(=O)—NH\sim O—C(=O)—NH—R—NH—C(=O)—O\sim NH—C(=O)—NH(CH_2)_3Si(OCH_3)(CH_3)—OCH_3$$

图 14-2　代表性的 SPU 合成方法（一）

(0.262mol)γ-氨丙基甲基二甲氧基硅烷（APDMS），加热到 90℃反应 3h，冷却到室温得到硅烷封端的聚氨酯聚合物[2]。

② 第二种合成方法是先合成羟基封端的聚氨酯预聚物，然后利用含异氰酸酯的硅烷化合物与羟基反应而得到端硅烷基聚氨酯（其合成路线如图 14-3 所示）。在这种情况下，所能用的含异氰酸酯的硅烷化合物比较少，主要是 γ-异氰酸酯基丙基三甲（乙）氧基硅烷。

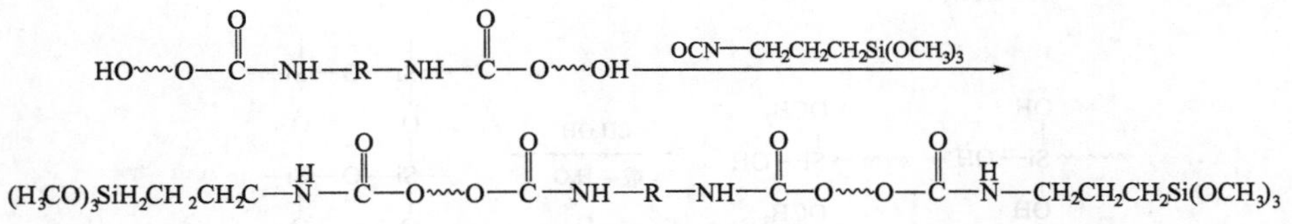

$$HO\sim\sim O-\overset{O}{\overset{\|}{C}}-NH-R-NH-\overset{O}{\overset{\|}{C}}-O\sim\sim OH \xrightarrow{OCN-CH_2CH_2CH_2Si(OCH_3)_3}$$

$$(H_3CO)_3SiH_2CH_2CH_2C-\overset{H}{N}-\overset{O}{\overset{\|}{C}}-O\sim\sim O-\overset{O}{\overset{\|}{C}}-NH-R-NH-\overset{O}{\overset{\|}{C}}-O\sim\sim O-\overset{O}{\overset{\|}{C}}-\overset{H}{N}-CH_2CH_2CH_2Si(OCH_3)_3$$

图 14-3　代表性的 SPU 合成方法（二）

该过程分为两种方法，其一为异氰酸酯硅烷与多异氰酸酯一起与聚醚二元醇反应，称为“一步法”；其二为先将聚醚二元醇与多异氰酸酯反应到异氰酸酯含量接近为 0 时加入异氰酸酯硅烷得到端硅烷基 SPU，称为“两步法”。

“一步法”实例：在装置有搅拌器和氮气保护的反应瓶中加入 150g 聚环氧丙烷 Acclaim 8200(Bayer 公司生产)，严格控制水分含量（Karl Fisher 滴定水分小于 200mg/kg)，将反应瓶加热到 80℃，加入二醇浓度 10～30mg/kg 的二丁基二月桂酸锡，混合均匀后加入 2.1g IPDI 和 3.84g 3-异氰酸酯基丙基三甲氧基硅烷，滴加完毕后调节反应温度为 65℃，通过滴定以无异氰酸酯为反应终点。冷却后得到 SPU。

“两步法”实例：在装置有搅拌器和氮气保护的反应瓶中加入 150g 聚环氧丙烷 Acclaim 8200（Bayer 公司生产），严格控制水分含量（Karl Fisher 滴定水分小于 200mg/kg)，将反应瓶加热到 80℃，加入二醇浓度 10～30mg/kg 的二丁基二月桂酸锡，混合均匀后加入 2.1g IPDI，通过滴定方法来确定反应体系中不再含有游离的异氰酸酯，然后缓慢加入 3-异氰酸酯基丙基三甲氧基硅烷，调节温度为 65℃反应至无异氰酸酯检出为反应终点，冷却得到 SPU[3]。

14.1.1.3　端硅烷基聚氨酯（SPU）的固化

聚氨酯材料的固化主要是湿气固化，也包括单组分加热固化体系以及与聚醚封端聚氨酯加成反应的双组分形式。而 SPU 的使用改变了传统的这种交联方式，将通过异氰酸酯的交联转化为烷氧基硅烷的交联，其交联过程与脱醇型硅橡胶的交联过程非常相似，也就是 SPU 中的烷氧基在室温、湿气和适当催化剂的存在下快速水解成硅醇基，硅醇再发生缩聚而产生交联形成三维网络结构，其交联过程如图 14-4 所示。

硅烷的结构对 SPU 的合成以及水解交联反应都有比较大的影响。第一种合成方法中硅烷分子结构中含活性氢的结构对反应活性、反应终点控制、分子量都有较大影响，并最终影响 SPU 的综合性能。由于 SPU 的交联固化由烷氧基硅烷来控制，所以硅烷分子中烷氧基的数目和种类对于交联反应有重要的影响，如交联速度甲氧基＞乙氧基＞丙氧基，二烷氧基＜三烷氧基硅烷。同时由于二烷氧基硅烷和三烷氧基硅烷所带来的整个体系交联度

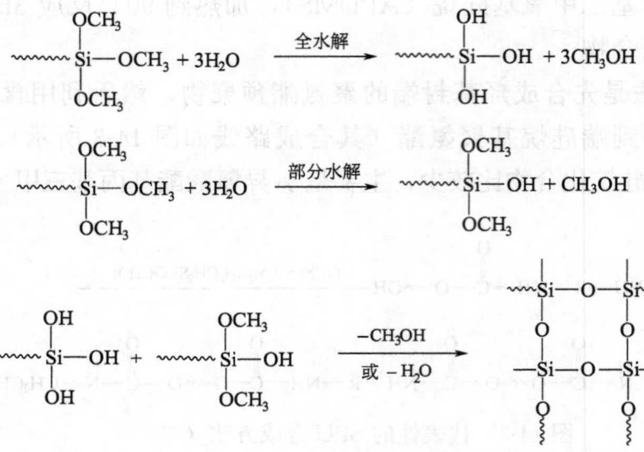

$$\sim\!\sim Si(OCH_3)_3 + 3H_2O \xrightarrow{\text{全水解}} \sim\!\sim Si(OH)_3 + 3CH_3OH$$

$$\sim\!\sim Si(OCH_3)_3 + 3H_2O \xrightarrow{\text{部分水解}} \sim\!\sim Si(OCH_3)_2OH + CH_3OH$$

$$\sim\!\sim Si(OH)_3 + \sim\!\sim Si(OCH_3)_2OH \xrightarrow[\text{或 } -H_2O]{-CH_3OH} \text{交联网络（}\sim\!\sim Si-O-Si\sim\!\sim\text{）}$$

图 14-4　SPU 湿气交联过程示意

不同，所以二烷氧基硅烷封端的 SPU 具有比三烷氧基硅烷封端的 SPU 更好的柔韧性，但模量降低，同时固化速度不如后者，但固化速度可以通过选择合适的催化剂来调整，如有机锡、有机钛化合物等。

14. 1. 2　硅烷偶联剂用于制备端硅烷基聚醚

烷氧基硅烷化聚醚是指在聚醚分子结构中含有硅烷结构的聚醚高分子。聚醚主链提供了良好的柔曲性、高延伸性、耐水解性以及低黏度。而烷氧基硅烷能使 MS 与空气接触时在催化剂存在下发生水解缩合交联反应，从而给体系带来耐候、耐水、耐老化等优良特性。烷氧基硅烷化聚醚主要包括两种类型，其一为侧链带有烷氧基硅烷的聚醚高分子，其二为端基为烷氧基封端的聚醚高分子。最近范晓东等[4]报道了利用双金属氰化络合物（DMC）催化剂对环氧丙氧丙基三甲氧基硅烷（KH560 或 WD-60）开环成功制备了侧链含有烷氧基硅改性的聚醚高分子（图 14-5）。但商品化的硅烷化聚醚则主要是端硅烷基聚醚（MS）。

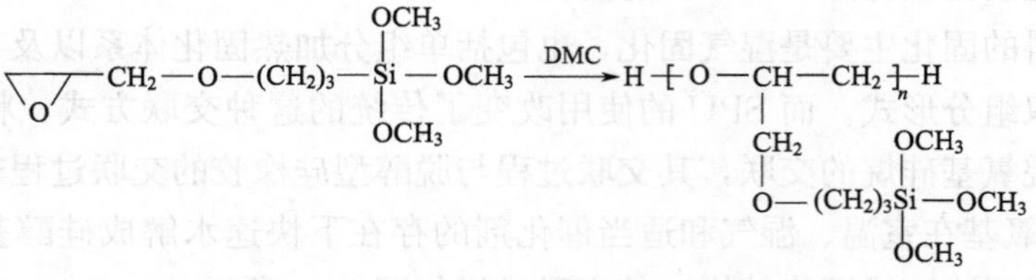

$$\underset{O}{\triangle}-CH_2-O-(CH_2)_3-Si(OCH_3)_3 \xrightarrow{DMC} H\!\left[O-\underset{\underset{O-(CH_2)_3Si(OCH_3)_3}{|}}{\underset{CH_2}{\underset{|}{CH}}}-CH_2\right]_nH$$

图 14-5　KH560 的开环聚合

端硅烷基聚醚（MS）[5]是由纯的聚醚形成主链和烷氧基硅烷构成端基的一类高分子。MS 于 1979 年首先由日本钟渊化学工业（株）开发上市，并开发出 MS 密封胶。实际应用证明，MS 密封胶具有良好的耐候耐久性、耐热性、耐寒性，良好的粘接性、低沾污性、低黏度、易加工作业、高的抗形变位移能力等。其密封胶广泛应用于包括建筑、汽车制造、铁路运输、金属与非金属加工、设备制造等方面。也可以用于与其他聚合物配合成胶黏剂。MS密封胶在日本发展迅速，在密封胶市场中所占份额不断扩大。

14.1.2.1 端硅烷基聚醚（MS）的合成

端硅烷基聚醚（MS）的合成方法较多，主要包括硅氢加成法、异氰酸酯法、加成法、环氧开环法等。

（1）硅氢加成法合成硅烷基聚醚（MS）

硅氢加成法合成端硅烷基聚醚（MS）一般可通过两条途径来实现，其一是采用含氢氯硅烷与不饱和键全封端的聚醚进行硅氢化反应，然后氯硅烷醇解制备端硅烷基聚醚材料（图 14-6Ⅰ）。其二是直接采用含氢烷氧基硅烷与不饱和键全封端的聚醚进行硅氢化反应而制备（图 14-6Ⅱ）。

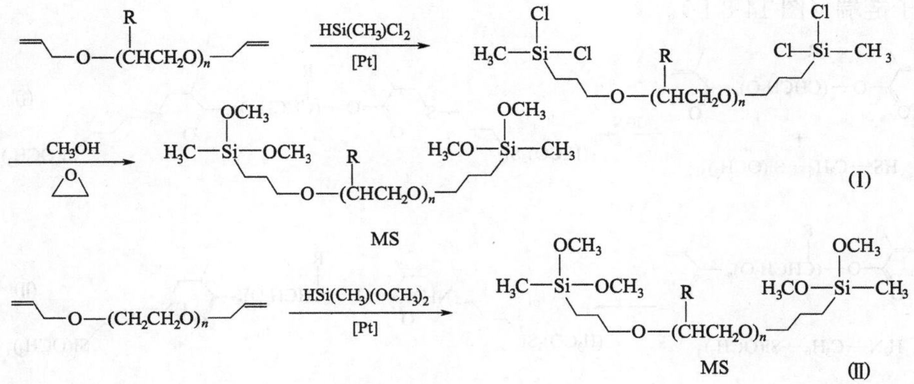

图 14-6　代表性的MS合成方法（一）

氯硅烷法制备实例：将端烯丙基聚氧化丙烯醚 409g 与甲基氢二氯硅烷 25.3g 在适量的氯铂酸催化下于 90℃进行硅氢化反应 3h，随后与甲醇-环氧丙烷溶液在 40℃下反应 3h，再升温到 70℃反应 3h，制得端硅烷基聚醚[5,6]。

烷氧基硅烷法制备实例：在充满氮气的反应器中将 400g 端烯丙氧基聚氧化丙烯与 23.4g 甲基氢二甲氧基硅烷在铂催化剂催化下于100℃进行催化硅氢化反应 1h 得到二甲氧基硅烷封端的聚醚[5]。

硅氢化方法制备MS具有反应简单、封端率高等优点，但也存在不饱和烯封端聚醚的制备较复杂，而且对不饱和烯封端率要求较高的缺点。

（2）异氰酸酯法合成端硅烷基聚醚（MS）[5]

利用含异氰酸酯的聚醚与氨基硅烷反应可以将烷氧基硅烷作为端基引入聚醚高分子链中（图 14-7Ⅰ）。也可由聚醚与异氰酸酯硅烷反应直接将硅烷引入聚醚分子链两端（图 14-7Ⅱ）。

异氰酸酯法合成端硅烷基聚醚的方法比较简单，但由于在聚醚分子结构中引入了氨酯键或脲键而导致MS聚合物黏度升高而影响它的加工使用。

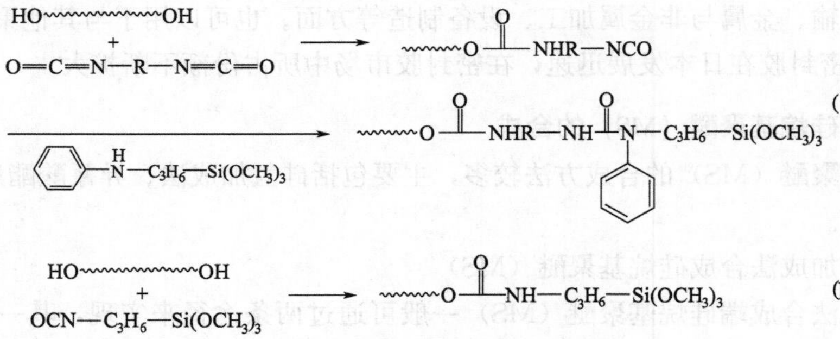

图 14-7 代表性的 MS 合成方法（二）

(3) 加成法合成端硅烷基聚醚（MS）[5]

利用巯基与丙烯酸酯类化合物发生自由基加成反应可以很容易地将烷氧基硅烷引入聚醚高分子链端（图 14-8 Ⅰ）。

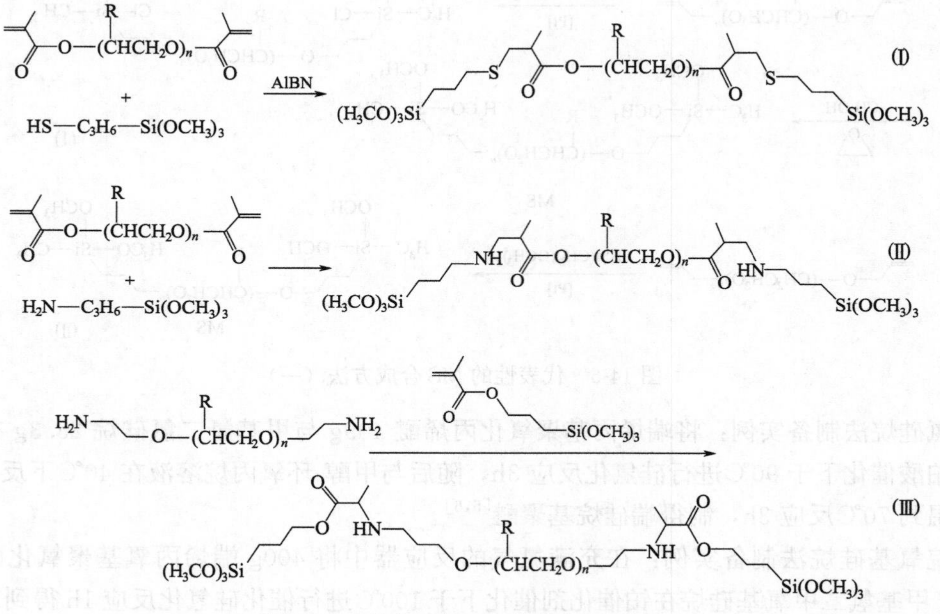

图 14-8 代表性的 MS 合成方法（三）

氨基也具有易与丙烯酸酯类化合物发生加成反应的特点，利用该反应可以用氨基封端的聚醚与甲基丙烯酰氧基丙基三甲氧基硅烷发生反应来制备硅烷封端聚醚（图 14-8 Ⅱ），也可以采用氨基硅烷与丙烯酸酯封端的聚醚反应来制备（图 14-8 Ⅲ）。

这些方法都比较简单，但由于在聚醚高分子中引入了酯键而降低了其稳定性，同时也会引起高分子的黏度增加而影响它的加工使用性能。

(4) 环氧开环法合成端硅烷基聚醚（MS）[5]

利用仲氨基化合物与环氧的开环反应将环氧封端的聚醚与含环氧的硅烷分子连接起来形成硅烷封端的聚醚高分子（图 14-9）。

在这些制备方法中很多都已经产业化，但最为突出的是硅氢加成法，它是日本钟渊化

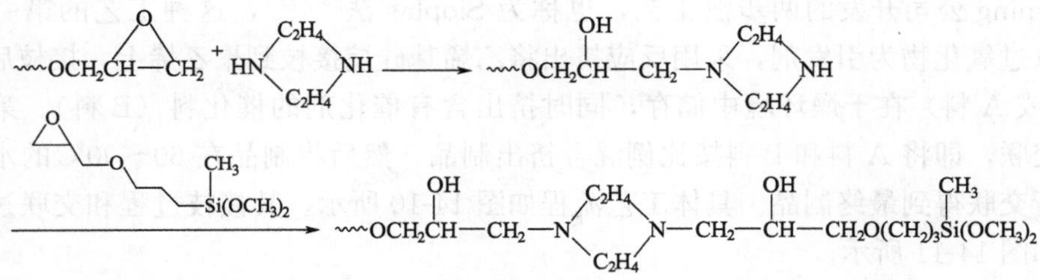

$$\sim\!\!\sim OCH_2\overset{O}{CH-CH_2} + HN\langle(C_2H_4)_2\rangle NH \longrightarrow \sim\!\!\sim OCH_2\overset{OH}{|}{CH}-CH_2-N\langle(C_2H_4)_2\rangle NH$$

$$\xrightarrow{\overset{O}{\triangle}\!-CH_2O(CH_2)_3Si(CH_3)(OCH_3)_2} \sim\!\!\sim OCH_2\overset{OH}{|}{CH}-CH_2-N\langle(C_2H_4)_2\rangle N-CH_2-\overset{OH}{|}{CH}-CH_2O(CH_2)_3\overset{CH_3}{|}{Si}(OCH_3)_2$$

图 14-9 代表性的 MS 合成方法（四）

工的成熟工艺。虽然在反应式中聚醚链都是直线型结构，但在实际生产过程中也可以根据需要适当引入支链型结构以调整聚合物的固化速度、黏度等加工物理参数。

14.1.2.2 端硅烷基聚醚（MS）的交联固化

与 SPU 相同，MS 的固化仍然是湿气固化，在水的作用下硅烷上的烷氧基水解并随后发生缩合而使 MS 固化交联。其固化交联与硅烷上可水解烷氧基的个数、催化剂的选择等都有很大关系。一般而言，硅烷上可水解烷氧基的个数越多则越容易水解缩合，如三烷氧基硅烷比二烷氧基硅烷水解缩合要快很多，前者可以不用催化剂即可进行固化交联而后者需要在催化剂存在才能进行比较好的交联。催化剂的选择也很重要，金属锡、铅、铁等的脂肪酸盐，钛酸酯类化合物等都具有催化效果，有时还需要选择助催化剂。其中采用脂肪酸锡类化合物与烷胺类助催化剂并用的体系最为有效。但对于单组分 MS 材料，一般采用二月桂酸二丁基锡与十二烷基胺的组合体系，而双组分密封胶一般采用辛酸亚锡与十二烷胺的组合体系。

14.1.3 硅烷偶联剂用于聚烯烃交联改性

以聚乙烯、聚氯乙烯和聚丙烯三者为代表的聚烯烃具有电性能、韧性和耐化学品性能优良，易于加工，价格低廉等特点，已成为目前生产量和消费量最大的热塑性塑料之一，广泛用于工业生产和日常生活的各个领域。然而，由于其结构中只含有链烷烃降低了其耐热性和机械强度，以及不耐环境应力开裂性能，限制了它们在许多领域的应用。通过化学或物理改性可以提高聚烯烃的性能，其中交联改性最为成功。聚烯烃交联改性主要有辐照交联、过氧化物交联、偶氮化物交联、紫外光交联和硅烷交联。其中以硅烷交联法的特点最为突出，具有设备投资少，生产效率高，工艺通用性强，过氧化物用量少，能保持聚乙烯的高绝缘性，不受厚度限制，耐老化性能好等优点。硅烷交联聚烯烃包括共聚（或接枝）和交联两步。通过硅烷交联改性以后的交联聚烯烃具有耐热性高、耐化学品性能优异、电绝缘性能突出以及物理性能增强等特点。下面将分别介绍硅烷偶联剂用于聚乙烯、聚丙烯和聚氯乙烯交联改性[7]。

14.1.3.1 硅烷偶联剂用于聚乙烯交联改性

硅烷偶联剂用于交联聚乙烯改性按工艺分有四种不同的方法[8]，第一种方法是由

Dow-Corning 公司开发的两步法工艺，也称为 Sioplas 法[9~11]，这种工艺的第一步为接枝，即以过氧化物为引发剂，采用反应挤出将乙烯基硅烷接枝到聚乙烯上，接枝后的原料（接枝料或 A 料）在干燥环境中储存，同时挤出含有催化剂的催化料（B 料）。第二步则为成型交联，即将 A 料和 B 料按比例混合挤出制品，然后将制品在 60～90℃的水浴或蒸汽中进行交联得到最终制品。具体工艺流程如图 14-10 所示。其接枝过程和交联过程的化学反应如图 14-11 所示。

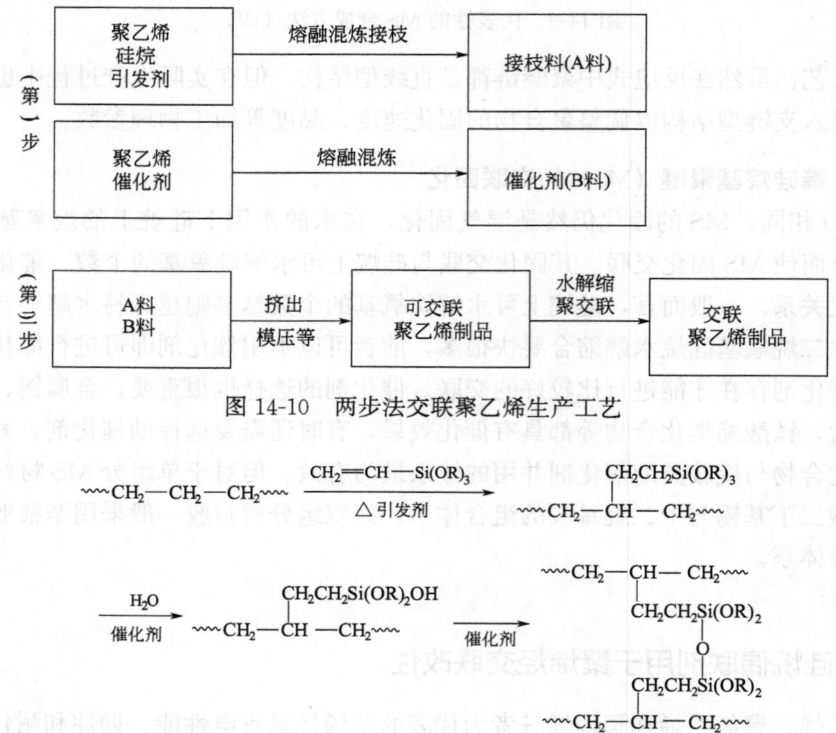

图 14-10　两步法交联聚乙烯生产工艺

图 14-11　两步法交联聚乙烯生产过程中的化学反应

第二种方法是由 BICC 和 Maillefer 公司开发成功的一步法工艺，也称为 Monosil 工艺[12]，该工艺通过将聚乙烯、硅烷、过氧化物和催化剂等直接加入特制的高效挤出机（L/D=30：1）中，控制挤出机前一部分发生接枝反应，后一部分实现与各原料的混合与挤出。这个过程既可以用来生产可交联的聚乙烯原料，也可以直接生产制品，最终制品依然通过热水或蒸汽实现交联。与两步法相比，一步法中接枝料不用贮存，避免了贮存过程中水分交联的危险，工序少，成本低，但对设备和工艺参数的控制要求极高。

第三种方法是密闭式混合机加工工艺[13,14]，主要针对硅烷交联剂配比较大的聚烯烃体系，要在密闭式混合机中，首先将聚烯烃粒料、硅烷交联剂和接枝引发剂共同混炼，后期再加入交联催化剂和其他助剂，经共混捏炼制得可后续水解交联的接枝聚烯烃。其后的成型加工和交联处理与上述工艺相同。

第四种方法是由日本三菱油化公司推出的 Visico 法，也就是乙烯与乙烯基硅烷共聚合工艺，该工艺将乙烯基烷氧基硅烷预先加到烯烃单体混合物中，然后在高压下进行聚合反应，得到侧链含烷氧基硅烷的聚烯烃，无需再另加硅烷交联剂和进行接枝反应，直接即可进行水解交联。该方法所得共聚物洁净度高，贮存期较长[15]。

目前我国制备交联聚乙烯都是采用的前三种方法，共聚方法虽然有诸多优点，但只能在大石化公司完成，因此在研究上具有一定的局限性。接枝法交联聚乙烯生产工艺中可以依据产品的需要选择不同品种的聚乙烯如HDPE、MDPE、LLDPE以及LDPE。

对于硅烷的选择，虽然从理论上讲其选择范围比较大，只要含有一个可接枝的不饱和双键及一个可水解的烷氧基、酰氧基、氨基或氯官能团的硅烷均可用于聚烯烃的接枝反应，但实际应用中需要考虑硅烷水解速率、接枝产物稳定性、接枝产物后续加工工艺性是否可行等因素，往往选用乙烯基三甲氧基硅烷（VTMS）、乙烯基三乙氧基硅烷（VTES）、乙烯基三（2-甲氧基乙氧基）硅烷（VTMES）以及3-甲基丙烯酰氧基丙基三甲氧基硅烷（MMS）作为接枝单体。其他条件不变时，随着硅烷浓度的增加，接枝程度增大。当硅烷浓度达到一定程度后，接枝反应达到饱和极限，超过此临界浓度，接枝率变化很小。硅烷水解速率越大越容易与空气中的潮气以及聚乙烯中的微量水分作用发生水解，使聚乙烯的接枝率下降，还可能导致硅烷可交联料的贮存期相对缩短。

接枝引发剂常采用过氧化物，由于工艺条件决定一般需要选用在温度为160～200℃时半衰期（$\tau_{1/2}$）为1min的有机过氧化物，可保证与聚烯烃的挤出温度相适应，如过氧化二异丙苯（DCP，171℃，$\tau_{1/2}=1$min)、过氧化二叔丁烷（DTBP，193℃，$\tau_{1/2}=1$min）等。为了避免聚乙烯在接枝反应中先期交联，DCP的用量应当严格控制，一般约为聚乙烯的0.1%。

在接枝过程中需要加入抗氧化剂，其目的是为了抑制聚乙烯在高温接枝过程中发生氧化降解，以及提高制品的使用稳定性，抑制氧化降解，提高使用寿命。一般应用的抗氧剂有四 β-(3，5-叔丁基-4-羟基苯基）丙酸季戊四醇（1010)、2，6-二叔丁基-4-甲基苯酚（BHT)、硫代二丙酸二月桂酯（DLTP)、4，4-双硫代（3-甲基-6-叔丁基苯酚）、亚磷酸三壬基苯酯（TNPP）等。其中，抗氧剂1010最为常用，其用量为0.1%时，对聚乙烯的氧化降解就有很好的抑制作用。

催化剂一般选用锡催化剂，如二月桂酸二正丁基锡，其目的是加速水解缩聚交联反应过程，但为了不影响交联聚乙烯的电气性能，其用量一般不超过0.25%。用含有0.25%二月桂酸二正丁基锡与不含催化剂的可交联聚乙烯进行水解交联实验对比，发现含催化剂的可交联聚乙烯完成交联过程只需要10h，而不含催化剂的则需要1000h。

最后就是水解交联温度一般以60～80℃为宜，温度过高将导致水分蒸发快，容易使制品收缩变形。温度过低则会导致交联速度太慢，交联所需时间长，成本上不划算。

但由于聚乙烯渗水性能比较差，所以交联聚乙烯温水交联耗时长、速度慢、交联度不高、交联不均匀，可能不耐环境应力开裂。并且来源不同的硅烷交联电缆料在后续加工的挤出温度、挤出速度和交联速度等方面不尽相同，因此对电缆挤出表面的影响也较大。为了解决这个问题，有人提出采用酯类过氧化物（如叔丁基过氧异壬基酯）和金属氧化物（SnO_2，ZnO）作为引发剂和催化剂，同时还供给反应所需要的水。酯类过氧化物先分解引发接枝，分解副产物异壬酸与 SnO_2 反应生成相应的锡盐（水解缩合催化剂）和水，该过程速度快且均匀分布在物料内部，可直接交联且无须经过水分的渗透，并可免去热水交联这一步工序。也有人提出采用二丁基锡做催化剂，不仅与聚乙烯的相容性和分散性好，还可免除挤出时过早交联的缺点。

目前，硅烷交联聚乙烯已广泛应用于铝塑复合管、热收缩管、电线电缆包覆层、交联聚乙烯管材、包封膜以及阻燃、导电功能材料等，具有非常好的市场应用前景[16]。

14.1.3.2 硅烷用于聚丙烯交联改性

硅烷交联聚丙烯与硅烷交联聚乙烯具有相似的工艺特征，同样也包括一步法和两步法。通过交联可以赋予聚丙烯材料更高的耐热性能，其耐热温度可以提高 30～50℃，其拉伸强度、刚性可以显著增加，其冲击强度可以提高 1.5～5.0 倍，可以大大改善其耐蠕变性、耐油性、耐磨性和收缩率。因此交联后的聚丙烯主要被用于耐高温、耐化学腐蚀的化工管道和汽车零部件[7]。

由于聚丙烯与聚乙烯相比含有较多的叔碳原子，其接枝速度较聚乙烯快，但在自由基存在下可能会发生叔碳原子的 β-裂变，导致聚丙烯裂解。因此在制备硅烷交联聚丙烯的过程中需要解决如何抑制聚丙烯的降解和提高硅烷接枝率的问题。杨元龙等研究表明，选择合适的接枝助剂能够有效地抑制聚丙烯降解，同时找到了与之相匹配的硅烷，提高了接枝效率[17]。

上海交通大学的吕晖辉等对硅烷交联聚丙烯进行了细致的研究。他们采用过氧化物为引发剂在挤出机中进行硅烷和聚丙烯的接枝反应。研究了凝胶率和硅烷单体种类和用量、引发剂种类和用量、苯乙烯（St）用量之间的关系，亦研究了反应条件对凝胶率的影响。研究发现，凝胶率随单体浓度增加而增加。3-甲基丙烯酰氧基丙基三甲氧基硅烷（VMMS）比乙烯基三乙氧基硅烷（VTES）和乙烯基三甲氧基硅烷（VTMS）的接枝效果好；凝胶率还随引发剂用量的增加而增加，用 BPO 比用 DCP 得到的凝胶率高；随苯乙烯用量的增加凝胶率增加，但当 St∶VMMS 达 15∶1 时，变化不大；反应温度提高，凝胶率下降；转速增加，凝胶率增加[18]。

14.1.3.3 硅烷用于聚氯乙烯交联改性

与聚乙烯和聚丙烯不同之处在于聚氯乙烯分子结构中含有大量的具有阻燃作用的氯原子，阻燃性好，同时聚氯乙烯介电性能好，机械强度高，已经在电缆市场得到广泛应用。但其软化点低，高温条件下尺寸稳定性差也限制了其使用范围[19]。聚氯乙烯的交联改性可以显著改进其热尺寸稳定性，提高使用温度、永久变形性、应力断裂和耐溶剂性等。常规的聚氯乙烯交联方法有化学交联和辐射交联。继硅烷交联聚乙烯被开发以后，硅烷交联聚氯乙烯也得到了重视。较早的硅烷交联聚氯乙烯是采用氯乙烯与乙烯基硅烷共聚方法将可水解的硅烷化合物引入到聚氯乙烯中[20]。目前聚氯乙烯的硅烷交联改性采用的是反应性共混改性的方法，使硅烷分子中氨基或巯基与聚氯乙烯分子链中的氯原子发生亲核取代反应，然后硅烷水解缩合实现交联（图 14-12）[21]。所使用的氨基硅烷包括 3-(2-氨乙基)-氨丙基三甲氧基硅烷，3-(2-氨乙基)-氨丙基三乙氧基硅烷，γ-氨丙基三甲氧基硅烷，γ-氨丙基三乙氧基硅烷等。巯基硅烷一般为 γ-巯丙基三甲氧基硅烷和 γ-巯丙基三乙氧基硅烷[22]。

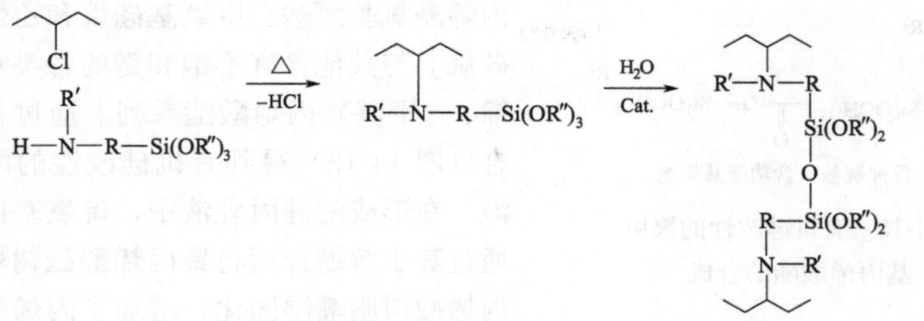

Cl
R′
H—N—R—Si(OR″)$_3$
△ / −HCl
R′—N—R—Si(OR″)$_3$
H_2O / Cat.
R′—N—R
Si(OR″)$_2$
O
R—Si(OR″)$_2$
N—R′

图 14-12　氨基硅烷接枝交联聚氯乙烯示意

在使用氨基硅烷作为聚氯乙烯交联剂时，虽然使用了含铅热稳定剂（如氰尿素铅等），但在高温配料过程中（150℃左右）仍存在稳定性明显下降的现象。如果采用巯基硅烷并使用含酯类的增塑剂和润滑剂可以有效地抑制配料时降解反应的发生，其配料温度可以达到 180℃[20]。也可以通过 γ-巯丙基三甲氧基硅烷的钠盐与聚氯乙烯在较低的温度（140℃）进行亲核取代反应，或通过聚氯乙烯与叠氮化钠反应后再与含不饱和双键硅烷进行加成反应将烷氧基硅烷引入到聚氯乙烯侧链中，然后在水的作用下进行水解缩合交联[23]。

经硅烷交联改性的聚氯乙烯具有更好的物理性能，作为电缆其使用温度提高了 20℃，延长了使用寿命并得到市场认可。

14.1.3.4　硅烷用于其他聚烯烃材料交联改性

除了聚乙烯、聚丙烯以及聚氯乙烯可以进行硅烷交联改性以外，其他很多聚烯烃也可以通过硅烷交联改性来达到改进其物理性能的目的。硅烷交联乙丙橡胶中改变了原有的硫黄或过氧化物交联方式简化了生产工艺，提高了产品性能。硅烷交联乙烯辛烯共聚物可以提高其硬度、强度、冲击弹性、耐磨性、耐热性和电性能等，同时改善了其低温性能。乙烯-醋酸乙烯共聚物硅烷交联可以利用硅烷分子中烷氧基与高分子链上的酯基发生酯交换反应或自由基接枝将硅烷引入到高分子侧链中并最终进行水解缩合交联[6]。

14.1.4　硅烷偶联剂用于丙烯酸树脂改性

丙烯酸树脂是指丙烯酸及其酯或甲基丙烯酸及其酯的聚合物和共聚物，它们广泛应用于涂料、黏合剂、纺织助剂等领域。丙烯酸涂料的迅速发展来源于其具有的优良综合性能，如耐久性、透明性、稳定性，而且还可以经过配方的调节得到不同硬度、柔韧度和其他要求的性质。但丙烯酸树脂的耐水性、耐候性等还需要进一步提高。如将丙烯酸酯类乳胶涂料用于中低层建筑物上，其使用年限为 5 年左右。将带有较高离解能的 Si—O 键的有机硅化合物引入到丙烯酸树脂中，可提高树脂对光、热的稳定性和抗紫外线性能。在结构中引入烷氧基硅烷基团，不仅可以赋予丙烯酸树脂自交联特性，也可以改善丙烯酸树脂与

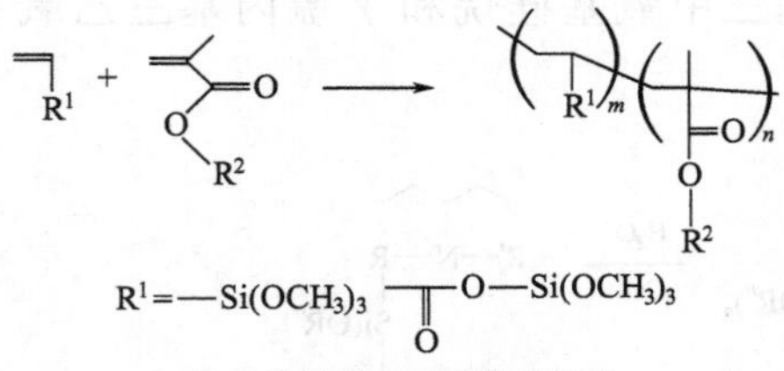

水泥等建筑材料的粘接效果。

将含有不饱和键的硅烷偶联剂［如（甲基）丙烯酰氧基丙基三甲氧基硅烷和乙烯基三烷氧基硅烷］与其他含有不饱和键的各类单体［如苯乙烯、（甲基）丙烯酸酯系列］通过自由基乳液聚合（图 14-13）得到有机硅改性的丙烯酸树脂乳液。在形成的硅丙乳液中，烷氧基硅烷的作用是通过其水解缩合而将聚丙烯酸酯树脂交联，实现丙烯酸树脂潮湿固化，增加了丙烯酸树脂固化形式。但这种水解缩合在常规的乳液聚合水相中就很容易发生，为了得到均匀、稳定的硅丙乳液常常只能通过降低烷氧基硅烷的使用量来实现。因此发展新的乳液聚合工艺意义重大。如无皂乳液聚合、细乳液聚合和乳液互穿聚合物网络等就是在这种条件下开发出来的[24]。无皂乳液聚合可以避免由于乳化剂的存在而影响产品的隔离、吸水、渗出等问题，也能够消除乳化剂对乳液表面性质、耐水性的影响及环境污染等问题，所得乳液涂料耐水性增强。该乳液聚合过程在反应过程中完全不加乳化剂或仅加入微量乳化剂。细乳液聚合中单体在水中的扩散不再是聚合反应的必要条件，而是以单体液滴成核机理为主，可消除或减弱单体或聚合物从液滴向乳胶粒的传递。实践证明细乳液聚合工艺可以有效避免硅烷中烷氧基硅烷的水解缩合。通过乳液互穿聚合物网络可以实现两种乳液聚合物分子相互贯穿并以化学键的方式各自交联而形成的网络结构。一般需要采取分步乳液聚合方法（即种子乳液聚合或核壳乳液聚合）。

R^1 = —$Si(OCH_3)_3$ 或 —C(=O)—O—$Si(OCH_3)_3$

R^2 = 为各种烷基、含功能基烷基

图 14-13　有机硅改性的聚甲基丙烯酸酯的合成

下面是通过乳液聚合得到有机硅改性聚丙烯酸材料的实例。

传统乳液聚合：在 250mL 烧杯中加入 43mL 丙烯酸乙酯、21.5mL 乙烯基三乙氧基硅烷、0.8mL 硫酸亚铁溶液（0.3g 溶解在 200mL 蒸馏水中），75mL 蒸馏水以及 4.8g 壬基苯基聚氧乙烯醚，开动搅拌形成乳状液，加入 0.28g 焦亚硫酸钠和 2 滴叔丁基过氧化氢，几分钟内反应混合物升温到 70℃，反应混合物很快变黏，冷却后加入硫酸钠破乳，凝胶的粒子形成橡胶态物质，通过在水中揉捏洗去盐和过量的试剂[25]。

无皂乳液聚合：在装有冷凝管、搅拌器的四口烧瓶中加入 120 份去离子水，通氮气保护，恒温槽的水温控制在 85℃。室温下将 8～12 份 D_4、3 份有机硅功能单体（乙烯基三甲氧基硅烷、乙烯基三乙氧基硅烷或乙烯基三异丙氧基硅烷）、0.05～0.095 份苯乙烯磺酸钠以及 0.35 份过硫酸钾在 pH 值为 4 的水溶液中均匀搅拌 1h 后，用 NaOH 溶液中和。然后边搅拌边缓慢滴加至四口烧瓶中，同时滴加一定配比的甲基丙烯酸甲酯（20～40 份）、苯乙烯（0～20 份）、丙烯酸正丁酯（45 份）及丙烯酸（1～3 份）的混合溶液，滴加完毕后将温度升至 90℃保温 30min，出料[26]。

细乳液聚合方法：在 80 份去离子水中加入 0.8 份十二烷硫酸钠，滴加由 20 份混合单体（丙烯酸正丁酯∶苯乙烯∶KH570＝60∶35∶5）、4.0 份十六烷以及 2 份 AIBN 组成的混合物，室温搅拌 10min 后用超声均质机超声乳化 180s，然后在带有回流冷凝管、搅拌以及通氮设备的四口烧瓶中于 70℃进行乳液聚合得到均匀乳液[27]。

除了含不饱和双键的硅烷偶联剂，其他一些偶联剂如氨丙基三乙氧基硅烷（KH550）[28]和 3-缩水甘油醚氧丙基三甲氧基硅烷（KH560）[29] 也可以用于聚丙烯酸酯树脂的交联改性，这样可以避免在聚合过程中烷氧基硅烷过早发生交联老化。杨慕杰等[28] 通过在聚合物链中乙酰乙酸基，然后加入 KH550 进行改性而实现交联固化。

目前，市场上所推广的硅丙乳液就是甲基丙烯酰氧基丙基三甲氧基硅烷和乙烯基三甲氧基硅烷与（甲基）丙烯酸酯系列通过乳液聚合所得到的产品。有机硅改性的丙烯酸树脂涂料改善了丙烯酸树脂的耐久性和憎水性以及极大地提高了涂料的耐候性、保色性和耐沾污性。例如：硅丙树脂人工老化实验 5000h 后，涂层失光率仅为 14.4%，经暴晒场试验，失光率为 33.5%，远远低于丙烯酸聚氨酯的 55.5%。硅丙树脂涂料可用于中高级建筑物内外墙装饰、文物保护场所，是一种极具发展前途的耐候涂料新品种。

14.1.5 硅烷偶联剂用于合成有机硅改性环氧聚合物

环氧聚合物具有粘接性优异、耐磨、强度高、电绝缘性和化学稳定性好、耐高低温性能好以及收缩率低等特点，已获得广泛的应用。但环氧聚合物交联后所固有的易粉化，内应力大，质脆，耐疲劳性、耐热性以及耐冲击性能差，耐湿热性较差等不足限制了其在某些高科技方面的应用。利用有机硅材料的耐候性、耐水性、柔软性等对其进行改性可以达到提高介电性能、韧性、耐高温性能并降低内应力的效果。

有机硅改性环氧树脂的方法主要包括物理改性和化学改性两种。但由于有机硅材料和环氧树脂材料的表面张力相差较大，一般方法改性结果较差，但可以采用一系列方法改进这种现状，如增加过渡相的方法就是其中一种。例如，环氧丙氧丙基三甲氧基硅烷（KH560 或 WD-60）可以在有机硅和环氧树脂之间降低两相界面张力，提高两相的相容性，起到增加混合的作用。

另外一种就是化学改性方法。虽然，化学改性方法相对于物理共混改性复杂，但由于通过化学键的方法将它们两者强制结合在一起，所以相分离能够得到较好的改进。

利用水解缩聚的方法可以将 3-缩水甘油醚氧丙基三甲氧基硅烷（KH560）制备成环氧基功能化硅树脂，可将其用于有机硅改性有机材料。由于环氧化合物对酸和碱都很敏感，常规的烷氧基硅烷水解缩合条件对环氧化合物都能够使环氧化合物开环，因此需要选择特定的条件才能满足环氧有机硅聚合物。崔占臣等采用冰醋酸的乙二醇乙醚溶液对四乙氧基硅烷和 KH560 进行水解缩聚得到了环氧改性硅树脂，但没有研究其与环氧树脂的改性[30]。Ochi 等在 THF 溶液中，以二丁基二月桂酸锡（DBTDL）为催化剂，水解缩聚得到环氧基功能化硅树脂，并研究了其与环氧树脂形成有机硅杂化环氧材料的性能[31]。

环氧改性硅树脂合成[31]：将 KH560 和 THF 配成质量比为 2.17∶1 的溶液，加入 1%KH560 质量的 DBTDL 为催化剂，保持水/硅摩尔比为 3，在 80℃下搅拌 5h 后，80℃真空条件除去低沸物后得到透明液体物质。

14.2 硅烷偶联剂用于有机硅高分子合成

在有机硅高分子合成过程中，常规的方法包括开环聚合、平衡、缩聚以及硅氢化反应等。在这些方法中与硅烷偶联剂，特别是二功能基的硅烷偶联剂紧密相关的是平衡聚合和缩聚反应。下面我们将主要讨论硅烷偶联剂在氨烃基改性硅油、环氧烃基改性硅油以及丙烯酸酯烃基改性硅油合成中的应用。

14.2.1 硅烷偶联剂用于合成氨烃基改性硅油

氨烃基改性硅油除保留着二甲基硅油的疏水性及脱模性外，还具有氨烃基所赋予的反应性、吸附性、润滑性及柔软性等。所以氨烃基改性硅油在纺织物整理、纤维润滑油剂、脱模剂、光亮剂、涂料添加剂以及聚合物改性剂等方面具有广阔的应用。常规的氨烃基改性硅油合成方法有氨烃基硅烷与硅氧烷低聚物催化平衡、氨烃基硅烷与端烃基硅氧烷缩合、氨烃基硅氧烷与硅氧烷低聚物催化平衡、活性聚合-缩合法、含氢硅油与烯丙胺加成以及氨烃基硅油的再改性等六种。在这六种合成方法中氨烃基硅烷与环体平衡（图14-14）、硅氧烷低聚物催化平衡（图14-15）以及氨烃基硅油的再改性最为重要[32]。

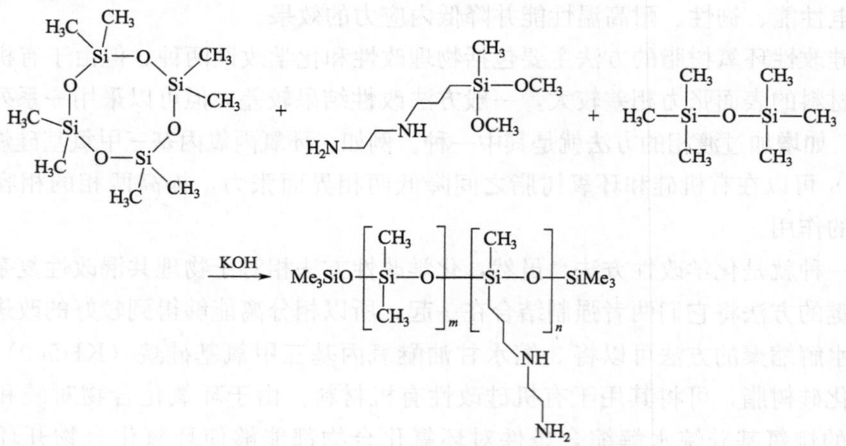

图 14-14 氨烃基改性硅油合成路线（一）

在这种缩合或者平衡过程中，如果加入三功能基材料如甲基三烷氧基硅烷等还可以在氨烃基改性硅油中引入交联功能。

14.2.2 硅烷偶联剂用于合成环氧烃基改性硅油

环氧烃基改性硅油是在其硅氧烷结构中含有环氧基的一类聚硅氧烷材料，它是一类用途较广泛的改性硅油，其应用包括作为反应性硅油制备其他功能性硅油、可以作为聚合物改性剂、作为纤维后整理处理剂以及光固化防黏隔离层等。其制备方法也比较多，如硅氢化反应、平衡法、缩合聚合反应等。

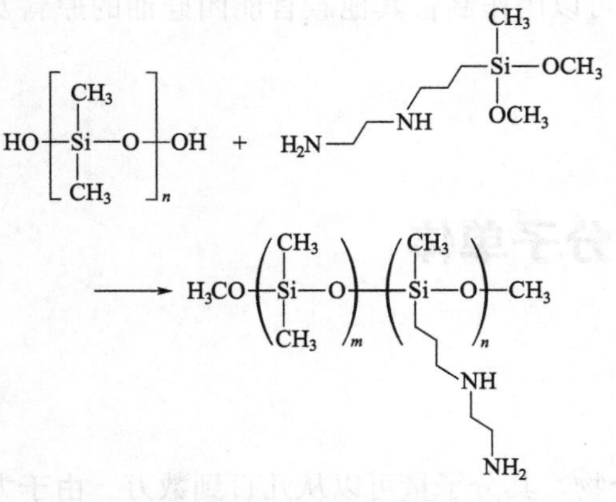

图 14-15　氨烃基改性硅油合成路线（二）

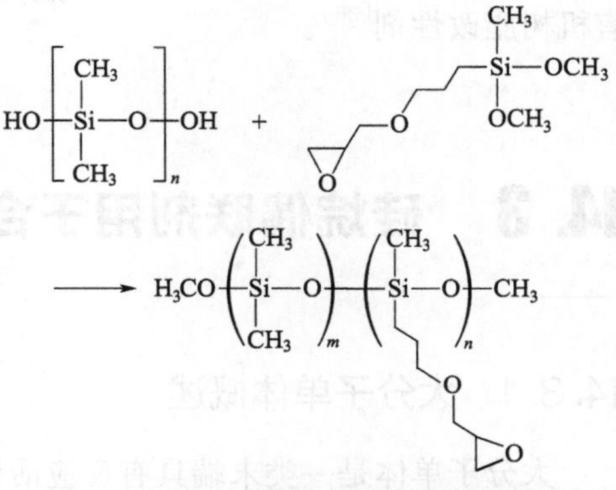

图 14-16　环氧烃基改性硅油合成路线

如由 α，ω-二羟基聚二甲基硅氧烷与缩水甘油丙基甲基二烷氧基硅烷或 β-(3,4-环氧环己基）乙基甲基二烷氧基硅烷以及它们的缩聚物在碱催化剂存在下，可以制得任意黏度及任意环氧含量的环氧改性硅油（图 14-16）[33]。

14.2.3　硅烷偶联剂用于合成(甲基)丙烯酸酯烃基改性硅油

（甲基）丙烯酸酯烃基改性硅油是指在聚硅氧烷结构中含有（甲基）丙烯酸酯烃基，其用途包括作为大分子单体、有机硅防黏隔离剂、光固化材料等。（甲基）丙烯酸酯烃基改性硅油的制备方法主要有（甲基）丙烯酰氧丙基甲基二甲氧基硅烷与 D_4 或硅氧烷低聚物以及 MM 在催化剂存在下进行缩合、平衡等反应来制备。也可以采用含氢硅油与（甲基）丙烯酸烯丙酯进行硅氢化反应来制备。

（甲基）丙烯酰氧丙基甲基二甲氧基硅烷水解缩合后与 D_4 及 MM 在酸性催化剂存在下进行平衡化反应可以得到（甲基）丙烯酰氧丙基改性硅油（图 14-17）[34]。

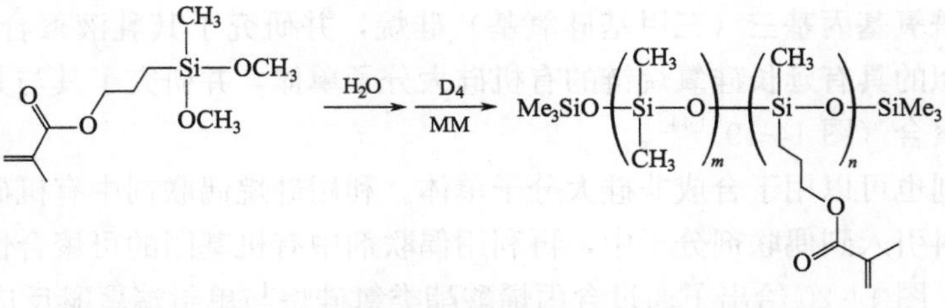

图 14-17　（甲基）丙烯酸酯烃基改性硅油合成路线

14.2.4　硅烷偶联剂用于合成氯烃基改性硅油

通过氯烃基甲基二氯硅烷或氯烃基甲基二烷氧基硅烷水解缩聚可以成功制备氯烃基改

性硅油。由于氯原子的引入而赋予氯烃基改性硅油更强的极性，改善了硅油与其他高分子材料的相容性[35]。同时，利用氯烃基中 C—Cl 键的中等反应活性，在一定条件下可与含—OH、—NH_2 以及—SH 等化合物反应。因此可以用作制备其他碳官能团硅油的原料及有机树脂改性剂[36]。

14.3 硅烷偶联剂用于合成大分子单体

14.3.1 大分子单体概述

大分子单体是一类末端具有反应活性的聚合物，其分子量可以从几百到数万。由于大分子单体具有无挥发性、高溶解性、聚合反应易控制、能设计规整度较好的高分子产物等特点而受到科学界的关注。大分子单体的合成方法主要有封端法和采用含功能基引发剂引发单体聚合制备两种方法。前者采用功能基的小分子与大分子反应来制备，比较适合硅烷偶联剂的性质[37,38]。

14.3.2 硅烷偶联剂用在大分子单体合成中的应用

把有机硅片段引入高分子材料中可以有效地将有机硅材料的耐候性、耐水性、低表面性能、透气性等与有机高分子材料的优异性能，如高强度、低价格等优势结合起来。有机硅大分子单体聚合方法提供了一条合成接枝有机硅高分子的非常实用的方法[39]。事实上带功能基的硅倍半氧烷也可以归属于这一系列，其合成可以从烷氧基硅烷偶联剂、氯硅烷偶联剂及其他偶联剂出发来制备，关于这方面的详细资料，读者可以参阅一些综述文献[40,41]。Kawakami 等采用阴离子催化六甲基环三硅氧烷开环聚合再与特殊的硅烷偶联剂反应成功地合成了甲基丙烯酰氧基改性的有机硅大分子单体，其过程如图 14-18 所示[42]。

范晓东等报道了甲基丙烯酰氧基丙基三甲氧基硅烷（KH570）与三甲基氯硅烷反应合成甲基丙烯酰氧基丙基三（三甲基硅氧基）硅烷，并研究了其乳液聚合[43]。崔月芝等制备了与此相似的具有延长硅氧烷链的有机硅大分子单体，并研究了其与其他甲基丙烯酸单体的共乳液聚合（图 14-19）[44]。

硅烷偶联剂也可以用于合成非硅大分子单体。利用硅烷偶联剂中有机硅的反应性可以将其他有机材料引入到偶联剂分子中，再利用偶联剂中有机基团的可聚合性能来制备功能化大分子单体。图 14-20 给出了通过含丙烯酸酯类氯硅烷与单封端聚醚反应制备了可游离基聚合的聚醚大分子单体[45]。

虽然目前通过硅烷偶联剂制备大分子单体的报道还不是很多，但由于开发有机硅/有机改性材料的需要，这方面的研究会越来越受到重视，应该是今后有机硅/有机材料改性的一个重要方向。

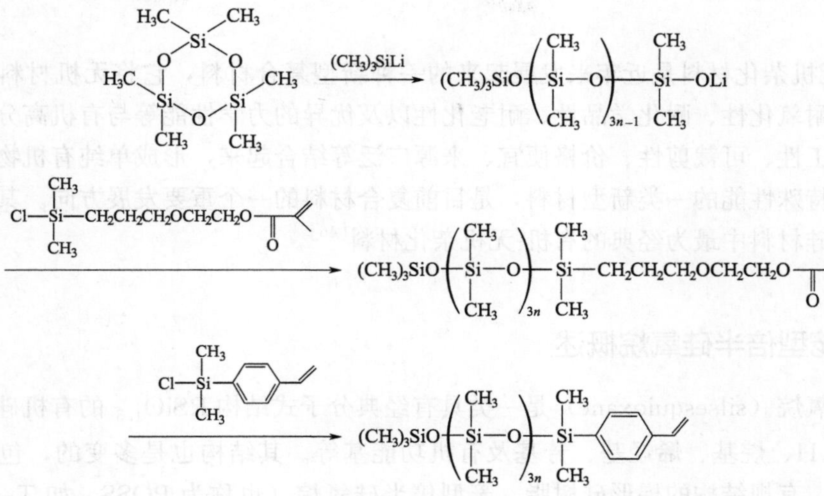

$$(CH_3)_2SiO)_3 \xrightarrow{(CH_3)_3SiLi} (CH_3)_3SiO\left(Si(CH_3)_2-O\right)_{3n-1}Si(CH_3)_2-OLi$$

$$\xrightarrow{Cl-Si(CH_3)_2-CH_2CH_2CH_2OCH_2CH_2O-C(=O)C(CH_3)=CH_2} (CH_3)_3SiO\left(Si(CH_3)_2-O\right)_{3n}Si(CH_3)_2-CH_2CH_2CH_2OCH_2CH_2O-C(=O)C(CH_3)=CH_2$$

$$\xrightarrow{Cl-Si(CH_3)_2-C_6H_4-CH=CH_2} (CH_3)_3SiO\left(Si(CH_3)_2-O\right)_{3n}Si(CH_3)_2-C_6H_4-CH=CH_2$$

图 14-18 有机硅大分子单体合成方法

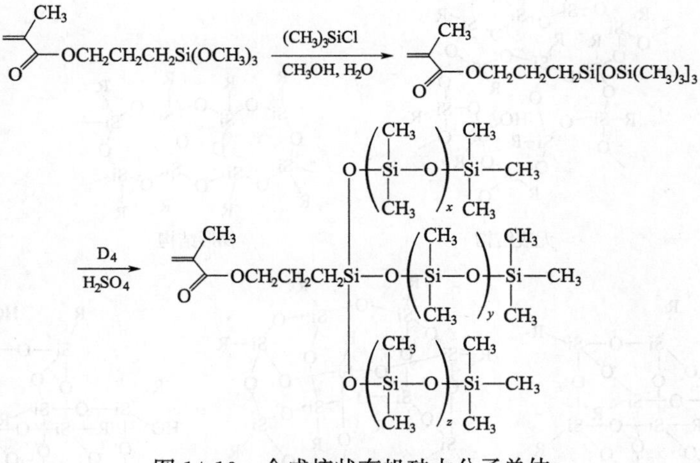

$$CH_2=C(CH_3)C(=O)OCH_2CH_2CH_2Si(OCH_3)_3 \xrightarrow[CH_3OH,\ H_2O]{(CH_3)_3SiCl} CH_2=C(CH_3)C(=O)OCH_2CH_2CH_2Si[OSi(CH_3)_3]_3$$

$$\xrightarrow[H_2SO_4]{D_4} CH_2=C(CH_3)C(=O)OCH_2CH_2CH_2Si\left[O\left(Si(CH_3)_2-O\right)_{x,y,z}Si(CH_3)_3\right]_3$$

图 14-19 合成梳状有机硅大分子单体

$$CH_2=C(R_1)C(=O)O(CH_2)_n-Si(R_2)Cl_2 \longrightarrow CH_2=C(R_1)C(=O)O(CH_2)_n-Si(R_2)\left[(OCH_2CH_2)_mOR_3\right]_2$$

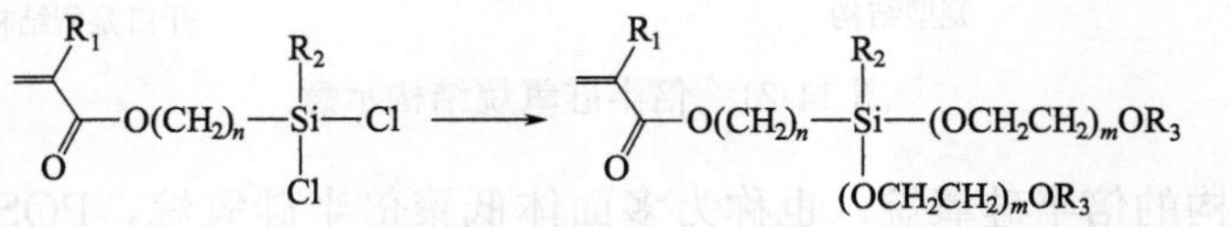

图 14-20 聚醚大分子单体

14.4 硅烷偶联剂用于含功能基的笼型倍半硅氧烷的制备

有机/无机杂化材料是近年来发展起来的一种新型复合材料，它将无机材料所具有的耐高温性、耐氧化性、耐化学品性、耐老化性以及优异的力学性能等与有机高分子材料所具有的易加工性、可裁剪性、价格便宜、来源广泛等结合起来，形成单纯有机物或无机物所不具备的特殊性能的一类新型材料，是目前复合材料的一个重要发展方向。其中倍半硅氧烷是有机硅材料中最为经典的有机-无机杂化材料[46]。

14.4.1 笼型倍半硅氧烷概述

倍半硅氧烷（silsesquioxane）是一类具有经典分子式结构 $RSiO_{1.5}$ 的有机硅材料，其中 R 可以为 H、烷基、烯烃基、芳基及有机功能基等。其结构也是多变的，包括无规结构的硅树脂，有规结构的梯形硅树脂、笼型倍半硅氧烷（也称为 POSS，如 T_8、T_{10} 等）以及开口笼形倍半硅氧烷（图 14-21）等[46]。

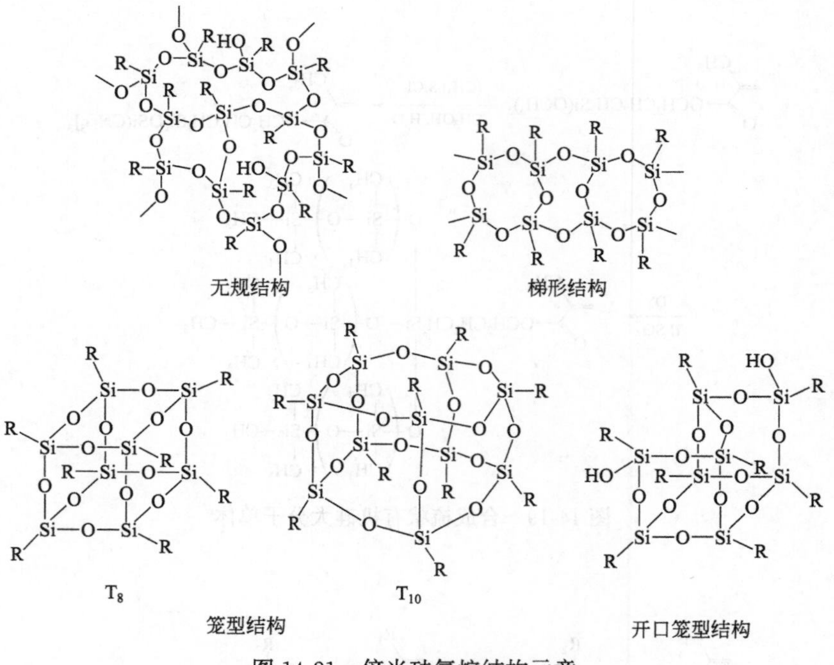

无规结构　梯形结构

T_8　T_{10}

笼型结构　开口笼型结构

图 14-21　倍半硅氧烷结构示意

这种笼型结构的倍半硅氧烷（也称为多面体低聚倍半硅氧烷，POSS）所具有的非常对称的纳米结构以及由周边有机基团所赋予的与有机材料聚合物良好的相容性（见图 14-22），使其与聚合物之间能形成真正意义上的分子级复合，从而能提高聚合物的热稳定性、机械强度、力学、光、介电、阻燃性、抗氧化、抗老化等性能[47]，使得 POSS 基高分子

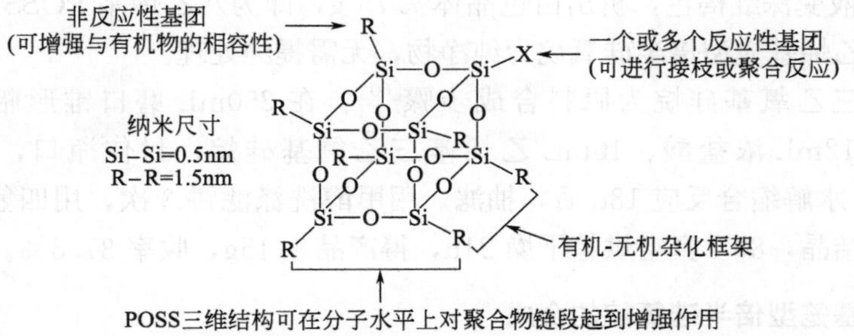

非反应性基团
(可增强与有机物的相容性)
一个或多个反应性基团
(可进行接枝或聚合反应)
纳米尺寸
Si–Si=0.5nm
R–R=1.5nm
有机-无机杂化框架
POSS三维结构可在分子水平上对聚合物链段起到增强作用

图 14-22 笼形结构倍半硅氧烷 POSS 示意

材料在工程塑料、液晶材料、低介电材料、有机光电功能材料以及聚合物合成等方面具有广泛的应用[48~53]。

14.4.2 硅烷偶联剂在笼型倍半硅氧烷制备中的应用

笼型倍半硅氧烷的合成方法主要有水解缩合、官能团转化法、以笼型倍半硅氧烷为基础的功能化法、官能团衍生法等[54]。按笼型倍半硅氧烷上有机取代基性质不同可以将笼型倍半硅氧烷分为不含功能基的笼型倍半硅氧烷和含功能基的笼型倍半硅氧烷两种[46]。不含功能基的笼型倍半硅氧烷的原料来源于有机硅直接法生产的单体和其他大工业能提供的单体及其酯化衍生物，其合成方法参见文献［46］。三取代的硅烷偶联剂（如三氯硅烷和三烷氧基硅烷）为制备含功能基的笼型倍半硅氧烷提供了丰富的材料来源。近期的综述文献也总结了部分含功能基的笼型倍半硅氧烷的合成[54，55]。

14.4.2.1 乙烯基笼型倍半硅氧烷的合成

以乙烯基三氯硅烷为原料在催化剂或无催化剂的条件下得到八乙烯基笼型倍半硅氧烷。Dare 等[56] 报道了以乙烯基三氯硅烷和乙烯基三甲氧基硅烷为原料采用固体酸或碱（Amberlite 离子交换树脂）代替传统使用的路易斯酸或碱[57] 在较短的时间内得到八乙烯基笼型倍半硅氧烷。冯连芳等[58] 以无水三氯化铁和浓盐酸为催化剂，在甲醇-石油醚-二氯甲烷混合溶剂中，乙烯基三氯硅烷水解缩合得到了八乙烯基笼型倍半硅氧烷。李奇芳等[59] 以乙烯基三氯硅烷为原料，在不使用催化剂的条件下制备了高纯度八乙烯基笼型倍半硅氧烷。田春蓉等[60] 以乙烯基三乙氧基硅烷为原料，盐酸为催化剂，经水解缩合得到了八乙烯基笼型倍半硅氧烷。范敏辉等[61] 采用正硅酸乙酯和四甲基氢氧化铵为原材料先合成了八（四甲基）铵基笼型倍半硅氧烷，然后采用二甲基乙烯基氯硅烷对其进行乙烯基取代，得到含乙烯基笼型倍半硅氧烷。黄发荣等[62] 首先用环戊基三氯硅烷合成不完全缩合三羟基硅氧烷，再以乙烯基三氯硅烷和不完全缩合三羟基硅氧烷为原料，以四氢呋喃和三乙胺为混合溶剂，通过“顶角-戴帽”反应合成了笼型单乙烯基倍半硅氧烷，即 1,3,5,7,9,11,13-七环戊基-15-乙烯基笼型倍半硅氧烷。

以乙烯基三氯硅烷为原料合成步骤[59]：在 500mL 三口烧瓶中加入 20mL 乙烯基三氯硅烷和 200mL 丙酮，机械搅拌并氮气保护下缓慢滴加 70mL 去离子水，恒温 40℃，冷凝回流 72 h。溶液变深红褐色，析出白色晶体 7.75 g，即为八乙烯基 POSS，收率 63.1%。此法制得的八乙烯基笼型倍半硅氧烷为纯净物，无需提纯处理。

以乙烯基三乙氧基硅烷为原料合成步骤[60]：在 250mL 磨口锥形瓶中，依次加入 200mL 甲醇、12mL 浓盐酸、10mL 乙烯基三乙氧基硅烷，封住瓶口，25℃磁力搅拌(1000r/min)，水解缩合反应 18d 后，抽滤，用甲醇洗涤滤饼 3 次，用四氢呋喃和甲醇混合溶液对其重结晶，80℃真空烘箱干燥 24h，得产品 1.15g，收率 31.5%。

14.4.2.2 氨基笼型倍半硅氧烷的合成

氨基在有机高分子化学中是一类高活性反应基团，利用氨基可以方便地将倍半硅氧烷引入高分子材料中而改善材料的性能，如改性聚氨酯材料[63, 64]，作为环氧树脂固化剂[65~67]，也可能用于药物释放等[68]。

通过基团衍生化方法可以方便制备氨基笼型倍半硅氧烷，如利用硅氢化方法可以制备含大位阻氨基笼型倍半硅氧烷[69]，如通过八苯基笼型倍半硅氧烷硝化然后还原得到八氨基笼型倍半硅氧烷[70]。较简单的方法就是通过氨基硅烷水解缩合制备。早在 1991 年美国专利就提供了一个制备氨基笼型倍半硅氧烷的方法[71]。Feher[69] 和 Laine[72] 按照该方法合成出来白色固体，但表征发现其产物为氨基笼型倍半硅氧烷的盐酸盐。并且研究发现，采用常规的方法很难全部中和该盐酸盐，只有通过碱性离子交换树脂淋洗才能进行彻底中和。但所得产物的稳定性很差，溶液中 25℃只能保存 1～2 天，当更长时间后或溶剂挥发时将产生凝胶。

八氨基笼型倍半硅氧烷的合成[69]：室温下将 150mL (0.627mol) γ-氨丙基三乙氧基硅烷、200mL 浓盐酸和 3.6L 甲醇混合均匀，在 25℃下放置六星期，过滤，固体用甲醇洗涤，真空干燥后得到大约 30%收率的八氨基笼型倍半硅氧烷盐酸盐固体微晶。可通过甲醇重结晶纯化。通过碱性离子交换树脂交换得到八氨基笼型倍半硅氧烷甲醇溶液。需要将其溶液保存在−35℃以防止其分解。

14.4.2.3 卤烃基笼型倍半硅氧烷的合成

卤烃基笼型倍半硅氧烷具有可以反应的卤烃基，能够进一步形成功能化笼型倍半硅氧烷材料，因而在材料合成上具有重要应用。

卤烃基笼型倍半硅氧烷可以从其他笼型倍半硅氧烷通过基团衍生化而得到。如 Provatas 等[73] 将丙烯溴与 T_8H_8 进行硅氢化反应，得到八溴丙基笼型倍半硅氧烷。Costa[74] 用 Q_8MH_8 ($[Si_8O_{12}][OSi(CH_3)_2H]_8$) 与氯甲基取代的苯乙烯发生硅氢加成反应得到含有八个苄基氯的笼型倍半硅氧烷。Roll[75] 用八苯基笼型倍半硅氧烷与氯化碘在−40℃反应得到八碘苯基笼型倍半硅氧烷，其可进行一系列苯环耦合反应如赫克反应、Suzuki 偶联反应、磷酸化反应、Sonogashira 反应等，提供了制备各种具有独特光电特性和力学特性的纳米复合材料的可能。

另外一种方法就是直接通过硅烷偶联剂水解缩聚得到卤烃基笼型倍半硅氧烷。如余洋等[76] 以工业化的 γ-氯丙基三甲氧基硅烷为原料，在浓盐酸为催化剂的条件下很容易地制备了八氯丙基笼型倍半硅氧烷，但其合成时间较长，收率较低。

八氯丙基笼型倍半硅氧烷的合成[76]：在250mL锥形瓶中，加入200mL甲醇，8mL浓盐酸，10.0mLγ-氯丙基三甲氧基硅烷，用保鲜膜封住瓶口，在40℃下，以1000r/min连续搅拌，瓶内溶液逐渐变浑浊并有白色粉末生成，水解缩合反应进行20d后，将白色粉末过滤并用甲醇洗涤3次，用正己烷进行重结晶，然后将产物在80℃真空烘箱内下干燥24h，得产品1.85g，收率28.5%。

14.4.2.4 巯烃基笼型倍半硅氧烷的合成

巯基作为一种特殊的官能团，在生物医学、自组装等领域有重要应用。如巯基修饰CdSe/CdS量子点化合物，用于生物探针、癌细胞检测。在自组装领域，巯基化合物对聚合物纳米粒子的表面基自组装单分子膜能改善基片摩擦性能。巯基化磁性纳米粒子可实现生物分子结合、固定负载及生物传感等应用。巯基与汞、镉、砷、铅、铜、锌、铬等重金属离子的结合，使其能用于吸附材料领域及生物体内有害重金属离子识别。利用巯基与不饱和键的光催化加成反应可以制备光固化材料[77]。将巯基引入到笼型倍半硅氧烷分子中，可将其特殊性能应用到生物、医学、自组装、吸附材料、聚合物改性、光固化等领域[55,78~80]。

Dittmur[81] 用巯丙基三甲氧基硅烷在以甲醇为反应介质的体系中用盐酸催化水解缩合制备了八巯丙基笼形倍半硅氧烷。张磊等以巯丙基三甲氧基为原料，在四甲基氢氧化铵或苄基三甲基氢氧化铵催化下，于甲醇体系中进行水解缩合，得到了成分单一、纯净的巯基官能化笼形倍半硅氧烷[77]。Kuo用T_7-POSS通过顶端带帽法制的单取代巯丙基笼型倍半硅氧烷[79]。

八巯丙基笼型倍半硅氧烷的合成[77]：在250mL三口烧瓶中加入50mL甲醇溶剂，磁力搅拌、室温条件下，滴加5mL巯丙基三甲氧基硅烷，继续搅拌水解反应1d后，滴加1.0g（按文献摩尔推算，0.011mol）四甲基氢氧化铵做催化剂，65℃下加热回流反应4d。反应结束溶液变浑浊，抽滤得到白色沉淀。沉淀用丙酮、三氯甲烷洗涤后，放入真空烘箱50℃干燥24h，得白色粉末1.579g，产率46%。

14.4.2.5 环氧基笼型倍半硅氧烷的合成

环氧基笼型倍半硅氧烷无论作为环氧树脂改性剂还是单独作为环氧树脂使用，都极有可能大大改善环氧树脂的不足之处，为其开拓更新更广的应用领域。如环氧基笼型硅倍半氧烷与普通环氧的混溶性好，能大幅度提高环氧的粘接性能，而且当体系中硅含量达到15%时，剥离强度可达到最大值[82]。环氧基笼型倍半硅氧烷其制备方法可以归纳为三种。

① 将乙烯基三烷氧基硅烷或2-环已烯基乙基三烷氧基硅烷水解、缩合得到乙烯基或2-环已烯基乙基笼型倍半硅氧烷[82,83]。

② Laine等[84,85]通过Q_8MH_8($[Si_8O_{12}][OSi(CH_3)_2H]_8$)与烯丙基缩水甘油醚或1,2-环氧-4-乙烯基环己烷进行硅氢化反应得到环氧基笼型倍半硅氧烷。

③ 通过硅烷偶联剂水解缩合制备。高俊刚等[86] 报道了一种通过3-缩水甘油醚氧丙基三甲氧基硅烷（KH560）在异丙醇溶液中，以5%的四甲基氢氧化铵水溶液为催化剂，水解缩合制备环氧基笼型倍半硅氧烷的方法。LC/MS分析结果表明，合成的环氧基笼型

倍半硅氧烷以 T_{10} 为主，另外还含有一定量的 T_8 以及少量的 T_9。热重分析结果表明，环氧基笼型倍半硅氧烷具有良好的耐热性。

孙华伟等[87] 改进了上述合成方法，他采用异丙醇和二甲苯为混合溶剂中，以四甲基氢氧化铵水溶液为催化剂，水解缩合 KH560，成功地制备了环氧基笼型倍半硅氧烷，缩短了反应时间，提高了反应收率。

由 KH-560 合成环氧基笼型倍半硅氧烷[86]：在装有搅拌、滴液漏斗和温度计的三口烧瓶中，加入异丙醇 200mL，5%的四甲基氢氧化铵水溶液 15.6g，于 60min 内滴加 30mL 异丙醇和 60.38g KH560 混合溶液。滴加结束后，在室温下继续搅拌 6h，然后减压蒸馏除去异丙醇，再加入 200mL 甲苯进行溶解，在 80℃左右反应 4～8h，调溶液的 pH 值至中性，减压蒸馏除去甲苯，在 60℃的温度下真空干燥，得到无色透明的黏稠状液体，即为环氧基笼型倍半硅氧烷。

14.4.2.6 甲基丙烯酰氧基笼型倍半硅氧烷的合成

高俊刚等[88~91]将甲基丙烯酰氧基丙基三甲氧基硅烷（KH570）在四甲基氢氧化铵催化下水解缩聚得到无色透明黏稠的甲基丙烯酰氧基笼型倍半硅氧烷，并研究了其光固化[89]、乳液聚合[90]、改性不饱和聚酯[91] 等行为。

14.5 硅烷偶联剂用于功能材料制备

14.5.1 硅烷偶联剂用于酶的固定化

酶，作为重要生物催化剂，参与生物体内的各种代谢反应，其本身数量和性质不发生变化，具有高效性和专一性特征。如何将酶更好地利用于生物体外的催化反应，首先需要解决的是酶的稳定性、可否再生以及能否连续化反应等问题。一个最重要的方法就是将酶固定化而得到固定化酶。

所谓固定化酶（immobilized enzyme），是指在一定空间内呈闭锁状态存在的酶，能连续地进行反应，反应后的酶可以回收重复利用。

早期酶的固定化是将酶吸附在活性炭上，所吸附酶的活性和原酶一致，后期研究将酶裹于聚合物基质或连接于载体上，大量研究结果表明，固定化酶与游离酶相比，提高了酶的稳定性，实现了酶的再生利用，可以实现连接化操作，反应所需空间小，可对反应进行最优化控制，所得产品易分离，易得到高纯度、高产量产品，环保，无污染等优点，但同时也存在一些缺点：如固定化后，酶活力有损失，生产成本增加，只能适用于可溶性小分子底物等。

酶的固定化方法有三大类：载体结合法、交联法和包埋法。其中硅烷偶联剂主要与载体结合法中共价结合方法相关。就是利用硅烷偶联剂将酶与无机载体结合起来，也就是所谓的硅烷化方法。

硅烷偶联剂通过与固体表面的羟基发生反应将带功能基的硅烷锚接到固体载体上，所采用的过程如图 14-23 所示。而常用的硅烷种类包括甲氧基硅烷，乙氧基硅烷等烷氧基硅烷，有机基团包括巯基、苯基、氨基等。而硅烷化固定化酶方法可以采用硅烷水溶液和非水硅烷溶剂来处理。从示意图，很容易了解对于单甲氧基、单乙氧基、单丙氧基与无机物载体的羟基发生偶合以后所得产物的稳定性很差，其负载性能随时间变化很快。

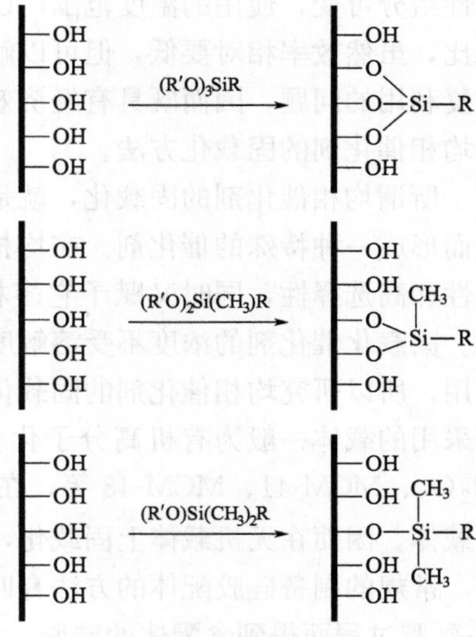

图 14-23 三种功能硅烷与硅胶表面反应示意

而通过三功能基硅烷所产生的产物则稳定性足够高。正如图所示，这类三功能基硅烷与固体负载物结合所很容易在负载物表面形成硅氧烷聚合物。

在对负载物进行硅烷化处理以后，就可以通过某种方法将酶锚接到负载物上了（图 14-24）。酶所具有的氨基、硫醇基、羰基、芳香基等都可以作为偶联基团，这些基因与前述的硅烷化试剂中心功能基发生偶联反应而将酶与负载物连接起来，如果需要，也可以将硅烷化的负载体进一步反应后，再与酶进行耦合[92,93]。

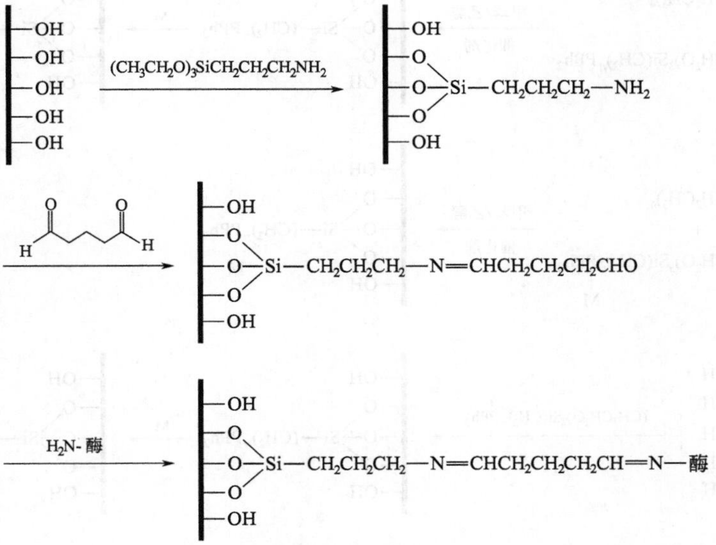

$(CH_3CH_2O)_3SiCH_2CH_2CH_2NH_2$ → Si—CH$_2$CH$_2$CH$_2$—NH$_2$

OHC(CH$_2$)$_3$CHO → Si—CH$_2$CH$_2$CH$_2$—N═CHCH$_2$CH$_2$CH$_2$CHO

H$_2$N-酶 → Si—CH$_2$CH$_2$CH$_2$—N═CHCH$_2$CH$_2$CH$_2$CH═N—酶

图 14-24 硅胶固定化酶制备过程示意

14.5.2 硅烷偶联剂用于过渡金属催化剂的固载化

作为绿色化学中重要组成部分，催化在化学领域中起到了非常重要的作用，如催化合成、聚合以及交联等。而多相催化与均相催化是催化领域里的两大类型。多相催化剂具有活性组分可变，使用的温度范围广以及易与产品分离，因而容易实现工业化。与均相催化相比，虽然效率相对要低，但可以解决均相催化剂难以从液相反应产物中分离出来而不能重复利用的问题，因而既具有经济效益又具有环境效益。为了达到这个目的，普遍采用的是均相催化剂的固载化方法。

所谓均相催化剂的固载化，就是把均相催化剂以物理或化学方法使之与固体载体相结合而形成一种特殊的催化剂。在均相催化剂固载化过程中既保留了均相催化剂所具有的高活性和高选择性，同时又赋予它多相催化剂的优点，如容易从产品中分离与回收催化剂等。固载化催化剂的浓度不受溶解度限制，可以提高催化剂的浓度，可以进一步降低生产费用。所以研究均相催化剂的固载化，在理论上和实践上均具有重大意义。固载化催化剂所采用的载体一般为有机高分子化合物和无机氧化物，如常用的无机氧化物包括 SiO_2、Al_2O_3、MCM-41、MCM-48 等，在机械强度、热和化学稳定性及来源上均明显优于高分子载体。因而在无机载体上固载化，是一个很有实用意义的重要方向[94,95]。

常规的制备硅胶配体的方法有四种，其一是先制备含配体的烷氧基硅烷，然后通过溶胶-凝胶过程而得到含配体的硅胶，最后通过金属配位得到金属负载化硅胶［图 14-25 中（Ⅰ）］。其二是利用四烷氧基硅烷和带有金属配位的烷氧基硅烷共水解，通过溶胶-凝胶过程来获得含金属的硅胶粉末［图 14-25 中（Ⅱ）］。其三是直接用含配体的烷氧基硅烷与硅胶反应而得到配体功能化的硅胶，然后再进行金属配位［图 14-25 中（Ⅲ）］。第四种方

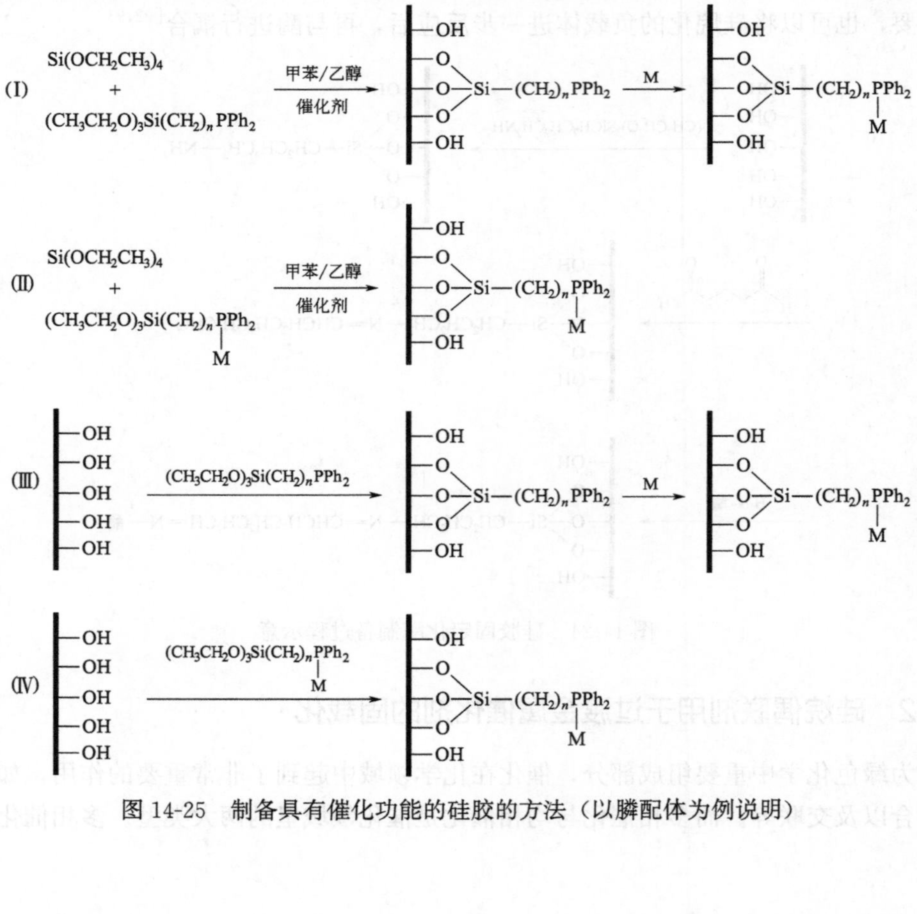

(Ⅰ) $Si(OCH_2CH_3)_4$ + $(CH_3CH_2O)_3Si(CH_2)_nPPh_2$ —甲苯/乙醇, 催化剂→ [—OH, —O, —O—Si—$(CH_2)_nPPh_2$, —O, —OH] —M→ [—OH, —O, —O—Si—$(CH_2)_nPPh_2$(M), —O, —OH]

(Ⅱ) $Si(OCH_2CH_3)_4$ + $(CH_3CH_2O)_3Si(CH_2)_nPPh_2$(M) —甲苯/乙醇, 催化剂→ [—OH, —O, —O—Si—$(CH_2)_nPPh_2$(M), —O, —OH]

(Ⅲ) [—OH, —OH, —OH, —OH, —OH] —$(CH_3CH_2O)_3Si(CH_2)_nPPh_2$→ [—OH, —O, —O—Si—$(CH_2)_nPPh_2$, —O, —OH] —M→ [—OH, —O, —O—Si—$(CH_2)_nPPh_2$(M), —O, —OH]

(Ⅳ) [—OH, —OH, —OH, —OH, —OH] —$(CH_3CH_2O)_3Si(CH_2)_nPPh_2$(M)→ [—OH, —O, —O—Si—$(CH_2)_nPPh_2$(M), —O, —OH]

图 14-25　制备具有催化功能的硅胶的方法（以膦配体为例说明）

法是利用已金属配位的烷氧基硅烷与硅胶反应直接实现过渡金属催化剂的负载化［图 14-25 中(Ⅳ)］。

这些方法也可以拓展到其他无机氧化物包括 SiO_2、Al_2O_3、MCM-41、MCM-48 等。其中能与金属配位的基团主要有氨（胺）基、巯基、膦基等。如负载化铑催化剂的制备中，可以通过先将 3-巯丙基三甲氧基硅烷与铑配合物反应制备含有三甲氧基硅烷的铑配合物，然后将其与气相法白炭黑反应使铑锚接到硅胶上形成固载化铑催化剂（图 14-26）[96]。

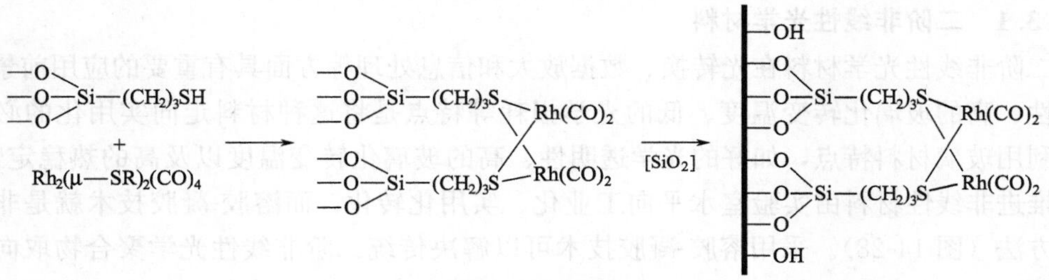

图 14-26　制备锚接有铑的硅胶催化剂方法（一）

也可以通过浸渍含巯丙基的商业化硅胶在含 $Rh(CO)_2(acac)$的二氯甲烷溶液，而得到 Rh 功能化的硅胶粉末（图 14-27），将这种含 Rh 的硅胶粉末进行氢甲酰化反应，可以进行多次重复试验，提高催化剂的使用效率。结果表明对于苯乙烯的氢甲酰化反应，如果底物与催化剂的摩尔比为 400 时，催化剂表现出非常高的化学选择性和完全的转化率，并且使用 8 次以后，其活性都没有下降。表现出非常好的重复利用性[97]。

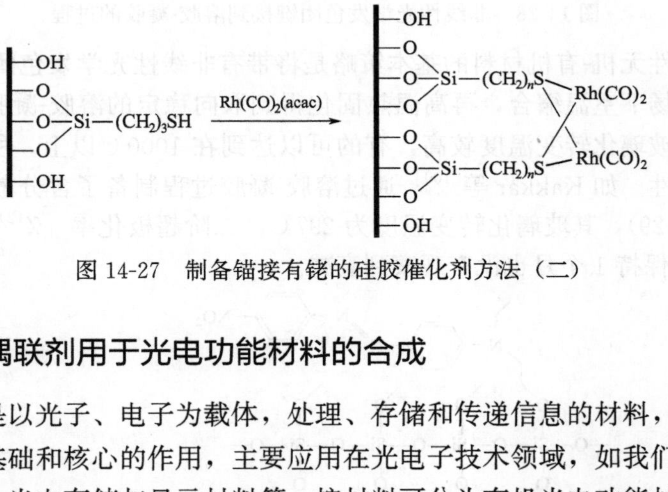

图 14-27　制备锚接有铑的硅胶催化剂方法（二）

14.5.3　硅烷偶联剂用于光电功能材料的合成

光电子材料是以光子、电子为载体，处理、存储和传递信息的材料，光电子材料在光电子技术中起着基础和核心的作用，主要应用在光电子技术领域，如我们常见的光纤、光学功能晶体材料、光电存储与显示材料等。按材料可分为有机光电功能材料、无机光电功能材料以及高分子光电功能材料等[98]。

无机材料常常能够具有好的高温稳定性，但其加工过程较复杂，而且分子设计有局限性，很难通过分子设计来大幅度提高其性能。而有机和高分子材料不仅容易加工成型，能够提供优异的可设计性能，常常能够提供性能较高的材料，但其高温稳定性是对其性能的考验。将有机材料无机化或通过有机无机杂化是将这些材料实用化的一种可能方法。溶胶-

凝胶方法提供了一种非常好的尝试，它可以将硅胶优异的光学特性、热稳定性以及好的机械强度等特性，与光学活性有机分子所提供的光学特性相结合而赋予杂化材料优异的光学特性。同时由于溶胶-凝胶合成过程条件温和，因此非常适宜于嵌入有机材料。硅烷偶联剂可以与其他烷氧基硅烷进行水解缩合反应，而功能基部分则可以与光学活性有机分子结合，这样就实现了有机-无机杂化。在这里，我们以二阶非线性光学材料、有机发光二极管材料、光致变色材料为例来介绍硅烷偶联剂在光电子材料中的应用。

14.5.3.1 二阶非线性光学材料

二阶非线性光学材料在光转换、数据放大和信息处理等方面具有重要的应用前景。热稳定性、高的玻璃化转变温度、低的光学损耗等特点是将这种材料走向实用化的必要要求。利用玻璃材料特点，如好的光学透明性、高的玻璃化转变温度以及高的热稳定性等，可以推进非线性材料由实验室水平向工业化、实用化转化，而溶胶-凝胶技术就是非常重要的方法（图 14-28）。采用溶胶-凝胶技术可以解决传统二阶非线性光学聚合物取向松弛问题[99]。

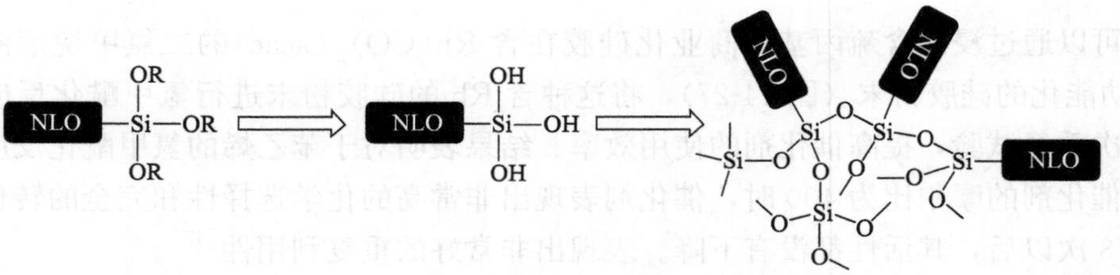

图 14-28 非线性光学发色团键接到溶胶-凝胶的过程

制备含非线性无机-有机材料的基本策略是将带有非线性光学发色团通过溶胶-凝胶过程，旋膜后在电场下室温缩合，再高温热固化得到取向稳定的溶胶-凝胶硅胶，由于这种杂化硅胶材料的玻璃化转变温度较高，有的可以达到在 1000℃以上，所以这种材料具有非常高的热稳定性。如 Kakkar 等[100] 通过溶胶-凝胶过程制备了含分散红-1 的无机-有机杂化薄膜（图 14-29），其玻璃化转变温度为 297℃，二阶超极化率［$\chi^{(2)}$］为 37×10^{-8}esu，并且器件在 80℃保持 1 个月也没有观察到衰减。

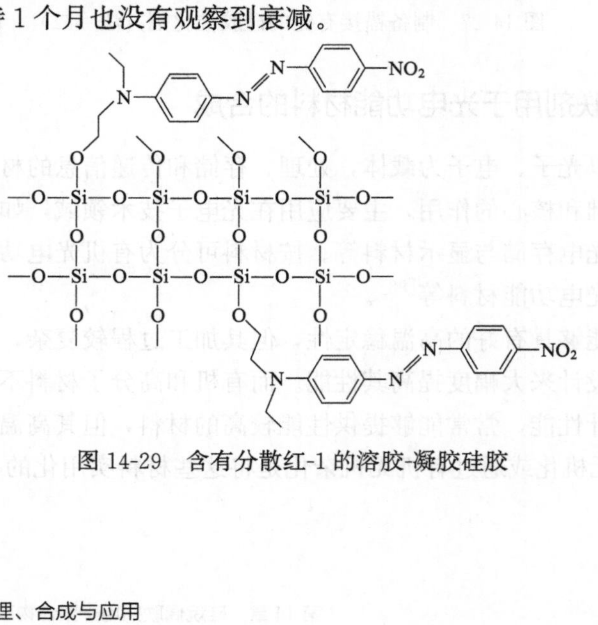

图 14-29 含有分散红-1 的溶胶-凝胶硅胶

也可以将烷氧基硅烷键接到发色团两端再通过溶胶-凝胶过程形成杂化硅胶。如 Dalton 等在偶氮生色团两端引入烷氧基硅烷，再通过水解、旋膜、极化和热固化过程形成含有高度交联生色团的溶胶-凝胶硅胶（图 14-30）。该材料表现出较高的二阶非线性光学效应，d_{33} =32pm/V，并且长期 130℃未观察到二阶非线性光学效应衰减[101]。

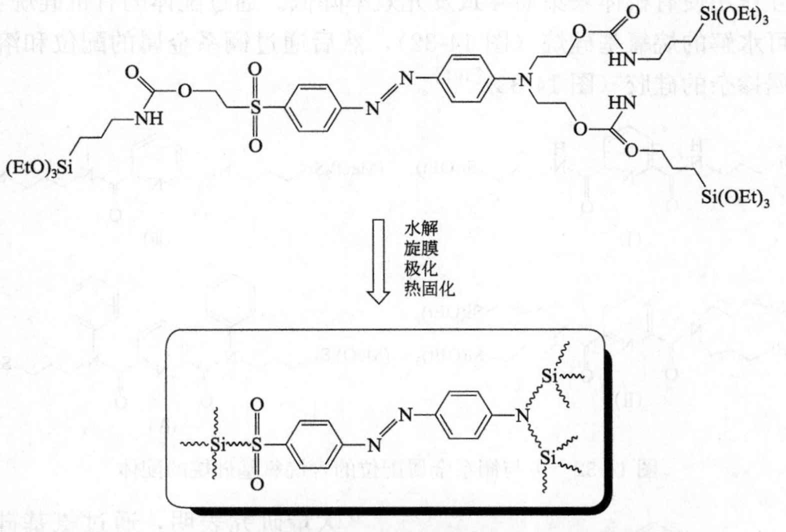

图 14-30　含有高度交联生色团的溶胶-凝胶硅胶制备过程

14.5.3.2　有机发光二极管材料

有机发光二极管（organic light-emitting diode，OLED），具有轻、薄、省电、可以制备成柔性材料、颜色可调等特性，因此受到广泛关注。采用溶胶-凝胶法将共轭聚合物嵌入到硅胶薄膜中，可以得到优良的发光薄膜[102]。研究者将空穴传输材料 Si-KH（图 14-31[103]）、电子传输材料 Si-OXDN 和发光材料 Si-DCM 利用溶胶-凝胶方法分别制备成空穴传输层和发光电子传输层，制备出两层或三层器件。器件研究发现，用 Si-KH 完全

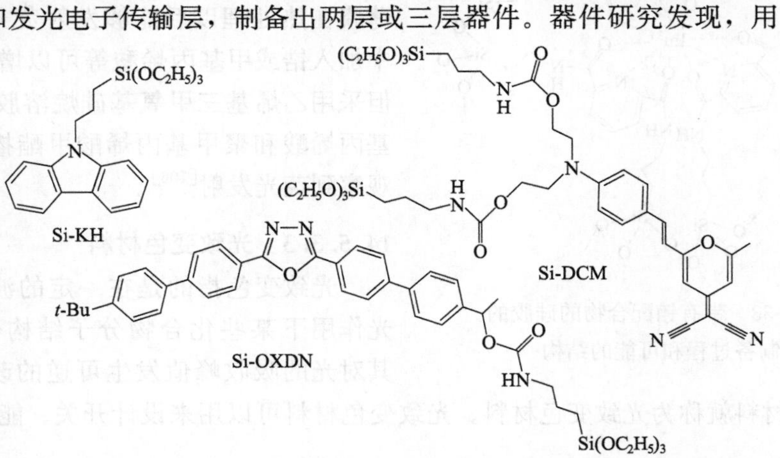

图 14-31　烷氧基功能化的空穴传输材料 Si-KH、电子传输材料 Si-OXDN 和发光材料 Si-DCM 结构

可以全部代替聚乙烯咔唑（PVK）作为空穴传输材料[103]。

镧系金属有机配合物发光材料是发光材料的一大类，具有宽吸收和窄发射的发光特征，其研究具有重要意义。将镧系元素掺杂到硅胶中间可以得到荧光增强材料。通过溶胶-凝胶方法也可以将带有有机配体的镧系金属配合物掺杂到硅胶中，然而由于有机-无机间非常弱的相互作用使有机体聚集而导致发光效率降低。通过配体的有机硅烷功能化可以将配体连接有可水解的烷氧基硅烷（图 14-32），然后通过镧系金属的配位和溶胶-凝胶过程形成镧系金属掺杂的硅胶（图 14-33）[104]。

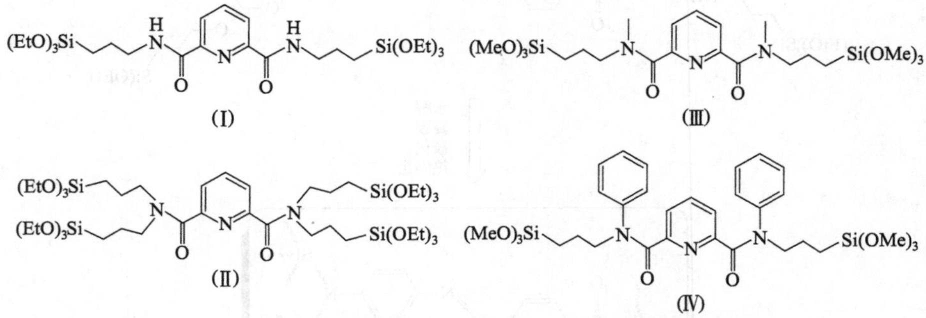

(I)　(II)　(III)　(IV)

图 14-32　可与镧系金属配位的含烷氧基硅烷的配体

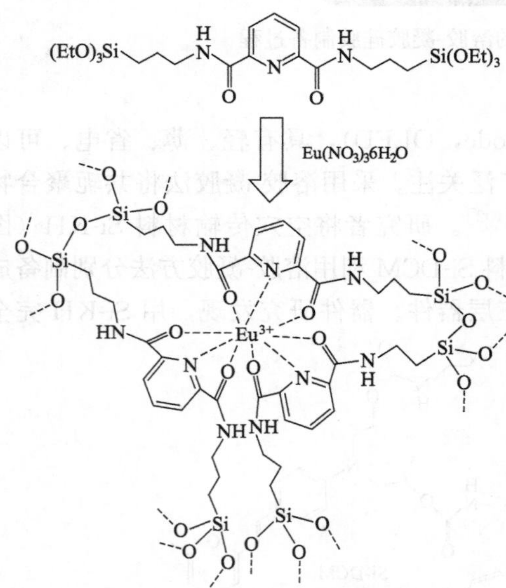

图 14-33　带有铕配合物的硅胶的制备过程和可能的结构

大量研究表明，通过氨基硅烷如氨丙基三乙氧基硅烷经过溶胶-凝胶过程制备出有机/无机纳米束材料，结果发现这种有机/无机杂化材料的发射光谱涵盖整个可见光区，这可能是由于在发光纳米材料中存在具有电子给予体的基团[105]。同样，甲基丙烯酰氧基丙基三甲氧基硅烷通过溶胶-凝胶方法制备的硅胶薄膜在热处理以后能够发射荧光，如果在其中加入锆或甲基丙烯酸等可以增强荧光发射。但采用乙烯基三甲氧基硅烷溶胶-凝胶及其甲基丙烯酸和聚甲基丙烯酸甲酯掺混物就没有观察到荧光发射[106]。

14.5.3.3　光致变色材料

光致变色指的是在一定的波长和强度的光作用下某些化合物分子结构会发生变化，其对光的吸收峰值发生可逆的改变。而具有这类性质的材料就称为光致变色材料。光致变色材料可以用来设计开关、能量转换涂料、保护眼镜等。

将二噻吩基乙烯光致变色材料掺杂到溶胶-凝胶制备的硅胶薄膜中，在 785nm 光照后，其折射率发生了较大的改变。但这种掺杂方式受二噻吩基乙烯在溶胶-凝胶体中溶解度的影响而使折射率改变不能进一步提高，因此需要采用化学键结合的方式进行解决[107]。通过3-异氰酸酯基三乙氧基硅烷与含羟基的二噻吩基乙烯反应得到烷氧基功能化的光致变色材料，然后将其与甲基三乙氧基硅烷共同水解制备溶胶-凝胶，再制备成硅胶薄膜，研究它的光致变色行为，发现在785nm光照后，其折射率发生3.9×10^{-2}改变(图14-34)[108]。

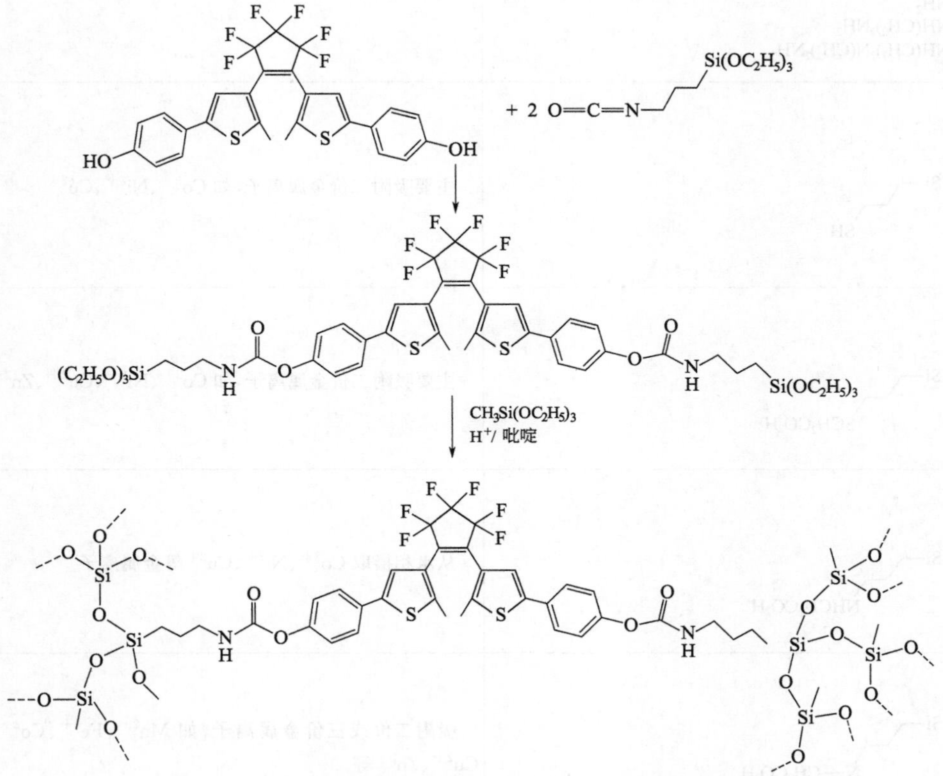

图14-34　溶胶-凝胶制备二噻吩基乙烯光致变色材料的硅胶薄膜

利用溶胶-凝胶技术还可以制备其他一些光电材料，如传感器、红外烧孔材料等，在这里不一一细述。

14.5.4　硅烷偶联剂用于分离材料的制备

含功能化配体的硅胶材料的一个重要用途就是作为萃取、分离金属离子的材料。其作用方法与催化剂的固载化比较近似。常规的方法有两种，其一是先制备含配体的烷氧基硅烷，然后通过溶胶-凝胶过程而得到含配体的硅胶［图14-25中（Ⅰ）］。其二是用含配体的烷氧基硅烷与硅胶反应而得到配体功能化的硅胶［图14-25中（Ⅲ）］。然后利用这些含配体的硅胶材料与金属配位实现金属的吸附与分离。其分离方式有一批一批分次吸附，也可以采用柱色谱的方式进行。常见的硅胶材料如表14-2所示[94]。

表 14-2　配体功能化硅胶结构及其吸附离子类型

结　构	可分离或吸附离子类型
O O—Si O X X= —NH_2 —$NH(CH_2)_2NH_2$ —$NH(CH_2)_2N(CH_2)_2NH_2$	主要吸附二价金属离子，如 Co^{2+}、Ni^{2+}、Cu^{2+}、Zn^{2+}
O O—Si O SH	主要吸附二价金属离子，如 Co^{2+}、Ni^{2+}、Cu^{2+}
O O—Si O SCH_2CO_2H	主要吸附二价金属离子，如 Co^{2+}、Ni^{2+}、Cu^{2+}、Zn^{2+}
O O—Si O $NHCH_2CO_2H$	从水相摄取 Co^{2+}、Ni^{2+}、Cu^{2+} 等金属离子
O O—Si O N—CH_2CO_2H HO_2CH_2C	吸附二价或三价金属离子，如 Mn^{2+}、Fe^{3+}、Co^{2+}、Ni^{2+}、Cu^{2+}、Zn^{2+} 等
O O—Si O N—CH_2—C(=O)—NH　NH_2 H_2C O=C—NH　NH_2	吸附二价或三价金属离子，如 Mn^{2+}、Fe^{3+}、Co^{2+}、Ni^{2+}、Cu^{2+}、Zn^{2+} 等
O O—Si O N CH_2—C(=O)—NH　NH　NH_2 CH_2—C(=O)—NH　NH　NH_2	吸附二价或三价金属离子，如 Mn^{2+}、Fe^{3+}、Co^{2+}、Ni^{2+}、Cu^{2+}、Zn^{2+}。其中可以色谱分离 Co^{2+}、Ni^{2+}、Cu^{2+} 等

续表

结　构	可分离或吸附离子类型
O O—Si O PPh_2	吸附二价金属离子，Ni^{2+}和Cu^{2+}等
O O—Si O SH O O—Si O X X=—NH_2 —$NH(CH_2)_2NH_2$	主要吸附二价金属离子，如Co^{2+}、Ni^{2+}、Cd^{2+}、Hg^{2+}、Cu^{2+}等
O O—Si O SH O O—Si O PPh_2	主要吸附二价金属离子，如Ni^{2+}和Cu^{2+}等
O O—Si O X O O—Si O PPh_2 X=—NH_2 —$NH(CH_2)_2NH_2$	主要吸附二价金属离子，如Ni^{2+}和Cu^{2+}等
O O—Si O N CH_2—C(=O)—N($CH_2CO_2CH_2CH_3$) $CH_2CO_2CH_2CH_3$ CH_2—C(=O)—N($CH_2CO_2CH_2CH_3$) $CH_2CO_2CH_2CH_3$	吸附二价金属离子，如Co^{2+}、Ni^{2+}、Cu^{2+}、Zn^{2+}等
O O—Si O N CH_2—C(=O)—NH HN CH_2—C(=O)—N(H) HN	吸附二价或三价金属离子，如Fe^{3+}、Co^{2+}、Ni^{2+}、Cu^{2+}等
O O—Si O N CH_2—C(=O)—NH N(H) HN CH_2—C(=O)—N(H) N(H) HN	吸附二价或三价金属离子，如Fe^{3+}、Co^{2+}、Ni^{2+}、Cu^{2+}等

硅烷偶联剂在制备功能材料过程中所表现出的多样性以及制备的材料所表现的优异性能受到研究者越来越多的关注，目前已经成为硅烷偶联剂应用的一个重要方向，值得进一步探索。

此外，硅烷偶联剂作为合成原料用于制备大分子硅偶联剂请参见第 11 章有关部分。

参考文献

[1] 黄应昌，吕正芸. 弹性密封胶与胶黏剂，北京：化学工业出版社，2003：210-256.

[2] Pohl E R，Osterholtz F D. USP4645816，Union Carbide Corporation（USA），1987.

[3] Huang M，Medicino F D，Yang Y，Nesheiwat J I，O'Keefe B J. USP7524915，Momentive Performance Materials Inc.（USA），2009.

[4] 王彦利，范晓东，王景霞，等. 高分子学报，2009，(9)：962-966.

[5] 黄应昌，吕正芸. 弹性密封胶与胶黏剂. 北京：化学工业出版社，2003：435-519.

[6] Isayama K，Hatano I. USP3971751，Kanegafuchi Kagaku，Kogyo Kabushiki Kaisha (Jpn.)，1975.

[7] 姜承永. 塑料工业，2008，36（5）：73-74.

[8] 张广成. 聚烯烃的反应挤出研究. 西北工业大学. 2001.

[9] Scott H G. USP3646155，Dow Corning Ltd.（USA），1972.

[10] Voigt H U. USP4048129，Kabelund Metallwerke Gutehoffnungshutte A. -G.（Fed. Rep. Ger. ），1977.

[11] 洪仁英. 塑料科技，1981，(2)：19-30.

[12] Swarbrick P，Green W J，Maillefer C. USP4117195. BICC Limited and Establissements Maillefer S. A.（UK），1978.

[13] Ohtani K，Oda E. JP51065154. Furukawa Electric Co.，Ltd.（Japan），1976. CA85：109687.

[14] Ikeda H，Tada S，Kobayashi T. JP55040721. Mitsui Polychemicals Co.，Ltd.（Japan），1980. CA93：73233.

[15] 林红. 电线电缆，1993，(4)：24-26.

[16] 左瑞霖，张广成，何宏伟，等. 塑料，2000，29（6）：41-46.

[17] 杨元龙，吕荣侠，郭宝华. 合成树脂及塑料，2000，17（2）：6-9.

[18] 吕晖辉，刘念才. 塑料工业，1999，27（3）：27-29.

[19] 蓝凤祥. 化工新型材料，2000，28（5）：16-17，13.

[20] 乐启发，叶昌明，李信. 化工生产与技术，2000，7（1）：24-27.

[21] 腾谋勇，张文东，姜传飞，等. 塑料助剂，2008，(6)：34-38.

[22] 李信，乐启发，金菊香. 中国塑料，2001，15（11）：30-32.

[23] Hidalgo M，Gonzalezl，Mijangos C. J Appl. Polym. Sci.，1996，61（8）：1251-1257.

[24] 王智英，胡瑛，邓锐，等. 粘接，2010，(11)：63-67.

[25] Burzynski A J，Martin R E. USP3449293. Owens-Illinois，Inc.（USA），1969.

[26] 范昕，张晓东. 有机硅材料，2003，17（4）：6-8.

[27] Zhang S，Liu R，Jiang J，Bai H. Prog. Org. Coat.，2009，65（1）：56-61.

[28] 朱杨荣，张继德，杨欢，等. 材料科学与工程学报，2006，24（2）：244-248.

[29] 朱复红，曹永林，蒋艳，等. 材料导报，2006，20（4）：139-141.

[30] 沙鹏宇，刘岩，谢雷，等. 高等学校化学学报，2007，28（11）：2205-2209.

[31] Ochi M，Matsumura T. J. Polym. Sci. Part B：Polym. Phys. 2005，43（13）：1631-1639.

[32] 程建华，伍钦，汪晓军. 有机硅材料，2001，15（6）：9-11.

[33] 黄文润. 硅油及二次加工品. 北京：化学工业出版社，2004：83.

[34] 黄文润. 硅油及二次加工品. 北京：化学工业出版社，2004：95.

[35] 孙效华，冯圣玉，陈剑华，等. 有机硅材料，2000，14（6）：18-21.
[36] 来国桥，幸松民，等. 有机硅产品合成工艺及应用. 北京：化学工业出版社，2009：407.
[37] 钦曙辉，邱坤元. 高分子学报，1999，（4）：509-512.
[38] 李林峰，刘群峰，何卫东. 高分子通报，2003，（6）：58-64，73.
[39] 舒文艺，秦怀德. 合成树脂及塑料，1995，12（1）：50-53.
[40] Baney R H，Itoh M，Sakakibara A，Suzuki T. Chem. Rev.，1995，95（5）：1409-1430.
[41] 郭增昌，王云芳，王汝敏，等. 高分子通报，2006，（1）：16-27.
[42] Kawakami Y，Miki Y，Tsuda T，Murthy R A N，Yamashita Y. Polym. J，1982，14（11）：913-917.
[43] 唐敏锋，范晓东，王召娣，等. 高分子材料科学与工程，2006，22（1）：44-47.
[44] 任小亮，王世杰，刘常琳，等. 高分子材料科学与工程，2010，26（11）：20-23.
[45] Kuroda N，Kobayashi H，Matsuura K. USP5051486. Nippon Oil Co. Ltd.（Jpn），1991.
[46] Baney R H，Itoh M，Sakakibara A，Suzuki T. Chem. Rev.，1995，95（5）：1409-1430.
[47] 刘雪英，王斌，马家举，等. 化工时刊，2011，25（1）：22-24，46.
[48] 孙伟华，张凯，陈梅红，等. 精细与专用化学品，2011，19（2）：34-39.
[49] 王天玉，黄玉东，张学忠. 材料科学与工艺，2007，15（9）：388-392.
[50] 陈庆，蒋宛莉，杨平，等. 功能材料，2009，40（8）：1245-1248.
[51] 苏新艳，徐洪耀，李济荣，等. 功能材料，2008，39（7）：1216-1218.
[52] 冯燕，徐洪耀，聂王焰，等. 功能材料，2010，41（8）：1414-1417.
[53] 刘磊，王文平，费明，等. 高分子材料科学与工程，2010，26（6）：159-161，166.
[54] 王笃政，于娜娜. 有机硅材料，2011，25（4）：279-283.
[55] 陈超，林谦，黄世强. 高分子通报，2011，（1）：100-104.
[56] Dare E O，Liu L-K，Peng J. Dalton Trans，2006，（30）：3668-3671.
[57] Agaskar P A. Inorg. Chem.，1991，30（13）：2707-2708.
[58] 薛裕华，顾雪萍，冯连芳，等. 浙江大学学报（工学版），2007，41（4）：679-682.
[59] 张剑桥，李奇芳. 精细化工，2007，24（1）：17-20.
[60] 孟二辉，田春蓉，黄奕刚，等. 精细化工，2009，26（5）：426-429.
[61] 范敬辉，张凯，吴菊英，等. 化工新型材料，2010，38（4）：60-62.
[62] 刘勇，周燕，黄福伟，等. 化工学报，2009，60（7）：1831-1836.
[63] 田春蓉，王建华，卢成渝，等. 化工新型材料，2010，38（4）：92-98.
[64] 张杰，王芳，叶锦刚，等. 聚氨酯工业，2011，26（1）：8-11.
[65] 董喜华，高俊刚，王彦飞，等. 化学与黏合，2007，29（5）：319-322.
[66] 高俊刚，董喜华，董双良. 中国塑料，2007，21（8）：47-50.
[67] 董亚巍，黄荣华，张先亮，等. 有机硅材料，2010，24（5）：278-282.
[68] 沈媛，李齐方. 有机硅材料，2007，21（1）：14-17.
[69] Feher F J，Wyndham K D. Chem. Commun.，1998，（3）：323-324.
[70] 杜建科，杨荣杰. 北京理工大学学报，2007，27（4）：358-361.
[71] Weidner R，Zeller N，Deubzer B，Frey V. USP5047492，Wacker-Chemie GmbH（USA），1991.
[72] Gravel M-C，Laine M L. Polym. Prep.，1997，38（2）：155-156.
[73] Provatas A，Luft M，Mu J C，White A H，Matisons J G，Skelton B W. J. Organomet. Chem.，1998，565（1-2）：159-164.
[74] Costa R O，Vasconcelos W L. Macromolecules，2001，34（16）：5398-5407.
[75] Roll M F，Laine R M，Kampf J，Asuncion M Z. Nano. Lett.，2008，2（2）：320-326.
[76] 余洋，田春蓉，王建华，等. 化工新型材料，2008，36（1）：37-38，73.
[77] 张磊，江凤，陈广新，等. 北京化工大学学报（自然科学版），2009，36（6）：33-37.

[78] Kuo S W，Wu Y C，Lu C H，Chang F C. J. Polym. Sci. Part B：Polym. Phys.，2009，47（8）：811-819.
[79] Lu C H，Kuo S W，Huang C F，Chang F C. J. Phys. Chem. C，2009，113（9）：3517-3524.
[80] Xu Y Y，Yuan J Y，Muller A H. Polymer.，2009，50（25）：5933-5939.
[81] Dittmur U，Hendan B J，Marsmann H C，J. Organomet. Chem.，1995，489（1-2）：185-194.
[82] Feher F J，Lucke S，Schwab J J，Lichtenhan J D，Phillips S H，A. Lee，Polym. Prepr. 2000，41（1）：526.
[83] 刘长军，程志君，李效东，等. 高分子材料科学与工程，2005，21（4）：84-86，90.
[84] Choi J，Harcup J，Yee A F，Zhu Q，Laine R M，J. Am. Chem. Soc.，2001，123（46）：11420-11430.
[85] Choi J，Lee A F，Laine R M. Macromolecules，2003，36（15）：5666-5682.
[86] 蒋超杰，高俊刚，张学建. 热固性树脂，2007，22（1）：5-8.
[87] 孙华伟，张凯，陈红梅，等. 精细与专用化学品，2011，19（1）：21-23.
[88] Gao J，Jiang G，Zhang X，Inter. J. Polym. Mater.，2007，56（1）：65-77.
[89] 孙贝贝，高俊刚，李星. 功能材料，2010，41（增刊Ⅱ）：375-378.
[90] 张媛媛，张雪芳，张彩云，等. 涂料工业，2010，40（3）：6-9.
[91] 李淑荣，高俊刚，孔德娟. 合成树脂及塑料，2008，25（4）：27-31.
[92] 曹树祥，黎苇. 化工环保，1999，19（5）：273-277.
[93] 陈建龙，祁建城，曹仪植，等. 化学与生物工程，2006，23（2）：7-9.
[94] El-Nahhal I M，El-Ashga N M，J. Organomet. Chem.，2007，692（14）：2861-2886.
[95] Lu Z-L，Lindner E，Mayer H A，Chem. Rev.，2002，102（10）：3543-3578.
[96] Gao H，Angelici R J，Organomet.，1998，17（14）：3063-3069.
[97] Marchetti M，Paganelli S，Viel E. J. Mol. Cat. A：Chem.，2004，222（1-2）：143-151.
[98] 朱道本，功能材料化学进展. 北京：化学工业出版社，2005.
[99] Kim J，Plawsky J L，LaPeruta R，Korenowski G M. Chem. Mater. 1992，4（2）：249-252.
[100] Jiang H，Kakkar A K. J. Am. Chem. Soc.，1999，121（15）：3657-3665.
[101] Yang Z，Xu C，Wu B，Dalton L R，Steier W H，Shi Y，Bechtel J H. Chem. Mater. 1994，6（10）：1899-1901.
[102] Faraggi E Z，Sorek Y，Levi O，Avny Y，Davidov D，Neumann R，Reisfeld R. Adv. Mater. 1996，8（10）：833-837.
[103] Morais T D，Chaput F，Lahlil K，Boilot J-P. Adv. Mater.，1999，11（2）：107-112.
[104] Franville A-C，Zambon D，Mahiou R. Chem. Mater.，2000，12（2）：428-435.
[105] Brankova T，Bekiari V，Lianos P. Chem. Mater.，2003，15（9）：1855-1859.
[106] Kang K S，Kim J H. J. Phys. Chem. C.，2008，112（2）：618-620.
[107] Biteau J，Tsivgoulis G M，Chaput F，Boilot J -P，Gilat S，Kawai S，Lehn J-M，Darracq B，Martin F，Levy Y. Mol. Cryst. Liq. Cryst.，1997，297：6572.
[108] Biteau J，Chaput F，Lahlil K，Boilot J-P，Tsivgoulis G M，Lehn J-M，Darracq B，Marois C，Levy Y. Chem. Mater.，1998，10（7）：1945-1950.

第15章 硅烷化技术在金属表面处理中的应用

15.1 应用概述

根据部分国家金属腐蚀损失调查，全世界每年因腐蚀而报废的金属占全年产量的20%～40%，造成直接经济损失为7000亿～10000亿美元。据侯保荣院士团队统计，2014年我国的腐蚀总成本包括腐蚀带来的损失和防腐蚀投入超过2.1万亿元，相当于当年GDP的3.34%，平均每个中国人需分担1555元[1]，其中大部分是金属腐蚀的损失。实际上，金属腐蚀还会导致更为严重的间接损失，如重金属环境污染、人员伤亡等。金属腐蚀已然成为社会生产发展和科学技术进步的一大障碍，因此，金属表面防腐蚀研究，是一项十分重要的议题。

目前最常用的金属防腐蚀方法是在金属表面涂覆有机涂层进行防护，通过化学转化膜的方法对金属进行处理，主要用于修补金属基体表面缺陷并提高涂层与金属基体之间结合力，同时降低金属表面化学活性，从而提升金属的防腐蚀性能。

化学转化膜在历经铬酸钝化技术向磷化技术的变更后，正悄然向着硅烷化技术转变。自1869年英国人Charles Ross获得磷化处理工艺专利，标志磷化工艺诞生以来，经过一个多世纪的发展，磷化处理在涂装前处理、润滑、防锈等行业得到了广泛应用。磷化处理是金属在酸性磷酸盐溶液中反应而在其表面形成磷酸盐保护膜的过程。由于磷化处理生成的磷化膜与基体结合牢固，且具有微孔结构，吸附性能良好，因而广泛应用于汽车、轮胎、机械制造、航空航天和家用电器等产品的制造领域。但磷化处理也存在很多其自身无法克服的弊端：磷化处理液中都含有磷酸盐及重金属等有害物质，并且在处理过程中都或多或少会产生沉渣及有害气体，排放的废水COD及重金属如不进行环保处理就会危害环境；另外，磷化处理大部分需在加温的条件下进行，能耗较大，工艺复杂，操作也不方便。因此，为满足日益增长的环保、健康及资源节约的要求，硅烷偶联剂在金属表面处理上的应用是绿色工业的大势所趋[2]。

硅烷偶联剂用于金属表面处理最早由W. J. VAN OOIJ等人提出，他们首先将硅烷用于磷化后处理步骤，以取代磷酸盐化金属基材上的铬酸盐冲洗后处理，使硅酸盐/硅烷处理改性涂料/磷酸盐界面，从而提升材料的附着力和耐腐蚀性[3]。进而将硅烷偶联剂用于金属表面前处理，使硅烷化替代磷化在金属表面处理中的应用有了可能性[4~6]。此后，学者们进行了一系列硅烷应用于各种基材上的耐腐蚀研究[7~11]。

对金属表面处理方面进行实验，研究发现[12]：与磷化膜相比较，有机硅烷膜具有一定的优越性，如对不同金属基材采用有机硅烷体系处理和铁盐磷化、锌盐磷化及铬酸盐处理作比较，发现有机硅烷化处理的突出特点是：①不需上漆即可达到防腐效果；②与磷化工艺相比，工艺简单，不会产生含有重金属的废水及废渣，对环境友好；③通过微观“分子桥”提高了漆膜在基材的附着力。在许多领域，硅烷处理显示出了与现有工艺相当或比现有工艺更好的防腐效果。

比较可取的将有机硅烷涂到金属上的方法如下[13]：先将稀释的有机硅烷定量水解成硅醇基团，当未发生完全水解时，我们仍能够得到高质量的有机硅烷膜，因为未水解的酯基在金属露于空气中时继续被水解。对于不同的金属和涂料，需对有机硅烷结构、溶液浓度和溶液 pH 值进行优化。这些参数一旦确定，可通过浸泡、喷涂、刷涂、擦涂等方式先将硅烷溶液涂到金属上，形成有机硅烷膜，然后再用水洗掉剩余的有机硅烷溶液。这时，涂层表面即可进行下道工序，如涂漆和黏结键合。

目前有机硅烷已成功应用于钢（不锈钢、碳钢）、镀锌钢、镀铝锌钢（galvalume）、铝、铝合金、镁合金、铜以及过渡金属等等。

15.1.1 硅烷偶联剂用于金属表面处理的作用机理

硅烷偶联剂（SCA）的结构和作用机理在前文（12.3.3）已有阐述。它在金属表面的作用机理可以简单地概括为：SCA 首先发生水解反应，进而脱水形成低聚物，在这个过程中水解物和这种低聚物与金属表面的羟基形成氢键，后发生脱水反应形成部分共价键，最终结果是金属表面被有机硅氧烷膜覆盖。在金属材料保护领域，采用硅烷偶联剂对金属进行预处理的技术被称为硅烷化技术。

徐溢等阐述硅烷偶联剂在金属表面的作用机理如图 15-1 所示[14]：

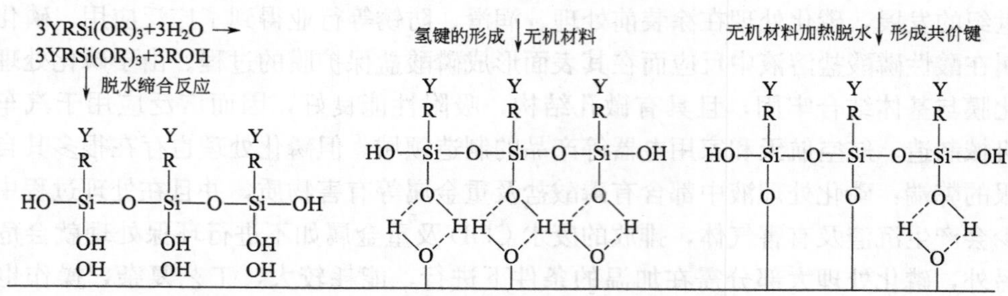

图 15-1 硅烷偶联剂在金属表面的作用机理

王雪明等介绍硅烷偶联剂在金属表面的作用机理如图 15-2 所示[15]。

陈慕祖等描述硅烷化技术的基本反应模型如图 15-3 所示[16]。

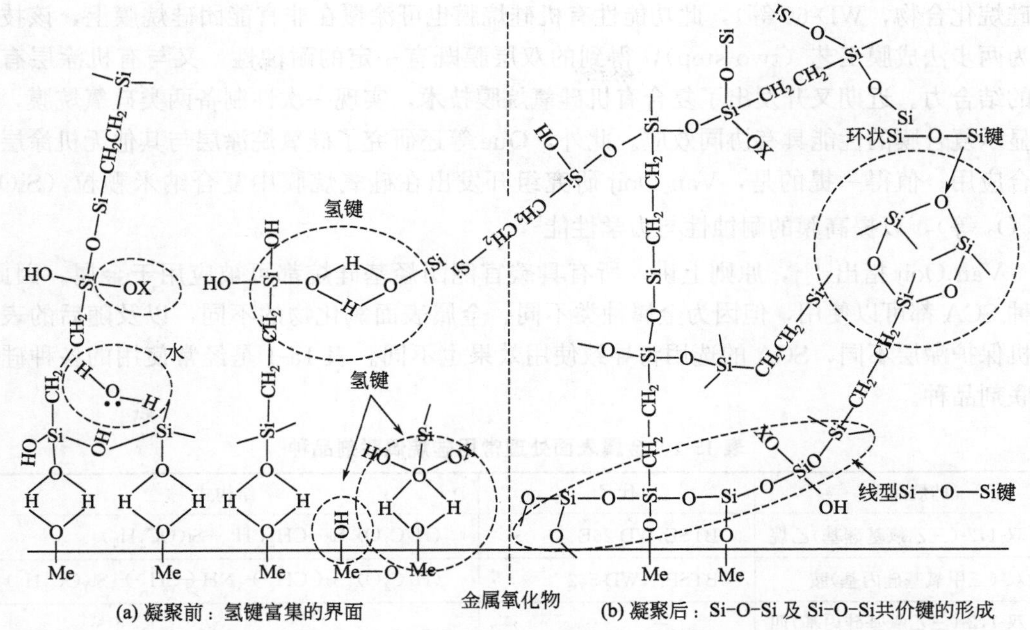

图 15-2　金属表面上有机硅氧烷膜形成过程

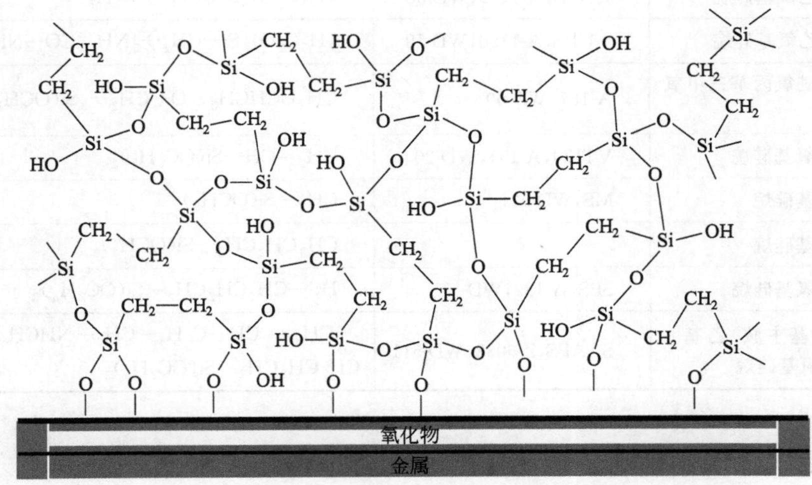

图 15-3　硅烷化技术的反应模型

15.1.2　用于金属表面处理的硅烷偶联剂品种

从上述作用机理还可以看出，金属表面上不具有羟基时，就很难发挥出相应的作用或效果。

为获得单纯防护性的有机硅烷膜，一般选用无有机活性官能团的硅烷试剂，如 1,2-二乙氧基硅酯基乙烷（BTSE，WD-26E）、BTSPS 等；而为了提高基体与有机涂层的结合力，常选用与涂层匹配的带特定碳官能团的硅烷（如对环氧系列涂层，一般选用具环氧基硅烷化合物，WD-60 等)，此功能性有机硅烷膜也可涂覆在非官能团硅烷膜上，该技术称为两步法成膜工艺（two-step)，得到的双层膜既有一定的耐蚀性，又与有机涂层有较好的结合力。近期又开发出了复合有机硅氧烷膜技术，实现一次性制备两类硅氧烷膜，结果显示复合膜的性能具有协同效应。此外，Que 等还研究了硅氧烷涂层与其他无机涂层的结合应用。值得一提的是，Van Ooij 研究组开发出在硅氧烷膜中复合纳米颗粒（SiO_2、Al_2O_3 等)，以提高膜的耐蚀性与力学性能[17]。

Van Ooij 指出[13]，原则上讲，所有具碳官能团烃基硅烷都可被应用于金属。因此，各种 SCA 都可以使用，但因为金属种类不同、金属表面氧化物的不同，以及随后的表面有机保护涂层不同，SCA 的选用将导致使用效果也不同。表 15-1 是经常使用的各种硅烷偶联剂品种。

表 15-1　金属表面处理常用硅烷偶联剂品种

硅烷品种	代号	结构式
双-1,2-(三乙氧基硅基)乙烷	BTSE,WD-26E	$(H_5C_2O)_3Si—CH_2CH_2—Si(OC_2H_5)_3$
双-(三甲氧基硅丙基)胺	BTSPA,WD-562	$(H_5C_2O)_3Si\leftarrow CH_2\rightarrow_3 NH\leftarrow CH_2\rightarrow_3 Si(OC_2H_5)_3$
双-1,2-(三乙氧基硅丙基)四硫化物	BTSPS,WD-40	$(H_5C_2O)_3Si\leftarrow CH_2\rightarrow_3 S_4\leftarrow CH_2\rightarrow_3 Si(OC_2H_5)_3$
γ-氨丙基三乙氧基硅烷	γ-APS,A-1100,WD-50	$(H_5C_2O)_3Si\leftarrow CH_2\rightarrow_3 NH_2$
γ-脲丙基三乙氧基硅烷	γ-UPS,A-1160,WD-59	$(H_5C_2O)_3Si\leftarrow CH_2\rightarrow_3 NH—CO—NH_2$
γ-缩水甘油醚氧丙基三甲氧基硅烷	A-187,WD-60	$CH_2OCHCH_2—O\leftarrow CH_2\rightarrow_3 Si(OCH_3)_3$
乙烯基三乙氧基硅烷	VTEO,A-151,WD-20	$CH_2=CH—Si(OC_2H_5)_3$
甲基三甲氧基硅烷	MS,WD-921	$CH_3—Si(OCH_3)_3$
丙基三甲氧基硅烷		$CH_3CH_2CH_2—Si(OCH_3)_3$
巯丙基三乙氧基硅烷	SPS,A-189,WD-81	$HS—CH_2CH_2CH_2—Si(OC_2H_5)_3$
N-[2-(乙烯基卞胺)乙基]-γ-氨丙基三乙氧基硅烷	SAAPS,Z-6032,WD-511	$CH_2=CH—C_6H_4—CH_2—NHCH_2CH_2—NH—CH_2CH_2CH_2—Si(OC_2H_5)_3$

15.1.3　硅烷化技术相对于磷化技术的优势

硅烷化技术已经应用到许多普通工业中，以替代磷化处理工艺。陈慕祖等[16] 和邱佐群[18] 等认为，硅烷化技术具有以下主要优点。

① 硅烷化技术形成的纳米硅氧烷超薄有机膜，可以替代传统的磷化膜，是节能降耗、优质高产、降本增效的优异材料，硅烷化技术可以取代传统的磷化工艺。

② 就有机硅烷膜与磷化膜两者耐蚀性和涂层的附着力比较，前者性能优于后者，如磷化膜的单位表面积质量一般为 $2\sim3g/m^2$，而硅烷膜为 $0.1g/m^2$，两者相差 20 倍左右，有机硅烷化膜具有优异的防锈能力，不出现泛黄和生锈的现象，质量很稳定，与涂层结合强度高。而磷化膜有泛黄和生锈掉漆现象，产品质量不稳定。

③ Si—O—M共价键分子间的结合力很强，所以产品很稳定，从而可以提高产品的防腐蚀能力。

④ 使用方便，便于控制，槽液为双组分液体配成，仅需要控制 pH 值和电导率，无需像磷化液那样，要控制游离酸、总酸、促进剂、锌、镍、锰的含量，处理温度等诸多的工序参数。

⑤ 节约能源，槽液不需要加温处理，可室温或低温操作，能源费用降低。

⑥ 优异的环保性能。硅烷处理槽液成分中无磷酸盐、COD/BOD重金属离子、槽底废渣。废水排放少且容易处理，简化操作，如果安装过滤器及离子交换器，可以做到封闭循环使用。清洁生产，优化环境。

⑦ 适用性强：适用于浸渍、喷淋、喷涂、浸涂、辊涂和粉末涂装等处理方式。

⑧ 适用于多种金属处理，如冷轧板、热镀锌板、电镀锌板、涂层板、铝等不同板材的混线处理。

⑨ 工艺流程较磷化大为简化，工艺简单，流程短，有机硅烷处理后不需水洗，可直接烘干，节约水资源。甚至在有机硅烷处理后也可不用烘干，直接电泳。

⑩ 综合成本低，产品消耗量低，三废处理成本低。

⑪ 与原有磷化涂装工艺和涂装设备相容，不需进行设备改造，只需将磷化液更换为硅烷处理液，即可投入生产。

15.2 硅烷化处理工艺

如前所述，硅烷偶联剂的使用方法和处理工艺直接影响到使用的效果，硅烷偶联剂在金属表面处理中的应用更是如此。不仅要考虑硅烷偶联剂和金属材料的因素，还需考虑与传统工艺的比较和衔接，以求达到处理工艺的先进性、适用性和经济性。

15.2.1 硅烷化技术工艺流程

硅烷化技术工艺流程一般为：热水洗—预脱脂—主脱脂—两道水洗—纯水洗—硅烷处理—两道水洗—纯水洗—电泳。具体工艺条件见表15-2。

表15-2 硅烷化技术工艺流程

序号	流程	主要工艺条件
1	热水	脱脂剂A:1%～1.5%(质量分数);温度:40～60℃;喷淋:30～60s
2	预脱脂	脱脂剂A:3%～5%;脱脂剂B:1.5%～2.5%;温度:45～55℃;时间:3～5min
3	主脱脂	脱脂剂A:3%～5%;脱脂剂B:1.5%～2.5%;温度:45～55℃;时间:3～5min
4	自来水水洗1	温度:常温;时间:30～60s

续表

序号	流程	主要工艺条件
5	自来水水洗 2	温度：常温；时间：30～60s
6	纯水洗 1	温度：常温；时间：30～60s
7	硅烷化	硅烷处理剂：1%～5%，纯水配制；温度：常温；时间：3～5min
8	自来水水洗 3	温度：常温；时间：30～60s
9	自来水水洗 4	温度：常温；时间：30～60s
10	纯水洗 2	温度：常温；时间：30～60s
11	电泳	客户实际需求为准

15.2.2 硅烷化技术工艺中的影响因素

硅烷偶联剂在金属表面处理的应用工艺中，处理液的配制和稳定性、金属表面的状态、硅烷膜的形成以及与金属表面的结合等都将对应用效果产生直接的影响，下面将介绍应用中的一些影响因素。

（1）有机硅烷处理液稳定性

有机硅烷水解反应为逐级离解的化学平衡体系，水解平衡反应式如下：

$$R—Si(OR)_3 + H_2O \longleftrightarrow R—Si(OR)_2(OH) + ROH$$

$$R—Si(OR)_2 + H_2O \longleftrightarrow R—Si(OR)(OH)_2 + ROH$$

$$R—Si(OR) + H_2O \longleftrightarrow R—Si(OH)_3 + ROH$$

水解生成的硅醇的突出特点是易脱水缩合生成硅氧烷：$2R—Si—OH \longrightarrow Si—O—Si + H_2O$。水解与缩合是处于竞争状态的两个反应，为保证硅醇的含量，必须控制缩合反应的发生。而在实际应用中，往往会出现水解液不稳定的情况。

有机硅烷处理液的稳定性将直接影响到使用效果，因而处理液的稳定性一直是硅烷化技术能否有效实现应特别注意的问题。徐溢等[19] 研究认为，影响水解液稳定的主要因素包括：硅烷偶联剂的结构、溶液的 pH 值、温度、溶剂水解方式、添加剂等。

（2）添加剂对有机硅氧烷膜性能的提高

牟世辉[20] 通过盐雾试验、湿热试验、盐水浸泡试验和电化学性能测试，研究了不同添加剂对镀锌层有机烷氧基硅烷钝化膜的影响，研究发现，在有机烷氧基硅烷钝化液中加入适量的锆盐添加剂，明显改变了有机硅烷钝化膜层的自腐蚀电位，能明显地提高钝化膜的耐蚀性。

（3）金属表面的预处理

硅烷化处理过程实际上是硅烷偶联剂与金属表面进行反应，形成化学键合，因而处理效果受金属表面氧化膜的影响。不同金属在空气中生成氧化膜的能力不同，对于铝而言，表面很容易形成致密氧化膜，因而铝的硅烷化处理不需氧化预处理就可以达到很好的效果。但对于钢而言，氧化预处理对于硅烷化处理的效果有很大影响，进行恰当的氧化预处理后，生成的氧化膜与有机硅烷之间的反应活性会明显提高，并能显著提高钢/处理层/有机涂层体系的界面结合强度。许立宁[21] 等通过研究后得出结论：钢表面经氧化预处理，再经过硅烷处理后，可大幅提高有机涂层的附着力；钢/有机硅氧烷层/胶黏剂体系的拉伸剪切断裂面位置为钢/有机硅氧烷层界面，而钢/氧化层/有机硅氧烷层/胶黏剂体系的断裂面位置为硅烷层/胶黏剂界面；未经氧化预处理的碳钢表面，进行硅烷化处理时，有机硅烷自身的聚合反应占主导地位，而经过氧化预处理后，界面有机硅烷的构象以链式为主。

(4) 助溶剂对金属硅烷化预处理的影响

郭增昌等[22] 以环氧烃基硅烷对铝合金表面进行预处理为例，研究了环氧烃基硅烷在混合溶剂（水/醇）中水解后，水和醇的相对含量对膜层沉积的影响以及膜层的活性。研究发现，环氧烃基硅烷在弱酸性水溶液中的硅醇基团在铝合金氧化物表面的吸附性能最优，助溶剂（甲醇）使硅烷化溶液中硅醇基团在铝合金氧化物表面的吸附性能降低，但在混合溶剂中，吸附性却随醇含量的增加而增加。固化后形成的硅烷化膜层与铝合金表面形成铝硅氧烷共价键网络，环氧基硅烷分子中的活性环氧乙基位于膜层的表面，该表面能与环氧类胶黏剂以共价键结合，是粘接耐久性提高的重要保证。

15.3 各类金属硅烷化表面处理实例

针对不同的金属及其表面，可选择不同的有机硅烷类型、涂层制备和结合方式以及确定合适的处理条件和工艺。下面将介绍几种典型金属的表面硅烷化处理实例。

15.3.1 铝合金表面硅烷化处理

15.3.1.1 实例 1：铝合金硅烷化处理及其与织构化处理的结合

赵文杰等[23] 等利用 HCl、NaOH 等试剂对铝合金表面进行织构化处理，再将上述处理后铝合金基体表面浸渍于含有十二烷基三甲氧基硅烷、巯丙基三甲氧基硅烷、环氧丙氧丙基三甲氧基硅烷等一种或几种烷氧基硅烷的水解溶液中，从而自组装形成单分子硅烷膜。后续通过 80℃热处理，采用电化学阻抗谱（EIS）和摩擦系数测试对未进行表面保护的铝合金、未经织构化处理铝合金表面硅烷单分子层和织构化处理后铝合金表面硅烷单分子层的耐蚀性及耐磨性进行比较。

(1) 实验及测试方法

空白组处理：铝合金分别用丙酮、去离子水各清洗 10min，后进行 80℃热处理。

对比实施例 1 处理：铝合金分别用丙酮、去离子水各清洗 10min；未进行织构化处理，然后将铝合金片放入经 12～20h 常温水解后的十二烷基三乙氧基硅烷溶液中，浸泡温度为室温，浸泡时间为 12h，之后进行 80℃热处理，得到铝合金表面防腐耐磨涂层。

实施例 1 处理：铝合金分别用丙酮、去离子水各清洗 10min；然后将其浸泡在体积分数为40%的盐酸水溶液中进行织构化处理，浸泡温度为室温，浸泡时间为30s；然后将铝合金片放入经12～20h常温水解的十二烷基三乙氧基硅烷溶液中，浸泡温度为室温，浸泡时间为12h，之后进行80℃热处理，得到铝合金表面防腐耐磨涂层。

动电位测试在3.5%（质量分数）NaCl电解质溶液中进行，测试温度为常温，动电位测试范围为−2.0～2.0V，扫描速度为5.0mV/s，测试前试样在电解质中浸泡40min。用Pt电极为辅助电极、饱和甘汞电极（SCE）为参比电极的三电极体系，于M273恒电位仪和M5210锁相放大器组成的体系上进行电化学阻抗谱（EIS）测试。测试时的激励信号为幅值10mV的正弦波，频率范围为10mHz～1MHz。

（2）结论

线性极化曲线测试结果，如图15-4所示。

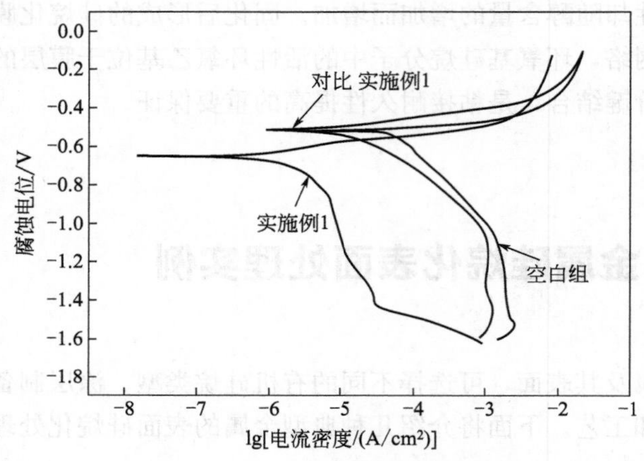

图15-4　极化曲线测试

从图15-4中可以看出，与未经处理的铝合金表面相比，经对比实施例处理后的铝合金样品的腐蚀电流为2.73×10^4A/cm^2，相对于空白样的5.02×10^4A/cm^2有所下降，而实施例处理后的腐蚀电流最低，达到了1.32×10^4A/cm^2：腐蚀电流下降表明经表面织构化处理后的样品硅烷膜与基底结合更加牢固，为铝合金基底提供了一定隔绝Cl、H_2O、O_2等腐蚀介质的能力，从而提升了铝合金的耐蚀能力。

从图15-5中可以看出，与未经处理的铝合金表面相比，经对比实施例处理后的铝合金样品的摩擦系数为0.40，相对于空白样的0.45有所下降，在100s时涂层失效，持久性有所增加，而实施例处理后的摩擦系数最低，稳定在0.18左右：摩擦系数降低表明经表面织构化处理后的样品硅烷膜与基底结合更加牢固，能够更加有效降低摩擦系数，从而提升了铝合金的耐磨能力。

铝合金表面进行织构化处理后，再通过浸渍方式进行硅烷化处理，其表面形成一种新型的防护结构，该涂层与基底结合牢固，耐摩擦性能优异，摩擦系数维持在0.18，并且防腐蚀性优良，腐蚀电位达到−0.55V，腐蚀电流密度达到1.32×10^4A/cm^2，且制备工艺简单，成本低廉。

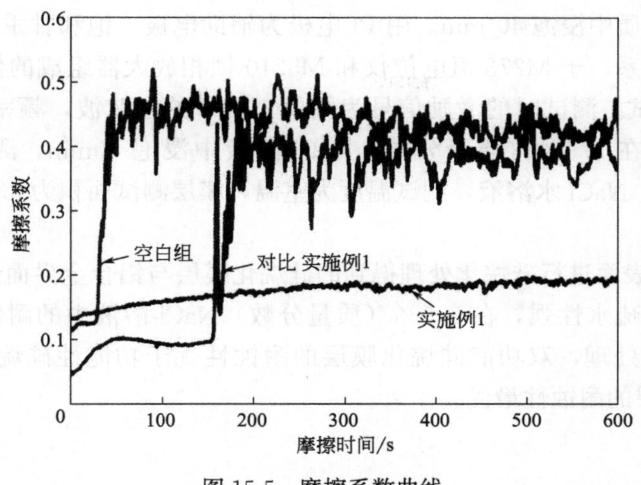

图 15-5　摩擦系数曲线

15.3.1.2　实例 2：铝合金硅烷化处理及其与铬酸盐处理的比较

郭增昌等[24] 采用浸涂工艺，用 pH＝4～5，体积分数小于 3％的 3 种硅溶胶即 γ-缩水甘油醚氧丙基三甲氧基硅烷（GPTMS）、双-(三乙氧基硅基）乙烷（BTSE）和双-［γ-(三乙氧基硅基）丙基］四硫化物（BTSPS）对 YL12 铝合金表面进行处理，GPTMS 和双硅烷膜层分别采用 100℃×60min 和 130℃×60min 工艺固化，并用动电位（PDS）和电化学阻抗谱（EIS）测试了不同硅烷化膜层在 3.5％（质量分数）NaCl 溶液中的耐蚀性并与铬酸盐处理的耐蚀性进行了比较。

（1）实验及测试方法

YL12 铝合金做试样，尺寸为 Φ10mm，厚度为 2mm，其化学成分（质量分数）为：Zn 0.25％，Mg 1.2％～1.8％，Cu 3.8％～4.9％，Fe 0.5％，Si0.5％，Mn 0.3％～0.9％，Cr 0.1％。用 600＃砂纸打磨光亮，丙酮中超声脱脂清洗，碱液清洗（L8140：45～60g/L，通气搅拌，57～63℃），水洗后，用过滤的压缩空气吹干置于干燥器中。为了便于比较，对铬酸盐处理试样（试样由西安飞机制造公司提供）和未经任何处理的铝合金进行相应的测试。

GPTMS 硅烷化试样的制备：取一定量 GPTMS 逐滴加入到 pH＝4～5 的冰醋酸水溶液中，体积分数为 4％，常温下（＜20℃）在密闭容器中磁力搅拌 60min，然后把表面处理过的铝合金试片浸在水解的 GPTMS 溶液中 10min，匀速提出并在 95℃固化 60min。

BTSE 和 BTSPS 水溶胶的制备：取一定量 BTSE 和 BTSPS 逐滴加入到 pH＝4～5 的甲醇和去离子水的混合溶剂中，其配比硅烷、去离子水及甲醇的体积比为 4：6：90，常温下（＜20℃）在密闭容器中磁力搅拌 60min 后，静置水解 5～6d，保证有机硅烷最大程度水解，再把经上述表面处理过的铝合金试片浸在双硅烷溶液中 2～3min 提出，130℃固化 60min。

用 M273A 恒电位仪和 M5210 锁相放大器进行电化学动电位（PDS）测试，辅助电极选用铂电极，参比电极为 Ag-AgCl 电极。动电位测试在 3.5％（质量分数）NaCl 电解质溶液中进行，测试温度为常温，动电位测试范围为－2.0～2.0V，扫描速度为 5.0mV/s，测试前试样在电解质中浸泡 40 min。用 Pt 电极为辅助电极、饱和甘汞电极（SCE）为参比电极的三电极体系，于 M273 恒电位仪和 M5210 锁相放大器组成的体系上进行电化学阻抗谱（EIS）测试。测试时的激励信号为幅值 10mV 的正弦波，频率范围为 10mHz～1MHz。试样预先在 3.5%（质量分数）NaCl 溶液中浸泡 40min，测试电解质溶液为 3.5%（质量分数）NaCl 水溶液，测试温度为室温，膜层测试面积为 3.14cm^2。

（2）结论

YL12 铝合金表面进行硅烷化处理得到的硅烷化膜层与铝合金界面形成较强的共价键结合、均匀致密、疏水性强，在 3.5%（质量分数）NaCl 溶液中的耐蚀性显著提高，其耐蚀性优于铬酸盐处理，双功能硅烷化膜层的耐蚀性优于功能性硅烷化膜层的耐蚀性，BTSPS 硅烷化膜层的耐蚀性最优。

15.3.2 钢铁表面硅烷化防腐涂层

15.3.2.1 实例 1：掺银有机硅烷（溶胶凝胶法）制备不锈钢抗菌耐蚀膜层

丁新更等[25] 通过溶胶-凝胶方法在乙烯基三甲氧基硅烷偶联剂中加入银离子，得到含银有机硅烷水解溶液，在不锈钢表面制备了抗菌、耐蚀的不锈钢抗菌膜层，研究了银离子的掺入工艺以及薄膜的抗菌性能和耐蚀性能。

不锈钢基板经过表面预处理得到洁净的表面，其中一部分不锈钢基板再进行氧化处理，在表面形成一层氧化膜：分别将预处理过的不锈钢基板浸入含银硅烷水解溶液中，静置几秒钟后，水平提出，用吹风机迅速吹干，放入 80℃ 的烘箱中陈化 1h，即制得掺银有机硅烷抗菌不锈钢。

用 10% $FeCl_3$ 溶液对样品进行点蚀试验（GB/T 4334—2008），测试表明，普通不锈钢样品可肉眼观察到在 2min 时就出现细小点蚀坑，随着时间增加，点蚀坑扩大；表面经氧化处理后的不锈钢样品则在 46min 出现点蚀坑；经过有机硅烷处理的不锈钢基板的耐蚀性能都比较好，24h 后都未出现点蚀坑。表 15-3 为测试各类样品的点蚀率。

表 15-3 10% $FeCl_3$ 溶液点蚀试验各类样品点蚀率

样品类型		点蚀率/%	样品类型		点蚀率/%
普通清洁不锈钢	无硅烷处理	3.28	表面氧化处理不锈钢	无硅烷处理	2.02
	有机硅烷处理	0.086		有机硅烷处理	0.05

由表 15-3 可知，表面涂覆有机硅烷薄膜后样品的耐腐蚀性能有明显提高，点蚀率仅为相同条件下不锈钢的 1/40。

对制得的不锈钢样品以大肠杆菌为菌种测试其抗菌性能，抗菌率（%）=(参照样菌落数-试样菌落数)/参照样菌落数。当银离子含量达到 2%时，不锈钢表面经过预氧化处理的掺银有机硅烷薄膜抗菌不锈钢抗菌性能达到 99.9%，不锈钢表面未经预氧化处理的掺银有机硅烷薄膜抗菌不锈钢抗菌性能达到 98.6%，银离子含量增加到 3%以上时，所有样品的抗菌性能均增加到 99.9%以上，说明该薄膜在不锈钢表面有很好的抗菌性能。

15.3.2.2 实例 2：环氧基 POSS 改性金属处理剂及与氟锆酸盐陶化的结合

黄驰等[26] 通过一种环氧基 POSS 改性的金属表面前处理剂对钢板进行钝化，该处理剂在成膜时是硅烷作用与氟锆酸盐陶化同步进行，相互掺杂，形成致密的无机-有机杂化膜。其中硅烷及时修补氟锆酸盐成膜过程中的缺陷，而环氧基 POSS 的多个环氧基可同时与膜层中多个位点发生作用，提升封闭效果，增加膜层的耐蚀性。

样品 1：按照质量分数，在 44.2g 水中搅拌条件下加入 1g60％硝酸和 2g 柠檬酸，完全溶解后加入 0.3g 氟锆酸、0.5g 硝酸镧和 0.5g 硫酸铜，完全溶解后得到 A 组分。在 23g 水中搅拌条件下加入 0.2g 乙醇、0.5g 正丁醇、5g 盐酸、10g 3-氨丙基三乙氧基硅烷和 5g 3-氨丙基甲基二乙氧基硅烷，搅拌均匀后，加入 2g 八（2,3-环氧丙氧丙基）T8-POSS（图 15-6），搅拌水解后，再加入 5g1,2-二（三乙氧基）乙烷，搅拌水解充分得到 B 组分。将 B 组分加入到 A 组分中，搅拌均匀即可得到环氧基 POSS 改性的金属表面前处理剂。

将上述得到的金属表面处理剂与纯水按照体积比 1∶2850 稀释，固含量为 0.01％，用 NaOH 水溶液调节槽液 pH 至 4.0；然后采用浸泡法将脱脂除油后的冷轧钢板浸泡处理 3min 后，纯水冲洗，再用立邦电泳漆电泳，热处理烘干固化。

样品 2：按照质量分数，在 74g 水中搅拌条件下加入 0.9g 柠檬酸，完全溶解后加入 0.01g 氟锆酸完全溶解后得到 A 组分。在 24g 水中搅拌条件下加入 0.1g 硫酸、0.9g3-氨丙基三甲氧基硅烷，搅拌均匀后，加入 2g 3-(2,3-环氧丙氧丙基）T10-POSS（图 15-7），搅拌水解后，再加入 0.08g 1,2-二（三甲氧硅基）乙烷，搅拌水解充分得到 B 组分。将 B 组分加入 A 组分中，搅拌均匀即可得到环氧基 POSS 改性的金属表面前处理剂。

将上述得到的金属表面处理剂与纯水按照体积比 1∶1099 稀释，稀释后表观固含量为 0.001％，用 Na_2CO_3 水溶液调节槽液 pH 至 4.0；然后采用浸泡法将脱脂除油后的冷轧钢板浸泡处理 4min 后，纯水冲洗，再用立邦电泳漆电泳，热处理烘干固化。

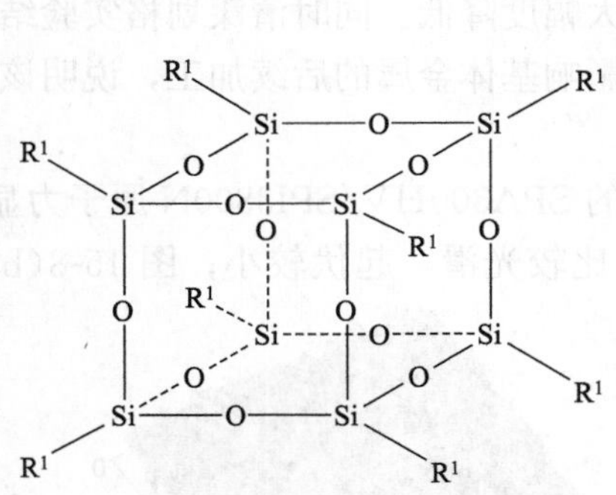

图 15-6　T8-POSS 分子结构图

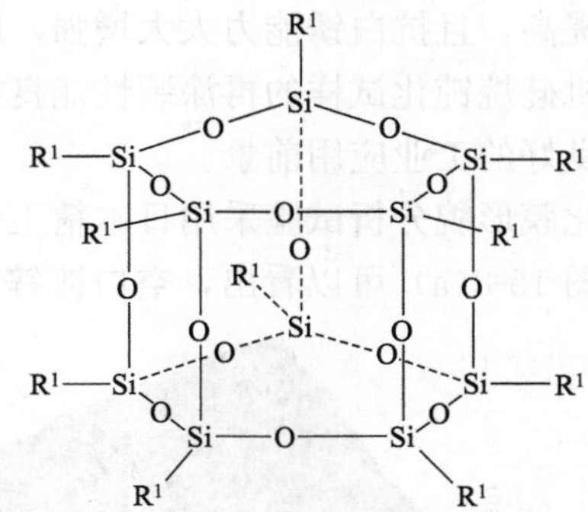

图 15-7　T10-POSS 分子结构图

对比例：按质量分数计，在 75g 水中搅拌加入 4g 氟锆酸、2g 柠檬酸，混合均匀后即得到 A 组分；在 18g 水中搅拌加入 1g 环氧丙氧丙基三甲氧基硅烷，充分水解后得到 B 组分；将 B 组分加入 A 组分中混合均匀即可得到硅烷处理剂。

上述处理剂与纯水 1∶99 稀释，表观固含量为 0.05％，用 NaOH 水溶液调节槽液

pH 至 3.8；然后采用喷淋法将脱脂除油后的冷轧钢板处理 5min 后，纯水冲洗，再用立邦电泳漆电泳，热处理烘干固化。

对上述样品 1 处理液、样品 2 处理液、对比例处理液分别钝化后的冷轧钢板裸板及硅烷化后电泳板进行性能测试，测试结果见表 15-4。

表 15-4　各硅烷前处理样品力学性能测试结果

测试项目		对比例	样品 1	样品 2
硅烷膜	中性盐雾/h	0	0.2	0.3
	25℃，85%湿度出现锈斑	1min	>24h	>24h
电泳漆膜	附着力	0 级	0 级	0 级
	柔韧性/mm	1	1	1
	耐冲击(50kg・cm)	不合格	合格	合格
	中性盐雾/h	200	1440	1680

15.3.3　镀锌钢板表面硅烷化处理

彭天兰等[27] 采用乙烯基三甲氧基硅烷钝化镀锌钢板，使镀锌钢板经有机硅烷钝化后耐腐蚀性大幅度提高，钝化膜致密，同时再涂装性能良好。

其具体做法是，用蒸馏水配制体积分数 4% 的乙烯基三甲氧基硅烷溶液，水解 2h 后便可作为有机硅烷钝化液使用。将厚度为 0.8mm 的镀锌钢板放在丙酮中用超声波洗涤 15min，除去试样表面油脂，再用 1mol/L 的 NaOH 超声洗涤 30s，进一步除去钢板表面油脂，取出清水洗涤，吹干浸入硅烷钝化液 10s 后取出，除去表面多余溶液，80℃固化 4h。

对于钝化处理后的镀锌钢板试样，分别进行了耐腐蚀性能测试（交流抗阻测试、盐雾试验、失重实验）、清漆划格实验和钝化膜形貌分析。

从交流阻抗、盐雾实验和失重实验结果反映出，表面组装了硅烷膜的镀锌钢板阻抗值大幅度提高，且抗白锈能力大大增强，腐蚀速率大幅度降低。同时清漆划格实验结果表明经该有机硅烷钝化试样的再涂装性能良好，即不影响基体金属的后续加工，说明该钝化工艺具有良好的工业应用前景。

钝化膜形貌分析试验采用日本精工仪器公司的 SPA300HV/SPI3800N 原子力显微镜。

由图 15-8(a) 可以看出，空白镀锌钢板表面比较光滑，起伏较小；图 15-8(b) 显示

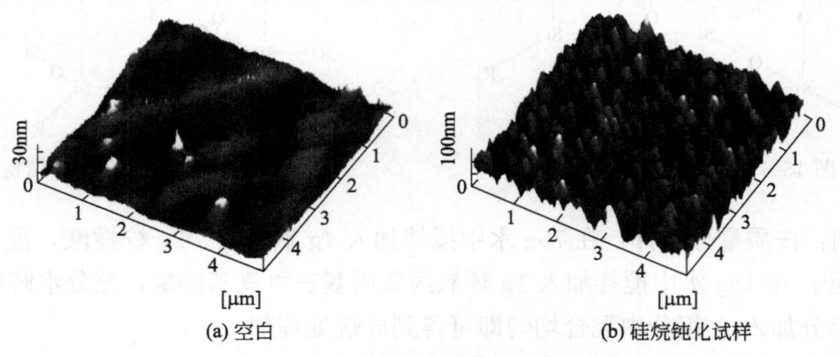

(a) 空白　　(b) 硅烷钝化试样

图 15-8　原子力显微镜扫描图

硅烷膜致密，起伏较大，较粗糙，这可能是由于有机硅氧烷膜在干燥过程中发生了微观积聚交联引起。

15.4 硅烷涂层的结构和性能表征

尽管在前面的章节中对SCA在金属表面的结构和作用机理进行了阐述，但是在实际应用中，由于有机硅烷种类、配制方法、使用条件、处理工艺、金属表面等因素的变化，金属表面硅氧烷膜的实际结构和性能仍需通过合适的测试方法和实验来进行表征和验证，以期达到理想的应用效果。通过表征有机硅烷涂层的结构和性能，分析膜形成机理、膜结构及其对性能的影响，有望更好地指导硅烷偶联剂在金属表面处理中的应用。

15.4.1 结构和性能表征的主要方法

以硅烷化试剂处理金属表面的研究国外已有30年的历史，但大多处在实验室研究，直到20世纪90年代中后期，才由美国辛辛那提大学的Van Ooij教授经过对不同有机硅烷、处理液浓度、酸度、温度等条件的大量研究，以各种表面分析方法研究膜的形成机制、结构等，评价膜的性能，进而优化处理工艺条件，申请了多种有机硅烷试剂处理工艺的专利，才开始在小范围的工业生产中应用。

徐溢等[28] 综述了用有机硅烷试剂处理金属表面而形成的保护膜及结构性能的表面分析方法，以下为徐溢等介绍的几种主要方法及相关文献资料。

(1) X射线光电子能谱（XPS）

XPS是20世纪60年代由瑞典科学家Kai Siegbahn教授发展起来的应用极广的表面分析技术。XPS具有极高的表面灵敏度，适于膜表面区域元素组成的定性和定量研究，可检测到膜表面深度为5nm范围内元素的组成变化。配合离子束剥离技术和变角XPS技术，可进行薄膜材料的深度和界面分析。XPS的采样深度与光电子的能量和材料的性质有关，一般对于金属样品采样深度为0.5～2nm，对于无机化合物为1～3nm，对于有机物则为3～10nm。XPS在研究金属表面硅烷膜的技术中占着极为重要的地位。

Gettings等[29] 应用XPS对各种有机硅烷涂覆在光亮低碳钢上后的硅烷膜进行了研究，分析了表面2～4nm的元素组成信息及化学键的状态，得出了有机硅烷相对浓度和基材涂覆情况的半定量关系。Boerio等[30] 以不同pH值下γ-APS（γ-氨丙基三乙氧基硅烷）水溶液处理铁和钛等金属，在60℃下将处理片浸入水中不同时间，然后以XPS研究了处理片和环氧漆的结合性能，得到了不同条件下环氧漆和处理片粘接性能差异的机理。Leung等[31] 以变角X射线光电子能谱（ADXPS）研究了γ-GPS（γ-环氧基三乙氧基硅烷）涂覆在铝表面的膜的结构，认为界面间存在Si—O—Al键。Van Ooij等[32] 用非官能团硅烷BTSE［双-(三乙氧基硅）乙烷］和官能团硅烷（γ-APS）对多种金属基材进行了二步处理，以 XPS 结合 AES 等技术对两层膜进行了研究，发现金属不仅和基材的粘接性能大为提高，而且还有较高的防腐蚀性能。有人应用 XPS 结合电化学技术研究了铝基材和硅烷之间的反应性能，根据阴阳离子结合能的测量，分析认为其能量位移是由于费米能级的改变而引起，进而考察了反应物间电子给予受体的性质，在不同 pH 值的涂覆溶液中，通过对界面的剩余电位的测量，证实了界面反应受酸/碱作用控制。还有人将环氧烃基硅烷加入聚氨基甲酸乙酯漆中，把此漆涂到钼等金属表面，以角分辨 X 射线光电子能谱（ARXPS）结合中子反射（NR）研究了在不同硅烷浓度和不同温度条件下界面吸附水的状态，认为有机硅烷的作用只是加强聚氨基甲酸乙酯和钼表面的粘接性能，但并未对外界的水产生防护阻止其进入界面中。

尽管 XPS 可提供膜表面的元素的组成信息，但是它仅能获得膜有限深度的信息量。XPS 可通过多种方法实现元素沿深度方向分析，但常见的离子剥离深度分析是一种破坏性的分析方法，会引起样品表面晶格的损伤、择优溅射和表面原子混合等现象，而变角 XPS 深度分析只适用于表面层非常薄（1～5nm）的体系。所以对于那些膜厚在 10nm 以上的膜就仅能得到膜的外部信息量，对接近界面上的膜的元素组成及状态就显得无能为力了[32]。

（2）红外光谱法

红外光谱是鉴定化合物分子结构的强有力的工具，具有不破坏样品等优点，应用红外光谱研究界面膜结构的手段中，当首推反射吸收红外光谱法（RA-IR）和衰减全反射红外光谱法（ATR-IR）。ATR 技术主要收集材料表面的光谱信息，适合普通红外光谱无法测定的厚度大于 0.1mm 的有机物样品；RA-IR 方法可以得到金属表面镀膜的光谱信息，若以大角度入射到金属表面反射会产生叠加现象，收集到的光谱信号的强度是同样厚度样品的透射光谱信号强度的 10～30 倍。在应用红外光谱研究金属表面有机硅烷膜的技术中，Bascom[33] 分别把锗浸入 γ-APS 的环己烷溶液和水溶液中成膜，采用 ATR-IR 技术测试发现在两种介质中所形成的膜都是一致的，而环己烷中形成的膜更厚，改变工艺处理的条件，根据氨基 3300～3400$\mathrm{cm^{-1}}$ 的伸缩振动峰移位到 3000$\mathrm{cm^{-1}}$ 这一现象，认为膜在形成初期存在大量氢键。Boerio 等[34] 将铁片、铜片、钛片浸入 γ-APS 的水溶液中，以 RA-IR 研究了各种金属上硅烷膜的结构和键合状况，如对铁片而言，膜的外部由水解后高度聚合的硅氧烷组成，此键弱且易被水脱附，而膜的内部厚度大约为 6nm 的膜是由不完全水解的有机硅烷通过化学键形成的强键膜，同时应用不同 pH 值的 γ-APS 水溶液作为处理液，改变工艺中的老化时间、处理液浓度等条件，形成的膜的结构和性质大有差异。

红外光谱是表征金属表面膜结构的强有力工具，RA-IR 和 ATR 甚至也能研究膜的厚度，但是红外光谱难于直接得到有机硅烷膜和金属表面之间的键合信息[35]，RA-IR 同时要求被测金属表面需十分平整、光亮，以形成镜面最大限度地反射红外光。

（3）次级离子质谱（SIMS）

SIMS 是以观测一次离子轰击表面元素产生的二次离子为基础，不仅可提供关于表面元素组成的信息，而且还能提供物质化学结构信息，可进行半定量和定量分析，灵敏度相当高。该方法结合 XPS 更具有其独到的优越性，可研究涂覆在金属上的有机硅烷的水解程度、浓缩以及硅烷金属键的形成、膜的均一性[35] 等。

SIMS 作为表面分析技术具有质谱技术特点，其高的灵敏度可获得界面上许多化学信息，但是 SIMS 检测的离子是离开表面的表面物质产生的离子，同时表面还有中性粒子溅出，这对表面的损伤较大。如果在金属表面不能形成有机硅烷单分子层，则飞行时间 SIMS 不可能检测到硅烷分子和金属表面的键合状态。

（4）椭圆光谱（ellipsometry）

金属表面硅烷化防腐处理中，有机硅烷膜层的厚度对硅烷化工艺控制和膜层防腐性能具有重要影响，椭圆光谱是测定膜厚的最灵敏的表面表征技术[35]，但该方法要求测试样品的表面反射性能要极高，这在实际中往往达不到。Tutas 等[36] 以椭圆光谱研究了 γ-APS 结合到金属上的膜的厚度。以椭圆光谱测定了用不同 pH 值处理液处理铁后膜的厚度，膜的厚度大约在 8～10nm，并且得到膜厚随 pH 值等条件的不同而变化的信息，认为这些因素对各种有机硅烷的影响是一致的。Van Ooij 等[37] 以椭圆光谱测定了 γ-APS、γ-GPS、SAAPS、BTSE 等硅烷在金属上成膜的膜厚。还有以椭圆光谱结合 RA-IR 技术研究了铁表面 Si—O—Si 键的强度以及 Si/Fe 比例和膜厚的关系。

（5）其他方法

对金属表面硅烷膜进行表征的表面分析技术很多，除了上述重点讨论的方法以外，还有诸如俄歇电子能谱法（AES）、中子反射（NR）、核磁共振法（NMR）、非弹性电子隧道光谱（IETS）、扫描隧道显微镜法（STM）、接触角测量、表面增强拉曼光谱、原子力显微镜（AFM）及能量色散 X 射线分析（EDX）等成熟的方法。其中 AES 与 XPS 一样，可以分析除氢、氦以外的所有元素，现已成为表面元素定性、半定量分析、元素深度分析和微区分析的重要手段，检测极限为 10^{-3} 个原子单层，采样深度 1～2nm，可对表面元素的化学价态进行研究。有人利用 AES 研究了铁上涂覆有机硅烷后和环氧漆的粘接效果。有人以 AES 结合 XPS 等技术研究了冷轧钢上膜的组成。对于表面分析技术，每一种方法都有其优点、侧重点和缺陷，单独的一种方法并不能得到金属表面所需的所有化学信息，而要多种方法结合使用，相互弥补，才能发挥各自的长处，得到所需的信息，用以指导预处理工艺的条件，以获得优良的涂膜。

15.4.2 结构和性能表征实例

陈明安等[38] 采用分子自组装的方法在 Mg-Gd-Y-Zr 合金表面制备双-(γ-三乙氧基硅丙基）四硫化物硅烷薄膜。通过傅里叶变换红外光谱研究薄膜结构特性，用扫描电镜观察薄膜表面形貌，并用电化学极化曲线和交流阻抗测试研究薄膜的耐蚀性能。下面将他们所做的工作介绍如下。

（1）镁合金有机硅烷薄膜的制备

硅烷为双-(γ-三乙氧基硅丙烷）基四硫化物，分子式（$(H_5C_2O)_3Si(CH_2)_3S_4(CH_2)_3Si(OC_2H_5)_3$。用乙醇和去离子水将其配成浓度为 5%的溶液，并置于空气中 96h。镁合金为

Mg-9Gd-4Y-0.6Zr，挤压成棒材后进行时效处理。镁合金表面处理程序为：1200 号金相砂纸打磨→丙酮清洗→吹干→去离子水清洗→吹干，然后将试样浸入 5%的含硫烷基硅烷溶液中浸泡 2min，吹干，再放入烘箱中在 120℃下保温 60min，取出后空气中冷却至室温。

(2) 含硫硅烷薄膜 RA-IR 谱图特征

FTIR 光谱图在 Nicolet Nexus 670 上测试，分辨率为 $2cm^{-1}$，扫描 64 次；对于 5%的含硫硅烷溶液是将其涂覆在 KBr 片上测试（图 15-9）；对于镁合金裸样和含硫烷基硅烷溶液处理后的镁合金表面薄膜是采用红外反射吸收（RA-IR）方式测试（图 15-10）。

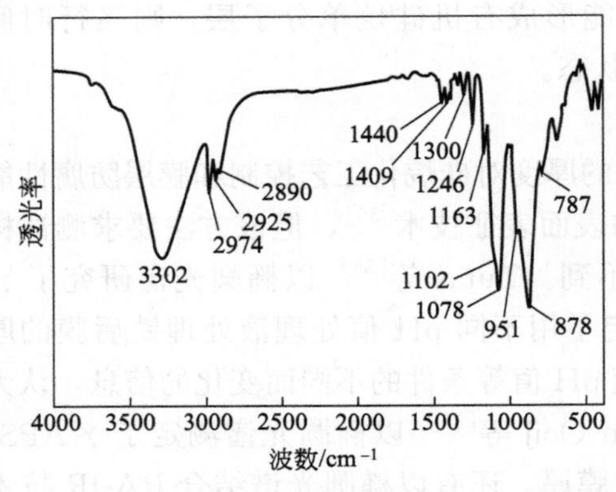

图 15-9　硅烷乙醇溶液的 FTIR 谱

对图 15-9 的收缩振动峰进行分析、对比表明，含硫烷基硅烷在乙醇水溶液中发生了很大程度的水解，形成了 $(OH)_3Si(CH_2)_3S_4(CH_2)_3Si(OH)_3$ 结构。

通过对图 15-10(b) 中各种振动峰所对应的 SiOH、SiOC、SiOSi、SiOMg 结构分析，以及与图 15-10(a) 的对比，可以知道含硫烷基硅烷处理后镁合金表面已覆盖硅烷薄膜，且薄膜与基体表面结合牢固。

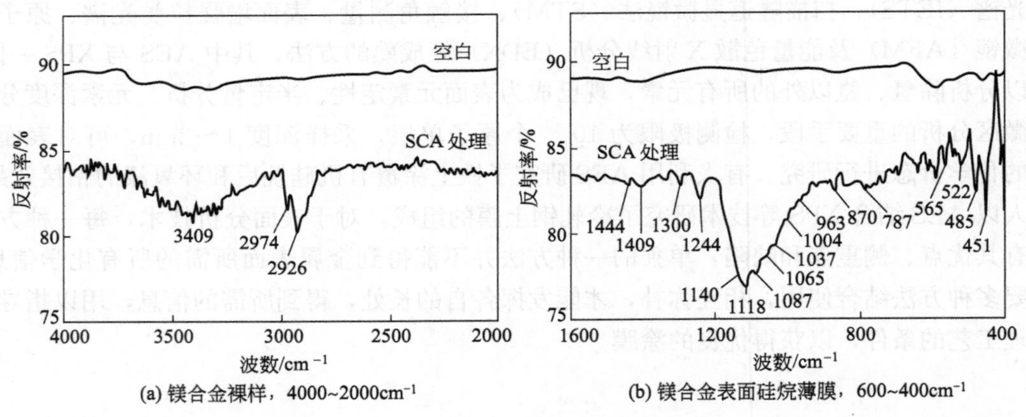

图 15-10　镁合金表面含硫硅烷薄膜 RA-IR 谱

(3) 镁合金表面薄膜分布特征

镁合金表面薄膜观察及能谱分析在 Sirion 200 扫描电镜上进行。

从图 15-11 镁合金表面薄膜的表面 SEM 像可见，膜层表面比较平整，分布着有一些白色颗粒物。选取 *A* 区（晶内）、*B* 点（白色颗粒）和 *C* 点（晶界）进行能谱分析，结果如表 15-5 所列。*A*、*B* 和 *C* 各处均有合金元素 Mg、Gd、Y 和薄膜元素 C、O、Si 和 S，B 和 C 处有合金元素 Zr。对于薄膜元素 C、O、Si 和 S，尤其是 Si 和 S，*A* 区的含量最高，*B* 点的次之，*C* 点的明显低于 *A* 区和 *B* 点的，说明薄膜在晶界处可能较薄。

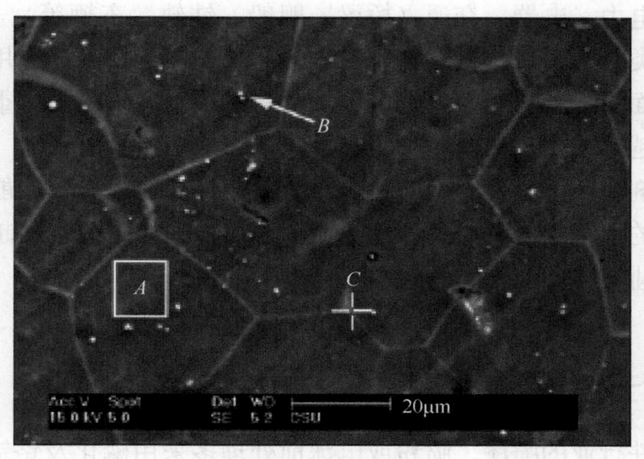

图 15-11 硅烷处理后镁合金表面 SEM 像

表 15-5 图 15-11 中 *A* 区、*B* 点和 *C* 点化学成分

位置	C	O	Mg	Si	S	Y	Zr	Gd
A 区	13.01	2.64	69.43	1.69	2.12	2.85	—	8.26
B 点	11.93	2.52	70.84	1.52	1.83	3.14	0.31	7.91
C 点	8.97	1.41	75.85	0.76	0.95	3.04	0.33	8.69

图 15-12 所示为镁合金表面组装含硫烷基硅烷薄膜后 2 种元素分布图。由图可见，在整个表面上由组装薄膜引入的 S 和 Si 元素的分布比较均匀。电化学测试结果表明含硫烷基硅烷薄膜在镁合金表面的覆盖程度好，膜层较完整。

(a) S

(b) Si

图 15-12 硅烷处理后镁合金表面元素分析

15.5 有机硅烷化处理金属表面技术的具体应用

金属材料包括纯金属（如铁、铝、铜、锌、铅、锡、钛、镁等）、合金（如铁合金、铝合金、铜合金、钛合金、镁合金等）、金属间化合物和特种金属材料等，广泛应用到机械、建筑、汽车、电力、电器、交通（桥梁、舰船、铁轨、车辆等）、武器、航空航天等行业。已经成为人类社会发展的重要物质基础。随着应用的广泛和应用性能要求的不断提高，金属材料的表面防护和与其他有机高分子材料的结合越来越显得重要，环保、健康及资源节约的要求也越来越高。

基于硅烷偶联剂在金属材料表面防护和预处理方面突出的应用性能，以及在环保、健康和资源节约方面的独特优势，在各行各业金属表面处理中的应用也越来越广泛。下面就 SCA 在几个典型行业金属表面处理中的应用作简要介绍。

15.5.1 在汽车行业中的应用

目前汽车零部件行业的喷漆、喷粉或电泳前处理多采用磷化及铬钝化处理，但以上 2 种处理方法均存在较大缺陷。磷化含锌、锰、镍等重金属离子并含有大量的磷，铬钝化处理本身含有危害较大的铬，都已不能适应国家对涂装行业的环保要求。磷化处理过程中会产生大量磷化渣，需要设置除渣装置，并且磷化使用温度为 30～50℃，还需要辅助加热设备及热源对磷化槽进行加热，同时磷化及铬钝化后还需要大量溢流水对工件进行漂洗，其生产成本较高。由于在环保性及使用成本方面存在缺陷，新型的环保、节能、低排放、低使用成本的金属表面有机硅烷处理技术成为人们研究的重点。

胡虎等[39] 介绍了金属表面硅烷化处理在汽车零部件行业中的应用，认为硅烷化处理具有以下多个优点：无有害重金属离子，不含磷，无需加温；硅烷处理过程不产生沉渣，处理时间短，控制简便；处理步骤少，可省去表调工序，槽液可重复使用；有效提高涂料对基材的附着力；可共线处理铁板、镀锌板、铝板等多种基材。现引用其具体内容介绍如下。

15.5.1.1 有机硅烷处理对磷化处理生产线的利用

有机硅烷处理在工位数量、处理条件、使用成本以及与漆膜附着力性能方面优势明显，并且在环保方面更符合国家对涂装生产企业的要求。

（1）工位工序

从表 15-6 可以看出，硅烷化处理在操作工艺上有所改进，现有磷化处理线稍加改造即可投入硅烷生产。硅烷化处理与磷化处理相比可省去表调。因硅烷化处理时间短，故原有磷化生产线无需设备改造，只需调整部分槽位功能即可进行硅烷化处理：⑤表调改为硅烷化处理、⑥磷化改为水洗槽。在改换槽位功能的同时，可提高链速进行生产，提高生产效率。

表 15-6 磷化与硅烷化处理工位布置的比较

序号	工序	传统磷化	硅烷化	序号	工序	传统磷化	硅烷化
①	预脱脂	需要	需要	⑤	表调	需要	不需要
②	脱脂	需要	需要	⑥	表面成膜	需要	需要
③	水洗	需要	需要	⑦	水洗	需要	需要
④	水洗	需要	需要	⑧	水洗	需要	需要

15.5.1.2 有机硅烷处理线及工艺设计

（1）有机硅烷处理喷淋线设计

脱脂剂采用无磷液体脱脂剂，温度40～45℃，表面成膜工序采用有机硅烷处理剂。

（2）工艺流程

冷轧板、镀锌板、铝板浸泡线：预脱脂—脱脂—水洗—水洗—（纯水洗）—硅烷化处理—烘干—喷粉。

冷轧板喷淋线：冷轧板本身没有镀锌层或表面氧化膜的保护，在工序间容易返锈。可对冷轧板喷淋线工艺流程进行改进，硅烷化处理前增加一步较低浓度的预硅烷化处理工序。其工艺流程如下：预脱脂—脱脂—水洗—水洗—（纯水洗）—预硅烷化处理—硅烷处理—烘干—喷粉。

需要特别指出的是，无纯水洗时，防腐蚀性能会有所降低。

（3）浸泡硅烷化处理工艺参数

硅烷浸泡涂装前处理工艺参数见表15-7。

表 15-7　硅烷浸泡涂装前处理工艺参数

工位	处理方式	θ/℃	t/s	加热方式
脱脂	浸泡	45～55	适宜	加热器
水洗	浸泡	常温	≥30	无
水洗	浸泡	常温	≥30	无
纯水洗	浸泡	常温	≥20	无
硅烷偶联剂	浸泡	常温	≥20	无
晾干或烘干		110～140	适宜	

（4）喷淋有机硅烷处理工艺参数

硅烷喷淋涂装前处理工艺参数见表15-8。

表 15-8　硅烷喷淋涂装前处理工艺参数

工位	处理方式	θ/℃	t/s	P/MPa	加热方式	喷嘴
预脱脂	喷淋	40～45	≥	0.12～0.20	板式换热器	“V”形喷嘴
水洗	喷淋	40～45	≥120	0.12～0.20	板式换热器	“V”形喷嘴
水洗	喷淋	常温	≥30	0.12～0.20	无	“V”形喷嘴
纯水洗	喷淋	常温	≥30	0.08～0.13	无	“V”形喷嘴
硅烷处理	喷淋	常温	≥150	0.08～0.13	无	雾化喷嘴
	喷淋	常温	≥20	0.08～0.13	无	雾化喷嘴
烘干		110～140	≥600			

（5）典型硅烷化处理使用方式

有机硅烷处理的典型工艺列于表15-9。所列工艺均可在常温下进行，pH 5.0～6.8，采用浸泡、喷淋或滚涂的处理方式，槽体材料可用不锈钢、玻璃钢或塑料。

表 15-9　典型硅烷化处理工艺

工艺	有机硅烷处理剂用量	t/s	适用范围
1	5.0%	5～120	钢铁件
2	2.0%～3.0%	5～120	镀锌件、铝件
3	1.0%～2.0%	5～120	不锈钢件
4	0.5%～1.5%	5～60	磷化后钝化

15.5.2　在家电行业中的应用

冰箱、彩电、微波炉、空调等家电产品的生产过程中，需要对金属进行前处理，以提高表面涂层附着力和耐蚀性能，同时使涂层表面光亮均匀、装饰性强。目前，家电生产企业主要采用两种办法使金属材料表面具有防锈、抗腐蚀能力，一种是购买本身就经过防锈、抗腐处理的彩涂板，另一种是购买镀锌板、冷轧板等金属板材后，自行完成涂装处理。家电企业自建涂装生产线成本低、技术成熟，已被普遍接受。而家电金属涂装的市场变化以及技术发展趋势正在成为家电企业关注的焦点，虽然在我国磷化处理技术仍然是金属涂装前处理的主要方式，但由于环保、健康、节能、工艺和成本等方面的原因，硅烷化处理工艺已成为涂装前处理新技术的研究重点和发展方向。

刘万青等[40] 开发了复合型超支化硅烷偶联剂 BTSE 为主要成膜物质的新型处理剂，用于冰箱外壳冷轧板的前处理。下面就以其为例，介绍有机硅烷处理工艺在冰箱生产线的应用。

15.5.2.1　有机硅烷处理剂及处理工艺

专门针对冰箱外壳用冷轧板开发的处理剂是一种复合型超支化硅烷偶联剂 BTSE 为主要成膜物质的新型处理剂，它不含重金属及磷酸盐等有害成分，能在洁净的金属表面形成一层致密的硅烷膜，显著提高后续金属涂层的附着力和耐蚀性能，也克服了其他硅烷偶联型处理剂的缺点，具有无毒、无害、无污染、常温高效、操作简便等多项优点。其主要技术性能指标见表 15-10。

表 15-10　硅烷处理剂性能参数表

项目	名称	技术性能指标
处理剂量指标	pH 值	7.7±0.5
	外观	淡黄色液体，无分层
	重金属（1%溶液中以 Pb 计）	<1mg/kg
	磷酸盐含量	<1mg/kg
成膜性能指标	相对密度	1.04±0.02
	耐盐雾时间（NSS）	48min
	耐 $CuSO_4$ 滴定	>1min
	室内防锈期	>30d
	膜层附着力	一级

该处理剂的典型工艺流程为：脱脂→水洗→漂洗→本产品处理→（水洗）→烘（吹）干→涂装（喷塑或电泳），其中硅烷化处理时间30s-5min之间，处理温度为常温（即不需加热）。

15.5.2.2 在线处理试验检测及分析

按表15-11的要求和内容对上述工艺处理的板材分别进行检测。

表15-11 检测项目及方法

序号	实验项目	测试方法	工具或仪器	实验标准
1	涂覆层冲击力	冲击力测试采用1kg、500mm高度实施测试，样板涂覆层凸起处，应无龟裂现象，此时判定附着力合格，若做完冲击实验后，样板上出现龟裂现象，则判定附着力不合格。	漆膜冲击器	样板涂覆层凸起处，应无龟裂现象
2	附着力实验	将样品放置在有足够硬度的样板上，手持划格器均匀压力，平稳不颤动手法纵横划格，胶带贴服，45°快速揭除。	漆膜划格器	漆膜应无脱落
3	杯突实验	将样品放入仪器卡口处，用手匀速转动手轮，显示器显示800N时，停止实验观察样品。	杯突实验机	突起处不得出现龟裂、漆膜脱离现象
4	弯曲实验	将样品放入仪器卡口处，用手匀速180往复旋转5次，观察样品弯曲处。	弯曲实验器	弯曲处不得出现脱裂、漆膜脱离现象

检测得出结果见表15-12。

表15-12 各项在线工艺涂装性能检测表

实验项目	工艺1	工艺2	工艺3	工艺4	工艺5	工艺6	工艺7
涂覆层冲击力	合格	合格	合格	合格	合格	合格	合格
附着力实验	合格	合格	合格	合格	合格	合格	合格
杯突实验	合格	合格	合格	合格	合格	合格	合格
弯曲实验	合格	合格	合格	合格	合格	合格	合格
检测结果	合格	合格	合格	合格	合格	合格	合格

从上述表格可以看出，七种工艺涂层检测结果合格，在此基础上对这七种工艺的涂层试板进行了168h中性盐雾（NSS）测试，结果表明这七种工艺均满足要求。

据统计，该冰箱前处理生产线采用本工艺后比原有铁系磷化生产线的废品率下降约3%。由于能耗及环保费用的降低，硅烷化处理与磷化相比综合成本有所降低。

15.5.3 在航空航天业中的应用

金属材料的强度、硬度和使用温度等性能均优于高分子材料，其韧性又远在陶瓷等无机非金属材料之上，并且，它的不吸湿、不老化、尺寸稳定、可导电导热等优异性能也绝非其他材料所能比。因此，尽管高分子材料异军突起，时至今日金属材料仍然是航空航天领域应用最为广泛的材料。现以航空航天领域广泛使用的高比强度和高比模量的轻质、高强、高模量金属合金（如铝合金、钛合金、镁合金等）为例，介绍硅烷化表面处理技术在航空航天金属材料表面处理中的应用情况。

15.5.3.1 铝合金表面处理

铝合金广泛应用于航天航空领域，其由于合金化导致耐蚀性能显著下降，目前对其腐蚀与防护的研究已成为热点之一。

王云芳等[41]针对航空航天广泛应用的 AA2024-T3 铝合金存在的问题，以及表面单硅烷处理存在的缺陷，为了提高铝合金表面的耐蚀性和与有机涂层的黏结耐久性，对铝合金进行水煮（65℃×15min）处理，在其表面形成富含羟基氢氧化物层，然后经两步浸涂后再高温固化（100℃×60min），在被氧化的铝合金表面形成双-［3-(三乙氧基）硅丙基］四硫化物（BTSPS）和 γ-缩水甘油醚丙基三甲氧基硅烷（GPTMS，WD-60）复合硅烷化膜。用反射吸收红外光谱、俄歇电子能谱仪（AES）和扫描电子显微镜（SEM）对复合膜层进行了分析和表征后，认为得到了图 15-13 所示表面保护膜层。

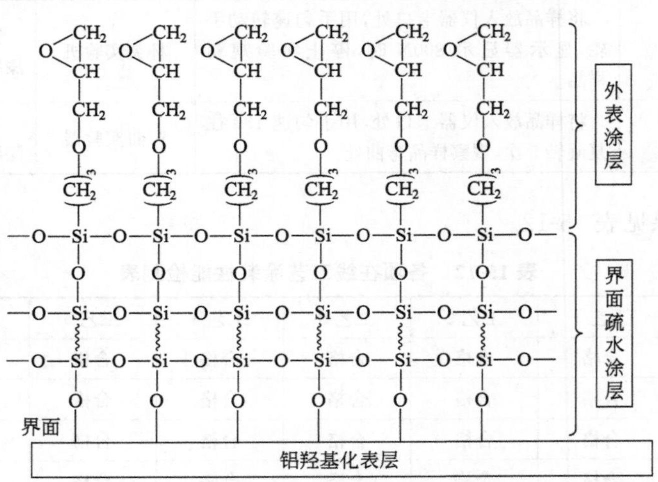

图 15-13 铝合金表面复合硅烷膜

研究发现，采用水煮处理在铝合金表面形成了富含羟基的氢氧化物层，采用两步法在铝合金表面制备出了复合硅烷化膜层。内层为 BTSPS 膜层，其厚度大约为 400nm，与铝合金以 Al—O—Si 共价键结合；功能性外层为 GPTMS 膜，其厚度大约为 350nm，与内层形成很致密的 Si—O—Si 交联网络，环氧乙基位于膜层的最外部。这种表层含有活性官能团的复合膜层既能提高铝合金基体与有机涂层的黏结，也能提高涂层与铝合金基体界面间的疏水性。

胡吉明等[42]采用电化学技术在 LY12 铝合金表面沉积制备了十二烷基三甲氧基硅烷（DTMS）膜，并进行了耐蚀性研究。他们的具体做法是：先将铝合金基体抛光至镜面，经除油、水洗后吹干，置于干燥器内备用。硅烷溶液由体积比为 75：25：3 的无水乙醇、去离子水和硅烷试剂组成。充分搅拌后用醋酸/醋酸钠缓冲试剂调至 pH＝4.5，在 35℃下水解48h后进行使用。为了比较，分别采用传统浸涂法与电沉积法进行硅烷化处理。在浸涂法中，将铝合金电极浸入到硅烷溶液中，浸泡20min后匀速取出，经高压氮气均匀吹干后放入烘箱中，于100℃下固化15min后实现成膜。与浸涂法唯一不同的是，电沉积时，在电极表面施加一定的恒定电位（开路电位分别大约为−0.5V、−0.6V、−0.8V、−1.0V及−1.2V，均相对于参比电极），其余步骤同上。电沉积过程采用三电极体系：以饱和甘汞电极（SCE）为参比电极，Pt片为对电极，为消除溶液电阻，在工作电极与参比电极之间使用了鲁金毛细管。所用的DTMS试剂（纯度95%）均购自武大有机硅新材料股份有限公司，试剂未经后续纯化直接使用。其他试剂均为分析纯。

通过反射吸收红外光谱分析、SEM形貌观察和EIS测试表征耐蚀性。电沉积制备工艺改变了有机硅烷膜的组织形貌，在合适电位值下，所制得的硅烷化膜的电容有大幅下降、电阻有大幅提高，其耐蚀值可达到最佳。与浸涂法比，采用阴极电位沉积所得硅烷化膜的耐蚀性能有明显提高，并且随着沉积电位的负移阻抗幅值先增大后减小，在沉积电位$E=-0.8V$时低频容抗弧的半径达到最大，硅烷化膜的耐蚀性能最好。

15.5.3.2 镁合金表面处理

镁合金因具备比强度高、密度低、电磁屏蔽能力好、比刚度高、生物毒性低和易机加工等优势，在航空航天领域的应用前景日益广泛。不过，镁合金的电极电位较低、电化学活性较高，易发生腐蚀失效。硅烷化技术在镁合金表面处理中有应用，但传统硅烷膜较薄，表层存在微裂纹，机械强度不足，物理屏障作用有限。

吴海江等[43] 为进一步提升镁合金表面常规硅烷膜的耐蚀性能，在氨丙基三乙氧基硅烷溶液中掺杂硝酸铈，采用简单化学浸渍处理，在AZ91D镁合金基体表面制备了铈盐掺杂硅烷膜。由于铈离子在某种程度上修复了硅烷膜层中的微裂纹和缺陷，显著提升了硅烷膜的耐蚀能力。

在室温环境中，在容器中依次加入去离子水、无水乙醇与氨基硅烷，保持硅烷∶无水乙醇∶去离子水体积比为5∶15∶80，用CH_3COOH或$NH_3 \cdot H_2O$调节溶液的pH值为9。密封条件下搅拌水解2 h，即得硅烷溶液。配制铈盐掺杂改性硅烷溶液时，首先添加0.5 g/L的$Ce(NO_3)_3 \cdot 6H_2O$到适量去离子水中，搅拌至$Ce(NO_3)_3 \cdot 6H_2O$彻底溶解。再依次加入去离子水、无水乙醇与硅烷，并保持硅烷∶无水乙醇∶去离子水体积比为5∶15∶80，亦用CH_3COOH或$NH_3 \cdot H_2O$调节混合溶液的pH值为9。密封条件下搅拌水解2 h，即得铈盐掺杂改性硅烷溶液 。最后将打磨、脱脂的AZ91D镁合金基体浸入上述两种溶液中，90s后缓慢匀速提出液面，随即用压缩空气吹去表面残留液体，于空气中自然干燥，获得AZ91D镁合金表面硅烷膜和铈盐掺杂硅烷膜样品。进行表征和性能测试的情况如下：

① 比较裸镁合金、硅烷膜、铈盐掺杂硅烷膜样品的SEM形貌，裸镁合金样品表面存在着诸多粗细、深浅不一的打磨痕迹；硅烷膜样品表面仍旧可以观察到打磨痕迹，说明硅烷虽然已经在镁合金表面吸附成膜，但从颜色的深浅度来看，膜层不均匀且较薄，在基体表面的覆盖不完全；而铈盐掺杂硅烷膜样品表面已看不到打磨痕迹，说明铈盐掺杂硅烷膜

较平整且较厚，其致密性、均匀一致性较好，完全覆盖了基体，对镁合金提供了有效保护。

② 采用通用的三电极体系，参比电极为饱和甘汞电极（SCE），对电极为铂电极，工作电极为待测样品，腐蚀液为5%NaCl水溶液，在室温、不除气的环境中，在CHI660E电化学工作站上进行测试。测量样品的开路电位随浸渍时间的变化规律（E-t 曲线），结果见图15-14。交流阻抗在开路电位下完成，施加振幅为10mV的正弦波扰动信号，扫描频率范围 $10^{-2}\sim10^{5}$Hz，结果见图15-15。从图15-14看出，耐蚀能力大小顺序为：铈盐掺杂硅烷膜＞硅烷膜＞裸镁合金。从图15-15看出，低频阻抗大小的排列顺序为：铈盐掺杂硅烷膜＞硅烷膜＞ AZ91D镁合金，这反映了三种样品的耐蚀能力。

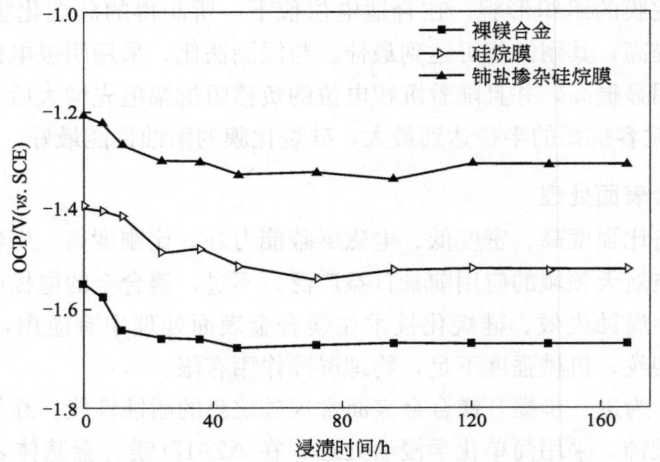

图15-14 裸镁合金、硅烷膜、铈盐掺杂硅烷膜样品的开路电位-时间（E-t）曲线

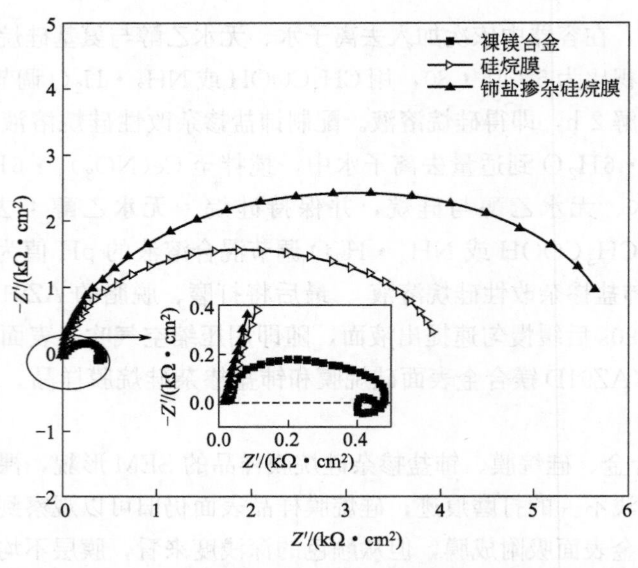

图15-15 裸镁合金、硅烷膜、铈盐掺杂硅烷膜样品Nyquist阻抗图谱

③ 依据 GB/T 10125—2012《人造气氛腐蚀试验　盐雾试验》在 YWX/Q-150 型塔式盐雾腐蚀试验箱中进行中性盐雾试验，结果见图 15-16。由图可知，三种样品均是随着喷盐雾时间的增加，表面腐蚀面积不断增加。裸镁合金样品腐蚀 2h 后，表面腐蚀面积已超 40%；8h 后，表面超过 90%被腐蚀；16h 后，表面无完好区域，全部遭受腐蚀。硅烷膜样品喷盐雾 8h 后，表面腐蚀面积不足 5%，试验过程中只能看见些微腐蚀小斑点；16h 后，表面腐蚀面积增加至约 10%；24h 后，腐蚀面积增大到 20%。铈盐掺杂硅烷膜样品腐蚀 8h、16h 后，试验过程中均未观察到腐蚀小斑点；24h 后，样品表面出现了些微腐蚀小斑点，腐蚀面积不到 3%。这说明铈盐掺杂改性之后，硅烷膜的耐蚀性能显著增加，对 AZ91D 镁合金的防护能力得到极大提升。

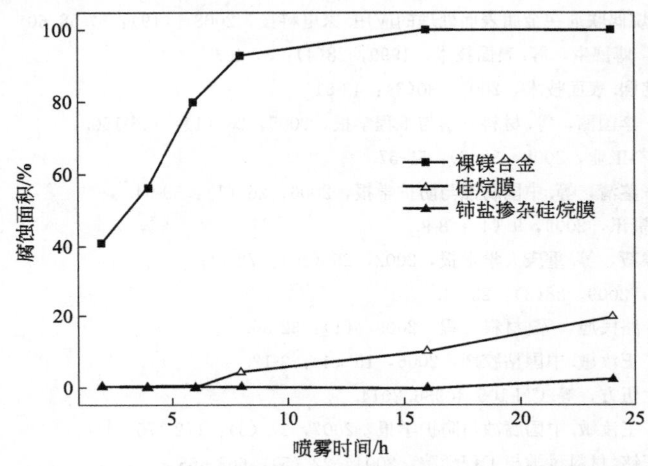

图 15-16　裸镁合金、硅烷膜、铈盐掺杂硅烷膜样品中性盐雾试验结果

④ 结论：AZ91D 镁合金表面铈盐掺杂硅烷膜较厚且平整，其致密性、均匀一致性较好，完全覆盖了基体；铈盐掺杂硅烷膜在 5%NaCl 溶液中的开路电位需要的稳定时间最长，最终稳定在−1.31V，高于硅烷膜。将铈盐加入到硅烷溶液中充分水解之后，经常规浸涂法制备出的铈盐掺杂硅烷膜耐蚀性能得到大幅改善，其对 AZ91D 镁合金基体的防护能力显著提升。

参考文献

[1] 顺益体系（集团）. 金属类装备防腐最优策略怎么定. 中国设备工程，2016，(12)：12-13.

[2] 陈珊，陈仁霖，陈学群，李国明. 钢材表面硅烷处理后的防蚀性能. 腐蚀与防护，2008，29 (4)：175-177.

[3] A. SABATA，W. J. VAN OOIJ，R. J. KOCH. The interphase in painted metals pretreated by functional silanes. J Adhes Sci Technol，1993，7 (11)：1153-1170.

[4] W. J. VAN OOIJ，A. SABATA. Characterization of films of organofunctional silanes by ToF -SIMS. Surf Interface Anal，1993，20(5)：475-484.

[5] A. SABATA，W. J. VAN OOIJ，H. K. YASUDA. Plasmapolymerized films of trimethylsilane deposited on cold - rolled steel substrates. Surf Interface Anal，1993，20(10)：845-859.

[6] T. F. CHILD，W. J. VAN OOIJ. Application of silane technology to prevent corrosion of metal and improve paint

adhesion. Trans Inst Met Finish，1999，77（2）：64-70.

［7］ 乔丽英，何聪，谈安强，等. 硅烷化处理在镁合金表面防腐中的应用. 功能材料，2013，44（9）：1217-1225.

［8］ A. DOEPKE，D. XUE，Y. YUN，et al. Corrosion of organosilane coated Mg4Y alloy in sodium chloride solution evaluated by impedance spectroscopy and pH changes. Electrochim Acta. 2012，（70）：165-170.

［9］ D. XUE，W. J. VAN OOIJ. Corrosion performance improvement of hot-dipped galvanized（HDG）steels byelectrodeposition of epoxy-resin-ester modified bis-［tri-ethoxy-silyl］ethane（BTSE）coatings. ProgOrg Coat，2013，76（7-8）：1095-1102.

［10］ V. PALANIVEL，Y. HUANG，W. J. VAN OOIJ. Effects of addition of corrosion inhibitors to silane films on the performance of AA2024-T3 in a 0. 5M NaCl solution. Prog Org Coat，2005，53（2）：153-168.

［11］ V. PALANIVEL，D. ZHU，W. J. VAN OOIJ. Nanoparticle-filled silane films as chromate replacements for aluminum alloys . Prog Org Coat，2003，（47）：384-392.

［12］ 刘万青，饶丹. 硅烷偶联剂在金属表面处理的应用. 家电科技，2008，（19）：57-58. 60

［13］ W. J. VAN OOIJ，傅德生，等. 表面技术，1999，28(4)：37-40.

［14］ 徐溢，滕毅，徐铭熙. 表面技术，2001，30(3)：48-51.

［15］ 王雪明，李爱菊，李国丽，等. 材料科学与工程学报，2005，23（1）：146-150.

［16］ 陈慕祖，周杰. 涂料工业，2008，38(2)：55-57.

［17］ 刘倞，胡吉明，张鉴清，等. 中国腐蚀与防护学报，2006，26（1）：59-64.

［18］ 邱佐群. 表面工程资讯，2009，9（4）：8-9.

［19］ 徐溢，唐守渊，滕毅，等. 重庆大学学报，2002，25（10）：72-74；

［20］ 牟世辉. 表面技术，2009，38(3)：23-24.

［21］ 许立宁，张颖怀，路民旭，等. 材料工程，2009，（1）：32-36.

［22］ 郭增昌，王云芳，王汝敏. 中国粘胶剂，2006，15（4）：9-12.

［23］ 赵文杰，秦立光、伍方，等. CN 105440936. 2014.

［24］ 郭增昌，王云芳，王汝敏. 中国腐蚀与防护学报，2007，27（3）：172-175，180.

［25］ 丁新更，杨辉，汪铭. 材料科学与工程学院，2004，22（5）：663-665.

［26］ 黄驰，刘张洋，文字佳等. CN 106894009. 2017.

［27］ 彭天兰，满瑞林. 材料科学与工程学报，2009，27（2）：222-224.

［28］ 徐溢，唐守渊，张晓凤. 光谱学与光谱分析，2004，24（4）：495-498.

［29］ M. Gettings，A. J. Kinloch. J. Mater. Sci.，1977，12（12）：2511-2518.

［30］ F. J. Boerio，D. J. Ondrus，Journal of Adhesion，1987，22（1）：1-12.

［31］ Y. L. Leung，M. Y. Zhou，P. C. Wong，et al. Appl. Surf. Sci.，1992，59（1）：23-29.

［32］ V. Subramanian，W. J. VAN OOIJ，Corrosion（Houston），1998，54（3）：204-215.

［33］ W. D. Bascom. Macromol.，1972，5（6）：792-798.

［34］ F. J. Boerio，L. Armogan，S. Y. Cheng. J. Coll. and Interf. Sci.，1980，73（2）：416-424.

［35］ W. J. Van OoIJ，T. F. Child. Fourth International Forum and Business Development Conference on Surface Modification，Couplants and Adhesion Promoters，Adhesion & Coupling Agent Technology，1997：97.

［36］ D. J. Tutas，R. Stromberg，E，Passaglia. SPE Transactions，1964，4（4）：256-262.

［37］ W. J. Van OoIJ，C. Zhang，J. Zhang，et al.，Proceedings -Electrochemical Society 97-41（Advances in Corrosion Protection by Organic Coatings III），1998：222-237.

［38］ 陈明安，杨汐，张新明，等. 中国有色金属学报，2008，18(1)：24-29.

［39］ 胡虎，荣光，张天鹏，等. 电镀与涂饰，2009，28(9)：70-73.

［40］ 刘万青，童有维，陈昌盛，等. 家电科技，2009，（7）：32-33.

［41］ 王云芳，郭增昌，王汝敏. 金属热处理，2007，32（9）：68-70.

［42］ 胡吉明，刘倞，张鉴清，等. 高等学校化学学报，2006，27（6）：1121-1125.

［43］ 吴海江，杨飞英，邹利华，等. 表面技术，2017，46（9）：209-214.

第16章 有机硅偶联剂及其衍生物在材料保护中的应用

16.1 材料保护概述

16.1.1 材料的失效及其危害

材料是指可以用来制造有用构件、器件或物品的物质。人类发展离不开材料，经济建设离不开材料，人们的衣食住行离不开材料。材料是人类赖以生存和发展的物质基础，是人类社会进步的标志和里程碑，是社会不断进步的先导，是国家可持续发展的支柱[1]。

任何产品和工程建设项目都需要“材料”才能制造，“材料”的作用一是能满足设计的功能要求，二是能经受服役环境的侵害作用，两者缺一不可取[2]。材料投入使用后，不可避免地要遭遇服役环境（包括所处的自然环境和使用过程中的运行环境）以及制造过程中加工环境等三大环境的作用[1]。

① 制造环境　指设计缺陷及材料在加工制造过程中所遭遇的工艺不当，如在金属加工成制品过程中所遭遇的铸造、锻造、机械加工、焊接、热处理、表面处理及组合装配和非金属成型加工等加工工艺环境（包括高温、高压、振动、冲击、应力、水及各种化学介质等加工制造环境），如果所采用的工艺是不合适的，会造成材料制品环境抗力下降，从而批量加速材料制品的失效（腐蚀、老化、磨损和断裂）。

② 自然环境　指材料、制品及工程所接触的各种自然环境条件，如湿度、温度、阳光日照、大气、风沙、雨淋、水、土壤、生物、工业污染、海洋等。进入工业化时代后，这些自然环境受到严重污染，例如工业废气、废水、废液等使外部环境越来越苛刻，这些受污染的大气、水、土壤以及海洋上空的海雾都是强腐蚀介质（盐分、CO_2、SO_2、SO_3等），再加上温度、湿度的联合作用，不断地侵蚀着材料、制品及工程。

③ 运行环境　指材料及制品在使用与运行过程中所遭遇的包含压力、温度、速度、转动、振动、摩擦等因素的作用及其与制造环境、自然环境的协同作用。

④ 环境的协同作用　在环境作用下材料及制品失效事件的发生往往不是由单一因素引发的，而是多种因素综合、相互协同、复合作用的结果。

材料制品在使用过程中，在服役环境作用下出现损伤、破坏、甚至失效，是一种符合科学的自然现象，不可避免，结果是材料制品失去了使用意义，无法使用，甚至引发了事故，这些失效主要包括腐蚀、磨损和断裂。腐蚀是最普遍、最常见、最难以回避的，有金属的腐蚀（均匀腐蚀、点腐蚀、晶间腐蚀、应力腐蚀、氢脆、腐蚀疲劳及高温腐蚀等），高分子材料的老化（降解、肿胀、鼓泡、开裂等），无机非金属材料的退化（风化、褪色、分化等）；磨损、磨蚀是材料表面受到磨削、撞击后产生破坏或材料表面存在相对运动时工作表面物质损失或产生残余变形的现象；断裂失效是指材料构件在外部应力作用下发生机械破坏而丧失预期功能，根据其表现形式可以分为塑性断裂失效、脆性断裂失效、疲劳断裂失效。

材料制品投入使用之后出现的材料提前损伤、提前破坏、提前失效，使材料制品失去使用的可靠性、安全性和耐久性，失去使用寿命，提前退役，甚至引发事故。材料制品提前失效带来的危害主要包括以下几方面。

① 引发严重事故，危及国家和人民生命财产安全。材料及其制品提前失效引起的环境污染严重危害人类的健康，导致火灾、飞行器损毁、舰船沉没、桥梁断塌、建筑物垮塌等事故直接威胁人类的生命安全，如核电站因材料及其制品的提前失效造成设备损坏而导致环境污染是致命的。

② 造成严重的经济损失。材料提前失效造成的经济损失包括直接损失和间接损失，直接损失包括更换设备和构件费、修理费和防护费等，间接损失包括停产损失、材料及其制品失效引起产品的流失、腐蚀产物积累或腐蚀破损引起的效能降低、腐蚀产物导致成品质量下降等所造成的损失。

③ 阻碍科学技术的进步和生产发展。例如美国“挑战者”号航天飞机发射后爆炸和“哥伦比亚”号航天飞机返航时爆炸，都是因为材料故障造成的事故。两次重大事故宣告了历经 30 年投资 2000 亿美元的美国航天飞机时代的结束，美国在相当一段时间内在载人航天方面落后于俄罗斯。材料失效阻碍了科学技术的进步。

④ 造成大量资源的浪费。国际权威机构测算，世界一次性能源的 30％～50％消耗在摩擦损失上，机械设备损坏和失效约 80％是由摩擦磨损造成的，而且 50％以上的机械设备的恶性事故都是起因于润滑失效造成的过度磨损。材料及其制品的提前失效，造成大量材料的消耗，浪费了大量的资源。

⑤ 环境污染，危害地球，影响人类的可持续发展。18 世纪工业革命以来，随着工业进程的不断扩大、不断深入、不断发展，所产生的工业废气、工业废水、工业固体废物不断地污染环境，已经达到了难以忍受的程度。由于材料及其制品的提前失效具有一定的隐蔽性，从而容易造成严重的环境污染。如输油管线的开裂导致大量的原油泄漏，造成土壤污染。

16.1.2 材料失效控制与材料延寿

材料及制品在服役环境作用下的失效是一种自然现象，不可完全避免，但可以预防与控制其在环境作用下的提前损伤、提前破坏、提前失效[2]。

材料失效控制是一个系统工程，涉及材料的设计、制造、使用、维护和有效管理等方方面面。只有全方位、全过程进行有效控制，制约所有引发材料制品提前失效的因素，才能有效提高材料及其制品的可靠性、安全性、经济性和耐久性，尽可能延长材料制品的使用寿命。

材料是物质，材料制作成制品仍然是物质，物质一个本质的特性是受各种环境作用，会产生腐蚀、老化、磨损和断裂而导致失效、破坏以致酿成严重事故，这是材料的共性问题。因此，研究预防和控制这个共性问题的发生和发展，就成了世界性的共同课题。

16.1.3 材料保护与表面工程技术

材料保护，是指改变材料表面状况和性能以及其他防止材料腐蚀的技术[3]。传统意义上的材料保护，大多是涉及金属材料的保护，现在其范畴已经拓展到金属材料之外的各种类型材料。

本书所讨论的材料保护，属于如前所述的材料失效控制和材料延寿的范畴，但并不涉及所有材料类型的保护，而是在特定范围内的材料类型，主要涉及与日常生产生活紧密相关、使用十分广泛的基础材料制品与工程，如常见的金属类材料、砖石（陶瓷）类材料、土质类材料、混凝土类材料和木质类材料等。

在日常生产生活中，最常见的材料制品及工程形态包括住宅房屋及各种民用建筑物、工业厂房及附属建筑、交通基础设施（道路、桥梁、机场跑道、港口码头等）、水利工程（运河、水库、水渠、大坝、海堤等）、历史文化物件设施与遗迹（文物器件、古遗址、古建筑与近现代历史建筑、风景名胜区设施等），以及相关的附属设施等。这些基础材料制品与工程所涉及的材料类型看似普通，但是具有如下几个方面的特点：①量多面广且一次性投入大；②与人们生产生活密切相关；③与人民生命财产安全息息相关；④长期使用甚至永久性使用；⑤历史文化类物品和工程的不可再生性。基于上述原因，这些材料一旦使用，其性能可靠性和耐久性就显得极其重要。因此，采用科学、适用的技术对这些材料进行保护，提高其可靠性、安全性和耐久性，延长其使用寿命，是十分必要的。

根据各种基础材料的材质类型和使用方式的不同，基础材料保护主要采用以下方式：一是设计制造阶段的延寿技术，比如金属材料、陶瓷材料、混凝土类材料的设计创新和加工工艺提升；二是材料（制品）的预防性保护，是指在材料使用前或材料制品使用过程中尚未受到损害时所开展的预防性保护工作，如金属表面预处理（涂装前处理）或后期表面防护、木质材料保护预处理（预浸）或后期渗透保护与表面保护、砖石（陶瓷）材料表面保护预处理或后期渗透保护与表面防护、混凝土类材料渗透保护及表面防护等；三是材料的修复性（或抢救性）保护，是指材料已经受到一定程度的损害，有针对性地开展修复、抢救工作，以恢复或者基本恢复材料（制品或工程）的功能或使用性能，延长其使用寿命。

本书讨论的材料保护技术，主要是预防性保护和修复性保护，这两种保护方式要么是在材料表面直接进行防护（表面改性、薄膜沉积或施加涂层等），要么是通过材料表面进行渗透加固（通过材料本身不致密表面、受侵蚀风化表面、腐蚀锈蚀表面或受创细裂纹表面来渗透保护材料），都涉及材料表面工程技术。

现代表面工程学认为，材料制成制品，成为大众接受的产品，从表面物理学来分析，包括实体和表面，任何物体脱离不了表面：腐蚀从表面开始、磨损在表面进行、装饰美化在表面进行、疲劳因表面损伤显著加速、在表面进行功能转换。保护材料通过表面工程技术发挥的功能与作用如图 16-1 所示[1]。因此，包括硅烷偶联剂及其衍生物在内的保护材料就可以通过渗透加固和表面防护，发挥保护材料的优异特性，对目标基体材料进行有效保护，同时也可以赋予目标基体材料新的功能。

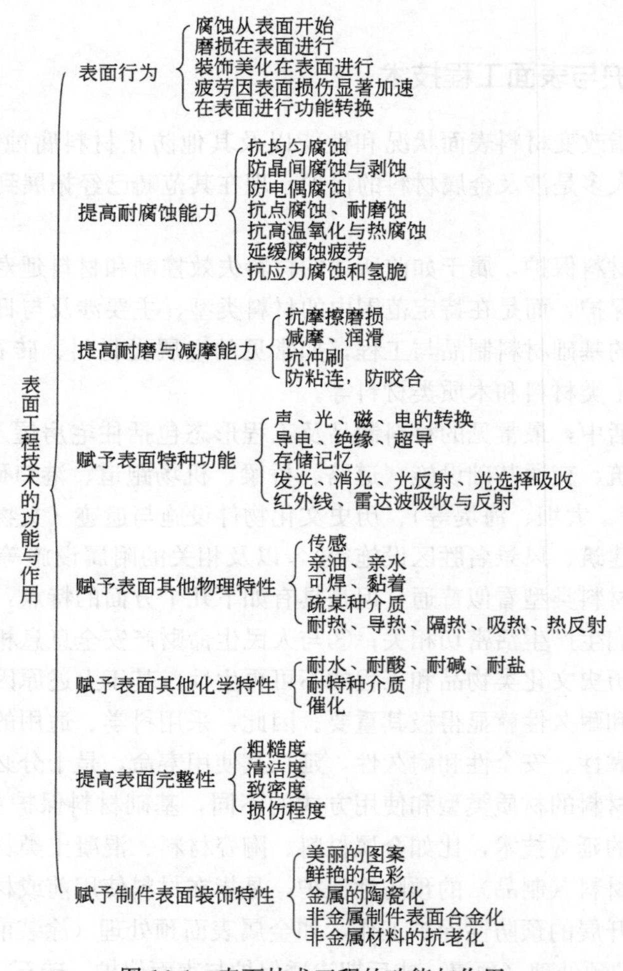

图 16-1　表面技术工程的功能与作用

16.2　有机硅偶联剂及其衍生物在材料保护应用中的优势

16.2.1　用于材料保护的有机硅偶联剂及其衍生物主要类型

有机硅偶联剂具有独特的有机/无机杂化分子结构，拥有活性硅官能团与碳官能团，表现出优异的性能，是一类很好的保护材料。考虑到材料保护表面工程技术的需要，为满足表面改性、表面沉积、表面成膜、表面涂覆、表面渗透等技术手段，适应应用环境和使用环境的要求，需要将有机硅偶联剂开发成合适的产品形态或者衍生物产品形态。

经过多年在材料保护中的实践，武汉大学保护材料开发团队（张先亮、廖俊、甄广全、黄驰、童华、黄荣华、闫志兴等）持续开发了各种用于材料保护的有机硅偶联剂及其衍生物，主要包括以下类型：

① 本体型　有机硅偶联剂可直接作为保护材料使用，如活性碳官能团基硅烷偶联剂，烃基（含长碳链、短碳链烷烃基和烯烃基等）硅烷偶联剂，亚烃基、硫基（桥联）双硅烷等等。

② 溶液型　有机硅偶联剂几乎在各种有机溶剂中都能溶解。将有机硅偶联剂溶解在合适的有机溶剂中，调整合适的浓度，便于在材料表面分散，有利于取代材料表面的空气和水分，同时也能增强有机硅偶联剂的渗透能力。可以是单一溶剂（如乙醇），也可以是混合溶剂（如乙醇和乙醚等），采用混合溶剂有时比单一溶剂效果好得多。有机硅偶联剂在有机溶剂中基本上是稳定的，即便可能有一定的反应性，如乙醇可以与有机硅偶联剂的硅官能团发生基团交换（醇解）反应，但不影响使用。

③ 水溶型　考虑到绿色环保因素，以水代替有机溶剂是值得倡导的。有机硅偶联剂在水中有一定的溶解性，其溶解度、溶解速率、水溶液稳定性等取决于有机硅偶联剂中硅官能团和碳官能团的化学结构[4]，与有机硅偶联剂中杂质的种类和含量也密切相关。为了得到合适的溶解度、控制溶解速率和保持水溶液的稳定性，需要添加合适的助溶剂、水解促进剂、pH 值调节剂、稳定剂或表面活性剂等。所使用的水一般为去离子水。

④ 水/醇混合溶液型　适量的醇（甲醇或乙醇）有利于有机硅偶联剂水溶液的稳定性。可将有机硅偶联剂加入水和醇配制的混合溶液中，或先将有机硅偶联剂溶于一定的醇中，再加入水中，有利于有机硅偶联剂在水中的分散，促进其水解，保持有机硅偶联剂水溶液的稳定性。

⑤ 乳液/膏体型　将有机硅偶联剂单体在乳化剂存在下，在去离子水或醇水溶液中乳化，可以得到稳定的硅烷乳液，既可以保持有机硅偶联剂的特性，也可以获得良好的涂覆性和渗透性，还可以降低成本。硅烷乳液用于混凝土表面保护时，可以比单纯的有机硅偶联剂获得更好的抗碳化效果[5]。选择合适的乳化体系和工艺条件，硅烷乳液还可以制备成硅烷膏体，在具有长期耐久性和优异渗透性和防水性的同时，具有良好的触变性和长期储存稳定性[6]。

⑥ 复合（复配）型　将不同碳官能团的有机硅偶联剂复合/复配在一起使用，可以发挥各自碳官能团的性能优势，起到更好的保护效果。复配型硅烷是不同硅烷的简单混合（或在溶剂中使用），基本上不涉及化学反应。与复配型不同的是，复合型硅烷中，两种不同的有机硅偶联剂之间会发生化学反应，主要是碳官能团之间的反应，也可以是硅官能团之间的反应，但并未形成聚合物。复合型硅烷可以单独使用，也可以作为其他保护材料的改性剂使用，提升材料表面的改性效果和保护材料的结合力。

⑦ 低聚物型　有机硅偶联剂有活性的碳官能团和硅官能团，单一或者不同的有机硅偶联剂可以通过活性碳官能团之间的反应、硅官能团之间的缩合反应，或者通过自由基聚合反应，得到分子量较小的硅烷低聚物。硅烷低聚物同样可以发挥有机硅偶联剂的特性，可以更好地在材料表面形成保护层和有利于填充缝隙。硅烷低聚物也可以与其他成膜聚合物结合，起到改性效果和迭代复合功能性作用[7]。

⑧ 溶胶型　将有机硅偶联剂和四烷氧基硅烷混合物在水（水/醇）体系中进行水解，得到引入有机官能团的硅溶胶，当硅溶胶在一定条件下进一步形成凝胶之后，可以获得更好的疏水性和断裂韧性。比如将溶胶型硅烷应用到木材增强，可以形成陶瓷化木材，使木材具有更好的阻燃性、耐水性和断裂韧性[8]。

⑨ 凝胶型　硅烷溶胶及一些硅烷乳液在一定条件下可以形成硅烷凝胶[8,9]，硅烷凝胶跟被保护材料能够很好结合并有很好的渗透效果，在材料表面、缺陷处（微裂缝和空隙处）和渗透深度内存在并形成致密的防水网络系统，提高防水保护效果，发挥修复和防护作用。

⑩ 改性型　硅烷改性保护材料主要包括硅烷改性聚合物材料（包括大分子有机硅偶联剂）、硅烷改性无机材料、硅烷改性天然生物质材料，以及硅烷改性传统材料（如硅烷改性桐油、硅烷改性腻子、硅烷改性三合土等）等等。利用有机硅偶联剂对其他材料包括无机、有机、高分子材料的改性，开发出硅烷改性新型保护材料，可以满足材料保护更高性能和更多功能的要求。在传统保护材料方面，许多传统或者常规的保护材料在材料保护应用中已得到长期应用和验证，但材料性能存在某些方面的不足，可以利用有机硅偶联剂或衍生物对这些保护材料进行改性，从而得到来源稳定、应用广泛、工艺优化、综合性能优异的硅烷改性保护材料。在西安文物保护修复中心（现陕西省文物保护研究院）牵头的“十一五”国家科技支撑计划课题“古代建筑油饰彩画保护技术及传统工艺科学化研究”中，武汉大学利用硅烷改性技术成功开发了古建油饰彩绘防风化保护材料[10]，属于较为典型的传统保护技术（工艺）的科学化、现代化。

16.2.2　有机硅偶联剂及其衍生物在材料保护中的优势

随着材料保护技术的不断发展，各种新型保护材料不断推出，各自发挥着不同的优势特色，并得到了很好的应用。有机硅偶联剂及其衍生物具有独特的分子结构和功能基团，在具有某些突出单一性能的同时更具有优异的综合性能，产品形态多种多样，可以满足材料保护的各种技术要求和环境要求，可以为材料保护提供更好的解决方案。

首先，有机硅偶联剂及其衍生物在材料保护中的应用已得到长期实践的验证。有机硅偶联剂及其衍生物在房屋建筑、交通基础设施、水利工程、文物古迹等领域的保护应用已经有超过60年的历史，应用对象包括混凝土、金属、石质、砖质、陶瓷、木质、彩绘等类型，既通过其优异的材料特性实现材料延寿的目的，展示其可靠性和安全性，又通过长期应用验证其耐久性。

其次，有机硅偶联剂及其衍生物在分子结构与功能基设计方面具有优势。有机硅偶联剂及其衍生物的结构单元可简略表达为 R—Si—O— ，可以与被保护材料表面形成非常好的结合，见图 16-2；设计合适结构与功能基的硅烷或衍生物，则可以获得足够的渗透深度，可与材料内部孔隙表面结合，而且交联聚合后所形成的结构与砖、石、土、陶瓷以及木材中的灰质结构具有相似性。从这个意义上讲，封护在被保护材料表面或者渗透到被保护材料内部的有机硅偶联剂及其衍生物，实质上也是一种仿生保护材料。

图 16-2 有机硅偶联剂及其衍生物结构简式及与材料表面结合示意图

第三，有机硅偶联剂及其衍生物保护材料在性能上具有优势。根据应用需要，通过结构和官能团设计，可以赋予有机硅偶联剂及其衍生物保护材料以合适、有效的功能，使其具有很好的附着力、渗透力、憎水性、抗污性、耐候性（耐老化性）、耐腐蚀性（耐酸碱盐性）、自我呼吸性、抗冲击性（力学性能）等。例如，专门设计的改性有机硅烷复合材料（有机/无机杂化材料），可与基体材料表面以及内部空隙表面良好结合，保护材料固化后的基本结构为二氧化硅（SiO_2），既能与被保护对象基体实现无缝结合并补强加固（保护材料能与基体结合以补充流失的胶结物，也可自身形成网状结构，从而补强基体），发挥其优异的综合性能。

与常见有机高分子保护材料相比更具优势的是，通过专门设计的结构，有机硅偶联剂及其衍生物可以在被保护材料表面形成憎水透气的封护层，可以达到既阻止水渗入造成污染，又可避免完全封闭材料表面使材料内部的水汽无法出来而给材料基体造成新的病害，见图 16-3。

图 16-3 材料表面封护层示意图

第四，有机硅偶联剂及其衍生物保护材料在健康和环保上具有优势。有机硅偶联剂及其衍生物保护材料的基本成分具有优异的生理惰性，采用合适的应用工艺可实现对人体无害化，与被保护材料结合或分解后基本成分主要为二氧化硅（SiO_2），是人体友好、环境友好、生态友好型材料。

第五，有机硅偶联剂及其衍生物保护材料在施工工艺和成本上具有优势。有机硅偶联剂及其衍生物产品形态多样，可以适应各种应用工艺和使用环境。有机硅偶联剂及其衍生物保护材料使用工艺十分简便，施工周期短，施工成本大幅节约。而且，有机硅偶联剂及其衍生物保护材料具有可再修复性，在遇到外力破坏时可随时修补修复，维护和维修十分方便、节约成本。

16.3 有机硅偶联剂及其衍生物在金属类材料保护中的应用

在第 15 章中，专门介绍了硅烷化技术在金属表面处理中的应用，主要涉及金属防腐预处理和涂装前处理等，这里就不再赘述。本章所介绍的金属材料保护，主要是指金属材料（制品）在使用过程中的保护，或者是在金属材料已经产生腐蚀锈蚀后所采取的修复性保护措施，其中最典型的就是金属文物的保护。

16.3.1 金属类材料保护技术要点

金属材料保护的主要目的，就是要预防腐蚀，或者阻止、延缓腐蚀的发生。要对金属材料进行保护，首要考虑的就是了解金属腐蚀的机理和影响因素，从机理和影响因素上入手消除或者阻隔腐蚀产生的根源和途径，才能更好地解决保护技术问题。

金属腐蚀是金属从元素态转变为化合态的化学变化及电化学变化，由于金属腐蚀的现象和机理比较复杂，所以金属腐蚀有不同的分类。常用的分类方法是按照腐蚀机理、腐蚀形态和产生腐蚀的自然环境三个方面来进行分类，如图 16-4 所示[11]。

影响金属腐蚀的因素极为复杂，既要考虑腐蚀环境，包括与金属接触的各类气体、液体和固体物质等；也要考虑影响腐蚀的各种因素，包括材料加工历史、材料及其表面状态、腐蚀及其他流速作用、环境中杂质、物理因素（辐射、光照、电磁场、声波等）以及温度、湿度、压力、应力、时间等等。撇开特定条件的影响，这里讨论的是金属腐蚀的主要形式——大气腐蚀。影响大气腐蚀的因素很多，这些因素中，环境因素主要可以分成气候因素和腐蚀性因素两类[11]：

① 气候因素　主要包括相对湿度（当相对湿度在临界湿度范围时金属腐蚀速率急剧增加）、表面润湿时间、气温、降雨、日照等。

② 腐蚀性因素　大气中常含有 SO_2、CO_2、H_2S、NO_2、NaCl 以及尘埃等，这些污物不同程度地加速大气腐蚀，其中最常见的腐蚀性因素是硫化物和氯化物。硫化物溶于水产生硫酸、亚硫酸等酸性物质与金属作用，氯化物在水中形成氯离子对材料表面有很强的穿透能力，都会加速材料的腐蚀。尘埃是大气中固态颗粒杂质，组成非常复杂，除海盐外

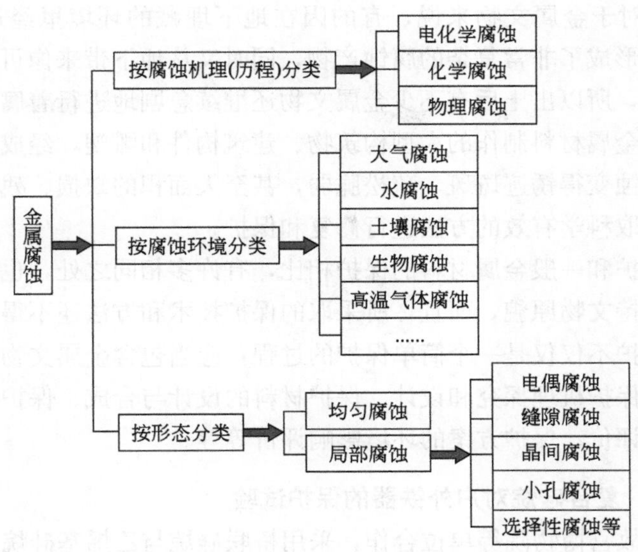

图 16-4　金属腐蚀的分类

还有碳和碳化物、硅酸盐、氮化物、铵盐等固态颗粒。尘埃对大气腐蚀的影响有三种方式：一是尘埃本身具有腐蚀性，如铵盐颗粒能融入金属表面水膜，提高电导和酸度，促进了腐蚀；二是尘埃本身无腐蚀作用，但能吸附腐蚀物质，如碳能吸附 SO_2 和水形成腐蚀性的酸性溶液；三是尘埃沉积在金属表面形成缝隙而凝聚水分，形成氧浓度差引起缝隙腐蚀。

从上述环境影响因素可以看出，不管是气候因素还是腐蚀性因素，最关键的影响因素是水。因此，应该尽可能从根本上消除水对金属的影响，结合特定条件下的其他关键影响因素，从原理上设计保护技术路线，制订科学合理的保护方案，开发并优选合适的保护材料，选择合适的保护工艺，可以更有效地开展保护工作。

16.3.2　有机硅偶联剂及其衍生物在金属材料保护中的具体应用

对于金属材料（制品）在使用过程中或者是在金属材料已经产生腐蚀锈蚀后所进行的保护，最典型的就是金属文物的保护，其基本保护方法和技术在近现代建筑、工程、基础设施所涉及的金属材料保护中具有很好的借鉴意义和推广价值。本节将以金属文物保护为例介绍有机硅偶联剂及其衍生物在金属材料保护中的具体应用。

金属文物种类较多，从材质上分类包括铜器（含红铜、青铜、黄铜、白铜器）、铁器（含钢制品）、金器、银器、铅器、锌器、锡器等，从存在形态上分类包括可移动金属文物（如馆藏的和流散的金属文物）和不可移动金属文物（如大型构筑物、建筑构件和雕塑等）。陆寿麟指出[12]，金属文物由于它特殊的物理、化学特性和特殊的功能，在文物中自成体系。它们大多都在保管人员的眼皮底下，发生着明显的腐蚀破坏现象。要对它们进行有效的保护，必须从它们腐蚀破坏的根源、腐蚀破坏的机理研究入手，才可能“对症下药”来进行防治。对于金属文物来说，有的因在地下埋藏的环境里经过千百年的腐蚀作用，在金属器物上形成了非常复杂的腐蚀产物，同时又从地下带来像可溶性盐类等金属电化学腐蚀活泼因素，所以出土后有不少金属文物还继续急剧地进行着腐蚀破坏。还有不少放置在室外的，由金属材料制作的大型构筑物、建筑构件和雕塑，经成年累月的日晒、雨淋、环境气体的侵蚀变得锈迹斑斑、疏松脆弱，甚至大面积的缺损、残破。对于这些珍贵的金属文物必须采取科学有效的方法进行修复和保护。

金属文物的保护和一般金属材料的保护相比，有许多相同之处，也有其特别之处。文物保护的要求是保持文物原貌，而且，所采取的保护技术和方法还不得妨碍继续保护的实施。金属文物的保护不仅仅是一个简单保护的过程，应当包含金属文物材质的分析、病害形成机理的分析、保护机理探究和设计、保护材料的设计与合成、保护实施方法和工艺的选择、保护效果的评价、保护方案的环境影响评价等等。

16.3.2.1 实例 1：复合硅烷对户外铁器的保护试验

以武汉大学与故宫博物院等单位合作，采用桥联硅烷与乙烯基硅烷共水解复合硅烷构筑双层分子保护膜、以氟硅涂层为外封护涂层，对故宫灵沼轩铁质锈蚀构件所进行的保护试验为例，介绍户外铁器保护的一种新方法[13,14]。

(1) 基础试验

甄广全等[13] 采取的基本保护方法是有机硅偶联剂双层分子膜加上有机氟硅复合涂层进行保护。其双层分子膜的构筑，系采用 1,2-双-(三乙氧基硅基) 乙烷（BTSE，WD-26E）与乙烯基三乙氧基硅烷（VS，WD-20）组合硅烷在铁器表面形成双层分子膜，其基本原理前面已有阐述。其有机硅氟复合涂层系选用 WD-W252 系列，由交联型氟碳树脂（以四氟乙烯为主组分与乙酸乙烯酯、丙烯醇和十一烯酸聚合的四元共聚物）和长链烷基三甲氧基硅烷（WD-10）溶液复配而成。

经湿热试验检测和盐雾试验检测，研究发现有机硅偶联剂双层分子膜加有机氟硅涂层保护铸铁和 A3 钢的有效性（参照 GB/T 2361—1992 潮热试验 360h 二种试片均为 0 级；参照 GB/T 1771—2007 盐雾试验，二种试片生锈时间均为 504h）。

在试样试验的基础上，进行了户外铁构件现场试验。经过十多年的现场观察测试，验证了方案的有效性。现场试验表明，该方法原理科学，材料复合匹配合理，工艺简便，具有在户外铁器保护上应用的有效性和可行性，也具有很好的推广价值。

(2) 延伸研究

曲亮等[14] 在前期基础试验的基础上，开展了进一步研究工作，验证了有机硅偶联剂双层分子膜制备的可重复性，进行了保护膜的测试表征和防腐性能测试，同时也开展了户外模拟对比测试。

硅烷处理液制备：4.0%（质量分数）的 1,2-双（三乙氧基硅基）乙烷、4.0%的乙烯基三乙氧基硅烷、10.0%去离子水、0.001%乙酸、82.0%甲醇并混合均匀，在 40℃条件下反应 10h，即可得到硅烷处理液。采用浸渍方法进行硅烷化处理。碳钢板材首先经过脱脂剂脱脂——水洗——烘干，然后浸没在硅烷处理液中 10min 后取出，用吹风机吹净残液后表干，随后放入鼓风烘箱中 120℃固化 0.5h 成膜（该硅烷膜在室温下亦可固化，本实验为加速固化，采用加热固化方式），制得样品编号为 CS。

采用 WS-525 封护涂料在硅烷处理后钢板表面淋涂，室温条件下自然表干，入鼓风烘箱中 120℃固化 0.5h 成膜，制得样品编号为 CSW。未经硅烷处理直接用 WS-525 封护涂料淋涂固化样品编号为 CWK。

通过扫描电镜、红外光谱、电化学性能、附着力、干湿老化试验等对上述样品进行性能测试，具体结果如下：

① 扫描电镜表征硅烷膜微观结构，见图 16-5。

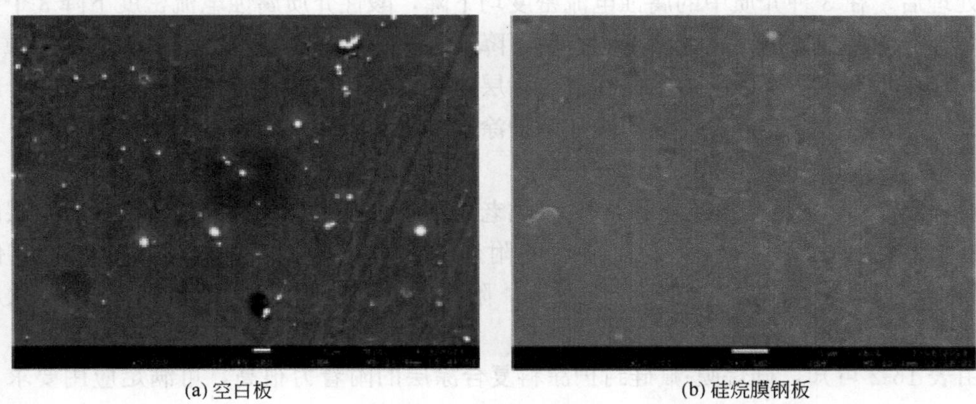

(a) 空白板　　(b) 硅烷膜钢板

图 16-5　碳钢表面涂覆硅烷膜前后 SEM 图

钢板在涂覆硅烷前表面粗糙起伏。有较大断层缺陷，而经过硅烷涂覆后的钢板表面光滑致密，无明显裂缝等缺陷。硅烷处理液在锈蚀钢板表面修复作用明显。

② 硅烷膜的红外光谱分析，见图 16-6。

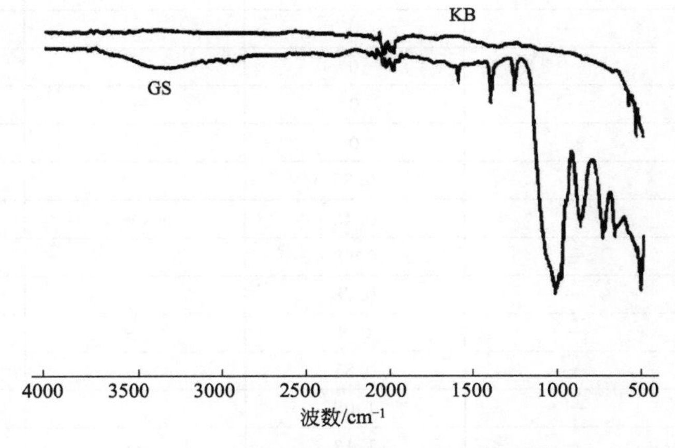

图 16-6　空白及硅烷膜的反射红外光谱

对比钢板涂覆硅烷膜前后的谱图可知，涂膜后钢板表面特征峰明显，硅烷膜在钢板表面成膜良好。

③ 电化学性能表征耐蚀性能，见表 16-1。

表 16-1 电化学性能表征

腐蚀介质	腐蚀电流密度 $i_{corr}/(mA/cm^2)$		
	KB	GS	GSW
1mol/L H_2SO_4	2.00×10^{-3}	3.75×10^{-6}	4.12×10^{-7}
1mol/L NaOH	3.54×10^{-4}	2.76×10^{-5}	7.08×10^{-7}
1mol/L NaCl	5.00×10^{-6}	1.16×10^{-8}	1.05×10^{-9}

空白样品的耐酸性最差，耐碱性次之，耐盐性稍好；碳钢表面经 BTSE/WD-21 混合硅烷处理后，在 3 种介质中的腐蚀电流密度均下降，酸性介质腐蚀电流密度下降 3 个数量级，碱性介质和盐介质下电流密度均有所下降，表明在钢材表面覆盖了有效的防腐蚀硅烷膜层，显著提高了防腐蚀能力；而在复合涂层（硅烷膜——氟硅封护涂层）在 3 种介质中的腐蚀电流密度进一步降低，表明增加封护涂层可进一步提高碳钢防腐蚀性能。

④ 附着力及耐老化性能，见表 16-2。

对样品 CSW 采用干湿老化和紫外-浸烘老化试验，分析统计腐蚀面积和考察膜层的防腐蚀性能，并测试样品 CSW 老化前后的附着力。对比样 CWK 的老化前附着力仅为 0.11MPa，远低于 CSW，且随着老化加剧，附着力进一步降低，导致难以测试，故后续试验未做 CWK 对比。

由表 16-2 可知，硅烷膜-氟硅封护涂料复合涂层的附着力很高，可满足应用要求，在干湿老化、紫外-浸烘老化 360h 后附着力仍高于原始附着力。

表 16-2 复合涂层干湿老化和紫外-浸烘老化试验

老化时间/h	干湿老化 附着力/MPa	二湿老化 腐蚀面积/%	紫外-浸烘老化 附着力/MPa	紫外-浸烘 老化腐蚀面积/%
0	1.22	0	1.22	0
25	—	0	—	0.81
48	—	0	—	0.83
72	—	0	—	0.86
96	—	0	—	0.91
120	—	0.35	—	0.95
144	—	0.48	—	0.99
168	—	0.68	—	1.11
192	—	0.78	—	1.19
216	—	0.8	—	1.84
240	—	0.81	—	2.55
264	—	1.08	—	3.62
288	—	1.13	—	5.07
312	—	1.22	—	6.95
338	—	1.72	—	11.12
360	0.79	2.08	0.82	14.35

此外，在直径15cm、高200cm的碳钢圆柱表面进行户外模拟实验，制膜方法采用刷涂法，硅烷膜和氟硅封护涂料膜在室温条件下固化一周。在户外自然环境中放置半年并进行对比测试，结果空白对比样锈蚀严重，而采用硅烷膜-氟硅封护涂料膜保护的样品没有锈蚀，表明该保护方案十分有效，具有应用价值。

对于铁器文物的保护，马清林等[15] 依据《威尼斯宪章》《中国文物古迹保护准则》《环境友好原则》等，在探讨金属质文物保护材料的选择时指出，经过多年的保护实践，认为铁质文物封护材料的选择通常遵循：可再处理性；基本透明、无眩光；耐老化性能好；防腐性能好；防水性能好；膨胀系数尽量跟金属接近；具有一定的硬度和良好的耐磨性；特别是可再处理性原则已成为广泛共识。上述要求应该可以作为铁质文物或者其他铁质材料制品保护的参考原则。

16.3.2.2 实例2：氨基硅烷优化工艺对青铜器的保护

孙从征等[16] 为解决青铜器原有的硅烷保护工艺存在抗低温性能差的问题，通过三种硅烷处理工艺的对比，新开发了一种优化的氨基硅烷保护工艺，配合合理的预处理工艺，可有效解决低温环境中膜层开裂的问题，延长保护寿命2～4倍，可广泛适用于全国各地的气候环境。

（1）各处理液成分及工艺参数（见表16-3）

表16-3 各处理液成分及工艺参数

预处理溶液		原硅烷溶液		优化硅烷一溶液		优化硅烷二溶液	
组成及参数	数值	组成及参数	数值	组成及参数	数值	组成及参数	数值
无机氨/(g/L)	15	乙烯基三甲氧基硅烷/(g/L)	30	氨基硅烷/(g/L)	20	环氧基硅烷/(g/L)	20
有机氨/(g/L)	20	无水乙醇/(g/L)	200	氟硅酸/(g/L)	1	氟硅酸/(g/L)	1
稳定剂(复合)/(g/L)	5	助剂(复合)/(g/L)	4.4	硝酸/(g/L)	2	硝酸/(g/L)	0.5
—	—	—	—	分散剂/(g/L)	1.5	分散剂/(g/L)	1.5
—	—	蒸馏水	余量	蒸馏水	余量	蒸馏水	余量
pH	12	pH	9.5	pH(氨水调节)	5	pH(氨水调节)	5
θ/℃	50～60	θ/℃	常温	θ/℃	常温	θ/℃	常温
t/min	60	t/min	30	t/min	20	t/min	20

（2）硅烷处理工艺流程

① 原硅烷的工艺流程 240＃砂纸打磨→蒸馏水冲洗→酒精脱脂→蒸馏水冲洗→（浸泡预处理液→甩净水分）→浸泡硅烷→吹风机吹干。

② 优化硅烷的工艺流程 240＃砂纸打磨→蒸馏水冲洗→酒精脱脂→蒸馏水冲洗→（浸泡预处理液→甩净水分）→浸泡硅烷→蒸馏水洗→吹风机吹干。

③ 试片分组 试片分两组，一组不浸泡预处液，一组浸泡预处理液，分别在三种硅烷溶液中进行浸泡处理，连同空白试片共7个试片，编号依次为：1为空白试片，2为原

硅烷，3 为优化硅烷一，4 为优化硅烷二，5 为预处理＋原硅烷，6 为预处理＋优化硅烷一，7 为预处理＋优化硅烷二。

（3）性能测试

① 极化曲线　7 个试片分别进行极化曲线测试，采用美国 PARM352 电化学测试系统，辅助电极为铂电极，参比电极为饱和甘汞电极，扫描速度为 20mV/min，试片 40mm×40mm，溶液为 3.5％的 NaCl 溶液。测试后的曲线进行叠加，测试结果示见图 16-7。

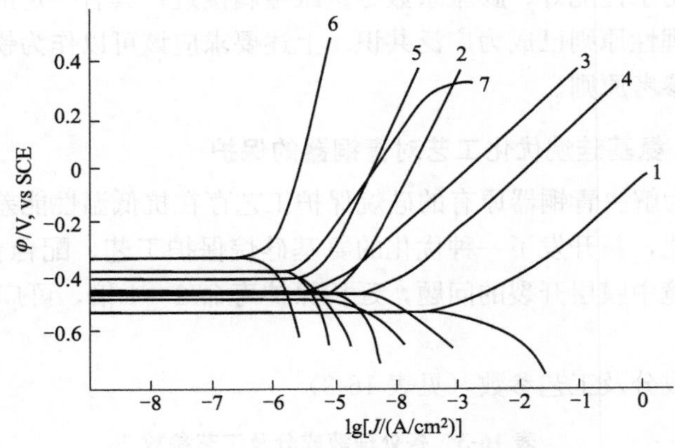

图 16-7　不同硅烷处理后的极化曲线

从图 16-7 可以看出，任何一种硅烷处理后，腐蚀电位都出现了正移，腐蚀电流减小，说明都对青铜起到了防护作用；未浸泡预处理液的优化硅烷一虽然腐蚀电流较原硅烷小，但随着电压增大，腐蚀电流增加的速度超过了原硅烷，优化硅烷二腐蚀电流明显大于原硅烷，说明不经预处理，优化硅烷并没有表现出优于原硅烷的防护性能；浸泡预处理液后所有硅烷的防护性能均有改善，其中优化硅烷一的防护性能改善最为显著。

经分析可以看出，预处理对硅烷成膜具有促进作用，对提升硅烷防护性能至关重要，原因是预处理使青铜片表面产生了大量的铜氨离子：

$$4Cu+8NH_3+O_2+2H_2O \longrightarrow 4[Cu(NH_3)_2]^+ + 4OH^-$$

铜氨离子在硅烷的弱酸性环境中转变成铜离子，大量的铜离子与硅烷的 Si—OH 羟基端形成—Si—O—Cu 结构，硅烷的另一端则形成 Si—O—Si 网状结构，结构更为稳定。

② 高低温交变-中性盐雾循环试验　高低温交变采用无锡苏瑞高低温交变湿热试验箱，样片平放，按如下程序进行试验：−40℃保持 6h→1h 升温至 70℃、99％湿度→保持 5h，此为高低温交变的一个周期。中性盐雾采用安特稳盐雾箱，按照 GB 6458 标准进行，5％NaCl 溶液，θ 为（35±2)℃，样片与垂直方向成 20°放置，试验 t 为 12h，此为盐雾试验的一个周期。上述两个试验交替进行，交替一次为一个循环。试验循环反复，直至样片上出现条纹状锈蚀，记录出现锈蚀的时间。7 个试片分别进行高低温交变-中性盐雾循环试验，记录试片出现锈蚀的时间，结果示于表 16-4。

表 16-4 不同硅烷处理后试片的锈蚀时间

试片	1	2	3	4	5	6	7
t/h	48	336	384	312	504	1152	552

从表 16-4 可以看出，不同硅烷处理后的试片经循环加速腐蚀试验后，出现锈蚀的时间差异较大，但所反映出来的防护性能基本与极化曲线的规律相同。在经预处理的情况下，氨基硅烷的保护效果显著，保护时间为其他工艺的 2～4 倍。

(4) 保护实施

通过性能对比，确定采用优化硅烷一的工艺为最佳工艺，即氨基硅烷保护工艺。对于采用原硅烷工艺进行保护的青铜器，进行了重新保护处理。重新保护处理的流程是：原硅烷膜退除（1%稀硝酸浸泡 3min）→自来水冲洗→蒸馏水冲洗→浸泡预处理液→手工甩净水分→浸泡硅烷→蒸馏水洗→80℃烤箱烘干。

16.4 有机硅偶联剂及其衍生物在砖石类材料保护中的应用

在古建筑、古遗址、传统村落、近现代建筑、雕塑雕刻、水利工程、道路桥梁、风景名胜设施等工程设施中，大量使用砖、瓦、石、陶（瓷）等材料制品作为结构性支撑体或装饰品。在过去，砖石经常作为结构性材料使用；在未来，砖石主要转向装饰性或者功能性（如保温隔热、隔声防水、轻质抗震、生态渗水、绿化美化等等）材料。这些材料大多处于露天情形下，容易受到自然环境和人为因素的侵蚀和破坏。为了延长这些类型材料制品的使用寿命，或者尽可能保持其历史、科学、艺术价值，或者需要保存其历史文化技术信息，就需要对其进行很好的保护，包括预防性保护或修复性保护。

16.4.1 砖石类材料保护技术要点

岩石是自然界本身就存在的天然矿物质材料，自古就被加工成石材作为建筑材料使用；砖瓦则是最早的人工建筑材料，我国早在西周时期就出现了地砖和瓦。砖石建筑是指利用砖石材料、以一定结构形式砌筑的建筑物或构筑物，是古代乃至近代建筑的重要组成部分。

简单了解一下砖石的基本结构特点。传统的砖主要是以黏土为主要原料处理加工而成，无论是烧结砖（如红砖、青砖，以及焙烧过度的过火砖或焙烧不足的欠火砖），还是之后出现的非烧结砖（如压制砖等），都有较高的孔隙率和一定的吸水性，并且往往含有一定的可溶盐或夹有石灰石。天然石材是由岩石加工而成，石材的质量主要由岩石的种类、孔隙率和胶结物类型等因素决定[17]。岩石一般比砖更为致密，但是无论岩石是块状构造、层片状构造、斑状（或杏仁状、结核状）还是气孔状构造，也都存在一定的孔隙率和吸水性，而且，当岩石中矿物颗粒或矿物集合体之间的胶结物（孔隙溶液中沉淀形成的自生矿物质，将松散的沉积物固结起来，对岩石力学性质的形成有很大的影响，胶结程度越高的岩石，其矿物和岩石颗粒连接越紧密，岩石越致密，其岩石强度就越高[18]）受各种因素影响流失或破坏时，岩石表层的结构遭受破坏，孔隙率和吸水率更高，更容易受到外部环境的影响，加速岩石的风化。

砖石建筑的病害主要分为几类，第一类为砖石的环境病害，如地质环境、水文环境；第二类为结构性病害，指砖石建筑；第三类为砖石的材料病害[19]。

（1）砖石建筑的环境影响

环境因素包括大气污染，地震，长期浸泡及地下渗水，地质破坏，如滑坡、裂缝、沉陷，等等。地表水灾和地下水也是影响砖石建筑的主要因素，不论是长期浸泡或是短期淹没，都会影响砖石建筑本身或地基与基础，从而破坏砖石类的材料结构。空气中的二氧化硫、氮氧化物等酸性有害气体会形成酸雨、酸雾对砖石材料产生溶蚀破坏。

（2）砖石结构体的破坏因素

当砖块和石块构筑成结构体时，它所面临的问题就成为另外一类。当砖石结构作为一个支撑体存在时，它需面临荷载带来的压力、弯矩、剪力等，当这个结构体具有一定的高度后，它又面临稳定问题。砖石结构的受力一般是两类，一种是竖向传力的柱、墩、台、墙等；另一种是横向传力的拱、券、叠涩、横梁等。对于竖向受力的砌体，会由于受压碎裂、受剪和受弯开裂，会由于横向推力失稳等。对于横向受力构件，也会发生开裂、局部碎裂等破坏。

（3）砖石建筑材料本身的病害

是指材料本身的弱化和表面风化。

几何形体的砖块经过黏土成型、焙烧，也就是生土在高温下氧化的过程。对于砖材料来说，其弱化过程是一个必然的还原过程。其强度会逐渐降低。除自然劣化外，砖材料破坏因素有以下几条：①长期荷载会破坏砖体的自身结构。如具有近千年历史的砖塔，其下层砖块基本已经破碎，在无外来任何干扰的情况下也许不易变化，但任何的触动都是导致破碎的原因。②水分的运动。水分在砖体内运动会不同程度地溶解矿物质或盐分，并将其带出，从而破坏砖的成分。③冻融的过程。水分子进入砖材内部，遇温度变化会变为晶体而膨胀，这个过程会破坏土分子的结构从而造成砖酥裂。④微生物破坏。附着在砖表面及缝隙中的微生物，不仅影响砖的外观，也会使缝隙扩大，所产生的分泌物会对砖质产生溶蚀作用。

对于石构件来说，由于石材是一种完全自然的材料，其强度和密度都远高于人工的陶砖，因此其劣化过程也要缓慢，但由于不同种类石质相差甚远，其破坏机制亦不完全相同。基于前面所介绍的石材基本结构，由于缝隙的存在和胶结物流失的可能，石质构件的病害与陶砖基本一样，只是程度的不同。尤其用石材打造的石质建筑构件，如柱、础石、门窗、屋面等，大都成为建筑上的艺术品，其保护的任务更加严峻。石质材料的病害因素基本上可以参照露天石质文物的病害因素，见表 16-5[20]。

表 16-5　石质文物病害因素总结

病害因素类别	病害因素	具体内容
内部因素	岩石本身的组成及性质	岩石组成不同,受酸性气体的侵蚀程度不同,且不同热膨胀系数产生应力等
	岩石结构	孔隙率、机械强度等不同而导致吸收水、酸、熔盐的难易不同
	胶结物类型	其类型不同而发生的水化作用难易程度不同
物理因素	水	风化作用、溶解作用、水化作用及促进微生物繁殖致使生物腐蚀,干湿交替引起岩石瓦解等
	风、砂等	岩石表面不断地受刮、磨、冲刷而暴露新表面
	溶盐结晶	干湿交替使盐重复结晶和溶解等
	温度	石质文物导热性差;周期性温差引起体积反复膨胀收缩
化学因素	有害气体(NO_2、SO_2 等)	酸雨、酸雾对石质文物产生溶蚀破坏
	水化作用、水解作用	与水形成新的含水矿物,使体积膨胀产生应力破坏;弱酸矿物盐遇水溶解
	溶盐	不溶性盐遇水或酸性气体转为可溶性盐,由毛细作用进入岩石内部
生物因素	植被覆盖	延长储水和渗水时间,水和岩石作用时间增长
	微生物(细菌、真菌等)	其分泌物引起石层 pH 值变化或分泌生物酸和酶加速岩石溶蚀作用等
	树木杂草根系	根系生长,产生劈裂作用,使裂缝扩大等
人为因素	社会实践	火灾、战争、盗窃等
	大量游客	涂鸦划痕、带入外部微粒、释放热量和 CO_2 等
	文物修复	操作失当、技术设施不完善等

针对上述砖石建筑和构件的病害因素，除了考虑结构性加固和修复之外，这里主要考虑的是对砖石材料本身的保护和修复，提高砖石材料对物理、化学、生物及结构性病害影响因素的抵御能力，延长使用寿命。对于砌体酥松的情况，主要是由于强外力所致或者长期负荷过大造成砌体之间的黏结薄弱，应进行砌体整体灌浆加固；对砖石砌体残缺的部分，原则上应使用原材料、原工艺进行修补，必要时可以对原材料进行改性增强；对于黏结灰浆材料的保护修复，也是需要考虑的关键环节，如黄泥浆、糯米灰浆、红糖沙灰浆、腻子灰浆等，原则上提倡使用原灰浆于原建筑，可对灰浆进行一定的改良，使其性能更适合于砖石建筑的特性；对于砖石材料的表面风化，一般采用化学加固的方法，性能优异、与砖石材质结构相近的有机硅偶联剂及其衍生物可以发挥不可替代的作用。

砖石材料保护的主要措施包括表面清洗、表面封护、灌浆、加固、粘接、补全、渗水治理及日常保养维护等，常见的也是非常重要的保护技术措施主要是渗透加固技术和表面封护技术[20]。

渗透加固技术是将合适的加固剂均匀渗透到砖石内部深处，一是使失去连贯性的材料恢复其结构的连续性，以避免污染物、水分等继续向砖石表层之下渗透，二是能够提高材料内聚力。常见加固技术有喷涂法、贴敷法、浸泡法、灌浆法等[17]。其中最简单的加固方法是喷涂法，即在表面喷涂加固剂，使其逐渐向内部渗透。

表面封护技术就是选用特定的保护材料，如耐老化、防水透气、附着力强、渗透性好、可逆性好、无色透明的材料，通过喷涂或涂刷，使其附着于砖石材料表面，以隔绝大气污染物、水、污渍等外界有害因素，避免它们对砖石材料的侵蚀[21]。

16.4.2 有机硅偶联剂及其衍生物在砖石材料保护中的具体应用

按照上节所介绍的砖石类材料保护技术要点的要求，有机硅偶联剂及其衍生物优异的材料特性能很好地满足砖石类材料保护的功能需要，针对具体的砖石材质和使用环境来选择或开发相应的保护材料类型，采取合适的渗透加固技术和表面封护技术等保护技术措施，可以达到很好的预防性和修复性保护效果。

16.4.2.1 实例1：有机硅偶联剂及其衍生物对天然石质构件的保护

以武汉大学廖俊、甄广全、童华等研究团队开展的台湾野柳地质公园“女王头”保护试验为例[22]，详细介绍有机硅偶联剂及其衍生物在天然石质材料修复性保护中的应用。从中可以了解到保护思路、材料本体分析、病害分析、保护机理与保护材料研究、保护方案制定、保护效果评价等内容。

野柳地质公园的女王头是台湾最受欢迎的自然景点之一。女王头不仅是台湾民众共同的资产与记忆，2013 年更获得台湾民众票选的台湾十大地景第一名。但是，近年来因风化侵蚀越来越厉害，使女王头的“颈围”在八年间缩短了 18cm，专家学者预估将只剩 5～20 年的寿命，甚至随时都可能因强震或强风而应声折断。地质资料显示，野柳的地质构造多属于新生代中新世大寮层，野柳岬所分布的各种蕈状石主要为 2000 万～1900 万年前所形成的砂岩。这种类型的岩石在自然条件下很容易受到地质、气候及各种环境因素的影响，遭受风化侵蚀和各种类型的损害。与女王头近似的一些蕈状石已经出现过损毁的情况，例如在 1996 年 12 月，野柳的大头石承受不了头部的重量，发生崩裂掉落。女王头及周边已崩裂蕈状石见图 16-8。

图 16-8 女王头及周边已崩裂蕈状石

从保护的角度出发，按照以下程序开展工作：女王头石质本身构造及组分分析，女王头风化程度及原因分析，保护机理、保护材料及技术方案的研究，保护效果的评价。为此，特别从女王头的周边拣取了与女王头各方面状况都相当接近的蕈状岩石块样本（以下称之为“类女王头蕈状石”），开展相关的分析测试、保护试验等工作。对于表面已经风化的类女王头蕈状石，将岩石由里到外大致分为三层：新鲜层、酥化层和风化层。岩石纵剖面的简易示意图如图 16-9：

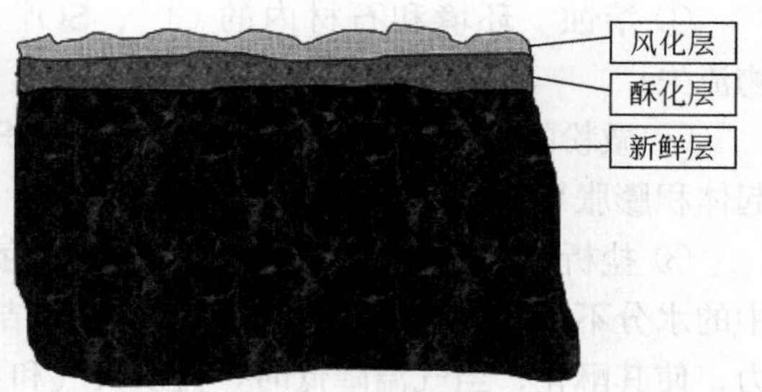

图 16-9 类女王头蕈状石纵剖面示意图

（1）分析测试

利用X射线荧光光谱仪、X射线粉末衍射仪、离子色谱仪、扫描电子显微镜、X射线能量分散谱仪等仪器对于类女王头蕈状石原始状况（本体与病害）做了以下测试和分析工作：新鲜层、酥化层与风化层岩石的微结构特征及比较，新鲜层、酥化层与风化层岩石的成分含量及变化情况，可溶盐在基体及界面的分布、可能的活动规律及对风化的影响，综合分析水、氯化物、可溶盐可能的活动规律、分布及协同作用方式，胶结物的结构与成分分析，等等。对相应的扫描电镜图、EDX 能谱图、X 荧光光谱图、X 射线衍射图、离子色谱谱图等进行比较、分析，结果如下：

① 比较新鲜层、酥化层和风化层的微观结构，可以发现：风化层结构酥松，粒间胶结物流失，表面满布碎屑，裂隙、孔隙高度发育，溶蚀特征明显；酥化层结构较酥散，粒间胶结物部分流失，表面有少量碎屑；新鲜岩石结构致密，嵌合紧凑，粒间胶结物填充密实，孔隙率低，颗粒表面平整，层状结构无明显解理态。

② 比较风化层、酥化层和新鲜层岩石的体相成分，可以发现：蕈状石本身是由砂岩构成，主要成分 SiO_2 达到了70%以上，并含有 Al、少量的过渡金属（如：Zr，Zn，Fe，Mn，Cu）、碱金属（如：Na，K，Rb）、碱土金属（如：Mg，Ca，Sr，Ba）。从 Na、K、Ca、Cl、S 的含量增加可以看出可溶盐在表面有明显的富集，即具有趋肤效应，而从 Fe 的含量降低，可以看出 Fe^{3+} 流失了。

③ 比较风化层、酥化层和新鲜层岩石的晶体结构，可以发现：蕈状石主要以石英（SiO_2）结构的砂岩为主，其他矿物很少，只有少量的高岭土。比较 SiO_2 及其他矿物的峰强度的消长表明，在风化过程中，像高岭土这些矿物峰强逐渐减少，而石英的峰强逐渐增加，说明除了石英之外的这些矿物质流失严重。

④ 比较风化层、酥化层和新鲜层岩石的可溶盐组分，可以发现：可溶盐组分主要为盐酸盐、硫酸盐，风化层中含 S（可能是外源性）。从新鲜层到风化层钙盐含量逐步减少，可以认为由于胶结物钙盐的破坏流失，形成了结构趋于酥松的酥化层和风化层。分析可溶盐中不同盐种的比例，从新鲜层到风化层 F^-、Cl^-、SO_4^{2-} 的含量均有不同程度的增加，尤其是 Cl^- 增加的较为明显，这主要是由于岩石在海边常年受到海风海雾侵蚀所致。盐种主要为钠盐、钾盐和少量的钙盐。

（2）病害分析

上述测试对比和分析结果可以看出，类女王头蕈状石的劣化，主要表现为结构的溃散导致的强度下降，结构解体的原因大致有以下几个方面：

① 溶蚀　环境和石材内的 Cl^-、SO_4^{2-} 等均是强酸蚀剂，形成蚀坑，岩粒间胶结物流失；

② 微粉的水化　风化形成的碎屑，体积小到一定程度，在表面会包覆一层水化层引起体积膨胀导致形变和张力；

③ 盐析　分析表明，岩石和风化层内存在大量可溶性盐。当气温升高时，岩石孔隙中的水分不断蒸发，盐分浓度增大，产生结晶；结晶时的体积膨胀将对周围岩石产生压力，使其酥化；当气温降低时，盐从大气和毛细水中吸收水分重新溶解。如此循环往复，温湿度发生周期性变化，这种效应的不断积累，对岩石产生巨大的破坏作用；

④ 风化　根据风化作用的因素和性质不同，可将其分为三种类型：物理风化作用、化学风化作用、生物风化作用。岩石是热的不良导体，在温度的变化下，表层与内部受热不均，产生膨胀与收缩，长期作用结果使岩石发生崩解破碎，而台湾野柳的气温日变化和年变化都比较突出。台湾虽属亚热带气候，但也有冰雪天气，岩石中的水分冻融交替，冰冻时体积膨胀，使得岩石劈开、崩碎。以上属物理风化作用。岩石中的矿物成分在氧、二氧化碳以及水的作用下，常常发生化学分解作用，产生新的物质。这些物质有的被水溶解，随水流失，有的属不溶解物质残留在原地。这种改变原有化学成分的作用属化学风化作用。此外，动植物遗骸分解转化物（如腐殖酸等）及微生物的活动都可以改变岩石的成分与状态，则属于生物风化作用。由于女王头处在海边，常年经受海风、海雾与海水的侵蚀，而岩石风化作用与水分和温度密切相关，温度越高，湿度越大，其风化作用越强。

（3）岩石加固保护试验设计

① 保护思路　女王头与露天不可移动石质文物十分类似，对其保护尽可借鉴文物保护的原则和思路，采用得到验证的可靠技术手段，力求达到不改变原貌、长期保存之目的。鉴于此，特提出相应的保护原则和思路，以作为决策的参考依据：

——保持女王头的自然原貌。包括颜色、形貌、美感等；

——采用“理论与实践相结合”的科学原则。充分探究女王头的本体状况、风化侵蚀的原因和机理，研究相应的保护机理和技术方法并得到实践验证；

——履行“不改变原状”“最少干预”原则[23]。尽可能减少对女王头的介入，所采用的保护材料尽可能与女王头本体接近或类似，追求“天衣合缝”；

——执行严苛的保护标准和完善的评价体系。充分考虑地质、气候、环境、人为等综合因素的影响，通过科学分析、试验验证、模拟评价和现场评估等方式，建立科学、严格、完善的评价体系，以有效评价保护效果；

——遵循“可再修复性”原则。充分意识到保护材料的时效性（难以做到绝对永久）和未来技术的进步，尽量做到保护材料的可重复使用和可再修复性；

——建立女王头信息数据系统。通过女王头三维影像数据系统的建立和实时监测，地质、气候、环境等因素的数据定期采集和分析，女王头定期“体检”（无损测试分析），以达到信息留存、实时监测、辅助保护等作用。

② 保护材料及保护技术方案设计　根据上述保护原则和思路，基于已经开展的分析测试工作，借鉴此前已经成功实施的保护案例、技术和材料，以有机硅材料作为主体保护

材料，开展方案设计和试验工作。本试验基于以下前提：

——在对类女王头蕈状石样本进行本体分析、风化侵蚀分析的基础上，进行保护材料的选择和保护方案的设计；

——通过结构和官能团设计，赋予保护材料以合适有效的功能，使其具有很好的透明度、附着力、渗透力、憎水性、耐候性（耐老化性）、耐腐蚀性（耐酸碱盐性）、自我呼吸性、抗冲击性（力学性能）等；

——选取的保护材料和技术方案既有充分的理论依据，又在文物（尤其是露天文物）保护案例和相关领域应用中得到很好的验证。本实验选取的改性有机硅材料在香港牛棚艺术村历史建筑保护、故宫露天文物保护、乾陵石刻保护、西安大雁塔保护、乔家大院建筑保护以及相关高科技领域材料保护中得到应用和验证，部分案例有近 30 年的历史；

——在考虑保护材料和技术方案的同时，充分考虑拟保护对象及其现场的环境与特点，保护工艺和实施方便合理。

基于上述前提所选择的有机硅材料，从应用功能角度，主要包括渗透加固型和表面封护型；从材料类型角度，主要是有机硅偶联剂及其衍生物，包括本体硅烷、聚合型、复合型、改性型等。

③ 保护试验　受到样本数量、体积等因素的限制，本试验主要针对所拣取的类女王头蕈状石样本，在有限的样本条件下，进行了初步的加固保护试验。试验的主要内容包括：

——保护材料的设计、合成、配制与选择。在进行多次筛选和优化后，重点选择确定了四种不同结构和官能基的有机硅偶联剂改性复合材料进行试验和对比；

——对岩石样本进行渗透加固和表面封护等试验工作，并通过试验初步确定了相应的技术方案和实施工艺；

——主要进行了加固材料渗透深度的分析测试和加固保护前后力学性能的分析比较。

（4）保护材料渗透性及岩石样本保护前后主要力学性能验证分析

① 加固保护材料渗透深度分析　将类女王头蕈状石样本用加固材料（以含长链烷基有机硅偶联剂为例）处理，完成后取出，将样品剖开（如图 16-10 所示），分别取断面内部（b），次外层（c）和外层的岩石（d）以及未经处理的岩石样品（a）做红外光谱分析，它们之间间隔步长均为 0.3mm，红外图谱如图 16-11 所示。

从红外图中可以清楚地看到，在内层，次外层以及外均有层有明显的 2963.36cm^{-1} 吸收峰，归属为长链硅烷中甲基的 C—H 吸收峰，1261.45 cm^{-1} 处尖锐的吸收峰为甲基的变形对称变形峰。随着取样点的不断深入，这两个吸收峰的强度渐弱，而对于未处理的对照样品则未见该二峰出现，由此说明，有机硅组分的渗透深度在 1cm 以上，可以确定该渗透加固液已完全进入到样品块的内部，基于样本尺寸的渗透达到 100％。

为进一步验证其渗透力，专门截取了一块长条形岩石样品，采用毛细爬升试验方法进行了试验，试验情况见图 16-12 所示。从试验可以看出，加固液的渗透深度可以达到 4.5cm 甚至更多。

② 保护前后力学性能分析及比较　受样品量所限，主要进行了抗压能力测试。截取

a—未处理样品；b—内层样品；c—次外层样品；d—外层样品

图 16-10　处理样品剖面图

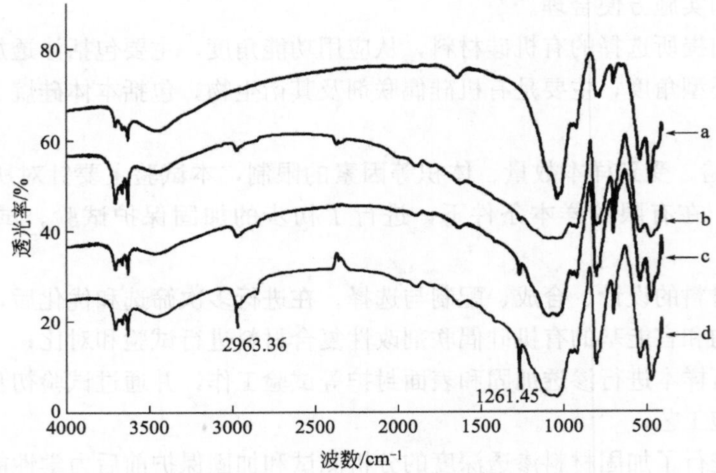

图 16-11　类女王头岩石样本加固效果红外光谱图

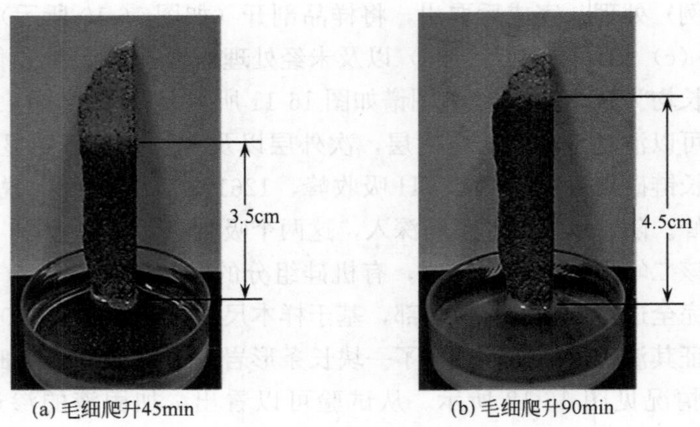

(a) 毛细爬升45min　　(b) 毛细爬升90min

图 16-12　毛细爬升渗透试验

岩石样品新鲜层，作为原始样品（见图 16-13）；截取岩石样品风化层和酥化层粉末用保护材料调制成饼状，固化干燥后作为加固样品（见图 16-14）。测定抗压能力的实验是通过破坏性实验进行的，将待测样品上下表面用砂纸打磨平整，并用游标卡尺测量其底面直径及高度，然后放在材料万能试验机上，选定合适的测试方法，均匀地向样品施加压力，直至样品破裂。

图 16-13　原始样品

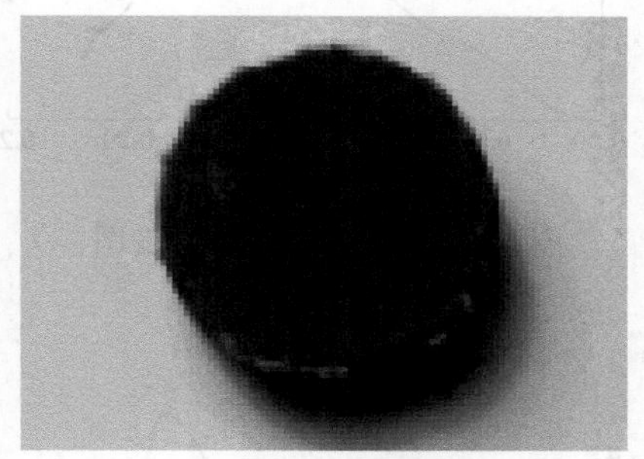
图 16-14　加固样品

筛选和优化了四种保护材料（A、B、C、D 分别为不同的结构和功能基团），对样品经过如下方案加固（表 16-6），并比较其力学性能（图 16-15～图 16-20，表 16-7）。

表 16-6　加固液配置

体积比/%	A	B	C	D
原始	—	—	—	—
样品-1	30%	30%	13.3%	26.6%
样品-2	30%	40%	10%	20%
样品-3	30%	20%	16.7%	33.3%
样品-4	—	70%	10%	20%
样品-5	30%	—	23.3%	46.6%

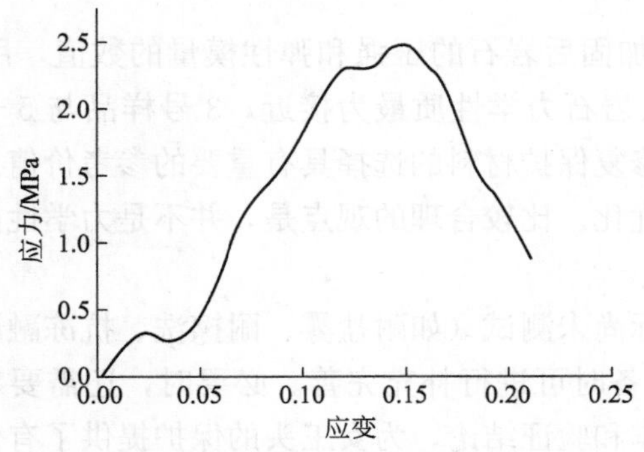

图 16-15　原始样品应力-应变图

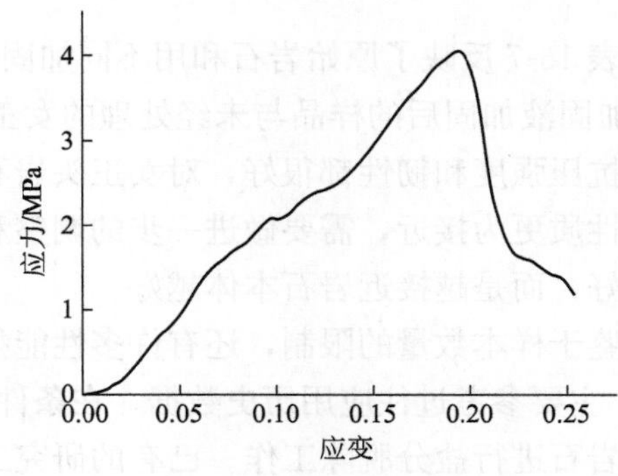

图 16-16　样品-1 应力-应变图

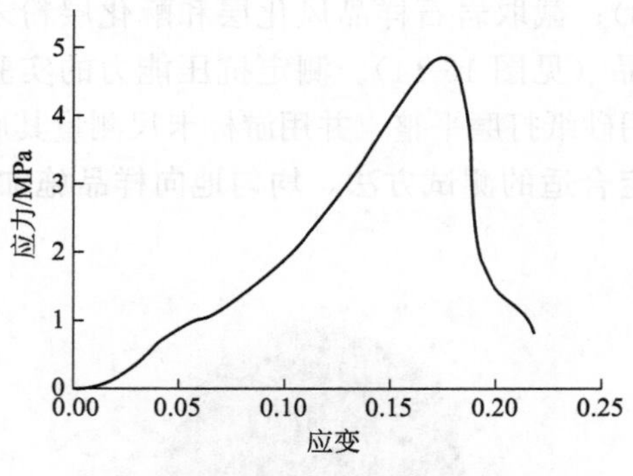

图 16-17　样品-2 应力-应变图

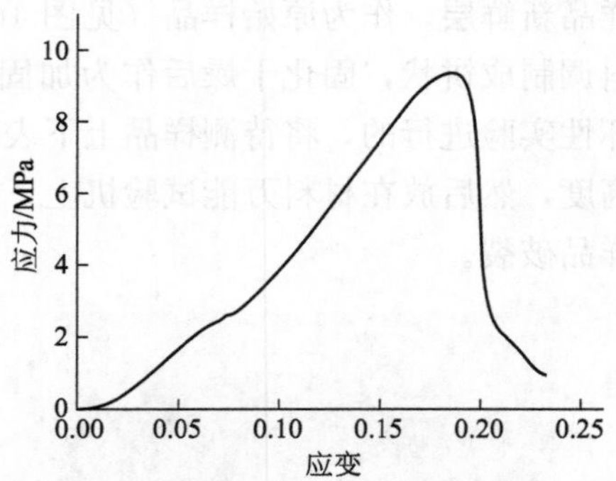

图 16-18　样品-3 应力-应变图

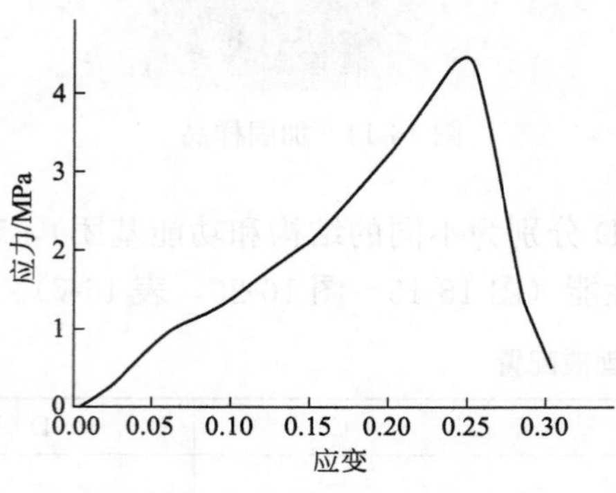

图 16-19　样品-4 应力-应变图

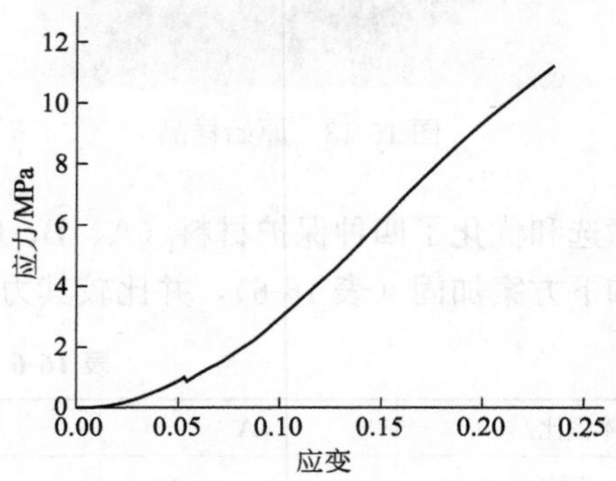

图 16-20　样品-5 应力-应变图

表 16-7　力学试验数据

样品编号	压强/MPa	弹性模量/MPa	样品编号	压强/MPa	弹性模量/MPa
原始	2.57	19.5	样品-3	9.35	31.5
样品-1	3.98	16.6	样品-4	4.67	14.0
样品-2	4.85	15.0	样品-5	11.2	23.8

表 16-7 反映了原始岩石和用不同加固液加固后岩石的压强和弹性模量的数值，用 1、4 号加固液加固后的样品与未经处理的女王头岩石力学性质最为接近，3 号样品与 5 号样品的抗压强度和韧性都很好，对女王头岩石修复保护材料的选择具有重要的参考价值。为了使性质更为接近，需要做进一步的调整和优化。比较合理的观点是，并不是力学性能越高越好，而是越接近岩石本体越好。

鉴于样本数量的限制，还有许多性能指标尚未测试（如耐盐雾、耐擦洗、抗冻融试验等），主要参考过往应用历史数据，在条件具备时可进行补充完善。必要时，还需要对女王头岩石进行盐分脱除工作。已有的研究工作和验证结论，为女王头的保护提供了有价值的选择方案。

16.4.2.2 实例 2：硅烷改性材料对砖质材料的保护

胡一红等[24] 在找出导致砖质文物风化、酥碱的主要原因后，用十几种高分子材料对砖质样品进行防水、防酸、防盐、防污染、耐热老化、耐紫外线等试验，从中选择出较为理想的新型保护加固材料 Si-97（用二甲基硅烷、胺基硅烷、环氧硅烷等改性的有机硅材料），并应用于风化、酥碱的砖质文物中，使残损砖质文物得到了保护和加固。

（1）保护材料选择

选择了有机氟（氟氯油）、氟聚醚（异丙醚聚合物）、聚酯树脂、硅氧烷与硅烷混炼产品、有机硅及改性有机硅等 14 种材料，分别进行性能试验。其中 DB-1、DB-2、Wr-290、No-2、No-5、防水 3 号、甲基硅树脂、Barried B-72（B 型）、Barried B-72（C 型）、Si-97 为有机溶剂型材料；3M 3000W、KH-402-ESR、Barried B-72（A 型）、No-6 材料为水溶剂型高分子材料（表 16-8）。

表 16-8 试验所用的 14 种保护材料

类型	名称	固体含量	pH 值	类别
有机溶剂型	DB-1	未提供	5～6	有机氟(氟氯油)
	DB-2	未提供	5～6	有机氟(氟氯油)
	No-2	未提供	5～6	氟聚醚(异丙醚聚合物)
	No-5	未提供	5～6	氟聚醚(异丙醚聚合物)
	防水 3 号	未提供	≥5	有机硅
	甲基硅树脂	≥30%	6～7	有机硅
	Si-97	20%～30%	7	改性有机硅
	Barried B-72(B 型)	28%	7	聚酯树脂
	Barried B-72(C 型)	未提供	7	聚酯树脂
	Wr-290	未提供	7	硅烷及硅氧烷的复合体
水溶剂型	3M 3000W	15%～20%	7	硅氧烷与硅烷混炼的产品
	KH-402-ESR	32%	7	有机硅
	Barried B-72(A 型)	29.5%	7	聚酯树脂
	No-6	未提供	6	氟聚醚(异丙醚聚合物)

（2）涂膜性能测试及筛选

分别对样品进行涂膜耐水试验、涂膜耐酸试验、涂膜耐盐试验、涂膜耐热试验、涂膜耐紫外线老化试验等。首先对上述 14 种材料是否能够形成膜状物进行试验，并根据成膜状况对材料进行初步筛选。通过试验，发现 14 种材料中有 12 种材料可在室温下自然形成膜状物，而 No-2、No-6 这两种材料未能形成膜状物。

① 耐水试验　进行耐水试验时，将 12 种材料在室温环境下干燥固化的膜状物，分别浸入水中若干天（水温约 18℃左右），定期观察涂膜在水中浸泡后的变化情况并进行比较（见表 16-9）。从表 16-9 可看到 12 种材料中防水 3 号、甲基硅树脂、Si-97、Barried B-72（C 型）、3M 3000W、Wr-290 的耐水性能最好；其次是 KH-402-ESR 和 Barried B-72（A

型）；再次是 No-5 和 Barried B-72（B 型）；最差是 DB-1、DB-2。根据试验结果，决定留下 8 种防水性能较好的材料进行下一步试验。

表 16-9　涂膜浸泡后情况

材料名称	浸水三天(72h)	浸水七天(168h)	浸水十天后(240h)
DB-1	涂膜表层出现细小裂纹	涂膜表层除小裂纹外，部分处出现小气泡	出现裂纹和小气泡的涂膜表层边缘处与玻璃片脱离
DB-2	涂膜表层出现细小裂纹	涂膜表层有裂纹并出现小气泡	有裂纹、小气泡的涂膜表层边缘处与玻璃片脱离
No-5	涂膜无变化	涂膜表层部分处出现小气泡	涂膜表层有气泡、膜边缘的部分地方与玻璃片脱离
防水 3 号	涂膜无变化	涂膜无变化	涂膜无变化
甲基硅树脂	涂膜无变化	涂膜无变化	涂膜无变化
Si-97	涂膜无变化	涂膜无变化	涂膜无变化
Barried B-72(B 型)	涂膜无变化	涂膜局部略微发白	涂膜局部微发白、部分地方有细小裂纹
Barried B-72(C 型)	涂膜无变化	涂膜无变化	涂膜无变化
3M 3000W	涂膜无变化	涂膜无变化	涂膜无变化
KH-402-ESR	涂膜无变化	涂膜无变化	涂膜边缘处与玻璃片脱离、涂膜本身无变化
Wr-290	涂膜无变化	涂膜无变化	涂膜无变化
Barried B-72(A 型)	涂膜无变化	乳白色膜从玻璃片上整体脱离，膜自身无变化	脱离下的膜自身无变化

② 耐酸试验　将筛选出的耐水性能较好的 8 种材料的膜状物，分别采用 5%的硫酸溶液浸泡 120h，然后观察涂膜变化。结果发现上述 8 种材料的涂膜均未发生任何变化，都有较好的耐酸性能。

③ 耐盐试验　将上述 8 种材料分别采用 5%的硫酸钠溶液浸泡，进行耐盐试验。120h 后观察涂膜变化结果。从试验看，上述 8 种材料的涂膜均未发生任何变化，都有较好的耐盐性能。

④ 耐热试验　将上述 8 种材料分别进行涂膜耐热试验，将其置于 100℃的电热烘箱中干烘 120h，观察涂膜变化。结果 8 种涂膜既未发生颜色变化，也未出现龟裂、剥脱现象，都具有较好的耐热老化性能。

⑤ 耐紫外线老化试验　将上述 8 种材料分别进行耐紫外线老化试验。在置于紫外灯（功率 20W、波长 297nm）下照射约 600h 后，研究发现：除甲基硅树脂和 Si-97 的涂膜未发生黄变老化现象外，其他 6 种材料的涂膜均不同程度地变黄，出现老化现象。

从上面多种性能试验对比可以看出，14 种材料中，各方面性能均较为突出的是甲基硅树脂和 Si-97 材料。

(3) 加固试验及结果

对砖质文物进行加固保护，主要是根据砖体内部孔隙较疏松的状况，选择适宜的材料，以一定的浓度将其渗透到砖本身不很致密的结构中，利用材料本身所具备的黏结功能、憎水性能和反应后形成的网状结构，使处于疏松状态的砖体得到保护和加固。要求保护材料：具备憎水性、透气性、防酸、防盐、防污染以及一定的加固性和耐候性；能达到一定的渗透深度；使用后具有保持文物原貌的特点；老化后不产生负面作用，不对文物造成危害；具备重涂性能。在此要求的基础上，选择出已做过部分性能试验的 8 种材料和未能结膜的 No-2、No-6 材料，分别对砖体进行材料渗入加固试验、冻融试验、耐盐试验、老化试验、透气性试验、砖样接触角检测等试验。试验中选用修缮北京西山大觉寺的灰砖作为空白砖样，31 个砖样中吸水率最低为 20.21%，最高为 23.53%，平均值为 21.98%。

① 颜色变化　空白砖样经 No-6 处理后，砖的外观颜色变化较大；经甲基硅树脂处理后，外观颜色略有加深；经 No-2、Barried B-72（C 型）、Barried B-72（A 型）、Wr-290、防水 3 号处理后，外观颜色变化不大，在可接受范围；经 3M 3000W、KH-402-ESR、Si-97 处理后，砖的外观颜色未发生变化，属于理想材料。

② 水量变化　在采用不同加固材料对砖样进行涂刷后，对处理前和处理后的吸水量变化进行了比较，经 No-2、Barried B-72（A 型）、No-6、KH-402-ESR 涂刷处理后的砖，吸水量仅次于未经过处理的空白试块，防水效果不太理想；防水 3 号、Barried B-72（C 型）、Wr-290、3M 3000W 等处理过的砖，只在短时间内具有较好的防水效果；甲基硅树脂、Si-97 处理后的砖，在浸泡 48 小时后仍具有较理想的防水性能。

③ 材料渗透试验结果　试验时采用亚甲基蓝水溶液测试法判断材料渗透深度，结果表明：经 Si-97、甲基硅树脂、Barried B-72（C 型）、3M 3000W 等 4 种材料处理的砖，具有较好的渗透深度和较强的憎水性能。

根据以上几项试验结果，可以看出：No-2、No-6、KH-402-ESR、Barried B-72（A 型）这几种材料各方面性能均很一般。防水 3 号的吸水量试验及染色试验虽较上面几种材料强，但较其他几种材料要差。3M 3000W、Wr-290、Barried B-72（C 型）三种材料虽在超过 60min 之后的吸水量试验中表现一般、但防染色效果还好；甲基硅树脂除加固后使砖的颜色略有加深外、其余各项试验结果均较好。经试验对比，Si-97 材料在各方面性能均较突出。为此，决定从上面 10 种材料中淘汰掉试验效果不佳的五种材料，留下 3M 3000W、Wr-290、Si-97、Barried B-72（C 型）和甲基硅树脂这 5 种材料继续进行试验。

④ 冻融试验结果　将空白砖样和已加固砖样放置在同样环境中进行冻融试验。空白砖样在经过 70 次左右的循环后，砖表面开始酥粉、部分地方开始剥脱；在经过近 90 次的循环后，砖的表皮、棱角剥脱严重，并出现裂隙。经 3M 3000W 加固砖样在经过近 90 次的循环后，砖表层开始出现酥粉状况；经过近 100 次的循环后，砖的表皮及棱角部位剥蚀严重。经 Wr-290、Barried B-72（C 型）加固的砖样，在经过近 100 次的循环后，砖的表面开始酥粉；约 110 次循环后，砖表面及棱角部位剥蚀较严重。经甲基硅树脂和 Si-97 加固的砖样，在经过 130 次的循环后，仍未出现任何被破坏的迹象。上述试验结果表明，上面 5 种材料中 3M 3000W 的抗冻融效果最差；Wr-290 和 Barried B-72（C 型）的抗冻融效果稍好，甲基硅树脂和 Si-97 则具有较好的抗冻融性能。淘汰 3M 3000W，保留其他 4 种材料继续进行下一步试验。

⑤ 耐盐试验结果　将未空白砖样和经 4 种材料分别加固后的砖样，在同等条件下，采用 5%的硫酸钠水溶液进行耐盐试验。空白砖样在经过 11 次循环后，砖表面部分地方已开始酥粉、剥蚀；16 次循环后，砖体表面酥碱、剥蚀较前严重，部分地方出现小裂隙；21 次循环后，砖体表层剥脱严重、裂隙加大并破碎。经 Barried B-72（C 型）加固的砖样在经过 13 次循环后，砖表面的部分地方也开始酥粉；经过 18 次循环后，砖表面已剥蚀；23 次循环后，砖表面剥蚀严重。经过 Wr-290 加固的砖样在经过 15 次循环后，砖表面部分地方开始酥粉；经过 21 次循环后，砖表面酥粉、剥蚀；26 次循环后，砖表面剥脱较前严重。甲基硅树脂和 Si-97 加固的砖样，在经过 30 次循环后，仍未出现任何被破坏的迹象。试验结果表明：经过 Barried B-72（C 型）和 Wr-290 加固的砖样虽较空白砖样耐盐效果好，但不如甲基硅树脂和 Si-97 材料加固的砖样具有较好的抗盐破坏能力。

根据冻融试验和耐盐试验的结果，决定淘汰 Barried B-72（C 型）材料，保留其他 3 种材料继续进行试验。

⑥ 接触角测量及老化试验结果　对 3 种防水材料在砖表面的接触角进行了检测，同时对防水材料在进行老化试验后导致的接触角变化情况进行了比较，结果见表 16-10。

表 16-10　接触角的测定值及老化试验后接触角数据的变化情况

材料	接触角测定值/(°)	经酸处理后的接触角测定值/(°)		经碱处理后的接触角测定值/(°)		紫外线照射后的接触测定值/(°)		热老化 110h 后的接触角测定值/(°)
		24h	90h	24h	90h	164h	300h	
甲基硅树脂	121(6)	125(5)	128(5)	117(7)	104(7)	104(7)	93(5)	124(3)
Si-97	139(5)	128(5)	129(7)	124(7)	121(7)	121(11)	121(7)	129(7)
Wr-290	136(4)	137	137(5)	130	130(3)	表面吸水	表面吸水	136(5)

注：括号内是标准方差。

从表 16-10 的数据可以看出，在接触角的各项测定中，Wr-290 有较强的憎水性和较好的耐酸、耐碱、耐热老化等性能，但因防紫外线能力较差，故憎水作用明显减弱。甲基硅树脂与 Wr-290 相比虽在耐紫外线方面的能力要强些，但在接触角的各项测定中均较 Si-97 要差。三种材料相比较，Si-97 在防水、耐酸、耐碱、耐热老化及耐紫外线等各方面的性能均较理想，而且在涂刷处理后使文物保持原貌方面也较甲基硅树脂要强。为此淘汰 Wr-290 和甲基硅树脂，只保留 Si-97 这一种材料，并对它进行透气性试验。

⑦ 透气性试验结果　将砖试样放置在装有水的容器上，用密封带将其固定、密封。考虑到室内温湿度变化较大，故将它们放置在烘箱内。烘箱温度控制在 60℃±2℃（烘箱内的湿度可近似认为是 0），然后按时测定砖试样加固前、后的水汽透过量，并绘图显示透气性变化（图 16-21）。从图 16-21 中水汽透过量的变化曲线，可以看到虽然砖样在加固后水汽透过量较未加固前有所下降，但总体来说变化不大。由此说明 Si-97 材料具有较好的透气性。

经试验证明在上述 14 种材料中，筛选出的 Si-97 不但渗透性强，而且在防水、加固、防酸、防碱、防盐、耐热老化、耐紫外线等各方面都具备较理想的性能；此外它还具有良

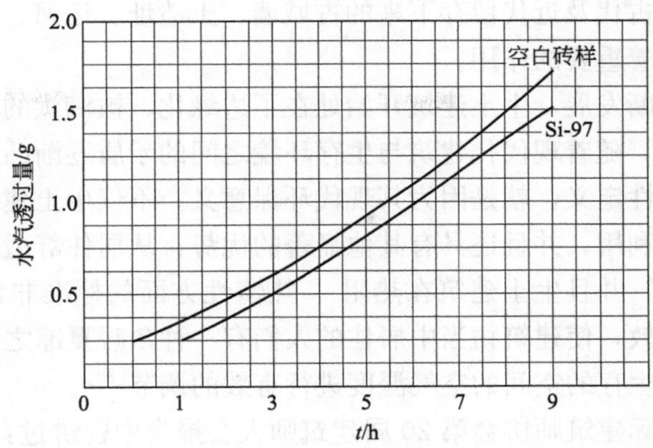

图 16-21　Si-97 处理后砖样与空白砖样透气性变化对照

好的透气性、老化后的重涂性以及处理后保持文物原貌等性能。

⑧ 户外应用试验及结果　为在户外环境下检验 Si-97 的保护效果，采用该材料对露天文物进行试验，先后对天坛斋宫南门处东、南、西等墙体和神库、宰牲亭、北具服台等处砖质文物进行了防风化保护，之后又对孔庙砖墙和团城演武厅东、南、西、北等方向的城墙、城垛等多处地方进行小面积露天试验，并定期对这几个试点进行跟踪检查。经观察，Si-97 处理过的砖与未涂刷材料的砖相比颜色没有发生变化、未出现光泼和膜状感。进行泼水试验或雨后观察时，涂刷过材料的砖因防水效果好，水呈珠状向下滚落；未涂刷过保护材料的砖在进行泼水试验时，水很快渗入砖体内部。风化砖面涂刷加固材料前，触摸时砖粉向下脱掉，涂刷材料后砖表面不再继续剥蚀，起到较好的加固作用。户外的若干试点在试验后的十年间进行了多次回访，保护效果均比较理想。实践证明该材料不仅能够保持文物原貌，而且具有较好的防水、防污染、抗冻融、防风化等保护砖质文物的功能。

16.5　有机硅偶联剂及其衍生物在土质类材料保护与改进中的应用

生土是人类最早使用的建筑材料之一，其历史可追溯到距今 8000 年前的新石器时期。生土建筑是各种建筑形式的始祖，遍布世界各地，世界约有 30% 的人口至今仍居住在多种生土建筑当中。生土建筑在我国拥有数千年的历史，据统计，目前全国仍居住在各类生土建筑中的人口至少有 1 亿[25]。生土建筑可以适应不同的气候，从严寒地区到夏热冬冷地区，从大陆性气候到海洋性气候，从干旱地区到湿热地区，都可见到生土建筑的身影，其建筑形式有窑洞、土坯建筑、夯土建筑等，其中超过一半为传统夯土建筑。一些古老的生土建筑已成为中华文明的见证和历史瑰宝，福建土楼和黄土窑洞就是我国生土建筑的典型代表。此外，还有古代及近代留存下来的古城墙、土遗址、运河、水渠、土坝等等，其中有许多至今仍发挥着重要的作用。

伴随着社会的不断发展，生土建筑开始处在了边缘化、被淘汰的状态中，逐渐演变成了贫困的代表。但是，随着现代化建筑与生存环境之间的矛盾逐渐凸显，生土建筑给予了自己一个全新的永恒性定义，就是因为其现代环保意义，不仅生土建筑施工材料资源获取容易，也能充分回收利用，并且还具有其他显著的优势：从居住舒适度来分析，生土建筑有着良好的热工性能，并且生土建筑在热阻 、热惰性方面的标准非常高，所以可达到十分显著的隔热保温成效，使建筑物当中居住的人们有一种冬暖夏凉之感；除此之外，生土建筑能够对我们赖以生存的空间的空气湿度进行有效的调节[26]。

吴良镛先生在国际建筑师协会第 20 届建筑师大会报告中曾讲过："面对大千世纪的环境危机……，如今可持续发展已经落实到诸多方面，并出现可喜的成果。建筑师对自然的认识加深，要求'设计结合自然'，……对历史上符合被动式节约能源的乡土建筑等进行再认识，再创造"。从建筑理论界到众多国家的建筑师、学者对中国的生土建筑、窑洞这一节约能源的乡土建筑，给予极大的关注并积极地再认识、再创造，生土建筑研究，在人类社会进入生态文明的今天，其意义更加深远。它已超出解决贫困地区的住房、改善窑居环境的研究，也不仅仅是对文化遗产的发掘与整理。今天生土建筑的研究是站在生态文明的社会层面上，以人居环境可持续发展为指导思想，把生土建筑纳入城乡生态系统，以创造符合生物圈良性循环的居住环境为目标的具有历史意义的神圣工作。在生态文明社会中，人们的绿色消费观念将导致住房观念的更新，生土建筑将重新被人重视。作为绿色建筑材料的"生土"，其应用领域将被拓展[27]。

当我们重新审视生土建筑时，就不得不提到生土建筑的现代化改造[26]。人们都知道，生土建筑的墙体非常容易受到水的侵蚀、强度大大降低，非常容易遭受风化作用（日照、雨雪、风沙、微生物等）的影响，其抗震性能也比较低，这些弊端极大地限制了生土建筑的发展。为此，怎样进一步改进生土建筑需要解决的主要问题是怎样来改进生土墙体，以促使以往落后的生土墙体得到有效的改进，更适合现代化居民的居住。通常，改进生土墙体方面通过两种途径来实现：①物理改进。夯筑生土的过程当中，在生土中会渗入一些植物纤维，这些植物纤维包含了竹筋、稻草等物质。②化学改性。化学改性指的是在融入到一些材料之后促使土粒子与试剂产生一定的化学反应，提升土的抗剪强度，改善土体的稳定性，这样便能够使得墙体的基本强度与耐久性得到显著的提高。生土自身具有的因地制宜、可循环利用、造价低、与环境的有效融合、就地取材等显著优势促使生土建筑逐渐演变为未来生态建筑的主要发展走向。我们应在生土建筑的结构体系、生土自身强度、生土建筑的抵御自然灾害能力，以及生土建筑的产业化诸多方面进行探索，生土建筑要以不断发展的科技手段使其走向现代化，使其与居住观念同步发展。

基于此，土质材料的保护和改进，不仅是为了保护文物古迹和传统建筑，对历史文化遗产的保护和传承，更是生态、环保、可持续发展的需要，倡导了生态文明价值观、绿色消费观念，是现代生态文明建设的重要实践。

16.5.1 土质类材料保护与改进的技术要点

与前面金属和砖石类材料保护不同的是，土质材料不仅可以使用保护材料通过表面进行渗透加固和表面封护保护，还可以将保护改性材料加入土中去，直接对土体进行改进，提高土的力学性能，提升土的工程应用能力，拓展土的应用范围。

当土作为结构性材料使用时，其力学性质是极为关键的。对土的力学特性研究，目前主要集中在五方面，即应力应变特性、强度特性、流变特性、湿化变形特性以及颗粒破碎特性、缩尺效应等[28]。强度特性和应力应变特性是重点关注和研究的问题。

土体之所以会发生破坏，主要是由于土体中的土颗粒是离散的且土颗粒在荷载作用下相对于颗粒破碎而言更容易发生滑移，从而引起岩土材料的破坏。因此，土体的强度就是土体中土颗粒抵抗土颗粒间相对滑移的能力，由于土体主要是在剪应力作用下破坏，所以，土的强度一般是指土的抗剪强度[29]。

土是由土颗粒、水和空气组成的三相混合体，在荷载作用下所表现出的复杂应力-应变关系是由加载方式（外因）和土的组构（内因）共同决定的。其加载方式主要与应力状态、应力历史、应力路径、持荷时间等因素有关，加载方式的不同，土所表现出的应力应变特性也不一样。土的应力应变特性除受加载方式影响外，还与颗粒大小、颗粒的力学特性、形状、排列、颗粒的聚集程度（密度）和三相组成比例等土的组构密切相关，具体表现为结构性、各向异性、非饱和特性和颗粒破碎特性等[30]。

要对土质建筑（工程）进行保护，以及对生土材料进行改性，就需要考虑土质和建筑（工程）的实际状况和环境，通过渗透加固、表面封护、添加改性等工艺，使土质材料内部发生的一系列物理化学反应，从而改变土质材料的原有结构和性质，达到增强土质材料耐久性和力学性能的目的。发展土质材料保护和改性技术，应全面考虑提升土质材料的力学性能、水稳定性、体积稳定性、耐候性（抗冻性、抗裂性和干湿循环等）、热工性能、复垦性（可再生性）以及经济性等等。

需要特别说明的是，在土质建筑（工程）的保护中，土质强度的提高应该是适度的，并非越高越好。比如，将一个多孔、松散的土遗址加固成像水泥、岩石一样的东西是不允许的。一般讲，文物加固只能适度，并不是越强越好。最佳的强度是加固后文物强度接近或者略高于原文物的强度。加固过度不仅会影响外观、质感，有时还会产生毁坏文物的副作用。如在一个风化的夯土墙上敷一层草泥比敷一层水泥砂浆牢固，因为水泥砂浆和风化夯土不易粘接在一起，会很快产生大块剥离。而草泥和风化夯土能黏合在一起，不容易产生剥离。从中可以看出进行土遗址加固保护时尽量选择与土体性能比较相近的，这是加固土遗址的一个很简单的科学依据[31]。其原则对于其他类型土质建筑（工程）的加固同样具有参考意义。

16.5.2 有机硅偶联剂及其衍生物在土质材料保护与改进中的具体应用

土质材料及建筑的保护，主要涉及历史遗存的各种土质房屋（如土房、土楼、窑洞等）、土遗址（如土城墙、土长城、土墓、土台基及其他留存遗址等）以及土质水利工程（如水坝、水渠、运河等），也包括目前仍应用较多的路基处理、坑洼回填、边坡加固、仿古建筑等现代工程领域。本节将主要介绍有机硅偶联剂及其衍生物在土质文物保护和材料改进方面的应用。

16.5.2.1　实例 1：复合有机硅偶联剂对夯土墙的保护试验

以甄广全、周伟强、甄刚等[32] 在联合国教科文组织、中国、日本三方合作开展的“大明宫含元殿遗址保护工程”中含元殿复原夯土墙保护试验为例，介绍复合有机硅偶联剂在露天土质构造物上的保护策略、保护材料选择及保护实施方法。

(1) 保护策略

含元殿的复原夯土墙是用混合石灰的黄土（灰土比为 3∶7）夯筑而成，属于土质构造物，在保护上可按露天土遗址对待。众所周知，露天土遗址的自然损毁，绝大部分是与水（主要是降水，包括雪）的破坏作用分不开的，特别是雨水的冲刷和冬天的融冻作用。因此，对于露天土质构造物的保护，主要在于防止上述水的破坏作用。

该项目研究从两个方面着手，一是需用渗透性好的有固结作用的无腐蚀副作用的化学材料，对其进行渗透加固处理；二是需用具有表面憎水作用，又能与土质有效结合的化学材料，对其进行表面憎水处理。

(2) 保护材料选择

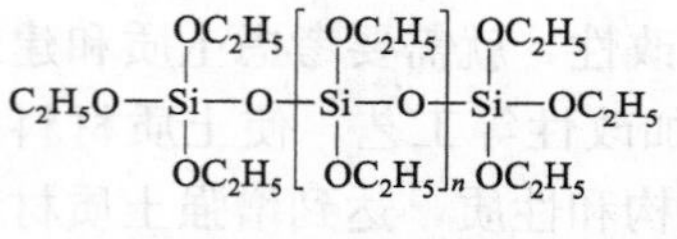

$$C_2H_5O-\underset{OC_2H_5}{\overset{OC_2H_5}{Si}}-O-\left[\underset{OC_2H_5}{\overset{OC_2H_5}{Si}}-O\right]_n-\underset{OC_2H_5}{\overset{OC_2H_5}{Si}}-OC_2H_5$$

图 16-22　弹性硅酸乙酯体低聚物结构示意图

① 渗透加固材料　对于土质材料的渗透加固，采用硅酸乙酯低聚物，它以有机态渗入多孔性的土质中，通过水解、缩合形成无机的硅氧四面体网络（化学成分为 SiO_2），形成胶结物并部分填充毛细管，从而起到加固作用。它与一般有机高分子材料相比，既无老化问题，又无完全封闭毛细孔通道影响物体“呼吸”的弊病，与无机的 PS（高模量 K_2SiO_3）材料相比，又不存在析盐和泛白现象。选用武汉大学开发的 WD-W02，是一种聚合度 n 为 2～7 的硅酸乙酯的低聚物（图 16-22），为无色透明液体，中性，溶于乙醇。同时选用氨基硅烷 WD-50 作为 W-W02 的交联固化剂。

② 表面憎水材料　国内外在文物的表面憎水保护材料研究和应用中，最为广泛的要数有机硅类材料。这是由于它们在化学结构上的特点，而具有适合这类材料文物保护的性能，与基材黏附牢固、憎水透气、耐候耐老化（聚合物主链—Si—O—Si—对紫外线也是稳定的），其中甲基三甲氧基硅烷和甲基三乙氧基硅烷在我国有着较为成功的应用而受到推荐。

这类化合物，从结构性能关系上看可分成两部分，一部分是保护基因，此为碳链 R，另一部分是结合基团，在此为—Si（OCH_3）$_3$，是与基材发生成膜作用的部分，它通过水解、缩合而与基材结合，同时相互交联而形成网络。研究表明，这类化合物随着保护基团碳链的增长，有利于憎水膜中相邻 R 基的敛集作用，有利于 R 基垂直定向、紧密排列和堆砌，也能更充分地发挥相邻 R 基之间的疏水化作用。同时，R 基团的增长也增加了膜层的厚度。总之，保护基团碳链增长将使水分子向膜层内部扩散造成困难，从而增加了膜层的化学稳定性。通常把碳原子数达到 8 的 R 基团称为长链烷基。武汉大学开发的 WD-10 是一种长链烷基三甲氧基硅烷，其烷基 R 的碳原子数为 12，是甲基三甲氧基硅烷的同系物，基本保护性能相近，因为碳链长的缘故，其膜层的化学稳定性更佳，因而保护性能也更好。同时选用氨基硅烷 WD-50 作为 WD-10 的交联促进剂。

（3）保护试验

① 配置处理液　A 处理液为 WD-W02：WD-10：WD-50＝89：10：1，B 处理液为 WD-W02：WD-50＝99：1。

② 选取试验区域　选取西南角和西北角两块，清除夯筑虚土和表面浮土。

③ 淋注处理　西南角夯土试验块用 A 处理液淋注四遍，西北角夯土试验块用 B 处理液淋注三遍，再用 A 和 B 混合处理液淋注一遍。

（4）试验结果

试验处理 4 个月后，到现场进行检查，结果如下。

① 试验块土质有足够强度，可经受人手指的压、刮破坏。借助之前试验的抗压强度对比测试数据作参考：空白对照为 0.11MPa，经 100％WD-W02 处理为 0.57MPa，经 90％WD-W02＋10％WD-10 处理为 0.53MPa。

② 试验块具有明显的“自洁”性，也就是试验块上表面和两侧面都比未处理处要干净。由于雨水充沛，试验块以外的地方开始长草。试验夯土块在下雨时不易吸水，易于干燥并保持，从而使青苔至草类等植物不易滋生。

③ 西南角试验块出现裂纹，西北角试验块完好如初。对比之下，采用西北角试验块处理方式是恰当的，这种方式除了确保了加固与憎水的性能要求外，具有整体的坚实性。

④ 从西南角试验块掰下的残块断面做憎水试验，渗透深度为 3cm，且残块具有内在的憎水性。

16.5.2.2　实例 2：有机硅偶联剂及其衍生物对潮湿环境下土遗址的加固保护

以王有为、李国庆等[33] 对福建昙石山土遗址进行的本体加固保护为例，介绍有机硅偶联剂及其衍生物对潮湿环境下土遗址加固保护的应用。

长期以来，关于潮湿环境下土遗址加固保护的适用材料问题一直是困扰我国文物保护和考古界的难点，至今尚没有成熟的规范可以参考。福建昙石山遗址作为我国东南沿海地区典型潮湿环境下的土遗址，近年来在遗址本体加固保护过程中，通过大量的室内和现场局部试验，选取了可用于潮湿环境下昙石山遗址的本体加固保护材料，这对推进我国潮湿环境下土遗址保护工作的全面发展无疑也是一次有益的尝试和探索。

（1）病害分析

① 土遗址矿物成分　昙石山土遗址的主要矿物组成有：高岭石 40％，石英约 40％，其余 20％为钠蒙脱石、伊利石、钾长石等，土壤中高岭石和蒙脱石的含量均较高，遇水之后容易产生裂缝、沉降、坍塌。

② 主要病害　昙石山遗址本体主要病害有裂隙发育，局部土体开裂、风化，块状剥

落，霉菌、地衣、苔藓等微生物滋生，局部边坡垮塌等，这些病害的存在对遗址的长期保存构成了较大威胁，尤其是局部开裂及崩塌，将直接导致历史信息的破坏和丢失，也将影响遗址的展示效果，降低遗址展示应有的社会效益。同时，遗址区局部地势低洼处还伴有间歇性渗水现象，水对遗址本体的破坏作用是致命的，并且也是其他一切破坏作用的媒介。

(2) 材料选取

针对县石山遗址土体现场加固工程需要，首先对遗址现场所取土样进行了前期加固试验研究，并进行了物理、化学等性能测试，同时选取土遗址加固保护材料（表 16-11），进行性能对比和筛选。

表 16-11　各种加固剂材料情况

保护剂类型	编号/名称	主要成分
硅氧烷为基础成分的渗透型加固剂	BYG1001 加固剂	基本成分为正硅酸乙酯及其低聚物
	BYG1002 加固剂	主要成分为含有乙氧基团的聚硅酸乙酯的混合物
	BYG1008 加固剂	基本成分为长链烷基、烷氧基硅烷小分子
	BYG0302 加固剂	基本成分为含羟基硅氧烷
无机钾盐为基础成分的渗透型加固剂	PS 材料	主要成分为高模数硅酸钾
	BYG1009 加固剂	无机-有机改性，主要成分为水玻璃和硅氧烷共聚物

(3) 保护试验及测试表征

统一采用现场的原状土块经切割后作样块，使加固及未加固空白试样具有相同的初始状态和力学性质，以增强试验结果的可比性。应用试验的施工方式是：以滴注或连续喷洒三次加固剂的方式处理样块。经过一定的时间后，进行测试和表征。

① 无侧限抗压强度（参照标准 SL237-020—1999）　加固方法采用滴注渗透，对土试样采取三次加固，加固后在室内养护一个月。采用 WE-30 型液压式万能材料试验机测试其无侧限抗压强度。

由表 16-12 可以看出：加固后原状土的抗压强度较空白都有较明显提高。加固效果按强弱比较排列如下：BYG1008，BYG1002，BYG1009，BYG0302，PS，BYG1001，其中 BYG1008 加固效果最佳，强度提高一倍多，其他加固剂的加固程度都比较适中，且 BYG1001、BYG0302 仅发生边角开裂，整体性保持较好。按照土遗址文物的加固保护原则，要求所选的加固剂强度不宜过大，否则会在加固与内层未加固交接界面上形成断层。

表 16-12　各加固剂加固前后土的无侧限抗压强度试验

试验特性	空白	BYG1009	BYG1008	BYG1002	BYG1001	BYG0302	PS
无侧限抗度/kPa	0.604	0.927	1.315	0.934	0.676	0.703	0.682
试验现象	边角裂	边角、中间裂	中间裂	边角、中间裂	边角裂	边角裂	边角、中间裂

② 渗透性（参照标准 SL237-014—1999）　称好土重，再掺入一定量的加固剂拌和均匀，装入环刀，放置室内自然养护至干，采用南 55 型渗透仪测定加固土的渗透性。

表 16-13 结果表明，原状土经过加固后，其渗透性变化很小，BYG1002 不但没有降低，反而略有加大。加固 3 次比加固 1 次的渗透性降低更多，但幅度都不大。尽管加固剂降低了土的渗透能力，但没有阻塞土中的孔隙和毛细管，土体仍具有良好的透气和渗透性，易于排水排气，不会发生破坏，尤其是对于潮湿环境下的土遗址保护更具有积极效果。

表 16-13 各加固剂加固后土的渗透系数

加固次数	空白	BYG1009	BYG1008	BYG1002	BYG1001	BYG0302	PS
1	5.725×10^{-6}	3.852×10^{-6}	4.214×10^{-6}	5.962×10^{-6}	5.721×10^{-6}	4.816×10^{-6}	4.978×10^{-6}
3		3.230×10^{-6}	3.599×10^{-6}	5.108×10^{-6}	4.998×10^{-4}	4.025×10^{-6}	4.315×10^{-4}

③ 抗冻融　土样块尺寸为 20mm×20mm×20mm，将加固后的试样烘干，称重。加入定量的水密封保存，使其充分浸湿，含水量约为 15%，放入冰箱（−10℃±0.5℃）冷冻 4h 后，取出后在保温器（16℃±1℃）融化 4h 为一个冻融循环。试验达到要求的冻融循环次数后，将试样放入烘箱烘干，测其干质量和抗压强度，并计算质量损失和强度损失。

表 16-14 试验结果表明，BYG1002 材料的冻融质量损失率最小，冻融强度损失率也最小，经过 10 次冻融循环后试样都能保持其完整性，说明此材料抗冻性能比较强。BYG1008 的冻融质量损失率最大，且冻融强度损失率也最大。

表 16-14 各加固剂加固前后的冻融试验 10 个循环结果

测试项目	空白	BYG1009	BYG1008	BYG1002	BYG1001	BYG0302	PS
冻融质量损失率/%	−3.87	−2.04	−23.26	−1.90	−20.12	−15.63	−1.20
冻融后抗压强度/kPa	0.323	0.298	0.486	0.231	0.457	0.416	0.245
冻融强度损失率/%	−5.123	−3.571	−10.421	−3.254	−7.865	−7.141	−3.125
备注	第 2 个循环产生小裂纹	第 3 个循环产生小裂纹	第 4 循环产生小裂纹	完整	第 4 个循环产生小裂纹	第 3 个循环产生小裂纹	第 5 个循环产生小裂纹

注：冻融质量损失率偏差小于 0.1%，冻融后抗压强度标准偏差 S≤0.005KPa，冻融强度损失率偏差小于 0.01%。

④ 加固剂处理试样的渗透深度　样块为 100mm×100mm×40mm 的长方体，3 个一组平行。方法是将样品放入烘箱（105℃±2℃）干燥 48h，取出干燥器冷却至室温。用加固剂处理试样，养护一周。再将样块截断，用卡尺测量。测量结果为渗透深度。

由表 16-15 可以看出，采用浸泡处理方式比滴注处理的渗透深度高，基本都达到 4～7cm。

表 16-15 各加固剂加固后土的渗透深度

加固剂	BYG1009	BYG1008	BYG1002	BYG1001	BYG0302	PS	备注
滴注法深度	4.80	5.51	4.89	3.71	3.35	4.92	滴注 3 次
浸泡法深度	7.21	7.48	7.17	5.43	4.12	5.67	浸泡 15min

⑤ 处理试样的色差变化　目测，试样尺寸为 20mm×20mm×20mm 的样块 3 个一组，将样品放入烘箱（105℃±2℃）干燥 48h，取出干燥器冷却至室温，以肉眼观察其颜色变化，以判定处理前后色差的变化。

由表 16-16 可以看出，除了 BYG1008、BYG1002 及 BYG0302 稍有色差外，其他加固剂基本没色差，加固后土体的质感和颜色与原土体基本保持一致。

表 16-16　各加固剂加固前后目测的土的颜色变化

加固剂	BYG1009	BYG1008	BYG1002	BYG1001	BYG0302	PS	备注
颜色变化	无色差	稍有加深	稍有加深	无色差	稍有加深	无色差	养护 15 天

⑥ 处理试样的重量变化　试样为 20mm×20mm×20mm 的样块，3 个一组。首先，将样品放入烘箱（105℃±2℃）干燥 48h，取出干燥器冷却至室温。其次，用电子天平测定试样的质量 m_0，再用加固剂处理试样，养护 4 周，重测试样的质量 m_1。最后，按公式计算质量变化 $M\%=(m_1-m_0)/m_0$。

由表 16-17 可看出，加固剂 BYG1008 的吸收量最大，固化效果最好。

表 16-17　各加固剂加固前后土的质量变化率（标准偏差≤0.1%）

加固剂	BYG1009	BYG1008	BYG1002	BYG1001	BYG0302	PS	备注
质量变化率/%	1.93	2.29	2.21	1.89	1.95	2.01	养护 21 天

⑦ 耐老化试验　试样为 20mm×20mm×20mm 的样块，3 个一组。将加固处理样块和空白样块置于耐老化试验箱中，采用紫外线模拟日照间断辐照方式测试。试样表面空间温度 45℃±2℃，恒温照射 300h 后，测其抗压强度。

由表 16-18 可以看出经 300h 老化后，加固样的强度稍微有所降低，但强度损失率都很小。损失最大的是 BYG1002，损失最小的是 PS 材料。损失率越小说明加固材料的抗老化性能越好。

表 16-18　各加固剂加固后土的耐老化试验

试验结果	空白	BYG1009	BYG1008	BYG1002	BYG1001	BYG0302	PS
辐照时间/h		300	300	300	300	300	300
强度损失率/% (标准偏差≤0.1)		−8.18	−7.25	−8.45	−4.26	−7.22	−4.07
颜色变化		无	无	无	无	无	无

⑧ 抗崩解试验（参照标准 SL237-008—1999）　取加固或未加固空白土块 50～100g，放入清水中的铁丝网上开始计时，记录开始崩解时间，并观察其在崩解过程中的现象，至完全崩解。铁丝网上若有残留物，烘干后称其质量。

由表 16-19 可以看出未加固试样放入后立刻开始崩解，崩解为 5～120s，崩解量高达 100%，完全崩解。而经加固剂处理后的所有试样开始崩解的时间都有所延长，抗崩解能力明显增加。其中 BYG1008 的耐水性最强，三个月以后才完全崩解，而且崩解量只有

2.45%，基本保持原形，只是裂纹贯通。其他各加固剂的耐水性由强至弱依次排列如下：BYG1009，BYG1002，PS，BYG0302，BYG1001。

表 16-19　各加固剂加固前后土的崩解试验

崩解特性	空白	BYG1009	BYG1008	BYG1002	BYG1001	BYG0302	PS
崩解最终时间	55s	45h	34d	76h	120s	120s	300s
崩解最终时间	120s	15d	71d	15d	1h	1.5h	3h
崩解量/%	100	20.16	2.45	27.42	47.56	50.12	38.15
最终崩解状态	完全崩解呈泥状	崩解为 2cm 块状	裂纹贯通	崩解为 2cm 块状	泥状夹碎块	泥状夹碎块	厚约为 1cm 块状表皮

⑨ 耐冲刷试验　采用 QFS-A 型涂层耐洗刷性测定仪测其耐冲刷试验。将加固和空白样块并排固定，调节刷子与样块之间的同一水平高度，使刷子能充分摩擦样块表面。试验采用连续来回洗刷样块，测单位面积的质量损失量。一个来回计一个循环，总共进行 5000 个循环。

由表 16-20 可以看出，空白试样耐冲刷性能比较差，单位面积的质量损失为 5.45%。而经过加固处理后的试样其耐冲刷性能都有较明显提高，这与前面表 16-12 的抗压强度的试验结果基本相一致。

表 16-20　各加固剂加固前后土的耐刷洗试验

质量损失	空白	BYG1009	BYG1008	BYG1002	BYG1001	BYG0302	PS
试验后质量损失率/%	5.45	0.83	0.52	0.92	1.91	2.32	1.87
单位面积质量损失/($g \cdot m^{-2}$)	32.94	8.27	3.70	8.48	20.56	25.03	20.32

⑩ 空白试样及处理试样的微观形貌。试样为 10～20mm 边长截面试样，空白和处理样各 1 个。将样品放入烘箱（105℃±2℃）干燥 48h，取出干燥器冷却至室温。然后用加固剂处理试样，养护 4 周。再对试样喷金，然后用电镜观察空白和处理样的微观结构，确定孔隙状况，保护材料结合情况，并根据电镜照片对状况进行描述。

选择空白样与加固剂 BYG1002 和 BYG1008 加固后的试样对比。从不同放大倍数的 SEM 电镜照片可以看出，空白样土体呈松散的片状。而加固后的土体在片状结构空隙之间分布有晶状胶结物，颗粒间紧密堆积，在颗粒间有均匀分布的新的类似膜层的物质，其中有些胶结物包裹在片状土结构表面，并且与空隙间的有机物连接起来，形成一个有机整体。

（4）结论

综合抗压强度、抗崩解能力、耐冻融、渗透性、耐磨损冲刷及耐老化等性能测试结果表明，BYG1008、BYG1002 及 BYG1009 可用于潮湿环境下昙石山土遗址土体的加固。其中尽管 BYG1008 的抗冻融性能较差，但南方冰雪天气较少，可以不考虑。而 BYG1001、

BYG0302、PS不太适合昙石山潮湿环境下的土遗址土体加固。

自 2012 年 10 月昙石山遗址本体保护工程正式启动以来，从对遗址本体进行加固保护后的效果看，各项指标均基本正常，应用性能较好，有望进一步推广使用。

16.6 有机硅偶联剂及其衍生物在混凝土保护中的应用

混凝土是指由胶凝材料将骨料胶结成整体的工程复合材料的统称。通常意义上讲的混凝土是指用水泥作为胶凝材料，以砂、石作骨料，与水（可含外加剂和掺合料）按一定比例配合，经搅拌而得的水泥混凝土。

自 19 世纪混凝土发明和钢筋混凝土得到应用以来，水泥混凝土已经成为世界上使用量最大、应用最广泛的建筑材料[34]。它不仅被广泛地用于房屋建筑、公路、桥梁、隧道、水利设施等基础设施上，而且广泛应用于海洋开发、地热工程、原子能工程和宇宙开发等特殊工程中[35]。截至 2015 年，我国水泥产量约 24 亿吨（占全球约 60%），商品混凝土的产量约 16.4 亿立方米，居世界第一位。混凝土在我国基本建设中占有重要的地位，工业与民用建筑、道路交通、给水与排水工程、水利工程、地下工程以及国防建设等都广泛地应用着混凝土，很大程度上影响着人们的生产生活。

由于混凝土本身的特点以及环境的影响，混凝土构筑物长期经受外部介质的强烈作用，导致耐久性不足，大量混凝土材料修建的设施过早地损坏，造成巨大的经济和社会损失，混凝土的耐久性成为当前国际工程界关注的重大课题[2]。土建基础设施工程劣化损坏带来的损失占到世界主要国家 GDP 的比例高达 1.5%～4%，其中主要是混凝土结构腐蚀造成的。我国自 19 世纪后期开始使用水泥及混凝土用于建筑，如今混凝土建筑及构筑物已是星罗棋布、数不胜数，这些近现代混凝土建筑不仅具有极大的经济价值和实用意义，也具有重要的历史、文化、艺术和技术价值，因此，采用科学的手段从各个角度对其进行有效保护显得十分必要。

16.6.1 混凝土保护技术要点

混凝土主要是水、水泥、外加剂与骨料等结合在一起的混合物，其形成过程是水与水泥形成凝胶体将骨料结合为一体的过程。混凝土的性能主要取决于骨料、胶凝体的性能及各原材料的配合比。在各种因素中，混凝土的胶凝材料起着很重要的作用，它影响着混凝土的整体性能。混凝土胶凝材料的作用原理主要是水泥的水化反应[36]。普通水泥熟料主要是由硅酸三钙（$3CaO \cdot SiO_2$）、硅酸二钙（β-$2CaO \cdot SiO_2$）、铝酸三钙（$3CaO \cdot Al_2O_3$）和铁铝酸四钙（$4CaO \cdot Al_2O_3 \cdot Fe_2O_3$）四种矿物组成的。水泥与水拌合后，这四种主要熟料矿物与水反应，反应生成物主要是氢氧化钙和硅酸钙、铝酸钙、铁酸钙水化物。水泥的凝胶体系呈碱性，在酸性环境或失水严重情况下会破坏凝胶体系，影响混凝土的整体性能。此外，由于混凝土原材料都是无机材料，其气密性不好，体系中会分布很多毛细孔。毛细孔的存在使得水、CO_2 很容易渗入混凝土体系内部，使混凝土碳化或内部钢筋锈蚀，进而造成混凝土疏松，降低了其力学性能。

混凝土的破坏除了原材料选择不当、配合比设计不合理、施工操作不规范、养护不到位及自然灾害对混凝土造成的破坏外，环境因素对混凝土造成的疲劳破坏也是一个不容忽视的关键因素。环境因素在短时间内对混凝土破坏程度很小，甚至可以忽略不计，但随着时间的增长对混凝土的破坏程度会越来越大。工程建设期一般都历时很长时间，建成后更是长期运行。因此，针对环境破坏因素，我们应该引起重视，并采用相应的材料对混凝土加以保护。破坏混凝土的环境因素主要有磨损、物理因素和化学介质腐蚀造成的破坏。磨损包括机械磨损和冲刷及气蚀作用造成的磨损；物理因素造成的破坏主要包括干湿交替、冷热交替、冻融交替引起的体积胀缩效应进而导致混凝土剥落，高温引起的凝胶体系破坏使混凝土本身自聚能力下降，水、CO_2 及氯离子等物质的渗入导致混凝土碳化、其内部钢筋的锈蚀等。化学介质腐蚀主要是指长期处于特定的化学介质中或交替变换的化学介质中使混凝土本体被腐蚀破坏。

以水利工程基础设施为例，了解混凝土构筑物老化病害的基本情况。水利工程基础设施老化病害普遍存在，归纳起来主要由裂缝、碳化、冻融冻胀、渗漏和溶蚀、冲磨和空蚀、水质侵蚀六大类。各个工程由于自身因素和工作条件的差异，遭受这几类病害的危害程度有所不同，各病害对不同工程危害性也不一样[2]。

① 裂缝　是水工混凝土建筑物最常见的病害之一，列各类病害之首。混凝土裂缝危害性体现在：对结构强度和稳定性的危害，对建筑物使用功能的危害，对结构整体性的危害。

② 碳化　是水工混凝土的一个常见有碍的耐久性现象。混凝土的碳化，是空气中 CO_2 气体不断沿着含不饱和水的混凝土毛细孔渗入混凝土中，与孔隙中的 $Ca(OH)_2$ 反应生成 $CaCO_3$ 的过程，属于化学性病害。碳化不仅引起钢筋锈蚀而造成局部损坏，还有可能危及轻型坝的稳定安全。

③ 冻融冻胀破坏　混凝土冻融冻胀破坏是一种物理性破坏，一般认为，在温度正负交替过程中，在混凝土微孔中，水结冰过程体积的膨胀产生冻胀压力，低温水迁移产生渗透压力，两者形成的拉应力超过混凝土的抗拉强度时，混凝土即遭受破坏。

④ 渗漏和溶蚀　混凝土建筑物渗漏可能引起内部压力升高，加速受力钢筋的锈蚀，还将引起混凝土内氢氧化钙的溶蚀析出，会增大坝体压力、加速轻型坝受力钢筋的锈蚀、产生溶蚀危害。

⑤ 冲磨和空蚀　多泥沙河流所含的细颗粒悬移质（主要为高硬度的石英）与高速水流一起运动时磨蚀破坏严重，山区河流挟带风化岩石以滚动、滑动和跳跃方式运动，其破坏力较悬移质更大。高速含沙水流对建筑物的冲磨和空蚀破坏，常常是交替而又相互促进的。

⑥ 水质侵蚀　环境水质对混凝土建筑物的危害对有些工程危害程度很严重，如地下水硫酸盐化学侵蚀是一个突出的问题。当硫酸盐（Na_2SO_4）与混凝土中的 $Ca(OH)_2$ 反

应生成 $CaSO_4$ 时，产生第一次体积膨胀，$CaSO_4$ 又与混凝土中的 $C_3A(3CaO \cdot Al_2O_3)$ 反应生成硫铝酸钙，产生第二次体积膨胀，巨大的膨胀应力导致混凝土胀裂、变酥，甚至成粉末状。

针对混凝土存在的病害问题及不同影响因素，需要采取合适的技术手段和措施加以解决，以提高混凝土的耐久性。提高混凝土耐久性的措施很多，主要分为“内”和“外”两大类[37]。“内”是指从混凝土材料本身出发所采取的措施，包括混凝土的配方设计（如水泥与骨料的品种规格、外加剂与掺和料）和配合比，混凝土钢筋保护材料，以及加入合适的改性材料并考虑其与上述材料的适应性等；“外”是指针对混凝土结构所处的环境采取的强化、保护和修补措施，如在混凝土表面使用憎水材料及其他各种保护材料等。

以庞启财提出的对混凝土表面涂料性能要求[38]为参考，混凝土保护材料需要考虑以下基本技术性能要求：①耐碱性。混凝土的 pH 值在 12～13，用于混凝土的保护或改性材料须具有良好的耐碱性。②渗透性。用于混凝土表面的保护材料渗透性能相当重要，它可以保证良好的附着力以及抵御外界侵蚀的能力。③柔软性和延展性。混凝土具有一定的柔软性和延展性，用于混凝土的材料也必须有一定的柔软性和延展性，才能适应混凝土的收缩和膨胀。④附着力。用于混凝土表面保护材料的附着力性能与用于钢铁表面的涂层不同，由于混凝土可能处于潮湿环境，涂料必须具有很好的渗透性和润湿性来牢牢地附着在混凝土表面。而且，涂层必须有能力抵抗来自于背面的水压，以防止涂膜起泡。⑤耐磨性。对于有摩擦情况的混凝土表面，保护材料必须具有很好的耐磨性。⑥水气渗透性。混凝土表面的保护层必须具有良好的抗水气渗透性。混凝土总有可能含有一定的水分，如果水分存在于保护层与混凝土之间，保护层就会剥落或起泡，所以保护材料还需要具有一定的呼吸性能，可以让水气通过，但不能让液态水通过。⑦合适的保护层厚度。混凝土表面的保护涂层需要达到一定的厚度，才可以克服混凝土表面的不规则性和可能产生的涂层缺陷，比如合适的保护层厚度可以有效消除细小的收缩裂纹，抵抗内应力等。⑧提高混凝土耐久性的各项性能指标。如：吸水率、抗碳化、抗氯离子、抗硫酸盐、抗冻等等。

16.6.2 有机硅偶联剂及其衍生物在混凝土保护中的具体应用

为阻止或减少外界有害因素对混凝土的侵蚀破坏，最近几十年来，业内工程技术和研究人员围绕提高混凝土耐久性开展了系列的防护材料及防护技术的研究。目前混凝土防护常用的材料及技术主要有表面涂层、硅烷浸渍、改性剂、阻锈剂、环氧涂层钢筋、FRP（纤维增强复合材料）筋、透水模板以及阴极保护技术等[2]。有机硅偶联剂及其衍生物由于其在材料类型、性能特性和应用工艺上的优势，在上述混凝土防护材料和技术中已经得到很好的应用和验证。

16.6.2.1 实例 1：膏体硅烷在高性能混凝土保护工程中的应用

以苏海防等[39]在深圳大铲湾集装箱码头一期工程预制沉箱的工程应用为例，介绍膏体硅烷浸渍剂在密实性能较高的高性能混凝土中的保护性能。从中，可以了解膏体硅烷与普通硅烷浸渍剂的保护性能差异，硅烷膏体的应用方法，以及在高性能混凝土保护工程实际应用中的优势特点。

（1）材料选择

选用 SHJS-5201 膏体硅烷，普通异丁基三乙氧基硅烷液体硅烷，异辛基三乙氧基硅烷液体硅烷三种硅烷产品进行测试。三种硅烷产品的主要性能见表 16-21。

表 16-21　硅烷产品主要性能表

名称	主要组分	外观	硅烷含量/%	闪点/℃
SHJS-5201(异辛基)膏体硅烷	无溶剂异辛基三乙氧基硅烷	白色青膏	80	74
isobutyl(异丁基)硅烷	有溶剂异丁基三乙氧基硅烷	透明液体	20	25
isooctyl(异辛基)硅烷	无溶剂异辛基三乙氧基硅烷	无色透明液体	100	69

（2）保护试验及测试

试验采用深圳大铲湾集装箱码头一期工程预制沉箱使用的 C40 高性能混凝土，参照《海港工程混凝土结构防腐蚀技术规范》（JTJ 275—2000）中附录 E　混凝土硅烷浸渍施工工艺及测试方法进行。

本次试验共制作 6 件试件，编号分别为 SY-1、SY-2、SY-3、SY-4、SY-5、SY-6。试件尺寸为 1000mm×750mm×400mm，中间布置钢筋网，布筋及厚度尺寸与本工程预制沉箱相同。试件按选定养护方法养护后，对试件表面用砂布打磨，彻底除去表面附着物，然后用淡水清洗干净。硅烷浸渍前试件表面必须保持在面干状态，表面含水率应小于 8%。硅烷浸渍涂覆按各生产厂家推荐的方法进行。三种硅烷浸渍涂覆结果见表 16-22。

表 16-22　C40 高性能混凝土试件硅烷浸渍涂覆结果

编号	养护方式	材料选用	涂覆道数	每道用量	总用量/(mL/m^2)
SY-1	淋水养护 10d,表面自然干燥后硅烷浸渍	SHJS-5201	1	300g/m^2	333
SY-2	淋水养护 10d,表面自然干燥后硅烷浸渍	isobutyl	2	150mL/m^2	300
SY-3	淋水养护 10d,表面自然干燥后硅烷浸渍	isooctyl	1	300mL/m^2	600
SY-4	养护剂养护 10d,表面自然干燥后硅烷浸渍	SHJS-5201	1	300g/m^2	333
SY-5	养护剂养护 10d,表面自然干燥后硅烷浸渍	isobutyl	2	150mL/m^2	330
SY-6	混凝土浇注第二天脱模,待混凝土面干后进行硅烷浸渍,浸渍剂面干后采用养护剂养护	SHJS-5201	1	300g/m^2	333

混凝土试件经硅烷浸渍涂覆完成后，在自然条件养护 7 天，然后使用混凝土取芯设备，按《海港工程混凝土结构防腐蚀技术规范》（JTJ 275—2000）的规定要求，每种硅烷钻取 9 件 Φ100mm 芯样，进行渗透深度、氯化物吸收量降低效果和吸水率性能测试，结果见表 16-23。

表 16-23　C40 高性能混凝土试件浸渍硅烷性能测试结果

编号	材料选用	浸渍总用量/(mL/m^2)	渗透深度(染色法)/mm	氯化物吸收量降低效果/%	吸水率/(mm/min$^{0.5}$)
SY-1	SHJS-5201	333	4.6	95	0.0070
SY-2	isobutyl	300	1.8	94	0.0132
SY-3	isooctyl	600	3.5	95	0.0068
SY-4	SHJS-5201	333	3.5	96	0.0054
SY-5	isobutyl	300	1.2	94	0.0066
SY-6	SHJS-5201	333	2.9	96	0.0031

（3）结果及分析

① 硅烷在高性能混凝土中的渗透深度　表 16-23 试验结果表明：SHJS-5201、isooctyl 两种无溶剂的硅烷（异辛基），在 C40 高性能混凝土中的渗透深度分别为 4.6mm 和 3.5mm，满足规范要求浸渍深度应达到 3～4mm 的验收要求；isobutyl 硅烷（异丁基）浸渍剂的渗透深度为 1.2～1.8mm，达不到规范要求的浸渍深度。

② 硅烷浸渍高性能混凝土氯化物吸收量降低效果　验结果表明，在采用淋水养护或养护剂养护的 C40 高性能混凝土试件上进行硅烷浸渍，三种硅烷产品在不同用量的浸渍情况下，氯化物吸收量降低效果都能达到 90%以上，满足现行规范（JTJ 275—2000）对硅烷产品浸渍的规定要求。

③ 硅烷浸渍高性能混凝土吸水率　从表 16-23 的试验结果可见，除了淋水养护的 C40 高性能混凝土（编号 SY-2）使用 isobutyl 硅烷（异丁基）浸渍剂试件外，其他 5 组试件硅烷浸渍剂后均具有很低的吸水率，达到现行规范的规定要求。同时，养护剂养护的试件比淋水养护的试件吸水率更低。

（4）工程应用

确定选用 SHJS-5201 膏体硅烷在深圳大铲湾集装箱码头一期工程预制沉箱硅烷浸渍保护工程中应用，实施膏体硅烷浸渍保护的面积约 3000m^2。经现场取芯抽检测试，保护效果检测值完全满足《海港工程混凝土结构防腐蚀技术规范》（JTJ 275—2000）的规定要求。工程实际应用表明，膏体硅烷特有的触变性、不流淌特点，克服了液状硅烷活性组分容易在垂直的表面上流失的缺点，能够使硅烷活性组分更容易渗透深入高性能混凝土表层，与混凝土形成一道硅树脂防护层。膏体硅烷的渗透深度和氯化物吸收量降低效果均优于液态硅烷，其对高性能混凝土保护效果最佳。而且，膏体硅烷只需喷涂一道，明显地提高了施工效率，减少了施工损耗，避免了环境污染。喷涂膏体硅烷是提高海港码头、跨海大桥等海工混凝土结构耐久性的有效防腐措施之一。

16.6.2.2　实例 2：内掺硅烷对混凝土改性的性能研究

以刘杰胜[40] 采用有机硅偶联剂内掺方式改性水泥混凝土为例，介绍有机硅聚合物防水混凝土的制备，并从防水性能、吸水率、氯离子渗透性能等角度，系统研究其防水抗渗性能，为有机硅聚合物混凝土的实际工程应用提供了技术支持。

（1）原材料与配合比

水泥：普通硅酸盐 P. O 32.5 水泥；砂：标准砂；有机硅偶联剂：γ-缩水甘油醚氧丙基三甲氧基硅烷。

混凝土的配合比为：m(水泥)：m（砂）：m（石）＝310：675：1246；有机硅偶联剂用量为水泥用量的 3%。

（2）防水性能比较

采用参比试验，对比研究水滴在普通水泥混凝土和有机硅聚合物混凝土表面的铺展情况，看是否存在水珠效应。

在作为空白样的普通混凝土和有机硅聚合物水泥混凝土上分别滴上水珠，可以发现：有机硅聚合物混凝土的防水性能明显较普通混凝土优异，聚合物混凝土表面呈现出良好的疏水性，水珠效应明显；而普通混凝土因属于亲水性材料，水滴很快在混凝土表面铺展开来，并渗入混凝土内部。有机硅聚合物水泥混凝土表面存在水珠效应，其原因是有机硅材料自身具有表面张力低、疏水性良好的特点，当有机硅掺入水泥混凝土中后，有机硅与混凝土发生化学“偶联桥键”作用，形成整体，使混凝土具有疏水作用。

（3）抗渗性能测试

① 吸水率性能　将试件浸入水中，在规定的吸收时间取出试件，擦拭掉表面的液态水后称量，得到混凝土在不同时间内的吸水量，计算得出吸水率。

在普通混凝土的毛细吸水过程中，吸水量与吸水时间的关系符合非反应性溶液的时间开方定律，如图 16-23 所示。从图 16-23 可以看出，有机硅聚合物混凝土在单位时间的吸水率明显低于普通混凝土。其主要原因是：有机硅表面张力低，自身具有良好疏水作用，当水泥砂浆掺加有机硅聚合物后，使聚合物改性混凝土具有一定的疏水作用，导致混凝土抗渗性能提高；另外，经有机硅聚合物改性，砂浆中更多的缝隙和孔洞被聚合物粒子所填充，使吸水率降低。

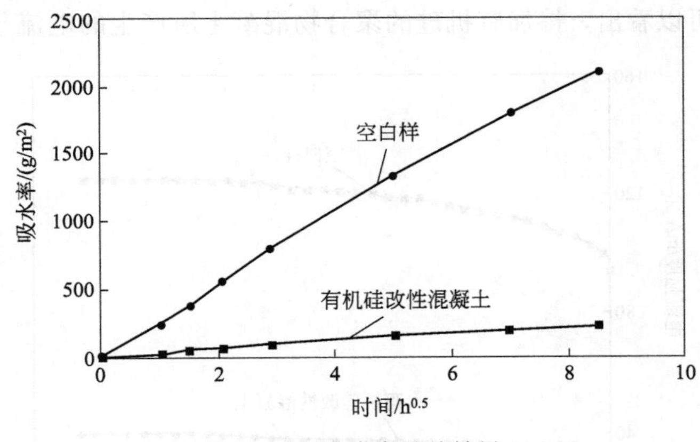

图 16-23　吸水率试验结果

② 抗氯离子渗透性试验　将试件浸入 3%NaCl 溶液。试验结束后，从接触面开始在试件不同深度进行研磨取粉，采用离子色谱仪对粉末中的氯离子含量进行测定。

图 16-24 所示为抗氯离子渗透性试验结果。从图中可以看出，有机硅聚合物混凝土的氯离子含量与普通混凝土相比，大幅度降低，氯离子的渗透深度也由未掺时的 12mm 降为 4～6mm，这是因为氯离子的侵入是以水作为载体才能实现的。从前面的结果可知，内掺有机硅能有效降低混凝土的吸水性能，提高防水抗渗性，因此，其结果必将导致氯离子向混凝土内部的侵入减少，从而提高抗氯离子渗透性。

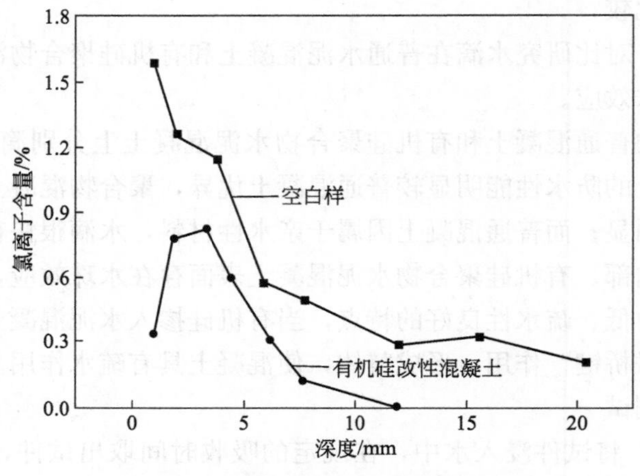

图 16-24 抗氯离子渗透性试验结果

③ 电通量试验　将混凝土试件置于 2 个电解池内，然后施加 60V 的直流电压，每隔 5～30min 测量 1 次通过试件的电流值。试验持续 6h，根据记录的电流-时间曲线计算累计电通量。

众所周知，电流是靠正负离子定向运动而产生的。而水作为离子的载体，对离子的定向移动进而产生电流具有决定作用。因此，采用电通量法，通过得出有机硅聚合物混凝土和普通混凝土中电流-时间的相互关系，进一步验证混凝土的防水抗渗性能，结果如图 16-25 所示。从图中可以看出，掺加有机硅的聚合物混凝土所产生的电流与普通混凝土相比

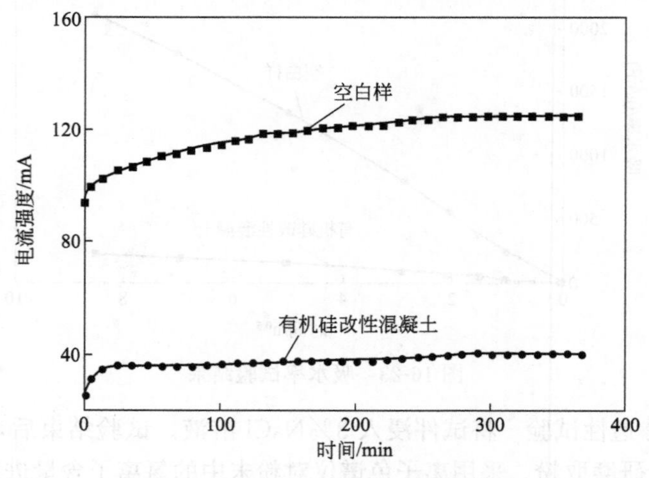

图 16-25 电通量试验结果

明显降低，说明其抗渗性能明显改善，印证了上述抗渗性能试验结果。

（4）结论

有机硅掺入水泥混凝土，能形成网状交联结构，能有效改善水泥混凝土的防水抗渗性能和抗氯离子渗透能力，提高混凝土构筑物的服役质量和寿命。

16.7 有机硅偶联剂及其衍生物在木质材料保护中的应用

木材是当今世界四大建材（钢材、水泥、塑料、木材）中历史最悠久的材料，也是唯一的资源可再生的产品，还是和人类最有亲和力的物质。在古建筑中，木材广泛应用于宫殿、寺庙、寺塔、桥梁以及民房建筑中。

我国古代建筑以木结构为主流，包括垂直承重结构和水平承重结构均为木材的建筑，由木柱、木屋架、木檩条组成骨架[2]，还有木材做成的非承重构造，如木板墙、屋顶、台基以及各类装饰性木质构件。最典型的是位于山西省朔州市应县的佛宫寺释迦塔，始建于距今约1000年的辽代，高达约67m，是世界上现存最高的木结构古建筑。木结构古建筑是华夏文明最直接的体现，凝聚着我国古代社会文化、艺术、技术发展精华，记载着千万劳动人民的聪明才智，经过数千年的演变和沉淀，已经成为风格鲜明、光彩夺目的建筑瑰宝，也是我国悠久文化遗产的重要组成部分。

木质材料除了主要用于建筑（结构、装饰及装修），曾经长期用于造船、机械、铁路枕木、电杆等，现在常用于家具、实用器具及艺术品、园林景观构件等。

16.7.1 木质类材料保护技术要点

木材是一种生物材料，具有非常多的优点，比如可再生、质量体积小、可加工性强等，尤其作为建筑材料有其独特的优势，如：绿色环保，可再生，可降解；施工简易，工期短；冬暖夏凉；抗震性能较好；等等。最重要的是，木材是跟人类最具有亲和力的材料。但是，木材的缺点也不少，比较突出的缺点是防腐性能较差。木材的缺陷主要包括：①天然缺陷，如木节、斜纹理以及因生长应力或自然损伤而形成的缺陷；②生物危害的缺陷，如腐朽、变色和虫蛀等；③干燥及机械加工引起的缺陷，如干裂、翘曲、锯口伤等。

木材的主要化学成分是构成木材细胞壁和胞间层的物质，细胞壁由纤维素、半纤维素和木质素三种高分子化合物组成[41]。木材的化学组成如图16-26所示。

一般来说，木材中纤维素含量约占45%，木质素与半纤维素含量基本相同，约占25%，而其他物质的含量约占5%。纤维素是D-葡萄糖基以β-1，4苷键连接起来的链状高分子化合物，分子式为（$C_6H_{10}O_5$）$_n$，平均聚合度一般在10000左右。纤维素分子链沿着链长方向彼此近似平行地排列着，借分子间的醇羟基形成强有力的氢键聚集成微纤维。半纤维素是具有支键和侧链且分子量较低的非纤维素杂高聚糖，通常含有100～200个糖

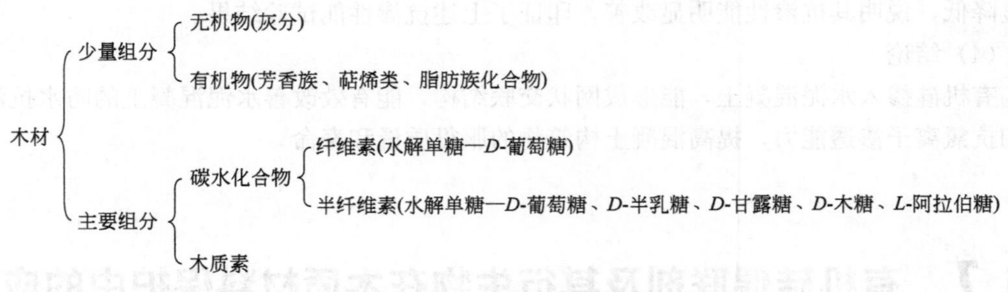

图 16-26　木材的化学组成

基。木质素是以苯丙烷为结构单元，通过醚键—碳键彼此连接成具有三度空间结构的高聚物。

木材腐朽就是木材细胞壁被真菌分解时所引起的木材糟烂和解体的现象。木材细胞壁是由多糖类的纤维素和半纤维素以及具有芳香特性的木质素组成的，细胞腔内往往贮存着淀粉、蛋白质、脂肪酸、无机盐等，细胞壁与细胞腔中还含有水分与空气，这些成分便造就了木材的可腐朽性。不过，木材细胞腔内含有的单宁、树脂和芳香油等物质对微生物有毒杀和抑制作用，可以增强木材的天然抗腐能力[42]。

常见的古建筑木构件病害主要分为以下三类[43]。

① 自然老化　古建筑木构件暴露于自然环境中，导致木材表面老化的原因有许多，其中主要是由于化学和物理因素的影响，一方面是由于阳光辐射，雨水淋溶或者湿度变化、温度冷暖变化、自然气候反复交替所引起的；另一方面，还有大气条件、空气中的灰尘、酸性有害气体及污染物的影响或上述影响的协同作用。自然老化作用最显著的外部特征主要表现在古建筑木构件木材表面的颜色变化和木材的湿胀干缩变化。

② 环境中灰尘、酸性有害物质以及污染物的覆盖侵蚀　古建筑木构件由于长期裸露在自然环境中，不可避免地会被自然环境中的灰尘、酸性有害物质以及污染物覆盖，木构件表面会存在各种污迹。一方面，木构件表面长年累月积累的灰尘尘粒使得木构件表面暗淡、灰白，甚至完全遮挡表面，覆盖掉古建筑木构件表面的信息；另一方面，一定的环境温度和相对湿度的条件下，空气中的酸性物质以及污染物会对木构件产生腐蚀侵害。

③ 生物和微生物破坏：生物败坏是外界对古建筑木构件木材的败坏方式中影响最为严重的，主要包括虫类和菌类对木材的危害。古建筑木构件木材经常会遭到虫蛀，其危害主要表现在以下几个方面：一是虫类在木材中营穴生存，通过打洞、掏蚀木材破坏木构件本体结构，降低木材强度；二是虫类以木材中的有机质或木材表面生长的霉菌为食，最终使木材材质败坏，直接危害整体木构件的结构；三是害虫的大量排泄物及其分解产物使木构件表面木材材质发生酸化变色；四是虫类在木构件表面的营穴生存、摄食活动以及迁移，会加速木构件表面真菌及其他微生物的播散速度。真菌是一种单细胞植物的有机体，依靠孢子繁殖，只能从其他生物有机体中吸取营养供给自己。真菌在空气中通过孢子传播、感染，孢子在木构件表面发芽、滋生菌丝，菌丝随后蔓延在木构件表面，最终导致木构件木材材质的败坏。根据木材的特性和病害影响因素，有针对性地采取相应的保护和修复措施。应用在古建筑木构件修复保护中的防腐加固材料与其他高分子材料相比有其特殊

性，需根据木构件木材的材质、保护环境等因素来确定。古建筑木构件修复保护中的防腐加固材料要求不但要能增强木构件本体木材的物理、化学特性，同时还要能减缓自然环境的各种气候因子的影响，增强古建筑木构件材质的耐候性，增强木构件本体防腐和防虫的性能。同时，所使用的防腐加固材料还要尽可能保持古建筑木构件的原貌，满足以下特殊要求[43]。

(1) 光学特性的要求

①无色。这一点是要求古建筑木构件修复保护中的防腐加固材料不但本身必须是无色的，而且这些防腐加固材料在古建筑木构件修复保护的过程中要保持无色。防腐加固材料的颜色会和木材材质或其上彩绘层的颜色产生叠加效果，这样文物信息就会被人为地掩埋，这就违背了保持文物原貌的原则。文物保护材料常用 ΔE（色差值）来衡量施加后，对彩绘文物颜色改变的程度，当 $\Delta E>3$ 时，人们会明显感知彩绘文物颜色的改变。②透明。透明是指修复保护中的防腐加固材料在文物表面形成的膜层或覆盖层应能使外界光线穿过到达文物表面，并且被物体表面反射的光线能够从涂层中透射出去。该点对古建筑木构件修复加固材料尤为重要，尤其是表面有彩绘层的木构件。③表面光洁度。防腐加固材料在木构件表面形成的涂层不应该产生光亮耀眼的表面，这样会影响人们对文物的观察。可对保护材料施加到文物上的光泽度进行测量，间接判断其是否产生了眩光。

(2) 与文物的相容性

主要要求古建筑木构件修复保护中的防腐加固材料和木构件本体材料的物理化学性能接近，考虑热胀系数等应力因素。①尺寸稳定性。修复材料必须能够有效地保持木材原有优良性能的基础上，还必须增强木材的尺寸稳定性。②透气性。修复材料所成薄膜的透气性主要是针对水蒸气的，要避免水蒸气透过不好对文物形成损害。③增重性。保护材料能适度增加木材的密度，从而提高木材的强度和刚度。

(3) 保护性能的要求

①耐候性。是指木构件防腐加固处理的修复材料抵抗自然环境气候因子以及周围小环境或者微环境中灰尘、酸性物质以及污染物的侵蚀的能力。②可持续修复性。这是古建筑木构件防腐加固处理的修复材料的又一个极其重要的特殊要求，就是指防腐加固材料施加到古建筑木构件上之后，经过一段时间，能够采取某种方式方法将其从文物上基本去除且木构件表面和本体仍保持很好的渗透性和透气性，或者仍可以继续进行多次反复的处理。

16.7.2 有机硅偶联剂及其衍生物在木质材料保护中的具体应用

对于不便于移动的木构件进行保护，主要采取表面实施技术，如喷淋、喷雾、涂刷、滴注（打吊瓶）或局部浸泡等方式，使保护剂渗透到木材内部或者在表面进行封护；对于可以移动的木构件，除了能够采取上述方式以外，也可以采取整体浸泡（木材置于槽或者池中）的方式，必要时还可以辅之以抽真空、加压、加热、微波、蒸煮等工艺手段，以求得到更好的保护效果。有机硅偶联剂及其衍生物在具备优异性能的同时，具有各种产品形态，有很好的渗透性能和表面性能，可根据实际需要满足不同类型木材料的保护要求和适应不同的保护工艺，还可以与其他类型保护材料很好地结合。

16.7.2.1 实例1：有机硅偶联剂/石蜡复合乳液与高温热处理相结合对木材的改性

以王望[44] 制备有机硅偶联剂/石蜡复合乳液，并将其与高温热处理工艺结合对木材进行改性为例，介绍有机硅偶联剂与其他保护材料复合在木材保护中的应用。采用直链烷基烷氧基硅烷和石蜡制备复合乳液作为木材保护剂，一方面可以减少烷氧基硅烷对有机溶剂的依赖性，另一方面可以克服石蜡无法与木材发生有效化学反应的缺点，实现优势互补。

（1）材料制备与优选

将一定量的石蜡融化并加热至80℃，按照与石蜡一定的比例加入特定链长的直链烷基甲氧基硅烷，随后加入一定量的Span 60和Tween 60的混合非离子型表面活性剂，搅拌混合均匀。向其中加入一定量的80℃的去离子水，使用数显剪切乳化搅拌机对混合物进行初乳化，初乳化时间为5min，制得初乳液。最后，将初乳液导入高压均质机在一定均质压力与均质次数条件下进行高压均质，最终制得硅烷/石蜡复合乳液。

采用四因素四水平分布正交设计实验，分别在不同硅烷/石蜡比例、不同表面活性剂HLB值、不同表面活性剂含量及不同硅烷直链烷基链长（链长分别为1、4、8、12）因素情况下进行实验，通过测定乳液粒径与储存稳定性、测定乳液处理后试件的吸水性与尺寸稳定性，最终确定：硅烷选用十二烷基三甲氧基硅烷，硅烷与石蜡比为1∶2。

（2）改性处理及性能测试

采用硅烷/石蜡为1∶2的石蜡/十二烷基三甲氧基硅烷复合乳液，原始固含量为40%。使用前，使用去离子水将石蜡/硅烷复合乳液稀释至2%。作为对比的，是原始固含量为40%的石蜡乳液，使用前同样稀释至2%。

将上述两种乳液对试件进行改性处理，然后进行测试和分析。

① 平衡含水率　测定结果见表16-24。不论木材是否经过高温热处理，石蜡浸渍预处理均无法有效地降低木材的平衡含水率。但石蜡/硅烷复合乳液处理可以使木材的平衡含水率降低，而复合乳液/高温热处理复合改性材的平衡含水率最低，表明石蜡/硅烷复合乳液浸渍处理和高温热处理可以协同降低木材的吸湿性。

表16-24　处理材与未处理材的平衡含水率及表面水接触角

分组	平衡含水率/%	接触角/(°)
未处理	10.98(0.78)	39.1(4.56)
高温热处理	8.81(0.34)	71.23(3.12)
石蜡处理	10.17(1.10)	100.62(2.71)
石蜡/硅烷处理	9.05(0.46)	126.00(4.27)
石蜡+热处理	8.01(0.49)	127.12(5.67)
石蜡/硅烷+热处理	6.71(0.56)	136.78(6.13)

② 接触角　测定结果见表16-24。经过高温热处理，木材的表面接触角有所上升，但仍然处于亲水的状态。经过石蜡乳液浸渍处理或石蜡/高温热处理复合处理后，接触角显著上升，木材表面由亲水转变为疏水。

③ 防水效率　结果见图16-27。经过乳液处理，木材的吸水性显著下降，单独石蜡/硅烷复合处理材的疏水性要略高于单独石蜡乳液处理材。但是仅用乳液浸渍处理的木材，其防水效率下降很快。而经过乳液/高温热处理复合改性的木材，不仅获得了更高的疏水性，且其防水效率能比较长时间的维持在较高的水平上。

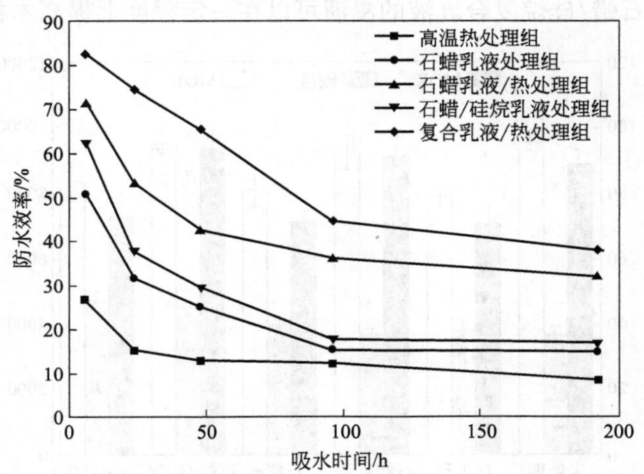

图16-27　不同处理材在192h浸泡过程中的防水效率

④ 尺寸稳定性　同处理材经过不同时间浸泡后的抗膨胀效率见图16-28。总体来说抗膨胀效率由小到大排序如下：单独高温热处理＜单独石蜡乳液处理＜单独石蜡/硅烷复合乳液处理＜石蜡/高温热处理复合改性材＜复合乳液/高温热处理复合改性材。但值得注意的是，石蜡/高温热处理复合改性材和复合乳液/高温热处理复合改性材在经过30min的

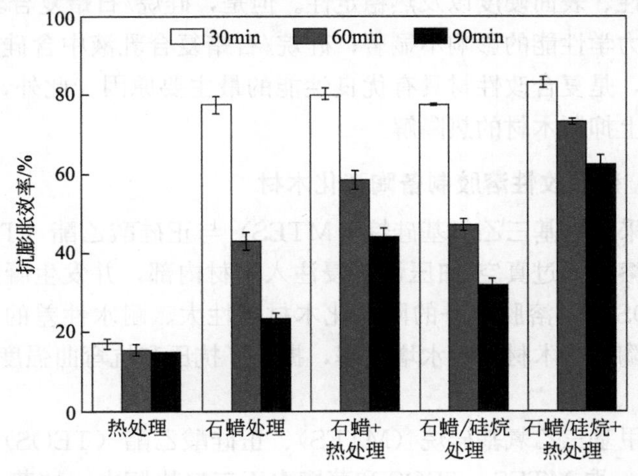

图16-28　不同处理材浸泡30min、60min与90min后的抗膨胀效率

浸泡后差异不显著，但随着时间的延长石蜡/硅烷复合乳液的优势得以显现。

⑤ 力学性能　处理材与未处理材的抗弯强度（MOR）、弹性模量（MOE）和表面硬度值如图 16-29 所示。经过高温热处理，木材的 MOR 和 MOE 显著下降，这主要是半纤维素大量降解导致的强度下降。不论是否经过高温热处理，经过石蜡/硅烷复合乳液浸渍的木材的 MOR 均值均略高于未浸渍处理或经过石蜡乳液浸渍处理的木材，但差异不显著。同时，石蜡乳液或石蜡/硅烷复合乳液浸渍均对木材的 MOE 没有显著影响。考察不同处理对木材表面硬度的影响，结果表明高温热处理和石蜡乳液浸渍处理均对木材的表面硬度影响较小，但石蜡/硅烷复合乳液的浸渍可以在一定程度上提高木材的表面硬度。

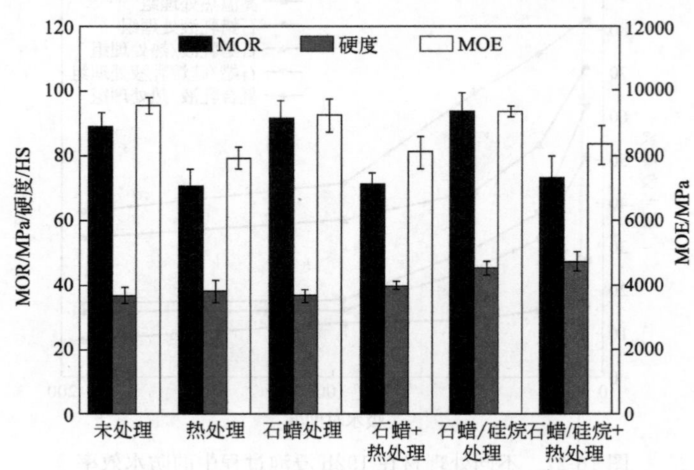

图 16-29　处理材与未处理材的 MOR、MOE 和表面硬度

（3）结论

根据上述分析测试情况，结合扫描电镜观察、红外图谱分析和热重分析的结果，可以知道：硅烷/石蜡复合乳液-高温热处理复合改性可以显著降低木材的吸湿性和吸水性，提高木材的尺寸稳定性、表面硬度以及热稳定性。但是，硅烷/石蜡复合乳液-高温热处理复合改性对木材抗弯力学性能的影响不显著；硅烷/石蜡复合乳液中含硅的有效成分可以进入木材细胞壁内部，是复合改性材具有优良性能的最主要原因。此外，硅烷/石蜡复合乳液可以在一定程度上抑制木材的热降解。

16.7.2.2　实例 2：硅烷改性溶胶制备陶瓷化木材

陈志林等[45] 采用甲基三乙氧基硅烷（MTES）与正硅酸乙酯（TEOS）共水解获得改性溶胶，然后将溶胶通过真空-加压设备浸注入木材内部，并发生凝胶复合制备陶瓷化木材，解决了 TEOS 水解溶胶制备的陶瓷化木材脆性大、耐水性差的问题。改性凝胶具有疏水性，降低了陶瓷化木材的吸水增重率，提高了抗压和抗弯曲强度等力学性能。

（1）制备溶胶

根据试验选择甲基三乙氧基硅烷（MTES）、正硅酸乙酯（TEOS）、水和乙醇的摩尔比为 1∶1∶4∶0.6。取 MTES、TEOS 和蒸馏水于三口烧瓶中，加若干质量分数为 25% 的盐酸溶液调节 pH 值为 4.5，然后加入计量水和乙醇，逐渐升温至 80℃进行水解，反应约 1h 后，用氨水调节 pH 为 7～8，继续搅拌反应 0.5h，得到透明、澄清的溶胶液体。

(2) 陶瓷化木材制备

为提高溶胶对木材的增重率和材料浸渍的均匀性，采用真空加压满细胞法将溶胶浸注到木材内。将木材经过干燥后，加工成 20mm×20mm×300mm 尺寸的试样，置于压力处理罐内，打开真空泵抽真空，使试样在压力－0.08MPa 下保持 0.5h。然后将溶胶抽吸入压力罐内，关闭负压阀门，打开正压阀门使压力罐内保持正压 0.08MPa，时间为 0.5h。泄压取出后陈化 24h，置于烘箱内在 105℃下烘干。

(3) 性能测试

陶瓷化木材的吸水性试验方法是将试样没入 20℃水浴锅内一定时间，取出后调整湿度测量试样吸水后的质量，计算增重率。抗沸水流失性的试验方法是将试样放入沸水中煮一定时间后，放入烘箱内干燥至绝干，称重，计算试样质量损失率，可以用来表示陶瓷化木材的稳定性。借助电子显微镜观察 TEOS 和 MTES 共水解溶胶制取的凝胶结构以及与木材复合后的情况。利用 X 射线衍射仪进行凝胶分析。利用美国产 MTS810 力学性能试验机进行陶瓷化木材的物理力学性能检测。

(4) 结果分析

① 凝胶的结构　当溶胶在 105℃的温度下处理 2h 即可形成凝胶。TEOS 水解溶胶形成的凝胶，在电子显微镜下观察成片状、龟裂纹状，而 TEOS 与 MTES 共水解获得的凝胶呈颗粒状。

② 溶胶对木材的渗透　采用真空-加压设备在负压作用下，将溶胶吸入一部分进入细胞腔，在正压压力作用下，又有一部分溶胶被压入木材内，溶胶进入木材后，经过加热干燥形成凝胶。图 16-30 表明，凝胶以颗粒状填充在木材的导管或纤维中，见图 16-30(a)，凝胶颗粒还填充了纹孔，见图 16-30(b)，从凝胶颗粒的分布和数量来看，纹孔是木材细胞之间横向渗透的主要通道。

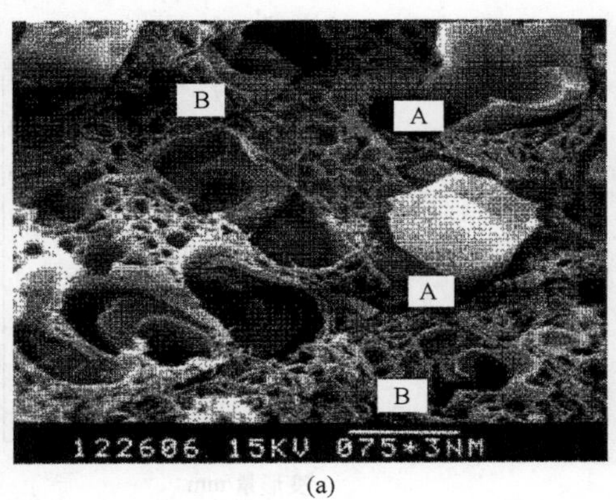

(a)

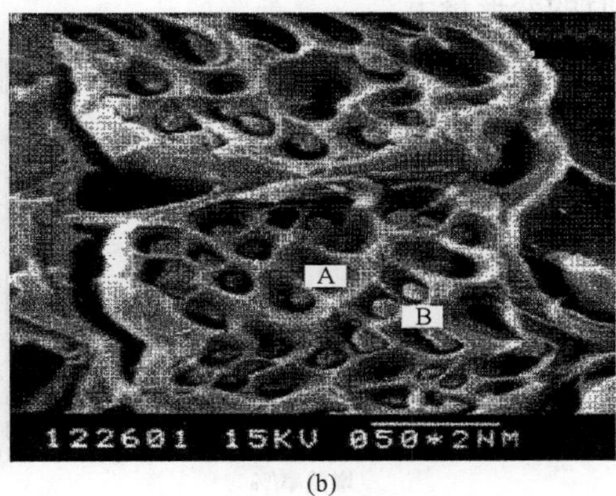

(b)

图 16-30　MTES-TEOS 凝胶颗粒填充木材导管、纤维和细胞壁纹孔

③ 陶瓷化木材的耐水性能　在相同溶胶处理增重率（WPG）条件下，MTES-TEOS 共水解溶胶处理材（溶胶处理 WPG58.4%）比 TEOS 水解溶胶处理材（溶胶处理

WPG58.0%）的吸水增重率低，如图 16-31（a）所示。图 16-31（b）表明，在沸水中煮沸初始时间内二者质量损失率相差不大，但是随着煮沸时间的延长，MTES-TEOS 处理材的失重率明显低于 TEOS 水解溶胶处理材，在水中煮沸 2.5h 后，前者大约为后者的 50%。处理材增重率越高，材料的疏水性能越好，尺寸稳定性也好。

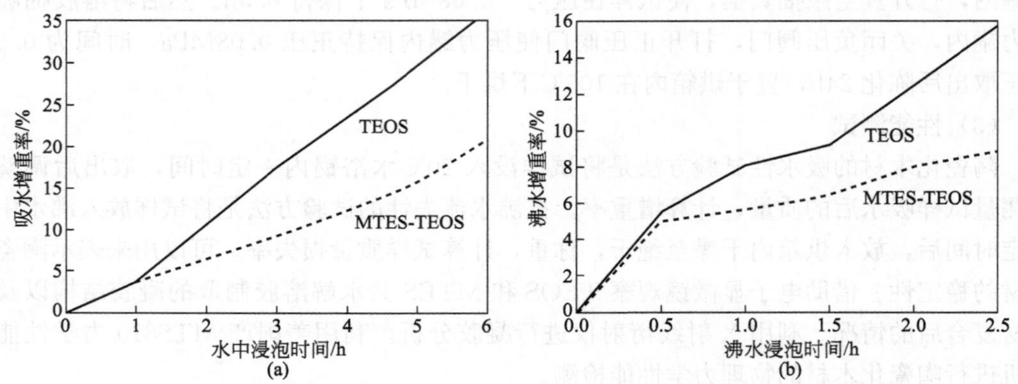

图 16-31　改性溶胶处理材与 TEOS 溶胶处理材的吸水增重率和沸水失重率

④ 陶瓷化木材的力学性能　图 16-32（a）表明增重率与弦面压缩应力的关系。随着处理材增重率的增大，弦面压缩应力增大，二者呈线性正相关关系，相关系数为 0.958。图 16-32（b）显示未处理木材（Wood）、用 TEOS 水解溶胶处理木材（TEOS）、MTES-TEOS 共水解溶胶处理的木材（MTES-TEOS）试样在静力弯曲试验中所表现的行为特点。与未处理材相比，经过溶胶处理的木材静曲强度和弹性模量均有所提高，而断裂破坏时的变形量降低。这说明在提高陶瓷化木材弯曲强度的同时降低了材料的断裂韧性。在处理材增重率相近的条件下，MTES-TEOS 共水解溶胶处理材（WPG 为 49.3%）的弯曲弹性模量与 TEOS 水解溶胶处理材（WPG 为 48.7%）非常相近，但是静力弯曲强度和断裂破坏时的变形量大。

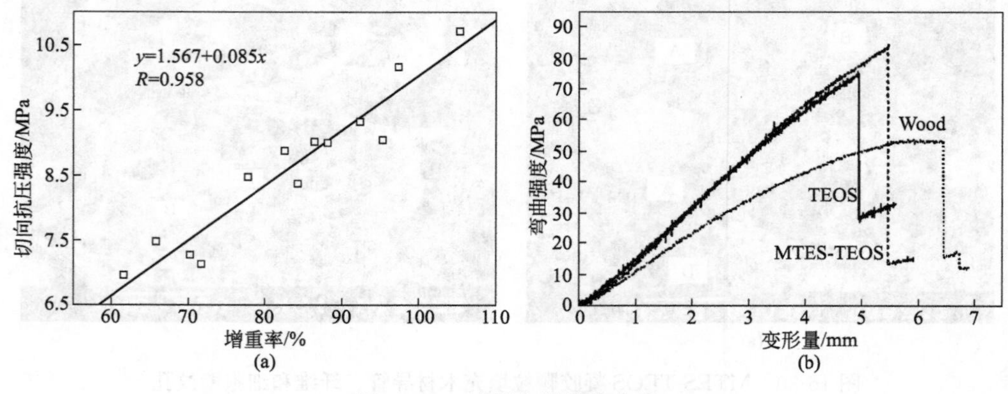

图 16-32　试样力学性能曲线

（5）结论

以 TEOS 水解溶胶为增强体得到的陶瓷化木材，具有强度高、耐磨、尺寸稳定性好、阻燃等优良特性，它既保持了木材原有的特性又附加了优异功能。而采用甲基三乙氧基硅烷（MTES）改性溶胶，则更好地弥补了TEOS水解溶胶制备的陶瓷化木材脆性和耐水性问题，而且力学性能进一步提高。

参考文献

[1] 李金桂，陈建敏，何玉怀，等.材料失效系统控制.北京：化学工业出版社，2018.

[2] 干勇等.材料延寿与可持续发展战略研究.北京：化学工业出版社，2015.

[3] 中国大百科全书总编委会.中国大百科全书.北京：中国大百科全书出版社，2009.

[4] E.P.普鲁特曼，硅烷和钛酸酯偶联剂.上海：上海科技文献出版社，1987：60-63.

[5] 张馨元，李绍纯，赵铁军，等.硅烷聚合物与硅烷乳液对混凝土抗碳化及抗冻融循环性能的影响.原材料及辅助物料，2015，305（3）70-71.

[6] 肖春霞，康晓君，冯黎喆，等.混凝土用硅烷膏体防水浸渍剂的研制.中国建筑防水，2013（1）：8-10.

[7] 傅晓平，龙兰，柏涛，李岩，等.两种硅烷聚合物制造的常温固化防腐耐候水性工业面涂.表面技术，2009，38（3）：93-94.

[8] 陈志林，王群，毛倩瑾，等.陶瓷化木材复合方法的研究.2002年中国材料研讨会，2002.

[9] 高岩，李绍纯，耿永娟，等.复合型硅烷凝胶对碳化后水泥基材料防水性能的影响.涂料工业，2017，47（7）：13-18.

[10] “十一五”国家科技支撑计划“古代建筑保护关键技术研究”课题“古代建筑油饰彩画保护技术及传统工艺科学化研究”.中国文物报，2010/9/3，第4版.

[11] 蔡健平，刘建华，刘新灵等.材料环境适应性工程.北京：化学工业出版社，2014.

[12] 陆寿麟.金属文物的保护.中国文化遗产，2004（3）：63-64.

[13] 甄广全，廖俊，苏文军，等.中国文物保护技术协会第五次学术年会论文集.北京：科学出版社，2008.

[14] 曲亮，易生平，王晓玲，等.碳钢表面硅烷膜的制备及其防腐性能研究.有机硅材料，2018，32（3）：167-171.

[15] 马清林，张治国，沈大娲，等.金属类文物保护材料选择.中国文物科学研究，2014（2）：44-48.

[16] 孙从征，刘金平，高秀丽，等.一种优化的硅烷工艺在青铜器保护中的应用.电镀与精饰，2017，39（6）：38-40，43.

[17] 王丽琴，党高潮，梁国正，等.露天石质文物的风化和加固保护探讨.文物保护与考古科学，2004，16（4）：58-62

[18] 任龙，张金功，刘哲，等.沉积岩岩石结构与缝隙形成关系研究综述.地下水，2013，35（3）：136-138.

[19] 侯卫东.中国古代砖石建筑及其保护修复概述.中国文物科学研究，2012，26（2）：50-53.

[20] 刘佳，刘玉荣，涂铭旌，等.石质文物保护材料的研究进展.重庆文理学院学报，2013，32（5）：13-18.

[21] 王春华.如何挽救石质文物.石材，2012（12）：44-45.

[22] 甄广全，闫志兴，廖俊，等.有机硅材料在台湾野柳地质公园女王头保护实验中的应用.有机硅材料，2016，30（z1）：48-51.

[23] 本刊编辑部.“不改变文物原状”与“最小干预”原则——中国世界文化遗产维修保护的难题和困惑.中国文化遗产，2007（3）：7-8.

[24] 胡一红，刘树林，等.高分子材料Si-97在砖质文物保护方面的应用研究.文物保护与考古科学，2009，21（3）：33-40.

[25] 吴任平，叶坤杰，关瑞明，等.南方传统生土建筑夯土墙的水稳定性及其加固保护技术.华中建筑，2016（10）：59-62.

[26] 罗昌盛，生土建筑的未来发展走向.城市建筑，2016（8）：199.

[27] 王军，吕东军，等.走向生土建筑的未来.西安建筑科技大学学报，2001，33（2）：147-149.

[28] 朱俊高，赵颜辉，李永红，等.粗粒土静力特性试验研究进展.第25届全国土工测试学术研讨会，2008.

[29] 陈正林. 结构性土的强度准则及其本构模型的研究. 哈尔滨工业大学，2016.

[30] 姚仰平，候伟，等. 土的基本力学特性及其弹塑性描述. 岩土力学，2009，30(10)：2881-2902.

[31] 王赟. 岩土加固技术加固保护土遗址研究. 科技信息，2011(25)：266.

[32] 甄广全，周伟强，甄刚，等. 大明宫含元殿复原夯土墙的保护试验. 中国文物保护技术协会第二届学术年会论文集，2002.

[33] 王有为，李国庆，等. 潮湿环境下的土遗址加固保护材料筛选试验研究. 文物保护与考古科学，2014，26 (1)：8-21.

[34] 程建勋. 混凝土材料的发展与创新. 技术与市场，2013，20(3)：145.

[35] 邱富荣，杜洪彦，林昌建，等. 21 世纪钢筋混凝土及其表面保护展望. 材料保护，2000，33 (1)：23-25.

[36] 赵付凯，李春艳，等. 浅谈混凝土保护材料. 2012 全国水工泄水建筑物安全与病害处理技术交流研讨会，2012.

[37] 刘芳. 表面成膜型涂料对混凝土保护层性能的影响研究. 南京农业大学，2008.

[38] 庞启财. 防腐蚀涂料涂装和质量控制. 北京：化学工业出版社，2003.

[39] 苏海防，王锐劲，黄君哲，等. 膏体硅烷在高性能混凝土中的保护效果. 中国海湾建设，2007，149 (3)：30-32，35.

[40] 刘杰胜，郑雄贞，邹民虎，等. 有机硅改性混凝土防水抗渗性能研究. 中国建筑防水，2013 (2)：8-10.

[41] 刘一星，赵广杰. 木质环境学. 北京：中国林业出版社，2004.

[42] 池玉杰. 木材腐朽与木材腐朽菌. 北京：科学出版社，2003.

[43] 曹静. 古建筑木构件原位防腐与加固研究. 陕西师范大学，2015.

[44] 王望. 防水剂/高温热处理复合改性木材的性能与表征. 北京林业大学，2015.

[45] 陈志林，傅峰，王群，等. 甲基三乙氧基硅烷改性溶胶制备陶瓷化木材的性能. 复合材料学报，2009，26 (3)：122-126.